2026 12차 개정판
핵심사항정리
적중률 높은 실전문제

2026 전면개정 출제기준 적용!!

10개년 핵심
건축설비기사
과년도 문제해설

남재호 저

건축설비기사 필기시험대비 솔루션

- 새로운 출제기준에 맞춘 완벽대비서
- 전과목 핵심이론 및 내용 요약정리
- SI단위계에 의한 이론정리 및 해설
- 최근 개정된 건축설비관련법령에 따른 해설

한솔아카데미

전용홈페이지를 통한
2026/365일 학습질의응답 관리

홈페이지 주요메뉴

❶ 시험정보
- 시험일정
- 기출문제
- 무료강의
- 실전모의고사

❷ 수강신청
- 필기+실기 종합반
- 필기 종합반
- 실기 종합반

❸ 교수소개
- 교수진

❹ 교재안내

❺ 학습게시판
- 학습 Q&A
- 공지사항
- 합격수기

❻ 나의 강의실

http://www.inup.co.kr

한솔아카데미가 답이다!
건축설비기사 4주완성 인터넷 강좌

한솔과 함께라면 빠르게 합격 할 수 있습니다.

강의수강 중 학습관련 문의사항, 성심성의껏 답변드리겠습니다.

건축설비기사 4주완성 동영상 강의

구 분	과 목	담당강사	강의시간	동영상	교 재
필 기	건축설비계획	남재호	약 30시간		
	건축설비설계	남재호	약 20시간		
	전기설비 및 소방시설일반	신면순, 남재호	약 28시간		
	건축설비관련법규	남재호	약 13시간		

- 신청 후 필기강의 4개월 / 실기강의 4개월 동안 같은 강좌를 **5회씩 반복수강**
- 할인혜택 : 동일강좌 재수강시 **50% 할인**, 다른 강좌 수강시 **10% 할인**

# 교재 인증번호 등록을 통한 학습관리 시스템

❶ 출제경향 3개월 무료 강의 ❷ CBT전국모의고사 실시
❸ CBT시험과 동일한 CBT실전테스트

 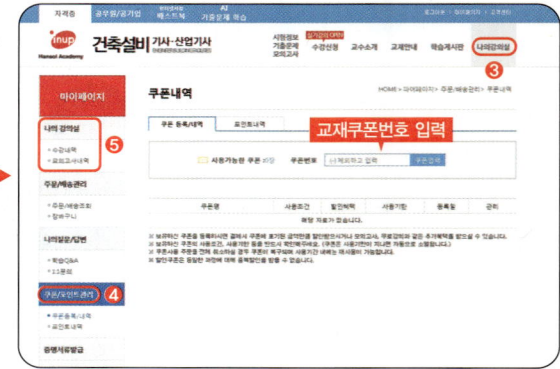

01 사이트 접속
인터넷 주소창에 https://www.inup.co.kr 을 입력하여 한솔아카데미 홈페이지에 접속합니다.

02 회원가입 로그인
홈페이지 우측 상단에 있는 **회원가입** 또는 아이디로 **로그인**을 한 후, [건축설비] 사이트로 접속을 합니다.

03 나의 강의실
나의강의실로 접속하여 왼쪽 메뉴에 있는 [쿠폰/포인트관리]-[쿠폰등록/내역]을 클릭합니다.

04 쿠폰 등록
도서에 기입된 **인증번호 12자리** 입력(-표시 제외)이 완료되면 [나의강의실]에서 학습가이드 관련 응시가 가능합니다.

■ 모바일 동영상 수강방법 안내

❶ QR코드 이미지를 모바일로 촬영합니다.
❷ 회원가입 및 로그인 후, 쿠폰 인증번호를 입력합니다.
❸ 인증번호 입력이 완료되면 [나의강의실]에서 강의 수강이 가능합니다.

※ 인증번호는 표지 뒷면에서 확인하시길 바랍니다.
※ QR코드를 찍을 수 있는 앱을 다운받으신 후 진행하시길 바랍니다.

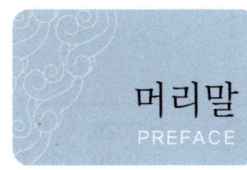

머리말
PREFACE

국제화·세계화의 시대적 흐름 속에서 우리 건축계에도 대외 개방 및 다양한 변화를 요구하고 있으며, 특히 건축기술자들에 대한 사회적 기대와 책무는 한층 더 크다고 할 수 있다.

이에 본서는 건축설비기사 시험과목인 건축설비계획, 건축설비설계, 전기설비 및 소방시설일반, 건축설비관련법규 등의 광범위한 내용을 보다 체계적으로 정리하여 건축설비기사시험에 대비한 지침서로서 수험생들이 빠른 시간 안에 자격증 취득을 할 수 있도록 하였고 독학생이나 시간적 여유가 없는 수험생들도 최대한 효과를 얻을 수 있도록 알차게 꾸미고자 노력하였다.

이 책의 특징

1. 2026년 전면 개정된 출제기준에 따라 핵심이론을 체계적으로 정리하였으며, 기출문제의 정확한 분석과 해설을 수록하였다.
2. 각 과목별 방대한 이론을 쉽게 이해할 수 있도록 간단명료하게 체계적으로 핵심이론 내용을 정리하고, 또한 그림과 도표 및 예제·개념정리·학습포인트를 통하여 먼저 기본이론을 알기 쉽게 이해할 수 있도록 하였다.
3. 각 과목 핵심사항에 따른 상세한 기출문제 해설로 많은 학습분량을 단기간에 쉽게 공부할 수 있도록 하였다.
4. SI 단위계에 의한 이론정리 및 해설을 하였으며, 건축설비관계법은 최근 개정된 현행법에 따른 해설을 하였다.
5. 최근 10년간의 기출문제를 각 과목별로 수록하여 출제경향을 쉽게 파악할 수 있도록 하였으며, 상세한 해설로 다양한 문제의 유형에도 쉽게 적응능력을 향상시킬 수 있도록 하였다.

교재에 오류가 있다면 신속히 보완하여 더욱 좋은 책으로 거듭날 수 있도록 애정 어린 관심과 조언을 부탁드립니다.

끝으로 본서를 통해서 건축설비기사의 지침서로서 수험생 여러분의 학습에 도움이 되기를 기대하며, 아울러 본서의 출판에 도움을 주신 한솔아카데미 한병천 사장님, 이종권 전무님과 편집부 직원 여러분께 감사드린다.

저자 남 재 호

출제기준 필기

직무 분야	건설	중직무 분야	건축	자격 종목	건축설비기사	적용 기간	2026. 1. 1. ~ 2029. 12. 31.
직무내용	건축물의 조건에 적합하게 열원설비, 공기조화설비, 환기설비, 위생설비 및 자동제어설비 등의 설계, 시공, 유지관리 및 에너지계획을 수행하는 직무이다.							
필기검정 방법	객관식			문제수	80	시험시간	2시간

필기과목명	문제수	주요항목	세부항목
건축설비계획	20	1. 건축설비 기초지식	1. 건축환경에 관한 기초지식
			2. 열역학에 대한 기초지식
			3. 유체역학에 대한 기초지식
		2. 설비설계 계획	1. 설비조건 검토
			2. 설비시스템 계획
			3. 공기조화설비 계획
			4. 환기설비 계획
		3. 설비시스템 검토	1. 공기조화시스템 검토
			2. 열원시스템 검토
			3. 환기시스템 검토
			4. 급배수시스템 검토
			5. 설비자재 검토
		4. 설계도서작성	1. 설비도서 작성
			2. 제도 통칙 및 표시방법 이해
		5. 설비적산	1. 공조, 열원 및 환기설비 적산
			2. 위생설비 적산
건축설비 설계	20	1. 열원설비 설계	1. 열원시스템 설계
		2. 공기조화설비설계	1. 공조시스템 설계
		3. 환기설비설계	1. 환기시스템 설계
		4. 위생설비 설계	1. 급수시스템 설계
			2. 급탕시스템 설계

필기과목명	문제수	주요항목	세부항목
건축설비 설계	20	4. 위생설비 설계	3. 오배수시스템 설계
			4. 위생기구 선정하기
전기설비 및 소방 시설 일반	20	1. 전기이론 기초지식	1. 전기의 기초
			2. 직류회로
			3. 교류회로
		2. 건축전기설비 기초지식	1. 전원설비
			2. 배선 및 부하설비
			3. 조명설비
			4. 정보통신설비
			5. 건축물 방재설비
		3. 자동제어시스템 설계	1. 자동제어 기초이론 파악
			2. 공조설비 제어시스템 설계
			3. 열원설비 제어시스템 설계
			4. 환기설비 제어시스템 설계
			5. 위생설비 제어시스템 설계
		4. 소방시설 기초지식	1. 소방시설의 일반적인 사항
			2. 소화설비
			3. 소화용수 설비
			4. 소화활동 설비
건축설비 관련법규	20	1. 관련법규 검토	1. 건축법, 시행령, 시행규칙
			2. 건축설비 관련 기타규칙
			3. 기계설비법, 시행령 및 시행규칙
			4. 소방시설 설치 및 관리에 관한 법률, 시행령, 시행규칙
		2. 에너지계획 수립	1. 에너지 관련 설계기준
			2. 제로에너지건축물 인증에 관한 규칙
			3. 녹색건축 인증에 관한 규칙
			4. 지능형건축물의 인증에 관한 규칙

Contents

제1과목 건축설비 계획

- section 1 건축설비의 기초 ········· 2
- section 2 설비설계 계획 ········· 41
- section 3 설비시스템 검토 ········· 74
- section 4 설계도서작성 ········· 107
- section 5 설비적산 ········· 114
- ↳ 과목별 과년도 출제문제(16년~25년) ········· 119

제2과목 건축설비 설계

- section 1 열원설비 설계 ········· 274
- section 2 공기조화설비 설계 ········· 296
- section 3 환기설비 설계 ········· 335
- section 4 위생설비 설계 ········· 341
- ↳ 과목별 과년도 출제문제(16년~25년) ········· 365

제3과목 전기설비 및 소방시설일반

- section 1 직류회로 ········· 520
- section 2 교류회로 ········· 530
- section 3 정전계 ········· 538
- section 4 자계 ········· 542
- section 5 강전설비 ········· 545
- section 6 조명설비 ········· 562
- section 7 약전설비 ········· 569
- section 8 승강 및 운송설비 ········· 575
- section 9 자동제어시스템 설계 ········· 577
- section 10 소방설비 ········· 584
- ↳ 과목별 과년도 출제문제(16년~25년) ········· 591

제4과목 건축설비 관련법규

제1편 | 건축관계법

- section 1 총칙 724
- section 2 건축물의 건축 736
- section 3 건축물의 구조 및 재료 741
- section 4 건축설비 등(설비규칙, 피·방규칙, 녹색건축물 인증 포함) 762
- section 5 보칙 770
- section 6 기계설비법 779
- section 7 건축물의 에너지절약 설계기준 789
- section 8 건축물의 냉방설비에 대한 설치 및 설계기준 794
- section 9 녹색건축 인증에 관한 규칙 및 기준 798
- section 10 건축물 에너지효율등급 인증 및 제로에너지건축물 인증에 관한 규칙 804

제2편 | 소방시설 설치 및 관리에 관한 법률

- section 1 총칙 812
- section 2 건축허가 등의 동의 814
- section 3 소방시설의 설치·유지 815
- section 4 소방대상물의 방염 821
- section 5 소방대상물의 안전관리 823

➥ 과목별 과년도 출제문제(16년~25년) 825

CBT 6회 실전테스트

홈페이지(www.bestbook.co.kr)에서 필기시험 문제를 CBT 모의 TEST로 체험하실 수 있습니다.

- CBT 실전테스트 제1회(2025년 제1회)
- CBT 실전테스트 제2회(2025년 제2회)
- CBT 실전테스트 제3회(2025년 제3회)
- CBT 실전테스트 제4회(제1회 실전 모의고사)
- CBT 실전테스트 제5회(제3회 실전 모의고사)
- CBT 실전테스트 제6회(제5회 실전 모의고사)

☞ CBT 실전테스트 중 2025년도 기출문제는 시험과목 개편 이전의 문제이므로 문제의 유형만 참고해 주시고, 실전모의고사는 2026년도 전면 개편된 출제기준에 의한 문제구성이므로 잘 활용하시기 바랍니다.

제 1 과목 건축설비계획

section 1 건축설비의 기초
section 2 설비설계 계획
section 3 설비시스템 검토
section 4 설계도서작성
section 5 설비적산

▶ 과목별 과년도 출제문제(16~25년)

SECTION 1 건축설비의 기초

1 건축환경(열환경, 공기환경)

1. 열환경
(1) 열쾌적 범위

① 온도 : 건구 온도의 쾌적범위는 16~28℃이다.
② 습도 : 낮을수록 더욱 춥게 느껴지며 여름에는 40~70% 이며, 겨울에는 40~50% 이다.
③ 기류 : 쾌적한 기류속도는 0.25~0.5m/s 이며, 더운 경우는 1.0m/s까지 쾌적하다.
④ 복사열 : 복사온도(MRT)가 기온보다 2℃ 정도 높을 때 가장 쾌적하다.

※ 실내 쾌적 온열환경조건

	건구온도	상대습도	기 류
여 름	25~27℃	50~55%	0.3m/s
겨 울	20~22℃	50~55%	0.3m/s

(2) 온열환경의 쾌적지표

① 유효온도(체감온도, 감각온도, Effective Temperature : ET)
  ㉠ 유효온도는 온도(또는 흑구온도), 기류, 습도를 조합한 감각 지표로서 감각온도, 실효온도 또는 체감온도라고도 한다.
  ㉡ 1923년 미국에서 Hougton과 Yaglou에 의해 처음 창안되어 공기조화(덕트식 냉난방)시의 평가에 널리 사용되었다.
  ㉢ 이것은 기온 θ, 상대습도 ϕ, 기류속도 v인 실내에서의 온감각과 같은 온감각을 주는 상대습도 100%이고, 풍속 v = 0m/sec인 방의 실공기 온도이다.
  ㉣ 복사열이 고려되지 않음

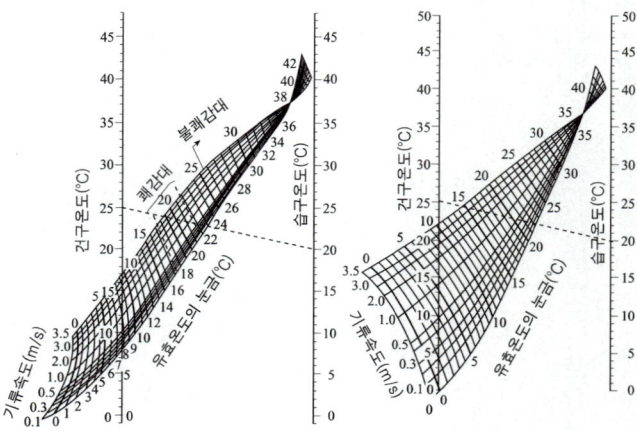

[그림] 유효온도선도

② 수정유효온도(CET)
  ㉠ 글로브 온도를 건구온도 대신에 사용하고, 상당 습구온도를 습구온도 대신에 사용하여 유효온도(ET)를 구하는 쾌적지표
  ㉡ 온도, 습도, 기류, 복사열의 영향을 동시에 고려한 지표
③ 작용온도 (OT : Operative Temperature)
  ㉠ 체감에 대한 기온과 주벽의 복사열 및 기류의 영향을 조합시킨 지표
  ㉡ 습도에 대하여 고려하지 않음

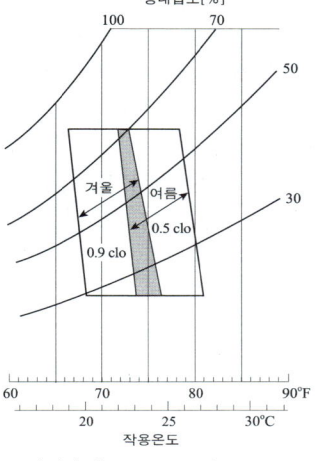

◇ 쾌적영역(comfort zone) :
ASHRAE가 제안한 열환경 쾌적영역
→ 80%의 사람이 만족하는 범위
[그림] ASHRAE의 쾌적 영역

(3) 전열이론

열은 고온측에서 저온측으로 이동하며 전도, 대류, 복사에 의해 전달되며, 건물 내에서의 전열과정은 전달, 전도, 관류로 나타난다.

① 열전달(heat transfer) : 유체(공기)와 벽체와의 전열 상황(전도, 대류, 복사가 조합된 상태)이다.(고체와 유체사이의 열교환)

$$Q_1 = \alpha \cdot A \cdot (t_i - t_o) [W]$$

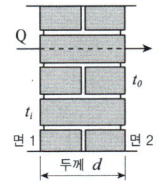

A : 벽면적[m^2]
t_i : 유체온도[℃]
t_o : 고체 표면온도[℃]
α : 열전달률[W/m^2·K]

※ 열전달률 α[W/m^2·K]
  · 벽 표면과 유체간의 열의 이동 정도를 표시
  · 벽 표면적 1m^2, 벽과 공기의 온도차 1℃일 때 단위 시간 동안에 흐르는 열량

② 열전도(heat conduction) : 열전도 있어서 온도차를 $\theta_1 > \theta_2$로 하면 정상 상태의 경우 평행한 등질의 평면벽에 직각으로 흐르는 경우의 열량이다. (고체 자체 내에서의 열이동)

$$Q_2 = \lambda \frac{\theta_1 - \theta_2}{d} A = \frac{\lambda}{d} \cdot A \cdot (t_i - t_o) [W]$$

θ_1, θ_2 : 재료의 표면온도[℃]
λ : 열전도율[W/m·K]
d : 재료의 두께[m]

※ 열전도율 λ[W/m·K]
  · 물체의 고유 성질로서 전도에 의한 열의 이동 정도를 표시
  · 두께 1m의 재료 양쪽 온도차가 1℃일 때 단위 시간 동안에 흐르는 열량

③ 열관류(heat transmission) : 전달+전도+전달이 동시에 복합적으로 일어나는 현상

$$Q = KA(t_i - t_o)\,[\text{W}]$$

K : 열관류율[W/m²·K]

열관류 저항 : $\dfrac{1}{K} = \dfrac{1}{\alpha_1} + \dfrac{d}{\lambda} + \dfrac{1}{\alpha_2}$

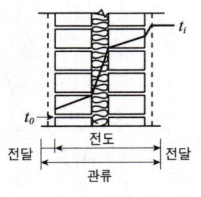

[그림] 벽체의 열관류

※ 열관류율 K[W/m²·K]
・전달+전도+전달이 동시에 복합적으로 일어나는 열의 이동 정도를 표시
・벽표면적 1m², 단위 시간당 1℃의 온도차가 있을 때 흐르는 열량

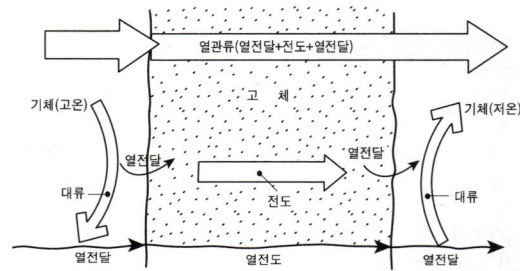

학습포인트

● 열단위의 의미

① 열전달률(α) : 고체 벽에서 이에 접촉하는 공기층으로의 이동(W/m²·K)
② 열전도율(λ) : 고체 내부에서 고온측으로부터 저온측으로의 이동(W/m·K)
③ 열관류율(K) : 고체 벽을 사이에 둔 양 유체 사이의 열 이동
　　　　　　　 즉, 전달+전도+전달의 과정(W/m²·K)
④ 열관류저항 : 열관류율의 역수값(m²·K/W)

$\begin{cases} \lambda_1,\ \lambda_2,\ \lambda_3 : 재료의\ 열전도율(\text{W/m·K}) \\ d_1,\ d_2,\ d_3 : 재료의\ 두께(\text{m}) \\ \alpha_o,\ \alpha_i : 외,\ 내표면의\ 열전달율(\text{W/m}^2\cdot\text{K}) \end{cases}$

열관류율(K) = $\dfrac{1}{\dfrac{1}{\alpha_o} + \Sigma\dfrac{d}{\lambda} + \dfrac{1}{\alpha_i}}$

예제문제 01

크기가 2m×0.8m, 두께 40mm, 열전도율이 0.14W/m·K인 목재문의 내측표면온도가 15℃, 외측표면 온도가 5℃일 때 문을 통하여 1시간 동안에 흐르는 열량은?

① 20.16KJ ② 201.6KJ ③ 2016KJ ④ 20160KJ

해설 열전도열량(Q_c) 계산

$$Q = \frac{\lambda}{d} \cdot A \cdot \Delta t \text{ 에서}$$

λ : 열전도율(W/m·K)
d : 두께(m)
A : 표면적(m²)
Δt : 두 지점간의 온도차

$$\therefore Q_c = \frac{\lambda}{d} \cdot A \cdot \Delta t = \frac{0.14}{0.04} \times (2 \times 0.8) \times (15-5) = 56W$$

※ 1W = 3.6KJ이므로 56W×3.6KJ = 201.6KJ

답 : ②

예제문제 02

다음과 같은 벽체의 열관류율은?

┌보기─────────────────────
① 내표면 열전달률 : 8W/m²·K
② 외표면 열전달률 : 20W/m²·K
③ 재료의 열전도율 [W/m·K] : 콘크리트 1.2, 유리면 0.036, 타일 1.1
└─────────────────────

① 약 0.9W/m²·K ② 약 1.05W/m²·K
③ 약 1.2W/m²·K ④ 약 1.35W/m²·K

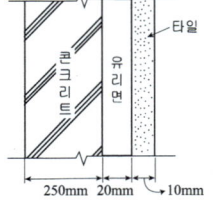

해설 열관류율(K) = $\dfrac{1}{\dfrac{1}{\alpha_1} + \Sigma\dfrac{d}{\lambda} + \dfrac{1}{\alpha_2}}$ (W/m²·K)

α : 열전달률(W/m²·K)
λ : 열전도율(W/m·K)
d : 두께(m)

$$\therefore \text{열관류율}(K) = \frac{1}{\frac{1}{\alpha_1} + \Sigma\frac{d}{\lambda} + \frac{1}{\alpha_2}} = \frac{1}{\frac{1}{8} + \left(\frac{0.25}{1.2} + \frac{0.02}{0.036} + \frac{0.01}{1.1}\right) + \frac{1}{20}}$$

$$= \frac{1}{0.965} = 1.05 \text{ (W/m}^2\text{·K)}$$

답 : ②

예제문제 03

다음과 같이 구성된 구조체에서 1m²당 관류열량은? (단, 실내온도 25℃, 외기온도 10℃, 내표면 열전달률 8W/m²·K, 외표면 열전달률 20W/m²·K 임)

재 료	열전도율[W/m²·K]	두 께[mm]
석 고	0.1	10
콘크리트	1.3	150
모르타르	1.1	15

① 15.66W ② 21.36W ③ 25.36W ④ 37.13W

해설 열관류율(K)을 먼저 구하고 관류열량을 계산한다.

① 열관류율(K) = $\dfrac{1}{\dfrac{1}{\alpha_1} + \dfrac{d}{\lambda} + \dfrac{1}{\alpha_2}}$ W/m²·K

$= \dfrac{1}{\dfrac{1}{8} + \left(\dfrac{0.01}{0.1} + \dfrac{0.15}{1.3} + \dfrac{0.015}{1.1}\right) + \dfrac{1}{20}} = 2.48$ W/m²·K

α : 열전달률(W/m²·K), λ : 열전도율(W/m·K), d : 두께(m)

② 관류열량 $Q = K \cdot A \cdot (t_i - t_o) = 2.48 \times 1 \times (25 - 10) = 37.2$ W

K : 열관류율(W/m²·K) A : 표면적(m²)
Δt : 두 지점간의 온도차 ($t_i - t_o$)

답 : ④

예제문제 04

다음과 같은 조건에서 두께 20cm인 콘크리트 벽체를 통과한 손실열량은?

- 실내공기온도 : 20℃
- 내표면 열전달률 : 11W/m²·K
- 콘크리트의 열전도율 : 1.56W/m·K
- 실외온도 : 2℃
- 외표면 열전달률 : 22W/m²·K

① 약 45W/m² ② 약 58W/m² ③ 약 68W/m² ④ 약 75W/m²

해설 열관류율(K)을 먼저 구하고 관류열량을 계산한다.

① 열관류율(K) = $\dfrac{1}{\dfrac{1}{\alpha_1} + \dfrac{d}{\lambda} + \dfrac{1}{\alpha_2}}$ W/m²·K

$= \dfrac{1}{\dfrac{1}{11} + \dfrac{0.2}{1.56} + \dfrac{1}{22}} = 3.7$ W/m²·K

α : 열전달률(W/m²·K), λ : 열전도율(W/m·K), d : 두께(m)

② 관류열량 $Q = K \cdot A \cdot (t_i - t_o) = 3.7 \times 1 \times (20 - 2) = 67$ W

K : 열관류율(W/m²·K) A : 표면적(m²)
Δt : 두 지점간의 온도차 ($t_i - t_o$)

답 : ③

> **학습포인트**
>
> ● 용어와 단위
> ① 열전달률(α) : W/m²·K(kcal/m²h℃)
> ② 열전도율(λ) : W/m·K(kcal/mh℃)
> ③ 열관류율(K) : W/m²·K(kcal/m²h℃)
> ④ 난방도일 : ℃·day
> ⑤ 비   열 : kJ/kg·K(kcal/kg℃)
> ⑥ 절대습도 : kg/kg' 또는 kg/kg[DA]
> ⑦ 상대습도 : %   ⑧ 비교습도 : %
> ⑨ 엔 탈 피 : kJ/kg(kcal/kg)   ⑩ 수증기압 : mmHg
> [주] 열량에 대한 SI기본단위는 K(켈빈온도, 절대온도)이며, ℃(섭씨온도)와 눈금크기는 동일하다.

(4) 단열공법

1) 내단열

① 내단열은 열용량이 작기 때문에 빠른 시간에 더워지므로 간헐난방을 필요로 하는 강당이나 집회장과 같은 곳에 유리하나 실온변동의 폭은 외단열에 비해 크며 타임랙도 짧다.
② 표면결로는 발생하지 않으나, 한쪽의 벽돌벽이 차가운 상태로 있기 때문에 내부결로가 발생하기 쉽다.
③ 모든 내단열 방법은 고온측에 방습막을 설치하는 것이 좋다.
④ 내단열에서는 칸막이나 바닥에서의 열교현상에 의한 국부열손실을 방지하기 어렵다.

2) 외단열

① 내부측의 열용량이 커서 연속난방에 유리하며, 실온변동의 폭은 작아지며, 타임랙도 길다.
② 전체 구조물의 보온에 유리하며, 내부결로의 위험도 감소시킬 수 있다.
③ 외단열은 벽체의 습기 뿐만 아니라 열적 문제에서도 유리한 방법이다.
④ 외단열은 단열재로 건조한 상태로 유지시켜야 하고, 내구성과 외부 충격에 견딜 뿐 아니라 외관의 표면처리도 보기 좋아야 한다.

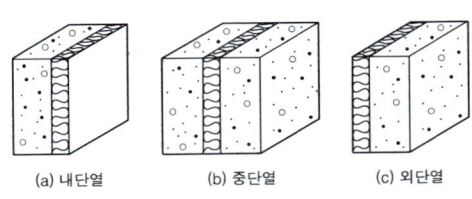

(a) 내단열   (b) 중단열   (c) 외단열

[그림] 단열재의 설치 위치

■ 내단열과 외단열
① 내단열
  ㉠ 간헐난방(강당, 집회장)
     - 타임렉이 짧다.
  ㉡ 주택의 단열(시공이 용이)
  ㉢ 내부결로 발생 우려
  ㉣ 고온측에 방습층 설치
  ㉤ 열교현상에 의한 국부적 열손실 발생
  ㉥ 열적으로 불리
② 외단열
  ㉠ 연속난방 – 타임렉이 길다.
  ㉡ 내부결로 위험감소
  ㉢ 일체화된 시공으로 열교현상 발생하지 않음
  ㉣ 열적으로 유리

(5) 열교현상

① 벽이나 바닥, 지붕 등의 건축물부위에 단열이 연속되지 않은 부분이 있을 때, 이 부분이 열적 취약부위가 되어 이 부위를 통한 열의 이동이 많아지며, 이것을 열교(heat bridge) 또는 냉교(cold bridge)라고 한다.
② 열교현상이 발생하면 구조체의 전체 단열성이 저하된다.
③ 열교는 구조체의 여러 형태로 발생하는 데 단열구조의 지지 부재들, 중공벽의 연결철물이 통과하는 구조체, 벽체와 지붕 또는 바닥과의 접합부위, 창틀 등에서 발생한다.
④ 열교현상이 발생하는 부위는 표면온도가 낮아지며 결로가 발생되므로 쉽게 알 수 있다.
⑤ 열교현상을 방지하기 위해서는 접합 부위의 단열설계 및 단열재가 불연속됨이 없도록 철저한 단열시공이 이루어져야 한다.
⑥ 콘크리트 라멘조나 조적조 건축물에서는 근본적으로 단열이 연속되기 어려운 점이 있으나 가능한 한 외단열과 같은 방법으로 취약부위를 감소시키는 설계 및 시공이 요구된다.

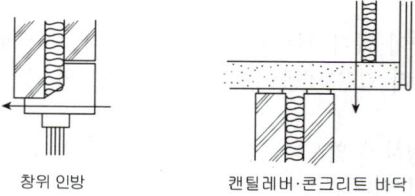

[그림] 열교현상

(6) 결로

결로는 공기 중의 수증기에 의해서 발생하는 습윤상태를 말한다.

1) 결로의 원인

다음의 여러 가지 원인이 복합적으로 작용하여 발생한다.
① 실내외 온도차 : 실내외 온도차가 클수록 많이 생긴다.
② 실내 습기의 과다발생 : 가정에서 호흡, 조리, 세탁 등으로 하루 약 12kg의 습기 발생
③ 생활 습관에 의한 환기부족 : 대부분의 주거활동이 창문을 닫은 상태인 야간에 이루어짐
④ 구조체의 열적 특성 : 단열이 어려운 보, 기둥, 수평지붕
⑤ 시공불량 : 단열시공의 불완전
⑥ 시공직후의 미건조 상태에 따른 결로 : 콘크리트, 모르타르, 벽돌
※ 열전달률, 열전도율, 열관류율이 클수록 결로현상은 심하다.

2) 결로의 발생
   ① 표면 결로 : 건물의 표면온도가 접촉하고 있는 공기의 포화온도(노점온도)보다 낮을 때 그 표면에 발생한다.
   ② 내부 결로 : 실내가 외부보다 습도가 높고 벽체가 투습력이 있으면 벽체 내에 수증기압 구배가 생기고, 또한 외부 온도가 내부 온도보다 낮으면 온도 구배가 발생한다. 벽체 내부의 수증기압이 포화 수증기압보다 높을 때, 그리고 벽체 내부의 노점온도가 건구온도보다 높을 때 내부 결로가 발생한다.

3) 결로방지 대책
   ① 실내 습기 방지책 : 실내 공기의 수증기압이 포화 수증기압보다 적도록 계획한다.
      ㉠ 환기 계획을 잘 할 것
      ㉡ 난방에 의한 수증기 발생을 제한할 것
      ㉢ 부엌 및 욕실에서 발생하는 수증기를 외부로 배출시킬 것
   ② 벽체의 열관류 저항을 크게 할 것
   ③ 열교 현상이 일어나지 않도록 단열 계획 및 시공을 완벽히 할 것
   ④ 실내측 벽의 표면온도를 실내 공기의 노점온도보다 높게 설계할 것
   ⑤ 벽에 방습층을 둘 것 (방습층을 설치할 경우 고온측인 실내측에 가깝게 시공)

(7) 일조 및 일사

1) 균시차
   진태양시와 평균태양시와의 차이다.
   ① 진태양시 : 어느 지방에서 남중시에서 다음 남중시까지 1일
   ② 평균태양시 : 그 지방에서 남중에서 남중까지 24시간인 것처럼 가상의 태양

2) 일조와 위생
   ① 적외선 : 780~3,000nm, 열환경효과, 기후를 지배하는 요소, '열선'이라고 함
   ② 가시광선 : 380~780nm, 채광의 효과, 낮의 밝음을 지배하는 요소
   ③ 자외선 : 200~380nm, 보건위생적 효과, 건강효과 및 광합성의 효과, '화학선'이라고 함
      290~320nm(2900~3,200Å) - 도르노선(건강선)
      ※ 1nm = 10Å

3) 일조율
   일조시수를 주간시수로 나눈 값

   $$일조율 = \frac{일조시간}{가조시간} \times 100\%$$

   ① 일조시간 : 실제로 직사광선이 지표를 조사한 시간
   ② 가조시간 : 장애물이 없는 장소에서 청천시에 일출부터 일몰까지의 시간

4) 벽의 방위별 가조시간

벽의 방위	하 지	춘추분	동 지
남면	7시간 0분	12시간 0분	9시간 32분
남동면	8시간 4분	8시간 0분	8시간 6분
동면, 서면	7시간 14분	6시간 0분	4시간 46분
북면	3시간 44분	0분	0분
북동, 북서면	6시간 24분	4시간 0분	1시간 26분
남서면	8시간 4분	8시간 0분	8시간 6분

※ 벽면에 대한 가조시간이 가장 긴 것은 춘·추분의 남면벽이다.

5) 남북간 인동간격 결정 요소
   ① 계절 : 겨울철 동지때 일조(4시간 이상의 일조 확보)
   ② 방위각 : 정남 – 태양의 고도(방위각, 일적위), 그 지방의 위도, 일영(그늘의 길이)
   ③ 지형 : 대지의 경사도, 대지의 경사 방향
   ④ 전면 건물의 높이
   ⑤ 개구부의 높이

6) 루버의 종류
   ① 수직루버 : 동면과 서면에 좋고 태양의 방위각에 의한 조절이 좋다.
   ② 수평루버 : 남면과 북면에 좋고 태양의 고도 변화에 양호하다.
   ③ 격자루버 : 수직과 수평의 혼합한 형태로 가장 효과적인 차양방법이다.
   ④ 가동루버 : 태양의 위치에 따라 일조량이 변화한다.

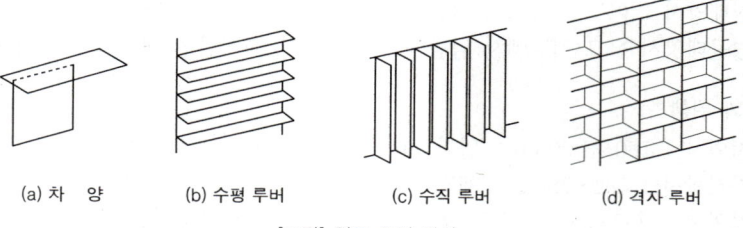

(a) 차 양   (b) 수평 루버   (c) 수직 루버   (d) 격자 루버

[그림] 일조 조정 장치

2. 공기환경

(1) 공기의 구성

공기는 질소, 산소, 아르곤, 탄산가스, 수증기 등의 혼합물로서 지상 부근의 대기의 성분 비율은 수증기를 제외하면 거의 일정하며, 표와 같은 성분으로 이루어지고 있다.

■ 공기의 성분(지상 부근의 대기의 기준치)

성 분	N_2	O_2	Ar	CO_2
용적 조성[%]	78.09	20.95	0.93	0.03
중량 조성[%]	75.53	23.14	1.28	0.05

(2) 습도의 표시

1) 절대습도(SH)
   ① 공기 중에 포함된 수분의 량
   ② 건공기 1kg을 포함하는 습공기 중의 수증기량 x(kg)을 말한다.
   ③ 단위 : kg/kg' 또는 kg/kg[DA](기상학 : g/m^3, kg/m^3)

2) 상대습도(RH)
   ① 공기의 습한 정도의 상태(습공기가 함유하고 있는 습도의 정도를 나타내는 지표)
   ② 어느 온도에서 공기 $1m^3$에 포함할 수 있는 최대 수증기 양과 현재 온도에서 포함하고 있는 수증기 양과의 비(%) → 단위 : %
   ③ 상대습도 = $\dfrac{\text{현재수증기압}}{\text{포화수증기압}} \times 100$

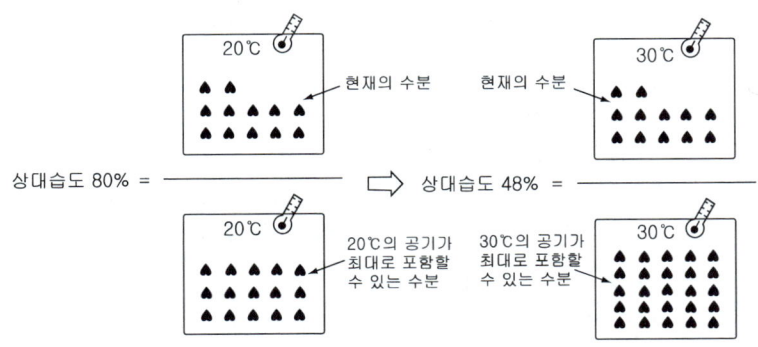

[그림] 상대습도의 의미

예제문제 05

건구온도 21℃, 상대습도 50%의 공기를 건구온도 30℃로 가열했을 때 상대습도는? (단, 21℃ 공기의 포화 수증기압은 18.7mmHg이고, 30℃ 공기의 포화 수증기압은 31.7mmHg이다.)

① 29.5%   ② 36.0%   ③ 43.5%   ④ 50.5%

해설 상대습도 = $\dfrac{현재수증기압}{포화수증기압} \times 100$

현재(21℃) 수증기압(x) ⇒ $50\% = \dfrac{x}{18.7} \times 100$

$x = 9.35 \text{mmHg}$

30℃ 상대습도 = $\dfrac{9.35}{31.7} \times 100 = 29.5\%$

답 : ①

(3) 습공기 선도

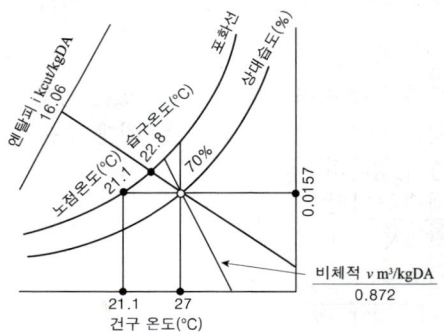

[그림] 습공기 선도 보는 법

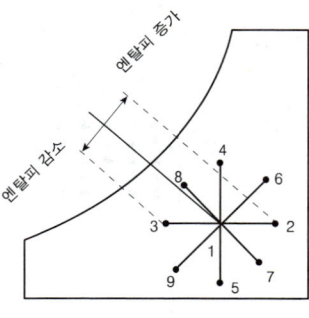

[그림] 공기조화의 각 과정

1→2 : 현열 가열(sensible heating)
1→3 : 현열 냉각(sensible cooling)
1→4 : 가습(hurnidification)
1→5 : 감습(dehurnidification)
1→6 : 가열 가습(heating and hurnidifyin)
1→7 : 가열 감습(heating and dehurnidifying)
1→8 : 냉각 가습(cooling and hurnidifying)
1→9 : 냉각 감습(cooling and dehurnidifying)

① 습공기 선도를 구성하는 요소들 : 건구온도, 습구온도, 노점온도, 절대습도, 상대습도, 수증기 분압, 비용적, 엔탈피, 현열비 등
② 습공기 선도를 구성하는 있는 요소들 중 2가지만 알면 나머지 모든 요소들을 알아낼 수 있다.
③ 공기를 냉각 가열하여도 절대습도는 변하지 않는다.
④ 공기를 냉각하면 상대습도는 높아지고 공기를 가열하면 상대습도는 낮아진다.
 - 절대습도의 변화(×)
⑤ 습구온도와 건구온도가 같다는 것은 상대습도가 100%인 포화공기임을 뜻한다.
⑥ 습구온도가 건구온도보다 높을 수는 없다.

> **참고**
> ① i-x 선도(Mollier선도) : 공조설비에서 이용되는 공기선도
> ② p-i 선도(Mollier선도) : 냉동기에서 이용되는 선도
> ③ t-x 선도(Carrier선도) : 냉동기에서 이용되는 선도

(4) 실내환기의 목적
① 호흡에 필요한 산소의 적절한 공급(인체 등에 적극적으로 신선한 공기 공급)
② 오염공기에 의한 감염 위험의 감소(실내를 정화하고 쾌적한 환경 유지)
③ 건물 내부의 결로방지(실내에서 발생된 열이나 수분 제거)
※ 공기조화의 목적 : 주어진 실내온도, 습도, 환기, 청정 및 기류 등을 함께 조절하여 실내의 사용목적에 알맞은 상태로 유지하기 위하여

(5) 실내에서 발생하는 오염물질
인체에 유익하지 않은 각종 유해물질이 실내에서 발생하여 산소 등을 공급하기 위하여 신선한 외기와 교환이 필요하다.
① 호흡에 필요한 산소의 부족
② CO_2가스의 증가
③ 실내에서 열이 발생
④ 실내에서 수증기 발생
⑤ 분진 및 유해가스의 발생
⑥ 인체 및 실내에서 발생되는 각종 냄새(배기, 끽연 등) 발생
⑦ 쾌적한 환경조성에 필요한 적절한 기류
⑧ CO, 라돈가스 등의 발생
※ 탄산가스의 함유량에 비례해서 다른 오염원의 정도가 변화되므로 실내 공기의 오염정도를 판단하는 척도로 탄산가스 농도를 사용한다.

(6) 필요 환기량

$$Q = nV$$

Q : 환기량(m^2/h) n : 환기회수(회/h) V : 실용적(m^2)

또한

$Q = \dfrac{M}{P_i - P_o}$

Q : 필요 환기량
M : 실내에서의 CO_2 발생량(m^3/h)
P_i : CO_2 허용 농도(m^3/m^3)
P_o : 신선공기 CO_2 농도(m^3/m^3)

예제문제 06

다음과 같은 조건에서 실내 CO_2 허용한도를 0.15%로 하려면 필요 환기량은?

┌ 보기 ┐
① 재실자 1인당 탄산가스 배출량 0.03m^3/h
② 외부 신선 공기의 CO_2 함유량 0.02%
③ 실내 재실자 30명

① 90m^3/h   ② 231m^3/h   ③ 692m^3/h   ④ 1,059m^3/h

해설 $Q = \dfrac{M}{P_i - P_o}$

Q : 필요 환기량
M : 실내에서의 CO_2 발생량(m^3/h)
P_i : CO_2 허용 농도(m^3/m^3)
P_o : 신선공기 CO_2 농도(m^3/m^3)

※ $M = 0.03m^3/h \times 30명 = 0.9m^3/h$
  $P_i = 0.15\% \rightarrow 0.0015(m^3/m^3)$
  $P_o = 0.02\% \rightarrow 0.0002(m^3/m^3)$

∴ $Q = \dfrac{0.9}{0.0015 - 0.0002} = 692.3 m^3/h$

답 : ③

> **예제문제 07**
>
> 300명을 수용하는 강당이 있다. 천장고는 10m이고, 1인당 바닥면적은 1.5m²이다. 이 강당의 환기횟수로 적당한 것은? (단, 1인당 CO_2 발생량은 0.02m³/h, 외기 중 CO_2량은 0.03%, 실내의 CO_2 허용 한도량은 0.07%이다.)
>
> ① 2.5회/h   ② 3.3회/h   ③ 4.5회/h   ④ 5.3회/h
>
> ---
>
> **[해설]** 필요 환기량 $Q = nV$
>
> Q : 환기량(m³/h) n : 환기회수(회/h) V : 실용적(m³)
>
> 또한 $Q = \dfrac{M}{P_i - P_o}$
>
> Q : 필요 환기량
> M : 실내에서의 CO_2 발생량(m³/h)
> P_i : CO_2 허용 농도(m³/m³)
> P_o : 신선공기 CO_2 농도(m³/m³)
>
> 환기량 $Q = \dfrac{M}{P_i - P_o} = \dfrac{300 \times 0.02}{0.0007 - 0.0003} = 15{,}000 \text{m}^3$
>
> 실용적(V) = $300 \times 1.5 \times 10 = 4{,}500 \text{m}^3$
>
> 환기회수 $= \dfrac{Q}{V} = \dfrac{15{,}000}{4{,}500} = 3.33$회
>
> **답 : ②**

(7) 환기의 종류

실내공간에서 이루어지는 자연환기는 공기의 온도차, 압력차, 밀도차에 의한 환기로 이루어진다.

1) 온도차에 의한 환기(중력환기)

건물의 실내외부에 온도차에 있으면 공기밀도의 차이로 압력차가 발생하고 이에 따라 자연배기가 발생

① 상부 : 실내공기 배출
② 하부 : 외기 유입
    중성대 : 실내외 압력차가 0 (공기의 유출입이 없는 면)
③ 고층건물 : 건물높이의 50~70% 지점
④ 일반주택 : 천정높이의 중앙부위

※ 굴뚝효과(stack effect) : 고층건물의 엘리베이터실과 계단실 등은 천정이 매우 높기 때문에 큰 압력차가 생겨 강한 바람이 발생

2) 풍압차에 의한 환기

① 바람에 의해 건물 전체에 압력차가 발생한다.
② 극간풍(infiltration) : 창문이 닫혀 있을 경우에도 압력차가 크면 환기 발생

(8) 환기 방식

구 분	설 치 방 법	용 도
제 1종 환기(병용식)	강제송풍＋강제배풍	병원 수술실, 거실, 지하극장, 변전실
제 2종 환기(압입식)	강제송풍＋자연배풍	무균실, 반도체공장, 식당, 창고
제 3종 환기(흡출식)	자연송풍＋강제배풍	화장실, 욕실, 주방, 흡연실, 자동차차고
제 4종 환기(자연환기)	자연송풍＋자연배풍	

① 제 1종 환기 : 설비비, 운전비가 비싸다. 실내외의 압력차가 없어서 가장 양호한 환기법
② 제 2종 환기 : 실내의 압력이 정압(＋), 다른 실에서의 공기 침입이 없다. 가장 많이 사용한다. 일반실에 적합하다.
③ 제 3종 환기 : 실내의 압력이 부압(－), 실내의 냄새나 유해 물질을 다른 실로 흘려보내지 않는다. 방, 화장실, 유해가스 발생장소에 사용한다.

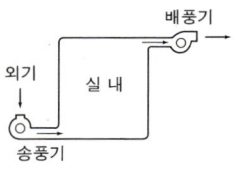 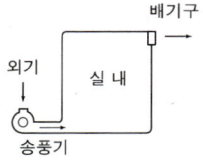 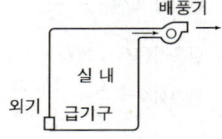

제1종 환기방식 : 설비비, 운전비가 비싸다. 가장 안전한 환기

제2종 환기방식 : 실내의 압력이 정(＋)압, 다른 실에서의 공기 침입이 없다.

제3종 환기방식 : 실내의 압력이 부(＋)압, 실내의 냄새나 유해물질을 다른 실로 흘려 보내지 않는다. 주방, 화장실, 유해가스 발생 장소

[그림] 기계 환기 방식

2 건축환경(빛환경, 음환경)

1. 빛환경

(1) 빛의 측정

1) 광속
   ① 광원으로부터 발산되는 빛의 양
   ② 균일한 1cd의 점광원이 단위 입체각(1sr)내에 방사하는 光量
   ③ 단위 : 루멘(lumen, lm)

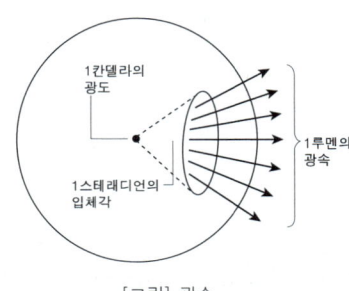

[그림] 광속

2) 광도
   ① 단위면적당 표면에서 반사 또는 방출되는 광량
   ② 단위 : 칸델라(candela, cd)
   ③ 대부분 표시장치에서 중요한 척도가 된다.

   ※ 1cd : 점광원을 중심으로 하여 $1m^2$의 면적을 뚫고 나오는 광속이 1 lumen일 때 그 방향의 광도
   [주] 100W 전구의 평균 구면광도는 약 100cd

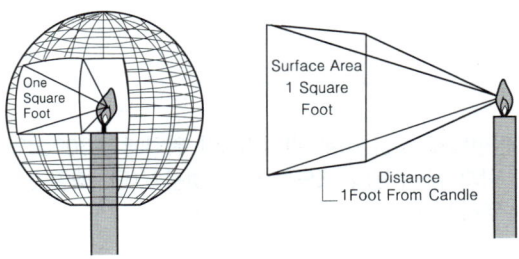

[그림] 광도

3) 조도

① 표면에 도달하는 광의 밀도(1m² 당 1 lm의 광속이 들어 있는 경우 1lux)
② 단위 : 룩스(lux, lx)
③ 조도 = $\dfrac{광도}{(거리)^2}$

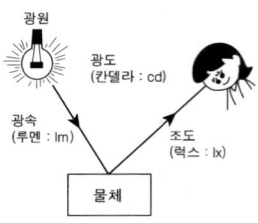

[그림] 광속, 광도, 조도

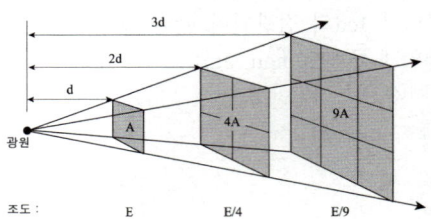

[그림] 조도의 역자승 법칙

예제문제 08

실내에 1,000cd의 전등이 있을 때 이 전등으로부터 각각 2m, 4m 떨어진 두 곳의 표면 조도가 옳게 계산된 것은?

① 250lux, 62.5lux
② 250lux, 125lux
③ 500lux, 250lux
④ 1,000lux, 500lux

해설 $E = \dfrac{I}{d^2}(lx)$

$I = 1,000cd,\ d_1 = 2m,\ d_2 = 4m$

$E = \dfrac{I}{d_1^2} = \dfrac{1,000}{2^2} = 250 lx$

$E = \dfrac{I}{d_2^2} = \dfrac{1,000}{4^2} = 62.5 lx$

답 : ①

예제문제 09

지름이 4m인 원형탁자 중심 바로 위 1.5m의 위치에 1,000cd의 백열등이 설치되어 있을 때 이 탁자 끝 부분의 조도로 맞는 것은? (단, 백열등을 점광원으로 가정하여 반사광은 무시한다.)

① 112lux ② 108lux ③ 126lux ④ 96lux

해설 $I = 1,000cd,\ d^2 = 2^2 + 1.5^2 = 6.25,\ d = 2.5$

$\cos\theta = \dfrac{1.5}{d} = \dfrac{1.5}{2.5} = 0.6$

$E = \dfrac{1,000}{6.25} \cdot \cos\theta$ 를 이용하여 $E = \dfrac{1,000}{6.25} = \times 0.6 = 96 lux$

답 : ④

4) 휘도
   ① 빛을 방사할 때의 표면밝기의 척도
   ② 단위 : cd/cm^2(보조단위 : apostilb,sb), cd/m^2(니트, nit, nt)
   ③ 시각 환경 밝기의 분포를 나타낸다.
   ④ 휘도의 분포는 시대상의 잘 보임이나 시작업상에 큰 영향을 준다.

5) 광속발산도(Luminance)
   ① 단위면적당 표면에서 반사 또는 방출되는 빛의 광속
   ② 단위 Lambert(L), Foot-Lambert(FL), Nit(cd/m^2)

■측광량의 단위

용 어	기 호	단 위	정 의
광속(光速)	F	루 멘(lm)	광의 양
광도(光度)	I	칸 델 라(cd)	광의 강도
조도(照度)	E	럭 스(lx)	장소의 명도
휘도(輝度)	B	스 틸 브(sb)	반짝임
광속발산도	R	래드럭스(rlx)	물체의 명도

(2) 자연채광
   ① 전천공일사 = 직달일사 + 천공일사(천공복사)
   ② 직달일사
      ㉠ 수평면 직달 일사량은 최대가 되는 것은 여름철의 서쪽면이다.
      ㉡ 남향 수직면의 일사량은 여름철이 적고, 겨울철이 많아진다.
      ㉢ 동(서)향 또는 남동(남서)향 수직면에서는 일사량이 여름철에 많아지고, 겨울철에 적어진다.
   ③ 천공 복사량은 태양광이 도중에서 난반사되어 지상에 도달하는 일사량이다.

(3) 주광률(Daylight factor : DF)
   ① 실내의 조도를 채광에 의해서 얻는 경우 야외의 주광 조도는 시시각각으로 변화하므로 실내의 조도도 이에 따라 변한다. 채광 설계에 있어서 이와같이 변화하는 조도를 실내밝기의 기준으로 하는 것은 불합리하므로 이에 대신하는 것으로서 주광률이 사용된다.
   ② 자연 채광에 의한 건축 설계의 기초로 실내의 최소 조도를 규정한다.
   ③ 주광은 광량(광속, 조도, 휘도)에 의한 방법과 상대치(주광률)에 의한 방법에 의해 정량화 할 수 있다.
   ④ 천공의 상대적인 휘도 분포, 창과 수조점의 기하학적인 관계, 실의 형태와 마감 등에 의해서 결정되며, 천공의 휘도치 그 자체의 영향을 받지 않는다. 따라서 천공의 상대적인 휘도 분포를 선정하면 주광률은 기하학적인 수치로써 결정되며, 채광 계산의 지표로 사용될 수 있다.

⑤ 주광률은 실내의 조도가 옥외의 조도 몇 %에 해당하는가를 나타내는 값으로 식은 다음과 같다.

$$DF = \frac{\text{실내 한 지점의 작업면 조도}(E)}{\text{실외의 수평면 조도(설계용 전천공 조도)}(E_s)} \times 100(\%)$$

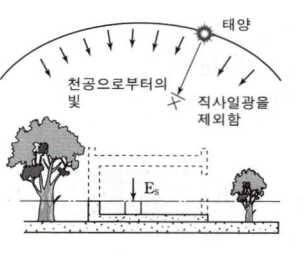

전천공 조도

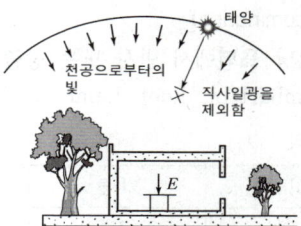

주광률 : $D = \dfrac{E}{E_s} \times 100(\%)$

E_s : 전천공 조도
E : 실내의 조도

[그림] 주광률

예제문제 10

초등학교 교실의 채광 설계에서 200럭스(lux)의 조도를 얻을 수 있는 주광률은?
(단, 실외 천공광 기준 조도 = 5,000럭스(lux))

① 0.4%   ② 2.5%   ③ 4%   ④ 25%

해설) 주광률 = $\dfrac{\text{실내 채광조도}}{\text{실외 전천공광 기준조도}} \times 100(\%) = \dfrac{200}{5,000} \times 100 = 4\%$ 답 : ③

(4) 균제도(均制度)

① 휘도나 조도, 주광률 등의 분포를 나타내는 지표
② 휘도나 조도, 주광률 등의 평균치에 대한 최소치의 비
③ 균제도 = $\dfrac{\text{가장 어두운 주광율}}{\text{가장 밝은 주광율}}$

※ 실내면 반사율의 추정치
천장 80~90% > 벽 40~60% > 탁상, 작업대, 기계 25~45% > 바닥 20~40%

(5) 자연채광 형식

1) 정광창 형식(top light)
지붕 또는 천장의 중앙에 천창을 통한 채광 방식
① 전시실 중앙을 밝게 하여 조도 분포가 균일하지만 폐쇄된 분위기가 된다.
② 천창의 직접 광선을 막기 위해 천창 부분에 루버를 설치하거나 2중으로 한다.
③ 구조, 시공, 빗물처리 등이 어렵다.
④ 채광량이 많아(측창의 3배 정도) 조각품 전시에 적합하고, 유리창 내의 공예품 전시에는 부적합하다.

2) 측광창 형식(side light)
벽면에 수직으로 낸 측창을 통한 채광 방식
① 실 깊이에 제한을 받으며 주변 상황에 영향을 받는다.
② 개폐와 조작이 용이하고 청소, 보수가 용이하다.
③ 광선의 확산, 광량의 조절, 열전열 설비를 병용하는 것이 좋다.
④ 전시실 채광 방식 중 가장 불리한 방식으로 소규모 전시실 이외는 부적합하다.

3) 고측광창 형식(clerestory)
지붕면에 있는 수직창에 의한 채광 방식으로 정광창식, 측광창식의 절충 방식
① 중앙부는 어둡게 하고 전시실 벽면 조도는 충분하다. 광량이 약할 우려가 있다.
② 미술관에서 벽면 조도를 크게 할 경우, 공장 등에 이용되는 방식이다.

4) 정측광창 형식(top side light monitor)
관람자가 서 있는 위치 상부에 천장을 불투명하게 하여 측벽에 가깝게 채광하는 방식
① 관람자의 위치(중앙부)는 어둡고 전시 벽면의 조도가 밝은 이상적인 형식으로 미술관 등의 채광방식으로 적당하다.
② 천장이 높기 때문에 측광창의 광선이 약할 우려가 있다.
③ 천창보다 구조가 간단하고 빗물, 시공, 개보수가 손쉽고 조망과 개방감이 좋다.

5) 특수채광 형식
천창은 상부에서 경사 방향으로 빛을 도입하여 벽면을 주로 비치게 하는 방법

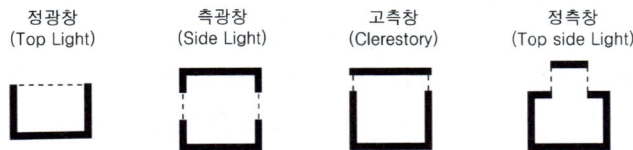

※ 그림은 건물의 수직단면상태를 나타낸 것임

(6) 광원의 종류와 특징

구분	백열등	형광등	수은등	나트륨등	메탈 할라이드등	할로겐등
효율(lm/W)	10~20	50~90	40~65	95~145	70~95	20~22
수명(h)	1,000	7,000	10,000	6,000	9,000	2,500
연색성	좋다.			좋지 않다.	좋다.	
휘도	높다.	저휘도	높다.	높다.	높다.	높다.
용도	장식, 국부 조명	옥내 전반 조명	높은 천정 조명, 경기장, 도로	터널, 도로	은행, 백화점, 가구점	높은 천정, 단관형은 영사기용
색상	적색 부분 많다.	광색 조절이 용이	청백색	황등색	자연색에 가깝다.	주광색에 가깝다.
기타	・열방사 많다. ・점등이 빠르다. ・온도 높을수록 주광색에 가깝다.	・열방사 적다. ・점등에 시간이 걸린다. ・주위 온도에 영향	・1등당 큰 광속을 얻는다. ・수명이 가장 길다.			

※ 광원의 효율
나트륨등 95~145 lm/W > 메탈할라이드등 70~95 lm/W > 형광등 50~90 lm/W > 수은등 45~65 lm/W > 백열등 10~20 lm/W

(7) 건축화 조명
・천장, 벽, 기둥 등의 건축 부분에 광원을 만들어 실내를 조명하는 방식
・눈부심이 적은 장점이 있는 반면, 조명 효율은 직접 조명에 비해 떨어진다.

① 다운 라이트 : 천장에 작은 구멍을 뚫어 그 속에 광원을 매입한 방법
② 루버 조명 : 천장면에 루버를 설치하고 그 속에 광원을 배치하는 방법
③ 광천정 조명 : 천장면 전체에서 발광되도록 한 것
④ 코퍼 조명 : 천장면에 빛을 반사시켜 간접 조명하는 방법
⑤ 코니스 조명 : 벽면에 빛을 반사시켜 간접 조명하는 방법

(8) 조명 설계

1) 조명 설계 순서
   ① **소**요 조도 결정
   ② **전**등 종류 결정
   ③ **조**명 방식 및 조명기구 선정
   ④ **광**속의 계산
   ⑤ 광원의 크기와 그 **배**치

■ 조명 설계 순서
소→전→조→광→배

2) 광속계산

$$F = \frac{E \cdot A \cdot D}{N \cdot U}$$

F : 광원 1개당 광속(lm)　　N : 광원의 개수
U : 조명율　　　　　　　　E : 소요조도(lx)
A : 실의 면적 – 실지수(K)　D : 감광보상율

※ 실지수(K) : 방의 크기와 형태를 나타내는 지수로서 광원에서 작업면에 직접 도달하는 빛은 실의 바닥면적에 대하여 천장의 높이가 낮을 때는 많고, 천장의 높이가 높을 때는 적어진다.

예제문제 11

면적이 100m²인 방에 백열 전구 10개를 점등하였다. 평균 조도는 대략 얼마인가? (단, 전구 1개당 광속은 1,000lm, 조명률 0.6, 감광보상률 1.3임)

① 35lx　　② 40lx　　③ 45lx　　④ 60lx

해설 $F = \dfrac{E \cdot A \cdot D}{N \cdot U}$

　　F : 광원 1개당 광속(1,000lm)　N : 광원 개수(전구 10개)
　　U : 조명율(0.6)　　　　　　　E : 평균조도(lx)
　　A : 방의 면적(100m²)　　　　　D : 감광보상율(1.3)

따라서, $1,000 = \dfrac{E(\text{lx}) \times 100 \times 1.3}{10 \times 0.6}$　$E = 46.15\,(\text{lx})$　　답 : ③

---

3) 광원의 크기와 배치
   ① $S \leq 1.5H$
   ② $S_w \leq \dfrac{H}{2}$ (벽측에서 작업을 하지 않을 때)
   ③ $S_w < \dfrac{H}{3}$ (벽측에서 작업을 할 때)

   S : 광원간의 거리
   S_w : 광원과 벽과의 거리
   H : 작업면(바닥위 85cm)에서 광원까지 높이

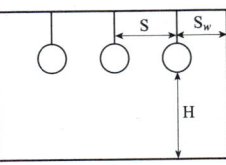

[그림] 광원의 배치

2. 음환경

(1) 가청범위

인간이 감지할 수 있는 음의 가청주파수 범위는 20~20,000Hz이다.
※ 주파수 : 음이 1초간에 진동하는 횟수, 단위는 cycle/sec 또는 Hz
① 초저주파 : 20Hz 이하
② 가청주파 : 20~20,000Hz
③ 초고주파 : 20,000Hz 이상

(2) 표준음

① 대표적인 음 : 63, 125, 250, 500, 1,000, 2,000, 4,000, 8,000의 사이클의 순음(純音)
  ㉠ 저음 : 125
  ㉡ 중음 : 500(실내 혹은 재료 등의 음향적 성질을 표시할 때의 표준음)
  ㉢ 고음 : 2,000
② 1,000cycle : 청각을 고려한 표준음

(3) 음의 성질

① 회절(diffraction) : 음이 진행 중에 장애물이 있으면 파동은 직진하지 않고 그 뒤쪽으로 되돌아오는 현상. 칸막이(장벽) 뒤의 소리가 들리는 것은 회절현상에 의한 것이다.
② 간섭(interference) : 2개 이상의 음파가 동시에 어떤 점에 도달하면 서로 강화하거나 약화시키는 현상
③ 울림(echo) : 진동수가 조금 다른 두 음의 간섭에 의해 생기는 현상
④ 공명 : 입사음의 진동수가 벽이나 천장 등의 진동수와 일치되어 같이 소리를 내는 현상
⑤ 반사(reflection) : 음은 흡수, 반사, 투과 또는 반사의 성질을 갖고 있으며 각각의 비율은 재료에 따라 다르다. 또한 입사각과 반사각은 같다.
⑥ 확산(diffusion) : 음파가 요철 표면에 부딪쳐 여러 개의 작은 파형으로 나뉘는 것
⑦ 공진(resonance) : 한 진동체가 다른 진동체에 이끌리어 그와 같은 진동수로 진동하는 현상
⑧ 은폐(masking) : 2가지음이 동시에 귀에 들어와서, 한쪽의 음 때문에 다른 쪽의 음이 작게 들리는 현상
⑨ 감쇠(damping) : 시간이 지남에 따라 진동의 진폭이 차츰 작아져 가는 현상
⑩ 정재파(定在波, standing wave) : 진행되는 음파가 반사면에 부딪칠 때 반대방향으로 되돌아오는 음파의 중첩으로 음압의 변동이 중복되면서 실내에 머물러있는 상태를 말한다.

(4) 음의 크기와 음의 크기 레벨

1) 음의 크기
   ① 청각의 감각량으로서 음의 감각적 크기를 보다 직접적으로 표시하기 위해 사용한다.
   ② 단위 : 손(sone)
   ③ sone값을 2배로 하면 음크기는 2배로 감지된다.

2) 음의 크기 레벨
   ① 귀의 감각적 변화를 고려한 주관적인 척도이다.
   ② 단위 : 폰(phone)
   ③ 1손(sone)은 40폰(phone)에 해당되며 손(sone)값을 2배로 하면 10 phone씩 증가한다.
   ※ 손(sone)값을 2배로 하면 음의 크기는 2배로 감지된다.
      (1손=40phone, 2손=50phone, 4손=60phone ……)

■ 음의 단위
① dB : 음압측정비교
② phon : 음크기레벨
③ W/m² : 음의 세기
④ N/m² : 음압

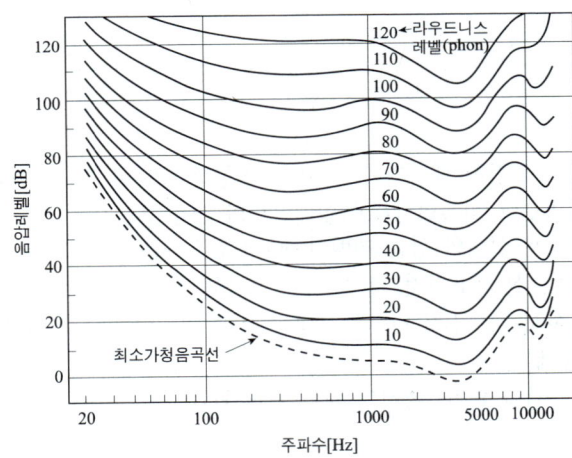

[그림] 등감도곡선(Loudness curve)

(5) 명료도와 요해도

① 명료도(clarity) : 사람이 말을 할 때 어느 정도 정확하게 청취할 수 있는가를 표시하는 기준을 백분율로 나타낸 것이다. 음성레벨이 80dB, 잔향시간이 0초, 음성레벨과 소음 레벨의 차가 50dB일 때 최대명료도값(96%)을 갖는다.

$$명료도(PA) = 96 \times Ke \times Kr \times Kn$$

여기서, Ke : 음의 세기에 의한 명료도의 저하율
　　　　Kr : 잔향시간에 의한 명료도의 저하율
　　　　Kn : 소음에 의한 명료도의 저하율

② 요해도(intelligibility) : 언어의 명료도에 의해서 말의 내용이 얼마나 이해되느냐 하는 정도를 백분율로 나타낸 것을 요해도(了解度)라고 한다. 각 음절의 전부를 확실히 들을 수는 없어도 말의 내용이 이해되는 경우가 있으므로 요해도는 명료도보다 높은 값을 갖게 된다.

(6) 잔향시간

① 정의 : 실내의 일정한 세기의 음을 내어 정상상태로 한 후 이것을 멈추어 실내의 평균 에너지밀도와 처음의 $1/10^6$(일백만분의 일), 음압으로서 1/1,000이 될 때까지의 시간으로서 실내의 평균 레벨이 60dB 감소하는 데 필요한 시간을 말한다.
② 요소 : 실용적, 실내 표면적, 실의 평균 흡음률
③ 실내음의 잔향시간은 실용적이나 실내 흡음력 외에 음원과 수음점의 거리나 반사면의 위치 등에 관계된다.
④ 잔향시간은 음원의 위치, 측정의 위치와 무관하다.

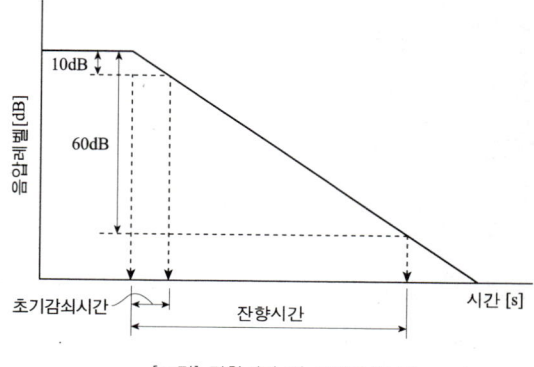

[그림] 잔향시간 및 초기감쇠시간

⑤ 흡음재료의 위치와도 무관하다는 사실을 발견하고 RT = $K\dfrac{V}{A}$의 식을 유도했다.

  RT : 잔향시간
  K : 비례상수(0.162)
  V : 실의 용적(m^3)
  A : 흡음력 = $\bar{\alpha}$(평균흡음률) × S(실내표면적)(m^2)
  잔향시간은 실용적에 비례하고 실내 흡음력에 반비례한다.

(7) Sabine의 잔향이론

① RT = $K\dfrac{V}{A}$의 식에서

  RT : 잔향시간(sec)
  K : 비례상수(0.162)
  V : 실의 용적(m^3)
  A : 흡음력 = $\bar{\alpha}$(평균흡음률) × S(실내표면적)(m^2)
  잔향시간은 실용적에 비례하고 실의 흡음력에 반비례한다.

② 요소 : 실용적, 실내 표면적, 실의 평균 흡음률
③ 잔향시간은 음원의 위치, 측정의 위치, 흡음재료의 위치와 무관하다.

예제문제 12

홀의 용적이 5,000m^3, 잔향시간이 1.2초, 비례상수가 0.16인 음악당의 흡음력은 얼마인가?

① 666m^2 ② 800m^2 ③ 960m^2 ④ 1,050m^2

해설 잔향시간(Sabine의 잔향이론)

  잔향시간 $RT = K\dfrac{V}{A}$에서

  RT : 잔향시간(sec)
  K : 비례상수(0.162)
  V : 실의 용적(m^3)
  A : 흡음력 = $\bar{\alpha}$(평균흡음률) × S(실내표면적)(m^2)

  잔향시간 $RT = K\dfrac{V}{A}$

  $T = 0.16 \times \dfrac{5,000}{A} = 1.2$초

  ∴ A = 666.6m^2

답 : ①

■ 실내 음향 상태를 표현하는 표준
① 명료도
② 잔향시간
③ 소음레벨
④ 음압분포

(8) 최적잔향시간(Optimun reverberation time)

① 잔향시간은 그 방의 사용 목적에 따라 적당한 길이를 필요로 하고, 또 같은 용도의 방이라도 용적이 클수록 긴 것이 좋다. 오디토리움에서 강연할 때 최적잔향시간은 1초이다.
② 강연이나 연극 등 언어를 주사용 목적으로 할 경우 잔향시간은 비교적 짧게 하여 음성의 명료도를 제일 조건으로 한다.
③ 음악(종교음악)은 좋은 음질과 적당한 여운, 풍부한 음량이 요구되므로 다소 긴 잔향시간이 필요하다.
④ 짧은 것에서 긴 것 순서 : 강연, 연극 - 실내악 - 종교음악

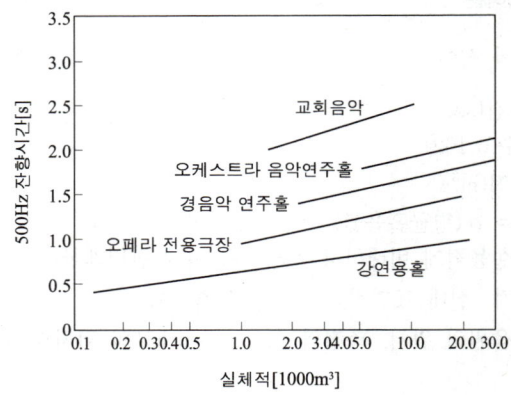

[그림] 실의 용도 및 체적별 잔향시간

(9) 음향상 장애가 되는 현상

① 에코(echo) : 진동수가 조금 다른 두 음의 간섭에 의해 생기는 현상
② 플러터 에코(flutter echo)현상 : 박수소리나 발자국 소리가 천장과 바닥면 및 옆벽과 옆벽 사이에서 왕복반사하여 독특한 음색으로 울리는 경우를 말한다.
③ 속삭임의 회랑 : 음원으로부터 나온 음이 커다란 요철면을 따라 반사를 되풀이하므로써 속삭임과 같은 작은 소리라도 먼 곳까지 들리는 현상
④ 음의 집점과 사점
  ㉠ 음파가 그 파장보다 큰 요철면에서는 반사한 음선에 의해 집점이 생기고, 그 점의 음압도 커지는 경우가 있다.
  ㉡ 반대로 다른 점에서 상대적으로 음압이 작아진다고 생각할 수 있고, 이와 같이 음의 분포가 불균일한 장소를 사점이라 한다.

3 열 및 유체역학

1. 열역학
(1) 열역학에서의 여러 물리량

1) 비체적(Specific volume, v)

단위 질량당의 체적으로 정의

$$v = \frac{V}{m} = \frac{1}{\rho}\,[\text{m}^3/\text{kg}]$$

2) 비중량(Specific weight, γ)

단위 체적당의 중량으로 정의하며 즉, 비중량[r] = 중량[G] / 체적[V]으로 단위는 [N/m³]이고 밀도와의 관계는 다음과 같다.

$$\gamma = \frac{G}{V} = \frac{m \cdot g}{V} = \rho \cdot g$$

여기서, G : 무게(중량) [N]
m : 질량 [kg]
ρ : 밀도 [kg/m³]
g : 중력가속도 [9.8m/sec²]

3) 밀도(Density, ρ)

단위 체적당의 질량으로 정의

$$\rho = \frac{m}{V}\,[\text{kg/m}^3]$$

여기서, m : 질량 [kg]
V : 체적 [m³]

물의 경우 1[atm] 4[℃]일 경우 1000[kg/m³] = 1[kg/l] 이다.

■ 실용상 공기의 평균 비체적과 밀도
· 비체적 : 0.83 [m³/kg]
· 밀도 : 1.2 [kg/m³]
(액체의 밀도는 일정하다고 생각하면 좋으나 기체의 밀도는 온도나 압력에 따라 크게 변한다.)

| 건축설비계획 |

■ 열량 단위의 상호관계
1 [kcal]
= 3.968 [BTU]
= 2.2052 [CHU]
= 4.186 [kJ]

4) 비중(Specific gravity)

대기압하에서 어떤 물질의 밀도(또는 비중량)와 4[℃]에서 물의 밀도(또는 비중량)의 비로 정의하며 기호는 S로 표시한다. 비중은 무차원수이며 물의 비중 $S=1$ 이다.

$$S = \frac{\rho}{\rho_w} = \frac{\gamma}{\gamma_w}$$

여기서, e_w = 물의 밀도
γ_w = 물의 비중량

※ 임의의 물질 비중량은 그 비중에 물의 비중량을 곱해 주면 된다.
$\gamma = s \times 1,000 \ [kg \cdot f/m^3] = s \times 9,800 \ [N/m^3]$

(2) 열량과 비열

어느 물질을 가열하거나 냉각할 때 출입하는 열량은 그 물질의 질량 및 온도 변화에 비례한다. 예를 들어 질량 $m[kg]$의 물질의 온도를 $\Delta t \ [K]$만큼 변화시켰을 때 필요한 열량 $q[J]$은

$$q = m \cdot c \cdot \Delta t$$

이다.

여기서, 비례정수 c는 물질의 종류에 따라서 다른 값을 같고 비열이라 한다.

비열은 물질 1[kg]의 온도를 1[K] 변화 시키는데 필요한 열량[kJ]을 말하며 [kJ/kg · k]의 단위로 표시한다. 물의 비열은 4.186(=4.2)[kJ/kg]이다.

여기서, 어느 물질의 온도를 1K 만큼 변화시키는데 필요한 열량을 그 물체의 열용량 [kJ/k]이라 한다.

$C = m \cdot c$
  C = 열용량[kJ/K]
  m = 질량[kg]
  c = 비열[kJ/kg · K]

■ $C_P - C_v = R$
$C_P > C_v$
$C_v = \dfrac{1}{k-1}R$
$C_P = \dfrac{k}{k-1}R$

⎡ 정압비열[C_p] : 압력을 일정하게 유지하고 가열 할 때의 비열(개방계에 적용)
⎣ 정적비열[C_v] : 체적을 일정한 상태에서 가열 할 때의 비열(밀폐계에 적용)

비열비 : 정압비열을 정적 비열로 나눈 값
  $k = C_P/C_v \ (C_P > C_v$으로 $k > 1$ 이다.)

(3) 현열, 잠열

1) 현열(Sensible heat)

 물질의 상태변화 없이 온도 변화에 이용되는 열량

 $q_s = m \cdot c \cdot \Delta t \, [\text{kJ}]$ - 현열식

2) 잠열(Latent heat)

 물질의 온도변화 없이 상태를 변화시키는데 소요된 열량

 $q_L = m \cdot r \, [\text{kJ}]$ - 잠열식

 r (잠열량)
 ① 0[℃] 얼음의 융해 잠열 : 335[kJ/kg]
 ② 0[℃] 물의 증발 잠열 : 2,501[kJ/kg]
 ③ 100[℃] 물의 증발 잠열 : 2,256[kJ/kg]

3) 전열량

 가열로부터 증발 또는 융해에 이르기까지 필요한 총열량

 $q = q_s + q_L = m \cdot c \cdot \Delta t + m \cdot r \, [\text{kJ}]$

4) 물질의 3태

 모든 물질은 3개의 상(고체, 액체, 기체)으로 존재한다.

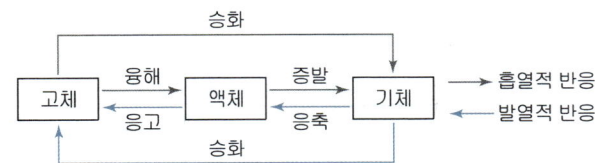

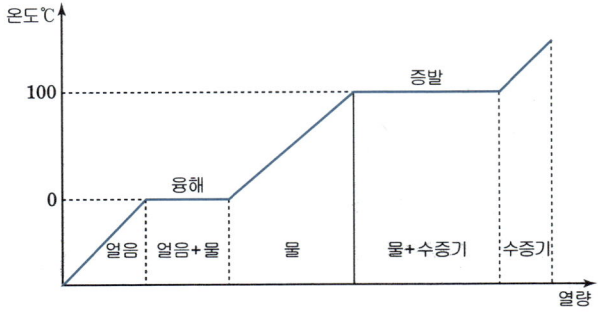

[그림] 물에 대한 열량과 온도의 변화

(4) 온도

물체의 온, 냉의 정도를 표시한 것으로 물체의 분자 운동에 의한 것이다.

1) 섭씨온도(Celsius temperature)

표준대기압 하에서 순수한 물의 어는점을 0° 끓는점을 100°라 하여 이 두 점 사이를 100 등분하여 그 1/100을 1°로 하며 단위는 [℃]로 표시한다.

2) 화씨온도(Fahrenheit temperature)

표준대기압 하에서 물의 어는점을 32° 끓는점을 212°로 하여 그 사이를 180 등분하여 1/180을 1°로 정한 온도로 단위는 [°F]로 한다.

$$℃ = \frac{5}{9}(°F - 32)$$

3) 절대온도(absolute temperature)

이론적으로 도달 할 수 있는 최저온도를 기점으로 하여 측정된 온도로 이 온도를 절대온도라 하고 섭씨온도 t 와 구별하기 위해 T 로 표시하며 단위는 K(켈빈)을 사용한다.

$$T = t(℃) + 273.15 [K]$$
$$T = t(°F) + 460 [R]$$

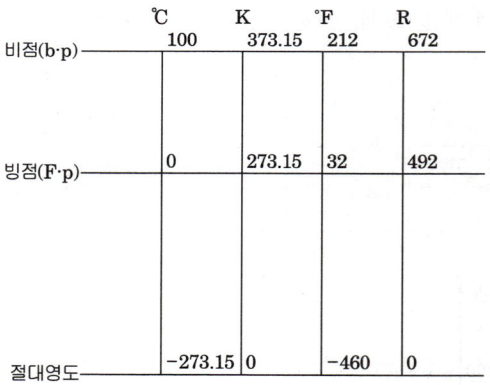

[그림] 각 온도와의 관계

(5) 압력(Pressure)

압력은 단위면적당 작용하는 힘으로 압력의 단위는[N/m²]인데 이 유도(조립)단위는 [Pa]로 표시하고 파스칼[Pascal]로 읽는다.

압력의 기본적인 단위는 [Pa]인데 비교적 낮은 압력을 표시하기 위해 수주나 수은주가 사용된다.

$$1[mH_2O] = 9.807 \times 10^3 [Pa] = 9.807 [kPa] ≒ 9.81 [kPa]$$

$$1[mHg] = 133.3 \times 10^3 [Pa] = 133.3 [kPa]$$

1) 표준 대기압(atm)

   대기압은 날마다 변화하는데 수은주 760[mm]때를 표준적인 대기압으로 할 것을 정하였다.

   $1[atm] = 760[mmHg] = 10.33[mmH_2O] = 1.0332[kg \cdot f/cm^2]$
   $= 101325[Pa] = 101.325[kPa] = 0.101325[MPa]$
   $\fallingdotseq 0.1[MPa] = 1.01325[bar]$

   $1[bar] = 10^5[Pa]$

2) 공학 기압(at)

   공학단위 $[kg \cdot f/cm^2]$가 사용되는데 이를 공학기압이라고 하고[at]로 나타낸다.

   $1[at] = 1[kg \cdot f/cm^2] = 98,000[Pa] = 98[kPa] = 10[mH_2O]$

3) 절대압력, 게이지 압력, 진공압

   ① 절대압력 : 완전진공을 기준으로 측정한 압력
   ② 게이지 압력 : 대기압을 기준으로 측정한 압력
   ③ 진공압력 : 대기압을 기준으로 대기압보다 낮은 압력

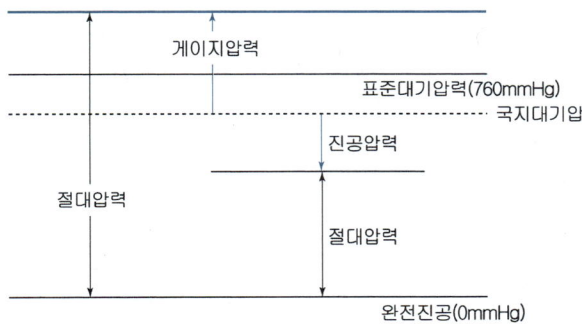

학습포인트

절대압력[MPa] = 게이지압력[MPa] + 대기압(0.1[MPa])
절대압력[MPa] = 대기압[MPa] − 진공압[MPa]
게이지 압력[MPa] = 절대압력[MPa] − 대기압(0.1[MPa])

진공도 $[\%] = \dfrac{진공압}{대기압} \times 100$

(6) 열역학의 제법칙

1) **열역학 제0의 법칙(열평형의 법칙)**

    열은 온도가 높은 곳에서 낮은 곳으로 온도가 같아질 때까지 흐르고 열의 평형 상태에서는 더 이상 열의 이동은 없다.

2) **열역학 제1의 법칙(에너지 보존의 법칙, 제1종 영구기관 제작 불가능 법칙)**

    ① 열은 본질적으로 일과 동일한 에너지의 한 형태로 열을 일로 변화 시킬 수 있고 그 반대로도 가능하다. 그러나 그 비는 일정하다.

    ② 에너지는 결코 생성될 수 없고 그 존재가 완전히 없어 질 수도 없으며, 다만 한 형태로부터 다른 형태로 바뀌어질 뿐이다.

    ※ 제1종 영구기관 : 외부로부터 에너지를 공급하지 않고 영구히 운동을 계속하는 장치

3) **열역학 제2의 법칙(에너지의 방향성 법칙, 제2종 영구기관 제작 불가능 법칙)**

    ① 자연계에 어떤 변화도 남기지 않고 어느 열원의 열을 계속하여 일로 변화시키는 것은 불가능하다. 열을 전부 일로 변화시킬 수는 없다. 즉, 열효율 100[%]의 열기관은 없다.(Kelvin Plank)

    ② 열은 고온 물체로 부터 저온 물체로 이동하는데 그 자체로 외부에서 어떤 일이나 열에너지를 가하지 않고 저온부에서 고온부로 열을 이동시킬 수 없다. (Clausius)

    ※ 제2종 영구기관 : 열효율 100[%]의 열기관(외부에 어떤 변화도 남기지 않고 열의 전부를 일로 변화시킬 수 있는 기관)

4) **열역학 제3의 법칙**

    한 계(系) 내에서 물체의 상태를 변화시키지 않고 절대온도, 즉, 0[K]로 도달 할 수 없다. 절대온도 0[K]에서는 모든 완전한 결정 물질의 절대 엔트로피는 0이다.

학습포인트

- **열역학의 법칙**
  ① 열역학의 제0법칙 : 열평형의 법칙(온도계의 원리)
  ② 열역학의 제1법칙 : 에너지보존의 법칙(엔탈피의 법칙, 제1종 영구기관 제작 불가능의 법칙)
  ③ 열역학의 제2법칙 : 냉동기(히트펌프)의 원리, 에너지의 방향성, 가역과 비가역, 엔트로피의 원리, 제2종 영구기관 제작 불가능의 법칙
  ④ 열역학의 제3법칙 : 네른스트의 법칙(엔트로피의 절대값, 절대온도 0[K]의 원리)

2. 유체역학
(1) 물의 성질

1) 비체적(Specific volume, v)

   단위질량이 갖는 체적으로 정의

   $$v = \frac{V}{m} = \frac{1}{\rho} \ [\text{m}^3/\text{kg}]$$

2) 비중량(Specific weight, γ)

   단위체적이 갖는 무게(중량)으로 정의

   $$\gamma = \frac{W}{V} \ [\text{N/m}^3] = \frac{m \cdot g}{V} = \rho \cdot g$$

   표준 대기압하에서 4℃ 순수한 물의 비중량 9,800[N/m³]

3) 밀도(density, ρ)

   단위체적이 갖는 질량으로 정의

   $$\rho = \frac{m}{V} \ [\text{kg/m}^3]$$

   여기서 m : 질량 [kg]
   V : 체적 [m³]

   1 [atm] 하여서 4℃ 순수한 물의 밀도 1,000 [kg/m³]

4) 비중

   물의 밀도(ρ)와 단위중량의 부피(V) 및 비중량(γ)의 관계는

   $$\rho = \frac{\gamma}{g} [\text{kg} \cdot \text{sec}^2/\text{m}^4]$$

   $$v = \frac{V}{\gamma} [\text{m}^3/\text{kg}]$$

   γ : 비중량 (1[g/cm³]=1[kg/ℓ]=1,000[kgf/m³]=1[ton/m³])
   g : 중력 가속도 (9.8[m/sec²])
   V : 물의 부피

5) 물의 팽창

순수한 물은 1기압하에서 4[℃]일 때 밀도가 최대가 되며, 4[℃]의 물의 밀도는 1[kg/ℓ]이지만 100[℃]까지 상승하면 0.958634[kg/ℓ]가 되므로 그 사이에 팽창한 체적의 비율은 $\left(\dfrac{1}{0.958634} - \dfrac{1}{1}\right) \times 100 = 4.315[\%]$이다. 또한 100[℃]의 물에서 100[℃]의 증기로 변하면 약 1,700배의 체적팽창이 일어난다.

$$\Delta v = \left(\dfrac{1}{\rho_2} - \dfrac{1}{\rho_1}\right) v$$

Δv : 온수의 팽창량 [ℓ]
ρ_1 : 온도 변화 전의 물의 밀도 [kg/ℓ]
ρ_2 : 온도 변화 후의 물의 밀도 [kg/ℓ]
v : 장치 내의 전수량 [ℓ]

(2) 수 압

■ 수압(P, MPa)과 수두(H, mAq)와의 관계식
수압 P=0.01H[MPa] 또는
수두 H=100P[m]

■ 1[MPa]=10[kgf/cm²]
=100[mAq]
1[MPa]=1,000[kPa]
=1,000,000[Pa]

물의 단위용적당 중량 W=1,000[kgf/m³], 수심 H[m]라고 할 때
정수압 [P]=WH=1,000[kgf/m³]×H[m]
=1,000H[kgf/m²]=0.1H[kgf/cm²] 이므로

수압(P)과 수두(H)와의 관계식

$$P = 0.1H = \dfrac{H}{10}[kgf/cm^2] = 0.01H[MPa] \text{ 또는 } H = 100P[m]$$

이 식에서 W는 물의 단위용적당 중량(W=1,000[kgf/m³]), H는 수두(head) 또는 정수두, 압력수두라고 하며, 기호로는 mAq를 쓴다.

※ ① 1표준기압 1[atm]=760[mmHg](0[℃])
=1.033[kgf/cm²]=10.33[mAg]=0.1013[MPa]
② 1공학기압 1[ata]=735.6[mmHg](0[℃])
=1[kgf/cm²]=10[mAg]=0.1[MPa]
③ 수주(水柱) 1[mmAg]=0.0001[kgf/cm²]=1[kgf/m²]

(3) 유량과 유속

단면적을 A[m²], 유속을 v[m/s], 유량을 Q[m³/s]라면
$Q = A_1 v_1 = A_2 v_2 \cdots$ 일정
또 관경을 d[m]라 하면 단면적
$A = \dfrac{\pi d^2}{4}$ 이므로 관의 지름 d를
구할 수 있다.
$\dfrac{Q}{v} = \dfrac{\pi d^2}{4} \quad \therefore d = \sqrt{\dfrac{4Q}{v\pi}}$ [m]

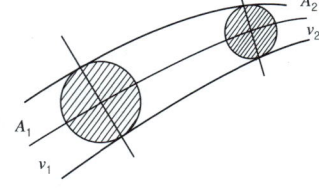

[그림] 유량과 유속

예제문제 13

내경이 50[mm]인 급수배관에 물이 1.5[m/s]의 속도로 흐르고 있을 때 체적유량은?
[11, 22 기]

① 0.09[m³/min] ② 0.18[m³/min] ③ 0.24[m³/min] ④ 0.36[m³/min]

해설 유량과 유속

단면적을 A[m²], 유속을 v[m/s], 유량을 Q[m³/s]라면
$Q = A_1 v_1 = A_2 v_2 \cdots$ 일정
또 관경을 d[m]라 하면 단면적 $A = \pi d^2/4$ 이다.
$\therefore Q = Av = \dfrac{\pi d^2}{4} \times v = \dfrac{3.14 \times 0.05^2}{4} \times 1.5$
$= 0.00294 \,[\text{m}^3/\text{s}] = 0.18 \,[\text{m}^3/\text{min}]$

답 : ②

예제문제 14

직경 100[mm]의 강관에 2.4[m³/min]의 물을 통과시킬 때 강관 내의 평균 유속은?
[09, 14, 21 기]

① 2.4[m/s] ② 4.2[m/s] ③ 5.1[m/s] ④ 7.2[m/s]

해설 $Q = Av$ 에서 $v = \dfrac{Q}{A}$ $A = \pi d^2/4$ 이므로

단면적 : A[m²], 유속 : v[m/s], 유량 : Q[m³/s]

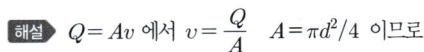

답 : ③

학습포인트

- **베르누이 정리 (Bernoulli's theorem, 1738년)**
  ① 에너지보존의 법칙을 유체의 흐름에 적용한 것으로서 유체가 갖고 있는 운동에너지, 중력에 의한 위치에너지 및 압력에너지의 총합은 흐름 내 어디에서나 일정하다.
  ② 점성과 압축성이 없는 이상적인 유체가 규칙적으로 흐르는 경우에 대해 유체가 흐르는 속도와 압력, 높이의 관계를 수량적으로 나타낸 법칙이다.
  ③ 유체의 위치에너지와 압력에너지와 운동에너지의 합이 항상 일정하다는 성질을 이용한 것으로, 완전유체가 규칙적으로 흐르는 경우에 대해 정리한 것이다.

- **베르누이 정리의 가정조건**
  ① 비압축성 유체이다.
  ② 비점성 유체이다.
  ③ 외력으로는 중력만이 작용한다.
  ④ 정상유동이다.
  ※ 베르누이 방정식
  압력수두, 속도수두, 위치수두의 합은 일정하다.
  압력에너지 + 속도에너지 + 위치에너지 = 0

  $$\frac{P_1}{\gamma} + \frac{V_1}{2g} + Z_1 = \frac{P_2}{\gamma} + \frac{V_2}{2g} + Z_2 \text{ [m]}$$

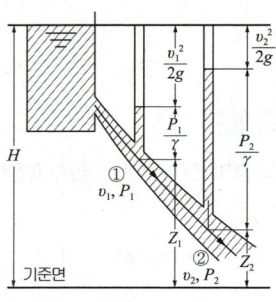

[그림] 베르누이의 정리

- **레이놀즈 수(Reynold's Number)**

  $$\text{Re} = \frac{Vd}{v}$$

  Re : 레이놀즈 수
  V : 유체의 속도[m/s]
  d : 관경, 배관의 안지름[m]
  v : 유체의 동점성계수[m/s]

  ※ 유체의 속도, 관경에 비례하고, 동점성계수에 반비례한다.
  ① 유체의 동점성계수 v는 유체의 성질을 나타내는 요소 중 하나인 점성계수(μ)를 그 유체의 밀도(ρ)를 나눈 값을 의미한다.($v = \frac{\mu}{\rho}$)
  ② 배관 내에 흐르는 유체의 경우 : 레이놀즈 수에 의한 층류, 난류 등의 판단 기준
  ③ 일반적으로 공기조화에서 다루게 되는 유체의 흐름은 난류가 된다.
  (Re < 2,000 : 층류역, 2,000 < Re < 4,000 : 천이구역, Re > 4,000 : 난류역)

(4) 마찰손실수두(H_f)와 마찰손실압력(P_f)

$$H_f = \lambda \cdot \frac{\ell}{d} \cdot \frac{\nu^2}{2g} \text{[mAq]} \qquad P_f = \lambda \cdot \frac{\ell}{d} \cdot \frac{\nu^2}{2} \cdot \rho \text{[Pa]}$$

H_f : 길이 1m의 직관에 있어서의 마찰손실수두(mAq)
P_f : 길이 1m의 직관에 있어서의 마찰손실압력(Pa)
λ : 관마찰계수(강관 0.02)
g : 중력가속도(9.8m/sec²)
d : 관의 내경(m)
ℓ : 직관의 길이(m)
ν : 관내 평균 유속(m/s)
ρ : 물의 밀도(1,000kg/m³)

※ 관의 길이에 비례, 관경에 반비례한다.

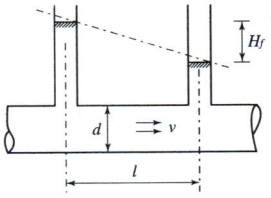

[그림] 마찰손실수두

> ■ 마찰손실수두(H_f)는 관마찰계수(λ), 관의 길이(ℓ) 및 유속(ν)의 제곱에 비례하고, 관의 내경(d) 및 중력가속도(g)에 반비례한다.
>
> ■ 1mAq=9.8kPa
> 1mmAq=9.8Pa

예제문제 15

길이 30m, 내경 50mm인 급수관으로 200L/min의 물을 송수할 경우 마찰손실수두는? (단, 관마찰계수는 0.04) [08, 12 기]

① 2.04m ② 2.54m ③ 3.04m ④ 3.54m

해설 마찰손실수두(H_f) 계산

① 먼저, $Q = Av$ 에서 $v = \frac{Q}{A}$ $A = \frac{\pi d^2}{4}$ 이므로

단면적 : A[m²], 유속 : v [m/s], 유량 : Q [m³/s]

$$v = \frac{Q}{\frac{\pi d^2}{4}} = \frac{\frac{0.2}{60}}{\frac{3.14 \times 0.05^2}{4}} = 1.7 \text{m/s}$$

② $H_f = \lambda \cdot \frac{\ell}{d} \cdot \frac{\nu^2}{2g}$

여기서, H_f : 길이 1m의 직관에 있어서의 마찰손실수두(mAq)
λ : 관마찰계수(강관 0.02)
g : 중력가속도(9.8m/sec²)
d : 관의 내경(m)
ℓ : 직관의 길이(m)
ν : 관내 평균 유속(m/s)

$$H_f = 0.04 \times \frac{30}{0.05} \times \frac{1.7^2}{2 \times 9.8} = 3.54 \text{m}$$

답 : ④

건축설비계획

예제문제 16

내경 40[mm]인 매끈한 관을 통하여 물을 2[m/s]의 속도로 보내려고 한다. 이 때 관마찰계수가 0.03이고, 관의 길이가 200[m]인 경우, 압력강하는? [05 기]

① 0.1[MPa] ② 0.2[MPa] ③ 0.3[MPa] ④ 0.4[MPa]

해설 압력강하 = 압력손실(P_f)

$$P_f = \lambda \cdot \frac{\ell}{d} \cdot \frac{v^2}{2} \cdot \rho \, [\text{Pa}]$$

여기서, P_f : 길이 1m의 직관에 있어서의 마찰손실수두(Pa)
λ : 관마찰계수(강관 0.02) d : 관의 내경(m)
ℓ : 직관의 길이(m) v : 관내 평균 유속(m/s)
ρ : 물의 밀도(1,000kg/m³)

$$\therefore P_f = \lambda \cdot \frac{\ell}{d} \cdot \frac{v^2}{2} \cdot \rho \, [\text{Pa}]$$
$$= 0.03 \times \frac{200}{0.04} \times \frac{2^2}{2} \times 1,000 = 300,000\text{Pa} = 300\text{kPa} = 0.3\text{MPa}$$

답 : ③

■ 현열과 잠열
① 현열 : 온도 변화에 따라 출입하는 열-온도 측정가능, 온도의 상승이나 강하의 요인이 되는 열량(현열량), 온수난방에 이용
② 잠열 : 상태 변화에 따라 출입하는 열-습도의 변화를 주는 열량(잠열량), 온도는 일정, 증기난방에 이용

■ SI 단위계에서 열량의 단위는 J 또는 kJ이며 1kJ ≒ 0.24kcal, 1kcal ≒ 4.19kJ ≒ 4.2kJ이다. 순수한 물의 비열은 약 4.2kJ/kg·K 이다.

■ 열량[Q]=질량[kg]×비열[kJ/kg·K]×온도차[K]=m·c·Δt[kJ]
Q : 열량(kJ)
m : 질량(kg)
c : 비열(kJ/kg℃)

(5) 물의 상태 변화

물은 응고하면 얼음으로, 기화하면 수증기로 변화한다.
100℃의 물 1kg을 100℃의 수증기로 만들려면 2,257kJ의 증발열이 흡수되며 100℃의 수증기 1kg이 100℃의 물로 변하려면 2,257kJ의 응축열을 방출해야 한다. 그러므로 물 1kg의 보유열량은 419kJ이고, 100℃의 수증기 1kg의 보유열량은 2,676(419+2,257)kJ 이다.

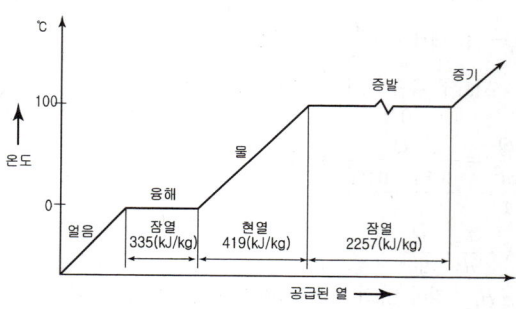

[그림] 순수한 물의 상태변화도

예제문제 17

10℃의 물 100kg을 80℃로 가열할 경우의 필요한 열량은?

해설 열량[Q] = 질량[kg]×비열[kJ/kg·K]×온도차[℃ 또는 K]
= 100×4.2×(80-10) = 29,400[kJ]
※ 물의 비열=4.2[kJ/kg℃]

답 : 29,400[kJ]

SECTION 2 설비설계 계획

1 설계조건 검토

1. 공기조화설비 설계조건

(1) 실내 쾌적조건

　재실자가 느끼는 쾌감의 척도로서 유효온도가 사용되며 유효온도란 실내의 건습구 온도와 인체에 미치는 기류의 영향을 종합적으로 나타낸 쾌감의 지표로서 포화공기 온도를 말한다.
　미국공기조화냉동학회(ASHRAE)가 사람에게 적합한 온습도를 구하기 위해 한 방에서 3시간 이상 의자에 앉아서 사무를 보는 것과 같은 경작업을 하는 사람들에 대한 방안 온습도의 변화체감을 물어서 유효선도를 만들었다.

■ 쾌적공조의 온습도 조건

항목	여름		겨울	
	DB	RH	DB	RH
외기	32~33	60~70	-2~3	40 정도
실내	25~27	50 정도	20~22	50 정도

> **학습포인트**
>
> • 중앙관리 방식의 공기조화설비의 기능
>
> | 1. 부유 분진량 | 공기 1[m³]당 0.15[mg] 이하 |
> |---|---|
> | 2. CO 함유율 | 10[ppm] 이하 |
> | 3. CO_2 함유율 | 1,000[ppm] 이하 |
> | 4. 온도 | 17[℃] 이상 28[℃] 이하 |
> | 5. 상대습도 | 40[%] 이상 70[%] 이하 |
> | 6. 기류 | 0.5[m/s] 이하 |

핵심사항정리

■ 에너지 절약 실내온습도 설계조건
• 냉방(여름) : 건구온도 28[℃], 상대습도 55[%]
• 난방(겨울) : 건구온도 18[℃], 상대습도 35[%]

(2) 냉방부하 계산의 설계 조건

1) 실내 조건

냉방부하 계산에 있어서 실내 온습도는 매우 중요한 설계 조건의 하나이다. 왜냐하면 실의 사용 목적에 따라 그 조건이 각기 다르며, 또한 사람의 경우에 있어서도 쾌적온도의 범위가 서로 다르기 때문이다.

■ 실내의 온습도 조건

조건 \ 계절	여름	겨울
온도	25~27[℃]	20~22[℃]
습도	50~55[%]	50~55[%]

2) 외기 조건

최대 냉방부하는 가장 불리한 상태일 때의 조건으로 구한 부하로, 냉방장치 용량을 결정하는데 도움을 주지만, 부하가 최대일 때를 위한 장치 용량이므로 매우 비경제적이 되기 쉽다. 그래서 ASHRAE의 TAC(Technical Advisory Committee)에서는 위험률 2.5~10[%] 범위 내에서 설계 조건을 삼을 것을 추천하고 있다. 위험률 2.5[%]의 의미는 어느 지역의 냉방시간이 2,000시간이라면, 이 기간 중 2.5[%]에 해당하는 50시간은 냉방 설계 외기 조건을 초과할 수 있다는 것을 의미한다.

(3) 난방부하 계산의 설계 조건

1) 외기 온도 조건

난방부하 계산에서 가장 중요한 요소는 시시각각으로 변하는 외기 온도 기준을 어떻게 삼을 것이냐 하는 것이다. 물론 가장 불리한 조건을 설계 기준으로 삼는 것이 가장 안전하다고 할 수 있겠으나, 이것을 실제 설계용으로 취할 경우에는 필요 이상의 난방설비 용량의 증대를 가져오게 될 것이다.

난방장치 용량을 계산하기 위한 외기 설계 조건은 전 난방기간(12월~3월)에 위험률[※] 2.5[%](TAC[※]의 추천)을 기준으로 적용한다.

※ 위험률 : 실제 외기는 가장 추운 달의 외기 평균 온도보다 더 추워지는 정도가 2.5[%] 더 강하할 수 있다는 뜻이다.

※ TAC : ASHRAE(미국공기조화냉동공학회)의 기술지도위원회(Technical Advisory Committee)

2. 환기설비 설계조건

(1) 냉난방 공조시스템

채택된 냉난방 시스템으로 형성된 기류, 온도분포와 개별난방기구에 의한 국소적인 오염물질의 발생 등을 고려하여 이에 대응하는 환기방식의 종류를 검토하여야 한다.

(2) 실내환기 조건

대상공간의 환경유지를 위해 환경조건을 명확하게 한다. 온도, 상대습도, 기류 외의 실내공기질에서는 일산화탄소, 이산화탄소 및 분진농도를 실내환경기준으로 정하고 있다.

■ 중앙관리 방식의 공기조화설비의 기능

1. 부유 분진량	공기 1[m³]당 0.15[mg] 이하	4. 온도	17[℃] 이상 28[℃] 이하
2. CO 함유율	10[ppm] 이하	5. 상대습도	40[%] 이상 70[%] 이하
3. CO_2 함유율	1,000[ppm] 이하	6. 기류	0.5[m/s] 이하

(3) 실의 사용조건

거주자의 행동과 생활에 관련한 오염물질의 종류, 발생량 등을 명확히 하기 위하여 재실인원, 흡연 유무, 연소기구의 설치장소와 사용상태, OA 기기와 건축자재 등으로부터 오염물질 발생 유무 등을 확실히 검토하여야 한다.

(4) 건물의 열적성능

건물의 단열성능과 기밀성능은 환기부하량의 증대, 실내공기분포, 환기시스템의 성능 등에 큰 영향을 미친다. 따라서 환기에 의한 열부하의 처리, 외기냉방 시 환기량의 정확한 예측 및 주택 등에서 집중 환기시스템의 성능파악을 위해서는 건물의 기밀성능을 사전에 파악해 두어야 할 필요가 있다.

(5) 건물주변 환경

자연환기량의 정확한 예측, 외벽면에서 급배기구의 위치 결정 및 필요환기량 산정을 위한 오염물질의 초기 농도를 설정하기 위해서는 건물 주변의 풍향·풍속과 외기의 공기질 이외에 주변의 도로와 건물의 상황을 사전에 조사할 필요가 있다.

3. 위생설비 설계조건

(1) 위생설비 계획에서 검토해야 할 대상

① 급수설비 및 펌프 : 먹은 물 등의 공급 및 수질관리
② 급탕설비 : 따뜻한 물 공급 및 관리
③ 위생기구 및 배수·통기설비 : 물의 사용과 배수 및 통기의 악취관리
④ 오수정화설비 : 오수의 정화 및 수질환경 관리
⑤ 소방설비 : 화재예방 및 진압·대피·구조설비 관리
⑥ 가스설비 : 가스의 공급 및 폭발·화재·공급중단 관리
　㉠ 액화석유가스(L.P.G) 설비
　㉡ 도시가스설비

(2) 위생설비 설계조건 검토

1) 수도의 설치

　수도법이 정하는 바에 따라 수도를 설치하여야 한다.

2) 급수용 배관

　급수용 배관은 콘크리트 구조체 안에 매설하여서는 아니된다.

3) 급수전

　공동주택에는 세대별 수도계량기 및 세대마다 2개소 이상의 급수전을 설치하여야 한다. (주택건설기준 등에 관한 규정)

4) 지하양수시설 또는 지하저수조시설을 설치

　먹는 물 관리법에 의한 먹는 물의 수질기준에 적합한 비상용수를 공급할 수 있는 지하양수시설 또는 지하저수조시설을 설치하여야 한다.

① 지하양수시설
　㉠ 1일에 해당 주택단지의 매 세대당 0.2톤(시·군지역은 0.1톤) 이상의 수량을 양수할 수 있을 것
　㉡ 양수에 필요한 비상전원과 이에 의하여 가동될 수 있는 펌프를 설치할 것
　㉢ 해당 양수시설에는 매 세대당 0.3톤 이상을 저수할 수 있는 지하저수조를 함께 설치할 것

② 지하저수조
　㉠ 고가수조저수량(매 세대당 0.5톤까지 산입)을 포함하여 매 세대당 1.5톤(시·군지역은 1톤, 독신자용 주택은 0.5톤) 이상의 수량을 저수할 수 있을 것
　㉡ 50세대(독신자용 주택은 100세대)당 1대 이상의 수동식펌프를 설치하거나 양수에 필요한 비상전원과 이에 의하여 가동될 수 있는 펌프를 설치할 것
　㉢ 규정에 의한 기준에 적합하게 설치할 것
　㉣ 먹는 물을 해당 저수조를 거쳐 각 세대에 공급할 수 있도록 설치할 것

③ 저수조의 설치기준
  ㉠ 저수조의 윗부분은 건축물(천정 및 보 등)으로부터 100[cm] 이상 떨어져야 하며, 그 밖의 부분은 60[cm] 이상의 간격을 띄울 것
  ㉡ 물의 유출구는 유입구의 반대편 밑부분에 설치하되, 바닥의 침전물이 유출되지 아니하도록 저수조의 바닥에서 띄워서 설치하고, 물칸막이 등을 설치하여 저수조 안의 물이 고이지 아니하도록 할 것
  ㉢ 각 변의 길이가 90[cm] 이상인 사각형 맨홀 또는 지름이 90[cm] 이상인 원형 맨홀을 1개 이상 설치하여 청소를 위한 사람이나 장비의 출입이 원활하도록 하여야 하고, 맨홀을 통하여 먼지나 그 밖의 이물질이 들어가지 아니하도록 할 것
    예외 5[m^3] 이하의 소규모 저수조의 맨홀은 각 변 또는 지름을 60[cm] 이상으로 할 수 있다.
  ㉣ 침전찌꺼기의 배출구를 저수조의 맨 밑부분에 설치하고, 저수조의 바닥은 배출구를 향하여 1/100 이상의 경사를 두어 설치하는 등 배출이 쉬운 구조로 할 것
  ㉤ 5[m^3]를 초과하는 저수조는 청소·위생점검 및 보수 등 유지관리를 위하여 1개의 저수조를 둘 이상의 부분으로 구획하거나 저수조를 2개 이상 설치하여야 하며, 1개의 저수조를 둘 이상의 부분으로 구획할 경우에는 한쪽의 물을 비웠을 때 수압에 견딜 수 있는 구조일 것
  ㉥ 저수조의 물이 일정 수준 이상 넘거나 일정 수준 이하로 줄어들 때 울리는 경보장치를 설치하고, 그 수신기는 관리실에 설치할 것

2 설비시스템 계획

1. 설비시스템공간계획

건축설비시스템 공간이란 크게 장비의 점유공간과 설치된 장비가 그 기능을 수행하기 위해 연결되는 배관과 덕트 등이 차지하는 공간, 그리고 유지관리를 위한 공간으로 나눌 수 있다.

적절한 설비공간의 확보는 시공의 편리성으로 공사의 확실성을 기할 수 있고 보수 및 점검 등 유지관리가 편리하여 건물의 기능을 향상시키는데 도움을 준다. 그러나 과다한 공간점유는 건축 공사비의 증가와 건축 유효면적을 감소시킴으로써 건축공간의 효율성을 떨어뜨린다.

따라서 제기능을 다 할 수 있는 적절한 실내공간이 필요한데 이는 건물에 따른 설비시스템, 평면 형태와 샤프트(shaft)의 위치, 장비 및 시설물의 효율적 배치 및 시공 결과에 따라 영향을 받는다.

(1) 기계실과 전기실

1) 기계실
  ① 급수와 급탕의 공급, 냉난방을 위한 냉·온열원 공급과 방재를 위한 소화시설 등을 집중적으로 설치하는 공간이다.
  ② 쾌적한 실내환경을 조성하기 위해서는 매우 중요한 실이나 실의 크기 및 위치는 건물별 설비시스템과 평면구성에 따라 매우 다르게 나타난다.

③ 기계실 면적은 냉동기·보일러·공조기 등을 이용한 공조방식인 경우는 연면적의 약 4~6[%], 급수·급탕·화장실 난방·소화시설만 설치할 경우는 약 2[%] 정도이다.
④ 기계실 설치 시의 고려사항
 ㉠ 샤프트(PS, DS)와 인접하여 배관이 단순해야 한다.
 ㉡ 주거실과 격리되어 소음과 진동을 차단해야 한다.
 ㉢ 관리실과 인접하여 사고를 미연에 방지하고 유지관리를 편리하게 한다.
 ㉣ 장비의 반출입을 위한 공간 및 통로를 확보할 수 있는 곳이어야 한다.
 ㉤ 연소공기공급 및 환기가 용이한 위치이어야 한다.

2) 전기실
① 전기실은 변전실이라고도 하며 특별고압 또는 고압으로 수전하여 변압기로 고압 또는 저압으로 낮추는 실이다. 중앙관제실 및 발전기실을 일반적으로 전기실과 분리시킨다.
② 변전을 위한 소요면적은 연면적의 약 1[%]를 차지하고 있다. 연면적 약 1,500~2,000[m^2] 미만인 경우는 저압으로 직접 수전하여 사용할 경우는 전기실을 설치하지 않기도 한다.
③ 층고는 변압기 상부에서 최소 1.0[m] 이상을 확보해야 하며 일반적으로 기계실 층고와 동일하게 계획된다.
④ 전기실은 중앙통제실 또는 관리실, 발전기실, 기계실, 출입구 및 장비반입, 유지관리공간 및 환기 등을 고려하여 결정한다.
⑤ 전기실의 위치 고려사항
 ㉠ 수전에 편리하고 배전하기 쉬운 장소일 것
 ㉡ 가능한 부하의 중심에 가깝고 배전에 편리한 장소일 것
 ㉢ 외부로부터의 전원인입이 쉬운 곳일 것
 ㉣ 기기의 반입·반출이 용이할 것
 ㉤ 고온·고습이 되지 않는 장소이고 환기가 잘 되는 장소일 것
 ㉥ 천정 높이가 충분할 것
  • 고 압 : 보 아래 3.6[m] 이상(천정에 배관, 덕트 통할시 : 3.0[m] 이상)
  • 특고압 : 보 아래 4.5[m] 이상(폐쇄형 : 3.6[m] 이상)
 ㉦ 기타 전기설비기기와 인접한 장소일 것

(2) 각종 소요면적

1) 수직설비 공간
① 샤프트(shaft)는 인위적인 실내환경을 조성하기 위해 필요한 열원이나 물, 전기 등을 필요개소에 공급하기 위한 배관, 덕트, 전기배선 등을 설치하는 입상 공간이다. 일반적으로 배관 샤프트(PS), 덕트 샤프트(DS), 배연용 샤프트, 전기 샤프트(EPS)로 나누어진다.

② 크기는 건물의 용도가 다양하고 중앙공급식 공조방식이며 시스템이 복잡할수록 커지고(각층 바닥면적의 2~3[%]), 수배관에 의한 냉난방(방열기, FCU)이거나 층별 또는 개별식과 같은 간단한 시스템은 크기가 작다(각층 바닥면적의 1[%] 전후).

③ 위치는 일반적으로 코어 부근에 화장실용 샤프트가 설치되고 공조용은 평면구성에 따라 겸용하거나 별도로 설치한다. 샤프트 위치는 화장실이나 거실 쪽으로 쉽게 접할 수 있어야 하며 특히 계단, 엘리베이터실 등 콘크리트 옹벽에 둘러싸여 구석에 위치한 경우는 덕트나 배관을 실내 쪽으로 연결하기가 어려운 경우가 있다.

2) 천장 공간

① 천장 공간은 배관이나 덕트가 통과하기 의한 슬래브 밑의 설비공간을 말하며 일반적으로 설비용 유효공간은 보 밑과 천장 마감재까지의 높이를 말한다. 보가 없는 내부공간도 덕트의 겹침 또는 배관연결 등을 위하여 유용하게 이용된다.

② 공간의 보 밑 유효높이는 공조시스템의 종류, 샤프트의 위치 및 개수, 바닥면적의 부하에 따른 소요풍량 등에 영향을 받는다.

③ 일반사무실에서 덕트에 의한 공조방식인 경우는 보통 500~600[mm] 전후가 되며, 공조시스템이 단순하고 증기나 물에 의한 냉난방방식인 경우는 보통 300[mm]가 된다.

3) 발전기실

정전시 최소한의 보안전력을 확보하기 위한 설비로서 발전기가 설치된다.

① 변전실에 가깝고, 침수의 우려가 없는 곳이어야 한다.

② 환기설비를 해야 하며 지하실인 경우 드라이 에어리어(dry area)가 필요하며 우리나라 경우 공냉식을 주로 사용하고 있다.

③ 기기의 반출입 및 운전, 보수 면에서 편리한 위치가 좋다.

④ 크기는 약 30[m^2]로서 길이방향으로 드라이 에어리어(dry area)에 면하는 것이 좋다.

⑤ 내화구조로 방음, 방진을 고려한다.

4) 엘리베이터 기계실

① 전동기, 제어기, 제어반 등이 설치되어 있는 실로서 보수, 점검을 위한 공간이 필요하다.

② 일반사무소 경우 일반적인 넓이는 다음과 같다.

기계실 면적 AEA= 0.0043 A×6[m^2]

단, A : 건축 연면적[m^2]

5) 공조실
① 공기조화기(AHU)를 설치하는 실로서 일반적으로 지하, 옥상, 각층 또는 몇 개층에 하나씩 설치한다.
② 실의 넓이는 풍량에 따른 공기조화기의 크기와 보수, 점검을 위한 공간을 고려하여 결정한다.
③ 형태상 수직형, 수평형, 복합형으로 구분되며 층고가 높고 면적이 좁을 때는 수직형을 사용하고 층고가 낮을 때는 수평형을 사용한다.
④ 공조실이 많이 협소하여 기성품 공기조화기 설치가 불가능한 경우에는 공조실 자체를 공조기 유닛으로 하여 팬, 코일, 필터를 내장시키는 방법을 사용한다.

6) 물탱크실
① 물탱크는 지하저수조 및 고가수조가 있으며 용량은 실제 사용량 및 비상용수 등을 고려하여 결정한다.
② 일반적으로 비상용수 및 소화용수는 지하저수조에 저장하고, 고가수조는 실제 사용량의 2시간 정도의 용량을 저장하고 있다.
③ 물탱크는 주위 오염물의 인입 및 유지관리의 편리성을 위해 주위를 일정 간격이상 띄워야 한다.
  현행 건축법상 설치기준에 의하면 바닥 및 주위 벽에서 60[cm], 상부는 100[cm]를 확보하도록 규정하고 있다.
④ 물탱크는 건축물 구조체를 이용하여 저장할 수 없고 별도로 제작 설치해야 한다.
⑤ 물탱크의 재질은 내식성이어야 한다.(스테인리스스틸, 섬유보강플라스틱 등)
⑥ 탱크는 정기적으로 청소할 수 있는 구조로 한다.

2. 조닝계획
(1) 공기조화설비의 조닝(zoning)
① 대략 같은 조건의 구역(zone)마다 건물을 구획하고 공기조화를 하는 것
② 조닝의 종류에는 부하별 조닝, 용도별 조닝, 사용시간별 조닝, 방위별 조닝이 있다.
  ㉠ 부하별 조닝 : 외기온도의 영향에 따라 건물의 외부 존과 내부 존을 나누거나 층별로 구분하는 방법
  ㉡ 용도별 조닝 : 각 실의 사용용도를 고려하여 조닝하는 방법
  ㉢ 사용시간별 조닝 : 각 실의 사용 시간대를 검토하여 사용시간별로 조닝하는 방법
  ㉣ 방위별 조닝 : 일사, 일조조건이 다른 동, 서, 남, 북측 방위별로 조닝하는 방법
③ 공기조화방식, 열원방식, 열원공급방식을 결정하는데 중요 요인이 된다.
④ 특징
  ㉠ 에너지 절약에 유리
  ㉡ 효율적인 운전관리
  ㉢ 부하변동에 쉽게 대응
  ㉣ 실내 열환경조절에 유리
  ㉤ 구역의 세분화로 설비비 증가

학습포인트

- 공기조화설비의 에너지 절약방안
  ① 건물의 zoning : 각 존별로 온도제어
  ② 에너지절약형 공기조화방식 채택 : 가변풍량방식(VAV 방식)
  ③ 열회수장치 : 전열교환기, Heat Pipe, Heat Pump System
  ④ 외기냉방(economizer cycle) : 중간기에 환기만으로 냉방
  ⑤ 외기부하 감소(극간풍 방지, 유리창을 통한 열손실 방지)
  ⑥ 실내온습도조건 완화 적용
  ⑦ 열원기기 등은 고효율 운전이 가능한 것으로 선정
  ⑧ 심야전력 활용

(2) 초고층건물의 급수조닝

1) 초고층 건물의 급수 배관법[급수설비의 조닝(Zoning)]
   ① 초고층 건축물에서는 압력의 문제(워터해머링, 소음, 진동 등)를 해결하기 위하여 급수조닝
   ② 목적 : 초고층 건축물에서 저층부에 지나친 급수압이 걸리는 것 방지하고 적절한 수압을 유지하기 위하여
   ③ 종류
      ㉠ 층별식(세퍼레이트 방식)
      ㉡ 중계식(부스터 방식)
      ㉢ 압력조정(조압)펌프식[감압밸브에 의한 조닝]
         • 20층 정도의 건물에 자주 사용
         • 상층존은 그대로 두고 하층존은 감압밸브에 의해 감압시켜 급수
         • 설비비는 저렴
         • 중량 증가로 구조적 보강
      ㉣ 압력탱크식
   ④ 급수압의 한도
      ㉠ 호텔, 아파트, 병원 : 0.3~0.4[MPa] → 3~4[kgf/cm^2](30~40[mAq])
      ㉡ 사무소 건물 : 0.4~0.5[MPa] → 4~5[kgf/cm^2](40~50[mAq])

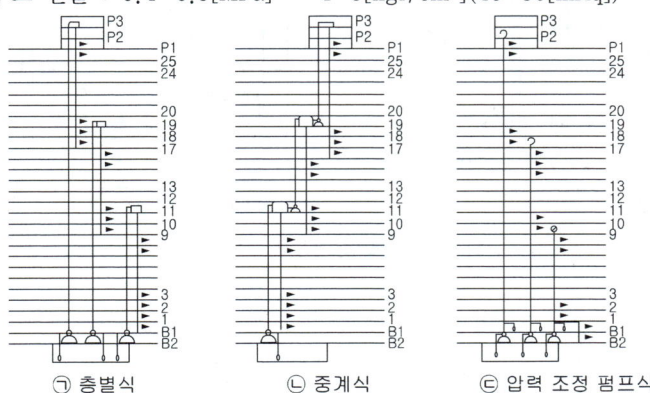

㉠ 층별식   ㉡ 중계식   ㉢ 압력 조정 펌프식

(3) 초고층건물의 급탕조닝

1) 급탕 조닝

급탕의 필요압력 혹은 최고압력에 관해서는 급수압력과 동일하지만, 냉온수 혼합수전이나 샤워 등과 같이 물과 탕을 혼합하는 기구에 있어서는 급수압력과 급탕압력은 가능한 한 같게 하는 것이 좋다. 고층건물에서 수압을 일정하게 유지하기 위해 급수설비에서와 마찬가지로 과대한 급탕압력으로 인하여 수격현상(water hammer)과 같은 문제가 발생하기 쉬우므로 급탕 조닝(zoning)이 필요하다.
① 계통별로 조닝하는 방법
② 감압밸브를 설치하는 방법

2) 급탕방식

초고층 건물인 경우에는 가열장치의 설치위치에 따른 집중식과 분산식이 있다.
① 집중식
   ㉠ 유지관리측면에서는 용이하지만 상층계통의 저탕조에 높은 압력이 걸리며, 배관길이도 길게 되기 때문에 설비비가 많이 든다.
   ㉡ 순환펌프의 설치위치에 따라 압입 양정이 높아지게 되기 때문에, 기종 선정에 상당히 주의해야 한다.

② 분산식

각 계통의 상부측은 하부 부근에 기기를 설치하기 때문에 기기에 과대한 압력이 걸리지 않으며, 배관길이도 짧게 된다.

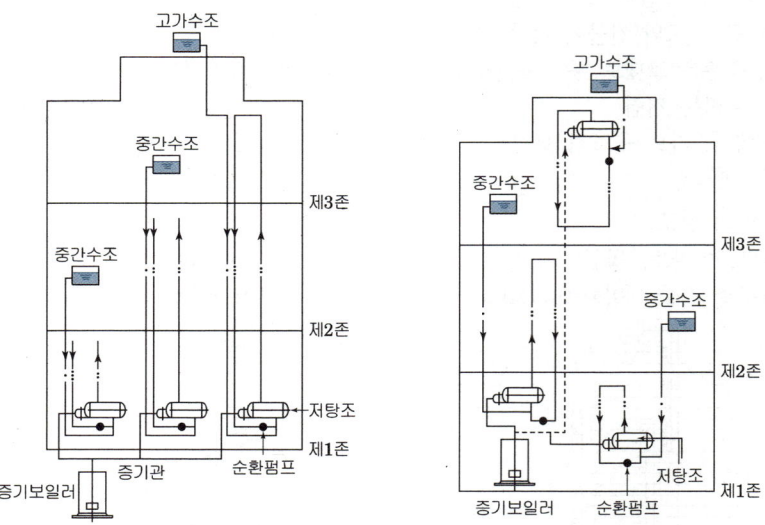

[그림] 분산식

3 공기조화설비 계획

1. 습공기

1) 습공기의 성질

공기는 질소, 산소, 아르곤, 탄산가스, 수증기 등의 혼합물로서 지상 부근의 대기의 성분 비율은 수증기를 제외하면 거의 일정하며, 표와 같은 성분으로 이루어지고 있다.

■ 공기의 성분(지상 부근의 대기의 기준치)

성분	N_2	O_2	Ar	CO_2
용적 조성[%]	78.09	20.95	0.93	0.03
중량 조성[%]	75.53	23.14	1.28	0.05

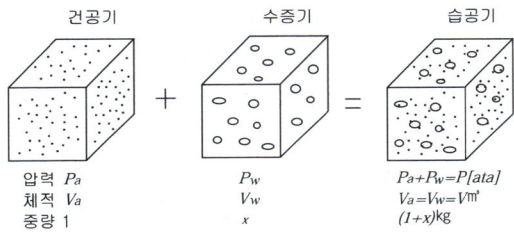

[그림] 습공기의 조성

$P_a + P_w = P$(low of Do Hon's partial pressure)
P_a : 건공기의 분압(partial pressure of dry air)
P_w : 수증기의 분압(partial pressure of wet air)
P : 습공기의 전압(total pressure of moist air)

핵심사항정리

■ 공기
수증기를 포함하는 습공기를 말한다. 일반적으로 '공기'라고 하면 습공기(건공기+수증기)를 말한다. 습도의 높고 낮음은 기상 상태에 크게 영향을 주어 사람의 생활과 밀접한 관계를 갖는 기체이다.

■ 이상기체(완전가스)
분자 사이의 상호작용이 전혀 없고, 그 상태를 나타내는 온도, 압력, 부피 사이의 보일-샤를의 법칙이 완전 성립될 수 있다고 가정된 기체

2) 습도의 표시방법

■ 습도의 표시법

구 분	기호	단위	정의
절대습도	x	kg/kg(DA)	건조공기 1kg을 포함하는 습공기 중의 수증기량[kg]
수증기분압	h p	mmHg kPa	습공기 중의 수증기 분압
상대습도	ϕ	%	수증기 분압 h(또는 p)와 동일한 온도의 포화공기의 수증기 분압 h_s(또는 p_s)와의 비를 백분율로 나타낸 것 $\phi = 100\left(\dfrac{p}{p_s}\right) = 100\left(\dfrac{h}{h_s}\right)$
비교습도	ψ	%	절대습도 x와 동일한 온도의 포화공기의 절대습도 x_s와의 비를 백분율로 표시한 것 $\psi = 100\left(\dfrac{x}{x_s}\right)$
습구온도	t'	℃	습구 온도계에 나타나는 온도
노점온도	t''	℃	습공기를 냉각하는 경우 포화상태로 되는 온도

① 절대습도(SH) : 공기 중에 포함된 수분의 량
  → 단위 : kg/kg′ 또는 kg/kgDA, 기상학 – g/m³, kg/m³

② 상대습도(RH) : 공기의 습한 정도의 상태
  (습공기가 함유하고 있는 습도의 정도를 나타내는 지표)
  어느 온도에서 공기 1m³에 포함할 수 있는 최대 수증기 양과 현재 온도에서 포함하고 있는 수증기 양과의 비(%) → 단위 : %

$$상대습도 = \frac{현재수증기압}{포화수증기압} \times 100$$

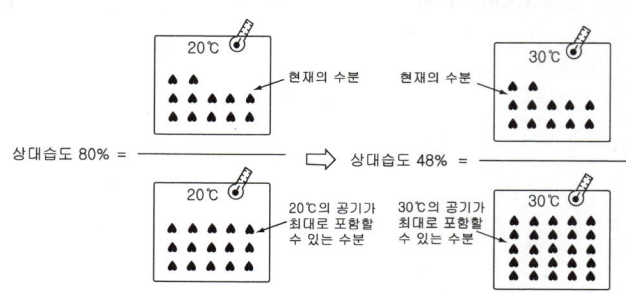

[그림] 상대습도의 의미

■ 포화공기와 노점온도

① 포화공기(saturated air)
공기 속에 함유되는 수증기의 양에는 한도가 있으며 이것은 온도 또는 압력에 따라서 다르다. 이러한 한도에 이르기까지 수증기를 함유한 상태의 공기를 포화공기라고 한다.

② 노점온도
  (dew point temperature)
습공기가 냉각될 때 어느 정도의 온도에 다다르면 공기 중에 포함되어 있던 수증기가 작은 물방울로 변화하는데, 이 때의 온도를 노점온도라 한다.

☞ 습공기 중에 포함된 수증기량은 습공기의 온도에 따라 포함될 수 있는 한도가 있으며, 최대한도의 수증기를 포함한 공기를 포화공기라고 하며, 포화공기의 온도를 습공기의 노점온도라고 한다.

3) 엔탈피

건조공기가 그 상태에서 가지고 있는 열량(현열)과 동일 온도에서 수증기가 갖고 있는 열량(잠열)과의 합

① 현열 : 온도의 변화에 따라 출입하는 열 → 온도측정 가능
② 잠열 : 상태의 변화에 따라 출입하는 열 → 온도는 일정
③ 엔탈피 : 0℃일 때 건공기의 엔탈피를 0으로 하여 습공기 1kg이 지니고 있는 열량으로 나타낸다.

$$i = C_{pa} \cdot t + (\gamma_0 + C_{pw} \cdot t) \cdot x$$
$$= 1.01t + (2,501 + 1.85t)x$$

i : 엔탈피[kJ/kg(DA), kcal/kg]
t : 온도[℃]
x : 절대습도[kg/kg′]
C_{pa} : 건공기의 정압비열(1.01kJ/kg·K)
C_{pw} : 수증기의 정압비열(1.85kJ/kg·K)
γ_0 : 0℃ 포화수의 증발잠열(2,501kJ/kg)

예제문제 01

건구온도 20℃, 절대습도 0.015kg/kg인 습공기 6kg의 엔탈피는? (단, 공기 정압비열 1.01kJ/kg·K, 수증기 정압비열 1.85kJ/kg·K, 0℃에서 포화수의 증발잠열 2501kJ/kg) [04, 07, 09 기]

① 25.24kJ   ② 120.67kJ   ③ 228.77kJ   ④ 349.62kJ

해설 습공기의 엔탈피(i)
엔탈피 : 0℃일 때 건공기의 엔탈피를 0으로 하여 습공기 1kg이 지니고 있는 열량으로 나타낸다.
$i = C_{pa} \cdot t + (\gamma_0 + C_{pw} \cdot t) \cdot x = 1.01t + (2,501 + 1.85t)x$
$= 1.01 \times 20 + (2,501 + 1.85 \times 20) \times 0.015 = 58.27$kJ/kg
∴ 전체 엔탈피 = 6kg × 58.27kJ/kg = 349.62kJ

답 : ④

학습포인트

- 공기의 정압비열(C_p)
  = 0.24kcal/kg·K × 4.2kJ/kcal
  = 1.008kJ/kg·K ≒ 1.01kJ/kg·K

- 공기의 정적비열(C_v)
  = 0.71 kJ/kg·K

핵심사항정리

■ 비열

① 어떤 물질 1kg(g)을 1℃ 높이는데 필요한 열량
② 단위 : kJ/kg·K, J/g·K 또는 kcal/kg·℃, cal/g·℃
③ 종류
  ㉠ 정압비열(C_p) : 공기의 경우 압력을 일정하게 하고 가열한 경우의 비열
  ㉡ 정적비열(C_v) : 공기의 경우 체적을 일정하게 하고 가열한 경우의 비열

※ 공기의 정압비열(C_p)
  = 0.24kcal/kg·K × 4.2kJ/kcal
  = 1.008kJ/kg·K
  ≒ 1.01kJ/kg·K

※ 공기의 단위체적당 정압비열(C_p)
  = 공기의 정압비열(C_p) × 공기의 비중(γ)
  = 1.01kJ/kg·K × 1.2kg/m³
  ≒ 1.21kJ/m³·K

※ 공기의 정적비열(C_v)
  = 0.71kJ/kg·K

☞ 액체나 고체에서는 정압비열(C_p)과 정적비열(C_v)의 차이가 거의 없으므로 보통 '비열'이라 하고 쓰면 되고, 공기에서는 구분하여 공기의 정압비열(C_p)과 공기의 단위체적당 정압비열(C_p)로 구분한다.

2. 습공기 선도

1) 습공기 선도의 구성

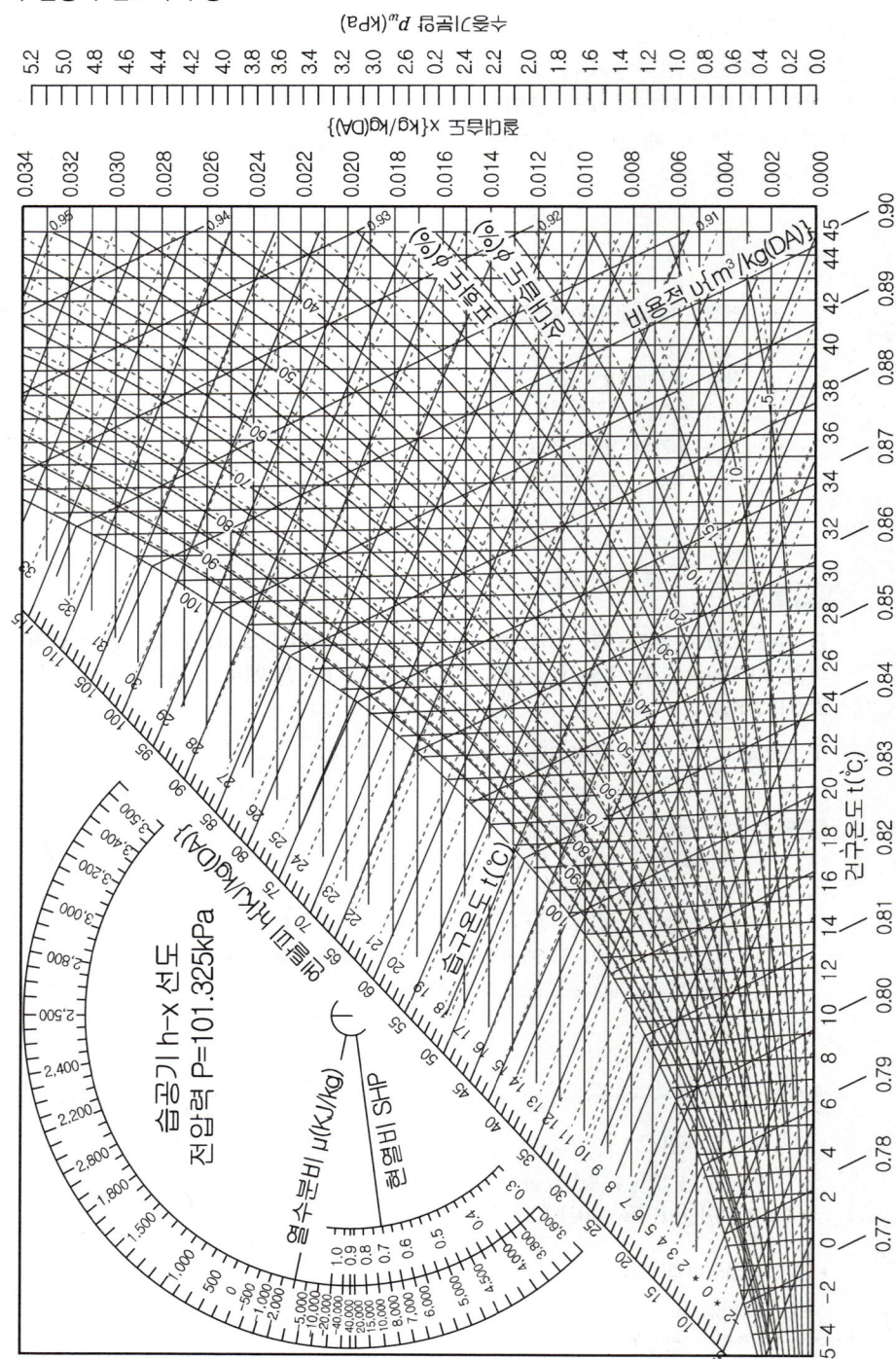

[그림] 습공기 선도

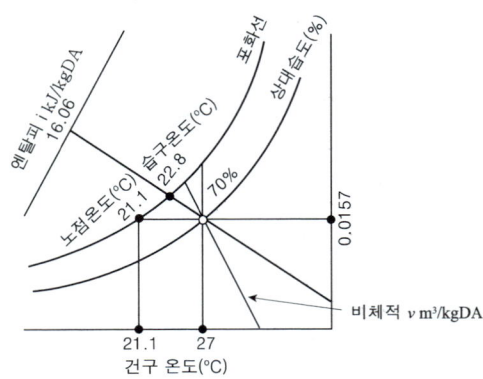

[그림] 습공기 선도 보는 법

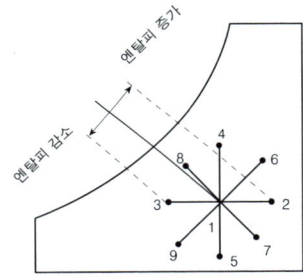

1→2 : 현열 가열(sensible heating)
1→3 : 현열 냉각(sensible cooling)
1→4 : 가습(humidification)
1→5 : 감습(dehumidification)
1→6 : 가열 가습(heating and humidifying)
1→7 : 가열 감습(heating and dehumidifying)
1→8 : 냉각 가습(cooling and humidifying)
1→9 : 냉각 감습(cooling and dehumidifying)

[그림] 공기조화의 각 과정

① 습공기 선도를 구성하는 요소들 : 건구온도, 습구온도, 노점온도, 절대습도, 상대습도, 수증기 분압, 비용적, 엔탈피, 현열비 등
② 습공기 선도를 구성하는 있는 요소들 중 2가지만 알면 나머지 모든 요소들을 알아낼 수 있다.
③ 공기를 냉각하거나 가열하여도 절대습도는 변하지 않는다.
④ 공기를 냉각하면 상대습도는 높아지고 공기를 가열하면 상대습도는 낮아진다.
 → 절대습도의 변화(×)
⑤ 습구온도와 건구온도가 같다는 것은 상대습도가 100%인 포화공기임을 뜻한다.
⑥ 습구온도가 건구온도보다 높을 수는 없다.

> **참고**
> ① i-x 선도(Mollier선도) : 공조설비에서 이용되는 공기선도
> ② p-i 선도(Mollier선도) : 냉동기에서 이용되는 선도
> ③ t-x 선도(Carrier선도) : 냉동기에서 이용되는 선도

2) 송풍량과 송풍온도 결정

① 송풍량과 실의 현열부하(A)

$$q_s = GC(t_i - t_0)\,[\text{kJ/h}]$$

q_s : 실의 현열부하[W]
G : 송풍량[kg/h]
$C(Cp)$: 공기의 정압비열[1.01kJ/kg·K]
t_i : 실내 공기온도[℃]
t_o : 송풍 공기온도[℃]

② 송풍량과 실의 현열부하(B)

$$q_s = \rho QC(t_i - t_o)\,[\text{kJ/h}] = 0.34\,Q(t_i - t_o)\,[\text{W}]$$

q_s : 실의 현열부하[W]
ρ : 공기의 밀도[1.2kg/m³]
Q : 송풍량[m³/h]
$C(Cp)$: 공기의 정압비열[1.01kJ/kg·K]
t_i : 실내 공기온도[℃]
t_o : 송풍 공기온도[℃]

[주] ※ $G(\text{kg/h}) = \rho(1.2\text{kg/m}^3) \cdot Q(\text{m}^3/\text{h}) = 1.2\,Q(\text{kg/h})$
　　※ 1W=1J/s=3,600J/h=3.6kJ/h

③ 실내 온도를 일정하게 유지하기 위한 필요 송풍량

$$Q = \frac{q_s}{0.34(t_i - t_o)}\,[\text{m}^3/\text{h}]$$

단위환산계수 0.34W·h/m³·K를 이용하면

[주] 실내외 온도차(Δt)=㉠ 난방시 : $(t_i - t_o)$, ㉡ 냉방시 : $(t_o - t_i)$

3) 열량 및 수분의 양 계산

공조장치에서 출입된 열량 및 물질(수분)의 양에 관한 계산식은 공조계산에 기초가 된다.

■ 송풍량

$G(\text{kg/h}) = \gamma(1.2\text{kg/m}^3) \cdot Q(\text{m}^3/\text{h})$
　　　　 $= 1.2\,Q(\text{kg/h})$

$G(\text{kg/h}) = \rho(1.2\text{kg/m}^3) \cdot Q(\text{m}^3/\text{h})$
　　　　 $= 1.2\,Q(\text{kg/h})$

공기의 비중량은 γ로 표기하고, 공기의 밀도는 ρ로 표기한다. 그 값은 1.2로 동일하다.

■ 단위

0.34 = 공기의 비열×밀도
　　×1,000(J/KJ)÷3,600(s/h)
　 = 1.01kJ/kg·K×1.2kg/m³
　　×1,000(J/KJ)÷3,600(s/h)
　 = 0.336W·h/m³·K
　 ≒ 0.34W·h/m³·K

① 냉·난방장치에서 열평형식과 물질평형식

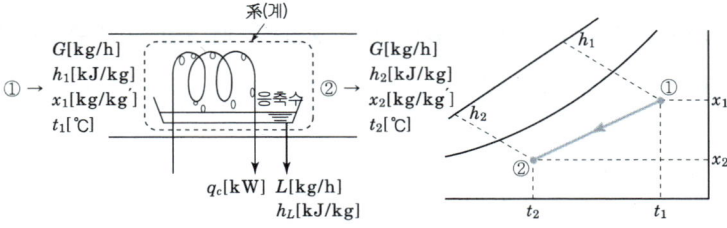

[그림] 냉방장치의 습공기선도상에서의 상태 변화 과정

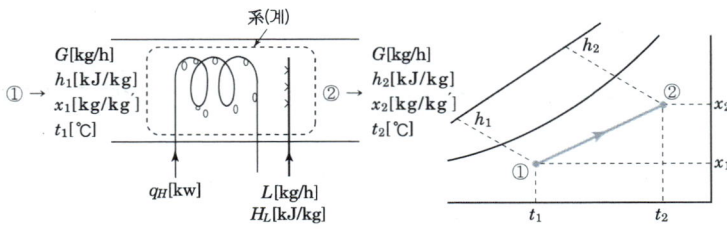

[그림] 난방장치의 습공기선도상에서의 상태 변화 과정

G : 유체의 유량(공기량)
h : 엔탈피
x : 절대습도
t : 건구온도
q_H : 가열코일의 가열량
L : 수분의 양
h_L : 수분의 엔탈피

② 단열혼합(외기와 실내공기와의 혼합)
㉠ 혼합공기온도

$$tm = \frac{G_1 t_1 + G_2 t_2}{G_1 + G_2} [℃]$$

㉡ 혼합공기 절대습도

$$Xm = \frac{G_1 x_1 + G_2 x_2}{G_1 + G_2} [kg/kg']$$

㉢ 혼합공기 엔탈피

$$im = \frac{G_1 i_1 + G_2 i_2}{G_1 + G_2} [kJ/kg]$$

핵심사항정리

■ 열 평형식과 물질 평형식

① 열 평형식
장치로 들어오는 총 열량 = 장치로부터 나가는 총 열량
즉,
$Gh_1 + q_H + L\,h_L = Gh_2$
→ $G(h_2 - h_1) = q + L\,h_L$

② 물질 평형식
장치로 들어오는 총 물질(수분)의 양 = 장치로부터 나가는 총 물질(수분)의 양
즉, $Gx_1 + L = Gx_2$
→ $L = G(x_2 - x_1)$

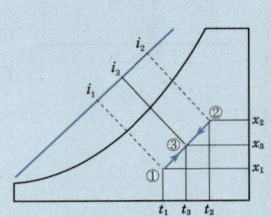

예제문제 02

10℃의 공기 20kg과 50℃의 공기 80kg을 혼합했을 때 혼합공기의 온도는? [12 기]

① 15℃   ② 25℃   ③ 42℃   ④ 46℃

해설 혼합공기 온도 $tm = \dfrac{G_1 t_1 + G_2 t_2}{G_1 + G_2} = \dfrac{20 \times 10 + 80 \times 50}{20 + 80} = 42℃$

답 : ③

예제문제 03

건구온도 35℃, 절대습도 0.022kg/kg 인 외기와 건구온도 26℃, 절대습도 0.0105kg/kg 실내공기를 3:7로 혼합할 경우 혼합공기의 건구온도 및 절대습도는? [12 기]

① 29.4℃, 0.015kg/kg   ② 28.7℃, 0.014kg/kg
③ 27.5℃, 0.016kg/kg   ④ 26.6℃, 0.017kg/kg

해설 단열혼합

혼합공기 온도 $tm = \dfrac{G_1 t_1 + G_2 t_2}{G_1 + G_2} = \dfrac{3 \times 35 + 7 \times 26}{3 + 7} = 28.7℃$

혼합공기 절대습도
$Xm = \dfrac{G_1 x_1 + G_2 x_2}{G_1 + G_2} = \dfrac{3 \times 0.022 + 7 \times 0.0105}{3 + 7} = 0.01395 = 0.014 kg/kg'$

답 : ②

③   가열량$(q_h) = G \cdot C \cdot \Delta t [kJ/h] = \rho \cdot Q \cdot C \cdot \Delta t [kJ/h]$

여기서, q_h : 가열량(kJ/h)
       G : 공기량(kg/h)
       Q : 체적량(m³/h)
       ρ : 공기의 밀도(1.2kg/m³)
       C : 공기의 정압비열(1.01kJ/kg·K)
       t : 가열 전후온도차

※ $G(kg/h) = \rho(1.2kg/m^3) \cdot Q(m^3/h) = 1.2 Q(kg/h)$

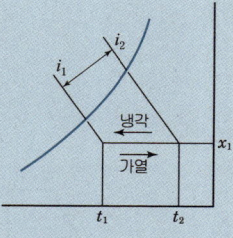

[그림] 가열, 냉각

예제문제 04

공기 2,000kg/h를 증기코일로 가열하는 경우, 코일을 통과하는 공기의 온도차가 25.5℃, 증기온도에서 물의 증발잠열이 2,229.52kJ/kg일 때 가열에 필요한 증기량은?(단, 공기의 정압비열은 1.01kJ/kg·K이다.) [08, 10, 12기]

① 18.2kg/h ② 23.1kg/h ③ 40.2kg/h ④ 50.2kg/h

해설 가열량(q_h) = $G \cdot C \cdot \Delta t = \rho \cdot Q \cdot C \cdot \Delta t$
여기서, q_h : 가열량(kJ/h)
G : 공기량(kg/h)
Q : 체적량(m³/h)
ρ : 공기의 밀도(1.2kg/m³)
C : 공기의 정압비열(1.01kJ/kg·K)
Δt : 가열(냉각) 전후온도차

① 가열량(q_h) = $G \cdot C \cdot \Delta t$ = 2,000×1.01×25.5 = 51,510 [kJ/h]

② 증기량(가습량) L = $\dfrac{가열량}{증발잠열}$ = $\dfrac{51,510 [kJ/h]}{2,229.52 [kJ/kg]}$ = 23.1 [kg/h]

답 : ②

④ 　　냉각량(q_c) = $G \cdot C \cdot \Delta t$ [kJ/h] = $\rho \cdot Q \cdot C \cdot \Delta t$ [kJ/h]

여기서, q_c : 냉각량(kJ/h) 　　G : 공기량(kg/h)
Q : 체적량(m³/h) 　　ρ : 공기의 밀도(1.2kg/m³)
C : 공기의 정압비열(1.01kJ/kg·K)
Δt : 냉각전후온도차

※ G(kg/h) = ρ(1.2kg/m³)·Q(m³/h) = 1.2Q(kg/h)

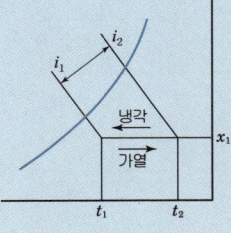

[그림] 가열, 냉각

예제문제 05

건구온도 26℃인 습공기 1,000m³/h를 14℃로 냉각시키는데 필요한 열량은? (단, 현열만에 의한 냉각이며, 공기의 정압비열은 1.01kJ/kg·K, 공기의 밀도는 1.2kg/m³이다.) [10 기]

① 8,642kJ/h ② 12,510kJ/h ③ 14,544kJ/h ④ 18,862kJ/h

해설 냉각량(q_c) = $G \cdot C \cdot \Delta t = \rho \cdot Q \cdot C \cdot \Delta t$
여기서, q_c : 냉각량(kJ/h)
G : 공기량(kg/h)
Q : 체적량(m³/h)
ρ : 공기의 밀도(1.2kg/m³)
C : 공기의 정압비열(1.01kJ/kg·K)
Δt : 냉각전후온도차

※ G(kg/h) = ρ(1.2kg/m³)·Q(m³/h) = 1.2Q(kg/h)

∴ 냉각열량 = $\rho \cdot Q \cdot C \cdot \Delta t$ = 1.2×1,000×1.01×(26−14) = 14,544kJ/h

답 : ③

건축설비계획

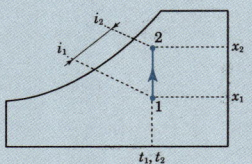

[그림] 가습, 감습

⑤
$$응축수량(L) = G \cdot \Delta x [kg/h] = \rho \cdot Q \cdot \Delta x [kg/h]$$

여기서, L : 응축수량(kg/h)
 G : 공기량(kg/h)
 Q : 체적량(m^3/h)
 ρ : 공기의 밀도(1.2kg/m^3)
 Δx : 냉각전후습도차(x_2, x_1 : 절대습도[kg/kg′])

※ G(kg/h) = $\rho \cdot$ Q(m^3/h) = 1.2Q(m^3/h)

예제문제 06

건구온도 30℃, 절대습도 0.0134kg/kg′인 공기 5,000m^3/h를 표면온도가 10℃인 냉각코일로 냉각감습할 경우 응축수 분량은 얼마인가? (단, 습공기의 밀도 = 1.2kg/m^3 10℃ 포화습공기의 절대습도 = 0.0076kg/kg′ 냉각코일의 바이패스 팩터 = 0.1) [04 기]

① 29.24kg/h   ② 31.32kg/h   ③ 34.80kg/h   ④ 37.23kg/h

해설 응축수량(L) = G · Δx
  = $\rho \cdot$ Q · Δx [kg/h]
여기서, L : 응축수량(kg/h)
 G : 공기량(kg/h)
 Q : 체적량(m^3/h)
 ρ : 공기의 밀도(1.2kg/m^3)
 Δx : 냉각전후습도차
※ G(kg/h) = ρ(1.2kg/m^3) · Q(m^3/h) = 1.2Q(kg/h)
∴ 응축수량(L) = $\rho \cdot$ Q · Δx = 1.2×5,000×(0.0134−0.0076)×0.9 = 31.32kg/h
(단, BF가 0.1이므로 감습량 90%를 적용한다.)

답 : ②

■ 어떤 상태변화 과정에서 열수분비를 알면 습공기선도상에서 변화되는 방향을 알 수 있고, 열수분비 값으로 가습 방향을 추적할 수 있다.

⑥ 열수분비(U) : 열 평형식과 물질 평형식에서 장치에 출입된 공기의 엔탈피 변화량($h_2 - h_1$)과 절대습도의 변화량($x_2 - x_1$)의 비율을 열수분비(U)라 한다.

$$U = \frac{h_2 - h_1}{x_2 - x_1} = \frac{q}{L} + h_L$$

$$열수분비(U) = \gamma_0 + C_{pw} \cdot t$$

γ_0 : 0℃ 포화수의 증발잠열(2,501kJ/kg)
C_{pw} : 수증기의 비열(1.85kJ/kg·K)
t : 온도[℃]

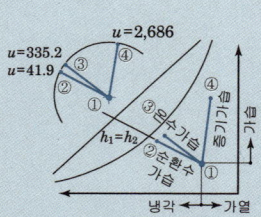

[그림] 가습과정(순환수, 온수, 증기)

예제문제 07

습공기가 120℃의 수증기로 가습될 때 열수분비(kJ/kg)는? (단, 0℃에서 포화수의 증발잠열 = 2,501kJ/kg, 수증기의 정압비열 = 1.85kJ/kg·K) [08 기]

① 502 ② 1620 ③ 2478 ④ 2723

해설 열수분비 = $\gamma_0 + C_{pw} \cdot t$
γ_0 : 0℃ 포화수의 증발잠열(2,501kJ/kg)
C_{pw} : 수증기의 비열(1.85kJ/kg·K)
t : 온도[℃]
∴ 열수분비 = $\gamma_0 + C_{pw} \cdot t$ = 2,501 + 1.85 × 120 = 2,723kJ/kg

답 : ④

⑦ 현열비(SHF) : 전열변화량($q_s + q_c$)에 대한 현열변화량(q_s)의 비

$$SHF = \frac{q_s}{q_s + q_L}$$

예제문제 08

어떤 실내의 취득열량 중 현열이 35,000W 이고, 잠열이 9,000W 였다. 실내의 공기조건을 25℃, 50%(RH)로 유지하기 위해서 취출온도 10℃로 송풍하고자 한다. 이 때 현열비는?

① 0.6 ② 0.8 ③ 1.9 ④ 3.9

해설 현열비(SHF) : 전열 변화량에 대한 현열 변화량의 비
∴ 현열비(SHF) = $\frac{현열부하}{현열부하 + 잠열부하} = \frac{35,000}{35,000 + 9,000}$
= 0.795 ≒ 0.8

답 : ②

4) By-pass Factor(BF)

냉각 또는 가열 코일과 접촉하지 않고 그대로 통과하는 공기의 비율을 말하며, 완전히 접촉하는 공기의 비율을 Contact Factor라고 한다.

$$BF = 1 - CF$$

냉각 또는 가열 코일을 통과한 공기는 포화상태로는 되지 않는다. 이상적으로 포화되었을 경우 s의 상태로 되나 실제로는 2의 상태로 된다.

$$BF = \frac{2-s}{1-s} \quad CF = \frac{1-2}{1-s}$$

∴ $t_2 ≒ t_1 \times BF + t_s \times (1 - BF)$

■ 현열비(SHF)
: 전열 변화량에 대한 현열 변화량의 비
공기에 주어진 전체열량 → 공조부하에 대한 SHF를 알면 공급공기의 성질을 판단

ⓐ 현열량이 없으면 : SHF=0
→ (공기선도상) 수직선상의 변화

ⓑ 잠열량이 없으면 : SHF=1
→ (공기선도상) 수평선상의 변화

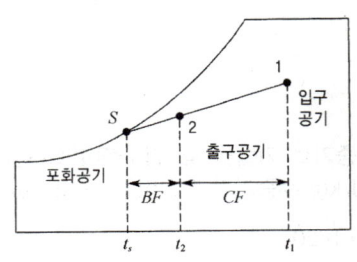

[그림] 냉각코일에서의 By-Pass

> **예제문제 09**
>
> 30℃의 외기 40%와 23℃의 환기 60%를 혼합하여 냉각코일로 냉각감습하는 경우 바이패스 팩터가 0.2이면 코일의 출구 온도는? (단, 코일 표면온도는 10℃ 이다.)
> [12 기]
>
> ① 12.16℃ ② 13.16℃ ③ 14.16℃ ④ 15.16℃
>
> **해설** 혼합공기 온도 tm=$\dfrac{G_1 t_1 + G_2 t_2}{G_1 + G_2} = \dfrac{2 \times 30 + 3 \times 23}{2 + 3} = 25.8℃$
>
> 코일출구온도=코일온도+(입구온도−코일온도)×BF
> ∴ 코일출구온도=10+(25.8−10)×0.2=13.16℃
>
> 답 : ②

3. 냉난방부하

① 냉방부하 : 냉방시에 냉각·감습하는 열 및 수분의 량
 → 현열(온도) ; 냉각, 잠열(습도) ; 감습
② 난방부하 : 난방시에 가열·가습하는 열 및 수분의 량
 → 현열(온도) ; 가열, 잠열(습도) ; 가습

(1) 냉방부하

1) 냉방부하의 종류

여름에 실내의 온·습도를 설계치로 유지하려면 밖에서 침입해 들어오는 열량과 실내에서 발생하는 열량을 제거해야 하는데, 이 열량을 현열부하라 한다. 또 설계치 이상의 수분을 제거해야 하는데 이 때 수분의 잠열부하를 합쳐 냉방부하로 한다.

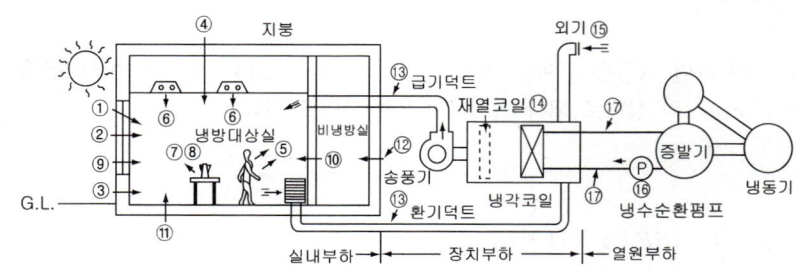

■ 냉방부하
냉방시에 냉각·감습하는 열 및 수분의 량
→ 현열(온도) ; 냉각, 잠열(습도) ; 감습

■ 난방부하
난방시에 가열·가습하는 열 및 수분의 량
→ 현열(온도) ; 가열, 잠열(습도) ; 가습

■ 냉방부하의 종류와 발생 요인

구분	부하의 발생 요인		현열	잠열
실내취득열량	벽체로부터의 취득열량		○	
	유리로부터의 취득열량	직달일사에 의한 것	○	
		전도대류에 의한 것	○	
	극간풍에 의한 취득열량		○	○
	인체의 발생열량		○	○
	기구로부터의 발생열량		○	○
장치로부터의 취득 열량	송풍기에 의한 취득열량		○	
	덕트로부터의 취득열량		○	
재열부하	재열기의 가열량(취득열량)		○	
외기부하	외기의 도입으로 인한 취득열량		○	○

■ 냉방부하를 계산할 때 현열과 잠열을 동시에 계산해 주어야 할 부하 요소
① 극간풍에 의한 취득열량
② 인체의 발생열량
③ 기구로부터의 발생열량
④ 외기의 도입으로 인한 취득열량

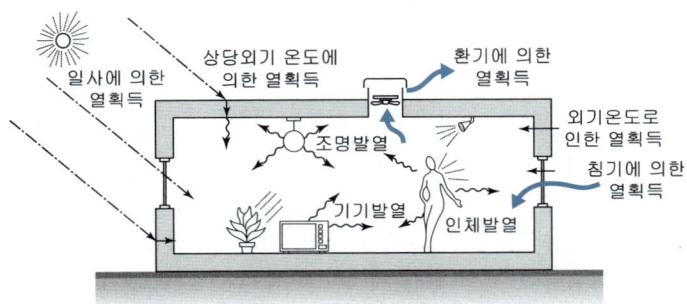

[그림] 건물의 열획득

■ 재열부하
장치의 결로와 습도 상승에 대비하여 공조기 내에서 냉각된 공기를 공조기내 또는 덕트 내에서 가열하여 실내로 취출하는 경우가 있는데, 이때 부하를 재열부하라 한다.

2) 냉방부하의 기기 용량

실내 취득열량은 송풍기의 용량 및 송풍량을 산출하는 요인이 된다. 여기서 장치부하와 재열부하 및 외기부하를 합하면 냉각코일의 용량을 결정할 수 있다.

또한 냉동기의 증발기와 공조기의 냉각코일에 접속되는 냉수 배관도 주위로부터 현열을 얻게 되는데 이 부하를 배관부하라고 하며, 냉각코일 용량에 배관까지 합하면 냉동기 용량이 된다.

- 실내취득열량
- 기기로부터의 취득열량 ┐송풍량 결정
- 재열부하 ┐
- 외기부하 ┘ ┄┄ 냉각코일의 용량 결정 ┐
- 냉수펌프 및 배관부하 ┄┄┄┄┄┄┄┄┄┄┄ 냉동기의 용량 결정

[그림] 냉방부하와 기기용량과의 관계

3) 냉방부하 계산의 설계 조건

① 실내 조건

냉방부하 계산에 있어서 실내 온습도는 매우 중요한 설계 조건의 하나이다. 왜냐하면 실의 사용 목적에 따라 그 조건이 각기 다르며, 또한 사람의 경우에 있어서도 쾌적온도의 범위가 서로 다르기 때문이다.

■ 실내의 온습도 조건

조건	계절	여름	겨울
온도		25~27℃	20~22℃
습도		50~55%	50~55%

② 외기 조건

최대 냉방부하는 가장 불리한 상태일 때의 조건으로 구한 부하로, 냉방장치 용량을 결정하는데 도움을 주지만, 부하가 최대일 때를 위한 장치 용량이므로 매우 비경제적이 되기 쉽다. 그래서 ASHRAE의 TAC(Technical Advisory Committee)에서는 위험률 2.5~10% 범위 내에서 설계 조건을 삼을 것을 추천하고 있다. 위험률 2.5%의 의미는 어느 지역의 냉방시간이 2,000시간이라면, 이 기간 중 2.5%에 해당하는 50시간은 냉방 설계 외기 조건을 초과할 수 있다는 것을 의미한다.

4) 냉방부하의 계산식

① 벽체로부터의 취득열량 q_w[W]

㉠ 일사의 영향을 무시할 때

$$q_w = KA\Delta t [W]$$

Δt : 인접실과의 온도차[℃]

ⓒ 일사의 영향을 고려할 때

$$q_w = K\,A\,ETD\,[W]$$

K : 구조체의 열관류율[W/m²·K]　　A : 구조체의 면적[m²]
ETD : 상당 온도차[℃]

※ ETD : Equivalent Temperature Difference : 상당 외기 온도차

$$\Delta t_e = t_e - t_r$$

일사를 받는 외벽이나 지붕과 같이 열용량을 갖는 구조체를 통과하는 열량을 산출하기 위해 외기 온도나 일사량을 고려하여 정한 근사적인 외기 온도이다.

② 유리로부터의 일사에 의한 취득열량 q_G [W]
  ㉠ 유리로부터의 관류에 의한 취득열량

$$q_{GT} = K\,A_g\,\Delta t\,[W]$$

  A_g : 유리창의 면적(새시 포함)[m²]　　Δt : 실내외 온도차[℃]

  ㉡ 유리로부터 일사취득열량

$$q_{GR} = I_{gr}\,A_g\,k_s\,[W]$$

  I_{gr} : 유리를 통해 투과 및 흡수의 형식으로 취득되는 표준 일사취득열량[W/m²·k]
  A_g : 유리창의 면적(새시 포함)[m²]　　k_s : 전차폐 계수

③ 극간풍(틈새바람)에 의한 취득열량 q_I [W]
  ㉠ 현열량

$$q_{IS} = GC(t_0 - t_i)\,[kJ/h] = \rho QC(t_0 - t_i)\,[kJ/h]$$
$$= 0.34\,Q(t_0 - t_i)\,[W]$$

  ㉡ 잠열량

$$q_{IL} = GL(x_0 - x_i)\,[kJ/h] = \rho QL(x_0 - x_i)\,[kJ/h]$$
$$= 834\,Q(x_0 - x_i)\,[W]$$

  q_{IS} : 틈새바람에 의한 현열취득량[W]　　q_{IL} : 틈새바람에 의한 잠열취득량[W]
  C : 공기의 정압비열[1.01kJ/kg·K]　　ρ : 공기의 밀도[1.2kg/m³]
  G_I, Q_I : 틈새바람의 양[kg/h, m³/h]
  t_0, t_i : 외기 및 실내 온도[℃]
  x_0, x_i : 외기 및 실내의 절대습도[kg/kg′]
  L : 0℃에서 물의 증발잠열(2,501kJ/kg)

[주] ※ G(kg/h) = ρ(1.2kg/m³) · Q(m³/h) = 1.2Q(kg/h)
    ※ 1W = 1J/s = 3,600J/h = 3.6kJ/h

핵심사항정리

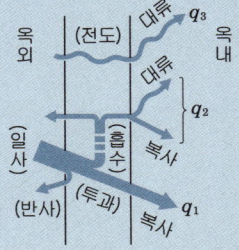

[그림] 유리창을 통한 열취득

■ 단위환산계수

※ 0.34 : 단위환산계수
  = 공기의 비열×밀도
    ×1,000(J/KJ)÷3,600(s/h)
  = 1.01kJ/kg·K×1.2kg/m³
    ×1,000(J/KJ)÷3,600(s/h)
  = 0.336W·h/m³·K
  ≒ 0.34W·h/m³·K

※ 834 : 단위환산계수(0℃에서 물의 증발잠열 γ = 2,501kJ/kg 적용)
  = 1.2kg/m³×2,501kJ/kg
    ×1,000(J/KJ)÷3,600(s/h)
  ≒ 834W·h/m³

■ 열량의 단위 환산

1kW = 1,000W = 860kcal/h
1W = 0.86kcal/h
1W = 1J/s = 3,600J/h = 3.6kJ/h
1kJ = 0.24kcal = 240cal

건축설비계획

예제문제 10

다음과 같은 조건에서 바닥면적이 600m²인 사무소 공간의 환기에 의한 외기부하는?
[09 기]

조건
- 환기량 = 3,000m³/h
- 실내공기의 설계온도 = 26℃
- 실내공기의 절대습도 = 0.0105kg/kg'
- 외기의 온도 = 32℃
- 외기의 절대습도 = 0.0212kg/kg'
- 공기의 밀도 = 1.2kg/m³
- 공기의 정압비열 = 1.01kJ/kg·K
- 0℃에서 물의 증발잠열 = 2,501kJ/kg

① 6.06kW ② 26.76kW ③ 32.82kW ④ 59.58kW

해설
① 현열부하(qs) = $\rho Q C \Delta t$ [kJ/h]
   = 1.2×3,000×1.01×(32−26) = 21,816kJ/h = 6.06kW
② 잠열부하(qL) = $\rho Q L \Delta x$ [kJ/h]
   = 1.2×3,000×2,501×(0.0212−0.0105) = 96,339kJ/h
   = 26.76kW
∴ 외기부하 = 현열부하+잠열부하
   = 6.06+26.76 = 32.82kW
※ 1kW = 1,000W = 860kcal/h = 1kJ/s = 3,600kJ/h

답 : ③

예제문제 11

환기회수가 2회/h, 실의 체적 2,000m³인 경우 환기에 의한 현열부하는?(단 외기 상태 0℃, 절대습도 0.002kg/kg, 실내 상태 24℃, 절대습도 0.010kg/kg) [08 기]

① 16,320W ② 2,668W ③ 32,320W ④ 5,932W

해설
① 환기량 Q = nV = 2×2,000 = 4,000m³/h
② 현열부하 q_S = 1.01kJ/kg·K×1.2kg/m³×Q×(t_o-t_i)×1,000[J/kJ]÷3,600[s/h]
   = $\dfrac{1.01 \times 1.2 \times Q \times (t_0 - t_i) \times 1,000 \text{(J/kJ)}}{3,600 \text{(s/h)}}$
   = $\dfrac{1.01 \times 1.2 \times 4,000 \times (24-0) \times 1,000}{3,600}$
   = 32,320W
※ 1kW=1,000W=860kcal/h=1kJ/s=3,600kJ/h
   1W=1J/s=3,600J/h=3.6kJ/h
   0.24kcal=1.01kJ≒1kJ

답 : ③

(2) 난방부하

1) 난방부하의 종류

난방부하의 요소들은 표와 같으며, 냉방부하의 발생 요인보다는 아주 간단하게 취급된다. 그 원인은 냉방부하 때에 고려한 일사(日射)의 영향이나 조명기구를 포함한 실내 기구, 재실(在室) 인원 등으로부터의 발생열량은 난방부하를 경감시키는 요인들이며, 일반적인 경우에는 부하 계산에 포함시키지 않기 때문이다.

■ 난방부하의 종류와 발생 요인

종류	부하의 발생 요인	현열	잠열
실내손실열량	외벽, 창유리, 지붕, 내벽, 바닥	○	
	극간풍	○	○
기기손실열량	덕트	○	
외기부하	환기극간풍	○	○

[주] • 현열 : 온도의 변화에 따라 발생하는 열. 온도 측정 가능 → 현열량 : 온도의 상승이나 강하의 요인이 되는 열량
 • 잠열 : 상태의 변화에 따라 발생하는 열. 온도 일정 → 잠열량 : 습도의 변화를 주는 열량

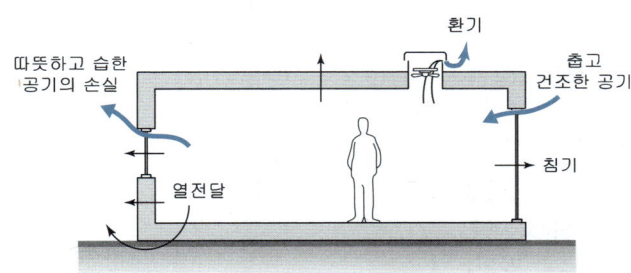

[그림] 건물의 열손실

2) 난방부하의 계산식

① 벽체로부터의 손실열량 q_w[W]

$$q_w = K \cdot A(t_i - t_0)k \text{[W]}$$

q_w : 구조체를 관류하는 열량[W]
K : 구조체를 통한 열관류율[W/m²·K]
A : 구조체 면적[m²]
t_i : 실내 온도[℃]
t_0 : 실외 온도[℃]
k : 방위 계수

※ 방위계수(k : 보정계수)
  ㉠ 일사와 바람의 영향을 고려하여 구조체의 방위와 위치에 따라 다르게 적용한다.
  ㉡ 구조체를 통한 열손실 계산시 곱해 주는 값

	남	북	동·서	남동·남서	지붕	바람이 센 곳
방위계수	1.0	1.2	1.1	1.05	1.2	1.2

예제문제 12

다음과 같은 조건에서 북측에 위치한 면적 12m²인 콘크리트 외벽체를 통한 관류에 의한 손실 열량은?

[조건]
- 외기온도 = −1℃, 실내온도 = 18℃
- 벽체의 열관류율 = 1.71W/m²·K
- 벽체의 방위계수 = 1.2

① 383.7 W   ② 411.0 W   ③ 429.0 W   ④ 468.0 W

[해설] 관류에 의한 열손실 계산 [구조체를 통한 열관류열량(Q)]
$Q = K \cdot A \cdot (t_i - t_0) \cdot k$
K : 열관류율(W/m²·K)
A : 표면적(m²)
$t_i - t_0$: 실내외 온도차(℃)
k : 방위계수(보정계수)
∴ $Q = K \cdot A \cdot (t_i - t_0) \cdot k$
    $= 1.71 \times 12 \times \{18 - (-1)\} \times 1.2$
    $= 467.9 ≒ 468W$

답 : ④

② 틈새바람(극간풍)에 의한 손실열량 q_I[W]

$$q_I = q_{IS} + q_{IL}$$

㉠ 현열부하 : $q_{IS} = GC(t_i - t_0)[\text{kJ/h}] = \rho QC(t_i - t_0)[\text{kJ/h}]$
                $= 0.34 Q(t_0 - t_i)[\text{W}]$

㉡ 잠열부하 : $q_{IL} = GL(x_0 - x_i)[\text{kJ/h}] = \rho QL(x_0 - x_i)[\text{kJ/h}]$
                $= 834 Q(x_0 - x_i)[\text{W}]$

C : 공기의 정압비열[1.01kJ/kg·K]
ρ : 공기의 밀도[1.2kg/m³]
G, Q : 극간풍량[kg/h, m³/h]
t_0, t_i : 실내 및 실외 공기의 온도[℃]
x_0, x_i : 실내 및 실외 공기의 절대습도[kg/kg′]
L : 0℃에서 물의 증발잠열(2,501kJ/kg)

③ 외기부하에 의한 손실열량 q_F[W]

$$q_F = q_{FS} + q_{FL}$$

㉠ 현열부하 : $q_{FS} = \rho QC(t_i - t_0)$[kJ/h]
$\qquad\qquad\quad = 0.34Q(t_i - t_0)$[W]

㉡ 잠열부하 : $q_{FL} = \rho QL(x_i - x_0)$[kJ/h]
$\qquad\qquad\quad = 834Q(x_i - x_0)$[W]

④ 기기에서의 손실열량 q_B[W]
  공조기의 체임버나 덕트의 외면 등으로부터의 손실부하와 여유 등을 총괄해서 계산한다.

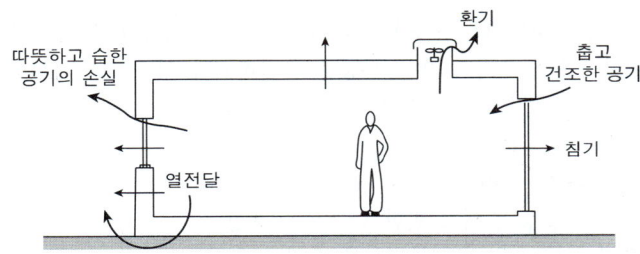

[그림] 건물의 열손실

4 환기설비 계획

1. 실내공기질(IAQ : Indoor Air Quality)
실내의 부유분진 뿐만 아니라 실내온도, 습도, 냄새, 유해가스 및 기류 분포에 이르기까지 사람들이 실내의 공기에서 느끼는 모든 것을 말한다.

(1) 신축 공동주택의 실내공기질 권고 기준
① 신축 공동주택(30세대 이상인 경우)의 실내공기질 측정 주요 항목은 미세먼지, 이산화탄소, 포름알데히드, 총부유세균, 일산화탄소, 휘발성유기화합물(벤젠, 에틸벤젠, 톨루엔, 자일렌, 스틸렌, 라돈) 등이 있다.
② 신축공동주택의 시공자가 실내공기질을 측정하는 경우에는 환경오염공정시험기준에 따라 30세대의 경우 3개의 측정 장소에서 실내공기질 측정을 실시하여야 하며, 30세대를 초과하는 경우 3개의 측정 장소에 초과하는 30세대마다 1개의 측정 장소를 추가하여 실내공기질 측정을 실시하여야 한다.
③ 신축 공동주택의 실내공기질 측정항목
 • 포름알데히드
 • 벤젠
 • 톨루엔
 • 에틸벤젠

- 자일렌
- 스틸렌
- 라돈

④ 공동주택의 실내공기질 권고기준(30분 이상 환기, 5시간 밀폐 후 측정)
- 포름알데히드 210[$\mu g/m^3$] 이하
- 벤젠 30[$\mu g/m^3$] 이하
- 톨루엔 1,000[$\mu g/m^3$] 이하
- 에틸벤젠 360[$\mu g/m^3$] 이하
- 자일렌 700[$\mu g/m^3$] 이하
- 스틸렌 300[$\mu g/m^3$] 이하
- 라돈 200[$\mu g/m^3$] 이하

(2) 새집 증후군(SHS : Sick House Syndrome)

① 새로 지은 주택이나 건물에 입주하였을 때, 실내오염물질을 배출하면서 인체에 각종 자극을 일으키고 혹은 두통을 유발하거나 아토피성 피부염이나 급성폐렴등을 유발하는 현상을 통칭하며 즉, 집안의 공기 오염에 의한 반응 중 화학물질에 의한 반응을 말한다.

② 새집 증후군의 원인
- 건물의 기밀성 증대로 인한 환기부족 현상
- 건자재, 시공재의 화학물질사용 증가
- 생활용품으로 화학제품 사용의 증가

③ 새집 증후군의 방지책
- 강화된 기준치를 법령화한다
- 화학물질의 접촉 최소화한다.
- 물리적 방법 : 식물 기르기, 환기, 공기강제배출기, 공기청정기, 난방(Baking Out)
- 화학적 방법 : 광촉매 도포, 숯 사용, 제올라이트 사용

2. 실내공기질 관리법 관련 규정

■ 실내공기질 관리법 시행규칙 [별표 1] 〈개정 2019. 2. 13.〉

【오염물질(제2조 관련)】

1. 미세먼지(PM-10)
2. 이산화탄소(CO_2 ; Carbon Dioxide)
3. 폼알데하이드(Formaldehyde)
4. 총부유세균(TAB ; Total Airborne Bacteria)
5. 일산화탄소(CO ; Carbon Monoxide)
6. 이산화질소(NO_2 ; Nitrogen dioxide)
7. 라돈(Rn ; Radon)
8. 휘발성유기화합물(VOCs ; Volatile Organic Compounds)
9. 석면(Asbestos)

10. 오존(O_3 ; Ozone)
11. 초미세먼지(PM-2.5)
12. 곰팡이(Mold)
13. 벤젠(Benzene)
14. 톨루엔(Toluene)
15. 에틸벤젠(Ethylbenzene)
16. 자일렌(Xylene)
17. 스티렌(Styrene)

3. 환기량 산출

■ 환기량 계산법

점검사항	점검 내용	산출방법 (Q_f : 필요 환기량 m^3/h)	비 고
발열량	① 인체로부터의 발열량 ② 실내 열원으로부터의 발열량	$Q_f = \dfrac{H_s}{C_p \cdot \rho(t_i - t_o)}$ $= \dfrac{H_s}{0.34(t_i - t_o)}$	H_s : 발열량(현열) [W] C_p : 건공기의 비열 　　($1.01 kJ/kg \cdot K$) ρ : 공기의 밀도($1.2 kg/m^3$) t_i : 허용 실내 온도[℃] t_o : 신선공기온도[℃] 0.34 : 단위환산계수
CO_2 농도	① 인체의 호흡으로 배출되는 CO_2 발생량 ② 실내 연소물에 의한 CO_2 발생량	$Q_f = \dfrac{K}{P_i - P_o}$ (정상시)	K : 실내에서의 CO_2 발생량 [m^3/h] P_i : CO_2 허용 농도[m^3/m^3], 사람뿐일 때 $0.0015[m^3/m^3]$, 실내 연소 기구가 있을 때 $0.005[m^3/m^3]$ P_0 : 외기 CO_2 농도 $0.0003[m^3/m^3]$
수증기량	・인체로부터의 수증기 발생량 ・실내 연소물로부터의 수증기 발생량 ・기타 취사 등에 의한 발생량	$Q_f = \dfrac{W}{\rho(G_i - G_0)}$ $= \dfrac{W}{1.2(G_i - G_0)}$	W : 수증기 발생량[kg/h] ρ : 공기의 밀도($1.2[kg/m^3]$) G_i : 허용 실내 절대습도 [kg/kg 건공기] G_0 : 신선공기 절대습도 [kg/kg 건공기]

예제문제 13

체적이 3,000[m³]인 실의 환기회수가 3[회/h]인 경우 환기량은? (단, 공기의 밀도는 1.2[kg/m³]이다.) [12 기]

① 3,000[kg/h] ② 3,600[kg/h] ③ 9,000[kg/h] ④ 10,800[kg/h]

해설 환기량

$Q = nV$

Q : 환기량[m³/h]
n : 환기회수[회/h]
V : 실용적[m³]

$Q = 3[회/h] \times 3,000[m^3] = 9,000[m^3/h]$

∴ $9,000[m^3/h] \times 1.2[kg/m^3] = 10,800[kg/h]$

답 : ④

예제문제 14

실용적 3,000[m³], 재실자 350인의 집회실이 있다. 다음과 같은 조건에서 실내온도 t_i = 19[℃]로 하기 위한 필요 환기량은? [09, 11 기]

┌ 조건 ┐
· 외기온도 t_0 = 15[℃]
· 재실자 1일당의 발열량 = 80[W]
· 실의 손실열량 = 4,000[W]
· 공기의 밀도 = 1.2[kg/m³]
· 공기의 정압비열 = 1.01[kJ/kg · K]

① 2,400m³/h ② 4,950.50m³/h ③ 17,821.8m³/h ④ 21,600m³/h

해설 발열량에 의한 환기량 계산

$Q = \dfrac{H_s}{Cp \times \rho \times (t_i - t_0)}$ 에서

먼저, 발열량(Hs) = (350×80−4,000)×3.6[kJ/h] = 86,400[kJ/h]

※ 1[W] = 1[J/s] = 3,600[J/h] = 3.6[kJ/h]

∴ $Q = \dfrac{H_s}{Cp \times \rho \times (t_i - t_0)} = \dfrac{86,400[kJ/h]}{1.01[kJ/kg \cdot K] \times 1.2[kg/m^3] \times (19-15)K}$

= 17,821.8[m³/h]

답 : ③

예제문제 15

어느 사무실이 다음과 같은 조건에 있을 때, 요구되는 환기량은? [10, 14, 20 기]

┌ 조건 ┐
- 재실인원 : 70인
- 실내 CO_2 허용농도 : 1,000[ppm]
- 재실자 1인당 CO_2 발생량 : 0.02[m³/h]
- 외기 중의 CO_2 농도 : 0.03[%]

① 500[m³/h]　② 1,000[m³/h]　③ 1,500[m³/h]　④ 2,000[m³/h]

해설 필요환기량

$$Q = \frac{K}{P_i - P_o}$$

Q : 필요환기량[m³/h]
K : 실내에서의 CO_2 발생량[m³/h]
P_i : CO_2 허용 농도[m³/m³]
P_o : 신선공기 CO_2 농도[m³/m³]

※ K = 70명×0.02[m³/h] = 1.4[m³/h]
P_i = 1000[ppm] = 0.1[%] → 0.001[m³/m³]
P_o = 0.03% → 0.0003[m³/m³]

∴ 환기량 $Q = \frac{K}{P_i - P_o} = \frac{70 \times 0.02}{0.001 - 0.0003} = 2,000$[m³/h]

※ 1[ppm] = 10^{-6}[m³/m³]

답 : ④

예제문제 16

실의 크기가 7[m]×8[m]×3[m]인 회의실에 84명이 있다. 1인당 수증기 발생량이 50[g/h]이고 실내의 절대습도가 0.0081[kg/kg], 외기의 절대습도가 0.0046[kg/kg]일 때 수증기 배출에 요구되는 환기회수는? (단, 공기의 밀도는 1.2[kg/m³]이다.) [04, 12 기]

① 3[회/h]　② 4[회/h]　③ 5[회/h]　④ 6[회/h]

해설 $Q_f = \frac{W}{\rho(G_i - G_0)} = \frac{W}{1.2(G_i - G_0)}$

W : 수증기 발생량[kg/h]
ρ : 공기 밀도
G_i : 허용 실내 절대습도[kg/kg 건공기]
G_0 : 신선공기 절대습도[kg/kg 건공기]

$Q_f = \frac{W}{\rho(G_i - G_0)} = \frac{W}{1.2(G_i - G_0)} = \frac{0.05 \times 84}{1.2(0.0081 - 0.0046)} = 1,000$

$Q = nV$에서 $1,000 = n \times (7 \times 8 \times 3)$
∴ $n = 5.95 ≒ 6$[회]

답 : ④

건축설비계획

SECTION 3 설비시스템 검토

1 공기조화 및 열원시스템 검토

1. 난방시스템

(1) 난방방식

1) 난방 방식의 분류

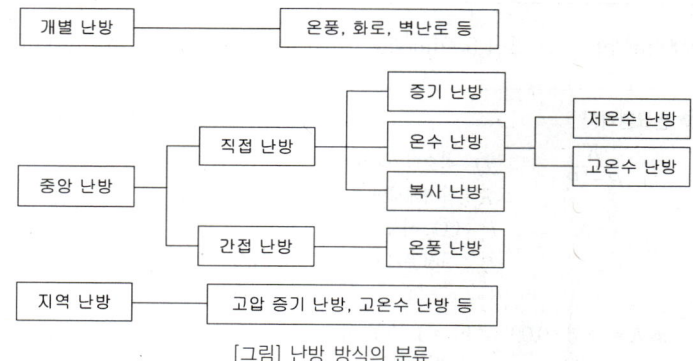

[그림] 난방 방식의 분류

2) 난방 방식의 비교

■ 각종 난방 방식의 비교

구 분		증기 난방	온수 난방	복사 난방	온풍 난방
열매·사용온도		증기 100~110[℃]	온수 70~90[℃]	온수 40~60[℃]	공기 30~50[℃]
열원		보일러	보일러 또는 열교환기		온풍기
방열제		방열기	방열기	패널	없음
순환동력기계		진공급수펌프	온수 순환 펌프		송풍기
설비비	대규모	소	중	대	중
	중소규모	소	중	대	소
연료비		대	중	소	소
유지관리의난이		약간 곤란	용이	용이	약간곤란
자동제어의난이		곤란	용이	약간곤란	용이
많이 적용되는 건물		대규모의 사무소, 공장	주택, 아파트, 병원, 중규모의 사무소	주택, 은행의 영업실, 교회	사무소, 공장

■ 현열과 잠열
· 현열 : 온도 변화에 따라 출입하는 열. 온도 측정가능, 온도의 상승이나 강하의 요인이 되는 열량(현열량), 온수 난방에 이용
· 잠열 : 상태 변화에 따라 출입하는 열. 습도의 변화를 주는 열량(잠열량), 온도는 일정, 증기 난방에 이용

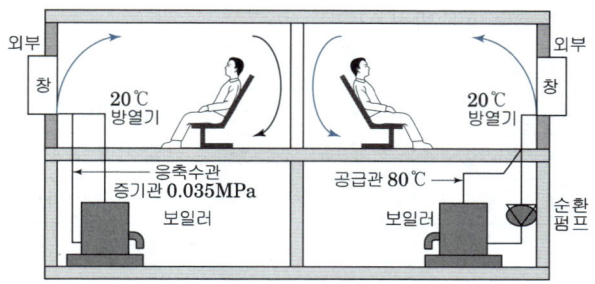

[그림] 증기난방과 온수난방

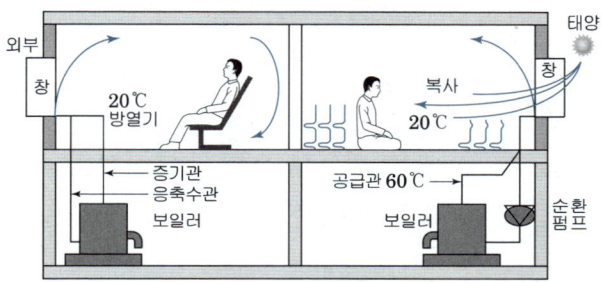

[그림] 대류난방과 복사난방

(2) 난방 방식의 특징

1) 증기난방(steam heating)
- 잠열을 이용한 난방방식
- 사무소, 백화점, 학교, 극장, 일반공장

① 장단점
㉠ 장점
- 증발 잠열을 이용하므로 열의 운반능력이 크다.
- 예열시간이 짧고 증기의 순환이 빠르다.
- 방열면적과 관경이 작아도 된다.
- 설비비, 유지비가 싸다.

㉡ 단점
- 난방의 쾌감도가 나쁘다.
- 소음(steam hammering)이 많이 난다.
- 방열량 조절이 어렵고 화상의 우려(102[℃]의 증기 사용)가 있다.
- 보일러 취급에 기술을 요한다.

② 증기난방의 응축수 환수방식

구분	특징
중력 환수식	방열기 설치 위치에 제한(방열기를 보일러보다 높게)
진공 환수식	진공펌프를 쓰는 방식으로 응축수 및 증기의 순환이 가장 빠른 방식
기계 환수식	환수관 보일러와 사이에 순환펌프 설치(보일러 바로 전에 설치)

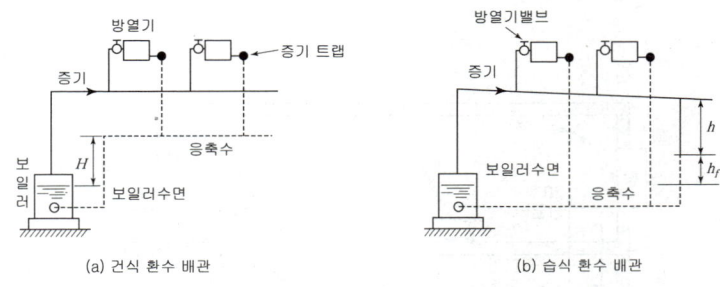

(a) 건식 환수 배관   (b) 습식 환수 배관

[그림] 중력 환수식

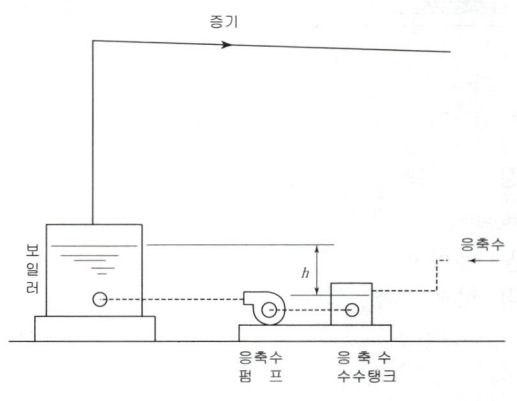

[그림] 기계 환수식

2) 온수난방
   - 현열을 이용한 난방방식
   - 병원, 주택, 아파트

① 장단점
   ㉠ 장점
   - 난방부하의 변동에 따라 온수온도와 온수의 순환량 조절이 쉽다.
   - 현열을 이용한 난방이므로 증기난방에 비해 쾌감도가 높다.
   - 방열기 표면 온도가 낮으므로 표면에 붙은 먼지의 연소에 의한 불쾌감이 없다.
   - 난방을 정지하여도 난방효과가 지속된다.
   - 보일러 취급이 용이하고 안전하다.

ⓒ 단점
- 예열시간이 길다.
- 증기난방에 비해 방열면적과 배관경이 커야 하므로 설비비가 많다.
- 열용량이 크므로 온수 순환 시간이 길다.
- 한랭시, 난방 정지시 동결이 우려된다.

② 온수 온도에 따른 분류
  ㉠ 저온수식(보통온수식) : 100[℃] 미만(65~85[℃]), 주철제 보일러, 개방식 ET, 건축의 일반 난방용
  ㉡ 고온수식 : 100[℃] 이상(보통100~150[℃]), 강판제 보일러, 밀폐식 ET, 지역난방에 적합. 여러 종류의 고압기기 필요, 취급관리가 곤란. 고압으로 인하여 생기는 결점(water hammer 현상), 별로 사용안함

■ 증기난방과 온수난방의 비교

구분	증기	온수
표준방열량	0.756[kW/m²]	0.523[kW/m²]
방열기면적	작다	크다
이용열	잠열	현열
예열시간	짧다	길다
관경	작다	크다
설치유지비	싸다	비싸다
쾌감도	작다	크다
온도조절(방열량조절)	어렵다	쉽다
열매온도	102[℃] 증기	65~85[℃] (보통온수) 100~150[℃] (고온수)
고유설비	증기트랩 (방열기트랩, 플로우트트랩, 벨로우즈트랩)	팽창탱크 보통온수 : 주로 개방식 고온수 : 밀폐식
공통설비	공기빼기 밸브, 방열기 밸브	

─ 학습포인트 ─
- 난방 방식 비교
  ① 방열량조절 : 온풍(쉽다) > 온수 > 증기 > 복사(어렵다)
  ② 예열 시간 : 복사(길다) > 온수 > 증기 > 온풍(짧다)
  ③ 쾌감도 : 복사(가장 우수) > 온수 > 증기 > 온풍
  ④ 설치비 : 복사(많다) > 온수 > 증기 > 온풍(작다)

■ 간헐난방
일시적으로 하는 난방으로서 간헐적으로 열을 공급하는 증기, 온풍 등의 난방방식에 적당하다. 복사난방은 구조체를 덥히게 되므로 예열시간이 길어져 일시적으로 쓰는 방에는 부적당하다.

3) 복사난방
- 주로 건축 일부의 천장 높이가 높은 경우
- 주택, 학교, 은행 영업실
- MRT(Mean Radiant Temperature : 평균복사온도) : 인체에 대한 쾌감상태를 나타내는 기준이 되는 온도

① 장점
㉠ 방을 개방하여도 난방효과가 있다.
㉡ 천장이 높아도 난방 가능하다.
㉢ 실온이 낮아도 난방 효과가 있다.
㉣ 평균온도가 낮기 때문에 동일 방열량에 대해 손실 열량이 작다.
㉤ 바닥의 이용도가 높다.
㉥ 실내의 온도분포가 균등하여 쾌감도가 높다.

② 단점
㉠ 외기 급변에 따른 방열량 조절이 어렵다.
㉡ 구조체를 덥히게 되므로 예열시간이 길어져 일시적으로 쓰는 방에는 부적당하다.
㉢ 시공이 어렵고 수리비, 설비비가 비싸다.
㉣ 매입 배관이므로 고장요소 발견이 어렵다.

4) 온풍난방
① 극장, 강당, 공장
② 특징
㉠ 예열 시간이 짧고 누수, 동결 우려 적다.
㉡ 설비비가 저렴하다.
㉢ 온습도 조정이 쉽다.
㉣ 쾌감도가 나쁘다.
㉤ 소음이 많다.

2. 공기조화시스템
(1) 공기조화방식
1) 공기조화 방식의 분류

구분	열운반방식	공기조화방식		대상건축물
중앙식	공기식	단일 덕트 방식	정풍량 방식(CAV)	저속 : 일반 건축물
			변풍량 방식(VAV)	고속 : 고층 건축물
		이중 덕트 방식		고층 건축물(고급 사무소)
		멀티존 유닛 방식		중규모 건축물
		각층 유닛 방식		중·고층의 건축물
	공기·물식	유인 유닛 방식		중간 규모 이상의 방이 많은 건물(사무실, 호텔, 아파트, 병원)
		팬 코일 유닛 방식 (외기 덕트 병용)		사무소, 호텔, 병원 등
		복사 냉난방 방식 (외기 덕트 병용 패널제어 방식)		고층 건축물 (고급 사무소 등)
	물식	팬 코일 유닛 방식		호텔의 객실, 병실, 아파트, 주택, 사무실
		복사 냉난방 방식		고층 사무소 (고급 사무소 등)
개별식	냉매식	패키지형 공조 방식		연면적 3,000m² 이하의 중·소 건축물 (레스토랑, 다방, 점포)
		세퍼레이트형 공조 방식		소건축물(주택 등)

2) 열운반 방식(열매)에 따른 분류와 특징

열운반방식	공기조화방식	장점	단점
전공기 방식 (all air system)	• 단일덕트방식 • 이중덕트방식 • 멀티존유닛방식 • 각층유닛방식	• 실내공기오염이 적다. • 외기냉방이 가능하다. • 실내유효면적 증가 • 실내에 배관으로 인한 누수의 염려가 없다.	• 큰 덕트 스페이스가 필요 • 팬의 동력(반송동력)이 크다. • 공조실이 넓어야 한다.

공기-수 방식
(air-water system)
	• 유인유닛방식
	• 팬코일유닛방식
	  (외기덕트병용)
	• 복사냉난방방식
	  (외기덕트병용)
		• 덕트 스페이스가 작다.
		• 존의 구성이 용이하다.
		• 수동으로 각 실의 온도제어를 쉽게 할 수 있다.
		• 열운반 동력이 전공기 방식에 비해 작다.
			• 실내공기 오염
			  (전공기 방식에 비하여)
			• 실내배관의 누수 염려
			• 유닛의 방음 방진에 유의
			• 유닛의 실내 설치로 인한 건축계획상의 지장

전수방식 (all water system)	• FCU(Fan Coil Unit)방식 • 복사냉난방방식	• 덕트 스페이스가 필요 없다. • 열운반 동력이 작다. • 개별제어가 쉽다.	• 실내공기의 오염 (실내 공기의 재순환) • 실내 배관에 의한 누수 염려 • 유닛의 방음, 방진에 유의 • 유닛의 실내설치로 인한 건축계획상 지장

3. 공기조화 방식의 특징

(1) 단일 덕트 방식(single duct system)

항상 일정량의 풍량을 보내는 정풍량 방식(CAV 방식)과 열부하에 따라 송풍량을 변화시킴으로써 실내의 온·습도를 조절하는 변풍량 방식(VAV 방식)이 있으며, 바닥면적이 크고 천장이 높은 곳에 적합하다.

1) 정풍량 방식(constant air volume system)

공조기에서 1개의 주덕트를 통하여 냉·온풍을 각 실로 보낼 때 송풍량은 항상 일정하며, 열부하에 따라서 송풍 온·습도만을 변화시켜 실내의 온·습도를 조절하는 가장 기본적인 공조 방식이다.

① 특징
  ㉠ 실내에 송풍량이 가장 많이 취해져 외기의 취입이나 중간기의 환기에 적합하다.
  ㉡ 설치비가 싸고 보수 관리도 용이하다.
  ㉢ 운전 관리가 용이하고 효율이 좋은 필터를 설치하여 쾌적한 실내 환경을 만들 수 있다.
  ㉣ 큰 덕트가 필요해 천장 속에 충분한 덕트 공간이 요구된다.
  ㉤ 각 실에서의 온도 조절이 곤란하다.

② 용도

바닥면적이 크고 천장이 높은 곳에 적합하다.(중·소규모 건물, 극장, 공장 등)

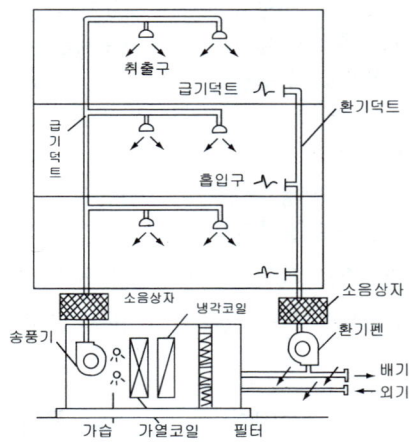

[그림] 정풍량 단일 덕트 방식

2) 가변 풍량 방식(variable air volume system)

단일 덕트로 공조를 하는 경우에 덕트의 관말에 가깝게 터미널 유닛을 삽입하여 송입 공기온도를 일정하게 하고, 송풍량을 실내 부하의 변동에 따라서 변화시키는 방식으로, 에너지 절약형이다.

장 점	단 점
㉠ 부하 변동을 정확히 파악하여 실온을 유지하기 때문에 에너지 손실이 적다. ㉡ 저부하시 풍량이 감소되어 송풍기를 제어함으로써 동력을 절약할 수 있다. ㉢ 전폐형 유닛을 사용함으로써 사용하지 않는 실의 송풍을 정지할 수 있다. ㉣ 개별 제어가 가능하다.	㉠ 환기량 확보 문제와 송풍량을 변화시키기 위한 기계적인 문제점이 있다. ㉡ 가변 풍량 유닛의 단말장치, 덕트 압력 조정을 위한 설비비가 고가이다.

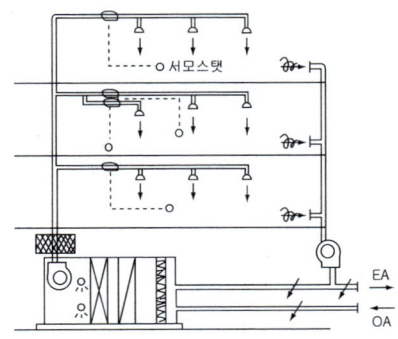

[그림] 가변 풍량 방식

■ VAV 방식(variable air volume system)

부하에 따라 송풍량을 변화시키는 시스템으로 팬동력의 절약을 기할 수 있다. 풍량 감소는 환기 효과를 저하시키므로 최저 환기량 이하로는 하지 않는다.

■ VAV 유닛

서모스탯의 신호를 받아 풍량을 제어하는 기기로서 정압의 변동을 흡수하는 정풍량 기능을 가진다. 사람이 없는 방의 풍량을 0으로 할 수 있는 전폐기구도 흔히 이용된다.

■ 변풍량 유닛(VAV unit)의 종류

1) 교축형(슬롯형)

부하가 감소하면 내부의 콘(cone)이라 불리는 부분이 좌우로 이동하면서 기류가 통과하는 통로를 넓혔다 좁혔다 하는 작용으로 풍량을 조절하는 형식이다.

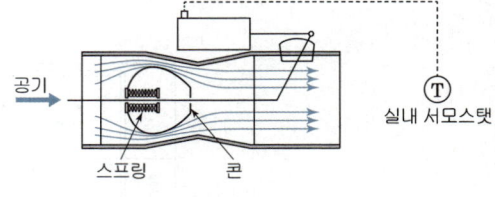

[그림] 교축형 VAV 유닛

① 풍량이 감소하게 되면 그와 연동되어 송풍기의 풍량도 감소되어 송풍기 동력도 절감된다.
② 정풍량 기능을 가지므로 덕트계의 설계와 운전조절이 용이하다.
③ 덕트의 정압변화에 대응할 수 있는 정압제어가 필요하다.

2) 바이패스형

송풍공기 중 취출구를 통해 실내에 취출되고 남은 공기는 천장 속 또는 환기덕트로 바이패스 시키는 방식으로 급기팬은 항상 정풍량 운전을 한다.

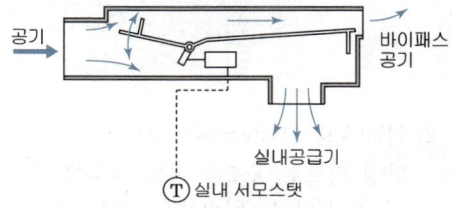

[그림] 바이패스형 VAV 유닛

① 유닛의 소음발생이 적다.
② 송풍덕트 내의 정압제어가 불필요하다.(송풍기 용량 제어를 위한 부속기기류의 설치가 불필요)
③ 덕트 계통의 증설이나 개설에 대한 적응성이 적다.
④ 천장 내의 조명으로 인한 발생열을 제거할 수 있다.
⑤ 전체 풍량은 동일하므로 부하변동에 따른 동력용 에너지 절약을 별로 기대할 수 없다.

3) 유인형

저온의 고압 1차 공기 또는 팬으로 고온의 실내 또는 천장내 공기를 유인하여 부하에 따른 혼합비로 변화시켜 공급하는 방식이다.

① 다른 방식에 비하여 덕트 치수가 작아지고, 난방시에는 실내발생열을 열원으로 이용할 수 있다.
② 고압의 송풍기가 필요하고, 적용범위가 제한되며, 실내의 오염물 제거 성능이 낮다.

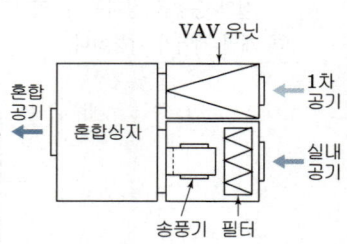

[그림] 유인형 VAV 유닛

(2) 이중 덕트 방식(double duct system)

냉·온풍 2개의 덕트를 설비하여 말단에 혼합 유닛으로 실온을 조절하는 방식이다.

① 특징
   ㉠ 개별 조절이 가능하다.
   ㉡ 냉·난방을 동시에 할 수 있으므로 계절마다 냉·난방의 전환이 불필요하다.
   ㉢ 전공기 방식이므로 냉·온수관이나 전기 배선을 실내에 설치하지 않아도 된다.
   ㉣ 설비비, 운전비가 많이 든다.
   ㉤ 덕트가 이중이므로 덕트의 차지 면적이 넓다.
   ㉥ 혼합 상자가 고가이다.

② 용도
   ㉠ 개별 제어가 필요한 건물
   ㉡ 냉·난방 부하 분포가 복잡한 건물
   ㉢ 전풍량 환기가 필요한 곳
   ㉣ 장래 대폭적인 변경 가능성이 많은 건물

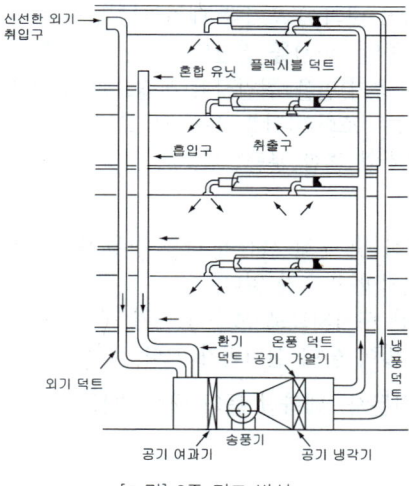

[그림] 2중 덕트 방식

(3) 멀티존 유닛 방식(multi zone unit system)

공조기 내에 가열 코일과 냉각 코일을 병렬로 설치하고, 이들이 만든 별도의 온풍과 냉풍을 출구의 혼합 댐퍼로 혼합시킨 후, 이것과 각기 접촉하는 여러 덕트를 통해 각 구역으로 혼합공기를 공급하는 방식이다.

① 특징
   ㉠ 여름, 겨울의 냉·난방시 에너지 혼합 손실이 적다.
   ㉡ 중간기에 혼합 손실이 생겨 에너지 손실이 크다.
   ㉢ 풍향의 밸런스가 깨어지는 결점이 있다.

② 용도
비교적 작은 규모(2,000m² 이하)의 공조 면적을 더욱 작은 존으로 나누는 장소

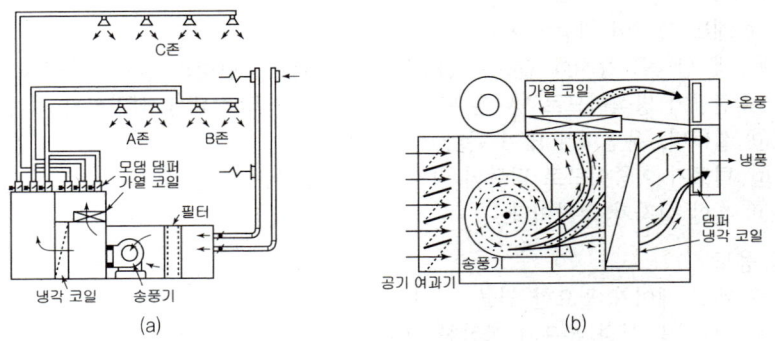

[그림] 멀티존 유닛 방식

(4) 각층 유닛 방식(zone unit방식)

각층에 1대 혹은 여러 대의 공조기를 배치하는 방법으로, 1, 2차 공조기를 별도로 설치하여 1차 조화기(중앙 유닛)를 건물의 옥상, 지하 등의 기계실에 설비하고, 실내의 소요 신선 공기(1차 공기)만을 취입시켜 온습도를 조정한 후, 고속 덕트에 의해 건물의 존마다 마련된 2차 조화기(각층 유닛)로 보낸다. 2차 조화기에서는 각 존마다 재순환 공기를 1차 공기와 혼합 분출한다.

① 특징
  ㉠ 각 층마다 부하 및 운전 시간이 다른 경우 적합하며, 층별 존 제어가 가능하다.
  ㉡ 큰 덕트를 설치할 필요가 없다.
  ㉢ 공조기가 분산 배치되므로 보수 관리가 복잡하다.
  ㉣ 공조기 수가 많이 들며 설비비가 크다.

② 용도 : 방송국, 신문사, 백화점 등의 대형 건물

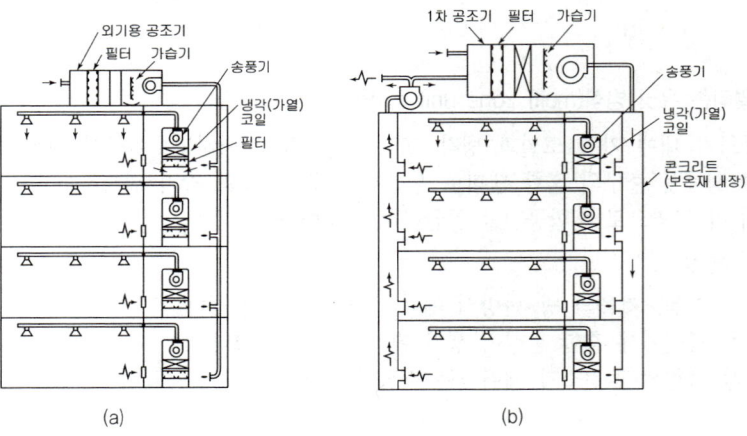

[그림] 각층 유닛 방식

(5) 유인 유닛 방식(induction unit system, duct 및 unit 병용식)

1차 공기는 중앙 유닛(1차 공기조화기)에서 냉각 감습되고, 고속 덕트에 의하여 각 실에 마련된 유인 유닛에 보내고, 여기서 유닛으로부터 분출되는 기류에 의하여 실내 공기를 유인하고 유닛의 코일을 통과시키는 방식이다.

① 특징 : 덕트 면적을 절감할 수 있다.
② 용도 : 중간 규모 이상의 방이 많은 사무실, 호텔, 아파트, 병원 등 고층 건물에 적합하다.

■ 유인비(K)

$$= \frac{1\text{차 공기량} + 2\text{차 공기량}}{1\text{차 공기량}}$$
$$= \frac{\text{전공기량}}{1\text{차 공기량}}$$

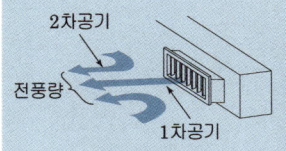

[그림] 1차 공기와 2차 공기

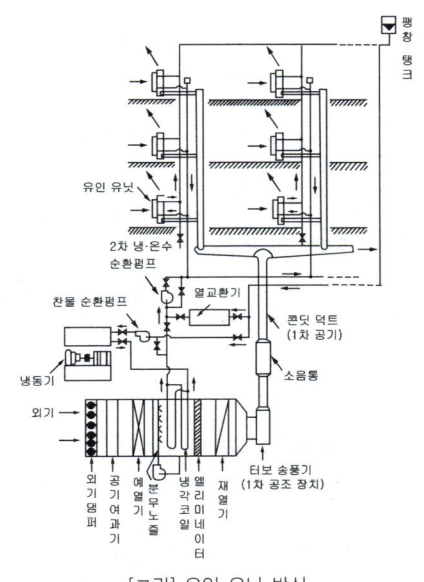

[그림] 유인 유닛 방식

(6) 팬코일 유닛 방식(fan coil unit system)

불리는 소형 공조기를 각 실내에 여러 개 설치하고, 냉온수 배관을 접속시킨 다음, 여름에는 냉수, 겨울에는 온수를 공급하여 실내에 대류시킴으로써 냉·난방하는 방식이다.

① 특징

장 점	단 점
㉠ 실별 조절이 가능하다. ㉡ 장래의 부하 증가에 대처할 수 있다. ㉢ 동력비가 적게 들고 기계실 덕트 공간도 적게 소요된다.	㉠ 외기 공급의 장치를 별도로 설비한다. ㉡ 계획적인 면에서 실내 유닛에 대한 고려가 필요하다. ㉢ 보수 관리가 어렵다. ㉣ 중간기나 겨울철의 외기 냉방이 힘들다. ㉤ 송풍 능력이 적으므로 고도의 공기 처리는 불가능하다.

■ 콜드 드래프트(cold draft)

겨울철에 실내에 저온의 기류가 흘러들거나 또는 유리 등의 차가운 벽면에서 냉각된 냉풍이 하강하는 현상으로 냉방에 의한 온도차에 따라 일어나는 공기의 흐름이다.

※ 팬코일 유닛방식에서 유닛을 창문 밑에 설치하면 콜드 드래프트를 줄일 수 있다.

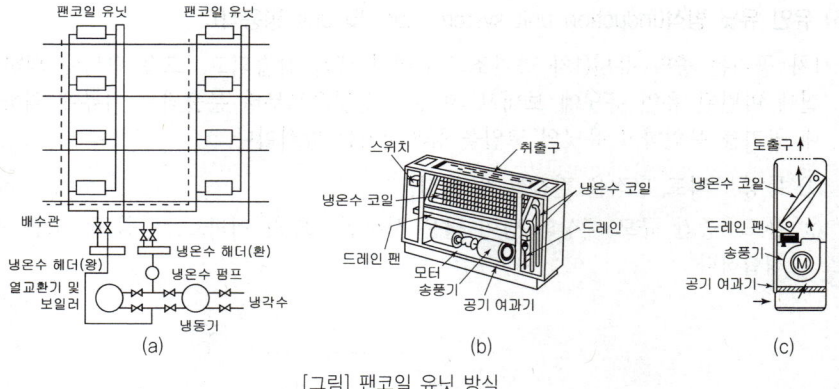

[그림] 팬코일 유닛 방식

(7) 복사 패널 방식(panel air system)

바닥 또는 천장 안에 설치한 파이프 코일 속으로 온수 또는 냉수를 보내는 넓은 면의 복사로서, 냉·난방하는 방식으로 외기 도입을 위한 덕트 방식과 병용시키는 것이 일반적이다.

① 특징
  ㉠ 여름과 겨울 구별 없이 모두 쾌감도가 높다.
  ㉡ 유닛을 배치할 필요가 없으므로 바닥의 이용도가 높다.
  ㉢ 전기 발열과 같은 현열부하가 많은 경우에 유리하다.
  ㉣ 설비비가 많이 든다.
  ㉤ 중간기의 냉동기 운전을 필요로 한다.
  ㉥ 가동시간이 길고 물 배관 설비가 많기 때문에 누수의 위험과 수리가 곤란하다.
② 용도 : 고층 건축물의 고급 사무실

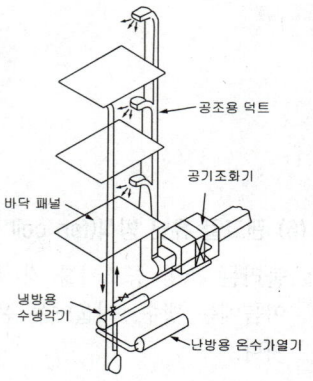

[그림] 복사 패널 덕트 병용 방식

(8) 패키지 방식(packaged unit system)

냉동기를 내장한 공기조화기를 패키지형 공조기라 하며, 이것을 실내에 설치한 방식이다.

① 특징
  ㉠ 시공과 취급이 간단하고 대량 생산으로 원가가 절감된다.
  ㉡ 현장 설치가 간단하고 공사기간도 짧아 설비비가 저렴하다.
  ㉢ 국부 냉방에 유리하다.
  ㉣ 자동 조작으로 간편하다.
  ㉤ 대용량에는 부적당하다.
  ㉥ 소음이 크다.

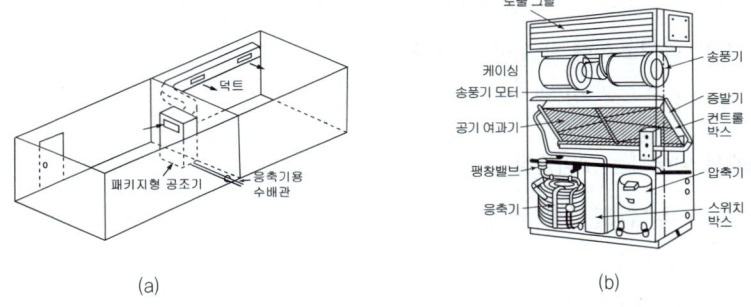

[그림] 패키지형 공기조화 방식

핵심사항정리

■ 에너지 절약형 공조방식
  · 변풍량(VAV)방식
  · 외기냉방방식
  · 전열교환기 설치
  · 히트펌프 시스템

■ 에너지 多소비형 공조방식
  · 2중덕트방식
  · 멀티존유닛방식
  · 터미널 리히팅방식(관말제어방식, 1대의 공조기로 냉난방을 동시에 할 수 있는 공조방식)

■ 개별제어가 가능한 공조방식
  · 변풍량(VAV)방식
  · 이중덕트방식
  · 각층유닛방식
  · 유인유닛방식
  · 팬코일유닛방식

건축설비계획

2 환기시스템 검토

1. 환기

(1) 환기의 필요성

인체에 유익하지 않은 각종 유해물질이 실내에서 발생하여 산소 등을 공급하기 위하여 신선한 외기와 교환이 필요하다.

① 호흡에 필요한 산소의 부족
② CO_2 가스의 증가
③ 실내에서 열이 발생
④ 실내에서 수증기 발생
⑤ 분진 및 유해가스의 발생
⑥ 인체 및 실내에서 발생되는 각종 냄새(배기, 끽연 등) 발생
⑦ 쾌적한 환경조성에 필요한 적절한 기류
⑧ CO, 라돈가스 등의 발생

(2) 실내에서 발생하는 오염물질

① 호흡에 필요한 산소의 부족
② CO_2 가스의 증가
③ 실내에서 열이 발생
④ 실내에서 수증기 발생
⑤ 분진 및 유해가스의 발생
⑥ 인체 및 실내에서 발생되는 각종 냄새(배기, 끽연 등) 발생
⑦ 쾌적한 환경조성에 필요한 적절한 기류
⑧ CO, 라돈가스 등의 발생

> **참고**
>
> 실내공기 중의 유해오염물질과 발생 근원
> ① 일산화탄소(CO) – 가스레인지
> ② 라돈 – 콘크리트
> ③ 포름알데히드(HCHO) – 접착제
> ④ 벤젠, 나프탈렌 – 방충제, 살충제
> ※ 이산화탄소(CO_2)의 함유량에 비례해서 다른 오염원의 정도가 변화되므로 실내 공기의 오염 정도를 판단하는 척도로 이산화탄소[탄산가스(CO_2)] 농도를 사용한다.

2. 환기설비

1) 자연 환기

바람 및 실내외 온도차에 의한 실내외의 압력차로 환기하는 방식으로 환기량이 일정하지 않다. 중성대(neutral zone)는 실내외의 압력차가 0이 되어 공기의 유출입이 없는 면, 대개는 실이 중앙부에 위치하나 개구나 틈새가 많은 면으로 이동한다. 중성대 상방에서의 압력은 실내에서 실외로 향한다.

$P_1 = P + hD_1$, $P_2 = P + hD_2$

여기서 $t_1 > t_2$, $D_1 < D_2$ 이므로

$P_2 > P_1$

따라서 $P_2 - P_1 = h(D_2 - D_1)$

- t_1 : 실내 평균 기온[℃]
- t_2 : 외기 온도[℃]
- D_1 : 실내 공기의 밀도[kg/m³]
- D_2 : 외기의 밀도[kg/m³]
- P : 중성대의 평형 압력[kg/m²]
- P_1 : 실내측의 압력[kg/m²]
- P_2 : 실외측의 압력[kg/m²]

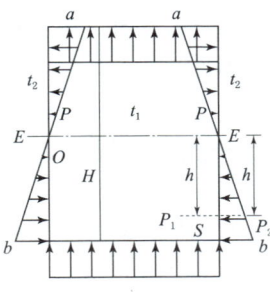

[그림] 중성대

핵심사항정리

■ 실내공기 중의 유해오염물질과 발생 근원
- ㉠ 일산화소(CO) – 가스레인지
- ㉡ 라돈 – 콘크리트
- ㉢ 포름알데히드(HCHO) – 접착제
- ㉣ 벤젠, 나프탈렌 – 방충제, 살충제

※ 이산화탄소(CO_2)의 함유량에 비례해서 다른 오염원의 정도가 변화되므로 실내 공기의 오염정도를 판단하는 척도로 이산화탄소[탄산가스(CO_2)] 농도를 사용한다.

예제문제 01

건물의 지상높이가 100m라 할 때 1층 출입구에서의 연돌효과에 의한 작용압은 얼마인가?(단, 중성대는 건물높이의 중앙부분에 위치하고, 실내와 외기공기의 비중량은 각각 1.16kg/m³와 1.32kg/m³이다.) [04 기]

① 8mmAq   ② 10mmAq   ③ 12mmAq   ④ 16mmAq

해설 1층 출입구에서의 중성대까지의 연돌효과에 의한 작용압 계산(ΔP)
$\Delta P = h(D_2 - D_1) = 50(1.32 - 1.16) = 8$mmAq

답 : ①

---

① 풍압차에 의한 환기 : 바람에 의한 환기(베르누이 효과)

② 온도차에 의한 환기(중력환기) : 공기의 온도차에 의한 환기(연돌효과)

실내 기온이 외기온보다 높으면 실내 공기 밀도가 외기 밀도보다 작게 된다. 또 실내에서는 천장 부분의 공기 밀도가 바닥 부분의 공기 밀도보다 작다. 이와 같이 온도차에 의한 압력차로 환기하는 것을 말한다.

※ 연돌효과(stack effect : 굴뚝효과)

실 외벽에 개구부가 있으면 실내 공기는 위쪽으로 나가고 실외 공기는 아래로 유입되는 현상으로 굴뚝효과라고도 한다. 연돌효과는 실내 공기의 유동이 거의 없을 때에도 환기를 일으킨다. 고층 건물의 엘리베이터실과 계단실에는 천정이 높아 큰 압력차가 생겨 강한 바람이 불게 된다.

2) 기계 환기

구분	설치방법	용도
제 1종 환기 (병용식)	강제송풍+강제배풍	병원 수술실, 거실, 지하극장, 변전실
제 2종 환기 (압입식)	강제송풍+자연배풍	클린룸, 무균실, 반도체공장, 식당, 창고
제 3종 환기 (흡출식)	자연송풍+강제배풍	화장실, 욕실, 주방, 흡연실, 자동차차고

① 제 1종 환기 : 설비비, 운전비가 비싸다. 실내외의 압력차가 없어서 가장 양호한 환기법
② 제 2종 환기 : 실내의 압력이 정압(+), 다른 실에서의 공기 침입이 없다. 가장 많이 사용한다. 일반실에 적합하다.
③ 제 3종 환기 : 실내의 압력이 부압(−), 실내의 냄새나 유해 물질을 다른 실로 흘려보내지 않는다. 주방, 화장실, 유해가스 발생장소에 사용한다.

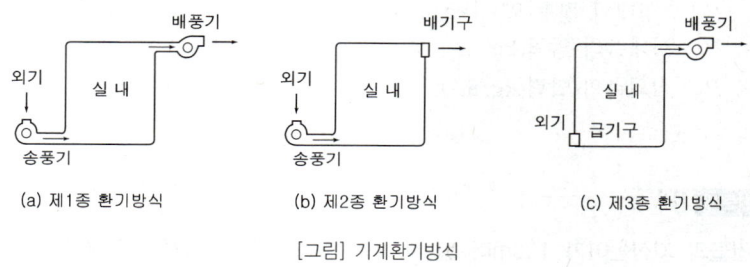

[그림] 기계환기방식

학습포인트

● 환기 영역에 따른 분류
① 희석 환기(전체 환기) : 어떤 특정한 실내의 공기를 환기하여 전체 공기를 신선한 공기로 대체하는 환기 방법
② 국소 환기 : 오염이 생긴 장소에서 오염이 실 전반에 확산되기 전 배기하는 방법으로 가장 효율이 좋은 오염 제거 방법이다.
예 후드(hood), 퓸 후드(fume hood), 공장, 드래프트 챔버(실험실) 등

3 급배수시스템검토

1. 수원과 수질

(1) 수원

1) 수원의 종류

① 지표수
지표를 흐르는 강, 하천, 저수지 등의 물로서 수질은 비교적 유기질이 많고 세균 및 미생물의 번식에 알맞기 때문에 오염 기회가 많다.

② 지하수
순환수로 지질의 영향을 받아 용해성 물질인 철, 망간, 칼슘 등을 다량 함유하므로 경도가 높고 또한 심층의 물로서 수질이 좋다.

③ 복류수
지하수면이 하천수와 밀착, 산, 강, 호수 옆에서 흘러나오는 비교적 깨끗한 물을 말한다.

2) 용수

① 상수 : 음료수, 주방싱크, 세면기, 욕조, 보일러 급수용으로 화학적·물리적 및 세균학적으로 적합한 것이다.

② 잡용수 : 대소변기 세정용·청소용·살수용·냉방용·소화용수 등이다.

■ 상수와 잡용수의 비

	상 수[%]	잡용수[%]
일반건축	30~40	60~70
학 교	40~50	50~60
백 화 점	45	55
병 원	60~66	34~40
주 택	65~80	20~35

3) 급수원

① 상수 : 급수원은 주로 지표수로부터 취수한다. 즉, 취수(取水) → 송수(送水) → 정수(淨水) → 배수(配水) → 급수(給水)의 순으로 도시에 공급된다.

② 정수 : 수원으로 가장 많이 채택되는 것이 정수(井水)이며, 우물은 그 심도에 따라 천정호(淺井戶), 심정호(深井戶)가 있다. 지하 양수용 펌프에는 주로 수중(水中)펌프, 보어 홀 펌프(bore hole pump)가 사용되고 있다. 또 정수와 상수의 사용 비율은 연면적 3,000[m²] 이상의 대규모 건축에서는 7 : 3 정도이며, 연면적 3,000[m²] 이하의 건축물은 상수(上水)만을 사용하는 것이 좋다.

4) 정수법

① 침전법
㉠ 중력침전법 : 물을 완속으로 흐르게 하거나 정지시켜서 부유물질을 침전시키는 방법으로, 완속침전법, 보통침전법이라고도 한다.

ⓒ 약품침전법 : 보통침전법으로는 비중이 작거나 직경이 작은 물질은 침전하지 않는 까닭에 약품을 사용하여 응집침전시키는 방법으로, 급속침전법이라고도 한다. 약품으로 황산, 반토, 명반 등이 있다.

② 여과법
㉠ 완속여과법 : 완속여과법에서는 약품을 사용하지 않고 보통침전을 한 후 여과지로 보내어 물을 거른다. 여과지의 위쪽에는 가는 모래를 사용한다. 하층일수록 입자가 큰 것을 사용하며, 최하층에는 자갈을 둔다. 완속여과법의 여과속도는 1일당 3~6[m]이다.
㉡ 급속여과법 : 침전지에서 약품침전, 즉 주로 황산알루미늄을 사용하여 응집침전시킨 후 여과지에 보내게 된다. 급속여과법의 여과속도는 1일당 100~150[m]로 완속여과시보다 40배 정도 빠르다.

③ 폭기법
수중에 포함된 탄산제일철[$Fe(HCO_3)_2$], 수산화제일철[$Fe(OH)_2$] 또는 황산제일철[$FeSO_4$]을 제거하기 위해 폭기(曝氣)에 의해 물을 공기에 잘 접촉시킨 후 이것을 산화시켜 불용해성 수산화제이철[$Fe(OH)_3$]로 만든 다음 소독·여과에 의해 제거하는 방법이다.

④ 멸균법
침전·여과작용에 의해 대부분의 세균은 제거되지만 잔존세균을 완전히 멸균하기 위해서는 염소멸균법이 사용된다. 염소(Cl_2) 외에 표백분, 클로라민, 자외선, 오존(O_3) 등이 있다.

⑤ 경수의 연화법
탄산칼슘($CaCO_3$) 함유량을 90[ppm] 이하로 만들어 침전시키는 방법으로, 생석회(CaO)를 사용한다.

(2) 수질

1) 물의 경도(硬度)

물 속에 녹아 있는 칼슘(Ca), 마그네슘(Mg) 등의 양을 이것에 대응하는 탄산칼슘($CaCO_3$)의 100만분율(ppm : parts per million)로 환산하여 표시한 것

분류	$CaCO_3$의 함유량	특징
극연수(極軟水)	0[ppm]	증류수나 멸균수로서 연관이나 황동관을 부식
연수(軟水)	90[ppm] 이하	세탁, 염색, 보일러용에 적합
적수(適水)	90~110[ppm]	
경수(硬水)	110[ppm] 이상	물, 음료용, 세탁, 표백, 염색에는 부적합

■ 경도가 높은 물을 보일러에 사용하면
• 내면에 스케일(물때) 생성
• 전열효율 저하
• 과열의 원인
• 보일러의 수명단축

2) 음용수의 수질기준

환경부령 수질 판정 기준에 그 허용 한계를 명시하고 있다.
① 병원생물에 오염되었거나 병원생물에 오염된 생물 또는 물질에 관한 사항
② 시안, 수은, 기타 유독물질에 관한 사항

③ 동, 철, 불소, 페놀, 기타 물질에 관한 사항
  총 경도(Ca, Mg 등)는 300[ppm]을 넘지 아니할 것
④ 과도한 산성이나 알칼리성에 관한 사항
  수소이온 농도는 pH 5.8 내지 8.5이어야 할 것 (pH<7 : 산성)
⑤ 냄새와 맛에 관한 사항
⑥ 무색 투명하지 아니할 것에 관한 사항
  ㉠ 색도는 5도를 넘지 아니할 것
  ㉡ 탁도는 2도를 넘지 아니할 것
  ㉢ 증발잔류물은 500[ppm]을 넘지 아니할 것

2. 급수방식
(1) 급수방식의 특징

구 분	특 징	공 식
수도 직결식	• 수질의 오염가능성이 가장 적다. • 정전 시에도 물이 나온다. • 소규모 건물에 쓰인다.	• 수도본관의 압력 $$P_o \geqq P + P_f + \frac{h}{100}$$ P : 수전 또는 기구의 필요압력[MPa] P_f : 본관에서 기구에 이르는 사이의 저항 [MPa] h : 기구의 높이[m]
고가 수조식 (옥상 탱크식)	• 급수압이 일정하며 대규모 급수에 적합 • 단수시에도 일정시간동안 급수가 가능 • 구조체의 보강이 필요 • 수질의 오염가능성이 가장 크다. • 시설비, 경상비가 많이 든다.	• 고가수조의 높이 $$H \geqq 100(P + P_f) + h$$ H : 고가수조의 높이[m] h : 제일 높은 곳에 있는 기구의 높이[m]
압력 탱크식	• 부분적으로 고압을 필요한 곳에 적합 • 구조물의 보강이 불필요 • 건물의 미관이 양호하다. • 급수압이 일정하지 않다. • 때때로 공기를 공급해야 한다. • 동력비 및 제작비가 비싸다.	• 최저 필요압력(P_I) $$P_I = p_1 + p_2 + p_3 [\text{MPa}]$$ p_1 : 최고층 수전에 해당하는 수압[MPa] p_2 : 기구별 소요압력[MPa] p_3 : 관내 마찰손실수두[MPa] • 허용 최대 압력(P_{II}) $$P_{II} = P_I + 0.07 \sim 0.14 [\text{MPa}]$$
탱크 없는 부스터 방식	• 옥상탱크나 압력탱크가 필요 없다. • 정전이나 단수시 압력탱크와 동일하다. • 설비비가 고가이다. • 고장시 수리가 어렵다. • 전력 소비가 많다.	

건축설비계획

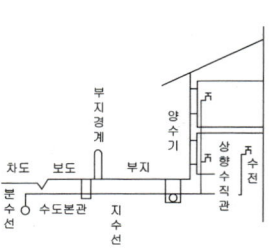
[그림] 수도직결방식

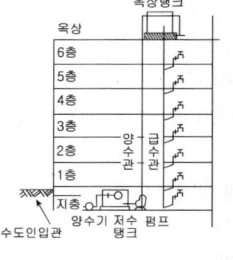
[그림] 옥상탱크 급수 배관법

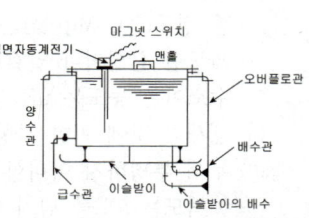
[그림] 옥상탱크의 배관 및 부속기구

■ 1MPa=10kgf/cm² =100mAq
  1MPa=1,000kPa=1,000,000Pa

예제문제 02

수도본관에서 수직높이 5.5[m]인 곳에 세면기를 수도직결식으로 배관하였을 경우 수도본관에는 최소 얼마의 압력이 필요한가? (단, 본관에서 세면기까지의 마찰손실압력은 0.035[MPa]이다.)   [07 기]

① 0.065[MPa]   ② 0.085[MPa]   ③ 0.09[MPa]   ④ 0.12[MPa]

[해설] 수도본관의 압력 : $P_o \geq P + P_f + \dfrac{H}{100}$

P : 수전 또는 기구의 필요압력[MPa] → 세면기 : 0.03[MPa]
P_f : 본관에서 기구에 이르는 사이의 저항[kgf/cm²] → 0.035[MPa]
H : 기구의 높이[m] → 5.5[m] = 0.055[MPa]

∴ $P_o \geq 0.03 + 0.035 + \dfrac{5.5}{100} = 0.12$[MPa]

※ 수압 $P = 0.01H$[MPa]

답 : ④

예제문제 03

고가수조 방식의 급수법에서 F.V식 대변기를 최고층에서 사용할 경우 대변기에서 고가수조의 최저수면까지의 높이는 최소 얼마 이상으로 하여야 하는가? (고가탱크에서 대변기까지의 전마찰 손실수두 : 1[m])   [04, 08 기]

① 8[m]   ② 12[m]   ③ 14[m]   ④ 16[m]

[해설] 세정밸브식(F.V식) 기구의 최저 필요압력 0.07[MPa](7[m] 수두) + 손실수두 1[m] = 8[m]

답 : ①

예제문제 04

압력탱크로부터 수직높이 10[m]되는 곳에 세정밸브(flush valve)식 대변기가 설치되어 있다. 이 대변기에 압력탱크식으로 급수하기 위한 압력탱크의 최저필요압력은? (단, 배관의 연장길이는 15[m]이고 관로의 전마찰손실 수두는 5[mAq]이다.)

[10 기]

① 220[kPa] ② 270[kPa] ③ 320[kPa] ④ 370[kPa]

해설 압력수조식의 최저 필요압력(P_1)

$P_1 = p_1 + p_2 + p_3$ [MPa]

p_1 : 최고층 수전에 해당하는 수압[MPa]
p_2 : 기구별 소요압력[MPa]
p_3 : 관내 마찰손실수두[MPa]

∴ $P_1 = 0.1 + 0.07 + 0.05 = 0.22$[MPa] = 220[kPa]

※ 0.1[kgf/cm²] = 1[mAq] = 10[kPa]
  1[MPa] = 10[kgf/cm²] = 100[mAq]
  1[MPa] = 1,000[kPa] = 1,000,000[Pa]

답 : ①

(2) 급수 배관 방식

1) 급수 배관법
① 상향급수 배관법 : 수도직결식, 압력탱크식 → 지하실 천정 – 노출배관 – 보수가 용이
② 하향급수 배관법 : 고가탱크식 → 최상층 천정 – 은폐배관 – 점검수리 불편
③ 상하향 혼용배관법 : 1, 2층은 상향식, 3층 이상은 하향식

(3) 급탕방식

1) 개별식 급탕법
① 특징
  ㉠ 배관설비 거리가 짧고, 배관 중의 열손실이 적다.
  ㉡ 수시로 더운 물을 사용할 수 있으며, 고온의 물을 필요시 쉽게 얻을 수 있다.
  ㉢ 급탕 개소가 적을 경우 시설비가 싸게 든다.
  ㉣ 주택 등에서는 난방 겸용의 온수보일러를 이용할 수 있다.
  ㉤ 급탕 개소마다 가열기의 설치공간이 필요하다.
  ㉥ 주택, 중소 여관, 작은 사무실 등 급탕 개소가 적은 건축물에 적합하다.

② 종류
  ㉠ 순간온수기(즉시탕비기) : 가스나 전기로 가열시켜 직접 온수를 얻는 방법
  ㉡ 저탕형 탕비기 : 특정 시간에 다량의 온수를 필요로 하는 곳에 적합하며, 비교적 열손실이 많다.
  ㉢ 기수혼합식 : 보일러에서 발생한 증기를 저탕조에 직접 불어넣어 온수를 만드는 방법으로, 소음이 생기는 결점이 있다. 열효율은 100%이지만 소음을 줄이기 위해 증기압 0.1~0.4MPa의 스팀 사일런서(steam silencer)를 사용한다.

2) 중앙식 급탕법
   ① 특징
      ㉠ 열원으로 값싼 중유, 석탄 등이 사용되므로 연료비가 싸다.
      ㉡ 급탕설비가 대규모이므로 열효율이 좋다.
      ㉢ 급탕설비의 기계류가 동일 장소에 설치되어 관리상 유리하다.
      ㉣ 최초의 설비비와 건설비는 비싸지만 경상비가 적게 들므로 대규모 급탕설비에는 중앙식이 경제적이다.
      ㉤ 급탕 공급의 배관길이가 길어 열손실이 많다.
      ㉥ 순환이 느리기 때문에 순환펌프를 사용해야 한다.

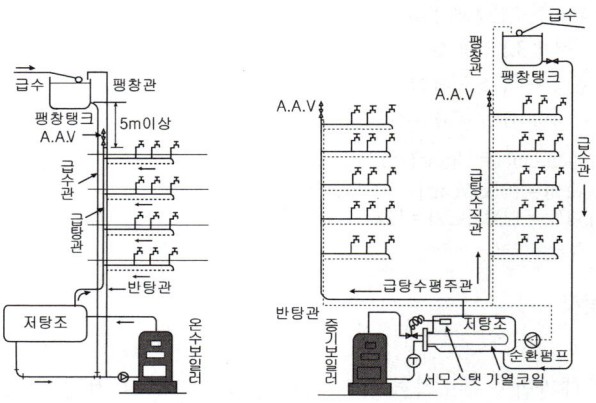

[그림] 직접가열식 급탕 배관   [그림] 간접가열식 급탕 배관

■ 중앙식 급탕법의 비교

구 분	직접가열식	간접가열식
보일러	급탕용 보일러 난방용 보일러 각각 설치	난방용 보일러로 급탕까지 가능
보일러 내의 스케일(물 때)	많이 낀다.	거의 끼지 않는다.
보일러 내의 압력	고 압	저 압
저탕조 내의 가열코일	불필요	필 요
건물 규모	소규모 건물	대규모 건물

(4) 급탕 배관 방식

1) 단관식
   탕비기에서 수전에 이르기까지 공급관(supply pipe)뿐인 배관 방식으로서, 개별식 급탕 방법에 이용되는 방식이다.

2) 복관식(순환식)

저탕조를 중심으로 하여 회로 배관을 형성하고 탕물은 항상 순환하고 있으므로 2관식이라고도 하며, 급탕전을 열면 곧 뜨거운 물이 나오며 온수보일러나 또는 저탕조에서 15m 이상 떨어져서 급탕전을 설치하는 순환식을 채용하는 것이 좋다.

3) 급탕관의 관경 결정

급탕관의 관경은 급수설비의 관경 계산 방법과 동일한 방법으로 구한다.
급탕관은 금속의 부식을 고려하여 내식성 재료를 사용하는 것이 좋다.

■ 급탕관과 반탕관의 관경

급탕관경[mm]	25	32	40	50	65	75	100
반탕관경[mm]	20	20	25	32	40	40	50

3. 오배수, 통기시스템

(1) 배수계통의 분류

1) 사용 목적에 의한 분류
   ① 오수 : 수세 변소의 대·소변기에서의 배수
   ② 잡배수 : 부엌, 세면소, 욕실 등에서의 배수
   ③ 우수 : 지붕이나 발코니 등의 루프 드레인에서의 배수
   ④ 특수 배수 : 공장 배수, 병원의 배수, 방사선 시설의 배수는 유해 위험한 물질을 포함하고 있으므로 일반적인 배수와는 다른 계통으로 처리해서 방류한다.

2) 직접배수와 간접배수
   ① 직접배수 : 위생기구와 배수관이 연결된 일반 위생기구에서의 배수
   ② 간접배수 : 냉장고, 세탁기, 음료기, 공기정화기 등에서의 배수방식으로 기구의 오염을 막기 위해 일반배수관으로 직접 연결하지 않고, 물받이 사이에 공간을 두어 공기 중에 노출시켰다가 배수관으로 흘려보내는 배수이다.

(2) 배수의 재이용 계획(중수 시스템)

① 물의 수요가 급격히 증가함에 따라 수자원 부족을 해결하기 위한 합리적인 대책으로 1차로 사용된 물을 모아 수처리하여 재사용하는 방법이다.
② 중수도의 용도 : 수세식 변소용수, 에어컨·냉각용 보급수, 청소용수, 세차용수, 살수용수, 조경용수(연못, 분수 등), 소방용수

(3) 배수 및 통기 배관

1) 통기관의 배관 목적
   ① 트랩의 봉수 보호
   ② 배수관 내의 배수 흐름 원활
   ③ 배수관의 환기 역할

■ 리버스리턴(Reverse Return) 배관(역환수방식)
• 설치 : 급탕설비-하향식
         난방설비-온수난방
• 방법 : 각 방열기마다의 배관 회로 길이를 같게 한 배관방식 보일러에서 방열기까지(온수관)의 길이=방열기에서 보일러까지(환수관)의 길이
• 목적 : 온수의 유량분배 균일화(온수의 순환을 평균화)하기 위해
• 단점 : 배관수가 많아져서 설비비가 높다.

2) 통기 배관 방식

종류	특기사항	관경
각개(개별) 통기관	• 각 위생기구마다 통기관을 설치 • 설비비가 많이 드나 가장 이상적인 방법	접속하는 배수관경의 1/2 이상 또는 32[mm] 이상
루프(환상, 회로) 통기관	• 기구 2개 이상 8개 이내 • 통기수직관에서 7.5[m] 이내	접속하는 배수관경의 1/2 이상 또는 40[mm] 이상
도피(탈출) 통기관	• 배수수직관과 배수수평관을 연결 • 최하류 기구 바로 앞에 설치	접속하는 배수관경의 1/2 이상 또는 40[mm] 이상
결합 통기관	• 배수수직관과 통기수직관을 연결 • 5개층마다	50[mm] 이상
신정 통기관	• 배수수직관의 상부에 설치 • 옥상에 개구 (가장 단순하고 경제적)	75[mm] 이상 (일반적으로 100[mm] 이상)
습윤 통기관	• 최상류 기구에 설치 • 배수관+통기관 역할	

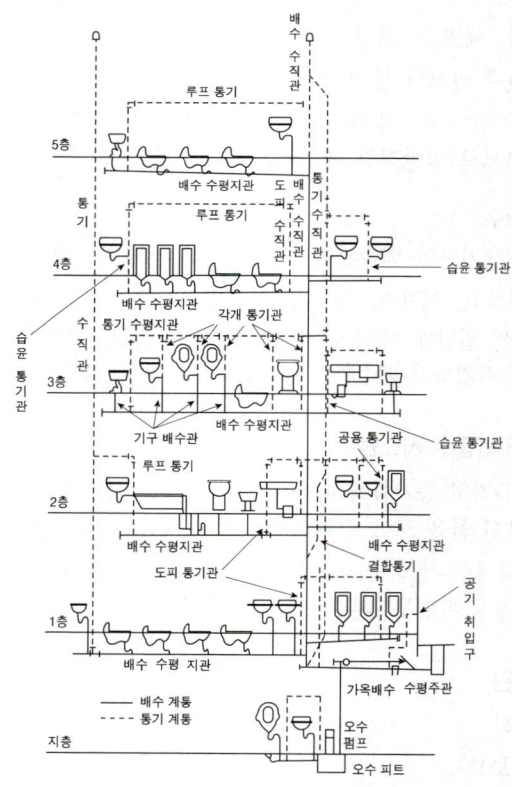

[그림] 배수 및 통기관 계통도

※ 특수통기방식-배수와 통기 겸용(신정통기관+특수이음쇠)
① 소벤트 방식(sovent system) : 하나의 배수수직관으로 배수와 통기를 겸하는 시스템으로 2개의 특수이음쇠 사용(공기혼합이음쇠, 공기분리이음쇠)한다.
② 섹스티아 방식(sextia system) : sextia 이음쇠와 sextia 벤트관을 사용하여 유수에 선회력을 주어 공기 코어를 유지시켜 하나의 관으로 배수와 통기를 겸하는 시스템으로 배수관경이 적어도 되며 소음이 적다.

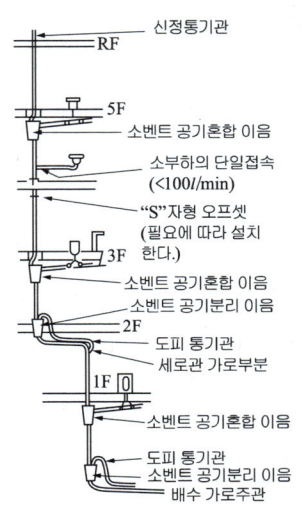
[그림] 소벤트 방식(sovent system)

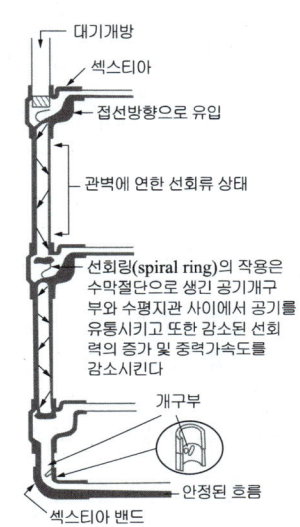
[그림] 섹스티아 방식(sextia system)

(4) 오수처리설비

1) 용어의 정의

① BOD(Biochemical Oxygen Demand) : 생물화학적 산소 요구량-수질의 오염정도의 측정치

② COD(Chemical Oxygen Demand) : 화학적 산소 요구량-공장 폐수수질의 측정

③ DO(Dissolved Oxygen) : 용존산소량-수중에 용해된 산소의 량

④ SS(Suspended Solids) : 부유물질-물 속에 존재하는 고형 물질

⑤ SV(침전오니 퍼센트율)

⑥ PH(수소이온농도) : 수소이온의 량

⑦ BOD 제거율
  ㉠ 오수처리설비의 성능을 나타내는 지표
  ㉡ BOD 제거율 $= \dfrac{\text{유입수BOD} - \text{유출수BOD}}{\text{유입수BOD}} \times 100(\%)$
  ㉢ BOD 제거율이 높을수록 고성능 정화조이다.

예제문제 05

평균 BOD가 200[ppm]인 오수가 하루에 1500[m³] 만큼 정화조로 유입되며, 유출수의 BOD가 50[ppm]일 때 BOD 제거율은? [12 기]

① 50[%]   ② 75[%]   ③ 100[%]   ④ 150[%]

해설 BOD 제거율 $= \dfrac{\text{유입수BOD} - \text{유출수BOD}}{\text{유입수BOD}} \times 100(\%)$

$= \dfrac{200-50}{200} \times 100(\%) = 75\%$

답 : ②

2) 정화조

① 원 리

정화조는 변기, 부엌에서 나오는 오수와 잡배수를 미생물의 활동으로 부패시켜서 유기물질을 최소화하여 소독 후 방류시키는 구조물이다.

② 정화 순서

(오수 유입) → 부패조 → 여과조 → 산화조 → 소독조 → (방류)

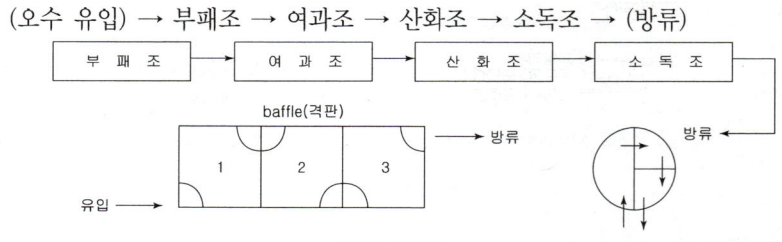

[그림] 정화조

③ 처리 방식

㉠ 합류 배수 : 분뇨와 생활 하수를 함께 처리하는 시설
㉡ 분류 배수 : 생활 하수를 공공 하수관으로 처리하여 그냥 버리고 분뇨만 처리하는 시설

④ 정화조의 종류(폐기물관리법, 제15조)

㉠ 오수처리시설 : 공동주택으로 연면적 1,600[m²] 이상(2동 이상을 합한 연면적)은 합류 배수 방식과 함께 오수처리시설을 해야 한다.
㉡ 분뇨 정화조 : 공동주택으로 연면적 1,600[m²] 미만의 분류 배수 방식과 함께 분뇨 정화조를 설치해야 한다.

⑤ 오수처리시설과 분뇨 정화조의 차이

㉠ 분뇨 정화조는 연면적 1,600[m²] 이하의 소규모에 이용한다.
㉡ 오수처리시설은 연면적 1,600[m²] 이상의 대규모 건물에 이용하고 정화 성능도 차이가 있다.
㉢ 임호프(Imhoff) 방식 : 독일의 Imhoff 박사가 개발한 것으로, 가정용, 아파트용으로 현재 대부분 사용하고 있다.

3) 오수처리시설

오수처리시설은 침전, 호기성 또는 혐기성 분해 등의 방법에 의하여 분뇨와 생활하수를 함께 처리하는 시설로서 오수처리시설 처리공법
① 호기성 생물학적 처리공법
　㉠ 활성 오니법 : 표준 활성 오니 방법, 장기 폭기 방법, 접촉 안정 방법
　㉡ 고정 미생물 방법 : 접촉 산화 방법, 살수 여상 방법, 회전 원판 접촉 방법
② 물리적 처리공법 : 임호프 탱크 방법
　㉠ 임호프(Imhoff) 탱크 방식
　　• 독일의 임호프 박사가 개발한 것으로, 가정용, 아파트용으로 대부분 사용하고 있다.
　　• 값이 싸고, 시설이 용이하다.
　㉡ 장기 폭기 방식
　　스크린 – 폭기조 – 침전조 – 소독조 – 방류조

4 설비자재 검토

1. 배관재료 등
(1) 배관의 종류

종류	특징	용도	접합 방법
주철관	• 재질은 값이 싸다. • 부식성이 적고 강도 및 내구성이 특히 우수 • 내압성·내식성은 강하다. • 충격·인장강도는 약하다.	상수도용 급수관, 오수 배수관, 가스 공급관, 통신용 케이블 매설관, 화학 공업용 배관 등	소켓 접합 플랜지 접합 메커니컬 접합 빅토릭 접합
강관	• 연관이나 주철관에 비하여 가볍다. • 인장강도가 가장 크다. • 주철관에 비하여 부식되기 쉽다.	배관 공사에서 가장 많이 사용하는 관	나사 접합 플랜지 접합 용접 접합
연관	• 가장 오래 전부터 사용되고 있는 급수관 • 관이 유연하여 시공이 용이하다. • 내식성이 뛰어난 성질이 있다. • 가격이 비싸고 외력에 파손되기 쉽다.	굴곡이 많은 수도 인입관, 기구 배수관, 가스 배관, 화학 공업 배관 등	플라스턴 접합 땜납 접합
동관	• 배관 시공이 용이하다. • 내식성이 높아 부식이 적다.	전기 및 열전도율이 좋아 전기 재료, 열교환기, 급수관	납땜 접합 플레어 접합 용접 접합 경납땜
황동관	동·황금관으로 내외면에 주석 도금을 한 것	병원의 증류수, 멸균수 등의 극연수 수송관	동관의 접합 방법과 동일
경질 비닐관 (PVC관)	• 내면이 평활해 마찰손실이 적다. • 열팽창률이 크다. • 가볍고 부식성이 적다.	급탕관·증기관으로는 부적당	냉간 공법 열간 공법
콘크리트 관	• 내식성이 강하다. • 콘크리트 제품으로 가격이 싸다.	해수수송관, 배수관, 모래운반관	칼라 접합 기볼트 접합 심플렉스 접합 모르타르 접합

※ 강관 이음쇠류의 사용 개소
① 배관의 굴곡 : 엘보, 벤드
② 관을 도중에서 분기할 때 : T, Y, 크로스
③ 같은 지름의 관을 직선으로 접합할 때 : 소켓, 유니언, 플랜지, 니플
④ 서로 다른 지름의 관을 이을 때 : 이경 소켓, 유니언, 엘보, 부싱, 니플
⑤ 관 끝을 막을 때 : 플러그, 캡

(a) 소켓　　(b) 이경 소켓　　(c) 유니온　　(d) 엘보 90°　　(e) 엘보 45°　　(f) 암수 엘보 (스트리트 엘보)

(g) +자(크로스)　　(h) T(티)　　(i) 부싱　　(j) 캡　　(k) 니플　　(l) 플러그

[그림] 관 이음류의 형상

학습포인트

- 관의 접합(이음, 조인트) 종류
  ㉠ 주철관 : 소켓 접합, 플랜지 접합, 메커니컬 접합, 빅토릭 접합, 타이톤 접합
  ㉡ 강관 : 나사 접합, 플랜지 접합, 용접 접합
  ㉢ 연관 : 플라스턴 접합, 납땜 접합
  ㉣ 동관 : 납땜 접합, 플레어 접합, 플랜지 접합, 용접 접합, 경납땜
  ㉤ 콘크리트관 : 칼라 접합, 기볼트 접합, 심플렉스 접합, 모르타르 접합

예제문제 06

배관용 탄소강관의 배관 내에 120[℃]의 증기를 통과시키면 직관 60[m] 배관 팽창량[cm]은?(단, 선팽창계수 = 11.9×10^{-6}, 배관 주위온도 20[℃])　　[07 기]

① 7.1　　② 8.6　　③ 17.2　　④ 35.5

해설 관의 신축과 팽창량(L)

$L = 1{,}000 \cdot \ell \cdot C \cdot \Delta t$ [mm]

여기서, ℓ : 온도변화전의 관의 길이[m]
　　　　C : 관의 선팽창계수
　　　　Δt : 온도 변화[℃]

∴ $L = 1{,}000 \cdot \ell \cdot C \cdot \Delta t = 1{,}000 \times 60 \times 11.9 \times 10^{-6} \times (120-20)$
　　 = 71[mm] = 7.1[cm]

답 : ①

(2) 밸브의 종류

종류	특징	도시기호
슬루스밸브 (게이트 밸브)	배관의 마찰저항(마찰상당관장)이 가장 작다.	
글로브밸브 (스톱밸브, 구형밸브)	배관의 마찰저항(마찰상당관장)이 가장 크다.	
플러시 밸브 (flush valve)	한 번 누르면 급수의 압력으로 일정량의 물이 나온 다음 자동적으로 잠겨지도록 되어 있는 것으로, 대·소변기에 사용.	
체크밸브 (check valve)	유체의 흐름을 한쪽 방향으로 흐르게 할 때 쓰인다. 리프트형(수평배관), 스윙형(수평, 수직배관)이 있다.	
앵글밸브 (angle valve)	글로브 밸브의 일종으로 유체의 입구와 출구가 이루는 각이 90°이다.	
콕	90° 회전하여 완전히 열거나 닫는 구조	

(3) 배관의 부식

■ 배관 부식의 원인
① 물과 접촉에 의한 부식
② 접촉된 다른 금속간에 일어나는 부식
③ 전식(電蝕)
④ 수질에 의한 부식
⑤ 관내면의 전위차가 균일하지 않은 경우
⑥ 수온의 상승에 따른 부식 속도의 증가

(4) 배관 식별

■ 색채에 의한 배관 식별법

종류	식별색	종류	식별색
물	청색	산·알칼리	회자색
증기	진한적색	기름	진한황적색
공기	백색	전기	엷은황적색
가스	황색	–	–

2. 덕트재료 및 부속기기

(1) 덕트

1) 속도에 따른 분류
   ① 저속덕트 : 15m/s 이하
      ㉠ 속도가 느리다.
      ㉡ 소음이 적다.
      ㉢ 굴곡부 내면에 흡음재 사용(소음장치 불필요)
   ② 고속덕트 : 16m/s 이상(16~25m/s)
      ㉠ 속도가 빠르다.
      ㉡ 소음 장치가 필요하다.(소음 및 진동이 발생)
      ㉢ 가능한 한 원형 단면(강도면에서 우수)
      ㉣ 덕트 스페이스가 적어도 된다.(저속덕트의 1/7~1/8 정도로 재료가 절약)

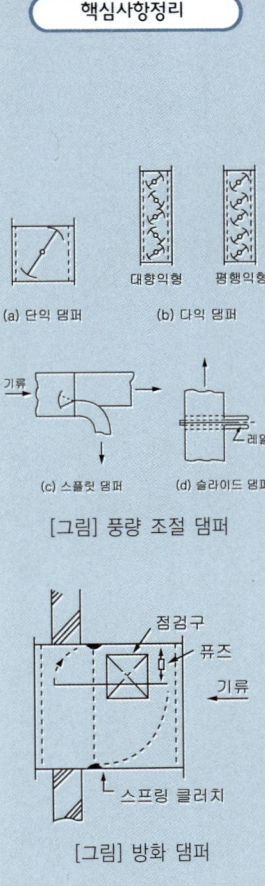

(a) 단익 댐퍼   (b) 다익 댐퍼
(c) 스플릿 댐퍼   (d) 슬라이드 댐퍼

[그림] 풍량 조절 댐퍼

[그림] 방화 댐퍼

2) 덕트의 부속품
   ① 풍량 조절 댐퍼(volume damper)
      ㉠ 단익 댐퍼(버터플라이 댐퍼) : 소형 덕트용
      ㉡ 다익 댐퍼(루버 댐퍼) : 2개 이상의 날개로서 대형 덕트용
      ㉢ 스플릿 댐퍼(split damper) : 덕트 분기점에서의 풍량 조절용
      ㉣ 슬라이드 댐퍼(slide damper) : 전체의 개폐를 목적으로 사용
      ㉤ 클로스 댐퍼(cloths damper) : 기류의 발생음을 줄이고 기류의 방향을 조절하는 데 사용
   ② 방화 댐퍼(fire damper) : 덕트 내의 공기의 온도가 72℃ 이상이면 댐퍼 날개를 지지하고 있던 가용편이 녹아서 자동적으로 댐퍼가 닫혀 다른 실로의 연소를 방지하기 위한 댐퍼
   ③ 가이드 베인(guide vane) : 덕트 내의 굴곡된 부분의 기류를 안정시켜 저항을 줄이기 위한 설비로, 곡부의 내측에 조밀하게 붙이는 것이 효과적이다.

3) 덕트의 소음 방지
   ① 덕트의 도중에 흡음재를 부착한다.
   ② 송풍기 출구 부근에 플리넘 체임버를 장치한다.
   ③ 덕트의 적당한 장소에 소음을 위한 흡음장치(셀형·플레이트형)를 설치한다.
   ④ 댐퍼 취출구에 흡음재를 부착한다.

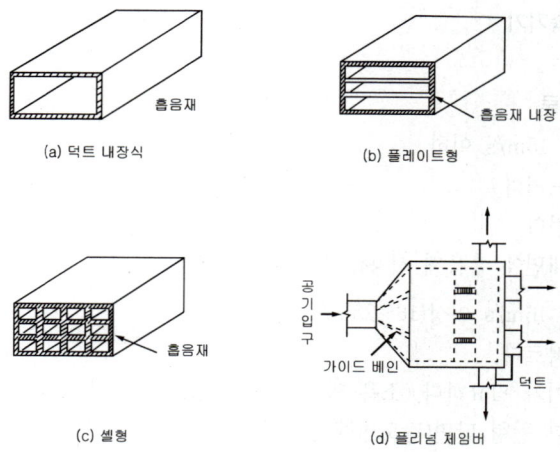

[그림] 흡음장치

SECTION 4 설계도서작성

1 설비도서 작성

1. 설계도면이 갖추어야 할 조건
① 선의 번짐, 얼룩, 더러움 등이 없이 청결해야 한다.
② 필요없는 선, 지우다 남은 선, 선의 만남이 어긋난 것이 없어야 한다.
③ 도면 배치의 균형이 있어야 한다.
④ 선, 문자, 치수 등의 표시방법이 명확해야 한다.
⑤ 뜻을 정확, 명료하게 나타내어야 하고 의문이 생길 요소가 없어야 한다.
⑥ 도면 내에서 누락되는 사항이 있거나, 중복되지 않도록 한다.

2. 설계도서의 종류

(1) 계획 설계도

1) 계획 설계도
 ① 구상도 : 설계에 대한 최초의 생각을 스케치북이나 모눈종이에 프리핸드로 그리는 것으로 배치도, 평면도, 입면도, 필요에 따라 투시도가 포함된다.
  보통 1/200~1/500축척으로 표현되는 가장 기초적인 도면이다.
 ② 조직도 : 평면계획 초기에 각 실의 용도나 내용의 관련성을 정리하여 조직화한다.
 ③ 동선도 : 사람이나 화물, 또는 차량의 흐름을 도식화한다.
 ④ 면적도표 : 전체면적 중의 각 소요실 공통 부분의 비율을 산출하여 각 실의 관련성을 검토하거나 크기를 산출한다.

2) 기본 설계도
 건축주에게 설계 계획의 내용을 전달하기 위한 도면으로 계획설계도를 바탕으로 한다.

■ 구상도
보통 1/200~1/500축척으로 표현되는 가장 기초적인 도면이다.

| 건축설비계획 |

예 평면도에 나타나지 않는 사항은?
① 공간의 면적
② 천장의 오픈 부분
③ 동선
④ 창문이나 문의 디자인
[해설] 창문이나 문의 디자인은 입면도에서 알 수 있다.
답 : ④

예 입면도에 표시하는 내용이 아닌 것은?
① 지붕 물매, 처마 높이
② 창문의 형태 및 크기
③ 바닥 높이 및 천정 높이
④ 지붕의 형태
[해설] 단면도 표시사항 : 건물의 높이, 층 높이, 처마 높이, 바닥 높이
답 : ③

예 다음 중 특히 부분 상세도에서 상세하게 나타내야 할 것은?
① 각 부의 높이
② 지붕의 물매
③ 각 부재의 형상치수
④ 추녀의 내민 길이
답 : ③

(2) 실시 설계도

1) 일반도
① 배치도 : 대지 안에서 건물이나 부대시설의 배치를 나타낸 도면으로 위치, 축척, 방위, 간격, 인지경계선, 지반의 기준 위치, 부지의 고저, 정원 계획, 지붕 윤곽, 장래 증축부분 표시 등을 나타낸다.
② 평면도 : 각 실의 배치 및 크기를 나타낸다. 벽두께, 벽 중심선, 출입구 및 창호의 위치 등을 나타낸다.
③ 입면도 : 건물 외부나 내부를 수직적으로 절단하여 투상화시켜 나타낸 도면으로 정면도, 측면도, 배면도로 나누어지며, 건축물의 외관을 나타낸다.
④ 단면도 : 건물을 수직으로 절단한 모양을 나타낸 도면으로 기초, 지반, 바닥, 처마, 층높이와 지붕의 물매, 처마의 내민길이 등 주요 부분의 단면을 나타낸다.
⑤ 단면 상세도 : 부재의 크기, 마감, 접합 등 구조상 중요한 부분을 나타낸다.
⑥ 부분 상세도 : 부재의 형상, 치수 등 주요 구조 부분을 상세히 나타낸다.
⑦ 전개도 : 각 실내의 입면을 전개하여 그리며 벽의 형상, 치수, 마감 상태를 나타낸다.
⑧ 창호도 : 창호의 개폐방법, 재료, 마감, 창호철물, 유리 등을 나타낸다.
⑨ 기타 : 기초 평면도, 바닥틀 평면도, 천정 평면도, 지붕틀 평면도 등

2) 구조 설계도
① 기초, 기둥, 벽, 보, 바닥 평면도 : 각 위치, 형상, 치수를 나타낸다.
② 기초, 기둥, 벽, 보, 바닥판 일람표 : 각 형상, 치수, 배근 등을 나타낸다.
③ 골조도 : 기둥, 보, 개구부 등을 입면으로 표시하고 위치, 크기 등을 기입한다.
④ 각 부 상세도 : 계단 및 중요한 부분의 형상, 재료, 치수 등을 나타낸다.

3) 설비 설계도
① 전기 설비도 : 동력, 전등, 전화, 경보기 등 설비 배관 배선에 필요한 계통도, 기구 배치도 등을 나타낸다.
② 위생 설비도 : 급배수, 정화조, 소화전 등의 설비배관과 계통도, 기기배치도 등을 나타낸다.
③ 환기 설비도 : 환기장치에 필요한 배관 계통도, 기기배치 및 설비도 등을 나타낸다.
④ 냉·난방설비도 : 냉·난방에 필요한 계통도를 나타낸다.
⑤ 승강기 설비도 : 승강기의 배치, 구조 등을 나타낸다.

3. 건축설비도서

도면의 종류	기 본 설 계 표시해야 할 내용	실 시 설 계 표시해야 할 내용

일반사항	• 도시기호
	• 도면 목록
	• 장비 및 기구 일람표
	  (수량, 용량, 사양, 기타 사항 포함)
		• 도시기호
		• 도면 목록
		• 장비 및 기구 일람표
		  (수량, 용량, 사양, 기타 사항 포함)

배치도	• 방위, 상하수도의 연결 관계, 수조, 위험물저장소, 각종 탱크, 정화조, 굴뚝, 기계실의 위치, 기기 반출입구의 표시, 인근 건물 및 통행인에 미치는 공해 사항 등	• 기본 설계시 표시된 사항을 구체화한 내용
계통도	• 공기조화, 급배수·급탕, 소화, 자동제어, 기타설비의 계통도	• 공기조화, 급배수·급탕, 소화, 자동제어, 기타설비의 세부 계통도
평면도	• 각종 설비 샤프트의 크기, 유지 보수 공간을 고려한 기계실 평면도, 기준층 및 특수층의 설비평면도(단선표시)	• 각종 설비 평면도 • 기계실 확대 평면도
단면도	• 기계실, 기준층 및 특수층의 층고를 확인할 수 있는 설비 단면도	• 각종 설비의 기준층 및 특수층에 대한 주요 단면도, 기계실 단면도
옥외 공동구	• 옥외 공동구 관로 및 각종 설비 평면도	• 옥외 공동구 관로 및 각종 설비 평면도, 단면도(확대도 포함)
기 타	• 기타 필요한 사항	• 기타 필요한 사항

4. 배관설비 도면작도

(1) 선의 종류

건축설비 도면에 사용되는 선의 종류

선의 표시	선의 종류	적 용 범 위
——— - - ———	10[mm] 2점쇄선	경계선, 한계선
———————	0.7[mm] 실선	배수관, 오수관
———————	0.5[mm] 실선	난방관
———————	0.3[mm] 실선	급수관, 급탕관, 덕트, 장비, 기호, 문자
———————	0.3[mm] 흐린 실선	건축(캐드에서는 회색)
- - - - - - - - -	0.3[mm] 파선	통기관, 건축 및 장비와 구조물의 은선
—— - ——	0.1[mm] 1점쇄선	건축, 기기, 파이프 등의 중심선
———————	0.1[mm] 실선	치수선, 치수보조선, 지시선

(2) 치수 및 높이 기입

① 관의 높이 치수 600[mm]가 관의 중심선까지일 때는 EL600으로, 관의 밑면까지를 나타낼 때는 BOP EL600으로 기입한다.

② 평면도에서의 치수는 건물, 구조물의 기둥이나 벽의 중심으로부터 관의 중심까지를 그림과 같이 기입한다.

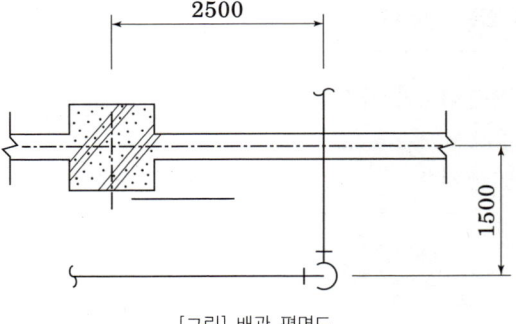

[그림] 배관 평면도

③ 배관 관경 표시는 도면 내에 치수기입의 공간이 협소할 경우는 인출선으로 **빼내**어 배관선과 동일한 방향으로 그림과 같이 기입한다.

④ 입면도에서 밸브의 위치 표시는 플랜지면의 높이를 기입하고, 나사이음 밸브에서는 밸브 중심선으로 하여 그림과 같이 기입하며, 평면도상에는 기준 밸브나 플랜지의 치수는 원칙적으로 기입하지 않는다.

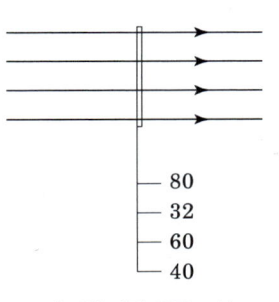

[그림] 배관 관경 표시

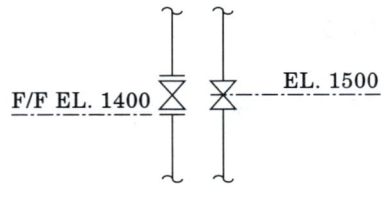

[그림] 입면도

2 도면의 표시방법

1. 옥내 배선용 표시기호(KS C 0301)

■ 옥내 배선기호

심벌	명칭	비고	심벌	명칭	비고
○	백열전등		⊖	10[A]콘센트	
▭	형광등	20W×1개	⊖	콘센트	2개 이상일 때
▭	형광등	20W×2개	⊖₃	콘센트	3극 이상일 때
▭	형광등	20W×3개	⊖F	콘센트	퓨즈가 있을 때
○┤	백열전등	벽에 붙이는 것	S	단극 스위치	
⊗	비상등		◪	배전반	
▭┤	형광등	벽에 붙이는 것	☰	전등용	
○┤	상시등			전력용	

> **예** 다음 중 옥내 배선기호 중 비상등인 것은?
> ① ○┤ ② ⊗
> ③ ☰ ④ ▨
> 답 : ②

2. 배관표시기호

■ 배관

종 류		도 시 기 호	종 류		도 시 기 호
1. 난방	① 고압 증기 급송관	———————	2. 공기조화	① 냉매 토출관	—RD—RD—
	② 고압 증기 반송관	- - - - - - -		② 냉매 액관	-RL- -RL- -
	③ 중압 증기 급송관	———————		③ 냉매 흡입관	-RS- -RS- -
	④ 중압 증기 반송관	- - - - - - -		④ 냉각수 송수관	—C—C—
	⑤ 저압 증기 급송관	———————		⑤ 냉각수 반수관	—CR- -CR—
	⑥ 저압 증기 반송관	- - - - - - -		⑥ 냉수, 냉온수 송수관	—CH—CH—
	⑦ 공기 도피관	- - - - - - -		⑦ 냉수, 냉온수 반수관	-CHR- -CHR-
	⑧ 연료 기름 급송관	-FOF-FOF-		⑧ 브라인 급송관	—B—B—
	⑨ 연료 기름 반송관	-FOR-FOR- -		⑨ 브라인 반송관	-BR- -BR- -
3. 급수·급탕	① 급수관	— - — - —		④ 배수 연관	100-L ———
	② 급수 주철관	—(——(—		⑤ 배수 콘크리트관	150-C ——— 100-V ———
	③ 상수도관	— - — - —			
	④ 우물물관	— - — - — - —		⑥ 배수 비닐관	100-T ———
	⑤ 급탕관	—│—│—	5. 소화	① 소화수관	—X—X—
	⑥ 반탕관	—‖—‖—		② 스프링클러 주관	—S—S—
4. 배수	① 배수관	———————		③ 스프링클러 헤드 지관	—o—o—o—
	② 통기관	- - - - - - -		④ 스프링클러 드레인관	- - - - - - -
	③ 배수 주철관	—(——(——(—	6. 가스	① 가스 공급관	—G—G—

■ 연결부속

종 류		도시기호	종 류		도시기호
1. 나사 삽입형 이음	① 플랜지			⑥ 전동 밸브	
	② 유니언			⑦ 공기 빼기 밸브	
	③ 막힘 플랜지		4. 소화 기구	① 옥내 소화전	
	④ 크로스			② 옥외 소화전 (스탠드형)	
	⑤ 캡			③ 옥외 소화전 (매설형)	
2. 신축 이음	① 슬리브형			④ 송수구	
	② 벨로스형			⑤ 방화전(쌍구)	
	③ 곡관형			⑥ 방화전(단구)	
3. 밸브	① 밸브		5. 위생 기구	① 세정 밸브	
	② 슬루스 밸브			② 볼 탭	
	③ 글로브 밸브			③ 샤 워	
	④ 앵글 밸브			④ 살수전	
	⑤ 체크 밸브			⑤ 화세전(靴洗栓)	

> 건축설비계획

SECTION 5 설비적산

■ 적산
공사에 필요한 재료 및 품의 수량, 즉 공사량을 산출하는 것으로 누가 하여도 큰 차가 없어야 한다.

■ 견적
공사량에 단가를 곱하여 공사비를 산출하는 것

1 견적, 공사비

1. 견적
① 개산견적
  과거의 유사한 건물의 실적 통계 등을 참고하여 산출하며, 정밀 산출시간이 없을 경우나 설계도서가 불완전할 때 적용한다. 개념견적, 기본견적이라고 한다.
② 명세견적
  완성된 설계도서·현장설명·질의응답 또는 계약조건 등에 의거하여 면밀히 적산·견적을 하여 공사비를 산출하는 것으로 상세견적, 최종견적, 입찰견적이라고 한다.

2. 공사비
(1) 직접공사비 항목

  ① 재료비
  ② 노무비
  ③ 외주비
  ④ 경비
  ※ 재료비 : 직접재료비, 간접재료비, 운임·보험료·보관비, 작업설(作業屑)·부산물
  ※ 경비 : 가설비, 업무추진비, 전력비와 수도광열비, 현장관리비, 교통비, 운반비, 기계경비, 기술료, 품질관리비, 복리후생비, 산재보험료, 복리후생비, 산업안전보건관리비

(2) 재료비 항목의 종류

  ① 직접재료비
  ② 간접재료비
  ③ 운임·보험료·보관비
  ④ 작업설(作業屑)·부산물

(3) 공사비(견적가격)의 구성 [원가구성도]

■ 공사가격의 구성 요소
① 직접공사비=재료비+노무비+외주비+경비
② 순공사비=직접공사비+간접공사비
③ 공사원가=순공사비+현장경비 ※공사원가=재료비+노무비+경비
④ 총원가=공사원가+일반관리비
⑤ 총공사비(견적가격)=총원가+부가이윤(15[%] 초과계상금지)

총공사비 (견적가격)						
	부가이윤					
	총원가	일반관리비 부담금				
		공사원가	현장경비			
			순공사비	간접공사비 (공통경비)		
				직접공사비	재료비	
					노무비	
					외주비	
					경 비	

■ 공사원가 계산방법(예정가격의 계산방법)
원가계산은 재료비, 노무비, 경비, 일반관리비 및 이윤으로 구분 작성한다.
- 재료비=재료량×단위당 가격
- 노무비=노무량×단위당 가격
- 경비=소요(소비)량×단위당 가격
- 일반관리비=공사원가×일반관리비율[%]
- 이윤=(공사원가+일반관리비)×이윤율[%]
  ☞ 이윤은 15[%] 초과 계상금지
- 고용보험료=임금×고용보험요율[%]

■ 공사원가
공사원가=순공사비+현장경비
순공사비=직접공사비+간접공사비(공통경비)
직접공사비=재료비+노무비+외주비+경비
로 구분할 수 있으나 현장경비, 공통경비, 외주비(하도급비), 경비(직접경비)는 모두 경비의 부분이므로 공사원가는
※ 공사원가=재료비+노무비+경비

2 수량 산출 적산 기준

1. 수량 산출의 종류

(1) 정미량
① 설계도서의 설계치수에 의해 산출된 계산수량으로 공사에 실제 설치되는 자재량
② 정확한 개수, 길이(m), 면적(m^2), 체적(m^3) 등을 산출한 수량

(2) 소요량(구입량)
① 정미량에 시공이나 운반시 손실량을 고려한 수량
② 소요량 = 정미량 + 각 재료의 할증량(할증률)

2. 재료의 할증률

재 료	할증률	재 료	할증률
유리	1[%]	원형철근, 시멘트벽돌 강관, 봉강 형강(소형, 경량), 파이프 리벳, 일반볼트 스테인리스 강관, 동관 프레스접합식 스테인리스강관이음 부속류, 석고보드, 코르크판 기와	5[%]
도료(칠) 위생기구(도기, 자기류)	2[%]		
		대형 형강	7[%]
이형철근 붉은벽돌, 내화벽돌 슬레이트 고장력볼트(H.T.B)	3[%]	스테인리스 강관 동관 단열재	10[%]
		덕트용금속판	28[%]
시멘트블록	4[%]	석재(원석, 부정형) 고온고압기기	30[%]

[주] ① 강관, 스테인리스강관의 할증률은 옥외공사를 기준으로 한 것이며, 옥내공사용 재료의 할증률은 10[%] 이내로 한다.
② 형강의 대형 구분은 100[mm] 이상을 말한다.

3. 수량의 계산 기준

① 수량은 C.G.S 단위를 사용한다.
② 수량의 단위 및 소수위는 표준품셈 단위에 의한다.
③ 계산 과정에서 소수가 발생하면 문제의 요구사항에 따르고, 명시가 없으면 소수점 이하 셋째자리에서 반올림하여 둘째자리까지만 구하여 답한다.
④ 계산에 쓰이는 분도(分度)는 분까지, 원주율 및 삼각함수 등의 유효숫자는 3자리(3位)로 한다.
⑤ 곱하거나 나눗셈에 있어서는 기재된 순서에 의하여 계산하고, 분수는 약분법을 쓰지 않으며, 각 분수마다 그의 값을 구한 후 전부의 계산을 한다.

4. 수량 산출시 주의사항

① 설계도면에서의 장비일람표와 특기시방서에 명시된 주요장비의 규격을 비교 확인하고 사용할 장비에 관하여 설치규격, 용량 등 관련되는 자료를 수집해야 한다.
② 기계설비 표준품셈의 적용기준에 따라 재료 및 노무인력에 대하여 할증(할감)을 적용한다.
③ 잡재료 및 소모재료비와 공구손료를 설계내역상에 계상한다.
④ 장비 및 기기의 요구사항을 명확히 파악하고 합당한 단가를 적용해야 한다.
⑤ 도면에 표기되지 않은 부속기기와 입상관의 산출에 주의해야 한다.

※ 단위의 환산(절상과 절하)
  ㉠ 절상 : 소수점 이하 무조건 올림
    [예] 5.7 → 6, 5.27 → 6
  ㉡ 절하 : 소수점 이하 무조건 버림
    [예] 5.7 → 5, 5.27 → 5

3 적산

1. 적산 방법
(1) 공종의 분류

① 기계설비공사를 크게 분류하면 다음과 같으며, 설계도면도 이에 준하여 분리 작성되고 있다.
- ㉠ 장비 설치공사
- ㉡ 기계실 배관공사
- ㉢ 냉·난방 배관공사
- ㉣ 급수·급탕·환탕 배관공사
- ㉤ 배수·오수·통기 배관공사
- ㉥ 위생기구 설치공사
- ㉦ 소화배관공사
- ㉧ 공조설비 덕트공사
- ㉨ 주방설비공사
- ㉩ 정화조 설치공사

② 기계실배관공사에는 위의 모든 공종이 포함되어 있지만 따로 분류하는 이유는 좁은 공간에서 복잡한 배관라인이 구성되므로 다른 공종에 비하여 노무인력을 산출할 때 할증을 줄 수 있도록 규정하고 있다.

2. 적산 순서
(1) 공사내용 파악

① 도면을 통한 전반적인 공사범위 파악, 특기시방서를 통한 발주자의 특별 요구사항 이해
② 상품정보 수집 활용
③ 일위대가표 작성

(2) 기기, 재료 등의 물량 산출

① 산출근거 작성
② 공종별 물량 집계

(3) 내역서 작성

① 공내역서 작성
② 단가 기입

(4) 직접공사비 계산

공내역서에 명시된 수량과 단가에 의한 재료비와 노무비를 계산하고, 잡재료 및 소모재료비는 주재료의 2~5[%]를 계상할 수 있으며, 공구손료는 직접노무비의 3[%]까지 계상할 수 있다.

(5) 공사비 계산

공사원가, 일반관리비 및 이윤, 부가가치세를 회계예규에 정한 바에 따라 공사비를 계산한다.

건축설비계획
2016년 제1회 과년도 출제문제

01 루프통기방식에 관한 설명으로 옳지 않은 것은?

① 회로통기방식이라고도 한다.
② 통기수직관을 설치한 배수·통기계통에 이용된다.
③ 2개 이상의 기구트랩에 공통으로 하나의 통기관을 설치하는 방식이다.
④ 배수·통기 양 계통간의 공기의 유통을 원활히 하기 위해 설치하는 통기관이다.

[해설] 루프통기관 (loop vent pipe : 회로통기관, 환상통기관)

㉠ 최상류에 있는 위생기구 기구배수관이 배수수평관과 연결되는 바로 하류의 수평지관에 접속시켜 통기수직관 또는 신정통기관으로 연결한다.
㉡ 통기할 수 있는 최대 기구수는 2개 이상 8개 이내
㉢ 통기수직관에서 최상류 기구까지의 통기관의 연장 길이는 75m 이내
㉣ 관경 : 최소 40mm 이상, 접속하는 배수관경의 1/2 이상

02 다음 급수방식의 조합 중 가장 에너지 절약적인 것은?

① 저층부 수도직결방식과 고층부 고가탱크방식
② 저층부 수도직결방식과 고층부 압력탱크방식
③ 저층부 압력탱크방식과 고층부 펌프직송방식
④ 저층부 펌프직송방식과 고층부 고가탱크방식

[해설]
저층부에는 수도직결방식으로, 고층부에는 고가탱크방식으로 배관하는 상·하향 혼용 배관방식을 사용하면 에너지절약적인 면에서 유리하다. 이 방식은 정전 또는 단수시에 바람직하기 때문에 큰 건물의 경우에는 대부분 이 방식이 이용된다.

03 생물학적 오수처리방법 중 활성오니법에 속하는 것은?

① 접촉산화방식 ② 살수여상방식
③ 장기간폭기방식 ④ 회전원판접촉방식

[해설] 오수처리시설 처리공법

오수처리시설은 침전, 호기성 또는 혐기성 분해 등의 방법에 의하여 분뇨와 생활하수를 함께 처리하는 시설로서 오수처리시설 처리공법에는 다음과 같이 분류하고 있다.
① 호기성 생물학적 처리공법
   ㉠ 활성오니법 : 표준 활성오니 방법, 장기폭기방법, 접촉안정방법
   ㉡ 고정미생물 방법(생물막법) : 접촉산화방법, 살수여상방법, 회전원판접촉방법
② 물리적 처리공법 : 임호프탱크 방법

04 배관재료 중 염화비닐관에 관한 설명으로 옳지 않은 것은?

① 열팽창률이 강관보다 크다.
② 비중은 1.4~1.6 정도로 가볍다.
③ 산, 알칼리 및 염류에 대한 내식성이 약하다.
④ 전기적 저항이 크고 전식작용(電蝕作用)이 없다.

[해설]
염화비닐관은 내산성·내알칼리성이 있으며, 가공이 쉽다. 내수성이 크고 염산, 황산, 가성소다 등의 부식성 약품에 의해 거의 부식되지 않는다.

05 급수설비에 관한 설명으로 옳지 않은 것은?

① 고가탱크방식은 수전에서의 압력변동이 거의 없다.
② 세정밸브식 대변기의 급수관 관경은 15mm 이상으로 한다.
③ 펌프직송방식은 고가탱크방식에 비해 수질오염의 가능성이 적다.
④ 급수압력이 높으면 수전의 파손원인이 되며 또한 수격작용도 일으키기 쉽다.

[해설] 세정밸브(F.V)식 대변기

㉠ 세정밸브(F.V)식의 접속 급수관경 : 최소 25mm
㉡ 세정밸브(F.V)식의 최소 필요압력 : 0.07MPa
㉢ 세정소음이 크나, 대변기의 연속사용이 가능하다.
㉣ 일반 가정용으로는 거의 사용하지 않는다.

정답 01 ④ 02 ① 03 ③ 04 ③ 05 ②

06 수질과 관련된 용어의 설명으로 옳지 않은 것은?
① COD는 화학적 산소요구량을 말한다.
② BOD는 생물화학적 산소요구량을 말한다.
③ SS는 증발잔류물로서 부유물과 용해성 물질의 합계를 말한다.
④ 총질소는 무기성 및 유기성 질소의 총량을 나타낸 것이다.

[해설]
SS란 오수 중에 떠있는 부유물질을 말하며, 탁도의 원인이 되기도 한다.

07 결로에 관한 설명 중 옳지 않은 것은?
① 난방이나 단열을 통하여 결로의 원인을 제거할 수 있다.
② 주택의 환기횟수를 감소시키면 결로의 감소가 가능하다.
③ 결로는 구조재의 실내 습기의 과다발생 등이 그 원인 중의 하나이다.
④ 결로는 발생부위에 따라 표면결로와 내부결로로 분류할 수 있다.

[해설] 결로
건물의 표면온도가 접촉하고 있는 공기의 노점온도보다 낮을 경우 그 표면에 발생한다.
※ 다음의 여러 가지 원인이 복합적으로 작용하여 발생한다.
  ① 실내외 온도차 : 실내외 온도차가 클수록 많이 생긴다.
  ② 실내 습기의 과다발생 : 가정에서 호흡, 조리, 세탁 등으로 하루 약 12kg의 습기 발생
  ③ 생활 습관에 의한 환기부족 : 대부분의 주거활동이 창문을 닫은 상태인 야간에 이루어짐
  ④ 구조체의 열적 특성 : 단열이 어려운 보, 기둥, 수평지붕
  ⑤ 시공불량 : 단열시공의 불완전
  ⑥ 시공직후의 미건조 상태에 따른 결로 : 콘크리트, 모르타르, 벽돌
※ 열전달률, 열전도율, 열관류율이 클수록 결로현상은 심하다.

08 음의 성질에 관련된 용어에 대한 설명으로 옳지 않은 것은?
① 파동이 진행 중에 장애물이 있으면 직진하지 않고 그 뒤쪽으로 돌아가는 현상을 회절이라 한다.
② 진동수가 조금 다른 두 음이 간섭에 의해서 생기는 현상을 울림이라 한다.
③ 발음체로부터 나오는 음파를 다른 물체가 흡수하여 같이 소리를 내는 현상을 파동이라 한다.
④ 실내에서 음을 갑자기 멈추면 그 음이 수초간 남아있는 현상을 잔향이라 한다.

[해설] 파동(wave motion)
음에너지의 전달은 매질의 운동에너지와 위치에너지의 교번작용으로 이루어진다. 즉, 에너지 전달을 파동이라 한다.

09 건축화 조명에 대한 설명 중 옳지 않은 것은?
① 코니스 조명은 벽면조명으로 천장과 벽면의 경계부에 설치한다.
② 조명기구를 천장, 벽 등의 실 구성면 중에 장치하여 건축 내장의 일부와 같은 취급을 한 조명방식을 건축화 조명이라 한다.
③ 광천장은 천장을 확산투과 혹은 지향성 투과패널로 덮고, 천장 내부에 광원을 일정한 간격으로 배치한 것이다.
④ 천장면에 루버를 설치하고 그 속에 광원을 배치하는 방식을 코브 라이트라 한다.

[해설] 코브 라이트 조명
광원을 천장 또는 벽면에 가리고 빛을 벽이나 천장에 반사시켜 간접조명으로 조명하는 방식이다. 천장과 벽의 재료, 색, 마감에 따라 여러 가지의 조명효과를 얻을 수 있다.

10 다음 중 전차폐계수(SCT)의 값이 가장 큰 유리는? (단, 내부 차폐가 없으며, ( )안의 숫자는 유리의 두께(mm)이다.)
① 보통유리(3)　② 보통유리(6)
③ 흡열유리(6)　④ 흡열유리(12)

> **해설**
> 유리의 일사부하계산 시 두께 3mm 보통유리를 차폐계수 기준값 1로 본다.
> ※ 차폐계수 : 일사를 차단하는 정도
> ☞ 차폐계수(Ks) : 보통유리 1, 중간색 블라인드 설치 0.75, 밝은 색 블라인드 설치 0.65, 반사유리(복층) 0.5 정도

11 습공기를 가열하였을 경우 상태량이 감소하는 것은?
① 비체적　② 엔탈피
③ 상대습도　④ 절대습도

> **해설**
> 습공기를 가열하면 상대습도는 낮아지고, 습공기를 냉각하면 상대습도는 높아진다. → 절대습도의 변화는 없다.

12 공기에 관한 설명으로 옳지 않은 것은?
① 지상 부근 공기의 성분비율은 수증기를 제외하면 거의 일정하다.
② 여러 기체의 혼합물로 산소와 이산화탄소가 가장 많은 부분을 차지한다.
③ 수증기를 전혀 함유하지 않은 건조한 공기를 가상하여 건조공기라 부른다.
④ 건조공기는 이상기체에 가까운 성질을 갖고 있으므로 이상기체로 간주하여 계산될 수 있다.

> **해설** 공기의 구성
> 공기는 질소, 산소, 아르곤, 탄산가스, 수증기 등의 혼합물로서 지상 부근의 대기의 성분 비율은 수증기를 제외하면 거의 일정하며, 표와 같은 성분으로 이루어지고 있다.
> [표] 공기의 성분(지상 부근의 대기의 기준치)
>
> | 성분 | N_2 | O_2 | Ar | CO_2 |
> |---|---|---|---|---|
> | 용적 조성[%] | 7809 | 20.95 | 0.93 | 0.03 |
> | 중량 조성[%] | 7553 | 2314 | 1.28 | 0.05 |

13 환기 방법 중 열기나 유해물질이 실내에 널리 산재되어 있거나 이동되는 경우에 사용하며, 전체환기라고도 불리우는 것은?
① 일시환기　② 희석환기
③ 중력환기　④ 자연환기

> **해설** 환기 영역에 따른 분류
> ① 희석 환기(전체 환기) : 어떤 특정한 실내의 공기를 환기하여 전체 공기를 신선한 공기로 대체하는 환기 방법
> ② 국소 환기 : 오염이 생긴 장소에서 오염이 실 전반에 확산되기 전 배기하는 방법으로 가장 효율이 좋은 오염 제거 방법이다.
> [예] 후드(hood), 퓸 후드(fume hood), 공장, 드래프트 챔버(실험실) 등

14 공기조화방식 중 2중덕트방식에 관한 설명으로 옳지 않은 것은?
① 전공기방식에 속한다.
② 냉·온풍의 혼합으로 인한 혼합손실이 있다.
③ 부하특성이 다른 다수의 실이나 존에는 적용할 수 없다.
④ 단일덕트방식에 비해 덕트 샤프트 및 덕트 스페이스를 크게 차지한다.

> **해설** 2중덕트방식
> 전공기방식에 속하며, 냉풍과 온풍을 각각 별개의 덕트를 통해 각 실이나 존으로 송풍하고, 냉·난방 부하에 따라 냉풍과 온풍을 혼합상자에서 혼합하여 취출시키는 공기조화 방식이다.
> ㉠ 혼합상자에서 소음과 진동이 생긴다.
> ㉡ 덕트가 2개의 계통이므로 설비비가 많이 든다.
> ㉢ 냉·온풍의 혼합손실이 있어서 에너지 다소비형이다.
> ㉣ 부하특성이 다른 다수의 실이나 존에도 적용할 수 있다.

정답　10 ①　11 ③　12 ②　13 ②　14 ③

15 유량조절용으로 사용되며 유체의 흐름방향을 90°로 전환시킬 수 있는 밸브는?
① 볼 밸브 ② 체크 밸브
③ 앵글 밸브 ④ 게이트 밸브

해설 앵글밸브(angle valve)
㉠ 유체의 흐름방향을 90°로 전환시킬 수 있다.
㉡ 내부 구조는 글로브밸브와 동일하며 유량조절용으로 사용된다.

16 공조조닝의 종류 중 내부존의 조닝에 속하지 않는 것은?
① 방위별 조닝
② 현열비별 조닝
③ 부하 특성별 조닝
④ 용도에 따른 시간별 조닝

해설 건축의 내부 존(interior zone)은 부하가 적어 실내 기류가 정체되어 있는 느낌을 받는 곳으로 부하특성별 조닝, 용도에 따른 시간별 조닝, 온·습도 설정별 조닝 방법으로 하며, 건축의 페리미터존(perimeter zone, 외부존)은 방위에 따라 부하의 특성이 다르므로 방위별 조닝을 하는 것이 좋다.

17 공기조화방식의 열운송 동력의 크기 순서가 옳게 나열된 것은?
① 전공기방식 > 전수방식 > 공기·수방식
② 공기·수방식 > 전수방식 > 전공기방식
③ 전공기방식 > 공기·수방식 > 전수방식
④ 전수방식 > 공기·수방식 > 전공기방식

해설 공기조화방식의 열운송 동력의 크기 순서
전공기방식 > 공기·수방식 > 전수방식
※ 전공기식은 큰 덕트 스페이스가 필요하며, 팬의 소요동력(반송동력)이 크다.
전수방식은 덕트 스페이스가 필요 없으며, 열운반 동력이 작다.

18 덕트의 구성에 관한 설명으로 옳지 않은 것은?
① 방화구획 관통부에는 방화댐퍼 또는 방연댐퍼를 설치한다.
② 분기는 저항이 큰 부속을 우선적으로 사용하는 것을 원칙으로 한다.
③ 주덕트의 주요 분기점, 송풍기 출구측에는 풍량조절댐퍼를 설치한다.
④ 장방형 덕트의 분기·합류방식은 원칙적으로 분할 삽입 방식으로 한다.

해설 분기는 저항이 작은 부속을 우선적으로 사용하는 것을 원칙으로 한다.

19 다음 중 현열로만 구성된 냉방부하의 종류는?
① 인체의 발생열량
② 유리로부터의 취득열량
③ 극간풍에 의한 취득열량
④ 외기의 도입으로 인한 취득열량

해설 냉방부하를 계산할 때 현열과 잠열을 동시에 계산해주어야 할 부하요소
㉠ 극간풍(틈새바람)에 의한 취득열량
㉡ 인체의 발생열량
㉢ 기구로부터의 발생열량
㉣ 외기의 도입으로 인한 취득열량

20 건구온도 35℃인 외기와 건구온도 25℃인 실내 공기를 4:6으로 혼합할 경우 혼합공기의 건구 온도는?
① 28℃ ② 29℃
③ 30℃ ④ 31℃

해설 혼합공기 온도
$$tm = \frac{m_1 t_1 + m_2 t_2}{m_1 + m_2} = \frac{4 \times 35 + 6 \times 25}{4 + 6} = 29℃$$

정답 15 ③ 16 ① 17 ③ 18 ② 19 ② 20 ②

건축설비계획
2016년 제2회 과년도 출제문제

01 분수구로부터 높은 압력으로 물을 뿜어내어 세정력은 우수하나 세정음이 크기 때문에 주택이나 호텔 등에서는 바람직하지 않은 대변기는?
① 세출식　② 사이펀식
③ 블로아웃식　④ 사이펀제트식

[해설] 블로우 아웃식
㉠ 분수구로부터 높은 압력으로 물을 뿜어내어 그 작용으로 유수를 배수관으로 유인하여 오물을 날려 보내는 방식이다.
㉡ 세정시 최대 소요수압 필요(세정수압 0.1MPa 이상)하며, 소음이 크다.
㉢ 배수로가 크고 굴곡도 작아져서 막힐 염려가 적다.

02 결합통기관에 관한 설명으로 옳은 것은?
① 기구 하나하나마다 설치하는 통기관
② 배수·통기 양 계통 간의 공기 유통을 원활하게 하기 위해 배수수평지관과 루프통기관을 연결시키는 통기관
③ 배수수직관의 상부를 그대로 연장하여 대기에 개방되게 한 것으로 배수직관이 통기관의 역할까지 하도록 한 통기관
④ 배수수직관의 길이가 길 경우 발생할 수 있는 배수수직관 내의 압력변화를 방지하기 위해 배수수직관과 통기수직관을 연결한 통기관

[해설] 결합통기관
㉠ 배수직관 내의 압력변화를 방지 또는 완화하기 위해, 배수수직관으로부터 분기·입상하여 통기수직관에 접속하는 통기관
㉡ 통기 수직관에 접속하는 통기관으로 층수가 많을 경우에는 5개 층마다 통기관을 취하는 방법이다.
㉢ 관경 : 통기수직관과 같은 관경으로 하되 최소관경 50mm 이상

03 오수처리방법 중 생물막법에 관한 설명으로 옳지 않은 것은?
① 생물학적 처리방법에 속한다.
② 살수여상방식은 쇄석, 플라스틱 여과재가 사용된다.
③ 살수여상방식, 회전원판접촉방식, 접촉폭기방식 등이 있다.
④ 오니가 폭기조 내부에서 부유하며 오수를 처리하는 방법이다.

[해설]
생물막법(고정미생물 방식)은 생물학적 처리방법으로 접촉산화방식, 살수여상방식, 회전원판접촉방식이 있으며, 사용되는 접촉재는 비표면적이 크고, 생물막이 부착되기 쉬워야 하고, 생물막에 의한 막힘현상이 일어나지 않아야 한다.

04 급수기구의 최저 필요압력으로 옳지 않은 것은?
① 샤워기 : 70kPa
② 일반수전 : 30kPa
③ 순간온수기 : 20kPa
④ 대변기의 세정밸브 : 70kPa

[해설] 기구의 최소 필요압력(MPa)
㉠ 세정밸브 : 0.07
㉡ 자동밸브 : 0.07
㉢ 샤워기 : 0.07
㉣ 보통밸브(일반수전) : 0.03
㉤ 블로우아웃식 대변기 : 0.1
※ 1MPa = 1,000kPa = 1,000,000Pa

05 급탕방식 중 기수혼합식에 관한 설명으로 옳은 것은?
① 열효율이 90%이다.
② 물을 열원으로 사용한다.
③ 공장의 목욕탕 등에 적합하다.
④ 소음이 적어 사일렌서를 사용할 필요가 없다.

정답　01 ③　02 ④　03 ④　04 ③　05 ③

해설 | 기수혼합식(열매혼합식) 급탕장치
㉠ 보일러에서 발생한 증기를 저탕조에 직접 불어넣어 온수를 만드는 방법
㉡ 소음이 생기는 결점이 있고, 계속 새로운 물을 보급하므로 보일러에 미치는 영향도 커서 많이 사용하지 않는다.
㉢ 열효율은 100%이지만 소음을 줄이기 위해 증기압 0.1~0.4MPa의 스팀 사일런서(steam silencer)를 사용한다.

06 급탕배관에 관한 설명으로 옳지 않은 것은?
① 급탕관과 환탕관의 관경은 동일하게 해야 한다.
② 굴곡부위에 공기가 정체되는 부분에는 공기빼기 밸브를 설치한다.
③ 강제순환식 급탕 배관의 구배(물매)는 통상 1/200 이상으로 한다.
④ 직선배관시 강관은 30m 마다, 동관은 20m 마다 신축이음을 설치한다.

해설 | 급탕관의 관경 결정
급탕관의 관경은 급수설비의 관경 계산 방법과 동일한 방법으로 구한다.
급탕관은 금속의 부식을 고려하여 내식성 재료를 사용하는 것이 좋다.

[표] 급탕관과 반탕관의 관경

급탕관경[mm]	25	32	40	50	65	75	100
반탕관경[mm]	20	20	25	32	40	40	50

※ 반탕관(환탕관)의 관경은 급탕관의 관경보다 한 치수 작은 치수로 한다.

07 다음 중 간접배수로 해야 하는 기구에 속하지 않는 것은?
① 제빙기   ② 세탁기
③ 세면기   ④ 식기세척기

해설 | 직접배수와 간접배수
㉠ 직접배수 : 위생기구와 배수관이 연결된 일반 위생기구에서의 배수
㉡ 간접배수 : 냉장고, 세탁기, 음료기, 공기정화기 등에서의 배수방식으로 기구의 오염을 막기 위해 일반배수관으로 직접 연결하지 않고, 물받이 사이에 공간을 두어 공기 중에 노출시켰다가 배수관으로 흘려보내는 배수이다.

08 배수·통기 배관을 나타낸 다음 그림에서 a가 가리키고 있는 배관의 종류는 무엇인가? (단, 그림에서 실선의 배관은 배수관을, 점선의 배관은 통기관을 나타낸다.)

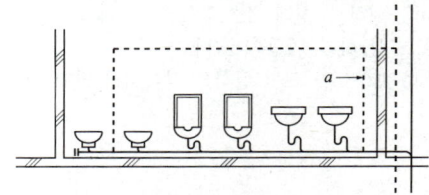

① 도피통기관   ② 루프통기관
③ 각개통기관   ④ 결합통기관

해설 | 도피 통기관
㉠ 배수 수평지관이 배수 수직관에 접속하기 바로 전에 통기관을 취하여 배수·통기 양 계통간의 공기의 유통을 원활히 하기 위해 설치하는 통기관을 말한다.
㉡ 수평지관에 접속하는 기구가 많을 경우 하류 기구의 돌출을 방지하기 위해 도피 통기관을 세운다.
㉢ 관경 : 최소 40mm 이상, 접속하는 배수관경의 1/2 이상
※ 도피 통기관은 루프통기관(최상류 기구의 하류 배수수평지관에 설치)을 도와서 통기의 능률을 향상시키기 위하여 배수수평지관의 최하류에서 통기수직관과 연결한다.

09 앵글밸브에 관한 설명으로 옳은 것은?
① 유량을 자동적으로 제어한다.
② 유체가 역류하는 것을 방지한다.
③ 유량의 미세한 조정이 용이하다.
④ 유체의 흐름 방향을 직각으로 변화시킨다.

정답 06 ① 07 ③ 08 ① 09 ④

해설 앵글 밸브(angle valve)
㉠ 글로브 밸브의 일종이다.
㉡ 유체의 입구와 출구가 이루는 각이 90°로 유체의 흐름을 직각으로 바꿀 때 사용된다.
㉢ 유량 조절이 가능하며, 옥내소화전의 개폐밸브로 이용된다.

10 잔향시간은 실내에 일정한 세기의 음을 공급하여 정상상태가 된 후, 음원을 정지시키고 나서 실내의 평균에너지 밀도가 처음 값에서 얼마 감쇠하는 데 소요되는 시간으로 산정하는가?

① 40dB ② 50dB
③ 60dB ④ 70dB

해설 잔향시간이란 실내의 일정한 세기의 음을 내어 정상상태로 한 후 이것을 멈추어 실내의 평균 에너지밀도와 처음의 $1/10^6$(일백만분의 일), 음압으로서 1/1,000이 될 때까지의 시간으로서 실내의 평균 레벨이 60dB 감소하는 데 필요한 시간을 말한다.

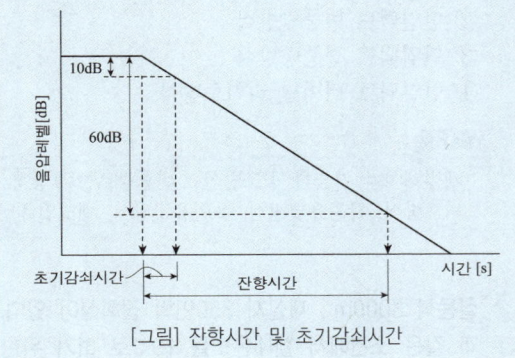

[그림] 잔향시간 및 초기감쇠시간

11 채광(採光)설계에 관한 내용 중 옳지 않은 것은?
① 실내천장의 반사율은 벽의 반사율보다 큰 것이 좋다.
② 집안으로 빛을 많이 유입시켜 에너지 효율을 높이려면 큰 창문의 방향을 서쪽으로 한다.
③ 눈부신 감을 주는 장소를 없애는 것이 좋다.
④ 하루 중 조도의 변동이 적은 것이 좋다.

해설 집안으로 빛을 많이 유입시켜 에너지 효율을 높이려면 큰 창문의 방향을 남쪽으로 한다.

12 단열에 관한 설명 중 옳지 않은 것은?
① 일반적으로 열전도율이 작은 재료를 사용하는 것이 단열효과가 있다.
② 공기층은 기밀성이 떨어져도 단열효과에는 영향이 없다.
③ 단열재에 수분이 침투하면 단열성이 매우 나빠진다.
④ 10cm 공기층을 1개 층 설치하는 것보다 5cm 공기층을 2개 층 설치하는 것이 단열에 유리하다.

해설 벽체의 단열효과
㉠ 벽체의 내부 중간에 공기층을 두면 단열량이 많아진다.
㉡ 중공층의 단열효과는 공기층의 두께나 기밀성에 따라 달라진다.
㉢ 재료의 두께가 두꺼울수록 효과가 있다.
㉣ 열전도율이 작은 재료를 사용한다. 열전도율이 같으면 흡수성이 적은 재료가 좋다.
㉤ 모든 내단열 방법은 고온측에 방습층을 설치하는 것이 좋다.
㉥ 외단열재를 사용하면 벽체의 결로 방지에 효과적이다.
㉦ 단열재의 설치 위치는 간헐난방을 하는 경우 내단열로 하는 것이 유리하다.

13 결로에 관한 설명으로 옳지 않은 것은?
① 결로에는 표면결로와 내부결로가 있다.
② 실내에서 표면결로 방지를 위해 수증기 발생을 억제한다.
③ 표면결로를 방지하기 위해서는 공기와의 접촉면을 노점온도 이상으로 유지해야 한다.
④ 구조체의 내부결로를 방지하기 위해서는 단열재의 실내측보다는 실외측에 방습막을 설치하는 것이 효과적이다.

해설 결로방지 대책

① 실내 습기 방지책 : 실내 공기의 수증기압이 포화 수증기압보다 적도록 계획한다.
  ㉠ 환기 계획을 잘 할 것
  ㉡ 난방에 의한 수증기 발생을 제한할 것
  ㉢ 부엌 및 욕실에서 발생하는 수증기를 외부로 배출시킬 것
② 벽체의 열관류저항을 크게 할 것(열관류율이 작은 것)
③ 열교현상이 일어나지 않도록 단열계획 및 시공을 완벽히 할 것
④ 실내측 벽의 표면온도를 실내 공기의 노점온도보다 높게 설계할 것
⑤ 벽에 방습층을 둘 것(방습층을 설치할 경우 고온측인 실내측에 가깝게 시공)
※ 벽체의 열관류저항을 크게 할 것(열관류율이 작은 것)

14 공기 2000kg/h를 증기코일로 가열하는 경우, 코일을 통과하는 공기의 온도차가 25.5℃, 증기온도에서 물의 증발잠열이 2229.52kJ/kg일 때 가열에 필요한 증기량은? (단, 공기의 정압비열은 1.01kJ/kg·K 이다.)

① 18.2kg/h   ② 23.1kg/h
③ 40.2kg/h   ④ 50.2kg/h

해설

가열량(qh) = $G \cdot C \cdot \Delta$
            = $\rho \cdot Q \cdot C \cdot \Delta$

여기서, qh : 가열량(kJ/h)
       G : 공기량(kg/h)
       Q : 체적량(m³h)
       ρ : 공기의 밀도(1.2kg/m³)
       C : 공기의 정압비열(1.01kJ/kg·K)
       Δt : 가열(냉각) 전후온도차

① 가열량(qh) = $G \cdot C \cdot \Delta$ = 2000×1.01×25.5
             = 51510[kJ/h]

② 증기량(가습량) $L = \dfrac{가열량}{증발잠열} = \dfrac{51510[kJ/h]}{2229.52[kJ/kg]}$
               = 23.1[kg/h]

15 어떤 실을 대상으로 단일덕트정풍량 방식의 공기조화 시스템을 설치하고자 한다. 실내부하, 외기부하, 재열부하가 있는 경우 다음 중 냉각코일용량으로 맞는 것은? (단, 덕트로부터의 취득열량은 실내부하에 포함한다.)

① 실내부하
② 실내부하+재열부하
③ 실내부하+외기부하
④ 실내부하+재열부하+외기부하

해설 냉방부하의 기기 용량

- 실내취득열량 ┐
- 기기로부터의 취득열량 ┘ 송풍량 결정
- 재열부하 ┐
- 외기부하 ┘ 냉각코일의 용량 결정
- 냉수펌프 및 배관부하 ┘ 냉동기의 용량 결정

16 다음 중 건물 내 각 실의 부하변동에 따른 개별제어가 가장 곤란한 공조방식은?

① 이중덕트방식
② 단일덕트 변풍량방식
③ 단일덕트 정풍량방식
④ 단일덕트 터미널 리히트방식

해설

개별제어가 가능한 공조방식 : 변풍량(VAV)방식, 이중덕트방식, 각층유닛방식, 유인유닛방식, 팬코일유닛방식

17 실용적 3000m³, 재실자 350인의 집회실이 있다. 다음과 같은 조건에서 실내온도를 19℃로 하기 위한 필요 환기량은?

┌조건┐
- 외기온도 t_0 = 15℃
- 재실자 1인당의 발열량 = 80W
- 실의 손실열량 = 4000W
- 공기의 밀도 = 1.2kg/m³
- 공기의 정압비열 = 1.01kJ/kg·K

① 2400m³/h   ② 4950.5m³/h
③ 17821.8m³/h   ④ 21600m³/h

정답 14 ②   15 ④   16 ③   17 ③

> **해설** 발열량에 의한 환기량 계산
>
> $Q = \dfrac{H_s}{Cp \times \rho \times (t_i - t_0)}$ 에서
>
> 먼저, 발열량$(H_s) = (350 \times 80 - 4000) \times 3.6 \text{kJ/h}$
> $= 86400 \text{kJ/h}$
>
> ※ 1W = 1J/s = 3,600J/h = 3.6kJ/h
>
> ∴ $Q = \dfrac{H_s}{Cp \times \rho \times (t_i - t_0)}$
> $= \dfrac{86400 \text{kJ/h}}{1.01 \text{kJ/kg} \cdot \text{K} \times 1.2 \text{kg/m}^3 \times (19-15)\text{K}}$
> $= 17821.8 \text{m}^3/\text{h}$

18 다음은 실내공간에 있어서 인체의 열방출 경로 중 그 비율이 가장 작은 것은?

① 대류 ② 복사
③ 전도 ④ 증발

> **해설** 인체의 열손실
>
> ① 인체의 열손실 : 복사(40%), 대류(30%), 증발(25%), 전도(5%)
>   ㉠ 피부 확산에 의한 열손실
>   ㉡ 땀분비 작용에 의한 열손실
>   ㉢ 호흡에 의한 열손실
>   ㉣ 복사에 의한 열손실
>   ㉤ 대류에 의한 열손실
>   ※ 이러한 비율은 주변의 열환경 조건에 따라 변화될 수 있다.
> ② 착의 상태로부터 대류 열손실은 인체의 표면과 주위 공기의 온도차에 비례하여 또한 대류 열전달률에도 좌우된다.

19 다음 중 호텔의 객실에 가장 적합한 공조방식은?

① 유닛히터방식
② 각층 유닛방식
③ 팬코일 유닛 방식
④ 정풍량 단일덕트방식

> **해설** 팬코일 유닛방식(fan-coil unit system)
>
> 열부하의 증감에 따라서 송풍량을 조절하여 온, 습도를 유지하는 전수방식으로 실내형 소형 공조기라고 불린다.
> ㉠ 외주부에 설치하여 콜드 드래프트(cold draft)를 방지하며, 개별제어가 가능하다.
> ㉡ 덕트방식에 비해 유닛의 위치 변경이 쉽다.
> ㉢ 외기공급 및 가습, 제습장치가 별도로 필요로 하며 누수의 염려가 있다.
> ㉣ 외기량이 부족하여 실내공기의 오염 가능성이 높다.
> ㉤ 보수 및 점검 개소가 증가한다.
> ㉥ 용도 : 주택, 아파트, 사무실, 호텔의 객실(극장, 스튜디오에는 부적당)

20 냉방부하의 종류 중 송풍기 용량 및 송풍량의 산출 요인에 속하지 않는 것은?

① 외기부하 ② 조명부하
③ 인체부하 ④ 일사부하

> **해설** 냉방부하의 기기 용량
>
> - 실내취득열량 ┐
> - 기기로부터의 취득열량 ┘ 송풍량 결정
> - 재열부하 ┐
> - 외기부하 ┘ 냉각코일의 용량 결정
> - 냉수펌프 및 배관부하 ┘ 냉동기의 용량 결정
>
> ㉠ 실내취득열량 : 벽체로부터의 취득열량, 유리로부터의 취득열량, 극간풍에 의한 취득열량, 인체의 발생열량, 기구로부터의 취득열량
> ㉡ 장치로부터의 취득열량 : 송풍기에 의한 취득열량, 덕트로부터의 취득열량
> ㉢ 재열부하 : 재열기의 가열량(취득열량)
> ㉣ 외기부하 : 외기의 도입으로 인한 취득열량
> ※ 외기부하 : 환기를 위해 외기를 공조기로 도입하여 실내의 온·습도 상태까지 냉각·감습하거나 가열·가습 하는데 필요한 열량을 말한다.

정답 18 ③ 19 ③ 20 ①

건축설비계획
2016년 제3회 과년도 출제문제

01 중앙급탕방식 중 간접가열식에 관한 설명으로 옳지 않은 것은?
① 고압보일러를 설치하여야 한다.
② 보일러를 난방과 겸용으로 이용할 수 있다.
③ 보일러 내부에 스케일 발생의 우려가 적다.
④ 저탕조 용량이 충분할 경우 보일러 용량을 작게 할 수 있다.

해설 중앙식 급탕법의 직접가열식과 간접가열식의 비교

구분	직접가열식	간접가열식
보일러	급탕용보일러, 난방용보일러 각각 설치	난방용 보일러로 급탕까지 가능
보일러내의 스케일	많이 낀다.	거의 끼지 않는다.
보일러내의 압력	고압	저압
규모	소규모 건축물	대규모 건축물
저탕조내의 가열코일	불필요	필요

02 정화조의 유입수 BOD가 1000mg/L, 방류수 BOD가 400mg/L일 때, BOD제거율은?
① 40%   ② 50%
③ 60%   ④ 70%

해설

$$\text{BOD 제거율} = \frac{\text{유입수}BOD - \text{유출수}BOD}{\text{유입수}BOD} \times 100(\%)$$

$$\therefore \text{BOD 제거율} = \frac{1000-400}{1000} \times 100(\%) = 60\%$$

03 급수방식 중 고가탱크방식에 관한 설명으로 옳은 것은?
① 급수압력의 변동이 심하다.
② 대규모 급수 수요에 대처가 어렵다.
③ 물탱크에서 물이 오염될 가능성이 있다.
④ 일반적으로 상향급수 배관방식이 사용된다.

해설 고가탱크방식(고가수조방식)
우물물 또는 수돗물을 일단 지하 저수조에 받아 이것을 양수펌프에 의해 건물 옥상 또는 높은 곳에 가설한 탱크로 양수한 다음, 그 수위를 이용하여 탱크에서 밑으로 세운 급수관에 의해 급수하는 방식이다.
㉠ 급수공급 압력이 일정하고, 취급이 용이하여 대규모 급수에 적합하다.
㉡ 단수시에도 일정량의 급수가 가능하다.
㉢ 수질의 오염가능성이 가장 크다.
㉣ 구조체의 보강이 필요하다.

04 배수 및 통기설비에 관한 설명으로 옳지 않은 것은?
① 세탁기, 식기세척기 등은 간접 배수로 한다.
② 트랩의 형식 중 2중 트랩은 설치가 간편하고 성능이 우수하다.
③ 차고의 배수는 가솔린 트랩을 설치하고 단독 통기관을 설치한다.
④ 배수수직관의 상부는 연장하여 신정통기관으로 사용하며, 대기 중에 개구한다.

해설
배수트랩은 구조가 간단하며 자기세정 작용을 하여야 하며, 2중 트랩이 되지 않도록 배관하고 가동부분이 없어야 한다.

05 다음의 밸브 중 유체의 유량 조절 목적으로 사용이 가장 곤란한 것은?
① 앵글 밸브   ② 게이트 밸브
③ 글로브 밸브   ④ 버터플라이 밸브

해설
게이트 밸브(gate valve) : 밸브의 통로에 변화가 없어 유체의 저항손실이 가장 적다. 유체의 유량조절 목적으로 사용이 곤란하다. 일명 슬루스 밸브(sluice valve)라고도 한다.
※ 글로브 밸브(globe valve) : 유량조절용으로 주로 사용되는 밸브로 유체의 저항손실이 가장 크다. 일명 스톱 밸브(stop valve)라고도 한다.

정답 01 ① 02 ③ 03 ③ 04 ② 05 ②

06 다음 그림에서 Ⓐ부분의 통기관의 명칭은?

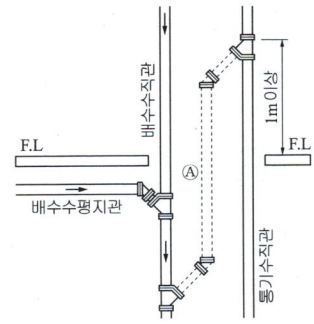

① 각개 통기관 ② 신정 통기관
③ 회로 통기관 ④ 결합 통기관

해설 결합통기관
㉠ 배수수직관 내의 압력변화를 방지 또는 완화하기 위해, 배수수직관으로부터 분기·입상하여 통기수직관에 접속하는 통기관
㉡ 통기 수직관에 접속하는 통기관으로 층수가 많을 경우에는 5개 층마다에 통기관을 취하는 방법이다.
㉢ 관경 : 통기수직관과 같은 관경으로 하되 최소관경 50mm 이상

07 내식성 및 가공성이 우수하며 배관 두께별로 K, L, M형으로 구분하여 사용되는 배관 재료는?

① 동관
② 스테인리스 강관
③ 일반배관용 탄소강관
④ 압력배관용 탄소강관

해설 동관의 두께에 따른 분류
두께가 두꺼울수록 고압에 사용한다. 두께는 K형, L형, M형 순이다.
㉠ K(Heavy wall) : 의료 및 고압배관에 사용
㉡ L(Medium wall) : 의료, 급배수, 급탕, 냉난방, 가스배관에 사용
㉢ M(Light wall) : 의료, 급배수, 급탕, 냉난방, 가스배관에 사용

08 풍력환기가 일어나고 있는 실에서 어느 개구부의 풍압계수가 0.3이라고 할 때, 풍압계수 0.3의 의미로 가장 정확한 것은?

① 외부풍의 전압(全壓)의 3%가 풍압력으로 가해진다.
② 외부풍의 전압(全壓)의 30%가 풍압력으로 가해진다.
③ 외부풍의 동압(動壓)의 3%가 풍압력으로 가해진다.
④ 외부풍의 동압(動壓)의 30%가 풍압력으로 가해진다.

해설
풍압계수 0.3란 외부풍의 동압(動壓)의 30%가 풍압력으로 가해진다는 의미이다.
※ 동압(Pv) : 공기의 흐름이 있을 때 흐름 방향의 속도에 의해 생기는 압력
☞ 풍력환기는 건물의 외벽면에 가해지는 풍압이 원동력이 된다. 풍력환기의 경우 실외의 풍속이 커지면 환기량은 많아진다.

09 바닥충격음의 저감방법으로 옳지 않은 것은?

① 카펫, 발포비닐계 바닥재 등 유연한 바닥 마감재를 사용하여 피크 충격력을 작게 한다.
② 바닥 슬래브의 중량을 감소시켜 충격에 대한 바닥의 진동을 감소시킨다.
③ 바닥 슬래브의 두께를 증가시켜 바닥 슬래브의 면밀도와 강성 모두를 높인다.
④ 질량이 있는 구조체를 탄성재로 지지하는 공진계의 특성을 이용하여 진동전달을 줄인다.

해설 바닥충격음에 대한 차음대책
㉠ 구조체에 전해 오는 소음은 소음원 자체를 구조체와 분리시키고, 바닥은 밀도가 높은 재료로 시공한다.
㉡ 뜬바닥 구조를 활용한다.
㉢ 철근콘크리트 슬래브의 중량을 증가시킨다.
㉣ 천장반자 시공에 의한 이중천장을 설치한다.
㉤ 쿠션성이 있는 바닥마감재를 사용한다.

10 건축화 조명의 종류에 속하지 않는 것은?

① 광천장조명 ② 밸런스조명
③ 코브조명   ④ 국부조명

해설

건축화조명이란 천장, 벽, 기둥 등 건축 부분에 광원을 만들어 실내를 조명하는 것을 말한다. 건축화조명은 눈부심이 적고 명랑한 느낌을 주며 현대적인 감각을 느끼게 하나 비용이 많이 들며 조명효율은 떨어진다.
※ 국부조명 : 작고 정해진 공간에 높은 조도로 조명하기 위해 조명기구를 사용하며 특별히 조명을 집중시키는데 국부 작업조명과 액센트 조명으로 구분된다. 전반조명으로 휘도대비가 저하되어 잘 보이지 않을 때 이용한다.

11 다음 중 실내의 잔향시간과 가장 관계가 먼 것은?

① 실용적
② 실내 표면적
③ 실의 평균 흡음율
④ 실의 형태

해설 잔향시간(Sabin의 잔향이론)

㉠ $RT = K\dfrac{V}{A}$ 의 식에서
  RT : 잔향시간(sec) K : 비례상수(0.162)
  V : 실의 용적(m^3)
  A : 흡음력 = $\bar{\alpha}$(평균흡음률) × S(실내표면적)(m^2)
잔향시간은 실용적에 비례하고 실의 흡음력에 반비례한다.
㉡ 요소 : 실용적, 실내 표면적, 실의 평균 흡음률
㉢ 잔향시간은 음원의 위치, 측정의 위치, 흡음재료의 위치와 무관하다.

12 다음 중 건물병 증후군(sick building syndrome)의 원인과 가장 관계가 먼 것은?

① 라돈   ② 피톤치드
③ 포름알데히드 ④ 휘발성 유기화합물

해설

휘발성 유기화합물(VOCs)은 주로 실내에 영향을 미치는 오염물질로서 건물증후군(SBS, Sick Building Syndrome)의 주원인이 된다. 각종 건자재에서 배출되는 휘발성유기화합물(VOCs), 포름알데히드(HCHO) 등 각종 오염물질들이 아토피성 피부염, 두통 등 각종 질환의 원인이 되고 있다. VOCs 배출량에 의한 인체에 대한 영향으로는 염증·불쾌감, 심할 경우 눈·코·목 등에서 염증·두통·신경마비 등이 우려된다. 포름알데히드는 가구·단열재·페인트·벽지·타일 등에서 검출되고 있다.
☞ 피톤치드(Phytoncide)는 식물이 스스로를 보호하기 위해 내보내는 항균 기능을 하는 물질이다. 특정 성분을 지칭하는 말이 아닌 식물이 내뿜는 항균성의 모든 물질을 통틀어서 일컫는다.
편백나무, 소나무 등이 피톤치드를 많이 함유한 것으로 알려져 있다. 삼림욕은 식물이 무성하게 자라는 초여름부터 초가을까지 일사량이 많을 때에 하는 것이 좋다.

13 건축물의 환기설비계획에 관한 설명으로 옳지 않은 것은?

① 파이프 샤프트는 공간절약을 위해 환기덕트로 이용한다.
② 외기도입구는 가급적 도로에서 떨어진 위치에 설치한다.
③ CO_2제어방식으로 급기량을 조절하는 경우 거실의 필요환기량을 확보한다.
④ 공장 등에서 자연환기로 다량의 환기량을 얻고자 할 경우 벤틸레이터 등을 지붕에 설치한다.

해설

공조장치의 환기덕트는 독립적으로 설치해야 한다.
※ 루프 벤틸레이터는 보조 환기장치로 바람의 흡인작용에 의해 환기를 촉진시키며, 풍향에 좌우되지 않으므로 항상 부압되는 지붕 위쪽에 설치해야 한다.

정답 10 ④ 11 ④ 12 ② 13 ①

14 다음의 공기조화방식 중 중앙방식에 속하지 않는 것은?
① 수방식
② 냉매방식
③ 전공기방식
④ 공기·수방식

> **해설** 열매의 종류에 의한 공기조화방식의 분류
> ① 중앙식
>   ㉠ 전공기식(공기) : 단일덕트방식(정풍량방식, 변풍량방식), 이중덕트방식, 멀티존유닛방식, 각층유닛방식
>   ㉡ 공기·수식(공기+물) : 유인유닛방식, 팬코일유닛방식(외기덕트병용), 복사냉난방식(외기덕트병용)
>   ㉢ 전수식(물) : 팬코일유닛방식, 복사냉난방식
> ② 개별식
>   ㉠ 냉매식 : 패키지형방식, 룸쿨러방식, 멀티유니트방식

15 기온·습도·기류의 3요소의 조합에 의한 실내 온열감각을 기온의 척도로 나타낸 것은?
① 등가온도
② 작용온도
③ 불쾌지수
④ 유효온도

> **해설** 유효온도 (ET: effective temperature)
> ㉠ 기온, 습도, 기류(풍속)의 3요소가 체감에 미치는 종합효과를 단일지표로 나타낸 것
> ㉡ 복사열에 대한 영향은 고려 안됨
> ※ 기류(풍속)의 상승은 유효온도를 감소시키는 원인이 된다.

16 유리창을 통과하는 전열량에 관한 설명으로 옳지 않은 것은?
① 반사율이 클수록 전열량은 작아진다.
② 일사에 의한 복사열량과 관류열량의 합이다.
③ 전열량은 유리의 열관류율이 클수록 크게 된다.
④ 일사취득열량은 유리창의 차폐계수에 반비례한다.

> **해설** 유리로부터 일사취득열량
> $q_{GR} = I_{gr} A_g k_s$
> I_{gr} : 유리를 통해 투과 및 흡수의 형식으로 취득되는 표준 일사취득열량 [W/m²·K]
> A_g : 유리창의 면적(개시면적 포함) [m²]
> k_s : 전차폐계수
> ※ 유리로부터 일사취득열량은 유리창의 차폐계수에 비례한다. (차폐계수 : 일사를 차단하는 정도)
> ※ 유리의 일사부하계산 시 두께 3mm 보통유리를 차폐계수 기준값 1로 본다.
> ☞ 차폐계수(k_s) : 보통유리 1, 중간색 블라인드 설치 0.75, 밝은 색 블라인드 설치 0.65, 반사유리(복층) 0.5 정도

17 냉온수코일에서 바이패스팩터(BF)와 콘택트팩터(CF)의 관계식으로 옳은 것은?
① (BF+CF)=1
② (CF−BF)=1
③ (BF+CF)>1
④ (BF+CF)<1

> **해설** By-pass Factor(BF)
> 냉각 또는 가열 코일과 접촉하지 않고 그대로 통과하는 공기의 비율을 말하며, 완전히 접촉하는 공기의 비율을 Contact Factor라고 한다.
> BF=1−CF
> ∴ BF+CF=1

18 다음의 공조방식 중 재실인원이 적은 실에서 운전비가 가장 적게 드는 방식은?
① 팬코일 유닛방식
② 정풍량 2중 덕트방식
③ 변풍량 2중 덕트방식
④ 정풍량 단일 덕트방식

정답 14 ② 15 ④ 16 ④ 17 ① 18 ①

해설 팬코일 유닛방식(fan-coil unit system)

열부하의 증감에 따라서 송풍량을 조절하여 온, 습도를 유지하는 전수방식으로 실내형 소형 공조기라고 불린다.
㉠ 외주부에 설치하여 콜드 드래프트(cold draft)를 방지하며, 개별제어가 가능하다.
㉡ 덕트방식에 비해 유닛의 위치 변경이 쉽다.
㉢ 외기공급 및 가습, 제습장치가 별도로 필요로 하며 누수의 염려가 있다.
㉣ 외기량이 부족하여 실내공기의 오염 가능성이 높다.
㉤ 보수 및 점검 개소가 증가한다.
㉥ 용도 : 주택, 아파트, 사무실, 호텔의 객실(극장, 스튜디오에는 부적당)
☞ 팬코일 유닛방식은 재실인원이 적은 실에서 운전비가 가장 적게 드는 방식이다.

19 증기를 온열매로 하는 공기조화 계통에 관한 설명으로 옳지 않은 것은?
① 응축수에 의한 열손실이 크다.
② 고온수 방식에 비해 용량제어가 쉽고 배관수명이 길다.
③ 보일러의 물을 가열증발시켜 그 증발잠열을 이용하는 방법이다.
④ 고온수 방식에 비해 예열시간이 짧고 간헐난방에 대한 추종성이 좋다.

해설
증기를 온열매로 하는 공기조화 계통은 고온수 방식에 비해 용량제어가 어렵고 응축수가 생기므로 배관수명이 짧다.

20 습공기선도상에서 2가지의 상태값을 알더라도 습공기의 상태를 알 수 없는 경우가 있다. 이와 같은 상태값의 조합은?
① 건구온도와 습구온도
② 습구온도와 상대습도
③ 건구온도와 상대습도
④ 절대습도와 수증기분압

해설 습공기선도

㉠ 습공기선도를 구성하는 요소 : 건구온도, 습구온도, 노점온도, 절대습도, 상대습도, 수증기 분압, 비체적, 엔탈피, 현열비 등
㉡ 습공기선도를 구성하는 있는 요소들 중 2가지만 알면 나머지 모든 요소들을 알아낼 수 있다.
☞ 습공기선도상에서 절대습도와 수증기분압 2가지 요소를 알더라도 나머지 요소들의 상태값을 알 수 없다.

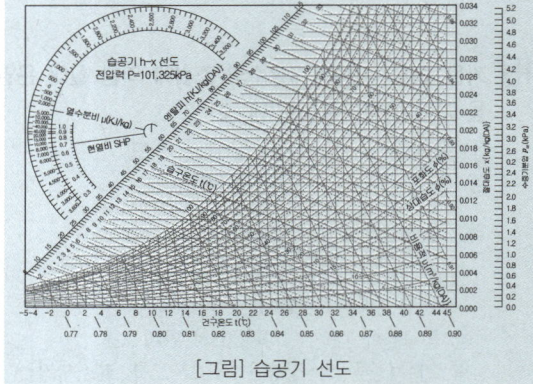

[그림] 습공기 선도

건축설비계획
2017년 제1회 과년도 출제문제

01 중앙식 급탕방식에 관한 설명으로 옳은 것은?
① 가열기, 배관 등 설비규모가 작다.
② 배관 및 기기로부터의 열손실이 거의 없다.
③ 건물 완공 후 급탕개소의 증설이 용이하다.
④ 기구의 동시이용률을 고려하여 가열 장치의 총용량을 적게 할 수 있다.

해설 중앙식 급탕방식
㉠ 열원으로 값싼 중유, 석탄 등이 사용되므로 연료비가 싸다.
㉡ 급탕설비가 대규모이므로 열효율이 좋다.
㉢ 급탕설비의 기계류가 동일 장소에 설치되어 관리상 유리하다.
㉣ 기구의 동시사용률을 고려기 때문에 가열장치의 전체용량을 적게 할 수 있다.
㉤ 최초의 설비비와 건설비는 비싸지만 경상비가 적게 들므로 대규모 급탕설비에는 중앙식이 경제적이다.
㉥ 급탕 공급의 배관길이가 길어 열손실이 많다.
㉦ 순환이 느리기 때문에 순환펌프를 사용해야 한다.
㉧ 시공 후 기구 증설에 따른 배관변경공사를 하기가 어렵다.

02 압력배관용 탄소강관의 표시기호로 옳은 것은?
① SPPS ② SPPH
③ SPLT ④ SPHT

해설 배관용 탄소강관의 표시기호
㉠ SPP - 일반 배관용 탄소강관(쇠파이프)
㉡ SPPS - 압력 배관용 탄소강관(두꺼운 쇠파이프)
㉢ SPPH - 고압 배관용 탄소강관
㉣ SPHT - 고온 배관용 탄소강관
㉤ SPLT - 저온 배관용 탄소강관

03 먹는 물의 수소이온농도 기준으로 옳은 것은? (단, 샘물, 먹는 샘물 및 먹는 물 공동시설의 물이 아닌 경우)
① pH 48 이상 pH 84 이하
② pH 48 이상 pH 85 이하
③ pH 58 이상 pH 84 이하
④ pH 58 이상 pH 85 이하

해설
먹는 물의 수소이온농도 기준 : pH 58 이상 pH 85 이하
※ pH(수소이온농도) : 수용성 또는 어떤 용액의 산성도나 염기도를 나타내는 정량적인 척도

04 증기를 사일렌서(silencer) 등에 의해 물과 혼합 시켜 탕을 만드는 급탕방식은?
① 순간식 ② 저탕식
③ 기수혼합식 ④ 간접가열식

해설 기수혼합식
㉠ 보일러에서 발생한 증기를 저탕조에 직접 불어넣어 온수를 만드는 방법으로, 소음이 생기는 결점이 있고, 계속 새로운 물을 보급하므로 보일러에 미치는 영향도 커서 많이 사용하지 않는다.
㉡ 열효율은 100%이지만 소음을 줄이기 위해 증기압 0.1~0.4MPa의 스팀 사일런서(steam silencer)를 사용한다.

05 다음 중 간접배수로 하여야 하는 기구는?
① 욕조 ② 세면기
③ 대변기 ④ 세탁기

해설 직접배수와 간접배수
㉠ 직접배수 : 위생기구와 배수관이 연결된 일반 위생기구에서의 배수
㉡ 간접배수 : 냉장고, 세탁기, 음료기, 공기정화기 등에서의 배수방식으로 기구의 오염을 막기 위해 일반배수관으로 직접 연결하지 않고, 물받이 사이에 공간을 두어 공기 중에 노출시켰다가 배수관으로 흘려보내는 배수이다.

정답 01 ④ 02 ① 03 ④ 04 ③ 05 ④

06 배관의 수리, 교체를 편리하게 하기 위해 사용하는 배관 부속품은?
① 부싱　　② 플러그
③ 유니언　　④ 크로스

해설 유니언(union)과 플랜지(flange)

관의 교체나 펌프의 고장 수리시 사용한다.
㉠ 유니언(union) : 50mm 이하의 관(소구경)에 사용한다.
㉡ 플랜지(flange) : 50mm 이상의 관(대구경)에 사용한다.

07 유체의 흐름에 관한 설명으로 옳지 않은 것은?
① 난류는 유체분자가 불규칙하게 서로 섞이는 혼란된 흐름이다.
② 일반적으로 층류에서 난류로 천이할 때의 유속을 임계유속이라 한다.
③ 레이놀즈 수에 의해 관내의 흐름이 층류인지 난류인지 판별할 수 있다.
④ 관내에 유체가 흐를 때, 어느 장소에서 흐름의 상태가 시간에 따라 변화하는 흐름을 정상류라 한다.

해설

관내의 유체가 흐를 때, 어느 장소에서의 흐름의 상태가 시간에 따라 변화하지 않는 흐름을 정상류라 하며, 흐름의 상태가 시간에 따라 변화하는 흐름을 비정상류라고 한다.

08 관내에 유체가 흐르고 있을 때 유체마찰에 의해 손실되는 압력강하(ΔP)를 다음과 같은 식으로 표현할 수 있다. 다음 식에서 λ가 의미하는 것은?(단, L은 관의 길이, d는 관의 직경, v는 유체의 유속, ρ는 유체의 밀도를 의미한다.)

$$\Delta P = \lambda \cdot \frac{L}{d} \cdot \frac{v^2}{2} \cdot \rho$$

① 점성계수　　② 관마찰계수
③ 레이놀즈수　　④ 동점성계수

해설 마찰손실수두(H_f)와 압력손실수두(P_f)

$$H_f = \lambda \cdot \frac{L}{d} \cdot \frac{v^2}{2g} \text{ [mAq]}$$

$$P_f = \lambda \cdot \frac{L}{d} \cdot \frac{v^2}{2} \rho \text{ [Pa]}$$

여기서, H_f, P_f : 길이 1m의 직관에 있어서의 마찰손실수두(mAq, Pa)
λ : 관마찰계수(강관 0.02)
g : 중력가속도(98m/sec²)
d : 관의 내경(m)
L : 직관의 길이(m)
v : 관내 평균 유속(m/s)
ρ : 물의 밀도(1,000kg/m³)
※ 관의 길이에 비례, 관경에 반비례한다.

09 처리대상인원 1000인, 1인 1일당 오수량 0.2m³ 오수의 평균 BOD 200ppm, BOD 제거율 85%인 오수처리시설에서 유출수의 BOD량은?
① 1.5kg/day　　② 6kg/day
③ 30kg/day　　④ 200kg/day

해설

$$\text{BOD 제거율} = \frac{\text{유입수}BOD - \text{유출수}BOD}{\text{유입수}BOD} \times 100(\%)$$

먼저, 유입수 BOD량 = 오폐수의 량 × BOD의 농도
= 1000 × 0.2 × 200
= 40000g = 40kg

$$\text{BOD 제거율} = \frac{40 - x}{40} \times 100(\%) = 85\%$$

∴ $x = 6$kg

10 홀 용적 5000m³, 잔향시간 1.6초인 실에서 잔향시간을 1초로 만들기 위해 추가적으로 필요한 흡음력은?
① 220m²　　② 275m²
③ 300m²　　④ 450m²

해설 잔향시간(Sabin의 잔향이론)

잔향시간 $RT = K\dfrac{V}{A}$ 에서

RT : 잔향시간(sec)
K : 비례상수(0.162)
V : 실의 용적(m³)
A : 흡음력 = $\overline{\alpha}$(평균흡음률)×S(실내표면적)(m²)

$RT_1 = 1.6초 = 0.16 \times \dfrac{5,000}{A_1}$

$A_1 = \dfrac{0.16 \times 5,000}{1.6} = 500\,\text{m}^2$

$RT_2 = 1.0초 = 0.16 \times \dfrac{5,000}{A_2}$

$A_2 = \dfrac{0.16 \times 5,000}{1.0} = 800\,\text{m}^2$

추가로 필요한 흡음력(A)

∴ $A = A_2 - A_1 = 800 - 500 = 300\,\text{m}^2$

11 다음 중 동관의 용도로 가장 부적절한 것은?
① 급수관　　② 급탕관
③ 증기관　　④ 냉온수관

해설 배관용 재료
㉠ 동관 : 급수관, 냉온수관, 급탕관, 열교환기, 전기 재료
㉡ 연관 : 굴곡이 많은 수도 인입관, 기구배수관, 가스 배관, 화학 공업 배관
㉢ 배관용 탄소강관 : 비교적 사용 압력이 높지 않은 증기·물·오일·가스·공기 등의 배관
㉣ 배관용 스테인리스강관 : 급수관, 급탕관

12 다음 중 혼합·냉각·재열의 과정을 거치는 공기조화시스템의 냉각코일 용량으로 알맞은 것은?
① 실내현열부하 + 실내잠열부하
② 실내현열부하 + 외기현열부하
③ 실내전열부하 + 외기전열부하 + 재열부하
④ 실내현열부하 + 외기현열부하 + 재열부하

해설 공조시스템의 냉각코일 부하
㉠ 혼합·냉각의 과정 : 실내전열부하 + 외기전열부하
㉡ 혼합·냉각·재열의 과정 : 실내전열부하 + 외기전열부하 + 재열부하
※ 냉방부하와 기기용량과의 관계

- 실내취득열량
- 기기로부터의 취득열량 ┐ 송풍량 결정
- 재열부하 ┐ 냉각코일의 용량 결정
- 외기부하 ┘
- 냉수펌프 및 배관부하 ┘ 냉동기의 용량 결정

13 덕트와 부속기구에 관한 설명으로 옳지 않은 것은?
① 고속덕트는 가급적 원형 덕트로 한다.
② 점검구는 풍량조정이나 점검을 해야 하는 곳에 설치한다.
③ 같은 양의 공기가 덕트를 통해 송풍될 때 풍속을 높게 하면 덕트의 단면 치수도 크게 하여야 한다.
④ 방화댐퍼는 화재 시에 덕트를 통해 방화구역으로 불이 번지지 않도록 덕트의 통로를 차단하는 역할을 한다.

해설 같은 양의 공기가 덕트를 통해 송풍될 때 풍속을 높게 하려면 덕트의 단면 치수는 작게 하여야 한다.

14 실내공기오염의 종합적 지표로 사용되는 오염 물질은?
① 미세먼지
② 이산화탄소
③ 포름알데히드
④ 휘발성 유기화합물

해설 이산화탄소(CO_2)의 함유량에 비례해서 다른 오염원의 정도가 변화되므로 실내 공기의 오염정도를 판단하는 척도로 이산화탄소[탄산가스(CO_2)] 농도를 사용한다.

정답　11 ③　12 ③　13 ③　14 ②

15 공기조화부하 계산에 있어서 인체 발생열에 관한 설명으로 옳은 것은?

① 인체 발생열은 난방부하에서만 고려한다.
② 인체 발생열은 현열과 잠열 모두 발생한다.
③ 실내온도가 높아질수록 잠열 발생열량이 감소
④ 인체 발생열은 재실자의 작업 상태에 관계없이 항상 일정하다.

[해설] 냉방부하의 종류와 발생 요인

구분	부하의 발생 요인		현열	잠열
실내 취득열량	벽체로부터의 취득열량		○	
	유리로부터의 취득열량	직달일사에 의한 것	○	
		전도대류에 의한 것	○	
	극간풍에 의한 취득열량		○	○
	인체의 발생열량		○	○
	기구로부터의 발생열량		○	○
장치로부터의 취득열량	송풍기에 의한 취득열량		○	
	덕트로부터의 취득열량		○	
재열부하	재열기의 가열량(취득열량)		○	
외기부하	외기의 도입으로 인한 취득열량		○	○

※ 인체부하는 냉방부하의 계산에서 현열과 잠열을 동시에 고려하나, 난방부하의 계산에서는 난방에 유리한 요소이므로 일반적으로 고려하지 않는다.

16 다음과 같은 조건에서 바닥면적이 200m²인 일반 사무실의 조명기구로부터 취득되는 열량은?

┌ 조건 ┐
• 조명기구 : 형광등
• 바닥면적당 조명 소비전력 : 30W/m²
• 점등률 : 100%
• 안정기 발열량 25% 할증

① 6500W   ② 7500W
③ 8000W   ④ 10000W

[해설] 조명기구의 발생열량(q_E)

㉠ 백열등 : $q_E = W \cdot f$ [W]
㉡ 형광등 : $q_E = W \cdot f \times 1.25$ [W]
여기서, q_E : 조명기구로부터의 취득열량
  W : 조명기구의 소비전력[W]
  f : 조명기구의 사용률(점등률)
  1.25 : 형광등인 경우 안정기 발열량 25% 할증

∴ $q_E = W \cdot f \times 1.25 = W \cdot f \times 1.25$
  $= 30 \times 200 \times 1 \times 1.25 = 7500\,W$ [W]

17 표준적인 단일덕트 정풍량 방식에서 실내부하의 현열비(SHF) 선상에 있는 점이 아닌 것은?

① 실내공기 상태점
② 토출공기 상태점
③ 코일출구공기 상태점
④ 실내외공기 혼합공기 상태점

[해설]
단일덕트 정풍량방식은 냉방부하가 감소되어도 취출되는 냉풍량이 일정하므로 실내온도가 내려간다. 또 사람이 많이 모이는 장소라든가 식당, 주방 등과 같이 잠열부하가 많이 발생하는 장소는 현열비(SHF)가 적기 때문에 냉각만 있는 공조기 출구공기는 습공기선도상에서 그려보면 냉각된 공기와 SHF 평행선과 교차하지 않는다.
※ 표준 단일덕트방식(정풍량방식)의 실내부하
  ① 현열비(SHF) 선상 : 실내공기 상태점, 토출공기 상태점, 코일출구 상태점, 실내장치의 노점온도
  ② 냉각선상 : 코일의 장치노점온도

18 결로발생의 방지 방법으로 옳지 않은 것은?

① 실내에서 수증기 발생을 억제한다.
② 비난방실 등으로의 수증기 침입을 억제한다.
③ 벽체의 표면온도를 실내공기의 노점온도보다 크게 한다.
④ 적절한 투습저항을 갖춘 방습층을 단열재의 저온측에 설치한다.

[정답] 15 ② 16 ② 17 ④ 18 ④

해설
내부결로를 방지하기 위하여 방습층의 설치는 일반적으로 단열재의 고온 고습측(실내측)에 설치하여야 한다.
※ 방습층을 단열재의 실외측에 설치하면 오히려 내부결로의 범위가 많아질 수 있다.

19 냉방부하를 계산한 결과, 현열부하 90000W인 건물의 송풍공기량은? (단, 취출온도차는 10℃이고, 공기의 비열은 1.21kJ/m³·K이다.)
① 약 26777m³/h   ② 약 33242m³/h
③ 약 37814m³/h   ④ 약 42150m³/h

해설
$q_s = \rho Q C(t_i - t_o)$ [kJ/h]
q_s : 실의 현열부하[W]
ρ : 공기의 밀도[1.2kg/m³]
Q : 송풍량[m³/h]
C : 공기의 정압비열[1.01kJ/kg·K]
t_i : 실내 공기온도[℃]
t_o : 송풍 공기온도[℃]
$Q = \dfrac{q_s}{\rho C(t_i - t_o)}$ [m³/h]

※ 공기의 단위체적당 비열 : 1.2kJ/m³·K

송풍량(Q) = $\dfrac{냉방부하(q_s)}{공기의 비열(1.21) \times \Delta t}$
= $\dfrac{9000 \times 3.6}{1.21 \times 10}$ = 267768 ≒ 26777m³/h

※ 1W=3.6kJ/h

20 틈새바람량의 산출 방법에 속하지 않는 것은?
① 환기횟수법   ② 창문면적법
③ 실내면적법   ④ 창문틈새길이법

해설
외부로부터의 틈새바람량(극간풍량)을 계산할 경우 틈새의 길이, 외부의 풍속, 틈새의 통기특성 등을 고려하여야 하며, 열류의 방향은 틈새바람의 열량을 계산할 경우 고려할 사항에 해당된다. 틈새바람량(극간풍량)의 산출 방법에는 환기횟수법, 창문틈새길이법, 창문면적법이 있다.

건축설비계획
2017년 제2회 과년도 출제문제

01 오수정화시설의 처리공법 중 활성오니법에 속하는 것은?
① 장기폭기방법   ② 접촉산화방법
③ 살수여상방법   ④ 회전원판접촉방법

해설 오수처리시설 처리공법
오수처리시설은 침전, 호기성 또는 혐기성 분해 등의 방법에 의하여 분뇨와 생활하수를 함께 처리하는 시설로서 오수처리시설 처리공법에는 다음과 같이 분류하고 있다.
① 호기성 생물학적 처리공법
  ㉠ 활성오니법 : 표준 활성오니 방법, 장기폭기방법, 접촉안정방법
  ㉡ 고정미생물 방법(생물막법) : 접촉산화방법, 살수여상방법, 회전원판접촉방법
② 물리적 처리공법 : 임호프탱크 방법

02 수도본관으로부터 저수탱크에 저수한 후 급수 펌프로 건물 내에 급수하는 방식은?
① 고가탱크방식   ② 펌프직송방식
③ 수도직결방식   ④ 압력탱크방식

해설
펌프직송방식(탱크없는 부스터 방식, Tankless booster system)은 물을 지하실 등의 저수탱크에 물을 받은 후 자동급수펌프에 의하여 수전까지 직송하는 방식으로 정교한 제어가 필요하며 정전시 급수가 불가능하다.
㉠ 상향공급방식이 일반적이다.
㉡ 전력공급이 중단되면 급수가 불가능하다.
㉢ 적절한 대수분할, 압력제어 등에 의해 에너지절약을 꾀할 수 있다.
☞ 펌프직송 급수방식에서는 에너지 절약과 운전비 및 동력비를 절감하기 위하여 변속 펌프를 설치한다.

정답 19 ① 20 ③ / 01 ① 02 ②

03 다음 중 간접배수로 하여야 하는 기구에 속하지 않는 것은?
① 세탁기　　② 세면기
③ 제빙기　　④ 식기세정기

[해설] 직접배수와 간접배수
㉠ 직접배수 : 위생기구와 배수관이 연결된 일반 위생기구에서의 배수
㉡ 간접배수 : 냉장고, 세탁기, 음료기, 공기정화기 등에서의 배수방식으로 기구의 오염을 막기 위해 일반배수관으로 직접 연결하지 않고, 물받이 사이에 공간을 두어 공기 중에 노출시켰다가 배수관으로 흘려보내는 배수이다.

04 다음 중 수자원 절약을 위한 배수 재이용시에 검토할 사항과 가장 거리가 먼 것은?
① 공급시설의 안정성
② 재이용수의 사용범위
③ 상수(上水)기구의 구성요소
④ 배수의 수량과 수질의 안정성

[해설] 수자원 절약을 위한 배수 재이용시에 검토할 사항
㉠ 중수 용도의 설정 : 화장실, 세차, 청소, 화단용
㉡ 용도에 따른 수질의 설정
㉢ 수용량의 균형 : 상수, 배수, 중수
㉣ 요구 수량과 수질에 따른 수처리 시설
㉤ 종합 급배수 계통 검토
㉥ 경제성의 검토
㉦ 오용 방지, 2차적인 장애 고려

05 물의 경도에 관한 설명으로 옳지 않은 것은?
① 경도의 표시는 도(度) 또는 ppm이 사용된다.
② 경도가 큰 물을 경수, 경도가 낮은 물을 연수라고 한다.
③ 일반적으로 물이 접하고 있는 지층의 종류와 관계없이 지표수는 경수, 지하수는 연수로 간주된다.
④ 물의 경도는 물 속에 녹아있는 칼슘, 마그네슘 등의 염류의 양을 탄산칼슘의 농도로 환산하여 나타낸 것이다.

[해설] 물의 경도(硬度)
일반적으로 지표수는 연수, 지하수는 경수로 간주하지만, 물이 접하고 있는 지층의 종류에 따라 좌우된다.
※ 물의 경도(硬度)
물 속에 녹아 있는 칼슘(Ca), 마그네슘(Mg) 등의 양을 이것에 대응하는 탄산칼슘($CaCO_3$)의 100만분율(ppm : parts per million)로 환산하여 표시한 것

분류	$CaCO_3$의 함유량	특징
극연수 (極軟水)	0ppm	증류수나 멸균수로서 연관이나 황동관을 부식
연수(軟水)	90ppm 이하	세탁, 염색, 보일러용에 적합
적수(適水)	90~110ppm	
경수(硬水)	110ppm 이상	물, 음료용, 세탁, 표백, 염색에는 부적합

※ ppm(parts per million)은 농도 단위로서 100만분의 1의 양을 말한다.

06 중앙식 급탕방법 중 간접가열식에 관한 설명으로 옳지 않은 것은?
① 고압보일러가 필요하다.
② 대규모 급탕설비에 적합하다.
③ 보일러를 난방설비와 겸용할 수 있다.
④ 저탕조에는 온도조절장치(thermostat)를 설치하여 온도를 조절한다.

[해설] 중앙식 급탕법의 직접가열식과 간접가열식의 비교

구분	직접가열식	간접가열식
보일러	급탕용보일러, 난방용보일러 각각 설치	난방용 보일러로 급탕까지 가능
보일러내의 스케일	많이 낀다.	거의 끼지 않는다.
보일러내의 압력	고압	저압
규모	소규모 건축물	대규모 건축물
저탕조내의 가열코일	불필요	필요

정답 03 ② 　 04 ③ 　 05 ③ 　 06 ①

07 관내유동에서 층류와 난류를 판단하는 기준이 되는 것은?

① 마하(Mach)수
② 프란틀(Prandtl)수
③ 그라쇼프(Grashof)수
④ 레이놀즈(Reynolds)수

> **해설** 레이놀즈 수(Reynold's Number)
> $$Re = \frac{Vd}{v}$$
> Re : 레이놀즈 수
> V : 유체의 속도(m/s)
> d : 관경, 배관의 안지름(m)
> v : 유체의 동점성계수(m/s)
> ※ 유체의 속도, 관경에 비례하고, 동점성계수에 반비례한다.
> ☞ 관내유동에서 층류와 난류를 판단하는 기준이 된다.

08 급탕설비에 관한 설명으로 옳지 않은 것은?

① 급탕사용량을 기준으로 급탕순환펌프의 유량을 산정한다.
② 급수압력과 급탕압력이 동일하도록 배관 구성을 하는 것이 바람직하다.
③ 급탕부하단위수는 일반적으로 급수부하단위수의 3/4을 기준으로 한다.
④ 급탕 배관시 수평주관은 상향 배관법에서는 급탕관은 앞올림구배로 하고 환탕관은 앞내림 구배로 한다.

> **해설** 급탕순환펌프의 수량
> $$W = \frac{Q}{60c\Delta t} \text{ [L/min]}$$
> Q : 배관과 펌프 및 기타 손실열량[kJ/h]
> W : 순환수량[L/min]
> C : 탕의 비열[4.19kJ/kg·K]
> ρ : 탕의 밀도(kg/m³)
> Δt : 급탕·반탕의 온도차[℃]
> (Δt는 강제순환식일 때 5~10℃ 정도임.)
> ☞ 급탕 순환펌프의 순환량의 결정은 배관 등에서의 방열손실량으로 산정한다.

09 다음과 같은 조건에서 실내측 벽면의 표면온도는?

┌ 조건 ┐
- 벽체의 크기 : $1 \times 1 \text{m}^2$
- 벽체의 두께 : 100mm
- 외기온도 : 12℃
- 실내 공기온도(평균치) : 20℃
- 벽체 열관류율 : 2W/m²·K
- 실내측 표면 열전달률 : 8W/m²·K

① 18℃   ② 19℃
③ 20℃   ④ 21℃

> **해설**
> 벽체의 열관류열량과 실내측 표면 열전달량은 같다.
> 열통과량과 실내측 표면 열전달량은 같으므로 다음과 같은 평행식을 세울 수 있다.
> ① 구조체를 통한 열손실량 즉, 열관류량
> $Q = K \cdot A \cdot (t_i - t_0)$
> ② 열전달량 $Q = \alpha \cdot A \cdot (t_i - t_s)$
> 여기서, Q : 열관류량[W]
> K : 열관류율[W/m²·K]
> α : 열전달률[W/m·K]
> A : 전열면적[m²]
> t_i : 실내 온도[℃]
> t_0 : 외기온도[℃]
> t_s : 벽체의 실내표면온도[℃]
> $Q = 2 \times 1 \times (20-12) = 8 \times 1 \times (20-t_s)$
> ∴ $t_s = 18$℃

10 소음방지대책 및 기술에 관한 설명으로 옳지 않은 것은?

① 소음방지대책은 소음원을 제거하거나 소음원 레벨을 저감시키는 것이 가장 바람직하다.
② 건물 내부의 고체전달소음은 일반적으로 장애범위가 공기전달소음보다 좁고 대책수립이 간단하다.
③ 경로대책은 음원에서의 거리 또는 장애물에 의한 음의 감쇠 등의 성질을 이용한 것이다.
④ 급배수시에 발생하는 소음 전반을 방지 또는 저감시키기 위해서는 설계단계부터 배려할 필요가 있다.

정답 07 ④ 08 ① 09 ① 10 ②

해설 건물내부의 고체전달소음은 일반적으로 장애범위가 공기전달소음보다 넓고 대책수립이 간단하지 않다.

11 공기조화방식 중 팬코일 유닛방식에 관한 설명으로 옳지 않은 것은?
① 각 유닛의 수동제어가 불가능하다.
② 덕트 방식에 비해 유닛의 위치 변경이 쉽다.
③ 각 실에 수배관으로 인한 누수의 우려가 있다.
④ 유닛을 창문 밑에 설치하면 콜드 드래프트를 줄일 수 있다.

해설 팬코일 유닛방식(fan-coil unit system)
열부하의 증감에 따라서 송풍량을 조절하여 온, 습도를 유지하는 전수방식으로 실내형 소형 공조기라고 불린다.
㉠ 외주부에 설치하여 콜드 드래프트(cold draft)를 방지하며, 개별제어가 가능하다.
㉡ 덕트방식에 비해 유닛의 위치 변경이 쉽다.
㉢ 외기공급 및 가습, 제습장치가 별도로 필요로 하며 누수의 염려가 있다.
㉣ 외기량이 부족하여 실내공기의 오염 가능성이 높다.
㉤ 보수 및 점검 개소가 증가한다.
㉥ 용도 : 주택, 아파트, 사무실, 호텔의 객실(극장, 스튜디오에는 부적당)
☞ 팬코일 유닛방식은 재실인원이 적은 실에서 운전비가 가장 적게 드는 방식이다.

12 다음 중 동관의 사용용도로 가장 부적합한 것은?
① 급수관   ② 급탕관
③ 증기관   ④ 냉온수관

해설 동관
㉠ 유연성이 좋아 배관 시공이 용이하다.
㉡ 열전도율이 크다.
㉢ 내식성이 높아 부식이 적다.
㉣ 용도 : 전기 및 열전도율이 좋아 전기 재료, 열교환기, 급수·급탕관, 급유관, 기름가열기, 냉매배관

13 다음과 같은 조건에서 실내 CO_2의 허용농도를 1000ppm으로 할 때, 필요 환기량은?

[조건]
- 재실인원 : 10인
- 실내 1인당 CO_2 배출량 : $0.02m^3/h$
- 외기 CO_2 농도 : 350ppm

① $249.2m^3/h$ ② $275.4m^3/h$
③ $307.7m^3/h$ ④ $356.8m^3/h$

해설 필요 환기량

$$Q = \frac{K}{P_i - P_o}$$

Q : 필요환기량(m^3/h)
K : 실내에서의 CO_2발생량(m^3/h)
P_i : CO_2 허용 농도(m^3/m^3)
P_o : 신선공기 CO_2 농도(m^3/m^3)

$$\therefore Q = \frac{K}{P_i - P_o} = \frac{0.02 \times 10}{(1000-350) \times 10^{-6}}$$
$$= \frac{0.2 \times 10^6}{650} = 307.7 m^3/h \cdot 인$$

※ $1ppm = 10^{-6}(m^3/m^3)$

14 건구온도 20℃, 절대습도 0.015kg/kg′인 습공기 6kg의 엔탈피는? (단, 건공기 정압비열 1.01kJ/kg·K, 수증기 정압 비열 1.85kJ/kg·K, 0℃에서 포화수의 증발잠열 2501kJ/kg)
① 58.24kJ   ② 120.67kJ
③ 228.77kJ   ④ 349.62kJ

해설 습공기의 엔탈피(i)
엔탈피 : 0℃일 때 건공기의 엔탈피를 0으로 하여 습공기 1kg이 지니고 있는 열량으로 나타낸다.
$i = C_{pa} \cdot t + (\gamma_0 + C_{pw} \cdot t) \cdot x = 1.01t + (2501 + 1.85t)x$
i : 엔탈피[kJ/kg(DA)] t : 온도[℃]
x : 절대습도[kg/kg′]
C_{pa} : 건공기의 정압비열(1.01kJ/kg·K)
C_{pw} : 수증기의 정압비열(1.85kJ/kg·K)
γ_0 : 0℃ 포화수의 증발잠열(2501kJ/kg)
먼저 $i = C_{pa} \cdot t + (\gamma_0 + C_{pw} \cdot t) \cdot x$
$= 1.01t + (2501 + 1.85t)x$
$= 1.01 \times 20 + (2501 + 1.85 \times 20) \times 0.015$
$= 58.27kJ/kg$
∴ 전체 엔탈피 = 6kg × 58.27kJ/kg = 349.62kJ

정답 11 ① 12 ③ 13 ③ 14 ④

15 공기조화기의 가열코일 입구와 출구에서 공기의 상태값이 변화하지 않는 것은?
① 엔탈피
② 상대습도
③ 건구온도
④ 절대습도

> **해설**
> 공기를 냉각하거나 가열하여도 절대습도는 변하지 않는다.

16 다음 중 송풍량이나 장비용량 결정을 주된 목적으로 하는 부하계산법은?
① 표준 bin법
② 냉난방도일법
③ 최대부하계산법
④ 동적열부하계산법

> **해설** 최대부하계산법
> 어떤 건물의 실에 대하여 최대 냉방부하 또는 최대 난방부하를 계산하는 방법이다.
> ㉠ 송풍량이나 장치 용량 산출(공조설비 용량 추정)
> ㉡ 설계 외기 조건을 일정 기간 동안을 정상 주기로 가정하므로 겨울철 서열용량이 있는 벽을 관류하는 열량으로 계산하는데 정상 상태에서만 성립하는 식을 쓸 수 있으며, 여름철에 대해서는 상당외기온도차를 도입하여 같은 식으로 계산이 가능하다.

17 다음과 같은 조건에서 코일로 제거되는 전열량에 대한 현열량의 비는?

> **조건**
> ㉠ 코일 입구공기의 온도 $t_1=35℃$
> ㉡ 코일 입구공기의 엔탈피 $h_1=72kJ/kg$
> ㉢ 코일 출구공기의 온도 $t_2=17℃$
> ㉣ 코일 출구공기의 엔탈피 $h_2=42kJ/kg$
> ㉤ 공기의 비열 $1.01kJ/kg \cdot K$

① 0.606
② 0.701
③ 0.806
④ 0.901

> **해설**
> ㉠ 같은 조건이므로
> 현열량 $q_s = \rho QC(t_i - t_o)$ [kJ/h]
> $= 1.2 \times 1 \times 1.01 \times (35-17)$
> $= 21.82$ [kJ/h]
> 전열량 $q_T = \rho Q(h_1 - h_2)$ [kJ/h]
> $= 1.2 \times 1 \times (72-42) = 36$ [kJ/h]
> ㉡ 현열비(SHF) $= \dfrac{현열부하}{현열부하 + 잠열부하}$
> $= \dfrac{현열부하}{전열부하} = \dfrac{21.82}{36} = 0.606$

18 온수난방에 관한 설명으로 옳지 않은 것은?
① 온수의 현열을 이용하여 난방하는 방식이다.
② 한랭지에서는 운전정지 중 동결의 우려가 있다.
③ 증기난방에 비해 예열시간이 짧아 간헐운전에 적합하다.
④ 증기난방에 비해 난방부하 변동에 따른 온도 조절이 용이하다.

> **해설**
> 증기난방은 예열시간이 온수 난방에 비해 짧고 증기의 순환이 빠르므로 온수난방에 비하여 간헐운전에 더 유리하다.
> ※ 간헐난방 : 일시적으로 하는 난방으로서 간헐적으로 열을 공급하는 증기, 온풍 등의 난방방식에 적당하다. 온수난방, 복사난방은 구조체를 덥히게 되므로 예열시간이 길어져 일시적으로 쓰는 방에는 부적당하다.

19 주방, 공장, 실험실에서와 같이 오염물질의 확산을 가능한 극소화시키기 위해 사용하는 환기방식은?
① 희석환기
② 전체환기
③ 집중환기
④ 국소환기

정답 15 ④ 16 ③ 17 ① 18 ③ 19 ④

해설 국소환기(독립환기)

주방, 공장, 실험실에서와 같이 오염물질의 확산 및 방산을 가능한 한 극소화시키려고 할 때 적용되는 환기방식으로 가장 효율이 좋은 오염 제거 방법이다.
[예] 후드(hood), 퓸 후드(fume hood), 공장, 드래프트 챔버(실험실) 등
※ 국소환기의 계통은 공조장치의 환기덕트와 연결하면 실내오염의 원인이 되므로 독립적으로 설치해야 한다.

20 체크밸브에 관한 설명으로 옳지 않은 것은?
① 유체의 역류를 방지하기 위한 것이다.
② 스윙형 체크밸브는 수평배관에 사용할 수 없다.
③ 스윙형 체크밸브는 유수에 대한 마찰저항이 리프트형보다 적다.
④ 리프트형 체크밸브는 글로브 밸브와 같은 밸브 시트의 구조로써 유체의 압력에 밸브가 수직으로 올라가게 되어 있다.

해설 체크밸브(check valve : 역지밸브)
㉠ 유체의 흐름을 한쪽 방향으로만 흐르게 할 때 쓰인다.
㉡ 리프트형(수평배관), 스윙형(수평, 수직배관)이 있다.

건축설비계획
2017년 제3회 과년도 출제문제

01 통기와 배수의 역할을 동시에 하는 통기관은?
① 루프통기관   ② 결합통기관
③ 공용통기관   ④ 습윤통기관

해설
습윤 통기관은 최상류 기구에 설치하여 배수와 통기의 역할을 겸하는 통기관이다.

02 경도가 높은 물이 보일러 용수로 적절하지 못한 이유는?
① 스케일이 많이 발생한다.
② 물의 팽창량이 많아진다.
③ 유체의 흐름 저항이 낮아진다.
④ 비등점이 낮아 물의 증발량이 많아진다.

해설
경도가 높은 물을 보일러에 사용하면 내면에 스케일(물때) 생성되고, 전열효율 저하되며, 과열의 원인 및 보일러의 수명 단축의 원인이 된다.
※ 극연수(極軟水)는 $CaCO_3$의 함유량 0ppm인 증류수나 멸균수로서 연관이나 황동관을 부식하므로 관 내부를 도금한 것으로 사용한다.

03 급수방식 중 수도직결방식에 관한 설명으로 옳지 않은 것은?
① 고층으로의 급수가 어렵다.
② 일반적으로 하향급수 배관방식을 사용한다.
③ 저수조가 없으므로 단수 시에 급수가 불가능하다.
④ 위생성 및 유지·관리 측면에서 가장 바람직한 방식이다.

정답 20 ② / 01 ④ 02 ① 03 ②

해설 수도직결방식
㉠ 소규모 건물이나 낮은 건물에 쓰인다.
㉡ 물의 오염가능성이 가장 적다.(위생적 측면에서 가장 바람직하다)
㉢ 정전시일 때도 급수를 계속 할 수 있다.
㉣ 수도 압력 변화에 따라 급수압이 변하고 단수시는 급수가 안된다.
㉤ 설비비 및 유지관리비용이 저렴한 방식이다.
☞ 수도직결방식은 일반적으로 상향급수 배관방식을 사용한다.

04 고가수조방식의 급수법에서 최고층에 세정밸브식 대변기가 설치되어 있다. 세정밸브에서 고가수조의 최저수면까지의 높이는 최소 얼마 이상으로 하여야 하는가? (단, 고가수조에서 세정밸브까지의 전마찰 손실수두는 10kPa 이다.)
① 약 8m   ② 약 12m
③ 약 14m ④ 약 16m

해설
고가수조의 높이 $H \geq 100(P+P_f)+h[m]$
 P : 기구의 최저 필요압력(MPa)
 P_f : 배관의 손실수두(MPa)
 h : 기구의 높이(m)
P(세정밸브)=0.07MPa(=70kPa)
P_f=10kPa=0.01(=1m)
∴ $H \geq 100(0.07 + 0.01)$=8m
※ 100m=1.0MPa=1000kPa

05 직관내의 마찰손실수두와 관련된 다르시-와이스바하의 식에서 유체의 흐름이 층류일 경우 마찰계수 λ는?
(단, Re는 레이놀즈수)
① $\lambda = \dfrac{32}{Re}$ ② $\lambda = \dfrac{64}{Re}$
③ $\lambda = \dfrac{Re}{32}$ ④ $\lambda = \dfrac{Re}{64}$

해설 다르시-와이스바하의 식
유체 흐름이 층류일 경우 마찰계수 $\lambda = \dfrac{64}{Re}$이며 레이놀즈수에 반비례관계를 가진다.

06 관 속을 흐르는 유체에 관한 설명으로 옳은 것은?
① 유속에 비례하여 유량은 증가한다.
② 유체의 점도가 클수록 유량은 증가한다.
③ 관의 마찰계수가 크면 유량은 증가한다.
④ 관경의 제곱에 반비례해서 유량은 증가한다.

해설 관 속을 흐르는 유체(유량과 유속)
단면적을 $A[m^2]$, 유속을 v [m/s], 유량을 Q [m^3/s]라면
$Q = A_1v_1 = A_2v_2 \cdots\cdots$ 일정
또 관경을 d [m]라 하면 단면적 $A = \dfrac{\pi d^2}{4}$ 이다.
$Q = \dfrac{\pi}{4}vd^2$
$Q = Av = \dfrac{v\pi d^2}{4}$
여기서, Q : 양수량[m^3/sec]
 v : 펌프의 관 속을 흐르는 유체의 속도[m/sec]
 d : 펌프의 구경 $d=\sqrt{\dfrac{4Q}{v\pi}}$

07 열교(thermal bridge)현상에 관한 설명으로 옳지 않은 것은?
① 벽이나 바닥, 지붕 등의 건축물 부위에 단열이 연속되지 않는 부분이 있을 때 생긴다.
② 열교현상을 줄이기 위해서는 콘크리트 라멘조의 경우 가능한 한 내단열로 시공한다.
③ 열교현상이 발생하는 부위는 표면온도가 낮아져서 결로가 쉽게 발생한다.
④ 열교현상이 발생하면 전체 단열성이 저하된다.

해설 열교(Thermal Bridge) 현상

㉠ 벽이나 바닥, 지붕 등의 건축물부위에 단열이 연속되지 않은 부분이 있을 때, 이 부분이 열적 취약부위가 되어 이 부위를 통한 열의 이동이 많아지며, 이것을 열교(heat bridge) 또는 냉교(cold bridge)라고 한다.
㉡ 열교현상이 발생하면 구조체의 전체 단열성이 저하된다.
㉢ 열교는 구조체의 여러 형태로 발생하는 데 단열구조의 지지 부재들, 중공벽의 연결철물이 통과하는 구조체, 벽체와 지붕 또는 바닥과의 접합부위, 창틀 등에서 발생한다.
㉣ 열교현상이 발생하는 부위는 표면온도가 낮아지며 결로가 발생되므로 쉽게 알 수 있다.
㉤ 열교현상을 방지하기 위해서는 접합 부위의 단열설계 및 단열재가 불연속됨이 없도록 철저한 단열시공이 이루어져야 한다.
㉥ 콘크리트 라멘조나 조적조 건축물에서는 근본적으로 단열이 연속되기 어려운 점이 있으나 가능한 한 외단열과 같은 방법으로 취약부위를 감소시키는 설계 및 시공이 요구된다.

08 학교교실의 음 환경에 관한 설명으로 옳지 않은 것은?

① 교실과 복도의 접촉면이 큰 평면이 소음을 막는 데 유리하다.
② 소리를 잘 듣기 위해서는 적당한 잔향시간이 필요하다.
③ 운동장에서의 소음은 배치계획으로 이를 방지할 수 있다.
④ 음악교실은 반사재와 흡음재를 적절히 사용한다.

해설

교실과 복도의 접촉면이 큰 평면은 소음을 막는데 불리하다.

09 그림과 같은 환기 방식이 적합하지 않은 것은?

① 화장실   ② 수술실
③ 주방   ④ 욕실

해설 환기 방식

구분	설치방법	용도
제1종 환기 (병용식)	강제송풍+강제배풍	병원 수술실, 거실, 지하극장, 변전실
제2종 환기 (압입식)	강제송풍+자연배풍	클린룸, 무균실, 반도체공장, 식당, 창고
제3종 환기 (흡출식)	자연송풍+강제배풍	화장실, 욕실, 주방, 흡연실, 자동차차고

㉠ 제 1종 환기 : 설비비, 운전비가 비싸다. 실내외의 압력차가 없어서 가장 양호한 환기법
㉡ 제 2종 환기 : 실내의 압력이 정압(+), 다른 실에서의 공기 침입이 없다. 가장 많이 사용한다. 일반실에 적합하다.
㉢ 제 3종 환기 : 실내의 압력이 부압(-), 실내의 냄새나 유해 물질을 다른 실로 흘려보내지 않는다. 주방, 화장실, 유해가스 발생장소에 사용한다.

10 실내조명 설계에서 가장 우선적으로 검토해야 하는 것은?

① 개략적인 조명계산을 실시한다.
② 소요조도를 결정한다.
③ 소요전등의 개수를 결정한다.
④ 조명방식 및 조명기구를 선정한다.

해설 조명설계 순서[소→전→조→광→배]

㉠ 소요조도 결정
㉡ 전등 종류 결정
㉢ 조명방식 및 조명기구 선정
㉣ 광속의 계산
㉤ 광원의 크기와 그 배치

정답 08 ①   09 ②   10 ②

11 공기조화방식 중 전공기 방식에 관한 설명으로 옳지 않은 것은?
① 실내에 배관으로 인한 누수의 우려가 없다.
② 대형덕트 공간이 필요 없어 설치가 용이하다.
③ 병원의 수술실, 공장의 클린룸과 같이 청정을 필요로 하는 곳에 적용이 가능하다.
④ 실내에 취출구나 흡입구를 설치하면 되므로 팬코일 유닛과 같은 기구의 노출이 없어서 실내 유효면적을 넓힐 수 있다.

해설 전공기 방식 (all air system)
① 종류 : 단일덕트방식(정풍량방식, 변풍량방식), 이중덕트방식, 멀티존유닛방식, 각층유닛방식
② 장점
  ㉠ 송풍량이 많아 실내공기오염이 적다.
  ㉡ 중간기에 외기냉방이 가능하다.
  ㉢ 실내유효면적 증가
  ㉣ 실내에 배관으로 인한 누수의 염려가 없다.
  ㉤ 폐열회수장치 사용이 용이하다.(전열교환기 등의 설치)
③ 단점
  ㉠ 큰 덕트 스페이스가 필요하다.
  ㉡ 팬의 소요동력(반송동력)이 크다.
  ㉢ 공조실이 넓어야 한다.

12 다음과 같은 조건에서 실 체적이 500m³인 어떤 실의 틈새바람에 의한 현열부하와 잠열부하는 약 얼마인가?

[조건]
㉠ 외기온습도 : $t_0 = 32℃$, $x_0 = 0.0182 kg/kg'$
㉡ 실내온습도 : $t_i = 27℃$, $x_i = 0.0099 kg/kg'$
㉢ 물의 증발잠열 $r_0 = 2501 kJ/kg$
㉣ 공기의 밀도 $1.2 kg/m^3$
㉤ 공기의 비열 $1.01 kJ/kg \cdot K$
㉥ 환기회수 $n = 0.5$회/h

① 현열부하 300W, 잠열부하 1240W
② 현열부하 420W, 잠열부하 1730W
③ 현열부하 600W, 잠열부하 2480W
④ 현열부하 720W, 잠열부하 2980W

해설
㉠ 먼저, 환기량을 구한다.
  $Q = nV = 0.5 \times 500 = 250 m^3/h$
  Q : 환기량(m³/h) n : 환기회수(회/h)
  V : 실용적(m³)
㉡ 현열부하(q_s) $= GC\Delta t$ [kJ/h] $= \rho QC\Delta t$ [kJ/h]
  $= 1.2 \times 250 \times 1.01 \times (32-27)$
  $= 1515$ [kJ/h]
㉢ 잠열부하(q_L) $= GL\Delta x$ [kJ/h] $= \rho QL\Delta x$ [kJ/h]
  $= 420.8 W$
  $= 1.2 \times 250 \times 2501 \times (0.0182-0.0099)$
  $= 6227.5$ [kJ/h] $= 1729.9 W$
※ G(kg/h) $= \rho$ (1.2kg/m³) $\cdot Q$(m³/h) $= 1.2 Q$(kg/h)
※ 1W = 1J/s = 3,600J/h = 3.6kJ/h

13 다음 중 외주부(perimeter zone)의 부하변동에 가장 효과적으로 대응할 수 있는 공기조화 방식은?
① 단일덕트방식   ② 각층 유닛방식
③ 팬코일 유닛방식 ④ 멀티존 유닛방식

해설 팬코일 유닛방식(fan-coil unit system)
열부하의 증감에 따라서 송풍량을 조절하여 온, 습도를 유지하는 전수방식으로 실내형 소형 공조기라고 불린다.
㉠ 외주부(perimeter zone)에 설치하여 콜드 드래프트(cold draft)를 방지하며, 개별제어가 가능하다.
㉡ 덕트방식에 비해 유닛의 위치 변경이 쉽다.
㉢ 외기공급 및 가습, 제습장치가 별도로 필요로 하며 누수의 염려가 있다.
㉣ 외기량이 부족하여 실내공기의 오염 가능성이 높다.
㉤ 보수 및 점검 개소가 증가한다.
㉥ 용도 : 주택, 아파트, 사무실, 호텔의 객실(극장, 스튜디오에는 부적당)
☞ 팬코일 유닛방식은 재실인원이 적은 실에서 운전비가 가장 적게 드는 방식이다.

정답 11 ② 12 ② 13 ③

14 난방장치의 용량계산을 위한 설계용 외기온도를 설정할 때 "TAC온도 위험률 2.5% 온도"의 의미로 가장 알맞은 것은? (단, 난방기간은 연간 121일이다.)
① 난방기간동안의 외기온도가 설계 외기온도보다 2.5% 높을 가능성이 있다.
② 난방기간동안의 외기온도가 설계 외기온도보다 2.5% 낮을 가능성이 있다.
③ 2.5%의 시간에 해당하는 약 72시간의 외기온도가 설계 외기온도보다 높을 가능성이 있다.
④ 2.5%의 시간에 해당하는 약 72시간의 외기온도가 설계 외기온도보다 낮을 가능성이 있다.

해설
ASHRAE의 TAC(Technical Advisory Committee)에서는 위험률 2.5~10% 범위 내에서 설계 조건을 삼을 것을 추천하고 있다. 위험률 2.5%의 의미는 어느 지역의 난방기간이 연간 121일이라면, 이 기간 중 2.5%에 해당하는 약 72시간은 난방 설계 외기 조건을 초과할(낮을) 수 있다는 것을 의미한다. [추울 수 있다]
※ (121일×24시간)×0.025=72.6시간

15 습공기에 관한 설명으로 옳지 않은 것은?
① 절대습도가 일정할 경우 건구온도가 높을수록 비체적은 커진다.
② 절대습도가 일정할 경우 건구온도가 높을수록 엔탈피는 커진다.
③ 건구온도가 일정할 경우 상대습도가 높을수록 노점온도는 높아진다.
④ 건구온도가 일정할 경우 상대습도가 높을수록 절대습도는 낮아진다.

해설 습공기 선도(Mollier 선도 : i-x 선도)

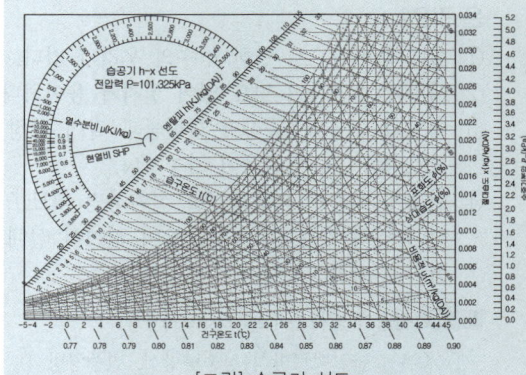

[그림] 습공기 선도
☞ 습공기선도상에서 건구온도가 일정할 경우 상대습도가 높을수록 노점온도, 절대습도는 높아진다.
※ 습공기를 냉각하면 상대습도는 높아지고, 습공기를 가열하면 상대습도는 낮아진다. → 절대습도의 변화는 없다.

16 다음과 같은 조건에 있는 두께 250mm인 외벽(콘크리트 200mm+석고 플라스터 50mm)을 통해 들어오는 열량은?

조건
• 콘크리트의 열전도율 : 1.4W/m·K
• 석고 플라스터의 열전도율 : 0.5W/m·K
• 벽체의 실내측 표면 열전달률 : 20W/m²·K
• 벽체의 실외측 표면 열전달률 : 7W/m²·K
• 외벽의 면적 : 45m²
• 외기온도 : 33℃
• 실내공기의 온도 : 24℃

① 약 914W ② 약 929W
③ 약 945W ④ 약 977W

해설
㉠ 열관류율$(K) = \dfrac{1}{\dfrac{1}{\alpha_1} + \Sigma \dfrac{d}{\lambda} + \dfrac{1}{\alpha_2}}$ (W/m²·K)

단, α : 열전달률(W/m²·K)
λ : 열전도율(W/m·K)
d : 두께(m)

정답 14 ④ 15 ④ 16 ②

$$\therefore 열관류율(K) = \cfrac{1}{\cfrac{1}{\alpha_1} + \sum \cfrac{d}{\lambda} + \cfrac{1}{\alpha_2}}$$

$$= \cfrac{1}{\cfrac{1}{20} + \left(\cfrac{0.2}{1.4} + \cfrac{0.05}{0.5}\right) + \cfrac{1}{7}}$$

$$= 2.295 (W/m^2 \cdot K)$$

ⓒ 관류에 의한 열손실 계산(Q)

$Q = K \cdot A \cdot (t_i - t_o)$

여기서 K : 열관류율($W/m^2 \cdot ℃$)
　　　　A : 표면적(m^2)
　　　　$t_i - t_o$: 실내외 온도차(℃)

$\therefore Q = K \cdot A \cdot (t_i - t_o)$
　　$= 2.295 \times 45 \times (33-24) = 929W$

17 30℃의 외기 40%와 23℃의 환기 60%를 혼합하여 냉각코일로 냉각감습하는 경우 바이패스팩터가 0.2 이면 코일의 출구 온도는? (단, 코일 표면온도는 10℃ 이다.)

① 1216℃　　② 1316℃
③ 1416℃　　④ 1516℃

해설

혼합공기 온도
$tm = \cfrac{m_1 t_1 + m_2 t_2}{m_1 + m_2} = \cfrac{4 \times 30 + 6 \times 23}{4+6} = 25.8℃$

코일출구온도=코일온도+(입구온도-코일온도)×BF
∴ 코일출구온도=10+(25.8-10)×0.2=13.16℃

18 바닥면에서 1m의 위치에 중성대가 있는 실에서 바닥면상 2m 지점에서의 실내외 압력차는? (단, 실내공기의 밀도는 1.2kg/m³이며, 실외공기의 밀도는 1.25kg/m³이다.)

① 실내가 0.1mmAq 높다.
② 실외가 0.1mmAq 높다.
③ 실내가 0.05mmAq 높다.
④ 실외가 0.05mmAq 높다.

해설

$\triangle P = \triangle \rho \cdot g \cdot \triangle h$
　　$= (1.25 - 1.2) \times 9.8 \times (2-1)$
　　$= 0.49Pa ≒ 0.5Pa \rightarrow 0.05mmAq$
※ $1Pa = 0.1mmAq$

19 온수난방과 비교한 증기난방의 특징으로 옳은 것은?

① 예열시간이 짧다.
② 한랭지에서 동결의 우려가 크다.
③ 부하변동에 따른 실내방열량의 제어가 용이하다.
④ 소요방열면적과 배관경이 크므로 설비비가 높다.

해설 증기난방(steam heating)

증기의 잠열을 이용한 난방방식으로 사무소, 백화점, 학교, 극장, 일반공장 등에 이용한다.
① 장점
　㉠ 증발 잠열을 이용하므로 열의 운반능력이 크다.
　㉡ 예열시간이 온수 난방에 비해 짧고 증기의 순환이 빠르다.
　㉢ 방열면적은 온수난방보다 작게 할 수 있으며, 관경이 가늘어도 된다.
　㉣ 설비비와 유지비가 싸다.
② 단점
　㉠ 방열기의 표면온도가 높아 난방의 쾌감도가 낮다.
　㉡ 난방부하의 변동에 따라 방열량 조절이 곤란하다.
　㉢ 소음이 많이 난다.(steam hammering)
　㉣ 보일러 취급에 기술을 요한다.

20 정확한 급기량과 배기량 변화에 의해 실내압을 정압(+) 또는 부압(-)으로 유지할 수 있는 환기 방식은?

① 급기팬과 배기팬의 조합
② 급기팬과 자연배기의 조합
③ 자연급기와 배기팬의 조합
④ 자연급기와 자연배기의 조합

해설 제1종 환기(압입흡출병용방식)

배기량과 급기량의 변화에 의해 실내압을 정압(+) 또는 부압(-)으로 유지할 수 있어 실내외의 압력차가 없는 가장 양호한 환기법이다. 설비비, 운전비가 비싸다.

※ 환기 방식

구분	설치방법	용도
제1종 환기 (병용식)	강제송풍+강제배풍	병원 수술실, 거실, 지하극장, 변전실
제2종 환기 (압입식)	강제송풍+자연배풍	클린룸, 무균실, 반도체공장, 식당, 창고
제3종 환기 (흡출식)	자연송풍+강제배풍	화장실, 욕실, 주방, 흡연실, 자동차차고

정답　17 ②　18 ③　19 ①　20 ①

건축설비계획
2018년 제1회 과년도 출제문제

01 중앙식 급탕방식에 관한 설명으로 옳지 않은 것은?
① 배관에 의해 필요 개소에 급탕할 수 있다.
② 급탕 개소마다 가열기의 설치 스페이스가 필요하다.
③ 기구의 동시이용률을 고려하여 가열장치의 총용량을 적게 할 수 있다.
④ 호텔, 병원 등 급탕 개소가 많고 소요 급탕량도 많이 필요한 대규모 건축물에 채용된다.

해설 중앙식 급탕방식
㉠ 열원으로 값싼 중유, 석탄 등이 사용되므로 연료비가 싸다.
㉡ 급탕설비가 대규모이므로 열효율이 좋다.
㉢ 급탕설비의 기계류가 동일 장소에 설치되어 관리상 유리하다.
㉣ 기구의 동시사용률을 고려기 때문에 가열장치의 전체용량을 적게 할 수 있다.
㉤ 최초의 설비비와 건설비는 비싸지만 경상비가 적게 들므로 대규모 급탕설비에는 중앙식이 경제적이다.
㉥ 급탕 공급의 배관길이가 길어 열손실이 많다.
㉦ 순환이 느리기 때문에 순환펌프를 사용해야 한다.
㉧ 시공 후 기구 증설에 따른 배관변경공사를 하기가 어렵다.
☞ 급탕 개소마다 가열기의 설치공간이 필요한 경우는 개별식(국소식) 급탕방식이다.

02 먹는물의 수질기준에 따른 건강상 유해영향 무기물질에 속하지 않는 것은?
① 납   ② 페놀
③ 불소   ④ 수은

해설 건강상 유해영향 물질
㉠ 건강상 유해영향 유기물질 : 페놀, 벤젠, 톨루엔, 다이옥산
㉡ 건강상 유해영향 무기물질 : 납, 수은, 불소, 크롬, 카드뮴

03 직경 200mm의 강관에 2400L/min의 물이 흐를 때 강관 내의 유속은?
① 0.04m/sec   ② 0.40m/sec
③ 1.27m/sec   ④ 1.72m/sec

해설 유량과 유속

단면적을 A[m²], 유속을 v [m/s], 유량을 Q [m³/s]라면 $Q=Av$에서 $v = \dfrac{Q}{A}$

또 관경을 d[m]라 하면 단면적 $A = \dfrac{\pi d^2}{4}$이다.

$$\therefore v = \dfrac{Q}{\dfrac{\pi d^2}{4}} = \dfrac{\dfrac{2.4}{60}}{\dfrac{3.14 \times 0.2^2}{4}} = 1.27\text{m/s}$$

04 슬루스 밸브에 관한 설명으로 옳지 않은 것은?
① 게이트 밸브라고도 한다.
② 리프트가 커서 개폐에 시간이 걸린다.
③ 유체의 흐름을 단속하는 대표적인 밸브이다.
④ 유체의 흐름이 90°로 바뀌기 때문에 유체에 대한 저항이 크다.

해설 밸브의 종류
㉠ 게이트 밸브(gate valve) : 밸브의 통로에 변화가 없어 유체의 저항손실이 가장 적다. 일명 슬루스 밸브(sluice valve)라고도 한다.
㉡ 글로브 밸브(globe valve) : 유체의 저항손실이 가장 크다. 일명 스톱 밸브(stop valve)라고도 한다.
㉢ 체크밸브(check valve : 역지밸브)
• 유체의 흐름을 한쪽 방향으로만 흐르게 할 때 쓰인다.
• 리프트형(수평배관), 스윙형(수평, 수직배관)이 있다.
㉣ 앵글밸브(angle valve) : 글로브 밸브의 일종으로 유체의 입구와 출구가 이루는 각이 90°이다.

정답 01 ② 02 ② 03 ③ 04 ④

05 배관의 마찰저항에 관한 설명으로 옳은 것은?

① 유속의 제곱에 비례한다.
② 관의 길이에 반비례한다.
③ 관 내경의 제곱에 비례한다.
④ 유체의 점성이 클수록 감소한다.

해설 마찰손실수두(H_f)

$$H_f = \lambda \frac{L}{d} \cdot \frac{v^2}{2g} \text{ [mAq]}$$

여기서, H_f : 길이 1m의 직관에 있어서의 마찰손실수두(mAq)
  λ : 관마찰계수(강관 0.02)
  g : 중력가속도(9.8m/sec²)
  d : 관의 내경(m)
  L : 직관의 길이(m)
  v : 관내 평균 유속(m/s)

※ 마찰손실수두(H_f)는 관마찰계수(λ), 관의 길이(L) 및 유속(v)의 제곱에 비례하고, 관의 내경(d) 및 중력가속도(g)에 반비례한다.

06 수질과 관련된 용어의 설명으로 옳지 않은 것은?

① SS란 오수 중에 떠 있는 부유물질을 말하며, 탁도의 원인이 되기도 한다.
② DO란 오수 중의 산소요구량을 말하며, 오염도가 높을수록 산소요구량이 적다.
③ COD란 화학적 산소요구량을 말하며, COD값은 일반적으로 BOD값보다 높게 나타난다.
④ BOD란 생물화학적 산소요구량을 말하며, 오수 중의 분해가능한 유기물 함유 정도를 간접적으로 측정하는데 이용된다.

해설 DO(Dissolved Oxygen)

용존산소량 - 수중에 용해된 산소의 량

07 유체의 성질과 관련하여 다음 설명이 의미하는 것은?

> 에너지보존의 법칙을 유체의 흐름에 적용한 것으로서 유체가 갖고 있는 운동에너지, 중력에 의한 위치에너지 및 압력에너지의 총합은 흐름 내 어디에서나 일정하다.

① 파스칼의 원리   ② 스토크스의 법칙
③ 뉴턴의 점성법칙   ④ 베르누이의 정리

해설 베르누이 정리 [Bernoulli's theorem, 1738년]

점성과 압축성이 없는 이상적인 유체가 규칙적으로 흐르는 경우에 대해 유체가 흐르는 속도와 압력, 높이의 관계를 수량적으로 나타낸 법칙이다. 유체의 위치에너지와 압력에너지와 운동에너지의 합이 항상 일정하다는 성질을 이용한 것으로, 완전유체가 규칙적으로 흐르는 경우에 대해 정리한 것이다.

※ 베르누이 방정식
압력수두, 속도수두, 위치수두의 합은 일정하다.
압력에너지 + 속도에너지 + 위치에너지 = 0

$$\frac{P_1}{\gamma} + \frac{V_1^2}{2g} + Z_1 = \frac{P_2}{\gamma} + \frac{V_2^2}{2g} + Z_2 \text{[m]}$$

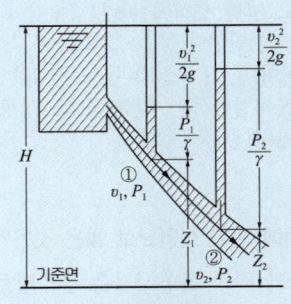

[그림] 베르누이의 정리

08 유체의 점성에 관한 설명으로 옳지 않은 것은?

① 유체의 동점성계수는 점성계수와 밀도와의 비로 표시된다.
② 기체의 점성계수는 일반적으로 온도의 상승과 함께 증가한다.
③ 점성이 유체운동에 미치는 영향은 동점성계수값에 의해 결정된다.
④ 점성력은 상호 접하는 층의 면적과 그 관계 속도의 제곱에 비례한다.

정답 05 ① 06 ② 07 ④ 08 ④

> **[해설]**
> 점성력은 움직이는 점성 유체의 접선으로부터 발생하는 단위부피 또는 단위질량당의 힘을 말한다. 흐름에 대한 레이놀즈수가 매우 작은 경우에는 관성력이 점성력에 비하여 작으므로, 운동방정식 결과를 쉽게 구할 수 있다. 온도가 상승함에 따라 액체의 점성은 감소하고, 기체의 점성은 증가한다.

09 급수방식 중 수도직결방식에 관한 설명으로 옳은 것은?
① 전력 차단 시 급수가 불가능하다.
② 3층 이상의 고층으로의 급수가 용이하다.
③ 저수조가 있으므로 단수 시에도 급수가 가능하다.
④ 수도 본관의 영향을 그대로 받아 수압 변화가 심하다.

> **[해설]** 수도직결방식
> ㉠ 소규모 건물이나 낮은 건물에 쓰인다.
> ㉡ 물의 오염가능성이 가장 적다.(위생적 측면에서 가장 바람직하다)
> ㉢ 정전시일 때도 급수를 계속 할 수 있다.
> ㉣ 수도 압력 변화에 따라 급수압이 변하고 단수시는 급수가 안된다.
> ㉤ 설비비 및 유지관리비용이 저렴한 방식이다.
> ☞ 수도직결방식은 일반적으로 상향급수 배관방식을 사용한다.

10 잔향시간에 관한 설명으로 옳은 것은?
① 강당의 최적 잔향시간은 음악당보다 길다.
② 잔향시간은 실내 공간의 용적에 비례한다.
③ 강당의 내부벽 재료는 잔향시간에는 영향을 주지 않는다.
④ 잔향시간은 정상상태에서 90dB의 음이 감쇠하는 데 소요되는 시간을 말한다.

> **[해설]** 잔향시간(Sabin의 잔향이론)
> ㉠ $RT = K\dfrac{V}{A}$ 의 식에서
> RT : 잔향시간(sec) K : 비례상수(0.162)
> V : 실의 용적(m^3)
> A : 흡음력 = $\overline{\alpha}$ (평균흡음률) × S(실내표면적)(m^2)
> 잔향시간은 실용적에 비례하고 실의 흡음력에 반비례한다.

> ㉡ 요소 : 실용적, 실내 표면적, 실의 평균 흡음률
> ㉢ 잔향시간은 음원의 위치, 측정의 위치, 흡음재료의 위치와 무관하다.
> ※ 잔향시간은 음원에서 소리가 끝난 후 실내음 에너지가 백만분의 일(1/100만)로 감쇠할 때 걸리는 시간, 또는 실내음 에너지가 60dB이 줄어들 때 걸리는 시간을 말한다.
> ※ 최적 잔향시간이 짧은 것에서 긴 것 순서 : 강연, 연극 - 실내악 - 종교음악

11 온수난방방식에 관한 설명으로 옳은 것은?
① 용량제어가 어렵고 응축수에 의한 열손실이 크다.
② 실내온도의 상승이 빠르고 예열손실이 적어 간헐난방에 적합하다.
③ 증기난방에 비하여 소요방열면적과 배관경이 작으므로 설비비가 낮다.
④ 열용량이 크므로 보일러를 정지시켜도 실내난방이 어느 정도 지속된다.

> **[해설]** 온수난방
> - 현열을 이용한 난방방식으로, 100℃ 이상은 고온수난방, 이하는 보통온수난방으로 한다.
> ① 장점
> ㉠ 난방부하의 변동에 따라 온수온도와 온수의 순환량 조절이 쉽다.
> ㉡ 현열을 이용한 난방이므로 증기난방에 비해 쾌감도가 높다.
> ㉢ 방열기 표면 온도가 낮으므로 표면에 붙은 먼지의 연소에 의한 불쾌감이 없다.
> ㉣ 난방을 정지하여도 난방효과가 지속된다.
> ㉤ 보일러 취급이 용이하고 안전하다.
> ② 단점
> ㉠ 예열시간이 길다.
> ㉡ 증기난방에 비해 방열면적과 배관경이 커야 하므로 설비비가 많다.
> ㉢ 열용량이 크므로 온수 순환 시간이 길다.
> ㉣ 한랭시, 난방 정지시 동결이 우려된다.

12 창의 틈새바람 계산법에 속하지 않는 것은?
① 균열법
② 면적법
③ 환기횟수법
④ 굴뚝효과에 의한 계산법

해설
외부로부터의 틈새바람량(극간풍량)을 계산할 경우 틈새의 길이, 외부의 풍속, 틈새의 통기특성 등을 고려하여야 하며, 열류의 방향은 틈새바람의 열량을 계산할 경우 고려할 사항에 해당된다. 틈새바람량(극간풍량)의 산출 방법에는 환기횟수법, 창문틈새길이법, 창문면적법이 있다.

13 건물의 냉방부하의 종류 중 현열과 잠열 성분을 모두 갖는 것은?
① 인체의 발생열량
② 벽체로부터의 취득열량
③ 유리로부터의 취득열량
④ 덕트로부터의 취득열량

해설 냉방부하를 계산할 때 현열과 잠열을 동시에 계산해 주어야 할 부하요소
㉠ 극간풍(틈새바람)에 의한 취득열량
㉡ 인체의 발생열량
㉢ 기구로부터의 발생열량
㉣ 외기의 도입으로 인한 취득열량

14 냉각코일의 용량 결정 시 고려되는 요소와 가장 거리가 먼 것은?
① 배관부하
② 재열부하
③ 외기부하
④ 실내 취득열량

해설 냉방부하의 기기 용량
- 실내취득열량 ┐ 송풍량 결정
- 기기로부터의 취득열량 ┘
- 재열부하 ┐ 냉각코일의 용량 결정
- 외기부하 ┘
- 냉수펌프 및 배관부하 ┘ 냉동기의 용량 결정

15 다음과 같은 조건에서 어느 작업장의 발생 현열량이 4000W일 때 필요 환기량(m³/h)은?

┌ 조건 ┐
- 허용 실내온도 : 35℃
- 외기온도 : 25℃
- 공기의 밀도 : 1.2kg/m³
- 공기의 정압비열 : 1.01kJ/kg·K

① 411.3   ② 698.8
③ 872.5   ④ 1188.1

해설 발열량에 의한 환기량 계산

$Q = \dfrac{H_s}{Cp \times \rho \times (t_i - t_0)}$ 에서

먼저, 발열량(H_s) = 4000 × 3.6kJ/h = 14,400kJ/h
※ 1W = 1J/s = 3,600J/h = 3.6kJ/h

∴ $Q = \dfrac{H_s}{Cp \times \rho \times (t_i - t_0)}$

$= \dfrac{14400 \text{kJ/h}}{1.01 \text{kJ/kg·K} \times 1.2 \text{kg/m}^3 \times (35-25)}$

$= 1188.1 \text{m}^3/\text{h}$

16 개방식 배관의 펌프 흡입관 선단에 부착하여 펌프 운전 중에는 물론 펌프 정지 시에도 흡입관 내를 만수상태로 유지하기 위해 설치하는 것은?
① 관트랩
② 박스트랩
③ 스트레이너
④ 풋형 체크밸브

해설 풋형(Foot Type) 체크밸브
펌프 흡입관 선단의 여과기와 체크밸브(역지변)을 조합한 것으로 개방식 배관의 펌프 흡입관 선단에 부착하여 펌프 운전 중에는 물론 펌프 정지 시에도 흡입관 내를 만수상태로 유지하기 위해 설치하는 배관재료이다.

정답 12 ④ 13 ① 14 ① 15 ④ 16 ④

17 배관 일부의 교환 및 수리를 용이하게 하기 위하여 사용하는 배관 부속품은?
① 티 ② 엘보
③ 플러그 ④ 유니온

> **해설** 유니온(union)과 플랜지(flange)
>
> 관의 교체나 펌프의 고장 수리시 사용한다.
> ㉠ 유니온(union) : 50mm 이하의 관(소구경)에 사용한다.
> ㉡ 플랜지(flange) : 50mm 이상의 관(대구경)에 사용한다.

18 다음 중 재실인원이 적은 실에 부하변동이 크고 극간풍이 비교적 많은 경우 공조방식으로 가장 적절한 것은?
① FCU방식
② 멀티존 유니트 방식
③ 2중덕트 정풍량방식
④ 단일덕트 정풍량방식

> **해설** 팬코일 유닛방식(fan-coil unit system)
>
> 열부하의 증감에 따라서 송풍량을 조절하여 온, 습도를 유지하는 전수방식으로 실내형 소형 공조기라고 불린다.
> ㉠ 외주부(perimeter zone)에 설치하여 콜드 드래프트(cold draft)를 방지하며, 개별제어가 가능하다.
> ㉡ 덕트방식에 비해 유닛의 위치 변경이 쉽다.
> ㉢ 외기공급 및 가습, 제습장치가 별도로 필요로 하며 누수의 염려가 있다.
> ㉣ 외기량이 부족하여 실내공기의 오염 가능성이 높다.
> ㉤ 보수 및 점검 개소가 증가한다.
> ㉥ 용도 : 주택, 아파트, 사무실, 호텔의 객실(극장, 스튜디오에는 부적당)
> ☞ 팬코일 유닛방식은 재실인원이 적은 실에서 운전비가 가장 적게 드는 방식이다.

19 습공기의 상태변화량 중 수분의 변화량과 엔탈피 변화량의 비율을 의미하는 것은?
① 현열비 ② 열수분비
③ 접촉계수 ④ 바이패스계수

> **해설**
>
> 열수분비(U) : 습공기를 가습할 경우 상태변화 과정을 나타내는 요소로 엔탈피(전열량) 변화량과 절대습도의 변화량에 대한 비를 말한다.
>
> 열수분비(U) = $\dfrac{엔탈피의\ 변화량}{절대습도의\ 변화량}$
>
> ※ 열수분비(U) : 증기 > 온수 > 순환수(단열)
>
>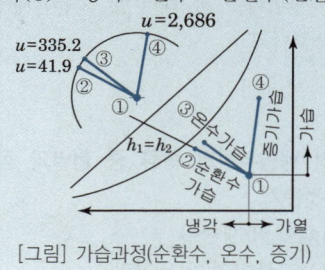
>
> [그림] 가습과정(순환수, 온수, 증기)

20 다음 중 일사를 받는 외벽·지붕으로부터의 취득 열량을 계산하는데 필요한 요소가 아닌 것은?
① 면적
② 열관류율
③ 상당외기온도차
④ 표준일사열취득열량

> **해설**
>
> 구조체를 통한 열손실량 즉, 열관류량 $Q = K \cdot A \cdot \Delta te$
> 여기서 Q : 열관류량(W)
> K : 열관류율(W/m²·K)
> A : 전열면적(m²)
> Δte : 상당외기온도
> ※ 상당외기온도차 : 태양복사열이 벽체에 미치는 영향을 고려한 가상의 온도차

정답 17 ④ 18 ① 19 ② 20 ④

건축설비계획

2018년 제2회 과년도 출제문제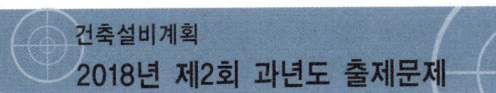

01 중앙식 급탕방식 중 간접가열식에 관한 설명으로 옳지 않은 것은?
① 대규모 급탕설비에 적합하다.
② 고압용 보일러를 설치하여야 한다.
③ 가열보일러는 난방용 보일러와 겸용할 수 있다.
④ 저탕조 내에 설치한 코일을 통해서 관내의 물을 간접적으로 가열한다.

해설 중앙식 급탕법의 직접가열식과 간접가열식의 비교

구분	직접가열식	간접가열식
보일러	급탕용보일러, 난방용보일러 각각 설치	난방용 보일러로 급탕까지 가능
보일러내의 스케일	많이 낀다.	거의 끼지 않는다.
보일러내의 압력	고압	저압
규모	소규모 건축물	대규모 건축물
저탕조내의 가열코일	불필요	필요

02 배수수직관 내의 압력변화를 방지 또는 완화하기 위해 배수수직관으로부터 분기·입상하여 통기수직관에 접속하는 도피통기관은?
① 습통기관 ② 신정통기관
③ 공용통기관 ④ 결합통기관

해설 결합통기관
㉠ 배수수직관 내의 압력변화를 방지 또는 완화하기 위해, 배수수직관으로부터 분기·입상하여 통기수직관에 접속하는 통기관
㉡ 통기 수직관에 접속하는 통기관으로 층수가 많은 경우에는 5개 층마다에 통기관을 취하는 방법이다.

03 유체가 관경 50cm인 관 속을 2m/s의 속도로 흐를 때의 유량은?
① $0.39m^3/s$ ② $1.0m^3/s$
③ $314m^3/s$ ④ $10m^3/s$

해설 유량과 유속
단면적을 A[m^2], 유속을 v [m/s], 유량을 $Q[m^3/s]$라면
$Q = A_1v_1 = A_2v_2$ …… 일정
또 관경을 d[m]라 하면 단면적 $A = \frac{\pi d^2}{4}$이다.
$\therefore Q = Av = \frac{\pi d^2}{4} \times v$
$V = \frac{3.14 \times 0.5^2}{4} \times 2 = 0.39[m^3/s]$

04 수도 본관에서 5m 높이에 있는 샤워기의 사용에 필요한 수도 본관의 최저 압력은? (단, 급수방식은 수도직결방식이며, 샤워기의 최저 필요압력은 100kPa, 배관 등의 마찰손실은 무시한다.)
① 약 105kPa ② 약 150kPa
③ 약 600kPa ④ 약 5100kPa

해설
수도본관의 압력 : $P_o \geq P + P_f + \frac{H}{100}$ [MPa]
P : 수전 또는 기구의 필요압력[MPa]
→ 샤워기 : 100kPa=0.1MPa
P_f : 본관에서 기구에 이르는 사이의 저항[mAq]
→ 무시=0MPa
H : 기구의 높이[m] → 5m=0.05MPa
$\therefore P_o \geq 0.1 + 0 + \frac{5}{100} = 0.15MPa = 150kPa$

※ 수압 P=0.01H[MPa]
※ $0.1kgf/cm^2$=1mAq=10kPa
1MPa=10kgf/cm^2=100mAq
1MPa=1,000kPa=1,000,000Pa

정답 01 ② 02 ④ 03 ① 04 ②

05 다음 중 주철관의 접합 방법에 속하는 것은?
① 나팔식 접합
② 메커니컬 접합
③ 플레어 너트 접합
④ 시멘트 모르타르 접합

해설 주철관
① 특징
  ㉠ 내식성, 내구성, 내압성이 우수하나 충격·인장강도는 약하다.
  ㉡ 가격이 저렴하다.
② 용도 : 상수도용 공급관, 오수배수관, 가스공급관, 지하매설관, 화학공업용 배관
③ 접합방법 : 소켓 접합(socket joint), 플랜지 접합(flange joint), 메커니컬 접합(mechanical joint), 빅토릭 접합(Victoric joint)

06 수질 오염의 지표로 사용되는 것으로서 오수 중에 현탁되어 있는 부유물질을 의미하는 것은?
① DO   ② SS
③ BOD   ④ COD

해설 용어의 정의
㉠ BOD(Biochemical Oxygen Demand) : 생물화학적 산소 요구량 – 수질의 오염정도의 측정치
㉡ COD(Chemical Oxygen Demand) : 화학적 산소 요구량 – 공장 폐수수질의 측정
㉢ DO(Dissolved Oxygen) : 용존산소량 – 수중에 용해된 산소의 양
㉣ SS(Suspended Solids) : 부유물질 – 물 속에 존재하는 고형 물질
㉤ SV(침전오니 퍼센트율)
㉥ pH(수소이온농도) : 수용성 또는 어떤 용액의 산성도나 염기도를 나타내는 정량적인 척도.
pH가 7미만은 산성, pH7은 중성, pH가 7초과 용액은 알칼리성 도는 염기성이라고 한다.
㉦ BOD 제거율
  ⓐ 오수처리설비의 성능을 나타내는 지표
  ⓑ BOD 제거율
  $= \dfrac{\text{유입수}BOD - \text{유출수}BOD}{\text{유입수}BOD} \times 100[\%]$
  ⓒ BOD 제거율이 높을수록 고성능 정화조이다.

07 관내에 유체가 흐를 때, 어느 장소에서의 흐름의 상태(유속, 압력, 밀도 등)가 시간에 따라 변화하지 않는 흐름을 무엇이라 하는가?
① 층류   ② 난류
③ 정상류   ④ 비정상류

해설
관내의 유체가 흐를 때, 어느 장소에서의 흐름의 상태(유속, 압력, 밀도 등)가 시간에 따라 변화하지 않는 흐름을 정상류라 하며, 흐름의 상태가 시간에 따라 변화하는 흐름을 비정상류라고 한다.

08 경질염화비닐관에 관한 설명으로 옳지 않은 것은?
① 전기절연성이 크고 금속관과 같은 전식작용을 일으키지 않는다.
② 열팽창률이 강관에 비해 작으며 온도변화에 따른 신축이 거의 없다.
③ 저온에 약하며 한랭지에서는 외부로부터 조금만 충격을 주어도 파괴되기 쉽다.
④ 내식성이 크고 염산, 황산, 가성소다 등의 부식성 약품에 의해 거의 부식되지 않는다.

해설 경질염화비닐관(합성수지관)
㉠ 내산성·내알칼리성이 있으며, 가공이 쉽다.
㉡ 온도의 변화에 의해 강도가 떨어진다.
㉢ 내면이 매끄러워 마찰저항이 작다.
㉣ 내수성이 크고 염산, 황산, 가성소다 등의 부식성 약품에 의해 거의 부식되지 않는다.
㉤ 전기 전열성이 크고 금속관과 같은 전식작용을 일으키지 않는다.
㉥ 저온에 약하며 한랭지에서는 외부로부터 조금만 충격을 주어도 파괴되기 쉽다.

09 다음 중 경도가 높은 물을 보일러 용수로 사용하지 않는 가장 주된 이유는?
① 비등점이 낮다.
② 전열량이 너무 커진다.
③ 부유물질이 많이 포함되어 있다.
④ 보일러 내면에 스케일이 발생된다.

정답 05 ② 06 ② 07 ③ 08 ② 09 ④

해설
경도가 높은 물을 보일러 용수로 사용하지 않는 가장 주된 이유는 보일러 내면에 스케일(물때)이 부착되어 보일러 효율을 떨어지고, 수명을 단축시키기 때문이다.

10 다음 중 인체의 열쾌적에 영향을 미치는 물리적 온열요소에 속하는 것은?
① 엔탈피　　② 현열비
③ 상대습도　　④ 노점온도

해설 인체의 온열 감각에 영향을 주는 물리적 4대 요소
㉠ 기온　　　㉡ 습도(상대습도)
㉢ 기류　　　㉣ 복사열

11 다음과 같은 조건에 있는 체적이 2,000m³인 실의 환기에 의한 현열부하는?

조건
- 외기상태 $t_0 = 0℃$, $x_0 = 0.002$kg/kg'
- 실내공기상태 $t_r = 24℃$, $x_r = 0.010$kg/kg'
- 공기의 비열 1.01kJ/kg·K
- 공기의 밀도 1.2kg/m³
- 환기횟수 2회/h

① 16.32kW　　② 26.69kW
③ 32.32kW　　④ 59.33kW

해설
㉠ 먼저, 환기량을 구한다.
　$Q = nV = 2 × 2000 = 4000$m³/h
　Q : 환기량(m³/h)
　n : 환기회수(회/h)
　V : 실용적(m³)
㉡ 현열부하(q_s) = $GC\Delta t$ [kJ/h] = $\rho QC\Delta t$ [kJ/h]
　　　　　　　= 1.2 × 4000 × 1.01 × (24−0)
　　　　　　　= 116352 [kJ/h] = 32.32kW
※ G(kg/h) = ρ(1.2kg/m³) · Q(m³/h) = 1.2Q(kg/h)
※ 1W = 1J/s = 3,600J/h = 3.6kJ/h

12 바이패스형 변풍량 유닛(VAV unit)에 관한 설명으로 옳지 않은 것은?
① 유닛의 소음발생이 적다.
② 송풍덕트 내의 정압제어가 필요없다.
③ 덕트계통의 증설이나 개설에 대한 적응성이 적다.
④ 천장 내의 조명으로 인한 발생열을 제거할 수 없다.

해설 바이패스형 변풍량 유닛(VAV unit)
송풍공기 중 취출구를 통해 실내에 취출되고 남은 공기는 천장 속 또는 환기덕트로 바이패스 시키는 방식으로 송풍기로부터의 풍량은 일정하다.
㉠ 유닛의 소음발생이 적다.
㉡ 송풍덕트 내의 정압제어가 불필요하다.(송풍기 용량제어를 위한 부속기기류의 설치가 불필요)
㉢ 덕트 계통의 증설이나 개설에 대한 적응성이 적다.
㉣ 천장 내의 조명으로 인한 발생열을 제거할 수 있다.
※ 전체 풍량은 동일하므로 부하변동에 따른 동력용 에너지 절약을 별로 기대할 수 없다.

13 증기난방에 관한 설명으로 옳지 않은 것은?
① 예열시간이 짧다.
② 온수난방에 비하여 쾌감도가 떨어진다.
③ 부하변동에 따른 실내 방열량의 제어가 곤란하다.
④ 극장, 영화관 등 천장고가 높은 건물에 주로 사용된다.

해설 증기난방(steam heating)
증기의 잠열을 이용한 난방방식으로 사무소, 백화점, 학교, 극장, 일반공장 등에 이용한다.
① 장점
　㉠ 증발 잠열을 이용하므로 열의 운반능력이 크다.
　㉡ 예열시간이 온수 난방에 비해 짧고 증기의 순환이 빠르다.
　㉢ 방열면적은 온수난방보다 작게 할 수 있으며, 관경이 가늘어도 된다.
　㉣ 설비비와 유지비가 싸다.
② 단점
　㉠ 방열기의 표면온도가 높아 난방의 쾌감도가 낮다.
　㉡ 난방부하의 변동에 따라 방열량 조절이 곤란하다.
　㉢ 소음이 많이 난다.(steam hammering)
　㉣ 보일러 취급에 기술을 요한다.
　☞ 천장고가 높은 건물에 주로 사용되는 난방방식은 복사난방이다.

정답　10 ③　11 ③　12 ④　13 ④

14 스모크타워 배연법에 관한 설명으로 옳은 것은?
① 송풍기와 덕트를 사용해서 외부로 연기를 배출하는 방식이다.
② 풍력에 의한 흡인효과와 부력을 이용한 배연탑을 사용하여 연기를 배출하는 방식이다.
③ 부력에 의하여 연기를 실의 상부벽이나 천장에 설치된 개구에서 옥외로 배출하는 방식이다.
④ 연기를 일정구획 내에 한정하도록 피난이 완전히 끝난 뒤에 개구부를 자동으로 완전 밀폐하는 방식이다.

> **해설**
> 스모크타워 배연법은 풍력에 의한 흡인효과와 부력을 이용한 배연탑을 사용하여 연기를 배출하는 방식이다.

15 10×8×3.5m 크기의 강의실에 35명의 사람이 있을 때 실내의 CO_2 농도를 0.1%로 하기 위한 필요 환기량은? (단, 1인당 CO_2 발생량은 0.02m³/인·h이며, 외기의 CO_2의 농도는 0.03%이다.)
① 1,000m³/h ② 1,400m³/h
③ 1,600m³/h ④ 2,000m³/h

> **해설** 필요환기량
> $$Q = \frac{K}{P_i - P_o}$$
> Q : 필요환기량(m³/h)
> K : 실내에서의 CO_2 발생량(m³/h)
> P_i : CO_2 허용 농도(m³/m³)
> P_o : 신선공기 CO_2 농도(m³/m³)
> ※ $K = 35명 \times 0.02$m³/h $= 0.7$m³/h
> $P_i = 0.1\% \rightarrow 0.001$(m³/m³)
> $P_o = 0.03\% \rightarrow 0.0003$(m³/m³)
> ∴ 환기량 $Q = \frac{K}{P_i - P_o} = \frac{35 \times 0.02}{0.001 - 0.0003} = 1000$m³/h

16 다음 중 냉방부하 발생 요인 중 현열과 잠열 모두 갖는 것은?
① 인체발생열량
② 벽체로부터의 취득열량
③ 유리로부터의 취득열량
④ 덕트로부터의 취득열량

> **해설** 냉방부하를 계산할 때 현열과 잠열을 동시에 계산해 주어야 할 부하요소
> ㉠ 극간풍(틈새바람)에 의한 취득열량
> ㉡ 인체의 발생열량
> ㉢ 기구로부터의 발생열량
> ㉣ 외기의 도입으로 인한 취득열량

17 덕트의 배치방식 중 개별 덕트방식에 관한 설명으로 옳지 않은 것은?
① 덕트 스페이스가 많이 요구된다.
② 각 실의 개별 제어성이 우수하다.
③ 공사비가 적어 일반적으로 가장 많이 사용되는 방식이다.
④ 입상덕트(주덕트)에서 각개의 취출구로 덕트를 통해 분산하여 송풍하는 방식이다.

> **해설** 덕트배치방식에 따른 분류
> ① 간선덕트방식
> ㉠ 가장 간단한 방법
> ㉡ 설비비가 싸고 덕트 스페이스가 작다.
> ② 개별덕트방식
> ㉠ 취출구마다 덕트를 단독으로 설치하는 방식
> ㉡ 풍량 조절이 용이하며 최근 공기조화의 멀티존방식에 사용
> ㉢ 덕트 수가 많아져 설비비가 높아지며 덕트 스페이스도 커진다.
> ③ 환상덕트방식
> ㉠ 덕트를 연결하여 루프를 만드는 형식
> ㉡ 덕트 말단 취출구의 압력 조절이 용이(취출 풍량이 안정)
> ※ 개별제어성 : 개별덕트(천장취출) > 간선덕트(천장취출) > 환상덕트(벽취출) > 간선덕트(벽취출)

정답 14 ② 15 ① 16 ① 17 ③

18 공기에 관한 설명으로 옳은 것은?

① 0℃ 건조공기의 엔탈피는 0kJ/kg이다.
② 절대습도가 0kg/kg'인 공기를 포화공기라고 한다.
③ 현열비가 1이라면 잠열부하만 있다는 것을 의미한다.
④ 열수분비가 0이라면 공기의 상태변화에 절대습도의 변화가 없었다는 의미이다.

해설

② 엔탈피는 0kJ/kg인 공기는 0℃인 건공기이며, 절대습도는 0kg/kg'이다.
③ 현열비가 1이라면 현열부하만 있다는 것을 의미한다.
④ 열수분비가 0이라면 절대습도의 변화에 공기의 상태변화가 없었다는 의미이다.

19 상당외기온도차(ETD, Equivalent Temperature Difference)에 관한 설명으로 옳은 것은?

① 난방부하의 계산에 있어서, 벽체를 통한 손실열량을 계산할 때 사용한다.
② 냉방부하의 계산에 있어서, 벽체를 통한 취득열량을 계산할 때 사용한다.
③ 벽체 외부에 흐르는 공기의 속도에 따른 열전달량을 고려한 온도차이다.
④ 주로 외기에 접하고 있지 않은 간막이 벽, 천장, 바닥 등으로부터 열전달량을 구하는데 사용한다.

해설

ETD : Equivalent Temperature Difference
: 상당외기온도차 $\Delta te = t_e - t_r$)
일사를 받는 외벽이나 지붕과 같이 열용량을 갖는 구조체를 통과하는 열량을 산출하기 위해 외기 온도나 일사량을 고려하여 정한 근사적인 외기온도이다.

20 다음 중 습공기를 가열하였을 경우 증가하지 않는 것은?

① 엔탈피 ② 비체적
③ 건구온도 ④ 절대습도

해설

습공기를 가열하면 절대습도는 일정하고, 상대습도는 감소하고 엔탈피와 비체적은 증가한다.

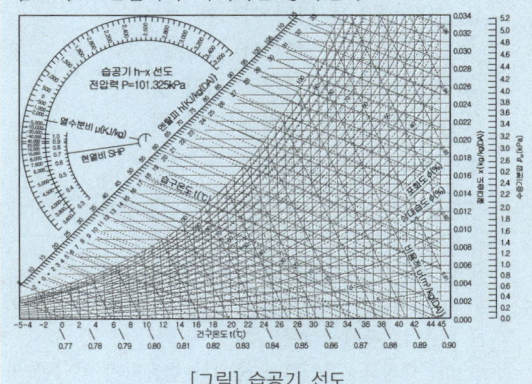

[그림] 습공기 선도

정답 18 ① 19 ② 20 ④

건축설비계획
2018년 제3회 과년도 출제문제

01 먹는물의 수질기준에 따른 경도 기준으로 옳은 것은? (단, 수돗물의 경우)

① 100mg/L를 넘지 아니할 것
② 300mg/L를 넘지 아니할 것
③ 1000mg/L를 넘지 아니할 것
④ 1200mg/L를 넘지 아니할 것

해설 먹는물의 수질기준

환경부령 수질 판정기준에 그 허용한계를 명시하고 있으며, 병원생물, 유독물, 유해물, 수소이온 농도, 냄새와 맛, 색, 투명도 등으로 수질 항목을 분류하고 있다.
① 병원생물에 오염되었거나 병원생물에 오염된 생물 또는 물질에 관한 사항
  - 대장균군은 50cc 중에서 검출되지 아니할 것
② 시안, 수은, 기타 유독물질에 관한 사항
③ 동, 철, 불소, 페놀, 기타 물질에 관한 사항
  - 총경도(Ca, Mg 등)는 300ppm을 넘지 아니할 것
④ 과도한 산성이나 알칼리성에 관한 사항
  - 수소이온 농도는 pH 5.8 내지 8.5이어야 할 것
    (pH < 7 : 산성)
⑤ 냄새와 맛에 관한 사항
  - 소독으로 인한 냄새 및 맛 이외의 냄새 및 맛이 있어서는 아니될 것
⑥ 무색 투명하지 아니할 것에 관한 사항
  - 색도 5도, 탁도 2도, 증발잔류물 500ppm을 넘지 아니할 것
※ 1ppm=1mg/L

02 압력탱크방식 급수법에 관한 설명으로 옳은 것은?

① 취급이 비교적 쉽고 고장도 없다.
② 전력 차단 시에는 사용할 수 없다.
③ 항상 일정한 수압을 유지할 수 있다.
④ 고가탱크방식에 비하여 관리비용이 저렴하고 저양정의 펌프를 사용한다.

해설 압력탱크방식의 특징

㉠ 급수압이 일정하지 않다.
㉡ 부분적으로 고압이 필요한 곳에 적합하다.
㉢ 높은 압력에 견딜 수 있는 기밀수조의 설치 등으로 설비비가 많이 든다.
㉣ 공기압축기를 설치하여 수시로 공기를 보급하여야 한다.
㉤ 구조물 보강이 불필요하다.
㉥ 건물의 미관이 양호하다.
㉦ 단수시에는 어느 정도 급수가 가능하나 고장률이 높다.
㉧ 압력수조의 설치위치에 제한을 받지 않는다.

03 간접가열식 급탕법에 관한 설명으로 옳지 않은 것은?

① 대규모의 급탕설비에 사용할 수 없다.
② 보일러 내면에 스케일 발생이 적다.
③ 탱크 내의 가열코일을 이용하여 가열한다.
④ 난방용 보일러를 사용하여 급탕할 수 있다.

해설 중앙식 급탕법

1) 직접가열식
  ① 배관 방법에는 단관식과 복관식이 있다.
  ② 고압 보일러를 필요로 한다.
  ③ 가열용 코일이 필요치 않다.
  ④ 열효율이 좋지만 보일러 내부에 scale이 생긴다.
  ⑤ 대규모 급탕설비에는 비경제적이다.
2) 간접가열식
  ① 대규모 급탕설비에 적합하다.
  ② 고압 보일러를 쓸 필요가 없다.(저압 보일러 사용 가능)
  ③ 가열 coil이 필요하다.
  ④ 보일러 내부에 스케일이 낄 염려가 없다.
  ⑤ 급탕용 보일러를 따로 설치할 필요가 없다.(난방용 보일러의 열원을 이용)
  ⑥ 저탕조 설치위치는 충분히 여유 있는 곳을 택한다.
  ⑦ 복귀관 가까이에 있는 급탕전을 열면 복귀탕수가 역류 우려가 있으므로 체크밸브를 설치해야 한다.
  ⑧ 서모스탯을 설치하여 온도조절을 한다.

정답 01 ② 02 ② 03 ①

04 다음 설명에 알맞은 유체 정역학 관련 이론은?

> 밀폐된 용기에 넣은 유체의 일부에 압력을 가하면, 이 압력은 모든 방향으로 동일하게 전달되어 벽면에 작용한다.

① 파스칼의 원리
② 피토관의 원리
③ 베르누이의 정리
④ 토리첼리의 정리

해설 파스칼의 원리(Pascal's principle)
유체(기체나 액체) 역학에서 밀폐된 용기 내에 정지해 있는 유체의 어느 한 부분에서 생기는 압력의 변화가 유체의 다른 부분과 용기의 벽면에 손실 없이 전달된다는 원리를 말하며 파스칼의 법칙이라고도 한다.

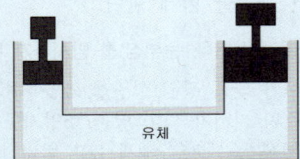

※ 베르누이 정리
에너지 보존의 법칙을 유체의 흐름에 적용한 것으로서 유체가 갖고 있는 운동에너지, 중력에 의한 위치에너지 및 압력에너지의 총합은 흐름 내 어디에서나 일정하다.

05 결합통기관에 관한 설명으로 옳은 것은?

① 각 기구마다 설치하는 통기관
② 배수·통기 양 계통 간의 공기 유통을 원활하게 하기 위해 배수수평지관과 루프통기관을 연결시키는 통기관
③ 배수수직관의 상부를 그대로 연장하여 대기에 개방되게 한 것으로 배수수직관이 통기관의 역할까지 하도록 한 통기관
④ 배수수직관이 길 경우 발생할 수 있는 배수수직관 내의 압력변화를 방지하기 위해 배수수직관과 통기수직관을 연결한 통기관

해설 결합통기관
㉠ 배수수직관 내의 압력변화를 방지 또는 완화하기 위해, 배수수직관으로부터 분기·입상하여 통기수직관에 접속하는 통기관
㉡ 통기 수직관에 접속하는 통기관으로 층수가 많을 경우에는 5개 층마다에 통기관을 취하는 방법이다.

06 층류와 난류에 관한 설명으로 옳지 않은 것은?

① 층류영역에서 난류영역 사이를 천이영역이라고 한다.
② 층류에서 난류로 천이할 때의 유속을 평균 유속이라고 한다.
③ 레이놀즈 수에 의한 관내의 흐름이 층류인지 난류인지 판별할 수 있다.
④ 유체 유동 중 층류는 유체분자가 규칙적으로 층을 이루면서 흐르는 것이다.

해설
일반적으로 층류에서 난류로 천이할 때의 유속을 임계유속이라 한다.
※ 레이놀즈 수(Reynold's Number)
$$Re = \frac{Vd}{v}$$
Re : 레이놀즈 수
V : 유체의 속도(m/s)
d : 관경, 배관의 안지름(m)
v : 유체의 동점성계수(m/s)
☞ 유체의 속도, 관경에 비례하고, 동점성계수에 반비례한다.
㉠ 유체의 동점성계수 v는 유체의 성질을 나타내는 요소 중 하나인 점성계수(u)를 그 유체의 밀도(ρ)를 나눈 값을 의미한다.($v = \frac{u}{\rho}$)
㉡ 배관 내에 흐르는 유체의 경우 : 레이놀즈 수에 의한 층류, 난류 등의 판단 기준
㉢ 일반적으로 공기조화에서 다루게 되는 유체의 흐름은 난류가 된다.
($Re < 2000$: 층류역, $2000 < Re < 4000$: 천이구역, $Re > 4000$: 난류역)

정답 04 ① 05 ④ 06 ②

07 수질에 관한 설명으로 옳은 것은?
① SS값이 클수록 탁도가 작다.
② COD값이 클수록 오염도가 작다.
③ BOD값이 클수록 오염도가 작다.
④ BOD 제거율값이 클수록 처리능력이 양호하다.

> **해설**
> ① SS값이 클수록 탁도가 크다.
> ② COD값이 클수록 오염도가 크다.
> ③ BOD값이 클수록 오염도가 크다.
> ※ BOD(Biochemical Oxygen Demand)
>   오수 중의 분해 가능한 유기물이 용존 산소의 존재 하에 미생물의 작용에 의해 산화 분해되어 안정한 물질로 변해갈 때 소비하는 산소량
> ※ BOD 제거율
>   ㉠ 오수처리설비의 성능을 나타내는 지표
>   ㉡ BOD 제거율
> $= \frac{유입수BOD - 유출수BOD}{유입수BOD} \times 100(\%)$
>   ㉢ BOD 제거율이 높을수록 고성능 정화조이다.

08 실내환기의 주된 목적이 아닌 것은?
① 적절한 산소공급 ② 습기 제거
③ 기류속도 조정 ④ CO_2 제거

> **해설** 실내 환기의 목적
> ㉠ 호흡에 필요한 산소의 적절한 공급(인체 등에 적극적으로 신선한 공기 공급)
> ㉡ 오염공기에 의한 감염 위험의 감소(CO_2 제거로 실내를 정화하고 쾌적한 환경 유지)
> ㉢ 건물 내부의 결로 방지(실내에서 발생된 열이나 수분 제거)

09 실내조명설계의 순서에서 가장 먼저 수행해야 하는 것은?
① 조명 기구의 디자인
② 소요 조도의 결정
③ 조명 방식의 결정
④ 기구 대수의 산출

> **해설** 조명설계 순서[소→전→조→광→배]
> ㉠ 소요조도 결정
> ㉡ 전등 종류 결정
> ㉢ 조명방식 및 조명기구 선정
> ㉣ 광속의 계산
> ㉤ 광원의 크기와 그 배치

10 눈부심(glare)의 방지 방법으로 옳지 않은 것은?
① 휘도가 낮은 광원을 사용한다.
② 플라스틱 커버가 장착된 조명기구를 사용한다.
③ 글래어 존(glare zone)에 광원을 설치한다.
④ 광원 주위를 밝게 한다.

> **해설** 글레어(현휘, 눈부심)를 방지하기 위한 방법
> ㉠ 휘도가 낮은 광원(형광램프)을 사용하든가, 또는 플라스틱 커버가 되어 있는 조명기구를 선정한다.
> ㉡ 시선을 중심으로 해서 30° 범위 내의 글레어 존에는 광원을 설치하지 않는다.
> ㉢ 광원 주위를 밝게 한다.
> ※ 글레어는 시선에서 30° 이내의 시야 내에서 생기기 쉬우며, 이 범위를 글레어존(glare zone)이라고 부른다.

11 만약 실내공기 중의 CO_2농도가 1000ppm이라 하면 실내의 공기 중에 CO_2가 차지하는 비율은 몇 %에 해당하는가?
① 0.01% ② 0.1%
③ 1% ④ 10%

> **해설** 중앙관리방식의 공기조화설비의 기능[실내공기의 성능 기준]
>
> | 1. 부유분진량 | 공기 $1m^3$ 당 0.15mg 이하 |
> |---|---|
> | 2. CO 함유율 | 10ppm 이하 |
> | 3. CO_2 함유율 | 1,000ppm 이하 |
> | 4. 온도 | 17℃ 이상 28℃ 이하 |
> | 5. 상대습도 | 40% 이상 70% 이하 |
> | 6. 기류 | 0.5m/s 이하 |

정답 07 ④ 08 ③ 09 ② 10 ③ 11 ②

12 유량조절용으로 사용되며 유체의 흐름방향을 90°로 전환시킬 수 있는 밸브는?
① 볼 밸브 ② 앵글 밸브
③ 체크 밸브 ④ 게이트 밸브

해설 주요 밸브의 종류
㉠ 게이트 밸브(gate valve) : 밸브의 통로에 변화가 없어 유체의 저항손실이 가장 적다. 일명 슬루스 밸브(sluice valve)라고도 한다.
㉡ 글로브 밸브(globe valve) : 유체의 저항손실이 가장 크다. 일명 스톱 밸브(stop valve)라고도 한다.
㉢ 체크밸브(check valve : 역지밸브)
  • 유체의 흐름을 한쪽 방향으로만 흐르게 할 때 쓰인다.
  • 리프트형(수평배관), 스윙형(수평, 수직배관)이 있다.
㉣ 앵글밸브(angle valve) : 글로브 밸브의 일종으로 유체의 입구와 출구가 이루는 각이 90°이다.

13 급기온도를 일정하게 하고 송풍량을 변화시켜서 실내온도를 조절하는 공기조화방식은?
① 냉매방식
② 이중덕트방식
③ 정풍량 단일덕트방식
④ 변풍량 단일덕트방식

해설 변풍량(VAV) 단일덕트방식
토출공기 온도는 일정하게 하며 송풍량을 실내부하의 변동에 따라 변화시키는 것으로 운전비는 감소하고 개별제어가 용이하며 에너지 절약형 공조방식이다. 변풍량 단일덕트방식에서 송풍량 조절의 기준이 되는 것은 실내 현열부하이다.

14 1인당 소요면적이 5m²이고, 사무실의 면적이 500m²일 때 인체 발생열량은? (단, 1인당 발생 현열량은 56W/인, 잠열량은 46W/인이다.)
① 9400W ② 9900W
③ 10000W ④ 10200W

해설 인체로부터의 취득열량 q_H[W]
$q_H = q_{HS} + q_{HL}$
㉠ 현열량 $q_{HS} = n H_s$
㉡ 잠열량 $q_{HL} = n H_L$
  n : 재실 인원수[명]
  H_S : 1인당 인체 발생현열량[W·인]
  H_L : 1인당 인체 발생잠열량[W·인]
㉠ 현열량 $q_{HS} = n H_s = (500 \div 5) \times 56 = 5600W$
㉡ 잠열량 $q_{HL} = n H_L = (500 \div 5) \times 46 = 4600W$
∴ 전열량=현열량+잠열량=5600+4600=10200W
[주의] 재실인원수(n)는 인/m²이므로
500m² ÷ 5m²/인=100인이다.

15 사무실 크기가 10m×10m×3m이고 재실자 25명, 가스난로의 CO_2 발생량이 0.5m³/h일 때, 실내평균 CO_2 농도를 5000ppm으로 유지하기 위한 최소 환기회수는? (단, 재실자 1인당 CO_2 발생량은 18L/h, 외기의 CO_2 농도는 800ppm 이다.)
① 약 0.75회/h ② 약 1.25회/h
③ 약 1.50회/h ④ 약 200회/h

해설 필요 환기량
$Q = nV$
  Q : 환기량(m³/h)
  n : 환기회수(회/h)
  V : 실용적(m³)
또한 $Q = \dfrac{K}{P_i - P_o}$
  Q : 필요환기량(m³/h)
  K : 실내에서의 CO_2 발생량(m³/h)
  P_i : CO_2 허용 농도(m³/m³)
  P_o : 신선공기 CO_2 농도(m³/m³)
먼저, 실내에서의 CO_2 발생량(m³/h)
  =(25×18)L/h×1m³/1000L+0.5m³/h
  =0.95m³/h
환기량 $Q = \dfrac{K}{P_i - P_o} = \dfrac{0.95}{0.005 - 0.0008} = 226.2$ m³/h
실용적(V)= 10×10×3=300m³
∴ 환기회수= $\dfrac{Q}{V} = \dfrac{226.2}{300} = 0.75$회

정답 12 ② 13 ④ 14 ④ 15 ①

16 공기조화방식 중 전공기 방식의 일반적인 특징으로 옳은 것은?
① 덕트 스페이스가 필요하다.
② 실내공기의 오염이 심하다.
③ 실내에 누수의 염려가 많다.
④ 중간기에 외기냉방을 할 수 없다.

해설 전공기 방식 (all air system)
① 종류 : 단일덕트방식(정풍량방식, 변풍량방식), 이중덕트방식, 멀티존유닛방식, 각층유닛방식
② 장점
  ㉠ 송풍량이 많아 실내공기오염이 적다.
  ㉡ 중간기에 외기냉방이 가능하다.
  ㉢ 실내유효면적 증가
  ㉣ 실내에 배관으로 인한 누수의 염려가 없다.
  ㉤ 폐열회수장치 사용이 용이하다.(전열교환기 등의 설치)
③ 단점
  ㉠ 큰 덕트 스페이스가 필요하다.
  ㉡ 팬의 소요동력(반송동력)이 크다.
  ㉢ 공조실이 넓어야 한다.

17 환기방식에 관한 설명으로 옳지 않은 것은?
① 화장실, 주방 등은 제3종 환기가 유리하다
② 상향식 환기는 바닥면의 먼지 등을 일으킬 수 있다.
③ 제2종 환기란 급기팬과 배기팬이 모두 설치되는 것을 말한다.
④ 국소환기는 주방, 실험실에서와 같이 오염물질의 확산 및 방산을 가능한 극소화시키려고 할 때 적용된다.

해설 환기 방식

구분	설치방법	용도
제1종 환기 (병용식)	강제송풍+강제배풍	병원 수술실, 거실, 지하극장, 변전실
제2종 환기 (압입식)	강제송풍+자연배풍	클린룸, 무균실, 반도체공장, 식당, 창고
제3종 환기 (흡출식)	자연송풍+강제배풍	화장실, 욕실, 주방, 흡연실, 자동차차고

☞ 급기팬과 배기팬이 모두 설치되는 것은 제1종 환기이다.

18 냉방부하계산에 관한 설명으로 옳지 않은 것은?
① 외벽구조에 따라 상당온도차는 다르게 나타난다.
② 틈새바람에 의한 부하는 현열과 잠열 모두 고려한다.
③ 틈새바람량 계산법으로는 틈새법, 면적법, 환기횟수법 등이 있다.
④ 유리를 통한 열부하는 일사에 의한 직접 열취득만을 고려한다.

해설 유리로부터의 일사에 의한 취득열량 q_G[W]
㉠ 유리로부터의 관류에 의한 취득열량
$q_{GT} = K A_g \Delta t$
  A_g : 유리창의 면적(새시 포함) [m²]
  Δt : 실내외 온도차[℃]
㉡ 유리로부터 일사취득열량
$q_{GR} = I_{gr} A_g k_s$
  I_{gr} : 유리를 통해 투과 및 흡수의 형식으로 취득되는 표준 일사취득열량[W/m²·K]
  A_g : 유리창의 면적(개시면적 포함) [m²]
  k_s : 전차폐 계수

19 다음 중 상당외기온도의 산정과 가장 거리가 먼 것은?
① 외기온도
② 일사의 세기
③ 구조체의 열관류율
④ 표면재료의 일사흡수율

해설
구조체를 통한 열손실량 즉, 열관류량 $Q = K \cdot A \cdot \Delta te$
여기서 Q : 열관류량(W)
  K : 열관류율(W/m²·K)
  A : 전열면적(m²)
  Δte : 상당외기온도
※ 상당외기온도($\Delta te = t_e - t_r$)
일사를 받는 외벽이나 지붕과 같이 열용량을 갖는 구조체를 통과하는 열량을 산출하기 위해 외기 온도나 일사량을 고려하여 정한 근사적인 외기 온도이다.

정답 16 ① 17 ③ 18 ④ 19 ③

20 습공기선도와 관련된 설명으로 옳지 않은 것은?

① 현열비는 전열량에 대한 현열량의 비율을 의미한다.
② 습공기선도에서 현열비 상태선이 수평일 때 현열비는 1 이다.
③ 습공기를 가습하였을 경우 노점온도는 낮아지나 상대습도는 높아진다.
④ 열수분비는 습공기의 상태변화에 따른 전열량의 변화량과 절대습도의 변화량의 비를 나타낸다.

해설

습공기를 가습하였을 경우 노점온도는 높아진다.
※ 일반적으로 공기조화기에서 가습은 분무하는 수온을 노점온도보다 높게 하여 에어와셔(air washer)를 통해 미세한 물방울을 분무시키면 분무된 물방울들이 모두 증발하여 가습하게 된다.

정답 20 ③

건축설비계획
2019년 제1회 과년도 출제문제

01 오수의 생물화학적 처리법 중 생물막법에 속하지 않는 것은?
① 접촉산화방식
② 살수여상방식
③ 표준활성오니방식
④ 회전원판 접촉방식

[해설] 오수처리시설 처리공법

오수처리시설은 침전, 호기성 또는 혐기성 분해 등의 방법에 의하여 분뇨와 생활하수를 함께 처리하는 시설로서 오수처리시설 처리공법에는 다음과 같이 분류하고 있다.
① 호기성 생물학적 처리공법
 ㉠ 활성오니법 : 표준 활성오니 방법, 장기폭기방법, 접촉안정방법
 ㉡ 고정미생물 방법(생물막법) : 접촉산화방법, 살수여상방법, 회전원판접촉방법
② 물리적 처리공법 : 임호프탱크 방법
※ 생물막법에서 사용되는 접촉재는 비표면적이 크고, 생물막이 부착되기 쉬워야 하며, 생물막에 의한 막 힘현상이 일어나지 않아야 한다.

02 스테인리스 강관에 관한 설명으로 옳은 것은?
① 급수용 배관으로는 사용할 수 없다.
② 저온 충격성이 작아 한랭지 배관이 곤란하다.
③ 관의 두께에 따라 L, M, N형으로 분류할 수 있다.
④ 단위 길이당 중량이 가벼워 취급, 운반이 용이하다.

[해설] 스테인리스 강관

㉠ 내식성이 우수하여 부식성이 있는 유체를 이송할 경우에 사용된다.
㉡ 강관에 비해 기계적 성질이 우수하며 두께가 얇다.
㉢ 운반 및 시공이 용이하며 위생적이다.
㉣ 동결에 대한 저항이 크다.
㉤ 급수, 급탕관으로 사용된다.

03 다음 설명에 알맞은 밸브의 종류는?

- 유체를 일정한 방향으로만 흐르게 하고 역류를 방지하는데 사용한다.
- 시트의 고정핀을 축으로 회전하여 개폐되며 수평·수직 어느 배관에도 사용할 수 있다.

① 게이트밸브
② 풋형 체크밸브
③ 스윙형 체크밸브
④ 리프트형 체크밸브

[해설] 체크밸브(check valve : 역지밸브)

㉠ 유체의 흐름을 한쪽 방향으로만 흐르게 할 때 쓰인다.
㉡ 리프트형(수평배관), 스윙형(수평, 수직배관)이 있다.

04 다음 중 간접배수로 하여야 하는 기기에 속하지 않는 것은?
① 세탁기
② 대변기
③ 제빙기
④ 식기세척기

[해설] 간접배수

㉠ 기구의 오염을 막기 위해 일반배수관으로 직접 연결하지 않고, 물받이 사이에 공간을 두어 공기 중에 노출시켰다가 배수관으로 흘려보내는 배수이다.
㉡ 냉장고, 제빙기, 세탁기, 음료기, 식기세척기, 공기정화기, 냉각탑의 배수관, 열교환기의 배수관, 고가수조의 오버플로관

05 수도 본관에서 수직높이가 3m인 곳에 세정밸브형 대변기가 수도직결방식의 급수방식으로 설치되었다. 이 대변기의 사용을 위해 필요한 수도본관의 최저 압력은? (단, 세정밸브의 최저필요압력은 70kPa, 수도 본관에서 세정밸브까지의 마찰손실수두는 1mAq이다.)
① 74kPa
② 100kPa
③ 110kPa
④ 470kPa

정답 01 ③ 02 ④ 03 ③ 04 ② 05 ③

> **해설**
>
> 수도본관의 압력 : $P_o \geq P + P_f + \dfrac{H}{100}$ [MPa]
>
> P : 수전 또는 기구의 필요압력[MPa]
>   → 세정밸브(F.V) : 70kPa=0.07MPa
> P_f : 본관에서 기구에 이르는 사이의 저항[mAq]
>   → 1mAq=0.01MPa
> H : 기구의 높이[m] → 3m=0.03MPa
>
> ∴ $P_o \geq 0.07 + 0.01 + \dfrac{3}{100} = 0.11$MPa=110kPa
>
> ※ 수압 $P = 0.01H$[MPa]
> ※ 100m=1.0MPa=1000kPa

06 수질과 관련된 용어에 관한 설명으로 옳지 않은 것은?

① COD는 화학적 산소요구량을 말한다.
② BOD는 생물화학적 산소요구량을 말한다.
③ SS는 증발잔류물로서 부유물과 용해성 물질의 합계를 말한다.
④ 총질소는 무기성 및 유기성 질소의 총량을 나타낸 것이다.

> **해설** 용어의 정의
>
> ㉠ BOD(Biochemical Oxygen Demand) : 생물화학적 산소 요구량 – 수질의 오염정도의 측정치
> ㉡ COD(Chemical Oxygen Demand) : 화학적 산소 요구량 – 공장 폐수수질의 측정
> ㉢ DO(Dissolved Oxygen) : 용존산소량 – 수중에 용해된 산소의 량
> ㉣ SS(Suspended Solids) : 부유물질로서 오수 중에 현탁되어 있는 물질
> ㉤ SV(침전오니 퍼센트율)

07 물의 경도에 관한 설명으로 옳지 않은 것은?

① 경도가 큰 물을 경수, 경도가 작은 물을 연수라고 한다.
② 연수는 쉽게 비누거품을 일으키지만 음료용으로는 적합하지 않다.
③ 경수를 보일러 용수로 사용하면 관내부에 스케일이 생겨 전열효율이 감소된다.
④ 물의 경도는 물 속에 녹아있는 칼슘, 마그네슘 등의 염류의 양을 탄산마그네슘의 농도로 환산하여 나타낸 것이다.

> **해설** 물의 경도(硬度)
>
> ㉠ 물 속에 녹아 있는 칼슘(Ca), 마그네슘(Mg) 등의 양을 이것에 대응하는 탄산칼슘($CaCO_3$)의 100만분율 (ppm : parts per million)로 환산하여 표시한 것
> ㉡ 경도가 큰 물을 경수, 경도가 낮은 물을 연수라 한다.
>
> | 분류 | $CaCO_3$의 함유량 | 특징 |
> |---|---|---|
> | 극연수 (極軟水) | 0ppm | 증류수나 멸균수로서 연관이나 황동관을 부식 |
> | 연수(軟水) | 90ppm 이하 | 세탁, 염색, 보일러용에 적합 |
> | 적수(適水) | 90~110ppm | |
> | 경수(硬水) | 110ppm 이상 | 물, 음료용, 세탁, 표백, 염색에는 부적합 |
>
> ※ ppm(parts per million)은 농도 단위로서 100만분의 1의 양을 말한다.

08 다음 설명에 알맞은 통기관은?

- 배수, 통기 양 계통간의 공기의 유통을 원활히 하기 위해 설치하는 통기관을 말한다.
- 배수수평지관의 하류측은 관내 기압이 높게 될 위험을 방지한다.

① 습통기관　　② 도피통기관
③ 각개통기관　④ 신정통기관

> **해설** 도피 통기관
>
> ㉠ 배수 수평지관이 배수 수직관에 접속하기 바로 전에 통기관을 취하여 배수·통기 양 계통간의 공기의 유통을 원활히 하기 위해 설치하는 통기관을 말한다.
> ㉡ 수평지관에 접속하는 기구가 많을 경우 하류 기구의 돌출을 방지하기 위해 도피 통기관을 세운다.
> ㉢ 관경 : 최소 40mm 이상, 접속하는 배수관경의 1/2 이상
> ※ 도피 통기관은 루프통기관(최상류 기구의 하류 배수수평지관에 설치)을 도와서 통기의 능률을 향상시키기 위하여 배수수평지관의 최하류에서 통기수직관과 연결한다.

정답　06 ③　07 ④　08 ②

09 중앙식 급탕방식에 관한 설명으로 옳지 않은 것은?
① 배관으로부터의 열손실이 많다.
② 급탕 개소마다 가열기의 설치 스페이스가 필요하다.
③ 시공 후 기구 증설에 따른 배관 변경 공사를 하기 어렵다.
④ 기계실 등에 다른 설비 기계와 함께 가열장치 등이 설치되기 때문에 관리가 용이하다.

[해설] 중앙식 급탕방식
㉠ 열원으로 값싼 중유, 석탄 등이 사용되므로 연료비가 싸다.
㉡ 급탕설비가 대규모이므로 열효율이 좋다.
㉢ 급탕설비의 기계류가 동일 장소에 설치되어 관리상 유리하다.
㉣ 기구의 동시사용률을 고려기 때문에 가열장치의 전체용량을 적게 할 수 있다.
㉤ 최초의 설비비와 건설비는 비싸지만 경상비가 적게 들므로 대규모 급탕설비에는 중앙식이 경제적이다.
㉥ 배관 및 기기로부터의 열손실이 많다.
㉦ 순환이 느리기 때문에 순환펌프를 사용해야 한다.
㉧ 시공 후 기구 증설에 따른 배관변경공사를 하기가 어렵다.
☞ 급탕 개소마다 가열기의 설치공간이 필요한 방식은 개별식(국소식) 급탕방식이다.

10 관로의 마찰손실에 관한 설명으로 옳지 않은 것은?
① 유속이 빠를수록 관로의 마찰손실은 커진다.
② 관로의 길이가 길수록 관로의 마찰손실은 커진다.
③ 유체의 밀도가 클수록 관로의 마찰손실은 작아진다.
④ 관로의 내경이 클수록 관로의 마찰손실은 작아진다.

[해설] 마찰손실수두(H_f)

$$H_f = \lambda \frac{L}{d} \cdot \frac{v^2}{2g} \text{ [mAq]}$$

여기서, H_f : 길이 1m의 직관에 있어서의 마찰손실두(mAq)
λ : 관마찰계수(강관 0.02)
g : 중력가속도(9.8m/sec²)
d : 관의 내경(m)
L : 직관의 길이(m)
v : 관내 평균 유속(m/s)
※ 마찰손실수두(H_f)는 관마찰계수(λ), 관의 길이(L) 및 유속(v)의 제곱에 비례하고, 관의 내경(d) 및 중력가속도(g)에 반비례한다.

11 실내 공기 오염의 종합적 지표로 사용되는 오염물질은?
① 미세먼지
② 이산화탄소
③ 포름알데히드
④ 휘발성 유기화합물

[해설] 이산화탄소(CO_2)의 함유량에 비례해서 다른 오염원의 정도가 변화되므로 실내 공기의 오염정도를 판단하는 척도로 이산화탄소[탄산가스(CO_2)] 농도를 사용한다.

12 습공기선도상의 상태점(건구온도 26℃, 상대습도 50%)에서 건구온도만을 낮출 경우 상승하는 것은?
① 상대습도
② 습구온도
③ 비체적
④ 엔탈피

[해설] 습공기 선도(Mollier 선도 : i-x 선도)
습공기를 가열하면 절대습도는 일정하고, 상대습도는 감소하고 엔탈피와 비체적은 증가한다.
※ 습공기선도상에서 건구온도가 일정할 경우 상대습도가 높을수록 절대습도는 높아진다.

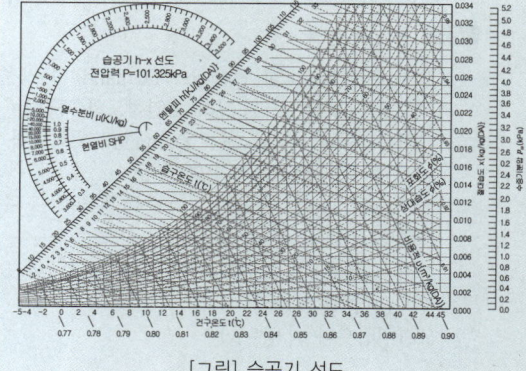

[그림] 습공기 선도

13 공기 2000kg/h를 증기코일로 가열하는 경우, 코일을 통과하는 공기의 온도차가 25.5℃, 증기온도에서 물의 증발잠열이 2229.52kJ/kg일 때 가열에 필요한 증기량은? (단, 공기의 정압비율은 1.01kJ/kg·K 이다.)
① 18.2kg/h
② 23.1kg/h
③ 40.2kg/h
④ 50.2kg/h

[정답] 09 ② 10 ③ 11 ② 12 ① 13 ②

해설

가열량(q_h) = $G \cdot C \cdot \Delta t = \rho \cdot Q \cdot C \cdot \Delta$

여기서, 가열량(q_h) : kJ
- G : 공기량(kg/h)
- Q : 체적량(m³/h)
- ρ : 공기의 밀도(1.2kg/m³)
- C : 공기의 정압비열(1.01kJ/kg·K)
- Δt : 가열(냉각)전후온도차

㉠ 가열량(q_h) = $G \cdot C \cdot \Delta t$ = 2000×1.01×25.5
  = 51510[kJ/h]

㉡ 증기량(가습량) $L = \dfrac{가열량}{증발잠열} = \dfrac{51510[kJ/h]}{2229.52[kJ/kg]}$
  = 23.1[kg/h]

14 10m×10m×32m 크기의 강의실에 35명의 사람이 있을 때 실내의 이산화탄소 농도를 0.1%로 하기 위해 필요한 환기량은? (단, 1인당 CO_2발생량은 0.02m³/h·인이며 외기의 CO_2농도는 0.03%이다.)

① 1000m³/h ② 1400m³/h
③ 1600m³/h ④ 2000m³/h

해설 필요환기량

$Q = \dfrac{K}{P_i - P_o}$

- Q : 필요환기량(m³/h)
- K : 실내에서의 CO_2 발생량(m³/h)
- P_i : CO_2 허용 농도(m³/m³)
- P_o : 신선공기 CO_2 농도(m³/m³)

※ K = 35명×0.02m³/h = 0.7m³/h
 P_i = 0.1% → 0.001(m³/m³)
 P_o = 0.03% → 0.0003(m³/m³)

∴ 환기량 $Q = \dfrac{K}{P_i - P_o} = \dfrac{35 \times 0.02}{0.001 - 0.0003} = 1000$m³/h

15 다음과 같은 조건에 있는 유리창을 통한 단위면적당 취득열량은?

[조건]
- 유리창의 열관류율 : 30W/m²·K
- 실내외 온도차 : 30℃
- 유리창의 일사열취득 : 100W/m²
- 유리창의 차폐계수 : 1.0

① 190W/m² ② 270W/m²
③ 330W/m² ④ 390W/m²

해설 유리로부터의 일사에 의한 취득열량 q_G[W]

㉠ 유리로부터의 관류에 의한 취득열량
 $q_{GT} = K A_g \Delta t$
- A_g : 유리창의 면적(새시 포함) [m²]
- Δt : 실내외 온도차[℃]

㉡ 유리로부터 일사취득열량
 $q_{GR} = I_{gr} A_g k_s$
- I_{gr} : 유리를 통해 투과 및 흡수의 형식으로 취득되는 표준 일사취득열량[W/m²·K]
- A_g : 유리창의 면적(개시면적 포함) [m²]
- k_s : 전차폐 계수

∴ $q_G = q_{GT} + q_{GR}$
 = (3×1×30)W/m² + (100×1×1)W/m²
 = 190W/m²

16 건물의 냉방부하 발생 요인 중 현열만으로 구성된 것은?

① 인체의 발생열량
② 벽체로부터의 취득열량
③ 극간풍에 의한 취득열량
④ 외기의 도입으로 인한 취득열량

해설 냉방부하를 계산할 때 현열과 잠열을 동시에 계산해 주어야 할 부하요소
㉠ 극간풍(틈새바람)에 의한 취득열량
㉡ 인체의 발생열량
㉢ 기구로부터의 발생열량
㉣ 외기의 도입으로 인한 취득열량

정답 14 ① 15 ① 16 ②

17 건구온도 t_1=30℃, 상대습도 20%의 습공기 3000m³/h를 공기냉각기에서 냉각시켜 건구온도 t_2=14℃의 공기를 만들 때 제거되는 현열량은? (단, 공기의 비열은 1.01kJ/kg·K, 밀도는 1.2kg/m³ 이다.)

① 16.16W ② 24.12W
③ 16.16kW ④ 24.12kW

해설

$q_s = \rho QC(t_i - t_o)$ [kJ/h]
  q_s : 실의 현열부하[W]
  ρ : 공기의 밀도[1.2kg/m³]
  Q : 송풍량[m³/h]
  C : 공기의 정압비열[1.01kJ/kg·K]
  t_i : 실내 공기온도[℃] t_o : 송풍 공기온도[℃]
∴ 현열량(q_s) = $\rho \cdot Q \cdot C \cdot \Delta t$
  = 1.2×3,000×1.01×(30−14)
  = 58176kJ/h = 16.16kW
※ 1W=1J/s=3,600J/h=3.6kJ/h
※ 1kW=3600kJ/h

18 건구온도 30℃, 절대습도 0.015kg/kg′인 습공기 5kg의 전체 엔탈피는? (단, 공기의 정압비율 1.01kJ/kg·K, 수증기 정압비열 1.85kJ/kg·K, 0℃에서 포화수의 증발잠열 2501kJ/kg)

① 228.77kJ ② 343.24kJ
③ 349.62kJ ④ 425.24kJ

해설 습공기의 엔탈피(i)

엔탈피 : 0℃일 때 건공기의 엔탈피를 0으로 하여 습공기 1kg이 지니고 있는 열량으로 나타낸다.
$i = C_{pa} \cdot t + (\gamma_0 + C_{pw}) \cdot x$
 = $1.01t + (2501 + 1.85t)x$
  i : 엔탈피[kJ/kg(DA)]
  t : 온도[℃]
  x : 절대습도[kg/kg′]
  C_{pa} : 건공기의 정압비열(1.01kJ/kg·K)
  C_{pw} : 수증기의 정압비열(1.85kJ/kg·K)
  γ_0 : 0℃ 포화수의 증발잠열(2501kJ/kg)
먼저 $i = C_{pa} \cdot t + (\gamma_0 + C_{pw} \cdot t) \cdot x$
 = $1.01t + (2501 + 1.85t)x$
 = $1.01 \times 30 + (2501 + 1.85 \times 30) \times 0.015$
 = 68.65kJ/kg
∴ 전체 엔탈피 = 5kg × 68.65kJ/kg = 343.24kJ

19 다음 중 공조시스템에서 덕트 내에 변풍량(VAV) 유닛을 채용하는 가장 주된 이유는?
① 소음제거
② 냉온풍의 혼합
③ 덕트 스페이스 감소
④ 부하변동에 대한 대응

해설 변풍량(VAV) 방식

부하변동에 따라서 실온을 유지하므로 열원설비용 에너지의 낭비가 적으며, 변풍량 유닛의 풍량조절 기구에 의해 시운전시 풍량조정을 하기가 쉬우므로 부하변동이 심한 페리미터 존(perimeter zone, 내부존)에 적합하다. 대규모 사무소의 내부존, 인텔리전트 빌딩 등 연간을 통해 냉방부하가 발생하는 공간의 공조에 적당한 방식이다.

20 단일덕트 정풍량방식에 관한 설명으로 옳은 것은?
① 전수방식의 특성이 있다.
② 중간기에 외기냉방이 가능하다.
③ 냉풍과 온풍을 혼합하는 혼합상자가 필요하다.
④ 부하특성이 다른 다수의 실의 공조에 적합하다.

해설

정풍량 방식(CAV)은 공조기에서 1개의 주덕트를 통하여 냉·온풍을 각 실로 보낼 때 송풍량은 항상 일정하며, 열부하에 따라서 송풍 온·습도만을 변화시켜 실내의 온·습도를 조절하는 가장 기본적인 공조 방식으로 전공기방식에 속한다. 바닥면적이 크고 천장이 높은 곳에 적합하다.(중·소규모 건물, 극장, 공장 등)
☞ 전공기방식은 중간기에 에너지 절약을 위해서는 리턴에어용 송풍기(환기용 송풍기)를 이용한 외기냉방(economizer)이 가능하다.

정답 17 ③ 18 ② 19 ④ 20 ②

건축설비계획
2019년 제2회 과년도 출제문제

01 고가수조방식의 급수방식에 관한 설명으로 옳지 않은 것은?
① 급수압력이 일정하다.
② 단수 시에도 일정량의 물을 급수할 수 있다.
③ 대규모의 급수 수요에 쉽게 대응할 수 있다.
④ 급수방식 중 위생 및 유지, 관리 측면에서 가장 바람직한 방식이다.

해설 고가수조방식

우물물 또는 수돗물을 일단 지하 저수조에 받아 이것을 양수펌프에 의해 건물 옥상 또는 높은 곳에 가설한 탱크로 양수한 다음, 그 수위를 이용하여 탱크에서 밑으로 세운 급수관에 의해 급수하는 방식이다.
㉠ 급수공급 압력이 일정하고, 취급이 용이하여 대규모 급수에 적합하다.
㉡ 단수시에도 일정량의 급수가 가능하다.
㉢ 수질의 오염가능성이 가장 크다.
㉣ 구조체의 보강이 필요하다.
※ 수도직결방식은 소규모 건물이나 낮은 건물에 쓰는 방식으로 물의 오염가능성이 가장 적다. (위생적 측면에서 가장 바람직하다.)

02 주철관의 이음 방법에 속하지 않는 것은?
① 소켓 이음
② 빅토릭 이음
③ 타이톤 이음
④ 플레어 이음

해설 관의 접합(이음, 조인트) 종류

㉠ 주철관 : 소켓 접합, 플랜지 접합, 메커니컬 접합, 빅토릭 접합, 타이톤 접합
㉡ 강관 : 나사 접합, 플랜지 접합, 용접 접합
㉢ 연관 : 플라스턴 접합, 납땜 접합
㉣ 동관 : 납땜 접합, 플레어 접합, 플랜지 접합, 용접 접합, 경납땜
㉤ 콘크리트관 : 칼라 접합, 기볼트 접합, 심플렉스 접합, 모르타르 접합

03 수질과 관련된 용어에 관한 설명으로 옳지 않은 것은?
① COD는 화학적 산소요구량을 의미한다.
② BOD는 생물화학적 산소요구량을 의미한다.
③ SS는 오수 중 용존산소량을 ppm으로 나타낸 것이다.
④ 경도는 물속에 녹아 있는 염류의 양을 탄산칼슘의 농도로 환산하여 나타낸 것이다.

해설 용어의 정의

㉠ BOD(Biochemical Oxygen Demand) : 생물화학적 산소 요구량 - 수질의 오염정도의 측정치
㉡ COD(Chemical Oxygen Demand) : 화학적 산소 요구량 - 공장 폐수수질의 측정
㉢ DO(Dissolved Oxygen) : 용존산소량 - 수중에 용해된 산소의 량
㉣ SS(Suspended Solids) : 부유물질 - 물 속에 존재하는 고형 물질
㉤ SV(침전오니 퍼센트율)
㉥ pH(수소이온농도) : 수용성 또는 어떤 용액의 산성도나 염기도를 나타내는 정량적인 척도이다.
  pH가 7미만은 산성, pH7은 중성, pH가 7초과 용액은 알칼리성 도는 염기성이라고 한다.
㉦ BOD 제거율
  ⓐ 오수처리설비의 성능을 나타내는 지표
  ⓑ BOD 제거율
  $= \dfrac{유입수BOD - 유출수BOD}{유입수BOD} \times 100 [\%]$
  ⓒ BOD 제거율이 높을수록 고성능 정화조이다.

04 다음 중 특수통기방식의 일종인 소벤트시스템에 사용되는 이음쇠는?
① 팽창관
② 섹스티아 벤드관
③ 섹스티아 이음쇠
④ 공기분리 이음쇠

정답 01 ④ 02 ④ 03 ③ 04 ④

> **해설** 특수통기방식 – 배수와 통기 겸용(신정통기관+특수이음쇠)
> ㉠ 소벤트 방식(sovent system) : 하나의 배수수직관으로 배수와 통기를 겸하는 시스템으로 2개의 특수이음쇠 사용[공기혼합이음쇠(aerator fitting), 공기분리이음쇠(deaerator fitting)] 한다.
> ㉡ 섹스티아 방식(sextia system) : sextia 이음쇠와 sextia 벤트관을 사용하여 유수에 선회력을 주어 공기 코어를 유지시켜 하나의 관으로 배수와 통기를 겸하는 시스템으로 배수관경이 적어도 되며 소음이 적다.

05 배수와 통기 간의 공기의 유통을 원활히 하기 위해 설치하는 것으로 배수횡지관의 최하류에 설치하는 통기관은?
① 습통기관 ② 도피통기관
③ 반송통기관 ④ 루프통기관

> **해설** 도피 통기관
> ㉠ 배수 수평지관이 배수 수직관에 접속하기 바로 전에 통기관을 취하여 배수·통기 양 계통간의 공기의 유통을 원활히 하기 위해 설치하는 통기관을 말한다.
> ㉡ 수평지관에 접속하는 기구가 많을 경우 하류 기구의 돌출을 방지하기 위해 도피 통기관을 세운다.
> ㉢ 관경 : 최소 40mm 이상, 접속하는 배수관경의 1/2 이상
> ※ 도피 통기관은 루프통기관(최상류 기구의 하류 배수수평지관에 설치)을 도와서 통기의 능률을 향상시키기 위하여 배수수평지관의 최하류에서 통기수직관과 연결한다.

06 물을 수송하는 직선관로의 마찰손실수두에 관한 설명으로 옳은 것은?
① 마찰손실수두는 관경에 정비례한다.
② 마찰손실수두는 속도수두에 반비례한다.
③ 관내 유속이 2배가 되면 마찰손실은 4배로 된다.
④ 배관 길이가 2배가 되면 마찰손실은 8배로 된다.

> **해설** 마찰손실수두(H_f)
> $$H_f = \lambda \frac{L}{d} \cdot \frac{v^2}{2g} \text{ [mAq]}$$
> 여기서, H_f : 길이 1m의 직관에 있어서의 마찰손실수두(mAq)
> λ : 관마찰계수(강관 0.02)
> g : 중력가속도(98m/sec²)
> d : 관의 내경(m)
> L : 직관의 길이(m)
> v : 관내 평균 유속(m/s)
> ※ 마찰손실수두(H_f)는 관마찰계수(λ), 관의 길이(L) 및 유속(v)의 제곱에 비례하고, 관의 내경(d) 및 중력가속도(g)에 반비례한다.

07 양수량 Q=15L/s, 유속 V=2m/s인 펌프의 구경으로 적당한 것은?
① 50mm ② 100mm
③ 150mm ④ 200mm

> **해설**
> $$Q = AV = \frac{\pi V d^2}{4}$$
> $$\therefore d = \sqrt{\frac{4Q}{V\pi}} = \sqrt{\frac{4 \times 15/1000}{2 \times \pi}}$$
> $$= 0.098m = 98mm \fallingdotseq 100mm$$

08 가로 2m, 세로 2m, 높이 10m인 직육면체 수조에 물이 가득 차 있을 때, 바닥면에 작용하는 전압력은?
① 2ton ② 4ton
③ 20ton ④ 40ton

> **해설**
> 2m×2m×10m=40m³=40,000L=40ton
> ※ 배관 속을 흐르는 물의 압력은 배관의 크기(배관의 단면적)와는 무관하며, 배관의 높이에만 관계가 있다.

정답 05 ② 06 ③ 07 ② 08 ④

09 국소식 급탕방식에 관한 설명으로 옳지 않은 것은?

① 배관길이가 길어 열손실이 크다.
② 급탕 개소마다 가열기의 설치공간이 필요하다.
③ 건물 완공 후에 급탕 개소의 증설이 비교적 용이하다.
④ 용도에 따라 필요한 개소에서 필요한 온도의 탕을 비교적 간단하게 얻을 수 있다.

해설 개별식(국소식) 급탕방식

㉠ 배관설비 거리가 짧고, 배관 중의 열손실이 적다.
㉡ 수시로 더운 물을 사용할 수 있으며, 고온의 물을 필요시 쉽게 얻을 수 있다.
㉢ 급탕 개소가 적을 경우 시설비가 싸게 든다.
㉣ 주택 등에서는 난방 겸용의 온수보일러를 이용할 수 있다.
㉤ 급탕 개소마다 가열기의 설치공간이 필요하다.
㉥ 주택, 중소 여관, 작은 사무실 등 급탕 개소가 적은 건축물에 적합하다.

10 경질염화비닐관에 관한 설명으로 옳지 않은 것은?

① 전기 절연성이 크다.
② 내산, 내알칼리성이 크다.
③ 온도 상승에 따라 기계적 강도가 약해진다.
④ 저온에서 충격에 강하므로 한랭지에 주로 사용된다.

해설 경질염화비닐관(합성수지관)

㉠ 내산성·내알칼리성이 있으며, 가공이 쉽다.
㉡ 온도의 변화에 의해 강도가 떨어진다.
㉢ 내면이 매끄러워 마찰저항이 작다.
㉣ 내수성이 크고 염산, 황산, 가성소다 등의 부식성 약품에 의해 거의 부식되지 않는다.
㉤ 전기 전열성이 크고 금속관과 같은 전식작용을 일으키지 않는다.
㉥ 저온에 약하며 한랭지에서는 외부로부터 조금만 충격을 주어도 파괴되기 쉽다.

11 다음의 냉방부하 발생 요인 중 현열과 잠열 부하를 모두 발생시키는 것은?

① 인체의 발생열량
② 벽체로부터의 취득열량
③ 유리로부터의 취득열량
④ 송풍기에 의한 취득열량

해설 냉방부하 계산

① 현열 부하만 계산 : 벽체로부터의 취득열량, 유리로부터의 취득열량, 조명 및 기기로부터의 취득열량, 재열부하, 송풍기와 덕트로부터의 취득열량
② 현열과 잠열을 동시에 계산해 주어야 할 부하요소
 ㉠ 극간풍(틈새바람)에 의한 취득열량
 ㉡ 인체의 발생열량
 ㉢ 기구로부터의 발생열량
 ㉣ 외기의 도입으로 인한 취득열량

12 다음 중 하절기 유리창별 표준일사열 취득량이 가장 적은 경우는?

① 수평천창(13시) ② 동측창(08시)
③ 남측창(16시) ④ 서측창(17시)

해설

하절기에 남측창 표준일사열취득량이 최대인 경우는 13시이다.

13 다음과 같은 조건에서 틈새바람에 의한 냉방 부하는?

┌ 조건 ┐
• 틈새공기량 : 50kg/h
• 외기의 상태 : 30℃, 0.016kg/kg′
• 실내공기의 상태 : 25℃, 0.010kg/kg′
• 공기의 정압비열 : 1.01kJ/kg·K
• 0℃에서 물의 증발잠열 : 2501kJ/kg

① 139.7W ② 186.2W
③ 278.6W ④ 341.3W

정답 09 ① 10 ④ 11 ① 12 ③ 13 ③

> **해설** 틈새바람에 의한 냉방부하
> ㉠ 현열부하(q_s) = $GC\Delta t$ [kJ/h]
>   = $50 \times 1.01 \times (30-25)$
>   = 252.5kJ/h
> ㉡ 잠열부하(q_L) = $GL\Delta x$ [kJ/h]
>   = $50 \times 2501 \times (0.016-0.010)$
>   = 750.3kJ/h
> ∴ 외기부하 = 현열부하 + 잠열부하
>   = 252.5 + 750.3 = 1002.8kJ/h = 278.6W
> ※ 1W = 1J/s = 3,600J/h = 3.6kJ/h

14 증기난방방식에 관한 설명으로 옳지 않은 것은?

① 예열시간이 짧다.
② 계통별 용량 제어가 용이하다.
③ 한랭지에서 동결의 우려가 작다.
④ 운전 시 증기해머로 인한 소음이 발생하기 쉽다.

> **해설** 증기난방(steam heating)
> 증기의 잠열을 이용한 난방식으로 사무소, 백화점, 학교, 극장, 일반공장 등에 이용한다.
> ① 장점
>   ㉠ 증발 잠열을 이용하므로 열의 운반능력이 크다.
>   ㉡ 예열시간이 온수난방에 비해 짧고 증기의 순환이 빠르다.
>   ㉢ 방열면적은 온수난방보다 작게 할 수 있으며, 관경이 가늘어도 된다.
>   ㉣ 설비비와 유지비가 싸다.
> ② 단점
>   ㉠ 방열기의 표면온도가 높아 난방의 쾌감도가 낮다.
>   ㉡ 난방부하의 변동에 따라 방열량 조절이 곤란하다.
>   ㉢ 소음이 많이 난다.(steam hammering)
>   ㉣ 보일러 취급에 기술을 요한다.
>   ☞ 온수난방은 계통별 용량 제어가 용이하다.

15 다음과 같은 조건에 있는 벽체의 실내표면온도는?

> **조건**
> • 외기온도 : -10℃
> • 실내온도 : 20℃
> • 실내표면열전달율 : 9W/m²·K
> • 벽체의 열관류율 : 3W/m²·k

① 9℃
② 10℃
③ 12℃
④ 13℃

> **해설**
> 벽체의 열관류열량과 실내측 표면 열전달량은 같다.
> 열통과량과 벽체 표면 열전달량은 같으므로 다음과 같은 평형식을 세울 수 있다.
> ① 구조체를 통한 열손실량
>   즉, 열관류량 $Q = K \cdot A \cdot (t_i - t_s)$
> ② 열전달량 $Q = \alpha \cdot A \cdot (t_i - t_0)$
> 여기서, Q : 열관류량[W]
> K : 열관류율[W/m²·K]
> α : 열전달율[W/m·K]
> A : 전열면적[m²]
> t_i : 실내 온도[℃]
> t_0 : 외기온도[℃]
> t_s : 벽체의 실내표면온도[℃]
> $Q = 3 \times 1 \times \{20-(-10)\} = 9 \times 1 \times (20-t_s)$
> ∴ $t_s = 10$[℃]

16 건구온도 26℃, 상대습도 50%의 실내공기 700m³와 건구온도 32℃, 상대습도 70%의 외기 300m³를 혼합한 후 이를 다시 건구온도 20℃로 냉각하였다. 냉각도 중 절대습도의 변화가 없었다면 냉각과정에 소요된 열량은? (단, 공기의 밀도는 1.2kg/m³, 정압비열은 1.01kJ/kg·K이다.)

① 8966.6kJ
② 9453.6kJ
③ 10322.5kJ
④ 10977.8kJ

정답 14 ② 15 ② 16 ②

해설

① 혼합온도

$$tm = \frac{m_1 t_1 + m_2 t_2}{m_1 + m_2} = \frac{700 \times 26 + 300 \times 32}{700 + 300} = 27.8℃$$

② 냉각량(qc) = $G \cdot C \cdot \Delta t = \rho \cdot Q \cdot C \cdot \Delta t$ [kJ/h]

여기서, qc : 냉각량(kJ/h)
  G : 공기량(kg/h)
  Q : 체적량(m³/h)
  ρ : 공기의 밀도(1.2kg/m³)
  C : 공기의 정압비열(1.01kJ/kg·K)
  Δt : 냉각 전후온도차

∴ 냉각량(qc) = $\rho \cdot Q \cdot C \cdot \Delta t$
  = $1.2 \times 1,000 \times 1.01 \times (27.8 - 20)$
  = 9453.6kJ

17 버터플라이 댐퍼에 관한 설명으로 옳지 않은 것은?

① 완전히 닫았을 때 공기의 누설이 적다.
② 운전 중에 개폐조작에 큰 힘을 필요로 한다.
③ 주로 대형덕트에서 풍량조절용으로 사용된다.
④ 날개가 중간 정도 열렸을 때 댐퍼의 하류측에 와류가 생기기 쉽다.

해설

버터플라이(butterfly) 댐퍼는 덕트 내에 설치되며, 날개의 열림 정도에 따라 풍량조절 또는 폐쇄의 역할을 하는 댐퍼로 주로 소형덕트에서 사용된다.

18 공기조화 용어 중 엔탈피(Enthalpy)가 의미하는 것은?

① 비체적   ② 비습도
③ 전열량   ④ 현열량

해설

엔탈피(Enthalpy) : 건조공기가 그 상태에서 가지고 있는 현열과 동일한 온도에서 수증기가 갖고 있는 잠열과의 합이다.
※ 습공기 엔탈피는 공기가 갖는 전열량으로 현열[$C_{pa} \cdot t$]과 잠열[$(\gamma_0 + C_{pw} \cdot t) \cdot x$]의 합이다.

19 공기조화 방식 중 단일덕트 변풍량방식(V.A.V system)에 관한 설명으로 옳은 것은?

① 전수방식의 특성이 있다.
② 페리미터 존 보다는 인테리어 존에 적합하다.
③ 각 실이나 존의 온도를 개별제어 할 수 없다.
④ 실내부하가 적어지면 송풍량이 적어지므로 실내 공기의 오염도가 높아진다.

해설

① 전공기방식의 특성이 있다.
② 인테리어 존 보다는 페리미터 존에 적합하다.
③ 각 실이나 존의 온도를 개별제어할 수 있다.

20 습공기 선도 상에서 표현되어 있는 습공기의 상태값에 속하지 않는 것은?

① 비열   ② 비체적
③ 엔탈피   ④ 습구온도

해설 습공기 선도(Mollier 선도 : i-x 선도)

㉠ 습공기 선도를 구성하는 요소들 : 건구온도, 습구온도, 노점온도, 절대습도, 상대습도, 수증기 분압, 비체적, 엔탈피, 현열비 등
㉡ 습공기 선도를 구성하는 있는 요소들 중 2가지만 알면 나머지 모든 요소들을 알아낼 수 있다.

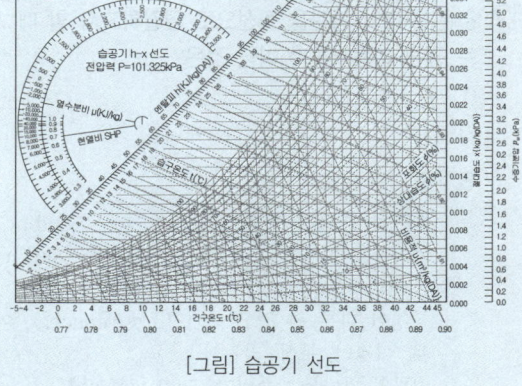

[그림] 습공기 선도

정답 17 ③ 18 ③ 19 ④ 20 ①

건축설비계획
2019년 제3회 과년도 출제문제

01 수도 본관으로부터 높이 10m에 설치된 세정 밸브식 대변기의 사용을 위해 필요한 수도 본관의 최저압력은?(단, 급수방식은 수도직결방식이며 배관 내의 마찰손실은 40kPa, 세정밸브식 대변기의 최저필요압력은 70kPa이다.)

① 70kPa ② 100kPa
③ 140kPa ④ 210kPa

해설

수도본관의 압력 : $P_o \geq P + P_f + \dfrac{H}{100}$ [MPa]

P : 수전 또는 기구의 필요압력[MPa]
→ 세정밸브(F.V) : 70kPa=0.07MPa
P_f : 본관에서 기구에 이르는 사이의 저항[mAq]
→ 40kPa=0.04MPa
H : 기구의 높이[m] → 10m=0.1MPa

∴ $P_o \geq 0.07 + 0.04 + \dfrac{10}{100} = 0.21$MPa=210kPa

※ 수압 P=0.01H[MPa]

02 같은 구경의 강관을 직선으로 연결하고자 할 때 사용되는 강관 이음쇠류가 아닌 것은?

① 부싱 ② 소켓
③ 니플 ④ 유니온

해설 강관 이음쇠

㉠ 배관을 휠 때 : 엘보우(elbow), 벤드(bend)
㉡ 분기관을 뽑을 때 : T(tee), 크로스(cross), Y
㉢ 직관의 접합 : 소켓, 플랜지, 유니언, 니플
㉣ 구경이 다른 관 접합 : 이경소켓(reducer), 이경엘보, 이경티, 부싱, 리듀서
㉤ 배관의 말단부 : 플러그(plug), 캡(cap)

03 급수압력이 일정하며, 일반적으로 하향급수 배관방식이 사용되는 급수방식은?

① 수도직결방식 ② 고가수조방식
③ 압력수조방식 ④ 펌프직송방식

해설 고가수조방식

우물물 또는 수돗물을 일단 지하 저수조에 받아 이것을 양수펌프에 의해 건물 옥상 또는 높은 곳에 가설한 탱크로 양수한 다음, 그 수위를 이용하여 탱크에서 밑으로 세운 급수관에 의해 급수하는 방식이다.
㉠ 급수공급 압력이 일정하고, 취급이 용이하여 대규모 급수에 적합하다.
㉡ 단수시에도 일정량의 급수가 가능하다.
㉢ 수질의 오염가능성이 가장 크다.
㉣ 구조체의 보강이 필요하다.

04 중앙식 급탕방식에 관한 설명으로 옳지 않은 것은?

① 배관 및 기기로부터의 열손실이 작다.
② 기구의 동시이용률을 고려하여 가열장치의 총용량을 적게 할 수 있다.
③ 일반적으로 열원장치는 공조설비와 겸용하여 설치되기 때문에 열원단가가 싸다.
④ 기계실 등에 다른 설비 기계와 함께 가열장치 등이 설치되기 때문에 관리가 용이하다.

해설 중앙식 급탕방식

㉠ 열원으로 값싼 중유, 석탄 등이 사용되므로 연료비가 싸다.
㉡ 급탕설비가 대규모이므로 열효율이 좋다.
㉢ 급탕설비의 기계류가 동일 장소에 설치되어 관리상 유리하다.
㉣ 기구의 동시사용률을 고려기 때문에 가열장치의 전체용량을 적게 할 수 있다.
㉤ 최초의 설비비와 건설비는 비싸지만 경상비가 적게 들므로 대규모 급탕설비에는 중앙식이 경제적이다.
㉥ 배관 및 기기로부터의 열손실이 많다.
㉦ 순환이 느리기 때문에 순환펌프를 사용해야 한다.
㉧ 시공 후 기구 증설에 따른 배관변경공사를 하기가 어렵다.

정답 01 ④ 02 ① 03 ② 04 ①

05 BOD 제거율(%) 산정방법을 올바르게 표현한 것은?

① $\dfrac{\text{유입수}BOD - \text{유출수}BOD}{\text{유입수}BOD} \times 100$

② $\dfrac{\text{유출수}BOD - \text{유입수}BOD}{\text{유출수}BOD} \times 100$

③ $\dfrac{\text{유입수}BOD - \text{유출수}BOD}{\text{유출수}BOD} \times 100$

④ $\dfrac{\text{유출수}BOD - \text{유입수}BOD}{\text{유입수}BOD} \times 100$

해설 BOD(Biochemical Oxygen Demand)

오수 중의 분해 가능한 유기물이 용존 산소의 존재 하에 미생물의 작용에 의해 산화 분해되어 안정한 물질로 변해갈 때 소비하는 산소량

※ BOD 제거율
㉠ 오수처리설비의 성능을 나타내는 지표
㉡ BOD 제거율
$= \dfrac{\text{유입수}BOD - \text{유출수}BOD}{\text{유입수}BOD} \times 100 (\%)$
㉢ BOD 제거율이 높을수록 고성능 정화조이다.

06 물의 정수과정에서 물 속에 있는 철분을 제거하기 위한 처리과정은?

① 혐기   ② 폭기
③ 불소 주입   ④ 응집제 첨가

해설
㉠ 물처리 과정 : 채수 → 침전 → 기폭 → 여과 → 살균 → 급수
㉡ 정수의 3요소 : 정수의 3요소 : 침전, 여과, 멸균(살균소독)
※ 폭기법 : 공기 중의 산소와 반응하게 하여 물속에 분해되어 있는 암모니아, 황화수소, 탄산 가스 등의 유독가스와 철의 성분을 제거하는 정수법

07 다음 중 통기관을 설치하는 목적과 가장 거리가 먼 것은?

① 트랩의 봉수를 보호한다.
② 배수관 내의 압력변동을 억제하여 배수의 흐름을 원활하게 한다.
③ 배수관 계통의 환기를 도모하여 관내를 청결하게 유지한다.
④ 배수관에 해로운 영향을 미칠 물질이 배수관에 들어가지 않도록 한다.

해설 통기관의 설치 목적
㉠ 트랩의 봉수 보호
㉡ 배수관 내의 배수 흐름 원활
㉢ 배수관 내의 환기 역할
㉣ 배수관 내의 기압을 일정하게 유지

08 관 내의 흐름이 층류인지 난류인지를 판별 하는데 사용되는 레이놀즈수의 산정식으로 옳은 것은?(단, Re = 레이놀즈수, v = 관 내의 평균유속(m/s), d = 관 내경(m), ν = 유체의 동점성계수(m^2/s))

① $Re = \dfrac{\nu}{v \times d}$ ② $Re = \dfrac{d}{v \times \nu}$

③ $Re = \dfrac{v \times \nu}{d}$ ④ $Re = \dfrac{v \times d}{\nu}$

해설 레이놀즈 수(Reynold's Number)

$Re = \dfrac{Vd}{v}$

Re : 레이놀즈 수
V : 유체의 속도(m/s)
d : 관경, 배관의 안지름(m)
v : 유체의 동점성계수(m/s)

※ 유체의 속도, 관경에 비례하고, 동점성계수에 반비례한다.
① 유체의 동점성계수 v는 유체의 성질을 나타내는 요소 중 하나인 점성계수(u)를 그 유체의 밀도(ρ)를 나눈 값을 의미한다. ($v = \dfrac{u}{\rho}$)
② 배관 내에 흐르는 유체의 경우 : 레이놀즈 수에 의한 층류, 난류 등의 판단 기준
③ 일반적으로 공기조화에서 다루게 되는 유체의 흐름은 난류가 된다.
($Re < 2000$: 층류역, $2000 < Re < 4000$: 천이구역, $Re > 4000$: 난류역)

09 실내 어느 1점에서 수평면조도를 측정하니 220 lx이었다. 옥외 전천공 수평면조도를 20000 lx로 할 때 실내이 점의 주광률을 구하면?

① 1.1%   ② 2.1%
③ 3.1%   ④ 4.1%

정답 05 ① 06 ② 07 ④ 08 ④ 09 ①

해설 주광률(DF)

주광률(DF)은 실내의 조도가 옥외의 조도 몇 %에 해당하는가를 나타내는 값

$$DF = \frac{\text{실내 한 지점의 작업면 조도}(E)}{\text{실외의 수평면 조도(설계용 전천공 조도)}(E_S)} \times 100(\%)$$

$$DF = \frac{220lx}{20,000lx} \times 100 = 1.1\%$$

10 틈새바람양의 산출 방법에 속하지 않는 것은?

① 환기횟수법 ② 창문면적법
③ 실내면적법 ④ 창문틈새길이법

해설

외부로부터의 틈새바람량(극간풍량)을 계산할 경우 틈새의 길이, 외부의 풍속, 틈새의 통기특성 등을 고려하여야 하며, 열류의 방향은 틈새바람의 열량을 계산할 경우 고려할 사항에 해당된다. 틈새바람량(극간풍량)의 산출 방법에는 환기횟수법, 창문틈새길이법, 창문면적법이 있다.

11 증기난방 방식에 관한 설명으로 옳지 않은 것은?

① 예열시간이 온수난방에 비해 짧다.
② 온수난방에 비해 실내의 쾌감도가 좋다.
③ 온수난방에 비해 한랭지에서 동결의 우려가 적다.
④ 온수난방에 비해 부하변동에 따른 실내방열량의 제어가 곤란하다.

해설 증기난방(steam heating)

증기의 잠열을 이용한 난방방식이다.
① 장점
  ㉠ 증발 잠열을 이용하므로 열의 운반능력이 크다.
  ㉡ 예열시간이 짧고 증기의 순환이 빠르다.
  ㉢ 방열면적과 관경이 작아도 된다.
  ㉣ 설비비, 유지비가 싸다.
② 단점
  ㉠ 난방의 쾌감도가 나쁘다.
  ㉡ 소음(steam hammering)이 많이 난다.
  ㉢ 방열량 조절이 어렵고 화상의 우려(102℃의 증기 사용)가 있다.
  ㉣ 보일러 취급에 기술을 요한다.

12 상대습도 60%인 습공기의 건구온도(a), 습구온도(b), 노점온도(c)의 크기 관계가 옳은 것은?

① a > b > c ② b > a > c
③ b > c > a ④ c > b > a

해설

포화상태 공기가 아닌 일반상태 공기의 건구온도(t_1), 습구온도(t_2), 노점온도(t_3)의 관계식=건구온도(t_1) > 습구온도(t_2) > 노점온도(t_3)
→ 습구온도는 포화공기에 있어서는 증발이 일어나지 않으므로 건구온도가 같아지지만 포화되지 않는 공기에서는 습구온도가 건구온도보다 낮으며 습도가 낮을수록 증발량이 많기 때문에 그 차이가 크게 나타나고 노점온도는 습구온도보다 낮다.

13 다음 설명에 알맞은 환기방식은?

· 실내는 부압을 유지한다.
· 화장실, 욕실 등의 환기에 적합하다.

① 급기팬과 배기팬의 조합
② 급기팬과 자연배기의 조합
③ 자연급기와 배기 팬의 조합
④ 자연급기와 자연배기의 조합

해설 제3종 환기(흡출식)

㉠ 자연송풍＋강제배풍
㉡ 실내의 압력이 부압(−), 실내의 냄새나 유해 물질을 다른 실로 흘려보내지 않는다.
㉢ 주방, 화장실, 유해가스 발생장소에 사용한다.

14 단일덕트 정풍량방식에 관한 설명으로 옳은 것은?

① 변풍량방식에 비해 설비비가 많이 든다.
② 2중덕트방식에 비해 냉·온풍의 혼합손실이 많다.
③ 부하변동에 대한 제어응답이 변풍량방식에 비해 느리다.
④ 실내의 열부하 변동에 따라 송풍량을 조절하는 방식이다.

정답 10 ③ 11 ② 12 ① 13 ③ 14 ③

해설

정풍량 방식(CAV)은 공조기에서 1개의 주덕트를 통하여 냉·온풍을 각 실로 보낼 때 송풍량은 항상 일정하며, 열부하에 따라서 송풍 온·습도만을 변화시켜 실내의 온·습도를 조절하는 가장 기본적인 공조 방식으로 전공기방식에 속한다. 바닥면적이 크고 천장이 높은 곳에 적합하다.(중·소규모 건물, 극장, 공장 등)

※ 변풍량 단일덕트 방식((VAV 방식)은 각실 또는 각 존마다 송풍온도는 일정하게 하고 부하변동에 따른 취출 풍량을 조절하는 변풍량 유닛을 설치하여 공조하는 방식으로 개별실 제어가 요구되는 일반 사무실 등에 적용된다.

15 다음과 같은 조건에서 재실인원이 50명인 회의실의 외기 현열부하는?

조건
- 1인당 필요한 외기량 : $80m^3/h$
- 실내온도 : 26℃, 외기온도 : 32℃
- 공기의 밀도 : $1.2kg/m^3$
- 공기의 정압비열 : $1.01kJ/kg·K$

① 6270W ② 7240W
③ 8080W ④ 9120W

해설

현열부하(q_s) = $GC\Delta t$ [kJ/h] = $\rho Q C\Delta t$ [kJ/h]
- G : 공기량(kg/h)
- Q : 체적량(m^3/h)
- ρ : 공기의 밀도($1.2kg/m^3$)
- C : 공기의 정압비열($1.01kJ/kg·K$)
- Δt : 가열 전후온도차

※ $G(kg/h) = \rho(1.2kg/m^3) \cdot Q(m^3/h) = 1.2Q(kg/h)$

∴ 현열부하(q_s) = $\rho Q C\Delta t$ [kJ/h]
= $1.2 \times 50 \times 80 \times 1.01 \times (32-26)$
= 29088 [kJ/h] = 8080 [W]

※ $1W = 1J/s = 3,600J/h = 3.6kJ/h$

16 건구온도 32℃, 절대습도 0.025kg/K′ 인 습공기의 엔탈피는? (단, 건공기 정압비열 1.01kJ/kg·K, 수증기 정압비열 1.85kJ/kg·K, 0℃에서 포화수의 증발잠열 2501kJ/kg)

① 71.12kJ/kg ② 96.33kJ/kg
③ 140.62kJ/kg ④ 182.52kJ/kg

해설 습공기의 엔탈피(i)

엔탈피 : 0℃일 때 건공기의 엔탈피를 0으로 하여 습공기 1kg이 지니고 있는 열량으로 나타낸다.

$i = C_{pa} \cdot t + (\gamma_0 + C_{pw} \cdot t) \cdot x$
= $1.01t + (2501 + 1.85t)x$

- i : 엔탈피[kJ/kg(DA)]
- t : 온도[℃]
- x : 절대습도[kg/kg′]
- C_{pa} : 건공기의 정압비열($1.01kJ/kg·K$)
- C_{pw} : 수증기의 정압비열($1.85kJ/kg·K$)
- γ_0 : 0℃ 포화수의 증발잠열($2501kJ/kg$)

∴ $i = C_{pa} \cdot t + (\gamma_0 + C_{pw} \cdot t) \cdot x$
= $1.01t + (2501 + 1.85t)x$
= $1.01 \times 32 + (2501 + 1.85 \times 32) \times 0.025$
= $96.33kJ/kg$

17 다음 중 주방, 공장, 실험실에서와 같이 오염 물질의 확산 및 방산을 가능한 한 극소화 시키려고 할 때 적용하는 환기방식은?

① 희석환기 ② 국소환기
③ 전체환기 ④ 자연환기

해설 국소환기(독립환기)

주방, 공장, 실험실에서와 같이 오염물질의 확산 및 방산을 가능한 한 극소화시키려고 할 때 적용되는 환기방식으로 가장 효율이 좋은 오염 제거 방법이다.

[예] 후드(hood), 퓸 후드(fume hood), 공장, 드래프트 챔버(실험실) 등

※ 국소환기의 계통은 공조장치의 환기덕트와 연결하면 실내오염의 원인이 되므로 독립적으로 설치해야 한다.

정답 15 ③ 16 ② 17 ②

18 유리창으로부터의 일사열 취득에 관한 설명으로 옳지 않은 것은?
① 투과율이 클수록 취득열량이 적다.
② 유리의 면적이 클수록 취득열량이 많다.
③ 유리의 차폐계수가 클수록 취득열량이 많다.
④ 반사유리는 여름철 취득열량을 줄이는데 유리 하다.

해설 유리로부터 일사취득열량

$q_{GR} = I_{gr} A_g k_s$

I_{gr} : 유리를 통해 투과 및 흡수의 형식으로 취득되는 표준 일사취득열량[W/m² · K]
A_g : 유리창의 면적(개시면적 포함) [m²]
k_s : 전차폐계수

☞ 차폐계수 : 일사를 차단하는 정도
☞ 유리의 일사부하계산 시 두께 3mm 보통유리를 차폐계수 기준값 1로 본다.
∴ 투과율이 크다는 것은 실내의 취득열량이 크다는 의미이다.

19 다음 중 덕트 분기부에 설치하여 풍량을 분배하는데 사용되는 풍량조절 댐퍼는?
① 루버 댐퍼   ② 정풍량 댐퍼
③ 스플릿 댐퍼   ④ 버터플라이 댐퍼

해설 풍량 조절 댐퍼(volume damper) : 덕트 내의 풍량조절 부속품

㉠ 단익 댐퍼(버터플라이 댐퍼): 소형 덕트용
㉡ 다익 댐퍼(루버 댐퍼) : 2개 이상의 날개로서 대형 덕트용 - 대향익형, 평형익형
㉢ 스플릿 댐퍼(split damper) : 덕트 분기점에서의 풍량 조절용
㉣ 슬라이드 댐퍼(slide damper) : 전체의 개폐를 목적으로 사용
㉤ 클로스 댐퍼(cloths damper) : 기류의 발생음을 줄이고 기류의 방향을 조절하는 데 사용

20 습공기에 관한 설명으로 옳지 않은 것은?
① 습공기를 가열할 경우 상대습도는 낮아진다.
② 절대습도가 커질수록 수증기 분압은 커진다.
③ 습공기의 비체적은 건구온도가 높을수록 작아진다.
④ 건습구 온도차가 클수록 습공기의 상대습도는 낮아진다.

해설
- 습공기를 가열 : 상대습도는 감소, 엔탈피와 비체적은 증가, 절대습도는 일정
- 습공기를 냉각 : 상대습도는 증가, 엔탈피와 비체적은 감소, 절대습도는 일정(과냉각시 절대습도는 감소)
※ 습공기를 냉각하여 노점온도 이하가 되면(과냉각) 절대습도는 감소한다.

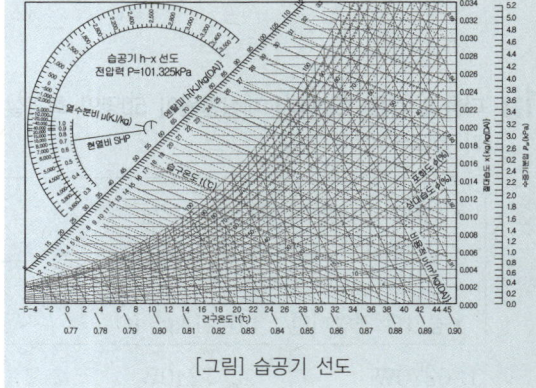

[그림] 습공기 선도

건축설비계획
2020년 제1·2회 과년도 출제문제

01 중앙식 급탕방법 중 간접가열식에 관한 설명으로 옳지 않은 것은?
① 대규모 급탕설비에 적합하다.
② 고압보일러를 설치하여야 한다.
③ 보일러를 난방설비와 겸용할 수 있다.
④ 저탕조에는 온도조절장치(thermostat)를 설치하여 온도를 조절한다.

해설 중앙식 급탕법의 직접가열식과 간접가열식의 비교

구분	직접가열식	간접가열식
보일러	급탕용보일러, 난방용보일러 각각 설치	난방용 보일러로 급탕까지 가능
보일러내의 스케일	많이 낀다.	거의 끼지 않는다.
보일러내의 압력	고압	저압
규모	소규모 건축물	대규모 건축물
저탕조내의 가열코일	불필요	필요

02 게이트 밸브(Gate valve)에 관한 설명으로 옳은 것은?
① 슬루스 밸브라고도 하며 유체의 흐름을 완전 개폐하는데 사용된다.
② 유체를 일정한 방향으로만 흐르게 하고 역류를 방지하는데 주로 사용된다.
③ 수평배관에만 사용되며 핸들을 90° 회전시키면 볼이 회전하여 완전 개폐가 가능하다.
④ 밸브를 완전 열 경우 단면적이 갑자기 작아지므로 유체에 대한 마찰저항이 크다.

해설 게이트 밸브(gate valve)
㉠ 슬루스 밸브(sluice valve)라고도 한다.
㉡ 유체의 흐름을 단속하는 대표적인 밸브이다.
㉢ 리프트가 커서 개폐에 시간이 걸린다.
㉣ 밸브의 통로에 변화가 없어 유체의 저항손실이 가장 적다.

03 정화조에서 유입수의 BOD가 150mg/L, 유출수의 BOD가 60mg/L일 때, 이 정화조의 BOD 제거율은?
① 30%   ② 45%
③ 60%   ④ 90%

해설
$$BOD\ 제거율 = \frac{유입수\,BOD - 유출수\,BOD}{유입수\,BOD} \times 100(\%)$$
$$\therefore BOD\ 제거율 = \frac{150-60}{150} \times 100(\%) = 60\%$$

04 급수방식에 관한 설명으로 옳지 않은 것은?
① 수도직결방식은 급수압력이 일정하다.
② 펌프직송방식은 저수조의 수질관리가 필요하다.
③ 압력수조방식은 단수 시에 일정량의 급수가 가능하다.
④ 고가수조방식은 저수시간이 길어지면 수질이 나빠지기 쉽다.

해설 수도직결방식
㉠ 소규모 건물이나 낮은 건물에 쓰인다.
㉡ 물의 오염가능성이 가장 적다.(위생적 측면에서 가장 바람직하다)
㉢ 정전시일 때도 급수를 계속 할 수 있다.
㉣ 수도 압력 변화에 따라 급수압이 변하고 단수시는 급수가 안된다.
㉤ 설비비 및 유지관리비용이 저렴한 방식이다.
☞ 수도직결방식은 일반적으로 상향급수 배관방식을 사용한다.

05 다음 중 고층건물에서 급수조닝을 하지 않을 경우 생길 수 있는 현상과 가장 거리가 먼 것은?
① 수격작용 발생
② 크로스 커넥션 발생
③ 물 흐르는 소리에 의한 소음 발생
④ 배관이나 기구에 큰 압력이 가해져 배관과 기구의 수명 단축

정답 01 ② 03 ① 03 ③ 04 ① 05 ②

> **해설**
>
> 고층건물의 급수시스템을 저층건물과 같이 단일계통으로 할 경우 저층부 수압 과대 작용, 저층부 워터 해머 발생, 저층부 소음 증대 등의 문제점이 발생한다.
> ※ 초고층 건축물의 급수 조닝(Zoning)
>   ⊙ 초고층 건축물에서는 압력의 문제(워터해머링, 소음, 진동 등)를 해결하기 위하여 급수조닝
>   ⓒ 목적 : 초고층 건축물에서 저층부에 지나친 급수압이 걸리는 것 방지하고 적절한 수압을 유지하기 위하여
>   ⓒ 종류 : 층별식(세퍼레이트 방식), 중계식(부스터 방식), 조압펌프식, 압력탱크식, 감압밸브병용식
>   ⓔ 급수압의 한도
>   • 호텔, 아파트, 병원 : 0.3~0.4MPa
>   → 3~4kg/cm² (30~40mAq)
>   • 사무소 건물 : 0.4~0.5MPa
>   → 4~5kg/cm² (40~50mAq)

07 고가수조방식의 건물에서 최상층에 세정밸브식 대변기가 설치되어 있다. 이 세정밸브의 사용을 위해 필요한 세정밸브로부터 고가수조 저수면까지의 최소 높이는? (단, 고가수조에서 세정밸브까지의 총 배관 길이는 15m이고, 마찰손실수두는 5mAq, 세정밸브의 필요압력은 70kPa이다.)

① 약 5m ② 약 7m
③ 약 12m ④ 약 27m

> **해설**
>
> 고가수조의 높이 $H \geq 100(P+P_f)+h$ [m]
> P : 기구의 최저 필요압력(MPa)
> P_f : 배관의 손실수두(MPa)
> h : 기구의 높이(m)
> P(세정밸브)$=70$kPa$(=0.07$MPa$)$
> $P_f=50$kPa$=0.05$MPa$(=5$m$)$
> ∴ $H \geq 100(0.07+0.05)=12$m
> ※ 100m=1.0MPa=1000kPa

06 다음 중 통기관의 설치 목적과 가장 거리가 먼 것은?

① 배수계통내의 배수 및 공기의 흐름을 원활히 한다.
② 배수관 계통의 환기를 도모하여 관내를 청결하게 유지한다.
③ 사이폰 작용 및 배압에 의해서 트랩봉수가 파괴되는 것을 방지한다.
④ 배수트랩의 봉수부에 가해지는 압력과 배수관 내의 압력차를 크게 하여 배수작용을 돕는다.

> **해설** 통기관의 설치 목적
>
> ⊙ 트랩의 봉수 보호
> ⓒ 배수관 내의 배수 흐름 원활
> ⓒ 배수관 내의 환기 역할
> ⓔ 배수관 내의 기압을 일정하게 유지

08 강관 이음류 중 부싱(Bushing)의 용도로 옳은 것은?

① 배관의 말단부
② 관을 분기할 때
③ 배관을 90°로 구부릴 때
④ 구경이 다른 관을 접속하고자 할 때

> **해설** 강관 이음쇠
>
> ⊙ 배관을 휠 때 : 엘보우(elbow), 벤드(bend)
> ⓒ 분기관을 뽑을 때 : T(tee), 크로스(cross), Y
> ⓒ 직관의 접합 : 소켓, 플랜지, 유니언, 니플
> ⓔ 구경이 다른 관 접합 : 이경소켓(reducer), 이경엘보, 이경티, 부싱, 리듀서
> ⓕ 배관의 말단부 : 플러그(plug), 캡(cap)

09 길이 50m, 내경 25mm인 직선 배관에 물이 2m/s의 속도로 흐르고 있다. 관마찰계수가 0.03일 때 마찰저항 손실은?

① 12.24Pa ② 12.24kPa
③ 120Pa ④ 120kPa

정답 06 ④ 07 ③ 08 ④ 09 ④

해설 압력강하(압력손실, P_f)

$$P_f = \lambda \cdot \frac{L}{d} \cdot \frac{v^2}{2} \cdot \rho \text{ [Pa]}$$

여기서, P_f : 길이 1m의 직관에 있어서의 마찰손실수두(Pa)
- λ : 관마찰계수(강관 0.02)
- d : 관의 내경(m)
- L : 직관의 길이(m)
- v : 관내 평균 유속(m/s)
- ρ : 물의 밀도(1,000kg/m³)

$\therefore P_f = \lambda \cdot \frac{L}{d} \cdot \frac{v^2}{2} \cdot \rho$ [Pa]

$= 0.03 \times \frac{50}{0.025} \times \frac{2^2}{2} \times 1000$

$= 120,000 \text{Pa} = 120 \text{kPa}$

10 열의 이동에 관한 설명으로 옳지 않은 것은?

① 유체를 사이에 두고 양쪽의 고체사이에 열이 이동하는 현상을 열관류라 한다.
② 복사는 열이 고온의 물체표면으로부터 저온의 물체표면으로 공간을 통하여 전달되는 현상이다.
③ 열전도는 열에너지가 주로 고체 속을 고온부에서 저온부로 이동하는 현상이다.
④ 물체 내부를 전도로 전달되는 열량은 전열면적, 온도차, 시간에 비례한다.

해설 전열 이론

㉠ 열전달 : 유체와 벽체(고체) 표면 사이의 전열
- 열전달률(α) : 고체 벽에서 이에 접촉하는 공기층으로의 이동(W/m²·K)
㉡ 열전도 : 벽체 내의 열의 흐름
- 열전도율(λ) : 고체 내부에서 고온측으로부터 저온측으로의 이동(W/m·K)
㉢ 열관류 : 열전달+열전도+열전달
- 열관류율(K) : 고체 벽을 사이에 둔 양 유체 사이의 열 이동
  즉 전달+전도+전달의 과정(W/m²·K)
※ 열관류율 K(W/m²·K)
㉠ 전달+전도+전달이 동시에 복합적으로 일어나는 열의 이동 정도를 표시한다.
㉡ 벽 표면적 1m², 단위 시간당 1℃의 온도차가 있을 때 흐르는 열량이다.
㉢ 열관류율이 적은 벽을 만들려면 열전도율이 적은 재료를 사용한다.

11 증기난방에 관한 설명으로 옳은 것은?

① 온수난방에 비하여 열용량이 커 예열시간이 길게 소요된다.
② 온수난방에 비하여 부하변동에 따른 방열량 조절이 곤란하다.
③ 온수난방에 비하여 한랭지에서 운전정지 중에 동결의 위험이 크다.
④ 온수난방에 비하여 소요방열면적과 배관경이 크게 되므로 설비비가 높다.

해설 증기난방(steam heating)

증기의 잠열을 이용한 난방방식으로 사무소, 백화점, 학교, 극장, 일반공장 등에 이용한다.
① 장점
  ㉠ 증발 잠열을 이용하므로 열의 운반능력이 크다.
  ㉡ 예열시간이 온수난방에 비해 짧고 증기의 순환이 빠르다.
  ㉢ 방열면적은 온수난방보다 작게 할 수 있으며, 관경이 가늘어도 된다.
  ㉣ 설비비와 유지비가 싸다.
② 단점
  ㉠ 방열기의 표면온도가 높아 난방의 쾌감도가 낮다.
  ㉡ 난방부하의 변동에 따라 방열량 조절이 곤란하다.
  ㉢ 소음이 많이 난다.(steam hammering)
  ㉣ 보일러 취급에 기술을 요한다.

12 습공기의 엔탈피(enthalpy)를 설명한 것으로 옳은 것은?

① 습공기가 갖는 현열량
② 습공기가 갖는 현열량과 잠열량의 합계
③ 습공기가 갖는 현열량을 전열량으로 나눈 값
④ 습공기가 갖는 전열량을 현열량으로 나눈 값

해설 습공기의 엔탈피(i)

엔탈피 : 0℃일 때 건공기의 엔탈피를 0으로 하여 습공기 1kg이 지니고 있는 열량으로 나타낸다.

$i = C_{pa} \cdot t + (\gamma_0 + C_{pw} \cdot t) \cdot x$
$= 1.01t + (2501 + 1.85t)x$

i : 엔탈피[kJ/kg(DA)]
t : 온도[℃]
x : 절대습도[kg/kg']

정답 10 ① 11 ② 12 ②

C_{pa} : 건공기의 정압비열(1.01kJ/kg·K)
C_{pw} : 수증기의 정압비열(1.85kJ/kg·K)
γ_0 : 0℃ 포화수의 증발잠열(2501kJ/kg)

※ 습공기 엔탈피는 공기가 갖는 전열량으로 현열[$C_{pa}\cdot t$]과 잠열[$(\gamma_0+C_{pw}\cdot t)\cdot x$]의 합이다.

☞ 엔탈피(Enthalpy) : 건조공기가 그 상태에서 가지고 있는 현열과 동일한 온도에서 수증기가 갖고 있는 잠열과의 합이다.

13 냉방부하 계산 시 인체로부터의 취득열량을 계산한다. 다음 공간 중 인체 1인으로부터의 취득열량이 상대적으로 가장 많은 장소는?

① 극장   ② 은행
③ 사무소 ④ 볼링장

해설

인체 1인으로부터의 취득열량은 활동 상태에 따라 다르게 산정한다. 볼링장은 착석(극장)이나 사무업무(사무소), 섰다·앉았다·보행하는 사무업무(은행)하는 경우보다 활동량이 많으므로 냉방부하 계산 시 인체로부터의 취득열량이 상대적으로 많게 산정한다.

14 건구온도 20℃, 절대습도 0.015kg/kg′인 습공기 6kg의 엔탈피는? (단, 공기의 정압비열=1.01kJ/kg·K, 수증기 정압비열=1.85kJ/kg·K, 0℃에서 포화수의 증발잠열 2501kJ/kg)

① 58.24kJ   ② 120.67kJ
③ 228.77kJ ④ 349.62kJ

해설 습공기의 엔탈피(i)

엔탈피 : 0℃일 때 건공기의 엔탈피를 0으로 하여 습공기 1kg이 지니고 있는 열량으로 나타낸다.
$i = C_{pa}\cdot t+(\gamma_0+C_{pw}\cdot t)\cdot x$
$= 1.01t+(2501+1.85t)x$

i : 엔탈피[kJ/kg(DA)]
t : 온도[℃]
x : 절대습도[kg/kg′]
C_{pa} : 건공기의 정압비열(1.01kJ/kg·K)
C_{pw} : 수증기의 정압비열(1.85kJ/kg·K)
γ_0 : 0℃ 포화수의 증발잠열(2501kJ/kg)

∴ $i = C_{pa}\cdot t+(\gamma_0+C_{pw}\cdot t)\cdot x$
$= 1.01t+(2501+1.85t)x$
$= 1.01\times32+(2501+1.85\times32)\times0.025=9633$kJ/kg

먼저 $i = C_{pa}\cdot t+(\gamma_0+C_{pw}\cdot t)\cdot x$
$= 1.01t+(2501+1.85t)x$
$= 1.01\times20+(2501+1.85\times20)\times0.015$
$= 58.27$kJ/kg

∴ 전체 엔탈피=6kg×58.27kJ/kg=349.62kJ

15 습공기를 냉각하였을 경우 상태 변화 내용으로 옳은 것은?

① 비체적은 감소한다.
② 엔탈피는 증가한다.
③ 건구온도는 변화없다.
④ 습구온도는 높아진다.

해설

• 습공기를 가열 : 상대습도는 감소, 엔탈피와 비체적은 증가, 절대습도는 일정
• 습공기를 냉각 : 상대습도는 증가, 엔탈피와 비체적은 감소, 절대습도는 일정(과냉각시 절대습도는 감소)

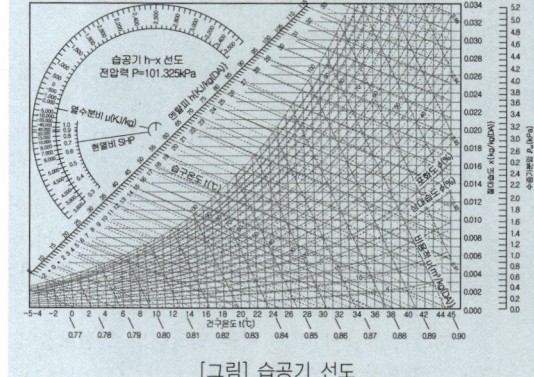

[그림] 습공기 선도

정답 13 ④ 14 ④ 15 ①

16 공조기내에서 습공기가 다음 그림과 같이 상태 변화를 할 때 변화과정으로 옳은 것은?

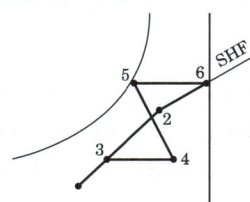

① 혼합 – 예열 – 가습 – 재열
② 혼합 – 가습 – 가열 – 재열
③ 혼합 – 냉각 – 가열 – 가습
④ 예열 – 혼합 – 가열 – 가습

해설
저온저습①과 고온고습②을 혼합③하여 예열④하여 가습⑤하고 재열⑥한 상태의 변화과정이다.

17 다음과 같은 조건에서 실내 CO_2의 허용농도를 1000ppm으로 할 때, 필요환기량은?

조건
• 재실인원 : 10인
• 실내 1인당 CO_2 배출량 : 0.02m³/h
• 외기 CO_2 농도 : 350ppm

① 249.2m³/h   ② 275.4m³/h
③ 307.7m³/h   ④ 356.8m³/h

해설 필요 환기량

$Q = nv$
 Q : 환기량(m³/h)
 n : 환기회수(회/h)
 v : 실용적(m³)

또한 $Q = \dfrac{K}{P_i - P_o}$
 Q : 필요환기량(m³/h)
 K : 실내에서의 CO_2 발생량(m³/h)
 P_i : CO_2 허용 농도(m³/m³)
 P_o : 신선공기 CO_2 농도(m³/m³)

∴ $Q = \dfrac{K}{P_i - P_o} = \dfrac{0.02 \times 10}{(1000 - 350) \times 10^{-6}}$
$= \dfrac{0.2 \times 10^6}{650} = \dfrac{200000}{650} = 307.7$m³/h

※ 1ppm $= 10^{-6}$(m³/m³)

18 건구온도 26℃인 습공기 1000m³/h를 14℃로 냉각시키는데 필요한 열량은? (단, 현열만에 의한 냉각이며, 공기의 정압비열은 1.01kJ/kg·K, 공기의 밀도는 1.2kg/m³이다.)

① 약 2kW   ② 약 3kW
③ 약 4kW   ④ 약 5kW

해설
냉각량(qc) $= G \cdot C \cdot \Delta t = \rho \cdot Q \cdot C \cdot \Delta t$ [kJ/h]
여기서, qc : 냉각량(kJ/h)
 G : 공기량(kg/h)
 Q : 체적량(m³/h)
 ρ : 공기의 밀도(1.2kg/m³)
 C : 공기의 정압비열(1.01kJ/kg·K)
 Δt : 냉각전후온도차
※ G(kg/h) $= \rho$(1.2kg/m³) $\cdot Q$(m³/h) $= 1.2Q$(kg/h)
∴ 냉각열량 $= \rho \cdot Q \cdot C \cdot \Delta t$
$= 1.2 \times 1000 \times 1.01 \times (26 - 14)$
$= 14544$kJ/h $= 40.4$kW ≒ 4kW
※ 1W = 3.6[kJ/h] 1kW = 3600[kJ/h]

19 냉방부하 중 일사에 의한 유리로부터의 취득 열량에 관한 설명으로 옳지 않은 것은?
① 현열로만 구성되어 있다.
② 유리창의 방위에 따라 다르다.
③ 유리창의 차폐계수가 클수록 취득열량은 크다.
④ 북쪽 창은 햇빛이 닿지 않으므로 일사에 의한 취득열량은 생기지 않는다.

해설 유리로부터의 일사에 의한 취득열량 qG [W]
㉠ 유리로부터의 관류에 의한 취득열량
 $q_{GT} = K A_g \Delta t$
 A_g : 유리창의 면적(새시 포함) [m²]
 Δt : 실내외 온도차[℃]
㉡ 유리로부터 일사취득열량
 $q_{GR} = I_{gr} A_g k_s$
 I_{gr} : 유리를 통해 투과 및 흡수의 형식으로 취득되는 표준 일사취득열량[W/m²·K]
 A_g : 유리창의 면적(개시면적 포함) [m²]
 k_s : 전차폐 계수

정답 16 ① 17 ③ 18 ③ 19 ④

※ 유리로부터 일사취득열량은 유리창의 차폐계수에 비례한다.(차폐계수 : 일사를 차단하는 정도)
※ 유리의 일사부하계산 시 두께 3mm 보통유리를 차폐계수 기준값 1로 본다.

20 다음 중 냉각수 배관재료로 가장 부적절한 것은?
① 동관　　　② 아연도강관
③ 스테인리스관　④ 경질염화비닐관

[해설]
냉각수 배관재료 : 동관, 아연도강관, 스테인리스관
※ 냉각수 배관
　㉠ 냉각탑 배수 및 오버플로우관은 일반 배수관에 직결시키지 않는다.
　㉡ 냉각수 펌프와 냉각탑이 동일한 레벨이면 냉각탑의 수면보다 낮은 위치에 펌프를 설치한다.
　㉢ 냉각수 펌프의 수두는 흡입측보다는 토출측이 커야 한다.
　㉣ 냉각수 배관에는 응축기 입구에 스트레이너를 설치한다.

건축설비계획
2020년 제3회 과년도 출제문제

01 안지름 100mm의 관에서 2m/sec의 유속으로 물이 흐를 때 마찰손실수두가 10m라고 하면 이 관의 길이는 몇 m인가? (단, 마찰손실계수 f는 0.02로 한다)
① 184　　　② 245
③ 262　　　④ 294

[해설] 마찰손실수두(H_f)

$H_f = \lambda \cdot \dfrac{L}{d} \cdot \dfrac{v^2}{2g}$ [mAq]

여기서, H_f : 길이 1m의 직관에 있어서의 마찰손실두(mAq)
λ : 관마찰계수(강관 0.02)
g : 중력가속도(9.8m/sec²)
d : 관의 내경(m)
L : 직관의 길이(m)
v : 관내 평균 유속(m/s)

$H_f = \lambda \cdot \dfrac{L}{d} \cdot \dfrac{v^2}{2g} = 0.02 \times \dfrac{L}{0.1} \cdot \dfrac{2^2}{2 \times 9.8} = 10$

∴ $L = 245$m

02 정화조의 성능을 나타내는 BOD 제거율(%)을 올바르게 나타낸 것은?
① $\dfrac{\text{유출수BOD}}{\text{유입수BOD}} \times 100$
② $\dfrac{\text{유입수BOD}}{\text{유출수BOD}} \times 100$
③ $\dfrac{\text{유입수BOD} - \text{유출수BOD}}{\text{유입수BOD}} \times 100$
④ $\dfrac{\text{유출수BOD} - \text{유입수BOD}}{\text{유출수BOD}} \times 100$

[해설] BOD(Biochemical Oxygen Demand)
오수 중의 분해 가능한 유기물이 용존 산소의 존재 하에 미생물의 작용에 의해 산화 분해되어 안정한 물질로 변해갈 때 소비하는 산소량
※ BOD 제거율
　㉠ 오수처리설비의 성능을 나타내는 지표
　㉡ BOD 제거율 = $\dfrac{\text{유입수}BOD - \text{유출수}BOD}{\text{유입수}BOD} \times 100(\%)$
　㉢ BOD 제거율이 높을수록 고성능 정화조이다.

03 동 및 동합금관에 관한 설명으로 옳지 않은 것은?
① 담수에 내식성은 크나 연수에는 부식된다.
② 탄산가스를 포함한 공기 중에서는 푸른 녹이 생긴다.
③ 동관은 두께별로 K, L, M형 등으로 구분할 수 있다.
④ 가성소다, 가성칼리 등 알칼리성에 심하게 침식된다.

해설
동 및 동합금관은 암모니아수, 습한 암모니아가스, 초산, 진한 황산에는 심하게 침식된다.

04 강관 이음쇠에 관한 설명으로 옳지 않은 것은?
① 엘보우(elbow)는 관의 방향을 바꿀 때 사용된다.
② 티(tee), 크로스(cross)는 관을 도중에서 분기할 때 사용된다.
③ 레듀서(reducer)는 관경이 서로 다른 관을 접속할 때 사용된다.
④ 플러그(plug), 캡(cap)은 동일 관경의 관을 직선 연결할 때 사용된다.

해설 강관 이음쇠
㉠ 배관을 휠 때 : 엘보우(elbow), 벤드(bend)
㉡ 분기관을 뽑을 때 : T(tee), 크로스(cross), Y
㉢ 직관의 접합 : 소켓, 플랜지, 유니언, 니플
㉣ 구경이 다른 관 접합 : 이경소켓(reducer), 이경엘보, 이경티, 부싱, 리듀서
㉤ 배관의 말단부 : 플러그(plug), 캡(cap)

05 다음 설명에 알맞은 유체역학 기초 이론은?

밀폐된 용기에 넣은 유체의 일부에 압력을 가하면, 이 압력은 모든 방향으로 동일하게 전달되어 벽면에 작용한다.

① 연속의 법칙 ② 파스칼의 원리
③ 피토관의 원리 ④ 베르누이의 정리

해설 파스칼의 원리(Pascal's principle)
유체(기체나 액체) 역학에서 밀폐된 용기 내에 정지해 있는 유체의 어느 한 부분에서 생기는 압력의 변화가 유체의 다른 부분과 용기의 벽면에 손실 없이 전달된다는 원리를 말하며 파스칼의 법칙이라고도 한다.

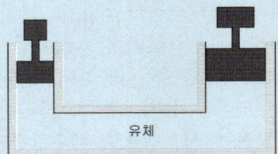

06 유체의 흐름에 관한 설명으로 옳지 않은 것은?
① 난류는 유체분자가 불규칙하게 서로 섞이는 혼란된 흐름이다.
② 일반적으로 층류에서 난류로 천이할 때의 유속을 임계유속이라 한다.
③ 레이놀즈 수에 의해 관내의 흐름이 층류인지 난류인지를 판별할 수 있다.
④ 관내에 유체가 흐를 때, 어느 장소에서 흐름의 상태가 시간에 따라 변화하는 흐름을 정상류라 한다.

해설
관내의 유체가 흐를 때, 어느 장소에서의 흐름의 상태가 시간에 따라 변화하지 않는 흐름을 정상류라 하며, 흐름의 상태가 시간에 따라 변화하는 흐름을 비정상류라고 한다.
※ 배관 내에 흐르는 유체의 경우 레이놀즈 수에 의한 층류, 난류 등의 판단 기준이 된다.
레이놀즈 수는 유체의 속도, 관경에 비례하고, 동점성계수에 반비례한다.

07 통기수직관이 없는 방식으로 유수에 선회력을 주어 공기 코어를 유지시켜 하나의 관으로 배수와 통기를 겸하는 통기방식은?
① 섹스티아방식 ② 각개통기방식
③ 신정통기방식 ④ 회로통기방식

정답 03 ④ 04 ④ 05 ② 06 ④ 07 ①

해설 특수통기방식 – 배수와 통기 겸용(신정통기관+특수이음쇠)

㉠ 소벤트 방식(sovent system) : 하나의 배수수직관으로 배수와 통기를 겸하는 시스템으로 2개의 특수이음쇠 사용[공기혼합이음쇠(aerator fitting), 공기분리이음쇠(deaerator fitting)] 한다.
㉡ 섹스티아 방식(sextia system) : sextia 이음쇠와 sextia 벤트관을 사용하여 유수에 선회력을 주어 공기 코어를 유지시켜 하나의 관으로 배수와 통기를 겸하는 시스템으로 배수관경이 적어도 되며 소음이 적다.

해설 잔향시간

① 정의 : 실내의 일정한 세기의 음을 내어 정상상태로 한 후 이것을 멈추어 실내의 평균 에너지밀도와 처음의 $1/10^6$(일백만분의 일), 음압으로서 1/1,000이 될 때까지의 시간으로서 실내의 평균 레벨이 60dB 감소하는 데 필요한 시간을 말한다.
② 요소 : 실용적, 실내 표면적, 실의 평균 흡음률
③ 실내음의 잔향시간은 실용적이나 실내 흡음력 외에 음원과 수음점의 거리나 반사면의 위치 등에 관계된다.
④ 잔향시간은 음원의 위치, 측정의 위치와 무관하다.
⑤ 흡음재료의 위치와도 무관하다는 사실을 발견하고 $RT = K\dfrac{V}{A}$의 식(Sabin의 잔향이론)을 유도했다.
RT : 잔향시간
K : 비례상수(0.162)
V : 실의 용적(m³)
A : 흡음력 = $\overline{\alpha}$(평균흡음률)×S(실내표면적)(m²)
잔향시간은 실용적에 비례하고 실내 흡음력에 반비례한다.

08 빛에 관련된 항목과 그 단위로 옳지 않은 것은?

① 광속 : W/m² ② 조도 : lx
③ 휘도 : cd/m² ④ 광도 : cd

해설 조명관련 용어와 단위

측광량		정의	단위	단위약호
광속		단위 시간당 흐르는 광의 에너지량	lumen	lm
광속의 면적밀도	조도	단위 면적당 입사광속	lux	lx
발산광속의 입체각밀도	광도	점광원으로부터 단위 입체각당 발산광속	candela	cd
광도의 투영면적밀도	휘도	발산면의 단위 투영면적당 발산광속	candela/m²	cd/m²

10 결로발생의 원인이 될 수 있는 요소와 가장 거리가 먼 것은?

① 실내외의 온도차 ② 실내의 환기상태
③ 건물지붕의 기울기 ④ 건물외피의 단열상태

해설 결로

건물의 표면온도가 접촉하고 있는 공기의 노점온도보다 낮을 경우 그 표면에 발생한다.
※ 다음의 여러 가지 원인이 복합적으로 작용하여 발생한다.
 ㉠ 실내외 온도차 : 실내외 온도차가 클수록 많이 생긴다.
 ㉡ 실내 습기의 과다발생 : 가정에서 호흡, 조리, 세탁 등으로 하루 약 12kg의 습기 발생
 ㉢ 생활 습관에 의한 환기부족 : 대부분의 주거활동이 창문을 닫은 상태인 야간에 이루어짐
 ㉣ 구조체의 열적 특성 : 단열이 어려운 보, 기둥, 수평지붕
 ㉤ 시공불량 : 단열시공의 불완전
 ㉥ 시공직후의 미건조 상태에 따른 결로 : 콘크리트, 모르타르, 벽돌
※ 열전달률, 열전도율, 열관류율이 클수록 결로현상은 심하다.

09 잔향시간이란 음의 음압레벨이 얼마 감쇠하는데 소요되는 시간인가?

① 50dB ② 60dB
③ 70dB ④ 80dB

정답 08 ① 09 ② 10 ③

11 온수난방과 증기난방의 비교 설명으로 옳지 않은 것은?
① 온수난방은 증기난방에 비하여 운전정지 중에 동결의 위험이 크다.
② 온수난방은 증기난방에 비하여 소요방열 면적과 배관경이 크게 된다.
③ 증기난방은 온수난방에 비하여 열용량이 커 예열시간이 길게 소요된다.
④ 온수난방은 증기난방에 비하여 난방부하 변동에 따른 온도조절이 용이하다.

해설
증기난방은 보유수량이 적어 예열시간이 온수난방에 비해 짧다. 또한 방열온도가 높아서 방열면적 및 배관경이 작으므로 설비비, 유지비가 싸다.

12 팬코일 유닛방식과 단일덕트방식을 병용하여 사용하는 경우에 관한 설명으로 옳지 않은 것은?
① 창면의 콜드 드래프트를 방지할 수 있다.
② 팬코일 유닛방식은 건물의 외부존의 부하를 담당한다.
③ 대형 건축물의 내부 존과 외부 존을 구분하여 공조하는 시스템에 적용된다.
④ 팬코일 유닛방식을 단독으로 설치한 것과 비교하여 설비비가 적게 든다.

해설
팬코일 유닛방식을 단독으로 설치한 것과 비교하여 설비비가 많이 든다
※ 콜드 드래프트(cold draft) : 겨울철에 실내에 저온의 기류가 흘러들거나 또는 유리 등의 차가운 벽면에서 냉각된 냉풍이 하강하는 현상으로 냉방에 의한 온도차에 따라 일어나는 공기의 흐름이다.
☞ 팬코일 유닛방식에서 유닛을 창문 밑에 설치하면 콜드 드래프트를 줄일 수 있다.

13 냉방부하 계산 시 구조체의 축열부하에 관한 설명으로 옳지 않은 것은?
① 구조체의 열용량과 관련이 있다.
② 시간지연(time-lag) 현상을 유발한다.
③ 간헐냉방을 하는 경우 예냉부하를 필요로 한다.
④ 구조체의 열용량이 클수록 피크로드는 증가한다.

해설
구조체의 열용량이 클수록 시간지연(time-lag) 현상으로 피크로드는 감소하게 된다.
※ 타임 랙(Time-lag, 열적 지연효과)
① 열용량이 0인 벽체 내에서 발생하는 열류의 피크에 대하여 주어진 구조체에서 일어나는 피크의 지연시간
② 외기온이 가장 높은 시각으로부터 실내온도가 가장 높은 시각까지의 시간차
③ 용량형 단열은 구조체의 축열성능에 의한 재료의 열적 지연효과(Time-lag)를 이용한 것으로 단열효과와 유사한 특성을 지닌다.

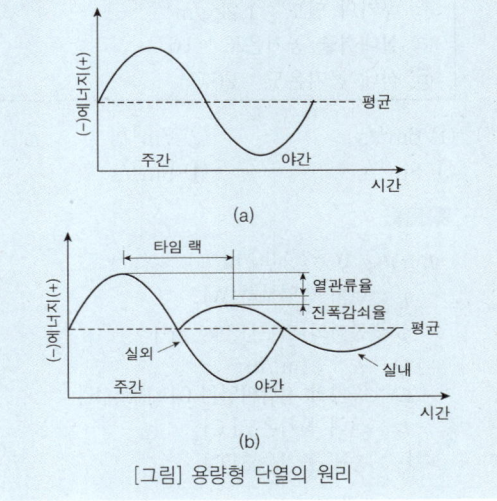

[그림] 용량형 단열의 원리

14 습공기선도에 관한 설명으로 옳지 않은 것은?
① 현열비 '1'은 수평상태의 기울기를 나타낸다.
② 열수분비 '0'의 기울기는 비엔탈피선과 동일한 기울기를 나타낸다.
③ 습공기선도 상에서 건구온도 30℃, 습구온도 20℃인 습공기의 노점온도는 파악할 수 없다.
④ 습공기의 상태가 변화하고 이를 습공기선도에 표시하면 현열뿐만 아니라 잠열의 변화량도 알 수 있다.

> **해설**
> 건구온도와 습구온도를 알면 노점온도는 파악할 수 있다. 노점온도는 포화공기(상대습도 100%)선에 있으며 절대습도와 같은 평행선상에 있다.
> ※ 노점온도 : 습공기가 어느 한계까지 냉각되면 그 속에 있던 수증기는 이슬방울로 응축되기 시작하는데, 이때의 온도를 노점온도라 한다.

15 다음과 같은 조건으로 냉방운전을 하고 있을 경우, 필요송풍량은?

> [조건]
> ㉠ 실내현열부하 : 72kW
> ㉡ 공기의 비열 : 1.0kJ/kg·K
> ㉢ 공기의 밀도 : 1.2kg/m³
> ㉣ 실내취출 공기온도 : 16℃
> ㉤ 실내 공기온도 : 26℃

① 6m³/s ② 7m³/s
③ 8m³/s ④ 9m³/s

> **해설**
> $q_s = \rho Q C(t_i - t_o)$ [kJ/h]
> q_s : 실의 현열부하[W]
> ρ : 공기의 밀도[1.2kg/m³]
> Q : 송풍량[m³/h]
> C : 공기의 정압비열[1.01kJ/kg·K]
> t_i : 실내 공기온도[℃]
> t_o : 송풍 공기온도[℃]
> $Q = \dfrac{q_s}{\rho C(t_i - t_o)}$ [m³/h]
> 송풍량(Q) = $\dfrac{72 \times 3600}{1.2 \times 1.01 \times (26-16)}$
> = 21600m³/h = 6m³/s
> ※ 1KW = 3600kJ/h

16 환기 방법 중 열기나 유해물질이 실내에 널리 산재되어 있거나 이동되는 경우에 사용하며, 전체환기라고도 불리우는 것은?

① 집중환기 ② 희석환기
③ 국소환기 ④ 자연환기

> **해설** 환기 영역에 따른 분류
> ㉠ 희석 환기(전체 환기) : 어떤 특정한 실내의 공기를 환기하여 전체 공기를 신선한 공기로 대체하는 환기 방법
> ㉡ 국소 환기(독립환기) : 오염이 생긴 장소에서 오염이 실 전반에 확산되기 전 배기하는 방법으로 가장 효율이 좋은 오염 제거 방법이다.
> [예] 후드(hood), 퓸 후드(fume hood), 공장, 드래프트 챔버(실험실) 등

17 기온·습도·기류의 3요소의 조합에 의한 실내 온열감각을 기온의 척도로 나타낸 것은?

① 등가온도 ② 작용온도
③ 등온지수 ④ 유효온도

> **해설** 유효온도 (ET: effective temperature)
> ㉠ 기온, 습도, 기류(풍속)의 3요소가 체감에 미치는 총합효과를 단일지표로 나타낸 것
> ㉡ 복사열에 대한 영향은 고려 안됨
> ※ 기류(풍속)의 상승은 유효온도를 감소시키는 원인이 된다.

18 500명을 수용하는 극장에서 1인당 이산화탄소 배출량이 20L/h일 때, 이산화탄소 농도가 0.05%인 외기를 도입하여 실내의 이산화탄소 농도를 0.1%로 유지하는데 필요한 환기량은?

① 15000m³/h ② 20000m³/h
③ 25000m³/h ④ 30000m³/h

[정답] 15 ① 16 ② 17 ④ 18 ②

해설 필요환기량

$$Q = \frac{K}{P_i - P_o}$$

- Q : 필요환기량(m³/h)
- K : 실내에서의 CO_2 발생량(m³/h)
- P_i : CO_2 허용 농도(m³/m³)
- P_o : 신선공기 CO_2 농도(m³/m³)

※ $K = 500명 \times 0.02 m³/h = 10 m³/h$
 $P_i = 0.1\% \rightarrow 0.001 (m³/m³)$
 $P_o = 0.05\% \rightarrow 0.0005 (m³/m³)$

∴ 환기량 $Q = \frac{K}{P_i - P_o} = \frac{500 \times 0.02}{0.001 - 0.0005} = 20000 m³/h$

19 건구온도 20℃, 상대습도 50%인 습공기(절대습도 0.0072kg/kg', 엔탈피 39kJ/kg) 8000kg/h을 가열, 가습하여 건구온도 35℃, 상대습도 50%인 습공기(절대습도 0.0179kg/kg', 엔탈피 80.9kJ/kg)로 만들었다. 이 때의 열수분비는 얼마인가?

① 2854kJ/kg ② 3242kJ/kg
③ 3916kJ/kg ④ 4582kJ/kg

해설

열수분비(U) : 습공기를 가습할 경우 상태변화 과정을 나타내는 요소로 엔탈피(전열량) 변화량과 절대습도의 변화량에 대한 비를 말한다.

열수분비(U) = $\frac{엔탈피의 변화량}{절대습도의 변화량}$

$= \frac{80.9 - 39}{0.0179 - 0.0072}$

$= 3915.88 ≒ 3916 kJ/kg$

20 다음 중 현열만을 취득하게 되는 냉방부하는?

① 인체의 발생열량
② 벽체로부터의 취득열량
③ 외기로부터의 취득열량
④ 틈새바람에 의한 취득열량

해설 냉방부하를 계산할 때 현열과 잠열을 동시에 계산해 주어야 할 부하요소

㉠ 극간풍(틈새바람)에 의한 취득열량
㉡ 인체의 발생열량
㉢ 기구로부터의 발생열량
㉣ 외기의 도입으로 인한 취득열량

건축설비계획
2020년 제4회 과년도 출제문제

01 통기관에 관한 설명으로 옳지 않은 것은?

① 습통기관은 통기의 목적 외에 배수관으로도 이용되는 부분을 말한다.
② 결합통기관은 배수수직관 내의 압력변화를 방지 또는 완화하기 위해 설치한다.
③ 도피통기관은 각개통기방식에서 담당하는 기구수가 많은 경우 발생하는 하수가스를 도피시키기 위하여 통기수직관에 연결시킨 관이다.
④ 신정통기관은 최상부의 배수수평관이 배수수직관에 접속된 위치보다도 더욱 위로 배수 수직관을 끌어올려 대기 중에 개구하여 통기관으로 사용하는 부분이다.

해설 도피통기관

㉠ 배수 수평지관이 배수 수직관에 접속하기 바로 전에 통기관을 취하여 배수·통기 양 계통간의 공기의 유통을 원활히 하기 위해 설치하는 통기관을 말한다.
㉡ 수평지관에 접속하는 기구가 많을 경우 하류 기구의 돌출을 방지하기 위해 도피 통기관을 세운다.
㉢ 관경 : 최소 40mm 이상, 접속하는 배수관경의 1/2 이상
※ 도피통기관은 루프통기관(최상류 기구의 하류 배수수평지관에 설치)을 도와서 통기의 능률을 향상시키기 위하여 배수수평지관의 최하류에서 통기수직관과 연결한다.

02 건물 내의 급수 방식에 관한 설명으로 옳은 것은?

① 수도직결방식은 고층의 급수 방법에 적합하다.
② 고가수조방식에서의 급수압력은 항상 변동한다.
③ 압력수조방식에서는 수조를 건물 상부에 설치해야 하므로 건축 구조상 부담이 된다.
④ 펌프직송방식에서 펌프 운전방식은 펌프의 대수를 제어하는 정속방식과 회전수를 제어하는 변속방식으로 분류할 수 있다.

정답 19 ③ 20 ② / 01 ③ 02 ④

해설
① 수도직결방식은 수도 압력 변화에 따라 급수압이 변하고 단수 시는 급수가 안되므로 고층의 급수 방법에 부적합하다.
② 고가수조방식은 급수공급 압력이 일정하고, 취급이 용이하여 대규모 급수에 적합하다.
③ 압력수조방식에서는 압력수조의 설치위치에 제한을 받지 않으므로 구조물 보강이 불요요하다.

03 간접가열식 급탕방식에 관한 설명으로 옳지 않은 것은?
① 난방용 보일러와 겸용할 수 있다.
② 보일러에서 만들어진 증기 또는 고온수를 열원으로 한다.
③ 저압보일러를 사용할 수 없으며 중압 또는 고압 보일러를 사용하여야 한다.
④ 탱크에 가열코일을 설치하여 이 코일을 통해 물을 간접적으로 가열하는 방식이다.

해설 중앙식 급탕법의 직접가열식과 간접가열식의 비교

구분	직접 가열식	간접 가열식
보일러	급탕용보일러, 난방용보일러 각각 설치	난방용 보일러로 급탕까지 가능
보일러내의 스케일	많이 낀다.	거의 끼지 않는다.
보일러내의 압력	고압	저압
규모	소규모 건축물	대규모 건축물
저탕조내의 가열코일	불필요	필요

☞ 간접가열식은 고온수나 증기를 이용하며 저탕탱크 내에 가열코일을 설치하고, 이 코일에 증기 또는 열탕을 통해서 저장탱크의 물을 간접적으로 가열하는 방식으로 고압보일러가 불필요하다.

04 다음 중 간접배수로 하여야 하는 기구는?
① 욕조　　② 세면기
③ 대변기　　④ 세탁기

해설 직접배수와 간접배수
㉠ 직접배수 : 위생기구와 배수관이 연결된 일반 위생기구에서의 배수
㉡ 간접배수 : 냉장고, 제빙기, 세탁기, 음료기, 식기세척기, 공기정화기 등에서의 배수방식으로 기구의 오염을 막기 위해 일반배수관으로 직접 연결하지 않고, 물받이 사이에 공간을 두어 공기 중에 노출시켰다가 배수관으로 흘려보내는 배수이다.

05 다음 중 기구의 필요급수압력이 가장 작은 것은?
① 샤워
② 일반수전
③ 대변기 세정밸브
④ 소변기 세정밸브(스톨형 소변기)

해설 기구별 최저 필요급수압력(MPa)
㉠ 세정밸브 : 0.07
㉡ 자동밸브 : 0.07
㉢ 샤워기 : 0.07
㉣ 보통밸브(일반수전) : 0.03
㉤ 블로우아웃식 대변기 : 0.1
※ 1MPa=1,000kPa=1,000,000Pa

06 정화조의 유입수 BOD가 1000mg/L, 방류수 BOD가 400mg/L일 때, BOD제거율은?
① 40%　　② 50%
③ 60%　　④ 70%

해설
$$\text{BOD 제거율} = \frac{\text{유입수}BOD - \text{유출수}BOD}{\text{유입수}BOD} \times 100(\%)$$
$$\therefore \text{BOD 제거율} = \frac{1000-400}{1000} \times 100(\%) = 60\%$$

07 물의 경도는 건축설비에서 중요하게 다루고 있다. 그 이유와 가장 거리가 먼 것은?
① 배관 내 스케일 발생 원인
② 급수펌프 소요 동력 증가 원인
③ 열교환기의 열교환 효율 감소 원인
④ 배관 내 유체의 흐름 저항 감소 원인

정답　03 ③　04 ④　05 ②　06 ③　07 ④

해설 물의 경도(硬度)

㉠ 물 속에 녹아 있는 칼슘(Ca), 마그네슘(Mg) 등의 양을 이것에 대응하는 탄산칼슘($CaCO_3$)의 100만분율(ppm : parts per million)로 환산하여 표시한 것
㉡ 경도가 큰 물을 경수, 경도가 낮은 물을 연수라 한다.

분류	$CaCO_3$의 함유량	특징
극연수 (極軟水)	0ppm	증류수나 멸균수로서 연관이나 황동관을 부식
연수(軟水)	90ppm 이하	세탁, 염색, 보일러용에 적합
적수(適水)	90~110ppm	
경수(硬水)	110ppm 이상	물, 음료용, 세탁, 표백, 염색에는 부적합

※ 경도가 높은 물을 보일러 용수로 사용하지 않는 가장 주된 이유는 보일러 내면에 스케일(물때)이 부착되어 보일러 효율을 떨어지고, 수명을 단축시키기 때문이다.

08 국소식 급탕방법에 관한 설명으로 옳지 않은 것은?
① 배관 및 기기로부터의 열손실이 많다.
② 건물 완공 후에도 급탕개소의 증설이 비교적 쉽다.
③ 급탕개소마다 가열기의 설치 스페이스가 필요하다.
④ 주택 등에서는 난방 겸용의 온수보일러, 순간온수기를 사용할 수 있다.

해설 개별식(국소식) 급탕방식
㉠ 배관설비 거리가 짧고, 배관 중의 열손실이 적다.
㉡ 수시로 더운 물을 사용할 수 있으며, 고온의 물을 필요시 쉽게 얻을 수 있다.
㉢ 급탕 개소가 적을 경우 시설비가 싸게 든다.
㉣ 주택 등에서는 난방 겸용의 온수보일러를 이용할 수 있다.
㉤ 급탕 개소마다 가열기의 설치공간이 필요하다.
㉥ 주택, 중소 여관, 작은 사무실 등 급탕 개소가 적은 건축물에 적합하다.
☞ 개별식 급탕법은 중앙식 급탕법에 비해 유지관리는 용이하며, 배관설비 거리가 짧아 배관 중의 열손실이 적다.

09 유체의 성질과 관련하여 다음 설명이 의미하는 것은?

> 에너지보존의 법칙을 유체의 흐름에 적용한 것으로서 유체가 갖고 있는 운동에너지, 중력에 의한 위치에너지 및 압력에너지의 총합은 흐름 내 어디에서나 일정하다.

① 파스칼의 원리
② 스토크스의 법칙
③ 뉴턴의 점성법칙
④ 베르누이의 정리

해설 베르누이 정리 [Bernoulli's theorem, 1738년]
점성과 압축성이 없는 이상적인 유체가 규칙적으로 흐르는 경우에 대해 유체가 흐르는 속도와 압력, 높이의 관계를 수량적으로 나타낸 법칙이다. 유체의 위치에너지와 압력에너지와 운동에너지의 합이 항상 일정하다는 성질을 이용한 것으로, 완전유체가 규칙적으로 흐르는 경우에 대해 정리한 것이다.

※ 베르누이 방정식
 압력수두, 속도수두, 위치수두의 합은 일정하다.
 압력에너지 + 속도에너지 + 위치에너지 = 0

$$\frac{P_1}{\gamma}+\frac{V_1}{2g}+Z_1=\frac{P_2}{\gamma}+\frac{V_2}{2g}+Z_2[m]$$

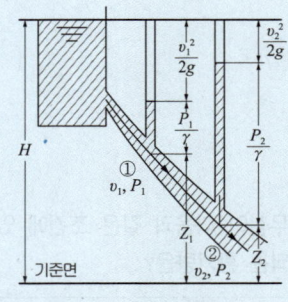

[그림] 베르누이 정리

10 지름 150mm, 길이 320m인 원형관에 매초 60L의 물이 흐를 때, 관내의 마찰손실수두는? (단, 관마찰계수 $f=0.030$이다.)
① 약 3.4m
② 약 10.2m
③ 약 37.7m
④ 약 40.8m

정답 08 ① 09 ④ 10 ③

해설

㉠ 관내 유속

$Q = Av$ 에서 $v = \dfrac{Q}{A}$

$A = \dfrac{\pi d^2}{4}$ 이므로

단면적 : $A[\text{m}^2]$, 유속 : $v[\text{m/s}]$, 유량 : $Q[\text{m}^3/\text{s}]$

$v = \dfrac{Q}{\dfrac{\pi d^2}{4}} = \dfrac{0.06}{\dfrac{3.14 \times 0.15^2}{4}} = 3.397 \text{m/s}$

㉡ 마찰손실수두(H_f)

$H_f = \lambda \cdot \dfrac{\ell}{d} \cdot \dfrac{v^2}{2g}$ [mAq]

여기서, H_f : 길이 1m의 직관에 있어서의 마찰손실
  수두(mAq)
λ : 관마찰계수
g : 중력가속도(98m/sec²)
d : 관의 내경(m)
ℓ : 직관의 길이(m)
v : 관내 평균 유속(m/s)

$\therefore H_f = \lambda \cdot \dfrac{\ell}{d} \cdot \dfrac{v^2}{2g} = 0.03 \times \dfrac{320}{0.15} \times \dfrac{3.397^2}{2 \times 9.8}$
    $= 37.68 ≒ 37.7 \text{mAq}$

11 어느 사무실이 다음과 같은 조건에 있을 때, 이 사무실에 요구되는 환기량은?

┌ 조건 ─────────────────
• 재실인원 : 70인
• 실내 CO_2 허용농도 : 1000ppm
• 재실자 1인당의 CO_2 발생량 : 0.02m³/h
• 외기중의 CO_2 농도 : 0.03%

① 500m³/h ② 1000m³/h
③ 1500m³/h ④ 2000m³/h

해설 필요환기량

$Q = \dfrac{K}{P_i - P_o}$

Q : 필요환기량(m³/h)
K : 실내에서의 CO_2 발생량(m³/h)
P_i : CO_2 허용 농도(m³/m³)
P_o : 신선공기 CO_2 농도(m³/m³)

※ $K = 70$명 $\times 0.02$m³/h $= 1.4$m³/h
$P_i = 1000$ppm $= 0.1\%$ → 0.001(m³/m³)
$P_o = 0.03\%$ → 0.0003(m³/m³)

$\therefore$ 환기량 $Q = \dfrac{K}{P_i - P_o} = \dfrac{70 \times 0.02}{0.001 - 0.0003} = 2,000$m³/h

※ 1ppm $= 10^{-6}$(m³/m³)

12 온수난방에 관한 설명으로 옳지 않은 것은?

① 온수의 현열을 이용하여 난방하는 방식이다.
② 한랭지에서는 운전정지 중 동결의 우려가 있다.
③ 증기난방에 비해 예열시간이 짧아 간헐운전에 적합하다.
④ 증기난방에 비해 난방부하 변동에 따른 온도 조절이 용이하다.

해설

온수난방은 보유수량이 많아 예열시간이 길므로 연속난방(연속운전)에 적합하다.
※ 간헐난방(간헐운전) : 일시적으로 하는 난방으로서 간헐적으로 열을 공급하는 증기, 온풍 등의 난방방식에 적당하다.

13 다음 중 유리창에 의한 일사 냉방부하 산정과 가장 관계가 먼 것은?

① 방위 ② 유리면적
③ 차폐계수 ④ 열관류율

정답 11 ④ 12 ③ 13 ④

해설 유리로부터 일사취득열량

$q_{GR} = I_{gr} A_g k_s$

I_{gr} : 유리를 통해 투과 및 흡수의 형식으로 취득되는 표준 일사취득열량[W/m² · K]

A_g : 유리창의 면적(개시면적 포함) [m²]

k_s : 전차폐계수

☞ 차폐계수 : 일사를 차단하는 정도

☞ 유리의 일사부하계산 시 두께 3mm 보통유리를 차폐계수 기준값 1로 본다.

14 다음의 냉방부하 발생 요인 중 현열과 잠열 모두 갖는 것은?

① 인체발생열량
② 벽체로부터의 취득열량
③ 유리로부터의 취득열량
④ 덕트로부터의 취득열량

해설 냉방부하를 계산할 때 현열과 잠열을 동시에 계산해 주어야 할 부하요소

㉠ 극간풍(틈새바람)에 의한 취득열량
㉡ 인체의 발생열량
㉢ 기구로부터의 발생열량
㉣ 외기의 도입으로 인한 취득열량

15 다음의 습공기 선도상에서 공기의 상태점 A가 C로 변하는 상태변화를 무엇이라 하는가?

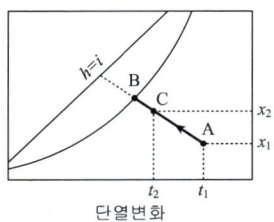

① 가열감습
② 가열가습
③ 냉각감습
④ 증발냉각

해설

열수분비(U) : 습공기를 가습할 경우 상태변화 과정을 나타내는 요소로 엔탈피 변화량과 절대습도의 변화량에 대한 비를 말한다.

열수분비(U) = 엔탈피의 변화량 / 절대습도의 변화량

※ 열수분비(U) : 증기 > 온수 > 순환수(단열)

☞ 순환수 분무가습(증발냉각) : 물을 순환 분무하면 수온은 입구공기의 습구온도와 같아지고 냉각가습 상태가 된다. 이 경우 엔탈피의 증감이 없는 단열변화가 된다.

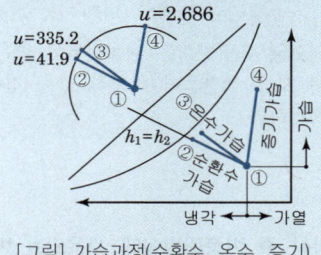

[그림] 가습과정(순환수, 온수, 증기)

16 기온, 습도, 기류의 3요소의 조합에 의한 실내 온열감각을 기온의 척도로 나타낸 것은?

① 작용온도(OT)
② 유효온도(ET)
③ 수정유효온도(CET)
④ 예상온냉감신고(PMV)

해설 유효온도 (ET: effective temperature)

㉠ 기온, 습도, 기류(풍속)의 3요소가 체감에 미치는 총합효과를 단일지표로 나타낸 것
㉡ 복사열에 대한 영향은 고려 안됨
※ 기류(풍속)의 상승은 유효온도를 감소시키는 원인이 된다.

17 다음 중 외주부(perimeter zone)의 부하변동에 가장 효과적으로 대응할 수 있는 공기조화 방식은?

① 단일덕트방식
② 각층 유닛방식
③ 팬코일 유닛방식
④ 멀티존 유닛방식

정답 14 ① 15 ④ 16 ② 17 ③

해설 팬코일 유닛방식(fan-coil unit system)

열부하의 증감에 따라서 송풍량을 조절하여 온, 습도를 유지하는 전수방식으로 실내형 소형 공조기라고 불린다.
㉠ 외주부(perimeter zone)에 설치하여 콜드 드래프트(cold draft)를 방지하며, 개별제어가 가능하다.
㉡ 덕트방식에 비해 유닛의 위치 변경이 쉽다.
㉢ 외기공급 및 가습, 제습장치가 별도로 필요로 하며 누수의 염려가 있다.
㉣ 외기량이 부족하여 실내공기의 오염 가능성이 높다.
㉤ 보수 및 점검 개소가 증가한다.
㉥ 용도 : 주택, 아파트, 사무실, 호텔의 객실(극장, 스튜디오에는 부적당)
☞ 팬코일 유닛방식은 재실인원이 적은 실에 부하변동이 크고 극간풍이 비교적 많은 경우 공조방식으로 적절하다.

18 공조방식 중 변풍량방식에 사용되는 변풍량 유닛에 관한 설명으로 옳지 않은 것은?
① 바이패스형은 덕트 내 정압변동이 없다.
② 유인유닛형은 실내의 2차 공기를 유인하므로 집진효과가 크다.
③ 교축형은 덕트 내의 정압변동이 크므로 정압 제어방식이 필요하다.
④ 교축형은 부하변동에 따라 송풍량을 변화시키고 송풍기를 제어하므로 동력이 절약된다.

해설
변풍량 유닛(VAV unit)에는 교축형(슬롯형), 바이패스형, 유인형이 있다.
㉠ 교축형(슬롯형) : 부하의 감소에 따라 급기량을 조절하는 방식으로 부하변동에 따라 송풍량을 변화시키고 송풍기를 제어하므로 동력이 절약된다. 덕트 내의 정압변동이 크므로 정압제어방식이 필요하다.
㉡ 바이패스형 : 부하가 감소하면 여분의 공기를 천장 속이나 환기덕트로 바이패스 시키는 방식으로 급기팬은 항상 정풍량 운전을 한다.
㉢ 유인형(유인유닛형) : 저온의 고압 1차 공기 또는 팬으로 고온의 실내 또는 천장 내 공기를 유인하여 부하에 따른 혼합비로 변화시켜 공급하는 방식이다. 난방 시에는 실내발생열을 열원으로 이용할 수 있으나 실내의 오염물 제거 성능이 낮다.

19 공기조화기의 가열코일 입구와 출구에서 공기의 상태값이 변화하지 않는 것은?
① 엔탈피   ② 상대습도
③ 건구온도   ④ 절대습도

해설
• 습공기를 가열 : 상대습도는 감소, 엔탈피와 비체적은 증가, 절대습도는 일정
• 습공기를 냉각 : 상대습도는 증가, 엔탈피와 비체적은 감소, 절대습도는 일정(과냉각시 절대습도는 감소)

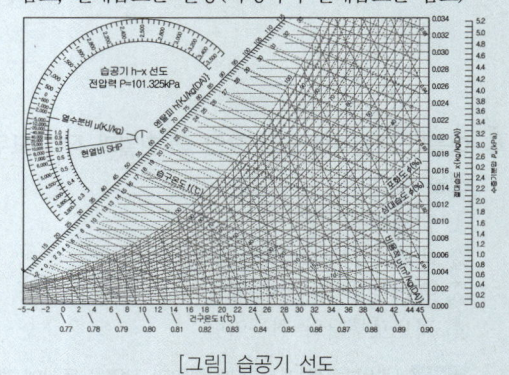

[그림] 습공기 선도

20 상당외기온도차(ETD, Equivalent Temperature Difference)에 관한 설명으로 옳은 것은?
① 난방부하의 계산에 있어서, 벽체를 통한 손실열량을 계산할 때 사용한다.
② 냉방부하의 계산에 있어서, 벽체를 통한 취득열량을 계산할 때 사용한다.
③ 벽체 외부에 흐르는 공기의 속도에 따른 열전달량을 고려한 온도차이다.
④ 주로 외기에 접하고 있지 않은 간막이 벽, 천장, 바닥 등으로부터 열전달량을 구하는데 사용한다.

해설
ETD : Equivalent Temperature Difference :
상당외기온도차 $\Delta te = te - tr$
일사를 받는 외벽이나 지붕과 같이 열용량을 갖는 구조체를 통과하는 열량을 산출하기 위해 외기 온도나 일사량을 고려하여 정한 근사적인 외기 온도이다.
※ 구조체를 통한 열손실량 즉, 열관류량
$Q = K \cdot A \cdot \Delta te$
여기서 Q : 열관류량(W) K : 열관류율(W/m²·K)
         A : 전열면적(m²) Δte : 상당외기온도차

정답 18 ② 19 ④ 20 ②

건축설비계획
2021년 제1회 과년도 출제문제

01 중앙식 급탕방식에 관한 설명으로 옳지 않은 것은?
① 배관에 의해 필요 개소에 급탕할 수 있다.
② 급탕 개소마다 가열기의 설치 스페이스가 필요하다.
③ 기구의 동시이용률을 고려하여 가열장치의 총용량을 적게 할 수 있다.
④ 호텔, 병원 등 급탕 개소가 많고 소요 급탕량도 많이 필요한 대규모 건축물에 채용된다.

해설
중앙식 급탕방식에서 열원장치는 일반적으로 공조설비와 겸용하여 설치되기 때문에 열원단가가 싸며, 기계실 등에 다른 설비 기계와 함께 가열장치 등이 설치되기 때문에 관리가 용이하다.

02 압력탱크방식 급수법에 관한 설명으로 옳은 것은?
① 취급이 비교적 쉽고 고장도 없다.
② 전력 차단 시에는 사용할 수 없다.
③ 항상 일정한 수압을 유지할 수 있다.
④ 고가탱크방식에 비하여 관리비용이 저렴하고 저양정의 펌프를 사용한다.

해설 압력탱크방식의 특징
㉠ 급수압이 일정하지 않다.
㉡ 부분적으로 고압이 필요한 곳에 적합하다.
㉢ 높은 압력에 견딜 수 있는 기밀수조의 설치 등으로 설비비가 많이 든다.
㉣ 공기압축기를 설치하여 수시로 공기를 보급하여야 한다.
㉤ 구조물 보강이 불필요하다.
㉥ 건물의 미관이 양호하다.
㉦ 단수 시에는 어느 정도 급수가 가능하나 고장률이 높다.
㉧ 압력수조의 설치위치에 제한을 받지 않는다.

03 다음 그림에서 Ⓐ부분의 통기관의 명칭은?

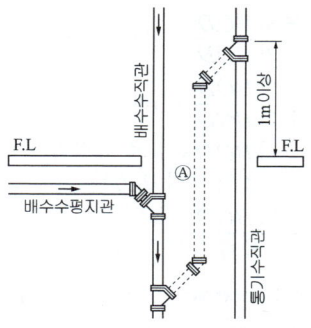

① 각개통기관   ② 신정통기관
③ 회로통기관   ④ 결합통기관

해설 결합통기관
㉠ 배수수직관이 길 경우 발생할 수 있는 배수수직관 내의 압력변화를 방지하기 위해 배수수직관과 통기수직관을 연결한 통기관
㉡ 통기 수직관에 접속하는 통기관으로 층수가 많을 경우에는 5개 층마다에 통기관을 취하는 방법이다.

04 수도직결방식 급수설비에서 수도본관에서 1층에 설치된 샤워기까지의 높이가 2m이고, 마찰손실 압력이 20kPa, 수도본관의 수압이 150kPa 인 경우 샤워기 입구에서의 수압은?
① 약 110kPa   ② 약 130kPa
③ 약 150kPa   ④ 약 170kPa

해설

수도본관의 압력 : $P_o \geq P + P_f + \dfrac{H}{100}$ [MPa]

P_0 : 수도본관의 압력[MPa] → 150kPa=0.15MPa
P : 수전 또는 기구의 필요압력[MPa]
P_f : 본관에서 기구에 이르는 사이의 저항[MPa]
→ 20kPa=0.02MPa
H : 기구의 높이[m] → 2m=0.02MPa

$P_o \geq P + P_f + \dfrac{H}{100}$

$0.15 = P + 0.02 + \dfrac{2}{100}$

∴ P=0.15-0.02-0.02=0.11MPa=110kPa
※ 100m=1.0MPa=1000kPa

정답 01 ② 02 ② 03 ④ 04 ①

05 BOD 제거율(%)의 산출 공식으로 옳은 것은?

① $\dfrac{\text{유출수의 } BOD}{\text{유입수의 } BOD} \times 100$

② $\dfrac{\text{유입수의 } BOD}{\text{유출수의 } BOD} \times 100$

③ $\dfrac{\text{유입수의 } BOD - \text{유출수의 } BOD}{\text{유입수의 } BOD} \times 100$

④ $\dfrac{\text{유출수의 } BOD - \text{유입수의 } BOD}{\text{유출수의 } BOD} \times 100$

해설 BOD(Biochemical Oxygen Demand)

오수 중의 분해 가능한 유기물이 용존 산소의 존재 하에 미생물의 작용에 의해 산화 분해되어 안정한 물질로 변해갈 때 소비하는 산소량

※ BOD 제거율
 ㉠ 오수처리설비의 성능을 나타내는 지표
 ㉡ BOD 제거율
  $= \dfrac{\text{유입수 } BOD - \text{유출수 } BOD}{\text{유입수 } BOD} \times 100(\%)$
 ㉢ BOD 제거율이 높을수록 고성능 정화조이다.

06 층류와 난류에 관한 설명으로 옳지 않은 것은?

① 층류영역에서 난류영역 사이를 천이영역이라고 한다.
② 층류에서 난류로 천이할 때의 유속을 평균 유속이라고 한다.
③ 레이놀즈 수에 의해 관내의 흐름이 층류인지 난류인지를 판별할 수 있다.
④ 유체 유동 중 층류는 유체분자가 규칙적으로 층을 이루면서 흐르는 것이다.

해설 레이놀즈 수(Reynold's Number)

$Re = \dfrac{Vd}{v}$

 Re : 레이놀즈 수
 V : 유체의 속도(m/s)
 d : 관경, 배관의 안지름(m)
 v : 유체의 동점성계수(m/s)

※ 유체의 속도, 관경에 비례하고, 동점성계수에 반비례한다.

㉠ 유체의 동점성계수 v는 유체의 성질을 나타내는 요소 중 하나인 점성계수(μ)를 그 유체의 밀도(ρ)를 나눈 값을 의미한다. ($v = \dfrac{\mu}{\rho}$)
㉡ 배관 내에 흐르는 유체의 경우 : 레이놀즈 수에 의한 층류, 난류 등의 판단 기준
㉢ 일반적으로 공기조화에서 다루게 되는 유체의 흐름은 난류가 된다.
($Re < 2000$: 층류역, $2000 < Re < 4000$: 천이구역, $Re > 4000$: 난류역)

07 물의 특성에 관한 설명으로 옳지 않은 것은?

① 물은 비압축성 유체이다.
② 물에는 체적의 탄성이 없다.
③ 물의 점성은 온도가 상승하면 감소한다.
④ 순수한 물이 얼게 되면 약 4%의 체적감소가 발생한다.

해설

대기압 하에서 0℃의 물이 0℃의 얼음으로 될 경우 체적이 9% 팽창한다.

☞ 순수한 물은 1기압 하에서 4℃일 때 밀도가 최대가 되며, 4℃의 물의 밀도는 1[kg/L]이지만 100℃까지 상승하면 0.958634[kg/L]가 되므로 그 사이에 팽창한 체적의 비율은 $(1/0.958634 - 1/1) \times 100 = 4.315\%$이다.

08 내경이 150mm인 직선 배관에 0.06m³/sec의 물이 흐를 때, 배관길이가 50m일 경우 관내 마찰손실수두는? (단, 마찰손실계수 f=0.03)

① 1.2m
② 3.4m
③ 5.9m
④ 11.8m

정답 05 ③ 06 ② 07 ④ 08 ③

해설

㉠ 관내 유속

$Q = Av$ 에서 $v = \dfrac{Q}{A}$

$A = \dfrac{\pi d^2}{4}$ 이므로

단면적 : $A[m^2]$, 유속 : $v[m/s]$, 유량 : $Q[m^3/s]$

$v = \dfrac{Q}{\dfrac{\pi d^2}{4}} = \dfrac{0.06}{\dfrac{3.14 \times 0.15^2}{4}} = 3.4 \, m/s$

㉡ 마찰손실수두(H_f)

$H_f = \lambda \cdot \dfrac{L}{d} \cdot \dfrac{v^2}{2g}$ [mAq]

여기서, H_f : 길이 1m의 직관에 있어서의 마찰손실 수두(mAq)
  λ : 관마찰계수
  g : 중력가속도(9.8m/sec²)
  d : 관의 내경(m)
  L : 직관의 길이(m)
  v : 관내 평균 유속(m/s)

$\therefore H_f = \lambda \cdot \dfrac{L}{d} \cdot \dfrac{v^2}{2g} = 0.03 \times \dfrac{50}{0.15} \times \dfrac{3.4^2}{2 \times 9.8}$
$= 5.897 \fallingdotseq 5.9 \, m$

---

09 다음 중 간접배수로 하지 않아도 되는 것은?

① 세탁기에서의 배수
② 세면기에서의 배수
③ 냉각탑에서의 배수
④ 식기세정기에서의 배수

해설 직접배수와 간접배수

㉠ 직접배수 : 위생기구와 배수관이 연결된 일반 위생기구에서의 배수
㉡ 간접배수 : 냉장고, 제빙기, 세탁기, 음료기, 식기세척기, 공기정화기 등에서의 배수방식으로 기구의 오염을 막기 위해 일반배수관으로 직접 연결하지 않고, 물받이 사이에 공간을 두어 공기 중에 노출시켰다가 배수관으로 흘려보내는 배수이다.

---

10 음에 관한 설명으로 옳지 않은 것은?

① 음의 높이는 음의 주파수에 따라 달라진다.
② 음의 크기는 진폭이 큰 음의 진폭이 작은 음 보다 크게 느껴진다.
③ 음의 크기를 객관적인 물리적 양의 개념으로 표현하기 위한 단위로 손(sone)이 있다.
④ 큰 소리와 작은 소리를 동시에 들을 때 큰 소리만 들리고 작은 소리는 들리지 않는 현상을 마스킹 효과(masking effect)라고 한다.

해설 음의 크기를 정하는 3가지 단위

㉠ 데시벨(dB) : 음압 측정 비교
㉡ 폰(phon) : 청각의 감각량으로서 음의 크기 레벨의 단위(주관적인 척도)
㉢ 손(sone) : 청각의 감각량으로서 음의 감각적 크기를 보다 직접적으로 표시하기 위한 단위
※ 손(sone)값을 2배로 하면 음의 크기는 2배로 감지된다. (40폰의 값은 1손의 값과 똑같은 기준점이 된다.)
1손(sone)은 40폰(phon)에 해당되며 손(sone)값을 2배로 하면 10phone씩 증가한다.
(1손=40phon, 2손=50phon, 4손=60phon…)

---

11 습공기의 건구온도와 습구온도를 알 경우 습공기선도 상에서 파악할 수 없는 것은?

① 비체적   ② 노점온도
③ 열수분비   ④ 수증기분압

해설 습공기 선도

㉠ 습공기선도를 구성하는 요소 : 건구온도, 습구온도, 노점온도, 절대습도, 상대습도, 수증기분압, 비체적, 엔탈피, 현열비 등
㉡ 습공기선도를 구성하는 있는 요소들 중 2가지만 알면 나머지 모든 요소들을 알아낼 수 있다.
㉢ 습공기의 상태변화에 따른 열량변화를 파악할 수 있다.

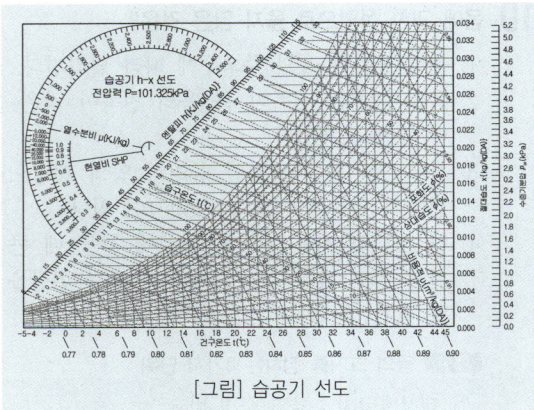

[그림] 습공기 선도

12 다음과 같은 조건에서 실체적 3000m³인 어떤 실의 틈새바람에 의한 냉방부하는?

┌─ 조건 ─
- 환기횟수=0.5회/h
- 외기의 온도 $t_o = 32℃$
- 실내공기의 온도 $t_i = 26℃$
- 외기의 절대습도 $x_o = 0.018 kg/kg'$
- 실내공기의 절대습도 $x_i = 0.011 kg/kg'$
- 공기의 밀도=1.2kg/m³
- 공기의 정압비열=1.01kJ/kg·K
- 0℃에서 물의 증발잠열=2501kJ/kg

① 약 2592W   ② 약 7560W
③ 약 11784W ④ 약 14523W

해설

① 먼저, 환기량을 구한다.
$Q = nV = 0.5 × 3000 = 1500 m^3/h$
Q : 환기량(m³/h) n : 환기회수(회/h)
V : 실용적(m³)

② 현열부하(q_s) = $GC\Delta t$ [kJ/h] = $\rho QC\Delta t$ [kJ/h]
= 1.2×1500×1.01×(32-26) = 10908 [kJ/h]

③ 잠열부하(q_L) = $GL\Delta x$ [kJ/h] = $\rho QC\Delta x$ [kJ/h]
= 1.2×1500×2501×(0.018-0.011)
= 31512.6 [kJ/h]

∴ 외기부하 = 현열부하+잠열부하 = 10908+31512.6
= 424206.6 kJ/h = 11783.5W

※ $G(kg/h) = \rho(1.2kg/m^3) \cdot Q(m^3/h) = 1.2Q(kg/h)$
※ 1W = 1J/s = 3,600J/h = 3.6kJ/h

13 냉방부하의 발생요인 중 현열부하만 발생하는 것은?

① 인체의 발생열량
② 유리로부터의 취득열량
③ 극간풍에 의한 취득열량
④ 외기의 도입에 의한 취득열량

해설 냉방부하 계산

① 현열 부하만 계산 : 벽체로부터의 취득열량, 유리로부터의 취득열량, 조명 및 기기로부터의 취득열량, 재열부하, 송풍기와 덕트로부터의 취득열량
② 현열과 잠열을 동시에 계산해 주어야 할 부하요소
  ㉠ 극간풍(틈새바람)에 의한 취득열량
  ㉡ 인체의 발생열량
  ㉢ 기구로부터의 발생열량
  ㉣ 외기의 도입으로 인한 취득열량

14 벽체의 열관류율에 관한 설명으로 옳지 않은 것은?

① 열관류율이 높을수록 단열성능이 좋다.
② 벽체 구성재료의 열전도율이 높을수록 열관류율은 커진다.
③ 벽체에 사용되는 단열재의 두께가 두꺼울수록 열관류율이 낮아진다.
④ 열관류율이 높을수록 외벽의 실내측 표면에 결로 발생 우려가 커진다.

해설

열관류율이 높을수록 단열성능은 떨어진다.
건물에 있어 에너지 절약대책으로 벽, 천장 등의 재료는 열관류율이 낮은 것, 열관류저항이 큰 것으로 사용하는 것이 열적으로 유리하다.(결로방지 대책)
※ 열전달률, 열전도율, 열관류율이 클수록 결로현상은 심하다.

15 습공기에 관한 설명으로 옳은 것은?

① 습공기를 가열하면 상대습도가 증가한다.
② 습공기를 가열하면 상대습도가 감소한다.
③ 습공기를 가열하면 절대습도가 증가한다.
④ 습공기를 가열하면 절대습도가 감소한다.

정답 12 ③   13 ②   14 ①   15 ②

해설
- 습공기를 가열하였을 경우 : 상대습도는 감소, 습구온도는 상승, 엔탈피와 비체적은 증가, 절대습도는 일정
- 습공기를 가습하였을 경우 : 상대습도는 증가, 습구온도는 상승, 노점온도와 엔탈피와 비체적은 높아진다.

16 온도 35℃의 외기 30%와 26℃의 환기 70%를 단열혼합하는 경우 혼합공기의 온도는?
① 27.9℃ ② 28.7℃
③ 30.5℃ ④ 32.3℃

해설 단열혼합

혼합공기 온도
$$t_m = \frac{G_1 t_1 + G_2 t_2}{G_1 + G_2} = \frac{30 \times 35 + 70 \times 26}{30 + 70} = 27.8℃$$

17 덕트 부속기기 중 스플릿 댐퍼에 관한 설명으로 옳지 않은 것은?
① 주덕트의 압력강하가 적다.
② 정밀한 풍량조절이 용이하다.
③ 폐쇄용으로는 사용이 곤란하다.
④ 분기부에 설치하여 풍량조절용으로 사용된다.

해설 스플릿 댐퍼(split damper)
㉠ 덕트의 분기부에 설치하여 풍량조절용으로 사용된다.
㉡ 구조가 간단하며 주덕트의 압력강하가 적다.
㉢ 정밀한 풍량조절은 불가능하며 누설이 많아 폐쇄용으로 사용이 곤란하다.

18 유체의 흐름이 밸브의 아래에서 위로 흐르며 유량조절용으로 사용되는 밸브는?
① 볼밸브 ② 체크밸브
③ 게이트밸브 ④ 글로브밸브

해설
㉠ 글로브 밸브(globe valve) : 유체의 흐름이 밸브의 아래에서 위로 흐르며 유량조절용으로 사용되는 밸브로 유체의 저항손실이 가장 크다. 일명 스톱 밸브(stop valve)라고도 한다.
㉡ 슬루스 밸브(sluice valve) : 밸브의 통로에 변화가 없어 유체의 저항손실이 가장 적다. 일명 게이트 밸브(gate valve)라고도 한다.

19 공기의 가습에 관한 설명으로 옳은 것은?
① 온수를 분사하면 공기온도는 올라간다.
② 스팀을 계속 분사하면 상대습도가 100%를 초과하게 된다.
③ 초음파 가습기로 분무할 경우 공기온도는 변화하지 않는다.
④ 공기온도와 같은 순환수로 가습할 경우, 공기의 엔탈피 변화는 거의 없다.

해설 순환수 분무가습(증발냉각)
물을 순환 분무하면 수온은 입구공기의 습구온도와 같아지고 냉각가습 상태가 된다. 이 경우 엔탈피의 증감이 없는 단열변화가 된다.
※ 열수분비(U) : 증기 > 온수 > 순환수(단열)

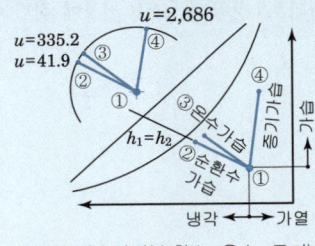

[그림] 가습과정(순환수, 온수, 증기)

정답 16 ② 17 ② 18 ④ 19 ④

20 공기조화방식 중 유인유닛방식에 관한 설명으로 옳지 않은 것은?
① 각 유닛마다 수배관을 해야 하므로 누수의 우려가 있다.
② 고속덕트를 사용하므로 덕트 스페이스를 작게 할 수 있다.
③ 각 유닛마다 제어가 가능하므로 개별실 제어가 가능하다.
④ 중앙공조기는 1차, 2차 공기를 처리해야 하므로 규모가 커야 한다.

해설 유인유닛방식(induction unit system)
1차 공기는 중앙유닛(1차 공기조화기)에서 냉각 감습되고, 고속덕트에 의하여 각 실에 마련된 유인유닛에 보내고, 여기서 유닛으로부터 분출되는 기류에 의하여 실내 공기를 유인하고 유닛의 코일을 통과시키는 방식이다.(공기수식)
① 특징
  ㉠ 중앙공조기는 1차 공기만 처리하므로 규모를 작게 할 수 있다.
  ㉡ 고속덕트를 사용하므로 덕트 면적을 절감할 수 있다.
  ㉢ 유닛마다 제어가 가능하므로 개별실 제어가 가능하다.
  ㉣ 유인유닛에는 동력(전기)배선이 필요없다.
  ㉤ 수배관이 있어 누수의 우려가 있다.
② 용도 : 중간 규모 이상의 방이 많은 사무실, 호텔, 아파트, 병원 등 고층 건물에 적합하다.

건축설비계획
2021년 제2회 과년도 출제문제

01 다음 중 간접배수로 하여야 하는 것은?
① 세면기   ② 대변기
③ 소변기   ④ 식기세정기

해설 직접배수와 간접배수
㉠ 직접배수 : 위생기구와 배수관이 연결된 일반 위생기구에서의 배수
㉡ 간접배수 : 냉장고, 제빙기, 세탁기, 음료기, 식기세척기, 공기정화기 등에서의 배수방식으로 기구의 오염을 막기 위해 일반배수관으로 직접 연결하지 않고, 물받이 사이에 공간을 두어 공기 중에 노출시켰다가 배수관으로 흘려보내는 배수이다.

02 직관내의 마찰손실수두와 관련된 다르시-와이스바하의 식에서 유체의 흐름이 층류일 경우 마찰계수 λ는? (단, Re는 레이놀즈수)
① $\lambda = \dfrac{32}{Re}$ ② $\lambda = \dfrac{64}{Re}$
③ $\lambda = \dfrac{Re}{32}$ ④ $\lambda = \dfrac{Re}{64}$

해설 다르시-와이스바하의 식
유체 흐름이 층류일 경우 마찰계수 $\lambda = \dfrac{64}{Re}$ 이며 레이놀즈수에 반비례관계를 가진다.

03 동관의 관의 두께에 따른 분류에 속하지 않는 것은?
① K형   ② L형
③ M형   ④ N형

해설 동관의 관의 두께별에 따른 분류
두께가 두꺼울수록 고압에 사용한다. 두께는 K형, L형, M형 순이다.
㉠ K(Heavy wall) : 의료 및 고압배관에 사용
㉡ L(Medium wall) : 의료, 급배수, 급탕, 냉난방, 가스배관에 사용
㉢ M(Light wall) : 의료, 급배수, 급탕, 냉난방, 가스배관에 사용

정답 20 ④ / 01 ④ 02 ② 03 ④

04 생물학적 오수처리방법 중 활성오니법에 속하는 것은?
① 접촉산화방식 ② 살수여상방식
③ 장기간폭기방식 ④ 회전원판접촉방식

해설 오수처리시설 처리공법

오수처리시설은 침전, 호기성 또는 혐기성 분해 등의 방법에 의하여 분뇨와 생활하수를 함께 처리하는 시설로서 오수처리시설 처리공법에는 다음과 같이 분류하고 있다.
① 호기성 생물학적 처리공법
  ㉠ 활성오니법 : 표준 활성오니 방법, 장기폭기방법, 접촉안정방법
  ㉡ 고정미생물 방법(생물막법) : 접촉산화방법, 살수여상방법, 회전원판접촉방법
② 물리적 처리공법 : 임호프탱크 방법

05 직경 100mm의 강관에 24m³/min의 물을 통과시킬 때 강관 내의 평균 유속은?
① 2.4m/s ② 4.2m/s
③ 5.1m/s ④ 7.2m/s

해설

$Q = Av$ 에서 $v = \dfrac{Q}{A}$

$A = \dfrac{\pi d^2}{4}$ 이므로

단면적 : $A[\text{m}^2]$, 유속 : $v\,[\text{m/s}]$, 유량 : $Q[\text{m}^3/\text{s}]$

$v = \dfrac{Q}{\dfrac{\pi d^2}{4}} = \dfrac{\dfrac{2.4}{60}}{\dfrac{3.14 \times 0.1^2}{4}} = 5.1\text{m/s}$

06 국소식 급탕방식에 관한 설명으로 옳은 것은?
① 배관 및 기기로부터의 열손실이 중앙식보다 많다.
② 배관에 의해 필요 개소 어디든지 급탕할 수 있다.
③ 건물 완공 후에도 급탕 개소의 증설이 중앙식보다 쉽다.
④ 기구의 동시이용률을 고려하므로 가열장치의 총용량을 적게 할 수 있다.

해설 개별식(국소식) 급탕방식

㉠ 배관설비 거리가 짧고, 배관 중의 열손실이 적다.
㉡ 수시로 더운 물을 사용할 수 있으며, 고온의 물을 필요시 쉽게 얻을 수 있다.
㉢ 급탕 개소가 적을 경우 시설비가 싸게 든다.
㉣ 주택 등에서는 난방 겸용의 온수보일러를 이용할 수 있다.
㉤ 급탕 개소마다 가열기의 설치공간이 필요하다.
㉥ 주택, 중소 여관, 작은 사무실 등 급탕 개소가 적은 건축물에 적합하다.

07 급수방식에 관한 설명으로 옳은 것은?
① 수도직결방식은 단수 시에도 지속적인 급수가 가능하다.
② 압력수조방식은 전력 차단 시에도 지속적인 급수가 가능하다.
③ 펌프직송방식에서 변속방식은 펌프의 회전수를 제어하는 방식이다.
④ 고가수조방식은 고층으로의 급수가 불가능하다는 단점이 있다.

해설

① 수도직결방식은 정전 시에도 급수를 계속 할 수 있다.
② 압력수조방식은 정전 시에 사용할 수 없다.
④ 고가수조방식은 상수를 일단 지하 저수탱크에 저수시킨 다음 급수가압펌프로 옥상 등에 설치된 탱크로 송수하여 중력으로 필요한 곳에 급수하는 방식으로 대규모의 급수 수요에 쉽게 대응할 수 있다.
※ 펌프직송방식(탱크없는 부스터 방식, Tankless booster system)은 물을 지하실 등의 저수탱크에 물을 받은 후 자동급수펌프에 의하여 수전까지 직송하는 방식으로 정교한 제어가 필요하며 정전시 급수가 불가능하다.
㉠ 상향공급방식이 일반적이다.
㉡ 전력공급이 중단되면 급수가 불가능하다.
㉢ 적절한 대수분할, 압력제어 등에 의해 에너지절약을 꾀할 수 있다.
☞ 펌프직송 급수방식에서는 에너지 절약과 운전비 및 동력비를 절감하기 위하여 변속 펌프를 설치한다.

정답 04 ③ 05 ③ 06 ③ 07 ③

08 급탕배관에서 일반적으로 환탕관의 관경은 급탕관 관경의 얼마 정도로 하는가?
① 1/3 ② 1/2
③ 2배 ④ 3배

해설 급탕관의 관경 결정

급탕관의 관경은 급수설비의 관경 계산 방법과 동일한 방법으로 구한다.
급탕관은 금속의 부식을 고려하여 내식성 재료를 사용하는 것이 좋다.

[표] 급탕관과 반탕관의 관경

급탕관경[mm]	25	32	40	50	65	75	100
반탕관경[mm]	20	20	25	32	40	40	50

※ 반탕관(급탕환수관)은 급탕 공급 후 남은 물이 다시 되돌아오는 물로 급탕공급관보다 온도가 떨어진 상태로 되돌아오므로 급탕관과 반탕관으로부터의 열손실과 급탕관과 반탕관의 온도차로부터 순환수량에 의해 구하며 급탕관보다 한 치수 작은 것으로 한다.
보통 반탕관(환탕관)은 급탕관 관경의 1/2~2/3 정도로 하며 급탕관의 관경에 따라 다르다.

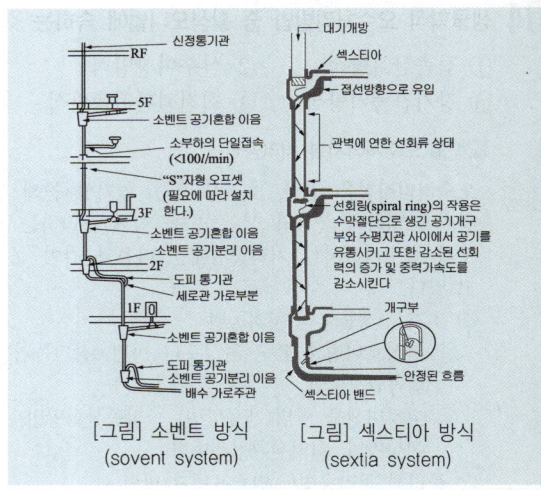

[그림] 소벤트 방식 (sovent system)   [그림] 섹스티아 방식 (sextia system)

09 배수통기방식 중 공기혼합이음쇠(aerator fitting)를 사용하는 방식은?
① 소벤트(sovent)식
② 결합통기방식
③ 루프통기방식
④ 각개통기방식

해설 특수통기방식-배수와 통기 겸용(신정통기관+특수이음쇠)

㉠ 소벤트 방식(sovent system) : 하나의 배수수직관으로 배수와 통기를 겸하는 시스템으로 2개의 특수 이음쇠 사용[공기혼합이음쇠(aerator fitting), 공기분리이음쇠(deaerator fitting)]한다.
㉡ 섹스티아 방식(sextia system) : sextia 이음쇠와 sextia 벤트관을 사용하여 유수에 선회력을 주어 공기 코어를 유지시켜 하나의 관으로 배수와 통기를 겸하는 시스템으로 배수관경이 적어도 되며 소음이 적다.

10 다음 설명에 알맞은 유체 정역학 관련 이론은?

밀폐된 용기에 넣은 유체의 일부에 압력을 가하면, 이 압력은 모든 방향으로 동일하게 전달되어 벽면에 작용한다.

① 파스칼의 원리
② 피토관의 원리
③ 베르누이의 정리
④ 토리첼리의 정리

해설 파스칼의 원리(Pascal's principle)

유체(기체나 액체) 역학에서 밀폐된 용기 내에 정지해 있는 유체의 어느 한 부분에서 생기는 압력의 변화가 유체의 다른 부분과 용기의 벽면에 손실 없이 전달된다는 원리를 말하며 파스칼의 법칙이라고도 한다.

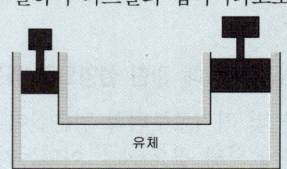

정답 08 ② 09 ① 10 ①

11 바닥면에서 1m의 위치에 중성대가 있는 실에서 바닥면상 2m 지점에서의 실내외 압력차는? (단, 실내공기의 밀도는 1.2kg/m³이며, 실외공기의 밀도는 1.25kg/m³이다.)
① 실내가 0.1mmAq 높다.
② 실외가 0.1mmAq 높다.
③ 실내가 0.05mmAq 높다.
④ 실외가 0.05mmAq 높다.

[해설]
$\triangle P = \triangle \rho \cdot g \cdot \triangle h$
$= (1.25 - 1.2) \times 9.8 \times (2-1)$
$= 0.49\text{Pa} = 0.5\text{Pa} \rightarrow 0.05\text{mmAq}$
※ 1Pa = 0.1mmAq

12 공기조화방식 중 전공기 방식의 일반적인 특징으로 옳은 것은?
① 덕트 스페이스가 필요하다.
② 실내공기의 오염이 심하다.
③ 실내에 누수의 염려가 많다.
④ 중간기에 외기냉방을 할 수 없다.

[해설] 전공기 방식 (all air system)
① 종류 : 단일덕트방식(정풍량방식, 변풍량방식), 이중덕트방식, 멀티존유닛방식, 각층유닛방식
② 장점
  ㉠ 송풍량이 많아 실내공기오염이 적다.
  ㉡ 중간기에 외기냉방이 가능하다.
  ㉢ 실내유효면적 증가
  ㉣ 실내에 배관으로 인한 누수의 염려가 없다.
  ㉤ 폐열회수장치 사용이 용이하다.(전열교환기 등의 설치)
③ 단점
  ㉠ 큰 덕트 스페이스가 필요하다.
  ㉡ 팬의 소요동력(반송동력)이 크다.
  ㉢ 공조실이 넓어야 한다.

13 다음과 같은 조건에 있는 체적이 200m³인 실의 겨울철 환기횟수가 0.5회/h일 때 실내로 들어오는 틈새바람에 의한 현열손실량은?

[조건]
• 실내온도 20℃, 외기온도 −10℃
• 공기의 밀도 1.2kg/m³
• 공기의 비열 1.01kJ/kg·K

① 337W
② 1010W
③ 1212W
④ 3636W

[해설]
틈새바람(극간풍)에 의한 난방부하=현열부하+잠열부하
여기에서는 현열부하만을 구하는 것이므로
현열부하 $q_{IS} = GC(t_0 - t_i)$ [kJ/h]
$= \rho QC(t_0 - t_i)$ [kJ/h]
$= \rho n VC(t_0 - t_i)$ [kJ/h]
$= 1.2 \times (0.5 \times 200) \times 1.01(20-(-10))$
$= 36360$ [kJ/h] = 1010W

14 냉·난방부하 계산에 관한 설명으로 옳지 않은 것은?
① 투습으로 인한 열부하는 매우 작기 때문에 일반적으로 부하계산에서 제외한다.
② 유리창 종류와 블라인드 유무에 따라 달라지는 차폐계수는 그 최대값이 1.0이다.
③ 작업상태가 동일한 경우 인체로부터의 발생열량은 실내건구온도가 높을수록 현열량과 잠열량 모두 커진다.
④ 태양으로부터의 일사 열부하는 냉방부하 계산에서는 포함되나, 난방부하 계산에서는 제외되는 것이 일반적이다.

[해설]
인체에서는 인체와 실내공기의 온도차에 의한 현열과 호흡 또는 땀에 의한 잠열이 발생하여 실내의 온도·습도를 높이는 원인이 된다. 일반적으로 난방부하에서는 무시하고 주로 냉방부하에서 계산하며 실내온도가 높아질수록 수분의 발생이 많아 잠열량이 증가하고, 재실자의 작업상태가 활발할수록 발생열은 증가한다.

정답 11 ③ 12 ① 13 ② 14 ③

15 다음 습공기선도상에서 화살표 방향(A → B)으로 공기의 상태가 변화하는 것을 무엇이라고 하는가?

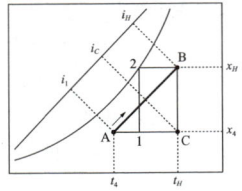

① 가열감습변화   ② 가열가습변화
③ 냉각감습변화   ④ 냉각가습변화

해설
습공기선도상에서 화살표 방향(A → B)은 현열가열 잠열가습의 과정이다.

16 공기조화방식 중 단일덕트 변풍량방식의 구성기기에 속하지 않는 것은?

① V.A.V Unit
② 실내 서모스탯
③ 냉온풍 혼합상자
④ 송풍량 조절기기

해설 이중덕트방식(double duct system)
전공기방식에 속하며, 냉풍과 온풍을 각각 별개의 덕트를 통해 각 실이나 존으로 송풍하고, 냉·난방 부하에 따라 냉풍과 온풍을 혼합상자에서 혼합하여 취출시키는 공기조화 방식이다.
열매가 공기이므로 실온변화에 대한 응답이 빠르다.
냉·온풍의 혼합으로 인한 혼합손실이 있어서 에너지 다소비형 방식이다.

17 공기조화방식의 열운송 동력의 크기 순서가 옳게 나열된 것은?

① 전공기방식 > 전수방식 > 공기·수방식
② 공기·수방식 > 전수방식 > 전공기방식
③ 전공기방식 > 공기·수방식 > 전수방식
④ 전수방식 > 공기·수방식 > 전공기방식

해설 공기조화방식의 열운송 동력의 크기 순서
전공기방식 > 공기·수방식 > 전수방식
※ 전공기식은 큰 덕트 스페이스가 필요하며, 팬의 소요동력(반송동력)이 크다.
전수방식은 덕트 스페이스가 필요 없으며, 열운반 동력이 작다.

18 실내에 80W 용량의 형광등이 30개 있다. 조명 점등률을 50%라고 하면 조명기구로부터의 취득열량은?
(단, 안정기는 실내에 있으며 발열계수는 1.2로 한다.)

① 1000W   ② 1200W
③ 1440W   ④ 2400W

해설 조명기구의 발생열량(q_E)
㉠ 백열등 : $q_E = W \cdot f$ [W]
㉡ 형광등 : $q_E = W \cdot f \times 1.2$ [W]
여기서, q_E : 조명기구로부터의 취득열량
W : 조명기구의 소비전력[W]
f : 조명기구의 사용률(점등률)
1.2 : 형광등인 경우 안정기 발열량 20% 할증
∴ $q_E = W \cdot f \times 1.2$
$= (80 \times 30) \times 0.5 \times 1.2 = 1440$ [W]

19 밸브를 완전히 열면 유체 흐름의 단면적 변화가 없기 때문에 마찰 저항이 적어서 흐름의 단속용으로 사용되는 밸브로, 게이트 밸브(gate valve)라고도 불리는 것은?

① 앵글 밸브   ② 체크 밸브
③ 글로브 밸브   ④ 슬루스 밸브

해설 밸브의 종류
㉠ 게이트 밸브(gate valve) : 밸브의 통로에 변화가 없어 유체의 저항손실이 가장 적다. 일명 슬루스 밸브(sluice valve)라고도 한다.
㉡ 글로브 밸브(globe valve) : 유체의 저항손실이 가장 크다. 일명 스톱 밸브(stop valve)라고도 한다.

정답 15 ②   16 ③   17 ③   18 ③   19 ④

ⓒ 체크 밸브(check valve : 역지밸브)
- 유체의 흐름을 한쪽 방향으로만 흐르게 할 때 쓰인다.
- 리프트형(수평배관), 스윙형(수평, 수직배관)이 있다.

ⓔ 앵글밸브(angle valve) : 글로브 밸브의 일종으로 유체의 입구와 출구가 이루는 각이 90°이다.

ⓜ 플래시 밸브(flush valve) : 급수관에 직결하여 한 번 플래시 밸브를 누르면 일정량의 물이 나온 다음에 자동적으로 잠겨지도록 되어 있는 것으로 대·소변기에 사용된다.

20 건구온도 20℃, 절대습도 0.012kg/kg′인 습공기의 엔탈피(kJ/kg)는? (단, 건공기의 정압비열=1.01kJ/kg·K, 0℃에서 포화수의 증발잠열=2501kJ/kg, 수증기의 정압비열=1.85kJ/kg·K)

① 24.2　　② 32.6
③ 48.4　　④ 50.7

해설 습공기의 엔탈피(i)

엔탈피 : 0℃일 때 건공기의 엔탈피를 0으로 하여 습공기 1kg이 지니고 있는 열량으로 나타낸다.

$i = C_{pa} \cdot t + (\gamma_0 + C_{pw} \cdot t) \cdot x$
$= 1.01t + (2501 + 1.85t)x$

　i : 엔탈피[kJ/kg(DA)]
　t : 온도[℃]
　x : 절대습도[kg/kg′]
　C_{pa} : 건공기의 정압비열(1.01kJ/kg·K)
　C_{pw} : 수증기의 정압비열(1.85kJ/kg·K)
　γ_0 : 0℃ 포화수의 증발잠열(2501kJ/kg)

∴ $i = 1.01t + (2501 + 1.85t)x$
　$= 1.01 \times 20 + (2501 + 1.85 \times 20) \times 0.012$
　$= 50.7$kJ/kg(DA)

건축설비계획
2021년 제3회 과년도 출제문제

01 급탕방식 중 기수혼합식에 관한 설명으로 옳은 것은?
① 물을 열원으로 사용한다.
② 열효율이 낮다는 단점이 있다.
③ 공장의 목욕탕 등에 적합하다.
④ 소음이 적어 사일렌서를 사용할 필요가 없다.

해설 기수혼합식(열매혼합식) 급탕

ⓐ 보일러에서 발생한 증기를 저탕조에 직접 불어넣어 온수를 만드는 방법
ⓑ 소음이 생기는 결점이 있고, 계속 새로운 물을 보급하므로 보일러에 미치는 영향도 커서 많이 사용하지 않는다.
ⓒ 열효율은 100%이지만 소음을 줄이기 위해 증기압 0.1~0.4MPa의 스팀 사일런서(steam silencer)를 사용한다.
ⓓ 용도 : 병원, 공장 등 대규모 급탕용

02 급수방식에 관한 설명으로 옳지 않은 것은?
① 압력탱크방식에서는 저수조가 필요하다.
② 압력탱크방식은 급수압력에 변동이 없는 것이 특징이다.
③ 고가탱크방식은 다른 방식에 비해 수질 오염에 취약하다.
④ 고가탱크방식에서는 중력식으로 각 기구에 급수가 이루어진다.

해설 압력탱크방식의 특징

ⓐ 급수공급압력의 변화가 심하고 취급이 까다롭다.
ⓑ 부분적으로 고압이 필요한 곳에 적합하다.
ⓒ 높은 압력에 견딜 수 있는 기밀수조의 설치 등으로 설비비가 많이 든다.
ⓓ 공기압축기를 설치하여 수시로 공기를 보급하여야 한다.
ⓔ 구조물 보강이 불필요하다.
ⓕ 건물의 미관이 양호하다.
ⓖ 단수 시에는 어느 정도 급수가 가능하나 고장률이 높다.
ⓗ 압력수조의 설치위치에 제한을 받지 않는다.

정답　20 ④　/　01 ③　02 ②

03 먹는물의 수소이온농도 기준으로 옳은 것은? (단, 샘물, 먹는샘물 및 먹는물공동시설의 물이 아닌 경우)

① pH 4.8 이상 pH 8.4 이하
② pH 4.8 이상 pH 8.5 이하
③ pH 5.8 이상 pH 8.4 이하
④ pH 5.8 이상 pH 8.5 이하

해설
먹는물의 수소이온농도 기준 : pH 5.8 이상 pH 8.5 이하
※ pH(수소이온농도) : 수용성 또는 어떤 용액의 산성도나 염기도를 나타내는 정량적인 척도

04 다음 설명에 알맞은 통기관의 종류는?

> 배수수직관에서 최상부의 배수수평관이 접속한 지점보다 더 상부 방향으로 그 배수수직관을 지붕 위까지 연장하여 이것을 통기관으로 사용하는 관을 말한다.

① 신정통기관　　② 결합통기관
③ 각개통기관　　④ 공용통기관

해설 신정통기관
㉠ 배수 입상관의 끝부분을 연장하여 대기 중에 개방하는 통기관이다.
㉡ 가장 단순하고 경제적이다.
㉢ 그 층의 기구가 1~2개이고, 또 기구의 위치가 배수수직관에 가까우면 신정통기관만으로도 통기가 가능하다.

05 간접가열식 급탕법에 관한 설명으로 옳지 않은 것은?

① 대규모의 급탕설비에 사용할 수 없다.
② 보일러 내면에 스케일의 발생이 적다.
③ 가열 보일러를 난방용 보일러와 겸용할 수 있다.
④ 가열 보일러로 저압 보일러를 사용해도 되는 경우가 많다.

해설 중앙식 급탕법의 직접가열식과 간접가열식의 비교

구분	직접 가열식	간접 가열식
보일러	급탕용보일러, 난방용보일러 각각 설치	난방용 보일러로 급탕까지 가능
보일러내의 스케일	많이 낀다.	거의 끼지 않는다.
보일러내의 압력	고압	저압
규모	소규모 건축물	대규모 건축물
저탕조내의 가열코일	불필요	필요

06 물의 경도에 관한 설명으로 옳지 않은 것은?

① 경도의 표시는 도(度) 또는 ppm이 사용된다.
② 경도가 큰 물을 경수, 경도가 낮은 물을 연수라고 한다.
③ 일반적으로 물이 접하고 있는 지층의 종류와 관계없이 지표수는 경수, 지하수는 연수로 간주된다.
④ 물의 경도는 물 속에 녹아있는 칼슘, 마그네슘 등의 염류의 양을 탄산칼슘의 농도로 환산하여 나타낸 것이다.

해설
일반적으로 지표수는 연수, 지하수는 경수로 간주하지만, 물이 접하고 있는 지층의 종류에 따라 좌우된다.
※ 물의 경도(硬度)
　물 속에 녹아 있는 칼슘(Ca), 마그네슘(Mg) 등의 양을 이것에 대응하는 탄산칼슘($CaCO_3$)의 100만분율(ppm : parts per million)로 환산하여 표시한 것

분류	$CaCO_3$의 함유량	특징
극연수 (極軟水)	0ppm	증류수나 멸균수로서 연관이나 황동관을 부식
연수(軟水)	90ppm 이하	세탁, 염색, 보일러용에 적합
적수(適水)	90~110ppm	
경수(硬水)	110ppm 이상	물, 음료용, 세탁, 표백, 염색에는 부적합

※ ppm(parts per million)은 농도 단위로서 100만분의 1의 양을 말한다.

07 유체에 관한 설명으로 옳지 않은 것은?

① 동점성계수는 점성계수에 비례하고 밀도에 반비례한다.
② 레이놀즈수는 동점성계수 및 관경에 비례하고 유속에 반비례한다.
③ 연속의 법칙에 의하면 관의 단면적이 큰 곳은 유속이 작고, 역으로 단면적이 작은 곳에서는 유속이 크게 된다.
④ 베르누이의 정리에 의하면 유체가 가지고 있는 속도에너지, 위치에너지 및 압력에너지의 총합은 흐름 내 어디에서나 일정하다.

> **해설** 레이놀즈 수(Reynold's Number)
>
> $$Re = \frac{Vd}{v}$$
>
> Re : 레이놀즈 수
> V : 유체의 속도(m/s)
> d : 관경, 배관의 안지름(m)
> v : 유체의 동점성계수(m/s)
> ※ 유체의 속도, 관경에 비례하고, 동점성계수에 반비례한다.

08 처리대상인원 1000인, 1인 1일당 오수량 0.2m³, 오수의 평균 BOD 200ppm, BOD 제거율 85%인 오수처리시설에서 유출수의 BOD량은?

① 1.5kg/day   ② 6kg/day
③ 30kg/day   ④ 200kg/day

> **해설**
>
> $$BOD\ 제거율 = \frac{유입수BOD - 유출수BOD}{유입수BOD} \times 100(\%)$$
>
> 먼저, 유입수 BOD량 = 오폐수의 량 × BOD의 농도
> = 1000 × 0.2 × 200
> = 40000g = 40kg
>
> $$BOD\ 제거율 = \frac{40-x}{40} \times 100(\%) = 85\%$$
>
> ∴ $x = 6kg$

09 표면결로 방지 대책으로 옳지 않은 것은?

① 습한 공기를 제거하기 위해 환기가 잘 되게 한다.
② 벽의 단열성을 좋게 하여 열관류 저항을 크게 한다.
③ 실내수증기압을 낮추어 실내공기의 노점온도를 낮게 한다.
④ 방습재는 저온측(실외)에, 단열재는 고온측(실내)에 배치한다.

> **해설** 표면결로
>
> ① 실내의 습기가 내벽, 최상층의 천장, 유리창과 같은 저온의 실내측 표면에 닿아 이슬이 맺히는 현상으로 공기의 포화절대습도가 노점온도보다 낮게 될 때 초과 수증기량이 벽체 표면에서 응축되어 발생한다.
> ② 표면결로 원인 : 실내 습기 발생, 실내 환기량 부족, 벽체의 단열성 부족
> ③ 표면결로 방지대책
> ㉠ 실내의 환기량을 늘인다.
> ㉡ 벽체 표면온도를 접촉하고 있는 공기의 노점온도보다 높게 한다.
> ㉢ 직접가열이나 기류 촉진에 의해 표면온도를 상승시킨다.
> ㉣ 수증기 발생이 많은 부엌이나 화장실에 배기구나 배기팬을 설치한다.
> ㉤ 실내의 벽이나 천장을 방습층으로 시공한다.
> ㉥ 구조재의 단열이 취약한 부분을 없도록 한다.

10 열교(thermal bridge)현상에 관한 설명으로 옳지 않은 것은?

① 벽이나 바닥, 지붕 등의 건축물 부위에 단열이 연속되지 않는 부분이 있을 때 생긴다.
② 열교현상을 줄이기 위해서는 콘크리트 라멘조의 경우 가능한 한 내단열로 시공한다.
③ 열교현상이 발생하는 부위는 표면온도가 낮아져서 결로가 쉽게 발생한다.
④ 열교현상이 발생하면 전체 단열성이 저하된다.

정답 07 ② 08 ② 09 ④ 10 ②

[해설] **열교(Thermal Bridge)현상**

㉠ 벽이나 바닥, 지붕 등의 건축물부위에 단열이 연속되지 않은 부분이 있을 때, 이 부분이 열적 취약부위가 되어 이 부위를 통한 열의 이동이 많아지며, 이것을 열교(heat bridge) 또는 냉교(cold bridge)라고 한다.
㉡ 열교현상이 발생하면 구조체의 전체 단열성이 저하된다.
㉢ 열교는 구조체의 여러 형태로 발생하는데 단열구조의 지지 부재들, 중공벽의 연결철물이 통과하는 구조체, 벽체와 지붕 또는 바닥과의 접합부위, 창틀 등에서 발생한다.
㉣ 열교현상이 발생하는 부위는 표면온도가 낮아지며 결로가 발생되므로 쉽게 알 수 있다.
㉤ 열교현상을 방지하기 위해서는 접합 부위의 단열설계 및 단열재가 불연속됨이 없도록 철저한 단열시공이 이루어져야 한다.
㉥ 콘크리트 라멘조나 조적조 건축물에서는 근본적으로 단열이 연속되기 어려운 점이 있으나 가능한 한 외단열과 같은 방법으로 취약부위를 감소시키는 설계 및 시공이 요구된다.

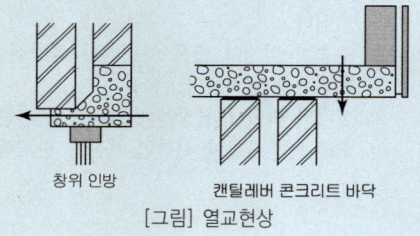

[그림] 열교현상

11 실내 음향설계 시 각 부재의 설계방법으로 옳지 않은 것은?
① 충분한 직접음을 확보하기 위해서는 음원에서 수음점에 이르는 경로에 장애물이 없이 음원을 전망할 수 있어야 한다.
② 반향의 발생을 없게 하기 위해서는 17m 이하의 거리 차이로 하면 양호하나, 그렇게 하면 매우 작은 콘서트 홀이 만들어지므로 벽이나 천장을 흡음처리 하거나 확산처리를 하는 것으로 회피한다.
③ 음을 실 전체에 균일하게 분포시키기 위해서는 볼록면이나 확산면으로 하는 것이 바람직하다.
④ 다목적 홀 등에서는 무대에 가까운 천장을 높게 처리하여 천장에서의 1차 반사음이 객석 내에 효과적으로 도달하도록 천장반사면의 형태나 위치를 고려한다.

[해설]
모든 객석에서 충분한 직접음·초기반사음을 확보하며, 실의 크기나 치수비 등의 결정시에 음향적으로도 충분한 검토가 필요하다. 반향 등의 음향장애가 발생하지 않도록 실내 각 부재의 크기·형상·마감을 검토한다.
※ 반향은 직접음과 반사음이 시간차이가 1/20~1/15초(0.02~0.067초) 이상일 때 생기는 현상으로 음의 경로가 직접음에 비해 17m 이상의 경우에 생기므로 반향 발생의 방지에 유의해야 한다.

12 풍력환기가 일어나고 있는 실에서 어느 개구부의 풍압계수가 0.3이라고 할 때, 풍압계수 0.3의 의미로 가장 정확한 것은?
① 외부풍의 전압(全壓)의 3%가 풍압력으로 가해진다.
② 외부풍의 전압(全壓)의 30%가 풍압력으로 가해진다.
③ 외부풍의 동압(動壓)의 3%가 풍압력으로 가해진다.
④ 외부풍의 동압(動壓)의 30%가 풍압력으로 가해진다.

[해설]
풍력환기는 건물의 외벽면에 가해지는 풍압이 원동력이 되며, 실외의 풍속이 커지면 환기량은 많아진다. 풍압계수 0.3이란 외부풍의 동압(動壓)의 30%가 풍압력으로 가해진다는 의미이다.

13 유리창을 통과하는 전열량에 관한 설명으로 옳지 않은 것은?
① 복사열량과 관류열량의 합이다.
② 반사율이 클수록 전열량은 작아진다.
③ 전열량은 유리의 열관류율이 클수록 크게 된다.
④ 일사취득열량은 유리창의 차폐계수에 반비례한다.

정답 11 ④ 12 ④ 13 ④

해설 유리로부터 일사취득열량

$q_{GR} = I_{gr} A_g k_s$

I_{gr} : 유리를 통해 투과 및 흡수의 형식으로 취득되는 표준 일사취득열량[W/m²·K]
A_g : 유리창의 면적(개시면적 포함) [m²]
k_s : 전차폐계수

※ 유리로부터 일사취득열량은 유리창의 차폐계수에 비례한다.(차폐계수 : 일사를 차단하는 정도)
※ 유리의 일사부하계산 시 두께 3mm 보통유리를 차폐계수 기준값 1로 본다.
☞ 차폐계수(Ks) : 보통유리 1, 중간색 블라인드 설치 0.75, 밝은 색 블라인드 설치 0.65, 반사유리(복층) 0.5 정도

14 체크밸브에 관한 설명으로 옳지 않은 것은?

① 유체의 역류를 방지하기 위한 것이다.
② 스윙형 체크밸브는 수평배관에 사용할 수 없다.
③ 스윙형 체크밸브는 유수에 대한 마찰저항이 리프트형보다 작다.
④ 리프트형 체크밸브는 글로브 밸브와 같은 밸브시트의 구조를 갖는다.

해설 체크밸브(check valve : 역지밸브)

㉠ 유체의 흐름을 한쪽 방향으로만 흐르게 할 때 쓰인다.
㉡ 리프트형(수평배관), 스윙형(수평, 수직배관)이 있다.

15 복사난방방식에 관한 설명으로 옳지 않은 것은?

① 다른 난방방식에 비하여 쾌적감이 높다.
② 실내 상하의 온도차가 크다는 단점이 있다.
③ 외기침입이 있는 곳에서도 난방감을 얻을 수 있다.
④ 열용량이 크기 때문에 간헐난방에는 그다지 적합하지 않다.

해설 복사난방

• 주로 건축 일부의 천장 높이가 높은 경우
• 주택, 학교, 은행 영업실
• MRT(Mean Radiant Temperature : 평균복사온도) : 인체에 대한 쾌감상태를 나타내는 기준이 되는 온도
① 장점
  ㉠ 방을 개방하여도 난방효과가 있다.
  ㉡ 천장이 높아도 난방 가능하다.
  ㉢ 실온이 낮아도 난방 효과가 있다.
  ㉣ 평균온도가 낮기 때문에 동일 방열량에 대해 손실 열량이 작다.
  ㉤ 바닥의 이용도가 높다.
  ㉥ 실내의 온도분포가 균등하여 쾌감도가 높다.
② 단점
  ㉠ 외기 급변에 따른 방열량 조절이 어렵다.
  ㉡ 구조체를 덥히게 되므로 예열시간이 길어져 일시적으로 쓰는 방에는 부적당하다.
  ㉢ 시공이 어렵고 수리비, 설비비가 비싸다.
  ㉣ 매입 배관이므로 고장요소 발견이 어렵다.

16 습공기의 엔탈피(Enthalpy)에 관한 설명으로 옳은 것은?

① 습공기의 전압을 나타낸다.
② 습공기의 잠열량을 나타낸다.
③ 습공기의 전열량을 나타낸다.
④ 습공기의 현열량을 나타낸다.

해설

엔탈피(Enthalpy) : 건조공기가 그 상태에서 가지고 있는 현열과 동일한 온도에서 수증기가 갖고 있는 잠열과의 합이다.

17 사무실의 크기가 10m×10m×3m이고 재실자가 25명, 가스난로의 CO_2 발생량이 0.5m³/h일 때, 실내평균 CO_2 농도를 5000ppm으로 유지하기 위한 최소 환기횟수는? (단, 재실자 1인당의 CO_2 발생량은 18L/h, 외기의 CO_2 농도는 800ppm 이다.)

① 약 0.75회/h ② 약 1.25회/h
③ 약 1.50회/h ④ 약 2.00회/h

정답 14 ② 15 ② 16 ③ 17 ①

해설 필요 환기량

$Q = nV$

Q : 환기량(m^3/h), n : 환기회수(회/h), V : 실용적(m^3)

또한 $Q = \dfrac{K}{P_i - P_o}$

Q : 필요환기량(m^3/h)
K : 실내에서의 CO_2 발생량(m^3/h)
P_i : CO_2 허용 농도(m^3/m^3)
P_o : 신선공기 CO_2 농도(m^3/m^3)

먼저, 실내에서의 CO_2 발생량(m^3/h)
= (25×18)L/h×$1m^3$/1000L + 0.5m^3/h
= 0.95m^3/h

환기량 $Q = \dfrac{K}{P_i - P_o} = \dfrac{0.95}{0.005 - 0.0008} = 226.2 m^3/h$

실용적(v) = 10×10×3 = 300m^3

∴ 환기회수 = $\dfrac{Q}{V} = \dfrac{226.2}{300} = 0.75$회

---

18 건구온도 30℃, 수증기 분압 1.69kPa인 습공기의 상대습도는? (단, 30℃ 포화공기의 수증기 분압은 4.23kPa이다.)

① 약 20% ② 약 30%
③ 약 40% ④ 약 50%

해설

상대습도 = $\dfrac{\text{현재수증기압}}{\text{포화수증기압}} \times 100 = \dfrac{1.69}{4.23} \times 100$
= 3.99 ≒ 40%

※ 상대습도(RH) : 공기의 습한 정도의 상태(습공기가 함유하고 있는 습도의 정도를 나타내는 지표)

---

19 공기조화용 덕트의 분기부에 설치하여 풍량조절용으로 사용되나, 정밀한 풍량조절이 불가능하며, 누설이 많아 폐쇄용으로의 사용이 곤란한 댐퍼는?

① 루버 댐퍼
② 볼륨 댐퍼
③ 스플릿 댐퍼
④ 버터플라이 댐퍼

해설 스플릿 댐퍼(split damper)
㉠ 덕트의 분기부에 설치하여 풍량조절용으로 사용된다.
㉡ 구조가 간단하며 주덕트의 압력강하가 적다.
㉢ 정밀한 풍량조절은 불가능하며 누설이 많아 폐쇄용으로 사용이 곤란하다.

---

20 다음과 같은 조건에서 환기에 의한 손실열량(현열)은?

┌조건─────────────────
• 실의 크기 : 10m×7m×3m
• 환기횟수 : 1회/h
• 공기의 정압비열 : 1.01kJ/kg·K
• 공기의 밀도 : 1.2kg/m^3
• 실내외 공기온도차 : 30℃

① 1.06kW   ② 2.12kW
③ 3.82kW   ④ 7.64kW

해설 환기에 의한 손실열량

손실열량(H) = $\rho \cdot Q \cdot C_p \cdot (t_i - t_o)$
= 1.2×1×(10×7×3)×1.01×30
= 7635.6kJ/h = 2121W = 2.12kW

※ 환기량 $Q = n \cdot V$
※ 1W = 1J/s = 3,600J/h = 3.6kJ/h

정답 18 ③ 19 ③ 20 ②

건축설비계획
2022년 제1회 과년도 출제문제 온라인 TEST

01 물의 성질에 관한 설명으로 옳지 않은 것은?
① 물은 비압축성 유체로 분류한다.
② 물은 1기압 4℃에서 비체적이 가장 작다.
③ 4℃ 물을 가열하여 100℃ 물이 되면 그 부피가 팽창한다.
④ 4℃ 물을 냉각하여 0℃ 얼음이 되면 그 부피가 수축한다.

해설

4℃ 물을 냉각하여 0℃ 얼음이 되면 그 부피가 팽창한다.
대기압 하에서 0℃의 물이 0℃의 얼음으로 될 경우 체적이 9% 팽창한다.
☞ 순수한 물은 1기압 하에서 4℃일 때 밀도가 최대가 되며, 4℃의 물의 밀도는 1[kg/L]이지만 100℃까지 상승하면 0.958634[kg/L]가 되므로 그 사이에 팽창한 체적의 비율은 (1/0.958634 − 1/1)×100 = 4.315%이다.

02 수도 본관에서 수직 높이 6m 위치에 있는 기구를 사용하고자 할 때 수도 본관의 최저 필요 수압은?
(단, 관내 마찰손실은 0.02MPa, 기구의 최소 필요압력은 0.07MPa이다.)
① 0.09MPa
② 0.15MPa
③ 0.69MPa
④ 609MPa

해설

수도본관의 압력 : $P_o \geq P + P_f + \dfrac{H}{100}$ [MPa]

P : 수전 또는 기구의 필요압력[MPa] → 0.07MPa
P_f : 본관에서 기구에 이르는 사이의 저항[mAq] → 0.02MPa
H : 기구의 높이[m] → 6m = 0.06MPa

$\therefore P_o \geq 0.07 + 0.02 + \dfrac{6}{100} = 0.15$MPa

※ 수압 $P = 0.01H$[MPa]
※ 100m = 1.0MPa = 1000kPa

03 내경이 50mm인 급수배관에 물이 1.5m/sec의 속도로 흐르고 있을 때, 체적유량은?
① 약 $0.09\text{m}^3/\text{min}$
② 약 $0.18\text{m}^3/\text{min}$
③ 약 $0.24\text{m}^3/\text{min}$
④ 약 $0.36\text{m}^3/\text{min}$

해설 유량과 유속

단면적을 A[m²], 유속을 v [m/s], 유량을 Q[m³/s]라면
$Q = A_1 v_1 = A_2 v_2$ …… 일정
또 관경을 d[m]라 하면 단면적 $A = \dfrac{\pi d^2}{4}$ 이다.

$\therefore Q = Av = \dfrac{\pi d^2}{4} \times v = \dfrac{3.14 \times 0.05^2}{4} \times 1.5$
$= 0.00294$[m³/s] $= 0.18$[m³/min]

04 배관 이음재료 중 시공한 후 배관 교체 등 수리를 편리하게 하기 위해 사용하는 것은?
① 티(tee)
② 부싱(bushing)
③ 플랜지(flange)
④ 리듀서(reducer)

해설 직관의 접합 : 소켓, 플랜지, 유니언

※ 유니언(union)과 플랜지(flange) : 관의 교체나 펌프의 고장 수리시 사용한다.
㉠ 유니언(union) : 50mm 이하의 관(소구경)에 사용한다.
㉡ 플랜지(flange) : 50mm 이상의 관(대구경)에 사용한다.

05 다음 중 간접배수로 하여야 하는 기기에 속하지 않는 것은?
① 세탁기
② 대변기
③ 제빙기
④ 식기세척기

해설 직접배수와 간접배수

㉠ 직접배수 : 위생기구와 배수관이 연결된 일반 위생기구에서의 배수
㉡ 간접배수 : 냉장고, 제빙기, 세탁기, 음료기, 식기세척기, 공기정화기 등에서의 배수방식으로 기구의 오염을 막기 위해 일반배수관으로 직접 연결하지 않고, 물받이 사이에 공간을 두어 공기 중에 노출시켰다가 배수관으로 흘려보내는 배수이다.

정답 01 ④　02 ②　03 ②　04 ③　05 ②

06 간접가열식 급탕방식에 관한 설명으로 옳은 것은?
① 고압보일러를 사용하여야 한다.
② 직접가열식에 비해 열효율이 높다.
③ 가열 보일러는 난방용 보일러와 겸용할 수 있다.
④ 직접가열식에 비해 보일러 내면에 스케일이 부착하기 쉽다.

해설 중앙식 급탕법의 직접가열식과 간접가열식의 비교

구분	직접 가열식	간접 가열식
보일러	급탕용보일러, 난방용보일러 각각 설치	난방용 보일러로 급탕까지 가능
보일러내의 스케일	많이 낀다.	거의 끼지 않는다.
보일러내의 압력	고압	저압
규모	소규모 건축물	대규모 건축물
저탕조내의 가열코일	불필요	필요

07 급수방식 중 수도직결방식에 관한 설명으로 옳은 것은?
① 전력 차단 시 급수가 불가능하다.
② 3층 이상의 고층으로 급수가 용이하다.
③ 저수조가 있으므로 단수 시에도 급수가 가능하다.
④ 수도 본관의 영향을 그대로 받아 수압 변화가 심하다.

해설 수도직결방식
㉠ 소규모 건물이나 낮은 건물에 쓰인다.
㉡ 물의 오염가능성이 가장 적다.(위생적 측면에서 가장 바람직하다)
㉢ 정전시일 때도 급수를 계속 할 수 있다.
㉣ 수도 압력 변화에 따라 급수압이 변하고 단수시는 급수가 안된다.
㉤ 설비비 및 유지관리비용이 저렴한 방식이다.
☞ 수도직결방식은 일반적으로 상향급수 배관방식을 사용한다.

08 먹는물의 수질기준에 관한 설명으로 옳지 않은 것은?
① 색도는 5도를 넘지 아니할 것
② 수은은 0.01mg/L를 넘지 아니할 것
③ 시안은 0.01mg/L를 넘지 아니할 것
④ 수돗물의 경우 경도는 300mg/L를 넘지 아니할 것

해설 먹는물의 수질기준
보건복지부령 수질 판정기준에 그 허용한계를 명시하고 있으며, 병원생물, 유독물, 유해물, 수소이온 농도, 냄새와 맛, 색, 투명도 등으로 수질 항목을 분류하고 있다.
☞ 수은은 0.001mg/L를 넘지 아니할 것

09 다음과 같은 조건에서 어느 작업장의 발생 현열량이 4000W일 때 필요 환기량(m^3/h)은?

┌ 조건 ┐
• 허용 실내온도 : 35℃
• 외기온도 : 25℃
• 공기의 밀도 : 1.2kg/m^3
• 공기의 정압비열 : 1.01kJ/kg·K

① 411.3   ② 698.8
③ 827.5   ④ 1188.1

해설 발열량에 의한 환기량 계산

$Q = \dfrac{H_s}{C_p \times \rho \times (t_i - t_o)}$ 에서

먼저, 발열량(H_s)=4,000×3.6kJ/h=14,400kJ/h
※ 1W=1J/s=3,600J/h=3.6kJ/h

∴ $Q = \dfrac{H_s}{C_p \times \rho \times (t_i - t_o)}$

$= \dfrac{14,400 \text{kJ/h}}{1.01\text{kJ/kg}\cdot\text{K} \times 1.2\text{kg/}m^3 \times (35-25)\text{K}}$

$= 1188.1 m^3/h$

정답 06 ③ 07 ④ 08 ② 09 ④

10 스플릿 댐퍼에 관한 설명으로 옳지 않은 것은?
① 주덕트의 압력강하가 작다.
② 폐쇄용으로 사용이 곤란하다.
③ 풍량조절의 정밀성이 우수하다.
④ 덕트의 분기부에 설치하여 풍량조절용으로 사용된다.

해설 스플릿 댐퍼(split damper)
㉠ 덕트의 분기부에 설치하여 풍량조절용으로 사용된다.
㉡ 구조가 간단하며 주덕트의 압력강하가 적다.
㉢ 정밀한 풍량조절은 불가능하며 누설이 많아 폐쇄용으로 사용이 곤란하다.

11 습공기에 관한 설명으로 옳은 것은?
① 습구온도는 항상 건구온도보다 높다.
② 습공기를 가열하면 상대습도는 낮아진다.
③ 건구온도와 습구온도의 차가 클수록 습도는 높아진다.
④ 동일 건구온도에서 상대습도가 높을수록 비체적은 작아진다.

해설
• 습공기를 가열 : 상대습도는 감소, 엔탈피와 비체적은 증가, 절대습도는 일정
• 습공기를 냉각 : 상대습도는 증가, 엔탈피와 비체적은 감소, 절대습도는 일정(과냉각시 절대습도는 감소)
※ 습공기를 냉각하여 노점온도 이하가 되면 (과냉각) 절대습도는 감소한다.

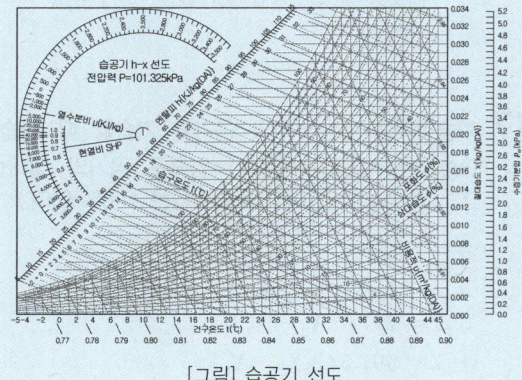
[그림] 습공기 선도

12 정풍량 단일덕트방식에 관한 설명으로 옳지 않은 것은?
① 전공기방식에 속한다.
② 2중덕트방식에 비해 에너지 절약적이다.
③ 냉풍과 온풍을 혼합하는 혼합상자가 필요없다.
④ 각 실이나 존의 부하변동에 즉시 대응할 수 있다.

해설 정풍량 방식(CAV, constant air volume system)
공조기에서 1개의 주덕트를 통하여 냉·온풍을 각 실로 보낼 때 송풍량은 항상 일정하며, 열부하에 따라서 송풍 온·습도만을 변화시켜 실내의 온·습도를 조절하는 가장 기본적인 공조 방식으로 전공기방식에 속한다. 바닥면적이 크고 천장이 높은 곳에 적합하다.(중·소규모 건물, 극장, 공장 등)
① 장 점
㉠ 실내에 송풍량이 가장 많이 취해져 외기의 취입이나 중간기의 환기에 적합하다.
㉡ 설치비가 싸고 보수 관리도 용이하다.
㉢ 운전 관리가 용이하고 효율이 좋은 필터를 설치하여 쾌적한 실내 환경을 만들 수 있다.
② 단 점
㉠ 큰 덕트가 필요해 천장 속에 충분한 덕트 공간이 요구된다.
㉡ 각 실에서의 온도 조절이 곤란하다.

13 다음 중 현열로만 구성된 냉방부하의 종류는?
① 인체의 발생열량
② 유리로부터의 취득열량
③ 극간풍에 의한 취득열량
④ 외기의 도입으로 인한 취득열량

해설 냉방부하 계산
① 현열 부하만 계산 : 벽체로부터의 취득열량, 유리로부터의 취득열량, 조명 및 기기로부터의 취득열량, 재열부하, 송풍기와 덕트로부터의 취득열량
② 현열과 잠열을 동시에 계산해 주어야 할 부하요소
㉠ 극간풍(틈새바람)에 의한 취득열량
㉡ 인체의 발생열량
㉢ 기구로부터의 발생열량
㉣ 외기의 도입으로 인한 취득열량

정답 10 ③ 11 ② 12 ④ 13 ②

14 온수난방에 관한 설명으로 옳지 않은 것은?
① 증기난방에 비해 열용량이 작다.
② 증기난방에 비해 예열 시간이 길다.
③ 한랭 시 난방을 정지하였을 경우 동결의 우려가 있다.
④ 현열을 이용한 난방이므로 증기난방에 비해 쾌감도가 높다.

해설 온수난방

- 현열을 이용한 난방방식으로, 100℃ 이상은 고온수난방, 이하는 보통온수난방으로 한다.
① 장점
  ㉠ 난방부하의 변동에 따라 온수온도와 온수의 순환량 조절이 쉽다.
  ㉡ 현열을 이용한 난방이므로 증기난방에 비해 쾌감도가 높다.
  ㉢ 방열기 표면 온도가 낮으므로 표면에 붙은 먼지의 연소에 의한 불쾌감이 없다.
  ㉣ 난방을 정지하여도 난방효과가 지속된다.
  ㉤ 보일러 취급이 용이하고 안전하다.
② 단점
  ㉠ 예열시간이 길다.
  ㉡ 증기난방에 비해 방열면적과 배관경이 커야 하므로 설비비가 많다.
  ㉢ 열용량이 크므로 온수 순환 시간이 길다.
  ㉣ 한랭시, 난방 정지시 동결이 우려된다.

15 다음과 같은 조건에서 난방 시 도입 외기량이 500kg/h일 때 도입외기에 외한 외기부하는?

┌─ 조건 ─
- 외기 : 건구온도 5℃,
        절대습도 0.002kg/kg′
- 실내공기 : 건구온도 24℃,
            절대습도 0.009kg/kg′
- 공기의 정압비열 : 1.01kJ/kg·K
- 물의 증발잠열 : 2501kJ/kg

① 약 5097W   ② 약 6088W
③ 약 7418W   ④ 약 9936W

해설
① 현열부하(q_s) = $GC\Delta t$ [kJ/h]
   = 500×1.01×(24−5) = 9,595kJ/h
② 잠열부하(q_L) = $GL\Delta x$ [kJ/h]
   = 500×2501×(0.009−0.002)
   = 8,754kJ/h
∴ 외기부하 = 현열부하+잠열부하
   = 9,595+8,754 = 18,349kJ/h
   = 5,0969 = 5,097W
※ G(kg/h) = ρ(1.2kg/m³)·Q(m³/h) = 1.2Q(kg/h)
※ 1W = 1J/s = 3,600J/h = 3.6kJ/h

16 바이패스형 변풍량 유닛(VAV unit)에 관한 설명으로 옳지 않은 것은?
① 유닛의 소음발생이 적다.
② 송풍덕트 내의 정압제어가 필요없다.
③ 덕트계통의 증설이나 개설에 대한 적응성이 적다.
④ 천장 내의 조명으로 인한 발생열을 제거할 수 없다.

해설 바이패스형 변풍량 유닛(VAV unit)

송풍공기 중 취출구를 통해 실내에 취출되고 남은 공기는 천장 속 또는 환기덕트로 바이패스 시키는 방식으로 급기팬은 항상 정풍량 운전을 한다.
㉠ 유닛의 소음발생이 적다.
㉡ 송풍덕트 내의 정압제어가 불필요하다.(송풍기 용량제어를 위한 부속기류의 설치가 불필요)
㉢ 덕트 계통의 증설이나 개설에 대한 적응성이 적다.
㉣ 천장 내의 조명으로 인한 발생열을 제거할 수 있다.
㉤ 전체 풍량은 동일하므로 부하변동에 따른 동력용 에너지 절약을 별로 기대할 수 없다.

17 가습장치로 G(kg/h)의 공기를 가습할 때 가습량 L(kg/h)은? (단, 가습장치 입출구 공기의 절대습도는 X_1, X_2(kg/kg′)이고 가습효율은 100% 이다.)
① $L = G(X_2 - X_1)$
② $L = 1.2G(X_2 - X_1)$
③ $L = 717G(X_2 - X_1)$
④ $L = 597.5G(X_2 - X_1)$

정답   14 ①   15 ①   16 ④   17 ①

해설 물질평형식

장치로 들어오는 총 물질(수분)의 양 = 장치로부터 나가는 총 물질(수분)의 양
즉, $Gx_1 + L = Gx_2 \rightarrow L = G(x_2 - x_1)$

18 다음 중 상당외기온도 산정 시 고려하지 않는 것은?
① 외기온도
② 일사의 세기
③ 구조체의 열관류율
④ 표면재료의 일사흡수율

해설

구조체를 통한 열손실량 즉, 열관류량 $Q = K \cdot A \cdot \Delta te$
여기서 Q : 열관류량(W) K : 열관류율(W/m²·K)
A : 전열면적(m²) Δte : 상당외기온도
※ ETD : Equivalent Temperature Difference
: 상당외기온도차 $\Delta te = te - tr$)
일사를 받는 외벽이나 지붕과 같이 열용량을 갖는 구조체를 통과하는 열량을 산출하기 위해 외기 온도나 일사량을 고려하여 정한 근사적인 외기 온도이다.

19 고속덕트에 관한 설명으로 옳지 않은 것은?
① 소음과 진동 발생이 크다.
② 송풍기의 동력이 적게 든다.
③ 덕트재료를 절약할 수 있다.
④ 덕트설치 공간을 적게 차지한다.

해설 고속덕트 : 16m/s 이상(16~25m/s)

㉠ 속도가 빠르다.
㉡ 소음장치가 필요하다.(소음 및 진동이 발생)
㉢ 가능한 한 원형 단면(관마찰저항을 줄이고 강도면에서 우수)
㉣ 덕트 스페이스가 적어도 된다.(저속덕트의 1/7~1/8 정도로 재료가 절약)
※ 고속덕트는 공장이나 창고 등과 같이 소음이 별로 문제가 되지 않는 곳에 사용하며, 덕트 스페이스가 저속덕트의 1/7~1/8 정도이므로 설치공간이 적어서 고층빌딩에 유리하다.

20 습공기 선도의 표시사항에 속하지 않는 것은?
① 엔탈피
② 현열비
③ 상대습도
④ 엔트로피

해설 습공기선도

㉠ 습공기선도를 구성하는 요소 : 건구온도, 습구온도, 노점온도, 절대습도, 상대습도, 수증기분압, 비체적, 엔탈피, 현열비 등
㉡ 습공기선도를 구성하는 있는 요소들 중 2가지만 알면 나머지 모든 요소들을 알아낼 수 있다.
☞ 습공기선도상에서 절대습도와 수증기분압 2가지 요소를 알더라도 나머지 요소들의 상태값을 알 수 없다.

정답 18 ③   19 ②   20 ④

건축설비계획
2022년 제2회 과년도 출제문제 [온라인 TEST]

01 수도본관에서 수직높이 1m인 곳에 대변기의 세정밸브를 설치하였다. 이 세정밸브의 사용을 위해 필요한 수도본관의 최저 압력은? (단, 수도직결방식이며, 본관에서 세정밸브까지의 마찰손실은 0.02MPa, 세정밸브의 최저필요 압력은 0.07MPa이다.)

① 0.07MPa ② 0.09MPa
③ 0.1MPa   ④ 0.19MPa

해설

수도본관의 압력 : $P_o \geq P + P_f + \dfrac{H}{100}$ [MPa]

P : 수전 또는 기구의 필요압력[MPa]
 → 세정밸브(F.V) : 0.07MPa
P_f : 본관에서 기구에 이르는 사이의 저항[mAq]
 → 0.02MPa
H : 기구의 높이[m] → 1m=0.01MPa

∴ $P_o \geq 0.07 + 0.01 + \dfrac{1}{100} = 0.1$MPa

※ 수압 $P = 0.01H$[MPa]
※ 100m = 1.0MPa = 1000kPa

02 고가탱크에 시간당 18m³의 물을 보내려 할 때 유속을 2m/s로 하기 위한 펌프의 구경은?

① 47.2mm ② 56.4mm
③ 72.9mm ④ 94.5mm

해설

$Q = AV = \dfrac{\pi V d^2}{4}$

∴ $d = \sqrt{\dfrac{4Q}{V\pi}} = \sqrt{\dfrac{4 \times 18/3600}{2 \times \pi}} = 0.0564\text{m} = 56.4\text{mm}$

03 물의 경도에 관한 설명으로 옳지 않은 것은?

① 일반적으로 지하수는 경수로 간주한다.
② 경수는 단물이라고 하며, 경도가 70ppm 이상인 물을 말한다.
③ 경수를 보일러 용수로 사용하면 배관 내에 스케일 생성을 야기한다.
④ 물 속에 녹아있는 칼슘, 마그네슘 등의 염류의 양을 탄산칼슘의 농도로 환산하여 나타낸 것이다.

해설 물의 경도(硬度)

㉠ 물 속에 녹아 있는 칼슘(Ca), 마그네슘(Mg) 등의 양을 이것에 대응하는 탄산칼슘(CaCO₃)의 100만분율(ppm : parts per million)로 환산하여 표시한 것
㉡ 경도가 큰 물을 경수, 경도가 낮은 물을 연수라 한다.

분류	CaCO₃의 함유량	특징
극연수 (極軟水)	0ppm	증류수나 멸균수로서 연관이나 황동관을 부식
연수(軟水)	90ppm 이하	세탁, 염색, 보일러용에 적합
적수(適水)	90~110ppm	
경수(硬水)	110ppm 이상	물, 음료용, 세탁, 표백, 염색에는 부적합

※ ppm(parts per million)은 농도 단위로서 100만분의 1의 양을 말한다.

04 급수방식 중 펌프직송방식에 관한 설명으로 옳지 않은 것은?

① 전력차단 시에도 급수가 가능하다.
② 수도직결방식에 비하여 유지관리비용이 많다.
③ 정속방식은 급수관 내 압력 또는 유량을 탐지하여 펌프의 대수를 제어하는 방식이다.
④ 상수를 지하 저수탱크에 저장한 다음, 급수 펌프로 필요한 장소로 직송하는 방식이다.

정답 01 ③ 02 ② 03 ② 04 ①

해설 펌프직송방식(탱크없는 부스터 방식, Tankless booster system)

물을 지하실 등의 저수탱크에 물을 받은 후 배관 내 압력변동 등을 감지하여 자동급수펌프에 의하여 수전까지 직송하는 방식
㉠ 옥상탱크나 압력탱크가 필요 없다.(건축적으로 건물의 외관 디자인이 용이해지고 구조적 부담이 경감된다.)
㉡ 정전이나 단수시 압력탱크와 동일하다.
㉢ 전력공급이 중단되면 급수가 불가능하다.
㉣ 설비비가 고가이고, 펌프의 단락이 잦다. → 최근에는 압력탱크가 있는 부스터방식을 채용
㉤ 자동제어 시스템[병렬제어(펌프의 대수 제어운전), 회전수 제어]에 의해 에너지절약을 꾀할 수 있으나 고장시 수리가 어렵다.
㉥ 전력소비가 많다.(20m 이상의 건물에는 전력소모가 커서 비효율적)

05 관내유동에서 층류와 난류를 판단하는 기준이 되는 것은?
① 마하(Mach)수
② 프란틀(Prandtl)수
③ 그라쇼프(Grashof)수
④ 레이놀즈(Reynolds)수

해설 레이놀즈 수(Reynold's Number)

$$Re = \frac{Vd}{v}$$

Re : 레이놀즈 수
V : 유체의 속도(m/s)
d : 관경, 배관의 안지름(m)
v : 유체의 동점성계수(m/s)

※ 유체의 속도, 관경에 비례하고, 동점성계수에 반비례한다.
☞ 관내유동에서 층류와 난류를 판단하는 기준이 된다.

06 다음 설명에 알맞은 통기관의 종류는?

오배수 입상관으로부터 취출하여 위쪽의 통기관에 연결되는 배관으로, 오배수 입상관 내의 압력을 같게 하기 위한 도피통기관

① 습통기관
② 각개통기관
③ 결합통기관
④ 루프통기관

해설 결합통기관
㉠ 배수수직관 내의 압력변화를 방지 또는 완화하기 위해, 배수수직관으로부터 분기·입상하여 통기수직관에 접속하는 통기관
㉡ 통기 수직관에 접속하는 통기관으로 층수가 많을 경우에는 5개 층마다에 통기관을 취하는 방법이다.

07 오수처리방법 중 생물막법에 관한 설명으로 옳지 않은 것은?
① 생물학적 처리방법에 속한다.
② 살수여상방식은 쇄석, 플라스틱 여과재가 사용된다.
③ 살수여상방식, 회전원판접촉방식, 접촉폭기방식 등이 있다.
④ 오니가 폭기조 내부에서 부유하며 오수를 처리하는 방법이다.

해설
생물막법(고정미생물 방식)은 생물학적 처리방법으로 접촉산화방식, 살수여상방식, 회전원판접촉방식이 있으며, 사용되는 접촉재는 비표면적이 크고, 생물막이 부착되기 쉬워야 하고, 생물막에 의한 막힘현상이 일어나지 않아야 한다.

08 간접배수로 하여야 하는 기구에 속하지 않는 것은?
① 세면기
② 제빙기
③ 세탁기
④ 식기세척기

정답 05 ④ 06 ③ 07 ④ 08 ①

> **해설** 직접배수와 간접배수
> ㉠ 직접배수 : 위생기구와 배수관이 연결된 일반 위생기구에서의 배수
> ㉡ 간접배수 : 냉장고, 제빙기, 세탁기, 음료기, 식기세척기, 공기정화기 등에서의 배수방식으로 기구의 오염을 막기 위해 일반배수관으로 직접 연결하지 않고, 물받이 사이에 공간을 두어 공기 중에 노출시켰다가 배수관으로 흘려보내는 배수이다.

09 내경 40mm, 길이 20m인 급수관에 유속 2m/s로 물을 보내는 경우 마찰손실수두는? (단, 관마찰계수는 0.02이다.)

① 0.5mAq ② 1.0mAq
③ 1.5mAq ④ 2.0mAq

> **해설**
> $H_f = \lambda \cdot \dfrac{L}{d} \cdot \dfrac{v^2}{2g}$
> 여기서, H_f : 길이 1m의 직관에 있어서의 마찰손실수두(mAq)
> λ : 관마찰계수
> g : 중력가속도(9.8m/sec²)
> d : 관의 내경(m)
> L : 직관의 길이(m)
> v : 관내 평균 유속(m/s)
> $H_f = 0.02 \times \dfrac{20}{0.04} \times \dfrac{2^2}{2 \times 9.8} = 20\text{mAq}$

10 통기관의 설치목적으로 옳지 않은 것은?

① 배수계통 내의 배수 및 공기의 흐름을 원활히 한다.
② 배수관 계통의 환기를 도모하여 관내를 청결하게 유지한다.
③ 모세관 현상이나 증발에 의해 트랩의 봉수가 파괴되는 것을 방지한다.
④ 배수트랩의 봉수부에 가해지는 배수관 내의 압력과 대기압과의 차에 의해 트랩의 봉수가 파괴되지 않도록 한다.

> **해설** 통기관의 설치 목적
> ㉠ 트랩의 봉수 보호
> ㉡ 배수관 내의 배수 흐름 원활
> ㉢ 배수관 내의 환기 역할
> ㉣ 배수관 내의 기압을 일정하게 유지

11 다음의 급수방식 중 수질오염 가능성이 가장 큰 것은?

① 수도직결방식 ② 고가수조방식
③ 압력수조방식 ④ 펌프직송방식

> **해설** 고가수조방식
> 우물물 또는 수돗물을 일단 지하 저수조에 받아 이것을 양수펌프에 의해 건물 옥상 또는 높은 곳에 가설한 탱크로 양수한 다음, 그 수위를 이용하여 탱크에서 밑으로 세운 급수관에 의해 급수하는 방식이다.
> ㉠ 급수공급 압력이 일정하고, 취급이 용이하여 대규모 급수에 적합하다.
> ㉡ 단수 시에도 일정량의 급수가 가능하다.
> ㉢ 수질의 오염가능성이 가장 크다.
> ㉣ 구조체의 보강이 필요하다.
> ☞ 일반적으로 고가수조방식에서는 하향급수 배관방식을 사용한다.

12 냉방부하계산에 관한 설명으로 옳지 않은 것은?

① 외벽구조에 따라 상당온도차는 다르게 나타난다.
② 틈새바람에 의한 부하는 현열과 잠열 모두 고려한다.
③ 틈새바람량 계산법으로는 틈새법, 면적법, 환기횟수법 등이 있다.
④ 유리를 통한 열부하는 일사에 의한 직접 열취득만을 고려한다.

정답 09 ④ 10 ③ 11 ② 12 ④

> **해설** 유리로부터의 일사에 의한 취득열량 q_G[W]
>
> ㉠ 유리로부터의 관류에 의한 취득열량
> $q_{GT} = KA_g \Delta t$
> A_g : 유리창의 면적(새시 포함) [m²]
> Δt : 실내외 온도차[℃]
> ㉡ 유리로부터 일사취득열량
> $q_{GR} = I_{gr} A_g k_s$
> I_{gr} : 유리를 통해 투과 및 흡수의 형식으로 취득되는 표준 일사취득열량[W/m²·K]
> A_g : 유리창의 면적(개시면적 포함) [m²]
> k_s : 전차폐 계수

13 실내 설계온도가 20℃인 어떤 실의 난방부하를 계산한 결과 현열부하 $q_s = 15000$W, 잠열부하 $q_L = 3000$W이었다. 실내 송풍량이 10000kg/h라 하면 이때 필요한 취출공기의 온도는? (단, 공기의 비열은 1.01kJ/kg·K이다.)

① 25.3℃ ② 26.6℃
③ 27.5℃ ④ 29.2℃

> **해설** 송풍량과 송풍온도 결정
>
> $q_s = GC(t_d - t_i)$ [kJ/h]
> q_s : 실의 현열부하[kJ/h]
> G : 송풍량[kg/h]
> C : 공기의 정압비열[1.01kJ/kg·K]
> t_d : 취출공기온도[℃]
> t_i : 실내공기온도[℃]
> $\therefore t_d = \dfrac{q_s}{GC} + t_i = \dfrac{15,000 \times 3.6}{10,000 \times 1.01} + 20 = 25.3$
> [주] ※ G(kg/h) $= \rho(1.2\text{kg/m}^3) \cdot Q(\text{m}^3/\text{h})$
> $= 1.2Q$(kg/h)
> ※ 1W=1J/s=3,600J/h=3.6kJ/h

14 10인이 재실하는 어떤 실내공간의 CO_2 농도를 외기(外氣)로 환기시켜 700ppm 이하로 유지하고자 한다. CO_2 발생원인은 인체 이외에는 없으며 1인당 CO_2 발생량은 0.022m³/h이라 할 때 필요 환기량은? (단, 외기의 CO_2 농도는 300ppm이다.)

① 400m³/h ② 550m³/h
③ 700m³/h ④ 900m³/h

> **해설** 환기량
>
> $Q = \dfrac{K}{P_i - P_o}$
> Q : 필요환기량(m³/h)
> K : 실내에서의 CO_2 발생량(m³/h)
> P_i : CO_2 허용 농도(m³/m³)
> P_o : 신선공기 CO_2 농도(m³/m³)
> $\therefore Q = \dfrac{K}{P_i - P_o} = \dfrac{0.022 \times 10}{(700 - 300) \times 10^{-6}}$
> $= \dfrac{0.022 \times 10 \times 10^6}{400} = 550$m³/h · 인
> ※ 1ppm $= 10^{-6}$(m³/m³)

15 다음의 공기조화방식 중 공기·수 방식에 속하는 것은?

① 유인 유닛방식 ② 멀티존 유닛방식
③ 팬코일 유닛방식 ④ 2중덕트 변풍량방식

> **해설** 열매의 종류에 의한 공기조화 방식의 분류
>
> ㉠ 전공기식(공기) : 단일덕트방식(정풍량방식, 변풍량방식), 이중덕트방식, 멀티존유닛방식, 각층유닛방식
> ㉡ 공기·수식(공기+물) : 유인유닛방식, 팬코일유닛방식(외기덕트병용), 복사냉난방방식(외기덕트병용)
> ㉢ 전수식(물) : 팬코일유닛방식, 복사냉난방방식
> ㉣ 냉매식 : 패키지형방식

16 온도 35℃, 절대습도 0.018kg/kg′인 공기 150kg과 온도 15℃, 절대습도 0.008kg/kg′인 공기 200kg을 단열 혼합할 때 혼합공기의 상태는?

① 온도 23.6℃, 절대습도 0.012kg/kg′
② 온도 23.6℃, 절대습도 0.014kg/kg′
③ 온도 24.8℃, 절대습도 0.012kg/kg′
④ 온도 24.8℃, 절대습도 0.014kg/kg′

정답 13 ① 14 ② 15 ① 16 ①

해설 단열혼합

혼합공기 온도
$$t_m = \frac{G_1 t_1 + G_2 t_2}{G_1 + G_2} = \frac{150 \times 35 + 200 \times 15}{150 + 200} = 23.6℃$$

혼합공기 절대습도
$$X_m = \frac{G_1 x_1 + G_2 x_2}{G_1 + G_2} = \frac{150 \times 0.018 + 200 \times 0.008}{150 + 200}$$
$$= 0.012 kg/kg'$$

17 스모크타워 배연법에 관한 설명으로 옳은 것은?

① 송풍기와 덕트를 사용해서 외부로 연기를 배출하는 방식이다.
② 풍력에 의한 흡인효과와 부력을 이용한 배연탑을 사용하여 연기를 배출하는 방식이다.
③ 부력에 의하여 연기를 실의 상부벽이나 천장에 설치된 개구에서 옥외로 배출하는 방식이다.
④ 연기를 일정구획 내에 한정하도록 피난이 완전히 끝난 뒤에 개구부를 자동으로 완전 밀폐하는 방식이다.

해설
스모크타워 배연법은 풍력에 의한 흡인효과와 부력을 이용한 배연탑을 사용하여 연기를 배출하는 방식이다.

18 30℃의 외기 40%와 23℃의 환기 60%를 혼합하여 냉각코일로 냉각감습하는 경우 바이패스 팩터가 0.20이면 코일의 출구 온도는? (단, 코일 표면온도는 10℃이다.)

① 12.16℃　② 13.16℃
③ 14.16℃　④ 15.16℃

해설
혼합공기 온도
$$tm = \frac{m_1 t_1 + m_2 t_2}{m_1 + m_2} = \frac{4 \times 30 + 6 \times 23}{4+6} = 25.8℃$$
코일출구온도=코일온도+(입구온도−코일온도)×BF
∴ 코일출구온도=10+(25.8−10)×0.2=13.16℃

19 공기에 관한 설명으로 옳은 것은?

① 절대습도가 0kg/kg'인 공기를 포화공기라고 한다.
② 현열비가 1이라면 잠열부하만 있다는 것을 의미한다.
③ 건구온도 0℃, 절대습도 0kg/kg'인 건공기의 엔탈피는 0kJ/kg이다.
④ 열수분비가 0이라면 공기의 상태변화에 절대습도의 변화가 없었다는 의미이다.

해설
① 엔탈피는 0kJ/kg인 공기는 0℃인 건공기이며, 절대습도는 0kg/kg'이다.
② 현열비가 1이라면 현열부만 있다는 것을 의미한다.
④ 열수분비가 0이라면 절대습도의 변화에 공기의 상태변화가 없었다는 의미이다.

20 공기조화 용어 중 엔탈피(Enthalpy)가 의미하는 것은?

① 비체적　② 비습도
③ 전열량　④ 현열량

해설
엔탈피(Enthalpy) : 건조공기가 그 상태에서 가지고 있는 현열과 동일한 온도에서 수증기가 갖고 있는 잠열과의 합이다.
※ 습공기 엔탈피는 공기가 갖는 전열량으로 현열[$C_{pa} \cdot t$]과 잠열[$(\gamma_0 + C_{pw} \cdot t) \cdot x$]의 합이다.

정답 17 ②　18 ②　19 ③　20 ③

건축설비계획
2022년 제4회 과년도 출제문제 [온라인 TEST]

01 오수정화시설의 처리공법 중 활성오니법에 속하는 것은?
① 장기폭기방법 ② 접촉산화방법
③ 살수여상방법 ④ 회전원판접촉방법

해설 오수처리시설 처리공법
오수처리시설은 침전, 호기성 또는 혐기성 분해 등의 방법에 의하여 분뇨와 생활하수를 함께 처리하는 시설로서 오수처리시설 처리공법에는 다음과 같이 분류하고 있다.
① 호기성 생물학적 처리공법
  ㉠ 활성오니법 : 표준 활성오니 방법, 장기폭기방법, 접촉안정방법
  ㉡ 고정미생물 방법(생물막법) : 접촉산화방법, 살수여상방법, 회전원판접촉방법
② 물리적 처리공법 : 임호프탱크 방법

02 결합통기관에 관한 설명으로 옳은 것은?
① 기구 하나하나마다 설치하는 통기관
② 배수·통기 양 계통 간의 공기 유통을 원활하게 하기 위해 배수수평지관과 루프통기관을 연결시키는 통기관
③ 배수수직관의 상부를 그대로 연장하여 대기에 개방되게 한 것으로 배수직관이 통기관의 역할까지 하도록 한 통기관
④ 배수수직관의 길이가 길 경우 발생할 수 있는 배수수직관 내의 압력변화를 방지하기 위해 배수수직관과 통기수직관을 연결한 통기관

해설 결합통기관
㉠ 배수수직관 내의 압력변화를 방지 또는 완화하기 위해, 배수수직관으로부터 분기·입상하여 통기수직관에 접속하는 통기관
㉡ 통기 수직관에 접속하는 통기관으로 층수가 많은 경우에는 5개 층마다에 통기관을 취하는 방법이다.
㉢ 관경 : 통기수직관과 같은 관경으로 하되 최소관경 50mm 이상

03 내경이 150mm인 직선 배관에 0.06m³/sec의 물이 흐를 때, 배관길이가 50m일 경우 관내 마찰손실수두는? (단, 마찰손실계수 f=0.03)
① 1.2m ② 3.4m
③ 5.9m ④ 11.8m

해설
㉠ 관내 유속
$Q = Av$ 에서 $v = \dfrac{Q}{A}$

$A = \dfrac{\pi d^2}{4}$ 이므로

단면적 : $A[m^2]$, 유속 : $v[m/s]$,
유량 : $Q[m^3/s]$

$v = \dfrac{Q}{\dfrac{\pi d^2}{4}} = \dfrac{0.06}{\dfrac{3.14 \times 0.15^2}{4}} = 3.4 \text{m/s}$

㉡ 마찰손실수두(H_f)

$H_f = \lambda \cdot \dfrac{\ell}{d} \cdot \dfrac{v^2}{2g}$ [mAq]

여기서, H_f : 길이 1m의 직관에 있어서의 마찰손실수두(mAq)
λ : 관마찰계수
g : 중력가속도(9.8m/sec²)
d : 관의 내경(m)
ℓ : 직관의 길이(m)
v : 관내 평균 유속(m/s)

$\therefore H_f = \lambda \cdot \dfrac{\ell}{d} \cdot \dfrac{v^2}{2g} = 0.03 \times \dfrac{50}{0.15} \times \dfrac{3.4^2}{2 \times 9.8}$
$= 5.897 ≒ 5.9\text{m}$

04 다음 급수방식의 조합 중 가장 에너지 절약적인 것은?
① 저층부 수도직결방식과 고층부 고가탱크방식
② 저층부 수도직결방식과 고층부 압력탱크방식
③ 저층부 압력탱크방식과 고층부 펌프직송방식
④ 저층부 펌프직송방식과 고층부 고가탱크방식

해설
저층부에는 수도직결방식으로, 고층부에는 고가탱크방식으로 배관하는 상·하향 혼용 배관방식을 사용하면 에너지절약적인 면에서 유리하다. 이 방식은 정전 또는 단수시에 바람직하기 때문에 큰 건물의 경우에는 대부분 이 방식이 이용된다.

정답 01 ① 02 ④ 03 ③ 04 ①

05 수도 본관에서 수직높이 3m인 곳에 세정밸브형 대변기가 수도직결방식의 급수방식으로 설치되었다. 이 대변기의 사용을 위해 필요한 수도본관의 최저 압력은? (단, 세정밸브의 최저필요압력은 70kPa, 수도 본관에서 세정밸브까지의 마찰손실수두는 1mAq이다.)

① 74kPa ② 100kPa
③ 110kPa ④ 470kPa

해설 수도본관의 압력

$P_o \geq P + P_f + \dfrac{H}{100}$ [MPa]

　P : 수전 또는 기구의 필요압력[MPa]
　　→ 세정밸브(F.V) : 70kPa=0.07MPa
　P_f : 본관에서 기구에 이르는 사이의 저항[mAq]
　　→ 1mAq=0.01MPa
　H : 기구의 높이[m] → 3m=0.03MPa

∴ $P_o \geq 0.07 + 0.01 + \dfrac{3}{100} = 0.11\text{MPa} = 110\text{kPa}$

※ 수압 P=0.01H[MPa]
※ 100m=1.0MPa=1000kPa

06 압력탱크방식 급수법에 관한 설명으로 옳은 것은?

① 취급이 비교적 쉽고 고장도 없다.
② 전력 차단 시에는 사용할 수 없다.
③ 항상 일정한 수압을 유지할 수 있다.
④ 고가탱크방식에 비하여 관리비용이 저렴하고 저양정의 펌프를 사용한다.

해설 압력탱크방식의 특징
㉠ 급수압이 일정하지 않다.
㉡ 부분적으로 고압이 필요한 곳에 적합하다.
㉢ 높은 압력에 견딜 수 있는 기밀수조의 설치 등으로 설비비가 많이 든다.
㉣ 공기압축기를 설치하여 수시로 공기를 보급하여야 한다.
㉤ 구조물 보강이 불필요하다.
㉥ 건물의 미관이 양호하다.
㉦ 단수 시에는 어느 정도 급수가 가능하나 고장률이 높다.
㉧ 압력수조의 설치위치에 제한을 받지 않는다.

07 수질과 관련된 용어의 설명으로 옳지 않은 것은?

① SS란 오수 중에 떠 있는 부유물질을 말하며, 탁도의 원인이 되기도 한다.
② DO란 오수 중의 산소요구량을 말하며, 오염도가 높을수록 산소요구량이 적다.
③ COD란 화학적 산소요구량을 말하며, COD값은 일반적으로 BOD값보다 높게 나타난다.
④ BOD란 생물화학적 산소요구량을 말하며, 오수 중의 분해 가능한 유기물 함유 정도를 간접적으로 측정하는데 이용된다.

해설

DO(Dissolved Oxygen) : 용존산소량 - 수중에 용해된 산소의 량

08 병원의 수술실과 같이 외부 오염공기의 침입을 피하고자 할 때 가장 적합한 환기 방법은?

① 압입식 환기법 ② 흡출식 환기법
③ 병용식 환기법 ④ 자연식 환기법

해설 제2종 환기(압입식)
㉠ 실내를 항상 정압(+) 상태로 유지할 수 있어서 오염된 공기의 침입을 방지하고, 연소용 공기가 필요한 경우 적합한 환기법이다.
㉡ 클린룸, 무균실, 반도체공장, 식당, 창고, 일반실에 적합하며 가장 많이 사용한다.
㉢ 병원의 수술실과 같이 외부의 오염공기 침입을 피하는 실에 이용된다.

09 여러 음이 혼합적으로 들리는 경우에서도 대화 상대의 소리만을 선택적으로 들을 수 있는 것과 관련된 현상은?

① 칵테일파티 효과 ② 마스킹 효과
③ 간섭효과 ④ 코인시던스 효과

해설 칵테일파티 효과
여러 음이 혼합적으로 들리는 경우에서도 대화 상대의 소리만을 선택적으로 들을 수 있는 것
※ 매스킹(masking) 효과 : 큰 소리에 의해 작은 소리가 들리는 것이 방해되는 현상으로 가까운 주파수, 비슷한 음원 사이에서 많이 일어난다.
※ 간섭(interference) : 2개 이상의 음파가 동시에 어떤 점에 도달하면 서로 강화하거나 약화시키는 현상

정답 05 ③　06 ②　07 ②　08 ①　09 ①

10 결로에 관한 설명 중 옳지 않은 것은?

① 결로의 발생원인은 건물의 표면온도가 접촉하고 있는 공기의 노점온도보다 높을 경우 그 표면에 발생한다.
② 표면결로 방지대책으로 환기에 의해 실내 절대습도를 저하시키는 방법이 있다.
③ 내부결로 방지대책으로 외측단열공법으로 시공하는 방법이 있다.
④ 결로의 발생원인 중 하나는 단열시공 불완전과 시공직후 미건조에 의한다.

해설

결로의 발생원인은 건물의 표면온도가 접촉하고 있는 공기의 노점온도보다 낮을 경우 그 표면에 발생한다.
※ 결로의 원인
 ① 실내외의 온도차
 ② 실내 습기의 과다 발생
 ③ 생활습관에 의한 환기 부족
 ④ 구조체의 열적 특성
 ⑤ 시공 불량
 ⑥ 시공 직후 미건조 상태에 따른 결로
※ 열전달률, 열전도율, 열관류율이 클수록 결로현상은 심하다.

11 실내에 있는 사람이 느끼는 온열감각에 영향을 미치는 물리적 열환경 요소를 조합한 것으로 옳은 것은?

① 열관류율, 열전도, 대류열, 복사열
② 온도, 습도, 기류, 복사열
③ 온도, 습도, 기류, 대류열
④ 열관류율, 열전도, 기류, 복사열

해설 인체의 온열감각에 영향을 주는 열적요소

㉠ 물리적 변수 (physical variables, 열환경의 4요소)
 – 온도, 습도, 기류, 복사열
㉡ 개인적 변수 (personal variables) – 주관적
 – 활동량, 착의량, 나이, 성별

12 냉방부하의 종류 중 송풍기 용량 및 송풍량의 산출 요인에 속하지 않는 것은?

① 외기부하   ② 조명부하
③ 인체부하   ④ 일사부하

해설 냉방부하의 기기 용량

• 실내취득열량 ─┐
• 기기로부터의 ├ 송풍량 결정
 취득열량   ┘
• 재열부하 ─┐
        ├ 냉각코일의 용량 결정
• 외기부하 ─┘
• 냉수펌프 및 배관부하 ── 냉동기의 용량 결정

㉠ 실내취득열량 : 벽체로부터의 취득열량, 유리로부터의 취득열량, 극간풍에 의한 취득열량, 인체의 발생 열량, 기구로부터의 취득열량
㉡ 장치로부터의 취득열량 : 송풍기에 의한 취득열량, 덕트로부터의 취득열량
㉢ 재열부하 : 재열기의 가열량(취득열량)
㉣ 외기부하 : 외기의 도입으로 인한 취득열량
※ 외기부하 : 환기를 위해 외기를 공조기로 도입하여 실내의 온·습도 상태까지 냉각·감습하거나 가열·가습 하는데 필요한 열량을 말한다.

13 결로를 방지하기 위한 방법으로 옳지 않은 것은?

① 냉방을 하여 건물내부의 표면온도를 노점온도 이하로 한다.
② 환기를 통해 습한 공기를 제거한다.
③ 벽체 내부의 수증기압을 포화수증기압보다 작게 한다.
④ 단열을 강화하여 구조체의 열손실을 줄인다

해설 결로방지 대책

① 실내 습기 방지책 : 실내 공기의 수증기압이 포화수증기압보다 적도록 계획한다.
 ㉠ 환기 계획을 잘 할 것
 ㉡ 난방에 의한 수증기 발생을 제한할 것
 ㉢ 부엌 및 욕실에서 발생하는 수증기를 외부로 배출시킬 것
② 벽체의 열관류저항을 크게 할 것(열관류율이 작은 것)
③ 열교현상이 일어나지 않도록 단열계획 및 시공을 완벽히 할 것
④ 실내측 벽의 표면온도를 실내 공기의 노점온도보다 높게 설계할 것
⑤ 벽에 방습층을 둘 것(방습층을 설치할 경우 고온측인 실내측에 가깝게 시공)
※ 벽체의 열관류저항을 크게 할 것(열관류율이 작은 것)

정답   10 ①   11 ②   12 ①   13 ①

14 건구온도 30℃, 절대습도 0.0134kg/kg'인 공기 5000 m³/h를 표면온도가 10℃인 냉각코일로 냉각감습할 경우 응축수분량은 얼마인가? (단, 습기의 밀도=1.2kg/m³ 10℃ 포화습공기의 절대습도=0.0076kg/kg' 냉각코일의 바이패스 팩터=0.1)

① 29.24kg/h ② 31.32kg/h
③ 34.80kg/h ④ 37.23kg/h

해설

응축수량$(L) = G \cdot \Delta x = \rho \cdot Q \cdot \Delta x$ [kg/h]
여기서, L : 응축수량(kg/h)
G : 공기량(kg/h)
Q : 체적량(m³/h)
ρ : 공기의 밀도(1.2kg/m³)
Δx : 냉각전후습도차
 (X_2, X_1 : 절대습도[kg/kg'])
※ G(kg/h) $= \rho(1.2\text{kg/m}^3) \cdot Q(\text{m}^3/\text{h}) = 1.2Q$(kg/h)
∴ 응축수량(L) $= \rho \cdot Q \cdot \Delta x$
$= 1.2 \times 5000 \times (0.0134 - 0.0076) \times 0.9$
$= 31.32$kg/h
(단, BF가 0.1이므로 감습량 90%를 적용한다.)

15 공기조화방식에 관한 설명으로 옳은 것은?
① 유인 유닛방식은 저속덕트를 사용하므로 덕트 스페이스를 작게 할 수 없다.
② 2중덕트방식은 단일덕트방식에 비해 덕트 샤프트 및 덕트 스페이스를 크게 차지한다.
③ 단일덕트방식은 냉풍과 온풍을 혼합하는 혼합상자가 필요하므로 소음과 진동이 크다.
④ 팬코일 유닛방식은 중앙기계실의 면적이 크며, 덕트방식에 비해 유닛의 위치 변경이 어렵다.

해설
① 유인 유닛방식은 고속덕트를 사용하므로 덕트 스페이스를 작게 할 수 있다.
③ 이중덕트방식은 냉풍과 온풍을 혼합하는 혼합상자가 필요하며 냉·온풍의 혼합으로 인한 혼합손실이 있어서 에너지 소비량이 많다.
④ 팬코일 유닛방식은 열부하의 증감에 따라서 송풍량을 조절하여 온, 습도를 유지하는 전수방식으로 실내형 소형 공조기라고 불리우며 덕트방식에 비해 유닛의 위치 변경이 용이하다.

16 건물의 냉방부하의 종류 중 현열과 잠열 성분을 모두 갖는 것은?
① 인체의 발생열량
② 벽체로부터의 취득열량
③ 유리로부터의 취득열량
④ 덕트로부터의 취득열량

해설 냉방부하를 계산할 때 현열과 잠열을 동시에 계산해 주어야 할 부하요소
㉠ 극간풍(틈새바람)에 의한 취득열량
㉡ 인체의 발생열량
㉢ 기구로부터의 발생열량
㉣ 외기의 도입으로 인한 취득열량

17 공기조화방식 중 전공기 방식에 관한 설명으로 옳지 않은 것은?
① 실내에 배관으로 인한 누수의 우려가 없다.
② 대형덕트 공간이 필요 없어 설치가 용이하다.
③ 병원의 수술실, 공장의 클린룸과 같이 청정을 필요로 하는 곳에 적용이 가능하다.
④ 실내에 취출구나 흡입구를 설치하면 되므로 팬코일 유닛과 같은 기구의 노출이 없어서 실내 유효 면적을 넓힐 수 있다.

해설 전공기 방식(all air system)
① 종류 : 단일덕트방식(정풍량방식, 변풍량방식), 이중덕트방식, 멀티존유닛방식, 각층유닛방식
② 장점
㉠ 송풍량이 많아 실내공기오염이 적다.
㉡ 중간기에 외기냉방이 가능하다.
㉢ 실내유효면적 증가
㉣ 실내에 배관으로 인한 누수의 염려가 없다.
㉤ 폐열회수장치 사용이 용이하다.(전열교환기 등의 설치)
③ 단점
㉠ 큰 덕트 스페이스가 필요하다.
㉡ 팬의 소요동력(반송동력)이 크다.
㉢ 공조실이 넓어야 한다.

정답 14 ② 15 ② 16 ① 17 ②

18 난방장치의 용량계산을 위한 설계용 외기온도를 설정할 때 "TAC온도 위험률 2.5% 온도"의 의미로 가장 알맞은 것은? (단, 난방기간은 연간 121일이다.)

① 난방기간동안의 외기온도가 설계 외기온도보다 2.5% 높을 가능성이 있다.
② 난방기간동안의 외기온도가 설계 외기온도보다 2.5% 낮을 가능성이 있다.
③ 2.5%의 시간에 해당하는 약 72시간의 외기온도가 설계 외기온도보다 높을 가능성이 있다.
④ 2.5%의 시간에 해당하는 약 72시간의 외기온도가 설계 외기온도보다 낮을 가능성이 있다.

해설
ASHRAE의 TAC(Technical Advisory Committee)에서는 위험률 2.5~10% 범위 내에서 설계 조건을 삼을 것을 추천하고 있다. 위험률 2.5%의 의미는 어느 지역의 난방기간이 연간 121일이라면, 이 기간 중 2.5%에 해당하는 약 72시간은 난방 설계 외기 조건을 초과할(낮을) 수 있다는 것을 의미한다. [추울 수 있다.]
※ (121일×24시간)×0.025=72.6시간

19 다음과 같은 조건에 있는 사무실의 필요환기량은?

┌ 조건 ──────────────────
│ · 재실인원 : 10인
│ · 1인당 CO_2 배출량 : 0.02m³/h
│ · 실내 CO_2 허용한도 : 1000ppm
│ · 외기 중의 CO_2 농도 : 300ppm
└────────────────────

① 86m³/h ② 186m³/h
③ 286m³/h ④ 386m³/h

해설 필요환기량

$Q = \dfrac{K}{P_i - P_o}$

Q : 필요환기량(m³/h)
K : 실내에서의 CO_2 발생량(m³/h)
P_i : CO_2 허용 농도(m³/m³)
P_o : 신선공기 CO_2 농도(m³/m³)

$\therefore Q = \dfrac{K}{P_i - P_o} = \dfrac{10 \times 0.02}{(1000-300) \times 10^{-6}}$

$= \dfrac{0.2 \times 10^6}{700} = \dfrac{200000}{700}$

$= 285.7 = 286 \text{m}^3/\text{h} \cdot \text{인}$

※ 1ppm = 10^{-6}(m³/m³)

20 어떤 사무실의 취득 현열량이 15000W일 때 실내온도를 26℃로 유지하기 위하여 16℃의 외기를 도입할 경우, 실내에 공급하는 송풍량은 얼마로 해야 하는가? (단, 공기의 정압비열은 1.01kJ/kg·K, 밀도는 1.2kg/m³이다.)

① 2455m³/h ② 4455m³/h
③ 6455m³/h ④ 8455m³/h

해설

$q_s = \rho Q C(t_i - t_o)$ [kJ/h]

q_s : 실의 현열부하[W]
ρ : 공기의 밀도[1.2kg/m³]
Q : 송풍량[m³/h]
C : 공기의 정압비열[1.01kJ/kg·K]
t_i : 실내 공기온도[℃]
t_o : 송풍 공기온도[℃]

$Q = \dfrac{q_s}{\rho C(t_i - t_o)}$ [m³/h]

송풍량(Q) = $\dfrac{15000 \times 3.6}{1.2 \times 1.01 \times (26-16)} ≒ 4,455$m³/h

※ 1W = 3.6kJ/h

정답 18 ④ 19 ③ 20 ②

건축설비계획
2023년 제1회 과년도 출제문제

01 배수설비에서 간접배수를 하여야 하는 기기·기구에 속하지 않는 것은?
① 욕조 ② 세탁기
③ 제빙기 ④ 식기세정기

해설 직접배수와 간접배수
㉠ 직접배수 : 위생기구와 배수관이 연결된 일반 위생기구에서의 배수
㉡ 간접배수 : 냉장고, 제빙기, 세탁기, 음료기, 식기세척기, 공기정화기 등에서의 배수방식으로 기구의 오염을 막기 위해 일반배수관으로 직접 연결하지 않고, 물받이 사이에 공간을 두어 공기 중에 노출시켰다가 배수관으로 흘려보내는 배수이다.

02 다음 중 수자원 절약을 위한 배수 재이용시에 검토할 사항과 가장 거리가 먼 것은?
① 공급시설의 안정성
② 재이용수의 사용범위
③ 상수(上水)기구의 구성요소
④ 배수의 수량과 수질의 안정성

해설 수자원 절약을 위한 배수 재이용시에 검토할 사항
㉠ 중수 용도의 설정 : 화장실, 세차, 청소, 화단용
㉡ 용도에 따른 수질의 설정
㉢ 수용량의 균형 : 상수, 배수, 중수
㉣ 요구 수량과 수질에 따른 수처리 시설
㉤ 종합 급배수 계통 검토
㉥ 경제성의 검토
㉦ 오용 방지, 2차적인 장애 고려

03 오수의 생물화학적 처리법 중 생물막법에 속하지 않는 것은?
① 접촉산화방식
② 살수여상방식
③ 표준활성오니방식
④ 회전원판 접촉방식

해설 오수처리시설 처리공법
오수처리시설은 침전, 호기성 또는 혐기성 분해 등의 방법에 의하여 분뇨와 생활하수를 함께 처리하는 시설로서 오수처리시설 처리공법에는 다음과 같이 분류하고 있다.
① 호기성 생물학적 처리공법
  ㉠ 활성오니법 : 표준 활성오니 방법, 장기폭기방법, 접촉안정방법
  ㉡ 고정미생물 방법(생물막법) : 접촉산화방법, 살수여상방법, 회전원판접촉방법
② 물리적 처리공법 : 임호프탱크 방법
※ 생물막법에서 사용되는 접촉재는 비표면적이 크고, 생물막이 부착되기 쉬워야 하며, 생물막에 의한 막힘현상이 일어나지 않아야 한다.

04 급수방식 중 펌프직송방식에 관한 설명으로 옳지 않은 것은?
① 급수압의 변화가 크다.
② 전력 차단시 급수가 불가능하다.
③ 단수시 저수량만큼 급수가 가능하다.
④ 수질오염의 가능성은 고가수조방식보다 낮다.

해설
펌프직송방식(탱크없는 부스터 방식, Tankless booster system)은 물을 지하실 등의 저수탱크에 물을 받은 후 자동급수펌프에 의하여 수전까지 직송하는 방식으로 정교한 제어가 필요하며 정전시 급수가 불가능하다.

05 중앙급탕방식 중 간접가열식에 관한 설명으로 옳지 않은 것은?
① 고압보일러를 설치하여야 한다.
② 보일러를 난방과 겸용으로 이용할 수 있다.
③ 보일러 내부에 스케일 발생의 우려가 적다.
④ 저탕조 용량이 충분할 경우 보일러 용량을 작게 할 수 있다.

정답 01 ① 02 ③ 03 ③ 04 ① 05 ①

해설 중앙식 급탕법의 직접가열식과 간접가열식의 비교

구분	직접 가열식	간접 가열식
보일러	급탕용보일러, 난방용보일러 각각 설치	난방용 보일러로 급탕까지 가능
보일러내의 스케일	많이 낀다.	거의 끼지 않는다.
보일러내의 압력	고압	저압
규모	소규모 건축물	대규모 건축물
저탕조내의 가열코일	불필요	필요

06 물의 경도에 관한 설명으로 옳지 않은 것은?

① 일반적으로 지하수는 경수로 간주한다.
② 경수는 단물이라고 하며, 경도가 70ppm 이상인 물을 말한다.
③ 경수를 보일러 용수로 사용하면 배관 내에 스케일 생성을 야기한다.
④ 물 속에 녹아있는 칼슘, 마그네슘 등의 염류의 양을 탄산칼슘의 농도로 환산하여 나타낸 것이다.

해설 물의 경도(硬度)

㉠ 물 속에 녹아 있는 칼슘(Ca), 마그네슘(Mg) 등의 양을 이것에 대응하는 탄산칼슘(CaCO₃)의 100만분율(ppm : parts per million)로 환산하여 표시한 것
㉡ 경도가 큰 물을 경수, 경도가 낮은 물을 연수라 한다.

분류	CaCO₃의 함유량	특징
극연수 (極軟水)	0ppm	증류수나 멸균수로서 연관이나 황동관을 부식
연수(軟水)	90ppm 이하	세탁, 염색, 보일러용에 적합
적수(適水)	90~110ppm	
경수(硬水)	110ppm 이상	물, 음료용, 세탁, 표백, 염색에는 부적합

※ ppm(parts per million)은 농도 단위로서 100만분의 1의 양을 말한다.

07 관 내의 흐름이 층류인지 난류인지를 판별 하는데 사용되는 레이놀즈수의 산정식으로 옳은 것은?(단, Re = 레이놀즈수, v = 관 내의 평균유속(m/s), d = 관 내경(m), ν = 유체의 동점성계수(m²/s))

① $Re = \dfrac{\nu}{v \times d}$
② $Re = \dfrac{d}{v \times \nu}$
③ $Re = \dfrac{v \times \nu}{d}$
④ $Re = \dfrac{v \times d}{\nu}$

해설 레이놀즈 수(Reynold's Number)

$Re = \dfrac{Vd}{v}$

Re : 레이놀즈 수
V : 유체의 속도(m/s)
d : 관경, 배관의 안지름(m)
v : 유체의 동점성계수(m/s)

☞ 유체의 속도, 관경에 비례하고, 동점성계수에 반비례한다.

① 유체의 동점성계수 v는 유체의 성질을 나타내는 요소 중 하나인 점성계수(u)를 그 유체의 밀도(ρ)를 나눈 값을 의미한다.($v = \dfrac{u}{\rho}$)
② 배관 내에 흐르는 유체의 경우 : 레이놀즈 수에 의한 층류, 난류 등의 판단 기준
③ 일반적으로 공기조화에서 다루게 되는 유체의 흐름은 난류가 된다.
($Re < 2000$: 층류역, $2000 < Re < 4000$: 천이구역, $Re > 4000$: 난류역)

08 온도, 습도, 기류를 조합하여 인체의 실제 체감(體感)의 정도를 나타내는 척도가 되는 것은?

① 절대온도
② 임계온도
③ TAC 온도
④ 유효온도

해설 유효온도(Effective Temperature : ET)

㉠ 유효온도는 온도(또는 흑구온도), 기류, 습도를 조합한 감각 지표로서 감각온도, 실효온도 또는 체감온도라고도 한다.
㉡ 1923년 미국에서 Houghton과 Yaglou에 의해 처음 창안되어 공기조화(덕트식 냉난방)시의 평가에 널리 사용되었다.
㉢ 복사열에 대한 영향은 고려되지 않았다.
※ CET : 복사열에 대한 영향을 고려한 수정유효온도
☞ 임계온도(임계점) : 물질에 적용된 압력에 관계없이 물질이 액화되는 최대온도를 말한다.(냉매 응축온도는 임계온도 이하이어야 한다.) 임계온도 이상에서는 증기를 냉각시켜도 액화되지 않으며, 임계온도 이상에서는 액체와 증기가 서로 평행으로 존재할 수 없는 상태이다.

09 채광에서 실내의 조도가 옥외의 조도 및 %에 해당하는가를 나타내는 값을 의미하는 것은?
① 감광률 ② 주광률
③ 촉광량 ④ 창유효율

해설 주광률(Daylight factor : DF)

㉠ 실내의 조도를 채광에 의해서 얻는 경우 야외의 주광 조도는 시시각각으로 변화하므로 실내의 조도도 이에 따라 변한다. 채광 설계에 있어서 이와 같이 변화하는 조도를 실내밝기의 기준으로 하는 것은 불합리하므로 이에 대신하는 것으로서 주광률이 사용된다.
㉡ 주광률은 실내의 조도가 옥외의 조도 몇 %에 해당하는가를 나타내는 값

$$DF = \frac{\text{실내 한 지점의 작업면 조도}(E)}{\text{실외의 수평면 조도(설계용 전천공조도)}(E_s)} \times 100(\%)$$

10 음의 성질에 관련된 용어에 대한 설명으로 옳지 않은 것은?
① 파동이 진행 중에 장애물이 있으면 직진하지 않고 그 뒤쪽으로 돌아가는 현상을 회절이라 한다.
② 진동수가 조금 다른 두 음이 간섭에 의해서 생기는 현상을 울림이라 한다.
③ 발음체로부터 나오는 음파를 다른 물체가 흡수하여 같이 소리를 내는 현상을 파동이라 한다.
④ 실내에서 음을 갑자기 멈추면 그 음이 수 초간 남아 있는 현상을 잔향이라 한다.

해설
• 파동(wave motion) : 음에너지의 전달은 매질의 운동에너지와 위치에너지의 교번작용으로 이루어진다. 즉, 에너지 전달을 파동이라 한다.
※ 공진(resonance) : 발음체의 진동수와 같은 음파를 받게 되면 자기도 진동하여 음을 내는 현상

11 그림과 같은 환기 방식이 적합하지 않은 것은?
① 화장실
② 수술실
③ 주방
④ 욕실

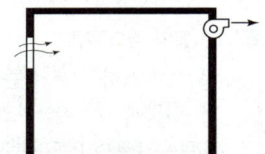

해설 환기 방식

구분	설치방법	용도
제 1종 환기 (병용식)	강제송풍＋강제배풍	병원 수술실, 거실, 지하극장, 변전실
제 2종 환기 (압입식)	강제송풍＋자연배풍	클린룸, 무균실, 반도체공장, 식당, 창고
제 3종 환기 (흡출식)	자연송풍＋강제배풍	화장실, 욕실, 주방, 흡연실, 자동차차고

㉠ 제 1종 환기 : 설비비, 운전비가 비싸다. 실내외의 압력차가 없어서 가장 양호한 환기법
㉡ 제 2종 환기 : 실내의 압력이 정압(+), 다른 실에서의 공기 침입이 없다. 가장 많이 사용한다. 일반실에 적합하다.
㉢ 제 3종 환기 : 실내의 압력이 부압(−), 실내의 냄새나 유해 물질을 다른 실로 흘려보내지 않는다. 주방, 화장실, 유해가스 발생장소에 사용한다.

정답 09 ② 10 ③ 11 ②

12 이종관의 접합에 관한 설명으로 옳지 않은 것은?

① 연관과 동관의 접합은 납땜 접합한다.
② 강관과 동관의 접합에는 절연이음쇠를 사용하지 않는다.
③ 강관과 스테인리스강관의 접합은 원칙적으로 절연이음쇠를 사용한다.
④ 주철관과 강관의 접합은 각각 이음을 코킹하여 나사 또는 플랜지 접합한다.

해설
강관과 동관의 접합에는 절연이음쇠를 사용한다.

13 온수난방방식에 관한 설명으로 옳은 것은?

① 용량제어가 어렵고 응축수에 의한 열손실이 크다.
② 실내온도의 상승이 빠르고 예열손실이 적어 간헐난방에 적합하다.
③ 증기난방에 비하여 소요방열면적과 배관경이 작으므로 설비비가 낮다.
④ 열용량이 크므로 보일러를 정지시켜도 실내난방이 어느 정도 지속된다.

해설 온수난방
- 현열을 이용한 난방방식으로, 100℃ 이상은 고온수난방, 이하는 보통온수난방으로 한다.
① 장점
  ㉠ 난방부하의 변동에 따라 온수온도와 온수의 순환량 조절이 쉽다.
  ㉡ 현열을 이용한 난방이므로 증기난방에 비해 쾌감도가 높다.
  ㉢ 방열기 표면 온도가 낮으므로 표면에 붙은 먼지의 연소에 의한 불쾌감이 없다.
  ㉣ 난방을 정지하여도 난방효과가 지속된다.
  ㉤ 보일러 취급이 용이하고 안전하다.
② 단점
  ㉠ 예열시간이 길다.
  ㉡ 증기난방에 비해 방열면적과 배관경이 커야 하므로 설비비가 많다.
  ㉢ 열용량이 크므로 온수 순환 시간이 길다.
  ㉣ 한랭시, 난방 정지시 동결이 우려된다.

14 공기조화방식 중 전공기방식에 속하지 않는 것은?

① 2중덕트방식
② 팬코일 유닛방식
③ 멀티존 유닛방식
④ 변풍량 단일덕트방식

해설 열매의 종류에 의한 공기조화방식의 분류
① 중앙식
  ㉠ 전공기식(공기) : 단일덕트방식(정풍량방식, 변풍량방식), 이중덕트방식, 멀티존유닛방식, 각층유닛방식
  ㉡ 공기·수식(공기+물) : 유인유닛방식, 팬코일유닛방식(외기덕트병용), 복사냉난방방식(외기덕트병용)
  ㉢ 전수식(물) : 팬코일유닛방식, 복사냉난방방식
② 개별식
  ㉠ 냉매식 : 패키지형방식, 룸쿨러방식, 멀티유니트방식

15 기온, 습도, 기류의 3요소의 조합에 의한 실내 온열감각을 기온의 척도로 나타낸 것은?

① 작용온도(OT)
② 유효온도(ET)
③ 수정유효온도(CET)
④ 예상온냉감신고(PMV)

해설 유효온도 (ET: effective temperature)
㉠ 기온, 습도, 기류(풍속)의 3요소가 체감에 미치는 종합효과를 단일지표로 나타낸 것
㉡ 복사열에 대한 영향은 고려 안됨
※ 기류(풍속)의 상승은 유효온도를 감소시키는 원인이 된다.

16 유리창으로부터의 일사열 취득에 관한 설명 중 옳지 않은 것은?

① 유리의 면적이 클수록 취득열량이 많다.
② 투과율이 클수록 취득열량이 적다.
③ 복층유리는 열관류율이 작다.
④ 반사유리는 여름철 취득열량을 줄이는데 유리하다.

해설 유리로부터 일사취득열량

$q_{GR} = I_{gr} A_g k_s$

I_{gr} : 유리를 통해 투과 및 흡수의 형식으로 취득되는 표준 일사취득열량 [W/m²·K]
A_g : 유리창의 면적(개시면적 포함) [m²]
k_s : 전차폐계수

투과율이 크다는 것은 실내의 취득열량이 크다는 의미이다.

17 다음 중 건물병 증후군(sick building syndrome)의 원인과 가장 관계가 먼 것은?

① 라돈 ② 피톤치드
③ 포름알데히드 ④ 휘발성 유기화합물

해설

휘발성 유기화합물(VOCs)은 주로 실내에 영향을 미치는 오염물질로서 건물증후군(SBS, Sick Building Syndrome)의 주원이이 된다. 각종 건자재에서 배출되는 휘발성유기화합물(VOCs), 포름알데히드(HCHO) 등 각종 오염물질들이 아토피성 피부염, 두통 등 각종 질환의 원인이 되고 있다. VOCs 배출량에 의한 인체에 대한 영향으로는 염증·불쾌감, 심할 경우 눈·코·목 등에서 염증·두통·신경마비 등이 우려된다. 포름알데히드는 가구·단열재·페인트·벽지·타일 등에서 검출되고 있다.

☞ 피톤치드(Phytoncide)는 식물이 스스로를 보호하기 위해 내보내는 항균 기능을 하는 물질이다. 특정 성분을 지칭하는 말이 아닌 식물이 내뿜는 항균성의 모든 물질을 통틀어서 일컫는다.
편백나무, 소나무 등이 피톤치드를 많이 함유한 것으로 알려져 있다. 삼림욕은 식물이 무성하게 자라는 초여름부터 초가을까지 일사량이 많을 때에 하는 것이 좋다.

18 다음 중 호텔의 객실에 가장 적합한 공조방식은?

① 유닛히터방식
② 각층 유닛방식
③ 팬코일 유닛 방식
④ 정풍량 단일덕트방식

해설 팬코일 유닛방식(fan-coil unit system)

열부하의 증감에 따라서 송풍량을 조절하여 온, 습도를 유지하는 전수방식으로 실내형 소형 공조기라고 불린다.
㉠ 외주부에 설치하여 콜드 드래프트(cold draft)를 방지하며, 개별제어가 가능하다.
㉡ 덕트방식에 비해 유닛의 위치 변경이 쉽다.
㉢ 외기공급 및 가습, 제습장치가 별도로 필요로 하며 누수의 염려가 있다.
㉣ 외기량이 부족하여 실내공기의 오염 가능성이 높다.
㉤ 보수 및 점검 개소가 증가한다.
㉥ 용도 : 주택, 아파트, 사무실, 호텔의 객실(극장, 스튜디오에는 부적당)

19 배관재료의 일반적인 용도가 옳게 연결된 것은?

① 동관 - 증기 배관
② 주철관 - 냉각수 배관
③ 경질염화비닐관 - 냉매 배관
④ 스테인리스강관 - 급수 배관

해설

냉각수 배관재료 : 동관, 아연도강관, 스테인리스관

20 습공기에 관한 설명 중 옳지 않은 것은?

① 건구온도가 일정할 경우 상대습도가 높을수록 노점온도는 높아진다.
② 절대습도가 일정할 경우 건구온도가 높을수록 비체적은 커진다.
③ 건구온도가 일정할 경우 상대습도가 높을수록 절대습도는 낮아진다.
④ 절대습도가 일정할 경우 건구온도가 높을수록 엔탈피는 커진다.

해설

습공기선도상에서 건구온도가 일정할 경우 상대습도가 높을수록 절대습도는 높아진다.
※ 공기를 냉각하면 상대습도는 높아지고, 공기를 가열하면 상대습도는 낮아진다. → 절대습도의 변화는 없다.

정답 17 ② 18 ③ 19 ④ 20 ③

건축설비계획
2023년 제2회 과년도 출제문제 [온라인 TEST]

01 국소식 급탕설비의 종류 중 증기를 사일렌서나 기수혼합밸브에 의해 물과 혼합시킨 탕을 만드는 방식이다.
① 저탕식 ② 열매혼합식
③ 순간식 ④ 직접가열식

[해설] 기수혼합식(열매혼합식) 급탕장치
㉠ 보일러에서 발생한 증기를 저탕조에 직접 불어넣어 온수를 만드는 방법으로, 소음이 생기는 결점이 있고, 계속 새로운 물을 보급하므로 보일러에 미치는 영향도 커서 많이 사용하지 않는다.
㉡ 열효율은 100%이지만 소음을 줄이기 위해 증기압 0.1~0.4MPa의 스팀 사일런서(steam silencer)를 사용한다.

02 국소식 급탕방법에 관한 설명으로 옳지 않은 것은?
① 배관 및 기기로부터의 열손실이 많다.
② 건물 완공 후에도 급탕개소의 증설이 비교적 쉽다.
③ 급탕개소마다 가열기의 설치 스페이스가 필요하다.
④ 주택 등에서는 난방 겸용의 온수보일러, 순간온수기를 사용할 수 있다.

[해설] 개별식(국소식) 급탕방식
㉠ 배관설비 거리가 짧고, 배관 중의 열손실이 적다.
㉡ 수시로 더운 물을 사용할 수 있으며, 고온의 물을 필요시 쉽게 얻을 수 있다.
㉢ 급탕 개소가 적을 경우 시설비가 싸게 든다.
㉣ 주택 등에서는 난방 겸용의 온수보일러를 이용할 수 있다.
㉤ 급탕 개소마다 가열기의 설치공간이 필요하다.
㉥ 주택, 중소 여관, 작은 사무실 등 급탕 개소가 적은 건축물에 적합하다.
☞ 개별식 급탕법은 중앙식 급탕법에 비해 유지관리는 용이하며, 배관설비 거리가 짧아 배관 중의 열손실이 적다.

03 압력배관용 탄소강관의 표시기호로 옳은 것은?
① SPPS ② SPPH
③ SPLT ④ SPHT

[해설] 배관용 탄소강관의 표시기호
㉠ SPP - 일반 배관용 탄소강관(쇠파이프)
㉡ SPPS - 압력 배관용 탄소강관(두꺼운 쇠파이프)
㉢ SPPH - 고압 배관용 탄소강관
㉣ SPHT - 고온 배관용 탄소강관
㉤ SPLT - 저온 배관용 탄소강관

04 먹는 물의 수질기준에 관한 설명으로 옳지 않은 것은?
① 색은 5도를 넘지 아니할 것
② 수은은 0.01mg/L를 넘지 아니할 것
③ 시안은 0.01mg/L를 넘지 아니할 것
④ 수돗물의 경우 경도는 300mg/L를 넘지 아니할 것

[해설] 먹는 물의 수질기준
환경부령 수질 판정기준에 그 허용한계를 명시하고 있으며, 병원생물, 유독물, 유해물, 수소이온 농도, 냄새와 맛, 색, 투명도 등으로 수질 항목을 분류하고 있다.
☞ 수은은 0.001mg/L를 넘지 아니할 것

05 관내에 유체가 흐르고 있을 때 유체마찰에 의해 손실되는 압력강하(ΔP)를 다음과 같은 식으로 표현할 수 있다. 다음 식에서 λ가 의미하는 것은? (단, L은 관의 길이, d는 관의 직경, v는 유체의 유속, ρ는 유체의 밀도를 의미한다.)

$$\Delta P = \lambda \cdot \frac{L}{d} \cdot \frac{v^2}{2} \cdot \rho$$

① 점성계수 ② 관마찰계수
③ 레이놀즈수 ④ 동점성계수

정답 01 ② 02 ① 03 ① 04 ② 05 ②

해설 마찰손실수두(H_f)와 압력손실수두(P_f)

$$H_f = \lambda \cdot \frac{L}{d} \cdot \frac{v^2}{2g} \text{ [mAq]}$$

$$P_f = \lambda \cdot \frac{L}{d} \cdot \frac{v^2}{2} \rho \text{ [Pa]}$$

여기서, H_f, P_f : 길이 1m의 직관에 있어서의 마찰손실수두(mAq, Pa)
λ : 관마찰계수(강관 0.02)
g : 중력가속도(9.8m/sec²)
d : 관의 내경(m)
L : 직관의 길이(m)
v : 관내 평균 유속(m/s)
ρ : 물의 밀도(1,000kg/m³)
※ 관의 길이에 비례, 관경에 반비례한다.

06 정화조의 유입수 BOD가 1000mg/L, 방류수 BOD가 400mg/L일 때, BOD제거율은?
① 40% ② 50%
③ 60% ④ 70%

해설

$$\text{BOD 제거율} = \frac{\text{유입수}BOD - \text{유출수}BOD}{\text{유입수}BOD} \times 100(\%)$$

$$\therefore \text{BOD 제거율} = \frac{1,000 - 400}{1,000} \times 100(\%) = 60\%$$

07 다음 중 간접배수로 하지 않아도 되는 것은?
① 세탁기에서의 배수
② 세면기에서의 배수
③ 냉각탑에서의 배수
④ 식기세척기에서의 배수

해설 직접배수와 간접배수
㉠ 직접배수 : 위생기구와 배수관이 연결된 일반 위생기구에서의 배수
㉡ 간접배수 : 냉장고, 세탁기, 음료기, 공기정화기 등에서의 배수방식으로 기구의 오염을 막기 위해 일반배수관으로 직접 연결하지 않고, 물받이 사이에 공간을 두어 공기 중에 노출시켰다가 배수관으로 흘려보내는 배수이다.

08 배관 이음재료 중 시공한 후 배관 교체 등 수리를 관리하게 하기 위해 사용하는 것은?
① 티(tee) ② 부싱(bushing)
③ 플랜지(flange) ④ 리듀서(reducer)

해설 유니언(union)과 플랜지(flange)
관의 교체나 펌프의 고장 수리시 사용한다.
㉠ 유니언(union) : 50mm 이하의 관(소구경)에 사용한다.
㉡ 플랜지(flange) : 50mm 이상의 관(대구경)에 사용한다.

09 유체의 흐름에 관한 설명으로 옳지 않은 것은?
① 난류는 유체분자가 불규칙하게 서로 섞이는 혼란된 흐름이다.
② 일반적으로 층류에서 난류로 천이할 때의 유속을 임계유속이라 한다.
③ 레이놀즈 수에 의해 관내의 흐름이 층류인지 난류인지를 판별할 수 있다.
④ 관내에 유체가 흐를 때, 어느 장소에서 흐름의 상태가 시간에 따라 변화하는 흐름을 정상류라 한다.

해설
관내의 유체가 흐를 때, 어느 장소에서의 흐름의 상태가 시간에 따라 변화하지 않는 흐름을 정상류라 하며, 흐름의 상태가 시간에 따라 변화하는 흐름을 비정상류라고 한다.
※ 배관 내에 흐르는 유체의 경우 레이놀즈 수에 의한 층류, 난류 등의 판단 기준이 된다.
레이놀즈 수는 유체의 속도, 관경에 비례하고, 동점성계수에 반비례한다.

10 여름철 실내에 위치한 냉장고 안의 습도는 실내공기와 비교하여 어떤 상태인가?
① 상대습도는 높고 절대습도는 낮다.
② 상대습도는 낮고 절대습도는 높다.
③ 상대습도는 높고 절대습도도 높다.
④ 상대습도와 절대습도는 동일하다.

정답 06 ③ 07 ② 08 ③ 09 ④ 10 ①

> [해설]
> 여름철 실내에 위치한 냉장고 안은 온도가 낮으므로 노점온도의 상태에 되어 결로가 발생하고, 상대습도는 높고 절대습도는 낮다.

11 난방설비에 관한 설명으로 옳은 것은?
① 온수난방은 온수의 잠열을 이용하여 난방하는 방식이다.
② 증기난방은 온수난방에 비해 부하 변동에 따른 온도 조절이 용이하다.
③ 건물의 규모가 큰 경우에는 증기난방보다 온수난방이 설비비와 유지비가 적게 소요된다.
④ 온수난방은 열용량이 커서 예열시간이 길게 소요되므로 간헐운전에는 예열부하가 크게 된다.

> [해설]
> ① 온수난방은 온수의 현열을 이용하여 난방하는 방식이다.
> ② 증기난방은 온수난방에 비해 부하 변동에 따른 온도 조절이 어렵다.
> ③ 건물의 규모가 큰 경우에는 증기난방보다 온수난방이 설비비와 유지비가 많이 소요된다.

12 다음의 냉방부하 발생 요인 중 현열과 잠열 부하를 모두 발생시키는 것은?
① 인체의 발생열량
② 벽체로부터의 취득열량
③ 유리로부터의 취득열량
④ 송풍기에 의한 취득열량

> [해설] 냉방부하 계산
> ① 현열 부하만 계산 : 벽체로부터의 취득열량, 유리로부터의 취득열량, 조명 및 기기로부터의 취득열량, 재열부하, 송풍기와 덕트로부터의 취득열량
> ② 현열과 잠열을 동시에 계산해 주어야 할 부하요소
>   ㉠ 극간풍(틈새바람)에 의한 취득열량
>   ㉡ 인체의 발생열량
>   ㉢ 기구로부터의 발생열량
>   ㉣ 외기의 도입으로 인한 취득열량

13 습공기의 건구온도와 습구온도를 알 경우 습공기선도 상에서 파악할 수 없는 것은?
① 비체적
② 노점온도
③ 열수분비
④ 수증기분압

> [해설] 습공기선도
> ㉠ 습공기선도를 구성하는 요소 : 건구온도, 습구온도, 노점온도, 절대습도, 상대습도, 수증기분압, 비체적, 엔탈피, 현열비 등
> ㉡ 습공기선도를 구성하는 있는 요소들 중 2가지만 알면 나머지 모든 요소들을 알아낼 수 있다.
> ㉢ 습공기의 상태변화에 따른 열량변화를 파악할 수 있다.

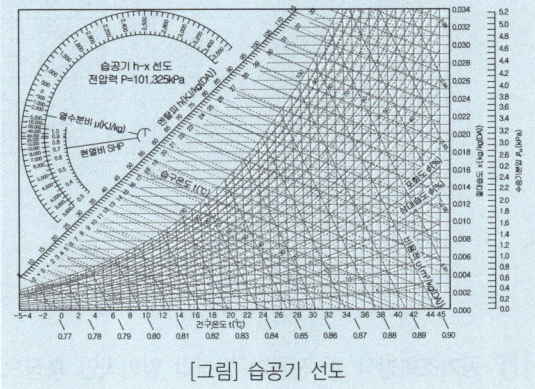

[그림] 습공기 선도

14 온도 35℃, 절대습도 0.018kg/kg′인 공기 15kg과 온도 15℃, 절대습도 0.008kg/kg′인 공기 20kg을 단열혼합할 때 혼합공기의 상태는?
① 온도 24.8℃, 절대습도 0.014kg/kg′
② 온도 24.8℃, 절대습도 0.012kg/kg′
③ 온도 23.6℃, 절대습도 0.014kg/kg′
④ 온도 23.6℃, 절대습도 0.012kg/kg′

> [해설] 단열혼합
> 혼합공기 온도
> $$t_m = \frac{G_1 t_1 + G_2 t_2}{G_1 + G_2} = \frac{15 \times 35 + 20 \times 15}{15 + 20} = 23.6℃$$
> 혼합공기 절대습도
> $$X_m = \frac{G_1 x_1 + G_2 x_2}{G_1 + G_2} = \frac{15 \times 0.018 + 20 \times 0.008}{15 + 20}$$
> $$= 0.012 kg/kg′$$

[정답] 11 ④ 12 ① 13 ③ 14 ④

15 환기방식에 관한 설명으로 옳지 않은 것은?
① 화장실, 주방 등은 제3종 환기가 유리하다
② 상향식 환기는 바닥면의 먼지 등을 일으킬 수 있다.
③ 제2종 환기란 급기팬과 배기팬이 모두 설치되는 것을 말한다.
④ 국소환기는 주방, 실험실에서와 같이 오염물질의 확산 및 방산을 가능한 극소화시키려고 할 때 적용된다.

해설 환기 방식

구분	설치방법	용도
제 1종 환기 (병용식)	강제송풍+강제배풍	병원 수술실, 거실, 지하극장, 변전실
제 2종 환기 (압입식)	강제송풍+자연배풍	클린룸, 무균실, 반도체공장, 식당, 창고
제 3종 환기 (흡출식)	자연송풍+강제배풍	화장실, 욕실, 주방, 흡연실, 자동차차고

☞ 급기팬과 배기팬이 모두 설치되는 것은 제1종 환기이다.

16 공기조화방식 중 전공기 방식의 일반적인 특징으로 옳은 것은?
① 덕트 스페이스가 필요하다.
② 실내공기의 오염이 심하다.
③ 실내에 누수의 염려가 많다.
④ 중간기에 외기냉방을 할 수 없다.

해설 전공기 방식 (all air system)
① 종류 : 단일덕트방식(정풍량방식, 변풍량방식), 이중덕트방식, 멀티존유닛방식, 각층유닛방식
② 장점
  ㉠ 송풍량이 많아 실내공기오염이 적다.
  ㉡ 중간기에 외기냉방이 가능하다.
  ㉢ 실내유효면적 증가
  ㉣ 실내에 배관으로 인한 누수의 염려가 없다.
  ㉤ 폐열회수장치 사용이 용이하다.(전열교환기 등의 설치)
③ 단점
  ㉠ 큰 덕트 스페이스가 필요하다.
  ㉡ 팬의 소요동력(반송동력)이 크다.
  ㉢ 공조실이 넓어야 한다.

17 전공기방식의 공기조화에서 에너지 절약을 위해 중간기에 외기냉방도 가능하도록 계획할 때 공조기 외에 시스템 구성을 위해 도입되어야 할 기기는?
① 재열기
② 전열교환기
③ 리턴에어용 송풍기
④ 고효율 공기정화장치

해설
전공기방식의 공기조화에서 에너지 절약을 위해 중간기에 외기냉방도 가능하도록 계획할 때에는 급기 송풍기와 별도의 리턴에어용 송풍기(환기용 송풍기)를 이용한 외기냉방(economizer)이 필요하다.

18 다음 중 10층 백화점 건물에 공조설비를 하고자 할 때 가장 적합한 공조방식은?
① 유인 유니트 방식
② 팬코일 유니트 방식
③ 멀티존 유니트 방식
④ 각층 유니트 방식

해설 각층 유닛방식
각층마다 조건이 다른 건물에 적합하며, 각 층 또는 각 구역마다 공기조화유닛을 설치하는 방식이다. 이 방식은 중간 규모 이상이거나 대규모 건물에 적합하며, 환기덕트가 있는 경우와 없는 경우가 있다.
㉠ 각층마다 부하 및 운전시간이 다른 경우 적합하며, 층별 존 제어가 가능하다.
㉡ 큰 덕트를 설치할 필요가 없다.
㉢ 공조기가 분산 배치되므로 보수 관리가 복잡하다.
㉣ 공조기 수가 많이 들며 설비비가 크다.
㉤ 각층에 수배관을 설치해야 하므로 누수의 우려가 있다.
㉥ 용도 : 방송국, 신문사, 백화점 등의 대형 건물

정답 15 ③　16 ①　17 ③　18 ④

19 다음 중 천장 높이가 높거나 외기에 자주 개방되는 공간에 가장 적합한 난방방식은?
① 증기난방 ② 복사난방
③ 온수난방 ④ 온풍난방

해설

복사난방은 주로 건축 일부의 천장 높이가 높은 경우와 주택, 학교, 은행 영업실 등에 사용된다. 실내의 온도분포가 균등하여 쾌감도가 높고, 바닥의 이용도가 높다. 그러나, 외기 급변에 따른 방열량 조절이 어렵고, 또한 시공이 어려우며 수리비, 설비비가 비싸다. 구조체를 덥히게 되므로 예열시간이 길어져 일시적으로 쓰는 방에는 부적당하다.

20 공조방식 중 변풍량방식에 사용되는 변풍량유닛에 관한 설명으로 옳지 않은 것은?
① 바이패스형은 덕트 내 정압변동이 없다.
② 유인유닛형은 실내의 2차 공기를 유인하므로 집진효과가 크다.
③ 교축형은 덕트 내의 정압변동이 크므로 정압제어방식이 필요하다.
④ 교축형은 부하변동에 따라 송풍량을 변화시키고 송풍기를 제어하므로 동력이 절약된다.

해설

변풍량 유닛(VAV unit)에는 교축형(슬롯형), 바이패스형, 유인형이 있다.
1) 교축형(슬롯형)
부하의 감소에 따라 급기량을 조절하는 방식으로 부하변동에 따라 송풍량을 변화시키고 송풍기를 제어하므로 동력이 절약된다. 덕트 내의 정압변동이 크므로 정압제어방식이 필요하다.
2) 바이패스형
부하가 감소하면 여분의 공기를 천장 속이나 환기덕트로 바이패스 시키는 방식으로 급기팬은 항상 정풍량 운전을 한다.
3) 유인형
저온의 고압 1차 공기 또는 팬으로 고온의 실내 또는 천장내 공기를 유인하여 부하에 따른 혼합비로 변화시켜 공급하는 방식이다. 난방시에는 실내발생열을 열원으로 이용할 수 있으나 실내의 오염물 제거성능이 낮다.

건축설비계획
2023년 제4회 과년도 출제문제 온라인 TEST

01 이종관의 접합에 관한 설명으로 옳지 않은 것은?
① 연관과 동관의 접합은 납땜 접합한다.
② 강관과 동관의 접합에는 절연이음쇠를 사용하지 않는다.
③ 강관과 스테인리스강관의 접합은 원칙적으로 절연이음쇠를 사용한다.
④ 주철관과 강관의 접합은 각각 이음을 코킹하여 나사 또는 플랜지 접합한다.

해설

강관과 동관의 접합에는 절연이음쇠를 사용한다.

02 먹는 물의 수소이온농도 기준으로 옳은 것은?(단, 샘물, 먹는 샘물 및 먹는 물 공동시설의 물이 아닌 경우)
① pH 4.8 이상 pH 8.4 이하
② pH 4.8 이상 pH 8.5 이하
③ pH 5.8 이상 pH 8.4 이하
④ pH 5.8 이상 pH 8.5 이하

해설

먹는 물의 수소이온농도 기준 : pH 5.8 이상 pH 8.5 이하
※ pH(수소이온농도) : 수용성 또는 어떤 용액의 산성도나 염기도를 나타내는 정량적인 척도

03 급수방식에 관한 설명으로 옳지 않은 것은?
① 압력탱크방식에서는 저수조가 필요하다.
② 압력탱크방식은 급수압력에 변동이 없는 것이 특징이다.
③ 고가탱크방식은 다른 방식에 비해 수질 오염에 취약하다.
④ 고가탱크방식에서는 중력식으로 각 기구에 급수가 이루어진다.

정답 19 ② 20 ② / 01 ② 02 ④ 03 ②

해설 압력탱크방식의 특징
㉠ 급수공급압력의 변화가 심하고 취급이 까다롭다.
㉡ 부분적으로 고압이 필요한 곳에 적합하다.
㉢ 높은 압력에 견딜 수 있는 기밀수조의 설치 등으로 설비비가 많이 든다.
㉣ 공기압축기를 설치하여 수시로 공기를 보급하여야 한다.
㉤ 구조물 보강이 불필요하다.
㉥ 건물의 미관이 양호하다.
㉦ 단수 시에는 어느 정도 급수가 가능하나 고장률이 높다.
㉧ 압력수조의 설치위치에 제한을 받지 않는다.

04 간접 가열식 급탕방식에 대한 설명 중 옳지 않은 것은?
① 탱크에 가열코일을 설치하여 이 코일을 통해 물을 간접적으로 가열하는 방식이다.
② 난방용 보일러와 겸용할 수 있다.
③ 저압보일러를 사용할 수 없으며 중압 또는 고압 보일러를 사용한다.
④ 보일러에서 만들어진 증기 또는 고온수를 열원으로 한다.

해설 중앙식 급탕법의 직접가열식과 간접가열식의 비교

구분	직접 가열식	간접 가열식
보일러	급탕용보일러, 난방용보일러 각각 설치	난방용 보일러로 급탕까지 가능
보일러내의 스케일	많이 낀다.	거의 끼지 않는다.
보일러내의 압력	고압	저압
규모	소규모 건축물	대규모 건축물
저탕조내의 가열코일	불필요	필요

05 관내유동에서 층류와 난류를 판단하는 기준이 되는 것은?
① 마하(Mach)수
② 프란틀(Prandtl)수
③ 그라쇼프(Grashof)수
④ 레이놀즈(Reynolds)수

해설 레이놀즈 수(Reynold's Number)
$$Re = \frac{Vd}{v}$$
Re : 레이놀즈 수
V : 유체의 속도(m/s)
d : 관경, 배관의 안지름(m)
v : 유체의 동점성계수(m/s)
※ 유체의 속도, 관경에 비례하고, 동점성계수에 반비례한다.
☞ 관내유동에서 층류와 난류를 판단하는 기준이 된다.

06 수질에 관한 설명으로 옳은 것은?
① SS값이 클수록 탁도가 작다.
② COD값이 클수록 오염도가 작다.
③ BOD값이 클수록 오염도가 작다.
④ BOD 제거율값이 클수록 처리능력이 양호하다.

해설
① SS값이 클수록 탁도가 크다.
② COD값이 클수록 오염도가 크다.
③ BOD값이 클수록 오염도가 크다.
※ BOD(Biochemical Oxygen Demand)
오수 중의 분해 가능한 유기물이 용존 산소의 존재 하에 미생물의 작용에 의해 산화 분해되어 안정한 물질로 변해갈 때 소비하는 산소량
※ BOD 제거율
㉠ 오수처리설비의 성능을 나타내는 지표
㉡ BOD 제거율
$$= \frac{\text{유입수}BOD - \text{유출수}BOD}{\text{유입수}BOD} \times 100(\%)$$
㉢ BOD 제거율이 높을수록 고성능 정화조이다.

07 유체의 성질과 관련하여 다음 설명이 의미하는 것은?

> 에너지보존의 법칙을 유체의 흐름에 적용한 것으로서 유체가 갖고 있는 운동에너지, 중력에 의한 위치에너지 및 압력에너지의 총합은 흐름 내 어디에서나 일정하다.

① 파스칼의 원리 ② 스토크스의 법칙
③ 뉴턴의 점성법칙 ④ 베르누이의 정리

정답 04 ③ 05 ④ 06 ④ 07 ④

해설 베르누이 정리 [Bernoulli's theorem, 1738년]

점성과 압축성이 없는 이상적인 유체가 규칙적으로 흐르는 경우에 대해 유체가 흐르는 속도와 압력, 높이의 관계를 수량적으로 나타낸 법칙이다. 유체의 위치에너지와 압력에너지와 운동에너지의 합이 항상 일정하다는 성질을 이용한 것으로, 완전유체가 규칙적으로 흐르는 경우에 대해 정리한 것이다.

※ 베르누이 방정식 : 압력수두, 속도수두, 위치수두의 합은 일정하다.

압력에너지+속도에너지+위치에너지=0

$$\frac{P_1}{\gamma} + \frac{V_1}{2g} + Z_1 = \frac{P_2}{\gamma} + \frac{V_2}{2g} + Z_2 \,[m]$$

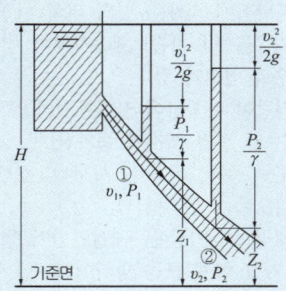

08 배수수직관 내의 압력변화를 방지 또는 완화하기 위해 배수수직관으로부터 분기·입상하여 통기수직관에 접속하는 도피통기관은?

① 습통기관
② 신정통기관
③ 공용통기관
④ 결합통기관

해설 결합통기관

㉠ 배수수직관 내의 압력변화를 방지 또는 완화하기 위해, 배수수직관으로부터 분기·입상하여 통기수직관에 접속하는 통기관
㉡ 통기 수직관에 접속하는 통기관으로 층수가 많을 경우에는 5개 층마다에 통기관을 취하는 방법이다.

09 다음과 같은 조건에서 실내측 벽면의 표면온도는?

┌조건┐
- 벽체의 크기 : $1 \times 1 m^2$
- 벽체의 두께 : 100mm
- 외기온도 : 12℃
- 실내 공기온도(평균치) : 20℃
- 벽체 열관류율 : $2W/m^2 \cdot K$
- 실내측 표면 열전달률 : $8W/m^2 \cdot K$

① 18℃ ② 19℃
③ 20℃ ④ 21℃

해설

벽체의 열관류열량과 실내측 표면 열전달량은 같다.
열통과량과 실내측 표면 열전달량은 같으므로 다음과 같은 평형식을 세울 수 있다.
① 구조체를 통한 열손실량 즉,
   열관류량 $Q = K \cdot A \cdot (t_i - t_0)$
② 열전달량 $Q = \alpha \cdot A \cdot (t_i - t_s)$
여기서, Q : 열관류량[W]
   K : 열관류율[$W/m^2 \cdot K$]
   α : 열전달률[$W/m \cdot K$]
   A : 전열면적[m^2]
   t_i : 실내 온도[℃]
   t_0 : 외기온도[℃]
   t_s : 벽체의 실내표면온도[℃]
$Q = 2 \times 1 \times (20-12) = 8 \times 1 \times (20 - t_s)$
∴ $t_s = 18℃$

10 다음 중 실내의 잔향시간과 가장 관계가 먼 것은?

① 실용적
② 실내 표면적
③ 실의 평균 흡음율
④ 실의 형태

정답 08 ④ 09 ① 10 ④

해설 잔향시간(Sabin의 잔향이론)

㉠ $RT = K\dfrac{V}{A}$ 의 식에서
  RT : 잔향시간(sec)
  K : 비례상수(0.162)
  V : 실의 용적(m^3)
  A : 흡음력=$\overline{\alpha}$(평균흡음률)×S(실내표면적)(m^2)
  잔향시간은 실용적에 비례하고 실의 흡음력에 반비례한다.
㉡ 요소 : 실용적, 실내 표면적, 실의 평균 흡음률
㉢ 잔향시간은 음원의 위치, 측정의 위치, 흡음재료의 위치와 무관하다.

11 습공기선도상에서 2가지의 상태값을 알더라도 습공기의 상태를 알 수 없는 경우가 있다. 이와 같은 상태값의 조합은?
① 건구온도와 습구온도
② 습구온도와 상대습도
③ 건구온도와 상대습도
④ 절대습도와 수증기분압

해설 습공기선도

㉠ 습공기선도를 구성하는 요소 : 건구온도, 습구온도, 노점온도, 절대습도, 상대습도, 수증기 분압, 비체적, 엔탈피, 현열비 등
㉡ 습공기선도를 구성하는 있는 요소들 중 2가지만 알면 나머지 모든 요소들을 알아낼 수 있다.
☞ 습공기선도상에서 절대습도와 수증기분압 2가지 요소를 알더라도 나머지 요소들의 상태값을 알 수 없다.

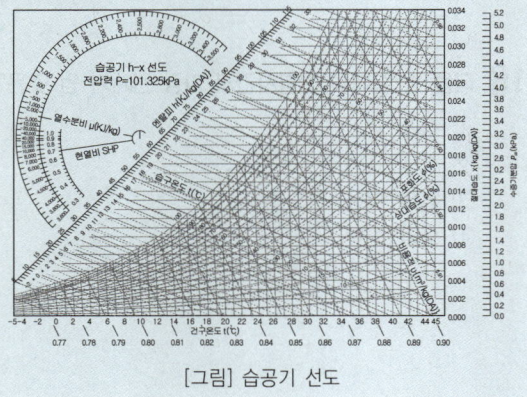

[그림] 습공기 선도

12 다음 중 외주부(perimeter zone)의 부하변동에 가장 효과적으로 대응할 수 있는 공기조화 방식은?
① 단일덕트방식
② 각층 유닛방식
③ 팬코일 유닛방식
④ 멀티존 유닛방식

해설 팬코일 유닛방식(fan-coil unit system)

열부하의 증감에 따라서 송풍량을 조절하여 온, 습도를 유지하는 전수방식으로 실내형 소형 공조기라고 불린다.
㉠ 외주부에 설치하여 콜드 드래프트(cold draft)를 방지하며, 개별제어가 가능하다.
㉡ 덕트방식에 비해 유닛의 위치 변경이 쉽다.
㉢ 외기공급 및 가습, 제습장치가 별도로 필요로 하며 누수의 염려가 있다.
㉣ 외기량이 부족하여 실내공기의 오염 가능성이 높다.
㉤ 보수 및 점검 개소가 증가한다.
㉥ 용도 : 주택, 아파트, 사무실, 호텔의 객실(극장, 스튜디오에는 부적당)
☞ 팬코일 유닛방식은 재실인원이 적은 실에서 운전비가 가장 적게 드는 방식이다.

13 동관의 관의 두께에 따른 분류에 속하지 않는 것은?
① K형   ② L형
③ M형   ④ N형

해설 동관의 관의 두께별에 따른 분류

두께가 두꺼울수록 고압에 사용한다. 두께는 K형, L형, M형 순이다.
㉠ K(Heavy wall) : 의료 및 고압배관에 사용
㉡ L(Medium wall) : 의료, 급배수, 급탕, 냉난방, 가스배관에 사용
㉢ M(Light wall) : 의료, 급배수, 급탕, 냉난방, 가스배관에 사용

정답 11 ④   12 ③   13 ④

14 사무실의 크기가 10m×10m×3m이고 재실자가 25명, 가스난로의 CO_2 발생량이 $0.5m^3/h$일 때, 실내평균 CO_2 농도를 5000ppm으로 유지하기 위한 최소 환기횟수는? (단, 재실자 1인당의 CO_2 발생량은 18L/h, 외기의 CO_2 농도는 800ppm 이다.)

① 약 0.75회/h
② 약 1.25회/h
③ 약 1.50회/h
④ 약 200회/h

해설 필요 환기량

$Q = nV$
Q : 환기량(m^3/h)
n : 환기회수(회/h)
V : 실용적(m^3)

또한 $Q = \dfrac{K}{P_i - P_o}$

Q : 필요환기량(m^3/h)
K : 실내에서의 CO_2 발생량(m^3/h)
P_i : CO_2 허용 농도(m^3/m^3)
P_o : 신선공기 CO_2 농도(m^3/m^3)

먼저, 실내에서의 CO_2 발생량(m^3/h)
$= (25 \times 18)L/h \times 1m^3/1000L + 0.5m^3/h$
$= 0.95 m^3/h$

환기량 $Q = \dfrac{K}{P_i - P_o} = \dfrac{0.95}{0.005 - 0.0008} = 226.2 m^3/h$

실용적(v) $= 10 \times 10 \times 3 = 300 m^3$

∴ 환기회수 $= \dfrac{Q}{V} = \dfrac{226.2}{300} = 0.75$회

15 건구온도 20℃, 절대습도 0.012kg/kg'인 습공기의 엔탈피(kJ/kg)는? (단, 건공기의 정압비열=1.01kJ/kg·K, 0℃에서 포화수의 증발잠열=2501kJ/kg, 수증기의 정압비열=1.85kJ/kg·K)

① 24.2
② 32.6
③ 48.4
④ 50.7

해설 습공기의 엔탈피(i)

엔탈피 : 0℃일 때 건공기의 엔탈피를 0으로 하여 습공기 1kg이 지니고 있는 열량으로 나타낸다.
$i = C_{pa} \cdot t + (\gamma_0 + C_{pw} \cdot t) \cdot x = 1.01t + (2501 + 1.85t)x$

i : 엔탈피[kJ/kg(DA)]
t : 온도[℃]
x : 절대습도[kg/kg']
C_{pa} : 건공기의 정압비열(1.01kJ/kg·K)
C_{pw} : 수증기의 정압비열(1.85kJ/kg·K)
γ_0 : 0℃ 포화수의 증발잠열(2501kJ/kg)

∴ $i = 1.01t + (2501 + 1.85t)x$
$= 1.01 \times 20 + (2501 + 1.85 \times 20) \times 0.012$
$= 50.7 kJ/kg(DA)$

16 증기난방에 대한 설명으로 옳은 것은?

① 예열시간이 길고 간헐운전이 곤란하다.
② 고압증기난방에 사용되는 증기의 압력은 1~35kPa 정도이다.
③ 부하변동에 따른 실내방열량의 제어가 곤란하다.
④ 열의 운반능력이 작아 계통별 용량제어가 용이하다.

해설 증기난방(steam heating)

증기의 잠열을 이용한 난방방식으로 사무소, 백화점, 학교, 극장, 일반공장 등에 이용한다.
① 장점
  ㉠ 증발 잠열을 이용하므로 열의 운반능력이 크다.
  ㉡ 예열시간이 온수 난방에 비해 짧고 증기의 순환이 빠르다.
  ㉢ 방열면적은 온수난방보다 작게 할 수 있으며, 관경이 가늘어도 된다.
  ㉣ 설비비와 유지비가 싸다.
② 단점
  ㉠ 방열기의 표면온도가 높아 난방의 쾌감도가 낮다.
  ㉡ 난방부하의 변동에 따라 방열량 조절이 곤란하다.
  ㉢ 소음이 많이 난다.(steam hammering)
  ㉣ 보일러 취급에 기술을 요한다.
※ 증기난방은 예열시간이 온수 난방에 비해 짧고 증기의 순환이 빠르므로 온수난방에 비하여 간헐운전에 더 유리하다. 저압증기난방에 사용되는 증기의 압력은 1~35kPa 정도이다.

정답 14 ① 15 ④ 16 ③

17 다음 중 주방, 공장, 실험실에서와 같이 오염물질의 확산 및 방산을 극소화시키려고 할 때 적용되는 환기 방식은?
① 희석환기
② 전체환기
③ 중력환기
④ 국소환기

해설 국소환기(독립환기)
주방, 공장, 실험실에서와 같이 오염물질의 확산 및 방산을 가능한 한 극소화시키려고 할 때 적용되는 환기방식으로 가장 효율이 좋은 오염 제거 방법이다.
[예] 후드(hood), 퓸 후드(fume hood), 공장, 드래프트 챔버(실험실) 등
※ 국소환기의 계통은 공조장치의 환기덕트와 연결하면 실내오염의 원인이 되므로 독립적으로 설치해야 한다.

18 다음 설명에 알맞은 밸브의 종류는?

- 유체를 일정한 방향으로만 흐르게 하고 역류를 방지하는데 사용한다.
- 시트의 고정핀을 축으로 회전하여 개폐되며 수평·수직 어느 배관에도 사용할 수 있다.

① 리프트형 체크 밸브(lift type check valve)
② 스윙형 체크 밸브(swing type check valve)
③ 풋형 체크 밸브(foot type check valve)
④ 슬루스 밸브(sluice valve)

해설 체크밸브(check valve : 역지밸브)
㉠ 유체의 흐름을 한쪽 방향으로만 흐르게 할 때 쓰인다.
㉡ 리프트형(수평배관), 스윙형(수평, 수직배관)이 있다.

19 다음 중 송풍량이나 장비용량 결정을 주된 목적으로 하는 부하계산법은?
① 표준 bin법
② 냉난방도일법
③ 최대부하계산법
④ 동적열부하계산법

해설 최대부하계산법
어떤 건물의 실에 대하여 최대 냉방부하 또는 최대 난방부하를 계산하는 방법이다.
㉠ 송풍량이나 장치 용량 산출(공조설비 용량 추정)
㉡ 설계 외기 조건을 일정 기간 동안을 정상 주기로 가정하므로 겨울철 열용량이 있는 벽을 관류하는 열량으로 계산하는데 정상 상태에서만 성립하는 식을 쓸 수 있으며, 여름철에 대해서는 상당외기온도차를 도입하여 같은 식으로 계산이 가능하다.

20 다음과 같은 조건에서 코일로 제거되는 전열량에 대한 현열량의 비는?

조건
㉠ 코일 입구공기의 온도 t_1 = 35℃
㉡ 코일 입구공기의 엔탈피 h_1 = 72kJ/kg
㉢ 코일 출구공기의 온도 t_2 = 17℃
㉣ 코일 출구공기의 엔탈피 h_2 = 42kJ/kg
㉤ 공기의 비열 1.01kJ/kg·K

① 0.606
② 0.701
③ 0.806
④ 0.901

해설
㉠ 같은 조건이므로
현열량 $q_s = \rho QC(t_i - t_o)$ [kJ/h]
    $= 1.2 \times 1 \times 1.01 \times (35-17)$
    $= 21.82$ [kJ/h]
전열량 $q_T = \rho Q(h_1 - h_2)$ [kJ/h]
    $= 1.2 \times 1 \times (72-42)$
    $= 36$ [kJ/h]
㉡ 현열비(SHF) $= \dfrac{\text{현열부하}}{\text{현열부하} + \text{잠열부하}} = \dfrac{\text{현열부하}}{\text{전열부하}}$
    $= \dfrac{21.82}{36} = 0.606$

정답 17 ④ 18 ② 19 ③ 20 ①

건축설비계획
2024년 제1회 과년도 출제문제 [온라인 TEST]

01 먹는물의 수질기준에 따른 건강상 유해영향 무기물질에 속하지 않는 것은?
① 납   ② 페놀
③ 불소   ④ 수은

해설 건강상 유해영향 물질
㉠ 건강상 유해영향 유기물질 : 페놀, 벤젠, 톨루엔, 다이옥산
㉡ 건강상 유해영향 무기물질 : 납, 수은, 불소, 크롬, 카드뮴

02 급탕방식 중 중앙식 급탕법에 관한 설명으로 옳은 것은?
① 배관 및 기기로부터의 열손실이 적다.
② 급탕개소마다 가열기의 설치 스페이스가 필요하다.
③ 시공 후 기구 증설에 따른 배관변경공사를 하기 어렵다.
④ 간접가열식의 경우 급탕배관의 길이가 짧고 탕을 순환할 필요가 없는 소규모 급탕설비에 주로 이용된다.

해설 중앙식 급탕방식
㉠ 열원으로 값싼 중유, 석탄 등이 사용되므로 연료비가 싸다.
㉡ 급탕설비가 대규모이므로 열효율이 좋다.
㉢ 급탕설비의 기계류가 동일 장소에 설치되어 관리상 유리하다.
㉣ 기구의 동시사용율을 고려하여 가열장치의 총용량을 적게 할 수 있다.
㉤ 최초의 설비비와 건설비는 비싸지만 경상비가 적게 들므로 대규모 급탕설비에는 중앙식이 경제적이다.
㉥ 급탕 공급의 배관길이가 길어 열손실이 많다.
㉦ 순환이 느리기 때문에 순환펌프를 사용해야 한다.
㉧ 시공 후 기구 증설에 따른 배관변경공사를 하기가 어렵다.

03 내경이 50mm인 급수배관에 물이 1.5m/sec의 속도로 흐르고 있을 때, 체적유량은?
① 약 $0.09\text{m}^3/\text{min}$
② 약 $0.18\text{m}^3/\text{min}$
③ 약 $0.24\text{m}^3/\text{min}$
④ 약 $0.36\text{m}^3/\text{min}$

해설 유량과 유속
단면적을 $A[\text{m}^2]$, 유속을 v [m/s], 유량을 $Q[\text{m}^3/\text{s}]$라면
$Q = A_1 v_1 = A_2 v_2$ …… 일정
또 관경을 $d[\text{m}]$라 하면 단면적 $A = \dfrac{\pi d^2}{4}$이다.
$\therefore Q = Av = \dfrac{\pi d^2}{4} \times v = \dfrac{3.14 \times 0.05^2}{4} \times 1.5$
$= 0.00294 [\text{m}^3/\text{s}] = 0.18 [\text{m}^3/\text{min}]$

04 수질 오염의 지표로 사용되는 것으로서 오수 중에 현탁되어 있는 부유물질을 의미하는 것은?
① DO   ② SS
③ BOD   ④ COD

해설 용어의 정의
㉠ BOD(Biochemical Oxygen Demand) : 생물화학적 산소 요구량 - 수질의 오염정도의 측정치
㉡ COD(Chemical Oxygen Demand) : 화학적 산소 요구량 - 공장 폐수수질의 측정
㉢ DO(Dissolved Oxygen) : 용존산소량 - 수중에 용해된 산소의 량
㉣ SS(Suspended Solids) : 부유물질 - 물 속에 존재하는 고형 물질
㉤ SV(침전오니 퍼센트율)
㉥ pH(수소이온농도) : 수용성 또는 어떤 용액의 산성도나 염기도를 나타내는 정량적인 척도.
pH가 7미만은 산성, pH7은 중성, pH가 7초과 용액은 알칼리성 도는 염기성이라고 한다.
㉦ BOD 제거율
ⓐ 오수처리설비의 성능을 나타내는 지표
ⓑ BOD 제거율
$= \dfrac{\text{유입수}BOD - \text{유출수}BOD}{\text{유입수}BOD} \times 100[\%]$
ⓒ BOD 제거율이 높을수록 고성능 정화조이다.

정답 01 ② 02 ③ 03 ② 04 ②

05 유체의 흐름에 관한 설명으로 옳지 않은 것은?
① 난류는 유체분자가 불규칙하게 서로 섞이는 혼란된 흐름이다.
② 일반적으로 층류에서 난류로 천이할 때의 유속을 임계유속이라 한다.
③ 레이놀즈 수에 의해 관내의 흐름이 층류인지 난류인지를 판별할 수 있다.
④ 관내에 유체가 흐를 때, 어느 장소에서 흐름의 상태가 시간에 따라 변화하는 흐름을 정상류라 한다.

해설
관내의 유체가 흐를 때, 어느 장소에서의 흐름의 상태가 시간에 따라 변화하지 않는 흐름을 정상류라 하며, 흐름의 상태가 시간에 따라 변화하는 흐름을 비정상류라고 한다.
※ 배관 내에 흐르는 유체의 경우 레이놀즈 수에 의한 층류, 난류 등의 판단 기준이 된다.
레이놀즈 수는 유체의 속도, 관경에 비례하고, 동점성계수에 반비례한다.

06 고가수조식 급수방식에 관한 설명으로 옳지 않은 것은?
① 급수대상층에서의 급수압력이 거의 일정하다.
② 대규모의 급수 수요에 쉽게 대응할 수 있다.
③ 단수시에도 일정량의 급수를 계속할 수 있다.
④ 위생성 및 유지·관리 측면에서 가장 바람직한 방식이다.

해설
수도직결방식은 소규모 건물이나 낮은 건물에 쓰는 방식으로 물의 오염가능성이 가장 적다. (위생적 측면에서 가장 바람직하다)

07 유체의 성질과 관련하여 다음 설명이 의미하는 것은?

에너지보존의 법칙을 유체의 흐름에 적용한 것으로서 유체가 갖고 있는 운동에너지, 중력에 의한 위치에너지 및 압력에너지의 총합은 흐름 내 어디에서나 일정하다.

① 파스칼의 원리 ② 스토크스의 법칙
③ 뉴턴의 점성법칙 ④ 베르누이의 정리

해설 베르누이 정리 [Bernoulli's theorem, 1738년]
점성과 압축성이 없는 이상적인 유체가 규칙적으로 흐르는 경우에 대해 유체가 흐르는 속도와 압력, 높이의 관계를 수량적으로 나타낸 법칙이다. 유체의 위치에너지와 압력에너지와 운동에너지의 합이 항상 일정하다는 성질을 이용한 것으로, 완전유체가 규칙적으로 흐르는 경우에 대해 정리한 것이다.
※ 베르누이 방정식
압력수두, 속도수두, 위치수두의 합은 일정하다.
압력에너지+속도에너지+위치에너지=0
$$\frac{P_1}{\gamma}+\frac{V_1}{2g}+Z_1=\frac{P_2}{\gamma}+\frac{V_2}{2g}+Z_2 \,[m]$$

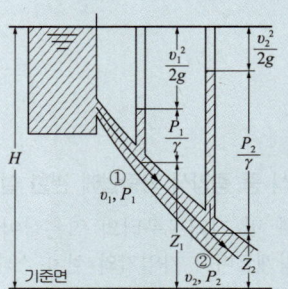

08 밸브를 완전히 열면 유체 흐름의 단면적 변화가 없기 때문에 마찰 저항이 적어서 흐름의 단속용으로 사용되는 밸브로, 게이트 밸브(gate valve)라고도 불리우는 것은?
① 앵글 밸브 ② 체크 밸브
③ 글로브 밸브 ④ 슬루스 밸브

해설 밸브의 종류
㉠ 게이트 밸브(gate valve) : 밸브의 통로에 변화가 없어 유체의 저항손실이 가장 적다. 일명 슬루스 밸브(sluice valve)라고도 한다.
㉡ 글로브 밸브(globe valve) : 유체의 저항손실이 가장 크다. 일명 스톱 밸브(stop valve)라고도 한다.
㉢ 체크 밸브(check valve : 역지밸브)
 • 유체의 흐름을 한쪽 방향으로만 흐르게 할 때 쓰인다.
 • 리프트형(수평배관), 스윙형(수평, 수직배관)이 있다.
㉣ 앵글밸브(angle valve) : 글로브 밸브의 일종으로 유체의 입구와 출구가 이루는 각이 90°이다.

정답 05 ④ 06 ④ 07 ④ 08 ④

09 관로의 마찰손실에 관한 설명으로 옳지 않은 것은?
① 유속이 빠를수록 관로의 마찰손실은 커진다.
② 관로의 길이가 길수록 관로의 마찰손실은 커진다.
③ 유체의 밀도가 클수록 관로의 마찰손실은 작아진다.
④ 관로의 내경이 클수록 관로의 마찰손실은 작아진다.

해설 마찰손실수두(H_f)와 압력손실수두(P_f)

$$H_f = \lambda \cdot \frac{\ell}{d} \cdot \frac{v^2}{2g} \text{ [mAq]}$$

$$P_f = \lambda \cdot \frac{\ell}{d} \cdot \frac{\rho v^2}{2} \text{ [Pa]}$$

여기서, H_f : 길이 1m의 직관에 있어서의 마찰손실수두(mAq)
λ : 관마찰계수(강관 0.02)
g : 중력가속도(9.8m/sec²)
d : 관의 내경(m)
ℓ : 직관의 길이(m)
v : 관내 평균 유속(m/s)
ρ : 물의 밀도(1,000kg/m³)

※ 관의 길이에 비례, 관경에 반비례한다.
☞ 유체의 밀도가 클수록 관로의 마찰손실은 커진다.

10 증기난방 방식에 관한 설명으로 옳지 않은 것은?
① 예열시간이 온수난방에 비해 짧다.
② 온수난방에 비해 실내의 쾌감도가 좋다.
③ 온수난방에 비해 한랭지에서 동결의 우려가 적다.
④ 온수난방에 비해 부하변동에 따른 실내방열량의 제어가 곤란하다.

해설 증기난방(steam heating)
증기의 잠열을 이용한 난방방식이다.
① 장점
  ㉠ 증발 잠열을 이용하므로 열의 운반능력이 크다.
  ㉡ 예열시간이 짧고 증기의 순환이 빠르다.
  ㉢ 방열면적과 관경이 작아도 된다.
  ㉣ 설비비, 유지비가 싸다.
② 단점
  ㉠ 난방의 쾌감도가 나쁘다.
  ㉡ 소음(steam hammering)이 많이 난다.
  ㉢ 방열량 조절이 어렵고 화상의 우려(102℃의 증기 사용)가 있다.
  ㉣ 보일러 취급에 기술을 요한다.

11 기온·습도·기류의 3요소의 조합에 의한 실내 온열감각을 기온의 척도로 나타낸 것은?
① 등가온도
② 작용온도
③ 불쾌지수
④ 유효온도

해설 유효온도 (ET: effective temperature)
㉠ 기온, 습도, 기류(풍속)의 3요소가 체감에 미치는 총합효과를 단일지표로 나타낸 것
㉡ 복사열에 대한 영향은 고려 안됨
※ 기류(풍속)의 상승은 유효온도를 감소시키는 원인이 된다.

12 각종 공기조화방식에 관한 설명으로 옳은 것은?
① 유인유닛방식은 송풍량이 커서 외기 냉방의 효과가 크다.
② FCU방식은 각 실에 수배관으로 인한 누수의 우려가 없다.
③ 2중덕트방식은 부하특성이 다른 다수의 실이나 존에도 적용할 수 있다.
④ 단일덕트방식은 냉·온풍의 혼합으로 인한 혼합손실이 있어 에너지 소비량이 많다.

해설
① 유인유닛방식(induction unit 방식=duct 및 unit 병용식)은 1차 조화기(중앙유닛)에서 냉각감습되고 고속덕트, 저속덕트에 의하여 각 실의 유인유닛에 보내는 방식으로 비교적 작은 실이 많은 고층 건물에 적당(사무실, 호텔, 아파트, 병원)하다.
② 팬코일 유닛방식(fan-coil unit system)은 외기공급 및 가습, 제습장치가 별도로 필요로 하며 누수의 염려가 있고, 보수 및 점검 개소가 증가한다.
④ 이중덕트 방식은 공조기에서 냉풍과 온풍을 만들어 각각 덕트를 통하여 공급하고, 이것을 혼합상자(mixing chamber)를 이용하여 냉·온풍을 혼합하여 공급하는 방식으로 에너지 소비량이 많다.

정답 09 ③ 10 ② 11 ④ 12 ③

13 어떤 사무실의 취득 현열량이 15000W일 때 실내온도를 26℃로 유지하기 위하여 16℃의 외기를 도입할 경우, 실내에 공급하는 송풍량은 얼마로 해야 하는가? (단, 공기의 정압비열은 1.01kJ/kg·K, 밀도는 1.2kg/m³이다.)

① 2455m³/h ② 4455m³/h
③ 6455m³/h ④ 8455m³/h

해설

$q_s = \rho Q C(t_i - t_o)[kJ/h]$

q_s : 실의 현열부하[W]
ρ : 공기의 밀도[1.2kg/m³]
Q : 송풍량[m³/h]
C : 공기의 정압비열[1.01kJ/kg·K]
t_i : 실내 공기온도[℃]
t_o : 송풍 공기온도[℃]

$Q = \dfrac{q_s}{\rho C(t_i - t_o)}[m^3/h]$

송풍량$(Q) = \dfrac{15,000 \times 3.6}{1.2 \times 1.01 \times (26-10)} \fallingdotseq 4,455 m^3/h$

※ 1W = 3.6kJ/h

14 건구온도 20℃, 상대습도 50%인 습공기(절대습도 0.0072 kg/kg', 엔탈피 39kJ/kg) 8000kg/h을 가열, 가습하여 건구온도 35℃, 상대습도 50%인 습공기(절대습도 0.0179kg/kg', 엔탈피 80.9kJ/kg)로 만들었다. 이 때의 열수분비는 얼마인가?

① 2854kJ/kg ② 3242kJ/kg
③ 3916kJ/kg ④ 4582kJ/kg

해설

열수분비(U) : 습공기를 가습할 경우 상태변화 과정을 나타내는 요소로 엔탈피(전열량) 변화량과 절대습도의 변화량에 대한 비를 말한다.

열수분비(U) = $\dfrac{\text{엔탈피의 변화량}}{\text{절대습도의 변화량}}$

$= \dfrac{80.9 - 39}{0.0179 - 0.0072}$

$= 3915.88 \fallingdotseq 3916 kJ/kg$

15 공기조화 방식 중 각층 유니트 방식에 대한 설명으로 옳지 않은 것은?
① 외기용 공조기가 있는 경우에는 습도제어가 쉽다.
② 환기덕트가 필요 없거나 작아도 된다.
③ 공조기가 한곳에 집중되어 있으므로 관리가 용이하다.
④ 각층에 수배관을 설치해야 하므로 누수의 우려가 있다.

해설 각층유닛방식

각 층마다 조건이 다른 건물에 적합하며, 각 층 또는 각 구역마다 공기조화유닛을 설치하는 방식이다. 이 방식은 중간 규모 이상이거나 대규모 건물에 적합하며, 환기덕트가 있는 경우와 없는 경우가 있다.
㉠ 각 층마다 부하 및 운전 시간이 다른 경우 적합하며, 층별 존 제어가 가능하다.
㉡ 큰 덕트를 설치할 필요가 없다.
㉢ 공조기가 분산 배치되므로 보수 관리가 복잡하다.
㉣ 공조기 수가 많이 들며 설비비가 크다.
㉤ 각층에 수배관을 설치해야 하므로 누수의 우려가 있다.
㉥ 용도 : 방송국, 신문사, 백화점 등의 대형 건물

16 10m×10m×32m 크기의 강의실에 35명의 사람이 있을 때 실내의 이산화탄소 농도를 0.1%로 하기 위해 필요한 환기량은? (단, 1인당 CO_2 발생량은 0.02m³/h·인이며 외기의 CO_2농도는 0.03%이다.)

① 1000m³/h ② 1400m³/h
③ 1600m³/h ④ 2000m³/h

해설 필요환기량

$Q = \dfrac{K}{P_i - P_o}$

Q : 필요환기량(m³/h)
K : 실내에서의 CO_2 발생량(m³/h)
P_i : CO_2 허용 농도(m³/m³)
P_o : 신선공기 CO_2 농도(m³/m³)

※ $K = 35$명 × 0.02m³/h = 0.7m³/h
$P_i = 0.1\% \rightarrow 0.001$(m³/m³)
$P_o = 0.03\% \rightarrow 0.0003$(m³/m³)

∴ 환기량 $Q = \dfrac{K}{P_i - P_o} = \dfrac{35 \times 0.02}{0.001 - 0.0003} = 1000 m^3/h$

정답 13 ② 14 ③ 15 ③ 16 ①

17 공기조화방식 중 단일덕트 변풍량방식의 구성기기에 속하지 않는 것은?
① V.A.V Unit
② 실내 서모스탯
③ 냉온풍 혼합상자
④ 송풍량 조절기기

> **해설** 이중덕트방식(double duct system)
> 전공기방식에 속하며, 냉풍과 온풍을 각각 별개의 덕트를 통해 각 실이나 존으로 송풍하고, 냉·난방 부하에 따라 냉풍과 온풍을 혼합상자에서 혼합하여 취출시키는 공기조화 방식이다.
> 열매가 공기이므로 실온변화에 대한 응답이 빠르다. 냉·온풍의 혼합으로 인한 혼합손실이 있어서 에너지 다소비형 방식이다.

18 물을 수송하는 직선관로의 마찰손실수두에 관한 설명으로 옳은 것은?
① 마찰손실수두는 관경에 정비례한다.
② 마찰손실수두는 속도수두에 반비례한다.
③ 관내 유속이 2배가 되면 마찰손실은 4배로 된다.
④ 배관 길이가 2배가 되면 마찰손실은 8배로 된다.

> **해설** 마찰손실수두(H_f)
> $H_f = \lambda \cdot \dfrac{l}{d} \cdot \dfrac{v^2}{2g}$ [mAq]
> 여기서, H_f : 길이 1m의 직관에 있어서의 마찰손실수두(mAq)
> λ : 관마찰계수(강관 0.02)
> g : 중력가속도(9.8m/sec²)
> d : 관의 내경(m)
> L : 직관의 길이(m)
> v : 관내 평균 유속(m/s)
> ※ 마찰손실수두(H_f)는 관마찰계수(λ), 관의 길이(L) 및 유속(v)의 제곱에 비례하고, 관의 내경(d) 및 중력가속도(g)에 반비례한다.

19 고속덕트에 관한 설명으로 옳지 않은 것은?
① 소음과 진동 발생이 크다.
② 송풍기의 동력이 적게 든다.
③ 덕트재료를 절약할 수 있다.
④ 덕트설치 공간을 적게 차지한다.

> **해설** 고속덕트 : 16m/s 이상(16~25m/s)
> ㉠ 속도가 빠르다.
> ㉡ 소음장치가 필요하다.(소음 및 진동이 발생)
> ㉢ 가능한 한 원형 단면(관마찰저항을 줄이고 강도면에서 우수)
> ㉣ 덕트 스페이스가 적어도 된다.(저속덕트의 1/7~1/8 정도로 재료가 절약)
> ※ 고속덕트는 공장이나 창고 등과 같이 소음이 별로 문제가 되지 않는 곳에 사용하며, 덕트 스페이스가 저속덕트의 1/7~1/8 정도이므로 설치공간이 적어서 고층빌딩에 유리하다.

20 다음과 같은 조건에서 난방 시 도입 외기량이 500kg/h일 때 도입외기에 의한 외기부하는?

조건
• 외기 : 건구온도 5℃, 절대습도 0.002kg/kg′
• 실내공기 : 건구온도 24℃, 절대습도 0.009kg/kg′
• 공기의 정압비열 : 1.01kJ/kg·K
• 물의 증발잠열 : 2501kJ/kg

① 약 5097W
② 약 6088W
③ 약 7418W
④ 약 9936W

> **해설**
> ① 현열부하(q_s) = $GC\Delta t$ [kJ/h]
> = 500×1.01×(24-5) = 9595kJ/h
> ② 잠열부하(q_L) = $GL\Delta x$ [kJ/h]
> = 500×2501×(0.009-0.002) = 8754kJ/h
> ∴ 외기부하 = 현열부하+잠열부하
> = 9595+8754 = 18349kJ/h
> = 50969 = 5097W
> ※ G(kg/h) = ρ(1.2kg/m³)·Q(m³/h) = 1.2Q(kg/h)
> ※ 1W=1J/s=3,600J/h=3.6kJ/h

정답 17 ③ 18 ③ 19 ② 20 ①

건축설비계획
2024년 제2회 과년도 출제문제 [온라인 TEST]

01 내경이 150[mm]인 직선 배관에 0.06[m³/sec]의 물이 흐를 때, 배관길이가 100[m]일 경우 관내의 마찰손실 수두는?(단, 마찰손실계수 f = 0.03)
① 1.18[m] ② 3.4[m]
③ 6.8[m] ④ 11.8[m]

해설 마찰손실수두(H_f) 계산

① 먼저, $Q = Av$에서 $v = \dfrac{Q}{A}$

$A = \dfrac{\pi d^2}{4}$ 이므로

단면적 : $A[m^2]$, 유속 : $v[m/s]$, 유량 : $Q[m^3/s]$

$v = \dfrac{Q}{\dfrac{\pi d^2}{4}} = \dfrac{0.06}{\dfrac{3.14 \times 0.05^2}{4}} = 3.397 \, m/s$

② $H_f = \lambda \cdot \dfrac{\ell}{d} \cdot \dfrac{v^2}{2g}$

여기서, H_f : 길이 1m의 직관에 있어서의 마찰손실 수두(mAq)
λ : 관마찰계수(강관 0.02)
g : 중력가속도(9.8m/sec²)
d : 관의 내경(m)
ℓ : 직관의 길이(m)
v : 관내 평균 유속(m/s)

$H_f = 0.03 \times \dfrac{100}{0.15} \times \dfrac{3.397^2}{2 \times 9.8} = 11.8 \, mAq$

02 정화조의 성능을 나타내는 BOD 제거율(%)을 올바르게 나타낸 것은?

① $\dfrac{유출수BOD}{유입수BOD} \times 100$

② $\dfrac{유입수BOD}{유출수BOD} \times 100$

③ $\dfrac{유입수BOD - 유출수BOD}{유입수BOD} \times 100$

④ $\dfrac{유출수BOD - 유입수BOD}{유출수BOD} \times 100$

해설 BOD(Biochemical Oxygen Demand)
오수 중의 분해 가능한 유기물이 용존 산소의 존재 하에 미생물의 작용에 의해 산화 분해되어 안정한 물질로 변해갈 때 소비하는 산소량
※ BOD 제거율
㉠ 오수처리설비의 성능을 나타내는 지표
㉡ BOD 제거율
$= \dfrac{유입수BOD - 유출수BOD}{유입수BOD} \times 100(\%)$
㉢ BOD 제거율이 높을수록 고성능 정화조이다.

03 급탕방식 중 중앙식 급탕법에 관한 설명으로 옳은 것은?
① 배관 및 기기로부터의 열손실이 적다.
② 급탕개소마다 가열기의 설치 스페이스가 필요하다.
③ 시공 후 기구 증설에 따른 배관변경공사를 하기 어렵다.
④ 간접가열식의 경우 급탕배관의 길이가 짧고 탕을 순환할 필요가 없는 소규모 급탕설비에 주로 이용된다.

해설 중앙식 급탕방식
㉠ 열원으로 값싼 중유, 석탄 등이 사용되므로 연료비가 싸다.
㉡ 급탕설비가 대규모이므로 열효율이 좋다.
㉢ 급탕설비의 기계류가 동일 장소에 설치되어 관리상 유리하다.
㉣ 기구의 동시사용율을 고려하여 가열장치의 총용량을 적게 할 수 있다.
㉤ 최초의 설비비와 건설비는 비싸지만 경상비가 적게 들므로 대규모 급탕설비에는 중앙식이 경제적이다.
㉥ 급탕 공급의 배관길이가 길어 열손실이 많다.
㉦ 순환이 느리기 때문에 순환펌프를 사용해야 한다.
㉧ 시공 후 기구 증설에 따른 배관변경공사를 하기가 어렵다.

정답 01 ④ 02 ③ 03 ③

04 다음 설명에 알맞은 유체역학 기초 이론은?

> 밀폐된 용기에 넣은 유체의 일부에 압력을 가하면, 이 압력은 모든 방향으로 동일하게 전달되어 벽면에 작용한다.

① 연속의 법칙 ② 파스칼의 원리
③ 피토관의 원리 ④ 베르누이의 정리

해설 파스칼의 원리(Pascal's principle)

유체(기체나 액체) 역학에서 밀폐된 용기 내에 정지해 있는 유체의 어느 한 부분에서 생기는 압력의 변화가 유체의 다른 부분과 용기의 벽면에 손실 없이 전달된다는 원리를 말하며 파스칼의 법칙이라고도 한다.

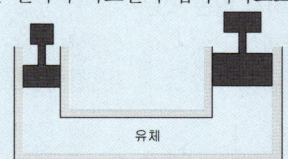

05 직관내의 마찰손실수두와 관련된 다르시-와이스바하의 식에서 유체의 흐름이 층류일 경우 마찰계수 λ는? (단, Re는 레이놀즈수)

① $\lambda = \dfrac{32}{Re}$ ② $\lambda = \dfrac{64}{Re}$

③ $\lambda = \dfrac{Re}{32}$ ④ $\lambda = \dfrac{Re}{64}$

해설 다르시-와이스바하의 식

유체 흐름이 층류일 경우 마찰계수 $\lambda = \dfrac{64}{Re}$이며 레이놀즈수에 반비례관계를 가진다.

06 다음 중 특수통기방식의 일종인 소벤트시스템에 사용되는 이음쇠는?

① 팽창관
② 섹스티아 벤드관
③ 섹스티아 이음쇠
④ 공기분리 이음쇠

해설 특수통기방식 – 배수와 통기 겸용(신정통기관+특수이음쇠)

㉠ 소벤트 방식(sovent system) : 하나의 배수수직관으로 배수와 통기를 겸하는 시스템으로 2개의 특수이음쇠 사용[공기혼합이음쇠(aerator fitting), 공기분리이음쇠(deaerator fitting)]한다.
㉡ 섹스티아 방식(sextia system) : sextia 이음쇠와 sextia 벤트관을 사용하여 유수에 선회력을 주어 공기 코어를 유지시켜 하나의 관으로 배수와 통기를 겸하는 시스템으로 배수관경이 적어도 되며 소음이 적다.

07 동관의 관의 두께에 따른 분류에 속하지 않는 것은?

① K형   ② L형
③ M형   ④ N형

해설 동관의 관의 두께별에 따른 분류

두께가 두꺼울수록 고압에 사용한다. 두께는 K형, L형, M형 순이다.
㉠ K(Heavy wall) : 의료 및 고압배관에 사용
㉡ L(Medium wall) : 의료, 급배수, 급탕, 냉난방, 가스배관에 사용
㉢ M(Light wall) : 의료, 급배수, 급탕, 냉난방, 가스배관에 사용

08 급수관 이음쇠에 관한 설명으로 옳지 않은 것은?

① 플러그는 배관의 분기에 사용된다.
② 소켓은 직선 배관의 접합에 사용된다.
③ 캡은 배관의 끝부분을 막을 때 사용된다.
④ 리듀서는 구경이 다른 관을 접속할 때 사용된다.

해설 강관 이음쇠

㉠ 배관을 휠 때 : 엘보우(elbow), 벤드(bend)
㉡ 분기관을 뽑을 때 : T(tee), 크로스(cross), Y
㉢ 직관의 접합 : 소켓, 플랜지, 유니언, 니플
㉣ 구경이 다른 관 접합 : 이경소켓(reducer), 이경엘보, 이경티, 부싱, 리듀서
㉤ 배관의 말단부 : 플러그(plug), 캡(cap)

정답 04 ② 05 ② 06 ④ 07 ④ 08 ①

09 연면적 2000m³ 인 은행건물에 필요한 급수량은? (단, 유효면적당 인원은 0.2인/m², 건물의 유효면적비율은 60%, 급수량은 120L/c/d로 한다.)

① 24.4m³/d ② 26.6m³/d
③ 28.8m³/d ④ 30.0m³/d

해설 건물 면적에 의한 방법

$Q_d = A \times k \times n \times q [\ell/d]$
　A : 건물 연면적[m²]
　k : 건물 연면적에 대한 유효 면적의 비율[%]
　n : 유효 면적당의 인원[인/m²]
　q : 건물 종류별 1일 1인당 사용수량[$\ell/d \cdot c$]
∴ $Q_d = A \times k \times n \times q [\ell/d]$
　　 $= 2,000m² \times 0.6 \times 0.2$인$/m² \times 120\ell/d$
　　 $= 28,800\ell/d = 2.88m³/d$

10 실내음향설계 시 주의할 사항으로 옳지 않은 것은?

① 직접음과 반사음의 시간차를 가능한 크게 하여 충분한 음보강이 되도록 한다.
② 강연이나 연극 등 언어를 주사용 목적으로 할 경우 잔향시간은 비교적 짧게 처리한다.
③ 방해가 되는 소음이나 진동을 완전히 차단하도록 한다.
④ 실의 어느 위치에서나 음 분포가 균등하도록 한다.

해설
직접음과 반사음이 시간차이가 1/20~1/15초(0.02~0.067초) 이상일 때 반향이 생긴다.

11 다음과 같은 조건에서 바닥면적이 200m²인 일반 사무실의 조명기구로부터 취득되는 열량은?

┌조건─────────────────────
│ • 조명기구 : 형광등
│ • 바닥면적당 조명 소비전력 : 30W/m²
│ • 점등률 : 100%
│ • 안정기 발열량 25% 할증
└─────────────────────

① 6500W ② 7500W
③ 8000W ④ 10000W

해설 조명기구의 발생열량(q_E)

㉠ 백열등 : $q_E = W \cdot f$ [W]
㉡ 형광등 : $q_E = W \cdot f \times 1.25$ [W]
여기서, q_E : 조명기구로부터의 취득열량
　　　　W : 조명기구의 소비전력[W]
　　　　f : 조명기구의 사용률(점등률)
　　　1.25 : 형광등인 경우 안정기 발열량 25% 할증
∴ $q_E = W \cdot f \times 1.25 = W \cdot f \times 1.25$
　　　 $= 30 \times 200 \times 1 \times 1.25 = 7500$[W]

12 공기조화기의 가열코일 입구와 출구에서 공기의 상태값이 변화하지 않는 것은?

① 엔탈피 ② 상대습도
③ 건구온도 ④ 절대습도

해설
공기를 냉각하거나 가열하여도 절대습도는 변하지 않는다.

13 건구온도 20℃, 절대습도 0.015kg/kg′ 인 습공기 6kg의 엔탈피는? (단, 건공기 정압비열 1.01kJ/kg·K, 수증기 정압 비열 1.85kJ/kg·K, 0℃에서 포화수의 증발잠열 2501kJ/kg)

① 58.24kJ ② 120.67kJ
③ 228.77kJ ④ 349.62kJ

해설 습공기의 엔탈피(i)

엔탈피 : 0℃일 때 건공기의 엔탈피를 0으로 하여 습공기 1kg이 지니고 있는 열량으로 나타낸다.
$i = C_{pa} \cdot t + (\gamma_0 + C_{pw} \cdot t) \cdot x$
　$= 1.01t + (2501 + 1.85t)x$
　i : 엔탈피[kJ/kg(DA)]
　t : 온도[℃]
　x : 절대습도[kg/kg′]
　C_{pa} : 건공기의 정압비열(1.01kJ/kg·K)
　C_{pw} : 수증기의 정압비열(1.85kJ/kg·K)
　γ_0 : 0℃ 포화수의 증발잠열(2501kJ/kg)
먼저 $i = C_{pa} \cdot t + (\gamma_0 + C_{pw} \cdot t) \cdot x$
　　　 $= 1.01t + (2501 + 1.85t)x$
　　　 $= 1.01 \times 20 + (2501 + 1.85 \times 20) \times 0.015$
　　　 $= 58.27$kJ/kg
∴ 전체 엔탈피 $= 6$kg $\times 58.27$kJ/kg $= 349.62$kJ

정답 09 ③ 10 ① 11 ② 12 ④ 13 ④

14 공조기부하에 펌프 및 배관 등의 열부하를 더한 것으로서 냉동기나 보일러 용량을 결정하는데 이용되는 것은?
① 예열부하　　② 기간부하
③ 열원부하　　④ 외기부하

[해설] 냉방부하의 기기 용량

실내 취득열량은 송풍기의 용량 및 송풍량을 산출하는 요인이 된다. 여기서 장치부하와 재열부하 및 외기부하를 합하면 냉각코일의 용량을 결정할 수 있다.
또한 냉동기의 증발기와 공조기의 냉각코일에 접속되는 냉수 배관도 주위로부터 현열을 얻게 되는데 이 부하를 배관부하라고 하며, 냉각코일 용량에 배관까지 합하면 냉동기 용량이 된다.

- 실내취득열량 ┐ 송풍량
- 기기로부터의 │ 결정
  취득열량 ┘
- 재열부하 ┐ 냉각코일의
- 외기부하 ┤ 용량 결정
- 냉수펌프 ┘ 냉동기의
  및 배관부하　　용량 결정

[냉방부하와 기기용량과의 관계]

15 공기조화부하 계산에 있어서 인체 발생열에 관한 설명으로 옳은 것은?
① 인체 발생열은 난방부하에서만 고려한다.
② 인체 발생열은 현열과 잠열 모두 발생한다.
③ 실내온도가 높아질수록 잠열 발생열량이 감소
④ 인체 발생열은 재실자의 작업 상태에 관계없이 항상 일정하다.

[해설] 냉방부하의 종류와 발생 요인

구분	부하의 발생 요인		현열	잠열
실내취득 열량	벽체로부터의 취득열량		○	
	유리로부터의 취득열량	직달일사에 의한 것	○	
		전도대류에 의한 것	○	
	극간풍에 의한 취득열량		○	○
	인체의 발생열량		○	○
	기구로부터의 발생열량		○	○
장치로부터의 취득열량	송풍기에 의한 취득열량		○	
	덕트로부터의 취득열량		○	
재열부하	재열기의 가열량(취득열량)		○	
외기부하	외기의 도입으로 인한 취득열량		○	○

※ 인체부하는 냉방부하의 계산에서 현열과 잠열을 동시에 고려하나, 난방부하의 계산에서는 난방에 유리한 요소이므로 일반적으로 고려하지 않는다.

16 실내공기오염의 종합적 지표로 사용되는 오염 물질은?
① 미세먼지　　② 이산화탄소
③ 포름알데히드　　④ 휘발성 유기화합물

[해설]
이산화탄소(CO_2)의 함유량에 비례해서 다른 오염원의 정도가 변화되므로 실내 공기의 오염정도를 판단하는 척도로 이산화탄소[탄산가스(CO_2)] 농도를 사용한다.

17 창의 틈새바람 계산법에 속하지 않는 것은?
① 균열법
② 면적법
③ 환기횟수법
④ 굴뚝효과에 의한 계산법

[해설]
외부로부터의 틈새바람량(극간풍량)을 계산할 경우 틈새의 길이, 외부의 풍속, 틈새의 통기특성 등을 고려하여야 하며, 열류의 방향은 틈새바람의 열량을 계산할 경우 고려할 사항에 해당된다. 틈새바람량(극간풍량)의 산출 방법에는 환기횟수법, 창문틈새길이법, 창문면적법이 있다.

18 체크밸브에 관한 설명으로 옳지 않은 것은?
① 유체의 역류를 방지하기 위한 것이다.
② 스윙형 체크밸브는 수평배관에 사용할 수 없다.
③ 스윙형 체크밸브는 유수에 대한 마찰저항이 리프트형보다 적다.
④ 리프트형 체크밸브는 글로브 밸브와 같은 밸브 시트의 구조로써 유체의 압력에 밸브가 수직으로 올라가게 되어 있다.

[해설] 체크밸브(check valve : 역지밸브)
㉠ 유체의 흐름을 한쪽 방향으로만 흐르게 할 때 쓰인다.
㉡ 리프트형(수평배관), 스윙형(수평, 수직배관)이 있다.

정답　14 ③　15 ②　16 ②　17 ④　18 ②

19 주방, 공장, 실험실에서와 같이 오염물질의 확산을 가능한 극소화시키기 위해 사용하는 환기방식은?
① 희석환기 ② 전체환기
③ 집중환기 ④ 국소환기

해설 국소환기(독립환기)

주방, 공장, 실험실에서와 같이 오염물질의 확산 및 방산을 가능한 한 극소화시키려고 할 때 적용되는 환기방식으로 가장 효율이 좋은 오염 제거 방법이다.
[예] 후드(hood), 퓸 후드(fume hood), 공장, 드래프트 챔버(실험실) 등
※ 국소환기의 계통은 공조장치의 환기덕트와 연결하면 실내오염의 원인이 되므로 독립적으로 설치해야 한다.

20 건구온도 t_1=30℃, 상대습도 20%의 습공기 3000m³/h를 공기냉각기에서 냉각시켜 건구온도 t_2=14℃의 공기를 만들 때 제거되는 현열량은? (단, 공기의 비열은 1.01kJ/kg·K, 밀도는 1.2kg/m³ 이다.)
① 16.16W ② 24.12W
③ 16.16kW ④ 24.12kW

해설

$q_s = \rho Q C(t_i - t_o)$ [kJ/h]
 q_s : 실의 현열부하[W]
 ρ : 공기의 밀도[1.2kg/m³]
 Q : 송풍량[m³/h]
 C : 공기의 정압비열[1.01kJ/kg·K]
 t_i : 실내 공기온도[℃]
 t_o : 송풍 공기온도[℃]
∴ 현열량(qs) = $\rho \cdot Q \cdot C \cdot \Delta t$
  = 1.2×3,000×1.01×(30−14)
  = 58176kJ/h = 16.16kW
※ 1W=1J/s=3,600J/h=3.6kJ/h
※ 1kW=3,600kJ/h

건축설비계획
2024년 제3회 과년도 출제문제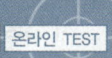

01 다음 중 간접배수로 하여야 하는 기구는?
① 욕조   ② 세면기
③ 대변기 ④ 세탁기

해설 직접배수와 간접배수

㉠ 직접배수 : 위생기구와 배수관이 연결된 일반 위생기구에서의 배수
㉡ 간접배수 : 냉장고, 제빙기, 세탁기, 음료기, 식기세척기, 공기정화기 등에서의 배수방식으로 기구의 오염을 막기 위해 일반배수관으로 직접 연결하지 않고, 물받이 사이에 공간을 두어 공기 중에 노출시켰다가 배수관으로 흘려보내는 배수이다.

02 급수방식 중 고가탱크방식에 관한 설명 중에서 옳지 않은 것은?
① 단수시에도 일정량의 급수를 할 수 있다.
② 급수압력이 일정하다.
③ 일반적으로 하향급수 배관방식을 사용한다.
④ 위생성 및 유지·관리 측면에서 가장 바람직한 방식이다.

해설 고가수조방식

우물물 또는 수돗물을 일단 지하 저수조에 받아 이것을 양수펌프에 의해 건물 옥상 또는 높은 곳에 가설한 탱크로 양수한 다음, 그 수위를 이용하여 탱크에서 밑으로 세운 급수관에 의해 급수하는 방식이다.
㉠ 급수공급 압력이 일정하고, 취급이 용이하여 대규모 급수에 적합하다.
㉡ 단수시에도 일정량의 급수가 가능하다.
㉢ 수질의 오염가능성이 가장 크다.
㉣ 구조체의 보강이 필요하다.
※ 수도직결방식은 소규모 건물이나 낮은 건물에 쓰는 방식으로 물의 오염가능성이 가장 적다. (위생적 측면에서 가장 바람직하다.)

정답 19 ④ 20 ③ / 01 ④ 02 ④

03 주철관의 이음 방법에 속하지 않는 것은?

① 소켓이음
② 빅토릭이음
③ 타이톤이음
④ 스위블이음

해설 관의 접합(이음, 조인트) 종류

㉠ 주철관 : 소켓 접합, 플랜지 접합, 메커니컬 접합, 빅토릭 접합, 타이톤 접합
㉡ 강관 : 나사 접합, 플랜지 접합, 용접 접합
㉢ 연관 : 플라스턴 접합, 납땜 접합
㉣ 콘크리트관 : 칼라 접합, 기볼트 접합, 심플렉스 접합, 모르타르 접합

04 수질과 관련된 용어에 관한 설명으로 옳지 않은 것은?

① COD는 화학적 산소요구량을 말한다.
② BOD는 생물화학적 산소요구량을 말한다.
③ SS는 증발잔류물로서 부유물과 용해성 물질의 합계를 말한다.
④ 총질소는 무기성 및 유기성 질소의 총량을 나타낸 것이다.

해설 용어의 정의

㉠ BOD(Biochemical Oxygen Demand) : 생물화학적 산소 요구량 – 수질의 오염정도의 측정치
㉡ COD(Chemical Oxygen Demand) : 화학적 산소요구량 – 공장 폐수수질의 측정
㉢ DO(Dissolved Oxygen) : 용존산소량 – 수중에 용해된 산소의 량
㉣ SS(Suspended Solids) : 부유물질로서 오수 중에 현탁되어 있는 물질
㉤ SV(침전오니 퍼센트율)

05 통기수직관이 없는 방식으로 유수에 선회력을 주어 공기 코어를 유지시켜 하나의 관으로 배수와 통기를 겸하는 통기방식은?

① 섹스티아방식
② 각개통기방식
③ 신정통기방식
④ 회로통기방식

해설 특수통기방식 – 배수와 통기 겸용(신정통기관+특수이음쇠)

㉠ 소벤트 방식(sovent system) : 하나의 배수수직관으로 배수와 통기를 겸하는 시스템으로 2개의 특수이음쇠 사용[공기혼합이음쇠(aerator fitting), 공기분리이음쇠(deaerator fitting)]한다.
㉡ 섹스티아 방식(sextia system) : sextia 이음쇠와 sextia 벤트관을 사용하여 유수에 선회력을 주어 공기 코어를 유지시켜 하나의 관으로 배수와 통기를 겸하는 시스템으로 배수관경이 적어도 되며 소음이 적다.

06 국소식 급탕방식에 관한 설명으로 옳지 않은 것은?

① 배관의 열손실이 적다.
② 급탕개소와 급탕량이 많은 경우에 유리하다.
③ 급탕개소마다 가열기의 설치 스페이스가 필요하다.
④ 건물 완공 후에도 급탕 개소의 증설이 비교적 쉽다.

해설 개별식(국소식) 급탕방식

㉠ 배관설비 거리가 짧고, 배관 중의 열손실이 적다.
㉡ 수시로 더운 물을 사용할 수 있으며, 고온의 물을 필요시 쉽게 얻을 수 있다.
㉢ 급탕 개소가 적을 경우 시설비가 싸게 든다.
㉣ 주택 등에서는 난방 겸용의 온수보일러를 이용할 수 있다.
㉤ 급탕 개소마다 가열기의 설치공간이 필요하다.
㉥ 주택, 중소 여관, 작은 사무실 등 급탕 개소가 적은 건축물에 적합하다.

07 물의 경도는 건축설비에서 중요하게 다루고 있다. 그 이유와 가장 거리가 먼 것은?

① 배관 내 스케일 발생 원인
② 급수펌프 소요 동력 증가 원인
③ 열교환기의 열교환 효율 감소 원인
④ 배관 내 유체의 흐름 저항 감소 원인

정답 03 ④ 04 ③ 05 ① 06 ② 07 ④

해설 물의 경도(硬度)

㉠ 물 속에 녹아 있는 칼슘(Ca), 마그네슘(Mg) 등의 양을 이것에 대응하는 탄산칼슘($CaCO_3$)의 100만분율(ppm : parts per million)로 환산하여 표시한 것
㉡ 경도가 큰 물을 경수, 경도가 낮은 물을 연수라 한다.

분류	$CaCO_3$의 함유량	특징
극연수(極軟水)	0ppm	증류수나 멸균수로서 연관이나 황동관을 부식
연수(軟水)	90ppm 이하	세탁, 염색, 보일러용에 적합
적수(適水)	90~110ppm	
경수(硬水)	110ppm 이상	물, 음료용, 세탁, 표백, 염색에는 부적합

※ 경도가 높은 물을 보일러 용수로 사용하지 않는 가장 주된 이유는 보일러 내면에 스케일(물때)이 부착되어 보일러 효율을 떨어지고, 수명을 단축시키기 때문이다.

08 경질염화비닐관에 관한 설명으로 옳지 않은 것은?
① 전기절연성이 크고 금속관과 같은 전식작용을 일으키지 않는다.
② 열팽창률이 강관에 비해 작으며 온도변화에 따른 신축이 거의 없다.
③ 저온에 약하며 한랭지에서는 외부로부터 조금만 충격을 주어도 파괴되기 쉽다.
④ 내식성이 크고 염산, 황산, 가성소다 등의 부식성 약품에 의해 거의 부식되지 않는다.

해설 경질염화비닐관(합성수지관)

㉠ 내산성·내알칼리성이 있으며, 가공이 쉽다.
㉡ 온도의 변화에 의해 강도가 떨어진다.
㉢ 내면이 매끄러워 마찰저항이 작다.
㉣ 내수성이 크고 염산, 황산, 가성소다 등의 부식성 약품에 의해 거의 부식되지 않는다.
㉤ 전기 전열성이 크고 금속관과 같은 전식작용을 일으키지 않는다.
㉥ 저온에 약하며 한랭지에서는 외부로부터 조금만 충격을 주어도 파괴되기 쉽다.

09 다음의 각종 통기관에 대한 설명 중 옳지 않은 것은?
① 도피통기관은 각개통기방식에서 담당하는 기구수가 많을 경우 발생하는 하수가스를 도피시키기 위하여 통기수직관에 연결시킨 관이다.
② 신정통기관은 최상부의 배수수평관이 배수수직관에 접속된 위치보다도 더욱 위로 배수수직관을 끌어올려 대기 중에 개구하여 통기관으로 사용하는 부분이다.
③ 결합통기관은 배수수직관 내의 압력변화를 방지 또는 완화하기 위해 설치한다.
④ 습통기관은 통기의 목적 외에 배수관으로도 이용되는 부분을 말한다.

해설 도피 통기관

㉠ 배수 수평지관이 배수 수직관에 접속하기 바로 전에 통기관을 취하여 배수·통기 양 계통간의 공기의 유통을 원활히 하기 위해 설치하는 통기관을 말한다.
㉡ 수평지관에 접속하는 기구가 많을 경우 하류 기구의 돌출을 방지하기 위해 도피 통기관을 세운다.
㉢ 관경 : 최소 40mm 이상, 접속하는 배수관경의 1/2 이상

10 배관의 마찰저항에 관한 설명으로 옳은 것은?
① 유속의 제곱에 비례한다.
② 관의 길이에 반비례한다.
③ 관 내경의 제곱에 비례한다.
④ 유체의 점성이 클수록 감소한다.

해설 마찰손실수두(H_f)

$$H_f = \lambda \cdot \frac{L}{d} \cdot \frac{v^2}{2g} \ [mAq]$$

여기서, H_f : 길이 1m의 직관에 있어서의 마찰손실수두(mAq)
λ : 관마찰계수(강관 0.02)
g : 중력가속도(9.8m/sec²)
d : 관의 내경(m)
L : 직관의 길이(m)
v : 관내 평균 유속(m/s)

※ 마찰손실수두(H_f)는 관마찰계수(λ), 관의 길이(L) 및 유속(v)의 제곱에 비례하고, 관의 내경(d) 및 중력가속도(g)에 반비례한다.

정답 08 ② 09 ① 10 ①

11 고가탱크에 시간당 18m³의 물을 보내려 할 때 유속을 2m/s로 하기 위한 펌프의 구경은?

① 47.2mm　　② 56.4mm
③ 72.9mm　　④ 94.5mm

> **해설**
> $Q = AV = \dfrac{\pi V d^2}{4}$
>
> $\therefore d = \sqrt{\dfrac{4Q}{V\pi}} = \sqrt{\dfrac{4 \times 18/3600}{2 \times \pi}} = 0.0564\text{m} = 56.4\text{mm}$

12 가로 2m, 세로 2m, 높이 10m인 직육면체 수조에 물이 가득 차 있을 때, 바닥면에 작용하는 전압력은?

① 2ton　　② 4ton
③ 20ton　　④ 40ton

> **해설**
> 2m×2m×10m = 40m³ = 40000L = 40ton
> ※ 배관 속을 흐르는 물의 압력은 배관의 크기(배관의 단면적)와는 무관하며, 배관의 높이에만 관계가 있다.

13 냉방부하 계산 시 인체로부터의 취득열량을 계산한다. 다음 공간 중 인체 1인으로부터의 취득열량이 상대적으로 가장 많은 장소는?

① 극장　　② 은행
③ 사무소　　④ 볼링장

> **해설**
> 인체 1인으로부터의 취득열량은 활동 상태에 따라 다르게 산정한다. 볼링장은 착석(극장)이나 사무업무(사무소), 섰다·앉았다·보행하는 사무업무(은행)하는 경우보다 활동량이 많으므로 냉방부하 계산 시 인체로부터의 취득열량이 상대적으로 많게 산정한다.

14 급기온도를 일정하게 하고 송풍량을 변화시켜서 실내온도를 조절하는 공기조화방식은?

① 냉매방식
② 이중덕트방식
③ 정풍량 단일덕트방식
④ 변풍량 단일덕트방식

> **해설** 변풍량(VAV) 단일덕트방식
> 토출공기 온도는 일정하게 하며 송풍량을 실내부하의 변동에 따라 변화시키는 것으로 운전비는 감소하고 개별제어가 용이하며 에너지 절약형 공조방식이다. 변풍량 단일덕트방식에서 송풍량 조절의 기준이 되는 것은 실내 현열부하이다.

15 일사에 의한 차폐계수가 1인 보통유리를 통해 투과되는 일사량이 200W/m², 유리로부터의 관류열량이 40W/m²일 경우, 유리로부터의 취득열량은? (단, 창면적은 5m²이다.)

① 200W　　② 1000W
③ 1200W　　④ 1400W

> **해설** 유리로부터의 일사에 의한 취득열량 q_G[W]
> ㉠ 유리로부터의 관류에 의한 취득열량
> $q_{GT} = K A_g \Delta t$
> A_g : 유리창의 면적(새시 포함) [m²]
> Δt : 실내외 온도차[℃]
> ㉡ 유리로부터 일사취득열량
> $q_{GR} = I_{gr} A_g k_s$
> I_{gr} : 유리를 통해 투과 및 흡수의 형식으로 취득되는 표준 일사취득열량[W/m²·K]
> A_g : 유리창의 면적(개시면적 포함) [m²]
> k_s : 전차폐계수
> $\therefore q_G = q_{GT} + q_{GR} = (40 \times 5) + (200 \times 5 \times 1)$
> $= 1200\text{W}$

정답　11 ②　12 ④　13 ④　14 ④　15 ③

16 다음 중 일사를 받는 외벽·지붕으로부터의 취득 열량을 계산하는데 필요한 요소가 아닌 것은?
① 면적
② 열관류율
③ 상당외기온도차
④ 표준일사열취득열량

[해설]
구조체를 통한 열손실량 즉,
열관류량 $Q = K \cdot A \cdot \Delta te$
여기서 Q : 열관류량(W)
  K : 열관류율(W/m²·K)
  A : 전열면적(m²)
  Δte : 상당외기온도
※ 상당외기온도차 : 태양복사열이 벽체에 미치는 영향을 고려한 가상의 온도차
※ 상당외기온도($\Delta te = t_0 - t_r$)
일사를 받는 외벽이나 지붕과 같이 열용량을 갖는 구조체를 통과하는 열량을 산출하기 위해 외기 온도나 일사량을 고려하여 정한 근사적인 외기 온도이다.

17 습공기에 관한 설명 중 옳지 않은 것은?
① 건구온도가 일정할 경우 상대습도가 높을수록 노점온도는 높아진다.
② 절대습도가 일정할 경우 건구온도가 높을수록 비체적은 커진다.
③ 건구온도가 일정할 경우 상대습도가 높을수록 절대습도는 낮아진다.
④ 절대습도가 일정할 경우 건구온도가 높을수록 엔탈피는 커진다.

[해설]
습공기선도상에서 건구온도가 일정할 경우 상대습도가 높을수록 절대습도는 높아진다.
※ 공기를 냉각하면 상대습도는 높아지고, 공기를 가열하면 상대습도는 낮아진다. → 절대습도의 변화는 없다.

18 사무실의 크기가 10m×10m×3m이고 재실자가 25명, 가스 난로의 CO_2 발생량이 0.5m³/h일 때, 실내평균 CO_2 농도를 1000ppm으로 유지하기 위한 최소 환기 회수는? (단, 재실자 1인당의 CO_2 발생량은 18L/h, 외기 CO_2 농도는 500ppm 이다.)
① 약 3.68회/h ② 약 4.52회/h
③ 약 5.38회/h ④ 약 6.33회/h

[해설] 필요 환기량
$Q = nV$
  Q : 환기량(m³/h)
  n : 환기회수(회/h)
  V : 실용적(m³)
또한 $Q = \dfrac{K}{P_i - P_o}$
  Q : 필요환기량(m³/h)
  K : 실내에서의 CO_2 발생량(m³/h)
  P_i : CO_2 허용 농도(m³/m³)
  P_o : 신선공기 CO_2 농도(m³/m³)
먼저, 실내에서의 CO_2 발생량(m³/h)
 = (25×18) ℓ/h × 1m³/1000ℓ + 0.5m³/h
 = 0.95m³/h
환기량 $Q = \dfrac{K}{P_i - P_o} = \dfrac{0.95}{0.001 - 0.0005} = 1,900$m³
실용적(v) = 10×10×3 = 300m³
∴ 환기회수 = $\dfrac{Q}{V} = \dfrac{1,900}{300} = 6.33$회

19 공기조화방식 중 전공기방식의 일반적인 특징으로 옳지 않은 것은?
① 중간기에 외기 냉방이 가능하다.
② 송풍량이 많아 실내 공기의 오염이 적다.
③ 팬코일 유닛과 같은 기구의 노출이 없어서 실내 유효면적을 넓힐 수 있다.
④ 열매체인 냉·온풍의 운반에 필요한 팬의 소요동력이 냉·온수를 운반하는 펌프동력보다 적게 든다.

정답 16 ④ 17 ③ 18 ④ 19 ④

> **해설** 전공기 방식 (all air system)
> ① 종류 : 단일덕트방식(정풍량방식, 변풍량방식), 이중덕트방식, 멀티존유닛방식, 각층유닛방식
> ② 장점
>   ㉠ 송풍량이 많아 실내공기오염이 적다.
>   ㉡ 중간기에 외기냉방이 가능하다.
>   ㉢ 실내유효면적 증가
>   ㉣ 실내에 배관으로 인한 누수의 염려가 없다.
>   ㉤ 폐열회수장치 사용이 용이하다.(전열교환기 등의 설치)
> ③ 단점
>   ㉠ 큰 덕트 스페이스가 필요하다.
>   ㉡ 팬의 소요동력(반송동력)이 크다.
>   ㉢ 공조실이 넓어야 한다.

20 다음과 같은 특징을 갖는 환기방식은?

> • 실내공기를 강제적으로 배출시키는 방법으로서 실내는 부압이 된다.
> • 화장실, 욕실 등의 환기에 적합하다.

① 압입흡출병용방식(급기팬+배기팬)
② 압입방식(급기팬+자연배기)
③ 흡출방식(자연급기+배기팬)
④ 자연환기방식(자연급기+자연배기)

> **해설** 환기 방식
>
> | 구분 | 설치방법 | 용도 |
> |---|---|---|
> | 제1종 환기 (병용식) | 강제송풍+ 강제배풍 | 병원 수술실, 거실, 지하극장, 변전실 |
> | 제2종 환기 (압입식) | 강제송풍+ 자연배풍 | 클린룸, 무균실, 반도체공장, 식당, 창고 |
> | 제3종 환기 (흡출식) | 자연송풍+ 강제배풍 | 화장실, 욕실, 주방, 흡연실, 자동차차고 |
>
> ㉠ 제1종 환기 : 설비비, 운전비가 비싸다. 실내외의 압력차가 없어서 가장 양호한 환기법
> ㉡ 제2종 환기 : 실내의 압력이 정압(+), 다른 실에서의 공기 침입이 없다. 가장 많이 사용한다. 일반실에 적합하다.
> ㉢ 제3종 환기 : 실내의 압력이 부압(-), 실내의 냄새나 유해 물질을 다른 실로 흘려보내지 않는다. 주방, 화장실, 유해가스 발생장소에 사용한다.

정답 20 ③

건축설비계획
2025년 제1회 과년도 출제문제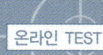

01 직경 200mm의 강관에 2400L/min의 물이 흐를 때 강관 내의 유속은?
① 0.04m/sec ② 1.27m/sec
③ 1.72m/sec ④ 0.40m/sec

해설 유량과 유속

단면적을 $A[m^2]$, 유속을 v [m/s], 유량을 $Q[m^3/s]$라면
$Q = Av$ 에서 $v = \dfrac{Q}{A}$

또 관경을 d[m]라 하면 단면적 $A = \dfrac{\pi d^2}{4}$ 이다.

$\therefore v = \dfrac{Q}{\dfrac{\pi d^2}{4}} = \dfrac{\dfrac{2.4}{60}}{\dfrac{3.14 \times 0.2^2}{4}} = 1.27\text{m/s}$

02 수도직결방식 급수설비에서 수도본관에서 1층에 설치된 샤워기까지의 높이가 2m 이고, 마찰손실압력이 20kPa, 수도본관의 수압이 150kPa 인 경우 샤워기 입구에서의 수압은?
① 약 110kPa ② 약 130kPa
③ 약 150kPa ④ 약 170kPa

해설

수도본관의 압력 : $P_o \geq P + P_f + \dfrac{H}{100}$ [MPa]

P_0 : 수도본관의 압력[MPa] → 150kPa=0.15MPa
P : 수전 또는 기구의 필요압력[MPa]
P_f : 본관에서 기구에 이르는 사이의 저항[MPa]
   → 20kPa=0.02MPa
H : 기구의 높이[m] → 2m= 0.02MPa

$P_o \geq P + P_f + \dfrac{H}{100}$

$0.15 = P + 0.02 + \dfrac{2}{100}$

∴ P=0.15−0.02−0.02=0.11MPa=110kPa
※ 100m=1.0MPa=1000kPa

03 내식성 및 가공성이 우수하며 배관 두께별로 K, L, M형으로 구분하여 사용되는 배관 재료는?
① 동관
② 스테인리스 강관
③ 일반배관용 탄소강관
④ 압력배관용 탄소강관

해설 동관의 두께에 따른 분류

두께가 두꺼울수록 고압에 사용한다. 두께는 K형, L형, M형 순이다.
㉠ K(Heavy wall) : 의료 및 고압배관에 사용
㉡ L(Medium wall) : 의료, 급배수, 급탕, 냉난방, 가스배관에 사용
㉢ M(Light wall) : 의료, 급배수, 급탕, 냉난방, 가스배관에 사용

04 중앙식 급탕양식 중 간접가열식에 관한 설명으로 옳지 않은 것은?
① 대규모 급탕설비에 적합하다.
② 고압용 보일러를 설치하여야 한다.
③ 가열보일러는 난방용 보일러와 겸용할 수 있다.
④ 저탕조 내에 설치한 코일을 통해서 관내의 물을 간접적으로 가열한다.

해설 중앙식 급탕법의 직접가열식과 간접가열식의 비교

구분	직접가열식	간접가열식
보일러	급탕용보일러, 난방용보일러 각각 설치	난방용 보일러로 급탕까지 가능
보일러내의 스케일	많이 낀다.	거의 끼지 않는다.
보일러내의 압력	고압	저압
규모	소규모 건축물	대규모 건축물
저탕조내의 가열코일	불필요	필요

05 배수수직관과 통기수직관을 연결하는 통기관은?
① 신정통기관 ② 반송통기관
③ 공용통기관 ④ 결합통기관

정답 01 ② 02 ① 03 ① 04 ② 05 ④

> **해설** 결합통기관
> ㉠ 배수수직관 내의 압력변화를 방지 또는 완화하기 위해, 배수수직관으로부터 분기·입상하여 통기수직관에 접속하는 통기관
> ㉡ 통기 수직관에 접속하는 통기관으로 층수가 많은 경우에는 5개 층마다에 통기관을 취하는 방법이다.
> ㉢ 관경 : 통기수직관과 같은 관경으로 하되 최소관경 50mm 이상

06 다음 중 간접배수로 하여야 하는 것은?
① 세면기　　② 대변기
③ 식기세정기　④ 청소용 싱크

> **해설** 직접배수와 간접배수
> ㉠ 직접배수 : 위생기구와 배수관이 연결된 일반 위생기구에서의 배수
> ㉡ 간접배수 : 냉장고, 세탁기, 음료기, 공기정화기 등에서의 배수방식으로 기구의 오염을 막기 위해 일반배수관으로 직접 연결하지 않고, 물받이 사이에 공간을 두어 공기 중에 노출시켰다가 배수관으로 흘려보내는 배수이다.

07 비철금속관 중 동관에 대한 설명으로 옳지 않은 것은?
① 전기 및 열의 전도성이 우수하다.
② 전성·연성이 풍부하여 가공이 용이하다.
③ 연수에는 내식성이 크나 담수에는 부식된다.
④ 상온 공기 속에서는 변하지 않으나 탄산가스를 포함한 공기 중에는 푸른 녹이 생긴다.

> **해설** 동관
> ㉠ 전성·연성이 풍부하여 가공이 용이하다.
> ㉡ 전기 및 열의 전도성이 우수하다.
> ㉢ 일반적으로 내식성이 좋고 수명이 길다.
> ㉣ 염류, 산, 알칼리 등의 수용액이나 유기화합물에 대한 내식성이 높아 부식이 적으나, 암모니아에는 심하게 부식한다.
> ㉤ 상온 공기 속에서는 변하지 않으나 탄산가스를 포함한 공기 중에는 푸른 녹이 생긴다.
> ㉥ 용도 : 전기 및 열의 전도율이 좋아 전기 재료, 열교환기, 급수관 등에 이용되고 있다.
> ㉦ 접합 방법 : 납땜 접합, 플레어 접합, 용접 접합, 경납땜
> ※ 동관(황동관)은 증류수나 극연수에는 부식되어 주석도금하여 사용한다.

08 다음 중 경도가 높은 물을 보일러 용수로 사용하지 않는 가장 주된 이유는?
① 비등점이 낮다.
② 전열량이 너무 커진다.
③ 부유물질이 많이 포함되어 있다.
④ 보일러 내면에 스케일이 발생된다.

> **해설**
> 경도가 높은 물을 보일러 용수로 사용하지 않는 가장 주된 이유는 보일러 내면에 스케일(물때)이 부착되어 보일러 효율을 떨어지고, 수명을 단축시키기 때문이다.

09 수질과 관련된 용어의 설명으로 옳지 않은 것은?
① SS란 오수 중에 떠있는 부유물질을 말하며, 탁도의 원인이 되기도 한다.
② DO란 오수 중의 산소요구량을 말하며, 오염도가 높을수록 산소요구량이 적다.
③ BOD란 생물화학적 산소요구량을 말하며, 오수 중의 분해 가능한 유기물의 함유 정도를 간접적으로 측정하는데 이용된다.
④ COD란 화학적 산소요구량을 말하며, COD값은 미생물에 의하여 분해되지 않은 유기질까지 화학적으로 산화되기 때문에, 일반적으로 BOD값보다 높게 나타난다.

> **해설**
> DO(Dissolved Oxygen) : 용존산소량 – 수중에 용해된 산소의 량

10 관내에 유체가 흐를 때, 어느 장소에서의 흐름의 상태(유속, 압력, 밀도 등)가 시간에 따라 변화하지 않는 흐름을 무엇이라 하는가?
① 층류　　② 난류
③ 정상류　④ 비정상류

> **해설**
> 관내의 유체가 흐를 때, 어느 장소에서의 흐름의 상태(유속, 압력, 밀도 등)가 시간에 따라 변화하지 않는 흐름을 정상류라 하며, 흐름의 상태가 시간에 따라 변화하는 흐름을 비정상류라고 한다.

정답　06 ③　07 ③　08 ④　09 ②　10 ③

11 측창채광(side lighting)의 특성 중 옳지 않은 것은?
① 통풍 및 차열(遮熱)에 불리하다.
② 투명부분을 개방용으로 대치할 수 있다.
③ 주변상황에 큰 영향을 받는다.
④ 조도분포가 불균형하여 넓은 실에는 불리하다.

[해설] 측창채광(side lighting)의 특성
벽면에 수직으로 낸 측창을 통한 채광 방식
㉠ 개폐와 조작이 용이하고 청소, 보수가 용이하다.
㉡ 통풍 및 차열(遮熱)에 유리하다.
㉢ 투명부분을 개방용으로 대치할 수 있다.
㉣ 근린의 상황에 의해 채광을 방해받을 수 있다.
㉤ 조도분포가 불균형하여 넓은 실에는 불리하다.

12 음의 명료도에 관한 설명으로 옳지 않은 것은?
① 명료도는 잔향시간이 길어지면 좋아진다.
② 요해도는 명료도보다 비교적 높은 값을 갖게 된다.
③ 주위의 소음이 크면 명료도는 감소한다.
④ 실용적에 따라 명료도는 달라질 수 있다.

[해설] 명료도와 요해도
㉠ 명료도(clarity) : 사람이 말을 할 때 어느 정도 정확할 수 있는가를 표시하는 기준을 백분율로 나타낸 것이다.
㉡ 요해도(intelligibility) : 언어의 명료도에 의해서 말의 내용이 얼마나 이해되느냐 하는 정도를 백분율로 나타낸 것이다. 각 음절의 전부를 확실히 들을 수는 없어도 말의 내용이 이해되는 경우가 있으므로 요해도는 명료도보다 높은 값을 갖게 된다.
※ 잔향시간이 길면 언어의 명료도가 저하된다.

13 덕트와 부속기구에 관한 설명으로 옳지 않은 것은?
① 고속덕트는 가급적 원형 덕트로 한다.
② 점검구는 풍량조정이나 점검을 해야 하는 곳에 설치한다.
③ 같은 양의 공기가 덕트를 통해 송풍될 때 풍속을 높게 하면 덕트의 단면 치수도 크게 하여야 한다.
④ 방화댐퍼는 화재 시에 덕트를 통해 방화구역으로 불이 번지지 않도록 덕트의 통로를 차단하는 역할을 한다.

[해설]
같은 양의 공기가 덕트를 통해 송풍될 때 풍속을 높게 하려면 덕트의 단면 치수는 작게 하여야 한다.

14 가습장치로 G(kg/h)의 공기를 가습할 때 가습량 L(kg/h)은? (단, 가습장치 입출구 공기의 절대습도는 X_1, X_2(kg/kg′) 이고 가습효율은 100% 이다.)
① $L = G(X_2 - X_1)$
② $L = 1.2 G(X_2 - X_1)$
③ $L = 717 G(X_2 - X_1)$
④ $L = 597.5 G(X_2 - X_1)$

[해설] 물질평형식
장치로 들어오는 총 물질(수분)의 양 = 장치로부터 나가는 총 물질(수분)의 양
즉, $G x_1 + L = G x_2 \rightarrow L = G(x_2 - x_1)$

15 다음과 같은 조건에 있는 크기가 7m×6m×3.5m인 사무실의 환기에 의한 잠열만의 손실열량은?

┌─ 조건 ─┐
• 사무실의 환기회수 : 2회/h
• 외기
  건구온도 5℃, 절대습도 0.002kg/kg′
• 실내공기
  건구온도 24℃, 절대습도 0.009kg/kg′
• 0℃에서 포화수의 증발잠열 : 2501kJ/kg
• 공기의 밀도 : 1.2kg/m³

정답 11 ① 12 ① 13 ③ 14 ① 15 ①

① 6176kJ/h ② 7076kJ/h
③ 8076kJ/h ④ 9076kJ/h

해설

① 먼저, 환기량을 구한다.
$Q = nV = 2 \times (7 \times 6 \times 3.5) = 294 \, m^3/h$
Q : 환기량(m^3/h) n : 환기회수(회/h)
V : 실용적(m^3)

② 잠열부하(q_L) $= GL\Delta x [kJ/h] = \rho QL\Delta x [kJ/h]$
$= 1.2 \times 294 \times 2501 \times (0.009 - 0.002) = 6176.46 [kJ/h]$

※ $G(kg/h) = \rho(1.2kg/m^3) \cdot Q(m^3/h) = 1.2 \, Q(kg/h)$

16 공조방식 중 변풍량방식에 사용되는 변풍량유닛에 관한 설명으로 옳지 않은 것은?

① 바이패스형은 덕트 내 정압변동이 없다.
② 유인유닛형은 실내의 2차 공기를 유인하므로 집진효과가 크다.
③ 교축형은 덕트 내의 정압변동이 크므로 정압제어 방식이 필요하다.
④ 교축형은 부하변동에 따라 송풍량을 변화시키고 송풍기를 제어하므로 동력이 절약된다.

해설

변풍량 유닛(VAV unit)에는 교축형(슬롯형), 바이패스형, 유인형이 있다.
1) 교축형(슬롯형)
  부하의 감소에 따라 급기량을 조절하는 방식으로 부하변동에 따라 송풍량을 변화시키고 송풍기를 제어하므로 동력이 절약된다. 덕트 내의 정압변동이 크므로 정압제어방식이 필요하다.
2) 바이패스형
  부하가 감소하면 여분의 공기를 천장 속이나 환기덕트로 바이패스 시키는 방식으로 급기팬은 항상 정풍량 운전을 한다.
3) 유인형
  저온의 고압 1차 공기 또는 팬으로 고온의 실내 또는 천장내 공기를 유인하여 부하에 따른 혼합비로 변화시켜 공급하는 방식이다. 난방시에는 실내발생열을 열원으로 이용할 수 있으나 실내의 오염물 제거 성능이 낮다.

17 일사에 의한 차폐계수가 1인 보통유리를 통해 투과되는 일사량이 200W/m^2, 유리로부터의 관류열량이 40W/m^2일 경우, 유리로부터의 취득열량은? (단, 창면적은 5m^2이다.)

① 200W ② 1000W
③ 1200W ④ 1400W

해설 유리로부터의 일사에 의한 취득열량 q_G[W]

㉠ 유리로부터의 관류에 의한 취득열량
$q_{GT} = KA_g \Delta t$
A_g : 유리창의 면적(새시 포함) [m^2]
Δt : 실내외 온도차[℃]

㉡ 유리로부터 일사취득열량
$q_{GR} = I_{gr} A_g k_s$
I_{gr} : 유리를 통해 투과 및 흡수의 형식으로 취득되는 표준 일사취득열량[W/$m^2 \cdot$ K]
A_g : 유리창의 면적(개시면적 포함) [m^2]
k_s : 전차폐계수

∴ $q_G = q_{GT} + q_{GR} = (40 \times 5) + (200 \times 5 \times 1)$
$= 1200W$

18 냉·난방부하 계산에 관한 설명으로 옳지 않은 것은?

① 투습으로 인한 열부하는 매우 작기 때문에 일반적으로 부하계산에서 제외한다.
② 유리창 종류와 블라인드 유무에 따라 달라지는 차폐계수는 그 최대값이 1.0이다.
③ 작업상태가 동일한 경우 인체로부터의 발생열량은 실내건구온도가 높을수록 현열량과 잠열량 모두 커진다.
④ 태양으로부터의 일사 열부하는 냉방부하 계산에서는 포함되나, 난방부하 계산에서는 제외되는 것이 일반적이다.

정답 16 ② 17 ③ 18 ③

해설
- 인체부하는 냉방부하의 계산에서 현열과 잠열을 동시에 고려한다. 인체와 실내공기의 온도차에 의한 현열과 호흡 또는 땀에 의한 잠열이 발생하여 실내의 온도·습도를 높이는 원인이 되지만 일반적으로 난방부하에서는 무시한다.
- 인체에서는 인체와 실내공기의 온도차에 의한 현열과 호흡 또는 땀에 의한 잠열이 발생하여 실내의 온도·습도를 높이는 원인이 된다. 일반적으로 난방부하에서는 무시하고 주로 냉방부하에서 계산하며 실내온도가 높아질수록 수분의 발생이 많아 잠열량이 증가하고, 재실자의 작업상태가 활발할수록 발생열은 증가한다.

20 상대습도 60%인 습공기의 건구온도(a), 습구온도(b), 노점온도(c)의 크기 관계가 옳은 것은?
① a > b > c
② b > a > c
③ b > c > a
④ c > b > a

해설
포화상태 공기가 아닌 일반상태 공기의 건구온도(t_1), 습구온도(t_2), 노점온도(t_3)의 관계식 = 건구온도(t_1) > 습구온도(t_2) > 노점온도(t_3)
→ 습구온도는 포화공기에 있어서는 증발이 일어나지 않으므로 건구온도가 같아지지만 포화되지 않는 공기에서는 습구온도가 건구온도보다 낮으며 습도가 낮을수록 증발량이 많기 때문에 그 차이가 크게 나타나고 노점온도는 습구온도보다 낮다.

19 건구온도 20℃, 절대습도 0.015kg/kg'인 습공기 6kg의 엔탈피는? (단, 건공기 정압비열 1.01kJ/kg·K, 수증기 정압 비열 1.85kJ/kg·K, 0℃에서 포화수의 증발잠열 2501kJ/kg)
① 58.24kJ
② 120.67kJ
③ 228.77kJ
④ 349.62kJ

해설 습공기의 엔탈피(i)

엔탈피 : 0℃일 때 건공기의 엔탈피를 0으로 하여 습공기 1kg이 지니고 있는 열량으로 나타낸다.
$i = C_{pa} \cdot t + (\gamma_0 + C_{pw} \cdot t) \cdot x$
$= 1.01t + (2501 + 1.85t)x$
  i : 엔탈피[kJ/kg(DA)]
  t : 온도[℃]
  x : 절대습도[kg/kg']
  C_{pa} : 건공기의 정압비열(1.01kJ/kg·K)
  C_{pw} : 수증기의 정압비열(1.85kJ/kg·K)
  γ_0 : 0℃ 포화수의 증발잠열(2501kJ/kg)
먼저 $i = C_{pa} \cdot t + (\gamma_0 + C_{pw} \cdot t) \cdot x$
$= 1.01t + (2501 + 1.85t)x$
$= 1.01 \times 20 + (2501 + 1.85 \times 20) \times 0.015$
$= 58.27 \text{kJ/kg}$
∴ 전체 엔탈피 = 6kg × 58.27kJ/kg = 349.62kJ

정답 19 ④ 20 ①

건축설비계획
2025년 제2회 과년도 출제문제 [온라인 TEST]

01 급수압력이 일정하며, 일반적으로 하향급수 배관방식이 사용되는 급수방식은?
① 수도직결방식   ② 고가수조방식
③ 압력수조방식   ④ 펌프직송방식

해설 고가수조방식
우물물 또는 수돗물을 일단 지하 저수조에 받아 이것을 양수펌프에 의해 건물 옥상 또는 높은 곳에 가설한 탱크로 양수한 다음, 그 수위를 이용하여 탱크에서 밑으로 세운 급수관에 의해 급수하는 방식이다.
㉠ 급수공급 압력이 일정하고, 취급이 용이하여 대규모 급수에 적합하다.
㉡ 단수시에도 일정량의 급수가 가능하다.
㉢ 수질의 오염가능성이 가장 크다.
㉣ 구조체의 보강이 필요하다.

02 급탕방식 중 중앙식 급탕법에 관한 설명으로 옳은 것은?
① 배관 및 기기로부터의 열손실이 적다.
② 급탕개소마다 가열기의 설치 스페이스가 필요하다.
③ 시공 후 기구 증설에 따른 배관변경공사를 하기 어렵다.
④ 간접가열식의 경우 급탕배관의 길이가 짧고 탕을 순환할 필요가 없는 소규모 급탕설비에 주로 이용된다.

해설 중앙식 급탕방식
㉠ 열원으로 값싼 중유, 석탄 등이 사용되므로 연료비가 싸다.
㉡ 급탕설비가 대규모이므로 열효율이 좋다.
㉢ 급탕설비의 기계류가 동일 장소에 설치되어 관리상 유리하다.
㉣ 기구의 동시사용율을 고려하여 가열장치의 총용량을 적게 할 수 있다.
㉤ 최초의 설비비와 건설비는 비싸지만 경상비가 적게 들므로 대규모 급탕설비에는 중앙식이 경제적이다.
㉥ 급탕 공급의 배관길이가 길어 열손실이 많다.
㉦ 순환이 느리기 때문에 순환펌프를 사용해야 한다.
㉧ 시공 후 기구 증설에 따른 배관변경공사를 하기가 어렵다.

03 BOD 제거율을 바르게 나타낸 관계식은?
① $\dfrac{유입수 BOD}{유출수 BOD} \times 100\%$
② $\dfrac{유출수 BOD}{유입수 BOD} \times 100\%$
③ $\dfrac{유출수 BOD - 유입수 BOD}{유출수 BOD} \times 100\%$
④ $\dfrac{유입수 BOD - 유출수 BOD}{유입수 BOD} \times 100\%$

해설 BOD(Biochemical Oxygen Demand)
오수 중의 분해 가능한 유기물이 용존 산소의 존재 하에 미생물의 작용에 의해 산화 분해되어 안정된 물질로 변해갈 때 소비하는 산소량
※ BOD 제거율
㉠ 오수처리설비의 성능을 나타내는 지표
㉡ BOD 제거율
$= \dfrac{유입수 BOD - 유출수 BOD}{유입수 BOD} \times 100(\%)$
㉢ BOD 제거율이 높을수록 고성능 정화조이다.

04 수도직결방식의 급수방식으로 수도본관으로부터 높이 4m에 있는 샤워기에 급수를 하는 경우에 수도본관에 요구되는 최저압력은? (단, 샤워기에 요구되는 최저필요압력은 100kPa이며, 관마찰손실수두는 20kPa이다.)
① 50kPa   ② 100kPa
③ 120kPa   ④ 160kPa

해설
수도본관의 압력 : $P_o \geq P + P_f + \dfrac{H}{100}$ [MPa]

P_0 : 수도본관의 압력[MPa]
P : 수전 또는 기구의 필요압력[MPa]
  → 100kPa = 0.1MPa
P_f : 본관에서 기구에 이르는 사이의 저항[kg/cm²]
  → 20kPa = 0.02MPa
H : 기구의 높이[m] → 4m = 0.04MPa

$P_o \geq P + P_f + \dfrac{H}{100}$
$= 0.1 + 0.02 + \dfrac{4}{100} = 0.16$MPa = 160kPa

※ 10m = 1.0MPa = 1000kPa

정답 01 ② 02 ③ 03 ④ 04 ④

05 액체 중에 직경이 작은 관을 세웠을 때, 관속의 액면이 관밖의 액면보다 높거나 낮게 되는 현상은?
① 층류 현상　② 난류 현상
③ 모세관 현상　④ 베르누이 현상

해설

모세관 현상 : 액체 중에 직경이 작은 관을 세웠을 때, 관속의 액면이 관밖의 액면보다 높거나 낮게 되는 현상
※ 트랩의 봉수파괴 원인이 되는 모세관 현상 : 트랩의 오버플로(over flow)관 부분에 머리카락·걸레 등이 걸려 아래로 늘어뜨려져 있으면 모세관 작용으로 봉수가 서서히 흘러 내려 마침내 말라 버리게 된다. 방지책으로 트랩을 자주 청소한다.

06 강관 이음쇠에 관한 설명으로 옳지 않은 것은?
① 엘보우(elbow)는 관의 방향을 바꿀 때 사용된다.
② 티(tee), 크로스(cross)는 관을 도중에서 분기할 때 사용된다.
③ 레듀서(reducer)는 관경이 서로 다른 관을 접속 할 때 사용된다.
④ 플러그(plug), 캡(cap)은 동일 관경의 관을 직선 연결 할 때 사용된다.

해설 강관 이음쇠

㉠ 배관을 휠 때 : 엘보우(elbow), 벤드(bend)
㉡ 분기관을 뽑을 때 : T(tee), 크로스(cross), Y
㉢ 직관의 접합 : 소켓, 플랜지, 유니언, 니플
㉣ 구경이 다른 관 접합 : 이경소켓(reducer), 이경엘보, 이경티, 부싱, 리듀서
㉤ 배관의 말단부 : 플러그(plug), 캡(cap)

07 다음 중 통기관의 설치 목적으로 옳지 않은 것은?
① 배수관 계통의 환기를 도모하여 관내를 청결하게 유지한다.
② 배수 계통 내의 배수 및 공기의 흐름을 원활히 한다.
③ 모세관 현상이나 증발에 의해 트랩의 봉수가 파괴되는 것을 방지한다.
④ 배수트랩의 봉수부에 가해지는 배수관내의 압력과 대기압과의 차이에 의해 트랩의 봉수가 파괴되지 않도록 한다.

해설 통기관의 설치 목적

㉠ 트랩의 봉수 보호
㉡ 배수관 내의 배수 흐름 원활
㉢ 배수관 내의 환기 역할
㉣ 배수관 내의 기압을 일정하게 유지

08 지름 150mm, 길이 320m인 원형관에 매초 60L의 물이 흐를 때, 관내의 마찰손실수두는?
(단, 관마찰계수 f = 0.03 이다.)
① 약 34m　② 약 10.2m
③ 약 377m　④ 약 40.8m

해설

㉠ 관내 유속

$Q = Av$ 에서 $v = \dfrac{Q}{A}$

$A = \dfrac{\pi d^2}{4}$ 이므로

단면적 : $A[m^2]$, 유속 : $v\,[m/s]$, 유량 : $Q[m^3/s]$

$v = \dfrac{Q}{\dfrac{\pi d^2}{4}} = \dfrac{0.06}{\dfrac{3.14 \times 0.15^2}{4}} = 3.397 m/s$

㉡ 마찰손실수두(H_f)

$H_f = \lambda \cdot \dfrac{\ell}{d} \cdot \dfrac{v^2}{2g}$ [mAq]

여기서, H_f : 길이 1m의 직관에 있어서의 마찰손실수두(mAq)
λ : 관마찰계수
g : 중력가속도(9.8m/sec²)
d : 관의 내경(m)
ℓ : 직관의 길이(m)
v : 관내 평균 유속(m/s)

∴ $H_f = \lambda \cdot \dfrac{\ell}{d} \cdot \dfrac{v^2}{2g} = 0.03 \times \dfrac{320}{0.15} \times \dfrac{3.397^2}{2 \times 9.8}$
$= 37.68 ≒ 37.7 mAq$

09 물의 정수과정에서 물 속에 있는 철분을 제거하기 위한 처리과정은?
① 혐기　② 폭기
③ 불소 주입　④ 응집제 첨가

> **해설**
> ㉠ 물처리 과정 : 채수 → 침전 → 기폭(폭기) → 여과 → 살균 → 급수
> ㉡ 정수의 3요소 : 정수의 3요소 : 침전, 여과, 멸균(살균소독)
> ※ 폭기법 : 공기 중의 산소와 반응하게 하여 물속에 분해되어 있는 암모니아, 황화수소, 탄산 가스 등의 유독가스와 철의 성분을 제거하는 정수법

10 건물에서의 열전달에 관련된 용어의 단위 중 옳지 않은 것은?

① 열전도율 : $W/(m^2 \cdot k)$
② 대류열전달율 : $W/(m^2 \cdot k)$
③ 열저항 R : $(m^2 \cdot k)/W$
④ 열관류율 K : $W/(m^2 \cdot k)$

> **해설** 전열 및 열단위의 의미
> ㉠ 열전달률(α) : 고체 벽에서 이에 접촉하는 공기층으로의 이동($W/m^2 \cdot K$)
> ㉡ 열전도율(λ) : 고체 내부에서 고온측으로부터 저온측으로의 이동($W/m \cdot K$)
> ㉢ 열관류율(K) : 고체 벽을 사이에 둔 양 유체 사이의 열 이동, 즉 전달+전도+전달의 과정($W/m^2 \cdot K$)

11 난방장치의 용량계산을 위한 설계용 외기온도를 설정할 때 "TAC온도 위험률 2.5% 온도"의 의미로 가장 알맞은 것은? (단, 난방기간은 연간 121일이다.)

① 난방기간동안의 외기온도가 설계 외기온도보다 2.5% 높을 가능성이 있다.
② 난방기간동안의 외기온도가 설계 외기온도보다 2.5% 낮을 가능성이 있다.
③ 2.5%의 시간에 해당하는 약 72시간의 외기온도가 설계 외기온도보다 높을 가능성이 있다.
④ 2.5%의 시간에 해당하는 약 72시간의 외기온도가 설계 외기온도보다 낮을 가능성이 있다.

> **해설**
> ASHRAE의 TAC(Technical Advisory Committee)에서는 위험률 2.5~10% 범위 내에서 설계 조건을 삼을 것을 추천하고 있다. 위험률 2.5%의 의미는 어느 지역의 난방기간이 연간 121일이라면, 이 기간 중 2.5%에 해당하는 약 72시간은 난방 설계 외기 조건을 초과할(낮을) 수 있다는 것을 의미한다. [추울 수 있다]
> ※ (121일×24시간)×0.025=72.6시간

12 다음의 공조방식 중 재실인원이 적은 실에서 운전비가 가장 적게 드는 방식은?

① 팬코일 유닛방식
② 정풍량 2중 덕트방식
③ 변풍량 2중 덕트방식
④ 정풍량 단일 덕트방식

> **해설** 팬코일 유닛방식(fan-coil unit system)
> 열부하의 증감에 따라서 송풍량을 조절하여 온, 습도를 유지하는 전수방식으로 실내형 소형 공조기라고 불린다.
> ㉠ 외주부에 설치하여 콜드 드래프트(cold draft)를 방지하며, 개별제어가 가능하다.
> ㉡ 덕트방식에 비해 유닛의 위치 변경이 쉽다.
> ㉢ 외기공급 및 가습, 제습장치가 별도로 필요로 하며 누수의 염려가 있다.
> ㉣ 외기량이 부족하여 실내공기의 오염 가능성이 높다.
> ㉤ 보수 및 점검 개소가 증가한다.
> ㉥ 용도 : 주택, 아파트, 사무실, 호텔의 객실(극장, 스튜디오에는 부적당)
> ☞ 팬코일 유닛방식은 재실인원이 적은 실에서 운전비가 가장 적게 드는 방식이다.

13 공기조화방식 중 전공기 방식에 관한 설명으로 옳지 않은 것은?

① 실내에 배관으로 인한 누수의 우려가 없다.
② 대형덕트 공간이 필요 없어 설치가 용이하다.
③ 병원의 수술실, 공장의 클린룸과 같이 청정을 필요로 하는 곳에 적용이 가능하다.
④ 실내에 취출구나 흡입구를 설치하면 되므로 팬코일 유닛과 같은 기구의 노출이 없어서 실내 유효면적을 넓힐 수 있다.

정답 10 ① 11 ④ 12 ① 13 ②

> **해설** 전공기 방식 (all air system)
> ① 종류 : 단일덕트방식(정풍량방식, 변풍량방식), 이중덕트방식, 멀티존유닛방식, 각층유닛방식
> ② 장점
>   ㉠ 송풍량이 많아 실내공기오염이 적다.
>   ㉡ 중간기에 외기냉방이 가능하다.
>   ㉢ 실내유효면적 증가
>   ㉣ 실내에 배관으로 인한 누수의 염려가 없다.
>   ㉤ 폐열회수장치 사용이 용이하다.(전열교환기 등의 설치)
> ③ 단점
>   ㉠ 큰 덕트 스페이스가 필요하다.
>   ㉡ 팬의 소요동력(반송동력)이 크다.
>   ㉢ 공조실이 넓어야 한다.

14 다음과 같은 조건에서 실 체적이 500m³인 어떤 실의 틈새바람에 의한 현열부하와 잠열부하는 약 얼마인가?

┌─ 조건 ─────────────────────
│ ㉠ 외기온습도 : t_o=32℃, x_o=0.0182kg/kg′
│ ㉡ 실내온습도 : t_i=27℃, x_i=0.0099kg/kg′
│ ㉢ 물의 증발잠열 r_o=2501kJ/kg
│ ㉣ 공기의 밀도 1.2kg/m³
│ ㉤ 공기의 비열 1.01kJ/kg·K
│ ㉥ 환기횟수 n=0.5회/h
└─────────────────────────

① 현열부하 300W, 잠열부하 1240W
② 현열부하 420W, 잠열부하 1730W
③ 현열부하 600W, 잠열부하 2480W
④ 현열부하 720W, 잠열부하 2980W

> **해설**
> ㉠ 먼저, 환기량을 구한다.
> $Q = nV = 0.5 \times 500 = 250 m^3/h$
> Q : 환기량(m³/h) n : 환기횟수(회/h)
> V : 실용적(m³)
> ㉡ 현열부하(q_s) = $GC\Delta t$ [kJ/h] = $\rho QC\Delta t$ [kJ/h]
>   = 1.2×250×1.01×(32−27)
>   = 1515 [kJ/h]
>   = 420.8W
> ㉢ 잠열부하(q_L) = $GL\Delta x$ [kJ/h] = $\rho QL\Delta x$ [kJ/h]
>   = 1.2×250×2501×(0.0182−0.0099)
>   = 6227.5 [kJ/h] =1729.9W
> ※ G(kg/h) = ρ(1.2kg/m³)(m³/h) =1.2Q(kg/h)
> ※ 1W=1J/s=3,600J/h=3.6kJ/h

15 온수난방과 비교한 증기난방의 특징으로 옳은 것은?
① 예열시간이 짧다.
② 한랭지에서 동결의 우려가 크다.
③ 부하변동에 따른 실내방열량의 제어가 용이하다.
④ 소요방열면적과 배관경이 크므로 설비비가 높다.

> **해설** 증기난방(steam heating)
> 증기의 잠열을 이용한 난방방식으로 사무소, 백화점, 학교, 극장, 일반공장 등에 이용한다.
> ① 장점
>   ㉠ 증발 잠열을 이용하므로 열의 운반능력이 크다.
>   ㉡ 예열시간이 온수 난방에 비해 짧고 증기의 순환이 빠르다.
>   ㉢ 방열면적은 온수난방보다 작게 할 수 있으며, 관경이 가늘어도 된다.
>   ㉣ 설비비와 유지비가 싸다.
> ② 단점
>   ㉠ 방열기의 표면온도가 높아 난방의 쾌감도가 낮다.
>   ㉡ 난방부하의 변동에 따라 방열량 조절이 곤란하다.
>   ㉢ 소음이 많이 난다.(steam hammering)
>   ㉣ 보일러 취급에 기술을 요한다.

16 다음 설명에 알맞은 환기방식은?

• 실내는 부압을 유지한다.
• 화장실, 욕실 등의 환기에 적합하다.

① 급기팬과 배기팬의 조합
② 급기팬과 자연배기의 조합
③ 자연급기와 배기팬의 조합
④ 자연급기와 자연배기의 조합

> **해설** 환기 방식
>
> | 구분 | 설치방법 | 용도 |
> |---|---|---|
> | 제1종 환기
(병용식) | 강제송풍+
강제배풍 | 병원 수술실, 거실,
지하극장, 변전실 |
> | 제2종 환기
(압입식) | 강제송풍+
자연배풍 | 클린룸, 무균실,
반도체공장, 식당, 창고 |
> | 제3종 환기
(흡출식) | 자연송풍+
강제배풍 | 화장실, 욕실, 주방,
흡연실, 자동차차고 |

정답 14 ② 15 ① 16 ③

⊙ 제1종 환기 : 설비비, 운전비가 비싸다. 실내외의 압력차가 없어서 가장 양호한 환기법
⊙ 제2종 환기 : 실내의 압력이 정압(+), 다른 실에서의 공기 침입이 없다. 가장 많이 사용한다. 일반실에 적합하다.
⊙ 제3종 환기 : 실내의 압력이 부압(-), 실내의 냄새나 유해 물질을 다른 실로 흘려보내지 않는다. 주방, 화장실, 유해가스 발생장소에 사용한다.

17 습공기에 관한 설명으로 옳지 않은 것은?

① 절대습도가 일정할 경우 건구온도가 높을수록 비체적은 커진다.
② 절대습도가 일정할 경우 건구온도가 높을수록 엔탈피는 커진다.
③ 건구온도가 일정할 경우 상대습도가 높을수록 노점온도는 높아진다.
④ 건구온도가 일정할 경우 상대습도가 높을수록 절대습도는 낮아진다.

[해설] 습공기 선도(Mollier 선도 : i-x 선도)

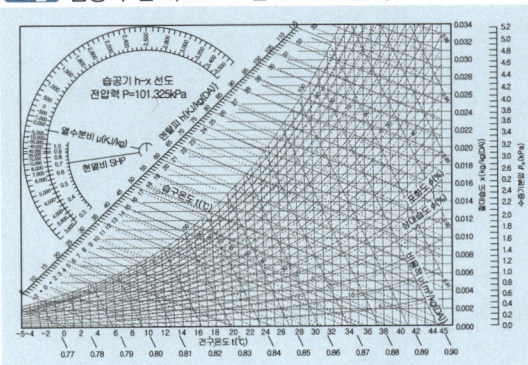

[그림] 습공기 선도

☞ 습공기선도상에서 건구온도가 일정할 경우 상대습도가 높을수록 노점온도, 절대습도는 높아진다.
※ 습공기를 냉각하면 상대습도는 높아지고, 습공기를 가열하면 상대습도는 낮아진다. → 절대습도의 변화는 없다.

18 다음과 같은 조건에 있는 두께 250mm인 외벽(콘크리트 200mm + 석고 플라스터 50mm)을 통해 들어오는 열량은?

[조건]
- 콘크리트의 열전도율 : $1.4W/m·K$
- 석고 플라스터의 열전도율 : $0.5W/m·K$
- 벽체의 실내측 표면 열전달률 : $20W/m^2·K$
- 벽체의 실외측 표면 열전달률 : $7W/m^2·K$
- 외벽의 면적 : $45m^2$
- 외기온도 : 33℃
- 실내공기의 온도 : 24℃

① 약 914W ② 약 929W
③ 약 945W ④ 약 977W

[해설]

⊙ 열관류율(K) = $\dfrac{1}{\dfrac{1}{\alpha_1}+\sum\dfrac{d}{\lambda}+\dfrac{1}{\alpha_2}}$ (W/m²·K)

단, α : 열전달률(W/m²·K)
λ : 열전도율(W/m·K), d : 두께(m)

∴ 열관류율(K) = $\dfrac{1}{\dfrac{1}{\alpha_1}+\sum\dfrac{d}{\lambda}+\dfrac{1}{\alpha_2}}$

$= \dfrac{1}{\dfrac{1}{20}+\left(\dfrac{0.2}{1.4}+\dfrac{0.05}{0.5}\right)+\dfrac{1}{7}}$

$= 2.295(W/m^2·K)$

⊙ 관류에 의한 열손실 계산 (Q)
$Q = K·A·(t_i - t_o)$
여기서 K : 열관류율(W/m²·℃)
A : 표면적(m²)
$t_i - t_o$: 실내외 온도차(℃)

∴ $Q = K·A·(t_i - t_o)$
$= 2.295 \times 45 \times (33-24) = 929W$

19 다음과 같은 조건에서 코일로 제거되는 전열량에 대한 현열량의 비는?

┌ 조건 ┐
- ㉠ 코일 입구공기의 온도 $t_1 = 35℃$
- ㉡ 코일 입구공기의 엔탈피 $h_1 = 72kJ/kg$
- ㉢ 코일 출구공기의 온도 $t_2 = 17℃$
- ㉣ 코일 출구공기의 엔탈피 $h_2 = 42kJ/kg$
- ㉤ 공기의 비열 $1.01kJ/kg·K$

① 0.606 ② 0.701
③ 0.806 ④ 0.901

해설
㉠ 같은 조건이므로
현열량 $q_s = \rho QC(t_i - t_o)$ [kJ/h]
$= 1.2 \times 1 \times 1.01 \times (35-17) = 21.82$
전열량 $q_T = \rho Q(h_1 - h_2)$ [kJ/h]
$= 1.2 \times 1 \times (72-42) = 36$
㉡ 현열비(SHF) = 현열부하 / (현열부하 + 잠열부하)
$= \dfrac{현열부하}{전열부하} = \dfrac{21.82}{36} = 0.606$

해설 발열량에 의한 환기량 계산

$Q = \dfrac{H_s}{Cp \times \rho \times (t_i - t_0)}$ 에서

먼저, 발열량$(H_s) = (350 \times 80 - 4000) \times 3.6 kJ/h$
$= 86400 kJ/h$

※ $1W = 1J/s = 3,600 J/h = 3.6 kJ/h$

∴ $Q = \dfrac{H_s}{Cp \times \rho \times (t_i - t_0)}$
$= \dfrac{86400 kJ/h}{1.01 kJ/kg·K \times 1.2 kg/m^3 \times (19-15K)}$
$= 17821.8 m^3/h$

※ $1Pa = 0.1 mmAq$

20 실용적 3000m³, 재실자 350인의 집회실이 있다. 다음과 같은 조건에서 실내온도를 19℃로 하기 위한 필요 환기량은?

┌ 조건 ┐
- 외기온도 $t_0 = 15℃$
- 재실자 1인당의 발열량 = 80W
- 실의 손실열량 = 4000W
- 공기의 밀도 = $1.2 kg/m^3$
- 공기의 정압비열 = $1.01 kJ/kg·K$

① 2400m³/h ② 9950.5m³/h
③ 17821.8m³/h ④ 21600m³/h

정답 19 ① 20 ③

건축설비계획
2025년 제3회 과년도 출제문제 온라인 TEST

01 압력탱크로부터 수직높이 10[m]되는 곳에 세정밸브(flush valve)식 대변기가 설치되어 있다. 이 대변기에 압력탱크식으로 급수하기 위한 압력탱크의 최저필요압력은?(단, 배관의 연장길이는 15[m]이고 관로의 전마찰손실 수두는 5[mAq]이다.)

① 220kPa ② 270kPa
③ 320kPa ④ 370kPa

해설 압력수조식의 최저 필요압력(P_l)

$P_l = p_1 + p_2 + p_3$ [MPa]
 p_1 : 최고층 수전에 해당하는 수압[MPa]
 p_2 : 기구별 소요압력[MPa]
 p_3 : 관내 마찰손실수두[MPa]
∴ P_l = 0.1+0.07+0.05=0.22MPa=220kPa

※ 0.1kgf/cm² = 1mAq = 10kPa
 1MPa = 10kgf/cm² = 100mAq
 1MPa = 1,000kPa = 1,000,000Pa

02 고가수조방식의 급수법에서 최고층에 세정밸브식 대변기가 설치되어 있다. 세정밸브에서 고가수조의 최저수면까지의 높이는 최소 얼마 이상으로 하여야 하는가? (단, 고가수조에서 세정밸브까지의 전마찰 손실수두는 10kPa 이다.)

① 약 8m   ② 약 12m
③ 약 14m ④ 약 16m

해설
고가수조의 높이 H ≥ 100(P+P_f)+h[m]
 P : 기구의 최저 필요압력(MPa)
 P_f : 배관의 손실수두(MPa)
 h : 기구의 높이(m)
 P(세정밸브)=0.07MPa(=70kPa)
 P_f=10kPa=0.01(=1m)
∴ H ≥ 100(0.07+0.01)=8m
※ 100m=1.0MPa=1000kPa

03 통기관에 관한 설명으로 옳은 것은?

① 결합통기관은 2개의 통기관을 서로 연결하는 통기관이다.
② 공용통기관은 통기관과 배수관의 역할을 겸용하고 있는 관이다.
③ 도피통기관은 배수수평지관의 최상류에서 분기하여 통기지관에 연결한다.
④ 통기수직관의 상부는 관경의 축소 없이 단독으로 대기 중에 개구하거나 신정통기관에 접속한다.

해설
① 결합통기관 : 고층 건축물의 경우 배수수직관과 통기수직관을 연결하는 통기관으로 5개층 마다 설치해서 배수수직관의 통기를 촉진한다.
② 공용통기관 : 2개의 위생기구가 같은 레벨로 설치되어 있을 때 설치하는 것으로 배수관의 교점에서 접속되어 수직으로 올려 세운 통기관이다.
③ 도피통기관 : 루프통기관에서 통기 능률을 촉진시키기 위한 통기관으로 최하류기구 배수관과 배수수직관 사이에 설치한다.

04 경도가 높은 물이 보일러 용수로 적절하지 못한 이유는?

① 스케일이 많이 발생한다.
② 물의 팽창량이 많아진다.
③ 유체의 흐름 저항이 낮아진다.
④ 비등점이 낮아 물의 증발량이 많아진다.

해설
경도가 높은 물을 보일러에 사용하면 내면에 스케일(물때) 생성되고, 전열효율 저하되며, 과열의 원인 및 보일러의 수명 단축의 원인이 된다.
※ 극연수(極軟水)는 $CaCO_3$의 함유량 0ppm인 증류수나 멸균수로서 연관이나 황동관을 부식하므로 관내부를 도금한 것으로 사용한다.

05 평균 BOD가 200ppm인 오수가 하루에 1500m³ 만큼 정화조로 유입되며, 유출수의 BOD가 50ppm일 때 BOD 제거율은?

① 50%   ② 75%
③ 100% ④ 150%

정답 01 ① 02 ① 03 ④ 04 ① 05 ②

해설 BOD 제거율
㉠ 오수처리설비의 성능을 나타내는 지표
㉡ BOD 제거율
$= \dfrac{유입수BOD - 유출수BOD}{유입수BOD} \times 100(\%)$
㉢ BOD 제거율이 높을수록 고성능 정화조이다.
∴ BOD 제거율 $= \dfrac{200-50}{200} \times 100(\%) = 75\%$

06 직관내의 마찰손실수두와 관련된 다르시-와이스바하의 식에서 유체의 흐름이 층류일 경우 마찰계수 λ는?
(단, Re는 레이놀즈수)

① $\lambda = \dfrac{32}{Re}$ ② $\lambda = \dfrac{64}{Re}$
③ $\lambda = \dfrac{Re}{32}$ ④ $\lambda = \dfrac{Re}{64}$

해설 다르시-와이스바하의 식
유체 흐름이 층류일 경우 마찰계수 $\lambda = \dfrac{64}{Re}$ 이며 레이놀즈수에 반비례관계를 가진다.

07 관 속을 흐르는 유체에 관한 설명으로 옳은 것은?
① 유속에 비례하여 유량은 증가한다.
② 유체의 점도가 클수록 유량은 증가한다.
③ 관의 마찰계수가 크면 유량은 증가한다.
④ 관경의 제곱에 반비례해서 유량은 증가한다.

해설 관 속을 흐르는 유체(유량과 유속)
단면적을 $A[m^2]$, 유속을 $v[m/s]$, 유량을 $Q[m^3/s]$라면
$Q = A_1 v_1 = A_2 v_2$ …… 일정
또 관경을 $d[m]$라 하면 단면적 $A = \dfrac{\pi d^2}{4}$ 이다.
$Q = \dfrac{\pi}{4} v d^2$ $Q = Av = \dfrac{v\pi d^2}{4}$
여기서, Q : 양수량[m^3/sec]
v : 펌프의 관 속을 흐르는 유체의 속도[m/sec]
d : 펌프의 구경 $d = \sqrt{\dfrac{4Q}{v\pi}}$

08 열의 이동에 관한 설명으로 옳지 않은 것은?
① 유체를 사이에 두고 양쪽의 고체사이에 열이 이동하는 현상을 열관류라 한다.
② 복사는 열이 고온의 물체표면으로부터 저온의 물체표면으로 공간을 통하여 전달되는 현상이다.
③ 열전도는 열에너지가 주로 고체 속을 고온부에서 저온부로 이동하는 현상이다.
④ 물체 내부를 전도로 전달되는 열량은 전열면적, 온도차, 시간에 비례한다.

해설 전열 이론
㉠ 열전달 : 유체와 벽체(고체) 표면 사이의 전열
 - 열전달률(α) : 고체 벽에서 이에 접촉하는 공기층으로의 이동($W/m^2 \cdot K$)
㉡ 열전도 : 벽체 내의 열의 흐름
 - 열전도율(λ) : 고체 내부에서 고온측으로부터 저온측으로의 이동($W/m \cdot K$)
㉢ 열관류 : 열전달+열전도+열전달
 - 열관류율(K) : 고체 벽을 사이에 둔 양 유체 사이의 열 이동
  즉 전달+전도+전달의 과정($W/m^2 \cdot K$)
※ 열관류율 K ($W/m^2 \cdot K$)
 ㉠ 전달+전도+전달이 동시에 복합적으로 일어나는 열의 이동 정도를 표시한다.
 ㉡ 벽 표면적 $1m^2$, 단위 시간당 $1℃$의 온도차가 있을 때 흐르는 열량이다.
 ㉢ 열관류율이 적은 벽을 만들려면 열전도율이 적은 재료를 사용한다.

09 500명을 수용하는 극장에서 1인당 이산화탄소 배출량이 20L/h일 때, 이산화탄소 농도가 0.05%인 외기를 도입하여 실내의 이산화탄소 농도를 0.1%로 유지하는 데 필요한 환기량은?
① $15000m^3/h$
② $20000m^3/h$
③ $25000m^3/h$
④ $30000m^3/h$

정답 06 ② 07 ① 08 ① 09 ②

해설 필요환기량

$$Q = \frac{K}{P_i - P_o}$$

- Q : 필요환기량(m^3/h)
- K : 실내에서의 CO_2 발생량(m^3/h)
- P_i : CO_2 허용 농도(m^3/m^3)
- P_o : 신선공기 CO_2 농도(m^3/m^3)

※ $K = 500$명$\times 0.02 m^3/h = 10 m^3/h$
  $P_i = 0.1\% \rightarrow 0.001 (m^3/m^3)$
  $P_o = 0.05\% \rightarrow 0.0005 (m^3/m^3)$

∴ 환기량 $Q = \dfrac{K}{P_i - P_o} = \dfrac{500 \times 0.02}{0.001 - 0.0005}$
        $= 20,000 m^3/h$

※ $1 ppm = 10^{-6} (m^3/m^3)$

해설 유리로부터의 일사에 의한 취득열량 q_G[W]

㉠ 유리로부터의 관류에 의한 취득열량
  $q_{GT} = KA_g \Delta t$
  - A_g : 유리창의 면적(새시 포함) [m^2]
  - Δt : 실내외 온도차[℃]

㉡ 유리로부터 일사취득열량
  $q_{GR} = I_{gr} A_g k_s$
  - I_{gr} : 유리를 통해 투과 및 흡수의 형식으로 취득되는 표준 일사취득열량[$W/m^2 \cdot K$]
  - A_g : 유리창의 면적(개시면적 포함) [m^2]
  - k_s : 전차폐 계수

∴ $q_G = q_{GT} + q_{GR}$
     $= (3 \times 1 \times 30) W/m^2 + (100 \times 1 \times 1) W/m^2$
     $= 190 W/m^2$

10 유량조절용으로 사용되며 유체의 흐름방향을 90°로 전환시킬 수 있는 밸브는?

① 볼 밸브 ② 체크 밸브
③ 앵글 밸브 ④ 게이트 밸브

해설 앵글밸브(angle valve)

㉠ 유체의 흐름방향을 90°로 전환시킬 수 있다.
㉡ 내부 구조는 글로브밸브와 동일하며 유량조절용으로 사용된다.

12 다음 중 현열로만 구성된 냉방부하의 종류는?

① 인체의 발생열량
② 유리로부터의 취득열량
③ 극간풍에 의한 취득열량
④ 외기의 도입으로 인한 취득열량

해설 냉방부하를 계산할 때 현열과 잠열을 동시에 계산해 주어야 할 부하요소

㉠ 극간풍(틈새바람)에 의한 취득열량
㉡ 인체의 발생열량
㉢ 기구로부터의 발생열량
㉣ 외기의 도입으로 인한 취득열량

11 다음과 같은 조건에 있는 유리창을 통한 단위면적당 취득열량은?

[조건]
- 유리창의 열관류율 : $30 W/m^2 \cdot K$
- 실내외 온도차 : 30℃
- 유리창의 일사열취득 : $100 W/m^2$
- 유리창의 차폐계수 : 1.0

① $190 W/m^2$ ② $270 W/m^2$
③ $330 W/m^2$ ④ $390 W/m^2$

13 실내 공기 오염의 종합적 지표로 사용되는 오염물질은?

① 미세먼지 ② 이산화탄소
③ 포름알데히드 ④ 휘발성 유기화합물

해설
이산화탄소(CO_2)의 함유량에 비례해서 다른 오염원의 정도가 변화되므로 실내 공기의 오염정도를 판단하는 척도로 이산화탄소[탄산가스(CO_2)] 농도를 사용한다.

정답 10 ③ 11 ① 12 ② 13 ②

14 공기에 관한 설명으로 옳지 않은 것은?
① 지상 부근 공기의 성분비율은 수증기를 제외하면 거의 일정하다.
② 여러 기체의 혼합물로 산소와 이산화탄소가 가장 많은 부분을 차지한다.
③ 수증기를 전혀 함유하지 않은 건조한 공기를 가상하여 건조공기라 부른다.
④ 건조공기는 이상기체에 가까운 성질을 갖고 있으므로 이상기체로 간주하여 계산될 수 있다.

해설 공기의 구성

공기는 질소, 산소, 아르곤, 탄산가스, 수증기 등의 혼합물로서 지상 부근의 대기의 성분 비율은 수증기를 제외하면 거의 일정하며, 표와 같은 성분으로 이루어지고 있다.

[표] 공기의 성분(지상 부근의 대기의 기준치)

성분	N_2	O_2	Ar	CO_2
용적 조성[%]	78.09	20.95	0.93	0.03
중량 조성[%]	75.53	23.14	1.28	0.05

15 공기 2000kg/h를 증기코일로 가열하는 경우, 코일을 통과하는 공기의 온도차가 25.5℃, 증기온도에서 물의 증발잠열이 2229.52kJ/kg일 때 가열에 필요한 증기량은? (단, 공기의 정압비율은 1.01kJ/kg·K 이다.)
① 18.2kg/h
② 23.1kg/h
③ 40.2kg/h
④ 50.2kg/h

해설

가열량(q_h) $= G \cdot C \cdot \Delta t$
$= \rho \cdot Q \cdot C \cdot \Delta t$ [kJ/h]
여기서, 가열량(q_h) : kJ
G : 공기량(kg/h)
Q : 체적량(m^3/h)
ρ : 공기의 밀도(1.2kg/m^3)
C : 공기의 정압비열(1.01kJ/kg·K)
Δt : 가열(냉각) 전후온도차

① 가열량(q_h) $= G \cdot C \cdot \Delta t$
$= 2,000 \times 1.01 \times 25.5$
$= 51510$ [kJ/h]

② 증기량(가습량) $L = \dfrac{가열량}{증발잠열}$
$= \dfrac{51510 [kJ/h]}{2229.52 [kJ/kg]} = 23.1 [kg/h]$

16 다음 중 공조시스템에서 덕트 내에 변풍량(VAV) 유닛을 채용하는 가장 주된 이유는?
① 소음제거
② 냉온풍의 혼합
③ 덕트 스페이스 감소
④ 부하변동에 대한 대응

해설 변풍량(VAV) 방식

부하변동에 따라서 실온을 유지하므로 열원설비용 에너지의 낭비가 적으며, 변풍량 유닛의 풍량조절 기구에 의해 시운전시 풍량조정을 하기가 쉬우므로 부하변동이 심한 페리미터 존(perimeter zone, 내부존)에 적합하다. 대규모 사무소의 내부존, 인텔리전트 빌딩 등 연간을 통해 냉방부하가 발생하는 공간의 공조에 적당한 방식이다.

17 공기조화방식 중 2중덕트방식에 관한 설명으로 옳지 않은 것은?
① 전공기방식에 속한다.
② 냉·온풍의 혼합으로 인한 혼합손실이 있다.
③ 부하특성이 다른 다수의 실이나 존에는 적용할 수 없다.
④ 단일덕트방식에 비해 덕트 샤프트 및 덕트 스페이스를 크게 차지한다.

해설 2중덕트방식

전공기방식에 속하며, 냉풍과 온풍을 각각 별개의 덕트를 통해 각 실이나 존으로 송풍하고, 냉·난방 부하에 따라 냉풍과 온풍을 혼합상자에서 혼합하여 취출시키는 공기조화 방식이다.
㉠ 혼합상자에서 소음과 진동이 생긴다.
㉡ 덕트가 2개의 계통이므로 설비비가 많이 든다.
㉢ 냉·온풍의 혼합손실이 있어서 에너지 다소비형이다.
㉣ 부하특성이 다른 다수의 실이나 존에도 적용할 수 있다.

정답 14 ② 15 ② 16 ④ 17 ③

18 공기조화방식의 열운송 동력의 크기 순서가 옳게 나열된 것은?

① 전공기방식 > 전수방식 > 공기·수방식
② 공기·수방식 > 전수방식 > 전공기방식
③ 전공기방식 > 공기·수방식 > 전수방식
④ 전수방식 > 공기·수방식 > 전공기방식

해설 공기조화방식의 열운송 동력의 크기 순서

전공기방식 > 공기·수방식 > 전수방식
※ 전공기식은 큰 덕트 스페이스가 필요하며, 팬의 소요동력(반송동력)이 크다.
전수방식은 덕트 스페이스가 필요 없으며, 열운반 동력이 작다.

19 건구온도 30℃, 절대습도 0.015kg/kg'인 습공기 5kg의 전체 엔탈피는? (단, 공기의 정압비율 1.01kJ/kg·K, 수증기 정압비열 1.85kJ/kg·K, 0℃에서 포화수의 증발잠열 2501kJ/kg)

① 228.77kJ   ② 343.24kJ
③ 349.62kJ   ④ 425.24kJ

해설 습공기의 엔탈피(i)

엔탈피 : 0℃일 때 건공기의 엔탈피를 0으로 하여 습공기 1kg이 지니고 있는 열량으로 나타낸다.

$i = C_{pa} \cdot t + (\gamma_0 + C_{pw} \cdot t) \cdot x$
$ = 1.01t + (2501 + 1.85t)x$

i : 엔탈피[kJ/kg(DA)]
t : 온도[℃]
x : 절대습도[kg/kg']
C_{pa} : 건공기의 정압비열(1.01kJ/kg·K)
C_{pw} : 수증기의 정압비열(1.85kJ/kg·K)
γ_0 : 0℃ 포화수의 증발잠열(2501kJ/kg)

먼저 $i = C_{pa} \cdot t + (\gamma_0 + C_{pw} \cdot t) \cdot x$
$ = 1.01t + (2501 + 1.85t)x$
$ = 1.01 \times 30 + 68.65(2501 + 1.85 \times 30) \times 0.015$
$ = 68.65$kJ/kg

∴ 전체 엔탈피 = 5kg × 6865kJ/kg = 343.24kJ

20 냉방부하를 계산한 결과, 현열부하 90000W인 건물의 송풍공기량은? (단, 취출온도차는 10℃이고, 공기의 비열은 1.21kJ/m³·K이다.)

① 약 26777m³/h
② 약 33242m³/h
③ 약 37814m³/h
④ 약 42150m³/h

해설

$q_s = \rho Q C (t_i - t_o)$ [kJ/h]

q_s : 실의 현열부하[W]
ρ : 공기의 밀도[1.2kg/m³]
Q : 송풍량[m³/h]
C : 공기의 정압비열[1.01kJ/kg·K]
t_i : 실내 공기온도[℃]
t_o : 송풍 공기온도[℃]

$Q = \dfrac{q_s}{\rho C(t_i - t_o)}$ [m³/h]

※ 공기의 단위체적당 비열 : 1.2kJ/m³·K

송풍량(Q) = $\dfrac{냉방부하(q_s)}{공기의 비열(1.21) \times \Delta t}$

$= \dfrac{90000 \times 3.6}{1.21 \times 10} = 26776.8 ≒ 26777$m³/h

※ 1W=3.6kJ/h

제 2 과목 건축설비설계

- section 1 열원설비 설계
- section 2 공기조화설비 설계
- section 3 환기설비 설계
- section 4 위생설비 설계

▶ 과목별 과년도 출제문제(16~25년)

SECTION 1 열원설비 설계

1 보일러

1. 보일러의 종류

구 분		특 징	사용 압력	용 도
주철제 보일러		• 내식성이 우수, 수명이 길다. • 취급이 간편, 분할반입 용이 • 주철제 부재를 조합	증기 : 0.1[MPa] 이하 온수 : 0.3[MPa] 이하	주택
강판제 보일러	입형 보일러	• 수직형 보일러라고도 함 • 협소한 장소에 설치 가능 • 소용량용	증기 : 0.05[MPa] 이하 온수 : 0.03[MPa] 이하	주택
	노통 연관	• 고압, 고효율 보일러 • 공장 제품 그대로 운반 설치 • 수명이 짧고, 고가이며, 예열시간이 길다. • 보유수량이 많아 부하변동에도 안전	0.4~0.7[MPa]	학 교 사무소 아파트 백화점
	수관식 보일러	• 드럼과 여러개의 수관으로 구성 • 열효율이 좋고 보유수량이 적다. • 증기발생이 빠르고 대용량	1.0[MPa] 이상	산업용 대규모 건 물

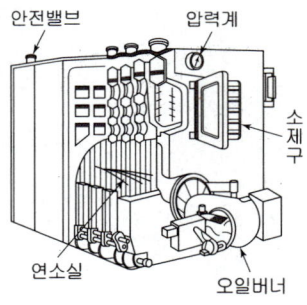

[그림] 주철제 보일러

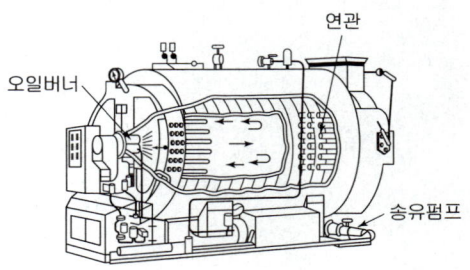

[그림] 노통연관식 보일러

① 보일러 급수용 펌프 : 워싱턴형 펌프 또는 터빈펌프 사용
② 보일러실 조건
  ㉠ 내화구조
  ㉡ 천장 높이 : 보일러 상부에서 1.2[m] 이상
  ㉢ 보일러의 벽에서 벽까지 0.45[m] 이상
  ㉣ 난방부하의 중심에 둔다.
③ 보일러실 관리 : 매년 1회 이상 성능검사. 수면계·압력계·안전밸브 등 수시점검
※ 보일러 점화 전 주의사항(보일러 가동 중 가장 주의할 부분)
  ㉠ 급수는 규정된 높이까지-수면계 확인(상용수위인지 확인)
  ㉡ 보일러 가동 중 안전저수면 이하로 내려가면 위험(폭발할 우려)

2. 보일러의 효율과 능력

① 보일러마력 : 1시간에 100[℃]의 물 15.65[kg]을 전부 증기로 증발시키는 증발능력을 1보일러마력이라 한다.
  ㉠ 1마력의 상당 증발량은 15.65[kg/h]
  ㉡ 15.65[kg/h]×539[kcal/kg]≒8,434[kcal/h]
    15.65[kg/h]×2,257[kJ/kg]=35,322[kJ/h]≒9.8[kW]
  ㉢ 전열면적 : 0.929[m^2]
  ㉣ 방열면적 : 13[m^2](≒8,434÷650[kcal] 또는 9.8[kW]÷0.756[kW/m^2])

② 난방 도일(度日 : heating degree days : H.D)
추운 날의 정도를 나타내는 것으로서, 연료 소비량을 추정 평가하는 데 사용된다. 실내의 평균 온도와 외기의 평균 기온과의 차(差)에 일(日 : days)을 곱한 것이다.

$$H.D = \Sigma(t_i - t_0) \times \text{days} \,[\text{℃} \cdot \text{days}]$$

  t_i : 실내 평균 온도[℃]
  t_0 : 실외 평균 온도[℃]
  days : 난방 기간
※ 특징
  ㉠ 추운 정도의 지표가 된다.
  ㉡ 값이 크면 난방 연료 소비량이 많다.
  ㉢ 각 지역마다 값이 다르다.

3. 보일러의 부하
(1) 보일러의 출력

보일러의 능력표시는 일반적으로 정격출력을 사용한다.

출력	표 시 방 법
과부하출력	운전 초기나 과부하가 발생했을 때는 정격출력의 10~20[%] 정도 증가하여 운전할 때의 출력으로 한다.
정격 출력	연속해서 운전할 수 있는 보일러의 능력으로서 난방부하, 급탕부하, 배관부하, 예열부하의 합이며, 보통 보일러 선정시에는 정격출력에 기준을 둔다.
상용 출력	정격출력에서 예열부하를 뺀 값으로 정미출력에 5~10[%]를 가산한다.
정미 출력	난방부하와 급탕부하를 합한 용량으로 표시한다.

※ 보일러의 능력표시는 일반적으로 정격출력을 사용한다.

$$H = H_R + H_W + H_P + H_E$$

H : 보일러의 부하[kW]
H_R : 난방부하[kW] - 실의 손실열량
H_W : 급탕, 급기 부하[kW] - 주방, 욕실 등의 급탕에 필요한 열량[kJ/ℓ·h]
H_P : 배관부하[kW] - 배관에서의 손실열량. 보통 $H_R + H_W$의 15~25[%] 정도
H_E : 예열부하[kW] - 보일러에 여력을 준 값.
　　　H_R, H_W, H_P에 대한 값

※ 보일러 능력 표시법=보일러부하(H)
① 정격 출력=난방부하(H_R)+급탕부하(H_W)+배관손실(H_P)+예열부하(H_E)
　　　　　　=상용출력×1.25=방열기용량×1.35
② 상용 출력=난방부하(H_R)+급탕부하(H_W)+배관손실(H_P)
　　　　　　=방열기용량×1.2
③ 방열기용량(정미출력)=난방부하(H_R)+급탕부하(H_W)
④ 난방부하

예제문제 01

온수난방에서 상당방열면적이 400[m²]이고, 한 시간의 최대급탕량이 700[ℓ/h]일 때 보일러의 방열기용량은? (단, 급탕온도차는 60[℃]를 기준으로 함)

① 49[kW]　　　② 150[kW]　　　③ 209[kW]　　　④ 258[kW]

해설　방열기용량 = 난방부하(H_R) + 급탕부하(H_W)
① 난방부하 = 400[m²] × 0.523[kW] ≒ 209[kW]
② 급탕부하 = $\dfrac{700[\text{kg/h}] \times 4.2[\text{J/kg·K}] \times 60[℃]}{3,600[\text{s/h}]}$ = 49[kW]
∴ 방열기용량 = ① + ② 이므로 209 + 49 = 258[kW]
※ 1[ℓ] = 1[kg], 물의 비열 = 4.2[kJ/kg·K]
※ 급탕부하 = $\dfrac{\text{급탕량 } m[\text{kg/h}] \times \text{비열 } c[\text{kJ/kg·K}] \times \text{온도차 } \Delta t[\text{K}]}{3,600[\text{s/h}]}$ [kW]

답 : ④

1) 환산증발량(상당증발량) G_e[kg/h]

환산증발량이란 발생열량, 즉 보일러에서 1시간당 받아들인 열량을 100[℃]의 수증기량 G_e[kg/h]로 환산한 것을 말한다.

$$G_e = \frac{Q}{\gamma} = \frac{G_s(h_2 - h_1)}{2,257} [\text{kg/h}]$$

여기서, Q : 발생열량[kJ/h]
G_s : 발생 수증기량[kg/h]
h_2 : 발생 증기의 엔탈피[kJ/kg]
h_1 : 보일러 입구에서 물의 엔탈피(급수의 엔탈피)[kJ/kg]
γ : 100[℃]에서 물의 증발잠열(2,257[kJ/kg])

예제문제 02

보일러의 실제 증발량이 2,000[kg/h]이고, 발생증기의 엔탈피는 2,768.8[kJ/kg], 보일러에 보급되는 급수의 엔탈피는 335.2[kJ/kg]이다. 이 보일러의 환산증발량(상당증발량)은? (단, 100[℃]에서 물의 증발잠열은 2,257[kJ/kg]이다.) [18 산]

① 약 1,000[kg/h]　　　② 약 1,078[kg/h]
③ 약 1,124[kg/h]　　　④ 약 2,156[kg/h]

해설　$G_e = \dfrac{G_s(h_2 - h_1)}{2,257} = \dfrac{2,000(2,768.8 - 335.2)}{2,257} = 2,156.4 ≒ 2,156$ [kg/h]

답 : ④

건축설비설계

2) 상당방열면적(표준방열면적, E.D.R)

① 증기난방

$$E.D.R = \frac{방열기의\ 전\ 방열량[kW]}{0.756[kW/m^2]}$$

② 온수난방

$$E.D.R = \frac{방열기의\ 전\ 방열량[kW]}{0.523[kW/m^2]}$$

■ 표준 방열량

열매의 종류	표준 방열량 [kW/m²]	표준 상태에 있어서의 온도	
		열매의 온도	실 온
증 기	0.756[kW/m²]	102[℃]	18.5[℃]
온 수	0.523[kW/m²]	80[℃]	18.5[℃]

3) 소요 방열기(section 수) 계산

① 증기난방

$$N_s = \frac{손실열량(H_L)[kW]}{0.756[kW/m^2] \times 방열기의\ 방열면적(a_0)}$$

② 온수난방

$$N_W = \frac{손실열량(H_L)[kW]}{0.523[kW/m^2] \times 방열기의\ 방열면적(a_0)}$$

> **예제문제 03**
>
> 실의 난방부하가 10[kW]인 사무실에 설치할 온수난방용 방열기의 필요 섹션수는? (단, 방열기 섹션 1개의 방열면적은 0.20[m²]로 한다.) [08, 21 기]
>
> ① 74섹션　② 85섹션　③ 90섹션　④ 96섹션
>
> **해설** 온수난방의 쪽수(N_W) $= \dfrac{H_L}{0.523 a_0} = \dfrac{10}{0.523 \times 0.2}$
> $= 95.6 = 96$섹션
>
> 여기서, H_L : 손실열량[kW]
> a_0 : 1절당 방열면적[m²]
>
> 답 : ④

4) 방열기의 위치

외벽에 면한 열손실이 가장 큰 곳인 창문 아래에 설치하고, 벽과의 거리는 50~60[mm] 정도이다.

■ 표준방열량
증기 : 0.756[kW/m²]
온수 : 0.523[kW/m²]

■ 열량의 단위 환산
1[kW] = 1,000[W]
    = 860[kcal/h]
    = 1[kJ/s]
    = 3,600[kJ/h]
1[W] = 0.86[kcal/h]

■ 방열기
외기에 의한 열손실이 가장 큰 곳인 창문 아래에 설치하고, 벽과는 5~6cm 정도 띄운다.
① 대류 방열기(컨벡터, convector) : 공기가 밑에서 유입되며, 가열되면 상부 개구부로 유출되어 자연 대류작용에 의해 실내 공기의 온도를 상승시키는 방열기
② 길드 방열기 : 방열면적을 증가시키기 위해 열전도율이 좋은 금속 핀을 여러 개 끼운 방열기
③ 관 방열기 : 고압용으로 관 표면적이 방열면적이 되는 방열기
④ 주형 방열기 : 기둥 모양의 방열기 조각(절)이 조립된 흔히 볼 수 있는 방열기 2주형, 3주형, 3세주형, 5세주형이 같다.

(2) 보일러의 효율(η_B)과 연료소비량(G_f) [kg/h, Nm³/h]

보일러의 효율은 연료소비량에 대한 보일러 출력의 비율을 말한다.

$$\eta_B = \frac{G(h_2 - h_1)}{G_f \cdot H_f} \times 100 [\%]$$

$$= \frac{증기량(발생\ 증기의\ 엔탈피 - 급수\ 엔탈피)}{연료\ 소비량 \times 연료의\ 저위발열량} \times 100 [\%]$$

$$= \frac{환산\ 증발량 \times 2,257}{연료\ 소비량 \times 연료의\ 저위발열량} \times 100 [\%]$$

$$G_f = \frac{G(h_2 - h_1)}{\eta_B \cdot H_f} = \frac{증기량(발생\ 증기의\ 엔탈피 - 급수\ 엔탈피)}{보일러\ 효율 \times 연료의\ 저위발열량}$$

여기서, η_B : 보일러의 효율[%]

G : 증기량 또는 온수량[kg/h]

h_2, h_1 : 발생 증기 또는 온수의 엔탈피, 입구 물의 엔탈피

(급수 엔탈피)[kJ/kg]

G_f : 연료소비량 [kg/h], [Nm³/h]

H_f : 연료의 저위발열량(액체연료 : [kJ/kg], 가스연료 : [kJ/Nm³])

예제문제 04

보일러의 발생열량이 420,000[kJ/h]이고, 연료의 소비량이 15[kg/h]일 때의 보일러의 효율은? (단, 연료의 저위발열량은 40,000[kJ/kg]이다.)　　　　　[11, 24 산]

① 30[%]　　　② 50[%]　　　③ 70[%]　　　④ 80[%]

해설 보일러의 효율(η_B) [kg/h, Nm³/h]

$$\eta_B = \frac{G(h_2 - h_1)}{G_f \cdot H_f} \times 100 [\%]$$

$$= \frac{420,000}{15 \times 40,000} \times 100 [\%] = 70 [\%]$$

답 : ③

학습포인트

- **고위 발열량과 저위 발열량**

① 고위발열량은 수증기의 잠열을 포함한 것이고, 저위발열량은 수증기의 잠열을 포함하지 않는다. 이때 증발잠열의 포함 여부에 따라 고위발열량과 저위발열량으로 구분된다. 천연가스의 열량은 통상 고위발열량으로 표시한다.

② 연료의 저위 발열량과 고위 발열량의 차이가 생기는 이유는 수소 성분 때문이다. 연료의 고위 발열량과 저위 발열량의 차이는 수증기의 증발잠열의 차이인데 대부분의 연료는 수소 성분으로 구성되어 있으므로 생성물 중에 존재하고 있다. 이 물의 상태에 따라 발열량의 값이 달라지게 되는 것이다.

2 냉동기

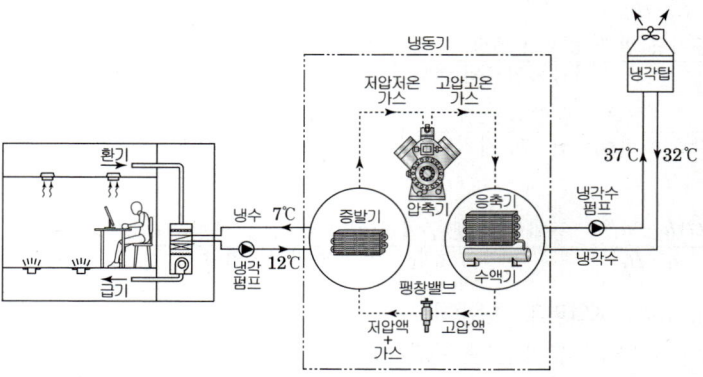

[그림] 냉동기의 구성

1. 냉동 원리

구 분	구성 요소
압축식 냉동기	압축기-응축기-팽창밸브-증발기
흡수식 냉동기	증발기-흡수기-발생기-응축기

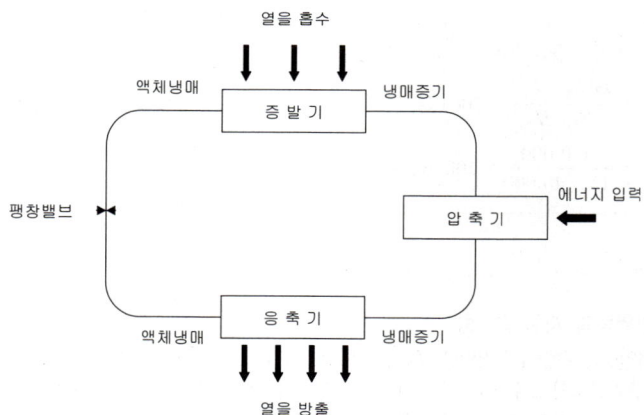

[그림] 압축식 냉동기와 히트펌프의 사이클

2. 냉동 사이클(냉동기의 순환 원리)

1) 압축식(왕복식, 회전식, 터보식) 냉동기 → p-i 선도(Mollier 선도)

① 압축기(compressor) : 증발기에서 넘어온 저온 저압의 냉매 가스를 응축 액화하기 쉽도록 압축하여 응축기로 보낸다.

② 응축기(condenser) : 고온·고압의 냉매액을 공기나 물을 접촉시켜 응축 액화시키는 역할을 한다.

③ 팽창 밸브(expansion valve) : 고온 고압의 냉매액을 증발기에서 증발하기 쉽도록 하기 위해 저온·저압으로 팽창시키는 역할을 한다.

④ 증발기(evaporator) : 팽창 밸브를 지난 저온 저압의 냉매가 실내 공기로부터 열을 흡수하여 증발함으로 냉동이 이루어진다.

※ $Q = q + AL$: 냉동기의 특징 → 저온 쪽에서 흡수되는 열량(q)보다 고온 쪽에서 방출하는 열량(Q)이 더 크다.

$$냉동기의\ 성적계수(COP) = \frac{냉동효과(q)}{압축일(AL)} = \frac{냉동능력}{소요능력}$$

$$열펌프의\ 성적계수(COP_h) = \frac{응축기의\ 방출열량}{압축일} = \frac{q + A_L}{A_L} = \frac{q}{A_L} + 1$$

∴ 열펌프를 이용한 성적계수(COP_h)가 냉동기로 이용한 성적계수(COP_h)보다 1만큼 크다.

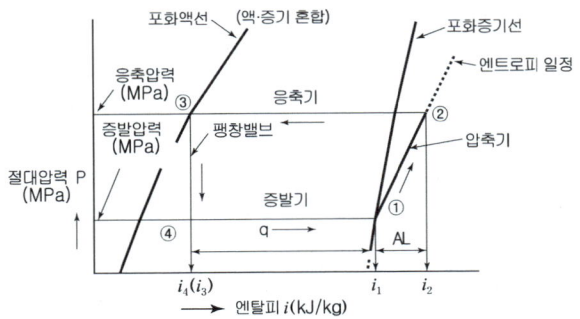

①→②:압축, ②→③:응축, ③→④:팽창밸브, ④→①:증발

[그림] 몰리에르 선도상의 냉동사이클(R-12)

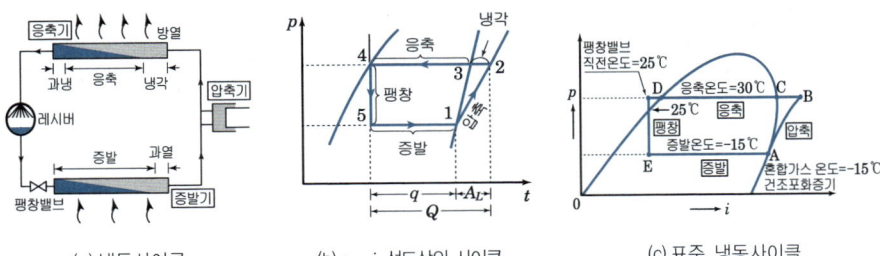

(a) 냉동사이클   (b) $p-i$ 선도상의 사이클   (c) 표준 냉동사이클

건축설비설계

■ **열펌프(Heat Pump)**
- 낮은 온도의 열원으로부터 높은 온도의 열로 펌프하듯 끌어올려 이용할 수 있기 때문에 히트펌프라고 한다.
- 압축기를 동력원으로 압축→응축→팽창→증발의 사이클로 순환
- 여름엔 냉방용으로 운전, 겨울철에는 냉매의 흐름 방향을 바꾸어 난방용으로 운전
- 냉매의 흐름이 바뀌면, 증발기는 응축기로, 응축기는 증발기로 그 기능이 변환
- 채열원 : 지하수, 하천수, 해수, 공기, 태양열, 지열, 온배수, 건축의 폐열 등

■ **냉동기의 냉매가 구비해야 할 조건**
㉠ 저온에서도 증발압력이 높고, 상온에서는 저압에서 응축 액화가 용이할 것
㉡ 임계온도가 높고 상온에서 반드시 액화할 것
㉢ 응고점이 낮을 것
㉣ 증발잠열이 크고, 액체의 비열은 작을 것
㉤ 증기의 비체적이 작을 것
㉥ 같은 냉동능력에 대하여 소요 능력이 적을 것
㉦ 점도 및 표면장력이 작고, 열전도계수가 클 것
㉧ 비열비가 작을 것

2) 히트펌프(Heat Pump)
① 냉동기 응축기의 방열을 난방으로 이용한다.
② 4방 밸브를 이용하여 여름에는 냉동기로, 겨울에는 히트 펌프로 사용한다.
③ 채열원 : 지하수, 하천수, 해수, 공기, 태양열, 지열, 온배수, 건축의 폐열 등

3) 냉동 능력
냉동기의 능력을 냉동톤으로 표시하며, 1냉동톤은 0℃의 물 1톤을 24시간 동안 0℃의 얼음으로 만드는 능력을 말한다.

$$1냉동톤 = \frac{1,000kg \times 79.7kcal/kg}{24h} = 3,320kcal/h = 3,860W = 3.86kW$$

(미국 : 3,516W(3,024kcal/h), 일본 : 3,860W(3,320kcal/h))

3. 냉동기의 종류

방식	종류	냉매	용량	용도
증기 압축식	왕복동식 냉동기 (reciprocating 냉동기)	R-12, R-22 R-500, R-502	1~400kW	룸 에어컨(소용량) 냉동용
	원심식 냉동기 (turbo 냉동기)	R-11, R-12 R-113	밀폐형 80~1,600USRT	일반 공조용
			개방형 600~10,000USRT	지역 냉방용
	회전식 로터리식 냉동기	R-12, R-22 R-21, R-114	0.4~150kW	룸 에어컨(소용량) 선박용
	회전식 스크루식 냉동기	R-12, R-22	5~1,500kW	냉동용, 히트 펌프용
	증기 분사식 냉동기	H_2O	25~100USRT	냉수 제조용
흡수식	흡수식 냉동기	H_2O LiBr(흡수액)	50~2,000USRT	일반 공조용 폐열, 태양열 이용

1) 압축식 냉동기
① 종류 : 왕복동식, 원심식(터보식), 회전식 등
② 냉동사이클 : 압축기 → 응축기 → 팽창밸브 → 증발기

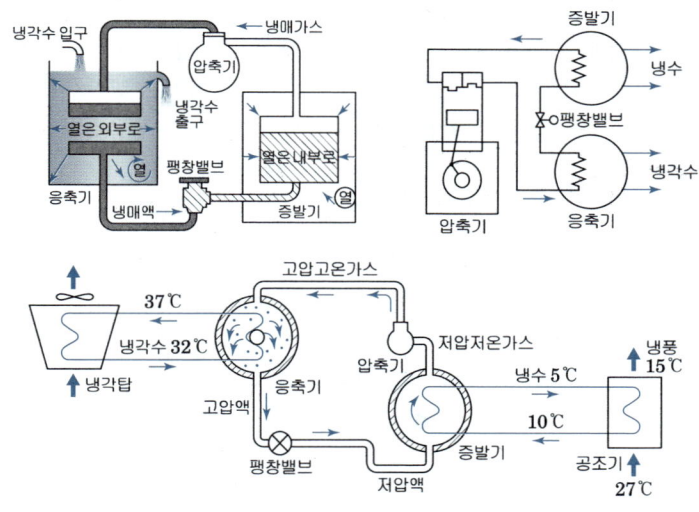

[그림] 압축식 냉동기 계통도

③ 특징
㉠ 운전이 용이하다.
㉡ 초기 설비비가 적게 든다.
㉢ 기계적 동작에 의하여 소음이 크다.
㉣ 구동에너지가 전기이므로 전력소비가 많다.

학습포인트

구분	특징	용도
왕복동식 냉동기	• 회전수가 크므로 냉동능력에 비해 기계가 적고 가격이 싸다. • 높은 압축비를 필요로 하는 경우에 적합하다. • 냉동용량을 조절할 수 있다. • 피스톤의 왕복운동에 의한 진동 및 소음이 크다.	냉동 및 중소 규모의 공조, 히트펌프
터보식 (원심식) 냉동기	• 효율이 좋고 가격도 싸다. • 냉매는 고압가스가 아니므로 취급이 용이하다. • 부하가 30% 이하일 때는 운전이 불가능하여 겨울에는 주의를 요한다.[서징(surging)현상]	대규모 공조 및 냉동에 적합하며 일반적으로 많이 사용
회전식 (스크류식) 냉동기	• 고가이므로 냉방 전용으로 부적합하다. • 압축비가 높은 경우에 적합하다. • 용량 제어성이 좋다 • 왕복운동 부분이 없어 소음 및 진동이 적다.	공기 열원 히트 펌프

2) 흡수식 냉동기
① 원리 : 냉매를 흡수하는 형식으로 압축냉동기의 압축기가 하는 압축을 흡수제를 이용하여 화학적으로 치환해서 냉동사이클을 형성하는 냉동기이다.
② 냉동 사이클 : 증발기 → 흡수기 → 발생기(재생기) → 응축기

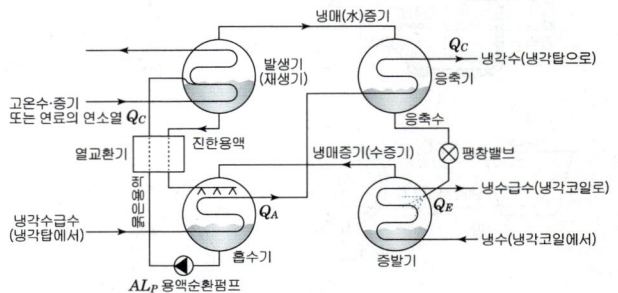

[그림] 흡수식 냉동기의 원리도(1중 효용 : 단효용)

③ 특징
㉠ 증기나 고온수를 구동력으로 한다.
㉡ 냉매는 물(H_2O), 흡수액은 브롬화리튬(LiBr) 사용한다.
㉢ 전력소비가 적다. (압축식의 1/3)
㉣ 진동, 소음이 적다.
㉤ 증기 보일러가 필요하다.

학습포인트

- 2중 효용 흡수식 냉동기
① 흡수식 냉동기는 발생기의 형식에 따라 단효용식과 2중효용식이 있다.
② 냉매증기는 수증기이고 증기보일러와 연동하여 구동한다.
③ 고온발생기와 저온발생기가 있어 단효용 흡수식에 비해 효율이 높다.
④ 저온발생기는 고온발생기보다 압력이 낮다.
⑤ 단효용 흡수식 냉동기보다 에너지 절약적이고 냉각탑 용량을 줄일 수 있다.

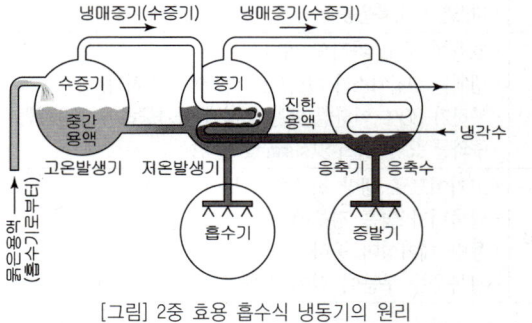

[그림] 2중 효용 흡수식 냉동기의 원리

3 열펌프

1. 열펌프의 원리

(1) 열펌프(heat pump)

냉동사이클에서 응축기의 방열량을 이용하기 위한 것으로 공기조화에서는 난방용으로 응용된다. 냉동기의 압축기에서 토출된 고온고압의 냉매증기는 응축기에서 방열하고 액화된다. 이때 방열되는 응축열로 물이나 공기를 가열하여 난방에 이용하는 장치를 열펌프(heat pump)라 한다.

■ 낮은 온도의 열원으로부터 높은 온도의 열로 펌프하듯 끌어올려 이용할 수 있기 때문에 히트펌프라고 한다.

(2) 원리

저온의 물질과 고온의 물질 사이에 열펌프가 있어서 냉동사이클에 의해 저온물질측에 증발기를, 고온물질측에 응축기가 위치되도록 하여 저온물질로부터 열을 얻어 공조용이나 공업용 및 급탕용으로 이용된다.

■ 압축기를 동력원으로 압축 → 응축 → 팽창 → 증발의 사이클로 순환

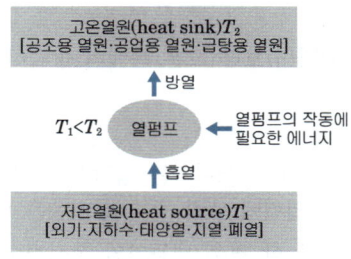

[그림] 열펌프의 원리

(3) 냉동기 구동형식에 따른 분류

1) EHP(Electric Heat Pump)

전기로 냉동기의 압축기를 구동하여 냉·난방을 하는 방식

2) GHP(Gas Heat Pump)

LNG나 LPG 등의 가스 연료로 엔진을 구동하여 냉동기의 압축기를 작동시켜 냉·난방을 하는 방식이다. 이때 연소가스와 엔진 냉각수의 열도 회수하여 난방용 열로 사용한다.

■ EHP(Electric Heat Pump)는 최대수요전력의 저감이 어려운 것이 단점이다.
GHP(Gas Heat Pump)는 전기 대신 가스를 사용한다는 점(가스엔진의 축동력을 압축기의 회전력으로 사용)과 엔진의 폐열을 회수하여 난방시 증발압력을 보상하는 것이 특징이다.

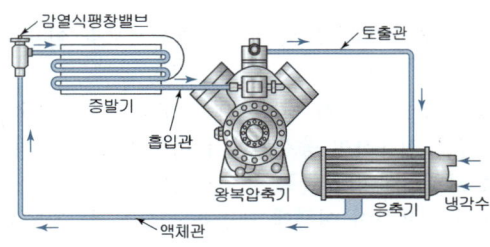

[그림] 냉동기의 구성

2. 기본 사이클

열펌프의 기본적인 구성요소는 저온부의 열교환기인 증발기, 고온부의 열교환기인 응축기, 압축기, 팽창밸브 등이다. 작동매체인 냉매는 증발 → 압축 → 응축 → 팽창 → 증발의 변화를 반복하면서 장치 내를 순환하게 된다.

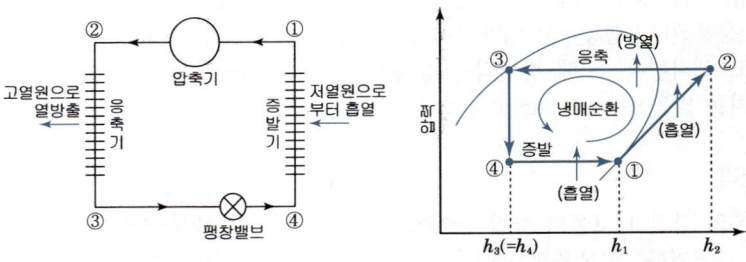

[그림] 압축식 열펌프의 기본 구성   [그림] 압축식 열펌프의 기본 사이클

(1) $Q = q + A_L$

저온 쪽에서 흡수되는 열량(q)보다 고온 쪽에서 방출하는 열량(Q)이 더 크다.

(2) 성적계수

냉동의 성적을 표시하는 척도로 쓰여지는 성적계수(COP : Coefficient of Performance) 라고 하며 입력에 대한 출력의 비율은 다음과 같다.

① 냉동기를 냉각 목적으로 할 경우 냉동기의 성적계수(COP)

$$\epsilon_r = \frac{저온체로부터의\ 흡수열량(냉동효과)}{압축일} = \frac{q}{AL}$$

② 열펌프(heat pump)로 사용될 경우의 성적계수(COP_h)

$$\epsilon_h = \frac{응축기의\ 방출열량}{압축일} = \frac{q + AL}{AL} = \frac{q}{AL} + 1$$

∴ 열펌프를 이용한 성적계수(COP_h)가 냉동기로 이용한 성적계수(COP)보다 1만큼 크다.

3. 열펌프(Heat Pump) 시스템

(1) 열펌프의 특징

① 원래 높은 성적계수(COP)로 에너지를 효율적으로 이용하는 방법의 일환으로 연구되어 왔다.
② 열펌프(Heat Pump)는 하계 냉방시에는 보통의 냉동기와 같지만, 동계 난방시에는 냉동사이클을 이용하여 응축기에서 버리는 열을 난방용으로 사용하고 양열원을 겸하므로 보일러실이나 굴뚝 등 공간절약이 가능하다.
→ 4방 밸브를 이용하여 여름엔 냉방용으로 운전, 겨울철에는 냉매의 흐름 방향을 바꾸어 난방용으로 운전

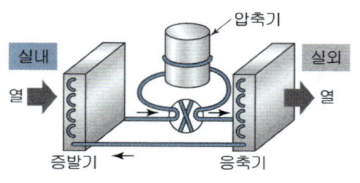
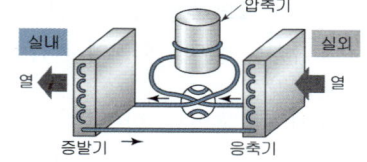

(a) 여름 : 냉동기로써 사용   (b) 동기 : 히트펌프로써 사용

[그림] 냉동기와 히트펌프

③ 냉매의 흐름이 바뀌면, 증발기는 응축기로, 응축기는 증발기로 그 기능이 변환한다.

(2) 열원의 종류

지하수, 하천수, 해수, 공기(대기), 태양열, 지열, 온배수, 건축의 폐열 등 온도가 적당히 높고 시간적 변화가 적은 열원일수록 좋다.

4 냉각탑

응축기에서 발생한 응축잠열은 냉각수에 흡수된다. 응축잠열로 고온이 된 냉각수는 대기 중에 버려야 하는 데 이때 냉각수에 공기를 직접 접촉시켜 방열하는 장치를 냉각탑이라 한다. 즉, 응축기에서 냉각수가 빼앗은 열량을 냉각시켜 주는 역할을 하는 장치이다.

1. 냉각탑의 종류

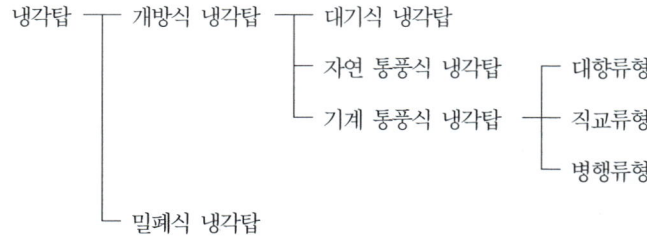

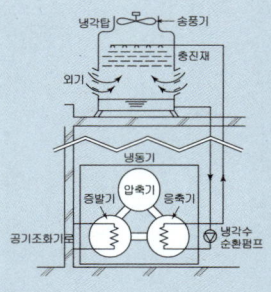

[그림] 냉동기와 냉각탑 연결도

(1) 개방식

냉각수가 냉각탑 내에서 대기에 노출되는 개방 회로 방식으로, 공기조화에서는 대부분 이 방식이 사용된다.

(2) 밀폐식

냉각수 배관이 밀폐된 것으로서, 폐회로 수열원 열펌프 방식과 같이 냉각수 배관의 길이가 길고, 건축 내에 널리 분포되어 있는 경우에 사용된다. 대기오염이 아주 심하거나 외부에 노출시켜 설치할 수 없을 때 주로 사용한다.

건축설비설계

2. 냉각탑의 분류(물의 흐름방향에 따른 분류)
① 대향류식 : 공기를 아래에서 위로 흐르게 함
  ㉠ 분무식
  ㉡ 충진식 : 흡입식, 압입식
② 직교류식 : 공기를 수류와 직각으로 흐르게 함
  ㉠ 편측흡입식
  ㉡ 양측흡입식
  ☞ 대향류형 냉각탑은 직교류형 냉각탑에 비해 열교환 효율이 유리하다.

■ 열효율
열효율이 높은 순으로 대향류형, 직교류형, 병행류형이다.

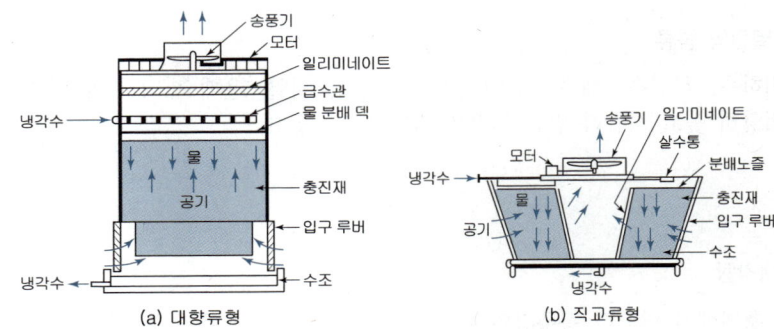

[그림] 냉각탑

3. 냉각탑의 용량
(1) 냉각 열량 H_{CT}[W]
① 증기 압축식 냉동기의 경우

$$H_{CT} = H_E + H_C + H_P \fallingdotseq H_E + H_C [W]$$

  H_E : 냉동열량[W]
  H_C : 압축 동력의 열당량[W]
  H_P : 펌프 동력의 열당량[W]

② 흡수식 냉동기의 경우

$$H_{CT} = H_E + H_R + H_P \fallingdotseq H_E + H_R [W]$$

  H_R : 재생기 가열용량[W]

■ 냉각톤
1냉동톤의 능력을 발휘하기 위해 대기 중으로 배출하여야 할 열량
1냉각톤=1냉동톤
(3,024[kcal/h])
+냉동톤당 전기입력의 열
(1[kW]=860[kcal/h])
=3,884[kcal/h]
≒3,900[kcal/h]
=4,535[kW]

일반적으로 증기 압축식 냉동기에 대한 냉각탑 용량은 냉동열량의 1.2~1.3배, 흡수식 냉동기에 대한 냉각탑 용량은 냉동열량의 2.5배이다.
냉각탑의 용량은 냉각톤으로 나타내며 1냉각톤은 4,535[W](3,900[kcal/h])이다.

※ 어프로치(approach)
　냉각탑에 의해 냉각되는 물의 출구 온도는 외기 입구의 습구(濕球) 온도에 따라 바뀌는데, 이때의 물 온도와 외기의 습구 온도차를 말하며, 냉각탑의 설계에 따라 크게 영향을 받는 값으로, 너무 작게 잡으면 냉각탑이 크게 되어 건설비, 운전비 등이 늘어나 비경제적이므로 보통 4~6[℃](5[℃]) 부근으로 한다.

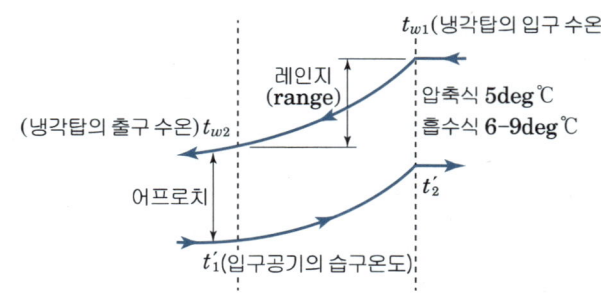

[그림] 냉각탑 내의 온도 변화 (수온과 습공기온도의 변화)

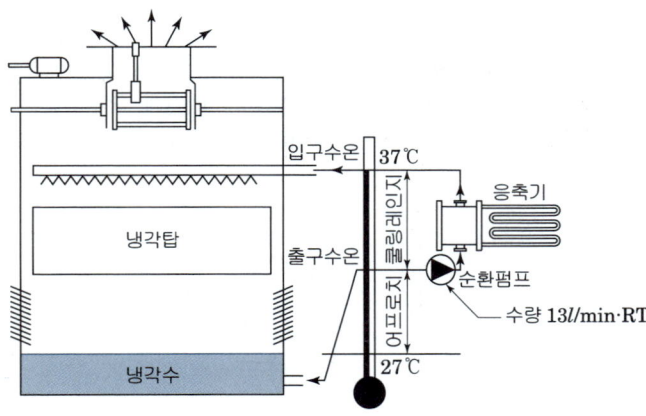

(2) 순환수량(Q_w)[ℓ/min]

$$Q_w = \frac{H_{CT}}{60\,C\Delta t}\,[\ell/\text{min}]$$

　H_{CT} : 냉각탑용량(냉동기용량)[kJ/h]
　C : 비열(4.19[kJ/kg·K])
　Δt : 냉각수의 냉각탑의 출입구 온도차[℃]

(3) 보급수량
　순환수량의 2~3[%] 정도

건축설비설계

예제문제 05

용량이 386[kW]인 터보 냉동기에 순환되는 냉수량은?(단, 냉각기 입구의 냉수온도 12[℃], 출구의 냉수온도 6[℃], 물의 비열 4.19[kJ/kg·K]) [09, 12 기]

① 50.5[m³/h]   ② 55.3[m³/h]   ③ 58.9[m³/h]   ④ 64.9[m³/h]

해설 순환수량(Q_w) [ℓ/min]
H_{CT} : 냉동기용량[kJ/h]
C : 비열(4.19[kJ/kg·K])
Δt : 냉각수의 냉각탑의 출입구 온도차[℃]
먼저, 1[kW]=1,000[kW]=860[kcal/h]=1[kJ/s]=3,600[kJ/h]이므로
386[kW]=386×3,600[kJ/h]=1,389,600[kJ/h]

$$Q_W = \frac{1,389,600}{60 \times 4.19 \times (12-6)} = 921[ℓ/\text{min}] = 0.921[m^3/\text{min}] = 55.3[m^3/h]$$

답 : ②

예제문제 06

다음과 같은 냉각수 배관계통에서 냉각수 펌프의 전양정[mAq]은? (단, 냉각수 배관 전길이는 200[m], 마찰저항은 40[mmAq/m], 배관계 국부저항은 배관저항의 30[%]로 하고 냉동기 응축기 저항 8[mAq], 냉각탑 살수압력은 40[kPa], 1[kPa]은 0.1[mAq]로 한다.) [09 기]

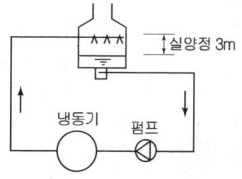

① 19.1   ② 21.7   ③ 25.4   ④ 28.3

해설 펌프의 전양정(H) = 실양정+배관마찰손실수두+기기저항수두+살수압력수두
= 3+(200×0.04×1.3)+8+(40×0.1) = 25.5[mAq]
※ 40[mmAq] = 0.04[mAq]

답 : ③

5 축열시스템

1. 개요

대형 건축물의 건설로 인하여 냉방용 기기의 증가에 따른 전기사용량은 급격한 증가 추세에 있다. 또한 산업용 전기까지 감안한다면 낮 시간에는 최대부하가 걸리고 밤 시간에는 많은 양의 전기가 남게 된다.

야간의 값싼 심야전력(23시~9시)을 이용하여 냉동기를 가동하여 전기에너지를 얼음 형태의 열에너지로 축열조에 저장했다가 주간의 냉방용으로 사용하는 시스템으로, 주로 얼음의 융해열(335[kJ/kg])을 이용한 것이다.

주야간의 전력 불균형을 해소하고 적은 비용으로 쾌적한 환경을 조성할 수 있다.

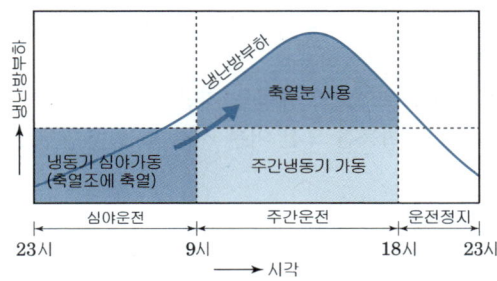

2. 축열시스템의 종류

(1) 수축열시스템

① 냉동기, 축열을 위한 수축열조, 냉동기측 냉수 순환펌프, 공조기측 냉수순환펌프로 구성되어 있다.
② 심야에 냉동기와 냉동기측 냉수순환펌프를 가동하여 수축열조에 현열 축열재인 물을 냉각시켜 냉수로 저장하고, 주간에는 공조기측 냉수순환펌프를 작동시켜 이 냉수를 이용하여 냉방을 한다.
③ 냉동기를 열펌프(Heat Pump)로 작동하면 온수를 축열조에 저장하여 난방 및 급탕용으로도 사용할 수 있다.

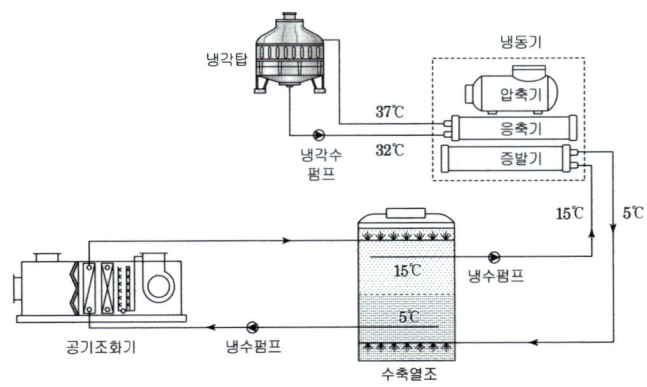

[그림] 수축열시스템의 구성

핵심사항정리

■ 수축열시스템

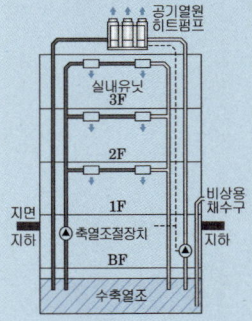

■ 축열조
① 냉동기에서 생성된 냉열을 얼음의 형태로 저장하는 탱크이다.
② 축열조는 축냉운전과 방냉운전을 반복적으로 수행하는데 적합한 재질의 축냉재를 사용해야 하며, 내부 청소가 용이하고 부식이 안되는 재질을 사용하여야 한다.

■ 축열률
① 1일 냉방부하량에 대한 축열조에 축열된 얼음의 냉방부하 담당비율
② 축열률 = $\dfrac{\text{이용 가능한 냉열량}}{\text{심야시간 이외의 시간에 필요한 냉방열량}}$

(2) 빙축열시스템

① 빙축열시스템은 냉각을 위한 냉동기, 축열을 위한 빙축열조, 외부와의 열교환을 위한 열교환기, 브라인(bline) 펌프, 공조기측 냉수순환펌프로 구성된다.

② 냉방부하가 적을 때는 열원설비를 가동하지 않고 축열조에 저장되어 있는 부하만으로도 부하에 대응할 수 있다. 급격하게 냉방부하가 증가되면 냉동기의 운전과 병행하면서 부하에 대응할 수 있다. 따라서, 공조 계통의 시간대가 다양한 곳이나 부하변동이 심한 곳에는 축열시스템이 적당하다.

③ 운전시간 및 공조부하량에 따른 분류
  ㉠ 제빙운전 : 심야시간의 제빙운전으로 빙축열조 안의 물을 얼려(잠열) 제빙
  ㉡ 해빙 단독운전 : 초여름이나 초가을과 같이 냉방부하가 비교적 적을 때 이용
  ㉢ 동시운전 : 빙축열조와 냉동기를 동시에 가동하는 방식으로 냉방부하가 가장 큰 한 여름철 낮에 주로 이용
  ㉣ 냉동기 단독운전 : 축열조의 해빙을 지연 또는 보류시키거나 해빙이 완료되었을 때의 운전방식으로 여름철 오전 이른 시간 또는 오후 늦은 시간에 주로 이용

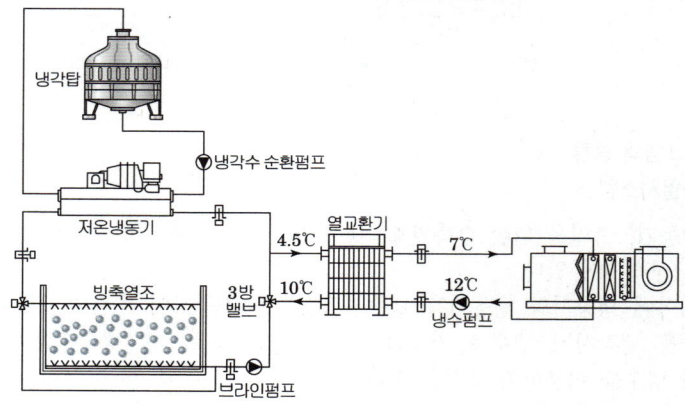

[그림] 빙축열시스템 구성도

3. 특징

① 냉동기 및 열원설비 용량을 줄일 수 있다.
② 수전설비 용량 축소 및 계약 전력이 감소된다.
③ 심야전력 이용으로 전력 운전비가 감소된다.
④ 전력 부하 균형에 기여한다.
⑤ 축열을 이용하므로 열공급이 안정적이다.
⑥ 열원기기(냉동기)를 고효율로 운전할 수 있다.

6 지역냉난방시스템

1. 지역난방

대규모 열원 플랜트(plant)를 설치하여 중앙식 보일러실에서 지역별 또는 지구별 내의 여러 건물에 집단적으로 열(증기 또는 고온수)을 생산·공급하는 시스템이다.
그 규모는 일정한 주택 단지에서 시가지 전역으로 공급하는 것도 있다. 지역난방의 배관은 사용하는 열매에 따라, 증기의 경우에는 보통 0.1~1.5[MPa]이며, 온수인 경우에는 100[℃] 이상의 고온수를 열매로 사용한다.

[그림] 지역냉난방 개념도

(1) 특징

1) 장점
① 대규모 설비이므로 관리가 용이하고 열효율면에서 유리하다.
② 연료비와 인건비가 절감된다.
③ 각 건물에서는 위험물을 취급하지 않으므로 화재의 위험이 적다.
④ 건물 내의 유효 면적이 증대된다.
⑤ 설비의 고도화에 따라 도시의 대기오염 방지에 도움이 된다.

2) 단점
① 초기 시설 투자비가 많아진다.
② 열원기기의 용량 제어가 힘들다.
③ 배관에서의 열손실이 많다.
④ 고도의 숙련된 기술자가 필요하다.
⑤ 요금의 분배가 어렵다.
⑥ 저부하시 조절이 곤란하다.
⑦ 지역 배관을 위한 도시계획상의 사전계획이 필요하다.

■ 지역난방의 열원 방식(system)
① 전용 열원 방식(열전용 plant 방식)
② 병용 열원 방식
  · 열병합 발전소(열발전 병용 plant 방식) : 화력발전소
  · 소각열 이용방식
  · 공업용 보일러(터보 냉동기, 히트 펌프 등)
  · 원자력 이용방식 : 원자력 발전소

2. 열병합발전설비(Co-generation system)

일반 화력발전소에서 발전에 사용되고 버려지는 열을 회수하여 냉·난방, 급탕용으로 재이용하는 방식으로 지역난방의 일종이다. 국내산업용, 대규모 아파트 단지의 지역난방용으로 사용되고 있다.

1) 열병합발전 계통도

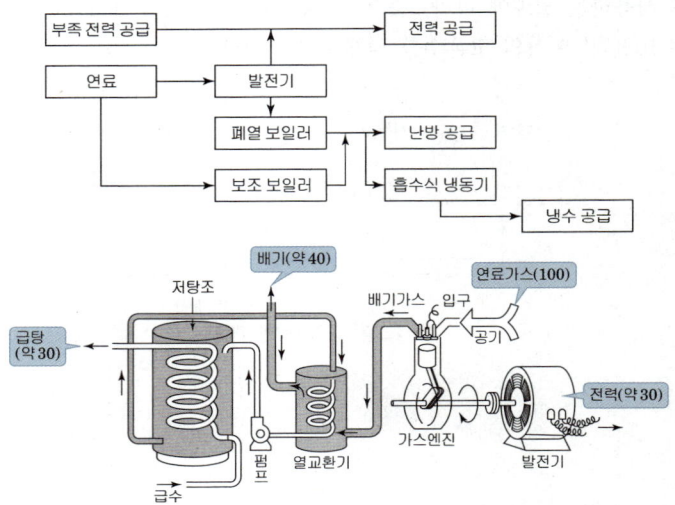

( ) 안의 숫자는 연료가스를 100%로 했을 경우에 얻어지는 비율[%]
[그림] 코제너레이션의 원리도

2) 열병합발전방식 system의 종류

① Total Energy System(TES) : 열 회수를 위주로 하고 부수적으로 발전을 해서 사용하는 방식
② Co-generation System : 발전설비를 위주로 하고 부수적으로 열을 회수하여 이용하는 방식으로 국내산업용, 대규모 아파트 단지에 적용된다.
③ On site Energy System(OES) : 매전을 하지 않고 건물 내 또는 지역 내 자가 발전이나 난방 및 냉동기를 운전하는 방식

3) 열병합발전설비의 시스템 방식

① 증기터빈 시스템
② 가스터빈 시스템
③ 디젤엔진 시스템
④ 가스엔진 시스템
⑤ 연료전지 시스템

4) 종합 열효율의 비교
   ① 화력발전소의 경우 : 약 35[%]
   ② 열병합발전 system의 경우 : 배기가스와 냉각수에서 폐열을 회수하여 약 70~80[%]로 화력발전의 약 2배 정도

5) 특징
   ① 발전시의 폐열 이용에 따른 energy를 절감할 수 있다.(에너지 절약적인 방법)
   ② 사장되었던 설비의 활용으로 투자비를 절감할 수 있다.
   ③ 에너지 소비량 감소에 따른 환경오염 물질의 발생이 감소된다.(환경오염 방지)
   ④ 전력 수요의 peak 해소의 요인으로서는, 주사용 시간에 별도의 냉난방까지 겹쳐 전력의 수요의 peak를 이루는데 반해 동시 해결이 가능하므로 전력 수요의 절감으로 인한 화력 발전 건설비의 절감을 가져오게 된다.
   ⑤ 연료의 다원화에 따른 에너지 수급 계획의 합리화와 에너지 가격의 절감 효과가 있다.
   ⑥ 화재 등의 위험이 없다.
   ⑦ 24시간 가동하므로 실내 온도에 변화가 없다.
   ⑧ 각 건물에 기계실 면적 감소 및 기기소음을 줄일 수 있다.

SECTION 2 공기조화설비 설계

1 공기조화기

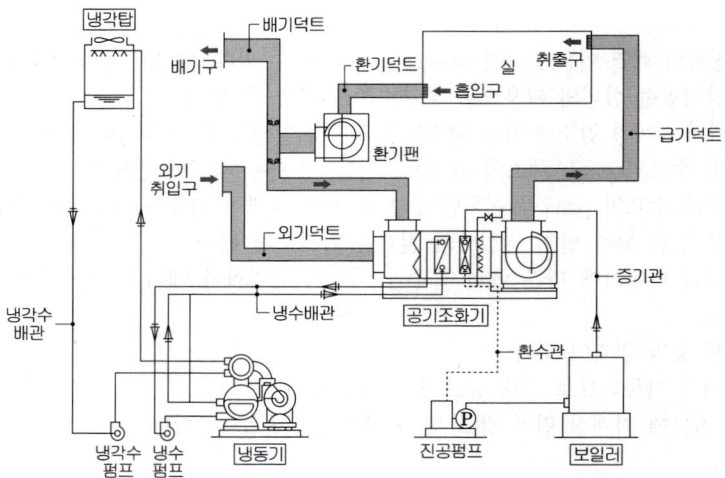

[그림] 공조시스템의 기본구성

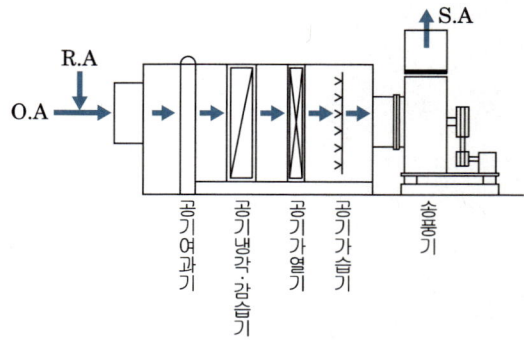

[그림] 공기조화기의 기본구성

1. 공기 여과기(air filter)

1) 충돌 점착식
① 비교적 거친 여과재이다.
② 유지성 먼지의 제거에 효과적이고, 통과 풍속은 1~2[m/s]이다.
③ 식품 관계 공조용으로는 부적당하다.

2) 건성 여과식
① 섬유질의 먼지를 제거하는 데 효과적이고, 통과 풍속은 1[m/s] 이하이다.
② 점착식에 비해 작으므로 통과 면적이 큰 것이 필요하다.

3) 활성탄 흡착식
활성탄을 사용하여 유해가스나 냄새를 제거한다.

4) 전기식
① 먼지를 대전시켜 양극판에 집진하는 방식으로 가장 우수한 집진 효과가 있다.
② 먼지의 제거 효율이 높고 미세한 먼지·세균 제거도 가능하다.
③ 병원의 수술실, 정밀 기계 공장, 고급 빌딩에 이용된다.

학습포인트

● 클린 룸(Clean room)
공기청정실(Clean room)은 부유먼지, 유해가스, 미생물 등과 같은 오염물질을 규제하여 기준이하로 제어하는 청정 공간으로, 실내의 기류, 속도 압력, 온습도를 어떤 범위 내로 제어하는 특수 건축물

① 종류 및 필요분야
  ㉠ ICR(industrial clean room) : 먼지미립자가 규제 대상(부유분진을 제어 대상)
    - 정밀기기, 전자기기의 제작, 방적공업, 전기공업, 우주공학, 사진공업, 정밀공업
  ㉡ BCR(bio clean room) : 세균, 곰팡이 등의 미생물 입자가 규제 대상
    - 무균수술실, 제약공장, 식품가공, 동물실험, 양조공업

② 평가기준
  ㉠ 입경 $0.5\mu m$ 이상의 부유미립자 농도가 기준
  ㉡ super clean room에서는 $0.3\mu m$, $0.1\mu m$의 미립자를 기준

③ 고성능 필터의 종류
  ㉠ HEPA 필터(high efficiency particle air filter) : $0.3\mu m$의 입자 포집률이 99.97% 이상
    → 클린룸, 병원의 수술실, 방사성물질 취급시설, 바이오 클린룸 등에 사용
  ㉡ ULPA 필터(ultra low penetration air filter) : $0.1\mu m$의 부유 미립자를 제거할 수 있는 것
    → 최근 반도체 공장의 초청정 클린룸에서 사용

학습포인트

- 여과기(에어 필터) 효율 측정방법

구 분	측 정 방 법
중량법	• 비교적 큰 입자를 대상으로 측정하는 방법 • 필터에서 집진되는 먼지의 양으로 측정
비색법(변색도법)	• 비교적 작은 입자를 대상으로 측정하는 방법 • 필터에서 포집한 여과지를 통과시켜 광전관으로 오염도를 측정
계수법(Dop법)	• 고성능 필터를 측정하는 방법 • $0.3\mu m$ 입자를 사용하여 먼지의 수를 측정

$$여과효율(\eta) = \frac{통과전의오염농도(C_1) - 통과후의오염농도(C_2)}{통과전의오염농도(C_1)} \times 100(\%)$$

예제문제 01

공기여과기를 통과하기 전의 오염농도 C_1=0.45[mg/m³], 통과한 후의 오염농도 C_2=0.12[mg/m³]이다. 이 여과기의 여과효율은? [10, 12, 16, 19 기]

① 약 27[%] ② 약 42[%] ③ 약 58[%] ④ 약 73[%]

해설 $여과효율(\eta) = \dfrac{통과전의 오염농도(C_1) - 통과후의 오염농도(C_2)}{통과전의 오염농도(C_1)} \times 100[\%]$

∴ $\eta = \dfrac{0.45 - 0.12}{0.45} \times 100 = 73[\%]$

답 : ④

2. 공기 세정기(air washer)

① 아주 작은 물방울과 공기를 직접 접촉시킴으로써 공기를 냉각하거나 또는 감습·가습을 하기 위해 사용된다.
② 구조는 일리미네이터(eliminator), 스프레이 헤더(spray header), 스프레이 노즐(spray nozzle), 플러싱 노즐(flushing nozzle) 등으로 구성되어 있다.
③ 유속은 2.5~3.5[m/s]이다.

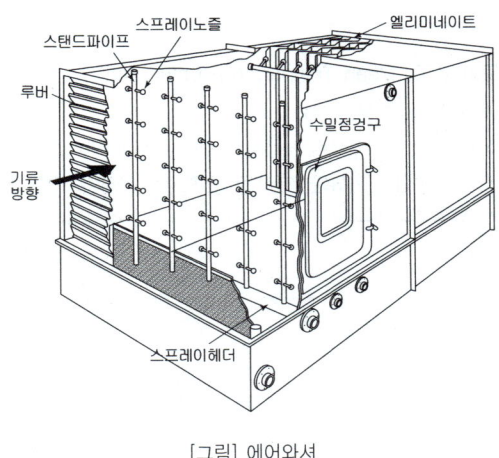

[그림] 에어와셔

3. 냉각코일, 가열코일
① 공기와 물의 흐름을 대향류로 하고, 가능한 한 대수평균온도차(MTD)는 크게 한다.
② 코일을 통과하는 공기 풍속은 2~3[m/s]가 가장 경제적이다.
③ 코일내 물의 유속은 1[m/s] 전후로 한다.
④ 코일 입출구 물의 온도상승은 5[℃] 전후로 한다.(온도차가 크면 수량, 펌프동력이 감소하나 열수가 증가한다.)
⑤ 냉각용 코일 열수는 보통 4~8열이 사용되나 MTD가 아주 작은 경우 8열 이상이 될 수도 있다.
⑥ 효율이 가장 좋은 정방형으로 코일형태를 취한다.

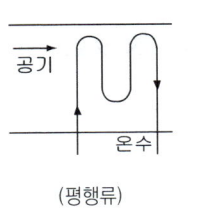 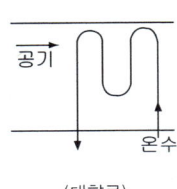 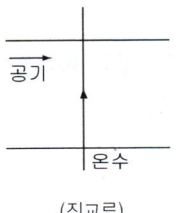

(평행류)　　　　(대향류)　　　　(직교류)

[그림] 가열코일

> **학습포인트**
>
> - 대수평균 온도차(MTD, Mean Temperature Difference)
> ① 공기와 냉온수와의 대수평균온도차
> ② 냉온수도 공기도 코일 입구로부터 출구까지 코일을 통과하는 과정에서 온도가 일정하지 않고 변하게 되므로 냉온수와 공기와의 평균적인 온도차를 구하기 위한 계산식이다.
> ③ $\text{MTD} = \dfrac{\Delta_1 - \Delta_2}{\ln \dfrac{\Delta_1}{\Delta_2}}$
>
>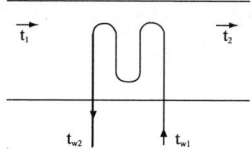
>
> [그림] 대수평균온도차(MTD)
>
> Δ_1 : 공기 입구측에서의 공기와 물의 온도차(℃)
>   = 출구 물의 온도 - 입구 공기 온도 = $t_{w2} - t_1$
> Δ_2 : 공기 출구측에서의 공기와 물의 온도차(℃)
>   = 입구 물의 온도 - 출구 공기 온도 = $t_{w1} - t_2$
>
> ☞ ln은 자연로그 e를 말한다. 즉, $\log e = \ln$이다.
> $\log e$에서 e는 아래첨자 e로서 그 값은 2.718…이다.
>   실제 계산으로는 풀기가 곤란하므로 공학용계산기를 활용한다.

예제문제 02

냉수코일의 통과풍량은 30,000[m³/h]이고 통과풍속이 2.5[m/sec] 일 때, 코일의 정면면적은? [14 기]

① 1.2[m²] ② 3.3[m²] ③ 7.5[m²] ④ 12[m²]

해설 풍량과 유속

단면적을 A[m²], 유속을 v[m/s], 풍량을 Q[m³/s]라면

$Q = Av$ 에서 $A = \dfrac{Q}{v}$

$A = \dfrac{30,000 \div 3,600}{2.5} = 3.33\ [\text{m}^3]$

※ 정면면적 : 코일 입구에서 공기

답 : ②

> **예제문제 03**
>
> 코일 입구공기온도 30[℃], 출구공기온도 15[℃], 코일 입구수온 7[℃], 출구수온 12[℃]일 때 대향류형 코일에서 공기와 냉수의 대수평균 온도차는? [19 기]
>
> ① 8.5[℃]　　② 11.1[℃]　　③ 12.3[℃]　　④ 13.7[℃]
>
> **해설** 대수평균 온도차(Mean Temperature Difference)
> $$MTD = \frac{\Delta_1 - \Delta_2}{l_n \frac{\Delta_1}{\Delta_2}} = \frac{(30-12)-(15-7)}{l_n \frac{(30-12)}{(15-7)}} = 12.3[℃]$$
>
> 답 : ③

4. 가습기, 감습기

1) 가습기

겨울철 난방시 실내 공기의 절대습도를 높이기 위해 사용된다. 건조한 실내에 습도를 높이기 위한 방법으로 크게 증기식, 물분무식, 기화식으로 구분한다.
① 증기식 : 분무식, 전열식, 전극식, 적외선식
② 수분무식 : 분무식, 원심식, 초음파식
③ 기화식(증발식) : 적하식, 회전식, 모세관식

2) 감습기

여름철 냉방시 잠열 부하를 제거하기 위한 감습장치로 사용되는 기기이다.

2 펌프

1. 펌프(pump)의 종류

구 분	특 성	종 류
원심펌프 (와권펌프)	• 고속도 운전에 적합 • 양수량 조절이 용이하다. • 양수량이 많으며, 고양정에 쓰인다. • 진동이 적고, 장치가 간단	• 볼류트 펌프 : 급탕 및 공조용, 양정 20m 이하 • 터빈 펌프 : 양정 20m 이상 • 보어홀 펌프 : 100m 이상이 되는 깊은 우물물 수직 양수용
왕복펌프	• 구조가 간단하고 취급이 용이 • 수량조절이 어렵다. • 양수량이 적고, 저양정에 쓰인다.	• 플런저 펌프 : 고압용 • 워싱턴 펌프 : 보일러 급수용 (1.0MPa 이하) • 피스톤 펌프 : 공장 급수용
특수펌프		• 기어 펌프 : 점성이 강한 기름, 윤활유 반송용 • 제트 펌프 : 가정용, 소화용 펌프 • 넌클러그 펌프 : 고형물을 배제하는 배수펌프

> **학습포인트**
>
> ● 작동원리에 따른 펌프의 종류
>
> | 형식 | 종류 | 소분류 |
> |---|---|---|
> | 터보형 | 원심식 펌프
사류식 펌프
축류식 펌프 | 볼류트 펌프
터빈 펌프 |
> | 용적형 | 회전식 펌프
왕복식 펌프 | 기어펌프 |
> | 특수형 | 와류펌프, 수봉식 진공펌프 | |
>
> ※ 원심(와권) 펌프 : 급수, 급탕, 배수 등에 주로 사용되며 볼류트 펌프, 터빈 펌프, 보어홀 펌프 등이 있다.
> ※ 왕복식 펌프 : 플런저 펌프, 워싱턴 펌프, 피스톤 펌프
>
> ● 터보형 펌프
> 케이싱 내에서 회전차(Impeller)가 회전하므로 에너지의 교환이 이루어지는 펌프이다. 회전차(Impeller)의 형상에 따라 원심식 펌프, 사류식 펌프, 축류식 펌프로 분류한다.
> ① 원심식 펌프 : 급수, 급탕, 배수 등에 주로 사용 - 볼류트 펌프, 터빈 펌프
> ② 사류식 펌프 : 상하수도용, 냉각수순환용, 공업용수용
> ③ 축류식 펌프 : 양정이 낮고(10[m] 이하) 송출량이 많은 경우
> ※ 왕복식 펌프 : 플런저 펌프, 워싱턴 펌프, 피스톤 펌프

■ 단위 환산

$1W = 1J/s = 3,600J/h$
$\quad = 3.6kJ/h$
$\quad = 1N \cdot m/s = 1kg \cdot m^2/s^3$
$\quad [J = N \cdot m, \ N = kg \cdot m/s^2]$

$1kW = 1kJ/s = 3600kJ/h$
$\quad = 102 kgf \cdot m/s$
$\quad = 6120 kg \cdot m/min$

$1HP = 0.7457kW ≒ 0.75kW$
$\quad = 76.04 kgf \cdot m/s$

2. 펌프의 설계

1) 흡입양정

① 펌프의 흡입높이 : 펌프의 흡입양정은 진공에 의한 것으로 표준기압 하에서 이론적으로 10.33m이나 실제의 흡입양정은 6~7m 정도에 불과하다. 흡입양정은 대기의 압력, 유체의 온도에 따라 달라진다.

■ 고도와 기압에 따른 이론상 흡입양정 (단위 : m)

고도(해발)	0	100	200	300	400	500	1,000	5,000
기압(H_g)	0.76	0.751	0.742	0.733	0.724	0.716	0.674	0.634
이론상 흡상높이(H_s)	10.33	10.20	10.08	9.97	9.83	9.70	9.00	8.66

■ 물의 온도에 따른 흡입양정 (단위 : m)

수 온[℃]	0	10	20	30	40	50	60	70	80	90	100
이론상 흡상높이(H_s)	10.3	-	9.7	-	-	9.0	7.9	7.2	5.6	2.9	0
실제상 흡상높이(H_s^*)	7.5	7.0	6.3	5.0	3.8	2.5	1.4	0	-1.1	-2.3	-3.5

[주] *이 수치는 펌프의 수평관이 짧은 경우이며, 펌프의 NPSH(Net Positive Suction Head : 유효흡입양정)가 특히 큰 경우는 수치가 저하됨

② 전양정(H) = 흡입양정(H_S) + 토출양정(H_d) + 관내마찰손실수두(H_f) [m]

③ 실양정(H_a) = 흡입양정(H_S) + 토출양정(H_d) [m]

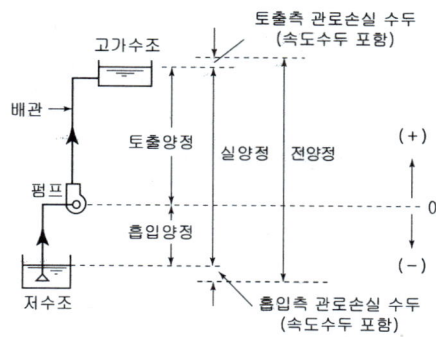

[그림] 양정

예제문제 04

펌프의 흡입양정이 10m이고 20m 높이에 있는 옥상탱크에 양수할 때 전양정은 얼마인가? (단, 관로의 전손실수두는 0.1MPa 이다.) [07 기]

① 20m　　② 30m　　③ 40m　　④ 50m

해설 전양정(H) = 흡입양정(H_S) + 토출양정(H_d) + 관내마찰손실수두(H_f) [m]
(속도수두를 무시할 때)
∴ 전양정(H) = 10 + 20 + 10 = 40m

답 : ③

예제문제 05

다음과 같은 조건에 있는 양수펌프의 전양정은? [12 기]

조건
- 흡입 실양정 : 3m　　・토출 실양정 : 5m
- 배관의 마찰손실수두 : 1.6m　　・토출구의 속도 : 1.0m/s

① 16.63m　　② 14.63m　　③ 9.65m　　④ 8m

해설 전양정(H) = 흡입양정(H_S) + 토출양정(H_d) + 관내마찰손실수두(H_f) [m]
(속도수두를 무시할 때)
= 흡입양정(H_S) + 토출양정(H_d) + 관내마찰손실수두(H_f) + 속도수두(H_w) [m]
∴ 전양정(H) = $H_S + H_d + H_f + H_w$

$= H_S + H_d + H_f + \dfrac{v^2}{2g}$　　※ g : 중력 가속도(9.8m/sec²)

$H = 3 + 5 + 1.6 + \dfrac{1^2}{2 \times 9.8} = 9.65$

답 : ③

2) 펌프의 구경, 축동력, 축마력

① 펌프구경 $d = 1.13\sqrt{\dfrac{Q}{v}} = \sqrt{\dfrac{4Q}{v\pi}}$

Q : 양수량(m³/s)
v : 유속(m/s)

② 펌프축동력 $= \dfrac{WQH}{6120E}$ (kW)

③ 펌프축마력 $= \dfrac{WQH}{4500E}$ (PS)

Q : 양수량(m³/min)
H : 전양정(m)
E : 효율(%)
W : 물의 단위중량(1,000kgf/m³)

예제문제 06

35[m]의 높이에 있는 고가수조에 유속 2[m/sec]으로 양수량 10[m³/h]의 물을 양수하려고 할 때 펌프의 구경은? [10 기]

① 약 25[mm]   ② 약 42[mm]   ③ 약 52[mm]   ④ 약 62[mm]

해설 펌프의 양수량(Q)

$Q = \dfrac{\pi}{4} V d^2$

Q : 양수량[m³/sec]
V : 펌프의 관 속을 흐르는 유체의 속도[m/sec]
d : 펌프의 구경 $d = \sqrt{\dfrac{4Q}{V\pi}}$

∴ $d = \sqrt{\dfrac{4Q}{V\pi}} = \sqrt{\dfrac{4 \times 10/3,600}{2 \times 3.14}} = 0.042[m] = 42[mm]$

답 : ②

예제문제 07

35[m] 높이에 있는 옥상탱크에 매 시간마다 20,000[ℓ]의 물을 양수하는 경우, 양수펌프의 전동기 필요 동력은? (단, 펌프의 흡입높이는 2[m], 관로의 전마찰손실수두는 13[m], 펌프의 효율은 60[%]이고 전동기 직결식(여유율 15[%])으로 한다.)
[09 기]

① 4.54[kW] ② 5.22[kW] ③ 6.17[kW] ④ 7.10[kW]

해설 펌프 축동력(L_S) = $\dfrac{WQH}{KE}$ [kW]에서

Q : 양수량[m³/min] → 20[m³/h] = $\dfrac{20}{60}$ [m³/min]

H : 전양정[m] → 2+35+13=50[m]

W : 액체 1[m³]의 중량[kg/m³] → 물은 1,000[kg/m³]

E : 효율[%] → 60[%]

k : 정수[kW] → 6,120

∴ 펌프의 축동력 = $\left(\dfrac{1,000 \times 20/60 \times 50}{6,120 \times 0.6}\right)$ ×1.15 = 5.22[kW] ×1.15 = 5.22[kW]   답 : ②

예제문제 08

양정 H = 20[m], 양수량 Q = 3[m³/min]이고 축마력을 15[PS]를 필요로 하는 원심펌프의 효율은 약 얼마인가?
[04기]

① 72[%] ② 78[%] ③ 80[%] ④ 89[%]

해설 펌프 축동력(L_S) = $\dfrac{WQH}{KE}$ [PS]에서

Q : 양수량[m³/min] → 3[m³/min]

H : 전양정[m] → 20[m]

W : 액체 1[m³]의 중량[kg/m³] → 물은 1,000[kg/m³]

E : 효율[%]

K : 정수[PS] → 4,500

∴ 15[PS] = $\dfrac{1,000 \times 3 \times 20}{4,500 \times E}$ = 89[%]   답 : ④

3. 펌프의 특성 곡선

1) 펌프의 특성 곡선

펌프가 어느 일정한 속도로 물을 양수할 때 토출량의 변화에 따라 양정[m], 축동력([PS], [kW]), 효율[%]의 변화를 선도로 표시한 것을 말한다.

이와 같은 특성 곡선의 보양은 펌프의 종류에 따라 다르게 나타나며, 이 곡선에 의해 운전 조건에 따른 성능을 예측할 수 있다.

2) 회전수의 변화에 따른 유량(Q), 양정(H), 축동력(L)의 변화

펌프의 특성 곡선은 회전수를 일정하게 한 상태에서 얻어진 것이다. 회전수를 변화시키면 양수량은 회전수에 비례하고, 양정은 회전수의 제곱에 비례하며, 축동력은 회전수의 3승에 비례한다.

토출량[m³/min]	양정[m]	축동력[kW]
$Q_2 = Q_1 \dfrac{N_2}{N_1}$	$H_2 = H_1 \left(\dfrac{N_2}{N_1}\right)^2$	$L_2 = L_1 \left(\dfrac{N_2}{N_1}\right)^3$

Q_1, H_1, L_1 : 회전수 N_1[rpm]일 때의 토출량[m³/min], 양정[m], 축동력[kW]
Q_2, H_2, L_2 : 회전수 N_2[rpm]일 때의 토출량[m³/min], 양정[m], 축동력[kW]

■ 토출량 = 유량 = 양수량

※ 펌프의 양수량은 임펠러의 회전수에 비례하고, 양정은 회전수의 제곱에 비례하며, 축동력은 회전수의 세제곱에 비례한다.

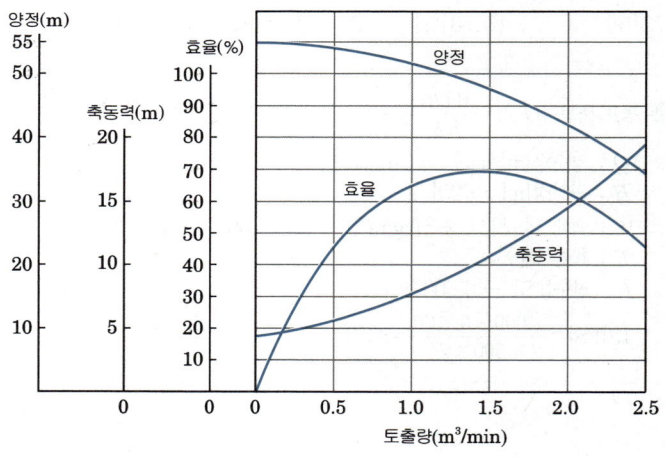

[그림] 펌프의 특성 곡선

학습포인트

- **펌프의 법칙(상사의 법칙)**
  ① 펌프의 회전수($N_1 \to N_2$)
  - 유량(Q) : 회전수비에 비례하여 변화한다.
  - 양정(H) : 회전수비의 2제곱에 비례하여 변화한다.
  - 동력(L) : 회전수비에 3제곱에 비례하여 변화한다.

  ② 임펠러의 직경($D_1 \to D_2$)
  - 유량(Q) : 펌프 크기비의 3제곱에 비례하여 변화한다.
  - 양정(H) : 펌프 크기비의 2제곱에 비례하여 변화한다.
  - 동력(L) : 펌프 크기비의 5제곱에 비례하여 변화한다.

  ☞ 펌프의 회전수($N_1 \to N_2$)로 변할 때 또는 임펠러의 직경($D_1 \to D_2$)로 변할 때

  ㉠ 유량(Q) : $Q_2 = Q_1 \dfrac{N_2}{N_1} = Q_1 \left(\dfrac{D_2}{D_1}\right)^3$

  ㉡ 양정(H) : $H_2 = H_1 \left(\dfrac{N_2}{N_1}\right)^2 = H_1 \left(\dfrac{D_2}{D_1}\right)^2$

  ㉢ 동력(L) : $L_2 = L_1 \left(\dfrac{N_2}{N_1}\right)^3 = L_1 \left(\dfrac{D_2}{D_1}\right)^5$

  여기서, 회전수 : $N[\text{rpm}]$, 임펠러 직경 : D

- **펌프의 비속도**
  ① 펌프의 형식을 결정하는 척도, 즉 회전차의 형상을 나타내는 척도로 사용된다. 펌프의 성능을 나타내거나 적합한 회전수를 결정하는 데 이용되는 값이다.
  ② $\eta_s = N \cdot \dfrac{Q^{1/2}}{H^{3/4}}$

  여기서, η_s : 비속도, N : 회전수[rpm], Q : 토출량[m³/min], H : 양정
  η_s(비속도)는 회전수(N)와 $Q^{1/2}$에 비례하고 $H^{3/4}$에 반비례한다.
  ③ 형태가 완전히 같은 펌프는 크기와 관계없이 비속도가 일정하다.
  ④ 대유량·저양정일수록 비속도가 크고, 소유량·고양정일수록 비속도는 작아진다.
  ⑤ 비속도 크기 순서
  축류펌프(1,100[rpm] 이상) > 사류펌프(500~1,200[rpm]) >
  볼류트펌프(300~700[rpm]) > 터빈펌프(300[rpm] 이하)

예제문제 09

양수량이 1[m³/min], 양정이 10[m]인 펌프의 회전수를 10[%] 증가시켰을 경우 양정은 얼마가 되겠는가? [17 기]

① 약 9[m] ② 약 10[m] ③ 약 12[m] ④ 약 14[m]

해설 펌프의 양수량은 회전수에 비례, 양정은 회전수의 제곱에 비례, 축동력은 회전수의 세제곱에 비례한다.
∴ 양정(H)=10[m]×1.1²=10×1.21
=12.1≒12[m]

답 : ③

예제문제 10

펌프를 수직높이 50[m]의 고가수조와 5[m] 아래의 지하수까지 50[mm] 파이프로 접속하여 매초 2[m]의 속도로써 양수할 때 펌프의 축동력은 몇 마력이 필요한가? (단, 파이프의 총 연장길이는 100[m], 파이프 1m당의 저항은 50[mmAq]이고, 기타 저항은 무시하며, 펌프의 효율은 75[%]로 한다.) [05 기]

① 2.203[HP] ② 3.45[HP] ③ 4.03[HP] ④ 4.19[HP]

해설 ① 먼저, 마찰손실수두(H_f)=50[mmAq]×100[m]=5,000[mmAq]=5[mAq]
펌프의 전양정=흡입양정+토출양정+마찰손실수두=50+5+5=60[m]
② $Q = Av$
단면적 : A[m²], 유속 : v[m/s], 유량 : Q[m³/s]
$A = \pi d^2/4$ 이므로
∴ $Q = Av = \dfrac{\pi d^2}{4} \times v = \dfrac{3.14 \times 0.05^2}{4} \times 2 = 0.00393$[m³/s]
③ 펌프 축마력[PS] = $\dfrac{WQH}{KE}$ 에서
Q : 양수량[m³/min] → 0.00393[m³/s]=0.2358[m³/min]≒0.24[m³/min]
H : 전양정[m] → 10[m]
W : 액체 1[m³]의 중량[kg/m³] → 물은 1,000[kg/m³]
E : 효율[%] → 75[%]
K : 정수[PS] → 4,500
∴ 펌프의 축마력 = $\dfrac{1,000 \times 0.24 \times 60}{4,500 \times 0.75}$ = 4.26[HP] → 4.19[HP]
(단위환산과정에서 약간의 오차가 있음)

답 : ④

학습포인트

● 펌프의 직렬 및 병렬운전 특성
① 동일 특성을 갖는 펌프 2대를 직렬로 연결하여 운전할 경우 :
  유량은 변하지 않고(동일 유량점에서) 양정은 2배로 높아진다.
② 동일 특성을 갖는 펌프 2대를 병렬로 연결하여 운전할 경우 :
  양정은 변하지 않고(동일 양정점에서) 유량은 2배로 높아진다.

핵심사항정리

■ 동일 특성을 갖는 펌프 2대를 병렬로 연결하여 운전할 경우 배관의 마찰저항이 없다면 이론적으로는 유량이 2배 증가하지만, 실제로는 배관의 마찰저항에 따라 양정과 유량(약 1.7배 정도)이 많이 달라진다.

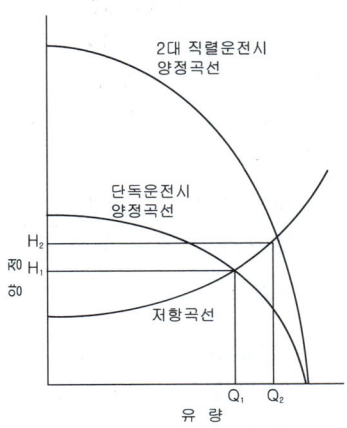

[그림] 펌프의 직렬운전 특성

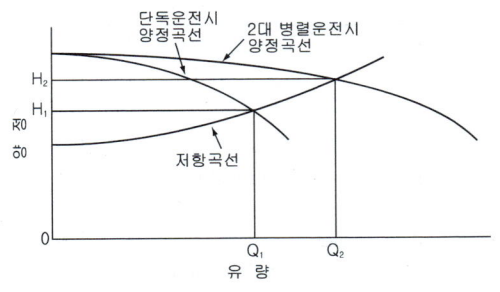

[그림] 펌프의 병렬운전 특성

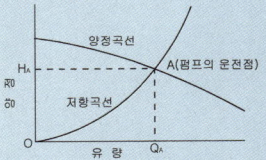

[그림] 밀폐회로방식에서의 펌프의 운전점

4. 캐비테이션과 NPSH

1) 캐비테이션(cavitation)

① 급수의 압력이 갑자기 높아져서 급수 속의 공기가 기포로 분리되는 현상으로서, 흡입양정에서 발생한다.
② 소음, 진동, 관 부식, 심하면 흡상 불능(펌프의 공회전)의 원인이 된다.
③ 펌프 흡입구의 압력은 항상 흡입구에서의 포화 증기 압력 이상으로 유지되어야 캐비테이션이 일어나지 않는다.

2) NPSH(Net Positive Suction Head : 유효 흡입양정)

① 캐비테이션이 일어나지 않는 유효 흡입양정을 수주로 표시한 것이다.
② 펌프의 설치 상태 및 유체의 온도 등에 따라 다르다.
③ 설치에서 얻어지는 NPSH는 펌프 자체가 필요로 하는 NPSH보다 커야 캐비테이션이 일어나지 않는다.

따라서 캐비테이션이 발생하지 않을 경우는 $H_{sv} \geq h_{sv}$
여기에 여유율 a(일반적으로는 30[%]를 취함)를 고려하면, 펌프의 설치조건은

$$H_{sv} \geq (1+a) \cdot h_{sv} = 1.3 \cdot h_{sv}$$

그림에서 보면 유량증가와 함께 펌프의 필요 NPSH는 증가하지만, 시스템에 의하여 결정되는 유효 NPSH는 유량에 따라 감소하게 된다. 또 어느 유량에서 2개의 NPSH 곡선이 교차하게 되고, 교점의 좌측이 사용가능한 범위, 우측이 캐비테이션 발생영역으로 사용이 불가능하게 되는 범위가 된다.

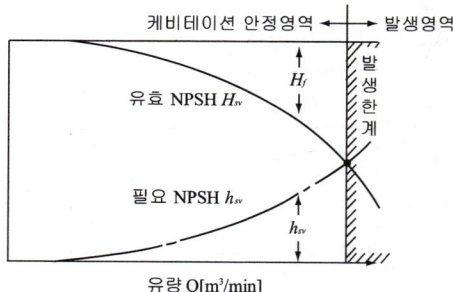

[그림] 캐비테이션 발생 조건

건축설비설계

■ 공동현상(cavitation)을 방지하려면 펌프의 유효 흡입양정(NPSH)을 낮추어 흡입구의 압력이 항상 흡입구의 포화증기압력 이상으로 유지되도록 하는 것이 바람직하다.

■ 캐비테이션의 발생조건
· 흡입양정이 클 경우
· 유체의 온도가 높을 경우
· 날개차의 원주속도가 클 경우
· 날개차의 모양이 적당하지 않는 경우

■ 캐비테이션 방지책
· 흡입양정을 줄이고 흡입관 손실을 줄인다.
· 필요 이상의 양정을 두지 않는다.
· 규정회전수 내에서 운전한다.
· 2대 이상의 펌프를 사용한다.
· 스트레이너 통수면적을 여유 있게 잡고 청소를 한다.

3 송풍기

1. 송풍기의 종류

■ 공조 및 냉동기에 사용되는 송풍기

종류		풍량 [m³/min]	압력 (수주mm)	용도
원심송풍기	다익송풍기	10~2,900	10~125	국소통풍·저속덕트·에어커튼용
	리밋로드송풍기	20~3,200	10~150	공업용배풍용
	사일런트송풍기	60~900	125~250	고속덕트용
	익형송풍기	60~3,000	125~250	고속덕트용·냉각탑용·냉각팬
축류형송풍기		15~10,000	0~55	급속동결실용

2. 송풍기의 법칙

1) 공기 비중이 일정하고 같은 덕트 장치에 사용할 때

① 회전 속도 $N_1 \to N_2$ (비중=일정)

　㉠ $Q_2 = \dfrac{N_2}{N_1} Q_1$　㉡ $P_2 = \left(\dfrac{N_2}{N_1}\right)^2 P_1$　㉢ $L_2 = \left(\dfrac{N_2}{N}\right)^3 L_1$

② 송풍기의 크기 $D_1 \to D_2$ (N=일정)

　㉠ $Q_2 = \left(\dfrac{D_2}{D_1}\right)^3 Q_1$　㉡ $P_2 = \left(\dfrac{D_2}{D_1}\right)^2 P_1$　㉢ $L_2 = \left(\dfrac{D_2}{D}\right)^5 L_1$

　　Q : 송풍량[m³/min]
　　N : 임펠러의 회전수[rpm]
　　P : 송풍기에 의해 생긴 정압 또는 전압[mmAq]
　　L : 송풍기의 소요 동력[kW, PS]
　　D : 송풍기 날개의 직경[mm]

예제문제 11

어떤 송풍기의 회전속도가 460[rpm]일 때 송풍기 전압은 32[mmAq]이었다. 이 송풍기를 600[rpm]으로 운전하였을 때의 송풍기 전압은?　　[14, 20 기]

① 32.0[mmAq]　② 41.7[mmAq]　③ 54.4[mmAq]　④ 71.0[mmAq]

해설 송풍기 전압(P_2) : 회전수비의 2제곱에 비례하여 변화한다.

$P_2 = \left(\dfrac{N_2}{N_1}\right)^2 P_1 = \left(\dfrac{600}{460}\right)^2 \times 32 = 54.4\,[\text{mmAq}]$　　답 : ③

3. 송풍기의 특성 곡선

송풍기의 특성 곡선은 풍량(Q)의 변동에 대하여 전압(P_t), 정압(P_S), 효율[%], 축동력(L)을 나타낸다.

① 서징(surging) 영역 : 정압 곡선에서 좌하향 곡선 부분의 송풍기 동작이 불안전한 현상
② 오버 로드 : 풍향이 어느 한계 이상이 되면 축동력은 급증하고, 압력과 효율은 낮아지는 현상

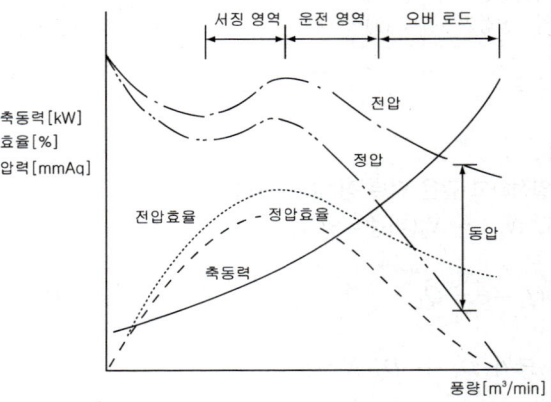

[그림] 송풍기의 특성 곡선(다익형의 경우)

▶ 학습포인트

- **송풍기의 법칙(상사의 법칙)**
  ① 송풍기의 회전수($N_1 \rightarrow N_2$)
     ㉠ 풍량 : 회전수비에 비례하여 변화한다.
     ㉡ 압력 : 회전수비의 2제곱에 비례하여 변화한다.
     ㉢ 동력 : 회전수비에 3제곱에 비례하여 변화한다.
  ② 송풍기의 크기($D_1 \rightarrow D_2$)
     ㉠ 풍량 : 송풍기 크기비의 3제곱에 비례하여 변화한다.
     ㉡ 압력 : 송풍기 크기비의 2제곱에 비례하여 변화한다.
     ㉢ 동력 : 송풍기 크기비의 5제곱에 비례하여 변화한다.

학습포인트

- **동력절감률(에너지절약)이 높은 것에서 낮은 순서**
  회전수 제어(가변속제어) > 가변피치제어 > 흡입베인제어 > 흡입댐퍼제어 > 토출댐퍼제어
  ※ 회전수 제어 : 송풍기 풍량제어의 대표적인 방법으로 에너지절감 비율이 가장 높다.
  ※ 제어방식의 결정은 풍량조정범위, 동력절감률, 설비비 등을 고려하여 정한다.

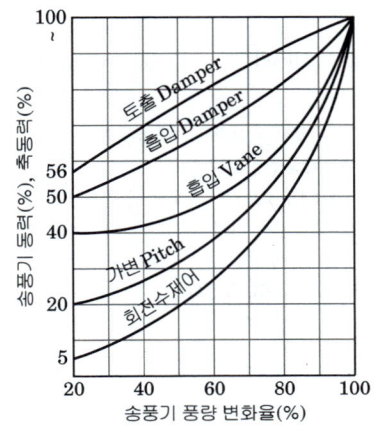

[그림] 송풍기 풍량변화율에 따른 송풍기 동력비율의 변화

예제문제 12

회전수가 366[rpm], 소요동력 2.0[PS], 송풍기 전압 25[mmAq]인 송풍기를 655[rpm]으로 운전했을 때 소요동력(L_2)과 송풍기 전압(P_2)는 얼마인가? [07 기]

① L_2=3.6[PS], P_2=80[mmAq] ② L_2=6.4[PS], P_2=44.7[mmAq]
③ L_2=11.5[PS], P_2=80[mmAq] ④ L_2=11.5[PS], P_2=143[mmAq]

[해설] ① 소요동력(L_2) : 회전수비에 3제곱에 비례하여 변화한다.

$$L_2 = \left(\frac{N_2}{N_1}\right)^3 L_1 = \left(\frac{655}{366}\right)^3 \times 2 = 11.5[PS]$$

② 송풍기 전압(P_2) : 회전수비의 2제곱에 비례하여 변화한다.

$$P_2 = \left(\frac{N_2}{N_1}\right)^2 P_1 = \left(\frac{655}{366}\right)^2 \times 25 = 80[mmAq]$$

※ 송풍기 회전수($N_1 \rightarrow N_2$) [송풍기의 법칙]

㉠ 풍량 : 회전수비에 비례하여 변화한다. → $Q_2 = \frac{N_2}{N_1} Q_1$

㉡ 압력 : 회전수비의 2제곱에 비례하여 변화한다. → $P_2 = \left(\frac{N_2}{N_1}\right)^2 P_1$

㉢ 동력 : 회전수비에 3제곱에 비례하여 변화한다. → $L_2 = \left(\frac{N_2}{N_1}\right)^3 L_1$

답 : ③

예제문제 13

급기 덕트 계통에 설계값인 풍량 6,000[m³/h], 정압 40[mmAq], 축동력이 2[kW]인 송풍기를 설치한 후 덕트말단에서 풍량을 측정한 결과 5,000[m³/h]이었다. 이 덕트계에 설계 풍량을 급기하기 위해 송풍기의 모터를 교체할 경우 요구되는 축동력은?(단, 덕트계에 공기누설이 없고, 송풍기의 효율은 일정한 것으로 가정한다.)

[09 기]

① 2.0[kW]   ② 2.4[kW]   ③ 2.88[kW]   ④ 3.456[kW]

해설 ① 송풍기의 법칙에서 송풍량은 임펠러의 회전수에 비례하고, 압력은 회전수의 제곱에 비례하며, 축동력은 회전수의 세제곱에 비례한다.
② 풍량 측정 결과 5,000[m³/h]를 설계치 풍량 6,000[m³/h]로 20[%] 증가시켜야 하므로 송풍기의 법칙(상사의 법칙)의해 임펠러의 회전수를 20[%] 증가시켜야 하므로 축동력은 1.23배가 된다.
∴ 축동력=2[kW]×1.23=3,456[kW]

답 : ④

예제문제 14

송풍기의 회전수 500[rpm]에서 풍량은 200[m³/min] 이었다. 회전수를 600[rpm]으로 올렸을 경우 풍량은?

[11, 18 기]

① 220[m³/min]   ② 240[m³/min]   ③ 288[m³/min]   ④ 356[m³/min]

해설 송풍기의 법칙에서 송풍량은 임펠러의 회전수에 비례하고, 양정은 회전수의 제곱에 비례하며, 축동력은 회전수의 세제곱에 비례한다.
500[rpm] : 200[m³/min] = 600[rpm] : x
∴ x = 240[m³/min]

답 : ②

4 배관 및 덕트

1. 배관
(1) 배관의 설계
1) 유량과 유속

단면적을 $A[\text{m}^2]$, 유속을 $v[\text{m/s}]$, 유량을 $Q[\text{m}^3/\text{s}]$라면

$$Q = Av$$

또 관경을 $d[\text{m}]$라 하면 단면적 $A = \dfrac{\pi d^2}{4}$ 이므로

$$\dfrac{Q}{v} = \dfrac{\pi d^2}{4} \quad \therefore \quad d = \sqrt{\dfrac{4Q}{v\pi}} \, [\text{m}]$$

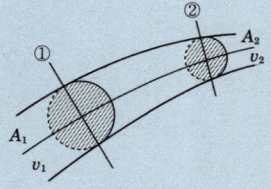

[그림] 유량과 유속

2) 마찰손실수두(H_f)와 마찰손실압력(P_f)

$$H_f = \lambda \cdot \dfrac{\ell}{d} \cdot \dfrac{v^2}{2g} \, [\text{mAq}]$$

$$P_f = \lambda \cdot \dfrac{\ell}{d} \cdot \dfrac{v^2}{2} \cdot \rho \, [\text{Pa}]$$

여기서, H_f : 길이 1[m]의 직관에 있어서의 마찰손실수두[mAq]
  P_f : 길이 1[m]의 직관에 있어서의 마찰손실압력[Pa]
  λ : 관마찰계수(강관 0.02)
  g : 중력가속도(9.8[m/sec²])
  d : 관의 내경[m]
  ℓ : 직관의 길이[m]
  v : 관내 평균 유속[m/s]
  ρ : 물의 밀도(1,000[kg/m³])

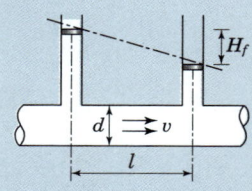

[그림] 마찰손실수두

3) 관의 직관부 마찰저항(ΔP_f)

$$\Delta P_f = \lambda \cdot \dfrac{\ell}{d} \cdot \dfrac{v^2}{2} \cdot \rho \, [\text{Pa}]$$

ΔP_f : 길이 1[m]의 직관에 있어서의 마찰손실수두
λ : 관마찰계수
g : 중력가속도(9.8[m/sec²])
d : 관의 내경[m]
ℓ : 직관의 길이[m]
v : 관내 평균 유속[m/s]
ρ : 물의 밀도(1,000[kg/m³])

■ 공기

$\Delta P_f = \lambda \cdot \dfrac{\ell}{d} \cdot \dfrac{v^2}{2g} \cdot \gamma [\text{mm}Aq]$

γ : 공기의 비중량(1.2kg/m²)

4) 전수두(全水頭)

> 전수두=위치압력수두+관내압력수두+속도수두($\frac{v^2}{2g}$)

▶ 단위 환산

※ 1[m] 수두(1[mAq])=0.01[MPa]=10[kPa]

※ 1[kgf/cm^2]=0.1[MPa]=10[mAq]
　10[kgf/cm^2]=1[MPa]=100[mAq]

예제문제 15

내경 50[mm]인 관 속을 흐르는 물의 유량은 10.5[m^3/h] 이다. 관의 길이가 10[m] 일 경우 마찰손실은?(단, 관마찰계수는 0.02이다.) [07, 12 기]

① 약 2.4[kPa]　② 약 4.4[kPa]　③ 약 6.2[kPa]　④ 약 8.2[kPa]

해설 $H_f = \lambda \cdot \frac{\ell}{d} \cdot \frac{v^2}{2g}$ [mAq]

$P_f = \lambda \cdot \frac{\ell}{d} \cdot \frac{v^2}{2} \cdot \rho$ [Pa]

여기서, H_f : 길이 1[m]의 직관에 있어서의 마찰손실수두[mAq]
　　　　λ : 관마찰계수(강관 0.02)
　　　　g : 중력가속도(9.8[m/sec^2])
　　　　d : 관의 내경[m]
　　　　ℓ : 직관의 길이[m]
　　　　v : 관내 평균 유속[m/s]
　　　　ρ : 물의 밀도(1,000[kg/m^3])

먼저, $Q = Av$ 에서 $v = \frac{Q}{A}$

단면적 : A[m^2], 유속 : v[m/s], 유량 : Q[m^3/s]

또 관경을 d[m]라 하면 단면적 $A = \frac{\pi d^2}{4}$ 이다.

① $v = \dfrac{Q}{\frac{\pi d^2}{4}} = \dfrac{\frac{10.5}{3,600}}{\frac{3.14 \times 0.05^2}{4}} = 1.49$ [m/s]

② $P_f = \lambda \cdot \frac{\ell}{d} \cdot \frac{v^2}{2} \cdot \rho$ [Pa] $= 0.02 \times \frac{10}{0.05} \times \frac{1.49^2}{2} \times 1,000 = 4,440$ [Pa] ≒ 4.4[kPa]

답 : ②

예제문제 16

위치수두 10[mAq], 압력수두 30[mAq], 속도 2[m/s]로 관 속을 흐르는 물의 전수두는? [12 기]

① 13.0[m] ② 13.2[m] ③ 40.2[m] ④ 42.0[m]

해설 전수두=위치압력수두+관내압력수두+속도수두($\frac{v^2}{2g}$)

$$=10+30+\frac{2^2}{2\times 9.8}=40.2[m]$$

▶ 단위 환산
※ 1[m] 수두(1[mAq])=0.01[MPa]=10[kPa]
※ 1[kgf/cm²]=0.1[MPa]=10[mAq]
   10[kgf/cm²]=1[MPa]=100[mAq]

답 : ③

(2) 난방배관 및 부속기기

1) 증기난방 배관·부속기기

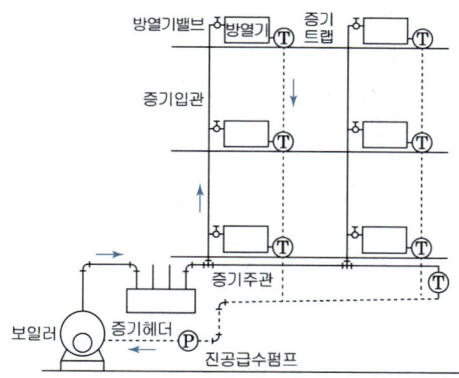

[그림] 증기난방배관

① 감압밸브 : 고압배관과 저압배관 사이에 설치하여 증기를 감압 공급, 1.0[MPa] 이하에서 사용
② 증기 트랩(steam trap) : 방열기의 환수부(하부 태핑) 또는 증기 배관의 최말단 등에 부착하여 증기관 내에 생긴 응축수만을 보일러 등에 환수시키기 위해 사용하는 장치이다.
   ㉠ 방열기 트랩(radiator trap : 열동 트랩, 실로폰 트랩)
   ㉡ 버킷 트랩(burcket trap) : 주로 고압증기의 관말 트랩이나 증기 사용 세탁기, 증기 탕비기 등에 많이 쓰인다.
   ㉢ 플로트 트랩(float trap) : 저압증기용 기기 부속 트랩으로 다량의 응축수를 처리하기 위해 사용하며 열교환기 등에 많이 쓰인다.

㉣ 벨로우즈 트랩(bellows trap) : 증기와 응축수 사이의 온도차를 이용하는 온도조절식 증기트랩의 일종으로 관내에 발생하는 응축수를 배출하기 위하여 사용한다.

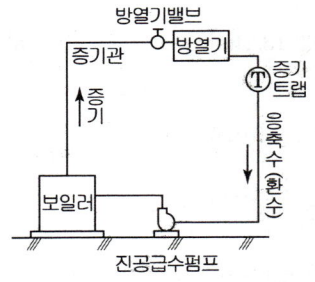

[그림] 증기난방계통도

③ 리프트 이음(lift fitting, lift joint) : 진공 환수식 난방장치에서
  ㉠ 방열기보다 높은 곳에 환수관을 배관하지 않으면 안될 때
  ㉡ 환수주관보다 높은 위치에 진공펌프를 설치할 때 lift joint를 설치하여 환수관의 응축수를 끌어올릴 수 있다.
   - 저압인 경우 : 1단에 1.5[m] 이내
   - 고압인 경우 : 증기관과 환수관의 압력차 0.1[MPa](1[kg/cm^2])에 대해 5[m] 정도 끌어올린다.

④ 하트포드 접속법(hartford connection) : 보일러 내의 안전수위를 유지하고, 빈 불때기를 방지하기 위해, 밸런스관을 부착하여 응축수를 보일러의 안전수위면 이상에서 공급하는 접속법

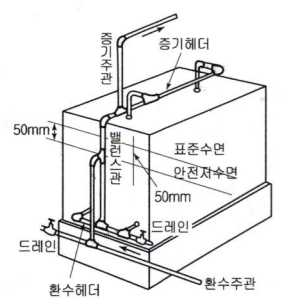

[그림] 하트포드 접속법

⑤ 냉각다리(cooling leg)
  ㉠ 완전한 응축수를 트랩에 보내는 역할
  ㉡ 보온 피복을 할 필요가 없다.
  ㉢ 길이는 1.5[m] 이상
  ㉣ 관경은 증기주관보다 한 치수 작게 한다.
⑥ 인젝터(injector) : 증기 보일러의 급수 장치

⑦ 스팀헤더(steam header)
　㉠ 증기를 각 계통별로 송기하기 위한 장치(스팀의 관리를 합리적으로 하기 위한 장치)
　㉡ 보일러에서 발생한 증기를 모은 다음 각 계통별로 분배
　㉢ 관경 : 접속하는 관내 단면적 합계의 2배 이상

2) 온수난방 배관·부속기기
■ 온수난방 방식의 분류

분류	명칭	개요
배관 방식	단관식	·온수 공급관과 환수관을 공용으로 배관
	복관식	·온수 공급관과 환수관을 각각 계통별로 배관
	역환수식	·보일러에서 방열기까지의 온수 공급관과 방열기에서 보일러까지의 환수관의 길이를 같게 하는 방법으로, 냉온수가 평균적으로 흐름.
팽창 수조형	개방식	·옥상에 둔다. ·최상층 방열기보다 순환압력 이상의 높은 곳에 위치.
	밀폐식	·보일러실 내에 둔다. ·개방식보다 용량이 2~3배 크다.
온수 온도	저온수식 (보통온수식)	·100[℃] 미만(보통 80[℃] 전후)의 온수를 사용하는 것 ·건축의 난방용으로 가장 널리 사용되고 있다.
	고온수식	·온수온도가 100[℃] 이상(보통 100~150[℃])을 쓰며 온도차를 20~60[℃]로 높여 온수유량을 크게 줄임으로써 관경을 작게 한다. ·지역 난방에 적합하다.

■ 온수난방 계통도

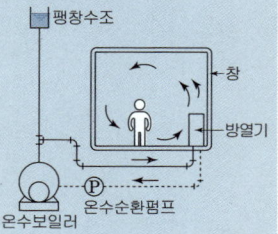

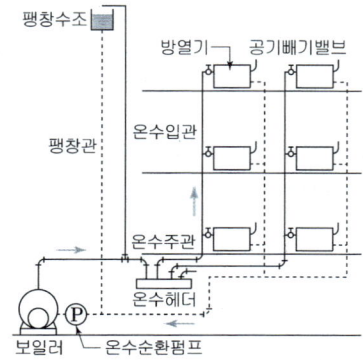

[그림] 온수난방배관

① Supply Header
② 팽창탱크 : 체적팽창에 대한 여유를 갖기 위해 설치
　㉠ 개방식(보통 온수난방) :
　　• 온수 팽창량의 2~2.5배
　　• 방열기보다 높은 위치에 설치한다.
　　• 배관 최고부에서 팽창탱크까지의 높이는 1[m] 이상으로 한다.
　㉡ 밀폐식(고온수 난방) : 안전밸브를 달아 보일러 내부가 제한 압력 이상으로 상승하면 자동적으로 밸브를 열어서 과잉수를 배출한다.

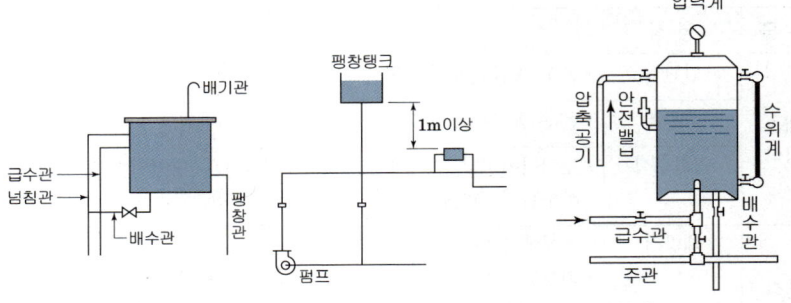

[그림] 개방식 팽창탱크　　　[그림] 밀폐식 팽창탱크

③ 순환펌프 : 환수주관의 보일러측 말단에 부착
④ 리턴콕(return cock) : 온수의 유량을 조절하는 밸브로 주로 온수 방열기의 환수 밸브로 사용
⑤ 리버스리턴(Reverse Return)배관(역환수방식)
　㉠ 설치 : 급탕설비 - 하향식
　　　　　 난방설비 - 온수난방
　㉡ 방법 : 각 방열기마다의 배관회로 길이를 같게 한 배관방식
　　　　　 보일러에서 방열기까지(온수관)의 길이 = 방열기에서 보일러까지(환수관)의 길이
　㉢ 목적 : 온수의 유량분배 균일화(온수의 순환을 평균화)하기 위해
　㉣ 단점 : 배관수가 많아져서 설비비가 높다.

예제문제 17

1개의 실에 설치된 온수용 주철제 방열기의 상당방열면적(EDR)이 20[m²]일 때 5개실 전체에 동일한 방열기 용량을 설치한다면, 이때에 필요한 전온수 순환량 [ℓ/min]은? (단, 방열기의 표준방열량 0.523[kW/m²], 방열기 입구온도 80[℃], 출구온도 70[℃], 온수비열 4.19[kJ/kg·K], 온수밀도 1[kg/ℓ] 이다.) [10, 18 기]

① 15[ℓ/min]　② 21.7[ℓ/min]　③ 75[ℓ/min]　④ 108.3[ℓ/min]

해설 순환수량(Q_w) [ℓ/min]

$$Q_w = \frac{H}{60c\Delta t} [\ell/min]$$

먼저, 1[kW] = 1[kJ/s] = 3,600[kJ/h]이므로
0.523[kW] = 0.523×3,600[kJ/h] = 1,882.8[kJ/h]

$$Q_w = \frac{1,882.8 \times 20 \times 5}{60 \times 4.19 \times (80-70)} = 75 [\ell/min]$$

답 : ③

☞ 또는
■ 순환수량(Q_w)[ℓ/s]

$$Q_w = \frac{H}{C\Delta t} [\ell/s]$$

H : 방열량[kW],
C : 비열(4.19kJ/kg·K),
Δt : 방열기의 출입구 온도차(℃)

$$Q_w = \frac{0.523 \times 20 \times 5}{4.19 \times (80-70)}$$
$$= 1.25\ell/s = 75\ell/min$$

학습포인트

- 신축이음쇠(expansion joint)
- 목적 : 온도에 의한 관의 신축을 흡수하기 위하여
- 설치간격 : 동관 - 20[m], 강관, 직선 배관 - 30[m]

종류	특징	용도
스위블 조인트 (swivel joint)	• 2개 이상의 elbows를 사용하여 나사회전을 이용해서 신축을 흡수 • 너무 큰 신축에는 파손되어 누수의 원인이 되는 결점	방열기 주위 배관용
신축곡관 (expansion loop)	• 신축곡관은 고장이 적고 고압 옥외 배관에 적합 • 신축을 흡수하는 1개의 길이가 긴 것이 결점이다.	대구경, 고압배관
슬리브형 (sleeve type)	• 온도의 변화에 따라 생기는 관의 신축을 슬리브의 미끄럼에 의해서 흡수 • 저압 증기배관 및 온수배관의 신축이음쇠로서 널리 사용	소구경용
벨로우즈형 (bellows type)	• 온도의 변화에 따른 관의 신축을 벨로스의 변형에 의해 흡수	소구경용

(3) 공기조화 수배관

1) 개방회로배관와 밀폐회로배관

분류	특징
개방회로 배관	물의 순환경로가 대기 중의 수조에 개방되어 있는 회로 ① 순환펌프 양정계산시 물탱크에서 배관 최상단 부분까지 정수두를 계산하여야 한다. ② 환수관에서 사이폰현상, 진동, 소음 등이 발생할 우려가 있다. ③ 관경이 밀폐형보다 커서 설비비가 증가한다. ④ 밀폐형보다 배관부식의 우려가 크다.
밀폐회로 배관	물의 순환경로가 대기 중의 수조에 개방되어 있지 않는 회로 ① 팽창탱크(E.T)를 반드시 설치하여 이상 압력을 흡수하여야 한다. ② 안정된 수류를 얻을 수 있다. ③ 관경이 작아져서 설비비가 감소한다. ④ 배관의 부식이 적다.

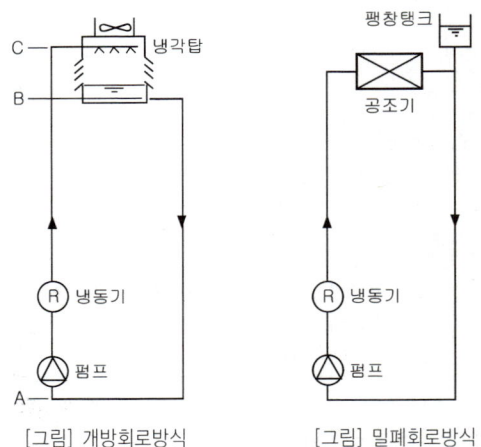

[그림] 개방회로방식   [그림] 밀폐회로방식

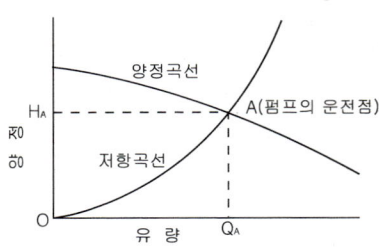

[그림] 밀폐회로방식에서의 펌프의 운전점

2) 직접환수방식과 역환수방식
　① 직접환수방식
　　열원기기에서 가까운 위치에 있는 방열기팬코일유닛 등에는 냉온수의 순환이 원활하게 이루어지거나 열원기기로부터 멀리 떨어져 있을수록 순환길이가 길어지고 그에 따른 압력손실이 커지므로 냉온수의 순환이 어려워진다.
　② 역환수방식
　　보일러에서 방열기까지(온수관)의 길이와 방열기에서 보일러까지(환수관)의 길이를 같게 한 방식으로 온수의 유량분배 균일화(온수의 순환을 평균화)하기 위해 사용한다. 배관 길이가 길어져 설비비가 높아지고 배관을 위한 공간도 더 필요하게 되는 단점이 있다.

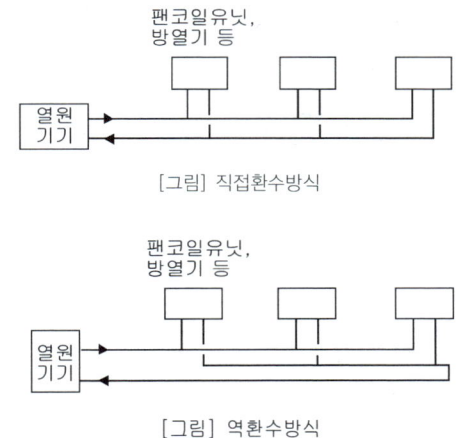

[그림] 직접환수방식

[그림] 역환수방식

3) 배관의 개수에 따른 분류

분류	특징
1관식	① 1개의 배관으로 공급관, 환수관을 겸용으로 사용하는 방식 ② 실온의 개별제어가 곤란하다. ③ 설비비가 적게 들고 공사가 간단하다. ④ 용도 : 급탕용, 소규모 온수난방용
2관식	① 각각의 공급관, 환수관을 갖는 방식 ② 가장 일반적으로 사용되는 방식이다.
3관식	① 공급관이 2개(온수관, 냉수관)이고 환수관이 1개로 구성된 방식 ② 개별제어가 가능하고, 부하변동에 대한 응답이 빠르다. ③ 환수관이 1개이므로 냉수와 온수의 혼합열손실이 발생한다. ④ 배관공사가 복잡하다.
4관식	① 공급관(냉수관, 온수관) 2개, 환수관(냉수관, 온수관) 2개로 구성된 방식 ② 혼합열손실이 발생하지 않아 확실한 개별제어가 가능하고 응답이 빠르다. ③ 배관공사가 가장 복잡하다.

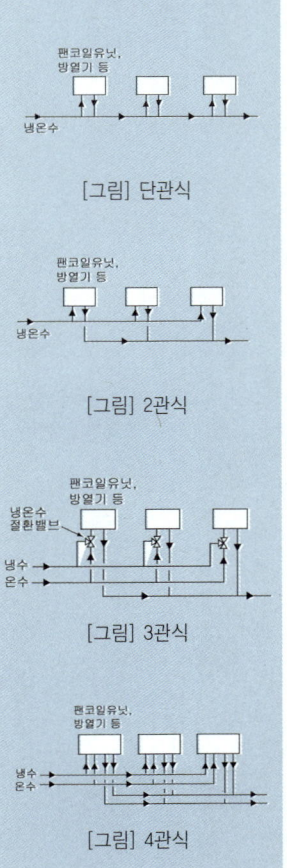

[그림] 단관식

[그림] 2관식

[그림] 3관식

[그림] 4관식

4) 정유량 방식과 변유량 방식
　① 정유량 방식
　　㉠ 배관계는 냉온수 등 열원을 제조하는 부분인 1차측과 공조기와 같이 열원을 소비하는 부분인 2차측으로 나누어지는데, 1차측에서 제조된 냉온수 전체가 펌프에 의해 2차측까지 순환되는 방식이다.
　　㉡ 3방 밸브(3-way 밸브)를 통해 냉온수가 공조기로 들어가지 않고 바이패스 하므로 2차측에 들어가지 않아도 될 냉온수까지 펌프로 보내게 되므로 펌프 동력을 낭비하게 된다.
　② 변유량 방식 : 부하변동에 따라 필요한 만큼만 공조기 등 2차측에 보내고 나머지는 1차측에서만 순환시키는 방식으로 불필요한 펌프동력을 절감을 할 수 있어 에너지절약 수법 중의 하나로 채용되고 있다.

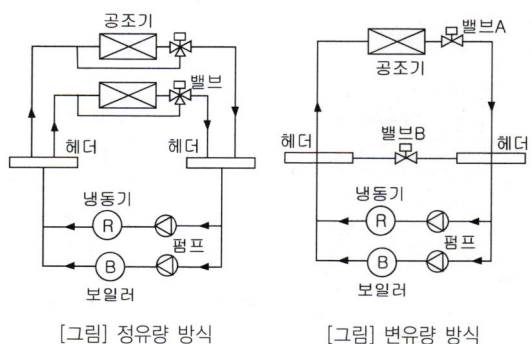

[그림] 정유량 방식　　　[그림] 변유량 방식

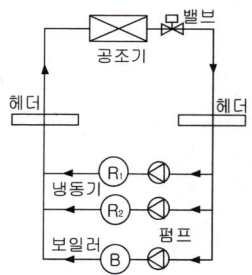

[그림] 변유량 방식(대수제어)

2. 덕트
1) 속도에 따른 분류
　① 저속덕트 : 15m/s 이하
　　㉠ 속도가 느리다.
　　㉡ 소음이 적다.
　　㉢ 굴곡부 내면에 흡음재 사용(소음장치 불필요)

② 고속덕트 : 16m/s 이상(16~25m/s)
  ㉠ 속도가 빠르다.
  ㉡ 소음 장치가 필요하다.(소음 및 진동이 발생)
  ㉢ 가능한 한 원형 단면(강도면에서 우수)
  ㉣ 덕트 스페이스가 적어도 된다.(저속덕트의 1/7~1/8 정도로 재료가 절약)

2) 덕트의 부속품
  ① 풍량 조절 댐퍼(volume damper)
    ㉠ 단익 댐퍼(버터플라이 댐퍼) : 소형 덕트용
    ㉡ 다익 댐퍼(루버 댐퍼) : 2개 이상의 날개로서 대형 덕트용
    ㉢ 스플릿 댐퍼(split damper) : 덕트 분기점에서의 풍량 조절용
    ㉣ 슬라이드 댐퍼(slide damper) : 전체의 개폐를 목적으로 사용
    ㉤ 클로스 댐퍼(cloths damper) : 기류의 발생음을 줄이고 기류의 방향을 조절하는 데 사용
  ② 방화 댐퍼(fire damper) : 덕트 내의 공기의 온도가 72℃ 이상이면 댐퍼 날개를 지지하고 있던 가용편이 녹아서 자동적으로 댐퍼가 닫혀 다른 실로의 연소를 방지하기 위한 댐퍼
  ③ 가이드 베인(guide vane) : 덕트 내의 굴곡된 부분의 기류를 안정시켜 저항을 줄이기 위한 설비로, 곡부의 내측에 조밀하게 붙이는 것이 효과적이다.

3) 덕트의 소음 방지
  ① 덕트의 도중에 흡음재를 부착한다.
  ② 송풍기 출구 부근에 플리넘 체임버를 장치한다.
  ③ 덕트의 적당한 장소에 소음을 위한 흡음장치(셸형·플레이트형)를 설치한다.
  ④ 댐퍼 취출구에 흡음재를 부착한다.

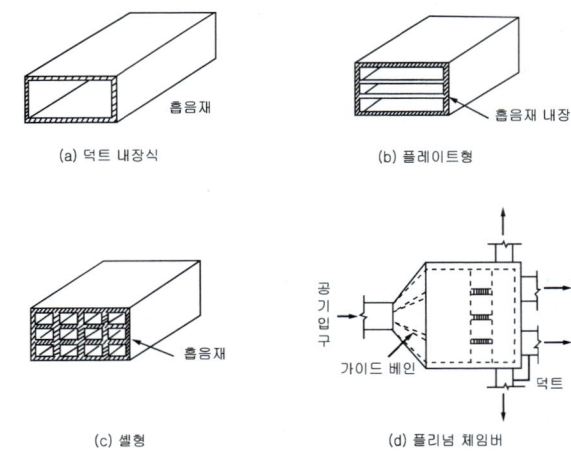

[그림] 흡음장치

3. 덕트의 설계
(1) 덕트 설계 방법

방법	특징
등속법	• 덕트 내의 공기 속도를 가정하고 공기량을 이용하여 마찰저항과 덕트 크기를 결정하는 방법($Q=AV$를 이용) • 주로 분진이나 산업용 분말 등을 배출시키기 위한 배기 덕트의 설계법으로 적당
정압법 (등압법, 등마찰손실법)	• 덕트의 단위길이당의 마찰저항의 값을 일정하게 하여 덕트의 단면을 결정하는 방법 • 가장 많이 사용되는 설계법 • 각 취출구의 압력이 달라 정확한 풍량 취득이 어렵다.
정압재취득법	• 덕트 각 부의 국부저항은 전압 기준에 의해 손실계수를 이용하여 구하고, 각 취출구까지의 전압력 손실이 같아지도록 덕트 단면을 결정하는 방법 • 정압법보다 송풍기 동력절약이 가능하며, 풍량의 밸런싱(balancing)이 양호 • 저속덕트 경우 압력이 적으므로 덕트 치수가 커진다.

(2) 덕트의 동압과 마찰손실·압력손실

1) 동압

$$동압(P_v) = \frac{v^2}{2g}\gamma \,[\text{mmAq}] = \frac{v^2}{2}\rho \,[\text{Pa}]$$

여기서, v : 관내 유속[m/s]
  γ : 공기의 비중량(1.2[kgf/m³])
  g : 중력가속도(9.8[m/s²])
  ρ : 공기의 밀도(1.2[kg/m³])

※ 덕트의 전압
  ① 정압(P_s) : 공기의 흐름이 없고 덕트의 한 쪽 끝이 대기에 개방되어 있을 때의 압력
  ② 동압(P_v) : 공기의 흐름이 있을 때 흐름 방향의 속도에 의해 생기는 압력
  ③ 전압(P_t) : 정압(P_s)과 동압(P_v)의 합계

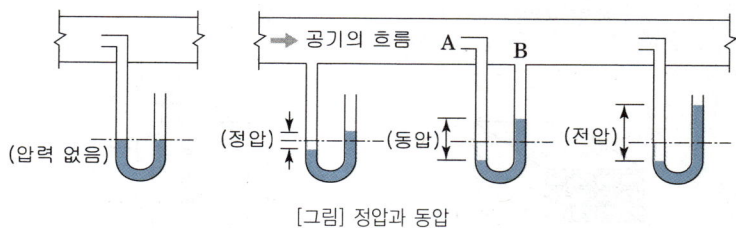

[그림] 정압과 동압

예제문제 18

직경이 50[cm]인 덕트를 통과, 풍속 8[m/s]일 때 공기의 최적 유량은? [99 산]

① 1.57[m³/s] ② 2.33[m³/s] ③ 4.11[m³/s] ④ 12.52[m³/s]

해설 유량과 풍속
일정한 지점을 흐르는 송풍량(유량) $Q=Av$ 이다.
단면적 : A[m³], 풍속 : v[m/s], 유량 : Q[m³/s]
또한, 관경을 d[m]라 하면 단면적 $A=\pi d^2/4$ 이다.

$$\therefore Q=Av=\frac{\pi d^2}{4}\times v=\frac{3.14\times 0.5^2}{4}\times 8=1.57[m^3/s]$$

답 : ①

예제문제 19

다음의 덕트에서 (1)점의 풍속 V_1= 14[m/s], 정압 P_{s1}= 50[Pa], (2)점의 풍속 V_2 = 6[m/s], 정압 P_{s2}= 100[Pa]일 때 (1), (2)점 간의 전압손실(pa)은? (단, 공기의 밀도는 1.2[kg/m³])   [09, 16 기]

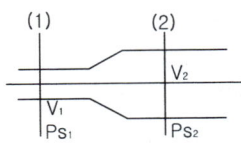

① 46   ② 94   ③ 142   ④ 190

해설 덕트의 전압(P_t)=정압(P_s)+동압(P_v)

동압(P_v)=$\frac{v^2}{2g}\gamma$ [mmAq] =$\frac{v^2}{2}\rho$ [Pa]

여기서, v : 관내 유속[m/s] γ : 공기의 비중량(1.2[kgf/m³])
        g : 중력가속도(9.8[m/s²]) ρ : 공기의 밀도(1.2[kg/m³])

(1)점 전압(P_t)=정압(P_s)+동압(P_v)=정압(P_s)+$\frac{v^2}{2}\rho$ [Pa]

$$=50+\frac{14^2}{2}\times 1.2 =167.6[Pa]$$

(2)점 전압(P_t)=정압(P_s)+동압(P_v)=정압(P_s)+$\frac{v^2}{2}\rho$ [Pa]

$$=100+\frac{6^2}{2}\times 1.2=121.6[Pa]$$

∴ 전압손실=167.6-121.6=46[Pa]

답 : ①

2) 마찰손실(직관)

$$\Delta P = \lambda \cdot \frac{\ell}{d} \cdot \frac{v^2}{2g} \cdot \gamma \, [\text{mmAq}]$$

$$\Delta P = \lambda \cdot \frac{\ell}{d} \cdot \frac{v^2}{2} \cdot \rho \, [\text{Pa}]$$

여기서, ΔP : 길이 1[m]의 직관에 있어서의 마찰손실수두[mmAq, Pa]
      λ : 관마찰계수
      g : 중력가속도(9.8[m/sec^2])
      d : 덕트경[m]
      ℓ : 직관의 길이[m]
      v : 관내 평균 풍속[m/s]
      γ : 공기의 비중량(1.2[kg/m^3])
      ρ : 공기의 밀도(1.2[kg/m^3])

3) 국부저항에 의한 압력손실(ΔPd)

$$\Delta Pd = \xi \frac{v^2}{2g} \gamma \, [\text{mmAq}] = \xi \frac{v^2}{2} \rho \, [\text{Pa}]$$

      ξ : 국부저항계수
      v : 공기의 속도[m/s]
      g : 중력가속도(9.8[m/s^2])
      γ : 공기의 비중량(1.2[kg/m^2])
      ρ : 공기의 밀도(1.2[kg/m^3])

예제문제 20

다음 그림과 같은 엘보에 대한 압력손실은? (단, 곡관부의 국부저항 손실계수는 0.35이며 공기의 밀도는 1.2[kg/m^2]이다.)   [09, 18 기]

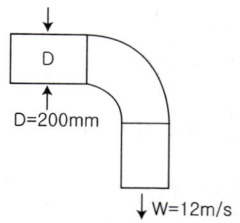

① 약 10[Pa]   ② 약 20[Pa]   ③ 약 30[Pa]   ④ 약 40[Pa]

해설 국부저항에 의한 압력손실(ΔPd)

$$\Delta Pd = \xi \frac{v^2}{2} \rho \, [\text{Pa}] = 0.35 \times \frac{12^2}{2} \times 1.2 = 30 [\text{Pa}]$$

ξ : 국부저항계수 v : 공기의 속도[m/s] ρ : 공기의 밀도(1.2[kg/m^3])   답 : ③

4) 원형덕트와 장방형덕트의 환산식

$$de = 1.3 \left\{ \frac{(a \times b)^5}{(a+b)^2} \right\}^{\frac{1}{8}}$$

de : 원형덕트의 직경[cm]
a : 장방형덕트의 장변길이[cm]
b : 장방형덕트의 단변길이[cm]

여기서 $\frac{a}{b}$ 를 아스펙(aspect)비라고 한다.

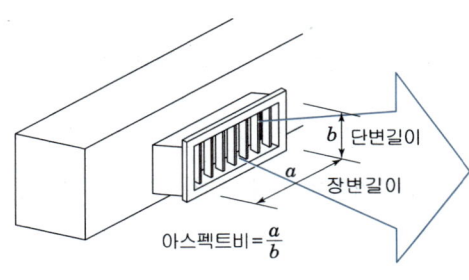

[그림] 아스펙트비

> **학습포인트**
>
> - 레이놀즈 수(Reynold's Number)
>
> $Re = \frac{Vd}{v}$
>
> Re : 레이놀즈 수
> V : 유체의 속도[m/s]
> d : 관경, 배관의 안지름[m]
> v : 유체의 동점성계수[m/s]
>
> ※ 유체의속도, 관경에 비례하고, 동점성계수에 반비례한다.
> ① 유체의 동점성계수 v는 유체의 성질을 나타내는 요소 중 하나인 점성계수(μ)를 그 유체의 밀도(ρ)를 나눈 값을 의미한다. ($v = \frac{\mu}{\rho}$)
> ② 배관 내에 흐르는 유체의 경우 : 레이놀즈 수에 의한 층류, 난류 등의 판단 기준
> ③ 일반적으로 공기조화에서 다루게 되는 유체의 흐름은 난류가 된다.
> (Re < 2,000 : 층류역, 2,000 < Re < 4,000 : 천이구역, Re > 4,000 : 난류역)

4. 취출구

(1) 취출구의 성능

1) 유인비(induction ratio)

① 취출구에서 나온 공기(1차 공기)는 주위 실내공기(2차 공기)를 자기 흐름속에 유인하여 혼합공기가 되면서 점차 풍량은 증가하고 속도는 감소한다.

② 1차 공기, 2차 공기, 혼합공기의 풍속과 풍량을 각각 v_1, v_2, v_3, Q_1, Q_2, Q_3 라 하면

$$\frac{v_1}{v_3} = \frac{Q_3}{Q_1} = \frac{Q_1 + Q_2}{Q_1}$$

$\frac{Q_3}{Q_1}$ 를 유인비라 하고, v_1이 클수록 유인비도 커진다.

2) 취출기류

취출기류는 거리 x가 증가함에 따라 중심속도 v_x가 감소한다.

① 제 1 역 : $v_x = v_0$

② 제 2 역 : $v_x \propto \dfrac{1}{\sqrt{x}}$

③ 제 3 역 : $v_x \propto \dfrac{1}{x}$

④ 제 4 역 : v_x가 0.25[m/s] 미만이 되는 구간으로, 취출기류가 주위 벽체 등의 영향으로 그 기능을 상실하여 실내기류와의 차이가 없어지게 된다.

※ v_x가 0.25[m/s]가 되는 부분까지의 거리를 도달거리라 한다. 취출각도를 넓히면 확산각은 증가하고 도달거리는 감소한다. 확산각은 거주역에서 0.1~0.2[m/s] 기류속도를 유지하는 범위를 말하며, 실내공기 온도와 다른 온도의 공기가 취출될 경우 기류는 대류작용에 의해 냉풍은 하강하고 온풍은 상승하게 된다.

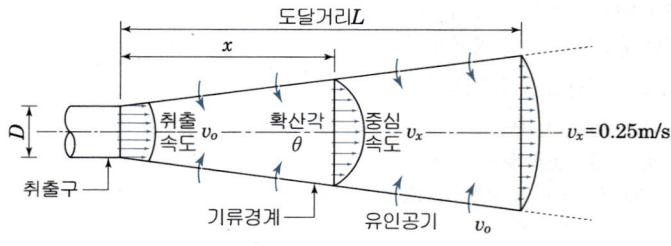

[그림] 취출구의 취출기류

3) 취출속도

① 유인비와 도달거리라는 점에서는 취출속도가 빠른 것이 바람직하다.

② 취출속도가 빠르면 발생소음이 커지게 되므로 실의 사용목적에 따라 적정속도가 요구된다.

예제문제 21

취출풍량 360[m³/h], 취출구 풍속 3.5[m/s], 개구율 0.7인 취출구의 면적은?
[20 기]

① 0.03[m²] ② 0.04[m²] ③ 0.05[m²] ④ 0.06[m²]

해설 유량과 풍속
일정한 지점을 흐르는 송풍량(유량) $Q = Av$ 이다.
유량 : Q [m³/s],
단면적 : A [m²],
풍속 : v [m/s]
∴ $Q = Av$
$$A = \frac{Q}{v} = \frac{360/3,600}{3.5 \times 0.7}$$
$$= 0.04 \,[\text{m}^2]$$

답 : ②

(2) 도달거리·강하거리·상승거리

① 도달거리
  ㉠ 취출구로부터 기류의 중심속도가 0.5m/s로 되는 곳까지의 수평거리를 최소도달거리라고 한다.
  ㉡ 취출구로부터 기류의 중심속도가 0.25m/s로 되는 곳까지의 수평거리를 최대도달거리라고 한다.
② 강하거리는 기류의 풍속 및 실내공기와의 온도차에 비례한다.
③ 상승거리는 기류의 풍속 및 실내공기와의 온도차에 비례한다.

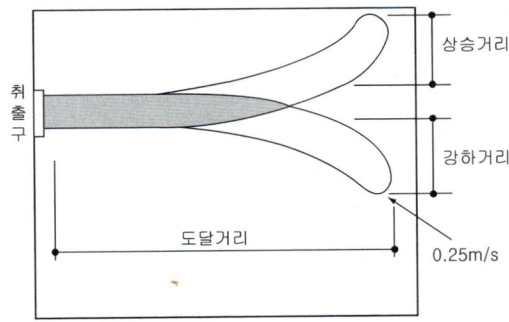

[그림] 도달거리, 강하거리, 상승거리

(3) 확산(천장 취출구에서 취출을 하는 경우)

① 거주영역에 최대 확산반경이 미치지 않는 영역이 없도록 배치하여야 한다.
② 거주영역에서 평균풍속이 0.1~0.125m/s로 되는 최대 단면적의 반경을 최대확산반경이라 한다.

■ 벽면 취출구에서 공기를 수평으로 취출되는 기류의 상태(속도분포선도)를 보면, 도달거리·강하거리·상승거리는 취출기류의 풍속에 비례한다.

③ 거주영역에서 평균풍속이 0.125~0.25m/s로 되는 최대 단면적의 반경을 최소확산반경이라 한다.
④ 인접한 취출구의 최소 확산반경이 겹치면 편류현상이 생긴다.

■ 콜드 드래프트(cold draft)
겨울철에 실내에 저온의 기류가 흘러들거나 또는 유리 등의 차가운 벽면에서 냉각된 냉풍이 하강하는 현상으로 냉방에 의한 온도차에 따라 일어나는 공기의 흐름이다.
※ 팬코일 유닛방식에서 유닛을 창문 밑에 설치하면 콜드 드래프트를 줄일 수 있다.

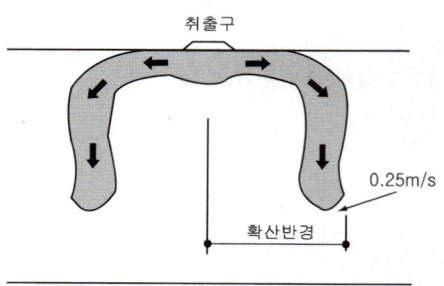

[그림] 확산반경

(4) 공기 취출구와 흡입구

① 그릴(grilles)형 : 풍량 조절이 불가능하며, 저속의 환기용 취출구나 흡입구에 사용한다.
② 유니버설 그릴형 : 그릴형에 가동식 날개를 부착한 것으로, 취출구에 사용한다.
③ 레지스터형 : 그릴형에 셔터나 댐퍼를 부착한 것으로, 풍량 조절이 가능하다.
④ 아네모스탯(anemostat)형 : 주로 천장에 설치하여 기류를 방사형태로 취출시키는 복류형 취출구로 일반적인 건축물에서 가장 많이 사용하고 있다. 확산반경이 크고 도달거리가 짧기 때문에 천장 취출구로 많이 사용된다.
⑤ 팬형 : 기본구조는 아네모스탯형과 동일하지만 유인성이 떨어지는 반면에 도달거리가 길다.
⑥ 노즐형 : 소음이 적기 때문에 취출풍속을 5[m/s] 이상으로 사용하며, 소음규제가 심한 방송국 스튜디오나 음악감상실 등에 사용되는 취출구이다.
⑦ 캄 라인(clam line)형 : 외부 존이나 내부 존에 모두 적용되며, 출입구 부근의 에어 커튼용으로도 적합하다. 선형이므로 인테리어 디자인의 일환으로도 적당하다.
⑧ 매시 룸(mash room)형 : 바닥 밑에 배기용 덕트를 유도하여 직접 바닥에서 배기하는 경우에 사용한다.

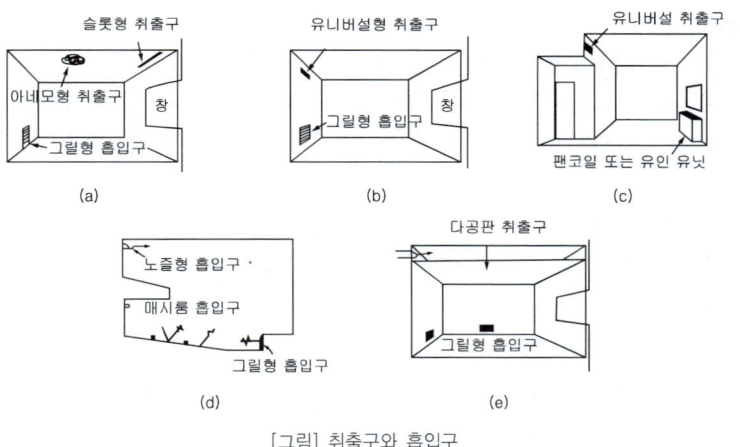

[그림] 취출구와 흡입구

5. 덕트의 시공

1) 확대 및 축소

① 단면적이 75[%] 이상 경우 : 직접 확대·축소한다.

② 단면적이 75[%] 이하 경우

저속 덕트	· 저속 덕트의 확대부분 각도는 될 수 있으면 15° 이하로 한다. · 저속 덕트의 축소부분 각도는 될 수 있으면 30° 이하로 한다.
고속 덕트	· 고속 덕트의 확대부분 각도는 될 수 있으면 8° 이하로 한다. · 고속 덕트의 축소부분 각도는 될 수 있으면 15° 이하로 한다.

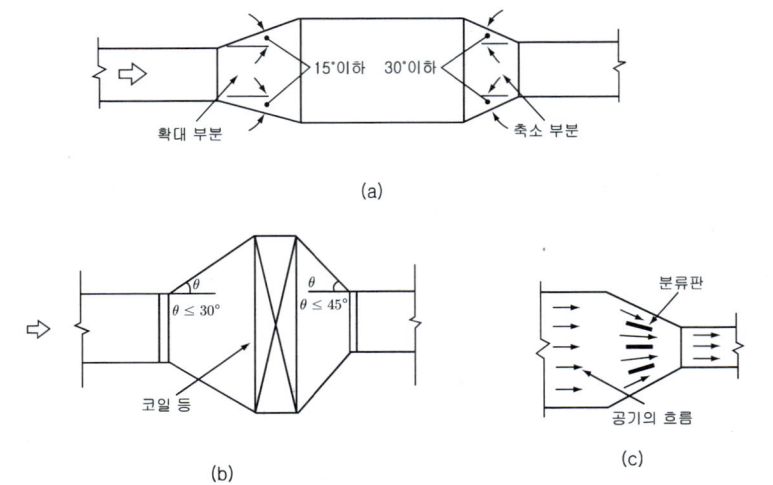

[그림] 덕트의 확대·축소

2) 엘보의 분기
① 덕트의 배치에서 엘보와 취출구간의 이음에서 취출구 위치는 엘보에 베인이 없을 때 A ≥ 8[W]가 되도록 분기하며, 그 이내인 경우에는 곡부에 가이드 베인(guide vane)을 설치한다. 가이드 베인은 곡부의 내측에 조밀하게 붙이는 것이 효과적이다.
② 덕트에서 엘보 다음의 취출구까지의 거리(A)

구 분	취출구 위치
가이드베인이 없는 엘보 사용시	A ≥ 8W
가이드베인이 달린 엘보 사용시	A ≥ 4~8W
가이드베인이 있는 직각 엘보 사용시	A ≥ 4W

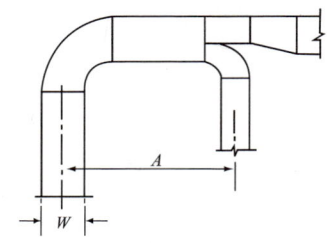
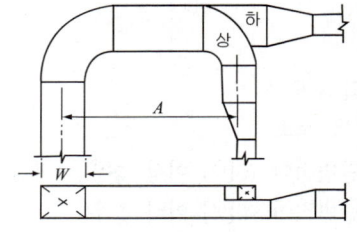

(a) $A \leq 8W$이면 엘보 내에 가이드 베인을 둔다.   (b) $A < 8W$면 상하분할을 한다.

[그림] 장방형덕트의 엘보 직후에서 분기

SECTION 3 환기설비 설계

1 환기설비 설계

1. 열교환기(heat exchanger)
열교환기는 냉각코일과 가열코일 및 냉동기의 응축기와 증발기 등에도 사용된다.

(1) 교환기의 구조에 따른 분류
교환기의 구조에 따라 원통다관형, 플레이트형, 스파이럴형 등이 있다.

1) 원통다관형(Shell & Tube형)
   ① 동체 내에 여러 개의 관으로 조립한 교환기
   ② 동체에는 증기나 고온수를 통하게 하여 관내에 흐르는 물을 가열하게 되는데 관내의 유속은 대체로 1.2[m/s] 이하로 설정한다.

2) 판형(플레이트형)
   ① 스테인레스 강판에 리브(rib)형의 골을 만든 여러 장을 나열하여 조합한 교환기
   ② 플레이트(plate)를 경계로 서로 다른 유체를 통과시켜 열교환 하는 구조
   ③ 특징
      ㉠ 원통다관형(Shell & Tube형)에 비해 열관류율 $K[W/m^2 \cdot K]$가 3~5배이므로 규모는 작아도 열교환 능력이 매우 좋다.
      ㉡ 고온, 고압, 유지 관리성이 뛰어나며 부식 및 오염도가 낮아 고효율운전이 가능하다.
      ㉢ 제조과정의 자동화가 가능하여 가격이 저렴하다.
      ㉣ 용이하게 제작이 가능하며 설치공간이 적게 소요된다.
      ㉤ 열교환기의 면적을 쉽게 변화시킬 수 있다.
      ㉥ 체류시간이 짧아 열에 민감한 물질에 적합하다.
      ㉦ 초고층 건물 등의 공조용 외에 다른 산업 분야에서도 널리 적용되고 있다.

3) 스파이럴(spiral)형
   ① 2장의 금속판(스테인리스 강판)을 나선형으로 감고 양쪽 통로에 유체를 통과시켜 열교환하는 방식으로 가스켓을 사용하지 않고도 수밀이 되는 구조로 되어 있다.
   ② 열팽창에 대한 염려가 적으며, 내부 청소 및 수리가 편리하다.
   ③ 용도는 화학공업을 비롯하여 설치장소를 많이 차지하지 않으므로 고층건물의 공조용으로도 사용된다.

건축설비설계

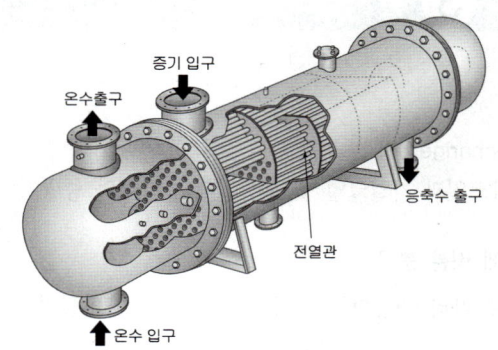

[그림] 셸튜브형 열교환기

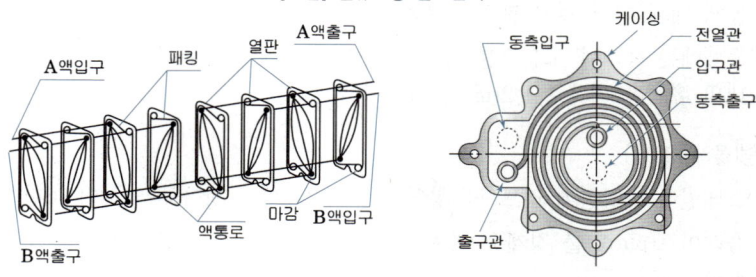

[그림] 플레이트형 열교환기   [그림] 스파이럴형 열교환기(수평단면도)

■ 히트파이프 열교환기

학습포인트

● 히트파이프 열교환기(Heat Pipe Type heat Exchanger)

[특징]
① 열교환기에 비해 작동부분이 없으며, 소형 경량화가 가능하다.
② 낮은 온도차에도 회수효율이 높아 저온 열회수에 적당하다.
③ 경량이며, 구조가 간단하고 수평·수직·경사구조로 설치가 가능하다.
④ 전열면적 증대를 위해 핀튜브, 침상 튜브 등을 사용한다.
⑤ 유지관리 및 제작이 용이하다.
⑥ 간접 열교환 방식으로 직접 열교환 방식에 비해 오염의 우려가 적다.
⑦ 별도의 동력이 불필요하다.
⑧ 고성능화나 대량화는 곤란하다.
⑨ 길이가 길어지면 저항의 증가로 효율이 떨어진다.
⑩ 극저온이나 항공, 원자로 등 공조용 폐열회수와 열원장치 폐열회수에 사용된다.

(2) 열교환기의 대수평균온도차(MTD : Mean Temperature Difference, Δt_m)와 전열량[W]

① 열교환기에서 고온의 유체와 저온의 유체가 이동하는 형식은 흐름 방향이 동일한 평행류형과 흐름 방향이 서로 반대인 대향류형(역류형)이 있다.

② 열교환량 Q [W]는 고온 유체와 저온 유체의 온도차가 비례하는데 각 위치마다 온도가 다르므로 이것을 평균치로 한 대수평균온도차(Δt)를 이용한다.

③ 대수평균온도차를 서로 비교해보면 대향류형(역류형)인 경우가 평행류보다 더 크므로 전열량도 많다.

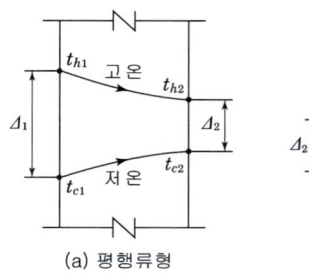 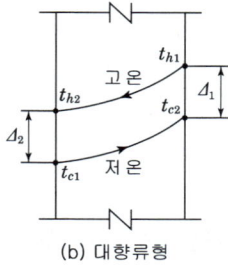

(a) 평행류형 (b) 대향류형

[그림] 열교환기의 온도변화

$$Q = K \cdot A \cdot \Delta t_m$$

여기서, K : 열관류율[W/m² · K]
A : 열교환기의 전열면적[m²]
Δt_m : 대수평균온도차[K]

상관관계식 $\Delta t_m = \dfrac{\Delta_1 - \Delta_2}{l_n \dfrac{\Delta_1}{\Delta_2}}$

평행류일 때 : $\Delta_1 = t_{h1} - t_{c1}$, $\Delta_2 = t_{h2} - t_{c2}$
대향류일 때 : $\Delta_1 = t_{h1} - t_{c2}$, $\Delta_2 = t_{h2} - t_{c1}$

※ l_n은 자연로그 e를 말한다. 즉, $\log_e = l_n$이다.
$\log_e$에서 e는 아래첨자 e로서 그 값은 2.718 …이다.
실제 계산으로는 풀기가 곤란하므로 공학용계산기를 활용한다.

예제문제 01

대향류 물-물 열교환기가 정상상태에서 작동 중이다. 이때 더운 물의 입·출구 온도는 90[℃]와 70[℃]이고, 찬 물의 입·출구 온도는 각각 30[℃]와 65[℃]이다. 이 열교환기의 대수평균온도차(LMTD)는 얼마인가?

① 30.5[℃] ② 31.9[℃] ③ 32.3[℃] ④ 33.5[℃]

해설 대수평균온도차(대향류일 때)

$$MTD = \frac{\Delta_1 - \Delta_2}{\ln\frac{\Delta_1}{\Delta_2}}$$

$$\therefore MTD = \frac{(90-65) - (70-30)}{\ln\frac{(90-65)}{(70-30)}} = 31.9[℃]$$

답 : ②

(3) 열교환기의 효율을 향상시키기 위한 방법

① 열교환 면적을 가급적 크게 한다.
② 대수평균온도차를 크게 한다.(열교환기 입구와 출구의 온도차를 크게 한다.)
③ 열전도율이 높은 재료을 사용한다.
④ 열통과율을 증가시킨다.
⑤ 유체의 유속을 증가시킨다.(작동유체의 흐름을 빠르게 한다.)
⑥ 유체의 이동길이를 짧게 한다.
⑦ 열용량이 높은 유체를 사용한다.
⑧ 유체의 흐름 방향을 대향류로 한다.

2. 폐열회수장치

폐열회수장치는 배기가스의 여열을 이용하여 열효율을 높이기 위한 장치이다.

■ 열교환기(폐열회수장치)의 설치 순서[보일러 부속장치와 연소가스 접촉과정]
과열기 → 재열기 → 절탄기 → 공기예열기

1) 과열기

보일러에서 발생한 포화증기의 수분을 제거하여 과열도가 높은 증기를 얻기 위한 장치이다.

2) 재열기

고압 증기터빈을 돌리고 난 증기를 다시 재가열하여 적당한 온도의 과열증기로 만든 후 저압 증기터빈을 돌리는 장치로 과열기의 중간 또는 뒤쪽에 위치하며 과열기와 동일 구조이다.

3) 절탄기

보일러 배기가스의 여열을 이용하여 급수를 가열하는 장치로 보일러 열교환 성능 향상과 연료의 절약 효과가 있다.(굴뚝으로 배출되는 열량의 20~30[%] 회수)

4) 공기예열기

보일러 배기가스의 여열을 이용하여 연소용 공기를 예열시키는 장치로 연료의 연소를 양호하게 하며 노내의 온도가 높아져 열전달이 좋아지며 보일러의 효율을 향상시킨다.

- 절탄기(economizer)
  ① 열 이용률의 증가로 인한 연료소비량의 감소
  ② 증발량의 증가
  ③ 보일러 몸체에 일어나는 열응력(熱應力)의 경감
  ④ 스케일의 감소

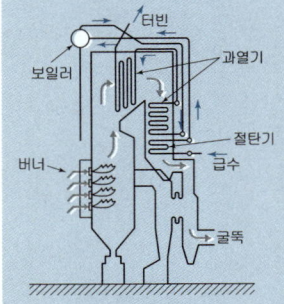

3. 전열교환기

① 전열교환기는 배기되는 공기와 도입 외기 사이에 공기의 교환을 통하여 배기가 지닌 열량을 회수하거나 도입외기가 지닌 열량을 제거하여 도입외기를 실내 또는 공기조화기로 공급하는 전열교환장치이다.

② 공기 대 공기의 열교환기로서 현열은 물론 잠열까지도 교환되는 엔탈피 교환하는 장치로서 공조시스템에서 배기와 도입되는 외기와의 전열교환으로 공조기는 물론 보일러나 냉동기의 용량을 줄일 수 있다.

③ 연료비를 절약할 수 있는 에너지절약 기기로 공기방식의 중앙공조시스템이나 공장 등에서 환기에서의 에너지 회수방식으로 많이 사용된다.

④ 전열교환기를 사용한 공조시스템에서 중간기(봄, 가을)를 제외한 냉방기와 난방기의 열회수량은 실내·외의 온도차가 클수록 많다.

⑤ 전열교환기의 효율
  ㉠ 외기와 환기의 최대 엔탈피차($X_3 - X_1$)에 대한 실제 전열 엔탈피차($X_2 - X_1$)의 비
  ㉡ 전열교환기 효율 $\eta = \dfrac{X_2 - X_1}{X_3 - X_1}$

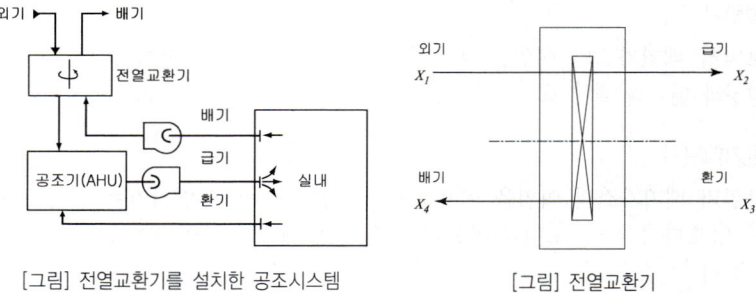

[그림] 전열교환기를 설치한 공조시스템   [그림] 전열교환기

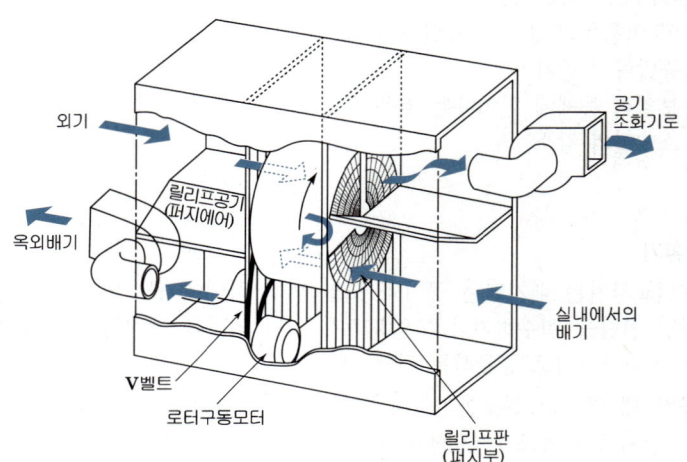

[그림] 전열교환기

SECTION 4 위생설비 설계

1 급수시스템 설계

1. 급수량 산정

1) 건물 사용 인원에 의한 방법

$$Q_d = Q \times N \, [\ell/d]$$

Q_d : 1일당의 급수량 $[\ell/d]$
Q : 1일 평균 사용수량 $[\ell/d \cdot c]$
N : 급수 인원[인]

2) 건물 면적에 의한 방법

건물 사용 인원이 판명되지 않을 경우 건물의 유효 면적비를 고려하여 구한다.

$$Q_d = A \times k \times n \times q \, [\ell/d]$$

A : 건물 연면적$[m^2]$
k : 건물 연면적에 대한 유효 면적의 비율[%]
n : 유효 면적당의 인원$[인/m^2]$
q : 건물 종류별 1일 1인당 사용수량 $[\ell/d \cdot c]$

3) 사용 기구에 의한 방법

$$Q_d = Q_f \times F \times P$$

Q_f : 기구의 사용수량 $[\ell/d]$
F : 기구수[개]
P : 기구의 동시사용률[%]

예제문제 01

연면적 2,000$[m^2]$인 사무소 건물에 필요한 1일 급수량은? (단, 유효면적비 55[%], 유효면적당 인원은 0.2$[인/m^2]$, 1인 1일당 급수량은 120$[\ell]$이다.) [12 기]

① 2,400$[\ell/d]$ ② 2,640$[\ell/d]$ ③ 24,000$[\ell/d]$ ④ 26,400$[\ell/d]$

해설 건물 면적에 의한 방법

$$Q_d = A \times k \times n \times q \, [\ell/d]$$

A : 건물 연면적$[m^2]$
k : 건물 연면적에 대한 유효 면적의 비율[%]
n : 유효 면적당의 인원$[인/m^2]$
q : 건물 종류별 1일 1인당 사용수량 $[\ell/d \cdot c]$

$\therefore Q_d = A \times k \times n \times q \, [\ell/d] = 2{,}000[m^2] \times 0.55 \times 0.2[인/m^2] \times 120[\ell/d]$
$= 26{,}400[\ell/d]$

답 : ④

건축설비설계

예제문제 02

연면적이 10,000[m²]인 사무소 건물의 급수량을 구하여 옥상 탱크의 용량을 결정하고자 한다. 1시간 최대 사용수량을 옥상탱크용량으로 결정할 경우 가장 적당한 것은?(단, 유효면적비 56[%], 유효면적당 거주인원 0.2[인/m²], 1인 1일당 급수량 100[ℓ], 건물의 사용시간은 10시간으로 한다.)

① 10[m³] ② 20[m³] ③ 30[m³] ④ 40[m³]

해설 고가수조 용량(V_h)

① 1일 급수량
$$Q_d = A \times k \times n \times q [\ell/d]$$
$$= 10,000[m^2] \times 0.56 \times 0.2[인/m^2] \times 100[\ell/d]$$
$$= 112,000[\ell/d] = 112[m^3/d]$$

② 시간평균급수량(Q_h)
$$\frac{Q_d}{T} = \frac{112}{10} = 11.2 [m^3/h]$$

③ 시간최대급수량($V_h = Q_m$)
$$= Q_h \times (1.5 \sim 2.0 시간) [\ell]$$
$$= 11.2[m^3/h] \times (1.5 \sim 2.0 시간)$$
$$= 16.8 \sim 22.4[m^3]$$

답 : ②

■ **피크 로드(peak load)**
- 하루 중 시간당의 사용수량이 가장 큰 값
- 1일 사용수량의 10~20[%] 정도

2. 수조(탱크)의 설계 제원

① 1일 급수량 = 1명당 필요수량 × 인원수

② 저수조 용량(V_s) = 1일 급수량 × (0.5~1일)

③ 고가수조 용량(V_h)
  ㉠ V_h = 1시간 최대 사용수량 × (1~3시간)[m³]
  ㉡ $V_h = Q_m = Q_h \times (1.5 \sim 2.0 시간)[\ell]$
    Q_m : 시간 최대 예상급수량[ℓ/h], Q_h : 시간 평균 예상급수량[ℓ/h]

④ 양수펌프의 양수량(Q) = $\dfrac{Q_h \times (3 \sim 4시간)}{60}[\ell/min]$

예제문제 03

사용인원 800명인 사무소 건물에서 지하층에 저수조를 두고 고가수조에 의한 하향공급식을 계획할 때 저수조 및 고가수조의 용량은?(단, 1인 1일 급수량은 100[ℓ]로 하고 비상발전기는 있는 것으로 본다.)

해설 ① 저수조 : 1일 급수량의 1/2~1일분
∴ 1일 급수량(Q) = 800명 × 100[ℓ] = 80,000[ℓ/d] = 80[m³/d] 에서
저수조는 80 × (0.5~1) = 40~80[m³] 정도
② 고가수조 : 피크 로드(peak load)의 1시간분으로 보면 피크로드는 1일 급수량의 10~20[%] 이므로 8~16[m³] 정도가 적당하다.

> **예제문제 04**
>
> 연면적 800[m²]인 사무소 건물의 시간평균 예상급수량이 1,000[ℓ/h]일 때 시간 최대 예상급수량은? [03, 05 기]
>
> ① 500~1,000[ℓ/h] ② 1,000~1,500[ℓ/h]
> ③ 1,500~2,000[ℓ/h] ④ 2,000~3,000[ℓ/h]
>
> **해설** 고가수조 용량(V_h)
> ㉠ V_h = 1시간 최대 사용수량×(1~3시간) [m³]
> ㉡ $V_h = Q_m = Q_h \times (1.5~2.0$시간$)$ [ℓ]
> Q_m : 시간 최대 예상급수량[ℓ/h]
> Q_h : 시간 평균 예상급수량[ℓ/h]
> ∴ $Q_m = Q_h \times (1.5~2.0$시간$)$ [ℓ] = 1,000[ℓ/h]×(1.5~2) = 1,500~2,000[ℓ/h]
> ※ 고가수조의 소용량화를 위한 설계를 할 때는 순간최대 예상급수량을 기준으로 할 수 있다.
>
> 답 : ③

3. 급수 배관의 관경 결정법

1) 기구 연결관의 관경에 의한 관경 결정

기구 수전이 소요수압을 경우 충족시킬 정도로 급수압이 낮거나 또는 주관에서 분기한 지관의 길이가 길 때에는 표를 이용하여 결정한다.

2) 균등표에 의한 관경의 결정

균등표에 의해 관경을 정하려면 배관에 접속하는 기구의 구경을 단위(호칭경 15mm)로 환산하여 사용률을 곱해 균등표에 의해 관경을 결정할 수 있다.

① 기구의 동시사용률 계산

■ 기구의 동시사용률[%]

기구수	2	3	4	5	10	15	20	30	50	100
동시사용률[%]	100	80	75	70	53	48	44	40	36	33

② 균등표에 의한 관경 결정

■ 급수관의 균등표

관지름 mm(B)	10 (⅜)	15 (½)	20 (¾)	25 (1)	32 (1¼)	40 (1½)	50 (2)	65 (2½)	80 (3)	90 (3½)	100 (4)	125 (5)	150 (6)
10(⅜)	1												
15(½)	1.8	1											
20(¾)	3.6	2	1										
25(1)	6.6	3.7	1.8	1									
32(1¼)	13	7.2	3.6	2	1								
40(1½)	19	11	5.3	2.9	1.5	1							
50(2)	36	20	10.0	5.5	2.8	1.9	1						
65(2½)	56	31	15.5	8.5	4.3	2.9	1.6	1					
80(3)	97	54	27	15	7	5	2.7	1.7	1				
90(3½)	139	78	38	21	11	7.2	3.9	2.5	1.4	1			
100(4)	191	107	53	29	15	9.9	5.3	3.4	2	1.4	1		
125(5)	335	188	93	51	26	17	9.3	6	3.5	2.4	1.8	1	
150(6)	531	297	147	80	41	28	5	9.5	5.5	3.8	2.8	1.6	1

[주] 일반적으로 사용되는 기구의 최소 관경은 15mm(½")이므로 각종 기구 및 배관을 15mm 관의 단위로 환산하면 편리하다.(위 표는 마찰손실을 고려한 것임.)

3) 마찰저항선도에 의한 관경의 결정

급수 배관 속에 흐르는 수량과 허용마찰로 관경을 구하는 방법

① 동시사용 유수량 계산

기구급수부하단위를 산정하여 동시사용유수량을 계산한다.

② 허용마찰손실수두 계산

허용마찰손실수두는 단위길이에 대한 수치[mmAq/m]로 다음과 같이 표시한다.

$$R = \frac{(H_1 - H_2)}{l(1+k)} \times 1{,}000$$

R : 허용마찰손실수두[mmAq/m]
H_1 : 고가탱크에서 각 층의 기구까지의 수직 높이[m]
H_2 : 각층 급수기구의 최저 필요압력에 해당하는 수두[m]
ℓ : 고가탱크에서 가장 먼 거리에 있는 급수기구까지의 거리[m]
k : 직관에 대한 연결부속품의 국부저항 비율(0.3~0.4)

③ 관경 결정 : 동시사용 유수량[ℓ/min]과 허용마찰손실수두 R[mmAq/m]을 이용하여 관경을 구한다.

■ 1[MPa]=10[kgf/cm²]
　　　=100[mAq]
　1[MPa]=1,000[kPa]
　　　=1,000,000[Pa]

예제문제 05

다음 그림과 같이 (A) 파이프에서 15[mm] 파이프 5개가 분기되어 급수하고자 할 때 파이프 (A) 부분의 굵기는 얼마 이상으로 해야 하는지 [표-1, 2]를 이용하여 계산하면?

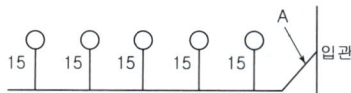

■[표-1] 기구의 동시사용률

기구수	2	3	4	5	10	5
동시 사용률[%]	100	80	75	70	53	48

■[표-2] 급수관의 균등표

관지름[mm]	15	20	25	32	40
15	1	2	3.7	7.2	11

해설 기구수가 5개 이므로 [표-1]에서 동시사용률은 70%이다.
  $5 \times 0.7 = 3.5$개(즉, 15[mm] 급수관 3.5개가 필요하다.)
  [표-2]에서 15[mm]관 3.5개는 25[mm]관 1개와 유사하므로 급수가 가능한 관지름은 25[mm]가 적당하다.
  답 : 25[mm]

예제문제 06

옥상탱크식 급수배관에서 25[m] 아래에 최저 필요압력이 0.07[MPa]인 급수전을 설치하였다. 이 배관의 전 연장이 75[m]라면 1[m]당 허용마찰손실수두는 얼마인가?

해설 $H = H_1 + H_2$
  [H_1 : 급수전 필요압력(0.07[MPa] → 7[m]), H_2 : 관내 마찰손실수두]
  $25[m] = 7[m] + H_2$ $H_2 = 18[m] = 18,000[mmAq]$
  $\therefore 18,000[mmAq] \div 75[m] = 240[mmAq/m]$ **답** : 240[mmAq/m]

4. 급수 배관 시공상의 주의사항

1) 배관 구배(물매)

① 급수관은 수리, 기타 필요에 따라 관 속의 물을 완전히 배제할 수 있고, 또 공기가 정체되지 않도록 일정한 구배를 두어 배관해야 한다. 배관은 최단거리로 한다.

② 급수관의 배관 구배는 모두 선단 하향 구배로 하나, 옥상탱크식 급수 배관에 있어서는 하향 배관에 있어 횡주관은 선하향 구배, 각 층의 횡주관은 선상향 구배로 한다.

2) 밸브

① 공기 빼기 밸브(air vent valve)
굴곡 배관이 되어 공기가 차게 되는 부분에 설치하여 공기를 제거하며 이로 인해 물의 흐름을 원활하게 한다.

② 배니(찌꺼기 제거) 밸브
배관의 말단 부분인 청소구에 설치하여 침전 물질 등 부유물을 제거한다.

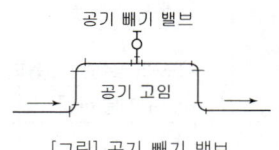

[그림] 공기 빼기 밸브

③ 지수(止水) 밸브
㉠ 설치 장소
수평 주관에서의 각 수직관의 분기점, 각 층 수평 주관의 분기점, 집단기구에의 분기점
㉡ 국부적 단수로 급수 계통의 수량 및 수압 조정을 위해 설치한다.
㉢ 사용 밸브는 슬루스 밸브(sluice valve, 일명 게이트 밸브)로 한다.

3) 유니언(union)과 플랜지(flange)

관의 교체나 펌프의 고장 수리시 사용한다.
① 유니언 : 50[mm] 이하의 관에 사용한다.
② 플랜지 : 50[mm] 이상의 관에 사용한다.

4) 수격 작용(water hammering)

관내 유속이 빠르거나 혹은 밸브, 수전 등의 관내 흐름을 순간적으로 폐쇄하면, 관내에 압력이 상승하면서 생기는 배관 내의 마찰음 현상이다.

① 원 인
㉠ 유속이 빠를 때
㉡ 관경이 적을 때
㉢ 밸브 수전을 급히 잠글 때
㉣ 굴곡 개소가 많을 때
㉤ 감압 밸브를 사용하지 않을 때

② 방지책
  ㉠ 관내 유속을 될 수 있는 대로 느리게 하고 관경을 크게 한다.
  ㉡ 폐수전을 폐쇄하는 시간을 느리게 한다.
  ㉢ 기구류 가까이에 air chamber를 설치하여 chamber 내의 공기를 압축시킨다.
  ㉣ water hammer 방지기를 water hammer의 발생 원인이 되는 밸브 근처에 부착시킨다.
  ㉤ 굴곡 배관을 억제하고 될 수 있는 대로 직선배관으로 한다.

5) 슬리브(sleeve) 배관
바닥이나 벽을 관통하는 배관의 경우 콘크리트를 칠 때 미리 철관인 슬리브를 넣고, 이 슬리브 속에 관을 통과시켜 배관을 한다. 배관은 관의 신축과 팽창을 흡수하며 관의 교체시 편리하다.

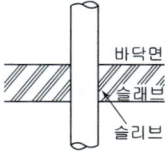

6) 방식 피복
  ① 강관 : 내산 도료로 칠을 한다.
  ② 연관 : 내알칼리성 도장을 하고, 그 위에 아스팔트 주트(asphalt jute)를 감는다.
  ③ 피복관 : 보통 페인트로 2~3회 칠을 한다.

7) 방동·방로 피복
  ① 급수관은 배수관과 달라서 물이 계속 정체되어 있기 때문에 철저한 피복이 요구된다.
  ② 천장 내의 파이프는 결로가 생겨 얼룩이 생긴다.
  ③ 펠트(felt), 아스베스토스(asbestos), 마그네시아(magnesia) 등의 보온재로 피복한다.

8) 수압시험
배관공사 후 피복하기 전에 실시하며, 접합부 및 기타 부분에서의 누수의 유무, 수압에 대한 저항 등 시공의 불량 여부를 파악하기 위해 수압시험을 한다.
다음의 압력을 가하여 60분간 압력변화가 없어야 한다.
  ① 공공 수도직결인 배관 : 1.0[MPa]
  ② 고가수조 아래 연결배관 : 최고사용압력의 1.5배(최소 0.75[MPa])

2 급탕시스템 설계

1. 기초사항
(1) 물의 팽창과 수축

물은 온도 변화에 따라 그 부피가 팽창 또는 수축한다. 순수한 물은 0℃에서 얼게 되며, 이 때 약 9%의 체적팽창을 한다. 그리고 4℃의 물을 100℃까지 높였을 때 체적팽창의 비율이 약 4.3%에 이른다. 또한 100℃의 물이 증기로 변할 때 그 체적이 1,700배로 팽창한다. 이 팽창의 원리를 이용한 것이 중력 환수식 증기난방 또는 중력 순환식 온수난방 방식이다.

$$\Delta_v = \left(\frac{1}{\rho_2} - \frac{1}{\rho_1}\right) V \, [\ell]$$

Δ_v : 온수의 팽창량[ℓ]
ρ_1 : 온도 변화 전의 물의 밀도[kg/ℓ]
ρ_2 : 온도 변화 후의 물의 밀도[kg/ℓ]
V : 장치 내의 전수량[ℓ]

예제문제 07

개방형 팽창탱크가 설치된 급탕설비에서 급탕시스템 내의 전수량이 4,100[L]일 경우 팽창탱크 용량계산 시 사용되는 급탕시스템 내의 팽창량은?
(단, 공급되는 물의 밀도는 1,000[kg/m³] 탕의 밀도는 983[kg/m³]이다) [08 기]

① 41[L]   ② 55[L]   ③ 69[L]   ④ 71[L]

해설 팽창수량(Δ_v)

$$\Delta_v = \left(\frac{1}{\rho_2} - \frac{1}{\rho_1}\right) V$$

Δ_v : 온수의 팽창량[ℓ]
ρ_1 : 온도 변화 전의 물의 밀도[kg/ℓ]
ρ_2 : 온도 변화 후의 물의 밀도[kg/ℓ]
V : 장치 내의 전수량[ℓ]

$$\therefore \Delta_v = \left(\frac{1}{0.983} - \frac{1}{1}\right) \times 4,100 = 71 \, [L]$$

답 : ③

> **학습포인트**
>
> ● 물의 상태 변화
>
> 물은 응고하면 얼음으로, 기화하면 수증기로 변화한다.
>
> 100[℃]의 물 1[kg]을 100[℃]의 수증기로 만들려면 2,257[kJ]의 증발열이 흡수되며 100[℃]의 수증기 1[kg]이 100[℃]의 물로 변하려면 2,257[kJ]의 응축열을 방출해야 한다. 그러므로 물 1[kg]의 보유열량은 419[kJ]이고, 100[℃]의 수증기 1[kg]의 보유열량은 2,676(419+2,257) [kJ]이다.
>
>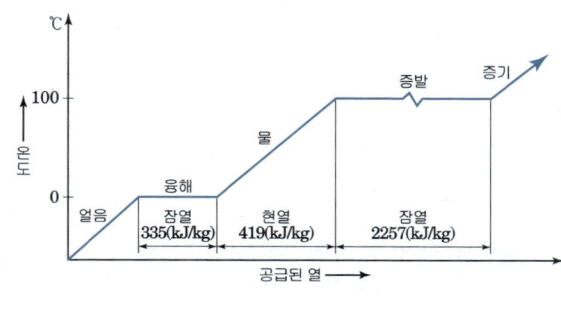
>
> [그림] 순수한 물의 상태변화도

(2) 열용량과 열량

① 열용량[C]≧질량[kg]×비열[kJ/kg℃]=m·c[kJ/℃]
② 열량[Q]=열용량[kJ/℃]×온도차[℃]
→ 열량[Q]=질량[kg]×비열[kcal/kg·℃]×온도차[℃]=$m \cdot c \cdot \Delta t$[kcal]
　　　　=질량[kg]×비열[kJ/kg·K]×온도차[K]=$m \cdot c \cdot \Delta t$[kJ]

Q : 열량[kJ]
m : 질량[kg]
c : 비열[kJ/kg℃]
Δt : 온도차([℃] 또는 [K])

(3) 급탕부하

급탕부하는 시간당 필요한 온수를 얻기 위해 소요되는 열량을 말한다. 급탕온도의 온도차(Δt)는 보통 60[℃]를 기준으로 하며, kJ/h 또는 kW(kJ/s)로 나타낸다.

급탕부하 = 급탕량 m[kg/h]×비열 c[kJ/kg·K]×온도차 Δt[K] [kJ/h]

$$= \frac{급탕량\ m[kg/h] \times 비열\ c[kJ/kg \cdot K] \times 온도차\ \Delta t[K]}{3,600[s/h]} [kW]$$

■ 비열

· 얼음 :
　0.5[kcal/kg·℃]=2.1[kJ/kg·K]
· 물 :
　1[kcal/kg·℃]=4.2[kJ/kg·K]
· 공기 :
　0.24[kcal/kg·℃]=1[kJ/kg·K]
※ 열량에 대한 SI단위는 kJ로 나타내며, kcal와의 관계는 다음과 같다.
　1[kJ]=0.24[kcal]=240[cal] 이므로
　1[cal/h]=4.2[Joul]
　1[kcal/h]=4.2[kJ]
　1[kW]=1[kJ/s]
　　　　≒860[kcal/h]
[주]열량에 대한 SI기본단위는 K(켈빈온도, 절대온도)이며, ℃(섭씨온도)와 눈금 크기는 동일하다.

예제문제 08

물 10[kg]을 10[℃]에서 60[℃]로 가열하는데 필요한 열량은?

① 840[kJ]　　　② 1,260[kJ]　　　③ 1,680[kJ]　　　④ 2,100[kJ]

해설 $Q = m \cdot c \cdot \Delta t$
여기서, Q : 열량[kJ]　　　m : 질량[kg]
　　　　c : 비열[kJ/kg℃]　Δt : 온도차[℃]
∴ $Q = m \cdot c \cdot \Delta t = 10[kg] \times 4.2[kJ/kg \cdot K] \times (60-10) = 2,100[kJ]$

답 : ④

예제문제 09

1,000[ℓ/h]의 급탕을 전기온수기를 사용하여 공급할 때 시간당 전력사용량[kW/h]은? (단, 급탕온도 70[℃], 급수온도는 10[℃], 전기온수기의 전열효율은 95[%]로 한다.)　　　　　　　　　　　　　　　　　　　　　　　　　　　　　　[07 기]

① 63　　　　　　② 66　　　　　　③ 70　　　　　　④ 73

해설 급탕부하는 시간당 필요한 온수를 얻기 위해 소요되는 가열량을 말한다. 급탕온도의 온도차(Δt)는 보통 60℃를 기준으로 하며, kJ/h 또는 kW(kJ/s)로 나타낸다.

① Q = 급탕량 m[kg/h] × 비열 c[kJ/kg·K] × 온도차 Δt[K]　[kJ/h]

$$= \frac{급탕량\ m[kg/h] \times 비열\ c[kJ/kg \cdot K] \times 온도차\ \Delta t[K]}{3,600[s/h]}\ [kW]$$

$$= \frac{1,000[kg/h] \times 4.19[kJ/kg \cdot K] \times (70-10)[K]}{3,600[s/h]} = 69.8\ [kW]$$

② 온수기 용량 = $\dfrac{가열량}{효율} = \dfrac{69.8}{0.95} = 73.5$ [kW]

답 : ④

예제문제 10

90[℃]의 물 500[kg]과 30[℃]의 물 1,000[kg]을 혼합하였을 때 혼합된 물의 온도는?　　　　　　　　　　　　　　　　　　　　　　　　　　　　　　[11, 17, 20 기]

① 20[℃]　　　　② 30[℃]　　　　③ 40[℃]　　　　④ 50[℃]

해설 혼합수의 온도 $t_m = \dfrac{m_1 t_1 + m_2 t_2}{m_1 + m_2} = \dfrac{500 \times 90 + 1,000 \times 30}{500 + 1,000} = 50[℃]$

답 : ④

(4) 급탕설계

1) 급탕량의 산정방법

급탕량을 산정하는 데는 사용인원에 의한 방법과 기구의 종류와 개수에 의한 방법이 있으나, 일반적으로 인원을 기초로 한 산정방법이 정확한 값을 얻을 수 있다.

① 인원수에 의한 방법

㉠ 1일 최대 급탕량(Q_d)

$$Q_d = 급탕\ 대상\ 인원(인) \times 1일\ 1인\ 급탕량\ [\ell/d \cdot c,\ \ell/d]$$

㉡ 1시간 최대 급탕량(Q_h)

$$Q_h = 1일\ 최대\ 급탕량 \times \frac{1}{소비\ 시간}\ [\ell/h]$$

㉢ 가열기 능력(H)

$$H = Q_d \cdot r(t_h - t_c)$$

r : 1일 사용량에 대한 가열 능력 비율
t_h : 탕의 온도[℃]
t_c : 물의 온도[℃]

예제문제 11

급탕인원이 150명인 아파트의 1일당 예상급탕량은 얼마인가? (단, 1인 1일당 급탕량은 120[ℓ/c/d]로 한다.) [05 기]

① 12,000[ℓ/d]　② 15,000[ℓ/d]　③ 18,000[ℓ/d]　④ 20,000[ℓ/d]

해설 Q = N · qd = 150×120[ℓ/d] = 18,000[ℓ/d]　　　답 : ③

예제문제 12

1가구에 4인 기준으로 500가구가 살고 있는 아파트의 보일러 산정에 필요한 급탕부하는? (단, 급탕온도 : 80[℃], 급수온도 : 10[℃], 1일 사용량에 대한 가열능력비율 : 1/7, 1인 1일당 급탕량 : 0.075[m³] 1일 사용량에 대한 저탕비율 : 1/5, 1[kcal/h] = 1.163[W]) [08 기]

① 1,744,500[W]　② 2,442,300[W]　③ 348,900W　④ 3,052,875W

해설 1일 급탕량 = 500×4×0.075 = 150[m³/d]
　　　시간최대급탕량 = 1일 급탕량×가열능력비율
　　　　　　　　　 = 150×1/7 = 21.429[m³/h] = 21,429[kg/h] → 5.95[kg/s]
　　　∴ 급탕부하 = mc△t = 5.95×4.19×(80−10) = 1,745[kJ/s] = 1,745,000[J/s] = 1,745,000[W]
　　　　　　　　　　　　　　　　　　　　　　　　　　　　　　　답 : ①

건축설비설계

> **예제문제 13**
>
> 아파트 1동 90세대의 급탕설비를 중앙공급식으로 할 경우, 시간당 최대 급탕량[ℓ/h]과 저탕량이 가장 알맞게 짝지어진 것은? (단, 1세대당의 샤워 110[ℓ/h], 싱크 40[ℓ/h], 세탁기 70[ℓ/h]를 기준으로 하고, 동시사용률은 30%를 저탕계수는 1.25를 각각 적용한다.) [03 기]
>
> ① 시간당 최대 급탕량 25,740[ℓ/h], 저탕량 32,175[ℓ]
> ② 시간당 최대 급탕량 5,940[ℓ/h], 저탕량 7,425[ℓ]
> ③ 시간당 최대 급탕량 25,740[ℓ/h], 저탕량 7,425[ℓ]
> ④ 시간당 최대 급탕량 7,425[ℓ/h], 저탕량 5,940[ℓ]
>
> **해설** ① 시간당 최대 급탕량 = 총급탕량×동시사용률
> = (110+40+70)×90×0.3 = 5,940[ℓ/h]
> ② 저탕량 = 시간당 최대 급탕량×저탕계수 = 5,940[ℓ/h]×1.25 = 7,425[ℓ]
>
> **답** : ②

2) 온수순환펌프

① 전양정

급탕 주관 및 제일 먼 곳의 급탕 분기관을 거쳐 반탕관에서 저탕조로 돌아오는 가장 먼 순환의 전 관로의 관 지름과 순환탕량에서 전 손실수두를 구해서 정한다.

$$H = 0.01\left(\frac{L}{2} + \ell\right)[\text{m}]$$

L : 급탕관의 전연장[m]
ℓ : 반탕관의 전연장[m]

② 온수순환펌프의 수량

$$W = \frac{Q}{60\,C\Delta t}, \quad Q = \frac{60\,W\rho\,C\Delta t}{1,000}$$

Q : 배관과 펌프 및 기타 손실열량[kJ/h]
W : 순환수량[ℓ/min]
C : 탕의 비열[4.19kJ/kg·K]
ρ : 탕의 밀도(kg/m³)
Δt : 급탕·반탕의 온도차[℃](Δt는 강제순환식일 때 5~10℃ 정도임)

3) 팽창관과 팽창탱크
   ① 팽창관
      ㉠ 온수순환 배관 도중에 이상 압력이 생겼을 때 그 압력을 흡수하는 도피구로서 증기나 공기를 배출한다.
      ㉡ 팽창관의 설치높이
         팽창관은 급탕관에서 수직으로 연장시켜 고가탱크 또는 팽창탱크에 개방시킨다. 고가탱크(팽창탱크)의 최고 수위면으로부터의 팽창관의 수직높이 H는 다음과 같이 구한다.

$$H > h\left(\frac{\rho}{\rho'} - 1\right)[m]$$

   h : 고가탱크에서의 정수두[m]
   ρ : 물의 밀도[kg/ℓ]
   ρ' : 탕의 밀도[kg/ℓ]

예제문제 14

다음과 같은 경우, 팽창관의 입상높이 h는 최소 얼마 이상으로 하여야 하는가? (단, 급탕 및 급수온도는 각각 80[℃], 6[℃]이며, 이 때의 물의 밀도는 각각 0.9718[kg/L], 0.99997[kg/L]이다.) [19 기]

① 0.83[m]
② 0.87[m]
③ 0.90[m]
④ 0.93[m]

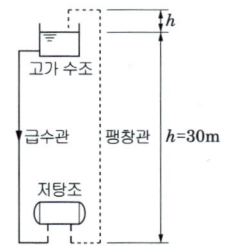

해설 팽창관의 설치높이
$$H \geq h\left(\frac{\rho}{\rho'} - 1\right) = 30\left(\frac{0.99997}{0.9718} - 1\right) = 0.87\,[m]$$

답 : ②

   ② 팽창탱크
      ㉠ 급탕장치 내 물의 팽창에 의해 팽창관으로 유출하는 수량을 저장하는 탱크로서, 고가수조를 팽창탱크의 겸용으로 사용하는 경우도 있으나, 별도로 설치하는 것이 바람직하다.
      ㉡ 설치높이 : 탱크의 저면이 최고층의 급탕전보다 5m 이상 높은 곳에 설치하며 탱크 급수는 볼탭에 의해 자동 급수한다.

ⓒ 용량

$$v_e = 1{,}000 \left(\frac{1}{\rho_2} - \frac{1}{\rho_1} \right) V \,[m^3]$$

V : 배관 및 기기내 급탕량[m^3]
ρ_1 : 물의 밀도[kg/ℓ]
ρ_2 : 급탕의 밀도[kg/ℓ]

예제문제 15

저탕조의 용량이 2[m^3]이고 급탕배관내의 전체 수량이 1[m^3]일 때 개방형 팽창탱크의 용량은 얼마인가? (단, 급수의 밀도는 1.000[g/cm^3]이고, 탕의 밀도는 0.983[g/cm^3]이다.) [12 기]

① 0.01[m^3] ② 0.03[m^3] ③ 0.05[m^3] ④ 0.07[m^3]

해설 팽창탱크 용량
$$V_e = \left(\frac{1}{\rho_2} - \frac{1}{\rho_1} \right) \cdot V = \left(\frac{1}{0.983} - \frac{1}{1} \right) \times 3 = 0.052 = 0.05[m^3]$$

답 : ③

4) 관의 신축과 팽창량(L)

$$L = 1{,}000 \cdot \ell \cdot C \cdot \Delta t \,[mm]$$

여기서, ℓ : 온도변화전의 관의 길이[m]
C : 관의 선팽창계수
Δt : 온도 변화[℃]

예제문제 16

온도 10[℃], 길이 200[m]인 동관에 탕이 흘러 60[℃]가 되었을 때, 동관의 팽창량은?(단, 동관의 선팽창계수는 0.171×10^{-4}/℃ 이다.) [10 기]

① 0.31[m] ② 0.171[m] ③ 0.251[m] ④ 0.311[m]

해설 $L = 1{,}000 \cdot \ell \cdot C \cdot \Delta t$
$= 1{,}000 \times 200 \times 0.171 \times 10^{-4} \times (60-10) = 171[mm] = 0.171[m]$

답 : ②

(5) 급탕 배관 시공시 주의사항

1) 배관의 구배
   ① 배관의 구배는 온수의 순환을 원활하게 하기 위해 될 수 있는 한 급구배로 한다.
   ② 상향 공급 방식 ┌ 급탕관 : 선상향(앞올림) 구배
                    └ 반탕관 : 선하향(앞내림) 구배
   ③ 하향 공급 방식 : 급탕관, 반탕관 모두 하향 구배로 한다.
   ④ 배관의 구배 ┌ 중력 순환식 : 1/150
                 └ 강제 순환식 : 1/200

2) 배관의 신축(expansion joint)
   ① 목적 : 온도에 의한 관의 신축을 흡수하기 위하여
   ② 설치위치 : 동관-20m 마다, 강관-30m 마다
   ③ 종류

종류	특징	용도
스위블 조인트 (swivel joint)	· 2개 이상의 elbows를 사용하여 나사회전을 이용해서 신축을 흡수 · 너무 큰 신축에는 파손되어 누수의 원인이 되는 결점	방열기 주위 배관용
신축곡관 (expansion loop)	· 신축곡관은 고장이 적고 고압 옥외 배관에 적합 · 신축을 흡수하는 1개의 길이가 긴 것이 결점이다.	대구경, 고압배관
슬리브형 (sleeve type)	· 온도의 변화에 따라 생기는 관의 신축을 슬리브의 미끄럼에 의해서 흡수 · 저압 증기배관 및 온수배관의 신축이음쇠로서 널리 사용	소구경용
벨로우즈형 (bellows type)	온도의 변화에 따른 관의 신축을 벨로스의 변형에 의해 흡수	소구경용

3) 보온
   ① 급탕설비의 저탕조와 배관은 열손실을 최소화하기 위해서 보온을 한다.
   ② 적당한 보온재로는 우모 펠트, 석면, 규조토, 마그네시아, 암면 등이 있으며, 보온 피복 두께는 3~5cm 정도로 한다.
   ③ 보온재 선택의 요건
      ㉠ 안전 사용 온도 범위
      ㉡ 열전도율
      ㉢ 물리적·화학적 강도
      ㉣ 내용년수
      ㉤ 단위 중량당 가격
      ㉥ 구입의 난이성
      ㉦ 공사 현장에서의 적응성
      ㉧ 불연성

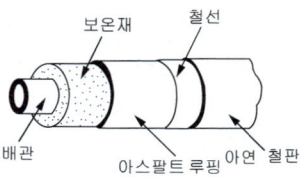

[그림] 보온 시공법

4) 관의 부식에 대한 고려

부식되기 쉽고 수명이 짧으므로 수리, 교환이 용이하도록 노출 배관으로 한다.

5) 팽창관과 팽창탱크

① 팽창관의 연결은 급탕 수직주관의 끝을 연장하여 중력(팽창)탱크에 자유 개방한다.
② 팽창탱크 설치높이는 탱크의 저면이 최고층 급탕전보다 5m 이상의 높은 곳에 설치한다.

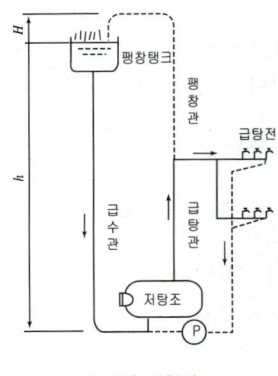

[그림] 팽창관

3 오배수시스템 설계

1. 트랩

1) 배수용 트랩의 구비조건

① 봉수가 확실하고 유효하게 유지되는 구조일 것(50[mm] 이상 100[mm] 이하)
② 구조가 간단하며 자기세정 작용을 할 것
③ 유수변이 평활하여 오수가 정체하지 않을 것
④ 재질은 내식성, 내구성이 우수할 것
⑤ 기구내장 트랩의 내벽 및 배수로의 단면형상에 급격한 변화가 없을 것
⑥ 봉수 파괴의 원인인 이물질 제거 등을 위하여 금속제 이음(나사이음)을 사용할 것
⑦ 봉수부의 소제구는 나사식 플러그 및 적절한 가스켓을 이용한 구조일 것
⑧ 2중 트랩이 되지 않도록 배관하고 가동부분이 없을 것

2) 배수용 트랩의 종류

① P-trap : 일반적으로 가장 널리 쓰이는 비교적 이상적인 트랩, 세면기
② S-trap : 대변기, 소변기(벽걸이형), 세면기 등에 부착한다. 봉수가 빠질 염려가 있다.

③ U트랩 : 가옥 배수 횡주관 말단에 설치하여 공공 하수도관으로부터 악취의 유입을 방지하며 '가옥트랩', '메인트랩' 이라고도 한다.
④ 드럼트랩(drum trap, 주머니트랩) : 욕조, 싱크 등의 물 사용량이 많은 곳
⑤ 벨트랩(bell trap) : 바닥배수용 트랩

3) 특수 용도의 배수용 트랩(저집기)
① 그리스 트랩 : 호텔 주방의 조리실 바닥 배수용
② 가솔린 트랩 : 세차장
③ 플라스터(석고) 트랩 : 치과 기공실, 정형외과 기브스실
④ 헤어 트랩 : 이용소, 미용소
⑤ 차고 트랩(garage trap) : 차고 내의 바닥 배수용
※ 증기 트랩의 종류 : 방열기트랩(열동트랩, 실로폰트랩), 버킷트랩, 플로트트랩, 벨로즈트랩, 디스크 트랩 등

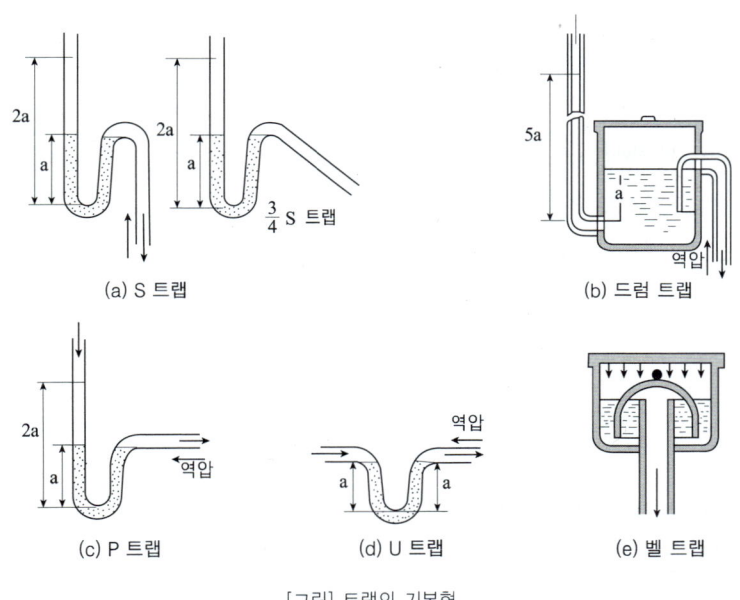

[그림] 트랩의 기본형

4) 트랩의 봉수

깊이는 5~10[cm]로 하는 것이 보통이다. 5[cm] 이하면 봉수를 완전하게 유지할 수 없으며, 따라서 트랩으로서의 역할을 다하지 못하게 된다. 또 봉수 깊이를 너무 깊게 하면 유수의 저항이 증대하여 통수 능력이 감소되므로 트랩 통수로의 세척력이 약해져 트랩 밑에 침전물이 쌓여 트랩이 막히는 원인이 된다.

건축설비설계

5) 트랩의 봉수파괴 원인과 방지책

① 자기사이펀 작용 : 배수가 관속을 꽉차서 흐를 때(만수 상태), 주로 S트랩에서
② 유인사이펀작용(흡출 작용) : 상층의 배수입관에서 다량의 물이 일시에 낙하할 때
③ 분출 작용(역압에 의한 작용) : 대규모 배수설비에서 배수관의 하저곡부 가까이에 설치되어 있는 경우(피스톤작용)
④ 모세관 작용 : 트랩 내에 실이나 머리카락이 들어갈 때
⑤ 증발 : 위생기구의 사용빈도가 적을 때, 기름을 한 방울 떨어뜨리면 방지된다.
⑥ 물의 운동량에 의한 관성
※ 봉수파괴 방지 : 통기관을 설치

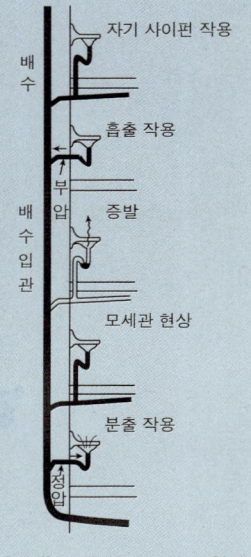

[그림] 트랩의 봉수 파괴 원인

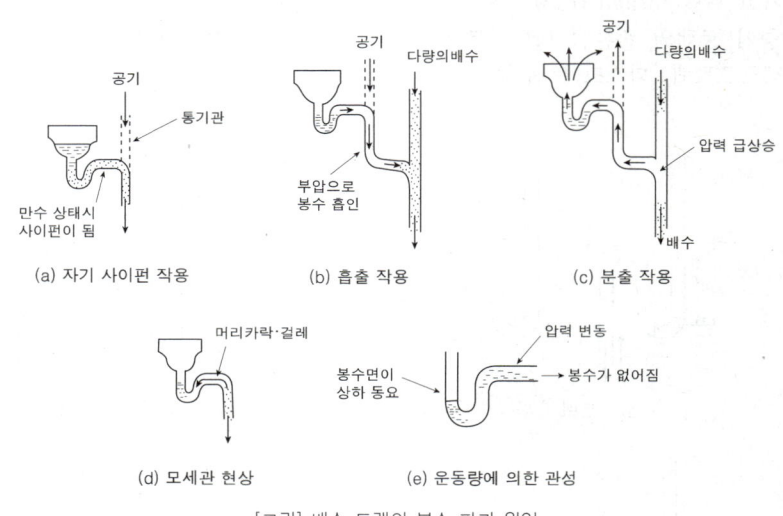

[그림] 배수 트랩의 봉수 파괴 원인

2. 배수관 및 통기관의 관경 결정

1) 옥내 배수관의 관경

① 기구 부하단위법(Fixture Unit Value Method)
  ㉠ 일반적으로 가옥 배수관의 관경을 결정하는 데는 관 계통에 접속하는 위생기구류의 최대 배수 유량을 기준으로 하여 관경을 구하는 것이 합리적이다.
  ㉡ 미국에서는 구경 32[mm]의 트랩을 갖는 세면기의 배수량을 28.5[ℓ/min]으로 하고 여기에 기구의 동시사용률과 기구 종류에 따른 사용 도수 및 사용자 수를 감안한 기구 배수 부하단위(fixture unit)를 결정하였으며, 세면기의 기구 배수 부하단위를 1로 하고, 이것을 근거로 하여 각종 기구의 배수 부하단위를 정하였다.
  ㉢ 트랩 구경이 32, 40, 50, 65, 75, 100[mm]일 때 기구 배수 부하 단위는 1, 2, 3, 4, 5, 6, 7, 8로 한다.

■ 트랩 및 기구 배수관의 최소 관경

기 구	관경 mm	기 구	관경 mm	기 구	관경 mm
음수기	32	오물수채	75	요리수채(영업용)	50
세면기·수세기	32	욕조	40	조합수채	40
대변기	75	양식욕조	50	세탁수채	40
소변기(벽걸이)	40	샤워	50	청소용수채	50
소변기(스툴)	50	공동목욕탕	75	양식욕조	40~50
비데	40	요리수채(주택용)	40	바닥배수	75

② 옥내 배수관의 최소 구배
  ㉠ 구경 75[mm] 이하의 배수관 : 1/50 이상
  ㉡ 구경 100[mm] 이상 배수관 : 1/100 이상
  ※ 옥외 배수관의 최소 구배 : 보통 1/150 정도

예제문제 17

사무소 건물에 다음과 같이 위생기구를 배치하였을 경우의 배수 수평지관의 관경은 어느 것이 적당한가?

기구종류	대변기	소변기	세면기	바닥배수
기구수[개]	10	5	4	2
배수단위[fu]	8	4	1	2

관경[mm]	배수 수평지관의 배수 부하 단위
70	14
100	96
125	216
150	372

[해설] 대변기(8×10개)+소변기(4×5개)+세면기(1×4개)+바닥배수(2×2개)=108
이므로 배수수평지관의 배수 부하 단위에 의한 관경은 125[mm]가 된다. **답** : 125[mm]

2) 빗물 배수관의 관경

빗물수직관 및 빗물 배수수평주관은 U트랩을 거쳐 합류관에 접속되어야 한다. 빗물 배수관의 관경은 지붕의 수평투영면적과 최대 강우량을 기초로 하여 구하는 것이 합리적인 방법이다.

[예] 어느 지방의 최대 강우량이 120[mm/h]이라면

$$환산\ 지붕면적 = 실제\ 지붕\ 수평투영면적 \times \frac{120}{100}$$ 로 구할 수 있다.

3) 빗물 및 가옥 배수 합류관의 관경

빗물 및 가옥 배수를 1개의 관으로 모아 배수하는 합류관의 관경은 지붕의 수평투영면적을 기구 배수 단위로 환산하여, 이것에 가옥 배수의 배수 단위를 합산한 합계 배수 단위수를 기준으로 하여 구한다.

지붕면적의 배수 단위 환산은

① 수평으로 투영한 지붕면적이 93[m²]까지는 배수 단위수를 256으로 한다.
② 93[m²]를 초과할 때는 초과분 0.36[m²]마다 1배수 단위를 가산한다.

$$배수\ 기구\ 단위수 = 256 + \frac{수평\ 지붕면적 - 93}{0.36}$$

예제문제 18

최대강우량 120[mm/h]의 지역에 있는 지붕의 수평투영면적이 1,200[m²]인 건물에 4개의 우수수직관을 설치할 경우, 1개 우수수직관의 관경은? [08 기]

■ 강우량 100[mm/h] 일 때 우수 수직관 관경

관경[mm]	허용최대지붕면적[m²]
50	67
65	121
75	204
100	427
125	804

① 50[mm]   ② 65[mm]   ③ 75[mm]   ④ 100[mm]

해설 어느 지방의 최대강우량이 120[mm/h]인 경우

환산 지붕면적 = 실제 지붕투영면적 × $\frac{120}{100}$ = 1,200 × $\frac{120}{100}$ = 1,440[m²]

4개의 우수수직관을 설치한 경우이므로
1개의 우수수직관은 1,440[m²] ÷ 4 = 360[m²]이다.
∴ 표(100[mm/h] 경우)에서 최대허용지붕면적 427[m²]을 충분히 흘려줄 수 있는 관경은 100[mm]가 적당하다.

답 : ④

③ 최대 강우량이 100[mm/h] 이외의 지역에 있어서는

$$배수\ 기구\ 단위수 = 256 + \left(\frac{수평\ 지붕면적 - 93}{0.36}\right) \times \frac{그\ 지역의\ 최대\ 강우량}{100}$$

4) 통기관의 관경
  ① 각개 통기관의 관경 : 최소 32[mm] 이상이거나 접속하는 배수 관경의 1/2 이상
  ② 루프 통기관의 관경 : 최소 40[mm] 이상이거나 접속하는 배수 관경의 1/2 이상
  ③ 도피 통기관의 관경 : 최소 40[mm] 이상이거나 접속하는 배수 관경의 1/2 이상
  ④ 결합 통기관의 관경 : 최소 50[mm] 이상이거나 통기 수직관과 동일 관경 이상
  ⑤ 신정 통기관의 관경 : 최소 75[mm](일반적으로 100[mm] 기준)이거나 배수 수직관과 동일 관경 이상

3. 배수·통기 배관 시공상의 주의사항

1) 수직주관

배수 및 통기 수직관은 되도록 파이프 샤프트 안에서 배관하고, 변소는 될수록 수직관 가까이에 설치한다.

2) 청소구(clean out) 설치 위치
① 가옥 배수관과 부지 하수관이 접속하는 곳
② 배수 수직관의 최하단부
③ 수평지관의 최상단부
④ 가옥 배수 수평주관의 기점
⑤ 수평관 관경 100[mm] 이하는 직진거리 15[m] 이내마다, 관경 100[mm] 이상의 관에서는 30[m] 이내마다 설치
⑥ 배관이 45° 이상의 각도로 구부러진 곳
⑦ 각종 트랩 및 기타 배관상 특히 필요한 곳

3) 틀리기 쉬운 배관
① 통기관의 오버플로면 이상까지 세운 다음 통기 수직관에 접속한다.
② 자동차 차고 내의 수세기나 바닥 배수는 가솔린을 갖고 있으므로 게이지 트랩에 모아서 가스를 분리 발산 후 가옥 하수관에 방류한다.
③ 2중 트랩이 되지 않도록 배관한다.
④ 기구 배수관의 곡관부에 다른 배수 지관을 접속해서는 안된다.
⑤ 트랩의 청소구를 열었을 때 하수 가스가 누설되지 않게 배관한다.
⑥ 욕조의 오버플로는 트랩의 상류에 접속하도록 배관을 해야 한다.

4) 배수 및 통기 배관의 시험
① 수압시험 : 0.03[MPa](30[kPa])에 해당하는 압력으로 30분간 이상 유지
② 기압시험 : 0.035[MPa](35[kPa])될 때까지의 압력으로 15분간 이상 유지
③ 기밀시험 : 최종시험(연기시험, 박하시험)

4. 부패탱크식 오수정화조 (5단살수여상방식)

1) 구 조
① 부패조
  ㉠ 침전 분리조와 예비 여과조를 조합한 구조로 한다.
  ㉡ 부패조에서는 염기성균 작용에 의한 소화 작용과 침전 작용이 이루어져야 한다.
  ㉢ 유효 용적은 15인분까지 0.75[m^3] 이상, 15인 이상일 때는 사용 인원 1인당 0.05[m^3] 증가
  ㉣ 수심은 1~3[m]로 하고 사용 인원에 따라 용적을 증가시킬 것
  ㉤ 제1, 제2 부패조와 여과조의 용적비 4 : 2 : 1 혹은 4 : 2 : 2
  ㉥ 도입관 하단은 수심의 1/3에 위치하도록 하고, J자 관을 사용
  ㉦ 격판의 하단은 수심의 1/2

ⓒ 부패조 용량

처리대상 인원	부패조 용량
5인 이하	$V=1.5\,[m^3]$
5인~500인	$V=1.5+0.1(n-5)\,[m^3]$
500인 이상	$V=51+0.075(n-500)\,[m^3]$

※ 산화조(V')는 부패조(V)의 1/2로 한다.

② 여과조 : 부패조와 산화조 사이에 설치하는 예비 여과조에 오수를 하부에서 위로 유입시켜 오수 중의 부유물을 쇄석층에서 제거한다.

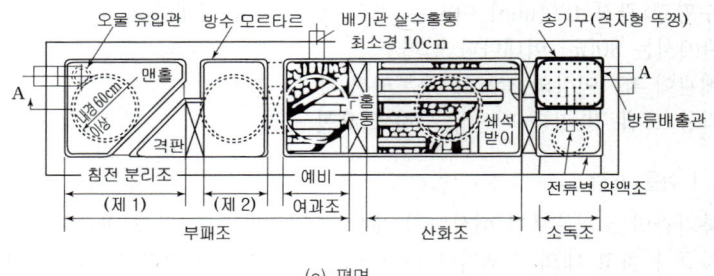

(a) 평면

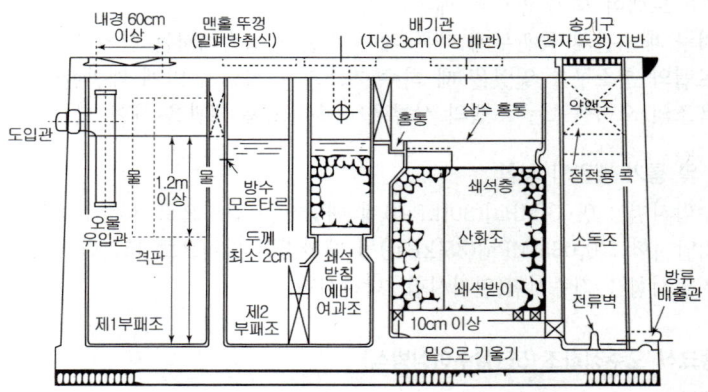

(b) 단면 A~A

[그림] 오물 정화조의 구조

③ 산화조
  ㉠ 부패조에서 유입한 오수는 산화조의 살수홈통으로 균일하게 분산되어 쇄석층을 흘러 내린다.
  ㉡ 산화조에서는 호기성균으로 산화를 촉진한다.
  ㉢ 산화조의 쇄석층 용적 : 부패조의 1/2 이상
  ㉣ 쇄석층의 깊이 : 90cm 이상 2m 이내

④ 소독조
  ㉠ 산화조에서 넘어온 각종 세균(대장균)을 소독해서 방류시키는 탱크이다.
  ㉡ 소독제로는 차아염소산소다($NaClO$)와 차아염소산칼슘[$Ca(ClO)_2$] 등의 염소 계통이다.
  ㉢ 크기는 점검과 약품 주입에 적당한 크기면 된다.
  ㉣ 500명 이상의 처리 대상 인원에서는 의무적으로 소독조를 설치해야 하고, 그 이하는 생략할 수 있다.

4 위생기구 선정

1. 위생기구

1) 위생기구의 구비조건
  ① 흡수성이 적고, 내식성, 내마모성이 좋을 것
  ② 제작이 용이하고 설치가 간단할 것
  ③ 오염방지를 배려한 구조일 것
  ④ 외관이 깨끗하고 위생적이며 청소가 용이할 것

2) 도기의 종류와 시험
  위생 도기의 시험 방법은 침투 시험, 급랭 시험, 관입 시험, 세정 시험, 배수로 시험, 누수 시험, 외관 검사 등이 있다.

3) 위생기구의 종류
  ① 대변기

■ 각 세정 방식의 특징

검 토 항 목	하이탱크식	로탱크식	플러시밸브식
수 압 의 제 한	없 음	없 음	있음(0.07MPa 이상)
급수관경의 제한	15mm면 됨	15mm면 됨	있음(구경 25mm 이상)
장 소	차지하지 않음	크게 차지함	별로 크지 않음
구 조	간단함	간단함	복잡함
수 리	곤란함(비쌈)	용이함	곤란함
공 사	설치 곤란(비쌈)	설치 용이	설치 용이
소 음	상당히 큼	적 음	약간 큼
연 속 사 용	할 수 없음	할 수 없음	할 수 있음

※ 세정밸브(F.V)식 대변기에는 버큠 브레이커(vacuum breaker, 진공방지기), 토수구 등을 설치하여 역사이편 작용을 방지하여 급수오염을 방지한다.

② 대변기의 구조에 따른 세정 방식 : 세출식, 세락식, 사이펀식, 사이펀제트식, 취출식, 절수식 등

4) 위생기구의 유닛화
설비를 유닛화하는 것은 현장 작업의 공정을 최소한으로 줄일 수 있음과 동시에 공장 제작의 단순화, 합리화로 공사 전체의 생산성·안전성 등을 향상시킬 수 있다.

① 설비 유닛의 목적	㉠ 공사 기간 단축 ㉡ 공정의 단순화 및 합리화 ㉢ 시공 정도(精度)의 향상 ㉣ 재료 및 인건비의 절감
② 설비 유닛의 필수 조건	㉠ 가볍고 운반이 용이할 것 ㉡ 현장 조립이 용이할 것 ㉢ 가격이 저렴할 것 ㉣ 제작 공정에서 양산이 가능할 것 ㉤ 유닛 내의 배관이 단순할 것 ㉥ 배관이 방수부를 통과하지 않고 바닥 위에서 처리가 가능할 것

건축설비설계
2016년 제1회 과년도 출제문제

01 펌프의 양수량 0.1m³/min, 양정 100m, 펌프의 효율 50% 일 때 펌프의 축동력은?
① 약 3.3kW
② 약 4.1kW
③ 약 4.4kW
④ 약 5.0kW

해설

펌프 축동력(L_S) = $\dfrac{WQH}{KE}$ (kW) 에서

Q : 양수량[m³/min] → 0.1m³/min
H : 전양정[m] → 100m
W : 액체 1m³의 중량[kg/m³] → 물은 1,000kg/m³
E : 효율[%] → 50%
K : 정수[kW] → 6,120

∴ 펌프의 축동력(L_S) = $\dfrac{1,000 \times 0.1 \times 100}{6,120 \times 0.5}$ = 3.27kW

02 아파트 건물의 1일 급탕량에 대한 1시간당 최대 급탕량의 비율은?
① 1/7   ② 1/6
③ 1/5   ④ 1/4

해설 1일 급탕량에 대한 1시간당 최대 급탕량의 비율
㉠ 주택·아파트·호텔 : 1/7
㉡ 사무실 : 1/5
㉢ 공장 : 1/3

03 그림과 같은 급탕방식에 있어서 급탕순환펌프의 전양정은? (단, 순환 배관에서의 전마찰손실은 1000mmAq이다.)

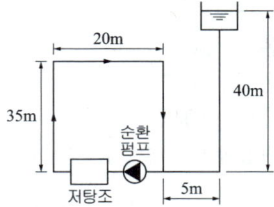

① 1mAq   ② 35mAq
③ 40mAq   ④ 110mAq

해설 급탕순환펌프의 전양정

$H = 0.01\left(\dfrac{L}{2}+l\right)[m] = 0.01\left(\dfrac{110}{2}+45\right) = 1\text{mAq}$

04 배관 내에서 급수전이나 밸브 등을 급폐쇄 하였을 때 압력변동으로 인하여 소음·진동이 발생하는 현상은?
① 서징   ② 수격작용
③ 수주분리   ④ 캐비테이션

해설 수격작용(water hammering)
관내 유속이 빠르거나 혹은 밸브, 수전 등의 관내 흐름을 순간적으로 폐쇄하면, 관내에 압력이 상승하면서 생기는 배관 내의 마찰음 현상이다.
① 원인
  ㉠ 유속이 빠를 때
  ㉡ 관경이 적을 때
  ㉢ 밸브 수전을 급히 잠글 때
  ㉣ 굴곡 개소가 많을 때
  ㉤ 플러시밸브나 콕을 사용할 때
  ㉥ 20m 이상 고양정일 때
② 방지책
  ㉠ 관내 유속을 될 수 있는 대로 느리게 하고 관경을 크게 한다.
  ㉡ 폐수전을 폐쇄하는 시간을 느리게 한다.
  ㉢ 기구류 가까이에 에어챔버(air chamber)를 설치하여 chamber 내의 공기를 압축시킨다.
  ㉣ water hammer 방지기를 water hammer의 발생 원인이 되는 밸브 근처에 부착시킨다.
  ㉤ 굴곡 배관을 억제하고 될 수 있는 대로 직선배관으로 한다.
  ㉥ 감압밸브를 설치한다.

정답 01 ① 02 ① 03 ① 04 ②

05 다음과 같은 조건에서 급탕량이 2000L/h인 저탕조의 가열코일 표면적은?

```
┌ 조건 ┐
㉠ 급수온도 : 10℃
㉡ 급탕온도 : 60℃
㉢ 증기온도 : 104℃
㉣ 가열코일의 열관류율 K=506W/m²·K
```

① 약 3.3m² ② 약 6.6m²
③ 약 33.3m² ④ 약 65.9m²

[해설]

㉠ 가열능력 = 급탕량 m(kg/h)×비열 c(kJ/kg·K)
　　　　　　×온도차 Δt(K) [kJ/h]

$$= \frac{급탕량 m(\text{kg/h}) \times 비열 c(\text{kJ/kg·K}) \times 온도차 \Delta t(\text{K})}{3,600(\text{s/h})} [\text{kW}]$$

$$= \frac{2,000 \times 4.2 \times (60-10)}{3,600(\text{s/h})} = 116.666\text{kW} = 116,666\text{W}$$

㉡ 가열코일의 표면적(S)
가열코일에서의 열교환량 $q = K \cdot S \cdot \Delta_{tm}$ 에서

$$S = \frac{q}{K \cdot \Delta_{tm}} (\text{m}^2)$$

여기서 $\Delta_{tm} = t_s - \frac{t_h + t_c}{2}$

$$S = \frac{116,666}{506 \times (104 - \frac{60+10}{2})} = 3.34 ≒ 3.3\text{m}^2$$

06 각개통기관의 관경은 최소 얼마 이상으로 하는가?

① 20mm ② 25mm
③ 30mm ④ 40mm

[해설] 각개 통기방식

㉠ 각 위생기구마다 통기관을 세우는 것으로 가장 이상적인 통기방식
㉡ 자기사이폰 작용의 방지에도 효과가 있으나 설비비용이 다른 방식에 비해 많이 든다.
㉢ 관경 : 최소 30(또는 32)mm 이상, 접속하는 배수관경의 1/2 이상

07 위생기구의 동시사용률은 기구의 수량과 어떤 관계가 있는가?

① 기구수와 관계없다.
② 기구수가 증가하면 커진다.
③ 기구수가 증가하면 작아진다.
④ 기구수가 증가하면 처음에는 커지다가 작아진다.

[해설] 기구의 동시사용률

[표] 기구의 동시사용률(%)

기구수	2	3	4	5	10	15	20	30	50	100
동시사용률(%)	100	80	75	70	53	48	44	40	36	33

※ 동시사용률
전체 수전 개수에 대하여 어떤 시각에 건물 내부에 있는 위생기구와 급수 밸브 등이 동시에 사용되는 가를 예측한 수전 개수의 비율이다. 배관의 직경과 소요되는 물량을 결정하기 위하여 사용하며 기구수에 대하여 %로 표시한다.

08 다음 중 모세관 현상에 따른 트랩의 봉수파괴를 방지하기 위한 방법으로 가장 알맞은 것은?

① 트랩을 자주 청소한다.
② 각개통기관을 설치한다.
③ 관내 압력변동을 작게 한다.
④ 기구배수관 관경을 트랩구경보다 크게 한다.

[해설] 모세관 현상

트랩의 오버플로(over flow)관 부분에 머리카락·걸레 등이 걸려 아래로 늘어뜨려져 있으면 모세관 작용으로 봉수가 서서히 흘러 내려 마침내 말라 버리게 된다. 방지책으로 트랩을 자주 청소한다.

☞ 트랩의 봉수파괴 원인
① 자기사이펀 작용
② 유인사이펀작용(흡출 작용)
③ 분출 작용(역압에 의한 작용)
④ 모세관 작용
⑤ 증발
⑥ 물의 운동량에 의한 관성

정답 05 ①　06 ③　07 ③　08 ①

09 펌프의 유효흡입수두(NPSH)를 계산할 때 필요한 요소가 아닌 것은?
① 토출관 내에서의 손실수두
② 흡입수면에서 펌프 중심까지의 높이
③ 유체의 포화수증기압에 상당하는 수두
④ 흡입측 수조의 수면에 걸리는 압력에 상당하는 수두

해설

유효흡입수두(NPSH)란 펌프 흡입구에서 물의 압력과 그 수온에 해당하는 포화증기압과의 차를 수두로 나타낸 것
- 유효흡입수두(NPSH)=흡수면에 작용하는 압력수두(대기압)±(흡입 실양정+흡입관 내의 마찰손실수두+수온의 포화증기압 환산수두)
※ NPSH(Net Positive Suction Head : 유효흡입양정)
  ㉠ 캐비테이션이 일어나지 않는 유효 흡입양정을 수주로 표시한 것
  ㉡ 펌프의 설치 상태 및 유체의 온도 등에 따라 다르다.
  ㉢ 설치에서 얻어지는 NPSH는 펌프 자체가 필요로 하는 NPSH보다 커야 캐비테이션이 일어나지 않는다.

10 오물을 직접 트랩 내의 유수 중에 낙하시켜 물의 낙차에 의해 오물을 배출하는 방식으로, 취기의 발산은 비교적 적지만 유수면이 비교적 좁아서 오물이 부착하기 쉬운 형식은?
① 세락식   ② 사이폰식
③ 블로아웃식 ④ 사이폰제트식

해설 대변기의 세정수 급수방식

세출식, 세락식, 사이폰식, 사이폰 제트식, 블로우 아웃식(취출식), 절수식 등
※ 사이폰 제트식 : 사이폰작용에 의한 흡인작용으로 봉수 깊이(봉수 75mm 이상)를 깊게 할 수 있어 수세식 대변기로 가장 이상적이다.

11 종국유속과 관계있는 배관은?
① 기구배수관   ② 배수수직관
③ 배수수평지관 ④ 배수수평주관

해설

배수관내에서 일정유속을 유지하게 되는 것을 종국유속이라 한다. 기구배수관, 배수수평주관, 배수수평지관은 종국유속과 관계없는 배관이다.

12 냉열원기기에 관한 설명으로 옳지 않은 것은?
① 냉열원기기는 원칙적으로 보일러와 동일한 공간에 설치한다.
② 냉열원기기는 건축규모, 부분부하, 부하경향 등을 기초로 대수 분할을 고려한다.
③ 냉열원기기의 냉수 및 냉각수는 원칙적으로 유량을 변화시키지 않는 것으로 한다.
④ 냉온수 배관 회로 설치 시 순환펌프는 원칙적으로 냉열원기기마다 각 1대씩 설치한다.

해설 난방 및 냉방설비

난방 및 냉방설비는 실내 난방 및 냉방을 위해 온열 또는 냉열을 생산, 저장, 운반, 공급하는 일체의 설비를 나타낸다.
㉠ 난방설비의 경우 : 열원기기로 보일러가 주로 사용되며, 최근에는 자연에너지를 이용하는 태양열 집열시스템, 지열시스템이 사용되기도 한다. 열원기기에서 생산된 온수나 증기는 공조기의 가열유닛 또는 실내 난방공급시스템으로 운반되어 실내 공조 또는 복사난방에 이용된다.
㉡ 냉방설비의 경우 : 냉열원기기로 냉동기가 주로 사용되며, 땅속의 열에너지를 이용하는 지열시스템이 사용되기도 한다. 냉열원기기에 의해 생산된 냉열은 공조기의 냉각유닛이나 실내 냉방공급시스템으로 운반되어 실내 공조 또는 복사냉방에 이용된다.
☞ 냉난방 열원기기인 냉동기와 보일러는 별도의 공간에 설치하는 것이 원칙이다.

13 다음과 같은 열교환 방식을 갖는 폐열회수기의 종류는?

> 환기되는 공기에 포함한 열이 환기 쪽의 작동 유체를 가열하여 증발시키면 증발된 작동 유체는 급기 쪽으로 이동하여 급기에 열을 전달하는 방식

① 판형 열교환식
② 로터형 열교환식
③ 히트파이프형 열교환식
④ 모세 송풍기형 열교환식

해설 히트 파이프(Heat pipe)형 열교환기
환기되는 공기에 포함한 열이 환기 쪽의 작동 유체를 가열하여 증발시키면 증발된 작동 유체는 급기 쪽으로 이동하여 급기에 열을 전달하는 방식이다.
㉠ 증발부, 단열부, 응축부로 구성된다.
㉡ 밀봉된 용기, 위크구조체, 작동유체가 필요하다.
㉢ 히트 파이프(Heat pipe)는 현열 교환만 가능하다.
㉣ 폐열회수, 태양열 집열장치 등에 이용된다.

14 공기여과기를 통과하기 전의 오염농도 C_1=0.45mg/m³, 통과한 후의 오염농도 C_2=0.12mg/m³이다. 이 여과기의 여과효율은?

① 약 27%   ② 약 42%
③ 약 58%   ④ 약 73%

해설
여과효율(η)
$= \dfrac{통과전의오염농도(C_1) - 통과후의오염농도(C_2)}{통과전의오염농도(C_1)}$
$\times 100(\%)$
∴ $\eta = \dfrac{0.45 - 0.12}{0.45} \times 100 = 73\%$

15 저압증기배관에 관한 설명으로 옳지 않은 것은?

① 증기주관 곡부에는 밴드관을 사용한다.
② 순구배 배관의 말단부에는 관말트랩을 설치한다.
③ 배관의 분기부에는 밸브를 설치하여서는 안된다.
④ 분류·합류에 T이음쇠를 사용하는 경우는 90° T자형을 이용해서는 안된다.

해설
일반적으로 증기압을 구분하는 경우, 고압증기와 저압증기로 구분한다. 증기압 0.1MPa을 초과하는 증기는 고압증기, 0~0.1MPa의 증기는 저압증기라고 한다.
배관의 분기부에 밸브를 설치하며, 분류·합류에 T이음쇠를 사용하는 경우는 45° T자형을 이용한다.

16 장방형 덕트 단면의 아스펙트비는 원칙적으로 최대 얼마 이하로 하는가?

① 2:1   ② 3:1
③ 4:1   ④ 5:1

해설
장방형 덕트 단면의 아스펙트비(aspect ratio)는 4 : 1 이하로 하는 것이 바람직하다.
아스펙트비가 클수록 재료는 많이 든다.

17 온수배관에 관한 설명으로 옳지 않은 것은?

① 배관의 신축을 고려한다.
② 배관재료는 내식성을 고려한다.
③ 온수배관에는 공기가 고이지 않도록 구배를 준다.
④ 온수보일러의 팽창관에는 게이트 밸브를 설치한다.

해설
팽창관의 도중에는 절대로 밸브류를 달아서는 안된다.

18 다음 중 증기 트랩에 속하지 않는 것은?

① 벨 트랩   ② 버킷 트랩
③ 플로트 트랩   ④ 벨로즈 트랩

해설
증기 트랩은 열로 작동하는 것으로 방열기 트랩(열트랩), 벨로우즈 트랩, 바이메탈 트랩이 있으며, 응축수량에 의해 작동하는 기계식 트랩은 버킷 트랩, 플로트 트랩이 있다.
☞ 벨 트랩은 배수용 트랩이다.

정답 13 ③ 14 ④ 15 ③ 16 ③ 17 ④ 18 ①

19 다음 중 2중효용식 흡수식 냉동기의 구성요소에 속하지 않는 것은?
① 응축기 ② 압축기
③ 증발기 ④ 저온발생기

> **해설**
> 흡수식 냉동기는 발생기의 형식에 따라 단효용식과 2중효용식이 있다.
> 2중 효용흡수식 냉동기는 고온발생기와 저온발생기가 있어 단효용 흡수식에 비해 효율이 높다.
> ※ 냉동 사이클 : 증발기 – 흡수기 – 발생기(재생기) – 응축기

20 어느 송풍기의 회전속도가 500rpm일 때 송풍량은 50m³/min 이었다. 이 송풍기의 회전속도를 750rpm으로 변화시켰을 때 송풍량은?
① 75m³/min ② 87m³/min
③ 95m³/min ④ 107m³/min

> **해설**
> 송풍기의 법칙에서 송풍량은 임펠러의 회전수에 비례하고, 압력은 회전수의 제곱에 비례하며, 축동력은 회전수의 세제곱에 비례한다.
> 500rpm : 50m³/min = 750rpm : x
> ∴ x = 75m³/min

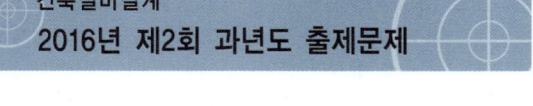

건축설비설계
2016년 제2회 과년도 출제문제

01 매시간 15m³의 물을 고가수조에 공급하고자할 때 양수펌프에 요구되는 축동력은?(단, 펌프의 전양정 33m, 펌프의 효율 45%)
① 1kW ② 1.5kW
③ 2kW ④ 3kW

> **해설**
> 펌프 축동력(L_S) = $\dfrac{WQH}{KE}$ [kW]
> Q : 양수량(m³/min) → 15m³/h = 0.25m³/min
> H : 전양정(m) → 33m
> W : 액체 1m³의 중량(kg/m³) → 물은 1,000kg/m³
> E : 효율(%) → 45%
> K : 정수(kW) → 6,120
> ∴ 펌프의 축동력(L_S) = $\dfrac{1,000 \times 15/60 \times 33}{6,120 \times 0.45}$
> = 2.995 ≒ 3kW

02 펌프의 캐비테이션에 관한 설명으로 옳지 않은 것은?
① 비정상적인 소음과 진동이 발생한다.
② 캐비테이션을 방지하기 위해 펌프의 흡입양정을 크게 한다.
③ 캐비테이션이 진행되면 펌프의 양수량, 양정 및 효율이 저하되어 간다.
④ 캐비테이션을 방지하기 위해 설계상의 펌프 운전 범위 내에서 항상 유효 NPSH가 필요 NPSH보다 크게 되도록 배관계획을 한다.

> **해설** 캐비테이션(cavitation)
> 펌프의 흡입구로 들어온 물 중에 함유되었던 증기의 기포는 임펠러(펌프의 날개)를 거쳐 토출구로 넘어가면 갑자기 압력이 상승하므로 기포는 물속으로 다시 소멸된다. 이때 소멸 순간에 격심한 소음과 진동을 수반하면서 일어나는 현상으로서, 흡입양정에서 발생한다.
> ■ 공동현상(cavitation)을 방지하려면 펌프의 유효 흡입양정(NPSH)을 낮추어 흡입구의 압력이 항상 흡입구의 포화증기압력 이상으로 유지되도록 하는 것이 바람직하다.

※ NPSH(Net Positive Suction Head : 유효 흡입양정)
㉠ 캐비테이션이 일어나지 않는 유효 흡입양정을 수주로 표시한 것이다.
㉡ 펌프의 설치 상태 및 유체의 온도 등에 따라 다르다.
㉢ 설치에서 얻어지는 NPSH는 펌프 자체가 필요로 하는 NPSH보다 커야 캐비테이션이 일어나지 않는다.(필요 NPSH가 유효 NPSH보다 작게 되도록 배관계획을 한다.)

03 청소구를 설치하여야 하는 곳이 속하지 않는 것은?
① 수평지관의 최하단부
② 배관길이가 긴 수평배관의 도중
③ 배관이 45° 이상의 각도로 구부러진 곳
④ 가옥배수관과 부지 하수관이 접속되는 곳

해설 청소구(Clean Out) 설치 위치
- 찌꺼기가 쌓일 수 있는 곳
㉠ 가옥 배수관과 부지 하수관이 접속하는 곳
㉡ 배수수직관의 최하단부
㉢ 배수수평주관, 배수수평지관의 기점
㉣ 배관이 45° 이상의 각도로 구부러진 곳
㉤ 각종 트랩 및 기타 배관상 특히 필요한 곳
㉥ 수평관의 관경이 100mm 이하인 경우에는 직선거리 15m 이내마다, 관경 100mm 이상인 경우에는 직선거리 30m 이내마다 설치
㉦ 각종 트랩 및 기타 배관상 특히 필요한 곳
☞ 배수의 흐름과 반대 또는 직각방향으로 열 수 있도록 설치한다.

04 고가탱크방식에서 양수펌프의 양정 산정과 관계없는 것은?
① 양수관의 압력손실
② 시수인입관의 압력
③ 고가탱크 설치 높이
④ 양수관 토출구의 토출압력

해설 고가탱크방식에서 양수펌프의 양정 산정에는 정수두(수직 높이), 양수관 토출구의 토출압력(최말단 급수기구 공급 필요압력), 배관마찰손실 등이 필요하다.
※ 전양정=실양정+토출압력+직관손실+국부저항

05 배수관에 관한 설명으로 옳지 않은 것은?
① 옥내배수관으로는 연관이 주로 사용된다.
② 배수수평관의 구배는 관경에 영향을 받는다.
③ 배수수직관의 관경은 배수의 흐름방향으로 축소하지 않는다.
④ 우수배수관의 관경은 최대강우량과 지붕면적 등을 기준으로 산정한다.

해설 연관
㉠ 가장 오래 전부터 사용되고 있는 급수관
㉡ 관이 유연하여 시공이 용이하다.
㉢ 내식성이 뛰어난 성질이 있다.
㉣ 가격이 비싸고 외력에 파손되기 쉽다.
㉤ 용도 : 굴곡이 많은 수도 인입관, 기구 배수관, 가스 배관, 화학 공업 배관 등

06 2.0m/sec의 속도로 흐르는 물의 속도수두는?
① 0.204m   ② 2.04m
③ 20.4m   ④ 204m

해설
$$속도수두(Hw) = \frac{v^2}{2g} [m]$$
$$= \frac{2^2}{2 \times 9.8} = 0.204 [m]$$
※ g : 중력 가속도(9.8m/sec²)

07 음료용 급수의 오염원인에 따른 방지대책으로 옳지 않은 것은?
① 정체수 : 적정한 탱크 용량으로 설계한다.
② 조류의 증식 : 투광성 재료로 탱크를 제작한다.
③ 크로스 커넥션 : 각 계통마다의 배관을 색깔로 구분한다.
④ 곤충 등의 침입 : 맨홀 및 오버플로우관의 관리를 철저히 한다.

정답 03 ① 04 ② 05 ① 06 ① 07 ②

[해설] 급수설비의 수질오염 원인
㉠ 저수탱크에 의한 유해물질 침입에 의한 발생
㉡ 배수설비의 급수설비로의 역류
㉢ 크로스 커넥션(cross connection)
㉣ 배관의 부식

08 탕의 사용상태가 간헐적이며 일시적으로 사용량이 많은 건물에서 급탕설비의 설계 방법으로 가장 알맞은 것은? (단, 중앙식 급탕방식이며 증기를 열원하는 열교환기 사용)
① 저탕용량을 크게 하고 가열능력도 크게 한다.
② 저탕용량을 크게 하고 가열능력은 작게 한다.
③ 저탕용량을 작게 하고 가열능력은 크게 한다.
④ 저탕용량을 작게 하고 가열능력도 작게 한다.

[해설] 탕의 사용상태가 간헐적이며 일시적으로 사용량이 많은 건물에서는 저탕용량을 크게 하고 가열능력은 작게 한다.

09 냉각탑에서 어프로치(approach)에 관한 설명으로 옳은 것은?
① 냉각탑 출구와 입구 수온의 온도차
② 냉각탑 입구와 출구 공기의 습구온도차
③ 냉각탑 입구의 수온과 출구공기의 습구온도차
④ 냉각탑 출구의 수온과 입구공기의 습구온도와의 차

[해설] 어프로치(approach) : 냉각탑의 출구의 수온과 입구공기의 습구온도의 차이다.
냉각탑에 의해 냉각되는 물의 출구 온도는 외기 입구의 습구(濕球) 온도에 따라 바뀌는데, 이때의 물 온도와 외기의 습구 온도차를 말하며, 냉각탑의 설계에 따라 크게 영향을 받는 값으로, 너무 작게 잡으면 냉각탑이 크게 되어 건설비, 운전비 등이 늘어나 비경제적이므로 보통 4~6℃(5℃) 부근으로 한다.

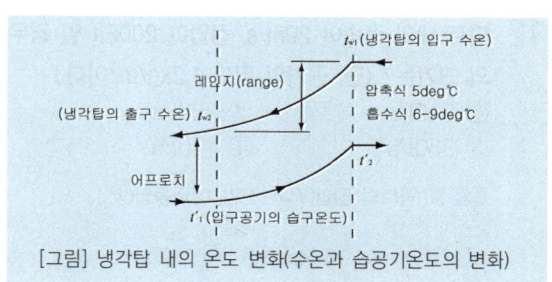

[그림] 냉각탑 내의 온도 변화(수온과 습공기온도의 변화)

10 국부저항의 상당길이에 관한 설명으로 옳지 않은 것은?
① 배관의 지름이 커질수록 상당길이는 길어진다.
② 45° 표준 엘보보다는 90° 표준 엘보의 상당길이가 길다.
③ 밸브류의 경우 개폐도(開閉度)가 작을수록 상당길이는 길어진다.
④ 동일한 배관 지름, 전개(全開)일 경우 앵글밸브보다 게이트밸브의 상당길이가 길다.

[해설] 동일한 배관 지름, 전개(全開)일 경우 게이트밸브보다 앵글밸브의 상당길이가 길다.
※ 앵글밸브(angle valve)는 글로브 밸브의 일종으로 유체의 입구와 출구가 이루는 각이 90°로 전환되므로 유체의 저항이 크다.

11 700kW의 터보냉동기에 순환되는 냉수량은? (단, 냉각기 입구와 출구에서의 냉수온도는 각각 12℃, 7℃이며, 물의 비열은 4.2kJ/kg·K 이다.)
① 2000L/min   ② 3000L/min
③ 4000L/min   ④ 6000L/min

[해설] 순환수량(Q_W)[L/min]
$$Q_W = \frac{H_{CT}}{60 C \Delta t}$$
H_{CT} : 냉동기용량 C : 비열(4.19kJ/kg·K)
Δt : 냉각수의 냉각탑의 출입구 온도차(℃)
먼저, 1kW=1,000W=860kcal/h=1kJ/s
=3600kJ/h이므로
700kW=700×3600kJ/h=2,520,000kJ/h
$Q_W = \frac{2,520,000}{60 \times 4.2 \times (12-7)} = 2000$L/min

정답 08 ② 09 ④ 10 ④ 11 ①

12 덕트 내의 풍속이 20m/s, 정압이 200Pa 일 경우 전압의 크기는? (단, 공기의 밀도 1.2kg/m³이다.)
① 212Pa ② 220Pa
③ 330Pa ④ 440Pa

> **해설** 덕트의 전압(P_t)=정압(P_s)+동압(P_v)
>
> 동압(P_v) = $\dfrac{v^2}{2g}\gamma$(mmAq) = $\dfrac{v^2}{2}\rho$(Pa)
>
> 여기서, v : 관내 유속(m/s)
> γ : 공기의 비중량(1.2kgf/m³)
> g : 중력가속도(9.8m/s²)
> ρ : 공기의 밀도(1.2kg/m³)
>
> ∴ 전압(P_t) = 정압(P_s) + 동압(P_v) = $P_s + \dfrac{v^2}{2}\rho$
>
> = $200 + \dfrac{20^2}{2} \times 1.2 = 440$Pa

13 냉각탑이 응축기보다 낮은 위치에 있는 경우 냉각수 펌프가 정지할 때마다 응축기 주변이 극단적인 부(-)압이 되지 않도록 설치하는 것은?
① 딥 튜브(deep tube)
② 더트 포켓(dirt pocket)
③ 플래시 탱크(flash tank)
④ 사이폰 브레이크(syphon breaker)

> **해설** 사이폰 브레이커(syphon breaker)
> 냉각탑이 응축기보다 낮은 위치에 있는 경우 유입 측에는 냉각수 펌프가 정지할 때마다 응축기 주변이 극단적인 부압(負壓)이 되지 않도록 설치한다. (유출 측에는 역류방지용의 체크밸브(역지밸브)를 설치한다.)

14 증기트랩 중 플로트 트랩에 관한 설명으로 옳지 않은 것은?
① 다량의 응축수를 처리할 수 있다.
② 동결의 우려가 있는 곳에 주로 사용된다.
③ 증기해머에 의해 내부손상을 입을 수 있다.
④ 자동 에어벤트가 설치되어 있어 공기배출능력이 우수하다.

> **해설** 플로트 트랩(float trap, 다량 트랩)
> 저압증기용 기기 부속 트랩으로 응축수를 처리하기 위해 사용하며 열교환기 등에 많이 쓰인다.
> 1) 장점
>   ㉠ 다량 및 소량의 응축수를 모두 처리할 수 있다.
>   ㉡ 넓은 범위의 압력과 급격한 압력변화에도 원활히 작동한다.
>   ㉢ 자동 에어벤트가 설치되어 있어 공기배출능력이 우수하다.
> 2) 단점
>   ㉠ 구조상 동결의 우려가 있는 곳에는 적합하지 않다.
>   ㉡ 증기해머에 의해 내부손상을 입을 수 있다.
>   ㉢ 증기의 압력에 따라 밸브의 오리피스경을 변경하여야 한다.

15 배관설계에 관한 설명으로 옳은 것은?
① 직관부의 마찰저항은 관경이 비례한다.
② 글로브밸브는 슬루스밸브에 비해 마찰저항이 적어 지름이 큰 배관에 많이 사용한다.
③ 배관 내의 유속이 낮으면 공사비는 절감되나 마찰저항이 커져서 펌프 소요동력이 증가한다.
④ 수배관의 관경은 마찰손실선도에서 유량, 단위길이당 마찰손실, 유속 중 2가지 요소가 정해지면 결정할 수 있다.

> **해설**
> ① 직관부의 마찰저항은 관경에 반비례한다.
> ② 글로브 밸브는 슬루스 밸브에 비해 관내의 마찰저항이 크다.
> ③ 관내의 유속이 낮으면 관경이 커지므로 공사비는 높아지고 마찰저항이 작아져서 펌프 소요동력은 감소한다.

16 지역난방에 관한 설명으로 옳지 않은 것은?
① 초기 투자비용이 크다.
② 배관에서의 열손실이 거의 없다.
③ 각 건물의 설비면적을 줄이고 유효면적을 넓힐 수 있다.
④ 설비의 고도화에 따라 도시의 매연을 경감시킬 수 있다.

정답 12 ④　13 ④　14 ②　15 ④　16 ②

해설 지역난방

중앙식 보일러실에서 어떤 지역 내의 여러 건물에 증기 또는 고온수를 보내서 난방하는 방식이다.
1) 장점
   ① 대규모 설비이므로 관리가 용이하고 열효율 면에서 유리하다.
   ② 연료비와 인건비가 절감된다.
   ③ 각 건물에서는 위험물을 취급하지 않으므로 화재의 위험이 적다.
   ④ 건물 내의 유효면적이 증대된다.
   ⑤ 설비의 고도화에 따라 도시의 대기오염 방지에 도움이 된다.
2) 단점
   ① 초기 시설 투자비가 많아진다.
   ② 열원기기의 용량 제어가 힘들다.
   ③ 배관에서의 열손실이 많다.
   ④ 고도의 숙련된 기술자가 필요하다.
   ⑤ 요금의 분배가 어렵다.
   ⑥ 저부하시 조절이 곤란하다
   ⑦ 지역 배관을 위한 도시계획상의 사전계획이 필요하다.

17 보일러 보급수의 처리방법에 속하지 않는 것은?
① 여과법   ② 탈기법
③ 비색법   ④ 경수연화법

해설
비색법은 여과기(에어 필터) 효율 측정방법에 속한다.

18 펌프의 운전점 결정방법으로 옳은 것은?
① 펌프의 전양정이 최대가 되는 점으로 결정된다.
② 펌프의 양정곡선과 효율곡선의 교점으로 결정된다.
③ 펌프의 양정곡선과 저항곡선의 교점으로 결정된다.
④ 펌프의 축동력곡선과 효율곡선의 교점으로 결정된다.

해설
펌프의 운전점은 펌프의 양정곡선과 저항곡선의 교점으로 결정된다.

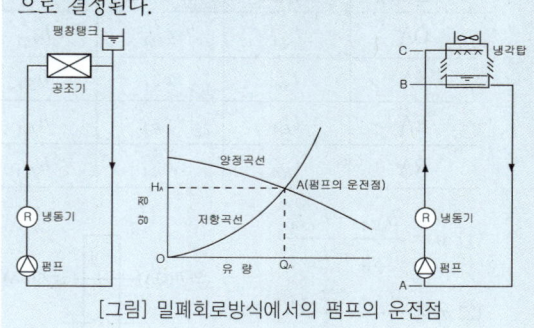

[그림] 밀폐회로방식에서의 펌프의 운전점

19 다음 중 에어필터의 효율측정법이 아닌 것은?
① 중량법   ② 비색법
③ 체적법   ④ DOP법

해설 여과기(에어 필터) 효율 측정방법

구분	측정방법
중량법	· 비교적 큰 입자를 대상으로 측정하는 방법 · 필터에서 집진되는 먼지의 양으로 측정
비색법 (변색도법)	· 비교적 작은 입자를 대상으로 측정하는 방법 · 필터에서 포집한 여과지를 통과시켜 광전관으로 오염도를 측정
계수법 (Dop법)	· 고성능 필터를 측정하는 방법 · 0.3μm 입자를 사용하여 먼지의 수를 측정

정답 17 ③ 18 ③ 19 ③

20 그림과 같은 전열교환기에서 전열효율은?

공기	건구온도	절대습도	엔탈피
OA	t_{QA}	x_{OA}	h_{OA}
SA	t_{SA}	x_{SA}	h_{SA}
EA	t_{EA}	x_{EA}	h_{EA}
RA	t_{RA}	x_{RA}	h_{RA}

① $\eta = \dfrac{h_{SA} - h_{OA}}{h_{RA} - h_{OA}}$

② $\eta = \dfrac{x_{SA} - x_{OA}}{x_{RA} - x_{OA}}$

③ $\eta = \dfrac{t_{SA} - t_{OA}}{t_{RA} - t_{OA}}$

④ $\eta = 1 - \dfrac{h_{SA} - h_{OA}}{h_{RA} - h_{OA}}$

해설 전열교환기

① 전열교환기는 배기되는 공기와 도입 외기 사이에 공기의 교환을 통하여 배기가 지닌 열량을 회수하거나 도입외기가 지닌 열량을 제거하여 도입외기를 실내 또는 공기조화기로 공급하는 전열교환장치이다.
② 공기 대 공기의 열교환기로서 현열은 물론 잠열까지도 교환되는 엔탈피 교환하는 장치로서 공조시스템에서 배기와 도입되는 외기와의 전열교환으로 공조기는 물론 보일러나 냉동기의 용량을 줄일 수 있다.
③ 전열교환기의 효율
  ㉠ 외기와 환기의 최대 엔탈피차($X_3 - X_1$)에 대한 실제 전열 엔탈피차($X_2 - X_1$)의 비
  ㉡ 전열교환기 효율 $\eta = \dfrac{X_2 - X_1}{X_3 - X_1} = \dfrac{h_1 - h_2}{h_1 - h_3}$

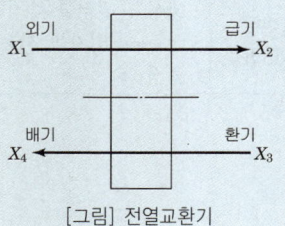

[그림] 전열교환기

건축설비설계
2016년 제4회 과년도 출제문제

01 배수배관의 구배가 증가하면 발생되는 현상으로 옳지 않은 것은?
① 유속이 증가한다.
② 유수깊이가 감소한다.
③ 트랩의 봉수파괴에 영향을 미친다.
④ 배수 중 오물이 뜨는 현상이 발생한다.

해설
배수배관의 구배가 증가하면 유속이 증가하고, 유수깊이가 감소하여 트랩의 봉수파괴에 영향을 미친다.
※ 옥내 배수관의 최소 구배
  ㉠ 구경 75mm 이하의 배수관 : 1/50 이상
  ㉡ 구경 100mm 이상 배수관 : 1/100 이상

02 다음 중 유량선도를 이용한 급수관의 관경 결정순서에서 가장 먼저 이루어지는 사항은?
① 관 재료의 결정
② 순간 최대유량의 산정
③ 관로의 상당길이 산정
④ 허용마찰손실수두 계산

해설 마찰저항선도에 의한 급수관경의 결정 순서
관재료의 결정 → 급수부하단위에 의한 동시사용유수량 계산 → 관로 상당길이에 의한 허용마찰손실수두 계산 → 마찰저항선도에 의한 관경 결정

03 세정밸브식(Flush Valve) 대변기에 관한 설명으로 옳지 않은 것은?
① 세정시의 소음이 크다.
② 세정용 탱크가 필요 없다.
③ 역류방지기(Vacuum Breaker)가 필요하다.
④ 낮은 수압(30kPa 이하)에서도 사용이 용이하다.

정답 20 ① / 01 ④   02 ①   03 ④

해설 세정밸브식(Flush Valve)식 대변기
㉠ 접속 급수관경 25mm 이상 필요하다.
㉡ 최저 필요 수압 0.07MPa (70kPa) 이상 확보할 수 있는 경우에 사용 가능하다.
㉢ 세정소음이 크나, 대변기의 연속사용이 가능하다.
㉣ 일반 가정용으로는 거의 사용하지 않는다.

04 관로의 마찰손실에 관한 설명으로 옳지 않은 것은?
① 유속이 빠를수록 관로의 마찰손실은 커진다.
② 관로의 길이가 길수록 관로의 마찰손실은 커진다.
③ 유체의 밀도가 클수록 관로의 마찰손실은 작아진다.
④ 관로의 내경이 클수록 관로의 마찰손실은 작아진다.

해설 마찰손실수두(H_f)와 압력손실수두(P_f)

$$H_f = \lambda \cdot \frac{\ell}{d} \cdot \frac{v^2}{2g} \text{ [mAq]}$$

$$P_f = \lambda \cdot \frac{L}{d} \cdot \frac{\rho v^2}{2} \text{ [Pa]}$$

여기서, H_f : 길이 1m의 직관에 있어서의 마찰손실수두(mAq)
  λ : 관마찰계수(강관 0.02)
  g : 중력가속도(9.8m/sec²)
  d : 관의 내경(m)
  ℓ : 직관의 길이(m)
  v : 관내 평균 유속(m/s)
  ρ : 물의 밀도(1,000kg/m³)
※ 관의 길이에 비례, 관경에 반비례한다.
☞ 유체의 밀도가 클수록 관로의 마찰손실은 커진다.

05 양수펌프에서 유량이 2배로 증가하고 양정이 30% 감소하였다면 축동력의 변화량은?
① 10% 증가   ② 20% 증가
③ 30% 증가   ④ 40% 증가

해설

펌프 축동력(L) = $\frac{WQH}{KE}$ [kW]

  Q : 양수량(m³/min)
  H : 전양정(m)
  W : 물 1m³의 중량(kg/m³)
  E : 효율(%)

축동력 $L_1 = \frac{W \times Q \times H}{6120 \times E}$

축동력 $L_2 = \frac{W \times 2Q \times 0.7H}{6120 \times E}$

$L_1 : L_2 = \frac{W \times Q \times H}{6120 \times E} : \frac{W \times 2Q \times 0.7H}{6120 \times E}$

$L_2 = L_1 \times \frac{W \times 2Q \times 0.7H}{W \times Q \times H} = L_1 \times 1.4$

∴ 40% 증가

06 60℃의 물 150L와 10℃의 물 70L를 혼합시켰을 때 혼합된 물의 온도는?
① 약 34℃   ② 약 44℃
③ 약 54℃   ④ 약 64℃

해설 혼합수의 온도

$$tm = \frac{m_1 t_1 + m_2 t_2}{m_1 + m_2} = \frac{500 \times 60 + 70 \times 10}{150 + 70} = 44℃$$

07 다음 중 워터해머의 방지 대책과 가장 거리가 먼 것은?
① 워터해머흡수기를 적절하게 설치한다.
② 관내의 수압이 평상시 높아지지 않도록 구획한다.
③ 배관은 가능한 한 직선이 되지 않고 우회하도록 계획한다.
④ 수압이 0.4MPa을 초과하는 계통에는 감압밸브를 부착하여 적절한 압력으로 감압한다.

정답 04 ③ 05 ④ 06 ② 07 ③

> [해설] 수격작용(water hammering)
>
> 관내 유속이 빠르거나 혹은 밸브, 수전 등의 관내 흐름을 순간적으로 폐쇄하면, 관내에 압력이 상승하면서 생기는 배관 내의 마찰음 현상이다.
> ① 원인
>   ㉠ 유속이 빠를 때
>   ㉡ 관경이 적을 때
>   ㉢ 밸브 수전을 급히 잠글 때
>   ㉣ 굴곡 개소가 많을 때
>   ㉤ 플러시밸브나 콕을 사용할 때
>   ㉥ 20m 이상 고양정일 때
> ② 방지 대책
>   ㉠ 관내 유속을 될 수 있는 대로 느리게 하고 관경을 크게 한다.
>   ㉡ 폐수전을 폐쇄하는 시간을 느리게 한다.
>   ㉢ 기구류 가까이에 에어챔버(air chamber)를 설치하여 chamber 내의 공기를 압축시킨다.
>   ㉣ water hammer 방지기를 water hammer의 발생 원인이 되는 밸브 근처에 부착시킨다.
>   ㉤ 굴곡 배관을 억제하고 될 수 있는 대로 직선배관으로 한다.
>   ㉥ 감압밸브를 설치한다.

08 급탕설비에서 팽창관을 설치하는 가장 주된 이유는?

① 급탕온도를 일정하게 유지하기 위하여
② 온도변화에 따른 급탕배관의 신축을 흡수하기 위하여
③ 저탕조 내의 온도가 100℃를 넘지 않도록 하기 위하여
④ 보일러, 저탕조 등 밀폐 가열장치내의 압력상승을 도피시키기 위하여

> [해설] 팽창관
> ㉠ 온수순환 배관 도중에 이상 압력이 생겼을 때 그 압력을 흡수하는 도피구로서 증기나 공기를 배출한다.
> ㉡ 팽창관은 보일러, 저탕조 등 밀폐 가열장치 내의 압력상승을 도피시키는 역할을 한다.
> ㉢ 팽창관의 도중에는 절대로 밸브류를 달아서는 안된다.
> ㉣ 팽창관의 배수는 간접배수로 한다.
> ㉤ 팽창관은 급탕관에서 수직으로 연장시켜 고가탱크 또는 팽창탱크에 개방시킨다.

09 통기관의 최소 관경에 관한 설명으로 옳지 않은 것은?

① 각개통기관은 그것이 접속되는 배수관 관경의 1/2 이상으로 한다.
② 결합통기관은 통기수직관과 배수수직관 중 작은 쪽의 관경 이상으로 한다.
③ 도피통기관은 배수수평지관의 관경 이상으로 하되 최소 75mm 이상으로 한다.
④ 루프통기관은 배수수평지관과 통기수직관 중 작은 쪽 관경의 1/2 이상으로 한다.

> [해설] 통기관의 최소 관경
> ㉠ 각개통기관 : 최소 32mm 이상이거나 접속하는 배수관경의 1/2 이상
> ㉡ 루프통기관 : 최소 40mm 이상이거나 배수수평지관과 통기수직관 중 작은 쪽 관경의 1/2 이상
> ㉢ 도피통기관 : 최소 40mm 이상이거나 접속하는 배수관경의 1/2 이상
> ㉣ 결합통기관 : 최소 50mm 이상이거나 통기수직관과 배수수직관 중 작은 쪽의 관경 이상
> ㉤ 신정통기관 : 최소 75mm 이상(일반적으로 100mm 기준)이거나 배수수직관과 동일 관경 이상
> ※ 통기관의 관경 : 최소 32mm 이상
> ☞ 기구통기관의 최소 관경 : DN32

10 지름이 D_1인 관 A와 지름 D_2인 관 B에 동일 유량이 흐를 때, 두 관의 지름비 $\dfrac{D_2}{D_1}$를 유속으로 옳게 표현한 것은? (단, v_1은 A관 내의 유속, v_2는 B관 내의 유속이다.)

① $\dfrac{v_2}{v_1}$ ② $\left(\dfrac{v_2}{v_1}\right)^{\frac{1}{2}}$

③ $\dfrac{v_1}{v_2}$ ④ $\left(\dfrac{v_1}{v_2}\right)^{\frac{1}{2}}$

> [해설]
> $A_1 v_1 = A_2 v_2$ 에서 $\dfrac{A_1}{A_2} = \dfrac{v_2}{v_1}$
>
> $\dfrac{\frac{\pi}{4}(D_2)^2}{\frac{\pi}{4}(D_1)^2} = \dfrac{v_1}{v_2}$ 이므로 $\left(\dfrac{D_2}{D_1}\right)^2 = \dfrac{v_1}{v_2}$ 이다.
>
> $\therefore \dfrac{D_2}{D_1} = \left(\dfrac{v_1}{v_2}\right)^{\frac{1}{2}}$

정답 08 ④ 09 ③ 10 ④

11 몰리에르(Mollier)선도를 나타낸 그림에서 히트펌프의 난방시 성적계수를 산정하는 식은?

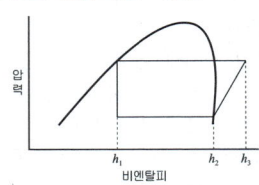

① $\dfrac{h_2 - h_1}{h_3 - h_2}$ ② $\dfrac{h_3 - h_1}{h_3 - h_2}$

③ $\dfrac{h_3 - h_1}{h_2 - h_1}$ ④ $\dfrac{h_3 - h_2}{h_2 - h_1}$

해설 성적계수

ⓐ 냉동기의 성적계수(COP) = $\dfrac{냉동효과(q)}{압축일(AL)}$
= $\dfrac{냉동능력}{소요능력}$

ⓑ 열펌프의 성적계수(COP_h) = $\dfrac{응축기의 방출열량}{압축일}$
= $\dfrac{q + AL}{AL} = \dfrac{q}{AL} + 1$

열펌프를 이용한 성적계수(COP_h)가 냉동기로 이용한 성적계수(COP)보다 1만큼 크다.

∴ $COP_h = \dfrac{q + AL}{AL} = \dfrac{h_3 - h_1}{h_3 - h_2}$

12 취출구와 흡입구가 지나치게 근접해 있을 때 취출구에서 나온 기류가 곧바로 흡입구로 들어가는 현상은?
① 숏 서킷   ② 드래프트
③ 에어 커튼   ④ 리턴 에어

해설
② 콜드 드래프트(cold draft) : 겨울철에 실내에 저온의 기류가 흘러들거나 또는 유리 등의 차가운 벽면에서 냉각된 냉풍이 하강하는 현상으로 냉방에 의한 온도차에 따라 일어나는 공기의 흐름이다.
③ 에어커튼(air curtain) : 위에서 아래로 압축공기를 분출시키고 흡입구를 아래쪽에 설치하여 공기유막을 만들어 바깥쪽과 안쪽을 차단하는 설비를 말한다. 온습도를 조정한 공기의 분류(噴流)에 의해 다른 공기의 흐름을 차단 분리하는 공기조화의 한 방법이다. 백화점 등의 개방된 출입구에 많이 사용한다.

④ 리턴에어 : 중간기에 에너지 절약을 위해 외기냉방(economizer)도 가능토록 계획할 경우 급기 송풍기와 별도의 리턴에어용 송풍기(환기용 송풍기)를 설치하는 것이 효과적이다.

13 용량이 386kW인 터보 냉동기에 순환되는 냉수량은? (단, 냉각기 입구의 냉수온도 12℃, 출구의 냉수온도 6℃, 물의 비열 4.2kJ/kg·K)
① 약 46m³/h   ② 약 55m³/h
③ 약 231m³/h   ④ 약 332m³/h

해설 순환수량(Q_w)[L/min]

$Q_w = \dfrac{H_{CT}}{60 C \Delta t}$ [L/min]

H_{CT} : 냉동기용량
C : 비열(4.2kJ/kg·K)
Δt : 냉각수의 냉각탑의 출입구 온도차(℃)
먼저, 1kW=1,000W=860kcal/h=1kJ/s
=3,600kJ/h이므로
386kW=386×3,600kJ/h=1389600kJ/h

$Q_w = \dfrac{1389600}{60 \times 4.2 \times (12-6)} = 919$L/min
=0.919m³/min=55.14m³/h≒55m³/h

14 냉각탑에 관한 설명으로 옳지 않은 것은?
① 냉각수를 보충하는 것은 증발 및 비산 때문이다.
② 냉각탑 내에 충전재를 설치하는 이유는 냉각 효율을 높이기 위한 것이다.
③ 냉각탑은 냉동기의 발생열을 냉각수를 이용하여 외부로 방출하는 기기이다.
④ 직교류형이란 떨어지는 냉각수와 공기흐름이 서로 마주보고 흐르는 방식이다.

정답 11 ② 12 ① 13 ② 14 ④

해설 냉각탑의 분류(물의 흐름방향에 따른 분류)
① 대향류식 : 공기를 아래에서 위로 흐르게 함
  ㉠ 분무식
  ㉡ 충진식 : 흡입식, 압입식
② 직교류식 : 공기를 수류와 직각으로 흐르게 함
  ㉠ 편측흡입식
  ㉡ 양측흡입식
[참고] ☞ 흡입식 : 팬이 냉각탑의 공기 출구 측에 위치해 있는 것
     ☞ 대향류형 냉각탑은 직교류형 냉각탑에 비해 열교환 효율이 유리하다.
        직교류형 냉각탑은 탑높이가 낮아 설치면적이 크고 냉각효율이 낮다.

15 다음 설명에 알맞은 취출구의 종류는?

- 외부 존이나 내부 존에 모두 적용되며, 출입구 부근의 에어 커튼용으로도 적합하다.
- 선형이므로 인테리어 디자인의 일환으로도 적당하다.

① 노즐(nozzle)형
② 캄 라인(calm line)형
③ 아네모스탯(annemostat)형
④ 라이트 트로퍼(light troffer)형

해설
- 노즐형(nozzle형) : 소음이 적기 때문에 취출풍속을 5m/s 이상으로 사용하며, 소음규제가 심한 방송국 스튜디오나 음악감상실 등에 사용되는 취출구이다.
- 아네모스탯(anemostat)형 : 주로 천장에 설치하여 기류를 방사형태로 취출시키는 복류형 취출구로 일반적인 건축물에서 가장 많이 사용하고 있다.

16 냉동기의 구성기기 중 냉각수를 필요로 하는 것은?
① 압축기   ② 흡수기
③ 증발기   ④ 팽창밸브

해설 흡수식 냉동기
■ 냉동 사이클 : 증발기 → 흡수기 → 발생기(재생기) → 응축기
㉠ 증발기 내에서 냉수로부터 열을 흡수, 물은 증발하여 수증기가 되어 흡수기로 들어간다.
㉡ 흡수기 내에서 수증기는 염수 용액에 흡수되며, 희석 용액은 발열 때문에 냉각수에 의해 냉각되어 발생기에 보내진다.
㉢ 발생기 내에서 고온수나 고압 증기에 의해 가열되어 희석 용액 중 수증기는 응축기로 보내어지고 진한 용액은 흡수기로 되돌아간다.
㉣ 발생기로부터 유입된 수증기는 저압의 응축기에서 응축되어 물이 되며 증발기로 들어간다.

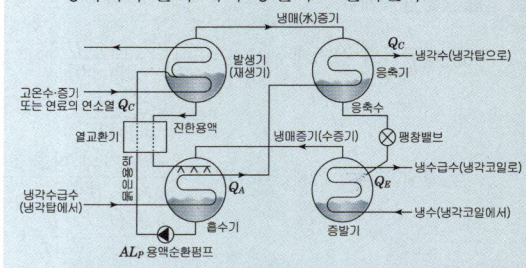

[그림] 흡수식 냉동기의 원리도(1중 효용 : 단효용)

17 다음 중 냉각수 배관재료로 가장 부적절한 것은?
① 동관   ② 아연도강관
③ 스테인리스관   ④ 경질염화비닐관

해설 냉각수 배관재료 : 동관, 아연도강관, 스테인리스관
※ 냉각수 배관
㉠ 냉각탑 배수 및 오버플로우관은 일반 배수관에 직결시키지 않는다.
㉡ 냉각수 펌프와 냉각탑이 동일한 레벨이면 냉각탑의 수면보다 낮은 위치에 펌프를 설치한다. ㉢ 냉각수 펌프의 수두는 흡입측보다는 토출측이 커야 한다.
㉣ 냉각수 배관에는 응축기 입구에 스트레이너를 설치한다.

18 다음의 덕트에서 (1)점의 풍속 V_1=14m/s, 정압 P_{s1}=50Pa, (2)점의 풍속 V_2=6m/s, 정압 P_{s2}=100Pa일 때, (1), (2)점 간의 전압 손실은? (단, 공기의 밀도는 1.2kg/m³ 이다)

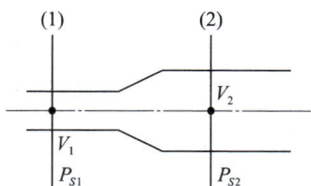

① 46Pa ② 94Pa
③ 142Pa ④ 190Pa

해설

덕트의 전압(P_t) = 정압(P_s)+동압(P_v)

동압(P_v) = $\dfrac{v^2}{2g}\gamma$ (mmAq) = $\dfrac{v^2}{2}\rho$ (Pa)

여기서, v : 관내 유속(m/s)
γ : 공기의 비중량(1.2kgf/m³)
g : 중력가속도(9.8m/s²)
ρ : 공기의 밀도(1.2kg/m³)

(1)점 전압(P_t)=정압(P_s)+동압(P_v)
$= 정압(P_s) + \dfrac{v^2}{2}\rho$ (Pa)
$= 50 + \dfrac{14^2}{2} \times 1.2 = 167.6$Pa

(2)점 전압(P_t)=정압(P_s)+동압(P_v)
$= 정압(P_s) + \dfrac{v^2}{2}\rho$ (Pa)
$= 100 + \dfrac{6^2}{2} \times 1.2 = 121.6$Pa

∴ 전압 손실=167.6-121.6=46Pa

19 난방배관의 신축을 흡수하기 위해 사용되는 신축이음쇠에 속하지 않는 것은?

① 루프형 ② 리프트형
③ 슬리브형 ④ 스위블형

해설 배관의 신축이음쇠(expansion joint)

배관에 생기는 팽창량을 흡수하여, 응력에 의한 배관 이음쇠의 파손 부분에서 발생하는 누수를 방지하기 위하여 배관 중에 신축이음쇠(expansion joint)를 설치한다.
㉠ 스위블 조인트(swivel joint) : 2개 이상의 elbows를 사용하여 나사회전을 이용해서 신축을 흡수하는 조인트
㉡ 신축곡관(expansion loop) : 신축곡관(루프형)은 고장이 적고 고압 옥외 배관에 적합하지만 신축을 흡수하는 1개의 길이가 긴 것이 결점이다.
㉢ 슬리브형 신축이음쇠 : 슬리브가 온도의 변화에 따라 생기는 관의 신축을 슬리브의 미끄럼에 의해서 흡수한다. 이 이음쇠는 저압 증기배관 및 온수배관의 신축이음쇠로서 널리 사용한다.
㉣ 벨로스형 신축이음쇠 : 온도의 변화에 따른 관의 신축을 벨로스의 변형에 의해 흡수시키는 기구이다.

20 히트펌프에 관한 설명으로 옳지 않은 것은?

① 신재생에너지인 지열을 이용하여 냉난방하는 경우 사용이 가능하다.
② 냉동기와 히트펌프는 본질적으로 같은 것이지만 그 사용목적에 따라 호칭이 달라진다.
③ 히트펌프는 보일러에서와 같은 연소를 수반하지 않으므로 대기오염물질의 배출이 없다.
④ 냉각을 목적으로 사용할 경우에는 가열을 목적으로 할 때보다 성적계수가 1만큼 더 크다.

해설 히트펌프(Heat Pump)

히트펌프(열펌프)는 냉동기의 압축기에서 토출된 고온·고압의 냉매증기는 응축기에서 방열하고 액화된다. 이때 방열되는 응축열로 물이나 공기를 가열하여 난방에 이용하는 장치이다.
㉠ 낮은 온도의 열원으로부터 높은 온도의 열로 펌프하듯 끌어올려 이용할 수 있기 때문에 히트펌프라고 한다.
㉡ 압축기를 동력원으로 압축 → 응축 → 팽창 → 증발의 사이클로 순환
㉢ 여름엔 냉방용으로 운전, 겨울철에는 냉매의 흐름 방향을 바꾸어 난방용으로 운전
㉣ 냉매의 흐름이 바뀌면, 증발기는 응축기로, 응축기는 증발기로 그 기능이 변환
☞ 열펌프를 이용한 성적계수(COP_H)가 냉동기로 이용한 성적계수(COP_C)보다 1만큼 크다.
$COP_H = COP_C + 1$

정답 18 ① 19 ② 20 ④

건축설비설계
2017년 제1회 과년도 출제문제

01 온도 20℃, 길이 100m인 동관에 탕이 흘러 60℃가 되었을 때, 이 동관의 팽창된 길이는?(단, 동관의 선팽창 계수는 0.171×10^{-4}/℃이다.)
① 34.2mm ② 68.4mm
③ 136.8mm ④ 171mm

해설 관의 신축과 팽창량(L)

$L = 1,000 \cdot \ell \cdot C \cdot \Delta t$ [mm]
여기서, ℓ : 온도변화전의 관의 길이(m)
 C : 관의 선팽창계수
 Δt : 온도 변화(℃)
∴ $L = 1,000 \cdot \ell \cdot C \cdot \Delta t$
 $= 1,000 \times 100 \times 0.171 \times 10^{-4} \times (60-20)$
 $= 0.0684m = 68.4mm$

02 세정수의 급수방식에 따른 대변기의 종류에 속하지 않은 것은?
① 로 탱크식 ② 하이 탱크식
③ 전동 밸브식 ④ 세정 밸브식

해설 대변기 세정 급수장치

구분	급수관(세정관)의 관경	특징
하이 탱크식 (시스턴식)	15A (32A)	• 1.9m 높이 물탱크 • 소음 크지만 물사용량 적다.
로우 탱크식 (시스턴식)	15A (50A)	• 많은 면적을 차지한다. • 소음 적지만 물사용량 많다.
세정 밸브식 (플러시 밸브식)	25A 이상	• 한번 핸들을 돌리면 급수압력으로 일정량의 물이 나온 다음 자동으로 잠긴다.

• 종류 : 세출식, 세락식, 사이펀식, 사이펀제트식, 취출식, 절수식 등

03 다음 중 급수배관이 벽체 또는 건축의 구조부를 관통하는 부분에 슬리브(sleeve)를 설치하는 이유로 가장 알맞은 것은?
① 관의 방동을 위하여
② 관의 방로를 위하여
③ 관의 부식방지를 위하여
④ 관의 수리·교체를 용이하게 하기 위하여

해설 슬리브(sleeve) 배관
콘크리트 벽체나 바닥을 관통하여 배관할 경우, 배관 교체를 용이하게 하고 배관의 신축에 대비하기 위해 콘크리트에 미리 묻어두는 배관

04 사무실 건물의 화장실에 세면기 8개, 청소싱크 1개가 설치되어 있는 경우 배수 배출량은?(단, 세면기 fuD=1, 청소싱크 fuD=3, 전체의 동시사용률은 55%이며, 1fuD=28.5L/min 이다.)
① 약 127L/min
② 약 172L/min
③ 약 285L/min
④ 약 570L/min

해설
배수부하단위총합 $= (8 \times 1) + (1 \times 3) = 11$
기구의 동시사용률이 55%이므로
∴ 배수 배출량 $= (11 \times 28.5L/min) \times 0.55$
 $= 172.43 ≒ 172L/min$

☞ 기구 부하단위법(Fixture Unit Value Method)
일반적으로 배수관의 관경을 결정하는 데는 관 계통에 접속하는 위생기구류의 단위시간당 최대 배수량을 기준으로 하여 관경을 구하는 것이 합리적이다.
미국에서는 구경 32mm의 트랩을 갖는 세면기의 배수량을 28.5L/min으로 하고 여기에 기구의 동시사용률과 기구 종류에 따른 사용 빈도수 및 사용자 수를 감안한 기구배수 부하단위(fixture unit)를 결정하였으며, 세면기의 기구 배수부하단위를 1로 하고, 이것을 근거로 하여 각종 기구의 배수 부하 단위를 정하였다.

정답 01 ② 02 ③ 03 ④ 04 ②

05 위생기구가 갖추어야 할 구비조건으로 옳지 않은 것은?

① 흡수성이 클 것
② 제작 및 설치가 쉬울 것
③ 내식성, 내마모성이 있을 것
④ 항상 청결을 유지할 수 있을 것

> **해설** 위생기구의 구비조건
> ㉠ 흡수성이 적고, 내식성, 내마모성이 좋을 것
> ㉡ 제작이 용이하고 설치가 간단할 것
> ㉢ 오염방지를 배려한 구조일 것
> ㉣ 외관이 깨끗하고 위생적이며 청소가 용이할 것

06 수격현상의 방지대책으로 옳지 않은 것은?

① 펌프계통의 유속을 증가시킨다.
② 위생기구 연결시 에어챔버를 사용한다.
③ 수전의 급작스런 on-off 작동을 피한다.
④ 입상관 말단에 워터해머 흡수기를 설치한다.

> **해설** 수격현상(water hammering)
> 관내 유속이 빠르거나 혹은 밸브, 수전 등의 관내 흐름을 순간적으로 폐쇄하면, 관내에 압력이 상승하면서 생기는 배관 내의 마찰음 현상이다.
> ① 원인
>   ㉠ 유속이 빠를 때
>   ㉡ 관경이 적을 때
>   ㉢ 밸브 수전을 급히 잠글 때
>   ㉣ 굴곡 개소가 많을 때
>   ㉤ 플러시밸브나 콕을 사용할 때
>   ㉥ 20m 이상 고양정일 때
> ② 방지책
>   ㉠ 관내 유속을 될 수 있는 대로 느리게 하고 관경을 크게 한다.
>   ㉡ 폐수전을 폐쇄하는 시간을 느리게 한다.
>   ㉢ 기구류 가까이에 에어챔버(air chamber)를 설치하여 chamber 내의 공기를 압축시킨다.
>   ㉣ water hammer 방지기를 water hammer의 발생원인이 되는 밸브 근처에 부착시킨다.
>   ㉤ 굴곡 배관을 억제하고 될 수 있는 대로 직선배관으로 한다.
>   ㉥ 감압밸브를 설치한다.

07 다음과 같은 조건에서 급탕순환펌프의 순환수량은?

┌ 조건 ──────────────────────
• 배관계통의 전열손실량 : 4000W
• 급탕온도 : 65℃, 환탕온도 : 55℃
• 물의 비열 : 4.2kJ/kg·K
└─────────────────────────

① 5.7L/min   ② 10.5L/min
③ 20.9L/min   ④ 30.4LL/min

> **해설** 온수순환펌프의 수량
> $$W = \frac{Q}{60C\Delta t} \,[\ell/min]$$
> Q : 배관과 펌프 및 기타 손실 열량[kJ/h]
> W : 순환수량[ℓ/min]
> C : 탕의 비열[4.19kJ/kg·K]
> ρ : 탕의 밀도(kg/m³)
> Δt : 급탕·반탕의 온도차[℃]
> (Δt는 강제순환식일 때 5~10℃ 정도임)
> $$\therefore W = \frac{Q}{60C\Delta t} = \frac{4,000 \times 3.6}{60 \times 4.2 \times (65-55)}$$
> $$= 5.7 L/min$$
> ※ 1W=3.6kJ/h

08 다음 중 S트랩에서 자기사이펀 작용에 의한 봉수의 파괴를 방지하기 위한 방법으로 가장 알맞은 것은?

① 트랩의 내표면을 매끄럽게 한다.
② 트랩을 정기적으로 청소하여 이물질을 제거 한다.
③ 트랩과 위생기구가 연결되는 관의 관경을 트랩의 관경보다 더 크게 한다.
④ 트랩의 유출부분 단면적이 유입부분 단면적 보다 큰 것을 설치한다.

> **해설**
> 자기 사이펀 작용은 배수시에 트랩 및 배수관은 사이펀관을 형성하여 기구에 만수된 물이 일시에 흐르게 되면 트랩 내의 물이 자기 사이펀 작용에 의해 모두 배수관 쪽으로 흡입되어 배출하게 된다. 이 현상은 S 트랩의 경우에 특히 심하다. 방지책으로 기구배수관 관경을 트랩 구경보다 크게 하여 만류(滿流)가 되지 않도록 트랩의 유출부분 단면적이 유입부분 단면적 보다 큰 것을 설치한다.

09 통기배관에 관한 설명으로 옳지 않은 것은?
① 통기수직관을 우수수직관과 연결해서는 안된다.
② 통기수직관의 하단은 배수수직관에 60° 이상의 각도로 접속한다.
③ 루프통기관의 인출 위치는 배수수평지관 최상류 기구의 하단측으로 한다.
④ 루프통기관에 연결되는 기구수가 많을 경우 도피 통기관을 추가로 설치한다.

해설
통기수직관의 하부는 관경을 축소하지 아니하고, 최저 위치에 있는 배수수평지관보다 낮은 위치에서 배수수직관에 45° 경사지게 접속하거나 배수수평지관에 접속하여 배수수직관의 압력변화를 흡수한다.

10 급수배관의 관경 결정법에 관한 설명으로 옳지 않은 것은?
① 같은 급수기구 중에서도 개인용과 공중용에 대한 기구급수부하단위는 공중용이 개인용보다 값이 크다.
② 유량선도에 의한 방법으로 관경을 결정하고자 할 때의 부하유량(급수량)은 기구급수부하 단위로 산정한다.
③ 소규모 건물에는 유량선도에 의한 방법이, 중규모 이상의 건물에는 관균등표에 의한 방법이 주로 이용된다.
④ 기구급수부하단위는 각 급수기구의 표준 토출량, 사용빈도, 사용시간을 고려하여 1개의 급수 기구에 대한 부하의 정도를 예상하여 단위화한 것이다.

해설
대규모 건물에는 유량선도에 의한 방법이, 중규모 이하의 건물에는 관균등표에 의한 방법이 주로 이용된다.

11 다음 중 양수펌프로 사용되는 원심펌프에서 흡입양정이 이론치에 미치지 못하는 가장 큰 이유는?
① 대기압
② 관로손실
③ 펌프의 동력
④ 토출양정관의 차이

해설 펌프의 흡입양정
펌프의 흡입양정은 진공에 의한 것으로 표준기압 하에서 이론적으로 10.33m이나 실제의 흡입양정은 흡입관의 관로마찰손실과 수온에 의한 포화증기압으로 인해 6~7m 정도에 불과하다. 즉, 흡입양정은 대기의 압력, 유체의 온도에 따른 관로마찰손실로 흡입양정이 이론치에 미치지 못한다.

12 기준면보다. 20m 높이에 있는 관내에 물이 압력 60kPa, 유속 3m/s로 흐를 때 이 물의 전수두는?(단, 물의 밀도는 1kg/L 이다.)
① 약 18.7m   ② 약 26.5m
③ 약 38.7m   ④ 약 83.1m

해설
전수두=위치압력수두+관내압력수두+속도수두($\frac{v^2}{2g}$) [m]
$= 20 + 6 + \frac{3^2}{2 \times 9.8} = 26.45 ≒ 26.5m$

▶ 단위 환산
 ※ 1m 수두(1mAq)=0.01MPa=10kPa
 ※ $1kgf/cm^2$=0.1MPa=10mAq
   $10kgf/cm^2$=1MPa=100mAq

13 다음 중 공기조화설비 배관에서 압력계의 설치 위치로 가장 알맞은 곳은?
① 펌프 출구   ② 급수관 입구
③ 냉수코일 출구   ④ 열교환기 출구

해설
공기조화설비의 배관시스템에서 압력계는 펌프 출구에 설치한다.

정답 09 ② 10 ③ 11 ② 12 ② 13 ①

14 난방도일(heating degree day)에 관한 설명으로 옳지 않은 것은?
① 추운 날이 많은 지역일수록 난방도일은 커진다.
② 난방도일의 계산에 있어서 일사량은 고려하지 않는다.
③ 난방도일은 난방용 장치부하를 결정하기 위한 것이다.
④ 일반적으로 난방도일이 큰 지역일수록 연료 소비량은 증가한다.

해설 난방도일(度日 : heating degree days : H.D)
추운 날의 정도를 나타내는 것으로서, 연료 소비량을 추정 평가하는 데 사용된다. 실내의 평균 온도와 외기의 평균 기온과의 차(差)에 일(日 : days)을 곱한 것이다.
㉠ 어느 지방의 추위 정도와 연료소비량의 추정이 가능
㉡ 각 지역마다 값이 다르다.
㉢ 추운 정도의 지표
㉣ 단위 : ℃·day

15 국소환기 설계에 관한 설명으로 옳지 않은 것은?
① 배출된 오염물질에 의한 대기오염이 되지 않도록 정화장치를 부착한다.
② 국소환기의 계통은 공간의 절약을 위해 공조 장치의 환기덕트와 연결한다
③ 배기장치는 배기가스에 의해 부식하기 쉬우므로 그에 상응한 재료를 사용한다.
④ 배풍기는 배기계통의 말단부에 두어 덕트 내 압력이 부(-)로 되도록 해서 다른 쪽으로의 누출을 방지한다.

해설
국소환기의 계통은 공조장치의 환기덕트와 연결하면 실내오염의 원인이 되므로 독립적으로 설치해야 한다.
※ 국소 환기 : 오염이 생긴 장소에서 오염이 실 전반에 확산되기 전 배기하는 방법으로 가장 효율이 좋은 오염 제거 방법이다. [예] 후드(hood), 퓸 후드(fume hood), 드래프트 챔버 등

16 대향류형 냉각탑과 비교한 직교류형 냉각탑의 특징에 관한 설명으로 옳지 않은 것은?
① 설치면적이 크다.
② 열교환 효율이 좋다.
③ 팬 소요동력이 작다.
④ 점검·보수가 용이하다.

해설 냉각탑의 분류(물의 흐름방향에 따른 분류)
① 대향류식 : 공기를 아래에서 위로 흐르게 함
 ㉠ 분무식
 ㉡ 충진식 : 흡입식, 압입식
② 직교류식 : 공기를 수류와 직각으로 흐르게 함
 ㉠ 편측흡입식
 ㉡ 양측흡입식
[참고] ☞ 흡입식 : 팬이 냉각탑의 공기 출구 측에 위치해 있는 것
☞ 대향류형 냉각탑은 직교류형 냉각탑에 비해 열교환 효율이 유리하다.

17 공조되고 있는 실에서 콜드 드래프트(cold draft)의 원인과 가장 거리가 먼 것은?
① 습도가 낮을 때
② 기류의 속도가 낮을 때
③ 주위 벽면의 온도가 낮을 때
④ 겨울에 창문의 틈새바람이 많을 때

해설 콜드 드래프트(cold draft)
인체는 신진대사에 의해 계속 열을 생산하고 생산된 열은 인체 주위로 소모된다. 그러나 생산된 열량보다 소모되는 열량이 많으면 추위를 느끼게 된다. 이와 같이 소모되는 열량이 많아져서 추위를 느끼게 되는 현상을 콜드 드래프트(cold draft)라 한다.
※ 콜드 드래프트(cold draft)의 발생 원인
 ㉠ 인체 주위의 공기 온도가 너무 낮을 때
 ㉡ 인체 주위의 공기 습도가 낮을 때
 ㉢ 인체 주위의 공기 속도가 클 때
 ㉣ 주위 벽면의 온도가 낮을 때
 ㉤ 동절기 창문의 극간풍(틈새바람)이 많을 때
☞ 팬코일 유닛방식에서 유닛을 창문 밑에 설치하면 콜드 드래프트를 줄일 수 있다.

18 송풍기에 의해 수분이 급기덕트 내로 유입하는 것을 방지하기 위해 설치하는 공기조화기의 구성요소는?
① 가습기
② 공기세정기
③ 공기여과기
④ 엘리미네이터

해설 엘리미네이터 (eliminator)
㉠ 통과 공기 중의 물방울이 공기 세정기에서 빠져나가는 것을 방지
 (분무수가 밖으로 나가는 것을 방지하기 위하여)
㉡ 4~6번 접은 아연, 철판, 염화비닐 코팅판 등을 이용
※ 수분무의 경우 가습효율이 낮고 물방울이 비산하기 때문에 엘리미네이터를 설치하여 사용한다.

19 취출기류의 속도분포와 관련된 4단계 영역 중 제2영역에 관한 설명으로 옳은 것은?
① 천이구역이라고도 한다.
② 취출거리의 대부분을 차지한다.
③ 혼합된 공기(1차 공기+2차 공기)가 주위로 확산되는 영역이다.
④ 취출기류의 속도가 급격히 감소되어 주위 공기를 유인하는 힘이 없어진다.

해설
취출기류의 제2영역은 기류 중심부분의 속도가 취출구로부터의 거리의 제곱근에 반비례하는 구간으로 천이구역이라고도 한다. 아스펙트비(aspect ratio)가 큰 취출구일수록 이 구간이 길어진다. 일반적으로 취출구 직경(취출구 폭)의 4배 정도에서 길이의 4배 정도 범위가 된다.

해설
동력절감률(에너지절약)이 높은 것에서 낮은 순서
회전수 제어 > 가변피치제어 > 흡입베인제어 > 흡입댐퍼제어 > 토출댐퍼제어
※ 회전수 제어 : 송풍기 풍량제어의 대표적인 방법으로 에너지절감 비율이 가장 높다.
※ 제어방식의 결정은 풍량조정범위, 동력절감률, 설비비 등을 고려하여 정한다.

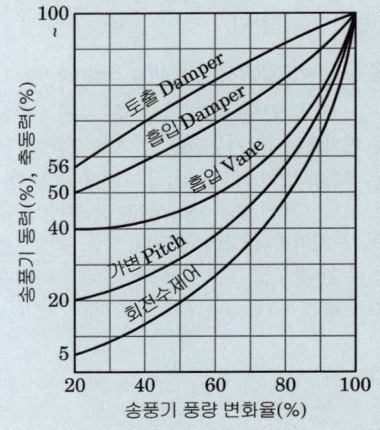

[그림] 송풍기 풍량변화율에 따른 송풍기 동력비율의 변화

20 다음 중 축동력이 가장 적게 소요되는 송풍기 풍량제어 방식은?
① 회전수 제어
② 흡입베인 제어
③ 토출댐퍼 제어
④ 슬라이드베인 제어

정답 18 ④ 19 ① 20 ①

건축설비설계
2017년 제2회 과년도 출제문제

01 양수펌프 중심으로부터 2m 위에 저수조 수위가 일정하게 있고, 고가수조 수위는 펌프 중심으로 부터 30m 위에 있다. 양수배관 전체길이가 38m, 펌프의 토출압력이 15kPa일 때 최저 필요양정은? (단, 양수배관의 마찰손실수두는 50mmAq/m, 관이음 및 밸브류의 상당길이는 배관길이의 50%로 한다.)
① 30.85m ② 32.35m
③ 34.85m ④ 36.35m

해설

전양정=실양정+직관손실+국부저항+토출압력
=28+1.9+0.95+1.5=32.35[mAq]
직관부손실=38m×50mmAq/m
=1900mmAq=1.9mAq
국부저항=1.9mAq의 50%=0.95mAq
※ 1MPa=1000kPa=100m
15kPa=0.015MPa=1.5m

02 관 균등표에 의한 관경 결정 시 필요 없는 것은?
① 균등수 ② 유량선도
③ 기구의 접속관경 ④ 기구의 동시사용률

해설 균등표에 의한 관경의 결정

균등표에 의해 관경을 정하려면 배관에 접속하는 기구의 구경을 단위(호칭경 15mm)로 환산하여 사용률을 곱해 균등표에 의해 관경을 결정할 수 있다.
① 기구의 동시사용률 계산

[표] 기구의 동시사용률(%)

기구수	2	3	4	5	10	15	20	30	50	100
동시사용률(%)	100	80	75	70	53	48	44	40	36	33

② 균등표에 의한 관경 결정
※ 동시사용률
전체 수전 개수에 대하여 어떤 시각에 건물 내부에 있는 위생기구와 급수 밸브 등이 동시에 사용되는가를 예측한 수전 개수의 비율이다. 배관의 직경과 소요되는 물량을 결정하기 위하여 사용하며 기구 수에 대하여 %로 표시한다.

03 급수배관시스템에서 수격작용 발생에 따른 압력 상승에 관한 설명으로 옳지 않은 것은?
① 관두께에 비례한다.
② 배관경에 비례한다.
③ 유체의 속도에 비례한다.
④ 압력파의 전달속도에 비례한다.

해설 수격작용(water hammering)

관내 유속이 빠르거나 혹은 밸브, 수전 등의 관내 흐름을 순간적으로 폐쇄하면, 관내에 압력이 상승하면서 생기는 배관 내의 마찰음 현상이다.
① 원인
  ㉠ 유속이 빠를 때
  ㉡ 관경이 적을 때
  ㉢ 밸브 수전을 급히 잠글 때
  ㉣ 굴곡 개소가 많을 때
  ㉤ 플러시밸브나 콕을 사용할 때
  ㉥ 20m 이상 고양정일 때
② 방지책
  ㉠ 관내 유속을 될 수 있는 대로 느리게 하고 관경을 크게 한다.
  ㉡ 폐수전을 폐쇄하는 시간을 느리게 한다.
  ㉢ 기구류 가까이에 에어챔버(air chamber)를 설치하여 chamber 내의 공기를 압축시킨다.
  ㉣ water hammer 방지기를 water hammer의 발생 원인이 되는 밸브 근처에 부착시킨다.
  ㉤ 굴곡 배관을 억제하고 될 수 있는 대로 직선배관으로 한다.
  ㉥ 감압밸브를 설치한다.
  ☞ 배관경에 반비례한다.

04 세정밸브식 대변기에서 토수된 물이나 이미 사용된 물이 역사이폰 작용에 의해 상수계통으로 역류하는 것을 방지하는 기구는?
① 볼탭 ② 슬리브
③ 스트레이너 ④ 버큠 브레이커

해설

세정밸브형 대변기에는 급수오염(크로스 커넥션, cross connection)을 방지하기 위하여 진공방지기(vacuum breaker), 토수구 등을 설치하여 역사이펀 작용을 방지한다.

정답 01 ② 02 ② 03 ② 04 ④

05 기구급수부하단위(Fu)가 1Fu인 위생기구의 종류 및 접속관경으로 옳은 것은?
① 세면기, 15mm ② 세면기, 25mm
③ 대변기, 15mm ④ 대변기, 25mm

해설
기구급수부하단위(F.U)는 1~10으로 구분하며 기본단위 F.U 1은 세면기이다.
• 세정밸브식 대변기(10) > 소변기(4) > 세면기(1)
※ 기구급수부하단위법(fixture unit)는 소요유량에 동시사용율을 적용한 방법으로 간편하며 신뢰성을 가지기 때문에 전반적으로 대규모 시설에서 이용된다.

06 펌프의 전양정이 41.6m, 양수량이 400L/min일 때, 펌프의 축동력은? (단, 펌프의 효율은 55%이다.)
① 3.94kW ② 4.54kW
③ 4.94kW ④ 5.44kW

해설
펌프 축동력(L_S) = $\dfrac{WQH}{KE}$ [kW]에서
 Q : 양수량(m^3/min) → 400L/min=0.4m^3/min
 H : 전양정(m) → 41.6m
 W : 액체 1m^3의 중량(kg/m^3) → 물은 1,000kg/m^3
 E : 효율(%) → 55%
 K : 정수(kW) → 6,120
∴ 펌프의 축동력(L_S) = $\dfrac{1,000 \times 0.4 \times 41.6}{6,120 \times 0.55}$
   = 4.94kW

07 급배수설비의 기본 원칙으로 옳지 않은 것은?
① 우수는 공공하수도에 배수하지 않도록 한다.
② 상수의 급수계통은 크로스 커넥션이 되어서는 안 된다.
③ 탱크 및 배수계통에는 통기관 등과 같은 적절한 통기 조치를 한다.
④ 급수계통은 역류나 역사이폰 작용의 위험이 생기지 않도록 한다.

해설
우수는 공공하수도에 배수가 되도록 한다.
우수수직관은 지붕이나 발코니 등의 루프 드레인에서의 배수관을 말하며, 건물 내의 타 배관과 겸용해서는 안된다.

08 배수트랩에 관한 설명으로 옳지 않은 것은?
① P트랩은 세면기 배수에 주로 이용된다.
② U트랩은 옥내 배수 수평주관 계통에 이용된다.
③ S트랩은 욕실 및 다용도실의 바닥배수에 주로 이용된다.
④ 트랩은 하수 유해 가스가 역류해서 실내로 침입하는 것을 방지하기 위해서 설치한다.

해설 배수트랩의 종류
㉠ P-trap : 일반적으로 가장 널리 쓰이는 비교적 이상적인 트랩, 세면기
㉡ S-trap : 대변기, 소변기(벽걸이형), 세면기 등에 부착한다. 봉수가 빠질 염려가 있다.
㉢ U트랩 : 가옥 배수 횡주관 말단에 설치하여 공공하수도관으로부터 악취의 유입을 방지하며 '가옥트랩', '메인트랩'이라고도 한다.
㉣ 드럼트랩(drum trap, 주머니트랩) : 욕조, 싱크 등의 물 사용량이 많은 곳
㉤ 벨트랩(bell trap) : 바닥배수용 트랩

09 배수 및 통기배관에 관한 설명으로 옳지 않은 것은?
① 기구배수관의 통기는 트랩 위로 연결한다.
② 배수수직관의 관경은 배수의 흐름방향으로 축소하지 않는다.
③ 배수수평관에는 배수와 그것에 포함되어 있는 고형물을 신속하게 배출하기 위하여 구배를 두어야 한다.
④ 간접배수계통 및 특수배수계통의 통기관은 다른 통기계통과 접속하여 공동으로 대기 중에 개구한다.

해설
간접배수계통 및 특수배수계통의 통기관은 다른 통기계통에 접속하지 말고 단독으로 대기 중에 개구한다.

정답 05 ① 06 ③ 07 ① 08 ③ 09 ④

10 4℃ 물을 100℃로 가열하였을 때 팽창한 체적의 비율은? (단, 4℃ 물의 밀도는 1kg/L, 100℃ 물의 밀도는 0.9586kg/L)

① 2.78% ② 3.13%
③ 4.32% ④ 5.42%

해설 | 물의 팽창

순수한 물은 1기압하에서 4℃일 때 밀도가 최대가 되며, 4℃의 물의 밀도는 1[kg/L]이지만 100℃까지 상승하면 0.958634[kg/L]가 되므로 그 사이에 팽창한 체적의 비율은 $(1/0.9586 - 1/1) \times 100 = 4.32\%$이다.

물의 팽창비율 $= \left(\dfrac{1}{\rho_2} - \dfrac{1}{\rho_1}\right) \times 100$

$= \left(\dfrac{1}{0.9586} - \dfrac{1}{1}\right) \times 100 = 4.32\%$

ρ_1 : 온도 변화 전의 물의 밀도 [kg/L]
ρ_2 : 온도 변화 후의 물의 밀도 [kg/L]

11 다음과 같은 조건에서 어느 건물의 시간 최대 예상급탕량이 4000L/h일 때, 저탕조 내의 가열 코일의 길이는?

┌ 조건
│ ㉠ 급탕온도 : 65℃, 급수온도 : 5℃
│ ㉡ 가열코일 : 관경 32mm의 동관, 단위 내측 표면
│   적당 관길이 11.4m/m²
│ ㉢ 열관류율 : 1000W/m²·K
│ ㉣ 스케일에 따른 할증률 : 30%
│ ㉤ 열원 : 온도 120℃ 증기
│ ㉥ 물의 비열 : 4.2kJ/kg·K

① 약 5.9m   ② 약 30.9m
③ 약 48.8m ④ 약 65.2m

해설

㉠ 가열코일의 면적
급탕가열량과 코일가열량에 대하여 열평형식을 세우면 $WC(t_1 - t_2) = KA\Delta t_m$이다.

코일면적 $A = \dfrac{WC(t_1 - t_2)}{K\Delta t_m} = \dfrac{4000 \times 4.2 \times (65-5)}{1000 \times 81.34 \times 3.6}$
$= 3.4\text{m}^2$

열량은 kJ/h이므로 단위 W로 환산하기 위해 3.6으로 나눈다. 1W=3.6kJ/h
여기서, 대수평균온도차(Δt_m)

$\Delta t_m = \dfrac{\Delta_1 - \Delta_2}{l_n \dfrac{\Delta_1}{\Delta_2}} = \dfrac{115 - 55}{l_n \dfrac{115}{55}} = 81.34$

($\Delta_1 = 120 - 5 = 115$, $\Delta_2 = 120 - 65 = 55$)

㉡ 가열코일의 길이(m)
코일의 길이는 코일면적 1m²당 관의 길이는 11.4m/m²이므로
L=(A×면적당 길이)×할증률
 =(3.4×11.4)×1.3=50.38m
(단위환산과정에서 약간의 오차가 있음)

12 온수난방방식의 분류에 관한 설명으로 옳지 않은 것은?

① 순환방식에 따라 중력식과 강제식으로 분류할 수 있다.
② 배관방식에 따라 단관식과 복관식으로 분류할 수 있다.
③ 온수온도에 따라 저온수식과 고온수식으로 분류할 수 있다.
④ 팽창탱크방식에 따라 상향식과 하향식으로 분류할 수 있다.

해설 | 팽창탱크

온수난방에서 체적팽창에 대한 여유를 갖기 위해 설치한다.
㉠ 개방식 (보통 온수난방)
 • 온수 팽창량의 2~2.5배
 • 방열기보다 높은 위치에 설치한다.
 • 배관 최고부에서 팽창탱크까지의 높이는 1m 이상으로 한다.
㉡ 밀폐식(고온수 난방) : 안전밸브를 달아 보일러 내부가 제한 압력 이상으로 상승하면 자동적으로 밸브를 열어서 과잉수를 배출한다.

정답 10 ③ 11 ③ 12 ④

13 다음의 송풍기 풍량제어법 중 축동력이 가장 적게 소요되는 것은?

① 회전수제어 ② 토출댐퍼제어
③ 흡입댐퍼제어 ④ 흡입베인제어

해설

송풍기의 특성곡선에서 흡입측 댐퍼를 조이거나 회전수를 감소시키면 압력과 송풍량은 감소하게 되고, 축동력은 회전수 제어가 가장 적게 소요되고 토출댐퍼가 가장 많이 소요된다.
※ 동력절감률(에너지절약)이 높은 것에서 낮은 순서 :
회전수제어(가변속제어) > 가변피치제어 > 흡인베인제어 > 흡인댐퍼제어 > 토출댐퍼제어

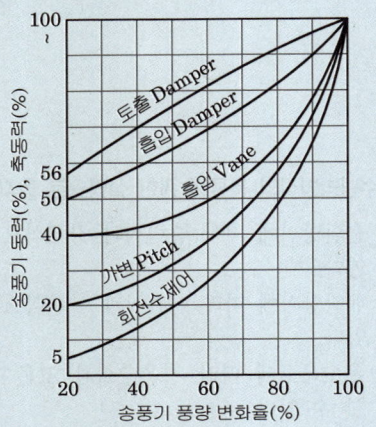

[그림] 송풍기 풍량변화율에 따른 송풍기 동력비율의 변화

14 각 방열기에 온수를 균등하게 공급하기 위해 각 방열기에 대한 공급관과 환수관의 길이를 대체로 같게 하는 배관방식은?

① 재순환방식 ② 역환수방식
③ 변유량방식 ④ 직접환수방식

해설 리버스 리턴(Reverse Return)배관(역환수방식)

㉠ 설치 : 급탕설비 - 하향식
   난방설비 - 온수난방
㉡ 방법 : 각 방열기마다의 배관회로 길이를 같게 한 배관방식 보일러에서 방열기까지(온수관)의 길이 = 방열기에서 보일러까지(환수관)의 길이
㉢ 목적 : 온수의 유량분배 균일화(온수의 순환을 평균화)하기 위해
㉣ 단점 : 배관수가 많아져서 설비비가 높다.

15 공기조화기용 코일에 관한 설명으로 옳지 않은 것은?

① 더블서킷코일은 유량이 많을 때 사용된다.
② 대향류보다는 평행류로 하는 것이 전열효과가 좋다.
③ 냉수코일과 온수코일을 겸용으로 사용하는 경우, 선정은 냉수코일을 기준으로 한다.
④ 튜브 내의 유속은 1.0m/s 전후로 하는 것이 펌프의 설비비 및 효율상 적당하다.

해설

평행류보다는 대향류로 하는 것이 전열효과가 좋다.

16 각종 보일러에 관한 설명으로 옳지 않은 것은?

① 수관보일러는 대형건물이나 지역난방 등에 사용된다.
② 관류보일러는 보유수량이 많아 주로 공조용으로 사용된다.
③ 주철제보일러는 규모가 비교적 작은 건물의 난방용으로 사용된다.
④ 연관보일러는 예열시간이 길고 반입 시 분할이 어렵다는 단점이 있다.

해설 관류보일러

㉠ 증기 발생기로 주로 이용
㉡ 수관보일러와 같이 수관으로 되어 있으나 드럼(수실)이 없다.
㉢ 보유수량이 적으므로 시동시간이 짧고, 부하변동에 대해 추종성이 좋다.
㉣ 설치면적이 작으나, 급수처리가 복잡하고 고가이며 소음이 높다.
㉤ 간단하게 고압의 증기를 얻으려고 하는 경우에 사용된다.

정답 13 ① 14 ② 15 ② 16 ②

17 다음 중 다단펌프를 사용하는 가장 주된 목적은?
① 흡입양정이 큰 경우
② 토출량을 줄이기 위한 경우
③ 높은 토출양정이 필요한 경우
④ 수중에 펌프를 설치하는 경우

해설
원심펌프는 회전차(impeller)를 고속 회전시킬 때 작용하는 원심력에 의해서 유체를 이송하는 펌프이다. 양정을 높이기 위해서는 다단펌프를 사용한다.
※ 건축설비 분야에서는 원심(와권)식 펌프(볼류트 펌프, 터빈 펌프, 보어홀 펌프 등)가 주로 사용된다. 터빈펌프는 날개의 바깥쪽에 가이드 베인(guide vane)을 설치하여 고양정에 사용한다.

18 수배관에서 위치수두 10mAq, 압력수두 30mAq, 속도 2.5m/s로 관 속을 흐르는 물의 전수두는?
① 13.06m   ② 13.24m
③ 40.32m   ④ 42.54m

해설
전수두=위치수두+압력수두+속도수두($\frac{v^2}{2g}$)
$=10+30+\frac{2.5^2}{2\times 9.8}=40.32$m

19 표준상태의 공기가 12m/s로 장방형 덕트 내로 흐르고 있다. 덕트 내에 풍량조절댐퍼가 30° 각도로 설치되어 있을 때 댐퍼의 국부저항계수가 3.73이라면 댐퍼에 의한 압력손실은? (단, 공기의 밀도는 1.2kg/m³이다.)
① 164.5Pa   ② 284.2Pa
③ 322.3Pa   ④ 474.6Pa

해설 국부저항에 의한 압력손실(ΔPd)
$\Delta Pd = \xi \frac{v^2}{2}\rho$ [Pa] $= 3.73 \times \frac{12^2}{2} \times 1.2 = 322.3$Pa
 ξ : 국부저항계수
 v : 공기의 속도(m/s)
 ρ : 공기의 밀도(kg/m³)

20 송풍기의 크기를 나타내는 송풍기 번호의 결정 방법으로 옳은 것은? (단, 원심 송풍기의 경우)
① No(#) = $\frac{회전날개의\ 지름(mm)}{100(mm)}$
② No(#) = $\frac{회전날개의\ 지름(mm)}{120(mm)}$
③ No(#) = $\frac{회전날개의\ 지름(mm)}{150(mm)}$
④ No(#) = $\frac{회전날개의\ 지름(mm)}{180(mm)}$

해설 송풍기 번호(No) 결정 방법
㉠ 원심 송풍기의 경우
 No = $\frac{회전\ 날개의\ 지름(mm)}{150(mm)}$ (#)
㉡ 축류 송풍기의 경우
 No = $\frac{회전\ 날개의\ 지름(mm)}{100(mm)}$ (#)
※ 송풍기 번호(No) 결정은 원심 송풍기는 150mm(6인치), 축류 송풍기는 100mm(4인치)를 기준으로 계산한다.

정답 17 ③ 18 ③ 19 ③ 20 ③

건축설비설계
2017년 제4회 과년도 출제문제

01 다음 중 배수트랩이 구비해야 할 조건과 가장 관계가 먼 것은?
① 가능한 한 구조가 간단할 것
② 배수 시에 자기세정이 가능할 것
③ 가동부분이 있으며 가동부분에 봉수를 형성할 것
④ 유효 봉수 깊이(50[mm] 이상 100[mm] 이하)를 가질 것

[해설] 배수용 트랩의 구비조건
㉠ 봉수가 확실하고 유효하게 유지되는 구조일 것 (50mm 이상 100mm 이하)
㉡ 구조가 간단하며 자기세정 작용을 할 것
㉢ 유수면이 평활하여 오수가 정체하지 않을 것
㉣ 재질은 내식성, 내구성이 우수할 것
☞ 2중 트랩이 되지 않도록 배관하고 가동부분이 없을 것

02 급수배관 설계 및 시공상의 주의점에 관한 설명으로 옳지 않은 것은?
① 급수주관으로부터 분기하는 경우 T이음쇠를 사용한다.
② 수격작용(water hammering) 방지를 위해서 기구류 가까이에 통기관을 설치한다.
③ 음료용 급수관과 다른 용도의 배관을 크로스커넥션(cross connection)하지 않도록 한다.
④ 수평배관에는 공기가 정체하지 않도록 하며, 어쩔 수 없이 공기정체가 일어나는 곳에는 공기빼기밸브를 설치한다.

[해설] 수격작용(water hammering)
㉠ 수전을 갑자기 열고 닫을 때 생기는 마찰음 현상
㉡ 원인 : 유속이 빠를 때, 관경이 작을 때, 밸브 수전을 급히 잠글 때, 굴곡개소가 많을 때
㉢ 방지책 : 관내의 유속을 서서히 하고 관경을 크게 한다. 수전 근처에 공기실(air chamber)을 설치하거나 워터해머(water hammer) 방지기를 부착한다.

03 정화조에서 호기성 미생물의 활동이 가장 활발한 것은?
① 부패조 ② 산화조
③ 소독조 ④ 여과조

[해설] 부패탱크식 오수정화조(5단살수여상방식)
㉠ 부패조
· 침전 분리조와 예비 여과조를 조합한 구조로 한다.
· 부패조에서는 염기성균 작용에 의한 소화작용과 침전작용이 이루어져야 한다.
㉡ 여과조
부패조와 산화조 사이에 설치하는 예비 여과조에 오수를 하부에서 위로 유입시켜 오수 중의 부유물을 쇄석층에서 제거한다.
㉢ 산화조
· 부패조에서 유입한 오수는 산화조의 살수홈통으로 균일하게 분산되어 쇄석층을 흘러 내린다.
· 산화조에서는 호기성균으로 산화를 촉진한다.
㉣ 소독조 : 산화조에서 넘어온 각종 세균(대장균)을 소독해서 방류시키는 탱크이다.

04 양수량이 1m³/min, 양정이 10m인 펌프의 회전수를 10% 증가시켰을 경우 양정은 얼마가 되겠는가?
① 약 9m ② 약 10m
③ 약 12m ④ 약 14m

[해설]
펌프의 양수량은 회전수에 비례, 양정은 회전수의 제곱에 비례, 축동력은 회전수의 세제곱에 비례한다.
∴ 양정(H) = $10m \times 1.1^2 = 10 \times 1.21 = 12.1 ≒ 12m$
※ 펌프의 상사법칙에서 펌프의 회전수($N_1 \to N_2$)로 변할 때

㉠ 유량(Q) : $Q_2 = Q_1 \dfrac{N_2}{N_1}$

㉡ 양정(H) : $H_2 = H_1 \left(\dfrac{N_2}{N_1}\right)^2$

㉢ 동력(L) : $L_2 = L_1 \left(\dfrac{N_2}{N_1}\right)^3$

여기서, 회전수 : N(rpm)

정답 01 ③ 02 ② 03 ② 04 ③

05 급탕설비의 온수순환에 관한 설명으로 옳은 것은?
① 순환펌프에 의한 강제순환은 물의 밀도차에 따른 순환이다.
② 강제순환수두는 배관의 길이와 마찰손실수두에 반비례한다.
③ 배관의 마찰손실수두가 자연순환수두보다 커지면 자연순환이 안된다.
④ 중력순환수두는 순환높이에 비례하고, 공급관과 반탕관에서의 물의 밀도 차이에 반비례한다.

> **해설**
> 대규모 건물의 중앙식 급탕법은 급탕관 내의 탕의 온도가 내려가는 것을 방지하기 위하여 온수순환펌프를 이용하여 급탕관 및 반탕관 내의 탕을 강제적으로 순환시킨다. 펌프의 기동, 정지는 저장탱크의 출구온도와 반탕온도의 차가 설정치 이상이 되면 온도조절장치의 작동에 의해 자동적으로 행해진다.
> ※ 중앙식 급탕설비는 원칙적으로 강제식(기계식) 급탕 순환방식으로 하며, 온수순환은 배관의 마찰손실수두가 자연순환수두보다 커지면 자연순환이 안 된다.

06 고층건물의 배수입관(수직관)에 인접되어 접속되는 위생기구는 다음 중 어떤 원인에 의하여 봉수가 파괴될 가능성이 가장 높은가?
① 증발작용　② 모세관 현상
③ 자기사이펀 현상　④ 감압에 의한 흡인작용

> **해설** 트랩의 봉수파괴 원인과 방지책
> ㉠ 자기사이펀 작용 : 배수가 관속을 꽉 차서 흐를 때(만수 상태), 주로 S트랩에서 발생
> ㉡ 유인사이펀작용(흡출 작용, 감압에 의한 흡인작용) : 상층의 배수입관에서 다량의 물이 일시에 낙하할 때
> ㉢ 분출 작용(역압에 의한 작용) : 대규모 배수설비에서 배수관의 하저곡부 가까이에 설치되어 있는 경우(피스톤작용)
> ㉣ 모세관 작용 : 액체의 응집력과 액체와 고체 사이의 부착력에 의해 발생한다. 트랩 내에 실이나 머리카락이 들어갈 때 발생
> ㉤ 증발 : 위생기구의 사용빈도가 적을 때, 기름을 한 방울 떨어뜨리면 방지된다.
> ㉥ 물의 운동량에 의한 관성 : 배수구에 격자(석쇠)를 설치
> ☞ 봉수파괴 방지 : 통기관을 설치
> ☞ 봉수파괴 방지 : ㉠, ㉡, ㉢의 경우 통기관을 설치한다.

07 위생설비 유닛화의 목적과 가장 거리가 먼 것은?
① 인건비를 절약하기 위하여
② 시공의 질적 향상을 위하여
③ 현장에서의 작업량 확대를 위하여
④ 공기단축과 공정의 단순화를 위하여

> **해설** 위생설비의 유닛(unit)화
> 설비를 유닛화 하는 것은 현장 작업의 공정을 최소한으로 줄일 수 있음과 동시에 공장 제작의 단순화, 합리화로 공사 전체의 생산성·안전성 등을 향상시킬 수 있다.
> 현재 설비 유닛으로서 시공되고 실용화되어 있는 것에는 욕조 유닛, 주방 유닛, 설비 코어 유닛 등이 있다.
> ■ 위생기구 유닛화의 목적
> ㉠ 공사 기간 단축
> ㉡ 공정의 단순화 및 합리화
> ㉢ 시공의 정밀도의 향상
> ㉣ 재료 및 인건비의 절감

08 수격작용에 관한 설명으로 옳지 않은 것은?
① 수격작용의 크기는 유속에 반비례한다.
② 양정이 높은 펌프를 사용할 때 발생하기 쉽다.
③ 수격작용은 에어챔버를 설치함으로써 완화시킬 수 있다.
④ 밸브를 급히 열어 정지 중인 배관 내의 물을 급격히 유동시킨 경우에도 발생한다.

> **해설** 수격작용(water hammering)
> 관내 유속이 빠르거나 혹은 밸브, 수전 등의 관내 흐름을 순간적으로 폐쇄하면, 관내에 압력이 상승하면서 생기는 배관 내의 마찰음 현상이다.
> ① 원인
> ㉠ 유속이 빠를 때
> ㉡ 관경이 적을 때
> ㉢ 밸브 수전을 급히 잠글 때
> ㉣ 굴곡 개소가 많을 때
> ㉤ 플러시밸브나 콕을 사용할 때
> ㉥ 20m 이상 고양정일 때

정답　05 ③　06 ④　07 ③　08 ①

② 방지책
  ㉠ 관내 유속을 될 수 있는 대로 느리게 하고 관경을 크게 한다.
  ㉡ 폐수전을 폐쇄하는 시간을 느리게 한다.
  ㉢ 기구류 가까이에 에어챔버(air chamber)를 설치하여 chamber 내의 공기를 압축시킨다.
  ㉣ water hammer 방지기를 water hammer의 발생 원인이 되는 밸브 근처에 부착시킨다.
  ㉤ 굴곡 배관을 억제하고 될 수 있는 대로 직선배관으로 한다.
  ㉥ 감압밸브를 설치한다.

09 펌프의 서징(Surging) 현상에 관한 설명으로 옳지 않은 것은?
① 토출배관 중에 수조 또는 공기체류가 있는 경우에 발생할 수 있다.
② 서징이 발생되면 유량 및 압력이 주기적으로 변동되면서 진동과 소음을 수반한다.
③ 토출량을 조절하는 밸브 위치가 수조 또는 공기가 체류하는 곳보다 하류에 있는 경우에 발생할 수 있다.
④ 펌프의 양정 특성곡선이 산형 특성이고, 그 사용범위가 오른쪽으로 감소하는 특성을 갖는 범위에서 사용하는 경우에 주로 발생한다.

해설
펌프의 양정 특성곡선이 산형 특성이고, 그 사용범위가 오른쪽으로 증가하는 특성을 갖는 범위에서 사용하는 경우에 발생할 수 있다.
※ 서징 현상(파동 현상, surging)
급수의 압력이 갑자기 높아져서 급수 속의 기포가 급수 속으로 순간적으로 녹아드는 현상-토출양정에서 발생, 소음·진동·충격 발생

10 다음의 위생기구를 배수부하 단위가 큰 것부터 작은 순으로 올바르게 나열한 것은?

| ㉠ 대변기(세정밸브 형식) | ㉡ 세면기 |
| ㉢ 샤워기(주택용) | ㉣ 소변기 |

① ㉠ > ㉣ > ㉢ > ㉡   ② ㉠ > ㉡ > ㉣ > ㉢
③ ㉢ > ㉠ > ㉣ > ㉡   ④ ㉢ > ㉣ > ㉠ > ㉡

해설 기구배수부하단위
대변기(F.U 8) > 소변기(F.U 4) > 샤워기, 욕조(F.U 2~3) > 세면기(F.U 1)
※ 세면기를 기준으로 하여 배수관경을 30mm, 단위시간당 평균배수량 28.5L/min을 유량단위 1로 가정하고, 각종 기구의 유량비율을 이것과 비교하여 나타낸 것을 기구배수단위라 한다.

11 원형 덕트와 장방형 덕트의 환산식으로 옳은 것은?
(단, d: 원형 덕트의 직경 또는 환산직경, a: 장방형 덕트의 장변길이, b: 장방형 덕트의 단변길이)

① $d = 1.3\left[\dfrac{(a \cdot b)^5}{(a+b)^2}\right]^{1/8}$

② $d = 1.3\left[\dfrac{(a \cdot b)^5}{(a-b)^2}\right]^{1/8}$

③ $d = 1.3\left[\dfrac{(a \cdot b)^2}{(a+b)^5}\right]^{1/8}$

④ $d = 1.3\left[\dfrac{(a \cdot b)^2}{(a-b)^5}\right]^{1/8}$

해설 원형 덕트와 장방형 덕트의 환산식

$$de = 1.3\left\{\dfrac{(a \times b)^5}{(a+b)^2}\right\}^{\frac{1}{8}}$$

de : 원형덕트의 직경(cm)
a : 장방형덕트의 장변길이(cm)
b : 장방형덕트의 단변길이(cm)

여기서 $\dfrac{a}{b}$ 를 아스펙트(aspect)비라고 한다.

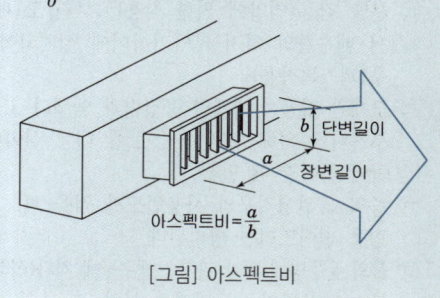

[그림] 아스펙트비

정답 09 ④ 10 ① 11 ①

12 길이 ℓ[m]인 냉각수관이 수평으로 설치되어 있다. 이 관의 직관부 마찰저항 ΔP_f[Pa]를 구하는 공식으로 옳은 것은? (단, 관 마찰저항계수는 λ, 관경은 d[m], 유속은 v[m/sec], 유체의 밀도는 ρ[kg/m³] 이다.)

① $\Delta P_f = d \cdot \dfrac{\ell}{\lambda} \cdot \dfrac{v^2}{2} \cdot \rho$

② $\Delta P_f = \lambda \cdot \dfrac{\ell}{d} \cdot \dfrac{v^2}{2} \cdot \rho$

③ $\Delta P_f = \lambda \cdot \dfrac{d}{\ell} \cdot \dfrac{v^2}{2} \cdot \rho$

④ $\Delta P_f = \dfrac{\ell}{\lambda \cdot d} \cdot \dfrac{v^2}{2} \cdot \rho$

해설 관의 직관부 마찰저항(ΔP_f)

$\Delta P_f = \lambda \cdot \dfrac{\ell}{d} \cdot \dfrac{v^2}{2} \cdot \rho$ [Pa]

- ΔP_f : 길이 1m의 직관에 있어서의 마찰손실수두(mAq)
- λ : 관마찰계수
- g : 중력가속도(9.8m/sec²)
- d : 관의 내경(m)
- ℓ : 직관의 길이(m)
- v : 관내 평균 유속(m/s)
- ρ : 공기의 밀도(1,000kg/m³)

13 수관보일러에 관한 설명으로 옳은 것은?
① 지역난방에는 사용할 수 없다.
② 부하변동에 대한 추종성이 높다.
③ 사용압력이 연관식보다 낮으며 예열시간이 길다.
④ 연관식보다 설치면적이 작고, 초기 투자비가 적게 든다.

해설 수관식 보일러
㉠ 드럼과 드럼 간에 여러 개의 수관을 연결하고, 관내에 흐르는 물을 가열하므로 온수 및 증기를 발생시킨다.
㉡ 예열시간이 짧고, 열효율이 좋으며 보유수량이 적다.
㉢ 증기발생이 빠르고 대용량이다.
㉣ 고가이며 수처리가 복잡하다.
㉤ 사용압력(1.0MPa 이상)이 연관식보다 높고, 부하변동에 대한 추종성이 높다.
㉥ 용도 : 대형건물 또는 병원이나 호텔 등, 지역난방용

14 냉동기의 증발기에서 일어나는 상태변화에 관한 설명으로 옳지 않은 것은?
① 압력이 높아진다.
② 비엔탈피가 증가한다.
③ 비엔트로피가 증가한다.
④ 액체냉매가 기체냉매로 상이 변한다.

해설 절대압력은 낮아진다.

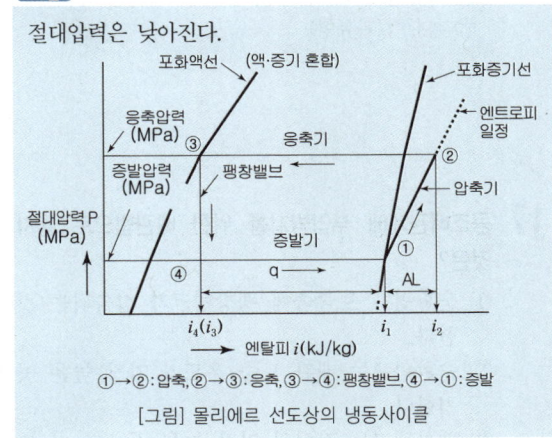

①→②: 압축, ②→③: 응축, ③→④: 팽창밸브, ④→①: 증발

[그림] 몰리에르 선도상의 냉동사이클

15 증기난방용 방열기의 표준 방열량은?
① 450W/m² ② 523W/m²
③ 650W/m² ④ 756W/m²

해설 방열기의 표준방열량

열매의 종류	표준 방열량 [kW/m²]	표준 상태에 있어서의 온도	
		열매의 온도	실 온
증기	0.756[kW/m²]	102℃	18.5℃
온수	0.523[kW/m²]	80℃	18.5℃

정답 12 ② 13 ② 14 ① 15 ④

16 축류형 송풍기의 종류에 속하지 않는 것은?
① 베인형   ② 후곡형
③ 튜브형   ④ 프로펠러형

[해설] 송풍기의 종류
㉠ 원심형 : 다익형(시로코팬), 터보형(후곡형), 익형, 리미트로드형
㉡ 축류형 : 프로펠러형, 튜브형, 베인형
㉢ 횡류형(관류형)

17 공조배관계에 부압방지를 위한 배관법으로 옳지 않은 것은?
① 순환펌프 토출측에 팽창탱크가 접속되는 것을 피한다.
② 순환펌프는 배관 도중 온도가 가장 높은 곳에 설치한다.
③ 팽창탱크는 장치의 가장 높은 곳보다 더 높은 위치로 한다.
④ 순환펌프는 배관 도중 가능한 한 압입양정이 높은 곳에 설치한다.

[해설] 온수순환펌프는 배관 도중 가능한 한 온도가 낮은 곳에 설치한다.

18 온수배관에 관한 설명으로 옳지 않은 것은?
① 배관의 신축을 고려한다.
② 배관재료는 내식성을 고려한다.
③ 온수배관에는 공기가 고이지 않도록 구배를 준다.
④ 온수보일러의 팽창관에는 게이트 밸브를 설치한다.

[해설] 팽창관의 도중에는 절대로 밸브류를 달아서는 안된다.

19 급수로부터 각 유닛을 거쳐 나오는 총길이가 동일하므로 기기마다의 저항이 균일하게 되고, 따라서 유량을 균일하게 할 수 있는 배관 회로 방식은?
① 역환수방식   ② 자연환수방식
③ 간접환수방식 ④ 건식환수방식

[해설] 리버스리턴(Reverse Return)배관(역환수방식)
㉠ 설치 : 급탕설비의 하향식 배관, 난방설비의 온수난방
㉡ 방법 : 각 방열기마다의 배관회로 길이를 같게 한 배관방식 보일러에서 방열기까지(온수관)의 길이=방열기에서 보일러까지(환수관)의 길이
㉢ 목적 : 온수의 유량분배 균일화(온수의 순환을 평균화)하기 위해
㉣ 단점 : 배관수가 많아져서 설비비가 높다.

20 덕트 내의 풍속이 10m/s, 정압이 245Pa 일 경우 전압은? (단, 공기의 밀도는 1.2kg/m³ 이다.)
① 254Pa   ② 272Pa
③ 305Pa   ④ 343Pa

[해설] 덕트의 전압(P_t) = 정압(P_s)+동압(P_v)

동압(P_v) = $\dfrac{v^2}{2}\rho$ (Pa)

여기서, v : 관내 유속(m/s)
g : 중력가속도(9.8m/s²)
ρ : 공기의 밀도(1.2kg/m³)

∴ 전압(P_t) = 정압(P_s)+동압(P_v) = $P_s + \dfrac{v^2}{2}\rho$

$= 245 + \dfrac{10^2}{2} \times 1.2 = 305$Pa

정답 16 ② 17 ② 18 ④ 19 ① 20 ③

건축설비설계
2018년 제1회 과년도 출제문제

01 급탕배관에 관한 설명으로 옳은 것은?
① 배관은 하향 구배로 하는 것이 원칙이다.
② 탕비기 주위의 급탕배관은 가능한 짧게 하고 공기가 체류하지 않도록 한다.
③ 배관은 신축에 견디도록 가능하면 요철부가 많도록 배관하는 것이 원칙이다.
④ 물이 뜨거워지면 수중에 포함된 공기가 분리되기 쉽고, 이 공기는 배관의 상부에 모여서 급탕의 순환을 원활하게 한다.

해설
① 고온의 유체를 수송하는 급탕배관은 상향 구배로 하는 것이 원칙이다.
③ 급탕배관의 수평배관에서는 물속의 공기가 분리되어 ∏자형 배관부에 고여서 온수의 순환을 저해하게 되므로 상부가 볼록한 ∏자형 배관은 피해야 한다.
④ 대규모 건물의 중앙식 급탕법은 급탕관 내의 탕의 온도가 내려가는 것을 방지하기 위하여 온수순환펌프를 이용하여 급탕관 및 반탕관 내의 탕을 강제적으로 순환시킨다.

02 다음 중 원칙적으로 청소구(clean out)를 설치하여야 하는 곳에 속하지 않는 것은?
① 배수수직관의 최상부
② 배수수평주관의 기점
③ 배수수평지관의 기점
④ 배수관의 45° 이상의 각도로 방향을 바꾸는 곳

해설 청소구(Clean Out) 설치 위치
- 찌꺼기가 쌓일 수 있는 곳
㉠ 가옥 배수관과 부지 하수관이 접속하는 곳
㉡ 배수수직관의 최하단부
㉢ 배수수평주관, 배수수평지관의 기점
㉣ 배관이 45° 이상의 각도로 구부러진 곳
㉤ 각종 트랩 및 기타 배관상 특히 필요한 곳
㉥ 수평관의 관경이 100mm 이하인 경우에는 직선거리 15m 이내마다, 관경 100mm 이상인 경우에는 직선거리 30m 이내마다 설치

㉦ 각종 트랩 및 기타 배관상 특히 필요한 곳
☞ 배수의 흐름과 반대 또는 직각방향으로 열 수 있도록 설치한다.

03 양수펌프의 흡수면으로부터 토출수면까지의 실제 높이는 20m이고, 흡입관과 토출관의 관경이 같은 경우 펌프의 전양정은? (단, 관로의 전손실수두는 실양정의 20%로 한다.)
① 20m   ② 22m
③ 24m   ④ 26m

해설
㉠ 전양정(H) = 흡입양정(H_s) + 토출양정(H_d)
　　　　　　　+ 관내마찰손실수두(H_f)
㉡ 실양정(H_a) = 흡입양정(H_s) + 토출양정(H_d)
∴ 전양정 = 실양정(H_a) + 관내마찰손실수두(H_f)
　　　　= 20 + (20 × 0.2) = 24m

04 급탕설비의 팽창관 및 팽창탱크에 관한 설명으로 옳지 않은 것은?
① 팽창관 도중에는 밸브를 설치하지 않는다.
② 가열장치의 과도한 수온 상승을 방지하기 위해 설치한다.
③ 개방식 팽창탱크는 급수방식이 고가탱크방식일 경우에 적합하며 급탕 보급탱크와 겸용할 수 있다.
④ 급수방식이 압력탱크방식이나 펌프직송방식의 중앙식 급탕설비의 경우에는 밀폐식 팽창탱크를 사용한다.

해설 팽창관과 팽창탱크
㉠ 팽창관 : 온수순환 배관 도중에 이상 압력이 생겼을 때 그 압력을 흡수하는 도피구로서 증기나 공기를 배출한다. 팽창관은 급탕관에서 수직으로 연장시켜 고가탱크 또는 팽창탱크에 개방시킨다.
㉡ 팽창탱크 : 급탕장치 내 물의 팽창에 의해 팽창관으로 유출하는 수량을 저장하는 탱크로서, 고가수조를 팽창탱크의 겸용으로 사용하는 경우도 있으나, 별도로 설치하는 것이 바람직하다. 탱크의 저면이 최고층의 급탕전보다 5m 이상 높은 곳에 설치하며 탱크 급수는 볼탭에 의해 자동 급수한다.

정답 01 ②   02 ①   03 ③   04 ②

05 원심펌프의 일종으로 날개의 바깥쪽에 가이드 베인(guide vane)을 설치한 것은?
① 터빈 펌프 ② 기어 펌프
③ 베인 펌프 ④ 피스톤 펌프

해설
건축설비 분야에서는 원심(와권)식 펌프(볼류트 펌프, 터빈 펌프, 보어홀 펌프 등)가 주로 사용된다. 터빈펌프는 날개의 바깥쪽에 가이드 베인(guide vane, 안내깃)을 설치하여 고양정에 사용한다.

06 10℃의 냉수 100kg과 70℃의 탕 100kg을 혼합할 경우, 혼합수의 온도는?
① 36℃ ② 38℃
③ 40℃ ④ 42℃

해설
혼합수의 온도
$$tm = \frac{m_1 t_1 + m_2 t_2}{m_1 + m_2} = \frac{100 \times 10 + 100 \times 70}{100 + 100} = 40℃$$

07 배수수직관 내가 부압으로 되는 곳에 배수수평지관이 접속되어 있는 경우, 배수수평지관 내의 공기가 수직관으로 유인되어 봉수가 파괴되는 현상(작용)은?
① 증발 현상 ② 모세관 현상
③ 유도사이폰 작용 ④ 자기사이폰 작용

해설 트랩의 봉수파괴 원인과 방지책
㉠ 자기사이펀 작용 : 배수가 관속을 꽉차서 흐를 때(만수 상태), 주로 S트랩에서 발생
㉡ 유인사이펀작용(흡출 작용, 감압에 의한 흡인작용) : 상층의 배수입관에서 다량의 물이 일시에 낙하할 때
㉢ 분출 작용(역압에 의한 작용) : 대규모 배수설비에서 배수관의 하저곡부 가까이에 설치되어 있는 경우(피스톤작용)
㉣ 모세관 작용 : 액체의 응집력과 액체와 고체 사이의 부착력에 의해 발생한다. 트랩 내에 실이나 머리카락이 들어갈 때 발생

㉤ 증발 : 위생기구의 사용빈도가 적을 때, 기름을 한 방울 떨어뜨리면 방지된다.
㉥ 물의 운동량에 의한 관성 : 배수구에 격자(쇠)를 설치
☞ 봉수파괴 방지 : 통기관을 설치
☞ 봉수파괴 방지 : ㉠, ㉡, ㉢의 경우 통기관을 설치한다.

08 기구배수부하단위 산정의 기준이 되는 기구는?
① 욕조 ② 세면기
③ 싱크대 ④ 샤워기

해설
기구배수부하단위(F.U)는 1~8으로 구분하며 기본단위 F.U 1은 세면기이다.
세면기의 기구배수부하단위를 1로 하고, 이것을 근거로 하여 각종 기구의 배수부하단위를 정하였다. 트랩 구경이 32, 40, 50, 65, 75, 100mm일 때 기구배수부하단위는 1, 2, 3, 4, 5, 6, 7, 8로 한다. 대변기(F.V)의 기구배수부하단위(F.U)는 8로 가장 크다.

09 통기관의 관경에 대한 설명으로 옳지 않은 것은?
① 신정통기관의 관경은 배수수직관 관경의 1/2 이상으로 한다.
② 루프통기관의 관경은 담당 배수수평지관의 1/2 이상으로 한다.
③ 건물의 배수탱크에 설치하는 통기관의 관경은 50mm 이상으로 한다.
④ 결합통기관의 관경은 통기수직관과 배수수직관 중 작은 쪽 관경 이상으로 한다.

해설 통기관의 최소 관경
㉠ 각개통기관 : 최소 32mm 이상이거나 접속하는 배수관경의 1/2 이상
㉡ 루프통기관 : 최소 40mm 이상이거나 배수수평지관과 통기수직관 중 작은 쪽 관경의 1/2 이상
㉢ 도피통기관 : 최소 40mm 이상이거나 접속하는 배수관경의 1/2 이상
㉣ 결합통기관 : 최소 50mm 이상이거나 통기수직관과 배수수직관 중 작은 쪽의 관경 이상
㉤ 신정통기관 : 최소 75mm 이상(일반적으로 100mm 기준)이거나 배수수직관과 동일 관경 이상
※ 통기관의 관경 : 최소 32mm 이상
☞ 기구통기관의 최소 관경 : DN32

정답 05 ① 06 ③ 07 ③ 08 ② 09 ①

10 대변기의 세정방식 중 로 탱크(low tank)식에 관한 설명으로 옳은 것은?

① 바닥으로부터 1.6m 이상 높은 위치에 탱크를 설치한다.
② 단시간에 다량의 물이 필요하기 때문에 일반 가정용으로는 사용하지 않는다.
③ 사용빈도가 많거나 일시적으로 많은 사람들이 연속하여 사용하는 장소에 적합하다.
④ 세정의 경우 탱크로의 급수압력에 관계없이 대변기로의 공급수량이나 압력이 일정하다.

[해설] 하이탱크식과 로우 탱크식

1) 하이탱크식
바닥으로부터 1.6m 이상 높은 위치(표준높이는 1.9m)에 설치하고, 볼탭을 통하여 공급된 일정량의 물을 저장하고 있다가 핸들 또는 레버의 조작에 의해 낙차에 의한 수압으로 대변기를 세척하는 방식이다.
㉠ 탱크의 용량은 15L 정도이다.
㉡ 변기의 설치면적은 작다.
㉢ 세정시 소리가 크다.(사무실 및 공공 건축물에 이용)
㉣ 탱크 내의 고장이 있을 때에 불편하다.

2) 로우 탱크식
탱크로의 급수압력에 관계없이 대변기로의 공급수량이나 압력이 일정하며, 양호한 세정효과와 소음이 적어 일반 주택에서 주로 사용되는 대변기 세정수의 급수방식이다.

11 워터해머의 방지 방법으로 옳지 않은 것은?

① 대기압식 또는 가압식 진공브레이커를 설치한다.
② 관내의 수압을 평상 시 높아지지 않도록 구획한다.
③ 배관은 가능한 한 우회하지 않고 직선이 되도록 계획한다.
④ 수압이 0.4MPa을 초과하는 계통에는 감압밸브를 부착하여 적절한 압력으로 감압한다.

[해설] 수격 현상(water hammering)

관내 유속이 빠르거나 혹은 밸브, 수전 등의 관내 흐름을 순간적으로 폐쇄하면, 관내에 압력이 상승하면서 생기는 배관 내의 마찰음 현상이다.
① 원 인
㉠ 유속이 빠를 때
㉡ 관경이 적을 때
㉢ 밸브 수전을 급히 잠글 때
㉣ 굴곡 개소가 많을 때
㉤ 감압 밸브를 사용하지 않을 때
② 방지책
㉠ 관내 유속을 될 수 있는 대로 느리게 하고 관경을 크게 한다.
㉡ 폐수전을 폐쇄하는 시간을 느리게 한다.
㉢ 기구류 가까이에 air chamber를 설치하여 chamber 내의 공기를 압축시킨다.
㉣ water hammer 방지기를 water hammer의 발생 원인이 되는 밸브 근처에 부착시킨다.
㉤ 굴곡 배관을 억제하고 될 수 있는 대로 직선배관으로 한다.
㉥ 펌프의 토출측에 릴리프밸브나 스모렌스키 체크밸브를 설치한다.(압력상승 방지)
㉦ 자동수압 조절밸브를 설치한다.

12 송풍기의 회전수 500rpm에서 풍량은 200m³/min이었다. 회전수를 600rpm으로 올렸을 경우 풍량은?

① $210m^3/min$
② $240m^3/min$
③ $288m^3/min$
④ $356m^3/min$

[해설]
송풍기의 법칙에서 송풍량은 임펠러의 회전수에 비례하고, 압력은 회전수의 제곱에 비례하며, 축동력은 회전수의 세제곱에 비례한다.
500rpm : 200m³/min=600rpm : x
∴ x=240m³/min

정답 10 ④ 11 ① 12 ②

13 다음 그림과 같은 엘보의 국부저항은? (단, 곡관부의 국부저항손실계수는 0.35, 공기의 밀도는 1.2kg/m³이다.)

① 약 10Pa
② 약 20Pa
③ 약 30Pa
④ 약 40Pa

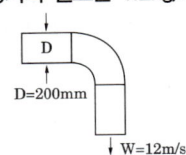

해설 국부저항에 의한 압력손실(ΔPd)

$$\Delta Pd = \xi \frac{v^2}{2}\rho [Pa] = 0.35 \times \frac{12^2}{2} \times 1.2 = 30.24 ≒ 30Pa$$

ξ : 국부저항계수
v : 공기의 속도(m/s)
ρ : 공기의 밀도(kg/m³)

14 다음의 증기압축 냉동사이클의 압력(P)-엔탈피(h)선도에 관한 설명으로 옳지 않은 것은?

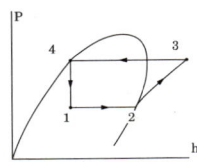

① 과정 1 → 2는 정압증발과정이다.
② 과정 2 → 3은 단열압축과정이다.
③ 과정 3 → 4는 정압응축과정이다.
④ 과정 4 → 1은 단열팽창과정이다.

해설 증기압축식 냉동기의 4대 구성요소
압축기(단열압축) → 응축기(정압응축) → 팽창밸브(교축팽창) → 증발기(정압증발)
☞ 선도에서 압축기(2 – 3) → 응축기(3 – 4) → 팽창밸브(4 – 1) → 증발기(1 – 2)

15 다음 그림과 같은 여과장치의 효율은?

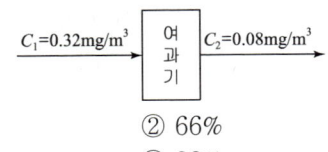

① 25%
② 66%
③ 75%
④ 83%

해설

여과효율(η)
$= \dfrac{\text{통과 전의 오염 농도}(C_1) - \text{통과 후의 오염 농도}(C_2)}{\text{통과 전의 오염 농도}(C_1)}$
$\times 100(\%)$

$\therefore \eta = \dfrac{0.32 - 0.08}{0.32} \times 100 = 75\%$

16 다음과 같은 조건에 있는 에어와셔의 입구 수온은?

┌ 조건 ┐
• 에어와셔의 통과공기량 : 20000kg/h
• 에어와셔의 수량(水量) : 15600kg/h
• 에어와셔 입구공기 엔탈피 : 23.9kJ/kg
• 에어와셔 출구공기 엔탈피 : 26.8kJ/kg
• 에어와셔 출구 수온 : 9.3℃
• 물의 비열 : 4.2kJ/kg·K

① 약 8.4℃   ② 약 9.7℃
③ 약 10.2℃   ④ 약 11.5℃

해설
공기 중의 가열량과 물의 열량은 같다.
㉠ 공기 중의 가열량 $Q = G\Delta h$
㉡ 물의 열량 $Q = mc\Delta t$
㉠=㉡ 이므로
$20,000 \times (26.8 - 23.9) = 15,600 \times 4.2 \times (t - 9.3)$
$\therefore t = 10.18 ≒ 10.2℃$

17 정압 재취득법에 관한 설명으로 옳지 않은 것은?
① 고속덕트의 경우 부적합하다.
② 취출구 직전의 정압이 대략 일정해진다.
③ 등압법에 비해 송풍기 동력이 절약되며 풍량 조절이 용이하다.
④ 덕트 구간에서 앞 구간의 동압감소로 인해 얻은 정압을 다음 구간에서 이용하는 방법이다.

정답 13 ③ 14 ④ 15 ③ 16 ③ 17 ①

해설 정압 재취득법
㉠ 덕트 각 부의 국부저항은 전압 기준에 의해 손실계수를 이용하여 구하고, 각 취출구까지의 전압력 손실이 같아지도록 덕트 단면을 결정하는 방법이다.
㉡ 정압법보다 송풍기 동력절약이 가능하며, 풍량의 밸런싱(balancing)이 양호하다.
㉢ 각 취출구의 댐퍼에 의한 조절 없이 설계 취출풍량을 얻을 수 있다.
㉣ 저속덕트 경우 압력이 적으므로 덕트 치수가 커진다.

18 온수에서 분리된 공기를 배제하기 위한 배관 방법으로 가장 알맞은 것은?
① 배수밸브를 설치한다.
② 감압밸브를 설치한다.
③ 팽창관에 밸브를 설치한다.
④ 팽창탱크를 향하여 선상향 구배로 한다.

해설 팽창탱크
온수난방에서 체적팽창에 대한 여유를 갖기 위해 설치한다.
㉠ 개방식(보통 온수난방)
• 온수 팽창량의 2~2.5배
• 방열기보다 높은 위치에 설치한다.
• 배관 최고부에서 팽창탱크까지의 높이는 1m 이상으로 한다.
㉡ 밀폐식(고온수 난방) : 안전밸브를 달아 보일러 내부가 제한 압력 이상으로 상승하면 자동적으로 밸브를 열어서 과잉수를 배출한다.

19 다음 설명에 알맞은 보일러의 출력 표시 방법은?

• 일반적으로 보일러 선정 시 기준이 된다.
• 연속해서 운전할 수 있는 보일러의 능력으로서 난방부하, 급탕부하, 배관부하, 예열부하의 합이다.

① 정격출력
② 상용출력
③ 정미출력
④ 과부하출력

해설
보일러의 능력표시는 일반적으로 정격출력을 사용한다. 정격출력은 연속해서 운전할 수 있는 보일러의 능력으로서 난방부하, 급탕부하, 배관부하, 예열부하의 합이며, 보통 보일러 선정시 기준이 된다.
※ 과부하출력 : 운전 초기나 과부하가 발생했을 때는 정격출력의 10~20% 정도 증가하여 운전할 때의 출력으로 한다.

20 공조기의 저항이 30mmAq, 덕트의 필요 전압이 11mmAq, 송풍기의 토출구 풍속이 6m/s일 때, 송풍기의 정압은?
① 약 35mmAq
② 약 39mmAq
③ 약 43mmAq
④ 약 46mmAq

해설 덕트의 전압(P_t) = 정압(P_s)+동압(P_v)

동압(P_v) = $\dfrac{v^2}{2g}\gamma$ (mmAq) = $\dfrac{v^2}{2}\rho$ (Pa)

여기서, v : 관내 유속(m/s)
γ : 공기의 비중량(1.2kgf/m³)
g : 중력가속도(9.8m/s²)
ρ : 공기의 밀도(1.2kg/m³)

$11 = P_s + \dfrac{v^2}{2g}\gamma = P_s + \dfrac{6^2}{2\times 9.8}\times 1.2$

$P_s = 8.8$ mmAq

∴ 공조기의 저항을 30mmAq를 받으므로 정압(P_s)은 30+8.8=38.8≒39mmAq

정답 18 ④ 19 ① 20 ②

건축설비설계
2018년 제2회 과년도 출제문제

01 트랩의 봉수 파괴 원인 중 위생기구에서 트랩을 통하여 배수가 만수상태로 흐를 때 주로 발생하는 것은?
① 모세관 현상
② 자기 사이펀 작용
③ 감압에 의한 흡인작용
④ 역압에 의한 분출작용

해설 트랩의 봉수파괴 원인과 방지책
㉠ 자기 사이펀 작용 : 배수가 관속을 꽉차서 흐를 때 (만수 상태), 주로 S트랩에서 발생
㉡ 유인 사이펀작용(흡출 작용, 감압에 의한 흡인작용) : 상층의 배수입관에서 다량의 물이 일시에 낙하할 때
㉢ 분출 작용(역압에 의한 작용) : 대규모 배수설비에서 배수관의 하저곡부 가까이에 설치되어 있는 경우(피스톤작용)
㉣ 모세관 작용 : 트랩 내에 실이나 머리카락이 들어갈 때
㉤ 증발 : 위생기구의 사용빈도가 적을 때, 기름을 한 방울 떨어뜨리면 방지된다.
㉥ 물의 운동량에 의한 관성 : 배수구에 격자(석쇠)를 설치
☞ 봉수파괴 방지 : 통기관을 설치
☞ 봉수파괴 방지 : ㉠, ㉡, ㉢의 경우 통기관을 설치한다.

02 온도 20℃, 길이 100m인 동관에 탕이 흘러 60℃가 되었을 때, 동관의 팽창량은 얼마인가? (단, 동관의 선팽창계수는 0.171×10^{-4}/℃이다.)
① 66.4mm
② 68.4mm
③ 76.4mm
④ 78.4mm

해설 관의 신축과 팽창량(L)
$L = 1,000 \cdot l \cdot C \cdot \Delta t$ [mm]
여기서, l : 온도변화전의 관의 길이(m)
C : 관의 선팽창계수
Δt : 온도 변화(℃)
∴ $L = 1,000 \cdot l \cdot C \cdot \Delta t$
$= 1,000 \times 100 \times 0.171 \times 10^{-4} \times (60-20)$
$= 0.0684m = 68.4mm$

03 대변기의 세정방식 중 플러시 밸브식에 관한 설명으로 옳지 않은 것은?
① 대변기의 연속 사용이 가능하다.
② 일반 가정용으로는 거의 사용되지 않는다.
③ 급수 관경 및 수압과 관계없이 사용 가능하다.
④ 세정음에 유수음이 포함되기 때문에 소음이 크다.

해설 세정밸브식(Flush Valve)식 대변기
㉠ 접속 급수관경 25mm 이상 필요하다.
㉡ 최저 필요 수압 0.07MPa (70kPa) 이상 확보할 수 있는 경우에 사용 가능하다.
㉢ 세정소음이 크나, 대변기의 연속사용이 가능하다.
㉣ 일반 가정용으로는 거의 사용하지 않는다.

04 연면적 3,000m²의 사무소 건물에 필요한 급수량은? (단, 이 건물의 유효 면적은 연면적의 60%이고, 유효면적당 인원은 0.2인/m², 1인 1일 당 급수량은 100L이다.)
① 3600L/d
② 3600m³/d
③ 36000L/d
④ 36000m³/d

해설 건물 면적에 의한 방법
$Q_d = A \times k \times n \times q$ [L/d]
A : 건물 연면적[m²]
k : 건물 연면적에 대한 유효 면적의 비율[%]
n : 유효 면적당의 인원[인/m²]
q : 건물 종류별 1일 1인당 사용수량[L/d·c]
∴ $Q_d = A \times k \times n \times q$ [L/d]
$= 3,000m² \times 0.6 \times 0.2$인/m² $\times 100$L/d
$= 36,000$L/d

05 급탕설비에서 급탕기기의 부속장치에 관한 설명으로 옳지 않은 것은?
① 안전밸브와 팽창탱크 및 배관 사이에는 차단밸브를 설치한다.
② 온수탱크 상단에는 진공방지밸브, 하부에는 배수밸브를 설치한다.
③ 순간식 급탕가열기에는 이상고온의 경우 가열원(열매체 등)을 차단하는 장치나 기구를 설치한다.
④ 밀폐형 가열장치에는 일정 압력 이상이면 압력을 도피시킬 수 있도록 도피밸브나 안전밸브를 설치한다.

정답 01 ② 02 ② 03 ③ 04 ③ 05 ①

해설
안전밸브와 팽창탱크 및 배관 사이에는 차단밸브나 체크밸브 등 어떠한 밸브도 설치되어서는 안된다.

06 중앙식 급탕방식의 설계상 유의사항으로 옳지 않은 것은?
① 각 계통 및 지관의 순환유량이 균등하게 되도록 한다.
② 수평배관의 길이가 가능한 한 길게 되도록 수직관을 배치한다.
③ 순환펌프는 과대하게 되지 않도록 설계하며, 환탕관측에 설치한다.
④ 열원기기 및 저탕조의 압력상승, 배관의 신축에 대한 안전대책을 고려한다.

해설
급탕배관, 반탕관의 열손실과 배관의 마찰손실을 줄이기 위해서 관의 길이를 되도록 짧게 하는 것이 유리하다.
☞ 탕비기 주위의 급탕배관은 가능한 짧게 하고 공기가 체류하지 않도록 한다.

07 스위블형 신축이음쇠에 관한 설명으로 옳은 것은?
① 패클리스 신축이음쇠라고도 한다.
② 이음부의 나사회전을 이용해서 배관의 신축을 흡수한다.
③ 고온고압용 증기배관에 주로 사용되며 온수난방용 배관에는 사용하지 않는다.
④ 강관 또는 동관을 곡관으로 구부려, 구부림을 이용하여 배관의 신축을 흡수한다.

해설 스위블형 신축이음쇠
너무 큰 신축에는 파손되어 누수의 원인이 되는 결점은 있으나 현장에서 2개 이상의 엘보를 사용하여 만들 수 있는 신축 이음쇠로 방열기 주위 배관용으로 사용된다.

08 원심식 펌프에 관한 설명으로 옳지 않은 것은?
① 터보형 펌프의 일종이다.
② 유체가 회전차의 반경류 방향으로 흐른다.
③ 건축설비분야의 급수, 급탕, 배수 등에 주로 이용된다.
④ 원심식 펌프에는 피스톤 펌프와 로터리 펌프 등이 있다.

해설 원심식 펌프
원심펌프는 회전차(impeller)를 고속 회전시킬 때 작용하는 원심력에 의해서 유체를 이송하는 펌프이다. 양정을 높이기 위해서는 다단펌프를 사용한다.
㉠ 터보형 펌프의 일종이다.
㉡ 유체가 회전차의 반경류 방향으로 흐른다.
㉢ 건축설비분야의 급수, 급탕, 배수 등에 주로 이용된다.
㉣ 원심식 펌프에는 볼류트 펌프, 터빈 펌프, 보어홀 펌프 등이 있다.
※ 건축설비 분야에서는 원심(와권)식 펌프(볼류트 펌프, 터빈 펌프, 보어홀 펌프 등)가 주로 사용된다. 터빈펌프는 날개의 바깥쪽에 가이드 베인(guide vane)을 설치하여 고양정에 사용한다.

09 배수관 내 배수의 흐름에 관한 설명으로 옳지 않은 것은?
① 배수수직관의 관경이 작을수록 종국길이는 짧다.
② 일반적으로 배수수직관의 허용유량은 30% 정도를 한도로 하고 있다.
③ 배수수직관내를 배수가 관벽에 따라 나선형의 상태로 하강하는 현상을 수력도약현상(도수현상)이라고 한다.
④ 배수수평지관으로부터 배수수직관에 배수가 유입하면 배수량이 적을 때에는 배수는 수직관 관벽을 따라 지그재그로 강하한다.

해설
수력도약현상(도수현상)은 유체의 흐름이 사류에서 상류로 변화할 때 표면에 소용돌이가 발생하면서 수심이 급격하게 증가하는 현상

정답 06 ② 07 ② 08 ④ 09 ③

10 역류를 방지하여 오염으로부터 상수계통을 보호하기 위한 방법으로 적절하지 않은 것은?

① 토수구 공간을 둔다.
② 역류방지밸브를 설치한다.
③ 대기압식 또는 가압식 진공브레이커를 설치한다.
④ 수압이 0.4MPa을 초과하는 계통에는 감압밸브를 부착한다.

해설 급수설비의 수질오염 원인

㉠ 저수탱크에 의한 유해물질 침입에 의한 발생
㉡ 배수설비의 급수설비로의 역류
㉢ 크로스 커넥션(cross connection)
㉣ 배관의 부식
※ 크로스 커넥션(cross connection) : 수돗물과 수돗물 이외의 물질이 혼입되어 오염시키는 현상(음료수 오염현상)이다. 크로스 커넥션(cross connection)은 배관 사이의 잘못된 연결에 의하여 생기므로 각 계통마다 배관을 색깔로 구분할 수 있도록 한다.
☞ 수격현상(워터해머)의 방지 대책으로 수압이 0.4MPa을 초과하는 배관계통에는 감압밸브를 부착한다.

11 취출구의 허용풍속을 제한하는 가장 주된 이유는?

① 확산반경을 줄이기 위하여
② 송풍동력을 줄이기 위하여
③ 소음발생을 억제하기 위하여
④ 단락류 발생을 억제하기 위하여

해설 취출구의 허용풍속을 제한하는 주된 이유는 소음발생을 억제하기 위함이다.

12 1개의 실에 설치된 온수용 주철제 방열기의 상당방열면적(EDR)이 20m²이다. 동일한 방열기를 5개 실에 설치할 경우, 필요한 전온수 순환량(L/min)은? (단, 방열기의 표준방열량 0.523kW/m², 방열기 입구온도 80℃, 출구온도 70℃, 온수의 비열 4.2kJ/kg·K, 온수의 밀도 1kg/L 이다.)

① 15.2L/min ② 21.7L/min
③ 74.7L/min ④ 108.3L/min

해설 순환수량(Q_W)[L/min]

$$Q_W = \frac{H}{60C\Delta t} \text{[L/min]}$$

H : 방열량[kW]
C : 비열(4.19kJ/kg·K)
Δt : 방열기의 출입구 온도차(℃)

먼저, 1kW=1kJ/S=3,600kJ/h이므로
0.523kW=0.523×3,600kJ/h=1,882.8kJ/h

$$Q_W = \frac{1,882.8 \times 20 \times 5}{60 \times 4.19 \times (80-70)} = 74.7 \text{L/min}$$

13 그림과 같은 전열교환기의 전열효율(η)을 올바르게 나타낸 것은? (단, 난방의 경우이며, X_1, X_2, X_3, X_4는 각 공기상태의 엔탈피를 나타낸다.)

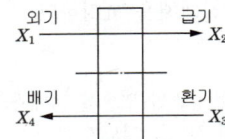

① $\eta = \dfrac{X_3 - X_1}{X_2 - X_1}$ ② $\eta = \dfrac{X_3 - X_4}{X_2 - X_4}$

③ $\eta = \dfrac{X_2 - X_1}{X_3 - X_1}$ ④ $\eta = \dfrac{X_3 - X_4}{X_3 - X_1}$

해설 전열교환기

① 전열교환기는 배기되는 공기와 도입 외기 사이에 공기의 교환을 통하여 배기가 지닌 열량을 회수하거나 도입외기가 지닌 열량을 제거하여 도입외기를 실내 또는 공기조화기로 공급하는 전열교환장치이다.
② 공기 대 공기의 열교환기로서 현열은 물론 잠열까지도 교환되는 엔탈피 교환하는 장치로서 공조시스템에서 배기와 도입되는 외기와의 전열교환으로 공조기는 물론 보일러나 냉동기의 용량을 줄일 수 있다.
③ 전열교환기의 효율
㉠ 외기와 환기의 최대 엔탈피차($X_3 - X_1$)에 대한 실제 전열 엔탈피차($X_2 - X_1$)의 비
㉡ 전열교환기 효율 $\eta = \dfrac{X_2 - X_1}{X_3 - X_1} = \dfrac{h_1 - h_2}{h_1 - h_3}$

[그림] 전열교환기

정답 10 ④ 11 ③ 12 ③ 13 ③

14 진공환수식 증기난방에서 리프트 이음(lift fitting)을 적용하는 경우는?

① 방열기보다 환수주관이 높을 때
② 환수배관법을 역환수식으로 할 때
③ 방열기보다 응축수 온도가 너무 높을 때
④ 진공펌프를 환수주관보다 낮게 설치할 때

해설

리프트 이음(lift fitting, lift joint) : 진공 환수식 난방 장치에서
㉠ 방열기보다 높은 곳에 환수관을 배관하지 않으면 안될 때
㉡ 환수주관보다 높은 위치에 진공펌프를 설치할 때 lift joint를 설치하여 환수관의 응축수를 끌어올릴 수 있다.
• 저압인 경우 : 1단에 1.5m 이내
• 고압인 경우 : 증기관과 환수관의 압력차 0.1MPa (1kg/cm²)에 대해 5m 정도 끌어올린다.

15 흡수식 냉동기에 관한 설명으로 옳은 것은?

① 냉매로는 LiBr을 사용하고, 흡수제로 물을 사용한다.
② 증발기, 압축기, 재생기, 응축기 등으로 구성되어 있다.
③ 기계적 에너지가 아닌 열에너지에 의해 냉동효과를 얻는다.
④ 1중 효용 흡수식 냉동기가 2중 효용 흡수식 냉동기보다 효율이 좋다.

해설

① 냉매로는 물을 사용하고, 흡수제로 LiBr을 사용한다.
② 증발기, 흡수기, 재생기(발생기), 응축기 등으로 구성되어 있다.
④ 2중 효용 흡수식 냉동기가 1중 효용 흡수식 냉동기보다 효율이 좋다.

16 히트펌프에 관한 설명으로 옳지 않은 것은?

① 1대의 기기로 냉방과 난방을 겸용할 수 있다.
② 냉동사이클에서 응축기의 방열을 난방에 이용한다.
③ 냉동기의 성적계수가 히트펌프의 성적계수보다 1만큼 크다.
④ 히트펌프의 성적계수를 향상시키기 위해 지열 등을 이용할 수 있다.

해설 히트펌프(Heat Pump)

㉠ 낮은 온도의 열원으로부터 높은 온도의 열로 펌프하듯 끌어올려 이용할 수 있기 때문에 히트펌프라고 한다.
㉡ 압축기를 동력원으로 압축 → 응축 → 팽창 → 증발의 사이클로 순환
㉢ 여름엔 냉방용으로 운전, 겨울철에는 냉매의 흐름 방향을 바꾸어 난방용으로 운전
㉣ 냉매의 흐름이 바뀌면, 증발기는 응축기로, 응축기는 증발기로 그 기능이 변환
☞ 열펌프를 이용한 성적계수(COP_H)가 냉동기로 이용한 성적계수(COP_C)보다 1만큼 크다.
$COP_H = COP_C + 1$

17 다음과 같은 몰리에르(Molier)선도의 상태에서 운전하는 히트펌프의 성적계수는?

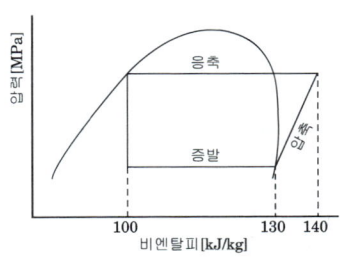

① 3.0 ② 3.5
③ 4.0 ④ 4.5

정답 14 ①   15 ③   16 ③   17 ③

해설 성적계수

ⓐ 냉동기의 성적계수$(COP) = \dfrac{냉동효과(q)}{압축일(AL)}$

$= \dfrac{냉동능력}{소요능력}$

ⓑ 열펌프의 성적계수$(COP_h) = \dfrac{응축기의 방출열량}{압축일}$

$= \dfrac{q+AL}{AL} = \dfrac{q}{AL} + 1$

∴ $COP_h = \dfrac{응축기의 방출열량}{압축일} = \dfrac{q+AL}{AL}$

$= \dfrac{140-100}{140-130} = 4.0$

18 공기 여과기의 종류 중 일명 전자식 공기청정기라고도 하며, 먼지의 제거효율이 높고, 미세한 먼지라든지 세균도 제거되므로 병원, 정밀기계 공장 등에서 사용이 가능한 것은?

① 전기식　　　② 건성여과식
③ 충돌점착식　④ 활성탄 흡착식

해설

전기식 공기여과기는 일명 전자식 공기청정기라고도 하며, 전기적 성질을 이용하여 먼지에 전하(+)를 주고 집진부(-)에서 포집한 여과기로 가장 우수한 집진 효과가 있으며, 먼지의 제거 효율이 높고 미세한 먼지·세균 제거도 가능하다. 병원의 수술실, 정밀 기계 공장, 고급 빌딩에 이용된다.

19 응축수의 드레인 배관이 필요 없는 곳은?

① 재열기
② 팬코일 유닛
③ 패키지 공조기
④ 에어 핸들링 유닛

해설

재열기는 가열만 하는 장치이므로 응축수가 생기지 않는다.

20 증기트랩의 작동원리에 따른 분류 중 기계식 트랩에 속하는 것은?

① 버킷 트랩
② 디스크 트랩
③ 벨로즈식 트랩
④ 바이메탈식 트랩

해설 버킷 트랩(bucket trap)

㉠ 주로 고압증기의 관말 트랩이나 증기 사용 세탁기, 증기 탕비기 등에 많이 쓰인다. 응축수의 부력을 이용하는 기계식 트랩이다.
㉡ 증기 트랩 중에서 작은 버킷을 사용한 것으로 상향형·하향형이 있다.
㉢ 상향·하향형 모두 응축수의 유입으로 버킷이 작동하여 상부에 있는 밸브를 열어 응축수 배출을 하며, 하향형일 경우 공기도 함께 배출한다.
㉣ 증기관의 끝이나 기기의 주위 배관에 사용되나 10kPa 이상의 유효차압이 요구된다.
※ 증기트랩(steam trap) : 방열기트랩(radiator trap), 열동트랩, 실로폰트랩, 버킷트랩(burcket trap), 플로트트랩(float trap), 벨로우즈트랩(bellows trap)

정답　18 ①　19 ①　20 ①

건축설비설계
2018년 제4회 과년도 출제문제

01 원심식 펌프로 회전차 주위에 디퓨저인 안내날개를 가지고 있는 펌프는?
① 터빈펌프　② 기어펌프
③ 피스톤펌프　④ 볼류트펌프

해설
터빈펌프는 날개의 바깥쪽에 가이드베인(guide vane, 안내날개)을 설치하여 속도 에너지를 압력 에너지로 효율을 좋게 변환하여 고양정에 사용한다.

02 급수 관경 결정 시 필요 없는 사항은?
① 수압표　② 관경균등표
③ 동시사용율표　④ 마찰저항선도

해설 급수 배관의 관경 결정법
① 기구 연결관의 관경에 의한 관경 결정
② 균등표에 의한 관경의 결정
　㉠ 기구의 동시사용률 계산
　㉡ 균등표에 의한 관경 결정
③ 마찰저항선도에 의한 관경의 결정
　㉠ 동시사용 유수량 계산(Hunter 곡선)
　㉡ 허용마찰손실수두 계산 → 마찰저항선도

03 아파트 1동 50세대의 급탕설비를 중앙공급식으로 하는 경우 1시간당 최대 급탕량은? (단, 각 세대마다 세면기(40L/h), 부엌싱크대(70L/h), 욕조(110L/h)가 1개씩 설치되며, 기구의 동시사용률은 30%로 가정한다.)
① 2700L/h　② 3300L/h
③ 3700L/h　④ 4300L/h

해설
시간당 최대 급탕량=총급탕량×동시사용률
　　　　　　　　=(40+70+110)×50×0.3
　　　　　　　　=3300L/h

04 다음 중 사이폰 트랩에 속하는 것은?
① P트랩　② 벨트랩
③ 드럼트랩　④ 그리스트랩

해설
관트랩 : 구조가 간단하고 자기 사이폰 작용을 일으키면 자정작용을 갖는 트랩으로 사이폰 작용을 일으키기 쉽기 때문에 사이폰 트랩이라고도 불리운다.
※ 사이폰계 트랩(관트랩) : P-trap, S-trap, U-trap
※ 비사이폰계 트랩 : 드럼 트랩, 벨 트랩, 그리스 트랩, 보틀 트랩

05 다음 중 배관의 피복 목적과 가장 관계가 먼 것은?
① 방로　② 방음
③ 방동　④ 방진

해설 배관의 피복 목적
㉠ 방동　㉡ 방로　㉢ 방음

06 급수배관 설계 및 시공 시 주의사항으로 옳지 않은 것은?
① 수평배관에서 물이 고일 수 있는 부분에는 진공 방지밸브를 설치한다.
② 상향 급수배관 방식의 경우 진행방향에 따라 올라가는 기울기로 한다.
③ 기구의 접속관지름은 기구의 구경과 동일한 것을 원칙으로 하며 이것보다 작게 해서는 안 된다.
④ 수직배관에는 25~30m 구간마다 체크밸브를 설치하여 유동 정지시의 역류에너지의 작용을 분산한다.

해설
수평배관에서 물이 고일 수 있는 부분에는 퇴수밸브를 설치한다.

정답 01 ①　02 ①　03 ②　04 ①　05 ④　06 ①

07 대변기의 세정급수 방식 중 하이탱크식과 로우탱크식에 관한 설명으로 옳은 것은?
① 하이탱크식은 로우탱크식보다 세정소음이 작다
② 로우탱크식과 하이탱크식은 연속 사용이 가능하다.
③ 로우탱크식은 하이탱크식보다 화장실 내의 공간을 적게 차지하여 유리하다.
④ 하이탱크식과 로우탱크식은 탱크로의 급수 수압이 다소 낮아도 사용이 가능하다.

해설 하이탱크식과 로우 탱크식
1) 하이탱크식
  바닥으로부터 1.6m 이상 높은 위치(표준높이는 1.9m)에 설치하고, 볼탭을 통하여 공급된 일정량의 물을 저장하고 있다가 핸들 또는 레버의 조작에 의해 낙차에 의한 수압으로 대변기를 세척하는 방식이다.
  ㉠ 탱크의 용량은 15L 정도이다.
  ㉡ 변기의 설치면적은 작다.
  ㉢ 세정시 소리가 크다.(사무실 및 공공 건축물에 이용)
  ㉣ 탱크 내의 고장이 있을 때에 불편하다.
2) 로우 탱크식
  탱크로의 급수압력에 관계없이 대변기로의 공급수량이나 압력이 일정하며, 양호한 세정효과와 소음이 적어 일반 주택에서 주로 사용되는 대변기 세정수의 급수방식이다.

08 양수펌프가 수면으로부터 2.5m 높은 지점에 설치되어 있다. 이 때 수온은 32.5℃이고. 32.5℃물의 포화증기압은 5kPa이며, 수면 위에는 표준 대기압이 작용하고 있다. 이 양수펌프의 유효흡입양정은? (단, 마찰저항은 2.37mAq이며 물의 밀도는 0.996kg/L이다.)
① 약 2.5m   ② 약 5.0m
③ 약 7.5m   ④ 약 10.0m

해설
유효흡입수두(NPSH)란 펌프 흡입구에서 물의 압력과 그 수온에 해당하는 포화증기압과의 차를 수두로 나타낸 것
  ■ 유효흡입수두(NPSH) = $H_{ap} \pm H_s - H_f - H_{vp}$
  H_{ap} : 흡입수면에 작용하는 압력수두(대기압) [대기압 경우 10.33m]
  H_s : 흡입 실양정[m], 펌프 중심에 대해 압입은 +, 흡입은 - 로 한다.
  H_f : 흡입관 내의 마찰손실수두[m]
  H_{vp} : 수온의 포화증기압 압력수두[m]
  NPSH = $H_{ap} \pm H_s - H_f - H_{vp}$
      = 10.33 - 2.5 - 2.37 - 0.5
      = 4.96 ≒ 5[m]
  ※ 10kPa ≒ 1mAq

09 배수배관에서 청소구의 원칙적인 설치위치에 속하지 않는 것은?
① 배수횡주관 및 배수횡지관의 기점
② 배수수직관의 최상부 또는 그 부근
③ 배수횡주관과 부지 배수관의 접속점에 가까운 곳
④ 배수관이 45°를 넘는 각도로 방향을 전환하는 개소

해설 청소구(Clean Out) 설치 위치
- 찌꺼기가 쌓일 수 있는 곳
  ㉠ 가옥 배수관과 부지 하수관이 접속하는 곳
  ㉡ 배수수직관의 최하단부
  ㉢ 배수수평주관, 배수수평지관의 기점
  ㉣ 배관이 45° 이상의 각도로 구부러진 곳
  ㉤ 각종 트랩 및 기타 배관상 특히 필요한 곳
  ㉥ 수평관의 관경이 100mm 이하인 경우에는 직선거리 15m 이내마다, 관경 100mm 이상인 경우에는 직선거리 30m 이내마다 설치
  ㉦ 각종 트랩 및 기타 배관상 특히 필요한 곳
  ☞ 배수의 흐름과 반대 또는 직각방향으로 열 수 있도록 설치한다.

10 다음 중 펌프에서 캐비테이션 현상의 방지 대책과 가장 거리가 먼 것은?
① 관내에 공기가 체류하지 않도록 배관한다.
② 양정에 필요 이상의 여유를 주지 않도록 한다.
③ 흡수관을 가능한 길게 하고 관경을 작게 한다.
④ 흡입조건이 나쁜 경우 회전수가 작은 펌프를 사용한다.

정답 07 ④ 08 ② 09 ② 10 ③

해설 캐비테이션(cavitation)

펌프의 흡입구로 들어온 물 중에 함유되었던 증기의 기포는 임펠러(펌프의 날개)를 거쳐 토출구로 넘어가면 갑자기 압력이 상승되므로 기포는 물속으로 다시 소멸된다. 이때 소멸 순간에 격심한 소음과 진동을 수반하면서 일어나는 현상으로서, 흡입양정에서 발생한다.

- 공동현상(cavitation)을 방지하려면 펌프의 유효 흡입양정(NPSH)을 낮추어 흡입구의 압력이 항상 흡입구의 포화증기압력 이상으로 유지되도록 하는 것이 바람직하다.

※ NPSH(Net Positive Suction Head : 유효 흡입양정)
  ㉠ 캐비테이션이 일어나지 않는 유효 흡입양정을 수주로 표시한 것이다.
  ㉡ 펌프의 설치 상태 및 유체의 온도 등에 따라 다르다.
  ㉢ 설치에서 얻어지는 NPSH는 펌프 자체가 필요로 하는 NPSH보다 커야 캐비테이션이 일어나지 않는다.(필요 NPSH가 유효 NPSH보다 작게 되도록 배관계획을 한다.)

- 캐비테이션 방지책
  • 흡입양정을 줄이고 흡입관 손실을 줄인다.
  • 유체의 온도를 낮춘다.
  • 필요 이상의 양정을 두지 않는다.
  • 규정회전수 내에서 운전한다.
  • 2대 이상의 펌프를 사용한다.
  • 스트레이너 통수면적을 여유있게 잡고 청소를 한다.

11 1000L/h의 급탕을 전기온수기를 사용하여 공급할 때 시간당 전력사용량은? (단, 물의 비열 4.2kJ/kg · K, 밀도 1kg/L, 급탕온도 70℃, 급수온도 10℃, 전기온수기의 전열효율은 95%로 한다.)

① 63.4kW/h ② 66.5kW/h
③ 70.2kW/h ④ 73.7kW/h

해설

급탕부하는 시간당 필요한 온수를 얻기 위해 소요되는 가열량을 말한다. 급탕온도의 온도차(Δt)는 보통 60℃를 기준으로 하며, kJ/h 또는 kW(kJ/s)로 나타낸다.

㉠ Q = 급탕량m(kg/h) × 비열c(kJ/kg·K) × 온도차Δt(K) [kJ/h]

$$= \frac{급탕량 m\,(\text{kg/h}) \times 비열 c\,(\text{kJ/kg·K}) \times 온도차 \Delta t\,(\text{K})}{3,600(\text{s/h})}\,[\text{kW}]$$

$$= \frac{1,000(\text{kg/h}) \times 4.2(\text{kJ/kg·K}) \times (70-10)(\text{K})}{3,600(\text{s/h})}$$

$$= 70\,[\text{kW}]$$

㉡ 온수기 용량 = $\dfrac{가열량}{효율}$ = $\dfrac{70}{0.95}$ = 73.7[kW]

12 다음 그림과 같은 냉수 배관계통에서 ㉠점의 냉수 순환량은? (단, 팬코일 유닛의 단위는 와트(W)이며, 물의 비열은 4.2kJ/kg · K, 물의 밀도는 1kg/L이다.)

- 팬코일 유닛의 입구, 출구 온도차 : 5℃
- 배관 및 기기의 열손실은 10%로 한다.

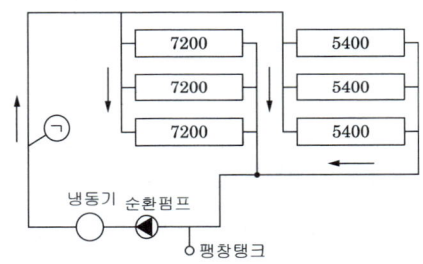

① 약 61L/min
② 약 119L/min
③ 약 122L/min
④ 약 134L/min

해설 순환수량(Q_W)[L/min]

$Q_W = \dfrac{H}{60C\Delta t}$ [L/min]

H : 방열량[kJ/h]
C : 비열(4.19kJ/kg·K)
Δt : 방열기의 출입구 온도차(℃)

$Q_W = \left[\dfrac{\{7,200 \times 3\} + (5,400 \times 3)\} \times 3.6}{60 \times 4.2 \times 5}\right] \times 1.1$

= 118.8L/min ≒ 119L/min

※ 1kW=3,600kJ/h
   1W=3.6kJ/h

정답 11 ④ 12 ②

13 보일러에 관한 설명으로 옳지 않은 것은?
① 연관 보일러는 예열시간이 길고 수명이 짧다.
② 입형 보일러는 설치면적이 작고 취급이 용이하다.
③ 수관 보일러는 지역난방 또는 대형 건물에 주로 이용된다.
④ 관류 보일러는 보유수량이 많으므로 일반 공조용에 많이 이용된다.

> 해설 관류 보일러
> ㉠ 증기 발생기로 주로 이용
> ㉡ 수관보일러와 같이 수관으로 되어 있으나 드럼(수실)이 없다.
> ㉢ 보유수량이 적으므로 시동시간이 짧고, 부하변동에 대해 추종성이 좋다.
> ㉣ 설치면적이 작으나, 급수처리가 복잡하고 고가이며 소음이 높다.
> ㉤ 간단하게 고압의 증기를 얻으려고 하는 경우에 사용된다.

14 다음과 같은 특징을 갖는 천장취출구는?

> • 확산형 취출구의 일종으로 몇 개의 콘(cone)이 있어서 1차공기에 의한 2차공기의 유인성능이 좋다.
> • 확산반경이 크고 도달거리가 짧기 때문에 천장취출구로 많이 사용된다.

① 팬형 ② 노즐형
③ 펑커형 ④ 아네모스탯형

> 해설 아네모스탯(anemostat)형
> ㉠ 주로 천장에 설치하여 기류를 방사형태로 취출시키는 복류형 취출구로 일반적인 건축물에서 가장 많이 사용하고 있다.
> ㉡ 확산형 취출구의 일종으로 몇 개의 콘(cone)이 있어서 1차공기에 의한 2차공기의 유인성능이 좋다.
> ㉢ 확산반경이 크고 도달거리가 짧기 때문에 천장 취출구로 많이 사용된다.
> ㉣ 원형, 각형이 있고 미적인 감각이 떨어진다.
> ※ 팬형 : 기본구조는 아네모스탯형과 동일하지만 유인성이 떨어지는 반면에 도달거리가 길다.
> ※ 노즐형 : 소음이 적기 때문에 취출풍속을 5m/s 이상으로 사용하며, 소음규제가 심한 방송국 스튜디오나 음악감상실 등에 사용되는 취출구이다.

15 축열시스템에 관한 설명으로 옳지 않은 것은?
① 심야전력의 이용이 가능하다.
② 냉동기의 용량을 감소시킬 수 있다.
③ 호텔의 공공부분과 같이 간헐운전이 심한 경우에는 적용할 수 없다.
④ 빙축열시스템은 냉각을 위한 냉동기, 축열을 위한 빙축열조, 외부와의 열교환을 위한 열교환기 등으로 구성된다.

> 해설 빙축열 시스템
> 야간(23:00~09:00)의 값싼 심야전력을 이용하여 전기에너지를 얼음 형태의 열에너지로 저장했다가 주간의 냉방용으로 사용하는 시스템으로, 주로 얼음의 융해열(335kJ/kg)을 이용한 것이다. 주야간의 전력 불균형을 해소하고 적은 비용으로 쾌적한 환경을 조성할 수 있다.
> ㉠ 냉동기 및 열원설비 용량을 줄일 수 있다.
> ㉡ 수전설비 용량 축소 및 계약 전력이 감소된다.
> ㉢ 심야전력 이용으로 전력 운전비가 감소된다.
> ㉣ 전력 부하 균형에 기여한다.
> ㉤ 축열로 열공급이 안정적이다.
> ㉥ 열원기기(냉동기)를 고효율로 운전할 수 있다.
> ☞ 호텔의 공공부분과 같이 간헐운전이 심한 경우에 적용할 수 있다.

16 전열교환기에 관한 설명으로 옳지 않은 것은?
① 공기 대 공기의 열교환기로서, 습도차에 의한 잠열은 교환 대상이 아니다.
② 공기방식의 중앙공조시스템이나 공장 등에서 환기에서의 에너지 회수방식으로 사용된다.
③ 공조시스템에서 배기와 도입되는 외기와의 전열교환으로 공조기의 용량을 줄일 수 있다.
④ 전열교환기를 사용한 공조시스템에서 중간기(봄, 가을)를 제외한 냉방기와 난방기의 열회수량은 실내·외의 온도차가 클수록 많다.

정답 13 ④ 14 ④ 15 ③ 16 ①

해설 전열교환기

① 전열교환기는 배기되는 공기와 도입 외기 사이에 공기의 교환을 통하여 배기가 지닌 열량을 회수하거나 도입외기가 지닌 열량을 제거하여 도입외기를 실내 또는 공기조화기로 공급하는 전열교환장치이다.
② 공기 대 공기의 열교환기로서 현열은 물론 잠열까지도 교환되는 엔탈피 교환하는 장치로서 공조시스템에서 배기와 도입되는 외기와의 전열교환으로 공조기는 물론 보일러나 냉동기의 용량을 줄일 수 있다.
③ ㉠ 외기와 환기의 최대 엔탈피차($X_3 - X_1$)에 대한 실제 전열 엔탈피차($X_2 - X_1$)의 비
㉡ 전열교환기 효율 $\eta = \dfrac{X_2 - X_1}{X_3 - X_1} = \dfrac{h_1 - h_2}{h_1 - h_3}$

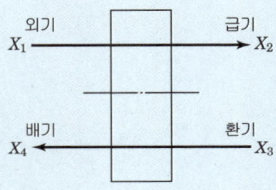

[그림] 전열교환기

17 덕트의 치수 결정법에 관한 설명으로 옳지 않은 것은?

① 등속법은 덕트 내의 풍속을 일정하게 유지 할 수 있도록 덕트 치수를 결정하는 방법이다.
② 등마찰손실법은 덕트의 단위길이당 마찰손실이 일정한 상태가 되도록 덕트마찰손실 선도에서 직경을 구하는 방법이다.
③ 등속법에 의한 덕트는 각 구간마다 압력손실이 다르므로 송풍기 용량을 구하기 위해서는 전체 구간의 압력손실을 구해야 하는 번거로움이 있다.
④ 등속법에 의한 덕트에 많은 풍량을 송풍하면 소음 발생이나 덕트의 강도상에 문제가 발생하므로 일정 풍량 이상인 경우 등마찰손실법으로 결정한다.

해설

등속법(정속법)은 덕트 내의 공기 속도를 가정하고 공기량을 이용하여 마찰저항과 덕트 크기를 결정하는 방법으로 일정 풍량(10,000m³/h) 이상인 경우에 적당하다. 주로 분진이나 산업용 분말 등을 배출시키기 위한 배기 덕트의 설계법으로 적당하다.

18 수증기를 만드는 원리에 따라 가습장치를 구분할 경우, 다음 중 수분무식에 속하는 것은?
① 전열식 ② 모세관식
③ 초음파식 ④ 적외선식

해설 가습기

건조한 실내에 습도를 높이기 위한 방법으로 크게 증기식, 물분무식, 기화식으로 구분한다.
㉠ 증기식 : 분무식, 전열식, 전극식, 적외선식
㉡ 수분무식 : 분무식, 원심식, 초음파식
㉢ 기화식(증발식) : 적하식, 회전식, 모세관식

19 다음 중 송풍기의 풍량제어 시 축동력이 가장 많이 소요되는 제어방법은?
① 회전수제어 ② 흡입베인제어
③ 흡입댐퍼제어 ④ 토출댐퍼제어

해설 동력절감률(에너지절약)이 높은 것에서 낮은 순서

회전수 제어 > 가변피치제어 > 흡입베인제어 > 흡입댐퍼제어 > 토출댐퍼제어
※ 회전수 제어 : 송풍기 풍량제어의 대표적인 방법으로 에너지절감 비율이 가장 높다.
※ 제어방식의 결정은 풍량조정범위, 동력절감률, 설비비 등을 고려하여 정한다.

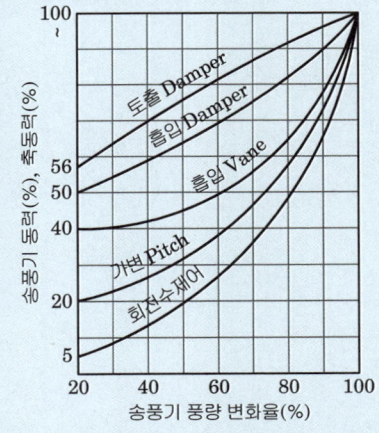

[그림] 송풍기 풍량변화율에 따른 송풍기 동력비율의 변화

정답 17 ④ 18 ③ 19 ④

20 냉동기에 관한 설명으로 옳지 않은 것은?
① 터보식 냉동기는 임펠러의 원심력에 의해 냉매가스를 압축한다.
② 터보식 냉동기는 대용량에서는 압축효율이 좋고 비례 제어가 가능하다.
③ 압축식 냉동기의 냉매순환 사이클은 압축기→응축기→팽창밸브→증발기이다.
④ 흡수식 냉동기는 열에너지가 아닌 기계적 에너지에 의해 냉동효과를 얻는다.

해설 흡수식 냉동기
① 원리 : 냉매를 흡수하는 형식으로 압축냉동기의 압축기가 하는 압축을 흡수제를 이용하여 화학적으로 치환해서 냉동사이클을 형성하는 냉동기이다.(열에너지에 의해 냉동효과를 얻는 냉동기)
② 냉동 사이클 : 증발기-흡수기-발생기(재생기)-응축기
③ 발생기의 형식에 따라 단효용식과 2중효용식이 있다.
④ 특징
 ㉠ 증기나 고온수를 구동력으로 한다.
 ㉡ 냉매는 물(H_2O), 흡수액은 브롬화리튬(LiBr) 사용한다.
 ㉢ 전력소비가 적다.(압축식의 1/3) → 특별고압수전 불필요
 ㉣ 진동, 소음이 적다.
 ㉤ 증기 보일러가 필요하다.

정답 20 ④

건축설비설계
2019년 제1회 과년도 출제문제

01 급수설비에 사용되는 펌프의 양수량이 2000L/min, 전양정이 10m일 경우, 이 펌프의 축동력은? (단, 펌프의 효율은 55%이다.)

① 3.52W　② 3.52kW
③ 5.94W　④ 5.94kW

해설

펌프 축동력(L_S) = $\dfrac{WQH}{KE}$ [kW] 에서

Q : 양수량(m³/min) → 400L/min=0.4m³/min
H : 전양정(m) → 41.6m
W : 액체 1m³의 중량(kg/m³) → 물은 1,000kg/m³
E : 효율(%) → 55%
K : 정수(kW) → 6,120

∴ 펌프의 축동력(L_S) = $\dfrac{1,000 \times 2 \times 10}{6,120 \times 0.55}$ = 5.94kW

02 다음과 같은 경우, 팽창관의 입상높이 h는 최소 얼마 이상으로 하여야 하는가? (단, 급탕 및 급수온도는 각각 80℃, 6℃이며, 이 때의 물의 밀도는 각각 0.9718 kg/L, 0.99997kg/L이다.)

① 0.83m
② 0.87m
③ 0.90m
④ 0.93m

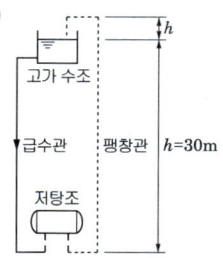

해설 팽창관의 설치높이

$H > h\left(\dfrac{\rho}{\rho'} - 1\right)$ [m]

h : 고가탱크에서의 정수두[m]
ρ : 물의 밀도[kg/l]
ρ' : 탕의 밀도[kg/l]

∴ $H \geq h\left(\dfrac{\rho}{\rho'} - 1\right) = 30\left(\dfrac{0.99997}{0.9718} - 1\right) = 0.87$m

03 수격작용의 방지대책으로 옳지 않은 것은?

① 감압밸브 설치
② 수격방지기 설치
③ 바이패스관 설치
④ 펌프의 수평주관 길이 증가

해설 수격 현상(water hammering)

관내 유속이 빠르거나 혹은 밸브, 수전 등의 관내 흐름을 순간적으로 폐쇄하면, 관내에 압력이 상승하면서 생기는 배관 내의 마찰음 현상이다.
① 원 인
  ㉠ 유속이 빠를 때
  ㉡ 관경이 적을 때
  ㉢ 밸브 수전을 급히 잠글 때
  ㉣ 굴곡 개소가 많을 때
  ㉤ 감압 밸브를 사용하지 않을 때
② 방지책
  ㉠ 관내 유속을 될 수 있는 대로 느리게 하고 관경을 크게 한다.
  ㉡ 폐수전을 폐쇄하는 시간을 느리게 한다.
  ㉢ 기구류 가까이에 air chamber를 설치하여 chamber 내의 공기를 압축시킨다.
  ㉣ water hammer 방지기를 water hammer의 발생 원인이 되는 밸브 근처에 부착시킨다.
  ㉤ 굴곡 배관을 억제하고 될 수 있는 대로 직선배관으로 한다.
  ㉥ 펌프의 토출측에 릴리프밸브나 스모렌스키 체크밸브를 설치한다.(압력상승 방지)
  ㉦ 자동수압 조절밸브를 설치한다.

04 어느 배관에 15mm 세면기 1개, 20mm 소변기 2개, 25mm 대변기 2개가 연결될 때 이 배관의 관경은?

[표] 동시사용률표

기구수	2	3	4	5	10
동시사용률(%)	100	80	75	70	53

[표] 관균등표

관경(mm)	15	20	25	32	40	50
사용기구수	1	2	3.7	7.2	11	20

① 20mm　② 25mm
③ 32mm　④ 40mm

정답　01 ④　02 ②　03 ④　04 ④

해설 균등표에 의한 관경의 결정

균등표에 의해 관경을 정하려면 배관에 접속하는 기구의 구경을 단위(호칭경 15mm)로 환산하여 사용률을 곱해 균등표에 의해 관경을 결정할 수 있다.

㉠ 기구의 동시사용률 계산
15A관의 상당개수로 환산 : 세면기-1개, 소변기-2개, 대변기-3.7개
15A관의 상당개수 누계 : 1+2×2+3.7×2=12.4
기구수 5개에 대한 동시사용률이 70%이므로 12.4×0.7=8.68개이다.

㉡ 균등표에 의한 관경 결정
균등표에서 15mm의 관 8.68개분의 유량에 해당하는 상당관은 7.2와 11 사이의 값이므로 여유있는 11을 선택한다.

∴ 균등표에서 15mm의 관 8.68개분의 유량에 해당하는 관경은 40mm 이다.

05 배관설비에 사용되는 신축 이음쇠의 종류에 속하지 않는 것은?

① 루프형　　② 플랜지형
③ 슬리브형　　④ 벨로우즈형

해설 신축이음쇠(expansion joint)

- 목적 : 온도에 의한 관의 신축을 흡수하기 위하여
- 설치간격 : 동관 – 20m, 강관, 직선 배관 – 30m

종 류	특기사항
스위블 조인트	방열기 주위 배관용
신축곡관	대구경, 고압배관에 사용
슬리브형	소구경용
벨로우즈형	소구경용

06 펌프에 관한 설명으로 옳은 것은?

① 펌프의 축동력은 회전수에 반비례한다.
② 볼류트 펌프는 임펠러 주위에 안내날개를 갖고 있기 때문에 고양정을 얻을 수 있다.
③ 펌프 1대에 임펠러 1개를 갖고 있는 것을 단단(單段)펌프라 하며 양정이 그다지 높지 않은 경우에 사용된다.
④ 캐비테이션을 방지하기 위해서는 흡수관을 가능한 한 길고 가늘게 함과 동시에 관내에 공기가 체류할 수 있도록 배관한다.

해설

① 펌프의 축동력은 회전수의 3제곱에 비례한다.
② 터빈 펌프는 임펠러 주위에 안내날개를 갖고 있기 때문에 고양정을 얻을 수 있다.
④ 캐비테이션을 방지하기 위해서는 흡수관을 가능한 한 짧고 굵게 함과 동시에 관내에 공기가 체류하지 않도록 배관한다.

07 호텔의 주방이나 레스토랑의 주방 등에서 배출되는 배수 중의 지방분을 포집하기 위하여 사용되는 포집기는?

① 오일 포집기　　② 가솔린 포집기
③ 그리스 포집기　　④ 플라스터 포집기

해설 특수 용도의 배수용 트랩(저집기)

㉠ 그리스 트랩 : 호텔 주방의 조리실 바닥 배수용(배수 중의 유지분 포집)
㉡ 가솔린 트랩 : 세차장
㉢ 플라스터(석고) 트랩 : 치과 기공실, 정형외과 기브스실
㉣ 헤어 트랩 : 이용소, 미용소
㉤ 차고 트랩(garage trap) : 차고 내의 바닥 배수용

08 온도 10℃, 길이 100m인 강관에 탕이 흘러 70℃가 되었을 때, 강관의 팽창량은? (단, 강관의 선팽창계수는 $1.0×10^{-5}$/℃이다.)

① 6mm　　② 12mm
③ 6cm　　④ 12cm

해설 관의 신축과 팽창량(L)

$L = 1,000 \cdot \ell \cdot C \cdot \Delta t$ [mm]

여기서, ℓ : 온도변화전의 관의 길이(m)
　　　　C : 관의 선팽창계수
　　　　Δt : 온도 변화(℃)

∴ $L = 1,000 \cdot \ell \cdot C \cdot \Delta t$
　　$= 1,000 × 100 × 1.0 × 10^{-5} × (70-10)$
　　$= 60mm = 6cm$

정답　05 ②　06 ③　07 ③　08 ③

09 트랩(trap)이 갖추어야 할 조건에 관한 설명으로 옳지 않은 것은?
① 자정 작용이 가능할 것
② S트랩의 경우 내부 치수가 동일할 것
③ 봉수깊이는 50mm 이상 100mm 이하일 것
④ 기구내장 트랩의 내벽 및 배수로의 단면 형상에 급격한 변화가 없을 것

해설 배수용 트랩
㉠ 내부 치수가 동일한 S트랩은 사용하지 말 것
㉡ 하나의 배수관에 직렬로 2개 이상의 트랩을 설치하지 말 것
㉢ 2중 트랩이 되지 않도록 배관하고 가동부분이 없을 것
㉣ 유수의 힘으로 가동부분이 열리고 유수가 끝나면 자동으로 닫히게 되는 구조는 봉수파괴 우려
㉤ 수봉식 트랩은 중력식 배수방식에서 하수가스 침입 방지 장치로 안전하다.

10 동시사용률이 높은 건물의 급탕설비에 관한 설명으로 옳은 것은?
① 가열부하와 최대부하의 차이가 크다.
② 일반적으로 최대부하 사용시간이 짧다.
③ 일반적으로 하루에 1시간 정도의 일정시간에 사용된다.
④ 가열기 능력을 크게 하고 저탕탱크는 소용량으로 계획하는 것이 효율적이다.

해설
가열기능력과 저탕량과의 사이에는 반비례하는 상호관계가 있어서 가열기능력을 크게 하면 저탕용량을 작게 할 수가 있고, 가열기능력을 작게 하면 저탕용량은 크게 해야만 한다. 따라서 연속적으로 다량의 탕을 사용하는 최대동시사용율이 높은 용도에는 가열부하와 피크로드가 일정 하므로 가열기능력을 크게, 저탕조를 작게 한다. 또, 최대 동시사용률이 낮은 용도의 것에서는 보통 피크로드가 짧든가, 하루에 일정시간만 사용할 정도이므로 가열기능력을 작게, 저탕용량을 크게 한다.

11 세정밸브식 대변기에 진공 방지기(vacuum breaker)를 설치하는 이유는?
① 사용수량을 줄이기 위하여
② 급수소음을 줄이기 위하여
③ 급수오염을 방지하기 위하여
④ 취기(냄새)를 방지하기 위하여

해설
세정밸브형 대변기에는 버큠 브레이커(vacuum breaker, 진공방지기), 토수구 등을 설치하여 역사이펀 작용을 방지하여 급수오염을 방지한다.

12 증기난방설비에서 증기트랩을 사용하는 가장 주된 목적은?
① 온도를 조절하기 위하여
② 공기를 배출하기 위하여
③ 압력을 조절하기 위하여
④ 응축수를 배출하기 위하여

해설 증기트랩(steam trap)
방열기의 환수부(하부 태핑) 또는 증기 배관의 최말단 등에 부착하여 증기관 내에 생긴 응축수만을 보일러 등에 환수시키기 위해 사용하는 장치이다.
㉠ 방열기 트랩(radiator trap : 열동 트랩, 실로폰 트랩)
㉡ 버킷 트랩(burcket trap) : 주로 고압증기의 관말 트랩이나 증기 사용 세탁기, 증기 탕비기 등에 많이 쓰인다.
㉢ 플로트 트랩(float trap) : 저압증기용 기기 부속 트랩으로 다량의 응축수를 처리하기 위해 사용하며 열교환기 등에 많이 쓰인다.
㉣ 벨로우즈 트랩(bellows trap) : 증기와 응축수 사이의 온도차를 이용하는 온도조절식 증기트랩의 일종으로 관내에 발생하는 응축수를 배출하기 위하여 사용한다.

13 보일러의 출력 중 난방부하, 급탕부하, 배관부하, 예열부하의 합으로 표시되는 것은?
① 정미출력 ② 정격출력
③ 상용출력 ④ 과부하출력

정답 09 ② 10 ④ 11 ③ 12 ④ 13 ②

해설 보일러의 출력표시

출력	표시방법
과부하출력	운전 초기나 과부하가 발생했을 때는 정격출력의 10~20% 정도 증가하여 운전할 때의 출력으로 한다.
정격 출력	연속해서 운전할 수 있는 보일러의 능력으로서 난방부하, 급탕부하, 배관부하, 예열부하의 합이며, 보통 보일러 선정시에는 정격출력에 기준을 둔다.
상용 출력	정격출력에서 예열부하를 뺀 값으로 정미출력에 5~10%를 가산한다.
정미 출력	난방부하와 급탕부하를 합한 용량으로 표시한다.

※ 보일러의 능력표시는 일반적으로 정격출력을 사용한다.

14 다음 중 원심형 송풍기가 아닌 것은?
① 다익형　　② 방사형
③ 후곡형　　④ 축류형

해설 송풍기의 종류
㉠ 원심형 : 다익형(시로코팬), 터보형(후곡형), 익형, 리미트로드형
㉡ 축류형 : 프로펠러형, 튜브형, 베인형
㉢ 횡류형(관류형)

15 건구온도가 15℃인 공이 10kg과 건구온도 30℃인 공기 5kg을 혼합하였을 경우, 혼합 공기의 온도는?
① 18℃　　② 20℃
③ 25℃　　④ 28℃

해설 단열혼합

혼합공기 온도 $tm = \dfrac{G_1 t_1 + G_2 t_2}{G_1 + G_2}$

$= \dfrac{10 \times 15 + 5 \times 30}{10 + 5} = 20℃$

16 압축식 냉동기의 구성요소 중 냉동의 목적을 직접적으로 달성하는 것은?
① 흡수기　　② 증발기
③ 발생기　　④ 응축기

해설 압축식 냉동 사이클(냉동기의 순환 원리) → p-i 선도 (Mollier 선도)

㉠ 압축기(compressor) : 증발기에서 넘어온 저온 저압의 냉매 가스를 응축 액화하기 쉽도록 압축하여 응축기로 보낸다.
㉡ 응축기(condenser) : 고온·고압의 냉매액을 공기나 물을 접촉시켜 응축 액화시키는 역할을 한다.
㉢ 팽창 밸브(expansion valve) : 고온 고압의 냉매액을 증발기에서 증발하기 쉽도록 하기 위해 저온·저압으로 팽창시키는 역할을 한다.
㉣ 증발기(evaporator) : 팽창 밸브를 지난 저온 저압의 냉매가 실내 공기로부터 열을 흡수하여 증발함으로 냉동이 이루어진다.

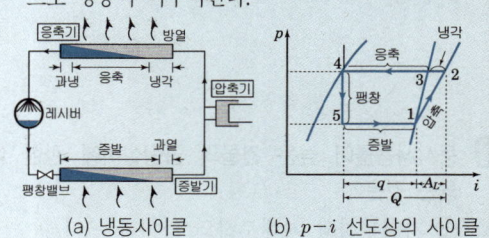

(a) 냉동사이클　　(b) $p-i$ 선도상의 사이클

17 공기 취출구에서의 토출공기(1차 공기)량을 Q_1, 토출공기에 의해 유인된 실내공기(2차 공기)량을 Q_2라고 할 때 유인비는?

① $\dfrac{Q_1 + Q_2}{Q_2}$　　② $\dfrac{Q_1 + Q_2}{Q_1}$

③ $\dfrac{Q_1}{Q_1 + Q_2}$　　④ $\dfrac{Q_2}{Q_1 + Q_2}$

해설

유인비 $= \dfrac{Q_1 + Q_2}{Q_1}$

Q_1 : 취출구에서의 토출공기(1차 공기)량
Q_2 : 토출공기에 의해 유인된 실내공기(2차 공기)량

정답　14 ④　15 ②　16 ②　17 ②

18 위치수두 10mAq, 압력수두 30mAq, 속도 2.5m/s로 관 속을 흐르는 물의 전수두는?

① 13.06mAq　② 13.24mAq
③ 40.32mAq　④ 42.54mAq

해설

전수두=위치압력수두+관내압력수두+속도수두($\frac{v^2}{2g}$)

$=10+30+\frac{2.5^2}{2\times 9.8}=40.32$mAq

▶ 단위 환산
※ 1m 수두(1mAq)=0.01MPa=10kPa
※ 1kgf/cm² =0.1MPa=10mAq
10kgf/cm² =1MPa=100mAq

19 2중 효용 흡수식 냉동기에 관한 설명으로 옳지 않은 것은?

① 저온발생기, 고온발생기가 필요하다.
② 저압팽창밸브와 고압팽창밸브가 필요하다.
③ 에너지를 절약할 수 있고 냉각탑의 용량을 줄일 수 있다.
④ 단효용 흡수식 냉동기의 응축기에서 버리던 증기의 응축열을 효율적으로 이용한 것이다.

해설 2중 효용 흡수식 냉동기

㉠ 흡수식 냉동기는 발생기의 형식에 따라 단효용식과 2중효용식이 있다.
㉡ 단효용 흡수식 냉동기의 응축기에서 버리던 증기의 응축열을 효율적으로 이용한 것이다.
㉢ 냉매증기는 수증기이고 증기보일러와 연동하여 구동한다.
㉣ 고온발생기와 저온발생기가 있어 단효용 흡수식에 비해 효율이 높다.
㉤ 저온발생기는 고온발생기보다 압력이 낮다.
㉥ 단효용 흡수식 냉동기보다 에너지 절약적이고 냉각탑 용량을 줄일 수 있다.
※ 냉동 사이클 : 증발기-흡수기-발생기(재생기)-응축기

20 취출구에서 수평취출기류의 도달·강하 및 상승거리에 관한 설명으로 옳지 않은 것은?

① 상승거리는 기류의 풍속 및 실내공기와의 온도차에 비례한다.
② 강하거리는 기류의 풍속 및 실내공기와의 온도차에 반비례한다.
③ 취출구로부터 기류의 중심속도가 0.5m/s로 되는 곳까지의 수평거리를 최소 도달거리라고 한다.
④ 취출구로부터 기류의 중심속도가 0.25m/s로 되는 곳까지의 수평거리를 최대 도달거리라고 한다.

해설 취출구의 도달거리·강하거리·상승거리

① 도달거리
  • 취출구로부터 기류의 중심속도가 0.5m/s로 되는 곳까지의 수평거리를 최소도달거리라고 한다.
  • 취출구로부터 기류의 중심속도가 0.25m/s로 되는 곳까지의 수평거리를 최대도달거리라고 한다.
② 강하거리는 기류의 풍속 및 실내공기와의 온도차에 비례한다.
③ 상승거리는 기류의 풍속 및 실내공기와의 온도차에 비례한다.

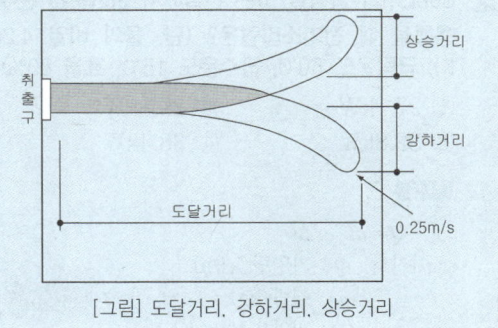

[그림] 도달거리, 강하거리, 상승거리

건축설비설계
2019년 제2회 과년도 출제문제

01 세정밸브식 대변기에 진공 방지기(vacuum breaker)를 설치하는 주된 이유는?
① 사용수량을 줄이기 위하여
② 급수소음을 줄이기 위하여
③ 급수오염을 방지하기 위하여
④ 취기(냄새)를 방지하기 위하여

해설
세정밸브형 대변기에는 버큠 브레이커(vacuum breaker, 진공 방지기), 토수구 등을 설치하여 역사이펀 작용을 방지하여 급수오염을 방지한다.

02 500L/h의 급탕을 하는 건물에서 전기순간 온수기를 사용했을 때 전기소비량은? (단, 물의 비열 4.2kJ/(kg·K), 급탕온도 60℃, 급수온도 15℃, 효율 80%)
① 27.2kW   ② 29.8kW
③ 32.8kW   ④ 38.4kW

해설
㉠ $Q = m \cdot c \cdot \Delta t$
여기서 Q : 가열량(kJ/h)
m : 질량(kg)
c : 비열(kJ/kg·K)
Δt : 온도차(K)
∴ $Q = m \cdot c \cdot \Delta t$
$= 500 \times 4.2 \times (60-15)$
$= 94,500$kJ/h $= 26.25$kJ/s
㉡ 온수기 용량 $= \dfrac{\text{가열량}}{\text{효율}} = \dfrac{26.25}{0.8}$
$= 32.8$kJ/s $= 32.8$kW

03 다음과 같은 조건에 있는 사무실 건물의 1일 급수량은?

―조건―
· 건물의 연면적: 2000m²
· 건물의 유효면적과 연면적의 비: 60%
· 유효면적당 인원: 0.2인/m²
· 1인 1일당 평균사용수량: 100L/(d·인)

① 20000L/d   ② 24000L/d
③ 40000L/d   ④ 120000L/d

해설 건물 면적에 의한 방법
$Q_d = A \times k \times n \times q$ [L/d]
A : 건물 연면적[m²]
k : 건물 연면적에 대한 유효 면적의 비율[%]
n : 유효 면적당 인원[인/m²]
q : 건물 종류별 1일 1인당 사용수량[L/d·c]
∴ $Q_d = A \times k \times n \times q$ [L/d]
$= 2000$m² $\times 0.6 \times 0.2$인/m² $\times 100$L/d
$= 24,000$L/d

04 급탕설비의 순환배관에서 관마찰저항으로 인한 순환량의 불균등을 방지하기 위한 배관방식은?
① 상향배관방식
② 하향배관방식
③ 강제순환방식
④ 리버스리턴방식

해설 리버스리턴(Reverse Return) 배관(역환수방식)
㉠ 설치 : 급탕설비-하향식
　　　　　난방설비-온수난방
㉡ 방법 : 각 방열기마다의 배관회로 길이를 같게 한 배관방식 보일러에서 방열기까지(온수관)의 길이 = 방열기에서 보일러까지(환수관)의 길이
㉢ 목적 : 온수의 유량분배 균일화(온수의 순환을 평균화)하기 위해
㉣ 단점 : 배관수가 많아져서 설비비가 높다.

정답 01 ③ 02 ③ 03 ② 04 ④

05 급수배관의 계획 및 시공에 관한 설명으로 옳지 않은 것은?
① 음료용 급수관과 다른 용도의 배관을 크로스 커넥션해서는 안된다.
② 주배관에는 적당한 위치에 플랜지 이음을 하여 보수 점검을 용이하게 한다.
③ 수평배관에는 오물이 정체하지 않도록 하며, 어쩔 수 없이 각종 오물이 정체하는 곳에는 공기빼기밸브를 설치한다.
④ 높은 유수음이나 수격작용이 발생할 염려가 있는 급수계통에서는 에어 챔버나 워터햄머방지기 등의 완충장치를 설치한다.

> **해설**
> 각종 오물이 정체하는 곳에는 드레인 밸브를 설치한다. 공기가 찰 우려가 있는 곳에는 공기빼기밸브를 설치한다.

06 간접가열식 급탕설비에 증기트랩을 설치하는 가장 주된 이유는?
① 신축을 흡수시키기 위하여
② 배관 내의 소음을 줄이기 위하여
③ 응축수만을 보일러에 환수시키기 위하여
④ 보일러에서 역류하는 악취를 방지하기 위하여

> **해설** 증기트랩(steam trap)
> 방열기의 환수부(하부 탬핑) 또는 증기 배관의 최말단 등에 부착하여 증기관 내에 생긴 응축수만을 보일러 등에 환수시키기 위해 사용하는 장치이다.
> ※ 증기 트랩의 종류 : 방열기트랩(열동트랩, 실로폰트랩), 버킷트랩, 플로트트랩, 벨로즈트랩, 디스크트랩 등

07 다음 중 급수설비를 설계하는데 있어 가장 먼저 이루어져야 하는 사항은?
① 급수량 산정
② 저수조 크기 결정
③ 급수관 관경 결정
④ 수도 인입관 설계

> **해설** 급수설비의 설계순서
> 급수량 산정-수도인입관 설계-수수조 설계-양수펌프 설계
> ※ 급수설비 설계시 가장 먼저 결정해야 할 사항은 급수량의 산정이다.

08 배수트랩과 통기관에 관한 설명으로 옳지 않은 것은?
① 통기관을 설치하면 배수능력이 향상된다.
② 배수트랩을 설치하면 배수능력이 향상된다.
③ 배수트랩은 봉수가 파괴되지 않는 구조로 한다.
④ 통기관은 사이폰 작용에 의해서 트랩 봉수가 파괴되는 것을 방지한다.

> **해설**
> 배수관 내에서 발생한 유해가스가 실내에 침입하는 것을 방지하는 것이 트랩이다. 트랩의 봉수깊이는 5~10cm로 하는 것이 보통이다.

09 급탕설비에 관한 설명으로 옳지 않은 것은?
① 급탕배관에는 팽창관이 필요하다.
② 급탕순환방식에는 중력식과 강제식이 있다.
③ 급탕규모가 큰 곳에는 환탕관에 순환펌프를 설치한다.
④ 급탕배관에는 보온재를 사용해야 하나 환탕배관은 보온하지 않는다.

> **해설**
> 급탕배관 및 환탕배관은 모두 보온재를 사용해야 한다.
> ※ 단열재, 보온재, 보냉재는 최고 안전사용 온도를 기준으로 구분한다.

정답 05 ③ 06 ③ 07 ① 08 ② 09 ④

10 진공환수식 증기난방에서 리프트 피팅(lift fitting)을 해야 하는 경우는?
① 방열기보다 환수주관이 높을 때
② 방열기보다 환수주관이 낮을 때
③ 배관 내의 유체 온도가 너무 높을 때
④ 배관 내의 유체 온도가 너무 낮을 때

해설
리프트 이음(lift fitting, lift joint) : 진공 환수식 난방 장치에서
㉠ 방열기보다 높은 곳에 환수관을 배관하지 않으면 안될 때
㉡ 환수주관보다 높은 위치에 진공펌프를 설치할 때 lift joint를 설치하여 환수관의 응축수를 끌어올릴 수 있다.
• 저압인 경우 : 1단에 1.5m 이내
• 고압인 경우 : 증기관과 환수관의 압력차 0.1MPa (1kg/cm^2)에 대해 5m 정도 끌어올린다.

11 수배관 내 유속에 관한 설명으로 옳지 않은 것은?
① 관 내에 흐르는 유속을 높이면 소음이 증가한다.
② 관 내에 흐르는 유속을 높이면 마찰손실이 감소한다.
③ 관 내에 흐르는 유속을 높이면 펌프의 소요동력이 증가한다.
④ 관 내에 흐르는 유속이 너무 낮으면 배관 내에 혼입된 공기를 밀어내지 못하여 물의 흐름에 대한 저항이 커진다.

해설
냉각수의 배관 내에 흐르는 유속을 높이면 배관 내면의 부식이 심해지고, 펌프의 소요동력이 증가하므로 냉각수의 배관 내 유속은 1~2m/s 정도로 하는 것이 가장 적당하다.

12 증기트랩 중 플로트 트랩에 관한 설명으로 옳지 않은 것은?
① 다량의 응축수를 처리할 수 있다.
② 급격한 압력변화에도 잘 작동된다.
③ 동결의 우려가 있는 곳에 주로 사용된다.
④ 증기해머에 의해 내부손상을 입을 수 있다.

해설 플로트 트랩(float trap, 다량 트랩)
저압증기용 기기 부속 트랩으로 응축수를 처리하기 위해 사용하며 열교환기 등에 많이 쓰인다.
• 장점
㉠ 다량 및 소량의 응축수를 모두 처리할 수 있다.
㉡ 넓은 범위의 압력과 급격한 압력변화에도 원활히 작동한다.
㉢ 자동 에어벤트가 설치되어 있어 공기배출능력이 우수하다.
• 단점
㉠ 구조상 동결의 우려가 있는 곳에는 적합하지 않다.
㉡ 증기해머에 의해 내부손상을 입을 수 있다.
㉢ 증기의 압력에 따라 밸브의 오리피스경을 변경하여야 한다.

13 공기여과기를 통과하기 전의 오염농도가 0.45mg/m^3, 통과한 후의 오염농도가 0.12mg/m^{3}일 때, 이 여과기의 여과효율은?
① 약 35%   ② 약 42%
③ 약 53%   ④ 약 73%

해설
여과효율(η)
$= \dfrac{\text{통과전의오염농도}(C_1) - \text{통과후의오염농도}(C_2)}{\text{통과전의오염농도}(C_1)}$
$\times 100(\%)$
$\therefore \eta = \dfrac{0.45 - 0.12}{0.45} \times 100 = 73\%$

14 다음 중 에어와셔에 엘리미네이터(eliminator)를 설치하는 이유로 가장 알맞은 것은?
① 기내의 기류분포를 고르게 하기 위해
② 섬유 등의 먼지를 효율적으로 제거하기 위해
③ 공기의 감습이 효과적으로 이루어지게 하기 위해
④ 분무된 물방울이 밖으로 나가지 못하도록 하기 위해

정답 10 ① 11 ② 12 ③ 13 ④ 14 ④

해설 엘리미네이터(eliminator)
㉠ 통과 공기 중의 물방울이 공기 세정기에서 빠져나가는 것을 방지
㉡ 4~6번 접은 아연, 철판, 염화비닐 코팅판 등을 이용
※ 수분무의 경우 가습효율이 낮고 물방울이 비산하기 때문에 엘리미네이터를 설치하여 사용한다.
☞ 엘리미네이터는 수분무식 가습기 경우 물을 직접 공기 중에 분무하여 가습하므로 대용량에 적합하지 않고 정밀한 가습이 어려우므로 가습량이 많지 않고 제어 범위가 비교적 넓어도 무방한 곳에 사용한다.

15 공기조화배관의 배관회로방식에 관한 설명으로 옳지 않은 것은?

① 밀폐회로방식은 순환수가 공기와 접촉하지 않으므로 물처리비가 적게 든다.
② 개방회로방식은 보통 축열방식이나 개방식 냉각탑의 냉각수 배관 등에 응용된다.
③ 개방회로방식의 경우 펌프의 양정에는 실양정이 포함되므로 동력비가 많이 든다.
④ 밀폐회로방식에는 물의 팽창을 흡수하기 위해 팽창관이 사용되며 팽창탱크는 사용하지 않는다.

해설 개방회로배관와 밀폐회로배관

분류	특징
개방회로배관	물의 순환경로가 대기 중의 수조에 개방되어 있는 회로 ① 순환펌프 양정계산시 물탱크에서 배관 최상단부분까지 정수두를 계산하여야 한다. ② 환수관에서 사이펀현상, 진동, 소음 등이 발생할 우려가 있다. ③ 관경이 밀폐형보다 커서 설비비가 증가한다. ④ 밀폐형보다 배관부식의 우려가 크다.
밀폐회로배관	물의 순환경로가 대기 중의 수조에 개방되어 있지 않는 회로 ① 팽창탱크(E.T)를 반드시 설치하여 이상압력을 흡수하여야 한다. ② 안정된 수류를 얻을 수 있다. ③ 관경이 작아져서 설비비가 감소한다. ④ 배관의 부식이 적다.

16 원형 덕트의 곡관부에서 국부저항의 상당길이를 l이라 할 때 다음 설명 중 옳은 것은? (단, λ : 덕트재료의 마찰저항계수, d : 원형덕트의 직경, ξ : 국부저항손실계수)

① l은 d, ζ, λ에 모두 비례한다.
② l은 d, ζ, λ에 모두 반비례한다.
③ l은 d, ζ에 비례하나 λ에 반비례한다.
④ l은 d, λ에 비례하나 ζ에 반비례한다.

해설
국부저항의 상당길이$(l) = \dfrac{\xi \cdot d}{\lambda}$
(λ : 덕트재료의 마찰저항계수, d : 원형덕트의 직경, ζ : 국부저항손실계수)
l는 d, ζ에 비례하나 λ에는 반비례한다.

17 냉동기의 냉매가 구비해야 할 조건으로 옳지 않은 것은?

① 응고온도(응고점)가 낮을 것
② 전열효과가 작고 점도가 클 것
③ 증발압력이 대기압보다 높을 것
④ 임계온도가 높고 상온에서 액화할 것

해설 냉동기의 냉매가 구비해야 할 조건
㉠ 저온에서도 증발압력이 높고, 상온에서는 저압에서 응축액화가 용이할 것
㉡ 임계온도가 높고 상온에서 반드시 액화할 것
㉢ 응고점이 낮을 것
㉣ 증발잠열이 크고, 액체의 비열은 작을 것
㉤ 증기의 비체적이 작을 것
㉥ 같은 냉동능력에 대하여 소요 능력이 적을 것
㉦ 점도 및 표면장력이 작고, 열전도계수가 클 것
㉧ 비열비가 작을 것

정답 15 ④ 16 ③ 17 ②

18 다음 중 에어필터의 효율 측정법이 아닌 것은?
① 중량법 ② 비색법
③ 체적법 ④ DOP법

해설 여과기(에어 필터) 효율 측정방법

구 분	측 정 방 법
중량법	· 비교적 큰 입자를 대상으로 측정하는 방법 · 필터에서 집진되는 먼지의 양으로 측정
비색법 (변색도법)	· 비교적 작은 입자를 대상으로 측정하는 방법 · 필터에서 포집한 여과지를 통과시켜 광전관으로 오염도를 측정
계수법 (Dop법)	· 고성능 필터를 측정하는 방법 · $0.3\mu m$ 입자를 사용하여 먼지의 수를 측정

19 진공 환수식 증기난방에서 저압증기 환수관이 진공펌프의 흡입구보다 낮은 위치에 있을 때 응축수를 끌어올리기 위해 설치하는 것은?
① 역압 방지기 ② 리프트 피팅
③ 버큠 브레이커 ④ 바이패스 밸브

해설

리프트 이음(lift fitting, lift joint) : 진공 환수식 난방장치에서
㉠ 방열기보다 높은 곳에 환수관을 배관하지 않으면 안될 때
㉡ 환수주관보다 높은 위치에 진공펌프를 설치할 때 lift joint를 설치하여 환수관의 응축수를 끌어올릴 수 있다.
· 저압인 경우 : 1단에 1.5m 이내
· 고압인 경우 : 증기관과 환수관의 압력차 0.1MPa ($1kg/cm^2$)에 대해 5m 정도 끌어올린다.

20 코일 입구공기온도 30℃, 출구공기온도 15℃, 코일 입구수온 7℃, 출구수온 12℃일 때 대향류형 코일에서 공기와 냉수의 대수평균 온도차는?
① 8.5℃ ② 11.1℃
③ 12.3℃ ④ 13.7℃

해설 대수평균 온도차(Mean Temperature Difference)
① 공기와 냉온수와의 대수평균온도차
② 냉온수도 공기도 코일 입구로부터 출구까지 코일을 통과하는 과정에서 온도가 일정하지 않고 변하게 되므로 냉온수와 공기와의 평균적인 온도차를 구하기 위한 계산식이다.
③ $MTD = \dfrac{\Delta_1 - \Delta_2}{l_n \dfrac{\Delta_1}{\Delta_2}}$

Δ_1 : 공기 입구측에서의 공기와 물의 온도차(℃)
Δ_2 : 공기 출구측에서의 공기와 물의 온도차(℃)

∴ $MTD = \dfrac{\Delta_1 - \Delta_2}{l_n \dfrac{\Delta_1}{\Delta_2}} = \dfrac{(30-12)-(15-7)}{l_n \dfrac{(30-12)}{(15-7)}}$

건축설비설계
2019년 제4회 과년도 출제문제

01 대변기 세정수의 급수방식 중 로 탱크식에 관한 설명으로 옳지 않은 것은?
① 탱크로의 급수에 볼 탭이 사용된다.
② 하이 탱크식에 비해 세정소음이 작다.
③ 탱크로의 급수압력과 관계없이 대변기로의 급수수량이나 압력이 일정하다.
④ 단시간에 다량의 물이 필요하기 때문에 일반 가정용으로는 거의 사용되지 않는다.

[해설] 로 탱크식 대변기
㉠ 설치면적을 많이 차지한다.
㉡ 고장 시 수리보수가 비교적 용이하다.
㉢ 하이탱크 방식에 비하여 소음이 작다.
㉣ 수도직결의 경우 저압의 지역에서 사용이 가능하다.
㉤ 탱크로의 급수압력에 관계없이 세정 시 대변기로의 공급압력이 일정하다.

02 시간당 200L의 급탕을 필요로 하는 건물에서 전기온수기를 사용하여 급탕을 하는 경우 필요 전력은? (단, 물의 비열은 4.2kJ/kg·K, 급수온도는 10℃, 급탕온도는 60℃, 전기온수기의 가열효율은 95% 이다.)
① 11.1kW
② 11.7kW
③ 12.3kW
④ 13.5kW

[해설]
① $Q = m \cdot c \cdot \Delta t$
여기서 Q : 가열량(kJ)
m : 질량(kg)
c : 비열(kJ/kg℃)
Δt : 온도차(℃)
∴ $Q = m \cdot c \cdot \Delta t$
$= 200 \times 4.2 \times (60-10)$
$= 42,000$ kJ/h $= 11.67$ kJ/s
② 온수기 용량 $= \dfrac{\text{가열량}}{\text{효율}} = \dfrac{11.67}{0.95}$
$= 12.3$ kJ/s $= 12.3$ kW

03 원심식 펌프로 회전차 주위에 디퓨저인 안내 날개를 갖는 펌프는?
① 마찰 펌프
② 터빈 펌프
③ 제트 펌프
④ 다이아프램 펌프

[해설]
건축설비 분야에서는 원심(와권)식 펌프(볼류트 펌프, 터빈 펌프, 보어홀 펌프 등)가 주로 사용된다. 터빈펌프는 날개의 바깥쪽에 가이드베인(guide vane, 안내날개)을 설치하여 속도 에너지를 압력 에너지로 효율을 좋게 변환하여 고양정에 사용한다.

04 다음과 같은 조건에 있는 연면적 2000m²의 사무소 건물에 필요한 1일당 급수량은?
┤조건├
• 건물의 유효면적과 연면적의 비 : 50%
• 유효면적당 인원 : 0.2인/m²
• 1인 1일당 급수량 : 100L/d/c

① 10000L/d
② 20000L/d
③ 30000L/d
④ 40000L/d

[해설] 건물 면적에 의한 방법
$Q_d = A \times k \times n \times q$ [L/d]
A : 건물 연면적[m²]
k : 건물 연면적에 대한 유효 면적의 비율[%]
n : 유효 면적당 인원[인/m²]
q : 건물 종류별 1일 1인당 사용수량[L/d·c]
∴ $Q_d = A \times k \times n \times q$ [L/d]
$= 2000$m² $\times 0.5 \times 0.2$인/m² $\times 100$L/d
$= 20,000$L/d

05 다음과 같은 조건에서 급탕량이 2000L/h인 저탕조의 가열코일 표면적은?
┤조건├
• 급수온도 : 10℃
• 급탕온도 : 60℃
• 증기온도 : 104℃
• 가열코일의 열관류율 : 506W/m²·K
• 물의 비열 : 4.2kJ/kg·K

정답 01 ④ 02 ③ 03 ② 04 ② 05 ①

① 약 $3.3m^2$ ② 약 $6.6m^2$
③ 약 $33.4m^2$ ④ 약 $65.9m^2$

해설

㉠ 가열능력
= 급탕량$m(kg/h)$ × 비열$c(kJ/kg \cdot K)$ × 온도차$\Delta t(K)$ [kJ/h]
= $\dfrac{급탕량m(kg/h) × 비열c(kJ/kg \cdot K) × 온도차\Delta t(K)}{3,600(s/h)}$ [kW]
= $\dfrac{2,000 × 4.2 × (60-10)}{3,600(s/h)}$ = 116.666kW = 116,666W

㉡ 가열코일의 표면적(S)
가열코일에서의 열교환량 $q = K \cdot S \cdot \Delta_{tm}$ 에서
$S = \dfrac{q}{K \cdot \Delta_{tm}}$ (m²)
여기서 $\Delta_{tm} = t_s - \dfrac{t_h + t_c}{2}$
$S = \dfrac{116,666}{506 × (104 - \dfrac{60+10}{2})} = 3.34 ≒ 3.3m^2$

06 급탕배관의 설계 및 시공에 관한 설명으로 옳지 않은 것은?
① 배관은 균등한 구배를 둔다.
② 중앙식 급탕설비는 원칙적으로 강제순환방식으로 한다.
③ 관의 신축을 고려하여 건물의 벽관통부분의 배관에는 슬리브를 사용한다.
④ 온도강하 및 급탕수전에서의 온도 불균형을 방지하기 위해 단관식으로 한다.

해설 급탕 배관

① 단관식(1관식)
㉠ 탕비기에서 수전에 이르기까지 공급관 뿐인 배관방식이다.
㉡ 개별식 급탕법에 이용되는 방식으로 소규모 건축물에 이용된다.

② 복관식(2관식)
㉠ 저탕조를 중심으로 하여 회로 배관을 형성하고 탕물을 항상 순환하고 있으므로 2관식이라고도 한다.(공급관+환수관)
㉡ 중앙식 급탕법에 이용되는 방식으로 대규모 건축물에 이용된다.
㉢ 급탕전을 열면 곧 뜨거운 물이 나오며 온수보일러 또는 저탕조에서 15m 이상 떨어져서 급탕전을 설치하는 순환식을 채용하는 것이 좋다.

07 펌프의 전양정이 60m이고, 30m³/h의 물을 양수 하고자 할 때 요구되는 펌프의 축동력은? (단, 펌프의 효율은 55%)
① 2.7kW   ② 4.9kW
③ 5.3kW   ④ 8.9kW

해설

펌프 축동력$(L_S) = \dfrac{WQH}{KE}$ [kW] 에서
Q : 양수량(m³/min) → 30m³/h = 0.5m³/min
H : 전양정(m) → 60m
W : 액체 1m³의 중량(kg/m³) → 물은 1,000kg/m³
E : 효율(%) → 55%
K : 정수(kW) → 6,120
∴ 펌프의 축동력$(L_S) = \dfrac{1,000 × 0.5 × 60}{6,120 × 0.5}$
= 8.9kW

08 다음 중 급수설비에서 크로스 커넥션의 방지 대책으로 가장 알맞은 것은?
① 설비 내에 버큠 브레이커 및 역류방지 장치를 부착한다.
② 관내 유속을 억제하고, 설비 내에 써지 탱크(surge tank) 및 안전밸브를 설치한다.
③ 배관 계통별로 색깔로 구분하여 오접합을 방지하며 통수시험에 의해 체크한다.
④ 수평배관에는 공기나 오물이 정체하지 않도록 하며, 어쩔 수 없이 공기 정체가 일어나는 곳에는 공기빼기밸브를 설치한다.

해설

크로스 커넥션(cross connection) : 수돗물과 수돗물 이외의 물질이 혼입되어 오염시키는 현상(음료수 오염현상)
※ 크로스 커넥션(cross connection)은 배관 사이의 잘못된 연결에 의하여 생기므로 각 계통마다 배관을 색깔로 구분할 수 있도록 한다.

정답   06 ④   07 ④   08 ③

09 배수 배관에서 청소구를 원칙적으로 설치하여야 하는 곳이 아닌 것은?
① 배수수평주관의 기점
② 배수수직관의 최상부
③ 배수수평지관의 기점
④ 배수관이 45°를 넘는 각도에서 방향을 전환 하는 개소

해설 청소구(Clean Out) 설치 위치

─ 찌꺼기가 쌓일 수 있는 곳
㉠ 가옥 배수관과 부지 하수관이 접속하는 곳
㉡ 배수수직관의 최하단부
㉢ 배수수평주관, 배수수평지관의 기점
㉣ 배관이 45° 이상의 각도로 구부러진 곳
㉤ 각종 트랩 및 기타 배관상 특히 필요한 곳
㉥ 수평관의 관경이 100mm 이하인 경우에는 직선거리 15m 이내마다, 관경 100mm 이상인 경우에는 직선거리 30m 이내마다 설치
㉦ 각종 트랩 및 기타 배관상 특히 필요한 곳
☞ 배수의 흐름과 반대 또는 직각방향으로 열 수 있도록 설치한다.

10 세정밸브식 대변기에 버큠 브레이커를 설치하는 주된 이유는?
① 냄새 방지   ② 급수소음 방지
③ 급수오염 방지   ④ 배관의 부식방지

해설 버큠 브레이커(vacuum breaker, 진공방지기)

세정밸브식 대변기에서 토수된 물이나 이미 사용된 물이 역사이폰 작용에 의해 상수계통으로 역류하는 것을 방지하는 기구

11 다음 중 모세관 현상에 따른 트랩의 봉수파괴를 방지하기 위한 방법으로 가장 알맞은 것은?
① 트랩을 자주 청소한다.
② 각개통기관을 설치한다.
③ 관내 압력변동을 작게 한다.
④ 기구배수관 관경을 트랩구경보다 크게 한다.

해설 모세관 현상

트랩의 오버플로(over flow)관 부분에 머리카락·걸레 등이 걸려 아래로 늘어뜨려져 있으면 모세관 작용으로 봉수가 서서히 흘러 내려 마침내 말라 버리게 된다. 방지책으로 트랩을 자주 청소한다.

12 중앙공조기의 전열교환기에서는 다음 중 어느 공기가 서로 열교환을 하는가?
① 외기와 실내배기
② 외기와 실내급기
③ 실내배기와 실내급기
④ 환기(RA)와 실내배기

해설 전열교환기

① 전열교환기는 배기되는 공기와 도입 외기 사이에 공기의 교환을 통하여 배기가 지닌 열량을 회수하거나 도입외기가 지닌 열량을 제거하여 도입외기를 실내 또는 공기조화기로 공급하는 전열교환장치이다.
② 공기 대 공기의 열교환기로서 현열은 물론 잠열까지도 교환되는 엔탈피 교환하는 장치로서 공조시스템에서 배기와 도입되는 외기와의 전열교환으로 공조기는 물론 보일러나 냉동기의 용량을 줄일 수 있다.
③ 전열교환기의 효율
㉠ 외기와 환기의 최대 엔탈피차($X_3 - X_1$)에 대한 실제 전열 엔탈피차($X_2 - X_1$)의 비
㉡ 전열교환기 효율 $\eta = \dfrac{X_2 - X_1}{X_3 - X_1} = \dfrac{h_1 - h_2}{h_1 - h_3}$

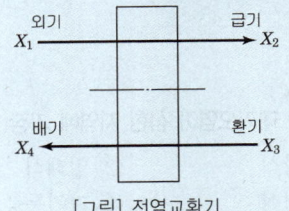

[그림] 전열교환기

정답 09 ② 10 ③ 11 ① 12 ①

13 동일 송풍기에서 회전수를 2배로 했을 경우 풍량, 정압 및 소요동력의 변화량으로 옳은 것은?
① 풍량 2배, 정압 4배, 소요동력 8배
② 풍량 2배, 정압 8배, 소요동력 4배
③ 풍량 4배, 정압 2배, 소요동력 8배
④ 풍량 4배, 정압 8배, 소요동력 2배

> **해설** 송풍기 회전수($N_1 → N_2$) [송풍기의 법칙]
> ㉠ 풍량 : 회전수비에 비례하여 변화한다.
> ㉡ 정압 : 회전수비의 2제곱에 비례하여 변화한다.
> ㉢ 동력 : 회전수비의 3제곱에 비례하여 변화한다.
> ∴ 동일 송풍기에서 회전수를 2배로 했을 경우 풍량은 2배, 정압은 4배, 동력은 8배 변화한다.

14 기준면보다 20m 높이에 있는 관내에 물이 압력 60kPa, 유속 3m/s로 흐를 때 이 물의 전수두는?(단, 물의 밀도는 1kg/L이다.)
① 약 18.7m   ② 약 26.5m
③ 약 38.7m   ④ 약 83.1m

> **해설**
> 전수두=위치압력수두+관내압력수두+속도수두($\frac{v^2}{2g}$)
> $=20+6+\frac{3^2}{2×9.8}= 26.5m$
> ▶ 단위 환산
> ※ 1m 수두(1mAq)=0.01MPa=10kPa
> ※ 1kgf/cm² =0.1MPa=10mAq
>   10kgf/cm² =1MPa=100mAq

15 다음 중 대기오염이 심한 지역에 가장 적합한 냉각탑은?
① 개방식   ② 밀폐식
③ 대기식   ④ 자연통풍식

> **해설** 밀폐식 냉각탑은 대기오염이 아주 심하거나 외부에 노출시켜 설치할 수 없을 때 주로 사용한다. 굴뚝과는 멀리 떨어질수록 좋으며, 지상에 설치가 가능하다.

16 열원에서 각 방열기기까지의 공급관과 환수관의 도달거리의 합을 거의 같게 하여 배관의 마찰저항 값을 유사하게 함으로써 순환온수가 균등하게 흐르도록 한 배관방법은?
① 중력식   ② 개방식
③ 역환수식   ④ 진공환수식

> **해설** 리버스리턴(Reverse Return)배관(역환수방식)
> ㉠ 설치 : 급탕설비의 하향식 배관, 난방설비의 온수난방
> ㉡ 방법 : 각 방열기마다의 배관회로 길이를 같게 한 배관방식 보일러에서 방열기까지(온수관)의 길이 = 방열기에서 보일러까지(환수관)의 길이
> ㉢ 목적 : 온수의 유량분배 균일화(온수의 순환을 평균화)하기 위해
> ㉣ 단점 : 배관수가 많아져서 설비비가 높다.

17 용량이 386kW인 터보 냉동기에 순환되는 냉수량은? (단, 냉각기 입구의 냉수온도 12℃, 출구의 냉수온도 6℃, 물의 비열 4.2kJ/kg·K)
① 약 46m³/h   ② 약 55m³/h
③ 약 231m³/h   ④ 약 332m³/h

> **해설** 순환수량(Q_W)[L/min]
> $Q_W = \frac{H_{CT}}{60 C \Delta t}$ [L/min]
> H_{CT} : 냉동기용량
> C : 비열(4.2kJ/kg·K)
> Δt : 냉각수의 냉각탑의 출입구 온도차(℃)
> 먼저, 1kW=1,000W=860kcal/h=1kJ/s
>   =3,600kJ/h이므로
>   386kW=386×3,600kJ/h=1389600kJ/h
> $Q_W = \frac{1389600}{60×4.2×(12-6)} = 919$L/min
> $=0.919$m³/min $= 55.14$m³/h ≒ 55m³/h

18 벽면 취출구에서 공기를 수평으로 취출하는 경우, 취출공기의 이동에 관한 설명으로 옳지 않은 것은?
① 강하거리는 취출기류의 풍속에 비례한다.
② 상승거리는 취출기류의 풍속에 비례한다.
③ 도달거리는 취출기류의 풍속에 비례한다.
④ 강하거리는 취출공기와 실내공기의 온도차에 반비례한다.

정답 13 ①   14 ②   15 ②   16 ③   17 ②   18 ④

해설

벽면 취출구에서 공기를 수평으로 취출되는 기류의 상태(속도분포선도)를 보면, 강하거리·상승거리·도달거리는 취출기류의 풍속에 비례한다.

19 일종으로 관내에 발생하는 응축수를 배출하기 위하여 사용한다. 다음 중 증기와 응축수 사이의 온도차를 이용 하는 온도조절식 증기트랩에 속하는 것은?

① 드럼 트랩
② 버킷 트랩
③ 벨로즈 트랩
④ 플로트 트랩

해설 증기트랩(steam trap)

방열기의 환수부(하부 태핑) 또는 증기 배관의 최말단 등에 부착하여 증기관 내에 생긴 응축수만을 보일러 등에 환수시키기 위해 사용하는 장치이다.

㉠ 방열기 트랩(radiator trap : 열동 트랩, 실로폰 트랩)
㉡ 버킷 트랩(burcket trap) : 주로 고압증기의 관말 트랩이나 증기 사용 세탁기, 증기 탕비기 등에 많이 쓰인다.
㉢ 플로트 트랩(float trap) : 저압증기용 기기 부속 트랩으로 다량의 응축수를 처리하기 위해 사용하며 열교환기 등에 많이 쓰인다.
㉣ 벨로우즈 트랩(bellows trap) : 증기와 응축수 사이의 온도차를 이용하는 온도조절식 증기트랩의

20 공기정화장치에서 포집효율 70%의 필터를 통과한 공기의 먼지농도는 포집효율 85%의 필터를 통과한 공기의 먼지농도의 몇 배인가? (단, 각각의 필터 상류의 먼지 농도는 같다.)

① 0.5배
② 1.2배
③ 1.5배
④ 2.0 배

해설 필터 상류의 먼지 농도(100)가 같을 때

㉠ 상류 먼지 포집효율 70% 통과한 공기의 먼지농도는 30
㉡ 통과 먼지 포집농도 85% 통과한 공기의 먼지농도는 15

∴ 먼지농도 $= \dfrac{30}{15} = 2$배

정답 19 ③ 20 ④

건축설비설계
2020년 제1·2회 과년도 출제문제

01 레스토랑의 주방 등에서 배출되는 지방분 등이 배수관에 유입되는 것을 막기 위하여 사용되는 포집기는?
① 샌드 포집기 ② 그리스 포집기
③ 가솔린 포집기 ④ 플라스터 포집기

해설 특수 용도의 배수용 트랩(저집기)
㉠ 그리스 트랩 : 호텔 주방의 조리실 바닥 배수용(배수 중의 유지분 포집)
㉡ 가솔린 트랩 : 세차장
㉢ 플라스터(석고) 트랩 : 치과 기공실, 정형외과 기브스실
㉣ 헤어 트랩 : 이용소, 미용소
㉤ 차고 트랩(garage trap) : 차고 내의 바닥 배수용

02 급탕배관에 관한 설명으로 옳지 않은 것은?
① 급탕관의 최상부에는 공기빼기 장치를 설치한다.
② 중앙식 급탕설비는 원칙적으로 강제순환방식으로 한다.
③ 상향배관인 경우 급탕관은 하향구배, 반탕관은 상향구배로 한다.
④ 관의 신축을 고려하여 건물의 벽 관통부분의 배관에는 슬리브를 끼운다.

해설 급탕배관의 구배
① 배관의 구배는 온수의 순환을 원활하게 하기 위해 될 수 있는 한 급구배로 한다.
② 상향 공급 방식
  ㉠ 급탕관 : 선상향(앞올림) 구배
  ㉡ 반탕관 : 선하향(앞내림) 구배
③ 하향 공급 방식 : 급탕관, 반탕관 모두 하향 구배로 한다.
④ 배관의 구배
  ㉠ 중력순환식 : 1/150
  ㉡ 강제순환식 : 1/200

03 급수관 내에 공기실(Air chamber)을 설치하는 이유는?
① 배관의 신축을 위해서
② 수압시험을 하기 위해서
③ 누출시험을 하기 위해서
④ 수격작용의 방지를 위해서

해설 공기실(에어챔버, Air chamber)
배관 내에 생기는 수격작용(water hammering)을 방지하기 위해서 공기실(Air chamber)을 설치한다.

04 급탕배관방식 중 헤더방식에 관한 설명으로 옳지 않은 것은?
① 지관을 소구경의 배관으로 할 수 있다.
② 슬리브 공법을 채용하면 배관의 교환이 용이하다.
③ 헤더로부터의 지관 도중에 관이음 시공부가 많아야 한다.
④ 한 계통마다 관로의 보유수량이 적어 급탕 대기시간을 단축할 수 있다.

해설 선분기 방식과 헤더(header) 방식
급탕배관 방식에는 하나의 주관으로부터 각 혼합수전에 지관을 통해 연결되는 선분기 방식과 헤더를 설치하여 헤더와 혼합수전을 1대 1의 관으로 연결하는 헤더(header) 방식이 있다.

분류	선분기 방식	헤더(header) 방식
탕을 기다리는 시간	한 계통마다 관로의 보유수량이 많아 급탕 대기시간을 오래 걸릴 수 있다.	한 계통마다 관로의 보유수량이 적어 급탕 대기시간을 단축할 수 있다.
배관재료 시공방법	배관의 이음부분이 많게 된다.	헤더로부터의 지관 도중에 관이음을 사용할 필요가 없다.
배관의 보수	배관의 교체 및 보수가 곤란하다.	슬리브 공법을 채용하면 배관의 교환이 용이하다.
열신축대책	급탕본관의 직선배관부에는 일반적으로 신축대책이 필요하다.	배관의 신축이음이 필요 없다.

정답 01 ② 02 ③ 03 ④ 04 ③

05 급탕배관 내에 흐르는 유체의 온도변화로 인하여 발생하는 관의 신축을 흡수할 목적으로 사용되는 신축이음쇠에 속하는 것은?
① 레듀서 ② 소켓이음
③ 스트레이너 ④ 스위블 조인트

해설 배관의 신축이음쇠(expansion joint)

배관에 생기는 팽창량을 흡수하여, 응력에 의한 배관이음쇠의 파손 부분에서 발생하는 누수를 방지하기 위하여 배관 중에 신축이음쇠(expansion joint)를 설치한다.
1) 신축이음쇠의 종류
 ① 스위블 조인트(swivel joint)
  2개 이상의 elbows를 사용하여 나사회전을 이용해서 신축을 흡수하는 조인트로서, 너무 큰 신축에는 파손되어 누수의 원인이 되는 결점이 있다. 주로 난방 공급입관에서 분기하여 방열기에 이르는 배관에 사용되며, 또한 온수관의 신축 흡수나 저압 증기관에 사용한다.
 ② 신축곡관(expansion loop)
  신축곡관(루프형)은 고장이 적고 고압 옥외 배관에 적합하지만 신축을 흡수하는 1개의 길이가 긴 것이 결점이다. 대구경, 고압배관에 사용한다.
 ③ 슬리브형 신축이음쇠(sleeve type)
  슬리브가 온도의 변화에 따라 생기는 관의 신축을 슬리브의 미끄럼에 의해서 흡수한다. 이 이음쇠는 저압 증기배관 및 온수배관의 신축이음쇠로서 널리 사용한다.
 ④ 벨로스형 신축이음쇠(bellows type)
  온도의 변화에 따른 관의 신축을 벨로스의 변형에 의해 흡수시키는 기구이다.
2) 신축이음쇠의 설치위치
 ① 동관 : 20m마다 신축이음을 설치
 ② 강관 : 30m마다 신축이음을 설치

06 매시간 15m³의 물을 고가수조에 공급하고자 할 때 양수펌프에 요구되는 축동력은? (단, 펌프의 전양정 33m, 펌프의 효율 45%)
① 1kW ② 1.5kW
② 2kW ④ 3kW

해설

펌프 축동력(L_S) = $\dfrac{WQH}{KE}$ [kW]에서

Q : 양수량(m³/min) → 15m³/h=0.25m³/min
H : 전양정(m) → 33m
W : 액체 1m³의 중량(kg/m³) → 물은 1,000kg/m³
E : 효율(%) → 45%
K : 정수(kW) → 6,120

∴ 펌프의 축동력(L_S) = $\dfrac{1,000 \times 0.25 \times 33}{6,120 \times 0.45}$ = 3kW

07 청소구에 관한 설명으로 옳지 않은 것은?
① 배수수평지관 및 배수수평주관의 기점에 설치한다.
② 배수의 흐름과 반대 또는 직각방향으로 열 수 있도록 설치한다.
③ 배수관이 45°를 넘는 각도에서 방향을 전환하는 개소에 설치한다.
④ 배수관경이 125mm이면 직경이 125mm인 청소구를 설치하여야 한다.

해설 청소구(Clean Out) 설치 위치

-찌꺼기가 쌓일 수 있는 곳
㉠ 가옥 배수관과 부지 하수관이 접속하는 곳
㉡ 배수수직관의 최하단부
㉢ 배수수평주관, 배수수평지관의 기점
㉣ 배관이 45° 이상의 각도로 구부러진 곳
㉤ 각종 트랩 및 기타 배관상 특히 필요한 곳
㉥ 수평관의 관경이 100mm 이하인 경우에는 직선거리 15m 이내마다, 관경 100mm 이상인 경우에는 직선거리 30m 이내마다 설치
㉦ 각종 트랩 및 기타 배관상 특히 필요한 곳
☞ 배수의 흐름과 반대 또는 직각방향으로 열 수 있도록 설치한다.

08 통기관의 최소 관경에 관한 설명으로 옳지 않은 것은?

① 각개통기관은 그것이 접속되는 배수관 관경의 1/2 이상으로 한다.
② 결합통기관은 통기수직관과 배수수직관 중 작은 쪽의 관경 이상으로 한다.
③ 도피통기관은 배수수평지관의 관경 이상으로 하되 최소 75mm 이상으로 한다.
④ 루프통기관은 배수수평지관과 통기수직관 중 작은 쪽 관경의 1/2 이상으로 한다.

해설 통기관의 최소 관경
㉠ 각개통기관 : 최소 32mm 이상이거나 접속하는 배수관경의 1/2 이상
㉡ 루프통기관 : 최소 40mm 이상이거나 배수수평지관과 통기수직관 중 작은 쪽 관경의 1/2 이상
㉢ 도피통기관 : 최소 40mm 이상이거나 접속하는 배수관경의 1/2 이상
㉣ 결합통기관 : 최소 50mm 이상이거나 통기수직관과 배수수직관 중 작은 쪽의 관경 이상
㉤ 신정통기관 : 최소 75mm 이상(일반적으로 100mm 기준)이거나 배수수직관과 동일 관경 이상
※ 통기관의 관경 : 최소 32mm 이상
☞ 기구통기관의 최소 관경 : DN32

09 위생기구의 재질 중 위생도기에 관한 설명으로 옳지 않은 것은?

① 흡수성이 크다.
② 강도가 커서 내구력이 있다.
③ 오물이 부착되기 어려우며, 청소가 용이하다.
④ 복잡한 구조의 것을 일체화하여 제작할 수 있다.

해설 위생기구의 구비조건
㉠ 흡수성이 적고, 내식성, 내마모성이 좋을 것
㉡ 제작이 용이하고 설치가 간단할 것
㉢ 오염방지를 배려한 구조일 것
㉣ 외관이 깨끗하고 위생적이며 청소가 용이할 것

10 급탕탱크(저탕조)내에 1000L의 물을 10℃에서 80℃로 온도를 높였을 때 체적 증가량은? (단, 물의 밀도는 10℃에서는 0.99973kg/L, 80℃에서는 0.9718kg/L이다.)

① 29L   ② 40L
③ 55L   ④ 97L

해설 팽창수량(Δ_v)

$$\Delta_v = \left(\frac{1}{\rho_2} - \frac{1}{\rho_1}\right)V$$

Δ_v : 온수의 팽창량[ℓ]
ρ_1 : 온도 변화 전의 물의 밀도[kg/L]
ρ_2 : 온도 변화 후의 물의 밀도[kg/L]
v : 장치 내의 전수량[L]

$$\Delta_v = \left(\frac{1}{0.9718} - \frac{1}{0.99973}\right) \times 1000 = 28.7 ≒ 29L$$

11 그림과 같은 전열교환기의 전열효율(η)을 올바르게 나타낸 것은? (단, 난방의 경우이며, X_1, X_2, X_3, X_4는 각 공기 상태의 엔탈피를 나타낸다.)

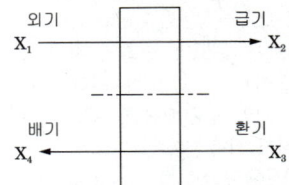

[그림] 전열교환기

① $\eta = \dfrac{X_3 - X_1}{X_2 - X_1}$ ② $\eta = \dfrac{X_3 - X_4}{X_2 - X_4}$

③ $\eta = \dfrac{X_2 - X_1}{X_3 - X_1}$ ④ $\eta = \dfrac{X_3 - X_4}{X_3 - X_1}$

해설 공조시스템의 전열교환기
㉠ 전열교환기는 공기 대 공기의 열교환기로서 현열 및 잠열의 교환이 가능하다.
㉡ 구조는 외기가 들어와서 급기되는 윗부분과 환기가 배기되는 아래 부분으로 나누어지고, 각각 덕트에 접속된다.
㉢ 공조시스템에서 배기와 도입되는 외기의 전열교환으로 공조기의 용량을 줄일 수 있다.
㉣ 열회수율이 좋고, 고온측 및 저온측 유체의 누설이 없는 것을 사용한다.

정답 08 ③   09 ①   10 ①   11 ③

ⓜ 공기방식의 중앙공조 시스템이나 공장 등에서 환기에서의 에너지 회수방식으로 사용된다.
ⓑ 전열교환기를 사용한 공조시스템에서 중간기(봄, 가을)를 제외한 냉방기와 난방기의 열회수량은 실내외의 온도차가 클수록 많다.
ⓢ 전열교환기의 효율
- 외기와 환기의 최대 엔탈피차($X_3 - X_1$)에 대한 실제 전열 엔탈피차($X_2 - X_1$)의 비
- 전열교환기 효율 $\eta = \dfrac{X_2 - X_1}{X_3 - X_1} = \dfrac{h_1 - h_2}{h_1 - h_3}$

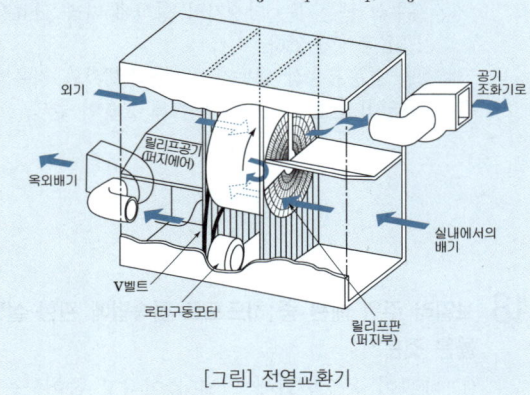

[그림] 전열교환기

12 빙축열 등을 이용하는 축열시스템에 관한 설명으로 옳지 않은 것은?
① 열손실이 줄어든다.
② 운전비를 줄일 수 있다.
③ 심야전력을 이용할 수 있다.
④ 주간 피크 시간대에 전력부하를 절감할 수 있다.

해설 빙축열 시스템

야간(23:00~09:00)의 값싼 심야전력을 이용하여 전기에너지를 얼음 형태의 열에너지로 저장했다가 주간의 냉방용으로 사용하는 시스템으로, 주로 얼음의 융해열(335kJ/kg)을 이용한 것이다. 주야간의 전력 불균형을 해소하고 적은 비용으로 쾌적한 환경을 조성할 수 있다.
㉠ 냉동기 및 열원설비 용량을 줄일 수 있다.
㉡ 수전설비 용량 축소 및 계약 전력이 감소된다.
㉢ 심야전력 이용으로 전력 운전비가 감소된다.
㉣ 전력 부하 균형에 기여한다.
㉤ 축열로 열공급이 안정적이다.
㉥ 열원기기(냉동기)를 고효율로 운전할 수 있다.

13 취출풍량 360m³/h, 취출구 풍속 3.5m/s, 개구율 0.7인 취출구의 면적은?
① 0.03m²
② 0.04m²
③ 0.05m²
④ 0.06m²

해설 유량과 풍속

일정한 지점을 흐르는 송풍량(유량) $Q = Av$ 이다.
유량 : Q [m³/s] 단면적 : A [m²] 풍속 : v [m/s],
∴ $Q = Av$
$A = \dfrac{Q}{v} = \dfrac{360/3600}{3.5 \times 0.7} = 0.04\text{m}^2$

14 다음 중 온도조절식 증기트랩에 속하는 것은?
① 버킷 트랩
② 드럼 트랩
③ 플로트 트랩
④ 벨로즈 트랩

해설

증기 트랩(steam trap) : 방열기의 환수구(하부 태핑) 또는 증기 배관의 최말단 등에 부착하여 증기관 내에 생긴 응축수만을 보일러 등에 환수시키기 위해 사용하는 장치이다.
㉠ 방열기 트랩(radiator trap : 열동 트랩, 실로폰 트랩)
㉡ 버킷 트랩(burcket trap) : 주로 고압증기의 관말 트랩이나 증기 사용 세탁기, 증기 탕비기 등에 많이 쓰인다. 응축수의 부력을 이용하는 기계식 트랩이다.
㉢ 플로트 트랩(float trap, 다량트랩) : 저압증기용 기기 부속 트랩으로 다량의 응축수를 처리하기 위해 사용하며 열교환기 등에 많이 쓰인다.
㉣ 벨로우즈 트랩(bellows trap) : 증기와 응축수 사이의 온도차를 이용하는 온도조절식 증기트랩의 일종으로 관내에 발생하는 응축수를 배출하기 위하여 이용한다.

15 냉동기를 냉각목적으로 할 경우의 성적계수를 COP_C, 가열목적 즉, 히트 펌프로 사용될 경우의 성적계수를 COP_H라 할 때, 두 성적계수의 관계를 바르게 나타낸 것은?

① $COP_H + COP_C = 1$
② $COP_H + 1 = COP_C$
③ $COP_H - COP_C = 1$
④ $COP_C / COP_H = 1$

해설

$Q = q + AL$: 냉동기의 특징 → 저온 쪽에서 흡수되는 열량(q)보다 고온쪽에서 방출하는 열량(Q)이 더 크다.
㉠ 냉동기의 성적계수
$$\epsilon_r = \frac{저온체로부터의 흡수 열량(냉동 효과)}{압축일} = \frac{q}{AL}$$
㉡ 열 펌프의 성적계수
$$\epsilon_h = \frac{응축기의 방출 열량}{압축일} = \frac{q+AL}{AL} = \frac{q}{AL} + 1$$
∴ 열펌프의 성적계수(COP_H)는 냉동기의 성적계수(COP_C)보다 1만큼 크다.

16 다음 중 펌프운전에서 캐비테이션이 발생하기 쉬운 조건과 가장 거리가 먼 것은?

① 흡입 양정이 클 경우
② 유체의 온도가 높을 경우
③ 펌프가 흡입수면보다 위에 있을 경우
④ 흡입측 배관의 손실수두가 작을 경우

해설 캐비테이션(cavitation)

㉠ 급수의 압력이 갑자기 높아져서 급수 속의 공기가 기포로 분리되는 현상으로서, 흡입양정에서 발생한다.
㉡ 발생조건 : 흡입양정이 클 때, 유체의 온도가 높을 때, 날개차의 원주속도가 클 때
㉢ 소음, 진동, 관 부식, 심하면 흡상 불능(펌프의 공회전)의 원인이 된다.
㉣ 펌프 흡입구의 압력은 항상 흡입구에서의 포화증기 압력 이상으로 유지되어야 캐비테이션이 일어나지 않는다.
※ 공동현상(cavitation)을 방지하려면 펌프의 유효 흡입양정(NPSH)을 낮추어 흡입구의 압력이 항상 흡입구의 포화증기압력 이상으로 유지되도록 하는 것이 바람직하다.

17 흡수식 냉동기의 구성요소 중 용액으로부터 냉매인 수증기와 흡수제인 LiBr로 분리시키는 작용을 하는 곳은?

① 증발기   ② 응축기
③ 발생기   ④ 흡수기

해설 흡수식 냉동 사이클

증발기-흡수기-발생기(재생기)-응축기
※ 발생기(재생기)
㉠ 흡수식 냉동기에서 묽은 용액($LiBr + H_2O$)을 냉매인 수증기와 흡수제인 LiBr로 분리시키는 작용을 한다.
㉡ 흡수식 냉동기는 발생기의 형식에 따라 단효용식과 2중효용식이 있다.
㉢ 2중 효용흡수식 냉동기는 고온발생기와 저온발생기가 있어 단효용 흡수식에 비해 효율이 높다.

18 보일러 주위 배관 중 하트포트 접속법에 관한 설명으로 옳은 것은?

① 배관이 온도변화에 의해 늘어나고 줄어드는 것을 흡수하기 위해 사용된다.
② 진공환수식에서 환수관보다 방열기가 낮은 위치에 있을 때 응축수를 끌어올리기 위해 사용된다.
③ 저압보일러에서 중력환수방식일 경우 환수관의 일부가 파손되었을 때 보일러수의 유실을 방지하기 위해 사용된다.
④ 열교환에 의해 생긴 응축수와 증기에 혼입되어 있는 공기를 배출하여 열교환기의 가열작용을 유지하기 위해 사용된다.

해설

하트포드 연결법(hartford connection) : 저압증기보일러에서 중력환수방식일 경우
㉠ 보일러 내의 수면이 안전수위 아래로 내려가고
㉡ 환수관의 일부가 파손되어 물이 샐 때
→ 밸런스관을 달고 안전저수면보다 높은 위치에 환수관을 접속하는 연결법

정답 15 ③   16 ④   17 ③   18 ③

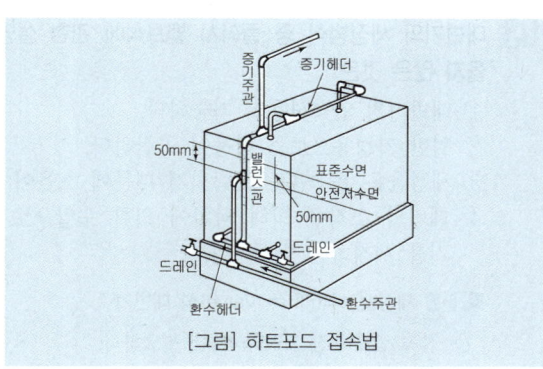

[그림] 하트포드 접속법

19 취출기류의 속도분포와 관련하여 4단계의 영역으로 구분할 경우, 제2영역에 관한 설명으로 옳은 것은?
① 일명 천이구역이라고도 한다.
② 취출기류의 속도 변화가 없는 영역이다.
③ 취출거리의 대부분을 차지하며 취출구의 종류에 따라 특성이 현저하다.
④ 취출기류의 속도가 급격히 감소되어 혼합된 공기(1차공기+2차공기)까지도 주위로 확산되는 영역이다.

해설 취출기류의 제4영역
㉠ 제1영역 : 기류 중심부분의 속도가 취출구에서의 기류 취출속도와 동일한 구간으로 취출구에서 분출되는 공기는 아주 짧은 거리에서 속도의 변화가 없다. 이 구간의 거리는 취출구 직경(취출구 폭)의 2~6배 정도의 범위가 된다.
㉡ 제2영역 : 기류 중심부분의 속도가 취출구로부터의 거리의 제곱근에 반비례하는 구간으로 천이구역이라고도 한다. 아스펙트비(aspect ratio)가 큰 취출구일수록 이 구간이 길어진다. 일반적으로 취출구 직경(취출구 폭)의 4배 정도에서 길이의 4배 정도 범위가 된다.
㉢ 제3영역 : 취출구로부터 더욱 멀리 떨어지면 주위 공기와 충분히 혼합되는 부분으로 취출거리의 대부분을 차지하며, 이 영역은 취출구의 종류에 따라 특성이 현저하다.
제3영역은 취출기류가 0.25m/s까지 감소되는 곳으로서 1차공기(취출공기)가 취출풍속에 의해 도착되는 한계영역이다.
㉣ 제4영역 : 취출기류의 속도가 급격히 감소되어 주위 공기를 유인하는 힘이 없어서 혼합된 공기(1차공기+2차공기)까지도 확산되는 영역이다.

20 덕트 내의 풍속이 20m/s, 정압이 200Pa일 경우 전압의 크기는? (단, 공기의 밀도는 1.2kg/m³이다.)
① 212Pa   ② 220Pa
③ 330Pa   ④ 440Pa

해설 덕트의 전압(P_t) = 정압(P_s)+동압(P_v)

$$동압(P_v) = \frac{v^2}{2g}\gamma(\text{mmAq}) = \frac{v^2}{2}\rho(\text{Pa})$$

여기서, v : 관내 유속(m/s)
γ : 공기의 비중량(1.2kgf/m³)
g : 중력가속도(9.8m/s²)
ρ : 공기의 밀도(1.2kg/m³)

∴ 전압(P_t) = 정압(P_s)+동압(P_v)
$= P_s + \frac{v^2}{2}\rho = 200 + \frac{20^2}{2} \times 1.2$
$= 440\text{Pa}$

정답 19 ① 20 ④

건축설비설계
2020년 제3회 과년도 출제문제

01 통기관의 관경 결정에 관한 설명으로 옳지 않은 것은?
① 신정통기관의 관경은 배수수직관의 관경보다 작게 해서는 안된다.
② 각개통기관의 관경은 그것이 접속되는 배수관 관경의 1/2 이상으로 한다.
③ 결합통기관의 관경은 통기수직관과 배수수직관 중 작은 쪽 관경의 1/2 이상으로 한다.
④ 루프통기관의 관경은 배수수평지관과 통기수직관 중 작은 쪽 관경의 1/2 이상으로 한다.

해설 통기관의 최소 관경
㉠ 각개통기관 : 최소 32mm 이상이거나 접속하는 배수관경의 1/2 이상
㉡ 루프통기관 : 최소 40mm 이상이거나 배수수평지관과 통기수직관 중 작은 쪽 관경의 1/2 이상
㉢ 도피통기관 : 최소 40mm 이상이거나 접속하는 배수관경의 1/2 이상
㉣ 결합통기관 : 최소 50mm 이상이거나 통기수직관과 배수수직관 중 작은 쪽의 관경 이상
㉤ 신정통기관 : 최소 75mm 이상(일반적으로 100mm 기준)이거나 배수수직관과 동일 관경 이상
※ 통기관의 관경 : 최소 32mm 이상
☞ 기구통기관의 최소 관경 : DN32

02 간접가열식 급탕방식에 관한 설명으로 옳지 않은 것은?
① 가열보일러는 난방용 보일러와 겸용할 수 있다.
② 가열보일러의 열효율이 직접가열식에 비해 높다.
③ 저탕조는 가열코일을 내장하는 등 구조가 약간 복잡하다.
④ 고온의 탕을 얻기 위해서는 증기보일러 또는 고온수보일러를 써야 한다.

해설
직접가열식은 온수보일러에서 직접 가열한 물을 저탕조에 저장해 두었다가 필요 개소에 공급하는 방식이기 때문에 열효율은 높은 편이어서 열효율 면에서는 경제적이다. 그러나, 간접가열식은 열교환기를 거치는 과정이 있으므로 열효율은 직접가열식에 비해 낮은 편이다.

03 대변기의 세정방식 중 플러시 밸브식에 관한 설명으로 옳지 않은 것은?
① 대변기의 연속사용이 가능하다.
② 일반 가정용으로는 사용이 곤란하다.
③ 세정음은 유수음도 포함되기 때문에 소음이 크다.
④ 레버의 조작에 의해 낙차에 의한 수압으로 대변기를 세척하는 방식이다.

해설 세정밸브식(Flush Valve)식 대변기
㉠ 접속 급수관경 25mm 이상 필요하다.
㉡ 최저 필요 수압 0.07MPa(70kPa) 이상 확보할 수 있는 경우에 사용 가능하다.
㉢ 세정소음이 크나, 대변기의 연속사용이 가능하다.
㉣ 일반 가정용으로는 거의 사용하지 않는다.

04 다음 설명에 알맞은 트랩의 봉수파괴 원인은?

배수수직관 내가 부압으로 되는 곳에 배수 수평지관이 접속되어 있을 경우, 배수수평지관 내의 공기가 수직관 쪽으로 유인되며 이에 따라 봉수가 이동하여 손실되는 현상

① 증발 현상　② 모세관 현상
③ 유도사이펀 작용　④ 자기사이펀 작용

해설 트랩의 봉수파괴 원인과 방지책
㉠ 자기사이펀 작용 : 배수가 관속을 꽉차서 흐를 때(만수 상태), 주로 S트랩에서 발생
㉡ 유도사이펀작용(흡출 작용, 감압에 의한 흡인작용) : 상층의 배수입관에서 다량의 물이 일시에 낙하할 때
㉢ 분출 작용(역압에 의한 작용) : 대규모 배수설비에서 배수관의 하저곡부 가까이에 설치되어 있는 경우(피스톤작용)
㉣ 모세관 작용 : 액체의 응집력과 액체와 고체 사이의 부착력에 의해 발생한다. 트랩 내에 실이나 머리카락이 들어갈 때 발생
㉤ 증발 : 위생기구의 사용빈도가 적을 때, 기름을 한 방울 떨어뜨리면 방지된다.
㉥ 물의 운동량에 의한 관성 : 배수구에 격자(석쇠)를 설치
☞ 봉수파괴 방지 : 통기관을 설치
☞ 봉수파괴 방지 : ㉠, ㉡, ㉢의 경우 통기관을 설치한다.

정답 01 ③　02 ②　03 ④　04 ③

05 워터해머를 방지하기 위한 방법으로 옳지 않은 것은?
① 급폐쇄형 수도꼭지를 사용한다.
② 관내의 수압은 평상시 높아지지 않도록 구획한다.
③ 배관은 가능한 한 우회하지 않고 직선이 되도록 계획한다.
④ 수압이 0.4MPa을 초과하는 계통에는 감압 밸브를 부착하여 적절한 압력으로 감압한다.

해설 수격 현상(water hammering)
관내 유속이 빠르거나 혹은 밸브, 수전 등의 관내 흐름을 순간적으로 폐쇄하면, 관내에 압력이 상승하면서 생기는 배관 내의 마찰음 현상이다.
① 원 인
  ㉠ 유속이 빠를 때
  ㉡ 관경이 적을 때
  ㉢ 밸브 수전을 급히 잠글 때
  ㉣ 굴곡 개소가 많을 때
  ㉤ 감압밸브를 사용하지 않을 때
② 방지책
  ㉠ 관내 유속을 될 수 있는 대로 느리게 하고 관경을 크게 한다.
  ㉡ 폐수전을 폐쇄하는 시간을 느리게 한다.
  ㉢ 기구류 가까이에 air chamber를 설치하여 chamber 내의 공기를 압축시킨다.
  ㉣ water hammer 방지기를 water hammer의 발생 원인이 되는 밸브 근처에 부착시킨다.
  ㉤ 굴곡 배관을 억제하고 될 수 있는 대로 직선배관으로 한다.
  ㉥ 펌프의 토출측에 릴리프밸브나 스모렌스키 체크 밸브를 설치한다.(압력상승 방지)
  ㉦ 자동수압 조절밸브를 설치한다.

06 급탕설비의 급탕배관 시 고려사항으로 옳지 않은 것은?
① 급탕계통에는 유지 관리를 위해 용이하게 조작할 수 있는 위치에 개폐밸브를 설치한다.
② 탕비기 주위 등의 급탕배관은 가능한 짧게 하고 공기가 체류하지 않도록 균일한 구배로 한다.
③ 배관 길이가 30m를 초과하는 중앙식 급탕설비에서는 환탕관과 순환펌프를 설치하여 배관의 열손실을 보상한다.
④ 고층 건축물에서 급탕압력을 일정압력 이하로 제어하기 위해 감압밸브를 설치하는 경우 순환계통에 설치하도록 한다.

해설
고층 건축물에서 급탕압력을 일정압력 이하로 제어하기 위해 감압밸브를 설치하는 경우 급탕(공급관)계통에 설치하도록 한다.

07 급탕배관에 관한 설명으로 옳지 않은 것은?
① 중앙식 급탕설비는 원칙적으로 강제순환방식으로 한다.
② 상향배관인 경우 급탕관은 하향구배, 환탕관은 상향구배로 한다.
③ 배관시공 시 굴곡배관을 해야 할 경우에는 공기빼기밸브를 설치한다.
④ 관의 신축을 고려하여 건물의 벽 관통부분 배관에는 슬리브를 끼운다.

해설 급탕배관의 구배
① 배관의 구배는 온수의 순환을 원활하게 하기 위해 될 수 있는 한 급구배로 한다.
② 상향 공급 방식
  ㉠ 급탕관 : 선상향(앞올림) 구배
  ㉡ 반탕관 : 선하향(앞내림) 구배
③ 하향 공급 방식 : 급탕관, 반탕관 모두 하향 구배로 한다.
④ 배관의 구배
  ㉠ 중력순환식 : 1/150
  ㉡ 강제순환식 : 1/200

08 아파트 1동 90세대의 급탕설비를 중앙공급식으로 할 경우, 시간당 최대 급탕량(A)과 저탕량(B)으로 옳은 것은? (단, 1세대당 기구 급탕량은 샤워 110L/h, 싱크 40L/h, 세탁기 70L/h를 기준으로 하고, 동시사용률은 30%를 저탕용량계수는 1.25를 적용한다.)
① A=5940L/h, B=7425L
② A=7425L/h, B=5940L
③ A=25740L/h, B=7425L
④ A=25740L/h, B=32175L

정답 05 ① 06 ④ 07 ② 08 ②

해설
- ㉠ A : 시간당 최대 급탕량=총급탕량×동시사용률
  =(110+40+70)×90×0.3=5,940L/h
- ㉡ B : 저탕량=시간당 최대 급탕량×저탕계수
  =5,940L/h×1.25=7,425L

09 트랩이 구비해야 할 조건으로 옳지 않은 것은?
① 가동부분이 있을 것
② 자정 작용이 가능할 것
③ 기구내장 트랩의 내벽 및 배수로의 단면 형상에 급격한 변화가 없을 것
④ 봉수부의 소제구는 나사식 플러그 및 적절한 가스켓을 이용한 구조일 것

해설
배수트랩은 구조가 간단하며 자기세정 작용을 하여야 하며, 2중 트랩이 되지 않도록 배관하고 가동부분이 없어야 한다.

10 기구급수부하단위(Fu)가 1Fu인 위생기구의 종류 및 접속관경으로 옳은 것은?
① 세면기, 15mm
② 세면기, 25mm
③ 대변기, 15mm
④ 대변기, 25mm

해설
기구급수부하단위(F.U)는 1~10으로 구분하며 기본단위 F.U 1은 세면기이다.
- 세정밸브식 대변기(10) > 소변기(4) > 세면기(1)
- ※ 기구급수부하단위법(fixture unit)는 소요유량에 동시사용율을 적용한 방법으로 간편하며 신뢰성을 가지기 때문에 전반적으로 대규모 시설에서 이용된다.

11 냉온수 배관의 기본회로 방식에 관한 설명으로 옳지 않은 것은?
① 배관의 최저부에는 물빼기밸브를 설치한다.
② 배관의 분기부에는 원칙적으로 밸브를 설치한다.
③ 밀폐회로 방식에 대해서는 1개의 순환계통에 팽창 탱크는 최소 2기 이상으로 한다.
④ 개방회로 방식에 대해서는 순환보일러 정지 시 기기, 배관 등을 만수상태로 유지한다.

해설
밀폐회로 방식에 대해서는 1개의 순환계통에 팽창탱크는 1기로 한다.
※ 밀폐회로 방식 : 물의 순환경로가 대기 중의 수조에 개방되어 있지 않는 회로

12 압축식 냉동기의 구성요소 중 냉동의 목적을 직접적으로 달성하는 것은?
① 흡수기   ② 증발기
③ 발생기   ④ 응축기

해설 압축식 냉동 사이클(냉동기의 순환 원리) → p-i 선도 (Mollier 선도)
- ㉠ 압축기(compressor) : 증발기에서 넘어온 저온 저압의 냉매 가스를 응축 액화하기 쉽도록 압축하여 응축기로 보낸다.
- ㉡ 응축기(condenser) : 고온·고압의 냉매액을 공기나 물을 접촉시켜 응축 액화시키는 역할을 한다.
- ㉢ 팽창 밸브(expansion valve) : 고온 고압의 냉매액을 증발기에서 증발하기 쉽도록 하기 위해 저온·저압으로 팽창시키는 역할을 한다.
- ㉣ 증발기(evaporator) : 팽창 밸브를 지난 저온 저압의 냉매가 실내 공기로부터 열을 흡수하여 증발함으로 냉동이 이루어진다.

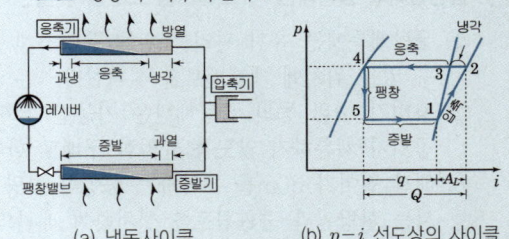

(a) 냉동사이클   (b) $p-i$ 선도상의 사이클

정답 09 ① 10 ① 11 ③ 12 ②

13 국부저항의 상당길이에 관한 설명으로 옳지 않은 것은?

① 배관의 지름이 커질수록 상당길이는 길어진다.
② 45° 표준 엘보보다는 90° 표준 엘보의 상당 길이가 길다.
③ 밸브류의 경우 개폐도(開閉度)가 작을수록 상당 길이는 길어진다.
④ 동일한 배관 지름, 전개(全開)일 경우 앵글밸브보다 게이트밸브의 상당길이가 길다.

해설

동일한 배관 지름, 전개(全開)일 경우 게이트밸브보다 앵글밸브의 상당길이가 길다.

※ 국부저항의 상당길이(L′)= $\dfrac{\xi \cdot d}{\lambda}$

(λ : 덕트재료의 마찰저항계수, d : 원형덕트의 직경, ξ : 국부저항손실계수)

L′은 d, ξ에 비례하나 λ에는 반비례한다.

14 취출공기의 이동과 관련된 유인비를 옳게 나타낸 것은?

① $\dfrac{전공기량}{1차공기량}$ ② $\dfrac{1차공기량}{전공기량}$
③ $\dfrac{2차공기량}{1차공기량}$ ④ $\dfrac{1차공기량}{2차공기량}$

해설

유인비= $\dfrac{Q_1 + Q_2}{Q_1}$

Q_1 : 취출구에서의 토출공기(1차 공기)량
Q_2 : 토출공기에 의해 유인된 실내공기(2차 공기)량

15 다음 중 펌프의 흡입관에서 발생하는 공동현상의 방지방법과 가장 거리가 먼 것은?

① 흡입양정을 낮춘다.
② 양흡입 펌프를 사용한다.
③ 흡입관의 관경을 크게 한다.
④ 펌프의 회전수를 증가시킨다.

해설 공동현상(캐비테이션) 방지책

• 흡입양정을 줄이고 흡입관 손실을 줄인다.
• 흡입관의 관경을 크게 한다.
• 필요 이상의 양정을 두지 않는다.
• 규정 회전수 내에서 운전한다.
• 2대 이상의 펌프를 사용한다.(양흡입 펌프를 사용한다)
• 스트레이너 통수면적을 여유 있게 잡고 청소를 한다.
※ 공동현상(cavitation)을 방지하려면 펌프의 유효 흡입양정(NPSH)을 낮추어 흡입구의 압력이 항상 흡입구의 포화증기압력 이상으로 유지되도록 하는 것이 바람직하다.

16 냉각탑의 냉각수 입구온도가 t_{w1}, 출구온도가 t_{w2}이고, 공기의 입구 습구온도가 t_1, 출구 습구 온도가 t_2일 때, 어프로치(approach)는?

① $t_{w1} - t_1$ ② $t_{w2} - t_{w1}$
③ $t_2 - t_1$ ④ $t_{w2} - t_1$

해설

어프로치(approach) : 냉각탑의 출구의 수온과 입구공기의 습구온도의 차이다.

냉각탑에 의해 냉각되는 물의 출구 온도는 외기 입구의 습구(濕球) 온도에 따라 바뀌는데, 이때의 물 온도와 외기의 습구 온도차를 말하며, 냉각탑의 설계에 따라 크게 영향을 받는 값으로, 너무 작게 잡으면 냉각탑이 크게 되어 건설비, 운전비 등이 늘어나 비경제적이므로 보통 4~6℃(5℃) 부근으로 한다.

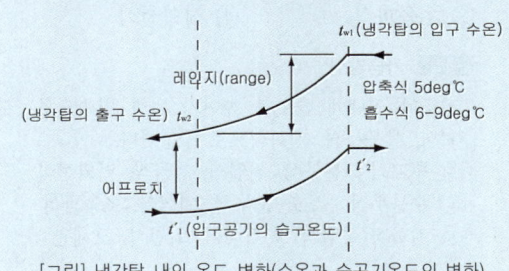

[그림] 냉각탑 내의 온도 변화(수온과 습공기온도의 변화)

17 냉수코일을 통과하는 풍량이 10000m³/h, 코일 입출구의 엔탈피는 각각 42kJ/kg, 68.5kJ/kg이고, 코일 정면면적이 1.2m²일 때 코일의 열수는? (단, 코일의 열관류율은 880W/m²·K이며 대수평균온도차는 12.57℃, 습면보정계수는 1.42, 공기의 밀도는 1.2kg/m³이다.)

① 4열 ② 5열
③ 8열 ④ 10열

해설 코일의 열수

$$N = \frac{q_T}{K \cdot F_A \cdot C_W \cdot \Delta t}$$

q_T : 냉각열량[W]
K : 코일의 열관류율[W/m²·K]
F_A : 코일의 정면면적[m²]
C_W : 습윤면보정계수
Δt : 대수평균온도차[℃]

먼저, $q_T = 1.2 \times 10000 \times (68.5-42) = 318000$ [kJ/h]

$$N = \frac{q_T}{K \cdot F_A \cdot C_W \cdot \Delta t}$$

$$= \frac{318000/3.6}{880 \times 1.2 \times 1.42 \times 12.57} = 4.7 ≒ 5열\ 선정$$

18 중앙식 공기조화기에서 가습방식의 분류 중 수분무식에 속하지 않는 것은?

① 원심식 ② 분무식
③ 초음파식 ④ 적외선식

해설 가습방식

건조한 실내에 습도를 높이기 위한 방법으로 크게 증기식, 물분무식, 기화식으로 구분한다.
㉠ 증기식 : 분무식, 전열식, 전극식, 적외선식
㉡ 수분무식 : 노즐 분무식, 원심식, 초음파식
㉢ 기화식(증발식) : 적하식, 회전식, 모세관식

19 다음과 같은 특징을 갖는 축류형 취출구는?

- 도달거리가 길기 때문에 실내공간이 넓은 경우에 벽면에 부착하여 횡방향으로 취출하는 경우가 많다.
- 소음이 적기 때문에 방송국의 스튜디오나 음악감상실 등에 저속취출을 하여 사용된다.

① 팬형 ② 노즐형
③ 아네모스탯형 ④ 브리즈라인형

해설 노즐형

노즐형은 도달거리가 길기 때문에 실내공간이 넓은 경우에 벽면에 부착하여 횡방향으로 취출하는 예가 많지만 천장이 높은 경우에 천장에 설치하여 하향취출하는 경우도 있다. 또한 소음이 적기 때문에 취출풍속을 5m/s 이상으로 사용하며, 소음규제가 심한 방송국 스튜디오나 음악감상실 등에 사용되는 취출구이다.

※ 팬형 : 기본구조는 아네모스탯형과 동일하지만 유인성이 떨어지는 반면에 도달거리가 길다.
※ 아네모스탯(anemostat)형 : 확산반경이 크고 도달거리가 짧기 때문에 주로 천장에 설치하여 기류를 방사형태로 취출시키는 복류형 취출구로 일반적인 건축물에서 가장 많이 사용하고 있다.
※ 브리즈라인형 : 선의 개념을 통하여 인테리어 디자인에서 미적인 감각을 살릴 수 있다.

20 다음 중 증기와 응축수 사이의 온도차를 이용하는 온도조절식 증기트랩에 속하는 것은?

① 버킷 트랩 ② 벨로즈 트랩
③ 열동식 트랩 ④ 플로트 트랩

해설 벨로즈 트랩(bellows trap)

증기와 응축수 사이의 온도차를 이용하는 온도조절식 증기트랩의 일종으로 관내에 발생하는 응축수를 배출하기 위하여 사용한다.
- 장점
  ㉠ 구조가 간단하고 소형이다.
  ㉡ 동결의 위험이 적다.
- 단점
  ㉠ 다른 형식에 비해 배출능력이 떨어진다.
  ㉡ 과열증기에는 적합하지 않다.
  ㉢ 구조상 역압이 작용하면 역류의 우려가 있다.
  ㉣ 워터해머에 약하다.

정답 17 ② 18 ④ 19 ② 20 ②

건축설비설계
2020년 제4회 과년도 출제문제
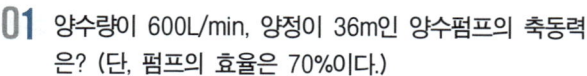

01 양수량이 600L/min, 양정이 36m인 양수펌프의 축동력은? (단, 펌프의 효율은 70%이다.)
① 4.5kW ② 5.0kW
③ 6.4kW ④ 7.1kW

해설

펌프 축동력(L_S) = $\dfrac{WQH}{KE}$ [kW]에서
- Q : 양수량(m³/min) → 600L/min=0.6m³/min
- H : 전양정(m) → 36m
- W : 액체 1m³의 중량(kg/m³) → 물은 1,000kg/m³
- E : 효율(%) → 70%
- K : 정수(kW) → 6,120

∴ 펌프의 축동력(L_S) = $\dfrac{1,000 \times 0.6 \times 36}{6,120 \times 0.7}$
= 5.04 ≒ 5.0kW

02 저탕조의 용량이 2m³이고 급탕배관 내의 전체 수량이 1m³일 때 개방형 팽창탱크의 용량은? (단, 급수의 밀도는 1.0g/cm³이고, 온수의 밀도는 0.983g/cm³이다.)
① 약 0.03m³ ② 약 0.04m³
③ 약 0.05m³ ④ 약 0.06m³

해설

팽창탱크 용량 $Ve = \left(\dfrac{1}{\rho_2} - \dfrac{1}{\rho_1}\right) \cdot V$
= $\left(\dfrac{1}{0.983} - \dfrac{1}{1}\right) \times 3 = 0.052 ≒ 0.05\text{m}^3$

03 다음 중 급수관에서 수격작용의 발생 우려가 가장 높은 것은?
① 관의 분기 ② 관경의 확대
③ 관의 방향 전환 ④ 관내 유수의 급정지

해설 수격작용(water hammering)
㉠ 수전을 갑자기 열고 닫을 때 생기는 마찰음 현상
㉡ 원인 : 유속이 빠를 때, 관경이 작을 때, 밸브 수전을 급히 잠글 때, 굴곡개소가 많을 때
㉢ 방지책 : 관내의 유속을 서서히 하고 관경을 크게 한다. 수전 근처에 공기실(air chamber)을 설치하거나 워터해머(water hammer) 방지기를 부착한다.

04 90℃의 물 500kg과 30℃의 물 1000kg을 단열 혼합하였을 때 혼합된 물의 온도는?
① 20℃ ② 30℃
③ 40℃ ④ 50℃

해설

혼합수의 온도
$tm = \dfrac{m_1 t_1 + m_2 t_2}{m_1 + m_2} = \dfrac{500 \times 90 + 1000 \times 30}{500 + 1000} = 50℃$

05 수평주관 내의 공기가 감압되어 봉수가 파괴되는 현상으로 배수 수직관의 가까이에 설치된 세면기 등에서 일어나기 쉬운 봉수 파괴 원인은?
① 증발 작용
② 모세관 현상
③ 유도사이펀 작용
④ 운동량에 의한 관성

해설 유도사이폰 작용

배수 수직관 내가 부압으로 되는 곳에 배수 수평지관이 접속되어 있을 경우, 배수 수평지관내의 공기가 수직관 쪽으로 유인됨에 따라 봉수가 이동하여 손실되는 현상
※ 트랩의 봉수파괴 원인과 방지책
㉠ 자기사이펀 작용 : 배수가 관속을 꽉차서 흐를 때 (만수 상태), 주로 S트랩에서 발생
㉡ 유인사이펀작용(흡출 작용, 감압에 의한 흡인작용) : 상층의 배수수직관에서 다량의 물이 일시에 낙하할 때

정답 01 ② 02 ③ 03 ④ 04 ④ 05 ③

ⓒ 분출 작용(역압에 의한 작용) : 대규모 배수설비에서 배수관의 하저곡부 가까이에 설치되어 있는 경우(피스톤작용)
ⓔ 모세관 작용 : 액체의 응집력과 액체와 고체 사이의 부착력에 의해 발생한다. 트랩 내에 실이나 머리카락이 들어갈 때 발생
ⓕ 증발 : 위생기구의 사용빈도가 적을 때, 기름을 한 방울 떨어뜨리면 방지된다.
ⓗ 물의 운동량에 의한 관성 : 배수구에 격자(석쇠)를 설치
☞ 봉수파괴 방지 : 통기관을 설치
☞ 봉수파괴 방지 : ㉠, ㉡, ㉢의 경우 통기관을 설치한다.

06 종국유속과 관계있는 배관은?
① 기구배수관 ② 배수수직관
③ 배수수평지관 ④ 배수수평주관

해설

배수관내에서 일정유속을 유지하게 되는 것을 종국유속이라 한다. 기구배수관, 배수수평주관, 배수수평지관은 종국유속과 관계없는 배관이다.

07 터빈펌프에 관한 설명으로 옳지 않은 것은?
① 펌프의 양수량은 축동력에 비례하여 증가한다.
② 토출밸브를 닫고 펌프를 운전하면 양수량이 0이다.
③ 최대효율로 운전하고 있을 때의 양정을 상용양정이라 한다.
④ 펌프의 양정과 양수량은 펌프의 회전수가 변하여도 항상 일정하다.

해설

펌프의 양정과 양수량은 펌프의 회전수의 변화에 따라 변화한다.

08 캐비테이션의 방지 방법으로 옳지 않은 것은?
① 흡입양정을 필요 이상으로 높게 하지 않는다.
② 흡입 조건이 나쁜 경우는 비속도를 작게 하기 위해 회전수가 작은 펌프를 사용한다.
③ 흡수관을 가능한 한 짧고 굵게 함과 동시에 관내에 공기가 체류하지 않도록 배관한다.
④ 설계상의 펌프 운전범위 내에서 항상 필요 NPSH가 유효NPSH보다 크게 되도록 배관 계획을 한다.

해설 캐비테이션과 NPSH

① 캐비테이션(cavitation)
㉠ 급수의 압력이 갑자기 높아져서 급수 속의 공기가 기포로 분리되는 현상으로서, 흡입양정에서 발생한다.
㉡ 소음, 진동, 관 부식, 심하면 흡상 불능(펌프의 공회전)의 원인이 된다.
㉢ 펌프 흡입구의 압력은 항상 흡입구에서의 포화증기 압력 이상으로 유지되어야 캐비테이션이 일어나지 않는다.
② NPSH(Net Positive Suction Head : 유효흡입양정)
㉠ 캐비테이션이 일어나지 않는 유효 흡입양정을 수주로 표시한 것이다.
㉡ 펌프의 설치 상태 및 유체의 온도 등에 따라 다르다.
㉢ 설치에서 얻어지는 NPSH는 펌프 자체가 필요로 하는 NPSH보다 커야 캐비테이션이 일어나지 않는다.(필요 NPSH가 유효 NPSH보다 작게 되도록 배관계획을 한다.)
※ 공동현상(cavitation)을 방지하려면 펌프의 유효 흡입양정(NPSH)을 낮추어 흡입구의 압력이 항상 흡입구의 포화증기압력 이상으로 유지되도록 하는 것이 바람직하다.

09 진공방지기(vaccum breaker)가 사용되는 대변기의 급수방식은?
① 하이탱크식 ② 세정밸브식
③ 사이펀식 ④ 로탱크식

해설 버큠 브레이커(vacuum breaker, 진공방지기)

세정밸브식 대변기에서 토출된 물이나 이미 사용된 물이 역사이폰 작용에 의해 상수계통으로 역류하는 것을 방지하는 기구이다.

정답 06 ② 07 ④ 08 ④ 09 ②

10 펌프의 비속도 η을 나타내는 식으로 옳은 것은?
(단, 회전수를 N, 최고 효율점의 토출량을 Q, 최고 효율점의 전양정을 H로 나타낸다.)

① $\eta = N \cdot \dfrac{Q^{\frac{3}{4}}}{H^{\frac{1}{2}}}$
② $\eta = N \cdot \dfrac{Q^{\frac{1}{2}}}{H^{\frac{3}{4}}}$
③ $\eta = Q \cdot \dfrac{N^{\frac{3}{4}}}{H^{\frac{1}{2}}}$
④ $\eta = Q \cdot \dfrac{N^{\frac{1}{2}}}{H^{\frac{3}{4}}}$

[해설] 펌프의 비속도(비교회전수)
- ㉠ 펌프의 형식을 결정하는 척도, 즉 회전차의 형상을 나타내는 척도로 사용된다.
  펌프의 성능을 나타내거나 적합한 회전수를 결정하는 데 이용되는 값이다.
- ㉡ $\eta_s = N \cdot \dfrac{Q^{1/2}}{H^{3/4}}$
  여기서, η_s : 비속도 N : 회전수(rpm)
  Q : 토출량(m³/min) H : 양정
  η_s (비속도)는 회전수(N)와 $Q^{1/2}$에 비례하고 $H^{3/4}$에 반비례한다.
- ㉢ 형태가 완전히 같은 펌프는 크기와 관계없이 비속도가 일정하다.
- ㉣ 대유량·저양정일수록 비속도가 크고, 소유량·고양정일수록 비속도는 작아진다.
- ㉤ 비속도 크기 순서
  축류펌프(1100rpm 이상) > 사류펌프(500~1200rpm) > 볼류트펌프(300~700rpm) > 터빈펌프(300rpm 이하)

11 고가수조의 유효용량 산정 시 기준이 되는 급수량은?
① 1일 급수량
② 시간평균예상급수량
③ 순간최대예상급수량
④ 시간최대예상급수량

[해설] 고가수조의 유효용량 산정 시 순간최대예상급수량을 기준으로 한다.

12 급수로부터 각 유닛을 거쳐 나오는 총길이가 동일하므로 기기마다의 저항이 균일하게 되고, 따라서 유량을 균일하게 할 수 있는 배관 회로방식은?
① 역환수방식   ② 자연환수방식
③ 간접환수방식 ④ 건식환수방식

[해설] 리버스리턴(Reverse Return)배관(역환수방식)
- ㉠ 설치 : 급탕설비의 하향식 배관, 난방설비의 온수난방
- ㉡ 방법 : 각 방열기마다의 배관회로 길이를 같게 한 배관방식 보일러에서 방열기까지(온수관)의 길이 = 방열기에서 보일러까지(환수관)의 길이
- ㉢ 목적 : 온수의 유량분배 균일화(온수의 순환을 평균화)하기 위해
- ㉣ 단점 : 배관수가 많아져서 설비비가 높다.

13 원형 덕트와 장방형 덕트의 환산식으로 옳은 것은?
(단, d : 원형 덕트의 직경 또는 환산직경, a : 장방형 덕트의 장변길이, b : 장방형 덕트의 단변길이)

① $d = 1.3\left[\dfrac{(a \cdot b)^5}{(a+b)^2}\right]^{1/8}$
② $d = 1.3\left[\dfrac{(a \cdot b)^5}{(a-b)^2}\right]^{1/8}$
③ $d = 1.3\left[\dfrac{(a \cdot b)^2}{(a+b)^5}\right]^{1/8}$
④ $d = 1.3\left[\dfrac{(a \cdot b)^2}{(a-b)^5}\right]^{1/8}$

[해설] 원형 덕트와 장방형 덕트의 환산식

$de = 1.3\left\{\dfrac{(a \times b)^5}{(a+b)^2}\right\}^{\frac{1}{8}}$

de : 원형덕트의 직경(cm)
a : 장방형덕트의 장변길이(cm)
b : 장방형덕트의 단변길이(cm)

여기서 $\dfrac{a}{b}$를 아스펙트(aspect)비라고 한다.

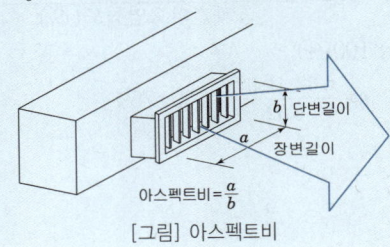

[그림] 아스펙트비

정답 10 ② 11 ③ 12 ① 13 ①

14 어떤 송풍기의 회전속도가 460rpm일 때 송풍기 전압은 32mmAq이었다. 이 송풍기를 600rpm으로 운전하였을 때의 송풍기 전압은?
① 32.0mmAq ② 41.7mmAq
③ 54.4mmAq ④ 71.0mmAq

해설
송풍기 전압(P_2) : 회전수비의 2제곱에 비례하여 변화한다.
$$P_2 = \left(\frac{N_2}{N_1}\right)^2 P_1 = \left(\frac{600}{460}\right)^2 \times 32 = 54.4\text{mmAq}$$
※ 송풍기 회전수($N_1 \to N_2$) [송풍기의 법칙]
㉠ 풍량 : 회전수비에 비례하여 변화한다.
→ $Q_2 = \frac{N_2}{N_1} Q_1$
㉡ 압력 : 회전수비의 2제곱에 비례하여 변화한다.
→ $P_2 = \left(\frac{N_2}{N_1}\right)^2 P_1$
㉢ 동력 : 회전수비에 3제곱에 비례하여 변화한다.
→ $L_2 = \left(\frac{N_2}{N_1}\right)^3 L_1$

15 다음 그림과 같은 여과장치의 효율은?

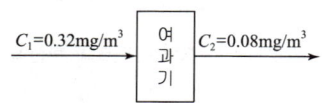

① 25% ② 66%
③ 75% ④ 83%

해설
여과효율(η)
$= \dfrac{\text{통과전의오염농도}(C_1) - \text{통과후의오염농도}(C_2)}{\text{통과전의오염농도}(C_1)} \times 100(\%)$
∴ $\eta = \dfrac{0.32 - 0.08}{0.32} \times 100 = 75\%$

16 수배관에서 위치수두 10mAq, 압력수두 30mAq, 속도 2.5m/s로 관 속을 흐르는 물의 전수두는?
① 13.06m ② 13.24m
③ 40.32m ④ 42.54m

해설
전수두=위치수두+압력수두+속도수두($\frac{v^2}{2g}$)
$=10+30+\dfrac{2.5^2}{2\times 9.8}=40.32\text{m}$
▶ 단위 환산
※ 1m 수두(1mAq)=0.01MPa=10kPa
※ 1kgf/cm² =0.1MPa=10mAq
　10kgf/cm² =1MPa=100mAq

17 단효용 흡수식 냉동기와 비교한 2중 효용 흡수식 냉동기의 특징으로 옳은 것은?
① 고압응축기와 저압응축기가 있다.
② 고온증발기와 저온증발기가 있다.
③ 고온발생기와 저온발생기가 있다.
④ 냉각탑의 용량이 커진다.

해설 2중 효용 흡수식 냉동기
㉠ 흡수식 냉동기는 발생기의 형식에 따라 단효용식과 2중효용식이 있다.
㉡ 단효용 흡수식 냉동기의 응축기에서 버리던 증기의 응축열을 효율적으로 이용한 것이다.
㉢ 냉매증기는 수증기이고 증기보일러와 연동하여 구동한다.
㉣ 고온발생기와 저온발생기가 있어 단효용 흡수식에 비해 효율이 높다.
㉤ 저온발생기는 고온발생기보다 압력이 낮다.
㉥ 단효용 흡수식 냉동기보다 에너지 절약적이고 냉각탑 용량을 줄일 수 있다.
※ 냉동 사이클 : 증발기-흡수기-발생기(재생기)-응축기

18 공조배관계에 부압방지를 위한 배관법으로 옳지 않은 것은?
① 순환펌프 토출측에 팽창탱크가 접속되는 것을 피한다.
② 순환펌프는 배관 도중 온도가 가장 높은 곳에 설치한다.
③ 팽창탱크는 장치의 가장 높은 곳보다 더 높은 위치로 한다.
④ 순환펌프는 배관 도중 가능한 한 압입양정이 높은 곳에 설치한다.

> **해설**
> 온수순환펌프는 배관 도중 가능한 한 온도가 낮은 곳에 설치한다.

19 덕트에 관한 설명으로 옳지 않은 것은?
① 덕트의 보강을 위해서 다이아몬드 브레이크 등을 사용한다.
② 덕트를 분기할 경우 덕트 굽힘부 가까이에서 분기하는 것은 피하는 것이 좋다.
③ 덕트의 굽힘부에서 곡률반경이 작거나 직각으로 구부러질 때 안내날개를 설치한다.
④ 단면을 바꿀 때 확대부에서는 경사도 30° 이하, 축소부에서는 경사도 45° 이하가 되도록 한다.

> **해설**
> 덕트의 단면을 변화시킬 때는 급격한 변화를 피하고 완만하게 하는 것이 바람직하다.
> 단면을 바꿀 때 확대부에서는 경사도 15° 이하, 축소부에서는 경사도 30° 이하가 되도록 한다.
> ☞ 덕트의 도중에 재열기와 같은 코일을 넣을 경우 코일 입구쪽의 연결부 경사는 최대 30° 이하가 되도록 한다.

20 다음의 보일러 출력 표시방법 중 가장 큰 값을 갖는 것은?
① 정미출력   ② 상용출력
③ 정격출력   ④ 과부하출력

> **해설** 보일러의 출력표시
>
> | 출력 | 표시방법 |
> |---|---|
> | 과부하출력 | 운전 초기나 과부하가 발생했을 때는 정격출력의 10~20% 정도 증가하여 운전할 때의 출력으로 한다. |
> | 정격 출력 | 연속해서 운전할 수 있는 보일러의 능력으로서 난방부하, 급탕부하, 배관부하, 예열부하의 합이며, 보통 보일러 선정시에는 정격출력에 기준을 둔다. |
> | 상용 출력 | 정격출력에서 예열부하를 뺀 값으로 정미출력에 5~10%를 가산한다. |
> | 정미 출력 | 난방부하와 급탕부하를 합한 용량으로 표시한다. |
>
> ※ 보일러의 능력표시는 일반적으로 정격출력을 사용한다.

정답 18 ② 19 ④ 20 ④

건축설비설계
2021년 제1회 과년도 출제문제

01 위생기구의 동시사용률은 기구의 수량과 어떤 관계가 있는가?
① 기구수와 관계없다.
② 기구수가 증가하면 커진다.
③ 기구수가 증가하면 작아진다.
④ 기구수가 증가하면 처음에는 커지다가 작아진다.

해설 기구의 동시사용률

[표] 기구의 동시사용률(%)

기구수	2	3	4	5	10	15	20	30	50	100
동시사용률(%)	100	80	75	70	53	48	44	40	36	33

※ 동시사용률
전체 수전 개수에 대하여 어떤 시각에 건물 내부에 있는 위생기구와 급수 밸브 등이 동시에 사용되는가를 예측한 수전 개수의 비율이다. 배관의 직경과 소요되는 물량을 결정하기 위하여 사용하며 기구수에 대하여 %로 표시한다.
☞ 급수기구수가 증가하면 동시사용률은 감소한다.

02 급탕설비에 있어서 순환펌프 순환수량을 산출하는데 필요한 값이 아닌 것은?
① 배관 길이
② 급탕 사용수량
③ 급탕과 반탕의 온도차
④ 배관 단위길이당 열손실량

해설 급탕순환펌프의 수량

$W = \dfrac{Q}{60 C \Delta t}$ [L/min]

Q : 배관과 펌프 및 기타 손실열량[kJ/h]
W : 순환수량[L/min]
C : 탕의 비열[4.19kJ/kg·K]
ρ : 탕의 밀도(kg/m³)
Δt : 급탕·반탕의 온도차[℃]
(Δt는 강제순환식일 때 5~10℃ 정도임.)

☞ 급탕 순환펌프의 순환량의 결정은 배관 등에서의 방열손실량으로 산정한다.
☞ 급탕 순환펌프의 순환량의 결정은 배관 등에서의 방열손실량과 탕의 열(비열×온도차)로 산정한다.

03 급탕설비에서 급탕기기의 부속장치에 관한 설명으로 옳지 않은 것은?
① 온수탱크 상단에는 배수밸브를, 하부에는 진공방지밸브를 설치하여야 한다.
② 안전밸브와 팽창탱크 및 배관 사이에는 차단밸브나 체크밸브 등 어떠한 밸브도 설치되어서는 안된다.
③ 밀폐형 가열장치에는 일정 압력 이상이면 압력을 도피시킬 수 있도록 도피밸브나 안전밸브를 설치한다.
④ 온수탱크의 보급수관에는 급수관의 압력변화에 의한 환탕의 유입을 방지하도록 역류방지 밸브를 설치한다.

해설
온수탱크 상단에는 오버플로우관(넘침관)을, 하부에는 배수(배니)밸브를 설치하여야 한다.

04 역류를 방지하여 오염으로부터 상수계통을 보호하기 위한 방법으로 적절하지 않은 것은?
① 토수구 공간을 둔다.
② 역류방지밸브를 설치한다.
③ 대기압식 또는 가압식 진공브레이커를 설치한다.
④ 수압이 0.4MPa을 초과하는 계통에는 감압밸브를 부착한다.

해설 급수설비의 수질오염 원인
㉠ 저수탱크에 의한 유해물질 침입에 의한 발생
㉡ 배수설비의 급수설비로의 역류
㉢ 크로스 커넥션(cross connection)
㉣ 배관의 부식
※ 크로스 커넥션(cross connection) : 수돗물과 수돗물 이외의 물질이 혼입되어 오염시키는 현상(음료수 오염현상)이다. 크로스 커넥션(cross connection)은 배관 사이의 잘못된 연결에 의하여 생기므로 각 계통마다 배관을 색깔로 구분할 수 있도록 한다.
☞ 수격현상(워터해머)의 방지 대책으로 수압이 0.4MPa을 초과하는 배관계통에는 감압밸브를 부착한다.

정답 01 ③　02 ②　03 ①　04 ④

05 우리나라의 아파트, 주택에서 주로 사용되는 대변기 급수방식은?
① 세락식
② 로 탱크식
③ 세정밸브식
④ 하이 탱크식

> **해설** 로 탱크 방식 대변기
> ㉠ 설치면적을 많이 차지한다.
> ㉡ 고장 시 수리보수가 비교적 용이하다.
> ㉢ 하이탱크 방식에 비하여 소음이 작다.
> ㉣ 수도직결의 경우 저압의 지역에서 사용이 가능하다.
> ㉤ 탱크로의 급수압력에 관계없이 세정 시 대변기로의 공급압력이 일정하다.
> ㉥ 일반 주택, 아파트에서 주로 사용되는 대변기 세정수의 급수방식이다.

06 급탕배관의 설계 및 시공상의 주의점에 관한 설명으로 옳지 않은 것은?
① 배관에는 관의 신축을 방해받지 않도록 신축이음쇠를 설치한다.
② 상향배관의 경우 급탕관은 상향 구배, 반탕관은 하향 구배로 한다.
③ 하향배관의 경우는 급탕관은 하향구배, 반탕관은 상향 구배로 한다.
④ 배관은 균등한 구배로 하고 역구배나 공기정체가 일어나기 쉬운 배관 등을 피한다.

> **해설** 급탕배관의 구배
> ① 배관의 구배는 온수의 순환을 원활하게 하기 위해 될 수 있는 한 급구배로 한다.
> ② 상향 공급 방식
>   ㉠ 급탕관 : 선상향(앞올림) 구배
>   ㉡ 반탕관 : 선하향(앞내림) 구배
> ③ 하향 공급 방식 : 급탕관, 반탕관 모두 하향 구배로 한다.
> ④ 배관의 구배
>   ㉠ 중력순환식 : 1/150
>   ㉡ 강제순환식 : 1/200

07 배수배관의 관경과 구배에 관한 설명으로 옳지 않은 것은?
① 배수관 관경이 클수록 자기세정 작용이 커진다.
② 배관의 구배가 너무 크면 유수가 빨리 흘러 고형물이 남게 된다.
③ 배관의 구배가 작으면 고형물을 밀어낼 수 있는 힘이 작아진다.
④ 배수관 관경이 필요 이상으로 크면 오히려 배수의 능력이 저하된다.

> **해설**
> 배수계통은 원칙적으로 중력에 의해 옥외로 배출하도록 한다. 배수관경을 필요 이상으로 크게 하면 할수록 배수능력은 저하된다. 배수관의 관경은 관경의 10배의 역수를 표준물매로 하며, 일반적으로 옥내배수관의 구배는 유속이 0.6~1.5m/s 정도가 되도록 잡는다.

08 배관설비에 사용되는 신축 이음쇠에 속하지 않는 것은?
① 루프형
② 슬리브형
③ 벨로즈형
④ 플랜지형

> **해설** 신축이음쇠(expansion joint)의 종류
>
> | 종류 | 특징 |
> | --- | --- |
> | 스위블 조인트 (swivel joint) | • 2개 이상의 elbows를 사용하여 나사 회전을 이용해서 신축을 흡수하는 조인트
• 너무 큰 신축에는 파손되어 누수의 원인이 되는 결점이 있다.
• 방열기 주위 배관용 |
> | 신축곡관 (expansion loop) | • 신축곡관은 고장이 적고 고압 옥외 배관에 적합
• 신축을 흡수하는 1개의 길이가 긴 것이 결점
• 대구경, 고압배관에 사용 |
> | 슬리브형 (sleeve type) | • 온도의 변화에 따라 생기는 관의 신축을 슬리브의 미끄럼에 의해서 흡수
• 저압 증기배관 및 온수배관의 신축이음쇠로서 널리 사용한다.
• 소구경용 |
> | 벨로우즈형 (bellows type) | • 온도의 변화에 따른 관의 신축을 벨로스의 변형에 의해 흡수시키는 기구
• 소구경용 |

정답 05 ② 06 ③ 07 ① 08 ④

09 다음 중 위생설비를 유니트화하여 얻는 이점과 가장 관계가 먼 것은?
① 공기의 단축
② 품질의 향상
③ 공장 작업의 최소화
④ 현장 작업의 안전성 향상

> **해설** 위생설비의 유니트(unit)화
>
> 설비를 유니트화 하는 것은 현장 작업의 공정을 최소한으로 줄일 수 있음과 동시에 공장 제작의 단순화, 합리화로 공사 전체의 생산성·안전성 등을 향상시킬 수 있다.
> 현재 설비 유니트으로서 시공되고 실용화되어 있는 것에는 욕조 유니트, 주방 유니트, 설비 코어 유니트 등이 있다.
> ■ 위생기구 유니트화의 목적
> ㉠ 공사 기간 단축
> ㉡ 공정의 단순화 및 합리화
> ㉢ 시공의 정밀도의 향상
> ㉣ 재료 및 인건비의 절감

10 통기설비에 관한 설명으로 옳지 않은 것은?
① 신정통기관의 관경은 배수수직관의 관경보다 작게 해서는 안된다.
② 각개통기관의 관경은 그것이 접속되는 배수관 관경의 1/2 이상으로 한다.
③ 소벤트 시스템은 특수통기방식으로 통기수직관을 사용한 루프통기방식의 일종이다.
④ 간접배수계통의 통기관은 다른 통기계통에 접속하지 말고 단독으로 대기 중에 개구한다.

> **해설** 특수통기방식-배수와 통기 겸용(신정통기관+특수이음쇠)
>
> ㉠ 소벤트 방식(sovent system) : 하나의 배수수직관으로 배수와 통기를 겸하는 시스템으로 2개의 특수이음쇠 사용[공기혼합이음쇠(aerator fitting), 공기분리이음쇠(deaerator fitting)]한다.
> ㉡ 섹스티아 방식(sextia system) : sextia 이음쇠와 sextia 벤트관을 사용하여 유수에 선회력을 주어 공기 코어를 유지시켜 하나의 관으로 배수와 통기를 겸하는 시스템으로 배수관경이 적어도 되며 소음이 적다.

11 저압증기배관에 관한 설명으로 옳지 않은 것은?
① 증기주관 곡부에는 밴드관을 사용한다.
② 순구배 배관의 말단부에는 관말트랩을 설치한다.
③ 배관의 분기부에는 밸브를 설치하여서는 안된다.
④ 분류·합류에 T이음쇠를 이용하는 경우는 90° T자형을 이용하지 않는다.

> **해설**
>
> 일반적으로 증기압을 구분하는 경우, 고압증기와 저압증기로 구분한다. 증기압 0.1MPa을 초과하는 증기는 고압증기, 0~0.1MPa의 증기는 저압증기라고 한다. 배관의 분기부에 밸브를 설치하며, 분류·합류에 T이음쇠를 사용하는 경우는 45° T자형을 이용한다.

12 원형덕트와 장방형덕트의 환산식으로 옳은 것은?
(단, d : 원형덕트의 직경 또는 환산직경, a : 장방형덕트의 장변길이, b : 장방형덕트의 단변길이)

① $d = 1.3 \left[\dfrac{(a \cdot b)^5}{(a+b)^2} \right]^{1/8}$

② $d = 1.3 \left[\dfrac{(a \cdot b)^5}{(a-b)^2} \right]^{1/8}$

③ $d = 1.3 \left[\dfrac{(a \cdot b)^2}{(a+b)^5} \right]^{1/8}$

④ $d = 1.3 \left[\dfrac{(a \cdot b)^2}{(a-b)^5} \right]^{1/8}$

> **해설** 원형 덕트와 장방형 덕트의 환산식
>
> $de = 1.3 \left\{ \dfrac{(a \times b)^5}{(a+b)^2} \right\}^{\frac{1}{8}}$
>
> de : 원형덕트의 직경(cm)
> a : 장방형덕트의 장변길이(cm)
> b : 장방형덕트의 단변길이(cm)
> 여기서 $\dfrac{a}{b}$ 를 아스펙트(aspect)비라고 한다.
>
>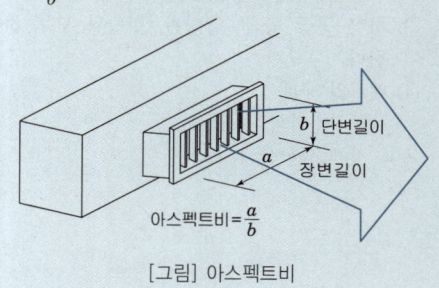
> [그림] 아스펙트비

13 펌프의 운전점 결정방법으로 옳은 것은?

① 펌프의 전양정이 최소가 되는 점으로 결정된다.
② 펌프의 양정곡선과 효율곡선의 교점으로 결정된다.
③ 펌프의 축동력곡선과 효율곡선의 교점으로 결정된다.
④ 펌프의 양정곡선과 배관의 저항곡선의 교점으로 결정된다.

해설

펌프의 운전점은 펌프의 양정곡선과 배관의 저항곡선의 교점으로 결정한다.

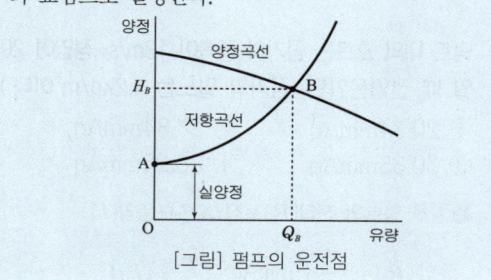
[그림] 펌프의 운전점

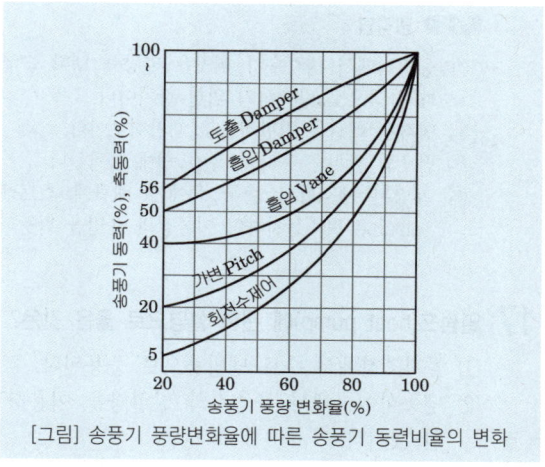
[그림] 송풍기 풍량변화율에 따른 송풍기 동력비율의 변화

14 다음의 송풍기 풍량제어 방법 중 축동력이 가장 많이 소요되는 것은?

① 회전수제어
② 흡입베인제어
③ 흡입댐퍼제어
④ 토출댐퍼제어

해설

송풍기의 특성곡선에서 흡입측 댐퍼를 조이거나 회전수를 감소시키면 압력과 송풍량은 감소하게 되고, 축동력은 회전수 제어가 가장 적게 소요되고 토출댐퍼가 가장 많이 소요된다.
※ 동력절감률(에너지절약)이 높은 것에서 낮은 순서
회전수제어(가변속제어) > 가변피치제어 > 흡입베인제어 > 흡입댐퍼제어 > 토출댐퍼제어

15 다음 중 다단펌프를 사용하는 가장 주된 목적은?

① 흡입양정이 큰 경우
② 토출량을 줄이기 위한 경우
③ 높은 토출양정이 필요한 경우
④ 수중에 펌프를 설치하는 경우

해설

원심펌프는 회전차(impeller)를 고속 회전시킬 때 작용하는 원심력에 의해서 유체를 이송하는 펌프이다. 높은 토출양정이 필요한 경우에는 다단펌프를 사용한다.
※ 건축설비 분야에서는 원심(와권)식 펌프(볼류트 펌프, 터빈 펌프, 보어홀 펌프 등)가 주로 사용된다. 터빈펌프는 날개의 바깥쪽에 가이드 베인(guide vane)을 설치하여 고양정에 사용한다.

16 냉각탑 주위의 배관에 관한 설명으로 옳지 않은 것은?

① 냉각탑 주위의 세균 감염에 유의하여야 한다.
② 냉각탑 입구측 배관에는 스트레이너를 설치하여야 한다.
③ 냉각수의 출입구측 및 보급수관의 입구측에 플렉시블 조인트를 설치한다.
④ 냉각탑을 중간기 및 동절기에 사용하는 경우 냉각수의 동결방지 및 냉각수온도 제어를 고려한다.

정답 13 ④ 14 ④ 15 ③ 16 ②

해설 냉각탑

㉠ 응축기에서 냉각수가 빼앗은 열량을 냉각 순환시켜 대기 중으로 방출하기 위한 장치이다.
㉡ 냉각수 배관은 일반적으로 개방회로이다.
㉢ 펌프의 위치는 응축기 흡입 측에 설치한다.
㉣ 개방된 냉각탑의 출구 측에는 배관에 스트레이너(strainer)를 설치하여 이물질의 유입을 막는다.

17 열펌프(heat pump)에 관한 설명으로 옳은 것은?

① 공기조화에서 주로 냉방용으로 응용된다.
② 냉동사이클에서 응축기의 방열량을 이용하기 위한 것이다.
③ GHP(Gas Engine Heat Pump)는 흡수식 냉동기의 원리를 이용한 열펌프이다.
④ 냉동기를 냉각목적으로 할 경우의 성적계수보다 열펌프로 사용될 경우의 성적계수가 작다.

해설 히트펌프(Heat Pump)

히트펌프(열펌프)는 냉동기의 압축기에서 토출된 고온·고압의 냉매증기는 응축기에서 방열하고 액화된다. 이때 방열되는 응축열로 물이나 공기를 가열하여 난방에 이용하는 장치이다.
㉠ 낮은 온도의 열원으로부터 높은 온도의 열로 펌프하듯 끌어올려 이용할 수 있기 때문에 히트펌프라고 한다.
㉡ 압축기를 동력원으로 압축 → 응축 → 팽창 → 증발의 사이클로 순환
㉢ 여름엔 냉방용으로 운전, 겨울철에는 냉매의 흐름 방향을 바꾸어 난방용으로 운전
㉣ 냉매의 흐름이 바뀌면, 증발기는 응축기로, 응축기는 증발기로 그 기능이 변환
☞ 열펌프를 이용한 성적계수(COP_H)가 냉동기로 이용한 성적계수(COP_C)보다 1만큼 크다.
$COP_H = COP_C + 1$

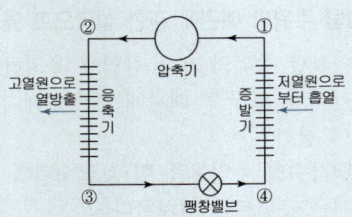

[그림] 압축식 열펌프의 기본 구성

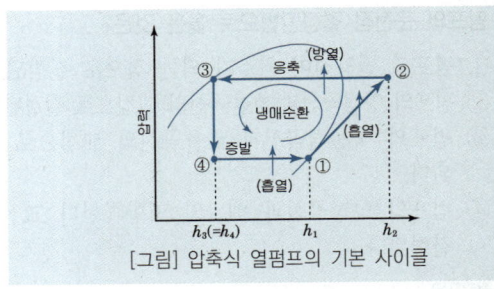

[그림] 압축식 열펌프의 기본 사이클

18 덕트 내의 흐르는 공기의 풍속이 13m/s, 정압이 20mmAq일 때 전압은?(단, 공기의 밀도는 1.2kg/m³이다.)

① 20.34mmAq   ② 28.84mmAq
③ 30.35mmAq   ④ 36.25mmAq

해설 덕트의 전압(P_t)=정압(P_s)+동압(P_v)

$$동압(P_v) = \frac{v^2}{2g}\gamma(mmAq) = \frac{v^2}{2}\rho(Pa)$$

여기서, v : 관내 유속(m/s)
γ : 공기의 비중량(1.2kgf/m³)
g : 중력가속도(9.8m/s²)
ρ : 공기의 밀도(1.2kg/m²)

$$동압(P_v) = \frac{v^2}{2g}\gamma = \frac{13^2}{2 \times 9.8} \times 1.2 = 10.35 mmAq$$

∴ 덕트의 전압(P_t)=정압(P_s)+동압(P_v)
   =20+10.35=30.35mmAq

19 덕트의 치수결정법 중 등속법에 관한 설명으로 옳지 않은 것은?

① 덕트를 통해 먼지나 산업용 분말을 이송시키는데 적당하다.
② 덕트 내의 풍속을 일정하게 유지할 수 있도록 덕트 치수를 결정하는 방법이다.
③ 송풍기 용량을 구하기 위해서는 전체 구간의 압력손실을 구해야 하는 번거로움이 있다.
④ 미분탄 및 시멘트 분말의 이송에는 덕트 내에 분말이 침적되지 않도록 풍속 5m/s로 설계한다.

정답 17 ② 18 ③ 19 ④

해설 등속법(정속법)

㉠ 덕트 내의 공기 속도를 가정하고 공기량을 이용하여 마찰저항과 덕트 크기를 결정하는 방법으로 일정 풍량(10,000m³/h) 이상인 경우에 적당하다.
㉡ 각 구간마다 압력손실이 다르기 때문에 송풍기 용량을 구하기 위해 전체 구간의 압력손실을 구해야 하는 번거로움이 있다.
㉢ 주로 분진이나 산업용 분말 등을 배출시키기 위한 배기 덕트의 설계법으로 적당하다.

20 용량이 400kW인 터보 냉동기에 순환되는 냉수량은? (단, 냉동기 입구의 냉수온도 12℃, 출구의 냉수온도 6℃, 물의 비열 4.2kJ/kg·K)

① 46.2m³/h ② 57.1m³/h
③ 83.6m³/h ④ 98.6m³/h

해설 순환수량(Q_W)[L/min]

$$Q_W = \frac{H_{CT}}{60\,C\Delta t}\ [\text{L/min}]$$

H_{CT} : 냉동기용량
C : 비열(4.19kJ/kg·K)
Δt : 냉각수의 냉각탑의 출입구 온도차(℃)

먼저, 1kW=1,000W=860kcal/h=1kJ/s
       =3600kJ/h이므로
400kW=400×3600kJ/h=1,440,000kJ/h

$$Q_W = \frac{1,440,000}{60 \times 4.2 \times (12-6)} = 952.4\,\text{L/min}$$
       $=0.9524\text{m}^3/\text{min} = 57.1\text{m}^3/\text{h}$

건축설비설계
2021년 제2회 과년도 출제문제

01 어느 사무소 건물의 연면적이 5000m²일 때 1일 예상 급수량은? (단, 이 건물의 유효면적과 연면적의 비는 60%이고, 유효면적당 인원은 0.2인/m²이며, 1인 1일당 급수량은 100L이다.)

① 30m³/d ② 60m³/d
③ 300m³/d ④ 600m³/d

해설 건물 면적에 의한 방법

$Q_d = A \times k \times n \times q\ [\text{L/d}]$

A : 건물 연면적[m²]
k : 건물 연면적에 대한 유효 면적의 비율[%]
n : 유효 면적당의 인원[인/m²]
q : 건물 종류별 1일 1인당 사용수량[L/d·c]

∴ $Q_d = A \times k \times n \times q\ [\text{L/d}]$
  = 5,000m² × 0.6 × 0.2인/m² × 100L/d
  = 60,000L/d = 60m³/d

02 1000L/h의 급탕을 전기온수기를 사용하여 공급할 때 시간당 전력사용량은? (단, 물의 비열 4.2kJ/kg·K, 밀도 1kg/L, 급탕온도 70℃, 급수온도 10℃, 전기온수기의 전열효율은 95%로 한다.)

① 63.4kW/h ② 66.5kW/h
③ 70.2kW/h ④ 73.7kW/h

해설
급탕부하는 시간당 필요한 온수를 얻기 위해 소요되는 가열량을 말한다. 급탕온도의 온도차(Δt)는 보통 60℃를 기준으로 하며, kJ/h 또는 kW(kJ/s)로 나타낸다.

㉠ Q = 급탕량 m(kg/h) × 비열 c(kJ/kg·K)
       × 온도차 Δt(K) [kJ/h]

$$= \frac{\text{급탕량}\,m\,(\text{kg/h}) \times \text{비열}\,c\,(\text{kJ/kg·K}) \times \text{온도차}\,\Delta t\,(\text{K})}{3,600(\text{s/h})}\ [\text{kW}]$$

$$= \frac{1,000(\text{kg/h}) \times 4.2(\text{kJ/kg·K}) \times (70-10)(\text{K})}{3,600(\text{s/h})}$$

= 70 [kW]

㉡ 온수기 용량 = $\dfrac{\text{가열량}}{\text{효율}} = \dfrac{70}{0.95} = 73.7\,[\text{kW}]$

정답 20 ② / 01 ② 02 ④

03 세정밸브식 대변기의 급수관 관경은 최소 얼마 이상으로 하여야 하는가?
① 20A ② 25A
③ 30A ④ 40A

해설 세정밸브(F.V)식 대변기
㉠ 세정밸브(F.V)식의 접속 급수관경 : 최소 25mm
㉡ 세정밸브(F.V)식의 최소 필요압력 : 0.07MPa(70kPa)

04 급수배관의 설계 및 시공에 관한 설명으로 옳지 않은 것은?
① 구조체의 관통부에는 슬리브를 사용한다.
② 물이 고일 수 있는 부분에는 퇴수밸브를 설치한다.
③ 음료용 배관과 비음료용 배관을 크로스 커넥션 하지 않는다.
④ 급수관과 배수관이 교차될 경우, 배수관은 급수관 위에 매설한다.

해설
급수관과 배수관을 교차 매설은 가능한 피하는 것이 좋으며 부득이 한 경우에는 급수관을 배수관의 윗방향에 매설한다.

05 탕의 사용상태가 간헐적이며 일시적으로 사용량이 많은 건물에서 급탕설비의 설계 방법으로 가장 알맞은 것은? (단, 중앙식 급탕방식이며 증기를 열원으로 하는 열교환기 사용)
① 저탕용량을 크게 하고 가열능력도 크게 한다.
② 저탕용량은 크게 하고 가열능력은 작게 한다.
③ 저탕용량은 작게 하고 가열능력은 크게 한다.
④ 저탕용량을 작게 하고 가열능력도 작게 한다.

해설
탕의 사용상태가 간헐적이며 일시적으로 사용량이 많은 건물의 중앙식 급탕방식의 급탕설비는 저탕용량을 크게 하고 가열능력은 작게 하는 것이 바람직하다.

06 펌프의 캐비테이션에 관한 설명으로 옳지 않은 것은?
① 비정상적인 소음과 진동이 발생한다.
② 캐비테이션을 방지하기 위해 펌프의 흡입양정을 크게 한다.
③ 캐비테이션이 진행되면 펌프의 양수량, 양정 및 효율이 저하되어 간다.
④ 캐비테이션을 방지하기 위해 설계상의 펌프 운전 범위 내에서 항상 유효 NPSH가 필요 NPSH보다 크게 되도록 배관계획을 한다.

해설 캐비테이션(cavitation)
펌프의 흡입구로 들어온 물 중에 함유되었던 증기의 기포는 임펠러(펌프의 날개)를 거쳐 토출구로 넘어가면 갑자기 압력이 상승되므로 기포는 물속으로 다시 소멸된다. 이 때 소멸 순간에 격심한 소음과 진동을 수반하면서 일어나는 현상으로서, 흡입양정에서 발생한다.
■ 공동현상(cavitation)을 방지하려면 펌프의 유효 흡입양정(NPSH)을 낮추어 흡입구의 압력이 항상 흡입구의 포화증기압력 이상으로 유지되도록 하는 것이 바람직하다.
※ NPSH(Net Positive Suction Head : 유효 흡입양정)
㉠ 캐비테이션이 일어나지 않는 유효 흡입양정을 수주로 표시한 것이다.
㉡ 펌프의 설치 상태 및 유체의 온도 등에 따라 다르다.
㉢ 설치에서 얻어지는 NPSH는 펌프 자체가 필요로 하는 NPSH보다 커야 캐비테이션이 일어나지 않는다.(필요 NPSH가 유효 NPSH보다 작게 되도록 배관계획을 한다.)
■ 캐비테이션 방지책
• 흡입양정을 줄이고 흡입관 손실을 줄인다.
• 유체의 온도를 낮춘다.
• 필요 이상의 양정을 두지 않는다.
• 규정회전수 내에서 운전한다.
• 2대 이상의 펌프를 사용한다.
• 스트레이너 통수면적을 여유있게 잡고 청소를 한다.

07 펌프의 흡입양정이 10m이고, 20m 높이에 있는 옥상탱크에 양수할 때 전양정은 얼마인가? (단, 관로의 전손실수두는 100kPa이다.)
① 약 31m ② 약 40m
③ 약 110m ④ 약 130m

정답 03 ② 04 ④ 05 ② 06 ② 07 ②

해설

전양정(H)=흡입양정(H_s)+토출양정(H_d)+관내마찰손실수두(H_f) [m] (속도수두를 무시할 때)

∴ 전양정(H)=10+20+10=40m

※ 1MPa=1000kPa=100m
　100kPa=10m

08 플러시 밸브식 대변기에 관한 설명으로 옳지 않은 것은?

① 대변기의 연속사용이 불가능하다.
② 일반 가정용으로 사용이 곤란하다.
③ 로 탱크 방식에 비해 최저 필요 수압이 크다.
④ 세정음은 유수음도 포함되기 때문에 소음이 크다.

해설 플러시 밸브(F.V)식 대변기

㉠ 접속 급수관경 25mm 이상 필요하다.
㉡ 최저 필요 수압 0.07MPa(70kPa) 이상 확보할 수 있는 경우에 사용 가능하다.
㉢ 세정소음이 크나, 대변기의 연속사용이 가능하다.
㉣ 일반 가정용으로는 거의 사용하지 않는다.

09 배수관 관경결정에 이용되는 기구배수부하 단위의 기준(1DFU)이 되는 기구는?

① 소변기　② 세면기
③ 대변기　④ 욕조

해설 기구 부하단위법(Fixture Unit Value Method)

일반적으로 배수관의 관경을 결정하는 데는 관 계통에 접속하는 위생기구류의 단위시간당 최대 배수량을 기준으로 하여 관경을 구하는 것이 합리적이다.
미국에서는 구경 32mm의 트랩을 갖는 세면기의 배수량을 28.5L/min으로 하고 여기에 기구의 동시사용률과 기구 종류에 따른 사용 빈도수 및 사용자 수를 감안하여 기구배수 부하단위(fixture unit)를 결정하였으며, 세면기의 기구 배수부하단위를 1로 하고, 이것을 근거로 하여 각종 기구의 배수 부하 단위를 정하였다.

10 최대강우량 120mm/h의 지역에 있는 지붕의 수평투영면적이 1200m²인 건물에 4개의 우수수직관을 설치할 경우, 우수수직관의 관경은?

[표] 강우량 100mm/h일 때 우수수직관의 관경

관경(mm)	허용최대지붕면적(m²)
50	67
65	121
75	204
100	427
125	804

① 50mm　② 65mm
③ 75mm　④ 100mm

해설 어느 지방의 최대강우량이 120mm/h인 경우

환산 지붕면적=실제 지붕투영면적×$\frac{120}{100}$

=$1,200 \times \frac{120}{100} = 1,440m^2$

4개의 우수수직관을 설치한 경우이므로 1개의 우수수직관은 1,440m²÷4=360m²이다.

∴ 표(100mm/h 경우)에서 최대허용지붕면적 427m²을 충분히 흘러줄 수 있는 관경은 100mm가 적당하다.

11 축열시스템에 관한 설명으로 옳지 않은 것은?

① 심야전력의 이용이 가능하다.
② 냉동기의 용량을 감소시킬 수 있다.
③ 호텔의 공공부분과 같이 간헐운전이 심한 경우에는 적용할 수 없다.
④ 빙축열시스템은 냉각을 위한 냉동기, 축열을 위한 빙축열조, 외부와의 열교환을 위한 열교환기 등으로 구성된다.

해설

축열시스템은 호텔의 공공부분과 같이 간헐운전이 심한 경우에 적용할 수 있다.

정답　08 ①　09 ②　10 ④　11 ③

12 다음 중 날개(blade)의 형상이 전곡형인 송풍기에 속하는 것은?
① 익형 송풍기 ② 다익형 송풍기
③ 터보형 송풍기 ④ 관류형 송풍기

해설 다익형 송풍기(sirocco fan, 시로코팬)
여러 개의 전향날개를 설치한 형식의 송풍기로 공조 및 환기용으로 가장 많이 사용한다.
㉠ 저속덕트용, 저압용으로 사용된다.
㉡ 날개의 끝부분이 회전방향으로 굽은 전곡형(前曲形)이다.
㉢ 동일 용량에 대해서 회전수가 적어 송풍기 용량이 적다.

13 천장 취출구에서 하향 취출을 하는 경우의 확산반경에 관한 설명으로 옳지 않은 것은?
① 거주영역에 최대확산반경이 미치지 않는 영역이 없도록 취출구를 배치한다.
② 최소확산반경 내에 보나 벽 등의 장애물이 있으면 드리프트(drift)가 발생하지 않는다.
③ 최소확산반경 내에 인접한 취출구의 최소 확산반경이 겹치면 편류현상이 발생할 수 있다.
④ 거주영역에서 평균풍속이 0.125~0.25m/s로 되는 최대 단면적의 반경을 최소확산반경이라 한다.

해설
최소확산반경 내의 보나 벽 등의 장애물이 있으면 드리프트가 발생하여 취출 기류의 확산을 방해하게 된다.

14 다음과 같은 조건에 있는 냉각수 배관계통에서 냉각수 펌프의 전양정(mAq)은?

┌ 조건 ─────────────────
• 배관계통 마찰저항 : 10.4mAq
• 냉동기 응축기 저항 : 8mAq
• 냉각탑 살수압력 : 40kPa

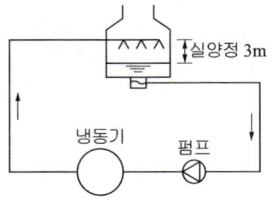

① 21.8 ② 22.4
③ 25.4 ④ 61.4

해설
펌프의 전양정(H) = 실양정+배관마찰손실수두+
　　　　　　　　　기기저항수두+살수압력수두
　　　　　　　　= 3+10.4+8+(40×0.1) = 25.4mAq
1kPa = 0.1mAq

15 냉각탑이 응축기보다 낮은 위치에 있는 경우 냉각수 펌프가 정지할 때마다 응축기 주변이 극단적인 부압(-)이 되지 않도록 설치하는 것은?
① 딥 튜브(deep tube)
② 더트 포켓(dirt pocket)
③ 플래시 탱크(flash tank)
④ 사이폰 브레이커(syphon breaker)

해설 사이폰 브레이커(syphon breaker)
냉각탑이 응축기보다 낮은 위치에 있는 경우 유입 측에는 냉각수 펌프가 정지할 때마다 응축기 주변이 극단적인 부압(負壓)이 되지 않도록 설치한다. (유출 측에는 역류방지용의 체크밸브(역지밸브)를 설치한다.)

16 몰리에르(Mollier)선도를 나타낸 그림에서 히트펌프의 난방 시 성적계수를 산정하는 식은?

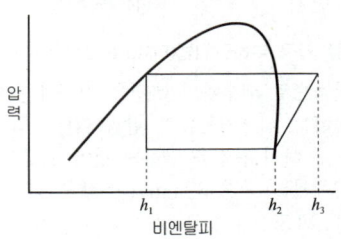

① $\dfrac{h_2 - h_1}{h_3 - h_2}$ ② $\dfrac{h_3 - h_1}{h_3 - h_2}$

③ $\dfrac{h_3 - h_1}{h_2 - h_1}$ ④ $\dfrac{h_3 - h_2}{h_2 - h_1}$

정답 12 ② 13 ② 14 ③ 15 ④ 16 ②

해설

몰리에르(Mollier) 선도상에서 히트펌프의 난방시 성적계수 산정식

$$= \frac{응축기\ 입구엔탈피 - 응축기\ 출구엔탈피}{압축일}$$

$$= \frac{응축기의\ 방출\ 열량}{압축일} = \frac{q + A_L}{A_L} = \frac{q}{A_L} + 1$$

$$= \frac{h_3 + h_1}{h_3 - h_2}$$

※ 히트펌프의 성적계수(COP_h)는 냉동기의 성적계수(COP_c)보다 1만큼 크다.

17 어떤 덕트 내부의 풍속을 측정한 결과 7m/s이었다. 이때의 동압은 얼마인가? (단, 공기의 밀도는 1.2kg/m³이다.)

① 2.5Pa ② 24.5Pa
③ 29.4Pa ④ 49Pa

해설 덕트의 전압(P_t)=정압(P_s)+동압(P_v)

$$동압(P_v) = \frac{v^2}{2g}\gamma\ (mmAq) = \frac{v^2}{2}\rho\ (Pa)$$

여기서, v : 관내 유속(m/s)
γ : 공기의 비중량(1.2kgf/m³)
g : 중력가속도(9.8m/s²)
ρ : 공기의 밀도(1.2kg/m³)

∴ 동압(P_v) = $\frac{7^2}{2} \times 1.2 = 29.4Pa$

18 장방형 단면으로 된 4각 엘보의 국부저항 손실계수가 0.50이며 풍속이 6m/s일 때, 이 엘보에서의 국부저항은? (단, 공기의 밀도는 1.2kg/m³이다.)

① 1.1Pa ② 2.2Pa
③ 10.8Pa ④ 21.6Pa

해설 국부저항에 의한 압력손실(ΔPd)

$$\Delta Pd = \xi \frac{v^2}{2}\rho\ [Pa] = 0.5 \times \frac{6^2}{2} \times 1.2 = 10.8Pa$$

ξ : 국부저항계수
v : 공기의 속도(m/s)
ρ : 공기의 밀도(kg/m³)

19 에어필터의 효율 측정법에 속하지 않는 것은?

① 중량법 ② 비색법
③ 체적법 ④ DOP법

해설 여과기(에어 필터) 효율 측정방법

구 분	측 정 방 법
중량법	• 비교적 큰 입자를 대상으로 측정하는 방법 • 필터에서 집진되는 먼지의 양으로 측정
비색법 (변색도법)	• 비교적 작은 입자를 대상으로 측정하는 방법 • 필터에서 포집한 여과지를 통과시켜 광전관으로 오염도를 측정
계수법 (Dop법)	• 고성능 필터를 측정하는 방법 • 0.3μm 입자를 사용하여 먼지의 수를 측정

20 2개 이상의 엘보를 사용하여 이음부의 나사회전을 이용해서 배관의 신축을 흡수하는 신축이음쇠는?

① 루프형 ② 벨로즈형
③ 슬리브형 ④ 스위블형

해설 배관의 신축이음쇠(expansion joint)

배관에 생기는 팽창량을 흡수하여, 응력에 의한 배관 이음쇠의 파손 부분에서 발생하는 누수를 방지하기 위하여 배관 중에 신축이음쇠(expansion joint)를 설치한다.

㉠ 스위블 조인트(swivel joint) : 2개 이상의 elbows를 사용하여 나사회전을 이용해서 신축을 흡수하는 조인트
㉡ 신축곡관(expansion loop) : 신축곡관(루프형)은 고장이 적고 고압 옥외 배관에 적합하지만 신축을 흡수하는 1개의 길이가 긴 것이 결점이다.
㉢ 슬리브형 신축이음쇠 : 슬리브가 온도의 변화에 따라 생기는 관의 신축을 슬리브의 미끄럼에 의해서 흡수한다. 이 이음쇠는 저압 증기배관 및 온수배관의 신축이음쇠로서 널리 사용한다.
㉣ 벨로즈형 신축이음쇠 : 온도의 변화에 따른 관의 신축을 벨로스의 변형에 의해 흡수시키는 기구이다.

정답 17 ③ 18 ③ 19 ③ 20 ④

건축설비설계
2021년 제4회 과년도 출제문제

01 다음은 기구배수부하단위에 관한 설명이다. ( )안에 알맞은 내용은?

> 세면기 기준의 배수관지름을 DN32로 할 때 평균배수량이 ( )이라고 가정하고, 이 값을 1로 정한 다음 각종 위생기구의 배수량을 이 값의 배수로 표시한 것이 기구배수부하 단위이다.

① 12.5L/min   ② 22.5L/min
③ 28.5L/min   ④ 35.5L/min

[해설]
세면기 기준의 배수관지름을 DN32로 할 때 평균배수량이 28.5L/min이라고 가정하고, 이 값을 1로 정한 다음 각종 위생기구의 배수량을 이 값의 배수로 표시한 것이 기구배수부하단위이다.
☞ 기구배수부하단위는 세면기를 기준으로 하며, 1유량단위(fuD)는 단위시간당 평균배수량 28.5L/min를 말한다.

02 다음 중 급수설비에서 크로스 커넥션의 방지 대책으로 가장 알맞은 것은?
① 감압밸브를 설치한다.
② 볼탭을 수위조절밸브로 변경한다.
③ 각 계통마다의 배관을 색깔로 구분할 수 있게 한다.
④ 위생기구에 연결된 기구급수관에 차단밸브를 설치한다.

[해설] 급수설비의 수질오염 원인
㉠ 저수탱크에 의한 유해물질 침입에 의한 발생
㉡ 배수설비의 급수설비로의 역류
㉢ 크로스 커넥션(cross connection)
㉣ 배관의 부식
※ 크로스 커넥션(cross connection) : 수돗물과 수돗물 이외의 물질이 혼입되어 오염시키는 현상(음료수 오염 현상)이다. 크로스 커넥션(cross connection)은 배관 사이의 잘못된 연결에 의하여 생기므로 각 계통마다 배관을 색깔로 구분할 수 있도록 한다.

03 펌프의 전양정이 30m이며, 양수량이 2000L/min일 때, 양수펌프의 축동력은? (단, 펌프의 효율은 80%이다.)
① 약 9.8kW   ② 약 12.3kW
③ 약 13.3kW ④ 약 16.7kW

[해설]
펌프 축동력(L_S) = $\dfrac{WQH}{KE}$ [kW] 에서

Q : 양수량(m^3/min) → 2000L/min = 2m^3/min
H : 전양정(m) → 30m
W : 액체 1m^3의 중량(kg/m^3) → 물은 1,000kg/m^3
E : 효율(%) → 80%
K : 정수(kW) → 6,120

∴ 펌프의 축동력(L_S) = $\dfrac{1,000 \times 2 \times 30}{6,120 \times 0.8}$
= 12.25 ≒ 12.3kW

04 원심식 펌프로 회전차 주위에 디퓨저인 안내날개를 가지고 있는 펌프는?
① 터빈펌프   ② 기어펌프
③ 피스톤펌프 ④ 볼류트펌프

[해설]
건축설비 분야에서는 원심(와권)식 펌프(볼류트 펌프, 터빈 펌프, 보어홀 펌프 등)가 주로 사용된다. 터빈펌프는 날개의 바깥쪽에 가이드베인(guide vane, 안내날개)을 설치하여 속도 에너지를 압력 에너지로 효율을 좋게 변환하여 고양정에 사용한다.

05 배수트랩에 관한 설명으로 옳지 않은 것은?
① 트랩의 봉수깊이는 50~100mm가 적절하다.
② 위생기구 중 세면기에는 U트랩이 가장 널리 이용된다.
③ P트랩, S트랩 및 U트랩은 사이폰 트랩이라고도 한다.
④ 트랩의 봉수깊이란 딥(top dip)과 웨어(crown weir)와의 수직거리를 의미한다.

정답 01 ③ 02 ③ 03 ② 04 ① 05 ②

> **해설** 배수트랩의 종류
>
> ㉠ P-trap : 일반적으로 가장 널리 쓰이는 비교적 이상적인 트랩, 세면기
> ㉡ S-trap : 대변기, 소변기(벽걸이형), 세면기 등에 부착한다. 봉수가 빠질 염려가 있다.
> ㉢ U트랩 : 가옥 배수 횡주관 말단에 설치하여 공공 하수도관으로부터 악취의 유입을 방지하며 '가옥트랩', '메인트랩'이라고도 한다.
> ㉣ 드럼트랩(drum trap, 주머니트랩) : 욕조, 싱크 등의 물 사용량이 많은 곳
> ㉤ 벨트랩(bell trap) : 바닥배수용 트랩

06 급수배관의 설계 및 시공에 관한 설명으로 옳지 않은 것은?

① 급수주관으로부터 배관을 분기하는 경우는 엘보를 사용하여야 한다.
② 주배관에는 적당한 위치에 플랜지 이음을 하여 보수점검을 용이하게 한다.
③ 배관의 수리 시 교체가 쉽고 열의 신축에도 대응할 수 있도록 벽이나 바닥을 관통하는 곳에는 슬리브를 설치한다.
④ 수평배관에는 공기가 정체하지 않도록 하며, 어쩔 수 없이 공기 정체가 일어나는 곳에는 공기빼기밸브를 설치한다.

> **해설**
> 급수주관으로부터 배관을 분기하는 경우에는 티이(tee)를 사용하여야 한다.

07 급수배관의 관경 결정법에 관한 설명으로 옳지 않은 것은?

① 같은 급수기구 중에서도 개인용과 공중용에 대한 기구급수부하단위는 공중용이 개인용보다 값이 크다.
② 유량선도에 의한 방법으로 관경을 결정하고자 할 때의 부하유량(급수량)은 기구급수부하 단위로 산정한다.
③ 소규모 건물에는 유량선도에 의한 방법이, 중규모 이상의 건물에는 관균등표에 의한 방법이 주로 이용된다.
④ 기구급수부하단위는 각 급수기구의 표준토수량, 사용빈도, 사용시간을 고려하여 1개의 급수기구에 대한 부하의 정도를 예상하여 단위화한 것이다.

> **해설**
> 대규모 건물에는 유량선도에 의한 방법이, 중규모 이하의 건물에는 관균등표에 의한 방법이 주로 이용된다.

08 펌프에 관한 설명으로 옳은 것은?

① 비속도가 작은 펌프는 양수량의 변화에 따라 양정의 변화도 크다.
② 특성이 같은 펌프를 2대 병렬 운전하면 양정과 양수량은 1대일 경우의 2배가 된다.
③ 특성이 같은 펌프를 2대 직렬 운전하면 양수량은 1대일 경우의 2배가 된다.
④ 동일펌프로 동일 송수계통에 양수하고 있는 경우 펌프의 회전수가 2배가 되면 양정은 4배가 된다.

> **해설**
> ※ 대유량·저양정일수록 비속도가 크고, 소유량·고양정일수록 비속도는 작아진다.
> ※ 펌프의 직렬 및 병렬운전 특성
> ㉠ 동일 특성을 갖는 펌프 2대를 직렬로 연결하여 운전할 경우 : 유량은 변하지 않고(동일 유량점에서) 양정은 2배로 높아진다.
> ㉡ 동일 특성을 갖는 펌프 2대를 병렬로 연결하여 운전할 경우 : 양정은 변하지 않고(동일 양정점에서) 유량은 2배로 높아진다.

09 호텔의 주방이나 레스토랑의 주방 등에서 배출되는 배수 중의 지방분을 포집하기 위하여 사용되는 포집기는?

① 오일 포집기   ② 가솔린 포집기
③ 그리스 포집기   ④ 플라스터 포집기

> **해설** 특수 용도의 배수용 트랩(저집기)
>
> ㉠ 그리스 트랩 : 호텔 주방의 조리실 바닥 배수용
> ㉡ 가솔린 트랩 : 세차장
> ㉢ 플라스터(석고) 트랩 : 치과 기공실, 정형외과 기브스실
> ㉣ 헤어 트랩 : 이용소, 미용소
> ㉤ 차고 트랩(garage trap) : 차고 내의 바닥 배수용
> ☞ 포집기 : 배수관을 막히게 하는 유지분, 모발, 섬유 부스러기 및 인화 위험 물질 등을 물리적으로 수거하기 위하여 설치하는 것

정답 06 ① 07 ③ 08 ④ 09 ③

10 급탕설비의 안전장치에 관한 설명으로 옳지 않은 것은?
① 팽창관의 배수는 간접배수로 한다.
② 팽창관의 도중에는 체크밸브를 설치하여 개폐를 원활하게 한다.
③ 팽창관은 보일러, 저탕조 등 밀폐 가열장치 내의 압력상승을 도피시키는 역할을 한다.
④ 안전밸브는 가열장치 내의 압력이 설정압력을 넘는 경우에 압력을 도피시키기 위해 탕을 방출하는 밸브이다.

[해설] 팽창관
㉠ 온수순환 배관 도중에 이상 압력이 생겼을 때 그 압력을 흡수하는 도피구로서 증기나 공기를 배출한다.
㉡ 팽창관은 보일러, 저탕조 등 밀폐 가열장치 내의 압력상승을 도피시키는 역할을 한다.
㉢ 팽창관의 도중에는 절대로 밸브류를 달아서는 안된다.
㉣ 팽창관의 배수는 간접배수로 한다.
㉤ 팽창관은 급탕관에서 수직으로 연장시켜 고가탱크 또는 팽창탱크에 개방시킨다.

11 진공환수식 증기난방에서 리프트 이음(lift fitting)을 적용하는 경우는?
① 방열기보다 환수주관이 높을 때
② 환수배관법을 역환수식으로 할 때
③ 방열기보다 응축수 온도가 너무 높을 때
④ 진공펌프를 환수주관보다 낮게 설치할 때

[해설]
리프트 이음(lift fitting, lift joint) : 진공 환수식 난방장치에서
㉠ 방열기보다 높은 곳에 환수관을 배관하지 않으면 안될 때
㉡ 환수주관보다 높은 위치에 진공펌프를 설치할 때 lift joint를 설치하여 환수관의 응축수를 끌어올릴 수 있다.
• 저압인 경우 : 1단에 1.5m 이내
• 고압인 경우 : 증기관과 환수관의 압력차 0.1MPa (1kg/cm^2)에 대해 5m 정도 끌어올린다.

12 수증기를 만드는 원리에 따라 가습장치를 구분할 경우, 다음 중 수분무식에 속하는 것은?
① 전열식   ② 모세관식
③ 초음파식   ④ 적외선식

[해설] 가습방식
건조한 실내에 습도를 높이기 위한 방법으로 크게 증기식, 물분무식, 기화식으로 구분한다.
㉠ 증기식 : 분무식, 전열식, 전극식, 적외선식
㉡ 수분무식 : 노즐 분무식, 원심식, 초음파식
㉢ 기화식(증발식) : 적하식, 회전식, 모세관식

13 증기트랩 중 플로트 트랩에 관한 설명으로 옳지 않은 것은?
① 대용량에도 적합하다.
② 응축수를 연속으로 배출시킬 수 있다.
③ 플로트를 트랩 내부에 갖고 있어 외형이 크다.
④ 증기와 응축수 사이의 온도차를 이용하는 온도조절식 트랩이다.

[해설] 플로트 트랩(float trap, 다량 트랩)
저압증기용 기기 부속 트랩으로 응축수를 처리하기 위해 사용하며 열교환기 등에 많이 쓰인다.
• 장점
㉠ 다량 및 소량의 응축수를 모두 처리할 수 있다.
㉡ 넓은 범위의 압력과 급격한 압력변화에도 원활히 작동한다.
㉢ 자동 에어벤트가 설치되어 있어 공기배출능력이 우수하다.
• 단점
㉠ 구조상 동결의 우려가 있는 곳에는 적합하지 않다.
㉡ 증기해머에 의해 내부손상을 입을 수 있다.
㉢ 증기의 압력에 따라 밸브의 오리피스경을 변경하여야 한다.

정답 10 ② 11 ① 12 ③ 13 ④

14 온수난방 배관에서 리버스 리턴(Reverse Return)방식을 사용하는 주된 이유는?
① 배관의 신축을 흡수하기 위하여
② 배관의 길이를 짧게 하기 위하여
③ 온수의 유량분배를 균일하게 하기 위하여
④ 배관내의 공기배출을 용이하게 하기 위하여

해설 리버스 리턴(Reverse Return)배관(역환수방식)
㉠ 설치 : 급탕설비-하향식
　　　　난방설비-온수난방
㉡ 방법 : 각 방열기마다의 배관회로 길이를 같게 한 배관방식 보일러에서 방열기까지(온수관)의 길이=방열기에서 보일러까지(환수관)의 길이
㉢ 목적 : 온수의 유량분배 균일화(온수의 순환을 평균화)하기 위해
㉣ 단점 : 배관수가 많아져서 설비비가 높다.

15 다음 중 콜드 드래프트의 발생원인과 가장 거리가 먼 것은?
① 주위 벽면의 온도가 낮을 때
② 인체 주위의 공기 온도가 낮을 때
③ 인체 주위의 공기 습도가 낮을 때
④ 인체 주위의 기류 속도가 낮을 때

해설 콜드 드래프트(cold draft)
인체는 신진대사에 의해 계속 열을 생산하고 생산된 열은 인체 주위로 소모된다. 그러나 생산된 열량보다 소모되는 열량이 많으면 추위를 느끼게 된다. 이와 같이 소모되는 열량이 많아져서 추위를 느끼게 되는 현상을 콜드 드래프트(cold draft)라 한다.
※ 콜드 드래프트(cold draft)의 발생 원인
　㉠ 인체 주위의 공기 온도가 너무 낮을 때
　㉡ 인체 주위의 공기 습도가 낮을 때
　㉢ 인체 주위의 공기 속도가 클 때
　㉣ 주위 벽면의 온도가 낮을 때
　㉤ 동절기 창문의 극간풍(틈새바람)이 많을 때
　☞ 팬코일 유닛방식에서 유닛을 창문 밑에 설치하면 콜드 드래프트를 줄일 수 있다.

16 냉각탑에서 어프로치(approach)에 관한 설명으로 옳은 것은?
① 냉각탑 출구와 입구 수온의 온도차
② 냉각탑 입구와 출구공기의 습구온도차
③ 냉각탑 입구의 수온과 출구공기의 습구온도와의 차
④ 냉각탑 출구의 수온과 입구공기의 습구온도와의 차

해설
어프로치(approach) : 냉각탑의 출구의 수온과 입구공기의 습구온도의 차이다.
냉각탑에 의해 냉각되는 물의 출구 온도는 외기 입구의 습구(濕球) 온도에 따라 바뀌는데, 이때의 물 온도와 외기의 습구 온도차를 말하며, 냉각탑의 설계에 따라 크게 영향을 받는 값으로, 너무 작게 잡으면 냉각탑이 크게 되어 건설비, 운전비 등이 늘어나 비경제적이므로 보통 4~6℃(5℃) 부근으로 한다.

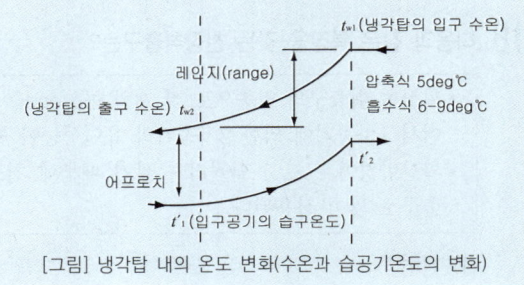

[그림] 냉각탑 내의 온도 변화(수온과 습공기온도의 변화)

17 흡수식 냉동기에 관한 설명으로 옳지 않은 것은?
① 왕복동식 냉동기에 비해 소음이 작다.
② 일반적으로 리튬브로마이드(LiBr)가 냉매로 이용된다.
③ 증발기, 흡수기, 재생기(발생기), 응축기 등으로 구성되어 있다.
④ 기계적 에너지가 아닌 열에너지에 의해 냉동효과를 얻는다.

해설 흡수식 냉동기
① 원리 : 냉매를 흡수하는 형식으로 압축냉동기의 압축기가 하는 압축을 흡수제를 이용하여 화학적으로 치환해서 냉동사이클을 형성하는 냉동기이다.(열에너지에 의해 냉동효과를 얻는 냉동기)
② 냉동 사이클 : 증발기-흡수기-발생기(재생기)-응축기

③ 발생기의 형식에 따라 단효용식과 2중효용식이 있다.
④ 특징
  ㉠ 증기나 고온수를 구동력으로 한다.
  ㉡ 냉매는 물(H_2O), 흡수액은 브롬화리튬(LiBr) 사용한다.
  ㉢ 전력소비가 적다.(압축식의 1/3) → 특별고압수전 불필요
  ㉣ 기기 내부가 진공에 가까워 파열의 위험이 없다.
  ㉤ 진동, 소음이 적다.
  ㉥ 증기 보일러가 필요하다.
  ㉦ 압축식에 비해 설치면적, 높이, 중량이 크다.

18 다음과 같은 특징을 갖는 천장취출구는?

- 확산형 취출구의 일종으로 몇 개의 콘(cone)이 있어서 1차공기에 의한 2차공기의 유인성능이 좋다.
- 확산반경이 크고 도달거리가 짧기 때문에 천장취출구로 많이 사용된다.

① 팬형 ② 노즐형
③ 펑커형 ④ 아네모스탯형

해설 아네모스탯(anemostat)형
㉠ 주로 천장에 설치하여 기류를 방사형태로 취출시키는 복류형 취출구로 일반적인 건축물에서 가장 많이 사용하고 있다.
㉡ 확산형 취출구의 일종으로 몇 개의 콘(cone)이 있어서 1차공기에 의한 2차공기의 유인성능이 좋다.
㉢ 확산반경이 크고 도달거리가 짧기 때문에 천장 취출구로 많이 사용된다.
㉣ 원형, 각형이 있고 미적인 감각은 떨어진다.
☞ 천장에 아네모스탯형 취출구를 설치하고자 할 때 기류의 확산반경을 가장 우선적으로 고려하여야 한다.

19 2중효용 흡수식 냉동기에 관한 설명으로 옳은 것은?
① 응축기가 저온, 고온 응축기로 분리되어 있다.
② 발생기가 저온, 고온 발생기로 분리되어 있다.
③ 흡수기가 저온, 고온 흡수기로 분리되어 있다.
④ 증발기가 저온, 고온 증발기로 분리되어 있다.

해설 2중효용 흡수식 냉동기
㉠ 흡수식 냉동기는 발생기의 형식에 따라 단효용식과 2중효용식이 있다.
㉡ 단효용 흡수식 냉동기의 응축기에서 버리던 증기의 응축열을 효율적으로 이용한 것이다.
㉢ 냉매증기는 수증기이고 증기보일러와 연동하여 구동한다.
㉣ 고온발생기와 저온발생기가 있어 단효용 흡수식에 비해 효율이 높다.
㉤ 저온발생기는 고온발생기보다 압력이 낮다.
㉥ 단효용 흡수식 냉동기보다 에너지 절약적이고 냉각탑 용량을 줄일 수 있다.
※ 냉동 사이클 : 증발기-흡수기-발생기(재생기)-응축기

20 난방도일(Heating Degree Day)에 관한 설명으로 옳지 않은 것은?
① 추운 날이 많은 지역일수록 난방도일은 커진다.
② 난방도일의 계산에 있어서 일사량은 고려하지 않는다.
③ 난방도일은 난방용 장치부하를 결정하기 위한 것이다.
④ 일반적으로 난방도일이 큰 지역일수록 연료소비량은 증가한다.

해설 난방 도일(度日 : heating degree days : H.D)
추운 날의 정도를 나타내는 것으로서, 연료 소비량을 추정 평가하는 데 사용된다. 실내의 평균 온도와 외기의 평균 기온과의 차(差)에 일(日 : days)을 곱한 것이다.
㉠ 어느 지방의 추위 정도와 연료소비량의 추정이 가능
㉡ 각 지역마다 값이 다르다.
㉢ 추운 정도의 지표
㉣ 단위 : ℃·day

건축설비설계
2022년 제1회 과년도 출제문제 [온라인 TEST]

01 급탕배관 방식 중 헤더 방식에 관한 설명으로 옳지 않은 것은?
① 슬리브 공법 채용 시 배관의 교환이 용이하다.
② 헤더로부터의 지관 도중에는 관이음을 사용할 필요가 없다.
③ 선분기 방식에 비해 관의 표면적이 커서 손실열량이 많다.
④ 지관을 소구경으로 배관하면 유속이 빠르게 되어 일반적으로 공기 정체가 발생하지 않는다.

해설 선분기 방식과 헤더(header) 방식

급탕배관 방식에는 하나의 주관으로부터 각 혼합수전에 지관을 통해 연결되는 선분기 방식과 헤더를 설치하여 헤더와 혼합수전을 1대 1의 관으로 연결하는 헤더(header) 방식이 있다.

분류	선분기 방식	헤더(header) 방식
탕을 기다리는 시간	한 계통마다 관로의 보유수량이 많아 급탕 대기시간을 오래 걸릴 수 있다.	한 계통마다 관로의 보유수량이 적어 급탕 대기시간을 단축할 수 있다.
배관재료 시공방법	배관의 이음부분이 많게 된다.	헤더로부터의 지관 도중에 관이음을 사용할 필요가 없다.
배관의 보수	배관의 교체 및 보수가 곤란하다.	슬리브 공법을 채용하면 배관의 교환이 용이하다.
열신축 대책	급탕본관의 직선배관부에는 일반적으로 신축대책이 필요하다.	배관의 신축이음이 필요 없다.

02 통기배관에 관한 설명으로 옳지 않은 것은?
① 통기관과 우수수직관은 겸용하는 것이 좋다.
② 각개통기방식에서는 반드시 통기수직관을 설치한다.
③ 배수수직관의 상부는 연장하여 신정통기관으로 사용하며, 대기 중에 개구한다.
④ 간접배수계통의 통기관은 다른 통기계통에 접속하지 말고 단독으로 대기 중에 개구한다.

해설
우수수직관은 지붕이나 발코니 등의 루프 드레인에서의 배수관을 말하며, 건물 내의 타 배관과 겸용해서는 안된다.

03 어느 배관에 20mm 소변기 2개, 25mm 대변기 2개가 연결될 때 이 배관의 관경은?

[표] 동시사용률표

기구수	2	3	4	5	10
동시사용률(%)	100	80	75	70	53

[표] 관균등표

관경(mm)	15	20	25	32	40	50
사용기구수	1	2	3.7	7.2	11	20

① 25mm ② 32mm
③ 40mm ④ 50mm

해설 균등표에 의한 관경의 결정

균등표에 의해 관경을 정하려면 배관에 접속하는 기구의 구경을 단위(호칭경 15mm)로 환산하여 사용률을 곱해 균등표에 의해 관경을 결정할 수 있다.
① 기구의 동시사용률 계산
　15A관의 상당개수로 환산 : 소변기-2개,
　　　　　　　　　　　　　대변기 - 3.7개
　15A관의 상당개수 누계 : 2×2+3.7×2=11.4
　기구수 4개에 대한 동시사용률이 75%이므로
　11.4×0.75=8.55개이다.
② 균등표에 의한 관경 결정
　균등표에서 15mm의 관 8.55개분의 유량에 해당하는 상당관은 7.2와 11 사이의 값이므로 여유있는 11을 선택한다.
　∴ 균등표에서 15mm의 관 8.55개분의 유량에 해당하는 관경은 40mm 이다.

정답 01 ③ 02 ① 03 ③

04 음료용 급수의 오염원인에 따른 방지대책으로 옳지 않은 것은?
① 정체수 : 적정한 탱크 용량으로 설계한다.
② 조류의 증식 : 투광성 재료로 탱크를 제작한다.
③ 크로스 커넥션 : 각 계통마다의 배관을 색깔로 구분한다.
④ 곤충 등의 침입 : 맨홀 및 오버플로우관의 관리를 철저히 한다.

해설 급수의 오염방지를 위한 대책
㉠ 내식성 자재의 사용
㉡ 저수조 등으로 유해물질의 침입방지
㉢ 타 계통 배관과의 크로스 커넥션의 방지
㉣ 역사이펀 작용방지를 위한 일정 이상(25mm 이상)의 토수구 공간 확보
※ 급수 계통의 오염 원인
  ㉠ 저수탱크에 의한 유해물질 침입에 의한 발생
  ㉡ 배수설비의 급수설비로의 역류
  ㉢ 크로스 커넥션(cross connection)
  ㉣ 배관의 부식

05 스위블형 신축이음쇠에 관한 설명으로 옳지 않은 것은?
① 굴곡부에서 압력강하를 가져온다.
② 신축량이 큰 배관에는 부적당하다.
③ 설치비가 싸고 쉽게 조립할 수 있다.
④ 고온, 고압의 옥외 배관에 주로 사용된다.

해설 신축곡관(expansion loop)
신축곡관(루프형)은 고장이 적고 고압 옥외 배관에 적합하지만 신축을 흡수하는 1개의 길이가 긴 것이 결점이다. 대구경, 고압배관에 사용한다.

06 동시사용률이 높은 건물의 급탕설비에 관한 설명으로 옳은 것은?
① 가열부하와 최대부하의 차이가 크다.
② 일반적으로 최대부하 사용시간이 짧다.
③ 일반적으로 하루에 1시간 정도의 일정시간에만 온수가 사용된다.
④ 가열기 능력을 크게 하고 저탕탱크는 소용량으로 계획하는 것이 효율적이다.

해설 저탕용량과 가열기 능력
㉠ 탕의 사용상태가 간헐적이며 일시적으로 사용량이 많은 건물에서는 저탕용량을 크게 하고, 가열능력은 작게 한다.
㉡ 장시간에 걸쳐서 탕의 사용이 평균적인 건물에서는 저탕용량을 작게 하고, 가열능력은 크게 한다.
☞ 동시사용률이 높은 건물은 가열기 능력을 크게 하고, 저탕탱크를 작게 하여야 한다.
☞ 저탕량과 가열기능력과의 사이에는 반비례하는 상호관계가 있다.

07 다음 중 배수트랩이 구비해야 할 조건과 가장 관계가 먼 것은?
① 가능한 한 구조가 간단할 것
② 배수 시에 자기세정이 가능할 것
③ 가동부분이 있으며 가동부분에 봉수를 형성할 것
④ 유효 봉수 깊이(50mm 이상 100mm 이하)를 가질 것

해설
배수 트랩은 구조가 간단하고 악취나 유독가스 및 벌레 등이 실내로 침투하는 것을 방지할 수 있고 이상이 생겼을 때에는 간단히 수리하거나 청소할 수 있는 구조로 이루어진 형태로 구성되어 있다. 내부에 배수를 조절하는 가동(可動)부분이 포함되면 쉽게 청소하기에는 복잡해지므로 가동부분이 없어야 한다.

08 급탕설비에 관한 설명으로 옳지 않은 것은?
① 급탕사용량을 기준으로 급탕순환펌프의 유량을 산정한다.
② 급탕부하단위수는 일반적으로 급수부하단위수의 3/4을 기준으로 한다.
③ 급수압력과 급탕압력이 동일하도록 배관구성을 하는 것이 바람직하다.
④ 급탕 배관시 수평주관은 상향 배관법에서는 급탕관은 앞올림구배로 하고 환탕관은 앞내림 구배로 한다.

정답 04 ② 05 ④ 06 ④ 07 ③ 08 ①

해설 급탕순환펌프의 수량

$W = \dfrac{Q}{60c\Delta t}$ [ℓ/min]

- Q : 배관과 펌프 및 기타 손실열량[kJ/h]
- W : 순환수량[ℓ/min]
- C : 탕의 비열[4.19kJ/kg·K]
- ρ : 탕의 밀도(kg/m³)
- Δt : 급탕·반탕의 온도차[℃]
  (Δt는 강제순환식일 때 5~10℃ 정도임.)
☞ 급탕 순환펌프의 순환량의 결정은 배관 등에서의 방열손실량으로 산정한다.

10 다음 중 펌프의 분류상 터보형 펌프의 속하지 않는 것은?

① 마찰 펌프 ② 사류 펌프
③ 볼류트 펌프 ④ 디퓨져 펌프

해설 터보형 펌프

케이싱 내에서 회전차(Impeller)가 회전하므로 에너지의 교환이 이루어지는 펌프이다. 회전차(Impeller)의 형상에 따라 원심식 펌프, 사류식 펌프, 축류식 펌프로 분류한다.
㉠ 원심식 펌프 : 급수, 급탕, 배수 등에 주로 사용-볼류트 펌프, 터빈 펌프
㉡ 사류식 펌프 : 상하수도용, 냉각수순환용, 공업용수용
㉢ 축류식 펌프 : 양정이 낮고(10m 이하) 송출량이 많은 경우

09 펌프의 양정에 관한 설명으로 옳지 않은 것은?

① 흡수면에서 펌프축 중심까지의 수직거리를 토출실양정이라고 한다.
② 물이 흐를 때는 유속에 상당하는 에너지가 필요하며, 이 에너지를 속도수두라 한다.
③ 흡수면으로부터 토출수면까지의 거리만큼 물이 올라가는데 필요한 에너지를 전양정이라고 한다.
④ 물을 높은 곳으로 보내는 경우, 흡수면으로부터 토출수면까지의 수직거리를 실양정이라고 한다.

해설 펌프의 양정

㉠ 전양정(H) = 흡입실양정(H_s) + 토출실양정(H_d)
　　　　　　 + 관내마찰손실수두(H_f)
㉡ 실양정(H_a) = 흡입실양정(H_s) + 토출실양정(H_d)
※ 전양정(H) : 양수펌프에서 흡수면으로부터 토출수면까지 물이 올라가는데 필요한 에너지
※ 실양정(H_a) : 흡수면에서 토출수면까지의 수직거리로 상하수면의 고저차가 된다.

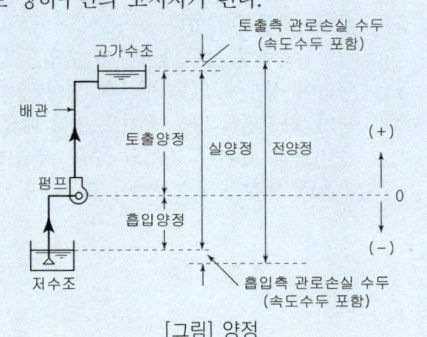

[그림] 양정

11 다음 중 트랩의 봉수 파괴 원인이 아닌 것은?

① 수격작용 ② 증발현상
③ 모세관현상 ④ 자기사이폰작용

해설 트랩(trap)

㉠ 배수관 내에서 발생한 유해가스가 실내에 침입하는 것을 방지하는 것이 트랩이다.
㉡ 트랩의 봉수깊이는 5~10cm로 하는 것이 보통이다. 5cm 이하면 봉수를 완전하게 유지할 수 없으며, 따라서 트랩으로서의 역할을 다하지 못하게 된다. 또 봉수 깊이를 너무 깊게 하면 유수의 저항이 증대하여 통수 능력이 감소되므로 트랩 통수로의 세척력이 약해져 트랩 밑에 침전물이 쌓여 트랩이 막히는 원인이 된다.
㉢ 트랩의 봉수파괴 원인에는 자기사이펀 작용, 유인사이펀작용(흡출작용), 분출작용(역압에 의한 작용), 모세관 작용, 증발, 물의 운동량에 의한 관성 등이 있다.

정답　09 ①　10 ①　11 ①

12 국소환기 설계에 관한 설명으로 옳지 않은 것은?
① 배출된 오염물질에 의한 대기오염이 되지 않도록 정화장치를 부착한다.
② 국소환기의 계통은 공간의 절약을 위해 공조장치의 환기덕트와 연결한다.
③ 배기장치는 배기가스에 의해 부식하기 쉬우므로 그에 상응한 재료를 사용한다.
④ 배풍기는 배기계통의 말단부에 두어 덕트 내 압력이 부(−)로 되도록 해서 다른 쪽으로의 누출을 방지한다.

[해설]
국소환기의 계통은 공조장치의 환기덕트와 연결하면 실내오염의 원인이 되므로 독립적으로 설치해야 한다.
※ 국소 환기 : 오염이 생긴 장소에서 오염이 실 전반에 확산되기 전 배기하는 방법으로 가장 효율이 좋은 오염 제거 방법이다. [예] 후드(hood), 퓸 후드(fume hood), 드래프트 챔버 등

13 실의 난방부하가 10kW인 사무실에 설치할 온수난방용 방열기의 필요 섹션수는? (단, 방열기 섹션 1개의 방열면적은 0.20m²로 한다.)
① 74섹션　　② 85섹션
③ 90섹션　　④ 96섹션

[해설]
온수난방의 쪽수(N_W) $= \dfrac{H_L}{0.523 a_0} = \dfrac{10}{0.523 \times 0.2}$
$= 95.6 = 96$섹션
여기서, H_L : 손실열량(kW)
a_0 : 1절당 방열면적(m²)

14 냉동기의 증발기에서 일어나는 상태변화에 관한 설명으로 옳지 않은 것은?
① 압력이 높아진다.
② 비엔탈피가 증가한다.
③ 비엔트로피가 증가한다.
④ 액체냉매가 기체냉매로 상이 변한다.

[해설]
증발기에서 압력은 일정하다.

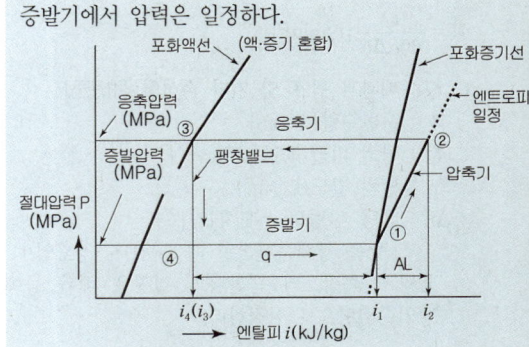

①→②: 압축, ②→③: 응축, ③→④: 팽창밸브, ④→①: 증발
[그림] 몰리에르 선도상의 냉동사이클(R-12)

15 증기트랩의 작동원리에 따른 분류 중 기계식 트랩에 속하는 것은?
① 버킷 트랩　　② 열동식 트랩
③ 벨로즈 트랩　　④ 바이메탈 트랩

[해설]
기계식 증기트랩은 응축수량에 의해 작동하는 것으로 버킷 트랩, 플로트 트랩이 있고, 열로 작동하는 것으로는 방열기 트랩(열동 트랩), 벨로우즈 트랩, 바이메탈 트랩이 있다.
※ 버킷 트랩(bucket trap)
㉠ 주로 고압증기의 관말 트랩이나 증기 사용 세탁기, 증기 탕비기 등에 많이 쓰인다. 응축수의 부력을 이용하는 기계식 트랩이다.
㉡ 증기 트랩 중에서 작은 버킷을 사용한 것으로 상향형·하향형이 있다.
㉢ 상향·하향형 모두 응축수의 유입으로 버킷이 작동하여 상부에 있는 밸브를 열어 응축수 배출을 하며, 하향형일 경우 공기도 함께 배출한다.
㉣ 증기관의 끝이나 기기의 주위 배관에 사용되나 10kPa 이상의 유효차압이 요구된다.

정답　12 ②　13 ④　14 ①　15 ①

16 다음 중 배관계통의 방진을 위해 고려해야 할 사항과 가장 거리가 먼 것은?
① 진동원의 기기를 지지한다.
② 배관을 밀고 당기는 힘이 작용되지 않도록 배치한다.
③ 소구경 배관에서는 플렉시블 호스를 사용하는 경우가 있다.
④ 바닥, 벽 등을 관통하는 곳에서는 배관을 직접 건물에 고정한다.

해설 슬리브(sleeve) 배관
콘크리트 벽체나 바닥을 관통하여 배관할 경우, 배관 교체를 용이하게 하고 배관의 신축에 대비하기 위해 콘크리트에 미리 묻어두는 배관

17 그림과 같은 전열교환기의 전열효율(η)을 올바르게 나타낸 것은? (단, 난방의 경우이며, X_1, X_2, X_3, X_4는 각 공기상태의 엔탈피를 나타낸다.)

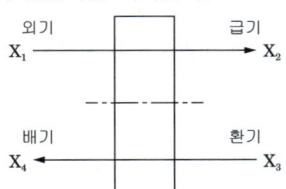

[그림] 전열교환기

① $\eta = \dfrac{X_3 - X_1}{X_2 - X_1}$

② $\eta = \dfrac{X_3 - X_4}{X_2 - X_4}$

③ $\eta = \dfrac{X_2 - X_1}{X_3 - X_1}$

④ $\eta = \dfrac{X_3 - X_4}{X_3 - X_1}$

해설 전열교환기의 효율
㉠ 외기와 환기의 최대 엔탈피차($X_3 - X_1$)에 대한 실제 전열 엔탈피차($X_2 - X_1$)의 비
㉡ 전열교환기 효율 $\eta = \dfrac{X_2 - X_1}{X_3 - X_1}$

18 전열교환기에 관한 설명으로 옳지 않은 것은?
① 공기 대 공기의 열교환기로서, 습도차에 의한 잠열은 교환 대상이 아니다.
② 공기방식의 중앙공조시스템이나 공장 등에서 환기에서의 에너지 회수방식으로 사용된다.
③ 공조시스템에서 배기와 도입되는 외기와의 전열교환으로 공조기의 용량을 줄일 수 있다.
④ 전열교환기를 사용한 공조시스템에서 중간기(봄, 가을)를 제외한 냉방기와 난방기의 열회수량은 실내·외의 온도차가 클수록 많다.

해설 공조시스템의 전열교환기
㉠ 전열교환기는 공기 대 공기의 열교환기로서 현열 및 잠열의 교환이 가능하다.
㉡ 구조는 외기가 들어와서 급기되는 윗부분과 환기가 배기되는 아래 부분으로 나누어지고, 각각 덕트에 접속된다.
㉢ 공조시스템에서 배기와 도입되는 외기의 전열교환으로 공조기의 용량을 줄일 수 있다.
㉣ 열회수율이 좋고, 고온측 및 저온측 유체의 누설이 없는 것을 사용한다.
㉤ 공기방식의 중앙공조 시스템이나 공장 등에서 환기에서의 에너지 회수방식으로 사용된다.
㉥ 전열교환기를 사용한 공조시스템에서 중간기(봄, 가을)를 제외한 냉방기와 난방기의 열회수량은 실내 외의 온도차가 클수록 많다.

19 배관설계에 관한 설명으로 옳은 것은?
① 직관부의 마찰저항은 관경에 비례한다.
② 글로브 밸브는 슬루스 밸브에 비해 마찰저항이 적어 지름이 큰 배관에 많이 사용한다.
③ 배관 내의 유속이 낮으면 공사비는 절감되나 마찰저항이 커져서 펌프 소요동력이 증가한다.
④ 수배관의 관경은 마찰손실선도에서 유량, 단위길이당 마찰손실, 유속 중 2개가 정해지면 결정할 수 있다.

정답 16 ④ 17 ③ 18 ① 19 ④

> 해설
> ① 직관부의 마찰저항은 관경에 반비례한다.
> ② 글로브 밸브는 슬루스 밸브에 비해 관내의 마찰저항이 크다.
> ③ 관내의 유속이 낮으면 관경이 커지므로 공사비는 높아지고 마찰저항이 작아져서 펌프 소요동력은 감소한다.

20 열펌프(heat pump)에 관한 설명으로 옳지 않은 것은?

① 공기조화에서 냉방 또는 난방기능을 수행한다.
② 냉동사이클에서 응축기의 방열량을 이용하기 위한 것이다.
③ EHP(Electric Heat Pump)는 흡수식 냉동기의 원리를 이용한 열펌프이다.
④ 냉동기를 냉각목적으로 할 경우의 성적계수보다 열펌프로 사용될 경우의 성적계수가 크다.

> 해설 히트펌프(Heat Pump)
> ㉠ 낮은 온도의 열원으로부터 높은 온도의 열로 펌프하듯 끌어올려 이용할 수 있기 때문에 히트펌프라고 한다.
> ㉡ 압축기를 동력원으로 압축 → 응축 → 팽창 → 증발의 사이클로 순환
> ㉢ 여름엔 냉방용으로 운전, 겨울철에는 냉매의 흐름 방향을 바꾸어 난방용으로 운전
> ㉣ 냉매의 흐름이 바뀌면, 증발기는 응축기로, 응축기는 증발기로 그 기능이 변환
> ※ 열펌프를 이용한 성적계수(COP_H)가 냉동기로 이용한 성적계수(COP_C)보다 1만큼 크다.
> $COP_H = COP_C + 1$
> ☞ EHP(Electric Heat Pump)는 압축식 냉동기의 원리를 이용한 열펌프이다.

건축설비설계
2022년 제2회 과년도 출제문제 [온라인 TEST]

01 온도 20℃, 길이 100m인 동관에 탕이 흘러 60℃가 되었을 때, 이 동관의 팽창된 길이는? (단, 동관의 선팽창계수는 0.171×10^{-4}/℃이다.)

① 34.2mm ② 68.4mm
③ 136.8mm ④ 171mm

> 해설 관의 신축과 팽창량(L)
> $L = 1,000 \cdot l \cdot C \cdot \Delta t$ [mm]
> 여기서, ℓ : 온도변화전의 관의 길이(m)
> C : 관의 선팽창계수
> Δt : 온도 변화(℃)
> ∴ $L = 1,000 \cdot \ell \cdot C \cdot \Delta t$
> $= 1,000 \times 100 \times 0.171 \times 10^{-4} \times (60-20)$
> $= 0.0684\text{m} = 68.4\text{mm}$

02 플라스틱 위생기구에 관한 설명으로 옳지 않은 것은?

① 가공성이 좋고 대량생산이 가능하다.
② 형상을 비교적 자유롭게 제작할 수 있다.
③ 경량이나 경년변화로 변색의 우려가 있다.
④ 표면경도와 내마모성이 커서 흠이 생기지 않고, 열에 강하다.

> 해설
> 플라스틱류 위생기구는 표면경도와 내마모성이 작아서 흠이 생기기 쉽고, 열에 약한 단점이 있다.

03 500L/h의 급탕을 하는 건물에서 전기순간 온수기를 사용했을 때 전기소비량은? (단, 물의 비열 4.2kJ/(kg·K), 급탕온도 60℃, 급수온도 15℃, 효율 80%)

① 27.2kW ② 29.8kW
③ 32.8kW ④ 38.4kW

정답 20 ③ / 01 ② 02 ④ 03 ③

해설

㉠ $Q = m \cdot c \cdot \Delta t$
여기서 Q : 가열량(kJ/h) m : 질량(kg)
c : 비열(kJ/kg·K) Δt : 온도차(K)
∴ $Q = m \cdot c \cdot \Delta t$
$= 500 \times 4.2 \times (60-15)$
$= 94,500$ kJ/h $= 26.25$ kJ/s

㉡ 온수기 용량 $= \dfrac{\text{가열량}}{\text{효율}} = \dfrac{26.25}{0.8}$
$= 32.8$ kJ/s $= 32.8$ kW

04 다음과 같은 조건에서 급탕순환펌프의 순환수량은?

┌ 조건 ┐
- 배관계통의 전열손실량 : 4000W
- 급탕온도 : 65℃, 환탕온도 : 55℃
- 물의 비열 : 4.2kJ/kg·K

① 5.7L/min ② 10.5L/min
③ 20.9L/min ④ 30.4L/min

해설 온수순환펌프의 수량

$W = \dfrac{Q}{60 C \Delta t}$ [ℓ/min]

Q 배관과 펌프 및 기타 손실 열량[kJ/h]
W : 순환수량[ℓ/min]
C : 탕의 비열[4.19kJ/kgK]
ρ : 탕의 밀도(kg/m³)
Δt : 급탕·반탕의 온도차[℃]
(Δt는 강제순환식일 때 5~10℃ 정도임.)

∴ $W = \dfrac{Q}{60 C \Delta t} = \dfrac{4,000 \times 3.6}{60 \times 4.2 \times (65-55)} = 5.7$ L/min

※ 1W = 3.6kJ/h

05 급수배관에서 유속을 제한하는 이유와 가장 거리가 먼 것은?
① 캐비테이션 발생 방지
② 크로스 커넥션 발생 방지
③ 유수(流水)에 의한 소음 발생 방지
④ 워터해머로 인한 관 및 관이음쇠의 손상 발생 방지

해설

크로스 커넥션(cross connection) : 수돗물과 수돗물 이외의 물질이 혼입되어 오염시키는 현상(음료수 오염 현상)
※ 크로스 커넥션(cross connection)은 배관 사이의 잘못된 연결에 의하여 생기므로 각 계통마다 배관을 색깔로 구분할 수 있도록 한다.

06 세정밸브식 대변기에 진공 방지기(vacuum breaker)를 설치하는 주된 이유는?
① 사용수량을 줄이기 위하여
② 급수소음을 줄이기 위하여
③ 급수오염을 방지하기 위하여
④ 취기(냄새)를 방지하기 위하여

해설

세정밸브형 대변기에는 버큠 브레이커(vacuum breaker, 진공방지기), 토수구 등을 설치하여 역사이펀 작용을 방지하여 급수오염을 방지한다.

07 급탕기기의 부속장치에 관한 설명으로 옳지 않은 것은?
① 안전밸브와 팽창탱크 및 배관 사이에는 차단밸브나 체크밸브를 설치한다.
② 온수탱크 상단에는 진공방지밸브(vacuum relief valve)를, 하부에는 배수밸브(drain valve)를 설치한다.
③ 밀폐형 가열장치에는 일정 압력 이상이면 압력을 도피시킬 수 있도록 도피밸브나 안전밸브를 설치한다.
④ 온수탱크의 보급수관에는 급수관의 압력 변화에 의한 환탕의 유입을 방지하도록 역류방지밸브를 설치한다.

해설

안전밸브와 팽창탱크 및 배관 사이에는 차단밸브나 체크밸브 등 어떠한 밸브도 설치되어서는 안된다.

정답 04 ① 05 ② 06 ③ 07 ①

08 다음 그림에서 배수 트랩의 봉수 깊이를 올바르게 표현한 것은?

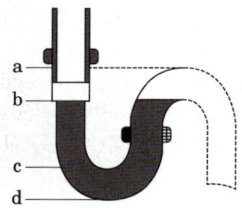

① a~d   ② b~d
③ b~c   ④ c~d

해설
트랩의 봉수깊이란 딥(top dip)과 웨어(crown weir)와의 수직거리를 의미한다.

09 다음과 같은 특징을 갖는 대변기 세정 급수 방식은?

- 세정의 경우에는 대변기로의 공급수량이나 압력이 일정하다.
- 세정효과가 양호하며 소음이 적다.
- 우리나라의 주택에 널리 사용되고 있다.

① 로 탱크식
② 기압 탱크식
③ 하이 탱크식
④ 플러시 밸브식

해설 로 탱크 방식 대변기
㉠ 설치면적을 많이 차지한다.
㉡ 고장 시 수리보수가 비교적 용이하다.
㉢ 하이탱크 방식에 비하여 소음이 작다.
㉣ 수도직결의 경우 저압의 지역에서 사용이 가능하다.
㉤ 탱크로의 급수압력에 관계없이 세정 시 대변기로의 공급압력이 일정하다.
㉥ 일반 주택, 아파트에서 주로 사용되는 대변기 세정수의 급수방식이다.

10 고가수조의 유효용량 산정 시 기준이 되는 급수량은?
① 1일 급수량
② 시간평균예상급수량
③ 순간최대예상급수량
④ 시간최대예상급수량

해설
고가수조의 유효용량 산정 시 순간최대예상급수량을 기준으로 한다.

11 다음과 같은 조건에서 연면적이 20000m²인 사무소에 필요한 1일 급수량(사용수량)은?

┤조건├
- 건물의 유효면적과 연면적의 비 : 56%
- 유효면적당 인원 : 0.2인/m²
- 1일 1인당 급수량(사용수량) : 150L/d/c

① 33.6m³/d   ② 43.6m³/d
③ 336m³/d   ④ 406m³/d

해설 건물 면적에 의한 방법
$Q_d = A \times k \times n \times q [L/d]$
  A : 건물 연면적[m²]
  k : 건물 연면적에 대한 유효 면적의 비율[%]
  n : 유효 면적당의 인원[인/m²]
  q : 건물 종류별 1일 1인당 사용수량[L/d·c]
∴ $Q_d = A \times k \times n \times q [L/d]$
  =20,000m² × 0.56 × 0.2인/m² × 150L/d
  =336,000L/d = 336m³/d

12 증기난방에서 방열기의 상당방열면적(EDR) 계산에 사용되는 표준방열량은?
① 450W/m²   ② 523W/m²
③ 650W/m²   ④ 756W/m²

해설 방열기의 표준방열량

열매의 종류	표준 방열량 [kW/m²]	표준 상태에 있어서의 온도	
		열매의 온도	실 온
증기	0.756[kW/m²]	102℃	18.5℃
온수	0.523[kW/m²]	80℃	18.5℃

정답 08 ③   09 ①   10 ③   11 ③   12 ④

13 다음 중 공기조화설비 배관에서 압력계의 설치 위치로 가장 알맞은 곳은?
① 펌프 출구 ② 급수관 입구
③ 냉수코일 출구 ④ 열교환기 출구

> **해설**
> 공기조화설비의 배관시스템에서 압력계는 펌프 출구에 설치한다.

14 온수배관에 관한 설명으로 옳지 않은 것은?
① 배관의 신축을 고려한다.
② 배관재료는 내식성을 고려한다.
③ 온수배관에는 공기가 고이지 않도록 구배를 준다.
④ 온수보일러의 팽창관에는 게이트 밸브를 설치한다.

> **해설**
> 팽창관의 도중에는 절대로 밸브류를 달아서는 안된다.

15 덕트 내에 흐르는 공기의 풍속이 12m/s, 정압이 100Pa일 경우 전압은? (단, 공기의 밀도는 1.2kg/m³이다.)
① 108.8Pa ② 186.4Pa
③ 234.2Pa ④ 256.6Pa

> **해설** 덕트의 전압(P_t) = 정압(P_s)+동압(P_v)
>
> 동압(P_v) = $\dfrac{v^2}{2g}\gamma$(mmAq) = $\dfrac{v^2}{2}\rho$ (Pa)
>
> 여기서, v : 관내 유속(m/s)
> γ : 공기의 비중량(1.2kgf/m³)
> g : 중력가속도(9.8m/s²)
> ρ : 공기의 밀도(1.2kg/m³)
>
> ∴ 동압(P_v) = $\dfrac{v^2}{2}\rho \dfrac{12^2}{2}$ ×1.2=86.4[Pa]
>
> ∴ 전압(P_t)=정압(P_s)+동압(P_v)
>   =100+86.4=186.4Pa

16 증기트랩 중 플로트 트랩에 관한 설명으로 옳지 않은 것은?
① 다량의 응축수를 처리할 수 있다.
② 급격한 압력변화에도 잘 작동된다.
③ 동결의 우려가 있는 곳에 주로 사용된다.
④ 증기해머에 의해 내부손상을 입을 수 있다.

> **해설** 플로트 트랩(float trap, 다량 트랩)
> 저압증기용 기기 부속 트랩으로 응축수를 처리하기 위해 사용하며 열교환기 등에 많이 쓰인다.
> ㉠ 장점
>   • 다량 및 소량의 응축수를 모두 처리할 수 있다.
>   • 넓은 범위의 압력과 급격한 압력변화에도 원활히 작동한다.
>   • 자동 에어벤트가 설치되어 있어 공기배출능력이 우수하다.
> ㉡ 단점
>   • 구조상 동결의 우려가 있는 곳에는 적합하지 않다.
>   • 증기해머에 의해 내부손상을 입을 수 있다.
>   • 증기의 압력에 따라 밸브의 오리피스경을 변경하여야 한다.

17 덕트 설계법 중 정압재취득법에 관한 설명으로 옳지 않은 것은?
① 등손실법에 의한 경우보다 송풍기 동력이 절약된다.
② 각 취출구에서 댐퍼에 의한 조절을 하지 않을 경우 예정된 취출풍량을 얻을 수 없다.
③ 각 취출구 또는 분기부 직전의 정압을 균일하게 되도록 덕트 치수를 결정하는 설계법이다.
④ 각 분기부분에 있어서의 풍속의 감소에 의한 정압재취득을 다음 구간의 덕트저항손실에 이용한다.

> **해설** 정압재취득법
> ㉠ 덕트 각 부의 국부저항은 전압 기준에 의해 손실계수를 이용하여 구하고, 각 취출구까지의 전압력 손실이 같아지도록 덕트 단면을 결정하는 방법이다.
> ㉡ 정압법보다 송풍기 동력절약이 가능하며, 풍량의 밸런싱(balancing)이 양호하다.
> ㉢ 각 취출구의 댐퍼에 의한 조절 없이 설계 취출풍량을 얻을 수 있다.
> ㉣ 저속덕트 경우 압력이 적으므로 덕트 치수가 커진다.

정답 13 ① 14 ④ 15 ② 16 ③ 17 ②

18 대향류형 냉각탑과 비교한 직교류형 냉각탑의 특징에 관한 설명으로 옳지 않은 것은?

① 설치면적이 크다.
② 열교환 효율이 좋다.
③ 팬 소요동력이 작다.
④ 점검 · 보수가 용이하다.

> **해설** 냉각탑의 분류(물의 흐름방향에 따른 분류)
> ① 대향류식 : 공기를 아래에서 위로 흐르게 함
>   ㉠ 분무식
>   ㉡ 충진식 : 흡입식, 압입식
> ② 직교류식 : 공기를 수류와 직각으로 흐르게 함
>   ㉠ 편측흡입식
>   ㉡ 양측흡입식
> [참고] ☞ 흡입식 ; 팬이 냉각탑의 공기 출구 측에 위치해 있는 것
>   ☞ 대향류형 냉각탑은 직교류형 냉각탑에 비해 열교환 효율이 유리하다.

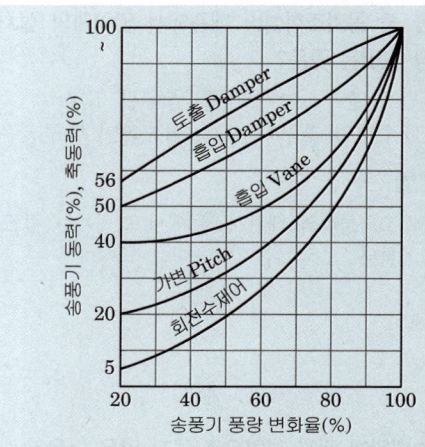

[그림] 송풍기 풍량변화율에 따른 송풍기 동력비율의 변화

19 다음의 송풍기 풍량제어법 중 축동력이 가장 적게 소요되는 것은?

① 회전수 제어
② 흡입베인 제어
③ 흡입댐퍼 제어
④ 토출댐퍼 제어

> **해설** 동력절감률(에너지절약)이 높은 것에서 낮은 순서
> 회전수제어(가변속제어) > 가변피치제어 > 흡인베인제어 > 흡인댐퍼제어 > 토출댐퍼제어
> ※ 회전수 제어 : 송풍기 풍량제어의 대표적인 방법으로 에너지절감 비율이 가장 높다.
> ※ 제어방식의 결정은 풍량조정범위, 동력절감률, 설비비 등을 고려하여 정한다.

20 송풍기의 회전속도를 일정하게 하고 날개의 직경을 d_1에서 d_2로 변경했을 때, 동력 L_2를 구하는 식으로 알맞은 것은? (단, L_1은 직경 d_1에서의 동력이다.)

① $L_2 = \left(\dfrac{d_2}{d_1}\right)L_1$ ② $L_2 = \left(\dfrac{d_1}{d_2}\right)L_1$

③ $L_2 = \left(\dfrac{d_1}{d_2}\right)^5 L_1$ ④ $L_2 = \left(\dfrac{d_2}{d_1}\right)^5 L_1$

> **해설** 송풍기의 법칙
> ① 송풍기의 회전수($N_1 \rightarrow N_2$)
>   ㉠ 풍량 : 회전수비에 비례하여 변화한다.
>   ㉡ 압력 : 회전수비의 2제곱에 비례하여 변화한다.
>   ㉢ 동력 : 회전수비에 3제곱에 비례하여 변화한다.
> ② 송풍기의 크기($D_1 \rightarrow D_2$)
>   ㉠ 풍량 : 송풍기 크기비의 3제곱에 비례하여 변화한다.
>   ㉡ 압력 : 송풍기 크기비의 2제곱에 비례하여 변화한다.
>   ㉢ 동력 : 송풍기 크기비의 5제곱에 비례하여 변화한다.

정답 18 ② 19 ① 20 ④

건축설비설계
2022년 제4회 과년도 출제문제

01 다음 설명에 알맞은 대변기 형식은?

- 분수구로부터 높은 압력으로 물을 뿜어내어 그 작용으로 유수를 배수관으로 유인하여 오물을 날려 보내는 방식이다.
- 배수로가 크고 굴곡도 작아져서 막힐 염려가 적다.

① 세출식 ② 세락식
③ 사이폰식 ④ 블로우 아웃식

해설 취출식(blow out식)
세정시 최대 소요수압 필요(세정수압 0.1MPa 이상), 소음이 크다.

02 다음 중 워터해머의 방지 대책과 가장 거리가 먼 것은?

① 워터해머흡수기를 적절하게 설치한다.
② 관내의 수압이 평상시 높아지지 않도록 구획한다.
③ 배관은 가능한 한 직선이 되지 않고 우회하도록 계획한다.
④ 수압이 0.4MPa을 초과하는 계통에는 감압밸브를 부착하여 적절한 압력으로 감압한다.

해설 수격 현상(water hammering)
관내 유속이 빠르거나 혹은 밸브, 수전 등의 관내 흐름을 순간적으로 폐쇄하면, 관내에 압력이 상승하면서 생기는 배관 내의 마찰음 현상이다.
① 원 인
  ㉠ 유속이 빠를 때
  ㉡ 관경이 적을 때
  ㉢ 밸브 수전을 급히 잠글 때
  ㉣ 굴곡 개소가 많을 때
  ㉤ 감압밸브를 사용하지 않을 때
② 방지책
  ㉠ 관내 유속을 될 수 있는 대로 느리게 하고 관경을 크게 한다.
  ㉡ 폐수전을 폐쇄하는 시간을 느리게 한다.
  ㉢ 기구류 가까이에 air chamber를 설치하여 chamber 내의 공기를 압축시킨다.
  ㉣ water hammer 방지기를 water hammer의 발생 원인이 되는 밸브 근처에 부착시킨다.
  ㉤ 굴곡 배관을 억제하고 될 수 있는 대로 직선배관으로 한다.
  ㉥ 펌프의 토출측에 릴리프밸브나 스모렌스키 체크밸브를 설치한다.(압력상승 방지)
  ㉦ 자동수압 조절밸브를 설치한다.

03 그림과 같은 급탕방식에 있어서 급탕순환펌프의 전양정은? (단, 순환 배관에서의 전마찰손실은 1000mmAq이다.)

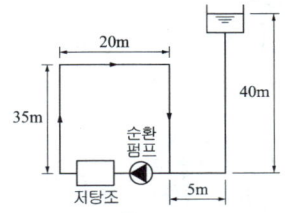

① 1mAq ② 35mAq
③ 40mAq ④ 110mAq

해설 급탕순환펌프의 전양정
$H = 0.01\left(\dfrac{L}{2}+l\right)[m] = 0.01\left(\dfrac{110}{2}+45\right) = 1\text{mAq}$

04 다음과 같은 조건에 있는 양수펌프의 축동력은?

┌ 조건 ┐
- 양수량 : 490L/min
- 전양정 : 30m
- 펌프의 효율 : 60%

① 약 3kW ② 약 4kW
③ 약 5kW ④ 약 6kW

정답 01 ④ 02 ③ 03 ① 04 ②

[해설]

펌프 축동력(L_s) = $\dfrac{WQH}{KE}$ [kW]에서

Q : 양수량[m³/min] → 490L/min = 0.49m³/min
H : 전양정[m] → 30m
W : 액체 1m³의 중량[kg/m³] → 물은 1,000kg/m³
E : 효율[%] → 60%
K : 정수[kW] → 6,120

∴ 펌프의 축동력(L_s) = $\dfrac{1,000 \times 0.49 \times 30}{6,120 \times 0.6}$ ≒ 4kW

05 1일 급탕량이 12,000ℓ/d일 때 급탕부하는 얼마인가? (단, 급탕온도는 80℃, 급수온도는 10℃, 물의 비열은 4.2kJ/g·K)

① 35.6kW ② 40.8kW
③ 44.6kW ④ 48.2kW

[해설]

급탕부하는 시간당 필요한 온수를 얻기 위해 소요되는 열량을 말한다. 급탕온도의 온도차(Δt)는 보통 60℃를 기준으로 하며, kJ/h 또는 kW(kJ/s)로 나타낸다.

급탕부하 = 급탕량 m(kg/h) × 비열 c(kJ/kg·K)
   × 온도차 Δt(K) [kJ/h]

= $\dfrac{\text{급탕량} m (\text{kg/h}) \times \text{비열} c (\text{kJ/kg·K}) \times \text{온도차} \Delta t (\text{K})}{3,600(\text{s/h})}$ [kW]

= $\dfrac{\dfrac{12,000}{24}(\text{kg/h}) \times 4.2(\text{kJ/kg·K}) \times (80-10)(\text{K})}{3,600(\text{s/h})}$

= 40.8[kW]

06 트랩의 봉수 파괴 원인 중 위생기구에서 트랩을 통하여 배수가 만수상태로 흐를 때 주로 발생하는 것은?

① 모세관 현상
② 자기 사이펀 작용
③ 감압에 의한 흡인작용
④ 역압에 의한 분출작용

[해설] 트랩의 봉수파괴 원인과 방지책

㉠ 자기 사이펀 작용 : 배수가 관속을 꽉차서 흐를 때 (만수 상태), 주로 S트랩에서 발생
㉡ 유인 사이펀작용(흡출 작용, 감압에 의한 흡인작용) : 상층의 배수입관에서 다량의 물이 일시에 낙하할 때
㉢ 분출 작용(역압에 의한 작용) : 대규모 배수설비에서 배수관의 하저곡부 가까이에 설치되어 있는 경우(피스톤작용)
㉣ 모세관 작용 : 트랩 내에 실이나 머리카락이 들어갈 때
㉤ 증발 : 위생기구의 사용빈도가 적을 때, 기름을 한 방울 떨어뜨리면 방지된다.
㉥ 물의 운동량에 의한 관성 : 배수구에 격자(석쇠)를 설치

☞ 봉수파괴 방지 : 통기관을 설치
☞ 봉수파괴 방지 : ㉠, ㉡, ㉢의 경우 통기관을 설치한다.

07 다음과 같은 조건에 있는 양수펌프의 전양정은?

조건
• 흡입 실양정 : 3m
• 토출 실양정 : 5m
• 배관의 마찰손실수두 : 1.6m
• 토출구의 속도 1.0m/s

① 16.63m ② 14.63m
③ 9.65m   ④ 8m

[해설]

전양정(H) = 흡입양정(H_s) + 토출양정(H_d) + 관내마찰손실수두(H_f) [m] (속도수두를 무시할 때)

= 흡입양정(H_s) + 토출양정(H_f) + 관내마찰손실수두(H_f) + 속도수두(H_w) [m]

∴ 전양정(H) = $H_s + H_d + H_f + H_w$

= $H_s + H_d + H_f + \dfrac{v^2}{2g}$

※ g : 중력 가속도(9.8m/sec²)

= $3 + 5 + 1.6 + \dfrac{1^2}{2 \times 9.8}$ = 9.65m

정답 05 ② 06 ② 07 ③

08 플러시 밸브식 대변기에 관한 설명으로 옳은 것은?
① 대변기의 연속사용이 가능하다.
② 급수관경과 급수압력에 제한이 없다.
③ 우리나라에서는 일반 주택을 중심으로 널리 채용되고 있다.
④ 탱크에 저장된 물의 낙차에 의한 수압으로 대변기를 세척하는 방식이다.

> **해설**
> 세정밸브식(플러시밸브식)은 대변기의 연속사용이 가능하나 소음이 크고, 단시간에 다량의 물이 필요하며, 최저 필요 수압 0.07MPa (70kPa) 이상 확보할 수 있는 경우에 사용 가능하다. 일반 가정용으로는 사용이 곤란하다.
> ※ 세정밸브형 대변기에는 급수오염(크로스 커넥션, cross connection)을 방지하기 위하여 진공방지기(vacuum breaker), 토수구 등을 설치하여 역사이펀 작용을 방지한다.

09 사무소 건물에서 다음과 같이 위생기구를 배치하였을 때 이들 위생기구 전체로부터 배수를 받아들이는 배수수평지관의 관경으로 가장 알맞은 것은?

기구종류	바닥배수	소변기	대변기
배수부하단위	2	4	8
기구수	2	8	2

관경(mm)	배수수평지관의 배수부하단위
75	14
100	96
125	216
150	372

① 75mm ② 100mm
③ 125mm ④ 150mm

> **해설**
> 배수부하단위총합 = (2×2)+(4×8)+(8×2)=52
> 표에서 배수부하단위총합 52fu 값을 충분히 배수할 수 있는 관경은 100mm가 적당하다.

※ 기구 부하단위법(Fixture Unit Value Method)
일반적으로 배수관의 관경을 결정하는 데는 관 계통에 접속하는 위생기구류의 단위시간당 최대 배수량을 기준으로 하여 관경을 구하는 것이 합리적이다. 미국에서는 구경 32mm의 트랩을 갖는 세면기의 배수량을 28.5L/min으로 하고 여기에 기구의 동시사용률과 기구 종류에 따른 사용 빈도수 및 사용자 수를 감안한 기구배수 부하단위(fixture unit)를 결정하였으며, 세면기의 기구 배수부하단위를 1로 하고, 이것을 근거로 하여 각종 기구의 배수 부하 단위를 정하였다.

10 관 균등표에 의한 관경 결정 시 필요 없는 것은?
① 균등수
② 유량선도
③ 기구의 접속관경
④ 기구의 동시사용률

> **해설** 균등표에 의한 관경의 결정
> 균등표에 의해 관경을 정하려면 배관에 접속하는 기구의 구경을 단위(호칭경 15mm)로 환산하여 사용률을 곱해 균등표에 의해 관경을 결정할 수 있다.
> ① 기구의 동시사용률 계산
>
> [표] 기구의 동시사용률(%)
>
> | 기구수 | 2 | 3 | 4 | 5 | 10 | 15 | 20 | 30 | 50 | 100 |
> |---|---|---|---|---|---|---|---|---|---|---|
> | 동시사용률(%) | 100 | 80 | 75 | 70 | 53 | 48 | 44 | 40 | 36 | 33 |
>
> ② 균등표에 의한 관경 결정
> ※ 동시사용률
> 전체 수전 개수에 대하여 어떤 시각에 건물 내부에 있는 위생기구와 급수 밸브 등이 동시에 사용되는가를 예측한 수전 개수의 비율이다. 배관의 직경과 소요되는 물량을 결정하기 위하여 사용하며 기구 수에 대하여 %로 표시한다.

정답 08 ① 09 ② 10 ②

11 어떤 덕트 내부의 풍속을 측정한 결과 7m/s이었다. 이때의 동압은 얼마인가? (단, 공기의 밀도는 1.2kg/m³이다.)
① 2.5Pa ② 24.5Pa
③ 29.4Pa ④ 49Pa

해설 덕트의 전압(P_t) = 정압(P_s)+동압(P_v)

동압(P_v) = $\frac{v^2}{2g}\gamma$(mmAq) = $\frac{v^2}{2}\rho$(Pa)

여기서, v : 관내 유속(m/s)
γ : 공기의 비중량(1.2kgf/m³)
g : 중력가속도(9.8m/s²)
ρ : 공기의 밀도(1.2kg/m³)

∴ 동압(P_v) = $\frac{7^2}{2} \times 1.2$ = 29.4Pa

12 다음 중 축열방식을 이용하는 이유와 가장 거리가 먼 것은?
① 열원설비 용량을 감소시킬 수 있다.
② 값싼 심야전력을 이용할 수 있다.
③ 전력 사용량의 피크를 완화시킬 수 있다.
④ 초기투자 비용을 줄일 수 있다.

해설 빙축열 방식(잠열축열방식)

야간(23:00~09:00)의 값싼 심야전력을 이용하여 전기에너지를 얼음 형태의 열에너지로 저장했다가 주간의 냉방용으로 사용하는 방식으로 주로 얼음의 융해열(335kJ/kg)을 이용한 것이다.
• 장점
  ㉠ 기기용량 및 부속설비용량 감소
  ㉡ 수전설비용량 축소 및 계약전력의 감소
  ㉢ 심야전기 이용으로 전력운전비 감소
  ㉣ 주야간의 전력부하 균형에 기여
  ㉤ 축열로 열공급이 안정적
  ㉥ 열회수시스템 채용 가능
• 단점
  ㉠ 초기 투자비가 비싸다.
  ㉡ 축열조 설치를 위한 별도의 공간이 필요하다.

13 터보식 냉동기에 관한 설명으로 옳지 않은 것은?
① 증기압축식 냉동기이다.
② 흡수식에 비해 소음 및 진동이 심하다.
③ 왕복동식 냉동기로 설치면적을 적게 차지한다.
④ 대용량에서는 압축효율이 좋고 비례 제어가 가능하다.

해설 터보식 냉동기

① 원리 : 임펠러의 원심력에 의해 냉매가스를 압축하는 것
② 특징
  ㉠ 수명이 길고, 유지 및 보수가 쉬우며, 가격도 싸다.
  ㉡ 대용량에서는 압축효율이 좋고 비례제어가 가능하다.
  ㉢ 냉매는 고압가스가 아니므로 취급이 용이하다.
  ㉣ 흡수식에 비해 소음 및 진동이 심하다.(왕복동식에 비하면 진동이 적다.)
  ㉤ 30% 이하의 출력에서는 서징(surging)현상이 일어나므로 운전이 곤란하다.
  ㉥ 대규모 공조 및 냉동에 적합하며 일반적으로 많이 사용한다.
※ 냉동기의 종류

구분	종류	구성 요소
압축식	왕복동식, 터보식, 회전식	압축기 - 응축기 - 팽창밸브 - 증발기
흡수식	흡수식	증발기 - 흡수기 - 발생기 - 응축기

14 냉각탑의 입출구에서 냉각수온도가 각각 t_{w1}, t_{w2}, 공기의 습구온도 t_1', t_2'일 때 어프로치(approach)는?
① $t_{w1} - t_1'$ ② $t_{w2} - t_{w1}$
③ $t_2' - t_1'$ ④ $t_{w2} - t_1'$

해설

어프로치(approach) : 냉각탑의 출구의 수온과 입구공기의 습구온도의 차이다.
냉각탑에 의해 냉각되는 물의 출구 온도는 외기 입구의 습구(濕球) 온도에 따라 바뀌는데, 이때의 물 온도와 외기의 습구 온도차를 말하며, 냉각탑의 설계에 따라 크게 영향을 받는 값으로, 너무 작게 잡으면 냉각탑이 크게 되어 건설비, 운전비 등이 늘어나 비경제적이므로 보통 4~6℃(5℃) 부근으로 한다.

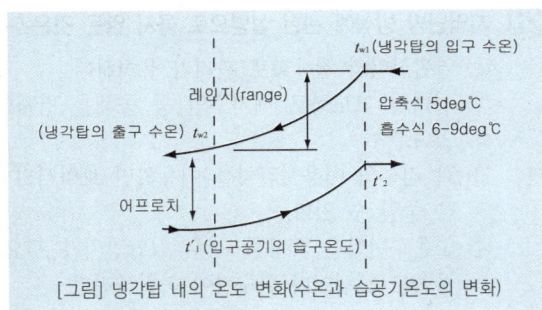

[그림] 냉각탑 내의 온도 변화(수온과 습공기온도의 변화)

15 표준상태의 공기가 12m/s로 장방형 덕트 내로 흐르고 있다. 덕트 내에 풍량조절댐퍼가 30° 각도로 설치되어 있을 때 댐퍼의 국부저항계수가 3.73이라면 댐퍼에 의한 압력손실은? (단, 공기의 밀도는 1.2kg/m³이다.)

① 164.5Pa ② 284.2Pa
③ 322.3Pa ④ 474.6Pa

해설 국부저항에 의한 압력손실(ΔPd)

$\Delta Pd = \xi \dfrac{v^2}{2} \rho \text{[Pa]} = 3.73 \times \dfrac{12^2}{2} \times 1.2 = 322.3\text{Pa}$

ξ : 국부저항계수 v : 공기의 속도(m/s)
ρ : 공기의 밀도(kg/m³)

16 용량이 386kW인 터보 냉동기에 순환되는 냉수량은? (단, 냉각기 입구의 냉수온도 12℃, 출구의 냉수온도 6℃, 물의 비열 4.2kJ/kg·K)

① 약 46m³/h   ② 약 55m³/h
③ 약 231m³/h   ④ 약 332m³/h

해설 순환수량(Q_W)[L/min]

$Q_W = \dfrac{H_{CT}}{60 C \Delta t}$ [L/min]

H_{CT} : 냉동기용량
C : 비열(4.2kJ/kg·K)
Δt : 냉각수의 냉각탑의 출입구 온도차(℃)

먼저, 1kW=1,000W=860kcal/h=1kJ/s
     =3,600kJ/h이므로
386kW=386×3,600kJ/h=1,389,600kJ/h

$Q_W = \dfrac{1,389,600}{60 \times 4.2 \times (12-6)} = 919 \ell/\text{min}$
   = 0.919m³/min = 55.14m³/h ≒ 55m³/h

17 펌프의 운전점 결정방법으로 옳은 것은?

① 펌프의 전양정이 최대가 되는 점으로 결정된다.
② 펌프의 양정곡선과 효율곡선의 교점으로 결정된다.
③ 펌프의 양정곡선과 저항곡선의 교점으로 결정된다.
④ 펌프의 축동력곡선과 효율곡선의 교점으로 결정된다.

해설 펌프의 운전점은 펌프의 양정곡선과 배관의 저항곡선의 교점으로 결정한다.

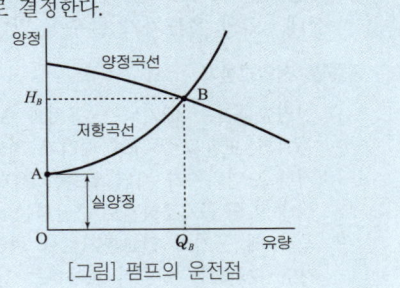

[그림] 펌프의 운전점

18 공기정화장치에서 포집효율 70%의 필터를 통과한 공기의 먼지농도는 포집효율 85%의 필터를 통과한 공기의 먼지농도의 몇 배인가? (단, 각각의 필터 상류의 먼지 농도는 같다.)

① 0.5배   ② 1.2배
③ 1.5배   ④ 2.0배

해설 필터 상류의 먼지 농도(100)가 같을 때
㉠ 상류 먼지 포집효율 70% 통과한 공기의 먼지농도는 30
㉡ 통과 먼지 포집농도 85% 통과한 공기의 먼지농도는 15

∴ 먼지농도 = $\dfrac{30}{15}$ = 2배

19 전열교환기에 관한 설명으로 옳지 않은 것은?

① 공기 대 공기의 열교환기로서, 습도차에 의한 잠열은 교환 대상이 아니다.
② 공기방식의 중앙공조시스템이나 공장 등에서 환기에서의 에너지 회수방식으로 사용된다.
③ 공조시스템에서 배기와 도입되는 외기와의 전열교환으로 공조기의 용량을 줄일 수 있다.
④ 전열교환기를 사용한 공조시스템에서 중간기(봄, 가을)를 제외한 냉방기와 난방기의 열회수량은 실내·외의 온도차가 클수록 많다.

해설 전열교환기

① 전열교환기는 배기되는 공기와 도입 외기 사이에 공기의 교환을 통하여 배기가 지닌 열량을 회수하거나 도입외기가 지닌 열량을 제거하여 도입외기를 실내 또는 공기조화기로 공급하는 전열교환장치이다.
② 공기 대 공기의 열교환기로서 현열은 물론 잠열까지도 교환되는 엔탈피 교환하는 장치로서 공조시스템에서 배기와 도입되는 외기와의 전열교환으로 공조기는 물론 보일러나 냉동기의 용량을 줄일 수 있다.
③ • 외기와 환기의 최대 엔탈피차($X_3 - X_1$)에 대한 실제 전열 엔탈피차($X_2 - X_1$)의 비

• 전열교환기 효율 $\eta = \dfrac{X_2 - X_1}{X_3 - X_1} = \dfrac{h_1 - h_2}{h_1 - h_3}$

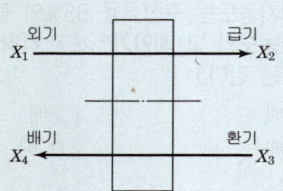

[그림] 전열교환기

20 지역난방 방식에 관한 설명으로 옳지 않은 것은?

① 열원설비의 집중화로 관리가 용이하다.
② 설비의 고도화로 대기오염 등 공해를 방지할 수 있다.
③ 각 건물의 이용시간차를 이용하면 보일러의 용량을 줄일 수 있다.
④ 고온수난방을 채용할 경우 감압장치가 필요하며 응축수 트랩이나 환수관이 복잡해진다.

해설 지역난방

중앙식 보일러실에서 어떤 지역 내의 여러 건물에 증기 또는 고온수를 보내서 난방하는 방식이다.
그 규모는 일정한 주택 단지에서 시가지 전역으로 공급하는 것도 있다. 지역난방의 배관은 사용하는 열매에 따라, 증기의 경우에는 보통 0.1~1.5MPa이며, 온수인 경우에는 100℃ 이상의 고온수를 열매로 사용한다.

정답 19 ① 20 ④

건축설비설계
2023년 제1회 과년도 출제문제 [온라인 TEST]

01 어느 배관에 15mm 세면기 1개, 20mm 소변기 2개, 25mm 대변기 2개가 연결될 때 이 배관의 관경은?

[표] 동시사용률표

기구수	2	3	4	5	10
동시사용률(%)	100	80	75	70	53

[표] 관균등표

관경(mm)	15	20	25	32	40	50
사용기구수	1	2	3.7	7.2	11	20

① 20mm ② 25mm
③ 32mm ④ 40mm

해설 균등표에 의한 관경의 결정

균등표에 의해 관경을 정하려면 배관에 접속하는 기구의 구경을 단위(호칭경 15mm)로 환산하여 사용률을 곱해 균등표에 의해 관경을 결정할 수 있다.
① 기구의 동시사용률 계산
  • 15A관의 상당개수로 환산 : 세면기-1개, 소변기-2개, 대변기-3.7개
  • 15A관의 상당개수 누계 : 1+2×2+3.7×2=12.4
    기구수 5개에 대한 동시사용률이 70%이므로 12.4×0.7=8.68개이다.
② 균등표에 의한 관경 결정
  균등표에서 15mm의 관 8.68개분의 유량에 해당하는 상당관은 7.2와 11 사이의 값이므로 여유있는 11을 선택한다.
  ∴ 균등표에서 15mm의 관 8.68개분의 유량에 해당하는 관경은 40mm 이다.

02 양수펌프 중심으로부터 2m 위에 저수조 수위가 일정하게 있고, 고가수조 수위는 펌프 중심으로 부터 30m 위에 있다. 양수배관 전체길이가 38m, 펌프의 토출압력이 15kPa일 때 최저 필요양정은? (단, 양수배관의 마찰손실수두는 50mmAq/m, 관이음 및 밸브류의 상당길이는 배관길이의 50%로 한다.)

① 30.85m ② 32.35m
③ 34.85m ④ 36.35m

해설

전양정=실양정+직관손실+국부저항+토출압력
       =28+1.9+0.95+1.5=32.35[mAq]
직관부손실=38m×50mmAq/m
         =1900mmAq=1.9mAq
국부저항=1.9mAq의 50%=0.95mAq
※ 1MPa=1000kPa=100m
   15kPa=0.015MPa=1.5m

03 워터해머의 방지 대책과 가장 거리가 먼 것은?

① 관내의 수압이 평상시 높아지지 않도록 구획한다.
② 워커해머흡수기를 적절하게 설치한다.
③ 배관은 가능한 한 직선이 되지 않고 우회하도록 계획한다.
④ 수압이 0.4MPa을 초과하는 계통에는 감압밸브를 부착하여 적절한 압력으로 감압한다.

해설 수격작용(water hammering)

관내 유속이 빠르거나 혹은 밸브, 수전 등의 관내 흐름을 순간적으로 폐쇄하면, 관내에 압력이 상승하면서 생기는 배관 내의 마찰음 현상이다.
① 원인
  ㉠ 유속이 빠를 때
  ㉡ 관경이 적을 때
  ㉢ 밸브 수전을 급히 잠글 때
  ㉣ 굴곡 개소가 많을 때
  ㉤ 플러시밸브나 콕을 사용할 때
  ㉥ 20m 이상 고양정일 때
② 방지책
  ㉠ 관내 유속을 될 수 있는 대로 느리게 하고 관경을 크게 한다.
  ㉡ 폐수전을 폐쇄하는 시간을 느리게 한다.
  ㉢ 기구류 가까이에 에어챔버(air chamber)를 설치하여 chamber 내의 공기를 압축시킨다.
  ㉣ water hammer 방지기를 water hammer의 발생 원인이 되는 밸브 근처에 부착시킨다.
  ㉤ 굴곡 배관을 억제하고 될 수 있는 대로 직선배관으로 한다.
  ㉥ 감압밸브를 설치한다.

정답 01 ④ 02 ② 03 ③

04 순간최대 급수량의 산정방법 중 기구급수부하 단위법에 대한 설명으로 옳지 않은 것은?
① 기구급수 부하단위수로부터 헌터선도에 의해 동시사용 유량을 산출한다.
② 가구급수 부하단위는 각 기구의 표준 토수량과 함께 각기구의 사용빈도와 사용시간을 고려하여 1개의 급수장치에 대한 부하 정도를 예상하여 단위화한 것이다.
③ 공중용과 개인용으로 나누어 산정할 수 있다.
④ 전반적으로 과소 설계된다는 단점이 있어 소규모 시설에서만 일부 이용된다.

[해설]
기구급수부하단위법(fixture unit)는 소요유량에 동시사용율을 적용한 방법으로 간편하며 신뢰성을 가지기 때문에 전반적으로 대규모 시설에서 이용된다.

05 펌프의 흡입양정이 10m이고, 20m 높이에 있는 옥상탱크에 양수할 때 전양정은 얼마인가? (단, 관로의 전손실수두는 100kPa이다.)
① 약 31m   ② 약 40m
③ 약 110m   ④ 약 130m

[해설]
전양정(H) = 흡입양정(H_s) + 토출양정(H_d) + 관내마찰손실수두(H_f) [m] (속도수두를 무시할 때)
∴ 전양정(H) = 10+20+10 = 40m
※ 1MPa = 1000kPa = 100m
   100kPa = 10m

06 배수배관의 관경과 구배에 관한 설명으로 옳지 않은 것은?
① 배수관 관경이 클수록 자기세정 작용이 커진다.
② 배관의 구배가 너무 크면 유수가 빨리 흘러 고형물이 남게 된다.
③ 배관의 구배가 작으면 고형물을 밀어낼 수 있는 힘이 작아진다.
④ 배수관 관경이 필요 이상으로 크면 오히려 배수의 능력이 저하된다.

[해설]
배수계통은 원칙적으로 중력에 의해 옥외로 배출하도록 한다. 배수관경을 필요 이상으로 크게 하면 할수록 배수능력은 저하된다. 배수관의 관경은 관경의 10배의 역수를 표준물매로 하며, 일반적으로 옥내배수관의 구배는 유속이 0.6~1.5m/s 정도가 되도록 잡는다.

07 급배수설비에 관한 기술 중 부적당한 것은?
① 우수수직관은 오수배수관 및 통기관과 겸용 또는 접속하는 것이 바람직하다.
② 배수수직관의 관경은 최하부부터 최상부까지 동일하게 한다.
③ 배수재이용수의 배관은 외관상 다른 배관과 구별되도록 한다.
④ 고가탱크는 건축물 최고위치의 밸브와 소요기구의 필요 수압을 확보할 수 있는 높이에 설치한다.

[해설]
우수수직관은 지붕이나 발코니 등의 루프 드레인에서의 배수관을 말하며, 건물 내의 타 배관과 겸용해서는 안된다.

08 급탕설비에 있어서 순환펌프 순환수량을 산출하는데 필요한 값이 아닌 것은?
① 배관 길이
② 급탕 사용수량
③ 급탕과 반탕의 온도차
④ 배관 단위길이당 열손실량

[해설] 급탕순환펌프의 수량

$$W = \frac{Q}{60C\Delta t} \text{ [L/min]}$$

Q : 배관과 펌프 및 기타 손실열량[kJ/h]
W : 순환수량[L/min]
C : 탕의 비열[4.19kJ/kg·K]
ρ : 탕의 밀도(kg/m³)
Δt : 급탕·반탕의 온도차[℃]
   (Δt는 강제순환식일 때 5~10℃ 정도임.)
☞ 급탕 순환펌프의 순환량의 결정은 배관 등에서의 방열손실량으로 산정한다.
☞ 급탕 순환펌프의 순환량의 결정은 배관 등에서의 방열손실량과 탕의 열(비열×온도차)로 산정한다.

정답 04 ④ 05 ② 06 ① 07 ① 08 ②

09 배수트랩에 관한 설명으로 옳지 않은 것은?
① 트랩의 봉수깊이는 50~100mm가 적절하다.
② 위생기구 중 세면기에는 U트랩이 가장 널리 이용된다.
③ P트랩, S트랩 및 U트랩은 사이폰 트랩이라고도 한다.
④ 트랩의 봉수깊이란 딥(top dip)과 웨어(crown weir)와의 수직거리를 의미한다.

해설 배수트랩의 종류
㉠ P-trap : 일반적으로 가장 널리 쓰이는 비교적 이상적인 트랩, 세면기
㉡ S-trap : 대변기, 소변기(벽걸이형), 세면기 등에 부착한다. 봉수가 빠질 염려가 있다.
㉢ U트랩 : 가옥 배수 횡주관 말단에 설치하여 공공 하수도관으로부터 악취의 유입을 방지하며 '가옥트랩', '메인트랩'이라고도 한다.
㉣ 드럼트랩(drum trap, 주머니트랩) : 욕조, 싱크 등의 물 사용량이 많은 곳
㉤ 벨트랩(bell trap) : 바닥배수용 트랩

10 다음과 같은 조건에서 급탕을 위해 필요한 직접가열량은?

- 급탕온도 60℃, 반탕온도 50℃, 급수온도 10℃
- 급탕량 0.5m³/h, 반탕량 0.25m³/h
- 물의 비열 4.2KJ/kg·K

① 10500kJ/h   ② 15000kJ/h
③ 52500kJ/h   ④ 63000kJ/h

해설
급탕부하는 시간당 필요한 온수를 얻기 위해 소요되는 가열량을 말한다. 급탕온도의 온도차(Δt)는 보통 60℃를 기준으로 하며, kJ/h 또는 kW(kJ/s)로 나타낸다.
열량[Q] = 질량[kg] × 비열[kJ/kg·K] × 온도차[K]
       = $m \cdot c \cdot \Delta t$ [kJ/h]
㉠ 급탕량[Q] = 500kg × 4.2kJ/kg·K × (60-10)K
            = 105,000[kJ/h]
㉡ 반탕량[Q] = 250kg × 4.2kJ/kg·K × (50-10)K
            = 42,000[kJ/h]
∴ 직접가열량 = 105,000 - 42,000 = 63,000[kJ/h]

11 천장 취출구에서 하향 취출을 하는 경우의 확산반경에 관한 설명으로 옳지 않은 것은?
① 거주영역에 최대확산반경이 미치지 않는 영역이 없도록 취출구를 배치한다.
② 최소확산반경 내에 보나 벽 등의 장애물이 있으면 드리프트(drift)가 발생하지 않는다.
③ 최소확산반경 내에 인접한 취출구의 최소 확산반경이 겹치면 편류현상이 발생할 수 있다.
④ 거주영역에서 평균풍속이 0.125~0.25m/s로 되는 최대 단면적의 반경을 최소확산반경이라 한다.

해설
최소확산반경 내의 보나 벽 등의 장애물이 있으면 드리프트가 발생하여 취출 기류의 확산을 방해하게 된다.

12 몰리에르(Mollier)선도를 나타낸 그림에서 히트펌프의 난방시 성적계수를 산정하는 식은?

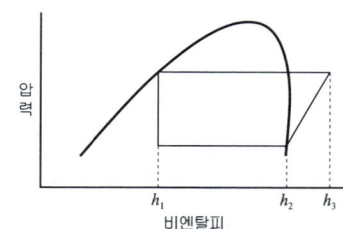

① $\dfrac{h_2 - h_1}{h_3 - h_2}$ ② $\dfrac{h_3 - h_1}{h_3 - h_2}$

③ $\dfrac{h_3 - h_1}{h_2 - h_1}$ ④ $\dfrac{h_3 - h_2}{h_2 - h_1}$

해설 성적계수
ⓐ 냉동기의 성적계수(COP_c) = $\dfrac{냉동효과(q)}{압축일(AL)}$
    = $\dfrac{냉동능력}{소요능력}$
ⓑ 열펌프의 성적계수(COP_h) = $\dfrac{응축기의 방출열량}{압축일}$
    = $\dfrac{q + AL}{AL} = \dfrac{q}{AL} + 1$
열펌프를 이용한 성적계수(COP_h)가 냉동기로 이용한 성적계수(COP_c)보다 1만큼 크다.
∴ $COP_h = \dfrac{q + AL}{AL} = \dfrac{h_3 - h_1}{h_3 - h_2}$

정답 09 ② 10 ④ 11 ② 12 ②

13 대향류형 냉각탑과 비교한 직교류형 냉각탑의 특징에 관한 설명으로 옳지 않은 것은?

① 설치면적이 크다.
② 열교환 효율이 좋다.
③ 팬 소요동력이 작다.
④ 점검·보수가 용이하다.

해설 냉각탑의 분류(물의 흐름방향에 따른 분류)
① 대향류식 : 공기를 아래에서 위로 흐르게 함
  ㉠ 분무식
  ㉡ 충진식 : 흡입식, 압입식
② 직교류식 : 공기를 수류와 직각으로 흐르게 함
  ㉠ 편측흡입식
  ㉡ 양측흡입식
[참고] ※ 흡입식 ; 팬이 냉각탑의 공기 출구 측에 위치해 있는 것
☞ 대향류형 냉각탑은 직교류형 냉각탑에 비해 열교환 효율이 유리하다.
직교류형 냉각탑은 탑높이가 낮아 설치면적이 크고 냉각효율이 낮다.

14 용량이 386kW인 터보 냉동기에 순환되는 냉수량은? (단, 냉각기 입구의 냉수온도 12℃, 출구의 냉수온도 6℃, 물의 비열 4.2kJ/kg·K)

① 약 $46m^3/h$ ② 약 $55m^3/h$
③ 약 $231m^3/h$ ④ 약 $332m^3/h$

해설 순환수량(Q_W)[L/min]

$$Q_W = \frac{H_{CT}}{60 C \Delta t} [L/min]$$

H_{CT} : 냉동기용량
C : 비열(4.2kJ/kg·K)
Δt : 냉각수의 냉각탑의 출입구 온도차(℃)
먼저, 1kW=1,000W=860kcal/h=1kJ/s
    =3600kJ/h이므로
386kW=386×3600kJ/h=1389600kJ/h

$$Q_W = \frac{1389600}{60 \times 4.2 \times (12-6)} = 919\,\ell/min$$
    $=0.919m^3/min=55.14m^3/h≒55m^3/h$

15 다음의 취출구 중 에어커튼(air-curtain)용으로 적합한 것은?

① 라인(line)형
② 베인(vane) 격자형
③ 다공판(multi vent)형
④ 아네모스탯(annemostat)형

해설 에어커튼(air curtain)
㉠ 위에서 아래로 압축공기를 분출시키고 흡입구를 아래쪽에 설치하여 공기유막을 만들어 바깥쪽과 안쪽을 차단하는 설비를 말한다.
㉡ 온습도를 조정한 공기의 분류(噴流)에 의해 다른 공기의 흐름을 차단 분리하는 공기조화의 한 방법이다. 백화점 등의 개방된 출입구에 많이 사용한다.
㉢ 송풍기는 관류송풍기가 적합하다.
㉣ 취출구는 외주부의 천정 또는 창가에 부착시키는 라인형 취출구가 적합하다.

16 증기를 온열매로 하는 공기조화 계통에 관한 설명으로 옳지 않은 것은?

① 응축수에 의한 열손실이 크다.
② 고온수 방식에 비해 용량제어가 쉽고 배관수명이 길다.
③ 보일러의 물을 가열증발시켜 그 증발잠열을 이용하는 방법이다.
④ 고온수 방식에 비해 예열시간이 짧고 간헐난방에 대한 추종성이 좋다.

해설
증기를 온열매로 하는 공기조화 계통은 고온수 방식에 비해 용량제어가 어렵고 응축수가 생기므로 배관수명이 짧다.

17 히트펌프에 관한 설명으로 옳지 않은 것은?

① 1대의 기기로 냉방과 난방을 겸용할 수 있다.
② 냉동사이클에서 응축기의 방열을 난방에 이용한다.
③ 냉동기의 성적계수가 히트펌프의 성적계수보다 1만큼 크다.
④ 히트펌프의 성적계수를 향상시키기 위해 지열 등을 이용할 수 있다.

정답 13 ② 14 ② 15 ① 16 ② 17 ③

해설 히트펌프(Heat Pump)
㉠ 낮은 온도의 열원으로부터 높은 온도의 열로 펌프 하듯 끌어올려 이용할 수 있기 때문에 히트펌프라고 한다.
㉡ 압축기를 동력원으로 압축 → 응축 → 팽창 → 증발의 사이클로 순환
㉢ 여름엔 냉방용으로 운전, 겨울철에는 냉매의 흐름 방향을 바꾸어 난방용으로 운전
㉣ 냉매의 흐름이 바뀌면, 증발기는 응축기로, 응축기는 증발기로 그 기능이 변환
☞ 열펌프를 이용한 성적계수(COP_H)가 냉동기로 이용한 성적계수(COP_C)보다 1만큼 크다.
$COP_H = COP_C + 1$

18 흡수식 냉동기에 관한 설명으로 옳지 않은 것은?
① 압축식에 비해 냉각탑의 용량이 커질 수 있다.
② 기기 내부가 진공에 가까워 파열의 위험이 없다.
③ 예냉시간이 짧아 냉수가 나올 때까지 시간이 빠르다.
④ 기기 구성요소 중 회전하는 부분이 적어 소음이 매우 작다.

해설 흡수식 냉동기
① 원리 : 냉매를 흡수하는 형식으로 압축냉동기의 압축기가 하는 압축을 흡수제를 이용하여 화학적으로 치환해서 냉동사이클을 형성하는 냉동기이다.(열에너지에 의해 냉동효과를 얻는 냉동기)
② 냉동 사이클 : 증발기-흡수기-발생기(재생기)-응축기
③ 발생기의 형식에 따라 단효용식과 2중효용식이 있다.
④ 특징
  ㉠ 증기나 고온수를 구동력으로 한다.
  ㉡ 냉매는 물(H_2O), 흡수액은 브롬화리튬(LiBr) 사용한다.
  ㉢ 전력소비가 적다.(압축식의 1/3) → 특별고압수전 불필요
  ㉣ 기기 내부가 진공에 가까워 파열의 위험이 없다.
  ㉤ 진동, 소음이 적다.
  ㉥ 증기 보일러가 필요하다.
  ㉦ 압축식에 비해 설치면적, 높이, 중량이 크다.

19 공기조화기 내 냉각코일은 통과하는 공기와 열교환을 하게 된다. 이와 관련된 설명으로 옳지 않은 것은?
① 바이패스 팩트와 컨택트 팩트의 곱은 1이다.
② 코일 핀의 형상에 따라 바이패스 팩트의 곱은 1이다.
③ 냉각코일의 열수가 많을수록 바이패스 팩트는 작아진다.
④ 냉각코일을 통과하는 공기의 속도가 빠를수록 바이패스 팩트는 커진다.

해설 By-pass Factor(BF)
냉각 또는 가열 코일과 접촉하지 않고 그대로 통과하는 공기의 비율을 말하며, 완전히 접촉하는 공기의 비율을 Contact Factor라고 한다.
송풍량을 줄이고, 냉수량을 많이 하며, 전열면적을 크게(코일의 간격은 좁게, 코일의 열수는 많이), 실내의 장치노점온도를 높게 하면 공조기의 성능을 좋게 하는 방법(바이패스 팩터(BF)를 줄이는 방법)이 된다.
☞ 바이패스 팩트와 컨택트 팩트의 합은 1이다.

20 어떤 덕트 내부의 풍속을 측정한 결과 7m/s이었다. 이때의 동압은 얼마인가? (단, 공기의 밀도는 1.2kg/m³이다.)
① 2.5Pa ② 24.5Pa
③ 29.4Pa ④ 49Pa

해설
덕트의 전압(P_t) = 정압(P_s)+동압(P_v)
동압(P_v) = $\frac{v^2}{2g}\gamma$(mmAq) = $\frac{v^2}{2}\rho$(Pa)
여기서, v : 관내 유속(m/s)
γ : 공기의 비중량(1.2kgf/m³)
g : 중력가속도(9.8m/s²)
ρ : 공기의 밀도(1.2kg/m³)
∴ 동압(P_v) = $\frac{7^2}{2} \times 1.2$ = 29.4Pa

정답 18 ③ 19 ① 20 ③

건축설비설계
2023년 제2회 과년도 출제문제

01 급탕배관에서 콘크리트벽의 관통 부위에 슬리브(sleeve) 배관을 하는 가장 주된 이유는?
① 관 내의 유속을 낮추기 위하여
② 관의 도장공사를 손쉽게 하기 위하여
③ 관 표면에 생기는 결로를 막기 위하여
④ 관이 자유롭게 신축할 수 있도록 하기 위하여

[해설] 슬리브(sleeve) 배관
콘크리트 벽체나 바닥을 관통하여 배관할 경우, 배관 교체를 용이하게 하고 배관의 신축에 대비하기 위해 콘크리트에 미리 묻어두는 배관

02 사무실 건물의 화장실에 세면기 8개, 청소싱크 1개가 설치되어 있는 경우 배수 배출량은?(단, 세면기 fuD=1, 청소싱크 fuD=3, 전체의 동시사용률은 55%이며, 1fuD=28.5L/min 이다.)
① 약 127L/min
② 약 172L/min
③ 약 285L/min
④ 약 570L/min

[해설]
배수부하단위총합=(8×1)+(1×3)=11
기구의 동시사용률이 55%이므로
∴ 배수 배출량=(11×28.5L/min)×0.55
=172.43≒172L/min
☞ 기구 부하단위법(Fixture Unit Value Method)
일반적으로 배수관의 관경을 결정하는 데는 관 계통에 접속하는 위생기구류의 단위시간당 최대 배수량을 기준으로 하여 관경을 구하는 것이 합리적이다.
미국에서는 구경 32mm의 트랩을 갖는 세면기의 배수량을 28.5L/min으로 하고 여기에 기구의 동시사용률과 기구 종류에 따른 사용 빈도수 및 사용자 수를 감안한 기구배수 부하단위(fixture unit)를 결정하였으며, 세면기의 기구 배수부하단위를 1로 하고, 이것을 근거로 하여 각종 기구의 배수 부하 단위를 정하였다.

03 다음 중 위생기구의 재질 조건과 가장 관계가 먼 것은?
① 내식성 및 내마모성이 클 것
② 흡수성이 클 것
③ 각종 현상 및 크기로 제작하기가 쉬울 것
④ 항상 청결을 유지할 수 있도록 표면이 매끄럽고 아름다울 것

[해설] 위생기구의 구비조건
㉠ 흡수성이 적고, 내식성, 내마모성이 좋을 것
㉡ 제작이 용이하고 설치가 간단할 것
㉢ 오염방지를 배려한 구조일 것
㉣ 외관이 깨끗하고 위생적이며 청소가 용이할 것

04 저수조의 물을 고가수조로 양수하는 급수배관계에서의 수격현상을 방지하기 위한 대책으로 잘못된 것은?
① 급수횡주관을 가능한 높은 곳으로 위치시킨다.
② 완전폐쇄형 체크 밸브를 사용한다.
③ 수격방지기를 설치한다.
④ 배관 내 유속을 낮춘다.

[해설] 수격 현상(water hammering)
㉠ 수전을 갑자기 열고 닫을 때 생기는 마찰음 현상
㉡ 원인 : 유속이 빠를 때, 관경이 작을 때, 밸브 수전을 급히 잠글 때, 굴곡개소가 많을 때
㉢ 방지책 : 관내의 유속을 서서히 하고 관경을 크게 한다. 수전 근처에 공기실(air chamber)을 설치하거나 워터해머(water hammer) 방지기를 부착한다.

05 온도 10℃, 길이 100m인 강관에 탕이 흘러 70℃가 되었을 때, 강관의 팽창량은? (단, 강관의 선팽창계수는 1.0×10^{-5}/℃이다.)
① 6mm
② 12mm
③ 6cm
④ 12cm

[해설] 관의 신축과 팽창량(L)
$L = 1,000 \cdot \ell \cdot C \cdot \Delta t$ [mm]
여기서, ℓ : 온도변화전의 관의 길이(m)
C : 관의 선팽창계수
Δt : 온도 변화(℃)
∴ $L = 1,000 \cdot \ell \cdot C \cdot \Delta t$
$= 1,000 \times 100 \times 1.0 \times 10^{-5} \times (70-10)$
$= 60mm = 6cm$

정답 01 ④ 02 ② 03 ② 04 ① 05 ③

06 다음과 같은 특징을 같은 대변기 세정방식(세정수의 급수방식)은?

> • 세정의 경우에는 대변기로의 공급수량이나 압력이 일정하다.
> • 세정효과가 양호하며 소음이 적다.
> • 우리나라의 일반 주택에서 주로 사용된다.

① 하이 탱크식 ② 로 탱크식
③ 플러시 밸브식 ④ 세락식

해설 대변기 세정 급수장치

구분	급수관(세정관)의 관경	특징
하이 탱크식 (시스턴식)	15A (32A)	• 1.9m 높이 물탱크 • 소음 크지만 물사용량 적다.
로우 탱크식 (시스턴식)	15A (50A)	• 많은 면적을 차지한다. • 소음 적지만 물사용량 많다.
세정 밸브식 (플러시 밸브식)	25A 이상	• 한번 핸들을 돌리면 급수압력으로 일정량의 물이 나온 다음 자동으로 잠긴다.

• 종류 : 세출식, 세락식, 사이펀식, 사이펀제트식, 취출식, 절수식 등

07 통기배관에 관한 설명으로 옳지 않은 것은?

① 통기관은 우수관에 접속하지 않는다.
② 결합통기관은 배수수직관과 통기수직관을 연결하는 통기관이다.
③ 간접 배수계통의 통기관은 잡배수 계통의 통기수직관에 접속한다.
④ 신정통기관은 배수수직관의 상부를 연장하여 대기에 개방한 통기관이다.

해설 간접 배수계통의 통기관은 잡배수(일반배수) 계통의 통기수직관에 접속하지 아니한다.
※ 간접배수 : 냉장고, 세탁기, 음료기, 공기정화기 등에서의 배수방식으로 기구의 오염을 막기 위해 일반배수관으로 직접 연결하지 않고, 물받이 사이에 공간을 두어 공기 중에 노출시켰다가 배수관으로 흘려보내는 배수이다.

08 기구급수부하단위(Fu)가 1Fu인 위생기구의 종류 및 접속관경으로 옳은 것은?

① 세면기, 15mm ② 세면기, 25mm
③ 대변기, 15mm ④ 대변기, 25mm

해설 기구급수부하단위(F.U)는 1~10으로 구분하며 기본단위 F.U 1은 세면기이다.
• 세정밸브식 대변기(10) > 소변기(4) > 세면기(1)
※ 기구급수부하단위법(fixture unit)는 소요유량에 동시사용율을 적용한 방법으로 간편하며 신뢰성을 가지기 때문에 전반적으로 대규모 시설에서 이용된다.

09 펌프의 캐비테이션에 관한 설명으로 옳지 않은 것은?

① 비정상적인 소음과 진동이 발생한다.
② 캐비테이션을 방지하기 위해 펌프의 흡입양정을 크게 한다.
③ 캐비테이션이 진행되면 펌프의 양수량, 양정 및 효율이 저하되어 간다.
④ 캐비테이션을 방지하기 위해 설계상의 펌프 운전 범위 내에서 항상 유효 NPSH가 필요 NPSH보다 크게 되도록 배관계획을 한다.

해설 캐비테이션(cavitation)

펌프의 흡입구로 들어온 물 중에 함유되었던 증기의 기포는 임펠러(펌프의 날개)를 거쳐 토출구로 넘어가면 갑자기 압력이 상승되므로 기포는 물속으로 다시 소멸된다. 이때 소멸 순간에 격심한 소음과 진동을 수반하면서 일어나는 현상으로서, 흡입양정에서 발생한다.
■ 공동현상(cavitation)을 방지하려면 펌프의 유효 흡입양정(NPSH)을 낮추어 흡입구의 압력이 항상 흡입구의 포화증기압력 이상으로 유지되도록 하는 것이 바람직하다.
※ NPSH(Net Positive Suction Head : 유효 흡입양정)
  ㉠ 캐비테이션이 일어나지 않는 유효 흡입양정을 수주로 표시한 것이다.
  ㉡ 펌프의 설치 상태 및 유체의 온도 등에 따라 다르다.

정답 06 ② 07 ③ 08 ① 09 ②

ⓒ 설치에서 얻어지는 NPSH는 펌프 자체가 필요로 하는 NPSH보다 커야 캐비테이션이 일어나지 않는다.(필요 NPSH가 유효 NPSH보다 작게 되도록 배관계획을 한다.)
- 캐비테이션 방지책
  - 흡입양정을 줄이고 흡입관 손실을 줄인다.
  - 유체의 온도를 낮춘다.
  - 필요 이상의 양정을 두지 않는다.
  - 규정회전수 내에서 운전한다.
  - 2대 이상의 펌프를 사용한다.
  - 스트레이너 통수면적을 여유있게 잡고 청소를 한다.

[해설] 트랩의 봉수파괴 원인과 방지책
① 자기 사이펀 작용 : 배수가 관속을 꽉차서 흐를 때(만수 상태), 주로 S트랩에서 발생
ⓒ 유인 사이펀작용(흡출 작용, 감압에 의한 흡인작용) : 상층의 배수입관에서 다량의 물이 일시에 낙하할 때
ⓒ 분출 작용(역압에 의한 작용) : 대규모 배수설비에서 배수관의 하저곡부 가까이에 설치되어 있는 경우(피스톤작용)
ⓔ 모세관 작용 : 트랩 내에 실이나 머리카락이 들어갈 때
ⓜ 증발 : 위생기구의 사용빈도가 적을 때, 기름을 한 방울 떨어뜨리면 방지된다.
ⓗ 물의 운동량에 의한 관성 : 배수구에 격자(석쇠)를 설치
☞ 봉수파괴 방지 : 통기관을 설치
☞ 봉수파괴 방지 : ①, ⓒ, ⓒ의 경우 통기관을 설치한다.

10 급탕배관 계통에서 총손실열량이 30,000W이고, 급탕온도가 80℃, 반탕온도가 70℃라면 순환수량은? (단, 물의 비열은 4.2kJ/kg·K, 물의 밀도는 1kg/L이다.)
① 약 43L/min ② 약 56L/min
③ 약 66L/min ④ 약 72L/min

[해설] 온수순환펌프의 수량

$$W = \frac{Q}{60c\Delta t} [\ell/min]$$

Q : 배관과 펌프 및 기타 손실 열량[kJ/h]
W : 순환수량[ℓ/min]
c : 탕의 비열[4.19kJ/kg·K]
ρ : 탕의 밀도(kg/m³)
Δt : 급탕·반탕의 온도차[℃]
(Δt는 강제순환식일 때 5~10℃ 정도임.)

$$\therefore W = \frac{Q}{60c\Delta t} = \frac{30,000 \times 3.6}{60 \times 4.2 \times (80-70)}$$
$$= 42.86 = 43L/min$$

※ 1W=3.6kJ/h

12 온수배관에 관한 설명으로 옳지 않은 것은?
① 팽창관에는 게이트 밸브를 설치한다.
② 펌프의 흡입측에 스트레이너를 설치한다.
③ 배관 도중에 벨로즈형 등의 신축이음을 설치한다.
④ 유량을 균등하게 분배하기 위하여 리버스리턴 방식을 채용한다.

[해설] 팽창관
① 온수순환 배관 도중에 이상 압력이 생겼을 때 그 압력을 흡수하는 도피구로서 증기나 공기를 배출한다.
ⓒ 팽창관은 보일러, 저탕조 등 밀폐 가열장치 내의 압력상승을 도피시키는 역할을 한다.
ⓒ 팽창관의 도중에는 절대로 밸브류를 달아서는 안된다.
ⓔ 팽창관의 배수는 간접배수로 한다.
ⓜ 팽창관은 급탕관에서 수직으로 연장시켜 고가탱크 또는 팽창탱크에 개방시킨다.

11 배수계통에서 트랩의 봉수가 파괴되는 원인 중 액체의 응집력과 액체와 고체 사이의 부착력에 의해 발생하는 것은?
① 증발 현상 ② 모세관 현상
③ 자기사이폰 작용 ④ 유도사이폰 작용

13 냉각탑에서 어프로치(approach)에 관한 설명으로 옳은 것은?
① 냉각탑 출구와 입구 수온의 온도차
② 냉각탑 입구와 출구공기의 습구온도차
③ 냉각탑 입구의 수온과 출구공기의 습구온도와의 차
④ 냉각탑 출구의 수온과 입구공기의 습구온도와의 차

해설

어프로치(approach) : 냉각탑의 출구의 수온과 입구공기의 습구온도의 차이다.

냉각탑에 의해 냉각되는 물의 출구 온도는 외기 입구의 습구(濕球) 온도에 따라 바뀌는데, 이때의 물 온도와 외기의 습구 온도차를 말하며, 냉각탑의 설계에 따라 크게 영향을 받는 값으로, 너무 작게 잡으면 냉각탑이 크게 되어 건설비, 운전비 등이 늘어나 비경제적이므로 보통 4~6℃(5℃) 부근으로 한다.

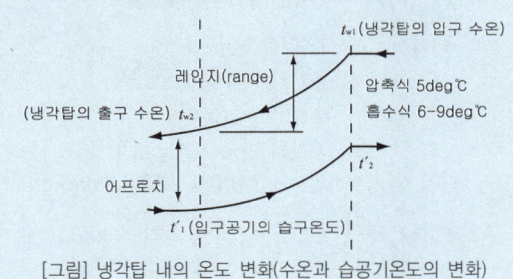

[그림] 냉각탑 내의 온도 변화(수온과 습공기온도의 변화)

15 급기 덕트 계통에 설계값인 풍량 $6000m^3/h$, 정압 40 mmAq, 축동력이 2kW인 송풍기를 설치한 후 덕트말단에서 풍량을 측정한 결과 $5000m^3/h$이었다. 이 덕트계에 설계 풍량을 급기하기 위해 송풍기의 모터를 교체할 경우 요구되는 축동력은? (단, 덕트계에 공기누설이 없고, 송풍기의 효율은 일정한 것으로 가정한다.)

① 2.0kW   ② 2.4kW
③ 2.88kW ④ 3.456kW

해설

① 송풍기의 법칙에서 송풍량은 임펠러의 회전수에 비례하고, 압력은 회전수의 제곱에 비례하며, 축동력은 회전수의 세제곱에 비례한다.
② 풍량 측정 결과 $5000m^3/h$를 설계치 풍량 $6000m^3/h$로 20% 증가시켜야 하므로 송풍기의 법칙(상사의 법칙)에 의해 임펠러의 회전수를 20% 증가시켜야 하므로 축동력은 1.2^3배가 된다.
∴ 축동력= $2kW × 1.2^3 = 3.456kW$

14 온수에서 분리된 공기를 배제하기 위한 배관 방법으로 가장 알맞은 것은?

① 배수밸브를 설치한다.
② 감압밸브를 설치한다.
③ 팽창관에 밸브를 설치한다.
④ 팽창탱크를 향하여 선상향 구배로 한다.

해설 팽창탱크

온수난방에서 체적팽창에 대한 여유를 갖기 위해 설치한다.
㉠ 개방식(보통 온수난방)
 • 온수 팽창량의 2~2.5배
 • 방열기보다 높은 위치에 설치한다.
 • 배관 최고부에서 팽창탱크까지의 높이는 1m 이상으로 한다.
㉡ 밀폐식(고온수 난방) : 안전밸브를 달아 보일러 내부가 제한 압력 이상으로 상승하면 자동적으로 밸브를 열어서 과잉수를 배출한다.

16 급수로부터 각 유닛을 거쳐 나오는 총길이가 동일하므로 기기마다의 저항이 균일하게 되고, 따라서 유량을 균일하게 할 수 있는 배관 회로 방식은?

① 역환수방식
② 자연환수방식
③ 간접환수방식
④ 건식환수방식

해설 리버스리턴(Reverse Return)배관(역환수방식)

㉠ 설치 : 급탕설비의 하향식 배관, 난방설비의 온수난방
㉡ 방법 : 각 방열기마다의 배관회로 길이를 같게 한 배관방식 보일러에서 방열기까지(온수관)의 길이= 방열기에서 보일러까지(환수관)의 길이
㉢ 목적 : 온수의 유량분배 균일화(온수의 순환을 평균화)하기 위해
㉣ 단점 : 배관수가 많아져서 설비비가 높다.

정답 14 ④   15 ④   16 ①

17 진공환수식 증기난방에서 리프트 이음(lift fitting)을 적용하는 경우는?
① 방열기보다 환수주관이 높을 때
② 환수배관법을 역환수식으로 할 때
③ 방열기보다 응축수 온도가 너무 높을 때
④ 진공펌프를 환수주관보다 낮게 설치할 때

[해설]

리프트 이음(lift fitting, lift joint) : 진공 환수식 난방 장치에서
㉠ 방열기보다 높은 곳에 환수관을 배관하지 않으면 안될 때
㉡ 환수주관보다 높은 위치에 진공펌프를 설치할 때 lift joint를 설치하여 환수관의 응축수를 끌어올릴 수 있다.
• 저압인 경우 : 1단에 1.5m 이내
• 고압인 경우 : 증기관과 환수관의 압력차 0.1MPa (1kg/cm²)에 대해 5m 정도 끌어올린다.

18 증기트랩 중 플로트 트랩에 관한 설명으로 옳지 않은 것은?
① 자동 에어벤트가 설치되어 있어 공기배출능력이 우수하다.
② 구조상 동결의 우려가 있는 곳에는 적합하지 않다.
③ 증기해머에 의해 내부손상을 입을 수 있다.
④ 소량의 응축수는 처리할 수 있으나 다량의 응축수는 처리할 수 없다.

[해설] 플로트 트랩(float trap, 다량 트랩)

저압증기용 기기 부속 트랩으로 응축수를 처리하기 위해 사용하며 열교환기 등에 많이 쓰인다.
• 장점
㉠ 다량 및 소량의 응축수를 모두 처리할 수 있다.
㉡ 넓은 범위의 압력과 급격한 압력변화에도 원활히 작동한다.
㉢ 자동 에어벤트가 설치되어 있어 공기배출능력이 우수하다.
• 단점
㉠ 구조상 동결의 우려가 있는 곳에는 적합하지 않다.
㉡ 증기해머에 의해 내부손상을 입을 수 있다.
㉢ 증기의 압력에 따라 밸브의 오리피스경을 변경하여야 한다.

19 어떤 수평덕트 내를 흐르는 공기의 전압 및 정압을 측정한 결과 각각 33.8mmAq, 25mmAq 이었다. 이때 덕트 내 공기의 유속은 얼마인가? (단, 공기의 밀도는 1.2kg/m³이다.)
① 8m/s   ② 10m/s
③ 12m/s   ④ 14m/s

[해설] 덕트의 전압(P_t)=정압(P_s)+동압(P_v)

동압(P_v) = $\dfrac{v^2}{2g}\gamma$ (mmAq) = $\dfrac{v^2}{2}\rho$ (Pa)

여기서, v : 관내 유속(m/s)
γ : 공기의 비중량(1.2kgf/m³)
g : 중력가속도(9.8m/s²)
ρ : 공기의 밀도(1.2kg/m³)

먼저, 동압=전압-정압=33.8-25=8.8mmAq

동압(P_v) = $\dfrac{v^2}{2g}\gamma = \dfrac{v^2}{2\times 9.8}\times 1.2 = 8.8$ mmAq

$\therefore v = \sqrt{\dfrac{2gP_v}{\gamma}} = \sqrt{\dfrac{2\times 9.8\times 8.8}{1.2}}$ = 12m/s

20 축류형 송풍기의 종류에 속하지 않는 것은?
① 베인형   ② 후곡형
③ 튜브형   ④ 프로펠러형

[해설] 송풍기의 종류
㉠ 원심형 : 다익형, 터보형, 익형, 리미트로드형
㉡ 축류형 : 프로펠러형, 튜브형, 베인형
㉢ 횡류형(관류형)

정답 17 ①   18 ④   19 ③   20 ②

건축설비설계
2023년 제4회 과년도 출제문제

01 아파트 1동 90세대의 급탕설비를 중앙공급식으로 할 경우, 시간당 최대 급탕량(A)과 저탕량(B)으로 옳은 것은? (단, 1세대당 기구 급탕량은 샤워 110L/h, 싱크 40L/h, 세탁기 70L/h를 기준으로 하고, 동시사용률은 30%를 저탕용량계수는 1.25를 적용한다.)

① A=5940L/h, B=7425L
② A=7425L/h, B=5940L
③ A=25740L/h, B=7425L
④ A=25740L/h, B=32175L

해설
㉠ A : 시간당 최대 급탕량=총급탕량×동시사용률
  =(110+40+70)×90×0.3=5,940L/h
㉡ B : 저탕량=시간당 최대 급탕량×저탕계수
  =5,940L/h×1.25=7,425L

02 구조가 간단하고 자기 사이폰 작용을 일으키면 자정작용을 갖는 트랩으로 사이폰 작용을 일으키기 쉽기 때문에 사이폰 트랩이라고도 불리우는 것은?

① 드럼트랩   ② 관트랩
③ 기구트랩   ④ 바닥배수트랩

해설
관트랩 : 구조가 간단하고 자기 사이폰 작용을 일으키면 자정작용을 갖는 트랩으로 사이폰 작용을 일으키기 쉽기 때문에 사이폰 트랩이라고도 불리운다.
※ 사이폰계 트랩(관트랩) : P-trap, S-trap, U-trap
※ 비사이폰계 트랩 : 드럼 트랩, 벨 트랩, 그리스 트랩, 보틀 트랩

03 신축곡관이라고 하며, 구부림을 이용하여 배관의 신축을 흡수하는 신축이음쇠는?

① 루프형   ② 벨로즈형
③ 슬리브형 ④ 스위블형

해설 신축곡관(expansion loop)
신축곡관(루프형)은 고장이 적고 고압 옥외 배관에 적합하지만 신축을 흡수하는 1개의 길이가 긴 것이 결점이다. 대구경, 고압배관에 사용한다.

04 다음 중 배관계통의 방진을 위해 고려해야 할 사항과 가장 거리가 먼 것은?

① 진동원의 기기를 지지한다.
② 배관을 밀고 당기는 힘이 작용되지 않도록 배치한다.
③ 소구경 배관에서는 플렉시블 호스를 사용하는 경우가 있다.
④ 바닥, 벽 등을 관통하는 곳에서는 배관을 직접 건물에 고정한다.

해설 슬리브(sleeve) 배관
콘크리트 벽체나 바닥을 관통하여 배관할 경우, 배관 교체를 용이하게 하고 배관의 신축에 대비하기 위해 콘크리트에 미리 묻어두는 배관

05 다음 설명에 알맞은 펌프는?

• 원심식 펌프이다.
• 회전차 주위에 디퓨저인 안내날개를 갖고 있다.

① 터빈펌프   ② 기어펌프
③ 피스톤펌프 ④ 볼류트펌프

해설
터빈펌프는 날개의 바깥쪽에 가이드베인(guide vane, 안내날개)을 설치하여 고양정에 사용한다.
※ 원심(와권) 펌프는 급수, 급탕, 배수 등에 주로 사용되며 볼류트 펌프, 터빈 펌프, 보어홀 펌프 등이 있다.

정답 01 ① 02 ② 03 ① 04 ④ 05 ①

06 다음 중 급수관의 관경 결정과 가장 관계가 적은 것은?
① 동적부하해석법 ② 관균등표
③ 마찰저항선도 ④ 동시사용률

해설 급수 배관의 관경 결정법
① 기구 연결관의 관경에 의한 관경 결정
② 균등표에 의한 관경의 결정
　㉠ 기구의 동시사용률 계산
　㉡ 균등표에 의한 관경 결정
③ 마찰저항선도에 의한 관경의 결정
　㉠ 동시사용 유수량 계산(Hunter 곡선)
　㉡ 허용마찰손실수두 계산 → 마찰저항선도
※ 동적부하해석법은 공기조화부하계산 방법 중 기간부하 계산방법이다.

07 배수관에 있어서 청소구(clean out)를 원칙적으로 설치해야 하는 곳이 아닌 것은?
① 배수수직관의 최상부
② 배수 수평주관과 옥외배수관의 접속장소와 가까운 곳
③ 배수관이 45° 이상의 각도로 방향을 바꾸는 곳
④ 배수 수평주관의 기점

해설 청소구(Clean Out) 설치 위치
－찌꺼기가 쌓일 수 있는 곳
㉠ 가옥 배수관과 부지 하수관이 접속하는 곳
㉡ 배수수직관의 최하단부
㉢ 배수수평주관, 배수수평지관의 기점
㉣ 배관이 45° 이상의 각도로 구부러진 곳
㉤ 각종 트랩 및 기타 배관상 특히 필요한 곳
㉥ 수평관의 관경이 100mm 이하인 경우에는 직선거리 15m 이내마다, 관경 100mm 이상인 경우에는 직선거리 30m 이내마다 설치
㉦ 각종 트랩 및 기타 배관상 특히 필요한 곳
☞ 배수의 흐름과 반대 또는 직각방향으로 열 수 있도록 설치한다.

08 음료용 급수의 오염원인에 따른 방지대책으로 옳지 않은 것은?
① 정체수 : 적정한 탱크 용량으로 설계한다.
② 조류의 증식 : 투광성 재료로 탱크를 제작한다.
③ 크로스 커넥션 : 각 계통마다의 배관을 색깔로 구분한다.
④ 곤충 등의 침입 : 맨홀 및 오버플로우관의 관리를 철저히 한다.

해설 급수의 오염방지를 위한 대책
㉠ 내식성 자재의 사용
㉡ 저수조 등으로 유해물질의 침입방지
㉢ 타 계통 배관과의 크로스 커넥션의 방지
㉣ 역사이펀 작용방지를 위한 일정 이상(25mm 이상)의 토수구 공간 확보
※ 급수 계통의 오염 원인
　㉠ 저수탱크에 의한 유해물질 침입에 의한 발생
　㉡ 배수설비의 급수설비로의 역류
　㉢ 크로스 커넥션(cross connection)
　㉣ 배관의 부식

09 1000L/h의 급탕을 전기온수기를 사용하여 공급할 때 시간당 전력사용량은? (단, 물의 비열 4.2kJ/kg·K, 밀도 1kg/L, 급탕온도 70℃, 급수온도 10℃, 전기온수기의 전열효율은 95%로 한다.)
① 63.4kW/h ② 66.5kW/h
③ 70.2kW/h ④ 73.7kW/h

해설
급탕부하는 시간당 필요한 온수를 얻기 위해 소요되는 가열량을 말한다. 급탕온도의 온도차(Δt)는 보통 60℃를 기준으로 하며, kJ/h 또는 kW(kJ/s)로 나타낸다.
㉠ Q = 급탕량 m(kg/h) × 비열 c(kJ/kg·K) × 온도차 Δt(K) [kJ/h]
$$= \frac{급탕량\,m\,(kg/h) \times 비열\,c\,(kJ/kg\cdot K) \times 온도차\,\Delta t\,(K)}{3,600(s/h)}\,[kW]$$
$$= \frac{1,000(kg/h) \times 4.2(kJ/kg\cdot K) \times (70-10)(K)}{3,600(s/h)}$$
$= 70\,[kW]$
㉡ 온수기 용량 = $\dfrac{가열량}{효율} = \dfrac{70}{0.95} = 73.7\,[kW]$

정답 06 ① 07 ① 08 ② 09 ④

10 급수배관의 설계 및 시공에 관한 설명으로 옳지 않은 것은?
① 구조체의 관통부에는 슬리브를 사용한다.
② 물이 고일 수 있는 부분에는 퇴수밸브를 설치한다.
③ 음료용 배관과 비음료용 배관을 크로스 커넥션 하지 않는다.
④ 급수관과 배수관이 교차될 경우, 배수관은 급수관 위에 매설한다.

해설
급수관과 배수관을 교차 매설은 가능한 피하는 것이 좋으며 부득이 한 경우에는 급수관을 배수관의 윗방향에 매설한다.

11 대변기의 세정방식 중 로 탱크(low tank)식에 관한 설명으로 옳은 것은?
① 바닥으로부터 1.6m 이상 높은 위치에 탱크를 설치한다.
② 단시간에 다량의 물이 필요하기 때문에 일반 가정용으로는 사용하지 않는다.
③ 사용빈도가 많거나 일시적으로 많은 사람들이 연속하여 사용하는 장소에 적합하다.
④ 세정의 경우 탱크로의 급수압력에 관계없이 대변기로의 공급수량이나 압력이 일정하다.

해설 하이탱크식과 로우 탱크식
1) 하이탱크식
바닥으로부터 1.6m 이상 높은 위치(표준높이는 1.9m)에 설치하고, 볼탭을 통하여 공급된 일정량의 물을 저장하고 있다가 핸들 또는 레버의 조작에 의해 낙차에 의한 수압으로 대변기를 세척하는 방식이다.
㉠ 탱크의 용량은 15L 정도이다.
㉡ 변기의 설치면적은 작다.
㉢ 세정시 소리가 크다.(사무실 및 공공 건축물에 이용)
㉣ 탱크 내의 고장이 있을 때에 불편하다.
2) 로우 탱크식
탱크로의 급수압력에 관계없이 대변기로의 공급수량이나 압력이 일정하며, 양호한 세정효과와 소음이 적어 일반 주택에서 주로 사용되는 대변기 세정수의 급수방식이다.

12 다음의 송풍기 풍량제어 방법 중 축동력이 가장 많이 소요되는 것은?
① 회전수제어
② 흡입베인제어
③ 흡입댐퍼제어
④ 토출댐퍼제어

해설
송풍기의 특성곡선에서 흡입측 댐퍼를 조으거나 회전수를 감소시키면 압력과 송풍량은 감소하게 되고, 축동력은 회전수 제어가 가장 적게 소요되고 토출댐퍼가 가장 많이 소요된다.
※ 동력절감률(에너지절약)이 높은 것에서 낮은 순서 : 회전수제어(가변속제어) > 가변피치제어 > 흡입베인제어 > 흡입댐퍼제어 > 토출댐퍼제어

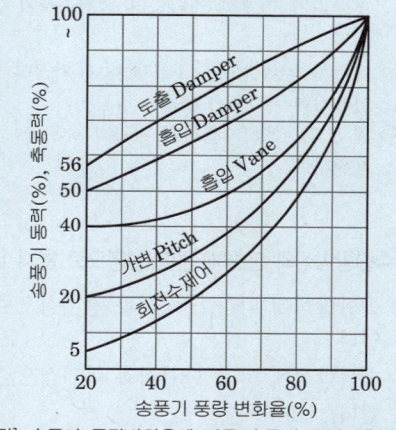
[그림] 송풍기 풍량변화율에 따른 송풍기 동력비율의 변화

13 공기조화기용 코일에 관한 설명으로 옳지 않은 것은?
① 더블서킷코일은 유량이 많을 때 사용된다.
② 대향류보다는 평행류로 하는 것이 전열효과가 좋다.
③ 냉수코일과 온수코일을 겸용으로 사용하는 경우, 선정은 냉수코일을 기준으로 한다.
④ 튜브 내의 유속은 1.0m/s 전후로 하는 것이 펌프의 설비비 및 효율상 적당하다.

해설
평행류보다는 대향류로 하는 것이 전열효과가 좋다.

정답 10 ④ 11 ② 12 ④ 13 ②

14 다음과 같은 특징을 갖는 보일러는?

- 부하변동에 잘 적응되며, 보유수면이 넓어서 급수 용량 제어가 쉽다.
- 예열시간이 길고, 반입 시 분할이 어려우며 수명이 짧다.
- 공조 및 급탕을 겸하며 비교적 규모가 큰 건물에 사용된다.

① 주철제 보일러 ② 노통연관 보일러
③ 수관 보일러 ④ 관류 보일러

해설 노통연관식 보일러
㉠ 부하의 변동에 대해 안정성이 있으며, 수면이 넓어 급수용량 조절이 쉽다.
㉡ 수처리가 비교적 간단하며 현장공사가 거의 필요치 않다.
㉢ 예열시간이 길고 주철제에 비해 가격이 비싸다.
㉣ 사용압력은 0.7~1.0MPa 정도이다.
㉤ 공조 및 급탕을 겸하며 비교적 규모가 큰 건물에 사용된다.

15 온수난방방식의 분류에 관한 설명으로 옳지 않은 것은?

① 순환방식에 따라 중력식과 강제식으로 분류할 수 있다.
② 배관방식에 따라 단관식과 복관식으로 분류할 수 있다.
③ 온수온도에 따라 저온수식과 고온수식으로 분류할 수 있다.
④ 팽창탱크방식에 따라 상향식과 하향식으로 분류할 수 있다.

해설 팽창탱크
온수난방에서 체적팽창에 대한 여유를 갖기 위해 설치한다.
㉠ 개방식(보통 온수난방)
 • 온수 팽창량의 2~2.5배
 • 방열기보다 높은 위치에 설치한다.
 • 배관 최고부에서 팽창탱크까지의 높이는 1m 이상으로 한다.
㉡ 밀폐식(고온수 난방): 안전밸브를 달아 보일러 내부가 제한 압력 이상으로 상승하면 자동적으로 밸브를 열어서 과잉수를 배출한다.

16 장방형 단면으로 된 4각 엘보의 국부저항 손실계수가 0.50이며 풍속이 6m/s일 때, 이 엘보에서의 국부저항은? (단, 공기의 밀도는 1.2kg/m³이다.)

① 1.1Pa ② 2.2Pa
③ 10.8Pa ④ 21.6Pa

해설 국부저항에 의한 압력손실(ΔPd)

$\Delta Pd = \xi \dfrac{v^2}{2} \rho \, [\text{Pa}] = 0.5 \times \dfrac{6^2}{2} \times 1.2 = 10.8\text{Pa}$

 ξ : 국부저항계수
 v : 공기의 속도(m/s)
 ρ : 공기의 밀도(kg/m³)

17 송풍기에 관한 법칙으로 옳지 않은 것은?

① 풍량은 회전속도비에 비례하여 변화한다.
② 동력은 회전속도비의 3제곱에 비례하여 변화한다.
③ 압력은 송풍기 크기비의 2제곱에 비례하여 변화한다.
④ 동력은 송풍기 크기비의 4제곱에 비례하여 변화한다.

해설 송풍기의 법칙(상사의 법칙)
① 송풍기의 회전수($N_1 \to N_2$)
 ㉠ 풍량(Q): 회전수비에 비례하여 변화한다.
 ㉡ 정압(P): 회전수비의 2제곱에 비례하여 변화한다.
 ㉢ 동력(L): 회전수비에 3제곱에 비례하여 변화한다.
② 송풍기의 크기($D_1 \to D_2$)
 ㉠ 풍량(Q): 송풍기 크기비의 3제곱에 비례하여 변화한다.
 ㉡ 정압(P): 송풍기 크기비의 2제곱에 비례하여 변화한다.
 ㉢ 동력(L): 송풍기 크기비의 5제곱에 비례하여 변화한다.

정답 14 ② 15 ④ 16 ③ 17 ④

18 취출기류의 속도분포와 관련된 4단계 영역 중 제2영역에 관한 설명으로 옳은 것은?
① 천이구역이라고도 한다.
② 취출거리의 대부분을 차지한다.
③ 혼합된 공기(1차 공기+2차 공기)가 주위로 확산되는 영역이다.
④ 취출기류의 속도가 급격히 감소되어 주위 공기를 유인하는 힘이 없어진다.

해설

취출기류의 제2영역은 기류 중심부분의 속도가 취출구로부터의 거리의 제곱근에 반비례하는 구간으로 천이구역이라고도 한다. 아스펙트비(aspect ratio)가 큰 취출구일수록 이 구간이 길어진다. 일반적으로 취출구 직경(취출구 폭)의 4배 정도에서 길이의 4배 정도 범위가 된다.

19 원심식 펌프로 회전차 주위에 디퓨저인 안내날개를 가지고 있는 펌프는?
① 터빈펌프   ② 기어펌프
③ 피스톤펌프   ④ 볼류트펌프

해설 원심식 펌프

원심펌프는 회전차(impeller)를 고속 회전시킬 때 작용하는 원심력에 의해서 유체를 이송하는 펌프이다. 양정을 높이기 위해서는 다단펌프를 사용한다.
㉠ 터보형 펌프의 일종이다.
㉡ 유체가 회전차의 반경류 방향으로 흐른다.
㉢ 건축설비분야의 급수, 급탕, 배수 등에 주로 이용된다.
㉣ 원심식 펌프에는 볼류트 펌프, 터빈 펌프, 보어홀 펌프 등이 있다.
※ 건축설비 분야에서는 원심(와권)식 펌프(볼류트 펌프, 터빈 펌프, 보어홀 펌프 등)가 주로 사용된다.
☞ 원심펌프에서 임펠러 외주부에 스파이럴 케이싱만 있는 것을 볼류트 펌프라 하고, 임펠러와 스파이럴 케이싱 사이에 고정 안내깃(안내날개)이 있는 것을 터빈 펌프라 한다.

20 수배관 내 유속에 관한 설명으로 옳지 않은 것은?
① 관 내에 흐르는 유속을 높이면 소음이 증가한다.
② 관 내에 흐르는 유속을 높이면 마찰손실이 감소한다.
③ 관 내에 흐르는 유속을 높이면 펌프의 소요동력이 증가한다.
④ 관 내에 흐르는 유속이 너무 낮으면 배관 내에 혼입된 공기를 밀어내지 못하여 물의 흐름에 대한 저항이 커진다.

해설

냉각수의 배관 내에 흐르는 유속을 높이면 배관 내면의 부식이 심해지고, 펌프의 소요동력이 증가하므로 냉각수의 배관 내 유속은 1~2m/s 정도로 하는 것이 가장 적당하다.

정답 18 ① 19 ① 20 ②

건축설비설계
2024년 제1회 과년도 출제문제 (온라인 TEST)

01 양수펌프 중심으로부터 2m 위에 저수조 수위가 일정하게 있고, 고가수조 수위는 펌프 중심으로 부터 30m 위에 있다. 양수배관 전체길이가 38m, 펌프의 토출압력이 15kPa일 때 최저 필요양정은? (단, 양수배관의 마찰손실수두는 50mmAq/m, 관이음 및 밸브류의 상당길이는 배관길이의 50%로 한다.)
① 30.85m ② 32.35m
③ 34.85m ④ 36.35m

해설
전양정=실양정+직관손실+국부저항+토출압력
　　　=28+1.9+0.95+1.5=32.35[mAq]
직관부손실=38m×50mmAq/m
　　　　　=1900mmAq=1.9mAq
국부저항=1.9mAq의 50%=0.95mAq
※ 1MPa=1000kPa=100m 15kPa=0.015MPa=1.5m

02 급탕배관에 관한 설명으로 옳은 것은?
① 배관은 하향 구배로 하는 것이 원칙이다.
② 탕비기 주위의 급탕배관은 가능한 짧게 하고 공기가 체류하지 않도록 한다.
③ 배관은 신축에 견디도록 가능하면 요철부가 많도록 배관하는 것이 원칙이다.
④ 물이 뜨거워지면 수중에 포함된 공기가 분리되기 쉽고, 이 공기는 배관의 상부에 모여서 급탕의 순환을 원활하게 한다.

해설
① 고온의 유체를 수송하는 급탕배관은 상향 구배로 하는 것이 원칙이다.
③ 급탕배관의 수평배관에서는 물속의 공기가 분리되어 ∩자형 배관부에 고여서 온수의 순환을 저해하게 되므로 상부가 볼록한 ∩자형 배관은 피해야 한다.
④ 대규모 건물의 중앙식 급탕법은 급탕관 내의 탕의 온도가 내려가는 것을 방지하기 위하여 온수순환펌프를 이용하여 급탕관 및 반탕관 내의 탕을 강제적으로 순환시킨다.

03 청소구를 설치하여야 하는 곳이 속하지 않는 것은?
① 수평지관의 최하단부
② 배관길이가 긴 수평배관의 도중
③ 배관이 45° 이상의 각도로 구부러진 곳
④ 가옥배수관과 부지 하수관이 접속되는 곳

해설 청소구(Clean Out) 설치 위치
- 찌꺼기가 쌓일 수 있는 곳
㉠ 가옥 배수관과 부지 하수관이 접속하는 곳
㉡ 배수수직관의 최하단부
㉢ 배수수평주관, 배수수평지관의 기점
㉣ 배관이 45° 이상의 각도로 구부러진 곳
㉤ 각종 트랩 및 기타 배관상 특히 필요한 곳
㉥ 수평관의 관경이 100mm 이하인 경우에는 직선거리 15m 이내마다, 관경 100mm 이상인 경우에는 직선거리 30m 이내마다 설치
㉦ 각종 트랩 및 기타 배관상 특히 필요한 곳
☞ 배수의 흐름과 반대 또는 직각방향으로 열 수 있도록 설치한다.

04 원심식 펌프로 회전차 주위에 디퓨저인 안내날개를 가지고 있는 펌프는?
① 터빈펌프 ② 기어펌프
③ 피스톤펌프 ④ 볼류트펌프

해설
건축설비 분야에서는 원심(외권)식 펌프(볼류트 펌프, 터빈 펌프, 보어홀 펌프 등)가 주로 사용된다. 터빈펌프는 날개의 바깥쪽에 가이드베인(guide vane, 안내날개)을 설치하여 속도 에너지를 압력 에너지로 효율을 좋게 변환하여 고양정에 사용한다.

05 급탕설비의 팽창관 및 팽창탱크에 관한 설명으로 옳지 않은 것은?
① 팽창관 도중에는 밸브를 설치하지 않는다.
② 가열장치의 과도한 수온 상승을 방지하기 위해 설치한다.
③ 개방식 팽창탱크는 급수방식이 고가탱크방식일 경우에 적합하며 급탕 보급탱크와 겸용할 수 있다.
④ 급수방식이 압력탱크방식이나 펌프직송방식의 중앙식 급탕설비의 경우에는 밀폐식 팽창탱크를 사용한다.

정답 01 ② 02 ② 03 ① 04 ① 05 ②

해설 팽창관과 팽창탱크

㉠ 팽창관 : 온수순환 배관 도중에 이상 압력이 생겼을 때 그 압력을 흡수하는 도피구로서 증기나 공기를 배출한다. 팽창관은 급탕관에서 수직으로 연장시켜 고가탱크 또는 팽창탱크에 개방시킨다.
㉡ 팽창탱크 : 급탕장치 내 물의 팽창에 의해 팽창관으로 유출하는 수량을 저장하는 탱크로서, 고가수조를 팽창탱크의 겸용으로 사용하는 경우도 있으나, 별도로 설치하는 것이 바람직하다. 탱크의 저면이 최고층의 급탕전보다 5m 이상 높은 곳에 설치하며 탱크 급수는 볼탭에 의해 자동 급수한다.

06 워터해머를 방지하기 위한 방법으로 옳지 않은 것은?
① 급폐쇄형 수도꼭지를 사용한다.
② 관내의 수압은 평상시 높이지지 않도록 구획한다.
③ 배관은 가능한 한 우회하지 않고 직선이 되도록 계획한다.
④ 수압이 0.4MPa을 초과하는 계통에는 감압 밸브를 부착하여 적절한 압력으로 감압한다.

해설 수격 현상(water hammering)

관내 유속이 빠르거나 혹은 밸브, 수전 등의 관내 흐름을 순간적으로 폐쇄하면, 관내에 압력이 상승하면서 생기는 배관 내의 마찰음 현상이다.
① 원 인
  ㉠ 유속이 빠를 때
  ㉡ 관경이 적을 때
  ㉢ 밸브 수전을 급히 잠글 때
  ㉣ 굴곡 개소가 많을 때
  ㉤ 감압밸브를 사용하지 않을 때
② 방지책
  ㉠ 관내 유속을 될 수 있는 대로 느리게 하고 관경을 크게 한다.
  ㉡ 폐수전을 폐쇄하는 시간을 느리게 한다.
  ㉢ 기구류 가까이에 air chamber를 설치하여 chamber 내의 공기를 압축시킨다.
  ㉣ water hammer 방지기를 water hammer의 발생 원인이 되는 밸브 근처에 부착시킨다.
  ㉤ 굴곡 배관을 억제하고 될 수 있는 대로 직선배관으로 한다.
  ㉥ 펌프의 토출측에 릴리프밸브나 스모렌스키 체크 밸브를 설치한다.(압력상승 방지)
  ㉦ 자동수압 조절밸브를 설치한다.

07 트랩의 봉수 파괴 원인 중 위생기구에서 트랩을 통하여 배수가 만수상태로 흐를 때 주로 발생하는 것은?
① 모세관 현상
② 자기 사이펀 작용
③ 감압에 의한 흡인작용
④ 역압에 의한 분출작용

해설 트랩의 봉수파괴 원인과 방지책

㉠ 자기 사이펀 작용 : 배수가 관속을 꽉차서 흐를 때 (만수 상태), 주로 S트랩에서 발생
㉡ 유인 사이펀작용(흡출 작용, 감압에 의한 흡인작용) : 상층의 배수입관에서 다량의 물이 일시에 낙하할 때
㉢ 분출 작용(역압에 의한 작용) : 대규모 배수설비에서 배수관의 하저곡부 가까이에 설치되어 있는 경우(피스톤작용)
㉣ 모세관 작용 : 트랩 내에 실이나 머리카락이 들어갈 때
㉤ 증발 : 위생기구의 사용빈도가 적을 때, 기름을 한 방울 떨어뜨리면 방지된다.
㉥ 물의 운동량에 의한 관성 : 배수구에 격자(석쇠)를 설치
☞ 봉수파괴 방지 : 통기관을 설치
☞ 봉수파괴 방지 : ㉠, ㉡, ㉢의 경우 통기관을 설치한다.

08 다음 중 기구배수 부하단위가 가장 큰 것은?
① 세면기   ② 욕조(주택용)
③ 대변기   ④ 바닥배수

해설

기구배수부하단위(F.U)는 1~8으로 구분하며 기본단위 F.U 1은 세면기이다.
세면기의 기구배수부하단위를 1로 하고, 이것을 근거로 하여 각종 기구의 배수부하단위를 정하였다. 트랩 구경이 32, 40, 50, 65, 75, 100mm일 때 기구배수부하단위는 1, 2, 3, 4, 5, 6, 7, 8로 한다.
※ 기구배수부하단위(F.U) 8은 대변기이다.

정답   06 ①   07 ②   08 ③

09 통기관의 최소 관경에 관한 설명으로 옳지 않은 것은?
① 각개통기관은 그것이 접속되는 배수관 관경의 1/2 이상으로 한다.
② 결합통기관은 통기수직관과 배수수직관 중 작은 쪽의 관경 이상으로 한다.
③ 도피통기관은 배수수평지관의 관경 이상으로 하되 최소 75mm 이상으로 한다.
④ 루프통기관은 배수수평지관과 통기수직관 중 작은 쪽 관경의 1/2 이상으로 한다.

해설 통기관의 관경
㉠ 각개통기관의 관경 : 그것이 접속되는 배수관 관경의 1/2 이상으로 한다.
㉡ 루프통기관의 관경 : 배수수평지관과 통기수직관 중 작은 쪽 관경의 1/2 이상으로 한다.
㉢ 결합통기관의 관경 : 통기수직관과 배수수직관 중 작은 쪽 관경 이상으로 한다.
㉣ 신정통기관의 관경 : 배수수직관과 동일 관경 이상으로 한다.
※ 통기관의 관경 : 최소 32mm 이상
☞ 도피통기관의 관경 : 최소 40mm 이상이거나 접속하는 배수관경의 1/2 이상

10 대변기의 세정급수 방식 중 하이탱크식과 로우탱크식에 관한 설명으로 옳은 것은?
① 하이탱크식은 로우탱크식보다 세정소음이 작다.
② 로우탱크식과 하이탱크식은 연속 사용이 가능하다.
③ 로우탱크식은 하이탱크식보다 화장실 내의 공간을 적게 차지하여 유리하다.
④ 하이탱크식과 로우탱크식은 탱크로의 급수 수압이 다소 낮아도 사용이 가능하다.

해설 하이탱크식과 로우 탱크식
1) 하이탱크식
바닥으로부터 1.6m 이상 높은 위치(표준높이는 1.9m)에 설치하고, 볼탭을 통하여 공급된 일정량의 물을 저장하고 있다가 핸들 또는 레버의 조작에 의해 낙차에 의한 수압으로 대변기를 세척하는 방식이다.
㉠ 탱크의 용량은 15ℓ 정도이다.
㉡ 변기의 설치면적은 작다.
㉢ 세정시 소리가 크다.(사무실 및 공공 건축물에 이용)
㉣ 탱크 내의 고장이 있을 때에 불편하다.

2) 로우 탱크식
탱크로의 급수압력에 관계없이 대변기로의 공급수량이나 압력이 일정하며, 양호한 세정효과와 소음이 적어 일반 주택에서 주로 사용되는 대변기 세정수의 급수방식이다.

11 다음 중 급탕설비에 있어서 순환펌프의 순환량의 결정 방식으로 가장 적당한 것은?
① 사용수량과 같게 한다.
② 급탕량의 1/2로 한다.
③ 급탕량의 15~25%로 한다.
④ 배관 등에서의 방열손실량으로 산출한다.

해설
대규모 건물의 중앙식 급탕법은 급탕관 내의 탕의 온도가 내려가는 것을 방지하기 위하여 온수순환펌프를 이용하여 급탕관 및 반탕관 내의 탕을 강제적으로 순환시킨다. 순환펌프의 순환량은 배관 등에서의 방열손실량으로 산출한다.

12 코일 입구공기온도 30℃, 출구공기온도 15℃, 코일 입구수온 7℃, 출구수온 12℃일 때 대향류형 코일에서 공기와 냉수의 대수평균 온도차는?
① 8.5℃ ② 11.1℃
③ 12.3℃ ④ 13.7℃

해설 대수평균 온도차(Mean Temperature Difference)
① 공기와 냉온수와의 대수평균온도차
② 냉온수도 공기도 코일 입구로부터 출구까지 코일을 통과하는 과정에서 온도가 일정하지 않고 변하게 되므로 냉온수와 공기와의 평균적인 온도차를 구하기 위한 계산식이다.
③ $MTD = \dfrac{\Delta_1 - \Delta_2}{ln\dfrac{\Delta_1}{\Delta_2}}$

Δ_1 : 공기 입구측에서의 공기와 물의 온도차(℃)
Δ_2 : 공기 출구측에서의 공기와 물의 온도차(℃)

∴ $MTD = \dfrac{\Delta_1 - \Delta_2}{ln\dfrac{\Delta_1}{\Delta_2}} = \dfrac{(30-12)-(15-7)}{ln\dfrac{(30-12)}{(15-7)}} = 12.3℃$

정답 09 ③ 10 ④ 11 ④ 12 ③

13 다음과 같은 특징을 갖는 보일러는?

> - 부하변동에 잘 적응되며, 보유수면이 넓어서 급수용량 제어가 쉽다.
> - 예열시간이 길고, 반입 시 분할이 어려우며 수명이 짧다.
> - 공조 및 급탕을 겸하며 비교적 규모가 큰 건물에 사용된다.

① 주철제 보일러　　② 노통연관 보일러
③ 수관 보일러　　　④ 관류 보일러

해설 노통연관식 보일러
㉠ 부하의 변동에 대해 안정성이 있으며, 수면이 넓어 급수용량 조절이 쉽다.
㉡ 수처리가 비교적 간단하며 현장공사가 거의 필요치 않다.
㉢ 예열시간이 길고 주철제에 비해 가격이 비싸다.
㉣ 사용압력은 0.7~1.0MPa 정도이다.
㉤ 공조 및 급탕을 겸하며 비교적 규모가 큰 건물에 사용된다.

14 증기트랩 중 플로트 트랩에 관한 설명으로 옳지 않은 것은?
① 대용량에도 적합하다.
② 응축수를 연속으로 배출시킬 수 있다.
③ 플로트를 트랩 내부에 갖고 있어 외형이 크다.
④ 증기와 응축수 사이의 온도차를 이용하는 온도조절식 트랩이다.

해설 플로트 트랩(float trap, 다량 트랩)
저압증기용 기기 부속 트랩으로 응축수를 처리하기 위해 사용하며 열교환기 등에 많이 쓰인다.
- 장점
  ㉠ 다량 및 소량의 응축수를 모두 처리할 수 있다.
  ㉡ 넓은 범위의 압력과 급격한 압력변화에도 원활히 작동한다.
  ㉢ 자동 에어벤트가 설치되어 있어 공기배출능력이 우수하다.
- 단점
  ㉠ 구조상 동결의 우려가 있는 곳에는 적합하지 않다.
  ㉡ 증기해머에 의해 내부손상을 입을 수 있다.
  ㉢ 증기의 압력에 따라 밸브의 오리피스경을 변경하여야 한다.

15 취출기류의 속도분포와 관련하여 4단계의 영역으로 구분할 경우, 제1영역에 관한 설명으로 옳은 것은?
① 일명 천이구역이라고도 한다
② 취출거리의 대부분을 차지하며, 취출구의 종류에 따라 특성이 현저하다.
③ 취출구에서 분출되는 공기는 아주 짧은 거리에서 속도의 변화가 없다.
④ 취출기류의 속도가 급격히 감소되며 혼합된 공기까지도 주위로 확산되는 영역이다.

해설
취출기류의 제1영역은 기류 중심부분의 속도가 취출구에서의 기류 취출속도와 동일한 구간으로 취출구에서 분출되는 공기는 아주 짧은 거리에서 속도의 변화가 없다. 이 구간의 거리는 취출구 직경(취출구 폭)의 2~6배 정도의 범위가 된다.

16 열펌프(heat pump)에 관한 설명으로 옳지 않은 것은?
① 공기조화에서 냉방 또는 난방기능을 수행한다.
② 냉동사이클에서 응축기의 방열량을 이용하기 위한 것이다.
③ EHP(Electric Heat Pump)는 흡수식 냉동기의 원리를 이용한 열펌프이다.
④ 냉동기를 냉각목적으로 할 경우의 성적계수보다 열펌프로 사용될 경우의 성적계수가 크다.

해설 히트펌프(Heat Pump)
㉠ 낮은 온도의 열원으로부터 높은 온도의 열로 펌프 하듯 끌어올려 이용할 수 있기 때문에 히트펌프라고 한다.
㉡ 압축기를 동력원으로 압축 → 응축 → 팽창 → 증발의 사이클로 순환
㉢ 여름엔 냉방용으로 운전, 겨울철에는 냉매의 흐름 방향을 바꾸어 난방용으로 운전
㉣ 냉매의 흐름이 바뀌면, 증발기는 응축기로, 응축기는 증발기로 그 기능이 변환
※ 열펌프를 이용한 성적계수(COP_H)가 냉동기로 이용한 성적계수(COP_C)보다 1만큼 크다.
$COP_H = COP_C + 1$
☞ EHP(Electric Heat Pump)는 압축식 냉동기의 원리를 이용한 열펌프이다.

정답　13 ②　14 ④　15 ③　16 ③

17 난방배관의 신축을 흡수하기 위해 사용되는 신축이음쇠에 속하지 않는 것은?
① 루프형　　② 리프트형
③ 슬리브형　　④ 스위블형

> [해설] 배관의 신축이음쇠(expansion joint)
> 배관에 생기는 팽창량을 흡수하여, 응력에 의한 배관 이음쇠의 파손 부분에서 발생하는 누수를 방지하기 위하여 배관 중에 신축이음쇠(expansion joint)를 설치한다.
> ㉠ 스위블 조인트(swivel joint) : 2개 이상의 elbows를 사용하여 나사회전을 이용해서 신축을 흡수하는 조인트
> ㉡ 신축곡관(expansion loop) : 신축곡관(루프형)은 고장이 적고 고압 옥외 배관에 적합하지만 신축을 흡수하는 1개의 길이가 긴 것이 결점이다.
> ㉢ 슬리브형 신축이음쇠 : 슬리브가 온도의 변화에 따라 생기는 관의 신축을 슬리브의 미끄럼에 의해서 흡수한다. 이 이음쇠는 저압 증기배관 및 온수배관의 신축이음쇠로서 널리 사용한다.
> ㉣ 벨로스형 신축이음쇠 : 온도의 변화에 따른 관의 신축을 벨로스의 변형에 의해 흡수시키는 기구이다.

18 진공환수식 증기난방법에서 저압증기 환수관이 진공펌프의 흡입구보다 낮은 위치에 있을 때 응축수를 끌어올리기 위해 설치하는 것은?
① 버큠 브레이커　　② 바이패스 밸브
③ 역압 방지기　　④ 리프트 피팅

> [해설]
> 리프트 이음(lift fitting, lift joint) : 진공 환수식 난방 장치에서
> ① 방열기보다 높은 곳에 환수관을 배관하지 않으면 안될 때
> ② 환수 주관보다 높은 위치에 진공펌프를 설치할 때 lift joint를 설치하여 환수관의 응축수를 끌어올릴 수 있다.
> 　㉠ 저압인 경우 : 1단에 1.5m 이내
> 　㉡ 고압인 경우 : 증기관과 환수관의 압력차 0.1MPa (1kg/cm^2)에 대해 5m 정도 끌어올린다.

19 스머징(Smudging)을 가장 올바르게 설명한 것은?
① 취출기류의 충돌로 인한 편류현상
② SMACNA공법에 의한 덕트 조립법
③ 덕트의 점검이나 조정을 위한 점검구
④ 취출구 주위면이 검게 더러워지는 현상

> [해설] 스머징(smudging)
> 천장 취출구 등에서 취출된 기류 또는 유인된 실내 공기 중의 먼지에 의해 취출구의 주변이 검게 더러워지는 현상을 말한다. 천장부 복류 취출구의 주위에 링을 부착하여 스머징을 방지하는 것을 언스머징이라고 한다.

20 다음 중 온수난방 배관에서 역환수방식(reverse return system)을 채택하는 주된 이유는?
① 균등한 유량분배
② 재료비 절감
③ 펌프 동력절감
④ 수격작용 방지

> [해설] 역환수식(reverse return system)
> 열원에서 각 방열기기까지의 공급관과 환수관의 도달거리의 합을 거의 같게 하여 배관의 마찰저항 값을 유사하게 함으로서 순환온수가 균등하게 흐르도록 한 배관방법이다.

정답　17 ②　18 ④　19 ④　20 ①

건축설비설계
2024년 제2회 과년도 출제문제 [온라인 TEST]

01 다음 중 급탕설비의 급탕배관시 고려사항으로 옳지 않은 것은?

① 배관 길이가 30m를 초과하는 중앙식 급탕설비에서는 환탕관과 순환펌프를 설치하여 배관의 열손실을 보상한다.
② 탕비기 주위 등의 급탕배관은 가능한 짧게 하고 공기가 체류하지 않도록 균일한 구배로 한다.
③ 급탕계통에는 유지 관리를 위해 용이하게 조작할 수 있는 위치에 개폐밸브를 설치한다.
④ 고층 건축물에서 급탕압력을 일정압력 이하로 제어하기 위해 감압밸브를 설치하는 경우 순환계통에 설치하도록 한다.

해설
고층 건축물에서 급탕압력을 일정압력 이하로 제어하기 위해 감압밸브를 설치하는 경우 급탕(공급관) 계통에 설치하도록 한다.
※ 급탕설비에 감압밸브를 설치하면 플래시현상(증발)의 가능성이 있으므로 감압밸브를 하고 급탕조닝을 통하여 급탕압력을 일정압력 이하로 조정한다.

02 급탕배관에 관한 설명으로 옳지 않은 것은?

① 급탕관의 최상부에는 공기빼기 장치를 설치한다.
② 중앙식 급탕설비는 원칙적으로 강제순환방식으로 한다.
③ 상향배관인 경우 급탕관은 하향구배, 반탕관은 상향구배로 한다.
④ 관의 신축을 고려하여 건물의 벽 관통부분의 배관에는 슬리브를 끼운다.

해설 급탕배관의 구배
① 배관의 구배는 온수의 순환을 원활하게 하기 위해 될 수 있는 한 급구배로 한다.
② 상향 공급 방식
  ㉠ 급탕관 : 선상향(앞올림) 구배
  ㉡ 반탕관 : 선하향(앞내림) 구배

③ 하향 공급 방식 : 급탕관, 반탕관 모두 하향 구배로 한다.
④ 배관의 구배
  ㉠ 중력순환식 : 1/150
  ㉡ 강제순환식 : 1/200

03 아파트 1동 90세대의 급탕설비를 중앙공급식으로 할 경우, 시간당 최대 급탕량(A)과 저탕량(B)으로 옳은 것은? (단, 1세대당 기구 급탕량은 샤워 110L/h, 싱크 40L/h, 세탁기 70L/h를 기준으로 하고, 동시사용률은 30%를 저탕용량계수는 1.25를 적용한다.)

① A=5940L/h, B=7425L
② A=7425L/h, B=5940L
③ A=25740L/h, B=7425L
④ A=25740L/h, B=32175L

해설
㉠ A : 시간당 최대 급탕량=총급탕량×동시사용률
  =(110+40+70)×90×0.3=5,940L/h
㉡ B : 저탕량=시간당 최대 급탕량×저탕계수
  =5,940L/h×1.25=7,425L

04 급수설비에 관한 설명 중 옳은 것은?

① 하향급수배관방식은 수도직결 급수방식인 경우에 가장 많이 사용되며 급수관의 수평주관은 1/250 이상의 올림구배로 한다.
② 고가수조의 용량은 양수펌프의 양수량과 상호관계가 있으며, 고가수조의 설치 조건에 따라 좌우되는 경우가 많다.
③ 급수의 오염을 방지하기 위하여 크로스 커넥션(cross connection) 배관을 한다.
④ 급수방식 중 압력수조방식은 정전 시에도 단수가 되지 않으며 급수압력이 일정한 장점이 있다.

정답 01 ④ 02 ③ 03 ① 04 ②

[해설]
① 하향 급수배관법은 고가탱크방식에 사용되는 배관법으로, 최상층의 천장에 은폐배관된 수평주관에 하향 수직관을 연결하여 각 층으로 분기관을 뽑아 각 급수 개소로 배관하는 방식이다.
배관이 천장에 은폐배관되므로 점검 수리는 불편하지만 급수압은 일정하다.
③ 급수의 오염의 원인이 되는 크로스 커넥션(cross connection) 배관을 방지한다.
④ 압력수조방식은 정전 시에도 단수가 되며 급수압력이 일정하지 않은 단점이 있다.

05 진공방지기(vaccum breaker)가 사용되는 대변기의 급수방식은?
① 하이탱크식   ② 세정밸브식
③ 사이펀식   ④ 로탱크식

[해설] 버큠 브레이커(vacuum breaker, 진공방지기)
세정밸브식 대변기에서 토수된 물이나 이미 사용된 물이 역사이폰 작용에 의해 상수계통으로 역류하는 것을 방지하는 기구이다.

06 고층건물의 배수입관(수직관)에 인접되어 접속되는 위생기구는 다음 중 어떤 원인에 의하여 봉수가 파괴될 가능성이 가장 높은가?
① 증발작용
② 모세관 현상
③ 자기사이펀 현상
④ 감압에 의한 흡인작용

[해설] 트랩의 봉수파괴 원인과 방지책
㉠ 자기사이펀 작용 : 배수가 관속을 꽉 차서 흐를 때(만수 상태), 주로 S트랩에서 발생
㉡ 유인사이펀작용(흡출 작용, 감압에 의한 흡인작용) : 상층의 배수입관에서 다량의 물이 일시에 낙하할 때
㉢ 분출 작용(역압에 의한 작용) : 대규모 배수설비에서 배수관의 하저곡부 가까이에 설치되어 있는 경우(피스톤작용)

㉣ 모세관 작용 : 액체의 응집력과 액체와 고체 사이의 부착력에 의해 발생한다. 트랩 내에 실이나 머리카락이 들어갈 때 발생
㉤ 증발 : 위생기구의 사용빈도가 적을 때, 기름을 한 방울 떨어뜨리면 방지된다.
㉥ 물의 운동량에 의한 관성 : 배수구에 격자(석쇠)를 설치
☞ 봉수파괴 방지 : 통기관을 설치
☞ 봉수파괴 방지 : ㉠, ㉡, ㉢의 경우 통기관을 설치한다.

07 워터해머의 방지 방법으로 옳지 않은 것은?
① 대기압식 또는 가압식 진공브레이커를 설치한다.
② 관내의 수압을 평상 시 높아지지 않도록 구획한다.
③ 배관은 가능한 한 우회하지 않고 직선이 되도록 계획한다.
④ 수압이 0.4MPa을 초과하는 계통에는 감압밸브를 부착하여 적절한 압력으로 감압한다.

[해설] 수격 현상(water hammering)
관내 유속이 빠르거나 혹은 밸브, 수전 등의 관내 흐름을 순간적으로 폐쇄하면, 관내에 압력이 상승하면서 생기는 배관 내의 마찰음 현상이다.
① 원 인
㉠ 유속이 빠를 때
㉡ 관경이 적을 때
㉢ 밸브 수전을 급히 잠글 때
㉣ 굴곡 개소가 많을 때
㉤ 감압 밸브를 사용하지 않을 때
② 방지책
㉠ 관내 유속을 될 수 있는 대로 느리게 하고 관경을 크게 한다.
㉡ 폐수전을 폐쇄하는 시간을 느리게 한다.
㉢ 기구류 가까이에 air chamber를 설치하여 chamber 내의 공기를 압축시킨다.
㉣ water hammer 방지기를 water hammer의 발생 원인이 되는 밸브 근처에 부착시킨다.
㉤ 굴곡 배관을 억제하고 될 수 있는 대로 직선배관으로 한다.
㉥ 펌프의 토출측에 릴리프밸브나 스모렌스키 체크밸브를 설치한다.(압력상승 방지)
㉦ 자동수압 조절밸브를 설치한다.

정답 05 ②　06 ④　07 ①

08 고가수조의 유효용량 산정 시 기준이 되는 급수량은?
① 1일 급수량
② 시간평균예상급수량
③ 순간최대예상급수량
④ 시간최대예상급수량

> **해설**
> 고가수조의 유효용량 산정 시 순간최대예상급수량을 기준으로 한다.

09 다음 중 배수트랩이 구비해야 할 조건과 가장 관계가 먼 것은?
① 가능한 한 구조가 간단할 것
② 배수 시에 자기세정이 가능할 것
③ 가동부분이 있으며 가동부분에 봉수를 형성할 것
④ 유효 봉수 깊이(50[mm] 이상 100[mm] 이하)를 가질 것

> **해설** 배수용 트랩의 구비조건
> ㉠ 봉수가 확실하고 유효하게 유지되는 구조일 것(50mm 이상 100mm 이하)
> ㉡ 구조가 간단하며 자기세정 작용을 할 것
> ㉢ 유수변이 평활하여 오수가 정체하지 않을 것
> ㉣ 재질은 내식성, 내구성이 우수할 것
> ☞ 2중 트랩이 되지 않도록 배관하고 가동부분이 없을 것

10 기구급수부하단위(Fu)가 1Fu인 위생기구의 종류 및 접속관경으로 옳은 것은?
① 세면기, 15mm   ② 세면기, 25mm
③ 대변기, 15mm   ④ 대변기, 25mm

> **해설**
> 기구급수부하단위(F.U)는 1~10으로 구분하며 기본단위 F.U 1은 세면기이다.
> • 세정밸브식 대변기(10) > 소변기(4) > 세면기(1)
> ※ 기구급수부하단위법(fixture unit)는 소요유량에 동시사용율을 적용한 방법으로 간편하며 신뢰성을 가지기 때문에 전반적으로 대규모 시설에서 이용된다.

11 연면적 2000m² 인 은행건물에 필요한 급수량은?
(단, 유효면적당 인원은 0.2인/m², 건물의 유효면적비율은 60%, 급수량은 120L/c/d로 한다.)
① 24.4m³/d   ② 26.6m³/d
③ 28.8m³/d   ④ 30.0m³/d

> **해설** 건물 면적에 의한 방법
> $Q_d = A \times k \times n \times q [\ell/d]$
> A : 건물 연면적[m²]
> k : 건물 연면적에 대한 유효 면적의 비율[%]
> n : 유효 면적당의 인원[인/m²]
> q : 건물 종류별 1일 1인당 사용수량[$\ell/d \cdot c$]
> ∴ $Q_d = A \times k \times n \times q [\ell/d]$
> $= 2000m^2 \times 0.6 \times 0.2인/m^2 \times 120\ell/d$
> $= 28,800\ell/d = 2.88m^3/d$

12 표준상태의 공기가 12m/s로 장방형 덕트 내로 흐르고 있다. 덕트 내에 풍량조절댐퍼가 30° 각도로 설치되어 있을 때 댐퍼의 국부저항계수가 3.73이라면 댐퍼에 의한 압력손실은? (단, 공기의 밀도는 1.2kg/m³ 이다.)
① 164.5Pa   ② 284.2Pa
③ 322.3Pa   ④ 474.6Pa

> **해설** 국부저항에 의한 압력손실(ΔPd)
> $\Delta Pd = \xi \dfrac{v^2}{2} \rho [Pa] = 3.73 \times \dfrac{12^2}{2} \times 1.2 = 322.3Pa$
> ξ : 국부저항계수
> v : 공기의 속도(m/s)
> ρ : 공기의 밀도(kg/m³)

13 난방도일(heating degree day)에 관한 설명으로 옳지 않은 것은?
① 추운 날이 많은 지역일수록 난방도일은 커진다.
② 난방도일의 계산에 있어서 일사량은 고려하지 않는다.
③ 난방도일은 난방용 장치부하를 결정하기 위한 것이다.
④ 일반적으로 난방도일이 큰 지역일수록 연료 소비량은 증가한다.

정답   08 ③   09 ③   10 ①   11 ③   12 ③   13 ③

해설 난방도일(度日 : heating degree days : H.D)

추운 날의 정도를 나타내는 것으로서, 연료 소비량을 추정 평가하는 데 사용된다. 실내의 평균 온도와 외기의 평균 기온과의 차(差)에 일(日 : days)을 곱한 것이다.
㉠ 어느 지방의 추위 정도와 연료소비량의 추정이 가능
㉡ 각 지역마다 값이 다르다.
㉢ 추운 정도의 지표
㉣ 단위 : ℃·day

14 덕트 내의 흐르는 공기의 풍속이 13m/s, 정압이 20 mmAq일 때 전압은? (단, 공기의 밀도는 1.2kg/m³이다.)

① 20.34mmAq ② 28.84mmAq
③ 30.35mmAq ④ 36.25mmAq

해설 덕트의 전압(P_t)=정압(P_s)+동압(P_v)

동압(P_v) = $\frac{v^2}{2g}\gamma$ (mmAq) = $\frac{v^2}{2}\rho$ (Pa)

여기서, v : 관내 유속(m/s)
　　　　γ : 공기의 비중량(1.2kgf/m³)
　　　　g : 중력가속도(9.8m/s²)
　　　　ρ : 공기의 밀도(1.2kg/m³)

먼저, 동압=전압-정압=33.8-25=8.8mmAq

동압(P_v) = $\frac{v^2}{2g}\gamma = \frac{13^2}{2 \times 9.8} \times 1.2 = 10.35$ mmAq

∴ 덕트의 전압(P_t)=정압(P_s)+동압(P_v)
　　　　　　　　　=20+10.35=30.35mmAq

15 위치수두 10mAq, 압력수두 30mAq, 속도 2.5m/s로 관 속을 흐르는 물의 전수두는?

① 13.06m ② 13.24m
③ 40.32m ④ 42.54m

해설

전수두=위치압력수두+관내압력수두+속도수두($\frac{v^2}{2g}$)

=10+30+$\frac{2.5^2}{2 \times 9.8}$=40.32m

▶ 단위 환산
※ 1m 수두(1mAq)=0.01MPa=10kPa
※ 1kgf/cm²=0.1MPa=10mAq
　10kgf/cm²=1MPa=100mAq

16 다음 중 에어와셔에 엘리미네이터(eliminator)를 설치하는 이유로 가장 알맞은 것은?

① 기내의 기류분포를 고르게 하기 위해
② 섬유 등의 먼지를 효율적으로 제거하기 위해
③ 공기의 감습이 효과적으로 이루어지게 하기 위해
④ 분무된 물방울이 밖으로 나가지 못하도록 하기 위해

해설 엘리미네이터(eliminator)

㉠ 통과 공기 중의 물방울이 공기 세정기에서 빠져나가는 것을 방지
㉡ 4~6번 접은 아연, 철판, 염화비닐 코팅판 등을 이용
※ 수분무의 경우 가습효율이 낮고 물방울이 비산하기 때문에 엘리미네이터를 설치하여 사용한다.
☞ 엘리미네이터는 수분무식 가습기 경우 물을 직접 공기 중에 분무하여 가습하므로 대용량에 적합하지 않고 정밀한 가습이 어려우므로 가습량이 많지 않고 제어범위가 비교적 넓어도 무방한 곳에 사용한다.

17 취출기류의 속도분포와 관련된 4단계 영역 중 제2영역에 관한 설명으로 옳은 것은?

① 천이구역이라고도 한다.
② 취출거리의 대부분을 차지한다.
③ 혼합된 공기(1차 공기+2차 공기)가 주위로 확산되는 영역이다.
④ 취출기류의 속도가 급격히 감소되어 주위 공기를 유인하는 힘이 없어진다.

해설

취출기류의 제2영역은 기류 중심부분의 속도가 취출구로부터의 거리의 제곱근에 반비례하는 구간으로 천이구역이라고도 한다. 아스펙트비(aspect ratio)가 큰 취출구일수록 이 구간이 길어진다. 일반적으로 취출구 직경(취출구 폭)의 4배 정도에서 길이의 4배 정도 범위가 된다.

정답 14 ③　15 ③　16 ④　17 ①

18 다음 중 송풍기의 풍량제어 시 축동력이 가장 많이 소요되는 제어방법은?

① 회전수제어 ② 흡입베인제어
③ 흡입댐퍼제어 ④ 토출댐퍼제어

해설 동력절감률(에너지절약)이 높은 것에서 낮은 순서

회전수제어(가변속제어) > 가변피치제어 > 흡입베인제어
> 흡입댐퍼제어 > 토출댐퍼제어

※ 회전수 제어 : 송풍기 풍량제어의 대표적인 방법으로 에너지절감 비율이 가장 높다.
※ 제어방식의 결정은 풍량조정범위, 동력절감률, 설비비 등을 고려하여 정한다.

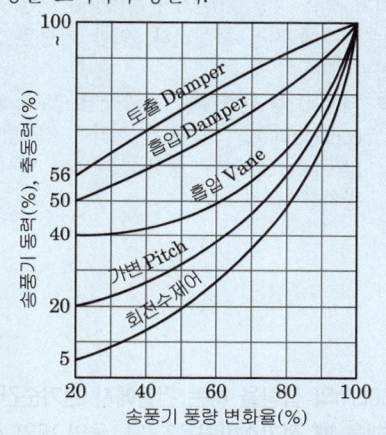

[그림] 송풍기 풍량변화율에 따른 송풍기 동력비율의 변화

19 열매가 증기인 경우 표준방열량 산정 시 적용하는 표준상태의 열매온도와 실내온도는?

① 열매온도 80℃, 실내온도 18.5℃
② 열매온도 80℃, 실내온도 21.5℃
③ 열매온도 102℃, 실내온도 18.5℃
④ 열매온도 102℃, 실내온도 21.5℃

해설 방열기의 표준방열량

열매의 종류	표준 방열량 [kW/m²]	표준 상태에 있어서의 온도	
		열매의 온도	실 온
증기	0.756 [kW/m²]	102℃	18.5℃
온수	0.523 [kW/m²]	80℃	18.5℃

20 냉각탑에 관한 설명으로 옳지 않은 것은?

① 냉각수를 보충하는 것은 증발 및 비산 때문이다.
② 냉각탑 내에 충전재를 설치하는 이유는 냉각 효율을 높이기 위한 것이다.
③ 냉각탑은 냉동기의 발생열을 냉각수를 이용하여 외부로 방출하는 기기이다.
④ 직교류형이란 떨어지는 냉각수와 공기흐름이 서로 마주보고 흐르는 방식이다.

해설 냉각탑의 분류(물의 흐름방향에 따른 분류)

① 대향류식 : 공기를 아래에서 위로 흐르게 함
  ㉠ 분무식
  ㉡ 충진식 : 흡입식, 압입식
② 직교류식 : 공기를 수류와 직각으로 흐르게 함
  ㉠ 편측흡입식
  ㉡ 양측흡입식

[참고] ※ 흡입식 : 팬이 냉각탑의 공기 출구 측에 위치해 있는 것
  ☞ 대향류형 냉각탑은 직교류형 냉각탑에 비해 열교환 효율이 유리하다.
     직교류형 냉각탑은 탑높이가 낮아 설치면적이 크고 냉각효율이 낮다.

정답 18 ④ 19 ③ 20 ④

건축설비설계
2024년 제3회 과년도 출제문제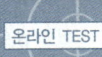

01 급탕설비의 순환배관에서 관마찰저항으로 인한 순환량의 불균등을 방지하기 위한 배관방식은?
① 상향배관방식
② 하향배관방식
③ 강제순환방식
④ 리버스리턴방식

해설 리버스리턴(Reverse Return) 배관(역환수방식)
㉠ 설치 : 급탕설비-하향식
  난방설비-온수난방
㉡ 방법 : 각 방열기마다의 배관회로 길이를 같게 한 배관방식 보일러에서 방열기까지(온수관)의 길이=방열기에서 보일러까지(환수관)의 길이
㉢ 목적 : 온수의 유량분배 균일화(온수의 순환을 평균화)하기 위해
㉣ 단점 : 배관수가 많아져서 설비비가 높다.

02 급수배관의 계획 및 시공에 관한 설명으로 옳지 않은 것은?
① 음료용 급수관과 다른 용도의 배관을 크로스 커넥션해서는 안된다.
② 주배관에는 적당한 위치에 플랜지 이음을 하여 보수 점검을 용이하게 한다.
③ 수평배관에는 오물이 정체하지 않도록 하며, 어쩔 수 없이 각종 오물이 정체하는 곳에는 공기빼기밸브를 설치한다.
④ 높은 유수음이나 수격작용이 발생할 염려가 있는 급수계통에서는 에어 챔버나 워터햄머방지기 등의 완충장치를 설치한다.

해설 각종 오물이 정체하는 곳에는 드레인 밸브를 설치한다. 공기가 찰 우려가 있는 곳에는 공기빼기밸브를 설치한다.

03 플러시 밸브식 대변기에 관한 설명으로 옳은 것은?
① 대변기의 연속사용이 가능하다.
② 급수관경과 급수압력에 제한이 없다.
③ 우리나라에서는 일반 주택을 중심으로 널리 채용되고 있다.
④ 탱크에 저장된 물의 낙차에 의한 수압으로 대변기를 세척하는 방식이다.

해설
세정밸브식(플러시밸브식)은 대변기의 연속사용이 가능하나 소음이 크고, 단시간에 다량의 물이 필요하며, 최저 필요 수압 0.07MPa (70kPa) 이상 확보할 수 있는 경우에 사용 가능하다. 일반 가정용으로는 사용이 곤란하다.
※ 세정밸브형 대변기에는 급수오염(크로스 커넥션, cross connection)을 방지하기 위하여 진공방지기(vacuum breaker), 토수구 등을 설치하여 역사이펀 작용을 방지한다.

04 500L/h의 급탕을 하는 건물에서 전기순간 온수기를 사용했을 때 전기소비량은? (단, 물의 비열 4.2kJ/h/(kg·K), 급탕온도 60℃, 급수온도 15℃, 효율 80%)
① 27.2kW ② 29.8kW
③ 32.8kW ④ 38.4kW

해설
㉠ $Q = m \cdot c \cdot \Delta t$
여기서 Q : 가열량(kJ/h)
  m : 질량(kg)
  c : 비열(kJ/kg·K)
  Δt : 온도차(K)
∴ $Q = m \cdot c \cdot \Delta t = 500 \times 4.2 \times (60-15)$
  $= 94,500$kJ/h$= 26.25$kJ/s
㉡ 온수기 용량 $= \dfrac{\text{가열량}}{\text{효율}}$
  $= \dfrac{26.25}{0.8} = 32.8kJ/s=32.8$kW

정답 01 ④ 02 ③ 03 ① 04 ③

05 다음과 같은 조건에서 연면적 5,000m²의 사무소 건물에 필요한 1일당 급수량은?

- 유효면적비 : 60%
- 유효면적당 인원 : 0.15인/m²
- 1인 1일당 급수량 : 100L

① 30,000L/d ② 35,000L/d
③ 40,000L/d ④ 45,000L/d

해설 건물 면적에 의한 방법

$Q_d = A \times k \times n \times q [L/d]$
 A : 건물 연면적 [m²]
 k : 건물 연면적에 대한 유효 면적의 비율 [%]
 n : 유효 면적당의 인원 [인/m²]
 q : 건물 종류별 1일 1인당 사용수량 [ℓ/d·c]
∴ $Q_d = A \times k \times n \times q [L/d]$
  = 5000m² × 0.6 × 0.15인/m² × 100L/d
  = 45,000L/d

06 다음 중 급수설비를 설계하는데 있어 가장 먼저 이루어져야 하는 사항은?
① 급수량 산정   ② 저수조 크기 결정
③ 급수관 관경 결정   ④ 수도 인입관 설계

해설 급수설비의 설계순서

급수량 산정-수도인입관 설계-수수조 설계-양수펌프 설계
※ 급수설비 설계시 가장 먼저 결정해야 할 사항은 급수량의 산정이다.

07 배수트랩의 봉수가 파손되는 것을 방지하기 위한 방법으로 옳지 않은 것은?
① 자기사이펀 작용에 의한 봉수파괴를 방지하기 위하여 S트랩을 설치한다.
② 유도사이펀 작용에 의한 봉수파괴를 방지하기 위하여 도피통기관을 설치한다.
③ 증발현상에 의한 봉수파괴를 방지하기 위하여 트랩 봉수 보급수 장치를 설치한다.
④ 역압에 의한 분출작용을 방지하기 위하여 배수수직관의 하단부에 통기관을 설치한다.

해설
자기 사이펀 작용은 배수시에 트랩 및 배수관은 사이펀관을 형성하여 기구에 만수된 물이 일시에 흐르게 되면 트랩 내의 물이 자기 사이펀 작용에 의해 모두 배수관 쪽으로 흡입되어 배출하게 된다. 이 현상은 S 트랩의 경우에 특히 심하다. 방지책으로 기구배수관 관경을 트랩 구경보다 크게 하여 만류(滿流)가 되지 않도록 트랩의 유출부분 단면적이 유입부분 단면적 보다 큰 것을 설치한다.

08 급수배관방식에 관한 설명으로 옳지 않은 것은?
① 일반적으로 고가수조방식에서는 하향배관방식이 사용된다.
② 상향배관방식에서 수직관의 관경은 올라갈수록 크게 한다.
③ 혼합배관방식으로 하는 경우 저층부는 상향배관방식으로 한다.
④ 상향배관방식에서는 관내의 공기를 배출하기 위해 관의 제일 윗부분에 공기빼기밸브 등을 설치한다.

해설
급수수직관의 관경은 동일 관경으로 한다.

09 배수 및 통기설비에 관한 설명으로 옳지 않은 것은?
① 세탁기의 배수는 간접배수로 한다.
② 배수수직관의 최하부에는 청소구를 설치한다.
③ 우수수직관은 우수만의 전용관으로 설치한다.
④ 세면기에는 봉수 파괴를 방지하기 위해 이중트랩을 설치한다.

해설
2중 트랩이 되지 않도록 배관한다. 2중 트랩은 배수의 흐름을 방해하여 배수관에 침전물이 생길 수 있기 때문에 피해야 한다.

정답 05 ④ 06 ① 07 ① 08 ② 09 ④

10 빙축열 등을 이용하는 축열시스템에 관한 설명으로 옳지 않은 것은?
① 열손실이 줄어든다.
② 운전비를 줄일 수 있다.
③ 심야전력을 이용할 수 있다.
④ 주간 피크 시간대에 전력부하를 절감할 수 있다.

해설 빙축열 시스템

야간(23:00~09:00)의 값싼 심야전력을 이용하여 전기에너지를 얼음 형태의 열에너지로 저장했다가 주간의 냉방용으로 사용하는 시스템으로, 주로 얼음의 융해열(335kJ/kg)을 이용한 것이다. 주야간의 전력 불균형을 해소하고 적은 비용으로 쾌적한 환경을 조성할 수 있다.
㉠ 냉동기 및 열원설비 용량을 줄일 수 있다.
㉡ 수전설비 용량 축소 및 계약 전력이 감소된다.
㉢ 심야전력 이용으로 전력 운전비가 감소한다.
㉣ 전력 부하 균형에 기여한다.
㉤ 축열로 열공급이 안정적이다.
㉥ 열원기기(냉동기)를 고효율로 운전할 수 있다.

11 진공환수식 증기난방법에서 저압증기 환수관이 진공펌프의 흡입구보다 낮은 위치에 있을 때 응축수를 끌어올리기 위해 설치하는 것은?
① 버큠 브레이커   ② 바이패스 밸브
③ 역압 방지기   ④ 리프트 피팅

해설

리프트 이음(lift fitting, lift joint) : 진공 환수식 난방 장치에서
㉠ 방열기보다 높은 곳에 환수관을 배관하지 않으면 안될 때
㉡ 환수주관보다 높은 위치에 진공펌프를 설치할 때 lift joint를 설치하여 환수관의 응축수를 끌어올릴 수 있다.
• 저압인 경우 : 1단에 1.5m 이내
• 고압인 경우 : 증기관과 환수관의 압력차 0.1MPa ($1kg/cm^2$)에 대해 5m 정도 끌어올린다.

12 전열교환기에 관한 설명으로 옳지 않은 것은?
① 공기 대 공기의 열교환기로서, 습도차에 의한 잠열은 교환 대상이 아니다.
② 공기방식의 중앙공조시스템이나 공장 등에서 환기에서의 에너지 회수방식으로 사용된다.
③ 공조시스템에서 배기와 도입되는 외기와의 전열교환으로 공조기의 용량을 줄일 수 있다.
④ 전열교환기를 사용한 공조시스템에서 중간기(봄, 가을)를 제외한 냉방기와 난방기의 열회수량은 실내·외의 온도차가 클수록 많다.

해설 전열교환기

① 전열교환기는 배기되는 공기와 도입 외기 사이에 공기의 교환을 통하여 배기가 지닌 열량을 회수하거나 도입외기가 지닌 열량을 제거하여 도입외기를 실내 또는 공기조화기로 공급하는 전열교환장치이다.
② 공기 대 공기의 열교환기로서 현열은 물론 잠열까지도 교환되는 엔탈피 교환하는 장치로서 공조시스템에서 배기와 도입되는 외기와의 전열교환으로 공조기는 물론 보일러나 냉동기의 용량을 줄일 수 있다.
③ 전열교환기의 효율
  ㉠ 외기와 환기의 최대 엔탈피차($X_3 - X_1$)에 대한 실제 전열 엔탈피차($X_2 - X_1$)의 비
  ㉡ 전열교환기 효율 $\eta = \dfrac{X_2 - X_1}{X_3 - X_1} = \dfrac{h_1 - h_2}{h_1 - h_3}$

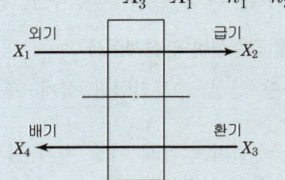

[그림] 전열교환기

13 덕트의 치수결정법 중 등속법에 관한 설명으로 옳지 않은 것은?
① 덕트를 통해 먼지나 산업용 분말을 이송시키는데 적당하다.
② 덕트 내의 풍속을 일정하게 유지할 수 있도록 덕트 치수를 결정하는 방법이다.
③ 송풍기 용량을 구하기 위해서는 전체 구간의 압력손실을 구해야 하는 번거로움이 있다.
④ 미분탄 및 시멘트 분말의 이송에는 덕트 내에 분말이 침적되지 않도록 풍속 5m/s로 설계한다.

정답 10 ①   11 ④   12 ①   13 ④

해설 등속법(정속법)
㉠ 덕트 내의 공기 속도를 가정하고 공기량을 이용하여 마찰저항과 덕트 크기를 결정하는 방법으로 일정 풍량(10,000m³/h) 이상인 경우에 적당하다.
㉡ 각 구간마다 압력손실이 다르기 때문에 송풍기 용량을 구하기 위해 전체 구간의 압력손실을 구해야 하는 번거로움이 있다.
㉢ 주로 분진이나 산업용 분말 등을 배출시키기 위한 배기 덕트의 설계법으로 적당하다.

14 다음 그림과 같은 냉수 배관계통에서 ㉠점의 냉수 순환량은? (단, 팬코일 유닛의 단위는 와트(W)이며, 물의 비열은 4.2kJ/kg·K, 물의 밀도는 1kg/L이다.)

조건
- 팬코일 유닛의 입구, 출구 온도차 : 5℃
- 배관 및 기기의 열손실은 10%로 한다.

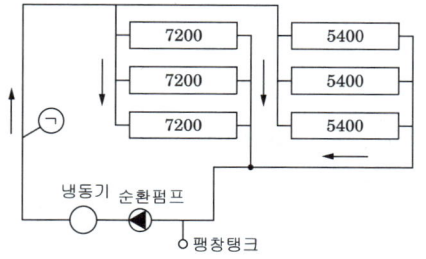

① 약 61L/min   ② 약 119L/min
③ 약 122L/min   ④ 약 134L/min

해설 순환수량(Q_W)[l/min]

$Q_W = \dfrac{H}{60 C \Delta t}$ [l/min]

H : 방열량[kJ/h]
C : 비열(4.19kJ/kg·K)
Δt : 방열기의 출입구 온도차(℃)

$Q_W = \left[\dfrac{\{(7,200 \times 3) + (5,400 \times 3)\} \times 3.6}{60 \times 4.2 \times 5} \right] \times 1.1$

$= 118.8$L/min ≒ 119L/min

※ 1kW=3,600kJ/h
  1W=3.6kJ/h

15 다음과 같은 특징을 갖는 보일러는?

- 부하변동에 잘 적응되며, 보유수면이 넓어서 급수용량 제어가 쉽다.
- 예열시간이 길고, 반입 시 분할이 어려우며 수명이 짧다.
- 공조 및 급탕을 겸하며 비교적 규모가 큰 건물에 사용된다.

① 주철제 보일러   ② 노통연관 보일러
③ 수관 보일러   ④ 관류 보일러

해설 노통연관식 보일러
㉠ 부하의 변동에 대해 안정성이 있으며, 수면이 넓어 급수용량 조절이 쉽다.
㉡ 수처리가 비교적 간단하며 현장공사가 거의 필요치 않다.
㉢ 예열시간이 길고 주철제에 비해 가격이 비싸다.
㉣ 사용압력은 0.7~1.0MPa 정도이다.
㉤ 공조 및 급탕을 겸하며 비교적 규모가 큰 건물에 사용된다.

16 실내 벽면에 설치하기에 가장 부적당한 취출구는?
① 그릴형   ② 슬롯형
③ 노즐형   ④ 아네모스탯형

해설 아네모스탯(anemostat)형 : 주로 천장에 설치하여 기류를 방사형태로 취출시키는 복류 취출구로 일반적인 건축물에서 가장 많이 사용하고 있다.

17 다음 설명에 알맞은 송풍기 풍량제어방식은?

비용이 많이 들지만 효율이 좋은 방식이며, 최근에는 인버터를 사용하여 전기의 주파수를 변화시키는 방식을 많이 사용한다.

① 가변 피치 제어
② 회전수에 의한 제어
③ 흡입댐퍼에 의한 제어
④ 토출댐퍼에 의한 제어

정답 14 ② 15 ② 16 ④ 17 ②

해설
동력절감률(에너지절약)이 높은 것에서 낮은 순서 :
회전수 제어 > 흡입베인제어 > 흡입댐퍼제어 > 토출댐퍼제어
※ 회전수 제어 : 송풍기 풍량제어의 대표적인 방법으로 에너지절감 비율이 가장 높다.

18 흡수식 냉동기에 관한 설명으로 옳지 않은 것은?
① 왕복동식 냉동기에 비해 소음이 작다.
② 일반적으로 리튬브로마이드(LiBr)가 냉매로 이용된다.
③ 증발기, 흡수기, 재생기(발생기), 응축기 등으로 구성되어 있다.
④ 기계적 에너지가 아닌 열에너지에 의해 냉동효과를 얻는다.

해설 흡수식 냉동기
① 원리 : 냉매를 흡수하는 형식으로 압축냉동기의 압축기가 하는 압축을 흡수제를 이용하여 화학적으로 치환해서 냉동사이클을 형성하는 냉동기이다.(열에너지에 의해 냉동효과를 얻는 냉동기)
② 냉동 사이클 : 증발기-흡수기-발생기(재생기)-응축기
③ 발생기의 형식에 따라 단효용식과 2중효용식이 있다.
④ 특징
  ㉠ 증기나 고온수를 구동력으로 한다.
  ㉡ 냉매는 물(H_2O), 흡수액은 브롬화리튬(LiBr) 사용한다.
  ㉢ 전력소비가 적다.(압축식의 1/3) → 특별고압수전 불필요
  ㉣ 기기 내부가 진공에 가까워 파열의 위험이 없다.
  ㉤ 진동, 소음이 적다.
  ㉥ 증기 보일러가 필요하다.
  ㉦ 압축식에 비해 설치면적, 높이, 중량이 크다.

19 증기트랩의 작동원리에 따른 분류 중 기계식 트랩에 속하는 것은?
① 버킷 트랩
② 디스크 트랩
③ 벨로즈식 트랩
④ 바이메탈식 트랩

해설 버킷 트랩(bucket trap)
㉠ 주로 고압증기의 관말 트랩이나 증기 사용 세탁기, 증기 탕비기 등에 많이 쓰인다. 응축수의 부력을 이용하는 기계식 트랩이다.
㉡ 증기 트랩 중에서 작은 버킷을 사용한 것으로 상향형·하향형이 있다.
㉢ 상향·하향형 모두 응축수의 유입으로 버킷이 작동하여 상부에 있는 밸브를 열어 응축수 배출을 하며, 하향형일 경우 공기도 함께 배출한다.
㉣ 증기관의 끝이나 기기의 주위 배관에 사용되나 10kPa 이상의 유효차압이 요구된다.
※ 증기트랩(steam trap) : 방열기트랩(radiator trap), 열동트랩, 실로폰트랩), 버킷트랩(burcket trap), 플로트트랩(float trap), 벨로우즈트랩(bellows trap)

20 중앙식 공기조화기에서 가습방식의 분류 중 수분무식에 속하지 않는 것은?
① 원심식   ② 적외선식
③ 초음파식   ④ 분무식

해설 가습기
건조한 실내에 습도를 높이기 위한 방법으로 크게 증기식, 물분무식, 기화식으로 구분한다.
㉠ 증기식 : 분무식, 전열식, 전극식, 적외선식
㉡ 수분무식 : 분무식, 원심식, 초음파식
㉢ 기화식(증발식) : 적하식, 회전식, 모세관식

정답 18 ②   19 ①   20 ②

건축설비설계
2025년 제1회 과년도 출제문제 [온라인 TEST]

01 대변기의 세정급수 방식 중 하이탱크식과 로우탱크식에 관한 설명으로 옳은 것은?
① 하이탱크식은 로우탱크식보다 세정소음이 작다.
② 로우탱크식과 하이탱크식은 연속 사용이 가능하다.
③ 로우탱크식은 하이탱크식보다 화장실 내의 공간을 적게 차지하여 유리하다.
④ 하이탱크식과 로우탱크식은 탱크로의 급수 수압이 다소 낮아도 사용이 가능하다.

[해설] 하이탱크식과 로우 탱크식

1) 하이탱크식
바닥으로부터 1.6m 이상 높은 위치(표준높이는 1.9m)에 설치하고, 볼탭을 통하여 공급된 일정량의 물을 저장하고 있다가 핸들 또는 레버의 조작에 의해 낙차에 의한 수압으로 대변기를 세척하는 방식이다.
㉠ 탱크의 용량은 15ℓ 정도이다.
㉡ 변기의 설치면적은 작다.
㉢ 세정시 소리가 크다.(사무실 및 공공 건축물에 이용)
㉣ 탱크 내의 고장이 있을 때에 불편하다.

2) 로우 탱크식
탱크로의 급수압력에 관계없이 대변기로의 공급수량이나 압력이 일정하며, 양호한 세정효과와 소음이 적어 일반 주택에서 주로 사용되는 대변기 세정수의 급수방식이다.

02 어느 사무소 건물의 연면적이 5000m² 일 때 1일 예상 급수량은? (단, 이 건물의 유효면적과 연면적의 비는 60%이고, 유효면적당 인원은 0.2인/m²이며, 1인 1일당 급수량은 100L이다.)
① 30m³/d
② 60m³/d
③ 300m³/d
④ 600m³/d

[해설] 건물 면적에 의한 방법
$Q_d = A \times k \times n \times q [\ell/d]$
A : 건물 연면적[m²]
k : 건물 연면적에 대한 유효 면적의 비율[%]
n : 유효 면적당의 인원[인/m²]
q : 건물 종류별 1일 1인당 사용수량[$\ell/d \cdot c$]
∴ $Q_d = A \times k \times n \times q [\ell/d]$
$= 5,000m² \times 0.6 \times 0.2인/m² \times 100\ell/d$
$= 60,000\ell/d = 60m³/d$

03 트랩의 봉수 파괴 원인 중 위생기구에서 트랩을 통하여 배수가 만수상태로 흐를 때 주로 발생하는 것은?
① 모세관 현상
② 자기 사이펀 작용
③ 감압에 의한 흡인작용
④ 역압에 의한 분출작용

[해설] 트랩의 봉수파괴 원인과 방지책

㉠ 자기 사이펀 작용 : 배수가 관속을 꽉차서 흐를 때 (만수 상태), 주로 S트랩에서 발생
㉡ 유인 사이펀작용(흡출 작용, 감압에 의한 흡인작용) : 상층의 배수입관에서 다량의 물이 일시에 낙하할 때
㉢ 분출 작용(역압에 의한 작용) : 대규모 배수설비에서 배수관의 하저곡부 가까이에 설치되어 있는 경우(피스톤작용)
㉣ 모세관 작용 : 트랩 내에 실이나 머리카락이 들어갈 때
㉤ 증발 : 위생기구의 사용빈도가 적을 때, 기름을 한 방울 떨어뜨리면 방지된다.
㉥ 물의 운동량에 의한 관성 : 배수구에 격자(석쇠)를 설치
☞ 봉수파괴 방지 : 통기관을 설치
☞ 봉수파괴 방지 : ㉠, ㉡, ㉢의 경우 통기관을 설치한다.

04 온도 0℃, 길이 400m의 강관에 60℃의 급탕이 흐를 때 강관의 신축량은?
(단, 강관의 선팽창계수는 1.1×10^{-5}/℃ 임)
① 0.112m ② 0.264m
③ 0.325m ④ 0.413m

정답 01 ④ 02 ② 03 ② 04 ②

해설 관의 신축과 팽창량(L)

L=1,000·ℓ·C·Δt(mm)
여기서, ℓ : 온도변화전의 관의 길이(m)
　　　　C : 관의 선팽창계수
　　　　Δt : 온도 변화(℃)
∴ L=1,000·ℓ·C·Δt
　 =1,000×400×1.1×10^{-5}×(60-0)
　 =264mm=0.264m

05 다음 중 왕복식 펌프에 속하는 것은?
① 베인펌프　　　② 기어펌프
③ 디퓨저펌프　　④ 플런져펌프

해설 왕복식 펌프

실린더 속에서 피스톤, 플런저, 버킷 등을 왕복운동 시킴으로써 흡입하여 송출한다.
① 특성
　㉠ 구조가 간단하고, 취급이 용이하다.
　㉡ 수량조절이 어렵다.
　㉢ 양수량이 적고, 저양정에 쓰인다.
② 종류
　㉠ 피스톤 펌프 : 공장 급수용
　㉡ 플런저 펌프 : 고압용
　㉢ 워싱턴 펌프 : 보일러 급수용(1MPa 이하)

06 배수관 내 배수의 흐름에 관한 설명으로 옳지 않은 것은?
① 배수수직관의 관경이 작을수록 종국길이는 짧다.
② 일반적으로 배수수직관의 허용유량은 30% 정도를 한도로 하고 있다.
③ 배수수직관내를 배수가 관벽에 따라 나선형의 상태로 하강하는 현상을 수력도약현상(도수현상)이라고 한다.
④ 배수수평지관으로부터 배수수직관에 배수가 유입하면 배수량이 적을 때에는 배수는 수직관 관벽을 따라 지그재그로 강하한다.

해설 수력도약현상(도수현상)은 유체의 흐름이 사류에서 상류로 변화할 때 표면에 소용돌이가 발생하면서 수심이 급격하게 증가하는 현상

07 역류를 방지하여 오염으로부터 상수계통을 보호하기 위한 방법으로 적절하지 않은 것은?
① 토수구 공간을 둔다.
② 역류방지밸브를 설치한다.
③ 대기압식 또는 가압식 진공브레이커를 설치한다.
④ 수압이 0.4MPa을 초과하는 계통에는 감압밸브를 부착한다.

해설 급수설비의 수질오염 원인
㉠ 저수탱크에 의한 유해물질 침입에 의한 발생
㉡ 배수설비의 급수설비로의 역류
㉢ 크로스 커넥션(cross connection)
㉣ 배관의 부식
※ 크로스 커넥션(cross connection) : 수돗물과 수돗물 이외의 물질이 혼입되어 오염시키는 현상(음료수 오염현상)이다. 크로스 커넥션(cross connection)은 배관 사이의 잘못된 연결에 의하여 생기므로 각 계통마다 배관을 색깔로 구분할 수 있도록 한다.
☞ 수격현상(워터해머)의 방지 대책으로 수압이 0.4MPa을 초과하는 배관계통에는 감압밸브를 부착한다.

08 급탕장치내의 전수량 3000L인 5℃의 물을 60℃까지 가열 할 때 물의 팽창량은? (단, 5℃ 물의 밀도는 0.999kg/L, 60℃ 물의 밀도는 0.983kg/L 임)
① 13L　　　② 26L
③ 49L　　　④ 74L

해설 팽창수량(Δ_v)

$$\Delta_v = \left(\frac{1}{\rho_2} - \frac{1}{\rho_1}\right)V$$

Δ_v : 온수의 팽창량[ℓ]
ρ_1 : 온도 변화 전의 물의 밀도[kg/ℓ]
ρ_2 : 온도 변화 후의 물의 밀도[kg/ℓ]
v : 장치 내의 전수량[ℓ]

$$\Delta_v = \left(\frac{1}{0.983} - \frac{1}{0.999}\right) \times 3000 = 48.6 = 49L$$

정답 05 ④　06 ③　07 ④　08 ③

09 급탕배관에 관한 설명으로 옳은 것은?

① 배관은 하향 구배로 하는 것이 원칙이다.
② 탕비기 주위의 급탕배관은 가능한 짧게 하고 공기가 체류하지 않도록 한다.
③ 배관은 신축에 견디도록 가능하며 요철부가 많도록 배관하는 것이 원칙이다.
④ 물이 뜨거워지면 수중에 포함된 공기가 분리되기 쉽고, 이 공기는 배관의 상부에 모여서 급탕의 순환을 원활하게 한다.

해설
① 고온의 유체를 수송하는 급탕배관은 상향 구배로 하는 것이 원칙이다.
② 급탕배관, 반탕관의 열손실과 배관의 마찰손실을 줄이기 위해서 관의 길이를 되도록 짧게 하는 것이 유리하다.
③ 배관에 생기는 팽창량을 흡수하여, 응력에 의한 배관 이음쇠의 파손 부분에서 발생하는 누수를 방지하기 위하여 배관 중에 신축이음쇠(expansion joint)를 설치한다.
④ 중앙식 급탕법은 순환이 느리기 때문에 순환펌프를 사용해야 한다.
대규모 건물의 중앙식 급탕법은 급탕관 내의 탕의 온도가 내려가는 것을 방지하기 위하여 온수순환펌프를 이용하여 급탕관 및 반탕관 내의 탕을 강제적으로 순환시킨다.

10 국소환기 설계에 관한 설명으로 옳지 않은 것은?

① 배출된 오염물질에 의한 대기오염이 되지 않도록 정화장치를 부착한다.
② 국소환기의 계통은 공간의 절약을 위해 공조장치의 환기덕트와 연결한다.
③ 배기장치는 배기가스에 의해 부식하기 쉬우므로 그에 상응한 재료를 사용한다.
④ 배풍기는 배기계통의 말단부에 두어 덕트 내 압력이 부(−)로 되도록 해서 다른 쪽으로의 누출을 방지한다.

해설
국소환기의 계통은 공조장치의 환기덕트와 연결하면 실내오염의 원인이 되므로 독립적으로 설치해야 한다.
※ 국소 환기 : 오염이 생긴 장소에서 오염이 실 전반에 확산되기 전 배기하는 방법으로 가장 효율이 좋은 오염 제거 방법이다. [예] 후드(hood), 퓸 후드(fume hood), 드래프트 챔버 등

11 각종 보일러에 관한 설명으로 옳지 않은 것은?

① 수관보일러는 대형건물이나 지역난방 등에 사용된다.
② 관류보일러는 보유수량이 많아 주로 공조용으로 사용된다.
③ 주철제보일러는 규모가 비교적 작은 건물의 난방용으로 사용된다.
④ 연관보일러는 예열시간이 길고 반입 시 분할이 어렵다는 단점이 있다.

해설 관류보일러
㉠ 증기 발생기로 주로 이용
㉡ 수관보일러와 같이 수관으로 되어 있으나 드럼(수실)이 없다.
㉢ 보유수량이 적으므로 시동시간이 짧고, 부하변동에 대해 추종성이 좋다.
㉣ 설치면적이 작으나, 급수처리가 복잡하고 고가이며 소음이 높다.
㉤ 간단하게 고압의 증기를 얻으려고 하는 경우에 사용된다.

12 대향류형 열교환기에 물의 입출구 온도가 각각 5℃, 10℃이고, 공기의 입출구 온도가 각각 28℃, 14℃일 경우 대수 평균 온도차(MTD)는 약 얼마인가?

① 3.3℃   ② 5.0℃
③ 9.0℃   ④ 13.0℃

정답 09 ② 10 ② 11 ② 12 ④

해설 대수평균 온도차(Mean Temperature Difference)

㉠ 공기와 냉온수와의 대수평균온도차
㉡ 냉온수도 공기도 코일 입구로부터 출구까지 코일을 통과하는 과정에서 온도가 일정하지 않고 변하게 되므로 냉온수와 공기와의 평균적인 온도차를 구하기 위한 계산식이다.
㉢ $MTD = \dfrac{\Delta_1 - \Delta_2}{ln\dfrac{\Delta_1}{\Delta_2}}$

Δ_1 : 공기 입구측에서의 공기와 물의 온도차(℃)
Δ_2 : 공기 출구측에서의 공기와 물의 온도차(℃)

∴ $MTD = \dfrac{\Delta_1 - \Delta_2}{ln\dfrac{\Delta_1}{\Delta_2}} = \dfrac{(28-10)-(14-5)}{ln\dfrac{(28-10)}{(14-5)}}$
     $= 13℃$

13 공기조화배관의 배관회로방식에 관한 설명으로 옳지 않은 것은?

① 개방회로방식은 보통 축열방식이나 개방식 냉각탑의 냉각수 배관 등에 응용된다.
② 밀폐회로방식은 순환수가 공기와 접촉하지 않으므로 물처리비가 적게 든다.
③ 개방회로방식의 경우 펌프의 양정에는 실양정이 포함되므로 동력비가 많이 든다.
④ 밀폐회로방식에는 물의 팽창을 흡수하기 위해 팽창관이 사용되며 팽창탱크는 사용하지 않는다.

해설 개방회로배관과 밀폐회로배관

분류	특징
개방회로배관	물의 순환경로가 대기 중의 수조에 개방되어 있는 회로 ① 순환펌프 양정계산시 물탱크에서 배관 최상단 부분까지 정수두를 계산하여야 한다. ② 환수관에서 사이폰현상, 진동, 소음 등이 발생할 우려가 있다. ③ 관경이 밀폐형보다 커서 설비비가 증가한다. ④ 밀폐형보다 배관부식의 우려가 크다.
밀폐회로배관	물의 순환경로가 대기 중의 수조에 개방되어 있지 않는 회로 ① 팽창탱크(E.T)를 반드시 설치하여 이상 압력을 흡수하여야 한다. ② 안정된 수류를 얻을 수 있다. ③ 관경이 작아져서 설비비가 감소한다. ④ 배관의 부식이 적다.

14 다음 송풍기 풍량제어법에 관한 설명 중 ( )안에 알맞은 내용은?

축동력은 (ⓐ)가 가장 적게 들며, (ⓑ)가 가장 많이 소요된다.

① ⓐ 회전수 제어, ⓑ 토출댐퍼제어
② ⓐ 토출댐퍼제어, ⓑ 회전수 제어
③ ⓐ 흡입댐퍼제어, ⓑ 토출댐퍼제어
④ ⓐ 토출댐퍼제어, ⓑ 흡입댐퍼제어

해설

동력절감률(에너지절약)이 높은 것에서 낮은 순서 :
회전수제어(가변속제어) > 흡입베인제어 > 흡입댐퍼제어 > 토출댐퍼제어
※ 회전수 제어 : 송풍기 풍량제어의 대표적인 방법으로 에너지절감 비율이 가장 높다.
※ 제어방식의 결정은 풍량조정범위, 동력절감률, 설비비 등을 고려하여 정한다.

15 취출기류의 속도분포와 관련하여 4단계의 영역으로 구분할 경우, 제1영역에 관한 설명으로 옳은 것은?

① 일명 천이구역이라고도 한다
② 취출거리의 대부분을 차지하며, 취출구의 종류에 따라 특성이 현저하다.
③ 취출구에서 분출되는 공기는 아주 짧은 거리에서 속도의 변화가 없다.
④ 취출기류의 속도가 급격히 감소되며 혼합된 공기까지도 주위로 확산되는 영역이다.

정답 13 ④ 14 ① 15 ③

[해설]
취출기류의 제1영역은 기류 중심부분의 속도가 취출구에서의 기류 취출속도와 동일한 구간으로 취출구에서 분출되는 공기는 아주 짧은 거리에서 속도의 변화가 없다. 이 구간의 거리는 취출구 직경(취출구 폭)의 2~6배 정도의 범위가 된다.

16 흡수식 냉동기에 관한 설명으로 옳은 것은?
① 냉매로는 LiBr을 사용하고, 흡수제로 물을 사용한다.
② 증발기, 압축기, 재생기, 응축기 등으로 구성되어 있다.
③ 기계적 에너지가 아닌 열에너지에 의해 냉동효과를 얻는다.
④ 1중 효용 흡수식 냉동기가 2중 효용 흡수식 냉동기보다 효율이 좋다.

[해설]
① 냉매로는 물을 사용하고, 흡수제로 LiBr을 사용한다.
② 증발기, 흡수기, 재생기(발생기), 응축기 등으로 구성되어 있다.
④ 2중 효용 흡수식 냉동기가 1중 효용 흡수식 냉동기보다 효율이 좋다.

17 다음 중 에어필터의 효율측정법이 아닌 것은?
① 중량법 ② 비색법
③ 체적법 ④ DOP법

[해설] 여과기(에어 필터) 효율 측정방법

구 분	측 정 방 법
중량법	• 비교적 큰 입자를 대상으로 측정하는 방법 • 필터에서 집진되는 먼지의 양으로 측정
비색법 (변색도법)	• 비교적 작은 입자를 대상으로 측정하는 방법 • 필터에서 포집한 여과지를 통과시켜 광전관으로 오염도를 측정
계수법 (Dop법)	• 고성능 필터를 측정하는 방법 • $0.3\mu m$ 입자를 사용하여 먼지의 수를 측정

18 진공환수식 증기난방에서 리프트 피팅(lift fitting)을 해야 하는 경우는?
① 방열기보다 환수주관이 높을 때
② 방열기보다 환수주관이 낮을 때
③ 배관 내의 유체 온도가 너무 높을 때
④ 배관 내의 유체 온도가 너무 낮을 때

[해설] 리프트 이음(lift fitting)
진공환수식 난방장치에 있어서 부득이 방열기보다 높은 곳에 환수관을 배관하지 않으면 안될 때 또는 환수주관보다 높은 위치에 진공펌프를 설치할 때, 환수관에 응축수를 끌어올리기 위해 사용한다.
• 저압인 경우 : 1단에 1.5m 이내
• 고압인 경우 : 증기관과 환수관의 압력차 0.1MPa ($1kg/cm^2$)에 대해 5m 정도 끌어올린다.

19 다음 중 축열방식을 이용하는 이유와 가장 거리가 먼 것은?
① 초기투자 비용을 줄일 수 있다.
② 값싼 심야전력을 이용할 수 있다.
③ 열원설비 용량을 감소시킬 수 있다.
④ 전력 사용량의 피크를 완화시킬 수 있다.

[해설] 빙축열 방식(잠열축열방식)
야간(23:00~09:00)의 값싼 심야전력을 이용하여 전기에너지를 얼음 형태의 열에너지로 저장했다가 주간의 냉방용으로 사용하는 방식으로 주로 얼음의 융해열(335kJ/kg)을 이용한 것이다.
• 장점
 ㉠ 기기용량 및 부속설비용량 감소
 ㉡ 수전설비용량 축소 및 계약전력의 감소
 ㉢ 심야전기 이용으로 전력운전비 감소
 ㉣ 주야간의 전력부하 균형에 기여
 ㉤ 축열로 열공급이 안정적
 ㉥ 열회수시스템 채용 가능
• 단점
 ㉠ 초기 투자비가 비싸다.
 ㉡ 축열조 설치를 위한 별도의 공간이 필요하다.
※ 빙축열 시스템은 냉각을 위한 냉동기, 축열을 위한 빙축열조, 외부와의 열교환을 위한 열교환기로 구성된다.

정답 16 ③ 17 ③ 18 ① 19 ①

20 공조되고 있는 실에서 콜드 드래프트(cold draft)의 원인과 가장 거리가 먼 것은?
① 습도가 낮을 때
② 기류의 속도가 낮을 때
③ 주위 벽면의 온도가 낮을 때
④ 겨울에 창문의 틈새바람이 많을 때

해설 콜드 드래프트(cold draft)

인체는 신진대사에 의해 계속 열을 생산하고 생산된 열은 인체 주위로 소모된다. 그러나 생산된 열량보다 소모되는 열량이 많으면 추위를 느끼게 된다. 이와 같이 소모되는 열량이 많아져서 추위를 느끼게 되는 현상을 콜드 드래프트(cold draft)라 한다.
※ 콜드 드래프트(cold draft)의 발생 원인
  ㉠ 인체 주위의 공기 온도가 너무 낮을 때
  ㉡ 인체 주위의 공기 습도가 낮을 때
  ㉢ 인체 주위의 공기 속도가 클 때
  ㉣ 주위 벽면의 온도가 낮을 때
  ㉤ 동절기 창문의 극간풍(틈새바람)이 많을 때
☞ 팬코일 유닛방식에서 유닛을 창문 밑에 설치하면 콜드 드래프트를 줄일 수 있다.

건축설비설계
2025년 제2회 과년도 출제문제 [온라인 TEST]

01 원심식 펌프로 회전차 주위에 디퓨저인 안내 날개를 갖는 펌프는?
① 마찰 펌프   ② 터빈 펌프
③ 제트 펌프   ④ 다이아프램 펌프

해설
건축설비 분야에서는 원심(와권)식 펌프(볼류트 펌프, 터빈 펌프, 보어홀 펌프 등)가 주로 사용된다. 터빈펌프는 날개의 바깥쪽에 가이드베인(guide vane, 안내날개)을 설치하여 속도 에너지를 압력 에너지로 효율을 좋게 변환하여 고양정에 사용한다.

02 다음과 같은 조건에 있는 연면적 2000m² 의 사무소 건물에 필요한 1일당 급수량은?

┌ 조건 ┐
• 건물의 유효면적과 연면적의 비 : 50%
• 유효면적당 인원: 0.2인/m²
• 1인 1일당 급수량: 100L/d/c

① 10000L/d   ② 20000L/d
③ 30000L/d   ④ 40000L/d

해설 건물 면적에 의한 방법

$Q_d = A \times k \times n \times q [\text{L/d}]$

A : 건물 연면적[m²]
k : 건물 연면적에 대한 유효 면적의 비율[%]
n : 유효 면적당의 인원[인/m²]
q : 건물 종류별 1일 1인당 사용수량[ℓ/d·c]

∴ $Q_d = A \times k \times n \times q [\text{L/d}]$
  $= 2000[\text{m}^2] \times 0.5 \times 0.2[\text{인/m}^2] \times 100[\text{L/d}]$
  $= 20,000[\text{L/d}]$

정답 20 ② / 01 ②   02 ②

03 대변기의 세정방식 중 플러시 밸브식에 관한 설명으로 옳지 않은 것은?
① 대변기의 연속사용이 가능하다.
② 세정음은 유수음도 포함되기 때문에 소음이 크다.
③ 일반 가정용으로는 사용이 곤란하다.
④ 레버의 조작에 의해 낙차에 의한 수압으로 대변기를 세척하는 방식이다.

> **해설** 플러시 밸브(F.V)식 대변기
> ㉠ 접속 급수관경 25mm 이상 필요하다.
> ㉡ 최저 필요 수압 0.07MPa(70kPa) 이상 확보할 수 있는 경우에 사용 가능하다.
> ㉢ 세정소음이 크나, 대변기의 연속사용이 가능하다.
> ㉣ 일반 가정용으로는 거의 사용하지 않는다.

04 시간당 200L의 급탕을 필요로 하는 건물에서 전기온수기를 사용하여 급탕을 하는 경우 필요 전력은? (단, 물의 비열은 4.2kJ/kg · K, 급수온도는 10℃, 급탕온도는 60℃, 전기온수기의 가열효율은 95% 이다.)
① 11.1kW ② 11.7kW
③ 12.3kW ④ 13.5kW

> **해설**
> ㉠ $Q = m \cdot c \cdot \Delta t$
> 여기서 Q : 가열량(kJ/h)
> m : 질량(kg)
> c : 비열(kJ/kg·K)
> Δt : 온도차(K)
> ∴ $Q = m \cdot c \cdot \Delta t = 500 \times 4.2 \times (60-15)$
> $= 94,500 \text{kJ/h} = 26.25 \text{kJ/s}$
> ㉡ 온수기 용량 $= \dfrac{\text{가열량}}{\text{효율}} = \dfrac{11.67}{0.95} = 12.3 \text{kJ/s}$
> $= 12.3 \text{kW}$

05 다음은 기구배수단위에 관한 설명이다. ( ) 안에 알맞은 내용은?

> 세면기를 기준으로 하여 배수관경을 (①)mm, 단위 시간당 평균배수량 (②)L/min을 유량단위 1로 가정하고, 각종 기구의 유량비율을 이것과 비교하여 나타낸 것을 기구배수단위라 한다.

① ① 15, ② 7.5   ② ① 30, ② 28.5
③ ① 30, ② 7.5   ④ ① 40, ② 28.5

> **해설** 기구 부하단위법(Fixture Unit Value Method)
> 일반적으로 가옥 배수관의 관경을 결정하는 데는 관계통에 접속하는 위생기구류의 최대 배수 유량을 기준으로 하여 관경을 구하는 것이 합리적이다. 미국에서는 구경 32mm의 트랩을 갖는 세면기의 배수량을 28.5ℓ/min으로 하고 여기에 기구의 동시사용률과 기구 종류에 따른 사용 빈도수 및 사용자 수를 감안한 기구배수부하단위(fixture unit)를 결정하였으며, 세면기의 기구배수부하단위를 1로 하고, 이것을 근거로 하여 각종 기구의 배수 부하 단위를 정하였다. 트랩 구경이 32, 40, 50, 65, 75, 100mm일 때 기구 배수부하단위는 1, 2, 3, 4, 5, 6, 7, 8로 한다.
> ※ 세면기의 배수관경은 30(또는 32)mm, 배수량은 28.5ℓ/min을 기준으로 삼는다.

06 사이펀 볼텍스식 대변기에 관한 설명으로 옳지 않은 것은?
① 탱크와 변기를 일체형으로 할 수 있다.
② 공기의 혼입이 많아 세정 시 소음이 크다.
③ 진공브레이커는 역류 방지를 위해 설치된다.
④ 세정수의 와류작용과 함께 사이펀 작용을 발생시켜 오물을 배출한다.

> **해설**
> 사이펀 볼텍스식 대변기는 세정수의 와류 작용과 함께 사이펀 작용을 발생시켜 오물을 배출하는 탱크와 변기 일체형 방식으로 진공브레이커를 설치하여 역류를 방지하고 있으며 세정시 소음이 작다.

정답 03 ④ 04 ③ 05 ② 06 ②

07 다음 중 모세관 현상에 따른 트랩의 봉수파괴를 방지하기 위한 방법으로 가장 알맞은 것은?
① 트랩을 자주 청소한다.
② 각개통기관을 설치한다.
③ 관내 압력변동을 작게 한다.
④ 기구배수관 관경을 트랩구경보다 크게 한다.

해설 모세관 현상
트랩의 오버플로(over flow)관 부분에 머리카락·걸레 등이 걸려 아래로 늘어뜨려져 있으면 모세관 작용으로 봉수가 서서히 흘러 내려 마침내 말라 버리게 된다. 방지책으로 트랩을 자주 청소한다.

08 다음 중 급탕설비에서 급탕기기의 부속장치에 관한 설명으로 옳지 않은 것은?
① 온수탱크 상단에는 배수밸브를, 하부에는 진공방지밸브를 설치하여야 한다.
② 밀폐형 가열장치에는 일정 압력 이상이면 압력을 도피시킬 수 있도록 도피밸브나 안전밸브를 설치한다.
③ 안전밸브와 팽창탱크 및 배관 사이에는 차단밸브나 체크밸브 등 어떠한 밸브도 설치되어서는 안 된다.
④ 온수탱크의 보급수관에는 급수관의 압력변화에 의한 환탕의 유입을 방지하도록 역류방지밸브를 설치한다.

해설
온수탱크 상단에는 진공방지밸브(사이펀 브레이커), 오버플로우관(넘침관)을, 하부에는 물빼기를 위하여 배수(배니)밸브를 설치하여야 한다.

09 다음 중 펌프를 비속도의 크기 순서대로 올바르게 나타낸 것은?
① 터빈펌프 < 볼류트펌프 < 사류펌프 < 축류펌프
② 볼류트펌프 < 사류펌프 < 축류펌프 < 터빈펌프
③ 사류펌프 < 축류펌프 < 터빈펌프 < 볼류트펌프
④ 축류펌프 < 터빈펌프 < 볼류트펌프 < 사류펌프

해설 펌프의 비속도(비교회전수)
㉠ 펌프의 형식을 결정하는 척도, 즉 회전차의 형상을 나타내는 척도로 사용된다.
 펌프의 성능을 나타내거나 적합한 회전수를 결정하는 데 이용되는 값이다.
㉡ $\eta_s = N \cdot \dfrac{Q^{1/2}}{H^{3/4}}$
 여기서, η_s : 비속도 N : 회전수(rpm)
   Q : 토출량(m³/min) H : 양정
 η_s(비속도)는 회전수(N)와 $Q^{1/2}$에 비례하고 $H^{3/4}$에 반비례한다.
㉢ 형태가 완전히 같은 펌프는 크기와 관계없이 비속도가 일정하다.
㉣ 대유량·저양정일수록 비속도가 크고, 소유량·고양정일수록 비속도는 작아진다.
㉤ 비속도 크기 순서
 축류펌프(1100rpm 이상) > 사류펌프(500~1200rpm) > 볼류트펌프(300~700rpm) > 터빈펌프(300rpm 이하)

10 음료용 급수의 오염 원인에 따른 방지대책 중에서 옳지 않은 것은?
① 정체수 : 적정한 탱크 용량으로 설계한다.
② 조류의 증식 : 투광성 재료로 탱크를 제작한다.
③ 크로스 커넥션 : 각 계통마다의 배관을 색깔로 구분한다.
④ 곤충 등의 침입 : 맨홀 및 오버플로우관의 관리를 철저히 한다.

해설 급수설비의 수질오염 원인
㉠ 저수탱크에 의한 유해물질 침입에 의한 발생
㉡ 배수설비의 급수설비로의 역류
㉢ 크로스 커넥션(cross connection)
㉣ 배관의 부식

11 노통연관 보일러에 관한 설명으로 옳지 않은 것은?
① 분할반입이 용이하다.
② 증기 및 온수용이 있다.
③ 수처리가 비교적 간단하다.
④ 부하변동에 안정성이 있다.

정답 07 ① 08 ① 09 ① 10 ② 11 ①

> **[해설]** 노통연관식 보일러
> ㉠ 부하의 변동에 대해 안정성이 있으며, 수면이 넓어 급수용량 조절이 쉽다.
> ㉡ 수처리가 비교적 간단하며 현장공사가 거의 필요치 않다.
> ㉢ 예열시간이 길고 주철제에 비해 가격이 비싸다.
> ㉣ 사용압력은 0.7~1.0MPa 정도이다.
> ㉤ 공조 및 급탕을 겸하며 비교적 규모가 큰 건물에 사용된다.
> ☞ 취급이 간편하고, 분할 반입·조립·증설이 용이한 것은 주철제보일러이다.

12 용량이 386kW인 터보 냉동기에 순환되는 냉수량은? (단, 냉각기 입구의 냉수온도 12℃, 출구의 냉수온도 6℃, 물의 비열 4.2kJ/kg·K)

① 약 46m³/h
② 약 55m³/h
③ 약 231m³/h
④ 약 332m³/h

> **[해설]** 순환수량(Q_W)[ℓ/min]
> $$Q_W = \frac{H}{60 C \Delta t} [\ell/min]$$
> H_{CT} : 냉동기용량
> C : 비열(4.2kJ/kg·K)
> Δt : 냉각수의 냉각탑의 출입구 온도차(℃)
> 먼저, 1kW=1,000W=860kcal/h=1kJ/s
>   =3600kJ/h이므로
> 386kW=386×3600kJ/h=1389600kJ/h
> $Q_W = \frac{1389600}{60 \times 4.2 \times (12-6)} = 919 \ell/min$
>   =0.919m³/min=55.14m³/h≒55m³/h

13 난방도일(heating degree day)에 관한 설명으로 옳지 않은 것은?
① 추운 날이 많은 지역일수록 난방도일은 커진다.
② 난방도일의 계산에 있어서 일사량은 고려하지 않는다.
③ 난방도일은 난방용 장치부하를 결정하기 위한 것이다.
④ 일반적으로 난방도일이 큰 지역일수록 연료소비량은 증가한다.

> **[해설]** 난방도일(度日 : heating degree days : H.D)
> 추운 날의 정도를 나타내는 것으로서, 연료 소비량을 추정 평가하는 데 사용된다. 실내의 평균 온도와 외기의 평균 기온과의 차(差)에 일(日 : days)을 곱한 것이다.
> ㉠ 어느 지방의 추위 정도와 연료소비량의 추정 가능
> ㉡ 각 지역마다 값이 다르다.
> ㉢ 추운 정도의 지표
> ㉣ 단위 : ℃·day

14 다음 중 원심식 송풍기에 속하지 않는 것은?
① 다익 송풍기
② 터보 송풍기
③ 튜브형 송풍기
④ 리밋로드 송풍기

> **[해설]** 송풍기의 종류
> ㉠ 원심형 : 다익형(시로코팬), 터보형(후곡형), 익형, 리미트로드형, 플레이트형, 방사형
> ㉡ 축류형 : 프로펠러형, 튜브형, 베인형
> ㉢ 횡류형(관류형)

15 원형 덕트와 장방형 덕트의 환산식으로 옳은 것은? (단, d : 원형 덕트의 직경 또는 환산직경, a : 장방형 덕트의 장변길이, b : 장방형 덕트의 단변길이)

① $d = 1.3 \left[\frac{(a \cdot b)^5}{(a+b)^2}\right]^{1/8}$

② $d = 1.3 \left[\frac{(a \cdot b)^5}{(a-b)^2}\right]^{1/8}$

③ $d = 1.3 \left[\frac{(a \cdot b)^2}{(a+b)^5}\right]^{1/8}$

④ $d = 1.3 \left[\frac{(a \cdot b)^2}{(a-b)^5}\right]^{1/8}$

> **[해설]** 원형 덕트와 장방형 덕트의 환산식
> $$de = 1.3 \left\{\frac{(a \times b)^5}{(a+b)^2}\right\}^{\frac{1}{8}}$$
> de : 원형덕트의 직경(cm)
> a : 장방형덕트의 장변길이(cm)
> b : 장방형덕트의 단변길이(cm)

정답 12 ② 13 ③ 14 ③ 15 ①

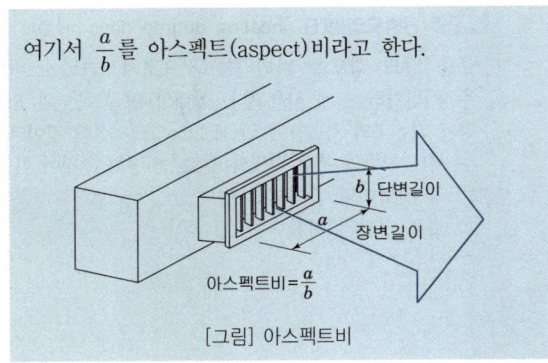

여기서 $\dfrac{a}{b}$를 아스펙트(aspect)비라고 한다.

[그림] 아스펙트비

16 표준상태의 공기가 12m/s로 장방형 덕트 내로 흐르고 있다. 덕트 내에 풍량조절댐퍼가 30° 각도로 설치되어 있을 때 댐퍼의 국부저항계수가 3.73이라면 댐퍼에 의한 압력손실은? (단, 공기의 밀도는 1.2kg/m³이다.)
① 164.5Pa　② 284.2Pa
③ 322.3Pa　④ 474.6Pa

해설 국부저항에 의한 압력손실(ΔPd)

$$\Delta Pd = \xi \dfrac{v^2}{2}\rho\,[\text{Pa}]$$
$$= 3.73 \times \dfrac{12^2}{2} \times 1.2 = 322.3\text{Pa}$$

ξ : 국부저항계수
v : 공기의 속도(m/s)
ρ : 공기의 밀도(kg/m³)

17 증기를 온열매로 하는 공기조화 계통에 관한 설명으로 옳지 않은 것은?
① 응축수에 의한 열손실이 크다.
② 고온수 방식에 비해 용량제어가 쉽고 배관수명이 길다.
③ 보일러의 물을 가열증발시켜 그 증발잠열을 이용하는 방법이다.
④ 고온수 방식에 비해 예열시간이 짧고 간헐난방에 대한 추종성이 좋다.

해설 증기를 온열매로 하는 공기조화 계통은 고온수 방식에 비해 용량제어가 어렵고 응축수가 생기므로 배관수명이 짧다.

18 온도환수방법 중 각 방열기가 동일 배관저항을 갖게 하기 위한 것은?
① 역환수식　② 중력환수식
③ 기계환수식　④ 직접환수식

해설 역환수식(reverse return system)

열원에서 각 방열기기까지의 공급관과 환수관의 도달거리의 합을 같게 하여 동일 배관저항을 갖게 함으로서 순환온수가 균등하게 흐르도록 한 배관방법이다.
※ 급탕설비의 하향식 배관, 난방설비의 온수난방에 설치하며, 배관수가 많아져서 설비비가 높다.

19 덕트 내의 풍속이 10m/s, 정압이 245Pa 일 경우 전압은? (단, 공기의 밀도는 1.2kg/m³ 이다.)
① 254Pa　② 272Pa
③ 305Pa　④ 343Pa

해설
덕트의 전압(P_t) = 정압(P_s) + 동압(P_v)
동압(P_v) = $\dfrac{v^2}{2}\rho$ (Pa)
여기서, v : 관내 유속(m/s)
g : 중력가속도(9.8m/s²)
ρ : 공기의 밀도(1.2kg/m³)
∴ 전압(P_t) = 정압(P_s) + 동압(P_v)
$= P_s + \dfrac{v^2}{2}\rho = 245 + \dfrac{10^2}{2} \times 1.2 = 305\,(\text{Pa})$

20 송풍기에 의해 수분이 급기덕트 내로 유입하는 것을 방지하기 위해 설치하는 공기조화기의 구성요소는?
① 가습기　② 공기세정기
③ 공기여과기　④ 엘리미네이터

해설 엘리미네이터(eliminator)

㉠ 통과 공기 중의 물방울이 공기 세정기에서 빠져나가는 것을 방지
(분무수가 밖으로 나가는 것을 방지하기 위하여)
㉡ 4~6번 접은 아연, 철판, 염화비닐 코팅판 등을 이용
※ 수분무의 경우 가습효율이 낮고 물방울이 비산하기 때문에 엘리미네이터를 설치하여 사용한다.

정답 16 ③　17 ②　18 ①　19 ③　20 ④

건축설비설계
2025년 제3회 과년도 출제문제 　온라인 TEST

01 급탕순환펌프에 관한 설명으로 옳지 않은 것은?
① 펌프는 내식성, 내열성 구조가 요구된다.
② 펌프의 기동, 정지는 감압밸브에 의해 자동적으로 이루어진다.
③ 소규모 건축에서는 배관 도중에 설치하는 라인펌프(line pump)가 많이 사용된다.
④ 양정을 과대하게 설정하면 과대한 유량이 배관내를 순환하게 되고 부식의 원인이 된다.

> 해설
> 펌프의 기동정지는 서모스탯에 의해 급탕의 온도를 감지하여 자동적으로 이루어진다.

02 급수배관에 관한 설명으로 옳지 않은 것은?
① 수직배관에는 체크밸브를 설치하지 않는다.
② 수평배관에서 물이 고일 수 있는 부분에는 퇴수밸브를 설치한다.
③ 하향 급수배관 방식의 경우 수평배관은 진행방향에 따라 내려가는 기울기로 한다.
④ 상향 급수배관 방식의 경우 수평배관은 진행방향에 따라 올라가는 기울기로 한다.

> 해설
> 수직 및 수평배관에는 유체의 흐름을 한쪽 방향으로 흐르게 할 때 역류방지용 체크밸브를 설치한다.

03 다음 중 배수트랩이 구비해야 할 조건과 가장 관계가 먼 것은?
① 가능한 한 구조가 간단할 것
② 배수 시에 자기세정이 가능할 것
③ 가동부분이 있으며 가동부분에 봉수를 형성할 것
④ 유효 봉수 깊이(50[mm] 이상 100[mm] 이하)를 가질 것

> 해설 배수용 트랩의 구비조건
> ㉠ 봉수가 확실하고 유효하게 유지되는 구조일 것 (50mm 이상 100mm 이하)
> ㉡ 구조가 간단하며 자기세정 작용을 할 것
> ㉢ 유수변이 평활하여 오수가 정체하지 않을 것
> ㉣ 재질은 내식성, 내구성이 우수할 것
> ☞ 2중 트랩이 되지 않도록 배관하고 가동부분이 없을 것

04 2개 이상의 엘보(elbows)를 사용하여 배관의 신축을 흡수하는 신축이음쇠는?
① 루프형　　② 스위블형
③ 슬리브형　④ 벨로즈형

> 해설 신축이음쇠(expansion joint)의 종류
>
> | 종류 | 특징 |
> |---|---|
> | 스위블 조인트
(swivel joint) | • 2개 이상의 elbows를 사용하여 나사회전을 이용해서 신축을 흡수하는 조인트
• 너무 큰 신축에는 파손되어 누수의 원인이 되는 결점이 있다.
• 방열기 주위 배관용 |
> | 신축곡관
(expansion loop) | • 신축곡관은 고장이 적고 고압 옥외 배관에 적합
• 신축을 흡수하는 1개의 길이가 긴 것이 결점
• 대구경, 고압배관에 사용 |
> | 슬리브형
(sleeve type) | • 온도의 변화에 따라 생기는 관의 신축을 슬리브의 미끄럼에 의해서 흡수
• 저압 증기배관 및 온수배관의 신축이음쇠로서 널리 사용한다.
• 소구경용 |
> | 벨로우즈형
(bellows type) | • 온도의 변화에 따른 관의 신축을 벨로스의 변형에 의해 흡수시키는 기구
• 소구경용 |

정답 01 ②　02 ①　03 ③　04 ②

05 다음 중 펌프의 흡입 배관에서 발생하는 공동현상(Cavitation)을 방지하기 위한 대책으로 가장 알맞은 것은?
① 흡입양정을 증가시킨다.
② 흡입유체의 온도를 낮춘다.
③ 흡입배관의 관경을 작게 한다.
④ 흡입배관의 길이를 증가시킨다.

[해설] 캐비테이션(cavitation)

펌프의 흡입구로 들어온 물 중에 함유되었던 증기의 기포는 임펠러(펌프의 날개)를 거쳐 토출구로 넘어가면 갑자기 압력이 상승되므로 기포는 물속으로 다시 소멸된다. 이때 소멸 순간에 격심한 소음과 진동을 수반하면서 일어나는 현상으로서, 흡입양정에서 발생한다.
■ 캐비테이션 방지책
• 흡입양정을 줄이고 흡입관 손실을 줄인다.
• 유체의 온도를 낮춘다.
• 필요 이상의 양정을 두지 않는다.
• 규정회전수 내에서 운전한다.
• 2대 이상의 펌프를 사용한다.
• 스트레이너 통수면적을 여유있게 잡고 청소를 한다.

06 위생기구를 유니트화 하는 목적과 가장 거리가 먼 것은?
① 현장작업의 증가   ② 공기의 단축
③ 공정의 단순화   ④ 노무비 절감

[해설] 위생설비의 유닛(unit)화

설비를 유닛화 하는 것은 현장 작업의 공정을 최소한으로 줄일 수 있음과 동시에 공장 제작의 단순화, 합리화로 공사 전체의 생산성·안전성 등을 향상시킬 수 있다. 현재 설비 유닛으로서 시공되고 실용화되어 있는 것에는 욕조 유닛, 주방 유닛, 설비 코어 유닛 등이 있다.
■ 위생기구 유닛화의 목적
㉠ 공사 기간 단축
㉡ 공정의 단순화 및 합리화
㉢ 시공의 정밀도의 향상
㉣ 재료 및 인건비의 절감

07 급수관 내에 공기실(Air chamber)을 설치하는 이유는?
① 배관의 신축을 위해서
② 수압시험을 하기 위해서
③ 누출시험을 하기 위해서
④ 수격작용의 방지를 위해서

[해설] 수격작용(water hammering)
㉠ 수전을 갑자기 열고 닫을 때 생기는 마찰음 현상
㉡ 원인 : 유속이 빠를 때, 관경이 작을 때, 밸브 수전을 급히 잠글 때, 굴곡개소가 많을 때
㉢ 방지책 : 관내의 유속을 서서히 하고 관경을 크게 한다. 수전 근처에 공기실(air chamber)을 설치하거나 워터해머(water hammer) 방지기를 부착한다.

08 펌프에 관한 설명으로 옳은 것은?
① 펌프의 축동력은 회전수의 제곱에 비례한다.
② 볼류트 펌프는 임펠러 주위에 안내날개를 갖고 있기 때문에 고양정을 얻을 수 있다.
③ 펌프 1대의 임펠러 1개를 갖고 있는 것은 단단(單段)펌프라 하며 양정이 그다지 높지 않은 경우에 사용된다.
④ 캐비테이션을 방지하기 위해서는 흡수관을 가능한 한 길고 가늘게 함과 동시에 관내에 공기가 체류할 수 있도록 배관한다.

[해설]
① 펌프의 축동력은 회전수의 3제곱에 비례한다.
② 터빈 펌프는 임펠러 주위에 안내날개를 갖고 있기 때문에 고양정을 얻을 수 있다.
④ 캐비테이션을 방지하기 위해서는 흡수관을 가능한 한 짧고 굵게 함과 동시에 관내에 공기가 체류하지 않도록 배관한다.

[정답] 05 ② 06 ① 07 ④ 08 ③

09 다음의 위생기구를 배수부하 단위가 큰 것부터 작은 순으로 올바르게 나열한 것은?

> ⊙ 대변기(세정밸브 형식)
> ⓒ 세면기
> ⓒ 샤워기(주택용)
> ⓔ 소변기

① ⊙ > ⓔ > ⓒ > ⓒ
② ⊙ > ⓒ > ⓔ > ⓒ
③ ⓒ > ⊙ > ⓔ > ⓒ
④ ⓒ > ⓔ > ⊙ > ⓒ

해설 기구배수부하단위

대변기(F.U 8) > 소변기(F.U 4) > 샤워기, 욕조(F.U 2~3) > 세면기(F.U 1)
※ 세면기를 기준으로 하여 배수관경을 30mm, 단위 시간당 평균배수량 28.5L/min을 유량단위 1로 가정하고, 각종 기구의 유량비율을 이것과 비교하여 나타낸 것을 기구배수단위라 한다.

10 펌프의 회전수 변화에 따른 유량, 양정, 축동력, 소비전력의 변화를 설명한 내용 중 옳은 것은?
① 회전수를 50% 줄이면, 유량은 50% 증가한다.
② 회전수를 50% 줄이면, 양정은 75% 감소한다.
③ 회전수를 50% 줄이면, 축동력은 25% 감소한다.
④ 회전수를 50% 줄이면, 소비전력은 50% 감소한다.

해설 회전수의 변화에 따른 유량(Q), 양정(H), 축동력(L)의 변화

펌프의 특성 곡선은 회전수를 일정하게 한 상태에서 얻어진 것이다. 회전수를 변화시키면 양수량은 회전수에 비례하고, 양정은 회전수의 제곱에 비례하며, 축동력은 회전수의 3승에 비례한다.
∴ 회전수를 50% 줄이면 유량은 50% 감소하고, 양정은 75% 감소하며, 축동력과 소비전력은 87.5% 감소한다.

11 다음 중 급탕설비의 급탕배관시 고려사항으로 옳지 않은 것은?
① 배관 길이가 30m를 초과하는 중앙식 급탕설비에서는 환탕관과 순환펌프를 설치하여 배관의 열손실을 보상한다.
② 탕비기 주위 등의 급탕배관은 가능한 짧게 하고 공기가 체류하지 않도록 균일한 구배로 한다.
③ 급탕계통에는 유지 관리를 위해 용이하게 조작할 수 있는 위치에 개폐밸브를 설치한다.
④ 고층 건축물에서 급탕압력을 일정압력 이하로 제어하기 위해 감압밸브를 설치하는 경우 순환계통에 설치하도록 한다.

해설

고층 건축물에서 급탕압력을 일정압력 이하로 제어하기 위해 감압밸브를 설치하는 경우 급탕(공급관) 계통에 설치하도록 한다.
※ 급탕설비에 감압밸브를 설치하면 플래시현상(증발)의 가능성이 있으므로 감압밸브를 하고 급탕조닝을 통하여 급탕압력을 일정압력 이하로 조정한다.

12 고층건물의 배수입관(수직관)에 인접되어 접속되는 위생기구는 다음 중 어떤 원인에 의하여 봉수가 파괴될 가능성이 가장 높은가?
① 증발작용
② 모세관 현상
③ 자기사이펀 현상
④ 감압에 의한 흡인작용

해설 트랩의 봉수파괴 원인과 방지책

⊙ 자기사이펀 작용 : 배수가 관속을 꽉 차서 흐를 때 (만수 상태), 주로 S트랩에서 발생
ⓒ 유인사이펀작용(흡출 작용, 감압에 의한 흡인작용) : 상층의 배수입관에서 다량의 물이 일시에 낙하할 때
ⓒ 분출 작용(역압에 의한 작용) : 대규모 배수설비에서 배수관의 하저곡부 가까이에 설치되어 있는 경우(피스톤작용)
ⓔ 모세관 작용 : 액체의 응집력과 액체와 고체 사이의 부착력에 의해 발생한다. 트랩 내에 실이나 머리카락이 들어갈 때 발생
ⓜ 증발 : 위생기구의 사용빈도가 적을 때, 기름을 한 방울 떨어뜨리면 방지된다.
ⓗ 물의 운동량에 의한 관성 : 배수구에 격자(석쇠)를 설치
☞ 봉수파괴 방지 : 통기관을 설치
☞ 봉수파괴 방지 : ⊙, ⓒ, ⓒ의 경우 통기관을 설치한다.

정답 09 ① 10 ② 11 ④ 12 ④

13 어느 송풍기의 회전속도가 500rpm일 때 송풍량은 50㎥/min 이었다. 이 송풍기의 회전속도를 750rpm으로 변화시켰을 때 송풍량은?
① 75㎥/min　② 87㎥/min
③ 95㎥/min　④ 107㎥/min

[해설]
송풍기의 법칙에서 송풍량은 임펠러의 회전수에 비례하고, 압력은 회전수의 제곱에 비례하며, 축동력은 회전수의 세제곱에 비례한다.
500rpm : 50㎥/min = 750rpm : x
∴ x = 75㎥/min

14 증기난방설비에서 증기트랩을 사용하는 가장 주된 목적은?
① 온도를 조절하기 위하여
② 공기를 배출하기 위하여
③ 압력을 조절하기 위하여
④ 응축수를 배출하기 위하여

[해설] 증기트랩(steam trap)
방열기의 환수부(하부 태핑) 또는 증기 배관의 최말단 등에 부착하여 증기관 내에 생긴 응축수만을 보일러 등에 환수시키기 위해 사용하는 장치이다.
㉠ 방열기 트랩(radiator trap : 열동 트랩, 실로폰 트랩)
㉡ 버킷 트랩(burcket trap) : 주로 고압증기의 관말 트랩이나 증기 사용 세탁기, 증기 탕비기 등에 많이 쓰인다.
㉢ 플로트 트랩(float trap) : 저압증기용 기기 부속 트랩으로 다량의 응축수를 처리하기 위해 사용하며 열교환기 등에 많이 쓰인다.
㉣ 벨로우즈 트랩(bellows trap) : 증기와 응축수 사이의 온도차를 이용하는 온도조절식 증기트랩의 일종으로 관내에 발생하는 응축수를 배출하기 위하여 사용한다.

15 보일러의 출력 중 난방부하, 급탕부하, 배관부하, 예열부하의 합으로 표시되는 것은?
① 정미출력　② 정격출력
③ 상용출력　④ 과부하출력

[해설] 보일러의 출력표시

출력	표시 방법
과부하출력	운전 초기나 과부하가 발생했을 때는 정격출력의 10~20% 정도 증가하여 운전할 때의 출력으로 한다.
정격 출력	연속해서 운전할 수 있는 보일러의 능력으로서 난방부하, 급탕부하, 배관부하, 예열부하의 합이며, 보통 보일러 선정시에는 정격출력에 기준을 둔다.
상용 출력	정격출력에서 예열부하를 뺀 값으로 정미출력에 5~10%를 가산한다.
정미 출력	난방부하와 급탕부하를 합한 용량으로 표시한다.

※ 보일러의 능력표시는 일반적으로 정격출력을 사용한다.

16 기준면보다. 20m 높이에 있는 관내에 물이 압력 60kPa, 유속 3m/s로 흐를 때 이 물의 전수두는? (단, 물의 밀도는 1kg/L 이다.)
① 약 18.7m　② 약 26.5m
③ 약 38.7m　④ 약 83.1m

[해설]
전수두 = 위치압력수두 + 관내압력수두 + 속도수두$\left(\dfrac{v^2}{2g}\right)$
$= 20 + 6 + \dfrac{3^2}{2 \times 9.8} = 26.45 ≒ 26.5m$

▶ 단위 환산
※ 1m 수두(1mAq) = 0.01MPa = 10kPa
※ 1kgf/㎠ = 0.1MPa = 10mAq
　10kgf/㎠ = 1MPa = 100mAq

17 다음 중 2중효용식 흡수식 냉동기의 구성요소에 속하지 않는 것은?
① 응축기   ② 압축기
③ 증발기   ④ 저온발생기

해설

흡수식 냉동기는 발생기의 형식에 따라 단효용식과 2중효용식이 있다.
2중 효용흡수식 냉동기는 고온발생기와 저온발생기가 있어 단효용 흡수식에 비해 효율이 높다.
※ 냉동 사이클 : 증발기-흡수기-발생기(재생기)-응축기

18 취출구와 흡입구가 지나치게 근접해 있을 때 취출구에서 나온 기류가 곧바로 흡입구로 들어가는 현상은?
① 숏 서킷   ② 드래프트
③ 에어 커튼 ④ 리턴 에어

해설

② 콜드 드래프트(cold draft)
  겨울철에 실내에 저온의 기류가 흘러들거나 또는 유리 등의 차가운 벽면에서 냉각된 냉풍이 하강하는 현상으로 냉방에 의한 온도차에 따라 일어나는 공기의 흐름이다.
③ 에어커튼(air curtain)
  위에서 아래로 압축공기를 분출시키고 흡입구를 아래쪽에 설치하여 공기유막을 만들어 바깥쪽과 안쪽을 차단하는 설비를 말한다. 온습도를 조정한 공기의 분류(噴流)에 의해 다른 공기의 흐름을 차단 분리하는 공기조화의 한 방법이다. 백화점 등의 개방된 출입구에 많이 사용한다.
④ 리턴에어
  중간기에 에너지 절약을 위해 외기냉방(economizer)도 가능토록 계획할 경우 급기 송풍기와 별도의 리턴에어용 송풍기(환기용 송풍기)를 설치하는 것이 효과적이다.

19 압축식 냉동기의 구성요소 중 냉동의 목적을 직접적으로 달성하는 것은?
① 흡수기   ② 증발기
③ 발생기   ④ 응축기

해설 압축식 냉동 사이클(냉동기의 순환 원리) → p-i 선도 (Mollier 선도)

㉠ 압축기(compressor) : 증발기에서 넘어온 저온 저압의 냉매 가스를 응축 액화하기 쉽도록 압축하여 응축기로 보낸다.
㉡ 응축기(condenser) : 고온·고압의 냉매액을 공기나 물을 접촉시켜 응축 액화시키는 역할을 한다.
㉢ 팽창 밸브(expansion valve) : 고온 고압의 냉매액을 증발기에서 증발하기 쉽도록 하기 위해 저온·저압으로 팽창시키는 역할을 한다.
㉣ 증발기(evaporator) : 팽창 밸브를 지난 저온 저압의 냉매가 실내 공기로부터 열을 흡수하여 증발함으로 냉동이 이루어진다.

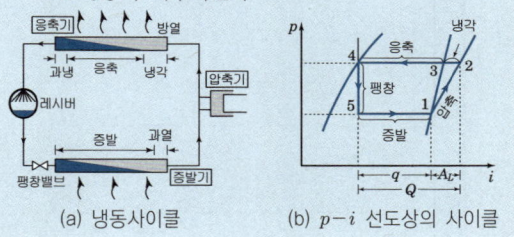

(a) 냉동사이클   (b) $p-i$ 선도상의 사이클

20 공기 취출구에서의 토출공기(1차 공기)량을 Q_1, 토출공기에 의해 유인된 실내공기(2차 공기)량을 Q_2라고 할 때 유인비는?

① $\dfrac{Q_1 + Q_2}{Q_2}$ ② $\dfrac{Q_1 + Q_2}{Q_1}$

③ $\dfrac{Q_1}{Q_1 + Q_2}$ ④ $\dfrac{Q_2}{Q_1 + Q_2}$

해설

유인비 = $\dfrac{Q_1 + Q_2}{Q_1}$

Q_1 : 취출구에서의 토출공기(1차 공기)량
Q_2 : 토출공기에 의해 유인된 실내공기(2차 공기)량

정답 17 ②　18 ①　19 ②　20 ②

memo

제 3 과목 전기설비 및 소방시설일반

section 1 직류회로
section 2 교류회로
section 3 정전계
section 4 자계
section 5 강전설비
section 6 조명설비
section 7 약전설비
section 8 승강 및 운송설비
section 9 자동제어시스템 설계
section 10 소방설비

▶ 과목별 과년도 출제문제(16~25년)

SECTION 1 직류회로

1. 전압과 전류

1) 전압

어떤 도체에 Q(coulomb)의 전기량이 이동하여 W(Joule)의 일을 하였을 때의 전기적 위치에너지 차(전위차)로서 단위 전하당(Q)의 에너지 또는 일(W)을 말한다.

$$V = \frac{W}{Q}[V] \qquad W = Q \cdot V[J]$$

V : 전압[V]
W : 일[J]
Q : 전하량[C]

2) 전류

도체 속에 매초 1(coulomb)의 비율로 전기량을 통과할 때, 이 전류를 1A로 정하므로 전류는 다음과 같다.

$$I = \frac{Q}{t}[A] \qquad Q = I \cdot t[C]$$

I : 전류[A]
Q : 전하량[C]
t : 경과시간[sec]

예제문제 01

100[V]의 전위차로 2[A]의 전류가 3분 동안 흘렀다고 한다. 이 때 전기가 한 일은 몇 [J]인가?

① 50 ② 600 ③ 3600 ④ 36000

해설 $W = Q \cdot V[J]$
  $= I \cdot t \cdot V$
  $= 2 \times (3 \times 60) \times 100$
  $= 36000[J]$

답 : ④

예제문제 02

어떤 도체에 흐르는 전류가 3[A]라면 2분간 전류가 흐를 때 통과한 전기량의 크기는? [04, 09 기]

① 120[C] ② 240[C] ③ 360[C] ④ 480[C]

해설 1[A]란 1초(sec)당 1C의 전기량 흐름을 말하므로
  ∴ $Q = 3 \times 2 \times 60 = 360[C]$

답 : ③

학습포인트

- **전기량**

물질의 마찰 등에 의해 대전된 전기를 전하라고 하며, 전하의 크기를 전하량(전기량)이라 한다. 기호는 Q로 쓰며, 단위는 C(Coulomb, 쿨롱)이다.

■ 전기량(전하량)

구분	전기량[C]	질량(kg)
양자(proton)	$+1.602 \times 10^{-19}$	1.67×10^{-27} (전자의 1,840배)
전자(electron)	-1.602×10^{-19}	9.1×10^{-31}

※ 전자 1개는 절대값 $e = 1.602 \times 10^{-19}$ [C]의 음의 전기량을 가지므로 1C의 전기량이 되기 위해서는 6.24×10^{18}개의 전자가 필요하다.

- **1[C]의 정의**

① 6.24×10^{18}개의 전자의 과부족으로 나타나는 전기의 양

② 전자 1개가 가지는 전기량의 절대값 $e = 1.602 \times 10^{-19}$ [C]이므로

$1[c]$의 전자개수 $n = \dfrac{1}{1.602 \times 10^{-19}} = 6.24 \times 10^{18}$개

- **전압과 전류**

① 전압 : 두 지점 간의 전하가 갖는 에너지의 차에 의해 전류가 흐른다.(부하에서의 전위차 강하)

② 전류 : 양전하를 가지고 있는 물질과 음전하를 가지고 있는 물질을 금속선으로 연결하면 두 전하간의 흡인력으로 음전하는 양전하를 가지고 있는 물질로 이동하는데, 이러한 음전하의 이동을 전류라고 한다.

- **전류의 3가지 작용**

① 발열작용 : 자유전자가 저항을 가진 도체 속을 이동하게 되면 도체를 구성하고 있는 금속원자와 자유전자가 충돌함으로서 금속원자가 불규칙적인 진동을 하게 되어 열을 발생하는데 이 열을 주울(Joul) 열이라고 한다.

② 화학작용 : 식염이나 유산 등의 수용액에 전류를 흘리면 화학변화를 일으킨다. 전기분해나 전기도금은 이와 같은 전류의 화학작용을 응용한 것이다.

③ 자기작용(磁氣作用) : 전류는 자석의 힘(자력)을 발생시킨다. 전동기, 변압기, 발전기, 녹음테이프, 전자석, 솔레노이드 밸브 등은 전기의 자기작용을 응용한 것이다.

2. 옴의 법칙

2점 사이의 전압이 V[V], 전류가 I[A], 저항이 R[Ω]일 때 옴의 법칙은 다음과 같다.

$$V = IR [\text{V}] \qquad I = \frac{V}{R} [\text{A}] \qquad R = \frac{V}{I} [\Omega]$$

예제문제 03

10[Ω]의 저항에 2[V]의 전압을 가했을 때 흐르는 전류는?

① 0.05[A]   ② 0.1[A]   ③ 0.15[A]   ④ 0.2[A]

해설 옴의 법칙 $V = IR$[V]에서

$$I = \frac{V}{R} = \frac{2}{10} = 0.2 [\text{A}]$$

답 : ④

예제문제 04

4[kΩ]의 저항에 25[mA]의 전류가 흘렀을 때, 가해진 전압은?   [10 기]

① 10[V]   ② 100[V]   ③ 240[V]   ④ 625[V]

해설 옴의 법칙 $V = IR$[V] $I = \frac{V}{R}$[A] $R = \frac{V}{I}$[Ω]

∴ $V = IR = 0.025 \times 4000 = 100 \text{V}$

답 : ②

예제문제 05

어떤 저항에 직류전압 100[V]를 가했더니 1[kW]의 전력을 소비하였다. 이 때 흐른 전류는 몇 [A]인가?   [09 기]

① 0.01   ② 5   ③ 10   ④ 100

해설 전력 $P = IV$

옴의 법칙 $V = IR$[V] $I = \frac{V}{R}$[A] $R = \frac{V}{I}$[Ω]

∴ $I = \frac{P}{V} = \frac{1000}{100} = 10 [\text{A}]$

답 : ③

3. 키르히호프의 법칙

옴의 법칙을 응용한 것으로 복잡한 회로의 전류와 전압의 계산에 사용한다.

① 키르히호프 제1법칙 : 회로형 중의 한 점에 흘러 들어오는 전류의 총합과 흘러 나가는 전류의 총합은 같다. (전류 평형의 법칙)

② 키르히호프 제2법칙 : 회로형 중의 임의의 폐회로 내에서 일주방향에 따른 전압강하 총합은 기전력의 총합은 같다. (전압 평형의 법칙)

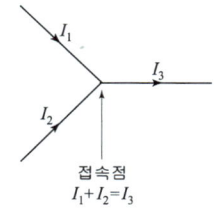
접속점
$I_1 + I_2 = I_3$

$\sum$유입전류 $= \sum$유출전류

$I_1 + I_2 = I_3$

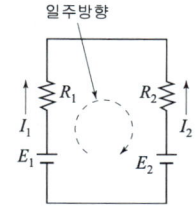

$\sum$기전력 $= \sum$전압강하

$E_1 - E_2 = R_1 I_1 - R_2 I_2$

4. 전선의 저항

① 저항의 크기는 물체 저항률과 길이, 단면적으로 계산한다.
② 전선의 저항(R)은 전선의 굵기, 즉 단면적에 반비례하고 전선의 길이에 비례한다.
③ 일반적으로 금속은 온도가 증가하면 저항이 커진다.

$$R = \rho \frac{l}{S}$$

R : 저항[Ω]
ρ : 도선의 고유 저항(도선의 비저항)
l : 도선의 길이[cm]
S : 도선의 단면적[cm^2]

예제문제 06

도선의 길이를 10배로 늘리고 단면적을 10배로 크게 했을 때의 전기 저항은 최초의 전기저항의 몇 배로 되는가? [07 기]

① 변하지 않는다. ② 100배 ③ 10배 ④ 2배

해설 전선의 저항(R)은 전선의 굵기, 즉 단면적에 반비례하고 전선의 길이에 비례한다.

$R = \rho \dfrac{l}{S}$

R : 저항[Ω] ρ : 도선의 고유 저항(도선의 비저항)
l : 도선의 길이[cm] S : 도선의 단면적[cm^2]

∴ 동선의 저항 $= \dfrac{길이(L)}{단면적(S)} = \dfrac{10}{10} = 1$ (변하지 않는다)

답 : ①

예제문제 07

동선의 길이를 2배 증가, 단면적을 $\frac{1}{2}$로 감소시키면 동선의 저항은 어떻게 변하는가?

[12 기]

① 변화없음   ② $\frac{1}{2}$로 감소   ③ 2배 증가   ④ 4배 증가

해설 전선의 저항(R)은 전선의 굵기, 즉 단면적에 반비례하고 전선의 길이에 비례한다.

$$R = \rho \frac{l}{S}$$

∴ 동선의 저항 = $\frac{길이(L)}{단면적(S)} = \frac{2}{\frac{1}{2}} = 4배$

답 : ④

5. 합성저항

1) 직렬 접속

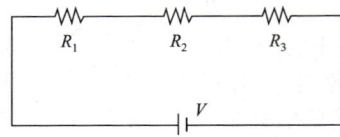

합성저항 $R = R_1 + R_2 + R_3 [\Omega]$

여기서, R : 합성저항[Ω]
R_1, R_2, R_3 : 각각의 저항[Ω]

2) 병렬 접속

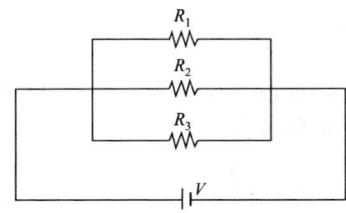

합성저항 $R = \dfrac{1}{\dfrac{1}{R_1} + \dfrac{1}{R_2} + \dfrac{1}{R_3}} [\Omega]$

여기서, R : 합성저항[Ω]
R_1, R_2, R_3 : 각각의 저항[Ω]

3) 저항을 직렬로 접속(전압분배의 법칙)

전압은 저항의 크기에 비례하여 분배된다.

R_1에 걸린 전압 $V_1 = \dfrac{R_1}{R_1 + R_2} V[\text{V}]$

R_2에 걸린 전압 $V_2 = \dfrac{R_2}{R_1 + R_2} V[\text{V}]$

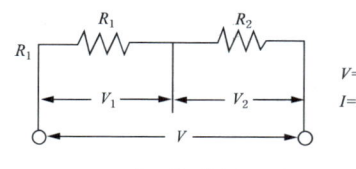

[그림] 전압의 분배

4) 저항을 병렬로 접속(전류분배의 법칙)

전류는 저항의 크기에 반비례하여 분배된다.

R_1에 흐르는 전류 $I_1 = \dfrac{R_2}{R_1 + R_2} I[\text{A}]$

R_2에 흐르는 전류 $I_2 = \dfrac{R_1}{R_1 + R_2} I[\text{A}]$

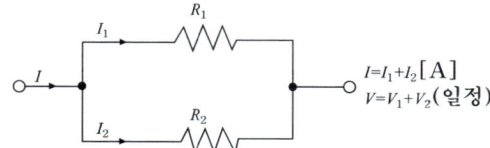

[그림] 전류의 분배

예제문제 08

다음 직·병렬회로에서 전압은 110V 이며, $R_1 = 12\Omega$, $R_2 = 15\Omega$, $R_3 = 30\Omega$, $R_4 = 22\Omega$ 이다. 전체합성저항 R은? [04, 07, 10 기]

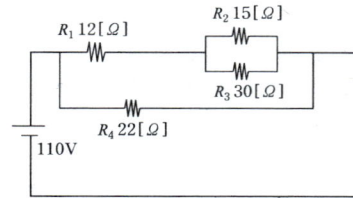

① 10Ω   ② 22Ω   ③ 34Ω   ④ 11Ω

해설 R_2와 R_3는 병렬이므로 $\dfrac{15 \times 30}{15 + 30} = 10\Omega$

R_1과 $R_2 // R_3$는 직렬이므로 $12 + 10 = 22\Omega$

(R_1과 $R_2 // R_3$)와 R_4는 병렬이므로 $\dfrac{22 \times 22}{22 + 22} = 11\Omega$

답 : ④

예제문제 09

3.3[kΩ]과 4.7[kΩ]저항을 직렬로 연결하였을 경우 합성저항은? [11 기]

① 1.9[kΩ]　　② 3.3[kΩ]　　③ 4.7[kΩ]　　④ 8[kΩ]

해설 합성저항[Ω]
$R_1 + R_2$ 직렬연결 $= R_1 + R_2$ [Ω]
∴ $R = R_1 + R_2 = 3.3 + 4.7 = 8$ [kΩ]

답 : ④

예제문제 10

다음 직렬회로에서 $R_1 = 2[\Omega]$, $R_2 = 3[\Omega]$, $R_3 = 5[\Omega]$이고 $V = 110[V]$일 때 V_2의 값은? [12 기]

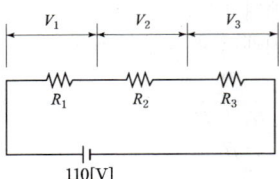

① 30[V]　　② 33[V]　　③ 67[V]　　④ 110[V]

해설 $R_1 + R_2 + R_3 = 10\Omega$

$V = IR$　　$I = \dfrac{V}{R}$　　$R = \dfrac{V}{I}$ 이다.

(V : 전압[V]　I : 전류[A]　R : 저항[Ω])

$I = \dfrac{V}{R} = \dfrac{110}{10} = 11[A]$

∴ $V_2 = IR = 11 \times 3 = 33[V]$

답 : ②

예제문제 11

그림과 같은 저항의 직병렬 접속 회로에서 3Ω의 저항에 흐르는 전류가 2A이다. a, b 사이의 전압강하는 몇 V인가? [08 기]

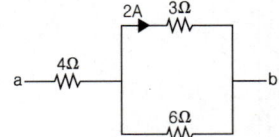

① 3V　　② 6V
③ 12V　　④ 18V

해설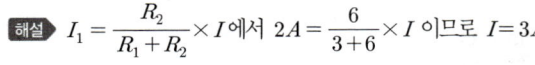

합성저항은 $4 + 3//6 = 4 + \dfrac{3 \times 6}{3+6} = 6\Omega$

∴ a~b 사이에 흐르는 전압 $V = IR = 3 \times 6 = 18V$

답 : ④

예제문제 12

그림과 같은 회로에서 15(Ω)의 저항에 흐르는 전류는 몇 (A)인가? [09 기]

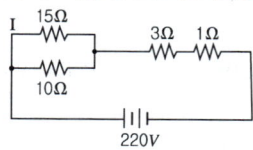

① 4.4　　② 8.8　　③ 13.2　　④ 22

해설 15Ω과 10Ω은 병렬이므로 $15//10 = \dfrac{15 \times 10}{15+10} = 6\Omega$

전체 저항 Req=6+3+1=10Ω

전체 전류 $I = \dfrac{220}{10} = 22A$

∴ 15Ω에 흐르는 전류는 $\dfrac{10}{15+10} \times 22 = 8.8A$

답 : ②

6. 줄의 법칙

저항 $R[\Omega]$의 도체에 전류 $I[A]$가 $t[\sec]$동안 흘렀을 때, 그 저항에 발생되는 열량을 나타낸 법칙이다.

$$0.24IVt = 0.24I^2R_t = 0.24\dfrac{V^2}{R}t[\text{cal}]$$

7. 전력과 전력량

1) 전력

단위시간에 전기가 하는 일을 전력이라 한다.

$$P = IV = I^2R = \dfrac{V^2}{R}[\text{W}]$$

P : 전력[W]
V : 전압[V]
I : 전류[A]

2) 전력량

전기가 하는 일의 시간에 대한 총량을 전력량이라 한다.

$$W = P \cdot t = IVt[\text{wh}]$$

■ 열량의 단위 환산
1kW = 1,000W = 860kcal/h
1W = 0.86kcal/h
1W = 1J/s = 60J/min
　　= 3,600J/h = 3.6kJ/h
1kJ = 0.24kcal = 240cal
※ 1kW = 1kJ/s = 3600kJ/h

예제문제 13

어떤 직류 회로에 전류가 2분 동안 흘러서 12,000[J]의 일을 하였다. 이 때 소비된 전력은? [11 기]

① 100[W]　　② 200[W]　　③ 400[W]　　④ 600[W]

해설 소비전력
전력량 = 전력×시간(s)
∴ 전력 $= \dfrac{일(J)}{시간(s)} = \dfrac{12000}{2 \times 60} = 100$ [W]

답 : ①

예제문제 14

전기회로에 직류 100[V]의 전압을 가했더니 20[A]의 전류가 흘렀다. 이 회로의 전력[kW]은? [07 기]

① 1　　② 2　　③ 3　　④ 4

해설 전력 : $P = IV$
∴ $P = IV = 20[A] \times 100[V] = 2000[W] = 2[kW]$

답 : ②

예제문제 15

10[A]의 전류를 흘렸을 때의 전력이 100[W]인 저항에 20[A]의 전류를 흘렸을 때 전력은? [12 기]

① 100[W]　　② 200[W]　　③ 300[W]　　④ 400[W]

해설 전력 $P = IV = I^2 R = \dfrac{V^2}{R}$ (W)
(P : 전력[W]　　V : 전압[V]　　I : 전류[A])
$P = I^2 R$에서 $100 = 100 \times R$
$R = 1\,\Omega$
∴ $P = I^2 R = 20^2 \times 1 = 400[W]$

답 : ④

예제문제 16

정격전압 220V에서 1210W의 전력을 소비하는 단상전열기를 200V에서 사용하면 소비전력[W]은 얼마인가? [08 기]

① 1000 ② 1089 ③ 1100 ④ 1210

해설 전열기의 소비전력 $P = IV = \dfrac{V^2}{R}$ 에서
전열기의 소비전력(W)은 전압의 제곱에 비례하고 저항에 반비례한다.
∴ $P = 1210 \times \left(\dfrac{200}{220}\right)^2 = 1000\text{W}$

답 : ①

예제문제 17

전력요금이 kWh당 300원이다. 200W TV수상기를 하루 4시간씩 시청하였을 때 1달(30일) 사용료는? [12 기]

① 2400원 ② 3600원 ③ 7200원 ④ 8400원

해설 4시간 전력량 = 200W × 4시간 = 800W/h = 0.8kWh
1kWh의 요금이 300원이므로
∴ (300 × 0.8) × 30일 = 7200원

답 : ③

8. 제어벡 효과, 펠티에 효과

1) 제벡효과(Seebeck effect)
   ① 종류가 다른 2종의 금속선을 접속하여 폐회로를 만들어서 2개의 접합점을 다른 온도로 유지할 때 이 회로에 전류가 흐르는 현상
   ② 열전쌍, 열전온도계에 응용
   ③ 열전쌍의 종류 : 철-콘스탄탄, 구리-콘스탄탄, 백금-백금로듐

2) 펠티어 효과 효과(Peltier effect)
   ① 2종류의 금속을 접합하고 열을 흡수하는 방향으로 전류를 흘리면 냉각장치가 되며 열을 방출하는 방향으로 전류를 흘리면 난방장치가 되는 효과
   ② 전자냉동고·냉동기, 전자항온기의 원리

SECTION 2 교류회로

1. 교류회로의 기본

1) 주기와 주파수

① 주기
  ㉠ 교번 전압, 전류와 같이 교번량이 1사이클을 완성하는 데 소요되는 시간을 이른다. 그 단위는 초(sec)로 표시된다.
  ㉡ 주기는 주파수의 역수이므로 주기를 T, 주파수를 f라 하면 $T = \dfrac{1}{f}$의 관계가 있다.

② 주파수(frequency)
  교류에 있어 전류가 어떤 상태에서 출발하여 차츰 변화되어서 최초의 상태로 돌아올 때까지의 행정을 사이클(cycle)이라 하고, 1초간 사이클 수를 주파수(frequency)라 한다. 우리나라는 60사이클을 사용하고 있다.

$$f = \dfrac{1}{T}$$

f : 주파수
T : 주기

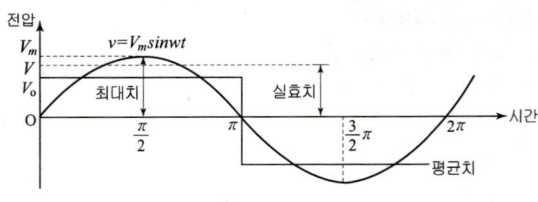

[그림] 주파수와 주기

예제문제 01

주파수가 60[Hz]인 교류 파형의 주기는?　　　　　　　　　　　　　[12 기]

① 약 0.06[sec]　② 약 0.017[sec]　③ 약 0.6[sec]　④ 약 0.9[sec]

해설 주파수와 주기

주기는 주파수의 역수이므로 주기를 T, 주파수를 f라 하면 $T = \dfrac{1}{f}$의 관계가 있다.

∴ 주파수 60[Hz]의 경우

$T = \dfrac{1}{60} = 0.0166 ≒ 0.017[\text{sec}]$

답 : ②

예제문제 02

V = 154sin(314t − 90°)[V]인 사인파 교류의 주파수[Hz]는?   [11 기]

① 30[Hz]   ② 40[Hz]   ③ 50[Hz]   ④ 60[Hz]

해설 사인파 전압주파수 V = V$_0$ sin(wt−30°)에서
154 : 전압 최대값
90 : 전위
속도 w=314
w=2πf=314
∴ f=50[Hz]

답 : ③

2) 위상차
① 2개 이상의 교류 사이에 존재하는 시간적 격차(주파수는 같고 위상이 다른 두 정현파의 시간적인 차)
② 어떤 교류 회로에 전압을 가했을 때 교류회로의 성분
    ㉠ 90° 위상이 빠른 전류가 흐르면 : 용량성(축전지)
    ㉡ 위상차가 없는 전류가 흐르면 : 저항성
    ㉢ 90° 위상이 늦은 전류가 흐르면 : 유도성(코일)

2. 교류의 값

1) 순시값, 최대값, 평균값, 실효값, 정현파 교류
① 순시값
임의의 시각에서의 교류값

$$v = Vm \sin wt [V]$$

여기서, v : 전압의 순시값[V]
Vm : 전압의 최대값[V]
w : 각주파수[rad/s]
t : 주기[s]
V : 실효값[V]

② 최대값
순시값 중 최대인 값으로 전압은 Vm[V], 전류는 I_m[A]

③ 평균값

$$Va = \frac{2}{\pi} Vm = 0.637 Vm [V]$$

여기서, Va : 전압의 평균값[V]
Vm : 전압의 최대값[V]

④ 실효값
  순시값 중 동일 저항에 직류를 흘렸을 때와 같은 소비전력을 갖는 교류값

$$V = \frac{Vm}{\sqrt{2}} = 0.707\,Vm[V]$$

여기서, V : 전압의 실효값[V]
   Vm : 전압의 최대값[V]

⑤ 정현파 교류
  시간 t에 따라 크기가 정현적으로 변하는 교류
  ㉠ 파형률=1.111
  ㉡ 파고율=1.414

예제문제 03

실효값이 220[V]인 교류전압의 최대값은 얼마인가? [10 기]

① 245[V] ② 275[V] ③ 311[V] ④ 325[V]

해설 정현파 교류의 실효값
  전압의 실효값
  $v = \dfrac{Vm}{\sqrt{2}} = 0.707\,Vm[V]$
  여기서, V : 전압의 실효값[V]
     Vm : 전압의 최대값[V]
  $220 = \dfrac{Vm}{\sqrt{2}}$
  ∴ $Vm = \sqrt{2} \times 220[V] = 311[V]$

답 : ③

예제문제 04

실효값이 120[V]인 교류 정현파의 최대값은? [12 기]

① $\sqrt{2} \times 120[V]$ ② $\dfrac{120}{\sqrt{2}}[V]$ ③ $\dfrac{3}{2} \times 120[V]$ ④ $1.11 \times 120[V]$

해설 정현파 교류의 실효값
  전압의 실효값
  $v = \dfrac{Vm}{\sqrt{2}} = 0.707\,Vm[V]$
  여기서, V : 전압의 실효값[V]
     Vm : 전압의 최대값[V]
  $120 = \dfrac{Vm}{\sqrt{2}}$
  ∴ $Vm = \sqrt{2} \times 120[V]$

답 : ①

3. 임피던스

① 임피던스 : 합성저항

$$임피던스 = \sqrt{(저항)^2 + (유도리액턴스)^2}$$

② 유도 리액턴스 : 코일(L)의 저항

$$X_L = \omega L = 2\pi f L \,[\Omega]$$

- w : 각속도[rad/sec]
- L : 인덕턴스[H, 헨리]
- f : 주파수[Hz]

③ 용량 리액턴스 : 콘덴서(C)의 저항

$$X_C = \frac{1}{\omega C} = \frac{1}{2\pi f C}[\Omega]$$

- w : 각속도[rad/sec]
- C : 정전용량[F, 패럿]
- f : 주파수[Hz]

> **참고**
>
> 캐패시턴스
> ① 콘덴서가 전하를 축적하는 능력의 정도를 나타내는 상수로서 전극의 형상 및 전극 사이를 채운 유전체의 종류에 따라 결정되는 값(정전용량)
> ② 교류회로에서 그 값이 클수록 용량 리액턴스가 감소하게 되어 전류 흐름을 증가시킨다.

예제문제 05

3[Ω]의 저항과 4[Ω]의 유도성 리액턴스가 직렬로 연결된 교류 회로에서의 역률은 얼마인가? [08, 10 기]

① 75% ② 60% ③ 30% ④ 80%

해설 역률(P.F) = $\dfrac{저항}{임피던스}$

임피던스 = $\sqrt{(저항)^2 + (유도리액턴스)^2}$
       = $\sqrt{3^2 + 4^2} = 5$

∴ 역률(P.F) = $\dfrac{저항}{임피던스} = \dfrac{3}{5}$
            = 0.6 = 60%

답 : ②

4. 역률(Power Factor)

① 피상전력 중에서 유효전력(소비전력)으로 사용되는 비율

$$역률(P.F) = \frac{유효전력}{피상전력} = \frac{유효전력}{\sqrt{3}\,IV}$$

② 백열전등, 전열기의 역률은 100%에 가깝다.

③ 부하의 역률을 1에 가깝게 높이는 것을 역률개선이라 한다. 역률개선의 방법은 소자에 흐르는 전류의 위상이 소자에 걸리는 전압보다 앞서는 용량성 부하인 콘덴서를 부하에 첨가하여 역률을 개선한다.(진상콘덴서를 병렬로 접속)

5. R.L.C 회로

■ 위상 비교

부하의 종류	위상 관계
저항(R) 부하	전압과 전류가 동상
인덕턴스(L) 부하	전류가 전압보다 90° 뒤진다.(전압이 전류보다 90° 앞선다.)
콘덴서(C) 부하	전류가 전압보다 90° 앞선다.(전압이 전류보다 90° 뒤진다.)

6. 단상 교류회로의 전력

1) 유효전력(소비전력)

① 전원에서 공급되어 부하에서 유효하게 이용되는 전력을 유효전력이라 한다. (단위 : kW)

②
$$P = IV\cos\theta \text{ [W]}$$

2) 무효전력

① 실제로는 아무런 일을 하지 않아 부하에서는 전력으로 이용될 수 없는 전력

②
$$P = IV\sin\theta \text{ [VAR]}$$

3) 피상전력

① 교류의 부하 또는 전원의 용량을 표시하는 전력을 피상전력이라 한다. (단위 : kVA, VA)

②
$$P = IV \text{ [kVA, VA]}$$

③
$$피상전력 = \sqrt{(유효전력)^2 + (무효전력)^2}$$

예제문제 06

어떤 회로에 전압 220[V]로 전류 6[A]가 흐르고 있다. 그 위상차가 $\frac{\sqrt{3}}{2}$일 때 전력[W]은? [05 기]

① 659 　② 1143 　③ 1257 　④ 1319

해설 유효전력
① 전원에서 공급되어 부하에서 유효하게 이용되는 전력을 유효전력이라 한다.(단위 : kW)
② P = IVcos θ [W]
∴ P = 6×220× $\frac{\sqrt{3}}{2}$ = 1143[W]

답 : ②

예제문제 07

역률이 0.8이고 100[kW]인 단상 부하에 있어서 20분간의 무효전력량[kVarh]은? [12 기]

① 10 　② 15 　③ 20 　④ 25

해설 역률(P.F) = $\frac{유효전력}{피상전력}$ = $\frac{유효전력}{\sqrt{(유효전력)^2+(무효전력)^2}}$

$0.8 = \frac{100}{\sqrt{100^2+(무효전력)^2}}$

∴ 무효전력 = 25

답 : ④

예제문제 08

유효전력이 80[kW], 무효전력이 60[kVar]인 부하의 피상전력은? [10 기]

① 70[kVA] 　② 100[kVA] 　③ 120[kVA] 　④ 140[kVA]

해설 피상전력 = $\sqrt{(유효전력)^2+(무효전력)^2}$ = $\sqrt{80^2+60^2}$
= 100[kVA]

답 : ②

예제문제 09

전압이 80+j60 [V]이고 전류가 40+j40 [A]인 경우 피상전력(VA)은? [03, 07 기]

① 5657 　② 7918 　③ 6564 　④ 5832

해설 피상전력 P = IV [kVA, VA]
① 전류 = $\sqrt{40^2+40^2}$ = 56.57
② 전압 = $\sqrt{80^2+60^2}$ = 100
∴ 피상전력
P = IV = 56.57×100 = 5657[VA]

답 : ①

7. 전력량

① $W = \sqrt{3}\ VI\,$역률
② 3상 교류전력은 단상교류전력의 $\sqrt{3}$ 배가 된다.

예제문제 10

역률이 80[%]인 교류부하에 교류전압 3상 220[V]를 가하여 1[A]가 흘렀다. 이 때 부하의 전력은? [09 기]

① 0.1[kW]   ② 0.3[kW]   ③ 0.5[kW]   ④ 1.0[kW]

해설 3상 교류전력은 단상교류전력의 $\sqrt{3}$ 배가 된다.
$W = \sqrt{3}\ VI\,$역률
$\therefore W = \sqrt{3} \times 220 \times 1 \times 0.8$
$\quad = 304W = 0.3kW$

답 : ②

---

8. 휘트스톤 브리지(Wheatstone's bridge) 평형조건

① 브리지회로의 한 종류로 4개의 저항이 사각형을 형태를 이루며, 대각선을 연결하는 브리지(bridge)로 저항이나 전압계, 검류계를 사용한다. 일반적으로 알려지지 않은 저항값을 측정하기 위해서 사용한다.

② 브리지 회로에서 검류계 G에 흐르는 전류가 0일 때를 평형조건이라 하며, 이 때 미지의 저항 R_4 값을 구할 수 있다.

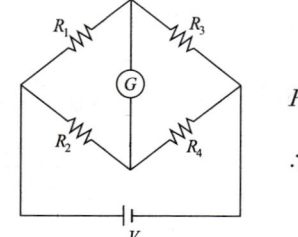

$R_1 R_4 = R_2 R_3$
$\therefore R_4 = \dfrac{R_2}{R_1} R_3$

③ 휘트스톤 브리지의 관계는 교류의 경우에도 성립되기 때문에 콘덴서의 용량이나 인덕턴스의 크기를 알고자 할 때도 사용된다.

④ 이용 기기 : 모듀트롤 모터(조절기의 전위차계로부터 저항값의 변화에 따라 회전하고 밸브나 댐퍼로 조작을 한다. 공기조화장치·열교환기 등의 공기나 증기, 냉온수 등의 제어에 사용되고 특히 대용량, 차압 높은 곳에 적당하다.

예제문제 11

다음의 휘트스톤(Wheatstone) 브릿지 회로가 평형상태일 때 R_t의 저항값[R]은?

[05, 11 기]

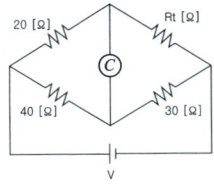

① 5[Ω] ② 15[Ω] ③ 53[Ω] ④ 60[Ω]

해설 휘트스톤 브리지(Wheatstone's bridge) 회로는 4개의 저항이 사각형을 형태를 이루며, 대각선을 연결하는 브리지(bridge)로 저항이나 전압계, 검류계를 사용한다. 회로가 평형상태일 때 대각선 저항의 곱은 같으므로
20[Ω]×30[Ω]=40[Ω]×Rt[Ω] ∴ R_t=15[Ω]

답 : ②

9. 3상 결선(Y결선, △결선)

① △결선에서 선전류= $\sqrt{3}$ 상전류
② △-Y 결선에서 Y결선의 선간전압은 상전압의 $\sqrt{3}$ 배이다.

예제문제 12

3상 △결선에 상전류가 20[A]일 때 선전류는 얼마인가?

[09 기]

① 11.5[A] ② 34.6[A] ③ 47.5[A] ④ 60[A]

해설 △결선에서 선전류= $\sqrt{3}$ 상전류
∴ 선전류= $\sqrt{3}$ ×20=34.6A

답 : ②

예제문제 13

3상 Y결선에서 선간전압이 200[V]인 3상 교류의 상전압[V]는?

[10, 20 기]

① 115 ② 346 ③ 453 ④ 600

해설 3상 4선식(△-Y) 결선에서 Y결선의 선간전압은 상전압의 $\sqrt{3}$ 배이다.
∴ 상전압 = $\dfrac{선간전압}{\sqrt{3}}$ = $\dfrac{200}{\sqrt{3}}$ = 115V

답 : ①

SECTION 3 정전계

1. 쿨롱의 법칙(coulomb's law)
① 힘의 크기는 두 전하량의 곱에 비례하고, 두 전하 사이의 거리의 제곱에 반비례한다. 또한 두 전하사이의 매질에 따라 다르다.
② 힘의 방향은 두 전하를 연결하는 직선방향이다.

$$F = 9 \times 10^9 \times \frac{Q_1 Q_2}{r^2} [\text{N}]$$

F : 두 대전체 사이에 작용하는 힘[N]
Q_1, Q_2 : 두 대전체가 갖는 전하량[C]
r : 두 대전체 사이의 거리[m]

■ 커패시턴스
콘덴서가 전하를 축적하는 능력의 정도를 나타내는 상수로서 전극의 형상 및 전극 사이를 채운 유전체의 종류에 따라 결정되는 값(정전용량)

2. 콘덴서의 합성정전용량[F]
① $C_1 + C_2 + C_3$ 직렬연결

$$C = \frac{1}{\frac{1}{C_1} + \frac{1}{C_2} + \frac{1}{C_3}} [\text{F}]$$

여기서, C : 합성 커패시턴스[F]
C_1, C_2, C_3 : 각각의 커패시턴스[F]

② $C_1 + C_2 + C_3$ 병렬연결

$$C = C_1 + C_2 + C_3 [\text{F}]$$

여기서, C : 합성 커패시턴스[F]
C_1, C_2, C_3 : 각각의 커패시턴스[F]

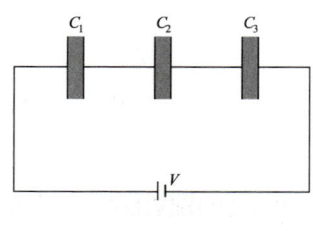

[그림] 직렬연결

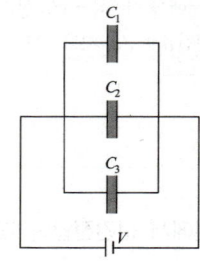

[그림] 병렬연결

③ 콘덴서의 분압법칙

콘덴서의 직렬접속 회로에서 Q가 일정하므로 $V = \frac{Q}{C}$에서 전압은 C에 반비례한다. 반대로 병렬접속 회로에서 전압은 일정하다.

㉠ C_1에 인가되는 전압

$$V_1 = \frac{C_2}{C_1 + C_2} V[\text{V}]$$

㉡ C_2에 인가되는 전압

$$V_2 = \frac{C_1}{C_1 + C_2} V[\text{V}]$$

※ 콘덴서 n개를 직렬 연결시 합성정전용량 $C = \dfrac{C}{n}$

　콘덴서 n개를 병렬 연결시 합성정전용량 $C = nC$

　여기서, C : 합성 커패시턴스[F]
　　　　　n : 콘덴서의 개수
　　　　　C : 1개의 커패시턴스[F]

예제문제 01

정전용량이 같은 콘덴서 10개를 병렬접속 할 때의 합성정전용량은 직렬접속할 때의 합성정전용량의 몇 배가 되는가? [09 기]

① 10배　　② 100배　　③ 200배　　④ 250배

해설 콘덴서 n개를 직렬 연결시

합성정전용량 $= \dfrac{C}{n}$

콘덴서 n개를 병렬 연결시
합성정전용량 $= nC$

∴ 10개를 병렬 접속시 10C, 직렬 접속시 $\dfrac{C}{10} = 0.1C$ 가 되므로 100배가 된다.　　답 : ②

예제문제 02

다음 그림에서 합성 정전용량은? [07 기]

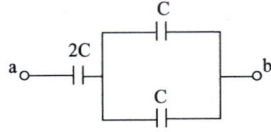

① C　　② 2C　　③ 3C　　④ 4C

해설 병렬이므로 C+C=2C

2C와 2C는 직렬이므로 $\dfrac{2C \times 2C}{2C + 2C} = C$　　답 : ①

예제문제 03

다음 그림과 같이 콘덴서가 접속되어 있을 때 합성 정전용량은? [12 기]

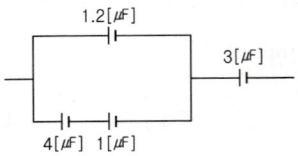

① 2.0[μF]　　② 1.5[μF]　　③ 1.2[μF]　　④ 1.0[μF]

[해설] ① C_1+C_2는 직렬이므로 $\dfrac{C_1 C_2}{C_1 + C_2} = \dfrac{4}{4+1} = 0.8\mu F$

② $C_1+C_2+C_3$는 병렬이므로 $0.8+1.2 = 2\mu F$

③ $2\mu F + C_4$는 직렬이므로 $\dfrac{2 \times 3}{2+3} = 1.2\mu F$

답 : ③

예제문제 04

그림과 같은 회로의 10μF에 인가되는 전압(V)은? [09 기]

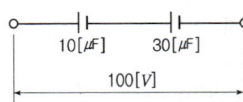

① 25　　② 50　　③ 75　　④ 90

[해설] 축전지는 저항과 성질이 반대이다. 축전지 직렬회로에서 전압은 용량에 반비례하여 인가되고, 저항회로에서는 저항에 비례하여 인가된다.

∴ 10[μF]에 인가되는 전압 $V = \dfrac{30}{10+30} \times 100 = 75V$

답 : ③

학습포인트

● 정전기 현상

① 서로 다른 두 물체가 마찰하게 되면 각각의 물체는 전기를 띠게 되는데 이 전기를 마찰 전기라고 하며, 이때 각각 양(+)전기와 음(-)전기로 대전되는 현상을 정전기라고 한다.

② 전기력 : 전하 사이에 작용하는 힘

$$F = \frac{Q_1 Q_2}{4\epsilon r^2} = QE \, [\text{N}]$$

- F : 전기력[N]
- Q_1, Q_2 : 전하[C]
- ϵ : 유전율[F/m]
- r : 거리[m]
- E : 전기장의 세기[V/m]

※ 진공·공기 중의 비유전율 : $\epsilon R = 1$

∴ 전기력은 전하의 세기에 비례하고 비유전율과 거리의 제곱에 반비례한다.

● 두 개의 전극을 이용하여 정전용량이 큰 콘덴서를 만들기 위한 방법

콘덴서는 유전체를 삽입하여 양측에 금속박을 놓아둔 구조로 정전용량을 갖는 전기기기이다. 정전용량이 큰 콘덴서로 만들기 위해서 극판 간격은 좁게 하고 면적은 넓게 하여 극판 사이에 유전체를 삽입한다.

$$Q = \frac{\varepsilon A V}{d}$$

여기서, Q : 정전용량
ε : 유전율
A : 면적
V : 전압
d : 간극거리

※ 정전용량(Q)은 유전율(ε), 면적(A), 전압(V)에 비례하고 간극거리(d)에 반비례한다.

● 유도현상의 원리

① 정전유도현상의 원리를 이용 : 정전기, 전기집진기, 낙뢰
② 전자유도현상의 원리를 이용 : 변압기, 전자석, 발전기, 솔레노이드 밸브

SECTION 4 자계

1. 기자력

① 자기장(magnetic field)을 만드는 힘을 말한다.

② 보통 자기장을 만들기 쉽도록 하기 위해 일부 또는 전부가 자성재료로 구성된 자기 회로를 둘러싸고 도선을 N회 감아서 I[A]의 전류를 흐르게 함으로써 자기회로를 돌아 NI[AT]의 기자력을 줄 수 있다.

예제문제 01

권수가 40회 감긴 솔레노이드에 10[A]의 전류가 흐른다면 발생된 기자력[AT]은? [12 기]

① 0.25 ② 4 ③ 20 ④ 400

해설 기자력 = NI[AT] (N : 권수, I : 전류)
∴ 기자력 = 40×10 = 400[AT]

답 : ④

---

2. 자기 인덕턴스

① 코일에 흐르는 전류가 변화하면 자속도 변화하므로 전자유도에 의해서 코일 자신에 유도 기전력이 발생하는 현상

② 자기인덕턴스 $L = \dfrac{N\Phi}{I}$[H]

여기서, L : 자기인덕턴스[H]
 I : 전류[A]
 N : 코일권수
 Φ : 자속[Wb]

유도기전력 e 는 전류의 변화를 방해하는 방향으로 발생한다.

[그림] 자체유도와 유도 기전력의 방향

예제문제 02

권선수 50회인 코일에 1[mA]의 전류를 흘렸을 때 10^{-2} [Wb]의 자속이 쇄교한다면 이 코일의 자기 인덕턴스 [H]는? [11 기]

① 0.5[H] ② 1[H] ③ 100[H] ④ 500[H]

해설 자기인덕턴스 $L = \dfrac{N\phi}{I}$ [H]

여기서, L : 자기인덕턴스[H] I : 전류[A] N : 코일권수 ϕ : 자속[Wb]

∴ $L = \dfrac{N\phi}{I} = \dfrac{50 \times 10^{-2}}{1 \times 10^{-3}} = 500$ [H]

답 : ④

3. 유도 기전력

① 전자유도에 의해 발생된 기전력
② 유도 기전력은 코일을 지나는 자속이 증가될 때에는 자속을 감소시키는 방향으로 또 감소될 때에는 자속을 증가시키는 방향으로 발생한다.
③

$$\text{유도 기전력}(e_l) = \dfrac{LI}{t}$$

유도 기전력(e_l)   인덕턴스(L)   전류(I)   시간(t)

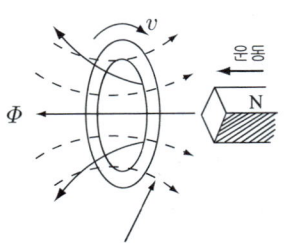 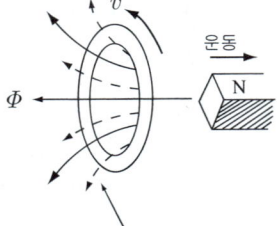

(a) 자속을 증가시킬 때   (b) 자속을 감소시킬 때

[그림] 유도 기전력의 방향

예제문제 03

자기 인덕턴스가 0.3[H]인 코일에 전류가 0.01초 동안에 3[A] 만큼 변했다면, 이 코일에 유도된 기전력은? [05 기]

① 9[V] ② 10[V] ③ 90[V] ④ 100[V]

해설 유도 기전력(e_l) = $\dfrac{LI}{t}$

유도 기전력(e_l)   인덕턴스(L)   전류(I)   시간(t)

∴ 유도 기전력(e_l) = $\dfrac{0.3 \times 3}{0.01} = 90$[V]

답 : ③

4. 자기 모멘트

$$자기\ 모멘트(M) = m\ell$$

m : 자극의 세기[wb]
ℓ : 자축의 길이[m]

예제문제 04

자극의 세기가 m[wb]이고, 자축의 길이가 ℓ[m]인 자석의 자기 모멘트는? [03, 05 기]

① $m\ell$ 　② ℓ/m 　③ m/ℓ 　④ $m\ell^2$

[해설] 자기 모멘트(M) = $m\ell$
m : 자극의 세기[wb] ℓ : 자축의 길이[m]

답 : ①

---

5. 전류와 자계 사이의 작용을 나타내는 법칙

① 플레밍의 오른손 법칙 : 도체운동에 의한 유도 기전력 또는 유도전류의 방향을 결정하는 법칙. 발전기에 적용되는 법칙
② 플레밍의 왼손법칙 : 전류가 흐르고 있는 도선에 대해 자기장이 미치는 힘의 작용방향을 정하는 법칙으로 전동기에 적용되는 법칙
③ 렌츠의 법칙 : 자속 변화에 의한 유도 기전력의 방향을 결정하는 법칙
④ 패러데이의 전자유도 법칙 : 자속 변화에 의한 유기기전력의 크기를 결정
⑤ 암페어의 오른손 법칙 : 전류에 의한 자기장의 방향을 결정하는 법칙
⑥ 비오-사바르 법칙 : 전류에 의해 발생되는 자기장의 크기를 결정

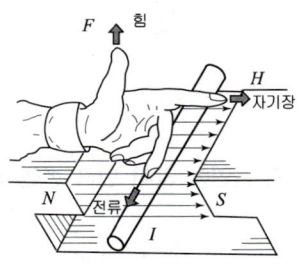
① 엄지 : 힘의 방향
② 검지 : 자기장의 방향
③ 중지 : 전류의 방향
[그림] 플레밍의 왼손 법칙

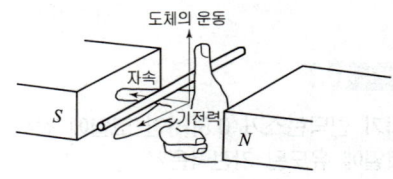
① 엄지 : 도체의 운동방향
② 검지 : 자속의 방향
③ 중지 : 유도기전력의 방향
[그림] 플레밍의 오른손 법칙

SECTION 5 강전설비

1 배전 방식

1) 배전 방식

구 분	그 림	용 도
단상 2선식	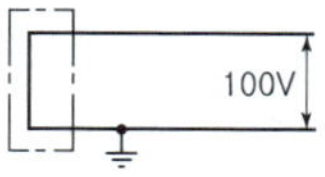 100V	주택, 소규모 건물
단상 3선식	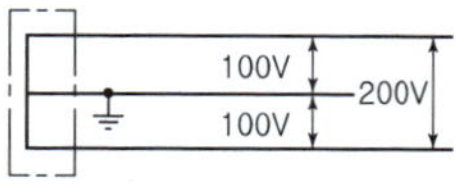 100V / 200V / 100V	학교 등과 같은 중, 대규모건물의 간선
3상 3선식	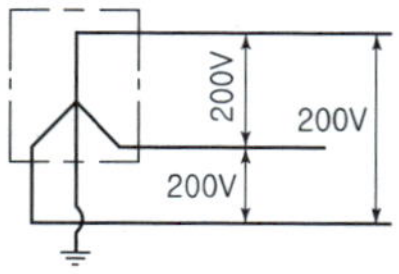 200V / 200V / 200V	동력용이나 형광등용
3상 4선식	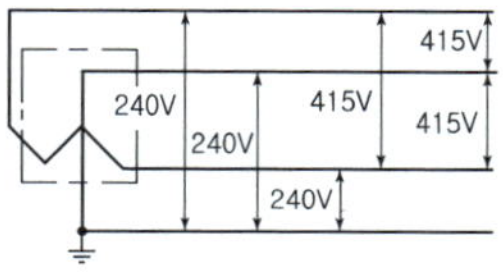 240V / 415V / 415V / 240V / 415V / 240V	대규모 건축물이나 공장 등의 전등이나 전동기

2) 간선의 배전 방식

구 분	개 요	용 도
수지상식 (나뭇가지식)	• 배전반에서 한 개의 간선이 각 분전반을 거치며 공급되는 방식 • 전압강하가 크다.	소규모 건물
평행식 (개별식)	• 배전반에서 각 분전반으로 단독으로 배선 • 전압강하가 적다. • 배선혼잡의 우려가 있으며, 설비비가 많이 소요된다. (비경제적)	대규모 건물
병용식	• 병행식과 나무가지식의 병용 방식 • 일반적으로 가장 많이 사용	

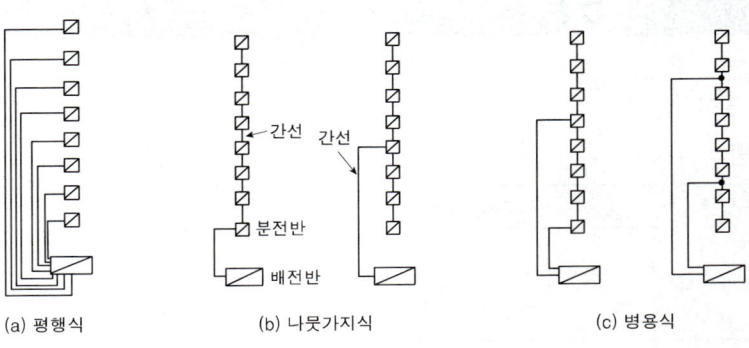

[그림] 간선의 배선방식

3) 간선 설계 순서
   ① 부하용량 결정
   ② 전기방식 및 배선방식 결정
   ③ 배선방법 결정
   ④ 전선 및 전선관 굵기 결정

2 배선

- 전선 굵기 결정시 3조건
  ① 안전 전류 (허용전류) : 전선에 과전류가 흐르면 열이 발생
  ② 전압 강하 : 부하에 걸리는 전압이 전원전압보다 낮아지는 현상 한도는
     인입선 1%, 간선 1%, 분기회로 2%
  ③ 기계적 강도 : 보안상 시공상의 어느 정도의 강도 필요, 일반적으로 1.6mm 이상의 연동선을 사용
- ※ 전선을 4선 이상을 쓸 경우 전선의 단면적이 전선관 단면적의 40% 이하가 되어야 한다.

학습포인트

● **전압강하(Voltage Drop)**
공급전압이 전원의 굵기, 전선의 길이 등에 의해서 전압이 떨어지는 현상이다. 저압배선 중의 전압강하는 간선 및 분기회로에서 각각 표준전압의 2% 이하로 하는 것을 원칙으로 한다.

● **전압강하율(ε)**
① 전압강하와 송전단 전압의 비를 백분율로 표시한 것
② $\varepsilon = \dfrac{V_s - V_r}{V_r} \times 100 [\%]$

단, ε : 전압강하율 V_s : 송전단 전압[V] V_r : 수전단 전압[V]

3 배선 공사

1) 경질비닐관 공사
   습기나 물기가 있는 곳 또는 특수 화학 공장, 연구실 등의 전기 공사

2) 금속관(conduit pipe)공사
   주로 철근콘크리트의 건물 매입 배선, 가장 완전한 시공법, 제4종 절연전선

3) 금속 몰드 공사
   전선을 금속 몰드 속에 넣고 가설하는 공사로서, 주로 철근콘크리트 건물 등의 기존 금속관 공사로부터 증설 배관하는 경우에 사용

4) 플렉시블 콘듈 공사(가요전선관 공사, flexible conduit)
   승강기, 전차 등 가변성이 필요한 곳 또는 굴곡 및 증설 공사가 용이한 것

5) 금속 덕트 공사
   전선을 금속 덕트 속에 넣고 가설하는 공사로서, 큰 공장·빌딩이나 수전용 배전실 부근의 간선 등에 사용되며, 천장·벽면에 노출시켜 설치한다.

6) 버스 덕트 공사
   공장·빌딩 등의 동력배선 전용, 대용량 전력 공급

7) 플로어 덕트 공사
   콘크리트 바닥 속에 플로어 덕트를 설치하여 어느 곳에서나 콘센트를 쓸 수 있도록 시설한 공사로서, 넓은 사무실·백화점 등에서 책상이나 매장의 위치를 때때로 변경하는 경우에 적당

학습포인트

- 금속관 공사
  철근콘크리트 건물의 매입 배선으로 사용하는 공사
  ① 전선의 과열로 인한 화재의 위험성이 적다. (절연전선 사용)
  ② 기계적인 외력에 대하여 전선이 안전하게 보호된다.
  ③ 전선이 인입이 용이하다.
  ④ 고압, 저압, 통신설비 등에 널리 사용된다.
  ⑤ 사용장소는 은폐장소, 노출장소, 옥내, 옥외 등 광범위하게 사용할 수 있다.

- 금속관 배선의 관의 굵기(전선의 피복절연물을 포함)
  ① 관의 굴곡이 적어 쉽게 전선을 끌어낼 수 있는 경우 : 단면적의 총합계가 관내 단면적의 48% 이하
  ② 굵기가 다른 절연전선을 동일관 내에 넣는 경우 : 단면적의 총합계가 관내 단면적의 32% 이하

- 습기나 물기가 있는 곳에도 적합한 전기공사
  애자사용 공사, 경질비닐관 공사, 금속관 공사, 가요전선관 공사, 케이블 공사

4 변전설비

1. 수전설비 용량의 결정

① $$수용률(수요율) = \frac{최대사용전력}{부하설비용량} \times 100(\%)$$

⇒ 일반 건물 60~70%

② $$부등률 = \frac{각 부하의 최대수용전력의 합계}{최대사용전력} \times 100(\%)$$

⇒ 1보다 크다(1.1~1.5)

③ $$부하율 = \frac{평균수용전력}{최대사용전력} \times 100(\%)$$

⇒ 1보다 작다(0.25~0.6)

④ 수용률, 부등률, 부하율의 관계
  ㉠ 수용률 : 0.4~1.0(보통 0.6~0.7)
  ㉡ 부등률 : 1.1~1.5(1보다 크다)
  ㉢ 부하율 : 0.25~0.6(1보다 작다)

예제문제 01

시설용량 400[KVA]의 일반 전등전열부하에 공급할 변압기를 선정하고자 한다. 이 때 수용률이 70%라면 가장 적당한 변압기의 용량은? [07 기]

① 250 [KVA] ② 300 [KVA] ③ 400 [KVA] ④ 570 [KVA]

해설 $수용률 = \frac{최대사용전력(kW)}{부하설비용량(kW)} \times 100(\%)$

$70(\%) = \frac{최대 사용 전력}{400} \times 100(\%)$

∴ 최대 사용 전력 = 300[kVA]

답 : ②

---

2. 변전실

1) 크기

$$변전실\ 면적[평] ≒ \sqrt{설비\ 용량[kW]}$$

$$변전실\ 면적[m^2] ≒ 3.3\sqrt{설비\ 용량[kW]}$$

2) 위치
  ① 가능한 부하의 중심에 가깝고 배전에 편리한 장소일 것
  ② 외부로부터의 전원인입이 쉬운 곳일 것
  ③ 기기의 반출입이 용이할 것

④ 습기와 먼지가 적은 곳일 것
⑤ 천정 높이가 충분할 것
   • 고압 : 보 아래 3.6m 이상(천정에 배관, 덕트 통할시 : 3.0m 이상)
   • 특고압 : 보 아래 4.5m 이상(폐쇄형 : 3.6m 이상)
⑥ 기타 전기설비기기와 인접한 장소일 것

3. 변전설비의 기기

1) 변압기

① 변압기의 원리

자속의 변화에 의한 전자유도현상을 응용한 것으로 변압기의 1차측 코일은 자기유도 작용을 발생시키는 역할을 하고, 2차측 코일은 자속의 변화에 의한 전자유도현상으로 유도전류를 발생시키는 역할을 한다.

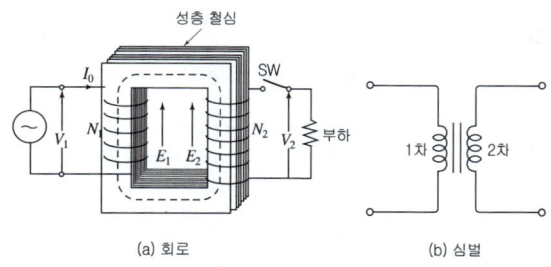

[그림] 변압기의 원리

② 코일의 권수와 전압의 관계

변압기 1차측 권선의 권수를 N_1, 2차측 권선의 권수를 N_2라고 하고, 1차측에 교류 전압 V_1을 증가할 때 2차측에 유도되는 교류 전압 V_2의 크기는 다음 식으로 구한다.

$$\frac{N_1}{N_2} = \frac{V_1}{V_2}$$

→ 변압기의 1차측, 2차측 전압은 코일의 권수비에 비례한다.

예제문제 02

변압기의 1차 코일 회수가 120회, 2차 코일 회수가 480회 일 때, 2차 코일 측의 전압이 100[V] 이면 1차 전압은 몇 [V]인가?   [12 기]

① 10   ② 15   ③ 25   ④ 50

해설 코일의 권수와 전압의 관계

$\frac{V_1}{V_2} = \frac{N_1}{N_2}$ 이므로 $\frac{N_1}{100} = \frac{120}{480}$

$N_1 : 120 = 100 : 480$ ∴ $N_1 = 25\,V$

답 : ③

③ 변압기의 구조
  ㉠ 변압기를 이루고 있는 중요부분은 철심과 권선이다.
  ㉡ 변압기에서 철심(core)은 자속의 이동통로의 역할을 한다. 와류손실을 감소시키기 위해 성층철심을 사용한다.
  ㉢ 변압기에서 철심(core)은 자속의 이동통로의 역할을 한다. 철심은 철손을 적게 하기 위하여 두께 0.35~0.5mm 정도의 규소강판을 사용한다.
  ㉣ 권선에는 저압 권선과 고압 권선이 있다. 이들 권선으로는 연동선이 쓰이며, 둥근 구리선과 평각 구리선이 있다.

④ 변압기의 결선방법

단상 2선식 결선	소규모의 전등 또는 전열용 등에 사용된다.
단상 3선식 결선	1분기 회로당의 등수를 약 2배로 할 수 있으므로 분기회로의 수를 감소할 수 있어 배선 및 배관비가 대단히 경제적이다.
3상 3선식 (Y-Y) 결선	㉠ 전압이 비교적 낮고 전류가 많이 흐르는 선로에 적당하다. ㉡ 제3고조파 전압이 발생하여 통신선에 유도장에 일으킨다. ㉢ 중성점을 접지할 수 있다. ㉣ V-V 결선으로 변경이 불가능하다. ㉤ 선전류와 상전류는 같으므로 선전압은 상전압의 $\sqrt{3}$ 배이다.
3상 3선식 (△-△) 결선	㉠ 3대의 단상변압기를 결선하여 사용할 때 1대가 고장났을 경우에 V-V 결선으로 변경이 가능하다. ㉡ 고조파 전류가 발생하지 않으며 중성점을 접지할 수 없다. ㉢ 선간전압과 상전압이 같으므로 선전류는 상전류의 $\sqrt{3}$ 배이다.
3상 3선식 (V-V) 결선	△-△ 결선으로 한 3대의 단상변압기 중 1대를 제거한 결선법 ㉠ 이용률 $$\alpha = \frac{V결선의출력}{2대의정격용량} = \frac{\sqrt{3}EI}{2EI} = 0.866 = 86.6\%$$ ㉡ 출력의 비 $$\beta = \frac{V결선의출력}{\triangle결선의출력} = \frac{\sqrt{3}EI}{3EI} = 0.577 = 57.7\%$$
3상 4선식 (△-Y) 결선	㉠ Y결선의 중성점을 접지할 수 있다. ㉡ △ 결선이 사용되므로 제3고조파에 의한 유도장애를 방지할 수 있다. ㉢ Y결선의 상전압은 선간전압의 1$\sqrt{3}$ 이므로 절연이 용이하다. ㉣ 3상의 동력전원과 중선선과의 단상 전등전원을 동시에 얻을 수 있어 우리나라는 주로 220/380V를 사용한다.(전등부하는 220V, 동력부하는 380V를 사용)

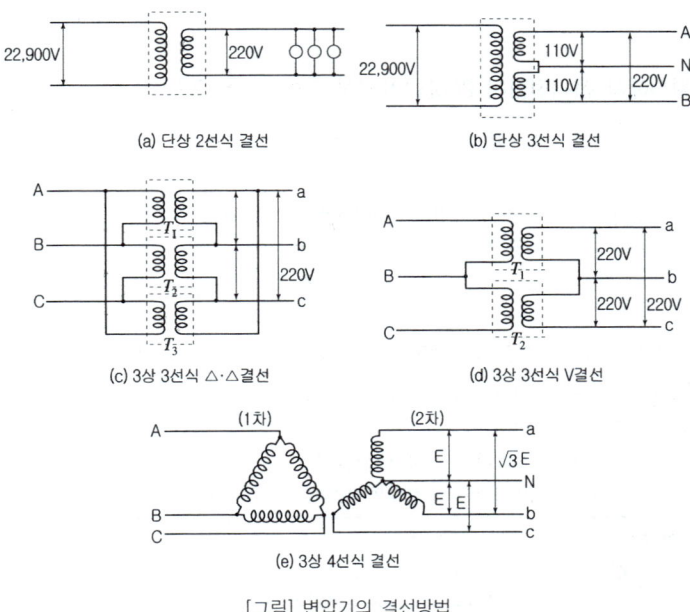

[그림] 변압기의 결선방법

예제문제 03

△결선의 변압기 1대가 고장으로 V결선으로 바꾸었을 때 출력은 고장 전 출력의 몇 퍼센트 정도인가?   [08 기]

① 57.7%   ② 50%   ③ 66.7%   ④ 173.2%

해설 ▶ △결선의 변압기 1대가 결손되어 V결선으로 변경되면 출력은 $1\sqrt{3}$ 배(약 57.7%)가 된다.

답 : ①

예제문제 04

3상 △결선에 상전류가 20[A]일 때 선전류는 얼마인가?   [09 기]

① 11.5[A]   ② 34.6[A]   ③ 47.5[A]   ④ 60[A]

해설 ▶ △결선에서 선전류 = $\sqrt{3}$ 상전류
∴ 선전류 = $\sqrt{3} \times 20 = 34.6$ A

답 : ②

> **예제문제 05**
>
> 3상 Y결선에서 선간전압이 200[V]인 3상 교류의 상전압[V]는? [10 기]
>
> ① 115 ② 346 ③ 453 ④ 600
>
> **해설** 3상 4선식(△-Y) 결선에서 Y결선의 선간전압은 상전압의 $\sqrt{3}$ 배이다. 답: ①

⑤ 변압기의 병렬운전 조건 및 맞지 않을 경우 나타나는 현상

단상 병렬운전 조건	㉠ 권선비가 같을 것 ㉡ 극성이 일치할 것 ㉢ %임피던스 강하가 같을 것 ㉣ 내부저항과 누설리액턴스비가 같을 것
3상 변압기 병렬운전 조건	㉠~㉣ 단상과 동일하고 ㉤ 상회전 방향이 같을 것 ㉥ 위상변위(위상각)가 일치되어야 함
조건이 맞지 않을 경우 현상	㉠ 권선비가 틀릴 경우 순환전류가 흘러 변압기가 소손된다. ㉡ 극성이 일치하지 않을 경우 큰 순환전류가 흘러 권선이 소손된다. ㉢ ㉣ %임피던스 강하가 틀리거나, 내부저항과 누설리액턴스비가 틀릴 경우 부하의 분담이 불균형이 생기게 된다. ㉤ ㉥ 상회전 방향이 틀리거나, 위상변위(위상각)가 틀리면 단락현상이 발생하게 되어 위험하게 된다.

2) 차단기

차단기는 전로를 개폐할 수 잇을 뿐만 아니라 이상상태(과전류, 단락, 지락 등)가 발생하면 계전기와 트립코일의 조합에 의하여 전로를 자동적으로 개방함으로서 기기를 보호하는 목적에 사용된다.

① 공기차단기(ABB) : 개방할 때 접촉자가 떨어지면서 발생되는 아크를 강력한 압축공기(1~3MPa)를 불어서 소호하는 방식이다.

② 자기차단기(MBB) : 아크와 직각 방향으로 자계를 주어서 발생되는 아크를 소호(消弧)실 안으로 끌어넣어 차단하는 구조로 된 차단기이다.

③ 진공차단기(vacuum circuit breaker, VCD)
  진공에서의 높은 절연 내력과 발생되는 아크가 진공 중으로 급속히 확산되면서 소호하는 방식이다. 특히 매우 높은 절연 내력을 가지고 있기 때문에 차단기가 크기가 작아진다.
  ㉠ 차단 성능이 우수하며 소형이고 가볍다.
  ㉡ 구조가 간단하고 보수가 용이하다.
  ㉢ 차단시간이 짧으며, 개폐 수명이 길다.
  ㉣ 동작시에 높은 서지 전압이 발생된다.

④ 유입차단기(OCB)
차단기의 투입 및 차단시에 발생하는 아크를 절연유의 소호작용에 의하여 소호하는 구조이며, 비상시에는 보호계전기와 연동하여 신속히 회로를 차단하여 전선로 및 이에 접속되어 있는 기기를 보호하는 것을 목적으로 한다.

3) 계기용 변성기
일반 변전소에는 고전압·대전류를 취급하므로 배전반의 계기 및 계전기에 직접 고전압·대전류를 도입하여 계측이나 제어를 할 수 없으므로 이에 비례하는 저전압·소전류로 변성하여 계기 및 계전기에 도입하여야 한다.
① 계기용 변압기(PT) : 고압회로의 전압을 안전하게 측정하거나, 계전기 등의 전원으로 사용하기 위하여 고압회로로부터 절연하여 고전압을 저전압으로 변성하는 것(1차측 고전압을 2차측 정격전압 110V로 변성)
② 계기용 변류기(CT) : 고압회로의 전류를 안전하게 측정하거나, 계기의 전류원으로 사용하기 위하여 고압회로로부터 절연하여 대전류를 소전류로 변성하는 것 (1차측 대전류를 2차측 정격전류 5A로 변성)
③ 계기용 변압 변류기(MOF) : 변류기(CT)와 계기용 변압기(PT)를 하나의 케이스에 장치한 것
④ 영상 변류기(ZCT) : 비접지 회로의 지락사고를 검출하기 위하여 지락시의 영상전류를 검출하는 것

4) 단로기(DS, disconnector Switch)
개폐기의 일종으로 수용가의 인입구 부근에 설치하여 구분 개폐기로 사용한다. 보통의 부하전류는 개폐하지 않는다. 송전선이나 변전소 등에서 차단기를 연 무부하상태(無負荷狀態)에서 주회로의 접속을 변경하기 위해 회로를 개폐하는 장치이다. 단로기 양측에서 회로가 기계적으로 구분되므로 점검·수리 등에 편리하고 차단기와는 달리 극히 적은 전류만 통제하므로 구조가 간단하다.

5) 진상용 콘덴서(전력용 콘덴서)
빌딩이나 공장에서 사용하는 전력기기 중 역률이 낮은 동력설비의 전력손실을 개선하기 위해 사용하는 콘덴서이다.
※ 직렬 리액터(SR)
고압 및 특별고압 진상용 콘덴서를 설치함으로 인하여 공급회로의 고조파 전류가 현저하게 증대하여 파형이 나빠지므로 파형 개선을 위해 콘덴서 회로에 유효한 직렬 리액터를 설치하여야 한다.
㉠ 제5고조파 제거   ㉡ 돌입전류 방지
㉢ 계통에의 과전압 억제   ㉣ 고주파에 의한 계전기의 오동작 방지

6) 전력퓨즈(Power Fuse)
① 일반적으로 교류 1,000[V] 이상의 회로에 사용하는 단락보호용 퓨즈를 단락퓨즈라고 한다.
② 과부하에 의한 과전류는 차단기에 의하여 조작을 하며, 단락보호를 위해서는 전력퓨즈를 사용한다.
③ 전력퓨즈는 한류형(限流形)과 비한류형(非限流形)으로 구분된다.
   ㉠ 한류형 : 전압이 0에서 차단을 하고 높은 아크 저항을 발생하여 사고전류를 강제적으로 차단하는 것으로 가장 많이 사용된다.
   ㉡ 비한류형 : 전류가 0에서 차단을 하고 소호가스를 분출하여 극간의 절연내력을 재기전압 이상으로 높여서 차단하는 퓨즈이다.
④ 장·단점
   ㉠ 대전류 차단에 비해 염가이다. 소형, 경량이며 설치가 용이하다. 차단용량이 크다. 보수가 매우 간단하다. 고속도로 차단한다. 현저한 한류특성이 있다.
   ㉡ 재투입이 불가능하다. 과도전류로 용단되기 쉽다. 고(高) 임피던스 접지계통의 접지보호는 할 수 없다. 비보호영역이 있으며, 사용 중에 열화(劣化)하여 동작하면 결상을 일으킬 염려가 있다.

7) 배전반
전기계통의 중추적인 역할을 하며 기기나 회로를 감시제어하기 위한 계기류·계전기류·개폐기류 등을 1개소에 집중하여 시설한 것이다.
① 자립 개방형 : 비교적 간단한 회로의 소용량 변전설비에 사용된다.
② 큐비클형 : 폐쇄된 철판의 함속에 차단기, 계기용 변성기 등을 설치하고 전면에는 계기, 릴레이, 스위치 등을 부착한 것으로 널리 사용되는 방식이다.
③ 벤치 보드형 : 전력용량이 커서 회로가 복잡하고, 각종 계기나 스위치 등이 많은 경우에 사용된다.
④ 데스크형 : 제도용 책상처럼 평면상에 각종 계기류를 부착한 배전반이다.

4. 접지 공사

1) 접지(earth)는 금속 물체와 대지의 전위차를 최소로 하기 위하여 동판을 땅속에 매설하고 거기에 금속 물체를 접속하는 것을 말한다.

2) 접지시스템
   ■ 한국전기설비규정(KEC)

① 접지시스템 구분
   ㉠ 계통접지 : 전력계통의 이상현상에 대비하여 대지와 계통을 접속 - TN, TT, IT 계통
   ㉡ 보호접지 : 감전보호를 목적으로 기기의 한 점 이상을 접지 - 등전위본딩 등
   ㉢ 피뢰시스템접지 : 뇌격전류를 안전하게 대지로 방류하기 위한 접지

② 접지시스템의 시설 종류
　㉠ 단독접지 : (특)고압 계통의 접지극과 저압 접지계통의 접지극을 독립적으로 시설하는 접지
　㉡ 공통접지 : (특)고압 계통과 저압 접지계통을 등전위 형성을 위해 공통으로 접지
　㉢ 통합접지 : 계통접지 · 통신접지 · 피뢰접지의 접지극을 통합하여 접지
　※ 등전위본딩 : 건물 내부 등의 사람이 접촉할 수 있는 모든 도전부가 항상 같은 대지 전위를 유지할 수 있도록 등(동일)전위를 형성하는 것
　☞ 접지대상에 따라 일괄 적용한 종별접지(1종, 2종, 3종, 특별제3종)은 폐지되고 상기 규정 21년부터 시행

3) 접지저항 저감제의 구비조건
　① 전기적으로 전도체일 것
　② 지속성이 있을 것
　③ 전극을 부식시키지 않을 것
　④ 토양을 오염시키지 않을 것
　※ 근접한 뇌격을 흡인하여 전극으로 확실하게 방류하기 위하여 돌침의 보호각은 크게 하고, 접지저항 · 접촉저항 · 도체저항은 작아야 한다.
　접지저항 저감법(병렬공법, 접지저항 저감제 충전법)을 사용한다.

5 예비전원 설비

예비전원 설비에는 자가발전 설비, 축전지 설비, 비상전용 수전설비 등이 있다.

1) 예비전원을 필요로 하는 설비

■ 예비전원을 필요로 하는 부하

목 적		보안상 필요한 부하 대상	영업용 부하 대상
자위상	조 명 용	상시등 정전의 경우 운전 조작에 필요한 장소의 전원	필요한 영업장소
	공조·환기용	자가용 발전장치실, 중앙감시실, 중앙관리실(방재센터), 환기용 전원 정전일 때 긴급 강제 착상용 전원	필요한 영업장소
	승 강 기 용	급수펌프 · 배수펌프 전원	필요한 영업장소
	위 생 용	중앙감시반, 기타 감시제어장치 전원	
	제 어 용	항공장애등 · 셔터 · 자가발전장치용 보조기기 전원	
	보안 · 방재용	소화설비 중 손해보험료의 할인 적용을 받는 부하(외국의 경우)	
	기 타		영업상 필요한 설비기기용
법령상의 규제 때문에		건축법에 따른 설비용, 소방법에 의한 설비용 전원	

2) 예비전원이 갖추어야 할 조건
　① 자가발전 설비 : 정전 후 10초 이내에 가동하여 규정 전압을 유지하여 30분 이상 전력공급이 가능할 것(승강기 등)
　② 축전지 설비 : 정전 후 충전하지 않고 30분 이상 방전할 수 있을 것(약전, 소규모)
　③ 자가발전설비와 축전지 병용 : 자가발전설비는 정전 후 45초 이내에 기동하여 30분 이상 유지하여야 하며 축전지는 충전하지 않고 20분 이상을 방전할 수 있을 것(방송실, 수술실, 전산실 등)

3) 자가발전 설비
　① 발전기의 용량
　　㉠ 발전기 : 디젤 기관에 의하여 구동되는 3상 교류 발전기
　　㉡ 발전기 용량은 건물의 종류와 규모에 따라 결정하며, 특히 정전시에 송전을 필요로 하는 부하를 그 용량으로 한다.
　　㉢ 보통 수전설비 용량의 10~30% 정도로 한다.
　　㉣
$$\text{엔진출력[PS]} \geq \frac{\text{발전기의 용량[kVA]} \times \text{역률[\%]}}{\text{발전기 효율[\%]} \times 0.736}$$

　② 발전기실의 위치
　　㉠ 기기의 반출입 및 운전, 보수 면에서 편리한 위치
　　㉡ 배기 배출구와 급배수가 용이한 곳
　　㉢ 변전실에 가까운 곳
　　※ 발전기의 기초는 발전기 중량의 5배 정도의 콘크리트를 방의 바닥면과 절연시키고 방진재료를 패킹한다.

　③ 크기
　　㉠
$$S > 1.7\sqrt{P}\,[\text{m}^2]$$

　　㉡ 권장치(추장치)
$$S \geq 3\sqrt{P}\,[\text{m}^2]$$

　　　S : 발전기실의 소요 면적[m²]
　　　P : 기관의 마력[PS]

　　㉢ 비상용 자가 발전실의 넓이
$$A = 2.5\sqrt{\frac{K \times 1.2W}{0.8}}$$

　　　W : 수변전압기 용량
　　　K : 일반 빌딩은 0.2~0.25, 병원 건물은 0.3

4) 축전지 설비

① 종류

■ 축전지의 성능 비교

구 분	연 축 전 지	알칼리 축전지
기 전 력	2.05~2.08[V]	1.32[V]
공 칭 전 압	2.0[V/셀]	1.2[V/셀]
공 칭 용 량	10시간율[Ah]	5시간율[Ah]
전 기 적 강 도	과충, 방전에 약하다	과충, 방전에 강하다
기 계 적 강 도	약하다	강하다
충 전 시 간	길 다	짧 다
온 도 특 성	뒤떨어진다	우수하다
수 명	10~20년	30년 이상
가 격	싸 다	비싸다
자 가 방 전	보 통	약간 적은 편이다

[주] 축전지 용량은 보통 암페어시[Ah] 용량이 사용되고 있다.

② 용량 : 방전 전류[A] × 방전 시간[h]

③ 수명 : 정격 용량의 80% 용량으로 감소되었을 때를 전지의 수명으로 한다.

④ 구조
  ㉠ 내진성을 고려한다.
  ㉡ 축전지실의 천장높이는 2.6m 이상으로 한다.
  ㉢ 축전지실의 전기 배선은 비닐 전선을 사용한다.
  ㉣ 개방형 축전지의 경우 조명 기구 등은 내산성으로 한다.

학습포인트

● 축전지의 충전방식
① 보통 충전 : 필요할 때마다 표준 시간율로 소정의 충전을 하는 방식
② 급속 충전 : 비교적 짧은 시간에 보통 충전 전류의 2~3배의 전류로 충전하는 방식
③ 부동 충전 : 축전지의 자기 방전을 보충함과 동시에 상용 부하에 대한 전력공급은 충전기가 부담하되 충전기가 부담하기 어려운 일시적인 대전류 부하는 축전지로 하여금 부담하게 하는 방식
④ 균등 충전 : 부동 충전방식에 의하여 사용할 때 각 전해조에서 일어나는 전위차를 보정하기 위하여 1~3개월마다 1회, 정전압으로 10~12시간 충전하여 각 전해조의 용량을 균일화하기 위하여 행하는 충전방식
⑤ 세류 충전 : 자기 방전량만을 항상 충진시키는 부동충전 방식의 일종

● 납(연) 축전지의 충전 및 방전시의 물질 상태
① 충전시 : 양극판은 적갈색의 PbO_2, 음극판은 납색의 Pb, 수용액은 묽은 황산
② 방전시 : 양극판, 음극판 모두 회백색의 $PbSO_4$

6 전동기

1) 전동기의 종류

분류		형식	특징
교류	단상 교류용	분상 기동형	큰 시동 토크가 필요치 않은 얕은 우물 펌프나 세탁기용
		반발 기동형	큰 시동 토크를 필요로 하는 깊은 우물 펌프용
		콘덴서형	역률과 효율이 양호하여 많이 사용. 전기 냉장고
	3상 교류용	유도 전동기 (농형·권선형)	취급이 매우 간단하고, 기계적으로도 견고하며, 가격이 싸다.
		동기 전동기	• 구조·취급이 복잡하며, 시동·정지가 빈번한 용도에는 부적합 • 대형 공기 압축기, 송풍기 등에 사용
		정류자 전동기	• 송풍기 방적용
직류		직권 전동기	• 속도 조절이 간단하고 시동 토크가 크므로 고도의 속도 제어가 요구되는 장소에 사용 • 큰 시동 토크를 필요로 하는 엘리베이터, 전차 등에 사용 • 가격이 비싸다.
		복권 전동기	
		분권 전동기	

2) 교류 전동기

① 가격이 저렴하고 구조가 간단하여 일반적으로 이용된다.
② 소형은 단상 전동기, 중형 이상은 3상 유도 전동기가 많이 쓰인다.
③ 종류 : 권선형 유도 전동기, 동기 전동기, 정류자 전동기

3) 직류전동기

① 전기에너지를 기계적 에너지(회전력)로 변환하는 기계이다.
② 상용전원은 교류이므로 직류전동기 사용시 정류장치가 필요하다.
③ 속도 조절이 간단, 고도의 속도제어가 요구되는 장소(엘리베이터, 전차)에 적당하다.
④ 기동토크가 크다.
⑤ 가격이 비싼 것이 단점이다.
⑥ 종류 : 복권 전동기, 분권 전동기, 직권 전동기

> **학습포인트**
>
> ● 3상 유도 전동기
>
> 농형과 권선형이 있는데, 구조가 간단하고 가격이 싸므로 엘리베이터나 에스컬레이터 등 건축설비에서 가장 많이 사용되는 전동기이다. 건축설비에서 쓰이는 대부분은 3상 전동기는 농형이다.
>
> ● 농형 유도전동기
> ① 구조와 취급이 간단하고 기계적으로 견고하다.
> ② 가격이 비교적 싸고 운전이 대체로 쉽다.
> ③ VVVF(Variable Voltage Variable Frequency) 방식으로 속도제어가 가능하다.
> ④ 슬립링(slip ring)이 없으므로 불꽃이 나올 염려가 없다.
> ⑤ 기동전류가 커서 전동기 전선을 과열시키거나 전원전압의 변동을 일으킬 수 있다.
> ⑥ 일반 산업용 및 건축설비에서 광범위하게 사용한다.
>
> ● 3상 유도전동기의 속도제어 방법
> ① 회전자에 접속되어 있는 저항을 변화시켜 비례 추이의 원리로 제어한다.
> ② 독립된 2조의 극수가 서로 다른 고정자 권선을 감아 놓고 필요에 따라 극수를 선택하여 극수를 변화시킨다.
> ③ 인버터를 사용하여 주파수를 변화시킨다.
> ※ 3상 유도전동기의 속도제어 방법 : 주파수의 변환, 극수의 변환, 전류 저항의 변환, 전압제어
> ※ 3상 유도 전동기는 농형과 권선형이 있는데, 건축설비에서 쓰이는 대부분은 3상 전동기는 농형이다.
>
> 슬립링(slip ring)권선형 유도전동기에서 적용되는 것이다. 농형 유도전동기는 슬립링이 없으므로 불꽃이 나올 염려가 없다.
>
> ● 농형 유도전동기의 기동법
>
> 전전압(직입) 기동, Y-△ 기동, 기동보상기에 의한 기동, 리액터 기동, 1차 저항 기동, 소프트스타트(soft starter) 기동 등이 있다.
>
> ※ Y-△ 기동
> ① 기동전류를 경감하기 위하여 고정자 권선이 △결선인 전동기를 기동시에 한하여 Y결선으로 하고, 정격전압을 인가하여 기동한 후에 △결선으로 변환하여 주는 방법
> ② 5.5~15kW의 전동기에 사용, 기동전류와 기동토크가 1/3로 감소
> ③ 무부하 또는 경부하에서 기동할 수 있는 공작기계 등에 적합한 방식

4) 전동기 회전수

① 동기속도

$$N = \frac{120f}{P}$$

N : 회전수[rpm]
f : 주파수
P : 극수

② 실제속도

$$N = \frac{120f(1-s)}{P}$$

N : 회전수[rpm]
f : 주파수
P : 극수
s : 슬립

예제문제 06

3상 유도 전동기의 극수가 6, 주파수가 60Hz일 때 회전수는 몇 rpm인가?
[03, 11 기]

① 100 ② 600 ③ 1000 ④ 1200

해설 전동기 회전수

$$N = \frac{120f}{P}$$

N : 회전수[rpm] f : 주파수 P : 극수

$\therefore N = \dfrac{120f}{P} = \dfrac{120 \times 60}{6} = 1200$ [rpm]   답 : ④

예제문제 07

4극의 공조기팬용 유도전동기를 220[V] 60Hz의 전원으로 운전하는 경우 회전수는 얼마인가? (단, 전동기의 슬립(slip)은 5% 임)   [12 기]

① 900[rpm] ② 1710[rpm] ③ 1750[rpm] ④ 1800[rpm]

해설 전동기 회전수

$$N = \frac{120f(1-s)}{P}$$

N : 회전수[rpm] f : 주파수 s : 슬립 P : 극수

$\therefore N = \dfrac{120f(1-s)}{P} = \dfrac{120 \times 60 \times (1-0.05)}{4} = 1710$ [rpm]   답 : ②

예제문제 08

주파수 50[Hz] 전원으로 운전하고 있는 3상유도전동기를 60[Hz] 전원에 접속하면 회전자 속도는 어떻게 되는가? [09 기]

① 10[%] 증가   ② 10[%] 감소   ③ 20[%] 증가   ④ 변하지 않음

해설 전동기 회전수

$$N = \frac{120f}{P}$$

N : 회전수[rpm] f : 주파수 P : 극수

전동기는 회전수는 주파수에 비례하므로 $\frac{60}{50} = 1.2$배

답 : ③

7 감시·제어반

종 류	목 적	표시 방법
전원 표시	전원의 생사 여부	백색 램프
운전 표시	정상적 가동 상태	적색 램프
정지 표시	정지 상태	녹색 램프
고장 표시	고장 유무 상태	오렌지색 램프(버저나 벨 울림)
경보 표시	경보 신호	백색 램프(버저나 벨 울림)

SECTION 6 조명설비

1. 조명에 관한 용어와 단위

용 어	기 호		정의와 정의식	단 위	단위약호	차 원
빛의 양	광속	F	단위시간당 흐르는 빛의 에너지량	lumen	lm	lm
발산광속의 입체각밀도	광도	I	점광원부터의 단위입체각당의 발산 광속	candela	cd	$\dfrac{lm}{sr}$
광속의 면적밀도	조도	E	단위면적당의 입사 광속	lux	lx	$\dfrac{lm}{m^2}$
광속의 면적밀도	광속발산도	R	단위면적당의 발산 광속	radlux	rlx	$\dfrac{lm}{m^2}$
광도의 투영면적밀도	휘도	B	발산면의 단위투영면적당 단위입체각당의 발산 광속	$\dfrac{candela}{m^2}$	$\dfrac{cd}{m^2}$(nt)	$\dfrac{lm}{m^2 \cdot sr}$

■ 조도의 법칙
① 역제곱의 법칙 : 광원으로부터 목표면까지의 거리가 증가되면 같은 양의 빛이 보다 너른 면으로 배분되기 때문에 조도는 거리 제곱에 반비례하게 된다.

$$E = \frac{I}{R^2} = \frac{cp}{R^2}$$

E : 조도
I : 광도
R : 거리
cp : candla power

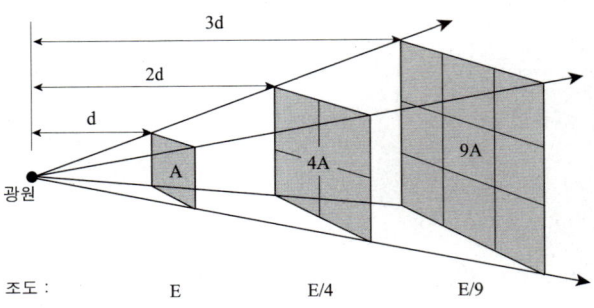

[그림] 조도의 역제곱의 법칙

② 코사인 법칙 : 광선과 수직을 이루지 않는 표면에 도달하는 빛은 아래 그림 설명과 같이 보다 너른 표면에 배분된다.

$$B(면적) = \frac{A(면적)}{\cos\alpha}$$

따라서

$$E_2 = E, \cos\alpha$$

E : 조도
α : 입사 각도

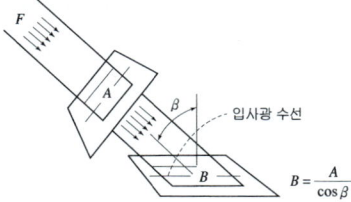

[그림] 코사인 법칙

예제문제 01

그림과 같은 광도가 1[cd]인 점광원에서 1m와 2m 떨어진 a, b 수직면상의 조도는?

① a면 : 1[lx], b면 : $\frac{1}{2}$ [lx]   ② a면 : 1[lx], b면 : $\frac{1}{4}$ [lx]

③ a면 : $\frac{1}{2}$ [lx], b면 : 1[lx]   ④ a면 : $\frac{1}{4}$ [lx], b면 : 1[lx]

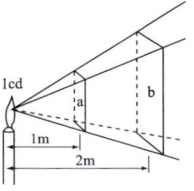

해설 조도
① 표면에 도달하는 광의 밀도
  (1m² 당 1 lm의 광속이 들어 있는 경우 1Lux)
② 단위 : 룩스(lux, lx)
③ 조도=광도/(거리)²
  ㉠ a면= $\frac{1cd}{1^2}$ =1[lx]
  ㉡ b면= $\frac{1cd}{2^2}$ = $\frac{1}{4}$ [lx]

답 : ②

예제문제 02

180[cd]의 백열전구에서 3m 거리에 있는 빛이 나아가는 방향에 직각인 면과 60° 기울어진 평면상의 조도는?   [07 기]

① 10[lx]   ② 20[lx]   ③ 30[lx]   ④ 40[lx]

해설 조도의 코사인 법칙

$$E = \frac{I}{d^2} \cdot \cos\theta$$
$$= \frac{180}{3^2} \times \cos 60°$$
$$= \frac{180}{3^2} \times \frac{1}{2} = 10[lx]$$

답 : ①

전기설비 및 소방시설일반

> **예제문제 03**
>
> 평균구면 광도가 1000[cd]인 전구로부터 총발산광속은? [12 기]
>
> ① 100 π [lm]　② 1000 π [lm]　③ 4000 π [lm]　④ 10000 π [lm]
>
> **해설** 1cd=4π [lm]이므로
> 1000×4π =4000π [lm]
>
> 답 : ③

2. 광원

1) 광원의 종류와 특징

구 분	백열등	형광등	수은등	나트륨등	메탈할라이드등	할로겐등
효율 (lm/W)	10~20	50~90	40~65	95~145	70~95	20~22
수명(h)	1,000	7,000	10,000	6,000	9,000	2,500
연색성	좋다.			좋지 않다.	좋다.	
휘도	높다.	저휘도	높다.	높다.	높다.	높다.
용도	장식, 국부 조명	옥내 전반 조명	높은 천정 조명, 경기장, 도로	터널, 도로	은행, 백화점, 가구점	높은 천정, 단관형은 영사기용
색상	적색 부분 많다.	광색 조절이 용이	청백색	황등색	자연에 가깝다.	주광색에 가깝다.
기타	·열방사 많다. ·점등이 빠르다. ·온도 높을수록 주광색에 가깝다.	·열방사 적다. ·점등에 시간이 걸린다. ·주위 온도에 영향	·1등당 큰광속을 얻는다. ·수명이 가장 길다.			

> **학습포인트**
>
> ● 효율(lm/W)
> 광속을 전력으로 나눈 값, 즉 1W의 전기에너지를 소요하여 발생되는 빛의 양(lm)
>
> ● 효율이 높은 색
> · 녹색>백색>주광색>적색
> · 나트륨등>메탈할라이드등>형광등>수은등>할로겐등>백열전구
>
> ● 연색성
> 태양광(주광)을 기준으로 하여 어느 정도 주광과 비슷한 색상을 연출을 할 수 있는가를 나타내는 지표
> · 주광색 > 백색 > 은색
> · 주광색형광등 > 메탈할라이드등 > 백열전구 > 형광등 > 수은등 > 나트륨등
>
> ● 나트륨등
> 효율이 가장 좋으나, 연색성은 가장 나빠서 실내용보다는 가로등이나 터널조명으로 많이 쓰인다.

2) 각종 전등의 특성
   ① 효율이 가장 좋은 전등 : 나트륨등(95~145 lm/W)
   ② 수명이 가장 긴 전등 : 수은등(10,000 시간)
   ③ 연색성이 우수한 전등 : 백열전구, 주광색 형광등, 메탈할라이트등
   ④ 황색광으로 도로 터널 조명등으로 쓰이는 높은 투과율을 지닌 전등 : 나트륨등
   ⑤ 저휘도이며, 광색 조절이 용이하고, 열방사가 적으며, 주로 명시조명으로 쓰이는 전등 : 형광등

3. 조명 방식

1) 기구의 배광에 의한 분류

명 칭	기구의 예와 그 정의			특 징	
		상향광속	하향광속		
직접조명		0~10%	90~100%	장점 : 조명률이 좋다. 먼지에 의한 감광이 적다. 벽, 천장의 반사율의 방향이 적다. 자외선 조명을 할 수 있다. 설비비가 일반적으로 싸다. 시계에 어둠·밝음의 차이가 적다.	단점 : 글로브를 사용하지 않을 경우에는 추한 조명으로 되기 쉽다. 기구의 선택을 잘못하면 눈부심을 준다.
반직접 조명		10~40	60~90		
전반확산 조명		40~60	40~60	직접조명과 간접조명의 중간	
반간접 조명		60~90	10~40	조도가 균일하다. 음영이 적다. 연직인 물건에 대한 조도가 높다.	조명률이 낮다. 즉, 조명효율이 나쁘다. 먼지에 의한 감광이 많다. 천장면 마무리의 양부에 크게 영향을 준다. 음기한 감을 주기 쉽다. 물건에 입체감을 주지 않는다.
간접조명		90~100	0~10		

2) 기구 배치에 의한 분류
   ① 전반조명
   국부조명에 비해 그 밝기가 1/10배 이상 되는 것이 좋다.

   ② 국부조명
   특정 작업면에서 높은 조도를 필요로 할 때 채용한다. 주로 정밀공장의 기계부분, 전시장, 조립공장

③ 전반·국부 병용조명
   ㉠ 매우 경제적인 조명방식
   ㉡ 정밀작업이 요구되는 장소(정밀기계공장, 시계제작공장, 실험실, 조립기계공장)
   ㉢ 전반조명과 국부조명=1 : 10 → 명시효과

※ 명시조명(밝기위주 : 학교, 공장, 사무실, 작업실)과 분위기조명(장식조명 : 백화점, 상점)이 있다.

4. 건축화 조명

천장, 벽, 기둥 등의 건축 부분에 광원을 만들어 실내를 조명하는 방식으로 눈부심이 적은 장점이 있는 반면, 조명 효율은 직접 조명에 비해 떨어진다.

① 다운 라이트 : 천장에 작은 구멍을 뚫어 그 속에 광원을 매입한 방법
② 루버 조명 : 천장면에 루버를 설치하고 그 속에 광원을 배치하는 방법
③ 코퍼 조명 : 천장면에 빛을 반사시켜 간접 조명하는 방법
④ 코니스 조명 : 벽면에 빛을 반사시켜 간접 조명하는 방법
⑤ 광천정 조명 : 천장면 전체에서 발광되도록 한 것

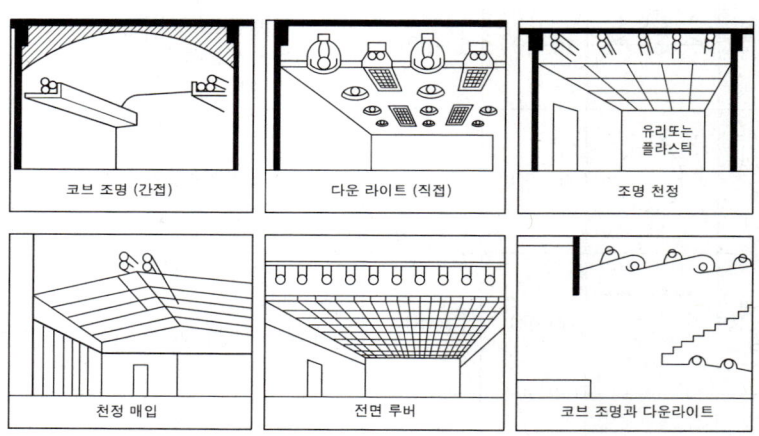

[그림] 건축화 조명 방식

5. 조명 설계

일반적으로 실내 조명의 계산 및 설계는 다음과 같이 진행한다.

소 → 전 → 조 → 광 → 배

① 소요 조도의 결정
② 전등 종류의 결정
③ 조명 방식과 조명기구 선정

④ 광속의 계산

$$F = \frac{E \cdot A \cdot D}{N \cdot U} = \frac{E \cdot A}{N \cdot U \cdot M} \text{(lm)}$$

    F : 사용 광원 1개의 광속[lm]
    D : 감광 보상률(직접조명 : 1.3~2.0, 간접조명 : 1.5~2.0)
    E : 작업면의 평균 조도[lx]
    A : 방의 면적[m²]
    N : 광원의 개수
    U : 조명률
    M : 유지율(보수율 : 감광 보상률의 역수)

㉠ 감광 보상률(D) : 광원을 갈아 끼우거나 기구를 청소할 때까지 필요한 조도를 유지할 수 있도록 여유를 두는 비율
㉡ 조명률(U) : 램프에서 발하여진 빛 가운데 작업면에 도달하는 빛이 몇 %인가를 나타내는 비율
㉢ 실지수(K) : 방의 크기와 형태를 나타내는 지수로서 광원에서 작업면에 직접 도달하는 빛은 실의 바닥면적에 대하여 천장의 높이가 낮을 때는 많고, 천장의 높이가 높을 때는 적어진다.

$$실지수(K) = \frac{X \cdot Y}{H(X+Y)}$$

    X : 방의 가로 길이[m]
    Y : 방의 세로 길이[m]
    H : 작업면에서 광원까지의 높이[m]

㉣ 보수율(M) : 조명시설을 어느 기간 사용한 후의 작업면상의 평균 조도와 초기 조도와의 비. 즉, 조명시설의 조도는 설비의 사용 시간경과와 함께 램프 자체의 광속 감쇠, 램프·조명기구의 더러움, 천장, 벽, 바닥 등 실내면의 반사율 저하 등에 의해 내려간다.

⑤ 조명기구의 배치 : 조도 분포, 휘도 등의 재검토
광원 상호간의 간격을 S, 벽과 광원 사이의 간격을 S_0, 광원의 높이를 H 라고 하면

㉠ $S \leq 1.5H$

㉡ $S_0 \leq \dfrac{H}{2}$

(벽 가까이에서 작업을 하지 않을 경우)

㉢ $S_0 \leq \dfrac{H}{3}$

(벽 가까이에서 작업을 할 경우)

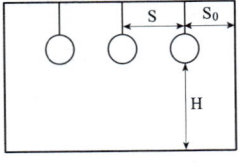

[그림] 광원의 배치

예제문제 04

평균 구면 광도 300[cd]의 전구 20개를 지름 20[m]의 원형방에 점등할 때 조명률 0.5, 보수율 0.67이라 하면 평균조도[lx]는 얼마인가? [10 기]

① 80.4[lx]   ② 70.2[lx]   ③ 60.4[lx]   ④ 50.2[lx]

해설 $F = \dfrac{E \cdot A \cdot D}{N \cdot U}$ 에서 $E = \dfrac{F \cdot N \cdot U}{A \cdot D}$

여기서, F : 광원 1개당 광속(300cd)
N : 광원 개수 U : 조명율(0.5)
E : 평균조도(lx) A : 방의 면적(50m²)
D : 감광보상율 M : 유지율(보수율 : 감광보상률의 역수)

※ $1cd = 4\pi$ (lm)

※ 감광보상율$(D) = \dfrac{1}{보수율} = \dfrac{1}{0.67}$

따라서, $E = \dfrac{300 \times 4\pi \times 20 \times 0.5}{\pi \times 10^2 \times \dfrac{1}{0.67}} = 80.4[lx]$

답 : ①

예제문제 05

사무실의 평균조도를 300[lx]로 설계하고자 한다. 다음과 같은 조건에서의 조명률을 0.6에서 0.7로 개선할 경우 광원의 개수는 얼마만큼 줄일 수 있는가?

┌ 조건 ┐
· 광원의 광속 : 3,000[lm]
· 개실의 면적 : 600[m²]
· 보수율(유지율) : 0.5

① 15개   ② 18개   ③ 25개   ④ 28개

해설 광속계산

$F = \dfrac{E \cdot A \cdot D}{N \cdot U}$ 또는 $F = \dfrac{E \cdot A}{N \cdot U \cdot M}$ 에서 $N = \dfrac{E \cdot A}{F \cdot U \cdot M}$ 이다.

$N = \dfrac{E \cdot A}{F \cdot U \cdot M}$

$= \dfrac{300 \times 600}{3,000 \times 0.5 \times (0.6 \sim 0.7)}$

$= 200 \sim 171.4$

∴ $200 - 171.4 ≒ 28$개

답 : ④

SECTION 7 약전설비

1. 통신정보설비

1) 인터폰설비
   ① 모자식(친자식) : 1대의 모기에 여러 대의 자기를 접속하는 방식으로 자기끼리는 접속이 불가능하다. 병원 등에 사용
   ② 상호식 : 원하는 곳 모두 상호간에 접속이 가능
   ③ 복합식 : 모자식과 상호식을 복합한 형식
   ※ 설치 높이 : 바닥면에서 1.5m

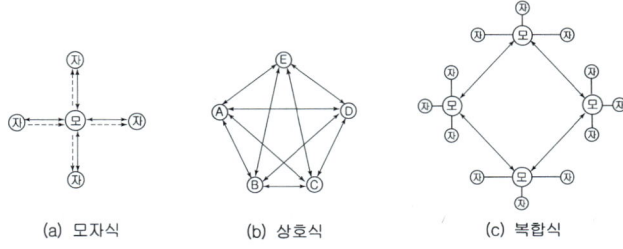

(a) 모자식   (b) 상호식   (c) 복합식

[그림] 인터폰의 접속방법

2) 전기시계설비
   ① 단독 시계 : 가정용, 소규모(교류식 : 디지털 시계, 건전지식)
   ② 모자식 시계 : 대규모의 경우 정밀한 모시계를 두고 모시계의 운침 충격 전류에 의해 자시계가 작동한다.
      ㉠ 모시계 : 수정식, 진자식, 램프식
         • 수정식 : 가장 많이 사용, 수정식Ⅰ급이 가장 정밀(특히 정도(精度)를 요구하는 건물)하다.
         • 램프식 : 진동이 있는 장소, 정밀도가 낮다.
      ㉡ 자시계 : 직류 전기를 이용, 유극식과 무극식이 있다.

3) 항공 장애등
   지표 또는 수면으로부터 60m 이상의 높이의 건물에는 항공 장애등과 주간 장애 표시를 설치한다.
   ① 고광도 장애등 : 2,000cd 이상(명멸회수 : 20~60회/min)
   ② 저광도 장애등 : 20cd 이상

4) 방범설비
   ① 리미트 스위치   ② 자기 스위치
   ③ 초음파 검출기   ④ 적외선 검출기
   ⑤ 매트 스위치   ⑥ 근접 스위치
   ⑦ 진동 검출기   ⑧ CCTV 감시기기

5) 차로경보설비
   자동차 출입을 검출하는 장치로, 적외선 방식, 초음파 방식이 많이 쓰이고 그 밖에 테이프 스위치 방식 등이 있다.

2. 피뢰침 설비

1) 건축물 규정
   ① 설치대상 건물 : 낙뢰의 우려가 있는 건축물, 건축물 높이 20m 이상
   ② 피뢰설비의 4등급

   ㉠ 완전보호(케이지 방식) : 피보호물을 연속된 망상도체나 금속판으로 싸는 방법으로 어떠한 뇌격에 대해서도 건물이나 내부에 있는 사람에게 위해를 가하지 않는 방식(산꼭대기의 관측소, 휴게소, 매점, 골프장의 독립 휴게소 등)

   ㉡ 증강보호(수평도체 방식) : 건축물 윗면의 모서리 부분, 뾰족한 모양을 한 부분의 위쪽에 수평 도체식 피뢰설비를 하여 전체의 보호 능력이 증강된 방식

   ㉢ 보통보호(돌침) : 목조 가옥에서는 증강보호가 좋고, 철근콘크리트 건축물로서 옥상에 난간이 있는 경우는 보통보호로 한다.

   ㉣ 간이보호(가공지선) : 보통보호보다 간단하며, 뇌해가 많은 지방의 높이 20m 이하 건물에서 자주적인 피뢰설비를 실시할 때 이용

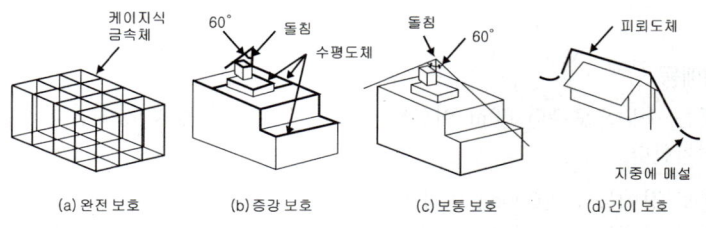

[그림] 피뢰 설비의 4등급

학습포인트

● 피뢰설비의 4등급
① P급 보호(완전보호) : 산꼭대기의 관측소, 휴게소, 매점, 골프장의 독립 휴게소 등
② Q급 보호(증강보호) : 중요 건축물
③ R급 보호(보통보호) : 보통 건축물, 도시 건물
④ S급 보호(간이보호) : 농가 등에서 간단한 설비를 할 경우

● 피뢰침의 접지
① 피뢰침의 접지극은 뇌격 전류를 대지에 방류하기 위해 지중에 매설한 도체이며, 주로 구리판이나 구리봉이 많이 사용된다.
② 접지저항은 낮을수록 낙뢰시의 역섬락이 일어나기 어렵지만 피뢰설비의 총합 접지저항은 10Ω 이하로 하고, 각 인하도선의 단독 접지저항은 50Ω 이하로 해야 한다.
③ 피뢰침은 근접한 뇌격을 흡인하여 전극으로 확실하게 방류하기 위하여 접지저항 저감법(병렬공법, 접지저항 저감제 충전법)을 사용한다.

3. 방재설비
1) 감지기
   ① 열 감지기
      ㉠ 차동식
         · 주위 온도가 일정한 온도 상승률 이상으로 되었을 때 작동하며, 1개 국소의 열효과에 의해 작동한다.
         · 공기실 속의 공기가 화재시의 온도 상승으로 팽창하여 감압실의 접점을 동작시킨다.
      ㉡ 정온식
         · 국소의 온도가 일정 온도(75℃)를 넘으면 작동하여 화재 신호를 발신한다.
         · 보일러실, 주방 등 항상 화기를 취급하는 장소에 적합하다.
      ㉢ 보상식
         온도 상승률이 일정한 값을 초과할 경우와 온도가 일정한 값을 초과한 경우에 동작하는 두 가지 기능을 겸비하고 있어 이상적이다.
      ㉣ 스폿형(spot type)
         국부적인 열효과, 즉 국부적인 온도 상승에 의하여 작동하는 것이다.
      ㉤ 분포형
         천장에 공기관을 설치하여 넓은 범위의 열효과에 의하여 관 내의 공기 압력을 상승시켜 전기 접점 기구 가동에 사용하는 것이다.

② 연기 감지기
　㉠ 이온식 감지기
　　연기 감지기 속에 들어가면 연기의 입자 때문에 이온 전류가 변화하는 것을 이용한다.
　㉡ 광전식 감지기
　　연기 입자로 인해서 광전 소자에 대한 입사 광량이 변화하는 것을 이용한다.

■ 감지기의 작동 원리

감지기의 종류		작 동 원 리
열식	차동식 열감지기 정온식 열감지기 보상식 열감지기	그 주위 온도가 일정한 온도 상승률 이상으로 되었을 때 작동한다. 그 주위 온도가 일정한 온도 이상이 되었을 때 작동한다. 그 주위 온도의 변화에 따라 감도가 변화하는 것이며, 차동식 및 정온식의 성능을 가진다.
연기식	이온식 연기감지기 광전식 연기감지기	검지부에 연기가 들어감으로써 이온 전류가 변화하는 것을 이용하여 감지한다. 검지부에 연기가 들어감으로써 광전 소자의 입사광량이 변화하는 것을 이용하여 감지한다.

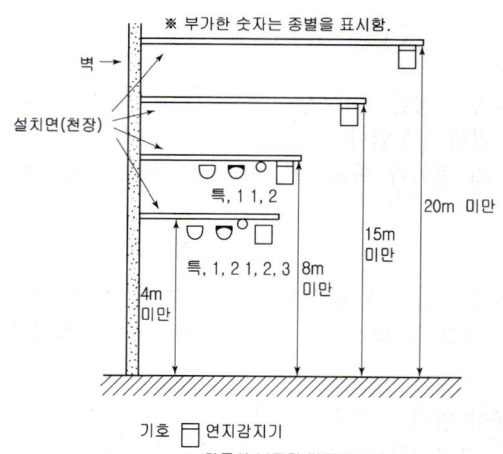

[그림] 감지기의 종별에 다른 설치높이

2) 음향장치
    ① 감지기에 의하여 화재의 발생을 발견하면 벨 또는 사이렌 등으로 경종을 울리는 설비이다.
    ② 음향은 설치 위치 중심에서 1m 떨어진 곳에서 90폰(phon) 이상이다.
    ③ 각 층마다 그 층의 각 부분으로부터 하나의 음향장치까지의 수평거리는 25m가 되도록 설치한다.

3) 자동화재속보설비
    ① 소방 대상물에서의 화재 발생을 자동적으로 소방 기관에 통보하는 설비이다.
    ② 화재가 발생하여 감지기의 신호를 자동속보설비가 수신하게 되면 속보기 세트에 전화회선이 전달되어 119 화재신고를 기계적으로 접속시킨 다음 녹음 세트와 연결시켜 3회를 반복하여 발화 장소를 알리는 설비이다.
    ③ 소방관서로부터 보행거리 500m 이내

4) 비상경보설비
    자동화재탐지설비 또는 다른 방법에 의하여 화재의 발생을 알게 되는 즉시 해당 소방 대상물 안에 있는 사람들에게 경보를 발하여 알림으로써 피난의 개시 또는 초기 소화 활동을 신속히 전개할 수 있도록 하기 위한 설비이다.

5) 비상 콘센트 설비
    ① 초고층 건물에 화재가 발생하면 일반 전원을 사용할 수 없으므로 미리 건물에 MI 케이블을 매입시켜 소방차의 발전기로 전원을 공급하여 소방관이 환기 및 전등을 이용하는 데 도움을 주기 위한 설비이다.
    ② 설치 : 11층 이상의 층에 각 층의 각 부분으로부터 수평거리 50m 이내
    ③ 높이 : 바닥면에서 0.8m 이상 1.5m 이하
    ④ 1회선에 접속되는 콘센트 수 : 10개 이하
    ⑤ 전원회로 : 각 층에 있어서 2 이상이 되도록 설치하는 것이 원칙

> **학습포인트**

- **차동식 분포형 감지기**
  ① 감지기 주위 온도가 일정한 온도상승률 이상이 되었을 때 작동하는 것으로서 광범위한 열효과의 누적으로 작동하는 감지기이다.
  ② 천장고 6m 이하인 일반 건물(9m 이하인 내화 건물)에 사용한다.
  ③ 가장 널리 사용되고 있는 형식으로 화기를 취급하지 않는 장소에 적합한 감지기이다.
  ④ 종류에는 공기관식, 열전대식, 열반도체식이 있다.

- **정온식 스폿형 감지기**
  ① 주위온도가 일정 온도 이상일 때 작동하도록 된 열감지기이다.
  ② 온도상승에 의한 바이메탈의 완곡을 이용하는 감지기로서 특히 불을 많이 사용하는 보일러실과 주방 등에 적합하다.

- **이온화식 감지기**
  ① 감지기 주위의 공기가 일정한 농도의 연기를 포함하게 되면 연기에 의해 이온 전류가 변화하므로 작동하는 감지기이다.
  ② 종류에는 축적형과 비축적형이 있다
    ㉠ 축적형 : 연기가 일정치 이상의 농도로서 일정시간(20~30초 정도) 이상 유지되어야 작동하는 것으로 사무실, 회의실, 객석 등에 사용된다.
    ㉡ 비축적형 : 연기가 어느 일정치 이상의 농도만 되면 작동하게 되는 것으로 복도, 통로, 서고, 교실 등에 사용된다.

- **광전식 감지기**
  ① 감지기 주위의 공기가 일정한 농도의 연기를 포함하게 되면 작동하는 것으로 연기에 의해 광전소자의 수광량이 변화하는 것을 이용해서 작동하는 것이다.
  ② 종류에는 산란광식과 감광식이 있다.

- **부착높이에 따른 감지기의 종류**

부착높이	감지기의 종류
20m 이상	불꽃감지기, 광전식 중 아날로그방식
15m 이상 20m 미만	이온화식 1종, 광전식(스포트형·분리형·공기흡입형) 1종, 연기복합형, 불꽃감지기
8m 이상 15m 미만	이온화식 1, 2종, 연기복합형, 불꽃감지기, 광전식(스포트형·분리형·공기흡입형) 1종 또는 2종 차동식 분포형 감지기
4m 이상 8m 미만	설치 못하는 감지기 : 정온식 스포트형 2종, 정온식 감지선형 2종, 이온화식 3종 이외 감지기
4m 미만	모든 감지기

SECTION 8 승강 및 운송설비

1. 엘리베이터(elevator)

1) 엘리베이터 구동방식

구 분	속 도(m/min)	구동 방식
저속도 ELE	15, 20, 30, 45	교류 1단, 교류 2단
중속도 ELE	60, 70, 90, 105	교류 2단, 직류 기어드
고속도 ELE	120, 150, 180, 210, 240, 300	직류 기어레스

2) 엘리베이터의 비교

구 분	교류 엘리베이터	직류 엘리베이터
기 동	기동 토크가 적다.	임의의 기동 토크를 얻을 수 있다.
속도조정	속도를 임의로 선택할 수 없고 속도 제어는 불가. 부하에 의한 속도 변동이 있다.	속도를 임의로 선택할 수 있고 속도 제어 가능. 부하에 의한 속도 변동이 없다.
승강기분	직류에 비하여 떨어진다.	원활하게 가감속이 가능하여 승강 기분이 좋다.
착상오차	수[mm]의 오차가 생긴다.	1[mm] 이내의 오차
전효율	40~60[%]	60~80[%]
가 격	저 렴	교류의 1.5~2.0배
속 도	30[m/분], 45[m/분], 60[m/분]	90[m/분], 105[m/분], 120[m/분], 150[m/분], 180[m/분], 210[m/분], 240[m/분]

3) 엘리베이터에 관한 기본 사항

① 승강기
  ㉠ 이상적인 엘리베이터 케이지의 나비와 깊이의 비 = 10 : 7
  ㉡ 표준형 엘리베이터의 출입구 높이 : 2.1m
  ㉢ 케이지와 승차장의 문은 리타이어링 캡에 의해 동시에 개폐한다.

② 기계실
  ㉠ 권상기의 부하를 줄이기 위해 카의 반대편 로프에 장치한 것 : 균형추(counter weight)
  ㉡ 균형추의 중량 = 카 중량+최대적재량×1/2
  ㉢ 카를 유도하는 장치 : 가이드 레일(guide rail)
  ㉣ 로프의 슬립 방지 : 견인구차(sheave)
  ㉤ 엘리베이터 기계실의 천장 높이 : 2m 이상

③ 안전장치
　㉠ 조속기 : 규정 속도의 120%가 되면 차단
　㉡ 비상정지장치 : 정격속도의 130~140%에 도달하면 차단
　㉢ 완충기 : 카와 균형추가 승강로 저부로 낙하할 때 그 충격을 완화시켜 주는 장치
　㉣ 스토핑 스위치(슬로우다운 스위치, 종점 스위치) : 최상, 최하층에서 카 정지 스위치를 잊은 경우 자동 정지
　㉤ 리밋 스위치(제한스위치) : 종점스위치가 작동하지 않을 때, 제2단위 작동으로 주회로를 차단

■ 승용 엘리베이터에서 적재하중이 정해지면 1인당 하중을 75kg으로 하여 최대 정원을 구한다.
※ 전기식 엘리베이터의 정원
산정= $\dfrac{정격하중(kg)}{75}$

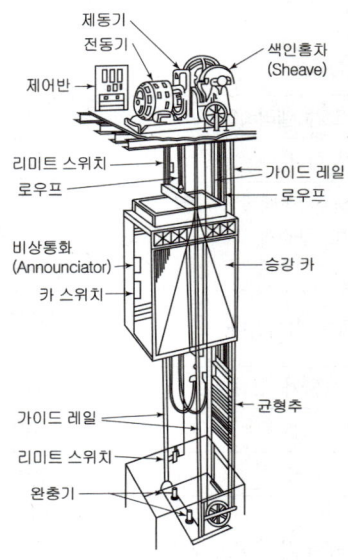

[그림] 엘리베이터의 각 부 명칭과 구조

2. 에스컬레이터(escalator)
① 경사 : 30° 이하
② 속도 : 30m/min 이하
③ 수송인원 : 4,000~8,000명/h
④ 계단폭 : 60cm~120cm
⑤ 전동기 : 10~25HP 3상 유도 전동기 사용
⑥ 배치방식 : 직렬식, 병렬단속식, 병렬연속식, 교차식

3. 덤웨이터(dumb waiter)
① 승강 속도 : 15, 20, 30m/min(에스컬레이터보다 느린 속도)
② 전동기 용량 : 최대 3HP
③ 적재량 : 500kg 이하
④ 케이지 바닥면적 : $1m^2$ 이하
⑤ 천장높이 : 1.2m 이하

SECTION 9 자동제어시스템 설계

1. 시퀀스 제어(sequence control)
① 미리 정해진 순서에 따라 단계별로 제어를 진행하는 방식
② 신호는 한 방향으로만 전달되는 개방회로방식
③ 신호등, 자동판매기, 전기세탁기, 팬의 기동/정지, 엘리베이터의 기동/정지, 공기조화기의 경보시스템

1) 시퀀스 제어계의 구성

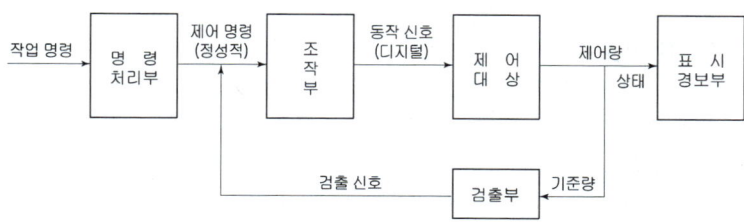

[그림] 시퀀스 제어계의 기본 구성

2) 제어장치에 따른 분류
① 유접점 제어장치 : 릴레이, 전자개폐기 등 전자계전기의 기계적 유접점을 이용한 전기 제어장치
② 무접점 제어장치 : 트랜지스터, 다이오드, IC 등 반도체의 무접점을 이용한 전자 제어장치
③ PLC(Program Logic Controller) : 논리연산이 주된 기능이며 수치연산 기능, 데이터처리 기능, 프로그램 제어기능을 조합하여 공정을 제어하는 방식

2. 피드백 제어(feedback control, 폐회로 제어)
① 일정한 압력을 유지하기 위해 출력과 입력을 항상 비교하는 방식
② 폐회로로 구성된 폐회로 방식
③ 전압, 보일러 내 압력, 실내온도 등과 같이 목표치를 일정하게 정해놓은 제어에 사용
④ 비행기 레이더 자동추적, 펌프의 압력제어

1) 피드백 제어계의 구성

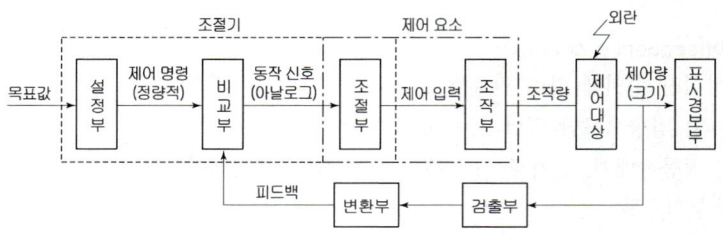

[그림] 피드백 제어계의 기본 구성

2) 제어량의 종류에 따른 분류

① 서보기구 : 기계적 위치 방향, 자세 등을 제어량으로 하는 추치제어로서 비행기 및 선박의 방향 제어계, 미사일 발사대의 자동위치 제어계, 추적용 레이더, 자동 평형 기록계 등이 이에 속한다.

② 공정제어 : 온도, 압력, 유량, 액위, 농도, 비중 등을 제어량으로 하는 정치제어로서 일반화학공장의 제어계, 석유공장의 플랜트 제어계, 제지공장의 제어계 등이 이에 속한다.

③ 자동조정 : 속도, 회전력, 전압, 주파수, 역률 등을 제어량으로 하는 정치제어로서 자동전압 조정장치, 발전기의 조속기 등이 이에 속한다.

> **학습포인트**
>
> 시퀀스 제어와 피드백 제어의 비교
>
> | 자동 제어 | 제어량 | 제어 신호 | 회로 | 특 성 |
> |---|---|---|---|---|
> | 시퀀스 제어 | 정성적 제어 | 디지털 신호 | 개루프 회로 | 순서 제어 |
> | 피드백 제어 | 정량적 제어 | 아날로그 신호 | 폐루프 회로 | 비교 제어 |

3. 제어계의 분류

1) 제어목적에 의한 분류

① 정치 제어 : 제어량을 어떤 일정한 목표값으로 유지시키는 것을 목적으로 한다.
  예 프로세서 제어, 자동 조정

② 추치 제어 : 목표값이 시간에 따라서 변화하는 제어로 목표값에 정확히 추종하도록 설계한 제어이다. 서보기구가 대표적인 예이다.
  ㉠ 추종 제어 : 미지의 임의의 시간적 변화를 하는 목표값에 제어량을 추종시키는 것을 목적으로 한다.
    예 대공포의 포신 제어, 자동 아날로그 선반

ⓛ 프로그램제어 : 미리 정해진 프로그램에 따라 제어량을 변화시키는 것을 목적으로 한다.
   예 열처리 노의 온도제어, 무인열차운전
ⓒ 비율 제어 : 목표값이 다른 것과 일정한 비율관계를 가지고 변화하는 경우의 추치제어이다.
   예 보일러의 자동연소 장치, 암모니아의 합성 프로세서 제어

2) 제어동작에 의한 분류

분류	특징
2위치제어 (ON/OFF 동작)	• 제어량이 설정값에서 어긋나면 조작부를 개폐하여 운전을 정지하거나 기동하는 것 • 제어 결과가 사이클링(cycling)을 일으키며, 또한 잔류편차(offset)를 일으키는 결점이 있다. • 대부분의 프로세서 제어계에서 이용하나 응답속도가 요구되는 제어계에는 사용할 수 없다.
비례제어 (P 동작)	• 조절부의 전달 특성이 비례적인 특성을 가진 제어시스템으로 목표치와 제어량의 차이에 비례하여 조작량을 변화시키는 방식 • 조작량 0%에서 100%까지의 제어폭을 비례대라 한다. • 이 방식은 공조부하의 특성에 따라서는 목표치가 아닌 지점에서 기기의 안정상태가 유지되는 결점이 있는데, 이 안정상태의 값과 목표치와의 차이를 잔류편차(offset)라 한다.
적분동작 (I 동작)	오차의 크기와 오차가 발생하고 있는 시간에 둘러싸인 면적, 즉 적분값의 크기에 비례하여 조작부를 제어하는 것 잔류 오차가 없도록 제어할 수 있다.
미분동작 (D 동작)	제어오차가 검출될 때 오차가 변화하는 속도에 비례하여 조작량을 가감하도록 하는 동작 오차가 커지는 것을 미연에 방지한다.
비례적분제어 (PI 동작)	• 비례동작에 의해 발생되는 잔류 오차를 소멸시키기 위해 적분 동작을 부가시킨 제어동작 • 제어 결과가 진동적으로 되기 쉬우나 잔류 오차가 적다.
비례미분동작 (PD 동작)	• 제어 결과에 빨리 도달하도록 미분동작을 부가한 동작 • 응답의 속응성의 개선에 사용된다.
비례적분미분제어(PID 동작)	• 비례적분동작에 미분동작을 추가시킨 것 • 정상특성과 응답속도를 동시에 개선시키며 정정시간을 단축시키는 기능이 있다.

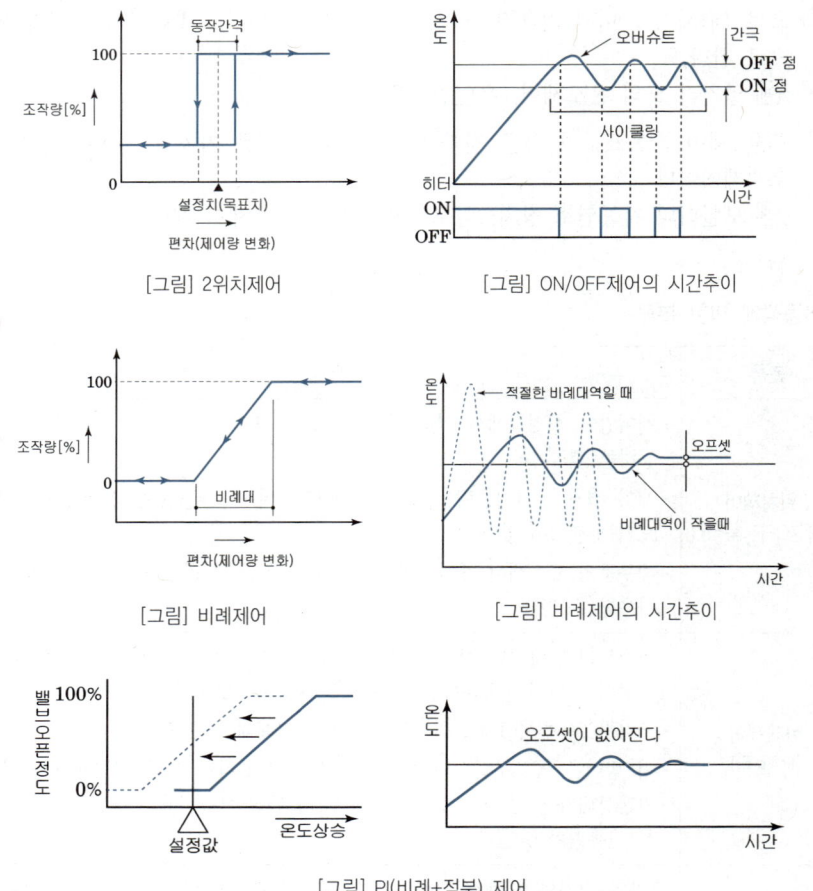

4. 디지털 제어방식

제어 시스템 내의 신호를 어떤 양자화된 신호로 쓰는 제어를 말한다.
이 경우 공작기계가 대상일 때는 수치제어라 한다.
① 정밀도가 높으며 신뢰성이 높다.
② 기능의 고급화를 도모할 수 있다.
③ 자가진단 기능을 보유하고 있다.
④ 각종 제어로직은 손쉽게 소프트웨어에 의해 조정될 수 있다.

※ DDC 방식

일반적으로 최근 설비분야 제어방식으로 많이 적용되는 방식으로 디지털 직접회로 제어방식이다.
  ㉠ 일반적으로 최근 설비분야 제어방식으로 많이 적용되는 방식으로 디지털 직접회로 제어방식이다.
  ㉡ 각종 연산 및 자료저장, 검색, 분석 성능이 우수하다.
  ㉢ 에너지 절약제어가 가능하다.
  ㉣ 정밀도 및 신뢰도가 가장 높다.

5. 논리회로

논리 소자로 시퀀스를 표현한 것을 논리식이라 하며 접점이나 무접점 논리소자로 구성된 제어회로를 논리회로라 한다.

① AND 회로 : 직렬회로
  ㉠ 논리곱 회로라 하며, 2개의 입력신호가 동시에 작동될 때에만 출력신호가 "1"이 되는 논리회로
  ㉡ 논리식 : $X = A \cdot B$

② OR 회로 : 병렬회로
  ㉠ 논리합 회로라 하며, 2개의 입력신호 중에 1개만 작동되어도 출력신호가 "1"이 되는 논리회로
  ㉡ 논리식 : $X = A + B$

③ NOT 회로 : 부정회로
  ㉠ 논리부 회로라 하며, 출력신호는 입력신호의 반대로 작동되는 회로
  ㉡ 논리식 : $X = \overline{A}$

④ NAND 회로
  ㉠ AND 회로와 NOT 회로를 조합시킨 회로로서 AND 회로를 반전시킨 논리회로
  ㉡ 논리식 : $X = \overline{A \cdot B} = \overline{A} + \overline{B}$

⑤ NOR 회로
  ㉠ OR 회로와 NOT 회로를 조합시킨 회로로서 OR 회로를 반전시킨 논리회로
  ㉡ 논리식 : $X = \overline{A + B} = \overline{A} \cdot \overline{B}$

논리 회로명	기 호	작 동 설 명
AND 회로	A, B → Y	논리적 회로라고 하며, 모든 입력이 1인 때에만 출력이 1이 되는 회로
OR 회로	A, B → Y	논리합 회로라 하며, 입력 중 어느 하나 또는 모두가 1일 때 출력이 1이 되는 회로
NOT 회로	A → Y	논리부 회로라고도 하며, 입력이 1일 때 출력은 0, 입력이 0이면 출력이 1이 되는 회로
NAND 회로	A, B → Y	NOT 회로와 AND 회로의 조합으로서 입력이 모두 1일 때에만 출력이 0이 되는 회로
NOR 회로	A, B → Y	NOT 회로와 OR 회로의 조합으로 입력이 모두 0인 때에만 출력이 1이 되는 회로

■ 자동제어의 동작순서
　검출 → 비교 → 판단 → 조작

6. 자동제어장치의 기본 구성

구성 요소	동 작 내 용
검출부	제어량의 변화를 검출하고, 이 변화량을 조절부에서 목표치(설정치)와 비교하기 쉬운 신호로 변환하여 조절부로 보낸다.
조절부	검출부에서 받은 신호를 목표치(설정치)와 비교하여 그 편차에 해당되는 신호를 만들고, 이 편차신호를 조작신호로 바꾸어 조작부로 보낸다.
조작부	조절부로부터 보내 온 신호에 의해 밸브, 댐퍼의 개폐도 등을 조작한다.

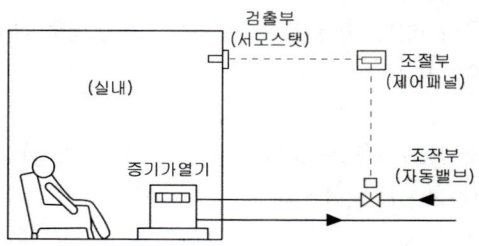

[그림] 실내온도의 자동제어

7. 자동제어기기

분 류	장 점	단 점
전기식	• 신호전달이 빠르다. • 기기의 구조가 간단하다. • 공사비 및 유지관리비면에서 유리하다.	정밀한 제어가 어렵다.
전자식	정밀도가 높고 응답이 빠르다.	전기식에서 비해 배선이 복잡하여 가격이 비싸다.
공기식	구조가 간단하고 큰 조작력이 얻어지므로 대규모 장치일수록 유리하다.	• 압축공기를 제조하는 장치가 필요 • 전기식·전자식에 비해 신호전달이 느리다.
자력식	전력이나 공기가 불필요하므로 저렴하다.	정밀도가 크게 떨어진다.

8. 공조설비의 자동제어계 검출기

① 온도 검출 : 열팽창식, 전기식, 방사식
② 압력 검출
  ㉠ 액체압력계 : 액주식, 침종식, 환상식
  ㉡ 탄성압력계 : 다이어프램식, 브르돈관식, 벨로스식
  ㉢ 전기식 압력계 : 저항선식, 압전식
  ㉣ 진공계 : 피라니 게이지, 전리 진공계
③ 유량 검출 : 차압식, 면적식, 용적식, 전자식
④ 액면 검출 : 차압식, 기포식, 부자식, 방사선식

9. 보일러의 자동제어

보일러는 기본적인 공정제어를 구성하고 있는 피드백 제어계의 전형적인 제어계이다.
① 연소제어 : 보일러로부터 발생되는 증기의 압력을 일정하게 유지하기 위하여 연료 유량, 공기 유량을 조정하여 증기의 압력을 제어한다.
② 급수제어 : 보일러의 안전운전을 위하여 보일러 드럼의 수위를 항상 일정하게 유지하여야 하며 물의 급수량을 제어하는 것
③ 증기온도제어 : 증기의 온도를 제어하는 방법에는 발생되는 증기의 온도를 감온기의 냉각수량에 따라 냉각하는 방법

학습포인트

● 공조설비의 자동제어
① 압력검출소자용 : 다이어프램, 브르돈관, 벨로즈
② 습도검출소자용 : 모발, 나일론 리본

● 과도응답과 정상응답
기계계나 전기계 등의 물리계가 정상상태에 있을 때 이 계에 대한 입력신호 또는 외부로부터의 자극이 가해지면 정상상태가 무너져 계의 출력신호가 변화한다. 이 출력신호가 다시 정상상태로 되돌아올 때까지의 시간적 경과를 과도응답이라고 한다. 또 과도기가 지난 후 전압계의 바늘이 어느 위치에서 정지하였을 때, 즉 평형상태의 출력을 정상응답이라 한다.

SECTION 10 소방설비

1. 소방시설의 분류

■ 소방시설의 종류

구 분		소방용 설비의 종류
소방에 필요한 설비	소화 설비	① 소화기구[소화기, 간이소화용구, 자동확산소화기] ② 자동소화장치[주거용 주방자동소화장치, 상업용 주방자동소화장치, 캐비닛형 자동소화장치, 가스자동소화장치, 분말자동화장치, 고체에어로졸자동소화장치] ③ 옥내소화전설비(호스릴옥내소화전설비 포함) ④ 스프링클러설비·간이스프링클러설비(캐비닛형 간이스프링클러설비 포함)·화재조기진압용 스프링클러설비 ⑤ 물분무소화설비·미분무소화설비·포소화설비·이산화탄소소화설비·할론설비·할로겐화합물 및 불활성기체 소화설비·분말소화설비·강화액소화설비·고체에어로졸소화설비 ⑥ 옥외소화전설비
	경보 설비	① 단독경보형 감지기 ② 비상경보설비(비상벨설비, 자동식사이렌설비) ③ 시각경보기 ④ 자동화재탐지설비 ⑤ 화재알림설비 ⑥ 비상방송설비 ⑦ 자동화재속보설비 ⑧ 통합감시시설 ⑨ 누전경보기 ⑩ 가스경보기
	피난 설비	① 피난기구[피난사다리·구조대·완강기·간이완강기 그 밖의 화재안전기준으로 정하는 것 ② 인명구조기구 : 방열복, 방화복(안전모, 보호장갑 및 안전화 포함)·공기호흡기·인공소생기 ③ 유도등 : 피난유도선·피난유도등·통로유도등·객석유도등·유도표지 ④ 비상조명등 및 휴대용비상조명등
소화 용수 설비		① 상수도소화용수설비 ② 소화수조·저수조 그 밖의 소화용수설비
소화활동설비		① 제연설비 ② 연결송수관설비 ③ 연결살수설비 ④ 비상콘센트설비 ⑤ 무선통신보조설비 ⑥ 연소방지설비

2. 소화기

① 화재 발생 초기에 진화할 목적으로 사용하는 수동 소화설비로서, 소방법에 의해 설치가 의무화되어 있다. 보통 사용되는 소화기는 총중량 28kg 이하로 제한되어 있다.
② 소화기는 소방 대상물의 각 부분에서 보행 거리가 20m 이내가 되도록 배치한다.
③ 소화기를 설치해야 할 소방 대상물, 즉 옥내 소화전, 옥외 소화전, 스프링클러 등이 설치되어 있으면 규정된 소화기의 2/3를 감할 수 있다. 다만, 11층 이상은 그러하지 않다.

- 소화기의 종류와 사용 대상 화재

소화기의 종류	적용하는 화재 종류			비 고
	A	B	C	
산·알칼리소화기	○	○	−	
포 말 소 화 기	○	○	−	
이산화탄소소화기	−	○	○	A급 화재 : 보통 화재
할로겐화물소화기	○	○	○	B급 화재 : 기름 및 가스 화재
분 말 소 화 기	○	○	○	C급 화재 : 전기 화재
수 조 부 착 펌 프	○	−	−	
물	○	−	−	
건 조 모 래	−	○	−	

3. 옥내 소화전 설비

- 옥내소화전 설비의 표준치
① 표준방수압력 : $0.17\text{MPa} = 1.7\text{kgf/cm}^2$(노즐 끝)
② 표준방수량 : $130 \ell/\text{min}$
③ 설치간격 : 건물의 각 부분에서 소화전까지의 수평거리 25m 이하
④ 수원의 용량 : (옥내소화전 1개의 방수량)×(동시개구수)×20분
$= 130 \ell/\text{min} \times 20\text{min} \times N = 2.6N(\text{m}^3)$ (N은 최대 2개)
☞ 21.4.1 소방청 고시 기준(NFSC) 개정

4. 옥외 소화전 설비

- 옥외소화전 설비의 표준치
① 표준 방수압력 : $0.25\text{MPa} = 2.5\text{kgf/cm}^2$(노즐 끝)
② 표준 방수량 : $350 \ell/\text{min}$
③ 설치 간격 : 건물 외부 각 부분에서 소화전까지 수평거리 40m 이하
④ 수원의 수량 = (옥외소화전 1개의 방수량)×(동시 개구수)×20분
$= 350 \ell/\text{min} \times 20\text{min} \times N = 7N(\text{m}^3)$ (N은 최대 2개)

5. 스프링클러(sprinkler) 설비

스프링클러 헤드를 실내 천장에 설치하여, 67~75℃ 정도에서 가용 합금편이 용융됨으로써, 자동적으로 화염에 물을 분사하는 자동소화설비

1) 특징
㉠ 동시에 화재경보장치가 작동하여 신속한 대피 및 화재시 초기 진압이 가능 (97% 이상)
㉡ 시설의 수명이 반영구적이다.
㉢ 고층 건축물이나 지하층의 소화에 적합하다.
㉣ 물로 인한 2차 피해가 발생할 수 있다.

2) 용도

극장, 영화관, 백화점, 신문사, 방송국, 호텔

3) 스프링클러 설비의 배관법

① 개방형

㉠ 화재 감지기가 화재를 감지하면 밸브를 개방함과 동시에 경보와 급수

㉡ 천장이 높아 화재시에 열기류가 옆으로 흘러 폐쇄형 스프링클러 헤드로는 효과를 기대할 수 없는 경우에 사용

㉢ 천장이 높은 무대부, 공장, 창고, 준위험물 저장소 등

② 폐쇄형 : 정상상태에서 방수구를 막고 있는 감열체가 일정온도에서 자동적으로 파괴·용해 또는 이탈됨으로써 방수구가 개방되는 스프링클러헤드

폐쇄형 습식 (wet pipe system)	• 수원에서 헤드까지 항상 물이 채워져 있어 불이 나면 즉시 물을 방사 • 헤드의 개구와 동시에 자동 살수되며, 알람밸브가 감지하여 경보 및 펌프를 가동 • 가장 많이 사용
폐쇄형 건식 (dry pipe system)	• 스프링클러 헤드의 배수관에 가압공기가 들어 있어, 화재의 열로 헤드가 열리면 배관내의 공기압이 저하되면서 자동적으로 공기밸브가 열리고 급수 • 한랭지방에서 관의 동결을 방지할 목적으로 사용(주차장 건물 등의 난방이 없는 경우) • 구조가 복잡하여 고가

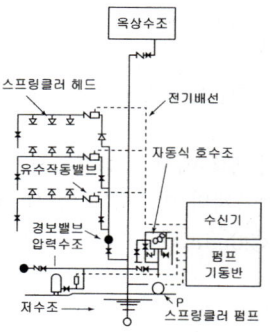

[그림] 습식 스프링클러설비 계통도

4) 스프링클러 헤드

① 구성 : 반사판(디플렉터), 프레임, 가용편의 3부분으로 구성

② 온도에 의해 가용편이 용융(67~75℃ 정도)되는 합금형과 온도에 의해 밀봉된 액체가 팽창하여 유리구가 터지는 밸브형의 두 가지가 있다.

③ 헤드 1개의 소화면적 : 10m²

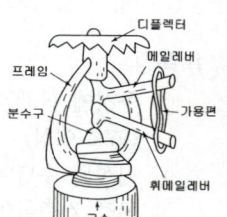

[그림] 스프링클러 헤드의 구조

5) 기준치
   ① 스프링클러 헤드의 방수 압력 : 0.1MPa 이상
   ② 표준 방수량 : 80ℓ/min 이상

6) 수원

   $$Q = 80ℓ/min \times 20분 \times n$$

   ① 10층 이하
      ㉠ 기타 : 10개
      ㉡ 시장·백화점 : 20개
   ② 11층 이상 : 30개

7) 스프링클러헤드 설치 간격

설치 장소	수평 거리
무대부, 특수가연물 취급소	1.7m 이하
기타 구조	2.1m 이하
내화 구조	2.3m 이하
랙크식 창고	2.5m 이하
아파트	3.2m 이하

   ※ 아파트의 경우 스프링클러헤드를 설치시 천장 등의 각 부분으로부터 하나의 스프링클러 헤드까지의 수평거리는 3.2m 이하로 하여야 한다.

6. 드렌처(drencher) 설비

건축물의 창·외벽·지붕틀 등에 설치하여 인접 건물의 화재시 수막(水幕 : water curtain)을 만들어 연소를 방지하는 방화설비

① 설치 간격 : 수평거리 2.5m 이하, 수직거리 4m 이하마다 1개씩 설치
② 방수 압력 : 0.1MPa 이상
③ 방수량 : 80ℓ/min 이상
④ 수원 : $Q = 80ℓ/min \times 20분 \times n$(5개 초과 → 5개로)

■ 소화설비의 방수압력, 방수량, 수원수량

구 분	방수압력[MPa]	방수량[ℓ/mm]	수원의 수량[m³]	설치거리
옥내소화전	0.17	130	2.6m³×N (2개 초과 : 2개)	25m
옥외소화전	0.25	350	7m³×N (2개 초과 : 2개)	40m
sprinkler	0.1	80	1.6m³×N	1.7~3.2m
drencher	0.1	80	1.6m³×N (5개 초과 : 5개)	평행 : 2.5m, 직각 : 4m
연결송수관	0.35	800	–	50m

예제문제 01

옥내소화전설비를 설치하여야 하는 건축물에서 옥내소화전 설치개수가 가장 많은 층의 설치개수가 7개인 경우 옥내 소화전설비의 수원의 저수량은 최소 얼마 이상이어야 하는가? [11 기]

① $5.2m^3$ ② $8m^3$ ③ $13m^3$ ④ $18.2m^3$

해설 수원의 용량 : (옥내소화전 1개의 방수량) × 20분 × (동시 개구수)
= 130 ℓ/min × 20 min × N = 2.6N(m^3) (N은 최대 2개)
∴ Q = 130 ℓ/min × 20min × 5 = 2.6×2(m^3) = 5.2m^3

답 : ①

예제문제 02

어느 건물에 옥외소화전이 5개 설치되어 있다. 이 건물에서 옥외소화전설비의 수원은 저수량이 최소 얼마 이상이어야 하는가? [10 기]

① $7m^3$ ② $14m^3$ ③ $85m^3$ ④ $42m^3$

해설 수원의 수량(Q) = (옥외소화전 1개의 방수량) × (동시 개구수) × 20분
= 350 ℓ/min × 20 min × N = 7N(m^3) (N은 최대 2개)
∴ 수원의 수량(Q) = 350 ℓ/min × 20 min × 2 = 14,000 ℓ = 14(m^3)

답 : ②

예제문제 03

지하층을 제외한 층수가 8층인 백화점에 스프링클러설비를 설치할 경우 필요한 수원의 최소 저수량은? (단, 설치 헤드수는 30개이다.) [05 기]

① $24m^3$ ② $48m^3$ ③ $72m^3$ ④ $96m^3$

해설 수원의 수량 = (스프링클러의 표준 방수량) × 20분 × (동시 개구수)
= 80 ℓ/min × 20 min × N = 1.6N(m^3)(N은 10개, 20개, 30개)
∴ Q = 80 ℓ/min × 20min × 30 = 48,000 ℓ = 48m^3

답 : ②

7. 특수소화설비

1) 물분무 소화설비
① 분무 헤드로부터 물을 분무 상태로 방사시켜 화재를 소화하는 것
② 살수 각도는 30~120° 범위이며, 유효사정거리는 1~6m이다.
③ 통신기기실, 자동차 차고, 주차장, 위험물, 특수 가연물 취급소에 설치

2) 포말 소화설비
① 연소면을 포말로 덮어씌움으로써 산소의 공급을 차단하여 질식 소화하는 방식
② 방사 후에도 포말 상태가 계속되므로 소화 효력이 지속되는 장점
③ 비행기 격납고, 차고, 위험물 저장 탱크 등 유류 화재 소화에 적합

3) 이산화탄소(CO_2) 소화설비
   ① 이산화탄소를 방출하여 산소의 농도를 저하시킴으로써 연소 작용을 정지시키는 질식 소화설비
   ② 무색, 무취이고, 전기 절연도가 높으며, 반영구적이다.
   ③ 방출 방식 : 전역 방출 방식, 국소 방출 방식, 이동식
   ④ 고층 건물의 전기실(전기 화재), 냉장 창고, 유류 저장고, 통신기기실

4) 할로겐화물 소화설비(일명 할론설비)
   ① 약제를 가압, 용액 장치를 통하여 각 헤드 또는 노즐에서 방사하는 설비(주 효과 : 연쇄반응 차단 효과)
   ② 가장 우수한 소화설비(탁월한 소화 성능, 2차적인 피해가 없다.)
   ③ 컴퓨터실, 전기의 중앙감시실, 전자계산실, 자동교환실, 서고 등의 유류 및 전기 화재에 적합

5) 분말 소화설비
   ① 분말 약제를 용기 속에 압축 저장시켰다가 화재시 실내의 감지기(感知器)가 탐지하여 방사 밸브를 열어 분사, 소화하는 방식
   ② 난로, 자동차 차고 등으로 분말이 기기에 손상을 주지 않는 장소

8. 소화 활동상 필요한 설비

1) 연결 송수관 설비(사이어미즈 커넥션)
   소방차의 급수 호스와 연결하여 사용하는 소화활동설비
   ① 방수구의 방수압력 : 0.35MPa 이상(노즐 끝)
   ② 방수구의 방수량 : 800ℓ/min
   ③ 송수구, 방수구 : 65mm(구경)
   ④ 수직주관의 구경 : 100mm 이상
   ⑤ 방수구 : 유효 반경이 50m 이내가 되게 설치한다.
   ⑥ 설치 높이 : 바닥으로부터 0.5~1.0m

2) 비상 콘센트 설비(fireman concent)
   초고층 건물에 화재 발생시 배연과 조명 전원을 공급하기 위한 설비
   ① 설치 : 11층 이상의 층에 각 층의 각 부분으로부터 수평거리 50m 이내
   ② 높이 : 바닥면에서 0.8m 이상 1.5m 이하
   ※ 하나의 회로에 설치할 수 있는 비상 콘센트의 수 : 10개 이하

9. 경보 설비
화재 발생시 초기 단계에서 발생한 열 또는 연기를 자동적으로 발견하여 벨, 사이렌 등의 음향 장치로 재실자가 신속히 대피하도록 알리는 설비로, 감지기 1개의 경계 구역은 600m^2이다.

1) 감지기
  ① 열식 : Bimetal의 원리 이용

차동식 분포형 감지기	천장에 배관된 파이프 내의 공기가 팽창하여 감압실의 접점을 동작하는 형식으로 일정 온도상승률 이상일 때 작동한다. 아파트의 거실 천장, 사무실, 백화점 작업장
정온식 스폿형 감지기	일정 온도 이상일 때 작동한다. 보일러실, 주방 등 다량의 열을 취급 장소에 적합—바이메탈의 원리 이용(금속팽창식)
보상식 감지기	차동식+정온식, 주위의 온도 변화에 따라 감도가 변화 · Leak valve : 외부압력과 균형을 유지하면서 접점이 닿지 않도록 (적은 폭의 온도 변화에 의한 오동작 방지) · Leak valve가 막히면? 비화재경보

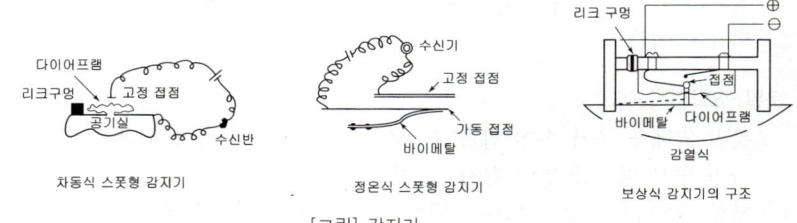

[그림] 감지기

■ 감지기의 작동 원리

감지기의 종류		작동원리
열식	차동식 열감지기	그 주위 온도가 일정한 온도 상승률 이상으로 되었을 때 작동한다.
	정온식 열감지기	그 주위 온도가 일정한 온도 이상이 되었을 때 작동한다.
	보상식 열감지기	그 주위 온도의 변화에 따라 감도가 변화하는 것이며, 차동식 및 정온식의 성능을 가진다.
연기식	이온식 연기감지기	검지부에 연기가 들어감으로써 이온 전류가 변화하는 것을 이용하여 감지한다.
	광전식 연기감지기	검지부에 연기가 들어감으로써 광전 소자의 입사광량이 변화하는 것을 이용하여 감지한다.

  ② 연기식 : 무대와 같이 천장이 높은 곳에 적합
    ㉠ 이온식 : 연기발생시 이온전류가 변화하는 것을 감지
    ㉡ 광전식 : 연기발생시 광전소자의 입사광량이 변화하는 것을 감지

2) 전기 화재 경보기
  누전을 자동으로 알려주는 경보기

3) 자동화재속보설비
  소방서로부터 보행거리 500m 이하

4) 비상경보설비
  자동화재탐지설비의 음향장치(1m 떨어진 곳에서 90phon 이상), 수평거리 25m 이하

전기설비
2016년 제1회 과년도 출제문제

01 변압기는 다음 중 무슨 현상을 응용한 것인가?
① 정전유도 ② 전자유도
③ 전계유도 ④ 전압유도

[해설]
변압기의 원리는 자속의 변화에 의한 전자유도현상을 응용한 것으로 변압기의 1차측 코일은 자기유도 작용을 발생시키는 역할을 하고, 2차측 코일은 자속의 변화에 의한 전자유도현상으로 유도전류를 발생시키는 역할을 한다.

02 다음 중 전하간의 정전유도현상과 관계가 가장 먼 것은?
① 낙뢰 ② 정전기
③ 전자석 ④ 전기집진기

[해설]
㉠ 정전유도현상의 원리를 이용 : 정전기, 전기집진기, 낙뢰
㉡ 전자유도현상의 원리를 이용 : 변압기, 전자석, 발전기, 솔레노이드 밸브

03 비상콘센트설비에서 비상콘센트의 설치 높이로 옳은 것은?
① 바닥으로부터 높이 0.3[m] 이상 0.5[m] 이하
② 바닥으로부터 높이 0.6[m] 이상 0.8[m] 이하
③ 바닥으로부터 높이 0.8[m] 이상 1.5[m] 이하
④ 바닥으로부터 높이 1.2[m] 이상 2.0[m] 이하

[해설] 비상콘센트 설비
㉠ 초고층 건물에 화재 발생시 배연과 조명 전원을 공급하기 위한 설비
㉡ 설치 : 11층 이상의 층에 각 층의 각 부분으로부터 수평거리 50m 이내
㉢ 높이 : 바닥면에서 0.8m 이상 1.5m 이하
㉣ 1회선에 접속되는 콘센트 수 : 10개 이하
㉤ 전원회로 : 각 층에 있어서 2 이상이 되도록 설치하는 것이 원칙

04 그림과 같은 브릿지 회로에서 백금저항체 Rt로 측정할 수 있는 것은?
① 온도
② 습도
③ 압력
④ 산성도

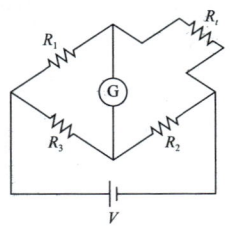

[해설] 휘트스톤 브리지(Wheatstone's bridge)
㉠ 브러지회로의 한 종류로 4개의 저항이 사각형을 형태를 이루며, 대각선을 연결하는 브리지(bridge)로 저항이나 전압계, 검류계를 사용한다. 일반적으로 알려지지 않은 저항값을 측정하기 위해서 사용한다.
㉡ 휘트스톤 브리지의 관계는 교류의 경우에도 성립되기 때문에 콘덴서의 용량이나 인덕턴스의 크기를 알고자 할 때도 사용된다.
㉢ 이용 기기 : 모듀트롤 모터(조절기의 전위차계로부터 저항값의 변화에 따라 회전하고 밸브나 댐퍼로 조작을 한다. 공기조화장치·열교환기 등의 공기나 증기, 냉온수 등의 제어에 사용되고 특히 대용량, 차압 높은 곳에 적당하다.

05 논리회로 중 논리합(OR Gate) 회로에 관한 설명으로 옳은 것은?
① 2개의 입력 신호 모두가 없을 때 출력회로가 동작한다.
② 2개의 입력 신호에 관계없이 계속 출력회로가 동작한다.
③ 2개의 입력 신호 중 1개만 입력이 되면 출력회로가 동작한다.
④ 2개의 입력 신호 모두가 입력이 되어야 출력회로가 동작한다.

[해설] 논리합(OR Gate) 회로 : 병렬회로
㉠ 논리합 회로라 하며, 2개의 입력신호 중에 1개만 작동되어도 출력신호가 "1"이 되는 논리회로
㉡ 논리식 : X=A+B

정답 01 ② 02 ③ 03 ③ 04 ① 05 ③

06 전류가 전선을 통하여 흐르는 동안 임피던스에 의하여 전위가 낮아지는 현상은?
① 전력강하 ② 전압강하
③ 전류강하 ④ 임피던스강하

해설
전압강하(Voltage Drop)는 공급전압이 전원의 굵기, 전선의 길이 등에 의해서 전압이 떨어지는 현상이다. 저압배선 중의 전압강하는 간선 및 분기회로에서 각각 표준전압의 2% 이하로 하는 것을 원칙으로 한다.

07 어느 학교의 교실에 32[W] 2구형 형광등기구를 설치하여 400[lx]로 설계하고자 할 때 설치하여야 하는 등기구는 최소 개수는? (단, 교실의 크기는 10[m]×20[m], 형광등 1개 광속은 3,000[lm], 조명률은 0.6, 보수율은 0.8로 한다.)
① 15개 ② 28개
③ 30개 ④ 55개

해설 광속계산

$F = \dfrac{E \cdot A \cdot D}{N \cdot U}$ 또는 $F = \dfrac{A \cdot E}{N \cdot U \cdot M}$ 에서

$N = \dfrac{E \cdot A}{F \cdot U \cdot M}$

여기서, F : 광원 1개당 광속(lm)
N : 광원 개수
U : 조명률
A : 방의 면적(m²)
E : 평균조도(lx)
D : 감광보상율
M : 유지율(보수율)

따라서, $N = \dfrac{400 \times (10 \times 20)}{3,000 \times 0.6 \times 0.8}$
$N = 55.6 \approx 56$개
∴ 32[W] 2구형 형광등이므로 56÷2=28개

08 다음 중 저항률이 가장 작은 것은?
① 금(Au) ② 은(Ag)
③ 구리(Cu) ④ 알루미늄(Al)

해설
저항률은 도체의 저항을 나타낼 때 사용하고 길이 1m 면적 1mm²의 저항값을 의미한다.
① 금(Au) : 2.40 ② 은(Ag) : 1.62
③ 구리(Cu) : 1.69 ④ 알루미늄(Al) : 2.62

09 3상 유도전동기의 출력이 5.5[kW], 전압이 200[V], 효율이 90[%], 역률이 80[%]일 때, 이 전동기에 유입되는 선전류는?
① 약 15[A] ② 약 20[A]
③ 약 22[A] ④ 약 25[A]

해설
$P = \sqrt{3}\,IV\cos\theta\,\eta$

$I = \dfrac{P}{\sqrt{3}\,V\cos\theta\,\eta} = \dfrac{5.5 \times 10^3}{\sqrt{3} \times 200 \times 0.8 \times 0.9} = 22.05$
$\approx 22[A]$

10 다음 중 HID(고휘도방전) 램프의 종류에 속하지 않는 것은?
① 할로겐 램프 ② 고압수은 램프
③ 고압나트륨 램프 ④ 메탈할라이드 램프

해설
HID(고휘도방전) 램프 : 고압수은 램프, 고압나트륨 램프, 메탈할라이드 램프
※ 할로겐램프는 백열전구보다 수명이 2~3배 정도 길고 유리구 내벽의 흑화현상(黑化現象)이 거의 일어나지 않는다. 휘도가 높고, 색상은 주광색에 가까우며 연색성이 좋고, 설치가 용이하다. 광속이나 색온도의 저하가 적다. 높은 천정, 단관형은 영사기용, 자동차 헤드라이트용, 상점·백화점의 스포트라이트용 광원으로 사용된다.

11 온도, 압력, 유량 및 액면 등과 같은 제어량을 제어하는데 주로 사용되는 제어 방법은?
① 추종제어 ② 시퀀스제어
③ 프로세스제어 ④ 프로그램제어

정답 06 ② 07 ② 08 ② 09 ③ 10 ① 11 ③

해설 추치 제어

목표값이 시간에 따라서 변화하는 제어로 목표값에 정확히 추종하도록 설계한 제어이다. 서보기구가 대표적인 예이다.
- ㉠ 추종 제어 : 미지의 임의의 시간적 변화를 하는 목표값에 제어량을 추종시키는 것을 목적으로 한다.
  [예] 대공포의 포신 제어, 자동 아날로그 선반
- ㉡ 프로그램 제어 : 미리 정해진 프로그램에 따라 제어량을 변화시키는 것을 목적으로 한다.
  [예] 열처리 노의 온도제어, 무인열차운전
- ㉢ 비율 제어 : 목표값이 다른 것과 일정한 비율관계를 가지고 변화하는 경우의 추치제어이다.
  [예] 보일러의 자동연소 장치, 암모니아의 합성 프로세서 제어

12 다음 중 보일러실이나 주방에 가장 적당한 열감지기는?
① 광전식
② 이온화식
③ 정온식 스폿형
④ 차동식 스폿형

해설
정온식 스폿형 감지기는 주위온도가 일정 온도 이상일 때 작동하도록 된 열감지기로 보일러실, 주방, 건조실 등 다량의 열을 취하는 장소에 적합하다.

13 유도등의 비상전원은 유도등을 최소 몇 분 이상 유효하게 작동시킬 수 있는 용량으로 하여야 하는가?
① 10분
② 20분
③ 30분
④ 40분

해설
유도등의 비상전원은 유도등을 20분 이상 유효하게 작동시킬 수 있는 용량으로 하여야 한다.

14 전동기 기동방식 중 유도전동기의 기동방법이 아닌 것은?
① 직입기동방식
② Y-△기동방식
③ 리액터 기동방식
④ 동기전동기 기동방식

해설
농형 유도전동기의 기동법에는 전전압(직입) 기동, Y-△ 기동, 기동보상기에 의한 기동, 리액터 기동, 1차 저항 기동, 소프트스타트(soft starter) 기동 등이 있다.

15 변압기의 여자 전류에 가장 많이 포함된 고조파는?
① 제2 고조파
② 제3 고조파
③ 제4 고조파
④ 제5 고조파

해설 고조파(Harmonics)

기본파에 대해 정수배가 되는 주파수
- ㉠ 2고조파 : 기본파에 대해 2배가 되는 주파수
- ㉡ 3고조파 : 기본파에 대해 3배가 되는 주파수
- ☞ 변압기의 여자 전류에 가장 많이 포함된 고조파는 제3 고조파이다.

16 다음의 전동기 제동방법 중 손실이 가장 적은 것은?
① 역전제동
② 발전제동
③ 회생제동
④ 단상제동

해설 전동기의 제동
- ㉠ 기계적 제동
- ㉡ 전기적 제동 : 발전제동, 회생제동, 역상제동, 와류제동
- ※ 회생제동은 전동기 제동방법 중 손실이 가장 적다.

17 전기회로에 관한 설명으로 옳은 것은?
① 선로에서 저항은 도체의 길이와 도체의 단면적에 비례한다.
② 전류는 어떤 도체의 단면적을 1[초]간 통과한 전하량을 말한다.
③ 회로망에서 테브난의 등가회로는 전류원과 내부 저항의 병렬회로로 변환하는 것이다.
④ 일반용 1.5[V] 건전지에서 양(+)극을 0전위로 하였을 때 음(-)극의 전위는 +1.5[V]이다.

정답 12 ③ 13 ② 14 ④ 15 ② 16 ③ 17 ②

해설 전류

양전하를 가지고 있는 물질과 음전하를 가지고 있는 물질을 금속선으로 연결하면 두 전하간의 흡인력으로 음전하는 양전하를 가지고 있는 물질로 이동하는데, 이러한 음전하의 이동을 전류라고 한다. 즉, 자유전자가 이동하는 것으로 단위시간에 이동한 전기량을 말한다.

18 저항이 15[Ω]과 25[Ω]인 전열기 두 대를 직렬로 연결하여 사용할 때, 이 회로의 전류는? (단, 회로 양단의 전압은 220[V]이다.)
① 5.5[A] ② 6.7[A]
③ 8.4[A] ④ 10[A]

해설

전압(V)=전류(I)×저항(R)
   V = I·R에서
 220V = I×(15+25) ∴ I = 5.5[A]
[주] 저항의 계산
① 직렬저항 : R = $R_1+R_2+R_3$ ⋯
② 병렬저항 : $\dfrac{1}{R} = \dfrac{1}{R_1}+\dfrac{1}{R_2}+\dfrac{1}{R_3}$ ⋯

19 아래 그림의 논리기호의 논리식은?
① A·B=C
② A+B=C
③ A÷B=C
④ A−B=C

해설 AND 회로 : 직렬회로

㉠ 논리곱 회로라 하며, 2개의 입력신호가 동시에 작동될 때에만 출력신호가 "1"이 되는 논리회로
㉡ 논리식 : X=A·B

20 정전용량이 같은 콘덴서 10개를 병렬접속할 때의 합성정전용량은 직렬접속할 때의 합성정전용량의 몇 배가 되는가?
① 10배 ② 100배
③ 200배 ④ 250배

해설 콘덴서의 합성정전용량[F]

① $C_1+C_2+C_3$ 직렬연결
 $=\dfrac{C_1 C_2 C_3}{C_1+C_2+C_3} = \dfrac{1}{\dfrac{1}{C_1}+\dfrac{1}{C_2}+\dfrac{1}{C_3}}$
② $C_1+C_2+C_3$ 병렬연결=$C_1+C_2+C_3$

※ 콘덴서 n개를 직렬 연결시 합성정전용량=$\dfrac{C}{n}$
 콘덴서 n개를 병렬 연결시 합성정전용량=nC
 ∴ 10개를 병렬 접속시 10C, 직렬 접속시
  $\dfrac{C}{10}$=0.1C가 되므로 100배가 된다.

정답 18 ① 19 ① 20 ②

전기설비
2016년 제2회 과년도 출제문제

01 다음 중 속도조정이 가능한 직류 전동기는?
① 동기전동기
② 직권전동기
③ 농형유도전동기
④ 반발시동유도전동기

해설 전동기
㉠ 교류 전동기 : 권선형 유도 전동기, 동기 전동기, 정류자 전동기
 - 가격이 저렴하고 구조가 간단, 3상 교류 유도 전동기가 가장 많이 쓰인다.
㉡ 직류 전동기 : 복권 전동기, 분권 전동기, 직권 전동기
 - 속도 조절이 간단, 고도의 속도제어가 요구되는 장소(엘리베이터, 전차), 가격이 비싼 것이 단점

02 축전지의 충전방식 중 자기 방전량만을 항상 충전하는 방식은?
① 세류충전
② 균등충전
③ 부동충전
④ 급속충전

해설 축전지의 충전방식
㉠ 보통충전 : 필요할 때마다 표준 시간율로 소정의 충전을 하는 방식
㉡ 급속충전 : 보통 충전 전류의 2~3배의 전류로 충전하는 방식
㉢ 부동충전 : 축전지의 자기방전을 보충함과 동시에 상용부하에 대한 전력공급은 충전기가 부담하되 충전기가 부담하기 어려운 일시적인 대전류부하는 축전지로 하여금 부담하게 하는 방식으로 가장 많이 사용된다.
㉣ 균등충전 : 각 축전지의 전위차를 보정하기 위하여 1~3개월마다 10~12시간 1회 충전하는 방식
㉤ 세류충전(트리클 충전) : 자기 방전량만을 항상 충진시키는 부동충전 방식의 일종

03 벽면의 상부에 위치하여 모든 빛이 아래 방향의 벽면으로 조명하는 건축화 조명 방식은?
① 루버 조명
② 광천장 조명
③ 코니스 조명
④ 다운라이트 조명

해설 건축화 조명
천장, 벽, 기둥 등의 건축 부분에 광원을 만들어 실내를 조명하는 방식으로 눈부심이 적은 장점이 있는 반면, 조명 효율은 직접 조명에 비해 떨어진다.
㉠ 다운 라이트 : 천장에 작은 구멍을 뚫어 그 속에 광원을 매입한 방법
㉡ 루버 조명 : 천장면에 루버를 설치하고 그 속에 광원을 배치하는 방법
㉢ 광천장 조명 : 천장면 전체에서 발광되도록 한 것
㉣ 코퍼 조명 : 천장면에 빛을 반사시켜 간접 조명하는 방법
㉤ 코니스 조명 : 벽면에 빛을 반사시켜 간접 조명하는 방법

04 엘리베이터 및 에스컬레이터 설비에 관한 설명으로 옳지 않은 것은?
① 에스컬레이터는 연속적으로 다수의 승객을 수송하는 경우 설치한다.
② 엘리베이터는 서비스를 좋게 하기 위하여 건축물의 중심부에 설치한다.
③ 대형건물에 3~5대의 엘리베이터가 설치된 경우 군관리 방식을 채용한다.
④ 건축물의 출입이 2개 층으로 되는 경우 엘리베이터의 출발층은 각 층별로 설치한다.

해설
건축물의 출입이 2개 층으로 되는 경우 각각의 교통수요 이상이 되어야 한다.
군관리운전의 경우 동일군 내의 서비스층은 같게 한다.

05 자동화재탐지설비 중 P형 2급 수신기는 몇 회선 이하의 건물에 주로 사용되는가?
① 5회선
② 10회선
③ 15회선
④ 20회선

해설
자동화재탐지설비 P형 2급 수신기는 5회선 이하의 건물에 주로 사용된다.
※ 수신기
㉠ 감지기나 발신기로부터 화재 발생 신호를 받아 경보음과 동시에 어느 장소의 화재인가를 램프로 표시하는 장치이다.
㉡ 종류에는 P형(1, 2급), R형, M형이 있으며 소방관서에는 M형 수신기를 설치한다.

정답 01 ② 02 ① 03 ③ 04 ④ 05 ①

06 전자유도현상에 의해 발생하는 유도 기전력의 방향에 관계되는 법칙은?
① 쿨롱의 법칙 ② 렌쯔의 법칙
③ 플레밍의 왼손법칙 ④ 플레밍의 오른손법칙

해설 전류와 자계 사이의 작용을 나타내는 법칙
㉠ 플레밍의 오른손 법칙 : 도체운동에 의한 유도기전력 또는 유도전류의 방향을 결정하는 법칙. 발전기에 적용되는 법칙
㉡ 플레밍의 왼손법칙 : 전류가 흐르고 있는 도선에 대해 자기장이 미치는 힘의 작용방향을 정하는 법칙으로 전동기에 적용되는 법칙
㉢ 렌츠의 법칙 : 자속 변화에 의한 유도기전력의 방향을 결정하는 법칙
㉣ 패러데이의 전자유도 법칙 : 자속 변화에 의한 유기기전력의 크기를 결정
㉤ 암페어의 오른손 법칙 : 전류에 의한 자기장의 방향을 결정하는 법칙
㉥ 비오-사바르 법칙 : 전류에 의해 발생되는 자기장의 크기를 결정

07 다음 중 도로, 터널, 항만표지, 검사용 조명으로 가장 적당한 광원은?
① BL 램프 ② 고압 수은등
③ 크세논 램프 ④ 고압 나트륨등

해설 나트륨등
효율이 가장 좋으나, 연색성은 가장 나빠서 실내용보다는 가로등이나 터널조명으로 많이 쓰인다. 또한 안개가 많이 끼는 지역에서 적합하다.

08 다음의 논리식 중 성립하지 않는 것은?
① $A \cdot \overline{A} = 1$ ② $A \cdot A = A$
③ $A + 0 = A$ ④ $A + \overline{A} = 1$

해설

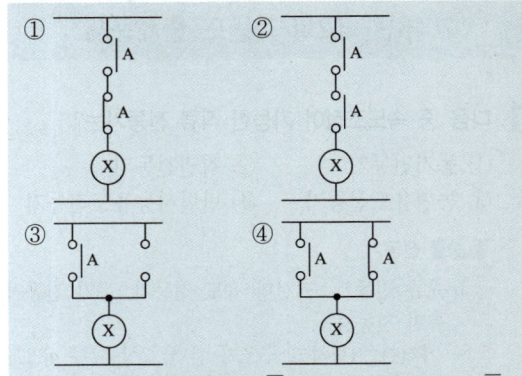

그러므로 ①의 경우 A와 $\overline{A}$ 직렬(논리곱)은 $A \cdot \overline{A} = 0$ 이다.

09 양측 금속박 사이에 유전체를 끼워 놓아둔 구조로 정전용량을 갖게 한 소자는?
① 저항 ② 콘덴서
③ 콘덕턴스 ④ 인덕턴스

해설
콘덴서는 유전체를 삽입하여 양측에 금속박을 놓아둔 구조로 정전용량을 갖는 전기기기이다. 정전용량이 큰 콘덴서로 만들기 위해서 극판 간격은 좁게 하고 면적은 넓게 하여 극판 사이에 유전체를 삽입한다.

10 콘덴서만의 회로에서 전압과 전류사이의 위상관계는?
① 전압이 전류보다 45° 앞선다.
② 전류가 전압보다 45° 앞선다
③ 전압이 전류보다 90° 앞선다.
④ 전류가 전압보다 90° 앞선다.

해설 회로에서 전압과 전류사이의 위상관계
㉠ 콘덴서만의 회로에서는 전류가 전압보다 90° 앞선다.
㉡ 코일만의 회로에서 전압이 전류보다 90° 앞선다.

정답 06 ② 07 ④ 08 ① 09 ② 10 ④

11 화재 등과 같은 비상시를 대비하여 건물 내에 설치하는 설비가 아닌 것은?
① 방범설비
② 피난유도설비
③ 비상콘센트설비
④ 무선통신보조설비

해설 소방시설
소화설비·경보설비·피난설비·소화용수설비 그 밖에 소화활동설비를 말한다.
※ 방범설비 : 리미트 스위치, 자기 스위치, 초음파 검출기, 적외선 검출기, 매트 스위치, 근접 스위치, 진동 검출기, CCTV 감시기기

12 동심원통형 탱크에 설치된 정전용량 방식 레벨 검출기의 정확한 검출에 영향을 미치지 않는 요소는?
① 탱크의 총 부피
② 내부 전극 반경
③ 외부 전극 반경
④ 피 측정 물질의 유전율

해설
동심원통형 탱크에 설치된 정전용량 방식 레벨 검출기의 정확한 검출에 영향을 미치는 요소에는 내부 전극 반경, 외부 전극 반경, 피 측정 물질의 유전율 등이 있다.

13 대전류 회로의 지락사고 시 각상의 불평형 전류를 검출하기 위한 계기는?
① 영상 변류기(ZCT)
② 계기용 변류기(CT)
③ 계기용 변압기(PT)
④ 계기용 변압·변류기(MOF)

해설 영상 변류기(ZCT)
대전류 회로의 지락사고시 각상의 불평형 전류를 검출하여 이에 비례한 미소전류를 2차측으로 전하는 기능을 하는 계기용 변성기로 누전차단기에서 검출기구로 사용된다.

14 다음의 회로에 대한 계산식으로 옳지 않은 것은?

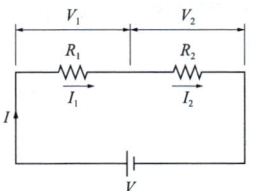

① $V = V_1 + V_2$
② $I = I_1 + I_2$
③ $R = R_1 + R_2$
④ $V_1 = \dfrac{R_1}{R_1 + R_2} V$

해설
저항의 직렬연결시 전류는 일정하므로 $I = I_1 = I_2$ 이다.

15 어떤 회로에서 유효전력 80[W], 무효전력 60[Var]일 때 역률은?
① 70[%]
② 80[%]
③ 90[%]
④ 100[%]

해설
$$역률(P.F) = \dfrac{유효전력}{피상전력}$$
$$= \dfrac{유효전력}{\sqrt{(유효전력)^2 + (무효전력)^2}}$$
$$= \dfrac{80}{\sqrt{80^2 + 60^2}} = 0.8 = 80\%$$

16 다음 중 건축물 내의 간선 배선방식으로 사용되지 않는 공사방법은?
① 버스덕트 공사
② 금속덕트 공사
③ 케이블트레이 공사
④ 금속몰드배선 공사

해설 간선 배선방식
경질비닐관 공사, 금속관(conduit pipe) 공사, 금속 몰드 공사, 플렉시블 콘듭공사(가요전선관 공사, flexible conduit), 금속 덕트 공사, 버스 덕트 공사, 플로어 덕트 공사
※ 습기나 물기가 있는 곳에도 적합한 전기공사
애자사용공사, 경질비닐관공사, 금속관공사, 가요전선관공사, 케이블공사

정답 11 ① 12 ① 13 ① 14 ② 15 ② 16 ④

17 4극, 60[Hz], 50[kW] 3상 유도전동기의 전부하 슬립이 2[%]일 때 전동기의 회전수[rpm]는?

① 1,548 ② 1,642
③ 1,764 ④ 1,800

해설 전동기 회전수

$$N = \frac{120f(1-s)}{P}$$

N : 회전수[rpm]
f : 주파수
s : 슬립
P : 극수

$$\therefore N = \frac{120f(1-s)}{P} = \frac{120 \times 60 \times (1-0.02)}{4}$$
$$= 1,764 \text{[rpm]}$$

18 액면조절장치의 감지부의 종류 중 액체 내의 전극봉 사이의 통전 상태로서 액면을 조절하며, 저수조용으로 사용하는 것은?

① 액면식 ② 전극식
③ 플로트식 ④ 오뚜기식

해설 수위검출기

① 보일러의 수위를 검출하여 이것을 수위 신호로 변환하고 수위의 변화를 편차 신호로 하여 조작부인 급수펌프로 조작 신호를 송출하는 조절 기능까지 갖춘 기기
② 수위 검출기는 수위의 검출 및 조절 기능 외에 저수기 차단기로서의 기능까지 갖출 수 있다.
③ 수위 검출기는 수위의 검출 방법에 따라 플로트식 수위검출기, 자석형 플로트식 수위 검출기, 전극식 수위검출기로 나눌 수 있다.
  ㉠ 플로트식 : 플로트 챔버 내의 플로트가 보일러 수위의 변동에 따라 상하 운동하고 그것에 의해 벨로스가 좌우로 기울어 이것에 연결된 수은스위치를 기울어지게 하여 접점을 개폐 보일러 수위의 일정 범위 내에서 급수펌프를 온·오프시켜 자동 급수
  ㉡ 전극식 : 수위의 검출에 전극봉을 사용하여 물의 전기 전도성을 이용한 것이다

19 단상변압기 3대를 △-△ 결선하여 부하에 전력을 공급할 때 △결선의 특징으로 옳지 않은 것은?

① 중성점을 접지할 수 있다.
② 선전류가 상전류보다 $\sqrt{3}$ 배 크다.
③ 선간전압과 상전압이 크기가 같다.
④ 변압기 1대가 고장시 V결선으로 전환할 수 있다.

해설 3상 3선식(△-△) 결선

㉠ 3대의 단상변압기를 결선하여 사용할 때 1대가 고장났을 경우에 V-V 결선으로 변경이 가능하다.
㉡ 고조파 전류가 발생하지 않으며 중성점을 접지할 수 없다.
㉢ 선간전압과 상전압이 같으므로 선전류는 상전류의 $\sqrt{3}$ 배이다.

20 전력요금이 kWh당 200원이다. 200[W] TV수상기를 하루 4시간씩 시청하였을 때 1달(30일) 사용료는?

① 2,400원 ② 3,600원
③ 4,800원 ④ 8,400원

해설

4시간 전력량 = 200W × 4시간 = 800W/h = 0.8kWh
1kWh의 요금이 200원이므로
∴ (200 × 0.8) × 30일 = 4,800원

정답 17 ③ 18 ② 19 ① 20 ③

전기설비
2016년 제4회 과년도 출제문제

01 건축물의 주위를 적당한 간격의 그물눈을 가진 도체로 새장과 같이 감싸는 피뢰방식은?
① 돌침방식 ② 케이지 방식
③ 수직도체방식 ④ 수평도체방식

해설 피뢰설비의 4등급
- ㉠ 완전보호(케이지 방식) : 어떠한 뇌격에 대해서도 건물이나 내부에 있는 사람에게 위해를 가하지 않는 방식(산꼭대기의 관측소, 휴게소, 매점, 골프장의 독립 휴게소 등)
- ㉡ 증강보호(수평도체 방식) : 건축물 윗면의 모서리 부분, 뾰족한 모양을 한 부분의 위쪽에 수평 도체식 피뢰설비를 하여 전체의 보호 능력이 증강된 방식
- ㉢ 보통보호(돌침) : 목조 가옥에서는 증강보호가 좋고, 철근콘크리트 건축물로서 옥상에 난간이 있는 경우는 보통보호로 한다.
- ㉣ 간이보호(가공지선) : 보통보호보다 간단하며, 뇌해가 많은 지방의 높이 20m 이하 건물에서 자주적인 피뢰설비를 실시할 때 이용

02 다음 중 안정기와 점등관이 필요한 것은?
① BL전구 ② 형광등
③ 백열전구 ④ 할로겐전구

해설 형광등의 안정기는 점등시 점등관의 회로가 떨어질 때 높은 전압을 유지하여 형광 방전관의 방전을 도와주며, 점등이 된 후에는 저항의 역할을 하여 전류가 지나치게 많이 흐르는 것을 막아준다.

03 다음 설명에 알맞은 법칙은?

회로 내의 임의의 한점에 들어오고 나가는 전류의 합은 같다.

① 렌쯔의 법칙
② 오옴의 법칙
③ 플레밍의 오른손 법칙
④ 키르히호프의 제1법칙

해설 키르히호프의 법칙
옴의 법칙을 응용한 것으로 복잡한 회로의 전류와 전압 계산에 사용
- ㉠ 키르히호프 제1법칙 : 회로형 중의 한 점에 흘러 들어오는 전류의 총합과 흘러 나가는 전류의 총합은 같다.(전류 법칙)
- ㉡ 키르히호프 제2법칙 : 회로형 중의 임의의 폐회로 내에서 일주방향에 따른 전압강하 총합은 기전력의 총합은 같다.(전압 법칙)
- ※ 플레밍의 오른손 법칙 : 도체운동에 의한 유도기전력 또는 유도전류의 방향을 결정하는 법칙. 발전기에 적용되는 법칙
- ※ 플레밍의 왼손법칙 : 전류가 흐르고 있는 도선에 대해 자기장이 미치는 힘의 작용방향을 정하는 법칙으로 전동기에 적용되는 법칙

04 전기 부하에 인가되는 전압이 증가될 때 허용되는 내압의 범위 내에서 함께 증가되는 것은?
① 주파수 ② 허용전력
③ 소비전력 ④ 전압강하

해설
소비전력 $P = IV = \dfrac{V^2}{R}$
소비전력(W)은 전압의 제곱에 비례하고 저항에 반비례한다.

05 다음 설명에 알맞은 전동기는?

- 교류용 전동기이다.
- 구조가 간단하여 취급이 용이하다.
- 슬립링이 없기 때문에 불꽃의 염려가 없다.

① 분권전동기 ② 타여자전동기
③ 농형유도전동기 ④ 권선형유도전동기

정답 01 ② 02 ② 03 ④ 04 ③ 05 ③

> **해설** 농형유도전동기
> ⊙ 구조와 취급이 간단하고 기계적으로 견고하다.
> ⓒ 가격이 비교적 싸고 운전이 대체로 쉽다.
> ⓒ VVVF(Variable Voltage Variable Frequency, 인버터) 방식으로 속도제어가 가능하다.
> ② 슬립링(slip ring)이 없으므로 불꽃이 나올 염려가 없다.
> ⓔ 기동전류가 커서 전동기 전선을 과열시키거나 전원전압의 변동을 일으킬 수 있다.
> ⓗ 일반 산업용 및 건축설비에서 광범위하게 사용한다.

06 다음 설명에 알맞은 배선 공사는?

- 열적영향이나 기계적 외상을 받기 쉬운 곳이 아니면 광범위하게 사용 가능하다.
- 관자체가 절연체이므로 감전의 우려가 없으며 시공이 쉽다.

① 금속관 공사
② 버스덕트 공사
③ 플로어덕트 공사
④ 합성수지관 공사(CD관 제외)

> **해설** 합성수지관 배선공사(경질비닐관 배선공사)
> ⊙ 열적 영향이나 기계적 외상을 받기 쉽다.
> ⓒ 관 자체가 절연체이므로 감전의 우려가 없으며, 시공이 용이하다.
> ⓒ 화학공장, 연구실의 배선 등에 적합하다.
> ② 옥내의 점검할 수 없는 은폐 장소에도 사용이 가능하다.

07 전기력선의 성질에 관한 설명으로 옳지 않은 것은?

① 2개의 전기력선은 교차하지 않는다.
② 전기력선은 등전위면과 교차하지 않는다.
③ 전기력선은 정(正)전하에서 부(負)전하로 들어간다.
④ 전기력선의 접선 방향은 그 점에서의 전기장의 방향과 일치한다.

> **해설**
> 전기력선이란 전기장 속의 곡선으로서, 그 곡선상에 있는 전하가 받는 전기력의 방향과 그 곡선의 그 점에서의 접선이 일치하는 것을 말한다.
> ■ 전기력선의 기본적 성질
> ⊙ 두 전기력선은 서로 교차하지 않는다.
> ⓒ 전기력선의 방향은 양전하에서 나와 음전하로 들어간다.[양전하의 전기력선은 무한원점(無限遠點)에서 시작되고 음전하의 무한원점에서 끝난다.]
> ⓒ 전기력선은 도체의 표면에 수직으로 출입하며 도체 내부에는 전기력선이 없다.

08 중유의 공급량을 변화시키면서 보일러의 온도를 300℃로 일정하게 유지하고자 할 경우, 이 온도는 자동제어의 용어 중 어느 것에 해당하는가?

① 외란
② 제어량
③ 조작량
④ 조작대상

> **해설**
> "중유의 공급량을 변화시키면서 보일러의 온도를 300℃로 일정하게 유지하고자 한다."에서
> ⊙ 제어대상 : 보일러
> ⓒ 제어량 : 온도
> ⓒ 목표값 : 300℃
> ② 조작량 : 중유

09 인터폰 설비의 접속방식에 따른 분류에 속하지 않는 것은?

① 모자식
② 상호식
③ 교차식
④ 복합식

> **해설** 인터폰의 접속 방식
> ⊙ 모자식(친자식) : 1대의 모기에 여러 대의 자기를 접속하는 방식으로 자기끼리는 접속이 불가능하다. 병원 등에 사용
> ⓒ 상호식 : 원하는 곳 모두 상호간에 접속이 가능
> ⓒ 복합식 : 모자식과 상호식을 복합한 형식
> ※ 설치 높이 : 바닥면에서 1.5m

정답 06 ④ 07 ② 08 ② 09 ③

10 반도체를 사용한 무접점 시퀀스 제어 회로에 관한 설명으로 옳지 않은 것은?
① 동작 속도가 빠르다.
② 온도 변화에 약하다.
③ 소형화가 불가능하다.
④ 전기적 노이즈나 서어지에 약하다.

해설 시퀀스 제어의 유접점방식과 무접점방식의 비교

항 목	유접점 방식	무접점 방식
수 명	수명이 짧다.	수명이 반영구적
작동속도	늦으며 한계가 있다.(ms 단위)	빠르다.(μs 단위)
주위온도	온도특성이 양호하다.	열에 약하며 보호대책 필요
서 지	전기적 노이즈(소음)에 안정 일반적으로 크다.	노이즈(소음)에 약해 안 정대책 필요
장치의 외형	독립된 다수의 출력을 동 시에 얻는다.	작다.(가장 큰 장점)
입·출력수		다수의 입력과 소수의 출 력이 용이
가 격	소규모에서 염가	대규모에서 염가

11 영상변류기(ZCT)의 주된 사용목적은?
① 과전압 검출   ② 과전류 검출
③ 지락전류 검출   ④ 부하전류 검출

해설 영상변류기(ZCT)
대전류 회로의 지락사고시 각상의 불평형 전류를 검출하여 이에 비례한 미소전류를 2차측으로 전하는 기능을 하는 계기용 변성기로 누전차단기에서 검출기구로 사용된다.

12 사인파 교류의 실효값이 V, 최대값이 V_m일 때 평균값은?
① $\dfrac{V_m}{2\pi}$ ② $\dfrac{2V_m}{\pi}$
③ $\dfrac{\sqrt{2}\,V_m}{\pi}$ ④ $\dfrac{V_m}{\pi}$

해설
전압의 평균값 $Va = \dfrac{2V_m}{\pi} = 0.637\,V_m[V]$
전압의 실효값 $V = \dfrac{V_m}{\sqrt{2}} = 0.707\,V_m[V]$
여기서, Va : 전압의 평균값[V]
　　　V_m : 전압의 최대값[V]
　　　V : 전압의 실효값[V]

13 임피던스 전압강하 5[%]의 변압기가 운전 중 단락되었을 때 단락전류는 정격전류의 몇 배가 흐르는가?
① 20배   ② 25배
③ 30배   ④ 35배

해설
단락전류 $= \dfrac{정격전압}{변압기임피던스}$
　　　　$= 정격전류[A] \times \dfrac{100}{\%Z} = 정격전류 \times \dfrac{100}{5}$
　　　　$= 정격전류 \times 20$

14 자동화재탐지설비의 감지기 중 불꽃감지기에 속하는 것은?
① 차동식   ② 정온식
③ 보상식   ④ 자외선식

해설 검출원리에 따른 감지기의 분류
① 열식 : 차동식, 정온식, 보상식
② 연기식 : 이온식, 광전식
③ 불꽃감지식 : 적외선식, 자외선식

15 반경 10cm, 권수 100회인 원형코일의 중심에서의 자계의 세기가 200[AT/m]이었다. 이 때 코일에 흐른 전류는?
① 0.4[A]   ② 0.8[A]
③ 0.4π[A]   ④ 0.8π[A]

해설
$H = \dfrac{NI}{2a}$
H : 자계의 세기[AT/m]
N : 권수[회]
I : 전류[A]
a : 반경[m]
$H = 200[AT/m],\ N = 100[회]$
$I = 전류[A],\ a = 0.1[m]$
$200 = \dfrac{100 \times I}{2 \times a}$
$\therefore\ I = 0.4[A]$

정답 10 ③   11 ③   12 ②   13 ①   14 ④   15 ①

16 다음 중 시퀀스제어의 적용이 가장 곤란한 것은?
① 팬의 기동/정지
② 엘리베이터의 기동/정지
③ 공기조화기의 경보시스템
④ 부스터 펌프의 압력 제어

해설 시퀀스(Sequence) 제어
㉠ 미리 정해진 순서에 따라 단계별로 제어를 진행하는 방식
㉡ 신호는 한 방향으로만 전달되는 개방회로방식
㉢ 신호등, 자동판매기, 전기세탁기, 팬의 기동/정지, 엘리베이터의 기동/정지, 공기조화기의 경보시스템
※ 피드백 제어(폐회로 제어)
㉠ 제어의 결과와 압력을 비교하기 위해 출력이 입력 피드백 되는 방식
㉡ 폐회로로 구성된 폐회로 방식
㉢ 전압, 보일러 내 압력, 실내온도 등과 같이 목표치를 일정하게 정해놓은 제어에 사용
㉣ 비행기 레이더 자동추적, 펌프의 압력제어

17 조명설비에서 광원에 의해 비춰진 면의 밝기 정도를 나타내는 용어는?
① 조도 ② 광도
③ 휘도 ④ 광속

해설 조도
㉠ 표면에 도달하는 광의 밀도($1m^2$당 1 lm의 광속이 들어 있는 경우 1lux)로 광원에 의해 비춰진 면의 밝기 정도를 나타낸다.
㉡ 단위 : 룩스(lux, lx)
㉢ 조도 = $\dfrac{광도}{(거리)^2}$
조도(E)는 광도(I)에 비례하고 거리(d)의 제곱에 반비례의 관계를 가진다.
※ 조도의 코사인 법칙
$E = \dfrac{I}{d^2} \cdot \cos\theta$

18 다음 중 1암페어를 바르게 정의한 것은?
① 1초당 6.24×10^6개의 자유전자의 이동
② 1초당 6.24×10^9개의 자유전자의 이동
③ 1초당 6.24×10^{12}개의 자유전자의 이동
④ 1초당 6.24×10^{18}개의 자유전자의 이동

해설 1암페어 : 1초당 6.24×10^{18}개의 자유전자의 이동

19 3.3[kΩ]과 4.7[kΩ]저항을 직렬로 연결하였을 경우 합성 저항은?
① 1.9[kΩ]   ② 3.3[kΩ]
③ 4.7[kΩ]   ④ 8[kΩ]

해설 콘덴서의 합성저항[Ω]
① $R_1 + R_2 + R_3$ 직렬연결 = $R_1 + R_2 + R_3$
② $R_1 + R_2 + R_3$ 병렬연결 = $\dfrac{R_1 R_2 R_3}{R_1 + R_2 + R_3}$
∴ $R = R_1 + R_2 = 3.3 + 4.7 = 8[kΩ]$

20 유접점 시퀀스 제어 회로에서 접점의 개폐를 만드는 소자가 아닌 것은?
① 스위치 ② 타이머
③ 릴레이 ④ 다이오드

해설 시퀀스 제어의 제어장치에 따른 분류
㉠ 유접점 제어장치 : 릴레이, 전자개폐기 등 전자계전기의 기계적 유접점을 이용한 전기 제어장치
㉡ 무접점 제어장치 : 트랜지스터, 다이오드, IC 등 반도체의 무접점을 이용한 전자 제어장치
㉢ PLC(Program Logic Controller) : 컴퓨터를 이용하여 시퀀스회로를 프로그램화한 로직 제어장치

정답 16 ④ 17 ① 18 ④ 19 ④ 20 ④

소방 및 전기설비
2017년 제1회 과년도 출제문제

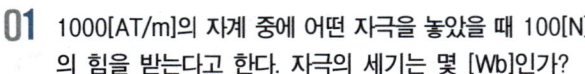

01 1000[AT/m]의 자계 중에 어떤 자극을 놓았을 때 100[N]의 힘을 받는다고 한다. 자극의 세기는 몇 [Wb]인가?
① 0.01 ② 0.1
③ 1 ④ 10

해설
자계내 자극을 놓았을 때 작용하는 힘 $F=mH$ 이므로 자극의 세기 m을 구하면 $m = \dfrac{F}{H} = \dfrac{100}{1000} = 0.1[Wb]$

02 백열전구와 비교한 형광램프의 특징에 관한 설명으로 옳지 않은 것은?
① 램프의 휘도가 크다.
② 열을 적게 발산한다.
③ 수명이 길고 효율이 높다.
④ 전원 전압의 변동에 대하여 광속 변동이 적다.

해설 형광램프의 장점(백열전구에 비해)
㉠ 효율이 높다.
㉡ 임의의 광색을 얻을 수 있다.
㉢ 휘도가 낮아 눈부심이 없다.
㉣ 열이 별로 나지 않는다.
㉤ 수명이 길다.(약 7,000시간)
㉥ 전원 전압의 변동에 대하여 광속 변동이 적다.
㉦ 용도 : 옥내외 전반조명, 국부조명에 적합
※ 형광램프 점등 방식 : 예열 시동형, 순간(즉시) 시동형, 순시(속시) 시동형
※ 주위온도가 20℃일 때 가장 밝다.

03 온도 변화를 검출하는 열전대에 적용되는 원리는?
① 주울 효과 ② 제벡 효과
③ 퍼킨제 효과 ④ 펠티어 효과

해설 제벡 효과(Seebeck effect)
㉠ 종류가 다른 2종의 금속선을 접속하여 폐회로를 만들어서 2개의 접합점을 다른 온도로 유지할 때 이 회로에 전류가 흐르는 현상
㉡ 열전대식·열반도체감지기, 열전온도계에 응용

04 다음 중 배선설비에 사용되는 전선의 굵기를 결정할 때 고려해야 할 요소가 아닌 것은?
① 전압강하 ② 허용전류
③ 기계적 강도 ④ 전선관 규격

해설 간선의 굵기 결정요소
㉠ 안전전류(허용전류) : 전선에 과전류가 흐르면 열이 발생
㉡ 전압강하 : 부하에 걸리는 전압이 전원전압보다 낮아지는 현상
한도는 인입선 1%, 간선 1%, 분기회로 2%
㉢ 기계적강도 : 보안상 시공상의 어느 정도의 강도 필요, 일반적으로 1.6mm 이상의 연동선을 사용
※ 전선을 4선 이상을 쓸 경우 전선의 단면적이 전선관 단면적의 40% 이하가 되어야 한다.

05 발전기실의 위치 선정 시 고려해야 할 사항으로 옳지 않은 것은?
① 연돌에서 가급적 멀리 위치할 것
② 실내 환기를 충분히 행할 수 있을 것
③ 변전실에 가깝고, 침수의 우려가 없을 것
④ 기기의 반입·반출 및 운전 보수면에서 편리할 것

해설 발전기실의 위치
㉠ 변전실에 가깝고, 침수의 우려가 없을 것
㉡ 기기의 반출입 및 운전, 보수 면에서 편리한 위치
㉢ 배기 배출구와 급배수가 용이한 곳
㉣ 실내 환기를 충분히 행할 수 있을 것

정답 01 ② 02 ① 03 ② 04 ④ 05 ①

06 건축화 조명방식 중 천장면에 유리, 플라스틱 등과 같은 확산용 스크린판을 붙이고 천장 내부에 광원을 배치하여 천장을 건축화된 조명기구로 활용하는 방식은?
① 코퍼조명   ② 코브조명
③ 광천창조명   ④ 코니스조명

해설 건축화 조명

천장, 벽, 기둥 등의 건축 부분에 광원을 만들어 실내를 조명하는 방식으로 눈부심이 적은 장점이 있는 반면, 조명 효율은 직접 조명에 비해 떨어진다.
㉠ 다운 라이트 : 천장에 작은 구멍을 뚫어 그 속에 광원을 매입한 방법
㉡ 루버 조명 : 천장면에 루버를 설치하고 그 속에 광원을 배치하는 방법
㉢ 광천장 조명 : 천장면 전체에서 발광되도록 한 것
㉣ 코퍼 조명 : 천장면에 빛을 반사시켜 간접 조명하는 방법
㉤ 코니스 조명 : 벽면에 빛을 반사시켜 간접 조명하는 방법

07 병원 등에 설치되는 모자식 전기시계에 관한 설명으로 옳은 것은?
① 자시계의 설치 높이는 하단부가 1.5m 이상으로 한다.
② 탁상형 모시계는 자시계 회로수가 3회로 이상인 경우 사용한다.
③ 모시계와 자시계를 연결하는 배선의 전압강하는 15% 이하가 되도록 한다.
④ 벽걸이형 모시계는 소규모 모시계로 자시계 회로수가 3회로 이내인 경우 사용한다.

해설 전기시계
① 단독 시계 : 가정용, 소규모(교류식 : 디지털 시계, 건전지식)
② 모자식 시계 : 대규모의 경우 정밀한 모시계를 두고 모시계의 운침 충격 전류에 의해 자시계가 작동한다.
  ㉠ 모시계 : 수정식, 진자식, 램프식
    ⓐ 수정식 : 가장 많이 사용, 수정식 I급이 가장 정밀(특히 정도(精度)를 요구하는 건물)하다.
    ⓑ 램프식 : 진동이 있는 장소, 정밀도가 낮다.
  ㉡ 자시계 : 직류 전기를 이용, 유극식과 무극식이 있다.

08 철골조의 철골이나 철근콘크리트조의 철근과 연결하는 건축구조체 접지에 관한 설명으로 옳지 않은 것은?
① 고신뢰도의 접지가 가능하다.
② 접지저항 값을 낮게 얻을 수 있다.
③ 도시지역의 한정된 부지에 적합하다.
④ 장비 간, 설비 간에 전위차가 발생하여 손상을 주거나 오동작을 유발하는 경우가 많다.

해설
장비 간, 설비 간에 전위의 안정된 기준점을 얻을 수 있어 손상을 주거나 오동작을 유발하는 경우가 적다.

09 인화성 액체 등에 의한 기름화재의 화재 분류는?
① A급 화재   ② B급 화재
③ C급 화재   ④ D급 화재

해설 화재의 종류
① 일반화재(A급화재) : 백색
② 기름화재(B급화재) : 황색
③ 전기화재(C급화재) : 청색
④ 금속화재(D급화재)

10 제어동작 중에서 잔류편차(off set)를 일으키는 동작은?
① 미분제어   ② 비례제어
③ 적분제어   ④ 비례적분제어

해설 비례제어(P 동작)
㉠ 조절부의 전달 특성이 비례적인 특성을 가진 제어 시스템으로 목표치와 제어량의 차이에 비례하여 조작량을 변화시키는 방식
㉡ 조작량 0%에서 100%까지의 제어폭을 비례대라 한다.
㉢ 이 방식은 공조부하의 특성에 따라서는 목표치가 아닌 지점에서 기기의 안정상태가 유지되는 결점이 있는데, 이 안정상태의 값과 목표치와의 차이를 잔류편차(offset)라 한다.

정답   06 ③   07 ④   08 ④   09 ②   10 ②

11 전주에 설치하는 변압기에 주로 사용되는 냉각 방식은?
① 공랭식
② 유입 수냉식
③ 유입 자냉식
④ 유입 송풍식

해설 변압기 냉각방식

변압기는 회전부분이 없기 때문에 효율은 양호하나 냉각작용이 회전기계에 비하여 불충분하다. 또 대용량의 변압기일수록 열방산이 곤란하여 온도상승이 크게 되기 때문에 용량에 따라 공랭식, 유입 수냉식, 유입 자냉식, 유입 송풍식 등 여러 가지 냉각방식을 사용하고 있다.
※ 유입 자냉식
변압기유를 가득히 채운 외함에 변압기 본체를 넣고 변압기유의 대류작용에 의해서 철심 및 권선에 발생하는 열을 외함으로 전달하고 외함에서의 방사와 대류에 의해서 열을 외기 중으로 방산시키는 방식으로 전주에 설치하는 변압기에 주로 사용되는 냉각 방식이다.

12 다음의 옥외소화전설비의 수원에 관한 설명 중 ( ) 안에 알맞은 것은?

옥외소화전설비의 수원은 그 저수량이 옥외 소화전의 설치개수(옥외소화전이 2개 이상 설치된 경우에는 2개)에 ( )를 곱한 양 이상이 되도록 하여야 한다.

① $1.7m^3$
② $2.6m^3$
③ $7m^3$
④ $12m^3$

해설 옥외 소화전 설비

- 옥외소화전 설비의 표준치
  ㉠ 표준 방수압력 : 0.25MPa=2.5kg/cm² (노즐 끝)
  ㉡ 표준 방수량 : 350 ℓ/min
  ㉢ 설치 간격 : 건물 외부 각 부분에서 소화전까지 수평거리 40m이하
  ㉣ 수원의 수량=(옥외소화전 1개의 방수량)×20분× (동시 개구수)
  =350ℓ/min×20min×N=7N[m³] (N은 최대 2개)

13 교류전원의 순시값이 e=100sin3ωt[V] 일 때 주파수[Hz]는? (단, $\omega=314$[rad/s])
① 50
② 60
③ 120
④ 150

해설

위의 식에서 $\theta=3wt=3\times314\times t$
$\theta=2\pi ft$ 이므로 $2\times3.14\times ft$
$\therefore 3\times314=2\times3.14\times f \rightarrow f=150$

14 엔탈피 제어에 관한 설명으로 옳지 않은 것은?
① 환절기에 에너지 절약효과가 크다.
② 통상적으로 부하재설정제어와 같이 사용한다.
③ 외기를 실내에 공급하여 냉방부하를 줄이는 방식이다.
④ 사람의 출입이 이용시간대에 따라서 크게 변화하는 백화점 등에 사용하면 효과가 크다.

해설 엔탈피 제어(Enthalpy Control)

엔탈피란 공기가 가지고 있는 내부 열량으로서 공기의 온도가 가지는 열량과 공기 중에 함유된 수증기가 가진 열량을 합하여 계산된 내부에너지이다. 엔탈피 계산에는 온도와 습도 두 가지를 알아야 계산이 되며, 물이 수증기로 발생될 때에는 물의 기화열량이 추가되기 때문에 수증기에는 많은 열량이 내재되어 있는 것이다.
㉠ 에너지절약 제어방식 중 하나이다.
㉡ 실내공기를 냉방할 때 냉동기, 냉온수기 등의 열원 장비를 가동하지 않고 외부의 공기 댐퍼를 개방하여 차가운 외부공기를 도입하여 실내를 냉방하는 방법이다.
㉢ 보통의 경우 환절기나 여름철의 아침에 외기온도가 실내온도보다 낮을 때 사용하는 방법이다.
㉣ 사람의 출입이 이용시간대에 따라서 크게 변화하는 백화점, 쇼핑스토아 등에 사용하면 효과가 크다.

정답 11 ③ 12 ③ 13 ④ 14 ②

15 1개의 마스터 안테나에서 다수의 TV수상기에 입력전파를 분배하는 공시청설비에 사용되는 기기에 속하지 않는 것은?
① 혼합기 ② 증폭기
③ 분배기 ④ R형 수신기

> **해설** R형 수신기
> 감지기나 발신기로부터 발하여진 신호를 중계기로 통하여 각 회선마다 고유의 신호로 수신하는 방식이며, 건물의 증축이나 개축에 따라 경계구역이 증가될 경우에 중계기의 증가나 중계기 회로수의 증가 등에 의해 간편하게 회로를 추가할 수 있는 이점을 가진 수신기이다.

16 10대의 전동기에 모두 동일한 전압을 인가하려면 어떻게 연결하면 되는가?
① 직렬결선
② 병렬결선
③ 직렬결선 2회로와 병렬결선 8회로
④ 직렬결선 2회로와 병렬결선 4회로

> **해설**
> 병렬결선은 여러 대의 전동기에 모두 같은 크기의 전압을 걸리게 하기 위한 결선 방법이다.

17 스프링클러헤드의 방수구에서 유출되는 물을 세분시키는 작용을 하는 것은?
① 프레임 ② 유수검지장치
③ 일제개방밸브 ④ 반사판(디프렉타)

> **해설** 디플렉터
> 스프링클러헤드의 방수구에서 유출되는 물을 세분시키는 역할

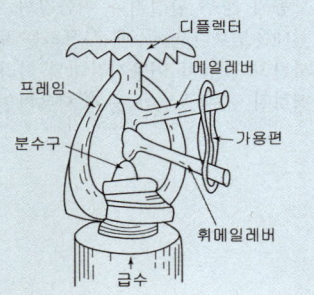

18 직류전원에 저항을 접속한 후 전류를 흘릴 때 저항값을 10[%] 감소시키면 전류의 크기는 어떻게 변화되는가?
① 약 11% 감소 ② 약 11% 증가
③ 약 15% 감소 ④ 약 15% 증가

> **해설**
> 옴의 법칙에서 $I = \dfrac{V}{R}$ 이므로
> 이때, R이 감소하면 I는 증가하므로 약 11% 증가한다.

19 도시가스 사용시설에서 가스계량기와 전기계량기의 간격은 최소 얼마 이상으로 하여야 하는가?
① 15cm ② 30cm
③ 45cm ④ 60cm

> **해설** 도시가스 사용시설의 주요 시설기준
> ㉠ 건축물 안의 배관은 노출하여 시공하는 것을 원칙으로 한다.
> ㉡ 가스계량기와 전기계량기의 거리는 60cm 이상 유지하여야 한다.
> ㉢ 지상배관은 부식방지도장 후 표면색상을 황색으로 도색하는 것이 원칙이다.
> ㉣ 가스계량기는 보호상자 안에 설치할 경우 직사광선이나 빗물을 받을 우려가 있는 곳에 설치할 수 있다.

20 옥내소화전 방수구는 바닥으로부터의 높이가 최대 얼마 이하가 되도록 설치하여야 하는가?
① 0.9m ② 1.2m
③ 1.5m ④ 1.8m

> **해설** 옥내소화전 기준치
> ㉠ 노즐의 방수 압력 : 0.17MPa 이상(노즐 끝)
> ㉡ 표준 방수량 : 130ℓ/min 이상
> ㉢ 노즐의 구경 : 13mm
> ㉣ 호스의 구경 : 40mm
> ㉤ 소화전 box 호스의 길이 : 15m 또는 30m 길이 2개
> ㉥ 설치 위치 : 소화전함 내의 호스 연결구는 바닥에서 1.5m 이내

정답 15 ④ 16 ② 17 ④ 18 ② 19 ④ 20 ③

소방 및 전기설비
2017년 제2회 과년도 출제문제

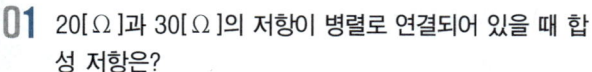

01 20[Ω]과 30[Ω]의 저항이 병렬로 연결되어 있을 때 합성 저항은?
① 12[Ω]
② 30[Ω]
③ 50[Ω]
④ 64[Ω]

해설

R_1, R_2가 병렬로 연결되어 있으므로

$$R_1 // R_2 = \frac{R_1 \times R_2}{R_1 + R_2}$$

병렬 20Ω//30Ω이므로

$$\therefore R_1 // R_2 = \frac{20 \times 30}{20 + 30} = 12\Omega$$

02 자동화재탐지설비의 하나의 경계구역의 면적은 최대 얼마 이하로 하는가? (단, 해당 특정소방대상물의 주된 출입구에서 그 내부 전체가 보이는 것 제외)
① 150m²
② 300m²
③ 500m²
④ 600m²

해설 자동화재탐지설비

화재 발생시 초기 단계에서 발생한 열 또는 연기를 자동적으로 발견하여 벨, 사이렌 등의 음향 장치로 재실자가 신속히 대피하도록 알리는 설비로, 감지기 1개의 경계 구역은 600m²이다.

03 변압기에서 입력전력에 대한 출력전력의 비율을 의미하는 것은?
① 부하율
② 수용률
③ 역률
④ 효율

해설

변압기의 효율은 입력전력에 대한 출력전력의 비율을 의미한다.

※ 수변전설비 용량 결정
㉠ 수용률(수요율) = $\frac{최대수용전력}{부하설비용량} \times 100(\%)$
⇒ 일반 건물 60~70%
㉡ 부등률 = $\frac{각부하의최대수용전력의합계}{최대수용전력} \times 100(\%)$
⇒ 1보다 크다(1.1~1.5)
㉢ 부하율 = $\frac{평균수용전력}{최대수용전력} \times 100(\%)$
⇒ 1보다 작다(0.25~0.6)

04 옥내소화전설비의 수원의 저수량은 최소 얼마 이상이 되도록 하여야 하는가? (단, 옥내소화전의 설치개수가 가장 많은 층의 설치개수는 5개이다.)
① 13m³
② 26m³
③ 39m³
④ 52m³

해설 수원의 용량

옥내소화전 1개의 방수량 × 20분 × 동시 개구수
= 130 ℓ/min × 20 min × N
= 2.6N[m³] (N은 최대 5개)
∴ 수원의 용량 = 130 ℓ/min × 20 min × 5 = 13m³

05 빛의 분광특성이 색의 보임에 미치는 효과를 무엇이라고 하는가?
① 연색성
② 색온도
③ 시감도
④ 순응도

해설 연색성(演色性)

㉠ 태양광(주광)을 기준으로 하여 어느 정도 주광과 비슷한 색상을 연출을 할 수 있는가를 나타내는 지표
㉡ 일반적으로 인공조명은 태양광선 밑에서 본 것보다 색의 보임이 떨어진다.
㉢ 인공광원 중에서 연색성이 가장 좋은 것은 제논등이며, 가장 나쁜 것은 나트륨등이다.

정답 01 ① 02 ④ 03 ④ 04 ① 05 ①

06 엘리베이터의 구성장치 중 일정 이상의 속도가 되었을 때 브레이크나 안전장치를 작동시키는 기능을 하는 것은?
① 완충기 ② 조속기
③ 권상기 ④ 가이드 슈

> **해설** 엘리베이터의 안전장치
> ㉠ 조속기 : 규정 속도의 120%가 되면 차단
> ㉡ 비상정지장치 : 정격속도의 130~140%에 도달하면 차단
> ㉢ 완충기 : 카와 균형추가 승강로 저부로 낙하할 때 그 충격을 완화시켜 주는 장치
> ㉣ 스토핑 스위치(슬로우다운 스위치, 종점스위치) : 최상, 최하층에서 카 정지 스위치를 잊은 경우 자동 정지
> ㉤ 리밋 스위치(제한스위치) : 스토핑 스위치가 작동하지 않을 때, 제2단위 작동으로 주회로를 차단

07 유입 변압기에서 콘서베이터(conservator)의 주된 사용 목적은?
① 열화 방지 ② 아크 방지
③ 과전압 방지 ④ 과전류 방지

> **해설**
> 유입 변압기에서는 열화(劣化) 방지를 위해 콘서베이터(conservator)를 사용한다.

08 무접점 계전기에 사용되는 전력전자소자(트랜지스터, 다이오드)의 장점으로 옳지 않은 것은?
① 스위칭 속도가 빠르다.
② 전력소비가 대단히 작다.
③ 잡음(noise)의 영향을 받지 않는다.
④ 접점의 개폐동작으로 인한 마모현상이 없다.

> **해설** 시퀀스 제어의 제어장치에 따른 분류
> ㉠ 유접점 제어장치 : 릴레이, 전자개폐기 등 전자계전기의 기계적 유접점을 이용한 전기 제어장치
> ㉡ 무접점 제어장치 : 트랜지스터, 다이오드, IC 등 반도체의 무접점을 이용한 전자 제어장치
> ㉢ PLC(Program Logic Controller) : 컴퓨터를 이용하여 시퀀스회로를 프로그램화한 로직 제어장치
> ☞ 무접점방식은 잡음(noise, 외란)에 약하며 안정대책이 필요하다.

09 다음의 제어동작 중 ON-OFF 동작이라고도 하며, 항상 목표치와 제어결과가 일치하지 않는 동작간극을 일으키는 결점이 있는 것은?
① PI 제어동작 ② 비례제어동작
③ 2위치 제어동작 ④ 다위치 제어동작

> **해설** 2위치동작(ON/OFF 동작)
> 제어량이 설정값에서 어긋나면 조작부를 개폐하여 운전을 정지하거나 기동하는 것으로 제어 결과가 사이클링(cycling)을 일으키며, 또한 오프셋(offset)을 일으키는 결점이 있다. 대부분의 프로세서 제어계에서 이용하나 응답속도가 요구되는 제어계에는 사용할 수 없다.

10 물분무소화설비를 설치하는 차고 또는 주차장의 배수설비에 관한 설명으로 옳지 않은 것은?
① 차량이 주차하는 바닥은 배수구를 향하여 100분의 2 이상의 기울기를 유지할 것
② 차량이 주차하는 장소의 적당한 곳에 높이 7cm 이하의 경계턱으로 배수구를 설치할 것
③ 배수설비는 가압송수장치의 최대송수능력의 수량을 유효하게 배수할 수 있는 크기 및 기울기로 할 것
④ 배수구에는 새어나온 기름을 모아 소화할 수 있도록 길이 40m 이하마다 집수관·소화핏트 등 기름분리장치를 설치할 것

> **해설**
> 차량이 주차하는 장소의 적당한 곳에 높이 10cm 이하의 경계턱으로 배수구를 설치할 것

11 그림과 같은 회로에서 전류계에 흐르는 전류가 0일 때 저항값 $X[\Omega]$는?

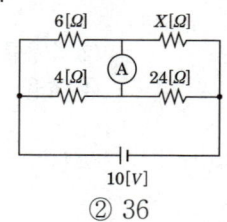

① 22 ② 36
③ 42 ④ 49

정답 06 ②　07 ①　08 ③　09 ③　10 ②　11 ②

해설

휘트스톤 브리지(Wheatstone's bridge) 회로는 4개의 저항이 사각형을 형태를 이루며, 대각선을 연결하는 브리지(bridge)로 저항이나 전압계, 검류계를 사용한다. 회로가 평형상태일 때 대각선 저항의 곱은 같으므로
$24[\Omega] \times 6[\Omega] = 4[\Omega] \times X[\Omega]$
∴ $X = 36[\Omega]$

12 다음 중 옥내 배선의 전선 굵기 결정 요소와 가장 거리가 먼 것은?
① 전압 강하
② 허용 전류
③ 외부 온도
④ 기계적 강도

해설 전선 굵기 결정시 3조건

㉠ 안전전류(허용전류) : 전선에 과전류가 흐르면 열이 발생
㉡ 전압강하 : 부하에 걸리는 전압이 전원전압보다 낮아지는 현상
한도는 인입선 1%, 간선 1%, 분기회로 2%
㉢ 기계적강도 : 보안상 시공상의 어느 정도의 강도 필요, 일반적으로 1.6mm 이상의 연동선을 사용
※ 전선을 4선 이상을 쓸 경우 전선의 단면적이 전선관 단면적의 40% 이하가 되어야 한다.

13 다음의 도시가스 가스유량 산정식에서 d가 의미 하는 것은?

$$Q = K\sqrt{\frac{hd^5}{Sl}}$$

① 압력손실
② 유량계수
③ 관의 내경
④ 관의 길이

해설

Pole의 공식은 가스관의 수송량과 관경을 산정하기 위한 공식으로 이용된다.
저압의 경우
$Q = K\sqrt{\dfrac{hd^5}{Sl}}$
Q : 유량[m³/h] K : 유량 계수(0.7055)
d : 관의 내경[cm] h : 압력차[mmAq]
S : 가스 비중(공기=1) l : 관의 길이[m]

14 전기시설물의 감전방지, 기기손상방지, 보호계전기의 동작확보를 위해 실시하는 공사는?
① 접지공사
② 승압공사
③ 전압강하공사
④ 트래킹(Tracking)공사

해설 접지공사

전기시설물의 감전방지, 기기손상방지, 보호계전기의 동작확보를 하기 위해 실시하는 공사이다.
☞ 접지(earth)는 금속 물체와 대지의 전위차를 최소로 하기 위하여 동판을 땅속에 매설하고 거기에 금속 물체를 접속하는 것을 말한다.

15 3상 4선식 평형회로에서 선간전압이 380[V]이고 선전류가 10[A]인 회로에 관한 설명으로 옳지 않은 것은?
① 상전류는 10[A]이다.
② 상전압은 220[V]이다.
③ 피상전력은 약 6580[VA]이다.
④ 중성선에 흐르는 전류는 30[A]이다.

해설

① 3상4선식의 경우 Y결선이므로 선전류=상전류
∴ 상전류는 10[A]
② 상전압은 $\dfrac{선간전압}{\sqrt{3}}$이므로 $\dfrac{380}{\sqrt{3}} = 220[V]$
③ 피상전력 $P = \sqrt{3}\,VI = \sqrt{3} \times 380 \times 10$
$= 6581.793 ≒ 6580$
④ 중선선에는 전류가 흐르지 않으므로 0[A]이다.

16 다음의 옥외소화전설비의 배관 등에 관한 설명 중 ( ) 안에 알맞은 것은?

호스접결구는 지면으로부터 높이가 0.5m 이상 1m 이하의 위치에 설치하고 특정소방대상물의 각 부분으로부터 하나의 호스접결구까지의 수평거리가 최대 ( ) 이하가 되도록 설치하여야 한다.

① 15m
② 30m
③ 40m
④ 50m

정답 12 ③   13 ③   14 ①   15 ④   16 ③

> **[해설]**
> 옥외소화전설비의 호스접결구는 지면으로부터 높이가 0.5m 이상 1m 이하의 위치에 설치하고 특정소방대상물의 각 부분으로부터 하나의 호스접결구까지의 수평거리가 40m 이하가 되도록 설치하여야 한다.

17 권상하중 8[ton], 속도 20[m/min]로 권상하는 권상용 전동기의 용량[kW]은? (단, 전동기를 포함한 권상기의 효율은 65[%]이다.)

① 약 40　　② 약 50
③ 약 60　　④ 약 70

> **[해설]**
> 권상용 전동기의 용량
> $$P = \frac{W \times v}{6.12\eta} = \frac{8 \times 20}{6.12 \times 0.65} = 40.221 ≒ 40$$
> 여기서 W : 하중[톤], v : 속도[m/min], η : 효율

18 교류전압 파형을 관찰할 수 있는 계측기는?

① 전압계　　② 전류계
③ 주파수계　　④ 오실로스코프

> **[해설]** 오실로스코프(oscilloscope)
> 시간에 따른 입력전압의 변화를 화면에 출력하는 장치로 전기진동이나 펄스처럼 시간적 변화가 빠른 신호를 관측한다. 보통 브라운관에 녹색점으로 영상을 나타내지만, 요즘에는 액정화면을 사용하는 전자식도 있다.

19 다음 그림에서 합성 정전용량은?

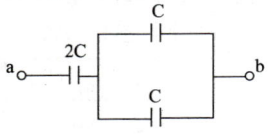

① C　　② 2C
③ 3C　　④ 4C

> **[해설]**
> 병렬일 경우 합성정전용량 $C_0 = C + C = 2C$
> 이것을 2C와 직렬로 합성 $C_0' = \frac{4C^2}{2C + 2C} = \frac{4C^2}{4C} = C$

20 스프링클러설비에서 고가수조의 자연낙차를 이용한 가압송수장치의 경우, 고가수조의 자연낙차수두(수조의 하단으로부터 최고층에 설치된 헤드까지의 수직거리)는 최소 얼마 이상이 되도록 하여야 하는가? (단, 배관의 마찰손실 수두는 무시하고 안전율은 15%로 한다)

① 8.5m　　② 11.5m
③ 17m　　④ 25m

> **[해설]**
> 고가수조의 자연낙차를 이용한 가압송수장치
> 고가수조의 자연낙차수두(수조의 하단으로부터 최고층에 설치된 헤드까지의 수직거리를 말함)는 다음의 식에 따라 산출한 수치 이상이 되도록 한다.
> H = h₁ + 10
> H : 필요한 낙차(m)
> h₁ : 배관의 마찰손실 수두(m)
> ∴ H = h₁ + 10 = (0+10) × 1.15 = 11.5m

정답 17 ①　18 ④　19 ①　20 ②

소방 및 전기설비
2017년 제4회 과년도 출제문제

01 가스사용시설에서 지상배관의 표면색상은? (단, 황색띠를 2중으로 표시한 경우 제외)
① 적색 ② 백색
③ 황색 ④ 녹색

해설
지하 매설배관은 적색이나 황색, 지상 노출배관은 황색으로 한다.

02 그림과 같은 회로에서 7[Ω]의 저항에 걸리는 전압은?
① 4[V]
② 7[V]
③ 14[V]
④ 28[V]

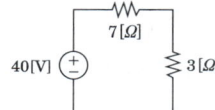

해설
전체저항은 7+3=10Ω
전체전류는 $\frac{V}{R} = \frac{40}{10} = 4A$
7Ω에 인가되는 전압 V=IR=4×7=28V

03 멀티미터(테스터)로 측정할 수 없는 것은?
① 저항   ② 전력량
③ 교류전압 ④ 직류전류

해설
멀티미터(멀티테스터)는 여러 가지의 측정 기능을 결합한 전자 계측기이다. 전형적인 멀티미터는 전압, 전류, 전기저항을 측정한다.

04 3상 교류에 관한 설명으로 옳지 않은 것은?
① 회전자장을 만든다.
② 단상전력의 2배가 된다.
③ 대용량의 전력공급에 사용된다.
④ 각 상간의 위상차는 $\frac{2\pi}{3}$ [rad]이다.

해설
3상 교류전력은 단상교류전력의 $\sqrt{3}$ 배가 된다.
※ 3상 교류의 경우 전력 $W = \sqrt{3}\ VI$역률

05 20[kVA]의 단상 변압기 2대로 공급할 수 있는 최대 3상 전력[kVA]은?
① 약 20 ② 약 25
③ 약 30 ④ 약 35

해설
3상 교류전력은 단상교류전력의 $\sqrt{3}$ 배가 된다.
∴ 3상 전력[kVA] = $\sqrt{3}$ ×20=34.64≒35[kVA]

06 옥내소화전설비의 송수구에 관한 설명으로 옳지 않은 것은?
① 구경 65mm의 쌍구형 도는 단구형으로 할 것
② 송수구에는 이물질을 막기 위한 마개를 씌울 것
③ 송수구로부터 주 배관에 이르는 연결배관에는 개폐밸브를 설치할 것
④ 송수구의 가까운 부분에 자동배수밸브(또는 직경 5mm의 배수공) 및 체크밸브를 설치할 것

해설 옥내소화전 송수구의 설치 기준
㉠ 높이 : 지면으로부터 높이 0.5m 이상 1.0m 이하의 위치에 설치
㉡ 구경 65mm의 쌍구형 또는 단구형으로 할 것
㉢ 송수구의 가까운 부분에 자동배수밸브(또는 직경 5mm의 배수공) 및 체크밸브를 설치할 것

07 건축화조명에 관한 설명으로 옳지 않은 것은?
① 조명기구 배치방식에 의하면 거의 전반조명 방식에 해당된다.
② 조명기구 배광방식에 의하면 거의 직접조명 방식에 해당된다.
③ 건축물의 천장이나 벽을 조명기구 겸용으로 마무리하는 것이다.
④ 천장면 이용방식으로는 다운라이트, 코퍼라이트, 광천장조명 등이 있다.

정답 01 ③ 02 ④ 03 ② 04 ② 05 ④ 06 ③ 07 ②

해설

건축화 조명이란 천장, 벽, 기둥 등 건축 부분에 광원을 만들어 실내를 조명하는 것을 말한다. 건축화조명은 눈부심이 적고 명랑한 느낌을 주며 현대적인 감각을 느끼게 하나 비용이 많이 들며 조명효율은 떨어진다.
㉠ 다운 라이트 : 천장에 작은 구멍을 뚫어 그 속에 광원을 매입한 방법
㉡ 루버 조명 : 천장면에 루버를 설치하고 그 속에 광원을 배치하는 방법
㉢ 광천장 조명 : 천장면 전체에서 발광되도록 한 것
㉣ 코퍼 조명 : 천장면에 빛을 반사시켜 간접 조명하는 방법
㉤ 코니스 조명 : 벽면에 빛을 반사시켜 간접 조명하는 방법
☞ 건축화 조명은 조명기구 배광방식에 의하면 거의 간접조명방식에 해당된다.

08 다음과 같은 회로에서 a, b간의 합성 정전용량은?
① 1[μF]
② 2[μF]
③ 4[μF]
④ 8[μF]

해설

㉠ 커패시티값이 직렬로 연결되어 있으므로
$\frac{2 \times 2}{2+2} = 1\,\mu F$
㉡ a, b간의 합성정전용량(C)은
(직렬 2//2)+(직렬 2//2)와 같이 병렬로 연결되어 있으므로 C= 1+1=2 μF

09 다음은 옥내소화전설비의 전동기에 따른 펌프를 이용하는 가압송수장치에 관한 설명이다. ( )안에 알맞은 것은?

특정소방대상물의 어느 층에 있어서도 해당 층의 옥내소화전(2개 이상 설치된 경우에는 2개의 옥내소화전)을 동시에 사용할 경우 각 소화전의 노즐선단에서의 방수압력이 ( ) 이상이 되는 성능의 것으로 할 것.

① 0.1MPa
② 0.17MPa
③ 0.25MPa
④ 0.7MPa

해설

옥내소화전설비 가압송수장치는 특정소방대상물의 어느 층에 있어서도 해당 층의 옥내소화전(2개 이상 설치된 경우에는 2개의 옥내소화전)을 동시에 사용할 경우 각 소화전의 노즐선단에서의 방수압력이 0.17MPa 이상으로 하고, 하나의 옥내소화전을 사용하는 노즐선단에서의 방수압력이 0.7MPa을 초과할 경우에는 호스접결구의 인입측에 감압장치를 설치하여야 한다.

10 다음 중 피드백 제어 시스템에서 반드시 필요한 장치는?
① 감도를 향상시키는 장치
② 안정도를 향상시키는 장치
③ 입력과 출력을 비교하는 장치
④ 응답속도를 빠르게 하는 장치

해설 피드백 제어(폐회로 제어)

㉠ 제어의 결과와 압력을 비교하기 위해 출력이 입력 피드백 되는 방식
㉡ 폐회로로 구성된 폐회로 방식
㉢ 전압, 보일러 내 압력, 실내온도 등과 같이 목표치를 일정하게 정해놓은 제어에 사용
㉣ 비행기 레이더 자동추적, 펌프의 압력제어

11 자동화재탐지설비의 감지기 중 감지기 주위의 공기가 일정한 농도의 연기를 포함하게 되었을 때 작동하는 감지기는?
① 차동식 감지기
② 정온식 감지기
③ 보상식 감지기
④ 이온화식 감지기

해설

이온화식 감지기는 감지기 주위의 공기가 일정한 농도의 연기를 포함하게 되면 작동하는 감지기이다.

정답 08 ② 09 ② 10 ③ 11 ④

※ 감지기의 종류

감지기의 종류		작동원리
열식	차동식	그 주위 온도가 일정한 온도 상승률 이상으로 되었을 때 작동한다.
	정온식	그 주위 온도가 일정한 온도 이상이 되었을 때 작동한다.
	보상식	그 주위 온도의 변화에 따라 감도가 변화하는 것이며, 차동식 및 정온식의 성능을 가진다.
연기식	이온식	검지부에 연기가 들어감으로써 이온 전류가 변화하는 것을 이용하여 감지한다.
	광전식	검지부에 연기가 들어감으로써 광전 소자의 입사광량이 변화하는 것을 이용하여 감지한다.

12 비상콘센트설비에 비상전원으로 자가발전설비를 설치하는 경우, 자가발전설비는 비상콘센트설비를 최소 얼마 이상 유효하게 작동시킬 수 있는 용량으로 하여야 하는가?

① 10분　　② 20분
③ 30분　　④ 60분

[해설]
비상콘센트설비에 비상전원으로 자가발전설비를 설치하는 경우, 자가발전설비는 비상콘센트설비를 최소 20분 이상 유효하게 작동시킬 수 있는 용량으로 하여야 한다.

13 옥외소화전설비에 관한 설명으로 옳지 않은 것은?

① 호스접결구는 지면으로부터 높이가 0.5m 이상 1m 이하의 위치에 설치하여야 한다.
② 옥외소화전설비에는 옥외소화전마다 그로부터 5m 이내의 장소에 소화전함을 설치하여야 한다.
③ 옥외소화전설비의 수원은 그 저수량이 옥외소화전의 설치개수에 $5m^3$를 곱한 양 이상이 되도록 하여야 한다.
④ 호스접결구는 특정소방대상물의 각 부분으로부터 하나의 호스접결구까지의 수평거리가 40m 이하가 되도록 설치하여야 한다.

[해설] 옥외소화전 설비의 표준치

㉠ 표준 방수압력 : 0.25MPa=2.5kg/cm² (노즐 끝)
㉡ 표준 방수량 : 350 ℓ/min
㉢ 설치 간격 : 건물 외부 각 부분에서 소화전까지 수평거리 40m 이하
㉣ 수원의 수량=(옥외소화전 1개의 방수량)×20분×(동시 개구수)
   =350 ℓ/min×20min×N=7N[m³] (N은 최대 2개)

14 4극의 공조기팬용 유도전동기를 220[V] 60[Hz]의 전원으로 운전하는 경우 회전수는 얼마인가? (단, 전동기의 슬립(slip)은 5[%]이다.)

① 900[rpm]　　② 1710[rpm]
③ 1750[rpm]　　④ 1800[rpm]

[해설] 전동기 회전수

$$N = \frac{120f(1-s)}{P}$$

N : 회전수[rpm]　f : 주파수　s : 슬립　P : 극수

$$\therefore N = \frac{120f(1-s)}{P} = \frac{120 \times 60 \times (1-0.05)}{4} = 1710[rpm]$$

15 유압식 엘리베이터에 관한 설명으로 옳지 않은 것은?

① 오버헤드(overhead)가 작다.
② 기계실을 승강로와 떨어져 설치할 수 있다.
③ 전동기의 출력과 소비전력이 다소 크다는 단점이 있다.
④ 10층 이상의 고층건축물에 고속 엘리베이터로 주로 사용된다.

[해설] 유압식 엘리베이터

㉠ 유압식 엘리베이터는 상향으로는 압력에 의해 케이지를 상승시키고, 큰 적재량의 자중에 의해 하강시키는 방식으로 승강 행정이 짧은 경우에는 적용할 수 있다.
㉡ 유압식의 장점은 로프식과 달리 건물 옥상에 기계실 설치장소의 제약을 받지 않으며, 일반적으로 로프식에 비해 소음이 적고, 승차감이 좋은 것이 특징이다.
㉢ 주로 저속 엘리베이터용으로 설치되고 있으며, 자동차용엘리베이터 등 화물 운반용으로 사용되고 있다.

정답　12 ②　13 ③　14 ②　15 ④

16 선간전압 220[V], 전류 70[A], 소비전력 18[kW]인 3상 유도전동기의 역률은?
① 0.67 ② 0.72
③ 0.75 ④ 1.17

해설

$$역률(P.F) = \frac{소비전력}{피상전력} = \frac{18000}{\sqrt{3} \times 70 \times 220} = 0.67$$

※ 피상전력 = $\sqrt{3}$ IV

17 특별 제3종 접지공사의 접지저항값은 최대 얼마 이하로 하여야 하는가?
① 10[Ω] ② 20[Ω]
③ 30[Ω] ④ 40[Ω]

해설 접지 공사

접지 종별	접지 저항치	접지선의 굵기	적용 장소
제1종	10Ω 이하	2.6mm 이상	• 고압용 또는 특별 고압용 기계 기구의 철대 및 금속제 외함 • 특별고압 계기용 변성기의 2차측 전로 • 고압전로의 피뢰기
제2종	150/I 이하	고압 → 저압 : 2.6mm 이상 특고압 → 저압 : 4.0mm 이상	• 특고압, 고압 → 저압으로 변성하는 변압기
제3종	100Ω 이하	1.6mm 이상	• 고압 계기용 변성기의 2차측 전로 • 400V 이하 저압의 전기기기의 철대 및 외함 • 400V 이하의 금속관공사의 금속체 분전반
특별 제3종	10Ω 이하	1.6mm 이상	• 400V 초과 저압용의 전기기기 철대 및 외함

☞ 종별접지공사(1종, 2종, 3종, 특3종)는 폐지되었습니다. (21년 시행)

18 공조설비에서 DDC방식 중 변풍량(VAV) 제어 방식의 특징으로 옳지 않은 것은?
① 부하변동이 심한 건축물에서는 사용이 곤란하다.
② 부하변동에 따른 송풍용 동력을 절약할 수 있다.
③ 순간적 대응이 빠르므로 주거 쾌적성이 향상된다.
④ 동시부하율을 고려하여 설비비를 경감시킬 수 있다.

해설 DDC 방식(DDC 제어방식)

제어 시스템 내의 신호를 어떤 양자화된 신호로 쓰는 제어를 말한다. 이 경우 공작기계가 대상일 때는 수치 제어라 한다.
㉠ 일반적으로 최근 설비분야 제어방식으로 많이 적용 되는 방식으로 디지털 직접회로 제어방식이다.
㉡ 각종 연산 및 자료저장, 검색, 분석 성능이 우수하다.
㉢ 에너지 절약제어가 가능하다.
㉣ 정밀도 및 신뢰도가 가장 높다.
㉤ 유지 및 보수가 간단하다.
※ 변풍량 단일덕트 방식(VAV 방식)은 각실 또는 각 존마다 송풍온도는 일정하게 하고 부하변동에 따른 취출 풍량을 조절하는 변풍량 유닛을 설치하여 공조하는 방식으로 개별실 제어가 요구되는 일반 사무실 등에 적용된다.

19 스프링클러설비의 배관 중 스프링클러헤드가 설치되어 있는 배관을 의미하는 것은?
① 주배관 ② 교차배관
③ 가지배관 ④ 급수배관

해설 스프링클러설비의 배관

㉠ 가지배관 : 스프링클러헤드가 설치되어 있는 배관
㉡ 교차배관 : 직접 또는 수직배관을 통하여 가지배관에 급수하는 배관
㉢ 주배관 : 각 층을 수직으로 관통하는 수직배관
㉣ 신축배관 : 가지배관과 스프링클러헤드를 연결하는 구부림이 용이하고 유연성을 가진 배관
㉤ 급수배관 : 수원 및 옥외송수구로부터 스프링클러헤드에 급수하는 배관

정답 16 ① 17 ① 18 ① 19 ③

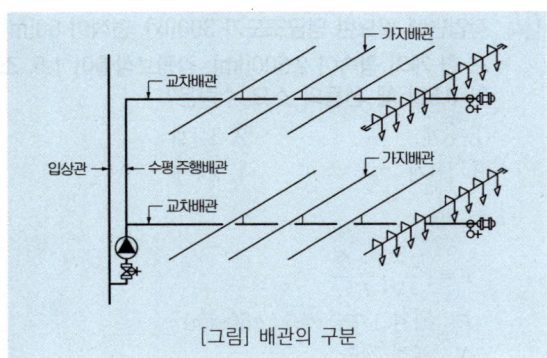

[그림] 배관의 구분

20 무한 직선도체의 전류에 의한 자계가 직선도체로부터 1[m] 떨어진 점에서 1[AT/m]로 될 때 도체의 전류의 크기는 몇 [A]인가?

① $\dfrac{\pi}{2}$ ② π

③ $\dfrac{3\pi}{2}$ ④ 2π

해설

무한히 긴 직선도체에 전류 $I[A]$가 흐를 경우 도체의 중심에서 $r[m]$ 떨어진 점의 자장의 세기 $H[AT/m]$

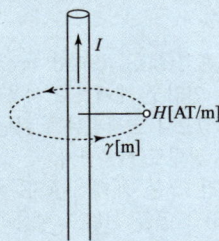

$H = \dfrac{I}{2\pi r}[AT/m] \rightarrow I = \dfrac{2\pi r}{H} = \dfrac{2\pi \times 1}{1} = 2\pi[A]$

정답 20 ④

소방 및 전기설비
2018년 제1회 과년도 출제문제

01 전류가 도선을 통하여 흐를 때 도선의 둘레에 발생하는 것은?
① 전계 ② 자계
③ 정전계 ④ 중력계

해설 자계와 전계
㉠ 자계 : 자기력이 미치는 주위 공간
㉡ 전계 : 전기력이 미치는 주위 공간

02 정보통신설비를 정보설비와 통신설비로 구분할 경우, 다음 중 통신설비에 속하지 않는 것은?
① 인터폰설비 ② CCTV설비
③ TV공청설비 ④ 화상회의설비

해설 정보통신설비
㉠ 정보설비 : 모자식 전기시계설비, 건축물 내 근거리 통신망(LAN), 구내정보설비
㉡ 통신설비
  • 음성통신설비 : 전화설비, 인터폰설비, 구내방송설비, 무선통신설비
  • 영상통신설비 : TV공청설비(케이블TV설비 포함), 영상회의설비

03 우리나라의 가정용 전압은 교류 220[V]이다. 이 전압의 최대값은 몇 [V]인가?
① 220 ② $220 \times \sqrt{2}$
③ $220 \times \sqrt{3}$ ④ 440

해설 정현파 교류의 실효값
전압의 실효값 $V = \dfrac{Vm}{\sqrt{2}} = 0.707 Vm$ [V]
여기서, V : 전압의 실효값[V]
Vm : 전압의 최대값[V]
$220 = \dfrac{Vm}{\sqrt{2}}$
∴ $Vm = \sqrt{2} \times 220$ [V]

04 작업면에 필요한 평균조도가 300[lx], 면적이 50[m²], 램프 한 개의 광속이 2,500[lm], 감광보상률이 1.5, 조명률이 0.5일 때 전등의 소요 수량은?
① 6개 ② 12개
③ 18개 ④ 24개

해설
$F = \dfrac{E \cdot A \cdot D}{N \cdot U}$
F : 광원 1개당 광속(2,500lm)
N : 광원 개수
U : 조명율(0.5)
A : 방의 면적(50m²)
E : 평균조도(300lx)
D : 감광보상율(1.5)
따라서, $N \times 2,500 = \dfrac{300 \times 50 \times 1.5}{0.5}$
$N = 18$개

05 수전설비에서 인입구 개폐기로 사용되지 않는 것은?
① LBS ② ASS
③ DS ④ PF

해설
① 부하개폐기(LBS : load break switch) : 수변전설비의 인입구 개폐기로 사용되며 부하전류를 개폐할 수 있으나 고장전류를 차단할 수 없으므로 한류퓨즈와 직렬로 사용한다.
② 자동고장 구분 개폐기(ASS : Automatic Section Switch) : 공급 신뢰도 향상과 다른 수용가에 대한 정전을 방지하기 위하여 고장 구간만을 신속, 정확하게 차단하여 고장의 확대를 방지한다. 1000[kVA] 이하의 간이수전설비의 인입개폐기로 설치하도록 의무화 하고 있다.
③ 단로기(DS : Disconnecting Switch) : 단로기는 개폐기의 일종으로서 기기의 보수점검 또는 선로로부터 기기를 분리, 회로를 변경을 할 때 사용하는 개폐장치이다.
④ 전력퓨즈(PF : Power Fuse) : 전력퓨즈는 일정치 이상의 과전류를 차단하여 선로나 기기를 보호한다. 즉, 전력퓨즈는 단락전류를 차단하여 전력설비를 보호하는 목적으로 사용되며 수전설비의 인입구 개폐기로는 사용되지 않는다.

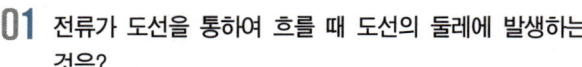
정답 01 ② 02 ② 03 ② 04 ③ 05 ④

06 가스계량기는 전기점멸기와 최소 얼마 이상의 거리를 유지하여야 하는가?
① 30cm   ② 45cm
③ 60cm   ④ 90cm

해설
가스계량기와 전기계량기 및 전기개폐기와의 거리는 60cm 이상, 전기점멸기 및 전기접속기와의 거리는 30cm 이상, 단열조치를 하지 아니한 굴뚝과는 30cm 이상, 절연조치를 하지 아니한 전선과의 거리는 15cm 이상의 거리를 유지하여야 한다.

07 인공광원 중 효율이 높지만 등황색의 단색광으로 색채의 식별이 곤란하므로 주로 터널조명에 사용 되는 것은?
① 형광램프   ② 할로겐램프
③ 저압나트륨램프   ④ 메탈핼라이드램프

해설 나트륨 램프
효율이 가장 좋으나, 연색성은 가장 나빠서 실내용보다는 가로등이나 터널조명으로 많이 쓰인다. 또한 안개가 많이 끼는 지역에서 적합하다.

08 스프링클러설비에 관한 설명으로 옳지 않은 것은?
① 초기 화재 진압에 효과적이다.
② 소화약제가 물이므로 경제적이다.
③ 감지부의 구조가 기계적이므로 오보 및 오동작이 적다.
④ 다른 소화설비에 비해 시공이 단순하여 초기에 시설비용이 적게 든다.

해설 스프링클러(sprinkler) 설비
㉠ 스프링클러 헤드를 실내 천장에 설치하여, 67~75℃ 정도에서 가용 합금편이 용융됨으로써, 자동적으로 화염에 물을 분사하는 자동소화설비
㉡ 동시에 화재경보장치가 작동하여 신속한 대피 및 화재시 초기 진압이 가능
㉢ 고층 건축물이나 지하층의 소화에 적합하다.
㉣ 물로 인한 2차 피해가 발생할 수 있다.
㉤ 용도 : 극장, 영화관, 백화점, 신문사, 방송국, 호텔
※ 스프링클러설비의 알람밸브에 리타딩챔버를 설치하여 오보를 방지한다.

09 교류회로에서 전압 220[V], 전류 5[A]일 때 저항은 얼마인가?
① 22[Ω]   ② 33[Ω]
③ 44[Ω]   ④ 55[Ω]

해설 옴의 법칙
$$V = IR, \ I = \frac{V}{R}, \ R = \frac{V}{I}$$
(V : 전압[V], I : 전류[A], R : 저항[Ω])
$$\therefore R = \frac{V}{I}[\Omega] = \frac{220}{5} = 44[\Omega]$$

10 3상유도 전동기의 기동법으로 Y−△기동법을 사용하는 가장 주된 목적은?
① 전압을 높이기 위하여
② 기동전류를 줄이기 위하여
③ 전동기의 출력을 높이기 위하여
④ 전동기의 동기속도를 높이기 위하여

해설 Y−△ 기동
㉠ 기동전류를 경감하기 위하여 고정자 권선이 △결선인 전동기를 기동시에 한하여 Y결선으로 하고, 정격전압을 인가하여 기동한 후에 △결선으로 변환하여 주는 방법
㉡ 5.5~15kW의 전동기에 사용
㉢ 무부하 또는 경부하에서 기동할 수 있는 공작기계 등에 적합한 방식

11 제1종 접지공사의 접지저항값은 최대 얼마 이하이어야 하는가?
① 2[Ω]   ② 5[Ω]
③ 10[Ω]   ④ 100[Ω]

해설 제1종 접지 공사
특별고압계기용 변성기의 2차측 전로, 고압용 또는 특별고압용 기계 기구의 철대 및 금속제 외함에 사용되는 접지공사로 접지저항치는 10Ω 이하로 한다.
☞ 종별접지공사(1종, 2종, 3종, 특3종)는 폐지되었습니다.(21년 시행)

정답 06 ①   07 ③   08 ④   09 ③   10 ②   11 ③

12 정현파 교류의 파형률은 얼마인가?
① 1.0 ② 1.11
③ 1.414 ④ 1.571

해설 정현파 교류
시간 t에 따라 크기가 정현적으로 변하는 교류
㉠ 파형률=1.111
㉡ 파고율=1.414

13 피드백 제어에서 제어요소는 무엇으로 구성되는가?
① 비교부와 조작부 ② 비교부와 검출부
③ 조절부와 조작부 ④ 조절부와 검출부

해설 자동제어장치의 기본 구성
㉠ 검출부 : 제어량의 변화를 검출하고, 이 변화량을 조절부에서 목표치(설정치)와 비교하기 쉬운 신호로 변환하여 조절부로 보낸다.
㉡ 조절부 : 검출부에서 받은 신호를 목표치(설정치)와 비교하여 그 편차에 해당되는 신호를 만들고, 이 편차신호를 조작신호로 바꾸어 조작부로 보낸다.
㉢ 조작부 : 조절부로부터 보내 온 신호에 의해 밸브, 댐퍼의 개폐도 등을 조작한다.
※ 피드백 제어의 구성
• 조절기 : 설정부, 비교부
• 제어 요소 : 조절부, 조작부

14 피드백 제어방식을 제어동작에 의해 분류할 경우, 다음 중 불연속 동작에 속하는 것은?
① 비례동작 ② 미분동작
③ 적분동작 ④ 다위치동작

해설 조절기
㉠ 불연속 동작 : 2위치동작(ON/OFF 동작), 다위치동작
㉡ 연속동작 : 비례제어(P 동작), 미분동작(D 동작), 적분동작(I 동작), 비례적분제어(PI 동작), 비례미분동작(PD 동작), 비례적분미분제어(PID 동작)

15 C급 화재가 의미하는 화재의 종류는?
① 일반화재 ② 전기화재
③ 유류화재 ④ 주방화재

해설 화재의 종류
㉠ 일반화재(A급화재) : 백색
㉡ 기름화재(B급화재) : 황색
㉢ 전기화재(C급화재) : 청색
㉣ 금속화재(D급화재)

16 20[W] 형광램프 2개를 하루에 6시간씩 30일 동안 사용하였을 경우 사용전력량은?
① 0.24[kWh] ② 3.6[kWh]
③ 7.2[kWh] ④ 10.4[kWh]

해설
전력량=20W×2×6시간×30일
=7,200W/h=7.2kWh

17 3층 건물의 각 층에 옥내소화전이 2개씩 설치되어 있는 경우, 옥내소화전설비의 수원의 저수량은 최소 얼마 이상이 되도록 하여야 하는가?
① 3.2m³ ② 3.4m³
③ 5.2m³ ④ 14m³

해설 수원의 용량
옥내소화전 1개의 방수량×20분×동시 개구수
= 130l/min×20min×N
= 2.6N[m³] (N은 최대 5개)
∴ 수원의 용량=130l/min×20 min×2
=5,200 l =5.2m³

18 그림과 같이 반대의 극을 갖는 막대자석을 놓았을 때 상호간의 작용하는 힘의 종류는?
① 흡인력
② 반발력
③ 회전력
④ 마찰력

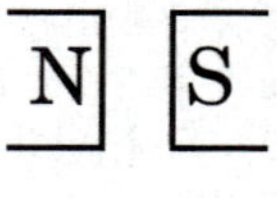

[N][S]

해설
막대자석에서 서로 반대의 극은 상호간에 흡인력이 작용하고, 같은 극은 상호간에 반발력이 작용한다.

19 단상 유도전동기의 종류에 속하는 것은?
① 분권 전동기
② 타여자 전동기
③ 권선형 유도전동기
④ 콘덴서 기동형 전동기

해설
단상 유도전동기는 기동방식에 따라 다음과 같이 분류한다.
㉠ 분상 기동형 전동기
㉡ 콘덴서 기동형 전동기
㉢ 반발 기동형 전동기
㉣ 셰이딩 코일형 전동기

20 스프링클러설비의 알람밸브에 리타딩챔버를 설치하는 주된 목적은?
① 오보를 방지한다.
② 자동배수를 한다.
③ 방수압을 시험한다.
④ 가압수의 온도를 검지한다.

해설
스프링클러설비에는 알람밸브에 리타딩챔버를 설치하여 오보를 방지한다.

소방 및 전기설비
2018년 제2회 과년도 출제문제

01 엘리베이터설비에서 케이지가 최종 층에서 정지 위치를 지나쳤을 경우 바로 작동해서 제어 회로를 개방, 전동기 전원을 차단하고, 전자 브레이크를 작동시켜 엘리베이터를 정지시키는 기능을 하는 것은?
① 조속기
② 가이드 슈
③ 최종 리밋 스위치
④ 슬랙 로프 세이프티

해설 최종 리밋 스위치(Final Limit Switch)
엘리베이터 카(car)가 최상층이나 최하층에서 정상 운행위치를 벗어나 그 이상으로 운행하는 것을 방지하기 위해 설치하는 전기적 안전장치이다.

02 보호구간으로 유입하는 전류와 보호구간에서 유출되는 전류의 벡터차와 출입하는 전류와의 관계비로 동작하는 보호계전기는?
① 거리 계전기
② 과전압 계전기
③ 과전류 계전기
④ 비율차동 계전기

해설 비율차동 계전기
보호구간으로 유입하는 전류와 보호구간에서 유출되는 전류의 벡터차와 출입하는 전류와의 관계비로 동작하는 보호계전기이다.
※ 보호계전기는 보호회로 및 자동차단기와 짝지어서 기기 또는 전로에 고장이 발생하였을 때에 기기 또는 전로의 손상을 최소한도로 줄이고 또 고장 발생 구간을 빨리 선택 차단하여 다른 곳으로 사고가 파급되는 것을 방지하기 위한 목적으로 사용한다.

03 합성 최대 수용 전력이 1,500[kW], 부하율이 0.7일 때 부하의 평균 전력[kW]은?
① 1,050
② 1,500
③ 2,142
④ 3,000

정답 19 ④ 20 ① / 01 ③ 02 ④ 03 ①

> **해설**
>
> 부하율 = $\frac{평균수용전력}{최대수용전력} \times 100(\%)$ ⇒ 1보다 작다.
>
> $0.7 = \frac{평균수용전력}{1,500} \times 100(\%)$
>
> ∴ 평균수용전력 = 1,050[kW]
>
> ※ 부하율 : 전기설비가 얼마나 유효하게 사용되었는가를 나타내며 어떤 기간 중의 평균 수용 전력[kW]과 그 기간 중의 최대 수용전력[kW]과의 비로 표시
>
> ☞ 부하율이 크다 : 전력변동이 작고, 설비 이용률이 많다.

04 자동제어방식 중 디지털방식에 관한 설명으로 옳지 않은 것은?

① 자기진단 기능을 보유하고 있다.
② 기능의 고급화를 도모할 수 있다.
③ 제어의 정밀도가 낮으며 신뢰성이 다소 떨어진다.
④ 각종 제어로직은 손쉽게 소프트웨어에 의해 조정될 수 있다.

> **해설** 디지털 제어방식(DDC방식, 디지털방식)
>
> 제어 시스템 내의 신호를 어떤 양자화된 신호로 쓰는 제어를 말한다. 이 경우 공작기계가 대상일 때는 수치제어라 한다.
> ㉠ 정밀도가 높으며 신뢰성이 높다.
> ㉡ 기능의 고급화를 도모할 수 있다.
> ㉢ 자가진단 기능을 보유하고 있다.
> ㉣ 각종 제어로직은 손쉽게 소프트웨어에 의해 조정될 수 있다.

05 다음 설명에 알맞은 화재의 종류는?

> 인화성 액체, 가연성 액체, 석유 그리스, 타르, 오일, 유성도료, 솔벤트, 래커, 알코올 및 인화성 가스와 같은 유류가 타고 나서 재가 남지 않는 화재

① A급 화재　　② B급 화재
③ C급 화재　　④ K급 화재

> **해설** 화재의 종류
>
> ㉠ 일반화재(A급화재) : 백색
> ㉡ 기름화재(B급화재) : 황색
> ㉢ 전기화재(C급화재) : 청색
> ㉣ 금속화재(D급화재)

06 변압기에서 자기유도 작용으로 발생한 자속을 이동시키는 통로의 역할을 하는 것은?

① 철심　　　　② 부싱
③ 1차측 코일　④ 2차측 코일

> **해설**
>
> 변압기에서 철심(core)은 자속의 이동통로의 역할을 한다. 철심은 철손을 적게 하기 위하여 두께 0.35~0.5mm 정도의 규소강판을 사용한다.

07 LPG에 관한 설명으로 옳지 않은 것은?

① 발열량이 크다.
② 액화석유가스를 의미한다.
③ 연소 시 다량의 공기가 필요하다.
④ 공기보다 가벼워 누설이 되어도 안전성이 높다.

> **해설** LPG(액화석유가스=프로판가스)
>
> ㉠ 방식 : Tank방식, Bombe방식
> ㉡ 특징
> • 공기보다 무겁다.(비중 1.5~2)
> • 샐 경우 바닥에 깔린다. → 위험(환기에 유의!)
> • 경보기 : 바닥에서 30cm 높이
> • 무색, 무미, 무취
> • 상압(常壓)에서는 기체이지만, 압력을 가하면 액화한다.(체적 1/250로 줄어든다)
> • 발열량이 높다.(92,000kJ/m³)
> ☞ 도시가스는 공기보다 가벼워 누설이 되어도 안전성이 높다.

정답　04 ③　05 ②　06 ①　07 ④

08 정보통신설비를 정보설비와 통신설비로 구분할 경우, 다음 중 정보설비에 속하지 않는 것은?
① TV공청설비 ② 전기시계설비
③ 원격검침설비 ④ 홈네트워크설비

해설 정보통신설비
㉠ 정보설비 : 모자식 전기시계설비, 건축물 내 근거리 통신망(LAN), 구내정보설비, 원격검침설비, 홈네트워크설비
㉡ 통신설비
• 음성통신설비 : 전화설비, 인터폰설비, 구내방송설비, 무선통신설비
• 영상통신설비 : TV공청설비(케이블TV설비 포함), 영상회의설비

09 다음 중 옥내소화전설비의 화재안전기준상 배관 내 사용압력이 1.2MPa 이상인 경우 배관재료로 가장 적합한 것은?
① 배관용 탄소강관
② 압력배관용 탄소강관
③ 배관용 스테인리스강관
④ 이음매 없는 구리 및 구리합금관

해설
옥내소화전설비의 화재안전기준상 배관 내 사용압력이 1.2MPa 이상인 경우에는 압력배관용 탄소강관이 적합하다.
※ 배관용 탄소강관의 표시기호
㉠ SPP - 일반 배관용 탄소강관(쇠파이프)
㉡ SPPS - 압력 배관용 탄소강관(두꺼운 쇠파이프)
㉢ SPPH - 고압 배관용 탄소강관
㉣ SPHT - 고온 배관용 탄소강관
㉤ SPLT - 저온 배관용 탄소강관

10 최대 방수구역에 설치된 스프링클러헤드의 개수가 20개인 경우, 스프링클러설비의 수원의 저수량은 최소 얼마 이상이 되도록 하여야 하는가? (단, 개방형 스프링클러헤드를 사용하는 경우)
① 17m³ ② 32m³
③ 48m³ ④ 64m³

해설 스프링클러의 수원의 수량
= (스프링클러의 표준 방수량) × 20분 × (동시 개구수)
= 80l/min × 20min × N = 1.6N[m³]
 (N은 10개, 20개, 30개)
= 80l/min × 20min × 20 = 32,000l = 32[m³]

11 할로겐 램프에 관한 설명으로 옳지 않은 것은?
① 휘도가 낮다.
② 흑화가 거의 일어나지 않는다.
③ 백열전구에 비해 수명이 길다.
④ 광속이나 색온도의 저하가 극히 적다.

해설 할로겐 램프
㉠ 백열전구보다 수명이 2~3배 정도 길다.
㉡ 유리구 내벽의 흑화현상(黑化現象)이 거의 일어나지 않는다.
㉢ 연색성이 좋고, 설치가 용이하다.
㉣ 광속이나 색온도의 저하가 적다.
㉤ 휘도가 높고, 색상은 주광색에 가깝다.
㉥ 높은 천정, 단관형은 영사기용, 자동차 헤드라이트용, 스포트라이트용 광원으로 사용된다.

12 220[V]용 200[W] 전구에 흐르는 전류는?
① 약 0.5[A] ② 약 0.9[A]
③ 약 2.2[A] ④ 약 4.4[A]

해설
전력 $P = IV$ 에서
$I = \dfrac{P}{V} = \dfrac{200}{220} ≒ 0.90$ A
※ 1[W]란 전압이 1[V]일 때 1[A]의 전류가 1[s] 동안 하는 일을 나타낸다.

정답 08 ① 09 ② 10 ② 11 ① 12 ②

13 다음 설명에 알맞은 피드백 제어계의 구성요소는?

> 제어계의 상태를 교란시키는 외적작용으로서, 실내 온도 제어에서는 인체·조명 등에 의한 발생열, 창문을 통한 태양일사, 틈새바람, 외기온도 등을 의미한다.

① 외란
② 제어대상
③ 제어편차
④ 주 피드백 신호

해설 외란(noise, 잡음)

> 제어계의 상태를 교란시키는 외적작용으로서, 실내 온도 제어에서는 인체·조명 등에 의한 발생열, 창문을 통한 태양일사, 틈새바람, 외기온도 등을 의미하며, 무접점방식은 외란(noise, 잡음)에 약하며 안정대책이 필요하다.

14 스프링클러설비에서 스프링클러헤드의 방수구에서 유출되는 물을 세분시키는 작용을 하는 것은?

① 익져스터
② 디프렉타
③ 리타딩챔버
④ 액셀러레이터

해설 디플렉터

> 스프링클러헤드의 방수구에서 유출되는 물을 세분시키는 역할

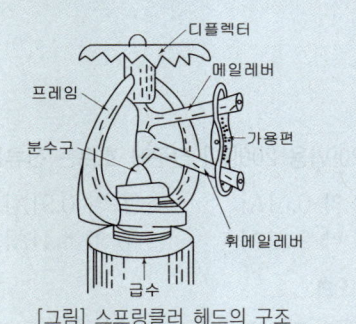

[그림] 스프링클러 헤드의 구조

15 400[V] 미만의 저압용 기계·기구의 금속제외함에 사용되는 접지공사는?

① 제1종 접지공사
② 제2종 접지공사
③ 제3종 접지공사
④ 특별 제3종 접지공사

해설 접지 공사

접지 종별	접지 저항치	접지선의 굵기	적용 장소
제1종	10Ω 이하	2.6mm 이상	· 고압용 또는 특별고압용 기계 기구의 철대 및 금속제 외함 · 특별고압 계기용 변성기의 2차측 전로 · 고압전로의 피뢰기
제2종	150/I 이하	고압→저압: 2.6mm 이상 특고압→저압: 4.0mm 이상	· 특고압, 고압→저압으로 변성하는 변압기
제3종	100Ω 이하	1.6mm 이상	· 고압 계기용 변성기의 2차측 전로 · 400V 이하 저압의 전기기기의 철대 및 외함 · 400V 이하의 금속관 공사의 금속체 분전반
특별 제3종	10Ω 이하	1.6mm 이상	· 400V 초과 저압용의 전기기기 철대 및 외함

☞ 종별접지공사(1종, 2종, 3종, 특3종)는 폐지되었습니다. (21년 시행)

16 변압기의 1차 측을 Y결선, 2차 측을 △결선으로 했을 경우, 1·2차간 전압의 위상차는?

① 30°
② 45°
③ 60°
④ 90°

해설

> 변압기의 1차 측을 Y결선, 2차 측을 △결선으로 했을 경우, 1·2차간 전압의 위상차는 30°이다.

17 다음의 설명에 알맞은 법칙은?

> 두 개의 전하 사이에 작용하는 전기력은 두 전하의 세기의 곱에 비례하고 거리의 제곱에 반비례한다.

① 옴의 법칙
② 렌쯔의 법칙
③ 쿨롱의 법칙
④ 키르히호프의 제1법칙

정답 13 ① 14 ② 15 ③ 16 ① 17 ③

해설 쿨롱의 법칙(coulomb's law)
㉠ 힘의 크기는 두 전하량의 곱에 비례하고, 두 전하 사이의 거리의 제곱에 반비례한다. 또한 두 전하사이의 매질에 따라 다르다.
㉡ 힘의 방향은 두 전하를 연결하는 직선방향이다.

18 자기인덕턴스 4[H]의 코일에 8[A]의 전류를 흘릴 때 코일에 저장되는 자기에너지는?
① 32[J]   ② 64[J]
③ 128[J] ④ 256[J]

해설
코일에 축적되는 에너지 $(W) = \dfrac{LI^2}{2}$ [J]
(L : 자체 인덕턴스[H] I : 전류[A])
∴ 코일저장에너지 $= \dfrac{4 \times 8^2}{2} = 128$ [J]

19 다음과 같은 RLC 직렬회로에서 역률은?
① 0.6
② 0.7
③ 0.78
④ 0.85

30Ω 60Ω 20Ω

해설
역률(P.F) $= \dfrac{저항}{임피던스}$
임피던스 $= \sqrt{(저항)^2 + (유도 리액턴스)^2}$
$= \sqrt{30^2 + (60-20)^2} = 50$
∴ 역률(P.F) $= \dfrac{저항}{임피던스} = \dfrac{30}{50} = 0.6$

20 동일한 저항을 가진 3개의 도선을 병렬로 연결하였을 때의 합성저항은?
① 1개 도선저항의 1/3
② 1개 도선저항의 2/3
③ 1개 도선저항의 1배
④ 1개 도선저항의 3배

해설
병렬합성저항 $= \dfrac{R^3}{R^2 + R^2 + R^2} = \dfrac{R^3}{3R^2} = \dfrac{1}{3}R$

정답 18 ③   19 ①   20 ①

소방 및 전기설비
2018년 제4회 과년도 출제문제

01 나무, 섬유, 종이, 고무, 플라스틱류와 같은 일반 가연물이 타고 나서 재가 남는 화재를 의미하는 것은?
① A급 화재 ② B급 화재
③ C급 화재 ④ K급 화재

[해설] 화재의 종류
㉠ 일반화재(A급화재) : 백색
㉡ 기름화재(B급화재) : 황색
㉢ 전기화재(C급화재) : 청색
㉣ 금속화재(D급화재)
※ 일반 화재(A급 화재)
　나무, 섬유, 종이, 고무, 플라스틱류와 같은 일반 가연물이 타고 나서 재가 남는 화재
※ 기름 화재(B급 화재)
　인화성 액체, 가연성 액체, 석유 그리스, 타르, 오일, 유성도료, 솔벤트, 래커, 알코올 및 인화성 가스와 같은 유류가 타고 나서 재가 남지 않는 화재

02 공동주택 부지 내에서 도시가스 사용시설의 배관을 지하에 매설하는 경우 지면으로부터 최소 얼마 이상의 거리를 유지하여야 하는가?
① 0.3m ② 0.6m
③ 1.0m ④ 1.2m

[해설] 지중전선로를 직접매설식으로 하는 경우 매설깊이는 최소 60cm 이상으로 한다. 단, 차량, 기타 중량물의 압력을 받을 우려가 있는 장소는 1.0m 이상으로 한다. (KEC 규정 개정)

03 100[Ω]인 전열기가 5대 100[V] 전지에 병렬로 연결되어 있을 때 전열기 1대에서 소비되는 전력은?
① 20[W] ② 40[W]
③ 100[W] ④ 500[W]

[해설] 전열기의 소비전력 $P=IV=\dfrac{V^2}{R}$에서 전열기의 소비전력(W)은 전압의 제곱에 비례하고 저항에 반비례한다.
∴ $P=\dfrac{100^2}{100}=100W$

04 정보통신설비를 정보설비와 통신설비로 구분 할 경우, 다음 중 정보설비에 속하는 것은?
① 인터폰설비 ② TV공청설비
③ 홈네트워크설비 ④ 구내방송(PA)설비

[해설] 정보통신설비
㉠ 정보설비 : 모자식 전기시계설비, 건축물 내 근거리 통신망(LAN), 구내정보설비, 원격검침설비, 홈네트워크설비
㉡ 통신설비
• 음성통신설비 : 전화설비, 인터폰설비, 구내방송설비, 무선통신설비
• 영상통신설비 : TV공청설비(케이블TV설비 포함), 영상회의설비

05 자속의 단위로 사용되는 것은?
① 헨리[H] ② 패럿[F]
③ 클롱[C] ④ 웨버[wb]

[해설] 자속(磁束)
㉠ 어떤 표면을 통과하는 자기력선의 수에 비례하는 양
㉡ 단위는 웨버(Wb)=1T·m²이며, 여기서 T(테슬라)는 자기장의 단위이다.

06 가동코일형 계기에 관한 설명으로 옳은 것은?
① 고주파용이다. ② 교류 전용이다.
③ 직류 전용이다. ④ 직류, 교류 양용이다.

[해설] 계기는 전력회로 및 기기의 상태를 계측하는 감시제어용 기계이다. 가동코일형 계기는 직류전용 계기이다.

[정답] 01 ① 02 ② 03 ③ 04 ③ 05 ④ 06 ③

07 차동식 분포형 화재감지기에 속하지 않는 것은?
 ① 스폿식 ② 공기관식
 ③ 열전대식 ④ 열반도체식

해설
차동식 분포형 감지기는 주위 온도가 일정한 온도상승률 이상으로 되었을 때 작동하는 것으로서 광범위한 열효과의 누적으로 작동하는 감지기이다. 종류에는 공기관식, 열전대식, 열반도체식 등이 있다.

08 옥내소화전설비에 관한 설명으로 옳지 않은 것은?
 ① 영하 10℃ 이하의 추운 곳에서의 배관은 습식으로 한다.
 ② 주배관 중 수직배관의 구경은 50mm 이상의 것으로 한다.
 ③ 방수구는 바닥으로부터 높이가 1.5m 이하가 되도록 한다.
 ④ 건물의 각 부분으로부터 하나의 옥내소화전 방수구까지의 수평거리가 25m 이하가 되도록 한다.

해설
옥내소화전설비 배관은 동결방지조치를 하거나 동결의 우려가 없는 장소에 설치하여야 한다. 다만, 보온재를 사용할 경우에는 난연재료 성능이상의 것으로 하여야 한다.
※ 옥내소화전의 배관에서 펌프의 토출측 주배관 중 수직배관의 구경은 최소 50mm 이상, 횡인배관(가지관)의 구경은 최소 40mm 이상으로 한다.

09 각종 센서로부터 전자식 신호를 받아 수치화된 디지털 신호로 제어하는 방식은?
 ① 전기식 ② 공기식
 ③ 기계식 ④ DDC방식

해설 디지털 제어방식(DDC 방식)
제어 시스템 내의 신호를 어떤 양자화된 신호로 쓰는 제어를 말한다. 이 경우 공작기계가 대상일 때는 수치제어라 한다.
 ㉠ 정밀도가 높으며 신뢰성이 높다.
 ㉡ 기능의 고급화를 도모할 수 있다.
 ㉢ 자가진단 기능을 보유하고 있다.
 ㉣ 각종 제어로직은 손쉽게 소프트웨어에 의해 조정될 수 있다.

10 어느 공장에 주파수 60[Hz], 50[kW]인 4극 유도전동기가 운전되고 있다. 이 전동기의 동기속도는?
 ① 1,500[rpm] ② 1,800[rpm]
 ③ 2,500[rpm] ④ 3,600[rpm]

해설 전동기 회전수
$$N = \frac{120f}{P}$$
N : 회전수[rpm], f : 주파수, P : 극수
$$\therefore N = \frac{120f}{P} = \frac{120 \times 60}{4} = 1,800 \text{rpm}$$

11 콘덴서에서 극판의 면적을 2배로 증가시키면 정전용량은 몇 배가 되는가?
 ① 1.5배 ② 2배
 ③ 3배 ④ 4배

해설
콘덴서는 유전체를 삽입하여 양측에 금속박을 놓아둔 구조로 정전용량을 갖는 전기기기이다. 정전용량이 큰 콘덴서로 만들기 위해서 극판 간격은 좁게 하고 면적은 넓게 하여 극판 사이에 유전체를 삽입한다.
$$Q = \frac{\xi AV}{d}$$
여기서, Q : 정전용량, ξ : 유전율, A : 면적
 V : 전압, d : 간극거리
정전용량(Q)은 유전율(ξ), 면적(A), 전압(V)에 비례하고 간극거리(d)에 반비례한다.

정답 07 ① 08 ① 09 ④ 10 ② 11 ②

12 공조설비의 밸브나 댐퍼의 구동을 위하여 비례제어용으로 주로 사용되는 조작기는?
① 히트 펌프 ② 서보 모터
③ 모듀트럴 모터 ④ 직동식 전자밸브

해설 모듀트럴 모터

밸브연결구와 조합되어 밸브의 비례제어용으로 사용되기도 하며, 댐퍼연결구와 조합되어 댐퍼의 비례제어용으로 사용되기도 하는 전동조작기이다.

13 단상 변압기의 2차 무부하 전압이 220[V]이고, 정격부하에서의 2차 단자전압이 200[V]일 경우 전압변동률은?
① 5[%] ② 7[%]
③ 10[%] ④ 12[%]

해설 전압변동률(ξ)

$$\xi = \frac{\text{무부하시 수전단전압}(V_{ro}) - \text{전부하시 수전단전압}(V_r)}{\text{전부하시 수전단전압}(V_r)} \times 100\%$$
$$= \frac{220-200}{200} \times 100(\%) = 10\%$$

14 단권 변압기에서 1차 권선의 수가 100회, 공통 코일(2차 코일) 권수가 60회일 때 2차측 전압은 얼마인가? (단, 1차측 전압은 100[V]이다.)
① 40[V] ② 60[V]
③ 100[V] ④ 160[V]

해설 코일의 권수와 전압의 관계

$\frac{N_1}{N_2} = \frac{V_1}{V_2}$ 이므로 $\frac{100}{60} = \frac{100}{V_2}$

$100 : 100 = 60 : V_2$

$\therefore V_2 = 60[V]$

15 다음은 옥외소화전설비의 호스접결구에 관한 기준 내용이다. ( ) 안에 알맞은 것은?

호스접결구는 지면으로부터 높이가 0.5m 이상 1m 이하의 위치에 설치하고 특정소방대상물의 각 부분으로부터 하나의 호스접결구까지의 수평거리가 ( ) 이하가 되도록 설치하여야 한다.

① 30m ② 40m
③ 50m ④ 60m

해설

옥외소화전 설비의 호스접결구는 지면으로부터 높이가 0.5m 이상 1m 이하의 위치에 설치하고 특정소방대상물의 각 부분으로부터 하나의 호스접결구까지의 수평거리가 40m 이하가 되도록 설치하여야 한다.

16 각종 광원에 관한 설명으로 옳지 않은 것은?
① 형광램프는 점등장치를 필요로 한다.
② 저압나트륨램프는 인공광원 중에서 연색성이 가장 우수하다.
③ 고압수은램프는 광속이 큰 것과 수명이 긴 것이 특징이다.
④ 메탈핼라이드램프는 고압수은램프보다 효율과 연색성이 우수하다.

해설 나트륨램프

효율이 가장 좋으나, 연색성은 가장 나빠서 실내용보다는 가로등이나 터널조명으로 많이 쓰인다. 또한 안개가 많이 끼는 지역에서 적합하다.

17 평형 3상 교류에서 각 상간의 위상차는?
① 60° ② 90°
③ 120° ④ 180°

정답 12 ③ 13 ③ 14 ② 15 ② 16 ② 17 ③

해설

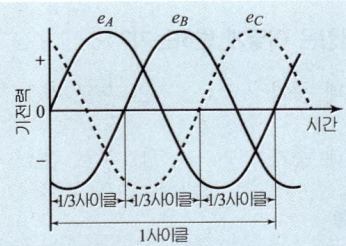

권선이 같은 3개의 코일을 전기각으로 120°간격으로 철심에 감아 이것을 일정한 각속도로 자계 중에 회전시켰을 때, 각 코일 중에 위상이 120°씩 틀리고, 진폭이 같은 교류 기전력이 발생한다. 이와 같은 교류 기전력에 의해 발생하는 위상이 120°씩 차이가 나는 각주파수가 같은 3개의 정현파 교류를 말한다.

※ 위상차
㉠ 2개 이상의 교류 사이에 존재하는 시간적 격차(주파수는 같고 위상이 다른 두 정현파의 시간적인 차)
㉡ 어떤 교류 회로에 전압을 가했을 때 교류회로의 성분
 • 90° 위상이 빠른 전류가 흐르면 : 용량성(축전지)
 • 위상차가 없는 전류가 흐르면 : 저항성
 • 90° 위상이 늦은 전류가 흐르면 : 유도성(코일)

18 엘리베이터 설비에서 도어의 안전장치로서 승강장 도어가 열린 상태에서 모든 제약이 풀리면 자동으로 도어가 닫히도록 하는 장치는?

① 도어 머신
② 도어 클로저
③ 도어 인터록
④ 도어 스위치

해설 도어 클로저

엘리베이터 도어의 안전장치로서 승강장 도어가 열린 상태에서 모든 제약이 풀리면 자동으로 도어가 닫히도록 하는 안전장치이다.
※ 도어스위치, 과부하계전기, 파이널 리미트 스위치는 전기적 안전장치에 해당되고, 완충기는 물리적 안전장치에 해당된다.

19 스프링클러설비를 구성하는 배관에 관한 설명으로 옳지 않은 것은?

① 가지배관이란 스프링클러헤드가 설치되어 있는 배관을 말한다.
② 주배관이란 직접 또는 수직배관을 통하여 가지배관에 급수하는 배관을 말한다.
③ 급수배관이란 수원 및 옥외송수구로부터 스프링클러헤드에 급수하는 배관을 말한다.
④ 신축배관이란 가지배관과 스프링클러헤드를 연결하는 구부림이 용이하고 유연성을 가진 배관을 말한다.

해설 스프링클러설비의 배관

㉠ 가지배관 : 스프링클러헤드가 설치되어 있는 배관
㉡ 교차배관 : 직접 또는 수직배관을 통하여 가지배관에 급수하는 배관
㉢ 주배관 : 각 층을 수직으로 관통하는 수직배관
㉣ 신축배관 : 가지배관과 스프링클러헤드를 연결하는 구부림이 용이하고 유연성을 가진 배관
㉤ 급수배관 : 수원 및 옥외송수구로부터 스프링클러헤드에 급수하는 배관

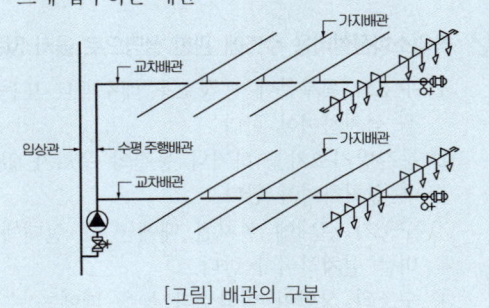

[그림] 배관의 구분

20 전기 관련 용어에 관한 설명으로 옳지 않은 것은?

① 전력은 열량으로 환산이 가능하다.
② 전류는 단위시간에 이동한 전기량을 말한다.
③ 저항의 크기는 물체의 단면적이 비례하고 길이에 반비례한다.
④ 전기회로에서 두 극 사이에 생기는 전기적인 고저차를 전위차 또는 전압이라 한다.

해설

전선의 저항(R)은 전선의 굵기, 즉 단면적에 반비례하고 전선의 길이에 비례한다.

$R = \rho \dfrac{l}{S}$

R : 저항[Ω]
ρ : 도선의 고유 저항(도선의 비저항)
l : 도선의 길이[cm]
S : 도선의 단면적[cm²]
※ 저항의 크기는 물체 저항률과 길이, 단면적으로 계산한다. 일반적으로 금속은 온도가 증가하면 저항이 커진다.

소방 및 전기설비
2019년 제1회 과년도 출제문제

01 다음 중 상자성체에 속하지 않는 것은?
① 철　　　　② 크롬
③ 구리　　　④ 니켈

[해설] 상자성체
자기장과 같은 방향으로 자성을 띠는 물질로서 철, 크롬, 니켈, 망간, 알루미늄 등이 있다.

02 옥외소화전설비용 수조에 관한 설명으로 옳지 않은 것은?
① 수조의 윗부분에는 청소용 배수밸브 또는 배수관을 설치하여야 한다.
② 동결방지조치를 하거나 동결의 우려가 없는 장소에 설치하여야 한다.
③ 수조가 실내에 설치된 때에는 그 실내에 조명설비를 설치하여야 한다.
④ 수조의 상단이 바닥보다 높은 때에는 수조의 외측에 고정식 사다리를 설치하여야 한다.

[해설]
스프링클러설비용 수조(NFSC 103B)의 밑부분에는 청소용 배수밸브 또는 배수관을 설치하여야 한다.

03 피뢰설비에서 수뢰부시스템의 보호범위 산정방식에 속하지 않는 것은?
① 메시법　　　② 본딩법
③ 보호각법　　④ 회전구체법

[해설] 피뢰설비 수뢰부시스템의 보호범위 산정방식
㉠ 보호각법 : 간단한 형상의 건물에 적용
㉡ 회전구체법 : 모든 경우에 적용
㉢ 매시(mesh)법 : 보호대상 구조물의 표면이 평평할 경우에 적합

04 동선의 길이를 2배 증가, 단면적을 $\frac{1}{2}$로 감소시키면 동선의 저항은 어떻게 변하는가?
① 2배 증가　　　② $\frac{1}{2}$로 감소
③ 4배 증가　　　④ $\frac{1}{4}$로 감소

[해설]
전선의 저항(R)은 전선의 굵기, 즉 단면적에 반비례하고 전선의 길이에 비례한다.
$$R = \rho \frac{l}{S}$$
　R : 저항[Ω]
　ρ : 도선의 고유 저항(도선의 비저항)
　l : 도선의 길이[cm]
　S : 도선의 단면적[cm²]
∴ 동선의 저항 = $\frac{길이(l)}{단면적(S)} = \frac{2}{\frac{1}{2}} = 4배$

05 도시가스설비의 가스계량기 설치 장소로 적합하지 않은 곳은?
① 환기가 양호한 곳
② 공동주택의 대피공간
③ 직사광선이나 빗물을 받을 우려가 없는 곳
④ 가스계량기의 교체 및 유지 관리가 용이한 곳

[해설]
공동주택의 경우 가스계량기는 방, 거실, 주방 등으로서 사람이 거처하는 곳 및 가스계량기에 나쁜 영향을 미칠 우려가 있는 장소에는 설치를 금지한다.
※ 가스계량기와 전기계량기·전기개폐기와의 거리는 60cm 이상 유지하여야 한다.
※ 가스계량기와 화기(그 시설 안에서 사용하는 자체화기는 제외) 사이에 유지하여야 하는 거리는 2m 이상이어야 한다.

정답 01 ③　02 ①　03 ②　04 ③　05 ②

06 옥내소화전이 1층에 3개, 2층에 4개, 3층에 4개가 설치되어 있다. 옥내소화전설비 수원의 저수량은 최소 얼마 이상이 되도록 하여야 하는가?

① $5.2m^3$ ② $10.4m^3$
③ $18.2m^3$ ④ $28.0m^3$

해설 수원의 용량

옥내소화전 1개의 방수량×20분×동시 개구수
$=130l/min \times 20min \times N$
$=2.6N[m^3]$ (N은 최대 2개)
∴ 수원의 용량$=130l/min \times 20min \times 2 = 5.2m^3$

07 점광원으로부터 $R[m]$ 떨어진 장소에서 빛의 방향과 수직인 면의 조도[lx]는? (단, 광도는 $I[cd]$이다.)

① RI ② R^2I
③ $\dfrac{I}{R}$ ④ $\dfrac{I}{R^2}$

해설 조도

㉠ 표면에 도달하는 광의 밀도($1m^2$당 1 lm의 광속이 들어 있는 경우 1lux)로 광원에 의해 비춰진 면의 밝기 정도를 나타낸다.
㉡ 단위 : 룩스(lux, lx)
㉢ 조도 $= \dfrac{광도}{(거리)^2}$

조도(E)는 광도(I)에 비례하고 거리(d)의 제곱에 반비례의 관계를 가진다.
※ 조도의 코사인 법칙
$E = \dfrac{I}{d^2} \cdot \cos\theta$

08 $V = 154\sin(314t - 90°)[V]$인 사인파 교류의 주파수[Hz]는?

① 30 ② 40
③ 50 ④ 60

해설
사인파 전압주파수 $V = V_0 \sin(wt - 30°)$에서
$w = 2\pi f = 314$ ∴ $f = 50[Hz]$

09 정격전압 220[V]에서 1210[W]의 전력을 소비하는 단상 전열기를 200[V]에서 사용하면 소비전력[W]은?

① 1000 ② 1089
③ 1100 ④ 1210

해설
전열기의 소비전력 $P = IV = \dfrac{V^2}{R}$에서
전열기의 소비전력(W)은 전압의 제곱에 비례하고 저항에 반비례한다.
∴ $P = 1210 \times \left(\dfrac{200}{220}\right)^2 = 1000W$

10 다음의 엘리베이터 조작방식 중 무운전원 방식에 속하는 것은?

① 카 스위치 방식
② 승합전자동 방식
③ 레코드 컨트롤 방식
④ 시그널 컨트롤 방식

해설 엘리베이터 조작방식

(1) 운전원 방식 : 카 스위치 방식, 기억 제어(record control) 방식, 신호 제어(signal control) 방식
(2) 무운전원 방식 : 단식 자동 방식, 승합 전자동 방식, 하강 승합 자동 방식

※ 무운전원 방식
㉠ 단식 자동 방식
승객 자신이 운전하며 목적층 단추가 승강장으로부터의 호출 신호에 의하여 자동적으로 시동, 정지를 이루는 조작 방식이며, 운전 종료까지 다른 호출에 응하지 않는다.
㉡ 승합 전자동 방식
단식 자동 방식과 같으나 누른 순서에 관계없이 각 호출에 응하여 자동적으로 정지한다.
㉢ 하강 승합 자동 방식
아파트와 같이 도중 층으로부터 상승하는 승객이 적은 건물에 적용되며, 상승중에는 호출 신호가 있어도 정지하지 않고, 최고 호출에 응한 후 반전하여 호출 신호에 응한다.

정답 06 ① 07 ④ 08 ③ 09 ① 10 ②

11 폐쇄형스프링클러헤드를 사용하는 스프링클러설비의 수원의 저수량 산정과 관련하여, 스프링클러설비 설치장소가 아파트인 경우, 스프링클러헤드의 기준개수는?
① 10개 ② 20개
③ 30개 ④ 40개

해설
스프링클러설비의 설치장소가 아파트인 경우, 스프링클러 설비 수원의 저수량 산정시 기준이 되는 스프링클러헤드의 기준개수 10개이다.(단, 폐쇄형 스프링클러헤드를 사용하는 경우)

12 다음 중 물분무소화설비의 소화작용과 가장 관계가 먼 것은?
① 냉각효과 ② 질식효과
③ 희석효과 ④ 부촉매효과

해설
물분무소화설비는 미립자의 수분무 상태로 방사시켜 냉각, 질식, 희석작용에 의해 화재를 소화하는 설비로 유류와 전기화재의 소화에 유효하다.
※ 물분무소화설비는 스프링클러보다 더 미세한 보다 균일한 분무상의 물로 연소면을 덮어 보통의 방수로서는 소화할 수 없는 가연물, 유류, 전기 화재에 유효한 소화설비이다.

13 축전지의 충전 방식 중 필요할 때마다 표준시간율로 소정의 충전을 하는 방식은?
① 보통 충전 ② 급속 충전
③ 부동 충전 ④ 균등 충전

해설 축전지의 충전방식
㉠ 보통충전 : 필요할 때마다 표준시간율로 소정의 충전을 하는 방식
㉡ 급속충전 : 보통 충전 전류의 2~3배의 전류로 충전하는 방식
㉢ 부동충전 : 축전지의 자기방전을 보충함과 동시에 상용부하에 대한 전력공급은 충전기가 부담하되 충전기가 부담하기 어려운 일시적인 대전류부하는 축전지로 하여금 부담하게 하는 방식으로 가장 많이 사용된다.
㉣ 균등충전 : 각 축전지의 전위차를 보정하기 위하여 1~3개월마다 10~12시간 1회 충전하는 방식
㉤ 세류충전(트리클 충전) : 자기 방전량만을 항상 충진시키는 부동충전 방식의 일종

14 건축설비 자동제어 중 피드백 제어방식을 제어동작에 의해 분류하였을 때 조절기가 연속동작을 하지 않는 것은?
① 비례동작 ② 적분동작
③ 미분동작 ④ 다위치동작

해설 조절기
㉠ 불연속 동작 : 2위치동작(ON/OFF 동작), 다위치동작
㉡ 연속동작 : 비례제어(P 동작), 미분동작(D 동작), 적분동작(I 동작), 비례적분제어(PI 동작), 비례미분동작(PD 동작), 비례적분미분제어(PID 동작)

15 다음의 자동화재탐지설비의 감지기 중 열감지기에 속하지 않는 것은?
① 광전식 ② 보상식
③ 차동식 ④ 정온식

해설 감지기

감지기의 종류		작동원리
열식	차동식	그 주위 온도가 일정한 온도 상승률 이상으로 되었을 때 작동한다.
	정온식	그 주위 온도가 일정한 온도 이상이 되었을 때 작동한다.
	보상식	그 주위 온도의 변화에 따라 감도가 변화하는 것이며, 차동식 및 정온식의 성능을 가진다.
연기식	이온식	검지부에 연기가 들어감으로써 이온 전류가 변화하는 것을 이용하여 감지한다.
	광전식	검지부에 연기가 들어감으로써 광전 소자의 입사광량이 변화하는 것을 이용하여 감지한다.

정답 11 ① 12 ④ 13 ① 14 ④ 15 ①

16 교류전압을 사용하는 전동기의 인덕턴스 성분인 코일에 관한 설명으로 옳은 것은?

① 주파수를 빠르게 한다.
② 코일에서는 전류보다 전압이 앞선다.
③ 코일에서는 전압보다 전류가 앞선다.
④ 용량성 저항으로 용량 리액턴스라 한다.

해설

교류전압을 사용하는 전동기의 인덕턴스 성분인 코일에서는 지상전류가 흐르므로 전류보다 전압이 앞선다.
※ 인덕턴스 : 회로 안을 흐르는 전류가 변화했을 때, 회로 내에 생기는 기전력과 전류 변화량의 비

17 전선에서 전류가 누설되지 않도록 전선을 비닐이나 고무 등의 저항률이 매우 큰 재료로 피복하는데, 이처럼 전류가 누설되지 않도록 하는 재료 자체의 저항을 의미하는 것은?

① 도체저항   ② 접촉저항
③ 접지저항   ④ 절연저항

해설 절연저항

㉠ 전류가 누설되지 않도록 하는 것을 절연이라고 하며 그 재료를 절연물이라고 하는데 이처럼 전류가 누설되지 않도록 하는 절연물 자체의 저항을 절연저항이라고 한다.
㉡ 전선에서 전류가 누설되지 않도록 전선을 비닐이나 고무 등의 저항률이 매우 큰 재료로 피복하고 있다.
㉢ 절연저항 값이 클수록 안전하다.

18 농형유도전동기에 관한 설명으로 옳지 않은 것은?

① 구조가 간단하여 취급방법이 간단하다.
② VVVF 방식으로 속도제어가 가능하다.
③ 기동전류가 커서 전동기 권선을 과열시키거나 전원전압의 변동을 일으킬 수 있다.
④ 슬립링에서 불꽃이 나올 염려가 있기 때문에 인화성 또는 폭발성 가스가 있는 곳에서는 사용할 수 없다.

해설 농형유도전동기

㉠ 구조와 취급이 간단하고 기계적으로 견고하다.
㉡ 가격이 비교적 싸고 운전이 대체로 쉽다.
㉢ VVVF(Variable Voltage Variable Frequency, 인버터) 방식으로 속도제어가 가능하다.
㉣ 슬립링(slip ring)이 없으므로 불꽃이 나올 염려가 없다.
㉤ 기동전류가 커서 전동기 전선을 과열시키거나 전원전압의 변동을 일으킬 수 있다.
㉥ 일반 산업용 및 건축설비에서 광범위하게 사용한다.

19 DDC 방식에서 밸브나 댐퍼 등을 비례적으로 동작시키는 신호는?

① AI   ② DI
③ AO   ④ DO

해설 DDC 방식(DDC 제어방식)

제어 시스템 내의 신호를 어떤 양자화된 신호로 쓰는 제어를 말한다. 이 경우 공작기계가 대상일 때는 수치제어라 한다.
㉠ 일반적으로 최근 설비분야 제어방식으로 많이 적용되는 방식으로 디지털 직접회로 제어방식이다.
㉡ 각종 연산 및 자료저장, 검색, 분석 성능이 우수하다.
㉢ 에너지 절약제어가 가능하다.
㉣ 정밀도 및 신뢰도가 가장 높다.
㉤ 유지 및 보수가 간단하다.
☞ AO : 밸브나 댐퍼 등을 비례적으로 동작시키는 신호

20 10[Ω]의 저항 5개를 접속하여 얻을 수 있는 합성저항 중 가장 작은 값은?

① 0.5[Ω]   ② 2[Ω]
③ 5[Ω]   ④ 50[Ω]

해설

· 직렬 접속시 $5 \times 10 = 50[\Omega]$
· 병렬 접속시 $\frac{10}{5} = 2[\Omega]$

정답 16 ② 17 ④ 18 ④ 19 ③ 20 ②

소방 및 전기설비
2019년 제2회 과년도 출제문제

01 조명설비에서 눈부심의 발생원인과 가장 거리가 먼 것은?
① 순응의 결핍
② 시야 안의 저휘도 광원
③ 시선 부근에 노출된 광원
④ 눈에 입사하는 광속의 과다

[해설] 글레어(현휘, 눈부심)의 발생 원인
㉠ 주위가 어둡고 눈이 순응되어 있는 휘도가 낮은 경우
㉡ 광원의 휘도가 높은 경우
㉢ 광원이 시선에 가까운 경우
㉣ 광원의 겉보기 면적이 큰 경우와 광원의 수가 많은 경우
※ 글레어(glare) : 시야 내에 휘도가 높은 광원, 반사 물체 등이 있어 이들로부터의 빛이 눈에 들어와 대상을 보기 어렵게 하거나 눈부심으로 불쾌감을 느끼거나 하는 상태를 말한다.

02 다음의 가스계량기 설치에 관한 설명 중 ( ) 안에 알맞는 내용은?

가스계량기와 전기계량기 및 전기계폐기와의 거리는 (㉠) 이상, 전기점멸기 및 전기접속기와의 거리는 (㉡) 이상, 절연조치를 하지 아니한 전선과의 거리는 (㉢) 이상의 거리를 유지하여야 한다.

① ㉠ 10cm, ㉡ 20cm, ㉢ 30cm
② ㉠ 15cm, ㉡ 30cm, ㉢ 60cm
③ ㉠ 40cm, ㉡ 20cm, ㉢ 10cm
④ ㉠ 60cm, ㉡ 30cm, ㉢ 15cm

[해설] 가스계량기와 전기계량기 및 전기개폐기와의 거리는 60cm 이상, 전기점멸기 및 전기접속기와의 거리는 30cm 이상, 단열조치를 하지 아니한 굴뚝과는 30cm 이상, 절연조치를 하지 아니한 전선과의 거리는 15cm 이상의 거리를 유지하여야 한다.

03 3대의 전동기에 모든 같은 크기의 전압을 인가하기 위한 결선 방법은?
① 직렬결선
② 병렬결선
③ 직렬결선 1회로와 병렬결선 2회로
④ 직렬결선 2회로와 병렬결선 1회로

[해설] 병렬결선은 여러 대의 전동기에 모두 같은 크기의 전압을 걸리게 하기 위한 결선 방법이다.

04 연결송수관설비에 관한 설명으로 옳은 것은?
① 송수구는 쌍구형으로 하며 구경은 최소 50mm 이상으로 한다.
② 방수구는 연결송수관설비의 전용방수구로서 구경은 최소 50mm 이상으로 한다.
③ 수원의 수위가 펌프보다 높은 위치에 있는 가압송수장치에는 반드시 물올림장치를 설치한다.
④ 가압송수장치는 방수구가 개방될 때 자동으로 기동되거나 또는 수동스위치의 조작에 따라 기동되도록 한다.

[해설]
① 송수구는 구경 65mm의 쌍구형으로 할 것
② 방수구는 연결송수관설비의 전용방수구 또는 옥내소화전방수구로서 구경 65mm의 것으로 할 것
③ 수원의 수위가 펌프보다 낮은 위치에 있는 가압송수장치에는 다음 기준에 따른 물올림장치를 설치한다.
㉠ 물올림장치에는 전용의 탱크를 설치할 것
㉡ 탱크의 유효수량은 100L 이상으로 하되, 구경 15mm 이상의 급수배관에 따라 당해 탱크에 물이 계속 보급되도록 할 것

05 최대 방수구역에 설치된 스프링클러헤드의 개수가 20개인 경우 스프링클러설비의 수원의 저수량은 최소 얼마 이상이 되도록 하여야 하는가? (단, 개방형스프링클러헤드를 사용하는 경우)
① $16m^3$
② $32m^3$
③ $48m^3$
④ $64m^3$

[정답] 01 ② 02 ④ 03 ② 04 ④ 05 ②

해설 스프링클러(sprinkler) 설비

수원의 수량=(스프링클러의 표준 방수량)×20분×
　　　　　　(동시 개구수)
　　　　　=80L/min×20min×20=32,000L
　　　　　=32m³

06 사인파 교류의 실효값이 V, 최대값이 V_m일 때 평균값은?

① $\dfrac{V_m}{2\pi}$　　　② $\dfrac{2V_m}{\pi}$

③ $\dfrac{\sqrt{2}\,V_m}{\pi}$　　　④ $\dfrac{V_m}{\pi}$

해설
전압의 평균값 $V_a = \dfrac{2V_m}{\pi} = 0.637\,V_m$ [V]

전압의 실효값 $V = \dfrac{V_m}{\sqrt{2}} = 0.707\,V_m$ [V]

여기서, V_a : 전압의 평균값[V]
　　　　V_m : 전압의 최대값[V]
　　　　V : 전압의 실효값[V]

07 정온식 감지기의 감지원리로 옳은 것은?
① 주위온도가 일정온도 이상일 때 작동
② 주위온도가 일정온도 상승률 이상일 때 작동
③ 연기 침입 시 수광부의 광량이 감소되는 것을 검출
④ 특정파장의 복사 에너지를 전기 에너지로 변환하여 이를 검출

해설 감지기

감지기의 종류		작동원리
열식	차동식	그 주위 온도가 일정한 온도 상승률 이상으로 되었을 때 작동한다.
	정온식	그 주위 온도가 일정한 온도 이상이 되었을 때 작동한다.
	보상식	그 주위 온도의 변화에 따라 감도가 변하는 것이며, 차동식 및 정온식의 성능을 가진다.
연기식	이온식	검지부에 연기가 들어감으로써 이온 전류가 변화하는 것을 이용하여 감지한다.
	광전식	검지부에 연기가 들어감으로써 광전 소자의 입사광량이 변화하는 것을 이용하여 감지한다.

08 어느 도체의 단면에 2시간 동안 7200[C]의 전기량이 이동했다고 하면 이 때 흐르는 전류는?
① 1[A]　　　② 2[A]
③ 3[A]　　　④ 4[A]

해설
1[A]란 1초(sec)당 1C의 전기량 흐름을 말하므로
Q=I×2×3600=7,200[C]
∴ I=1[A]
※ 전기량의 단위는 C[쿨롬]으로 나타내며, 1초(sec)당 1C의 전기량이 흐를 때 전류는 1[A]가 된다.

09 액면조절장치의 감지부의 종류 중 액체 내의 전극봉 사이의 통전 상태로서 액면을 조절하며 저수조용으로 사용하는 것은?
① 액면식　　　② 전극식
③ 플로트식　　　④ 오뚜기식

해설 수위검출기
① 보일러의 수위를 검출하여 이것을 수위 신호로 변환하고 수위의 변화를 편차 신호로 하여 조작부인 급수펌프로 조작 신호를 송출하는 조절 기능까지 갖춘 기기
② 수위 검출기는 수위의 검출 및 조절 기능 외에 저수기 차단기로서의 기능까지 갖출 수 있다.
③ 수위 검출기는 수위의 검출 방법에 따라 플로트식 수위검출기, 자석형 플로트식 수위 검출기, 전극식 수위검출기로 나눌 수 있다.
　㉠ 플로트식 : 플로트 챔버 내의 플로트가 보일러 수위의 변동에 따라 상하 운동하고 그것에 의해 벨로스가 좌우로 기울어 이것에 연결된 수은스위치를 기울어지게 하여 접점을 개폐 보일러 수위의 일정 범위 내에서 급수펌프를 온·오프시켜 자동급수
　㉡ 전극식 : 수위의 검출에 전극봉을 사용하여 물의 전기 전도성을 이용한 것이다.

10 권수가 300회 감긴 코일에 10[A]의 전류가 흐른다면 발생된 기자력[AT]은?
① 150　　　② 300
③ 1,500　　　④ 3,000

정답 06 ②　07 ①　08 ①　09 ②　10 ④

해설 기자력

㉠ 자기장(magnetic field)을 만드는 힘을 말한다.
㉡ 보통 자기장을 만들기 쉽도록 하기 위해 일부 또는 전부가 자성재료로 구성된 자기 회로를 둘러싸고 도선을 N회 감아서 I[A]의 전류를 흐르게 함으로써 자기회로를 돌아 NI[AT]의 기자력을 줄 수 있다.
㉢ 기자력(NI)=전류×권수
  ∴ NI=10×300=3,000[AT]

11 제어결과가 목표치를 중심으로 ON-OFF 동작을 하는 제어는?
① 비례 제어   ② 적분 제어
③ 2위치 제어   ④ 비례 적분 제어

해설 2위치동작(ON/OFF 동작)

제어량이 설정값에서 어긋나면 조작부를 개폐하여 운전을 정지하거나 기동하는 것으로 제어 결과가 사이클링(cycling)을 일으키며, 또한 오프셋(offset)을 일으키는 결점이 있다. 대부분의 프로세서 제어계에서 이용하나 응답속도가 요구되는 제어계에는 사용할 수 없다.

12 천장면을 사각이나 원형으로 오려내고 매입 기구를 취부하여 실내의 단조로움을 피하는 조명방식은?
① 코퍼 조명   ② 광천장 조명
③ 코니스 조명   ④ 밸런스 조명

해설 건축화 조명

천장, 벽, 기둥 등의 건축 부분에 광원을 만들어 실내를 조명하는 방식으로 눈부심이 적은 장점이 있는 반면, 조명 효율은 직접 조명에 비해 떨어진다.
㉠ 다운 라이트 : 천장에 작은 구멍을 뚫어 그 속에 광원을 매입한 방법
㉡ 루버 조명 : 천장면에 루버를 설치하고 그 속에 광원을 배치하는 방법
㉢ 광천장 조명 : 천장면 전체에서 발광되도록 한 것
㉣ 코퍼 조명 : 천장면에 빛을 반사시켜 간접 조명하는 방법
㉤ 코니스 조명 : 벽면에 빛을 반사시켜 간접 조명하는 방법

13 소화의 종류 중 화학적 소화에 속하는 것은?
① 질식소화   ② 제거소화
③ 냉각소화   ④ 부촉매소화

해설 소화의 원리

㉠ 제거방법 : 제거에 의한 소화
㉡ 질식방법 : 기름 화재 등 덮어서 포말 소화(산소 공급 차단)
㉢ 희석방법 : 알코올 등 화재시 물로 희석(공기중의 산소 농도를 15% 이하로)
㉣ 냉각방법 : 물 뿌려 냉각 소화(가연물의 온도를 발화점 이하로)
㉤ 억제방법(연쇄반응차단방법, 부촉매 효과) : 화학적 반응을 지연, 중단

14 다음 직렬회로에서 R_1=2[Ω], R_2=3[Ω], R_3=5[Ω]이고 V=110[V]일 때 V_2의 값은?

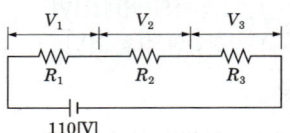

① 22[V]   ② 33[V]
③ 55[V]   ④ 110[V]

해설

$R_1+R_2+R_3=10Ω$
$V=IR,\ I=\dfrac{V}{R},\ R=\dfrac{V}{I}$이다.
(V : 전압[V], I : 전류[A], R : 저항[Ω])
$I=\dfrac{V}{R}=\dfrac{110}{10}=11[A]$
∴ $V_2=IR=11×3=33[V]$

15 알칼리 축전지에 관한 설명으로 옳지 않은 것은?
① 고율방전특성이 좋다.
② 공칭전압은 2.0[V/셀]이다.
③ 극판의 기계적 강도가 강하다.
④ 부식성 가스가 발생하지 않는다.

해설 **축전지의 성능 비교**

구분	연축전지	알칼리 축전지
기전력	2.05~2.08[V]	1.32[V]
공칭전압	2.0[V/셀]	1.2[V/셀]
공칭용량	10시간율[Ah]	5시간율[Ah]
전기적강도	과충, 방전에 약하다	과충, 방전에 강하다
기계적강도	약하다	강하다
충전시간	길다	짧다
온도특성	뒤떨어진다	우수하다
수명	10~20년	30년 이상
가격	싸다	비싸다
자가방전	보통	약간 적은 편이다

[주] 축전지 용량은 보통 암페어시[Ah] 용량이 사용되고 있다.

16 다음 중 역률이 가장 양호한 것은? (단, 3상 380[V]로 운전할 경우)
① 에어컨 ② 전기히터
③ 펌프용 전동기 ④ 업소용 세탁기

해설 **역률(power factor)**
㉠ 피상전력 중에서 유효전력(소비전력)으로 사용되는 비율

역률(P.F) = $\dfrac{유효전력}{피상전력}$ = $\dfrac{유효전력}{\sqrt{3}\,IV}$

㉡ 백열전등, 전열기의 역률은 100%에 가깝다.
㉢ 부하의 역률을 1에 가깝게 높이는 것을 역률개선이라 한다. 역률개선의 방법은 소자에 흐르는 전류의 위상이 소자에 걸리는 전압보다 앞서는 용량성 부하인 콘덴서를 부하에 첨가하여 역률을 개선한다. (진상콘덴서를 병렬로 접속)

17 다음 중 상자성체에 속하지 않는 것은?
① 철 ② 니켈
③ 구리 ④ 코발트

해설
상자성체 : 자기장과 같은 방향으로 자성을 띠는 물질로서 철, 크롬, 니켈, 망간, 알루미늄 등이 있다.
※ 코일 내부에 상자성체인 철심(core)을 넣어 전류의 자기현상을 이용하여 구동되는 기기에는 전자접촉기, 전자릴레이, 솔레노이드 밸브 등이 있다.

18 다음과 같이 정의되는 화재의 종류는?

나무, 섬유, 종이, 고무, 플라스틱류와 같은 일반 가연물이 타고 나서 재가 남는 화재

① A급 화재 ② B급 화재
③ C급 화재 ④ K급 화재

해설 **화재의 종류**
㉠ 일반화재(A급화재) : 백색
㉡ 기름화재(B급화재) : 황색
㉢ 전기화재(C급화재) : 청색

19 접지 공사 중 제1종 접지공사의 저항값은 최대 얼마 이하이어야 하는가?
① 10[Ω] ② 50[Ω]
③ 100[Ω] ④ 200[Ω]

해설 **제1종 접지 공사**
특별고압계기용 변성기의 2차측 전로, 고압용 또는 특별고압용 기계 기구의 철대 및 금속제 외함에 사용되는 접지공사로 접지저항치는 10Ω 이하로 한다.
☞ 종별접지공사(1종, 2종, 3종, 특3종)는 폐지되었습니다. (21년 시행)

20 변압기에서 철심(core)이 하는 역할을?
① 자속의 이동통로 ② 전류의 이동통로
③ 전압의 이동통로 ④ 전력량의 이동통로

해설 **변압기의 구조**
㉠ 변압기를 이루고 있는 중요부분은 철심과 권선이다.
㉡ 변압기에서 철심(core)은 자속의 이동통로의 역할을 한다. 와류손실을 감소시키기 위해 성층철심을 사용한다.
㉢ 변압기에서 철심(core)은 자속의 이동통로의 역할을 한다. 철심은 철손을 적게 하기 위하여 두께 0.35~0.5mm 정도의 규소강판을 사용한다.
㉣ 권선에는 저압 권선과 고압 권선이 있다. 이들 권선으로는 연동선이 쓰이며, 둥근 구리선과 평각 구리선이 있다.

정답 16 ② 17 ③ 18 ① 19 ① 20 ①

소방 및 전기설비
2019년 제4회 과년도 출제문제

01 3[Ω]의 저항과 4[Ω]의 유도성 리액턴스가 직렬로 연결된 교류 회로에서의 역률은 얼마인가?

① 75% ② 60%
③ 30% ④ 80%

[해설]

역률(P.F) = $\dfrac{\text{저항}}{\text{임피던스}}$

임피던스 = $\sqrt{(\text{저항})^2 + (\text{유도임피던스})^2} = \sqrt{3^2 + 4^2} = 5$

∴ 역률(P.F) = $\dfrac{\text{저항}}{\text{임피던스}} = \dfrac{3}{5} = 0.6 = 60\%$

02 전기식 자동제어 시스템에 관한 설명으로 옳지 않은 것은?

① 신호처리가 쉽지만 원격조작이 어렵다.
② 기기의 구조가 복잡하여 취급이 불편하다.
③ 검출부와 조절부가 하나의 케이스 내에 함께 설치된다.
④ 신호전송 및 조작 동력원으로서 상용전원을 직접 사용한다.

[해설] 전기식 자동제어 장치

제어회로의 전달신호에 전류나 전압 등의 전기를 사용하며, 또한 조작부의 조작동력에 전기를 사용하는 제어를 전기식 제어라고 하는데, 중소용량 보일러의 대부분은 전기식 제어가 사용되고 있다. 이 전기식 제어에 필요한 장치를 전기식 자동제어 장치라고 한다.
☞ 구조가 간단하고 조작동력원으로 상용전원을 직접 사용한다.

03 유효전력과 무효전력의 단위와 구분하기 위하여 사용되는 피상전력의 단위는?

① [W] ② [Ah]
③ [VA] ④ [VAR]

[해설] 유효전력과 무효전력

① 유효전력
  ㉠ 전원에서 공급되어 부하에서 유효하게 이용되는 전력을 유효전력이라 한다. 유효전력은 실제로 소비되는 전력이다.(단위 : kW)
  ㉡ 역률이 1일 때 유효전력과 피상전력은 같다.
  ㉢ P=IVcosθ [W]
② 무효전력
  ㉠ 실제로는 아무런 일을 하지 않아 부하에서는 전력으로 이용될 수 없는 전력이다.
  ㉡ P=IVsinθ [VAR]
※ 피상전력
  ㉠ 교류의 부하 또는 전원의 용량을 표시하는 전력을 피상전력이라 한다.
  ㉡ 피상전력 = $\sqrt{(\text{유효전력})^2 + (\text{무효전력})^2}$
  ㉢ 단위 : kVA, VA
※ 역률(P.F) = $\dfrac{\text{유효전력}}{\text{피상전력}}$
  = $\dfrac{\text{유효전력}}{\sqrt{(\text{유효전력})^2 + (\text{무효전력})^2}}$

04 전기화재에 대한 소화기의 적응 화재별 표시로 옳은 것은?

① A ② B
③ C ④ K

[해설] 화재의 종류

㉠ 일반화재(A급화재) : 백색
㉡ 기름화재(B급화재) : 황색
㉢ 전기화재(C급화재) : 청색

05 3상 Y결선에서 선간전압이 220[V]인 3상 교류의 상전압은?

① 127[V] ② 220[V]
③ 381[V] ④ 440[V]

[해설]

3상 4선식(Δ-Y) 결선에서 Y결선의 선간전압은 상전압의 $\sqrt{3}$ 배이다.

∴ 상전압 = $\dfrac{\text{선간전압}}{\sqrt{3}} = \dfrac{220}{\sqrt{3}} = 127V$

정답 01 ② 02 ② 03 ③ 04 ③ 05 ①

06 50[Ω]의 저항과 100[Ω]의 저항을 병렬로 접속하였을 때 합성저항은?

① 0.03[Ω]　　② 17.4[Ω]
③ 33.33[Ω]　　④ 150[Ω]

해설

R_1, R_2가 병렬로 연결되어 있으므로

$$R_1//R_2 = \frac{R_1 \times R_2}{R_1 + R_2}$$

병렬 50Ω//100Ω 이므로

$$\therefore R_1//R_2 = \frac{50 \times 100}{50 + 100} = 33.33\,\Omega$$

07 자동화재탐지설비의 감지기 중 열감지기에 속하지 않는 것은?

① 광전식 감지기　　② 차동식 감지기
③ 정온식 감지기　　④ 보상식 감지기

해설 감지기

감지기의 종류		작동원리
열식	차동식	그 주위 온도가 일정한 온도 상승률 이상으로 되었을 때 작동한다.
	정온식	그 주위 온도가 일정한 온도 이상이 되었을 때 작동한다.
	보상식	그 주위 온도의 변화에 따라 감도가 변화하는 것이며, 차동식 및 정온식의 성능을 가진다.
연기식	이온식	검지부에 연기가 들어감으로써 이온 전류가 변화하는 것을 이용하여 감지한다.
	광전식	검지부에 연기가 들어감으로써 광전 소자의 입사광량이 변화하는 것을 이용하여 감지한다.

08 접속방식에 따라 분류한 인터폰 설비의 종류에 속하지 않는 것은?

① 모자식　　② 복합식
③ 상호식　　④ 교호통화식

해설 인터폰의 접속 방식

㉠ 모자식(친자식) : 1대의 모기에 여러 대의 자기를 접속하는 방식으로 자기끼리는 접속이 불가능하다. 병원 등에 사용
㉡ 상호식 : 원하는 곳 모두 상호간에 접속이 가능
㉢ 복합식 : 모자식과 상호식을 복합한 형식
※ 설치 높이 : 바닥면에서 1.5m

09 유접점 시퀀스 제어 회로에 관한 설명으로 옳지 않은 것은?

① 동작상태의 확인이 쉽다.
② 전기적 노이즈(외란)에 대하여 안정적이다.
③ 기계적 진동에 강하며 개폐부하의 용량이 작다.
④ 독립된 다수의 출력회로를 동시에 얻을 수 있다.

해설 시퀀스 제어의 유접점방식과 무접점방식의 비교

항 목	유접점 방식	무접점 방식
수 명	수명이 짧다.	수명이 반영구적
작동속도	늦으며 한계가 있다. (ms 단위)	빠르다. (μs 단위)
주위온도 서 지	온도특성이 양호하다. 전기적 노이즈(소음)에 안정	열에 약하며 보호대책 필요 노이즈(소음)에 약해 안정대책 필요
장치의 외형	일반적으로 크다.	작다.(가장 큰 장점)
입·출력수	독립된 다수의 출력을 동시에 얻는다.	다수의 입력과 소수의 출력이 용이
가 격	소규모에서 염가	대규모에서 염가

10 옥외소화전설비에 사용되는 호스의 구경은?

① 45mm　　② 55mm
③ 60mm　　④ 65mm

해설 옥외소화전 기준치

㉠ 표준 방수 압력 : 0.25MPa 이상
㉡ 표준 방수량 : 350ℓ/min 이상
㉢ 호스의 구경 : 65mm

정답 06 ③　07 ①　08 ④　09 ③　10 ④

11 LNG에 관한 설명으로 옳지 않은 것은?

① 주성분은 메탄(CH_4)이다.
② LPG에 비해 발열량이 작다.
③ 천연가스를 냉각하여 액화한 것이다.
④ 상온에서 공기보다 비중이 크므로 인화폭발의 우려가 있다.

해설 LN가스(액화천연가스 : Liquefied Natural Gas)

㉠ 메탄(CH_4)을 주성분으로 하는 천연가스를 냉각하여 (1기압 하에서 −162℃) 액화시킨 것이다.
㉡ 공기보다 가벼워 누설이 된다 해도 공기 중에 흡수되기 때문에 안전성이 높은 것이 장점이다.
㉢ 반드시 대규모 저장시설을 갖추어 배관을 통해서 공급해야 하는 단점이 있다.
㉣ LN가스는 현재 연료로 사용되고 있는 가스 중에서 발열량($45,000kJ/m^3$)이 높고 무공해성이어서 연료용으로는 대단히 우수하다.

12 건축설비에서 사용되는 농형 유도전동기에 관한 설명으로 옳지 않은 것은?

① 슬립링이 있기 때문에 불꽃의 염려가 없다.
② 속도제어 방법으로 VVVF방식 등을 사용할 수 있다.
③ 권선형 유도전동기에 비하여 구조가 간단하여 취급이 용이하다.
④ 기동전류가 커서 전동기 권선을 과열시키거나 전원전압의 변동을 일으킬 수 있다.

해설 농형유도전동기

㉠ 구조와 취급이 간단하고 기계적으로 견고하다.
㉡ 가격이 비교적 싸고 운전이 대체로 쉽다.
㉢ VVVF(Variable Voltage Variable Frequency, 인버터) 방식으로 속도제어가 가능하다.
㉣ 슬립링(slip ring)이 없으므로 불꽃이 나올 염려가 없다.
㉤ 기동전류가 커서 전동기 전선을 과열시키거나 전원전압의 변동을 일으킬 수 있다.
㉥ 일반 산업용 및 건축설비에서 광범위하게 사용한다.
※ 슬립링(slip ring)은 권선형 유도전동기에서 적용되는 것이다. 농형 유도전동기는 슬립링이 없으므로 불꽃이 나올 염려가 없다.

13 다음 중 변압기의 원리와 가장 관계가 깊은 것은?

① 정전유도   ② 전자유도
③ 발열작용   ④ 전계유도

해설 변압기의 원리는 자속의 변화에 의한 전자유도현상을 응용한 것으로 변압기의 1차측 코일은 자기유도 작용을 발생시키는 역할을 하고, 2차측 코일은 자속의 변화에 의한 전자유도현상으로 유도전류를 발생시키는 역할을 한다.

14 옥내소화전이 1층에 5개, 2층에 4개, 3층에 4개가 설치되어 있을 때 이 건물의 옥내소화전 설비의 수원의 저수량은 최소 얼마 이상이 되도록 하여야 하는가?

① $5.2m^3$ ② $10.4m^3$
③ $13m^3$ ④ $23.4m^3$

해설
수원의 용량 : 옥내소화전 1개의 방수량 × 20분 × 동시 개구수
= 130L/min × 20 min × N = 2.6N[m^3] (N은 최대 2개)
∴ 수원의 용량 = 130L/min × 20 min × 2
= 5200L = $5.2m^3$

15 교류의 크기를 나타내는데 있어서 평균치 Va와 최대치 Vm과의 관계식으로 옳은 것은?

① Va = 1.11 × Vm
② Va = 0.707 × Vm
③ Va = 0.637 × Vm
④ Va = $\sqrt{2}$ × Vm

해설
전압의 평균값 $Va = \frac{2Vm}{\pi} = 0.637Vm[V]$
전압의 실효값 $V = \frac{Vm}{\sqrt{2}} = 0.707Vm[V]$
여기서, Va : 전압의 평균값[V]
   Vm : 전압의 최대값[V]
   V : 전압의 실효값[V]

정답 11 ④ 12 ① 13 ② 14 ① 15 ③

16 제연설비의 설치장소는 제연구역으로 구획 하여야 한다. 제연구역에 관한 설명으로 옳지 않은 것은?
① 거실과 통로(복도 포함)는 상호 제연구획 한다.
② 하나의 제연구역의 면적은 1000m² 이내로 한다.
③ 하나의 제연구역은 직경 80m의 원내에 들어갈 수 있도록 한다.
④ 통로(복도 포함)상의 제연구역은 보행중심선의 길이가 60m를 초과하지 않도록 한다.

해설
하나의 제연구역은 직경 60m 원내에 들어갈 수 있어야 한다.

17 길이 20[m], 폭 20[m], 천장높이 5[m], 조명률 50[%]의 사무실에 40[W] 형광등을 설치하여 평균조도를 120[lx]로 하려고 한다. 형광등의 소요 개수는? (단, 형광등 1개의 광속은 2500[lm], 보수율은 80[%] 이다.)
① 43개
② 45개
③ 48개
④ 50개

해설
$$F = \frac{E \cdot A \cdot D}{N \cdot U}$$
F : 광원 1개당 광속(2,500lm)
N : 광원 개수
U : 조명률(0.8)
A : 방의 면적(400m²)
E : 평균조도(120lx)
D : 감광보상율
M : 유지율(보수율)

따라서, $N \times 2500 = \dfrac{120 \times 400 \times 1.25}{0.5}$
$N = 48$개

※ 감광보상율$(D) = \dfrac{1}{보수율} = \dfrac{1}{0.8} = 1.25$

18 건축화 조명방식에 속하지 않는 것은?
① 코브 조명
② 코니스 조명
③ 광천장 조명
④ 펜던트 조명

해설 건축화 조명방식
천장, 벽, 기둥 등의 건축 부분에 광원을 만들어 실내를 조명하는 방식으로 눈부심이 적은 장점이 있는 반면, 조명 효율은 직접 조명에 비해 떨어진다.
㉠ 광천장 조명 : 확산투과선 플라스틱판이나 루버로 천장을 마감하여 그 속에 전등을 넣은 방법이다.
㉡ 코니스 조명 : 벽면의 상부에 위치하여 모든 빛이 아래로 직사하도록 하는 조명방식이다.
㉢ 밸런스 조명 : 창이나 벽의 커튼 상부에 부설된 조명이다.(상향 조명)
㉣ 캐노피 조명 : 사용자의 얼굴에 적당한 조도를 분배하기 위해 벽면이나 천장면의 일부를 돌출시켜 조명을 설치한다.
㉤ 코브(cove)조명 : 천장, 벽, 보의 표면에 광원을 감추고, 일단 천장 등에서 반사한 간접광으로 조명하는 건축화 조명이다.
☞ 펜던트(pendant) : 파이프나 와이어에 달아 천장에 매단 조명 방식이다.

19 분전반을 설치하는 전기샤프트(ES)에 관한 설명으로 옳지 않은 것은?
① 각 층마다 같은 위치에 설치한다.
② ES의 면적은 보, 기둥 부분을 제외하고 산정한다.
③ 설치장비 공급의 편리성을 우선하며 각 층의 모서리 부분에 설치한다.
④ 전력용과 정보통신용과 같이 용도별로 구분하여 설치하되, 작은 규모일 경우는 공용으로 사용한다.

해설
전기샤프트는 각층에서 공급 대상의 중심에 위치하도록 하는 것이 바람직하며, 이 때 면적은 설치장비 및 배선공간, 확장성 및 유지보수 통로가 고려된 것이어야 한다.
기기의 배치와 유지보수에 충분한 공간으로 하고, 건축적인 마감을 실시한다.
※ 전기샤프트(ES)의 점검구는 유지·보수시 기기의 반출입이 가능하도록 하여야 하며, 폭은 최소 60cm 이상으로 한다.
※ 전기샤프트의 점검구 문의 폭은 90cm 이상으로 한다.

정답 16 ③ 17 ③ 18 ④ 19 ③

20 어떤 저항에 직류전압 100[V]를 가했더니 1 [kW]의 전력을 소비하였다. 이 때 흐른 전류는 몇 [A]인가?

① 0.01   ② 5
③ 10   ④ 100

[해설] 전력 $P=IV$

옴의 법칙 $P=IV$
$I = \dfrac{V}{R}$
(P : 전력[W], I : 전류[A], V : 전압[V], R : 저항[Ω])
$\therefore I = \dfrac{P}{V} = \dfrac{1000}{100} = 10$

소방 및 전기설비
2020년 제1·2회 과년도 출제문제

01 다음과 같은 조건에서 가로 40m, 세로 30m인 사무실의 평균조도를 400[lx]로 하기 위해 필요한 형광등의 개수는?

조건
- 형광등 1개당 광속 : 4000[lm]
- 조명률 : 0.6
- 감광보상률 : 1.7

① 240개
② 260개
③ 280개
④ 340개

해설 광속의 계산

$$F = \frac{E \cdot A \cdot D}{N \cdot U} = \frac{E \cdot A}{N \cdot U \cdot M} \text{ (lm)}$$

- F : 사용 광원 1개의 광속[lm]
- D : 감광 보상률
  (직접조명 : 1.3~2.0, 간접조명 : 1.5~2.0)
- E : 작업면의 평균 조도[lx]
- A : 방의 면적[m^2]
- N : 광원의 개수
- U : 조명률
- M : 유지율(보수율 : 감광 보상률의 역수)

$F = \frac{E \cdot A \cdot D}{N \cdot U}$ 에서 $N = \frac{E \cdot A \cdot D}{F \cdot U}$ 이므로

$N = \frac{400 \times 40 \times 30 \times 1.7}{4000 \times 0.6} = 340$개

02 스프링클러설비의 화재안전기준 상 다음과 같이 정의되는 용어는?

가압된 물이 분사될 때 헤드의 축심을 중심으로 한 반원상에 균일하게 분산시키는 헤드

① 조기반응형헤드
② 측벽형스프링클러헤드
③ 개방형스프링클러헤드
④ 폐쇄형스프링클러헤드

해설 스프링클러헤드 용어 정의

㉠ 개방형 스프링클러헤드라 함은 감열체 없이 방수구가 열려져 있는 스프링클러헤드를 말한다.
㉡ 폐쇄형 스프링클러헤드라 함은 정상상태에서 방수구를 막고 있는 감열체가 일정온도에서 자동적으로 파괴·용해 또는 이탈됨으로써 방수구가 개방되는 스프링클러헤드를 말한다.
㉢ 조기반응형 스프링클러헤드라 함은 표준형스프링클러헤드 보다 기류온도 및 기류속도에 조기에 반응하는 것을 말한다.
㉣ 측벽형 스프링클러헤드라 함은 가압된 물이 분사될 때 헤드의 축심을 중심으로 한 반원상에 균일하게 분산시키는 헤드를 말한다.
㉤ 건식 스프링클러헤드라 함은 물과 오리피스가 분리되어 동파를 방지할 수 있는 스프링클러헤드를 말한다.

03 시퀀스(Sequence) 제어에 관한 설명으로 옳은 것은?

① 시퀀스 제어는 일명 피드백(Feedback) 제어라고도 한다.
② 시퀀스 제어계의 신호처리 방식은 유접점 방식만 있다.
③ 미리 정해진 순서에 따라 제어의 각 단계를 순차적으로 제어한다.
④ 시퀀스 제어 회로의 주전원과 조작전원은 반드시 동일해야 한다.

해설 시퀀스(Sequence) 제어

㉠ 미리 정해진 순서에 따라 단계별로 제어를 진행하는 방식
㉡ 신호는 한 방향으로만 전달되는 개방회로방식
㉢ 신호등, 자동판매기, 전기세탁기, 팬의 기동/정지, 엘리베이터의 기동/정지, 공기조화기의 경보시스템

※ 피드백 제어(폐회로 제어)
㉠ 제어의 결과와 압력을 비교하기 위해 출력이 입력 피드백 되는 방식
㉡ 폐회로 구성된 폐회로 방식
㉢ 전압, 보일러 내 압력, 실내온도 등과 같이 목표치를 일정하게 정해놓은 제어에 사용
㉣ 비행기 레이더 자동추적, 펌프의 압력제어

정답 01 ④　02 ②　03 ③

04 직·병렬 전기회로에 관한 설명으로 옳지 않은 것은?
① 직렬회로에서는 각 저항에 흐르는 전류는 같다.
② 직렬회로에서 총저항은 접속되어 있는 모든 저항을 합한 것이다.
③ 저항의 병렬회로보다 저항의 직렬회로에서 전압강하가 적어진다.
④ 병렬회로에서 각 저항에서의 전압강하는 저항의 크기와 관계없이 모두 같다.

> **해설**
> 저항의 병렬회로보다 저항의 직렬회로에서 전압강하가 커진다.
> ※ 전압강하(Voltage Drop)는 공급전압이 전원의 굵기, 전선의 길이 등에 의해서 전압이 떨어지는 현상이다. 저압배선 중의 전압강하는 간선 및 분기회로에서 각각 표준전압의 2% 이하로 하는 것을 원칙으로 한다.

05 스프링클러설비의 배관 중 스프링클러헤드가 설치되어 있는 배관을 의미하는 것은?
① 주배관 ② 교차배관
③ 가지배관 ④ 급수배관

> **해설** 스프링클러설비의 배관
> ㉠ 가지배관 : 스프링클러헤드가 설치되어 있는 배관
> ㉡ 교차배관 : 직접 또는 수직배관을 통하여 가지배관에 급수하는 배관
> ㉢ 주배관 : 각 층을 수직으로 관통하는 수직배관
> ㉣ 신축배관 : 가지배관과 스프링클러헤드를 연결하는 구부림이 용이하고 유연성을 가진 배관
> ㉤ 급수배관 : 수원 및 옥외송수구로부터 스프링클러헤드에 급수하는 배관

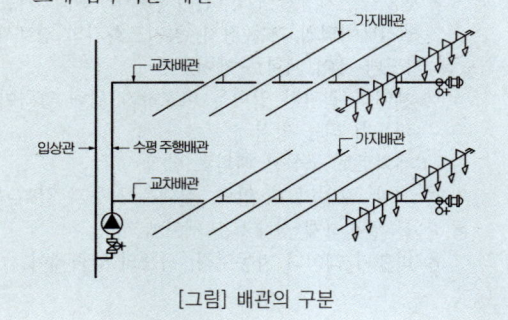

[그림] 배관의 구분

06 보호계전기의 종류에 속하지 않는 것은?
① 방향 계전기
② 과전류 계전기
③ 부족 전압 계전기
④ 갭 저항형 계전기

> **해설** 변전설비의 보호용 계전기
> 과전류 계전기, 과전압 계전기, 부족전압 계전기, 지락계전기 등이 있다.
> ※ 보호계전기는 보호회로 및 자동차단기와 짝지어서 기기 또는 전로에 고장이 발생하였을 때에 기기 또는 전로의 손상을 최소한도로 줄이고 또 고장 발생 구간을 빨리 선택 차단하여 다른 곳으로 사고가 파급되는 것을 방지하기 위한 목적으로 사용한다.

07 교류의 크기를 표현하는데 사용되는 용어에 속하지 않는 것은?
① 평균값 ② 실효값
③ 순시값 ④ 정상값

> **해설** 교류의 크기 표현 용어
> ① 전압의 평균값 $V_a = \dfrac{2Vm}{\pi}$ [V]
> ② 전압의 실효값 $V = \dfrac{Vm}{\sqrt{2}}$ [V]
> 여기서, V_a : 전압의 평균값[V]
> Vm : 전압의 최대값[V]
> V : 전압의 실효값[V]
> ③ $v = Vm \sin wt$ [V]
> 여기서, v : 전압의 순시값[V]
> Vm : 전압의 최대값[V]
> w : 각주파수[rad/s]
> t : 주기[s]
> V : 실효값[V]

08 다음 중 정풍량 방식에서 냉난방 밸브의 제어 기준이 되는 현재 실내의 온·습도를 측정하는 검출기의 설치 위치로 가장 적정한 것은?
① 외기측 ② 급기측
③ 환기측 ④ 혼합기측

> **해설**
> 환기측 온·습도 검출기는 현재 실내의 온·습도를 측정하는 검출기이다.

09 3상 Y결선에서 선간전압이 200[V]인 3상 교류의 상전압은?
① 115[V] ② 346[V]
③ 453[V] ④ 600[V]

> **해설**
> 3상 4선식(△-Y) 결선에서 Y결선의 선간전압은 상전압의 $\sqrt{3}$ 배이다.
> ∴ 상전압 = $\dfrac{\text{선간전압}}{\sqrt{3}}$ = $\dfrac{200}{\sqrt{3}}$ = 115V

10 연결살수설비의 송수구에 관한 기준 내용으로 옳지 않은 것은?
① 송수구는 구경 32mm의 쌍구형으로 설치하여야 한다.
② 지면으로부터 높이가 0.5m 이상 1.0m 이하의 위치에 설치하여야 한다.
③ 소방차가 쉽게 접근할 수 있고 노출된 장소에 설치하는 것이 원칙이다.
④ 개방형 헤드를 사용하는 송수구의 호스접결구는 각 송수구역마다 설치하는 것이 원칙이다.

> **해설** 연결살수설비의 송수구에 관한 기준
> ㉠ 소방차가 쉽게 접근할 수 있고 노출된 장소에 설치하는 것이 원칙이다.
> ㉡ 지면으로부터 높이가 0.5m 이상 1.0m 이하의 위치에 설치하여야 한다.
> ㉢ 개방형 헤드를 사용하는 송수구의 호스접결구는 각 송수구역마다 설치하는 것이 원칙이다.
> ㉣ 송수구는 구경 65mm의 쌍구형으로 설치하여야 한다. 단, 하나의 송수구역에 부착하는 살수헤드의 수가 10개 이하인 경우 단구형으로 할 수 있다.

11 다음 중 3상유도전동기의 회전속도를 증가시킬 수 있는 방법으로 가장 알맞은 것은?
① 극수를 증가시킨다.
② 슬립을 증가시킨다.
③ 주파수를 증가시킨다.
④ 기동법을 변화시킨다.

> **해설** 3상 유도전동기의 속도제어 방법
> ㉠ 회전자에 접속되어 있는 저항을 변화시켜 비례 추이의 원리로 제어한다.
> ㉡ 독립된 2조의 극수가 서로 다른 고정자 권선을 감아 놓고 필요에 따라 극수를 선택하여 극수를 변화시킨다.
> ㉢ 인버터를 사용하여 주파수를 변화시킨다.
> ※ 3상 유도전동기의 속도제어 방법 : 주파수의 변환, 극수의 변환, 전류 저항의 변환, 전압제어
> ※ 3상 유도 전동기는 농형과 권선형이 있는데, 건축설비에서 쓰이는 대부분은 3상 전동기는 농형이다.

12 자동화재탐지설비의 수신기의 설치에 관한 설명으로 옳지 않은 것은?
① 수위실 등 상시 사람이 근무하는 장소에 설치하는 것이 원칙이다.
② 수신기의 조작스위치는 바닥으로부터 높이가 1.5m 이상 2.0m 이하인 장소에 설치하여야 한다.
③ 수신기는 감지기·중계기 또는 발신기가 작동하는 경계구역을 표시할 수 있는 것으로 하여야 한다.
④ 수신기의 음향기구는 그 음량 및 음색이 다른 기기의 소음 등과 명확히 구별될 수 있는 것으로 하여야 한다.

> **해설**
> 수신기의 조작스위치는 바닥으로부터 높이가 0.8m 이상 1.5m 이하인 장소에 설치하여야 한다.

13 200[V], 1[kW]의 전열기를 100[V]의 전압으로 사용할 때 소비되는 전력[W]은?
① 100 ② 200
③ 250 ④ 500

정답 09 ① 10 ① 11 ③ 12 ② 13 ③

해설 전열기의 소비전력

$P = IV = \dfrac{V^2}{R}$ 에서

전열기의 소비전력(W)은 전압의 제곱에 비례하고 저항에 반비례한다.

$\therefore P = 1000 \times (\dfrac{100}{200})^2 = 250W$

14 도선의 길이를 10배, 단면적을 5배로 하면 전기 저항의 크기는 몇 배로 되는가?
① 1배　　② 2배
③ 3배　　④ 5배

해설

전선의 저항(R)은 전선의 굵기, 즉 단면적에 반비례하고 전선의 길이에 비례한다.

$R = \rho \dfrac{l}{S}$

R : 저항[Ω]
ρ : 도선의 고유 저항(도선의 비저항)
l : 도선의 길이[cm]
S : 도선의 단면적[cm²]

$\therefore R = \dfrac{10}{5} = 2배$

15 금속관 배선공사에 관한 설명으로 옳지 않은 것은?
① 외부에 대한 고조파의 영향이 없다.
② 사용 목적에 따라 적합한 접지가 필요하다.
③ 외부적 응력에 대해 전선보호의 신뢰성이 높다.
④ 옥내의 습기가 많은 은폐장소에서는 사용이 불가능하다.

해설 금속관 공사

철근콘크리트 건물의 매입 배선으로 사용하는 공사
㉠ 전선의 과열로 인한 화재의 위험성이 적다.(절연전선 사용)
㉡ 기계적인 외력에 대하여 전선이 안전하게 보호된다.
㉢ 전선이 인입이 용이하다.
㉣ 고압, 저압, 통신설비 등에 널리 사용된다.
㉤ 고조파의 영향이 없다.
㉥ 사용장소는 은폐장소, 노출장소, 옥내, 옥외 등 광범위하게 사용할 수 있다.
※ 고조파(Harmonics) : 기본파에 대해 정수배가 되는 주파수

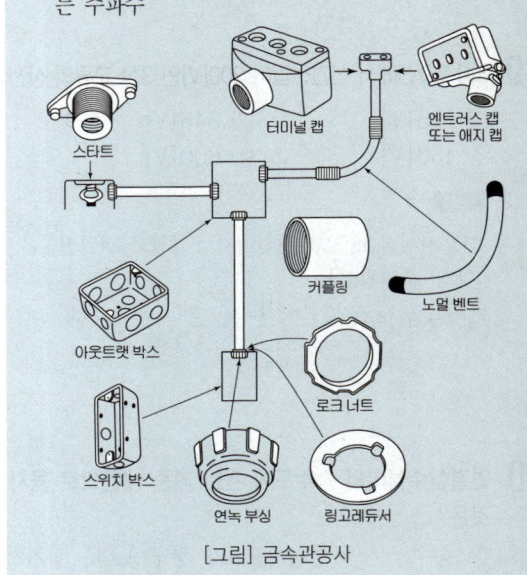

[그림] 금속관공사

16 건축화 조명방식 중 천장면에 유리, 플라스틱 등과 같은 확산용 스크린판을 붙이고 천장 내부에 광원을 배치하여 천장을 건축화된 조명기구로 활용하는 방식은?
① 코브조명　　② 밸런스조명
③ 광천창조명　　④ 코니스조명

해설

① 코브(cove)조명 : 천장, 벽, 보의 표면에 광원을 감추고, 일단 천장 등에서 반사한 간접광으로 조명하는 건축화 조명이다.
② 밸런스 조명 : 창이나 벽의 커튼 상부에 부설된 조명이다.(상향 조명)
④ 코니스 조명 : 벽면의 상부에 위치하여 모든 빛이 아래로 직사하도록 하는 조명방식이다.

정답 14 ②　15 ④　16 ③

17 다음은 옥외소화전설비의 옥외소화전함 설치에 관한 기준 내용이다. ( ) 안에 알맞은 것은?

> 옥외소화전이 10개 이하 설치된 때에는 옥외 소화전마다 ( ) 이내의 장소에 1개 이상의 소화전함을 설치하여야 한다.

① 5m ② 10m
③ 15m ④ 20m

해설
옥외소화전설비에는 옥외소화전마다 그로부터 5m 이내의 장소에 소화전함을 설치하여야 한다.
㉠ 옥외소화전이 10개 이하로 설치된 때에는 옥외소화전마다 5m 이내의 장소에 1개 이상의 소화전함을 설치하여야 한다.
㉡ 옥외소화전이 11개 이상 30개 이하 설치된 때에는 11개 이상의 소화전함을 각각 분산하여 설치하여야 한다.
㉢ 옥외소화전이 31개 이상 설치된 때에는 옥외소화전 3개마다 1개 이상의 소화전함을 설치하여야 한다.

18 변압기의 전부하 시의 2차 전압이 100[V], 무부하 시의 2차 전압이 102[V]이라면 전압 변동률은?

① 1.96% ② 2%
③ 2.04% ④ 4%

해설 전압변동률(ξ)

$$\xi = \frac{\text{무부하시 수전단 전압}(V_{ro}) - \text{전부하시 수전단 전압}(V_r)}{\text{전부하시 수전단 전압}(V_r)} \times 100(\%)$$

$$= \frac{102-100}{100} \times 100(\%) = 2\%$$

19 정전용량이 C_1, C_2인 두 콘덴서를 직렬로 연결한 회로에 전압 V를 인가할 경우 C_1에 걸리는 전압은?

① $(C_1 + C_2)V$ ② $\dfrac{V}{C_1 + C_2}$
③ $\dfrac{C_1 V}{C_1 + C_2}$ ④ $\dfrac{C_2 V}{C_1 + C_2}$

해설 콘덴서의 합성정전용량[F]

① $C_1 + C_2$ 직렬연결 = $\dfrac{C_1 C_2}{C_1 + C_2}$
② $C_1 + C_2$ 병렬연결 = $C_1 + C_2$
※ 두 콘덴서를 직렬로 연결한 회로에 전압 V를 인가할 경우 C_1에 걸리는 전압

$$C_1 = \dfrac{C_2}{C_1 + C_2} \times V$$

20 다음은 옥내소화전설비의 방수구에 관한 기준 내용이다. ( ) 안에 알맞은 것은?

> 특정소방대상물의 층마다 설치하되, 해당 특정소방대상물의 각 부분으로부터 하나의 옥내소화전방수구까지의 수평거리가 ( ) 이하가 되도록 할 것. 다만, 복층형 구조의 공동주택의 경우에는 세대의 출입구가 설치된 층에만 설치할 수 있다.

① 10m ② 15m
③ 20m ④ 25m

해설
옥내소화전 방수구는 소방대상물의 층마다 설치하되, 해당 소방대상물의 각 부분으로부터 하나의 옥내소화전 방수구까지의 수평 거리가 25m 이하가 되도록 할 것. 다만, 복층형 구조의 공동주택의 경우에는 세대의 출입구가 설치된 층에만 설치할 수 있다.
※ 옥내소화전의 배관에서 펌프의 토출측 주배관의 구경은 유속이 4m/s 이하가 될 수 있는 크기 이상으로 하여야 하고, 옥내소화전 방수구와 연결되는 가지배관의 구경은 40mm(호스릴 옥내소화전 경우에는 25mm) 이상으로 하여야 하며, 주배관 중 수직배관의 구경은 50mm(호스릴 옥내소화전 경우에는 32mm) 이상으로 하여야 한다.

정답 17 ① 18 ② 19 ④ 20 ④

소방 및 전기설비
2020년 제3회 과년도 출제문제

01 무접점 계전기에 사용되는 전력전자소자(트랜지스터, 다이오드)에 관한 설명으로 옳지 않은 것은?
① 스위칭 속도가 빠르다.
② 전력소비가 대단히 작다.
③ 잡음(noise)의 영향을 받지 않는다.
④ 접점의 개폐동작으로 인한 마모현상이 없다.

[해설]
무접점방식은 잡음(noise, 외란)에 약하며 안정대책이 필요하다.
※ 외란(noise, 잡음)
제어계의 상태를 교란시키는 외적작용으로서, 실내 온도 제어에서는 인체·조명 등에 의한 발생열, 창문을 통한 태양일사, 틈새바람, 외기온도 등을 의미하며, 무접점방식은 외란(noise, 잡음)에 약하며 안정대책이 필요하다.

02 다음 설명에 알맞은 건축화 조명방식은?

- 천장과 벽면의 경계구석에 등기구를 배치하여 조명하는 방식이다.
- 천장과 벽면을 동시에 투사하는 실내 조명 방식이다.

① 코너 조명　　② 코퍼 조명
③ 광천장 조명　④ 밸런스 조명

[해설]
② 코퍼 조명 : 천장면을 여러 형태의 사각, 동그라미 등으로 오려내고 다양한 형태의 매입기구를 취부하여 실내의 단조로움을 피하는 건축화 조명 방식
③ 광천장 조명 : 천장 전면에 광원 또는 조명기구를 배치하고, 발광면을 확산투과성 플라스틱판이나 루버 등으로 전면을 가리는 조명 방식
④ 밸런스 조명 : 창이나 벽의 커튼 상부에 부설된 조명방식(상향 조명)

03 다음 설명에 알맞은 화재의 종류는?

전류가 흐르고 있는 전기기기, 배선과 관련된 화재

① A급 화재　　② B급 화재
③ C급 화재　　④ K급 화재

[해설] 화재의 종류
㉠ 일반 화재(A급 화재) : 나무, 섬유, 종이, 고무, 플라스틱류와 같은 일반 가연물이 타고 나서 재가 남는 화재
㉡ 기름 화재(B급 화재) : 인화성 액체, 가연성 액체, 석유 그리스, 타르, 오일, 유성도료, 솔벤트, 래커, 알코올 및 인화성 가스와 같은 유류가 타고 나서 재가 남지 않는 화재
㉢ 전기 화재(C급 화재) : 전류가 흐르고 있는 전기기기, 배선과 관련한 화재

04 피드백 제어방식을 제어동작에 의해 분류할 경우, 연속동작에 해당하는 것은?
① 미분 동작　　② 2위치 동작
③ 다위치 동작　④ ON-OFF 동작

[해설] 조절기
㉠ 불연속 동작 : 2위치동작(ON/OFF 동작), 다위치동작
㉡ 연속동작 : 비례제어(P 동작), 미분동작(D 동작), 적분동작(I 동작), 비례적분제어(PI 동작), 비례분동작(PD 동작), 비례적분미분제어(PID 동작)

05 어느 학교에서 면적인 200m²인 교실에 32[W] 형광램프를 설치하여 평균조도를 400[lx]로 설계하고자 할 때 소요 램프수는? (단, 형광램프 1개 광속은 3000[lm], 조명률은 0.6, 보수율은 0.80이다.)
① 14개　　② 28개
③ 42개　　④ 56개

[정답] 01 ③　02 ①　03 ③　04 ①　05 ④

해설 광속 계산

$F = \dfrac{E \cdot A \cdot D}{N \cdot U}$ 또는 $F = \dfrac{A \cdot E}{N \cdot U \cdot M}$ 에서

$N = \dfrac{E \cdot A}{F \cdot U \cdot M}$

여기서,
 F : 광원 1개당 광속(lm)
 N : 광원 개수
 U : 조명률
 A : 방의 면적(m²)
 E : 평균조도(lx)
 D : 감광보상율
 M : 유지율(보수율)

따라서, $N = \dfrac{400 \times 200}{3{,}000 \times 0.6 \times 0.8}$

$N = 55.6 = 56$개

06 병원 등에 설치되는 모자식 전기시계에 관한 설명으로 옳은 것은?
① 자시계의 설치 높이는 하단부가 1.5m 이상으로 한다.
② 탁상형 모시계는 자시계 회로수가 3회로 이상인 경우 사용한다.
③ 모시계와 자시계를 연결하는 배선의 전압 강하는 15% 이하가 되도록 한다.
④ 벽걸이형 모시계는 소규모 모시계로 자시계 회로수가 3회로 이내인 경우 사용한다.

해설 전기시계
① 단독 시계 : 가정용, 소규모(교류식 : 디지털 시계, 건전지식)
② 모자식 시계 : 대규모의 경우 정밀한 모시계를 두고 모시계의 운침 충격 전류에 의해 자시계가 작동한다.
 ㉠ 모시계 : 수정식, 진자식, 램프식
  ⓐ 수정식 : 가장 많이 사용, 수정식 I 급이 가장 정밀(특히 정도(精度)를 요구하는 건물)하다.
  ⓑ 램프식 : 진동이 있는 장소, 정밀도가 낮다.
 ㉡ 자시계 : 직류 전기를 이용, 유극식과 무극식이 있다.

07 다음 그림과 같은 회로의 합성 정전용량은?

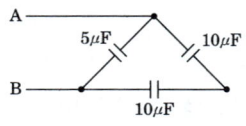

① 5[μF]   ② 10[μF]
③ 15[μF]   ④ 20[μF]

해설

$C = 5 + \dfrac{10}{2} = 10[\mu F]$

08 다음은 교류의 표현에 관한 설명이다. ( ) 안에 알맞은 용어는?

전기에서는 서로 한 일이 비교될 수 있도록 교류의 크기를 나타낼 때에는 그 교류와 같은 일을 하는 직류의 크기로 대신 나타내며 그 때 직류의 크기를 그 교류의 ( )라고 한다.

① 실효치   ② 평균치
③ 비교치   ④ 균등치

해설

전기에서는 서로 한 일이 비교될 수 있도록 교류의 크기를 나타낼 때에는 그 교류와 같은 일을 하는 직류의 크기로 대신 나타내며 그 때 직류의 크기를 그 교류의 실효치라고 한다.

09 납축전지가 방전되면 양(+)극은 어떠한 물질로 되는가?
① Pb   ② $PbSO_4$
③ PbO   ④ PbO_2

해설 납축전지의 충전 및 방전시의 물질 상태
㉠ 충전시 : 양극판은 적갈색의 PbO_2, 음극판은 납색의 Pb, 수용액은 묽은 황산
㉡ 방전시 : 양극판, 음극판 모두 회백색의 $PbSO_4$

정답 06 ④   07 ②   08 ①   09 ②

10 연결살수설비에 설치되는 송수구의 구경 기준은?

① 32mm ② 40mm
③ 50mm ④ 65mm

> **해설** 연결살수설비의 송수구에 관한 기준
> ㉠ 소방차가 쉽게 접근할 수 있고 노출된 장소에 설치하는 것이 원칙이다.
> ㉡ 지면으로부터 높이가 0.5m 이상 1.0m 이하의 위치에 설치하여야 한다.
> ㉢ 개방형 헤드를 사용하는 송수구의 호스접결구는 각 송수구역마다 설치하는 것이 원칙이다.
> ㉣ 송수구는 구경 65mm의 쌍구형으로 설치하여야 한다. 단, 하나의 송수구역에 부착하는 살수헤드의 수가 10개 이하인 경우 단구형으로 할 수 있다.

11 다음이 설명하는 법칙은?

> 회로망 중의 한 점에 흘러 들어오는 전류의 총합과 흘러 나가는 전류의 총합은 같다.

① 오옴의 법칙
② 키르히호프 제1법칙
③ 키르히호프 제2법칙
④ 앙페르의 오른나사의 법칙

> **해설**
> 키르히호프의 법칙 : 옴의 법칙을 응용한 것으로 복잡한 회로의 전류와 전압 계산에 사용
> ㉠ 키르히호프 제1법칙 : 회로형 중의 한 점에 흘러 들어오는 전류의 총합과 흘러 나가는 전류의 총합은 같다.(전류 법칙)
> ㉡ 키르히호프 제2법칙 : 회로형 중의 임의의 폐회로 내에서 일주방향에 따른 전압강하 총합은 기전력의 총합은 같다.(전압 법칙)

12 감전방지를 위하여 3상 380V 농형유도전동기의 금속제 외함에 실시하는 접지공사는?

① 제1종 접지공사 ② 제2종 접지공사
③ 제3종 접지공사 ④ 특별 제3종 접지공사

> **해설** 제3종 접지공사
> • 고압 계기용 변성기의 2차측 전로
> • 고압용 금속제 외함
> • 400V 이하 저압용 전기기기의 철대 및 금속제 외함
> • 400V 이하의 금속관공사의 금속제 분전반
>
> ☞ 종별접지공사(1종, 2종, 3종, 특3종)는 폐지되었습니다. (21년 시행)

13 고압 이상 전로에서 단독으로 전로의 접속 또는 분리를 목적으로 하며 무전압이나 무전류에 가까운 상태에서 안전하게 전로를 개폐하는 것은?

① 퓨즈 ② 단로기
③ 변성기 ④ 콘덴서

> **해설** 단로 스위치(DS ; Disconnecting Switch, 단로기)
> 개폐기의 일종으로서 공칭전압 3.3kV 이상 전로에 사용되며, 기기의 보수 점검 시 또는 회로변경이 필요할 때 사용된다. 부하전류의 개폐는 차단기 개폐기 등으로 행하고, 단로기는 부하전류의 개폐를 하지 않는 것이 원칙이다.

14 플레밍의 왼손 법칙을 응용한 기기는?

① 펌프 ② 전동기
③ 발전기 ④ 변압기

> **해설**
> 플레밍의 왼손법칙 : 전류가 흐르고 있는 도선에 대해 자기장이 미치는 힘의 작용방향을 정하는 법칙으로 전동기에 적용되는 법칙
> ※ 플레밍의 오른손법칙 : 자계 내에서 도체가 움직이는 방향과 자속의 방향에 따라 유도기전력의 방향을 알기 위하여 사용되는 것으로 발전기에 적용되는 법칙

정답 10 ④ 11 ② 12 ③ 13 ② 14 ②

15 옥내소화전설비의 수조에 관한 설명으로 옳지 않은 것은?

① 수조의 상단에는 청소용 배수밸브 또는 배수관을 설치하여야 한다.
② 동결방지조치를 하거나 동결의 우려가 없는 장소에 설치하여야 한다.
③ 수조가 실내에 설치된 때에는 그 실내에 조명 설비를 설치하여야 한다.
④ 수조의 상단이 바닥보다 높은 때에는 수조의 외측에 고정식 사다리를 설치하여야 한다.

해설 수조의 밑부분에는 청소용 배수밸브 또는 배수관을 설치하여야 한다.

16 다음의 옥외소화전설비의 수원에 관한 설명 중 ( ) 안에 알맞은 것은?

> 옥외소화전설비의 수원은 그 저수량이 옥외소화전의 설치개수(옥외소화전이 2개 이상 설치된 경우에는 2개)에 ( )를 곱한 양 이상이 되도록 하여야 한다.

① $1.7m^3$
② $2.6m^3$
③ $7m^3$
④ $12m^3$

해설
수원의 수량(Q) = (옥외소화전 1개의 방수량) × (동시개구수) × 20분
= 350L/min × 20min × N
= 7N[m^3] (N은 최대 2개)

17 3[Ω]의 저항과 4[Ω]의 유도 리액턴스가 병렬로 접속되어있을 때, 이 회로의 합성 임피던스는?

① 2.0[Ω]
② 2.2[Ω]
③ 2.4[Ω]
④ 2.6[Ω]

해설 저항과 코일의 합성임피던스(Z)

$$\frac{1}{Z} = \sqrt{\frac{1}{R^2} + \frac{1}{L^2}} = \sqrt{\frac{1}{3^2} + \frac{1}{4^2}} = 0.417$$

∴ $Z = 2.4[\Omega]$

또는 ☞ $Z = \frac{R \times jx}{R + jx} = \frac{j12}{3+j4} = \frac{j12}{3+j4}$

$= \frac{j12(3-j4)}{(3+j4)(3-j4)} = \frac{j36+48}{3^2+4^2} = \frac{j36+48}{25}$

$= 1.92 + j1.44$

$Z = \sqrt{1.92^2 + 1.44^2} = \sqrt{5.76} = 2.4[\Omega]$

※ jx = 유도 리액턴스 : 코일(L)의 저항
 $-jx$ = 용량 리액턴스 : 콘덴서(C)의 저항

18 Y-△ 기동법은 어떤 전동기의 기동법인가?

① 직권 전동기
② 동기 전동기
③ 유도 전동기
④ 타여자 전동기

해설 3상 유도전동기는 기동 전류를 줄이려고 고정자 권선이 △결선인 전동기를 기동시에 한하여 Y결선으로 하고, 정격전압을 인가하여 기동한 후에 △결선으로 변환하여 주는 방법인 Y-△ 기동방식을 사용한다.

19 스프링클러설비의 화재안전기준에 사용되는 교차배관의 정의로 옳은 것은?

① 각 층을 수직으로 관통하는 수직배관
② 스프링클러헤드가 설치되어 있는 배관
③ 직접 또는 수직배관을 통하여 가지배관에 급수하는 배관
④ 수원 및 옥외송수구로부터 스프링클러헤드에 급수하는 배관

정답 15 ① 16 ③ 17 ③ 18 ③ 19 ③

해설 스프링클러설비의 배관
㉠ 가지배관 : 스프링클러헤드가 설치되어 있는 배관
㉡ 교차배관 : 직접 또는 수직배관을 통하여 가지배관에 급수하는 배관
㉢ 주배관 : 각 층을 수직으로 관통하는 수직배관
㉣ 신축배관 : 가지배관과 스프링클러헤드를 연결하는 구부림이 용이하고 유연성을 가진 배관
㉤ 급수배관 : 수원 및 옥외송수구로부터 스프링클러헤드에 급수하는 배관

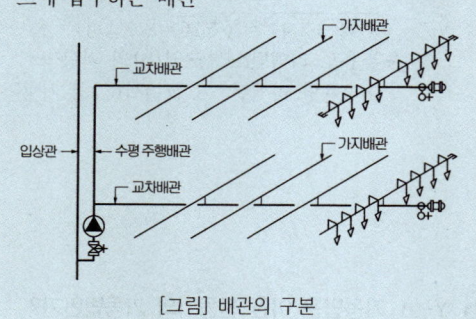

[그림] 배관의 구분

20 역률에 관한 설명으로 옳은 것은?
① 백열전등이나 전열기의 역률은 100[%]이다.
② 무효전력에 대한 유효전력의 비를 역률이라 한다.
③ 역률은 부하의 종류와는 관계가 없으며 공급 전력의 질을 의미한다.
④ 역률산정 시에 필요한 피상전력은 유효전력과 무효전력의 산술합이다.

해설 역률(power factor)
㉠ 피상전력 중에서 유효전력(소비전력)으로 사용되는 비율

역률(P.F) = $\dfrac{유효전력}{피상전력}$ = $\dfrac{유효전력}{\sqrt{3}\,IV}$

㉡ 백열전등, 전열기의 역률은 100%에 가깝다.
㉢ 부하의 역률을 1에 가깝게 높이는 것을 역률개선이라 한다. 역률개선의 방법은 소자에 흐르는 전류의 위상이 소자에 걸리는 전압보다 앞서는 용량성 부하인 콘덴서를 부하에 첨가하여 역률을 개선한다. (진상콘덴서를 병렬로 접속)

소방 및 전기설비
2020년 제4회 과년도 출제문제

01 소화설비의 소화방법에 관한 설명으로 옳지 않은 것은?
① 물분무소화설비는 제거 소화법이다.
② 옥내소화전설비는 냉각 소화법이다.
③ 스프링클러설비는 냉각 소화법이다.
④ 불연성가스 소화설비는 질식 소화법이다.

해설 소화의 원리
㉠ 제거방법 : 제거에 의한 소화
㉡ 질식방법 : 기름 화재 등 덮어서 포말 소화(산소 공급 차단)
㉢ 희석방법 : 알코올 등 화재 시 물로 희석(공기 중의 산소 농도를 15% 이하로)
㉣ 냉각방법 : 물 뿌려 냉각소화(가연물의 온도를 발화점 이하로)
㉤ 억제방법(연쇄반응차단방법, 부촉매 효과) : 화학적 반응을 지연, 중단
☞ 물분무소화설비는 냉각 소화법이다.

02 소방차로부터 스프링클러설비에 송수할 수 있는 송수구에 관한 기준 내용으로 옳지 않은 것은?
① 구경 65mm의 단구형으로 할 것
② 송수구에는 이물질을 막기 위한 마개를 씌울 것
③ 지면으로부터 높이가 0.5m 이상 1m 이하의 위치에 설치할 것
④ 송수구의 가까운 부분에 자동배수밸브(또는 직경 5mm의 배수공) 및 체크밸브를 설치할 것

해설
구경 65mm의 쌍구형으로 할 것

03 스프링클러설비의 알람밸브에 리타딩챔버를 설치하는 주된 목적은?
① 오보를 방지한다.
② 자동배수를 한다.
③ 방수압을 시험한다.
④ 가압수의 온도를 검지한다.

> **해설**
> 스프링클러설비의 알람밸브에 리타딩챔버를 설치하여 오보를 방지한다.

04 두 개의 전극을 이용하여 정전용량이 큰 콘덴서를 만들기 위한 방법으로 알맞은 것은?
① 극판의 면적을 작게 한다.
② 극판의 거리를 멀게 한다.
③ 극판 사이의 전압을 높게 한다.
④ 극판 사이에 유전체를 삽입한다.

> **해설**
> 콘덴서는 유전체를 삽입하여 양측에 금속박을 놓아둔 구조로 정전용량을 갖는 전기기기이다. 정전용량이 큰 콘덴서로 만들기 위해서 극판 간격은 좁게 하고 면적은 넓게 하여 극판 사이에 유전체를 삽입한다.
>
> $$Q = \frac{\xi AV}{d}$$
>
> 여기서, Q : 정전용량
> ξ : 유전율
> A : 면적
> V : 전압
> d : 간극거리
>
> 정전용량(Q)은 유전율(ξ), 면적(A), 전압(V)에 비례하고 간극거리(d)에 반비례한다.

05 급기 팬에 220[V]의 교류전압을 가하니 10[A]의 전류가 전압보다 60° 뒤져서 흐른다. 이 급기팬을 2시간 사용할 때의 소비전력량은?
① 0.55[kWh] ② 2.2[kWh]
③ 4[kWh]   ④ 792[kWh]

> **해설**
> 전력 $P = IV$에서
> 1시간을 사용할 때의 소비전력량
> $P = IV = 10 \times 220 \times \cos 60° = 1,100\text{Wh} = 1.1\text{kWh}$
> ∴ 2시간 사용하였을 때는 $1.1 \times 2 = 2.2\text{kWh}$

06 저압옥내배선 공사 중 점검할 수 없는 은폐된 장소에서 시설할 수 없는 공사는?
① 금속관공사
② 금속덕트공사
③ 2종 가요전선관 공사
④ 합성수지관(CD관 제외) 공사

> **해설**
> 옥내의 점검 가능한 은폐 장소, 점검 불가능한 은폐 장소에서 모두 사용할 수 있는 공사 : 애자 사용 공사, 경질비닐관공사(합성수지관 공사), 금속관공사, 가요전선관공사, 케이블공사
> ※ 금속 덕트 공사 : 전선을 금속 덕트 속에 넣고 가설하는 공사로서, 큰 공장·빌딩이나 수전용 배전실 부근의 간선 등에 사용되며, 천장·벽면에 노출시켜 설치한다.

07 다음 중 배선설비에 사용되는 전선의 굵기를 결정할 때 고려해야 할 요소가 아닌 것은?
① 전압강하   ② 허용전류
③ 기계적 강도   ④ 전선관 규격

> **해설** 전선 굵기 결정시 3조건
> ㉠ 안전전류(허용전류) : 전선에 과전류가 흐르면 열이 발생
> ㉡ 전압강하 : 부하에 걸리는 전압이 전원전압보다 낮아지는 현상
> ㉢ 기계적 강도 : 보안상 시공상의 어느 정도의 강도 필요(일반적으로 1.6mm 이상의 연동선을 사용)
> ※ 전선을 4선 이상을 쓸 경우 전선의 단면적이 전선관 단면적의 40% 이하가 되어야 한다.

08 전기용접기의 주된 원리는 무엇을 응용한 것인가?
① 전자력   ② 자기유도
③ 전자유도   ④ 줄(Joule)열

> **해설** 줄(Joule)의 법칙
> 어떤 도체에 일정시간 동안 전류를 흘리면 도체에는 열이 발생한다는 법칙으로 전기용접기와 백열전구의 동작원리는 줄의 법칙에 의한다.

정답 04 ④ 05 ② 06 ② 07 ④ 08 ④

09 수용장소의 수전설비용량에 대한 최대 수용전력의 비율을 백분율로 나타낸 것은?
① 수용률　　② 부등률
③ 역률　　　④ 부하율

[해설]
수변전설비 용량 결정은 수용률(수요율), 부등률, 부하율 등을 이용하여 산정한다.
㉠ 수용률(수요율) = $\dfrac{최대수용전력}{부하설비용량} \times 100(\%)$
　⇒ 일반 건물 60~70%
㉡ 부등률 = $\dfrac{각부하의최대수용전력의합계}{최대수용전력} \times 100(\%)$
　⇒ 1보다 크다(1.1~1.5)
㉢ 부하율 = $\dfrac{평균수용전력}{최대수용전력} \times 100(\%)$
　⇒ 1보다 작다(0.25~0.6)

10 자동화재탐지설비의 하나의 경계구역의 면적은 최대 얼마 이하로 하는가? (단, 해당 특정소방대상물의 주된 출입구에서 그 내부 전체가 보이는 것 제외)
① 150m²　　② 300m²
③ 500m²　　④ 600m²

[해설] 자동화재탐지설비
화재 발생시 초기 단계에서 발생한 열 또는 연기를 자동적으로 발견하여 벨, 사이렌 등의 음향 장치로 재실자가 신속히 대피하도록 알리는 설비로, 감지기 1개의 경계구역은 600m² 이다.

11 저항 R과 인덕턴스 L의 병렬회로에 있어서 전류와 전압의 위상관계는?
① 전류는 전압보다 뒤진다.
② 전류와 전압은 동상이다.
③ 전류는 전압보다 45° 앞선다.
④ 전류는 전압보다 90° 앞선다.

[해설]
저항 R과 인덕턴스 L의 병렬회로에 있어서 전류와 전압의 위상관계에서 전류는 전압보다 뒤진다.

12 암페어의 오른손 법칙이 적용되는 기기는?
① 저항　　　② 축전지
③ 난방코일　④ 솔레노이드 밸브

[해설]
암페어의 오른손 법칙 : 전류에 의한 자기장의 방향을 결정하는 법칙
※ 자기작용(磁氣作用) : 전류는 자석의 힘(자력)을 발생시킨다. 전동기, 변압기, 발전기, 녹음테이프, 전자석, 솔레노이드 밸브 등은 전기의 자기작용을 응용한 것이다.

13 다음 설명에 알맞은 화재의 종류는?

인화성 액체, 가연성 액체, 타르, 오일, 유성도료, 솔벤트, 래커, 알코올 및 인화성 가스와 같은 유류가 타고 나서 재가 남지 않는 화재

① A급 화재　　② B급 화재
③ C급 화재　　④ K급 화재

[해설] 화재의 종류
㉠ 일반 화재(A급 화재) : 나무, 섬유, 종이, 고무, 플라스틱류와 같은 일반 가연물이 타고 나서 재가 남는 화재
㉡ 기름 화재(B급 화재) : 인화성 액체, 가연성 액체, 석유 그리스, 타르, 오일, 유성도료, 솔벤트, 래커, 알코올 및 인화성 가스와 같은 유류가 타고 나서 재가 남지 않는 화재
㉢ 전기 화재(C급 화재) : 전류가 흐르고 있는 전기기기, 배선과 관련한 화재

정답　09 ①　10 ④　11 ①　12 ④　13 ②

14 광원에서 나가는 전광속 대비 피조면에 도달하는 광속의 비율을 의미하는 것은?

① 이용률
② 조명률
③ 유지율
④ 감광보상률

> **해설** 조명률(U)
> ㉠ 광원에서 발하여진 빛 가운데 작업면에 도달하는 빛이 몇 %인가를 나타내는 비율, 즉 광원에서 방사되는 전 광속과 작업면에 대한 유효 광속과의 비를 말한다.
> ㉡ 조명률표를 이용하여 실내반사율이 높을수록, 실지수가 높을수록 조명률은 크다.

15 주파수가 120[Hz]인 교류 파형의 주기는?

① 약 0.083[sec]
② 약 0.0083[sec]
③ 약 0.00083[sec]
④ 약 0.000083[sec]

> **해설** 주파수 주기
> ㉠ 교번 전압, 전류와 같이 교번량이 1사이클을 완성하는 데 소요되는 시간을 이른다. 그 단위는 초로 표시된다.
> ㉡ 주기는 주파수의 역수이므로 주기를 T, 주파수를 f라 하면 $T=\dfrac{1}{f}$의 관계가 있다.
> ∴ 주파수 120[Hz]의 경우 $T=\dfrac{1}{120}=0.00833$
> ≒ 0.0083[sec]

16 연결송수관설비 방수구의 호스접결구의 설치 위치로 옳은 것은?

① 바닥으로부터 높이 0.5m 이상 1m 이하의 위치
② 바닥으로부터 높이 0.5m 이상 1.5m 이하의 위치
③ 바닥으로부터 높이 1m 이상 1.5m 이하의 위치
④ 바닥으로부터 높이 1m 이상 2m 이하의 위치

> **해설** 연결송수관설비의 송수구
> ㉠ 지면으로부터 높이가 0.5m 이상 1m 이하의 위치에 설치한다.
> ㉡ 구경 65mm의 쌍구형으로 한다.
> ㉢ 연결송수관의 수직배관마다 1개 이상을 설치한다.
> ㉣ 소방차가 쉽게 접근할 수 있고 노출된 장소에 설치한다.

17 그림의 회로도와 같이 논리식이 $Y = X_1 \cdot X_2$로 표시되는 논리회로의 종류는?

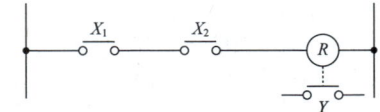

① AND회로
② OR회로
③ NOT회로
④ NAND회로

> **해설** AND 회로 : 직렬회로
> ㉠ 논리곱 회로라 하며, 2개의 입력신호가 동시에 작동될 때에만 출력신호가 "1"이 되는 논리회로
> ㉡ 논리식 : $Y=X_1 \cdot X_2$

18 인터폰설비의 통화망 구성 방식에 따른 구분에 속하지 않는 것은?

① 모자식
② 상호식
③ 복합식
④ 개별식

> **해설** 인터폰의 접속 방식
> ㉠ 모자식(친자식) : 1대의 모기에 여러 대의 자기를 접속하는 방식으로 자기끼리는 접속이 불가능하다. 병원 등에 사용
> ㉡ 상호식 : 원하는 곳 모두 상호간에 접속이 가능
> ㉢ 복합식 : 모자식과 상호식을 복합한 형식
> ※ 설치 높이 : 바닥면에서 1.5m

19 건축화조명에 관한 설명으로 옳지 않은 것은?

① 조명기구 배치방식에 의하면 거의 전반조명 방식에 해당된다.
② 조명기구 배광방식에 의하면 거의 직접조명 방식에 해당된다.
③ 건축물의 천장이나 벽을 조명기구 겸용으로 마무리하는 것이다.
④ 천장면 이용방식으로는 다운라이트, 코퍼라이트, 광천장 조명 등이 있다.

해설

건축화 조명이란 천장, 벽, 기둥 등 건축 부분에 광원을 만들어 실내를 조명하는 것을 말한다. 건축화조명은 눈부심이 적고 명랑한 느낌을 주며 현대적인 감각을 느끼게 하나 비용이 많이 들며 조명효율은 떨어진다.
㉠ 다운 라이트 : 천장에 작은 구멍을 뚫어 그 속에 광원을 매입한 방법
㉡ 루버 조명 : 천장면에 루버를 설치하고 그 속에 광원을 배치하는 방법
㉢ 광천장 조명 : 천장면 전체에서 발광되도록 한 것
㉣ 코퍼 조명 : 천장면에 빛을 반사시켜 간접 조명하는 방법
㉤ 코니스 조명 : 벽면에 빛을 반사시켜 간접 조명하는 방법

20 다음 설명에 알맞은 피드백 제어계의 구성 요소는?

제어계의 상태를 교란시키는 외적작용으로서, 실내 온도 제어에서는 인체·조명 등에 의한 발생열, 창문을 통한 태양일사, 틈새바람, 외기온도 등을 의미한다.

① 외란　　　　② 제어대상
③ 제어편차　　④ 주 피드백 신호

해설 외란(noise, 잡음)

제어계의 상태를 교란시키는 외적작용으로서, 실내 온도 제어에서는 인체·조명 등에 의한 발생열, 창문을 통한 태양일사, 틈새바람, 외기온도 등을 의미하며, 무접점방식은 외란(noise, 잡음)에 약하며 안정대책이 필요하다.

정답　19 ②　20 ①

소방 및 전기설비
2021년 제1회 과년도 출제문제

01 무대부에 개방형 스프링클러 헤드를 수평거리 1.7m, 정방형으로 설치하는 경우 헤드간 거리는?

① 1.8m ② 2.1m
③ 2.4m ④ 3.4m

해설 스프링클러 헤드의 배치
㉠ 정방형 배치 $X = \sqrt{2}R$
㉡ 지그재그형 $X = \sqrt{3}R$
단, 헤드의 설치간격(R)
∴ $X = \sqrt{2}R = \sqrt{2} \times 1.7 = 2.4m$

02 연결송수관설비에 관한 설명으로 옳은 것은?

① 송수구는 지면으로부터 1m 이상 1.5m 이하의 위치에 설치한다.
② 수직배관은 내화구조로 구획되지 않은 계단실 또는 파이프덕트 등에 설치한다.
③ 방수구는 특정소방대상물의 층마다 설치하되, 공동주택과 업무시설의 1층, 2층에는 설치하지 않는다.
④ 배관은 지면으로부터의 높이가 31m 이상인 특정소방대상물 또는 지상 11층 이상인 특정소방대상물에 있어서는 습식설비로 한다.

해설
① 송수구는 지면으로부터 0.5m 이상 1.0m 이하의 위치에 설치한다.
② 수직배관은 내화구조로 구획된 계단실(부속실을 포함) 또는 파이프덕트 등 화재의 우려가 없는 장소에 설치한다.
③ 방수구는 특정소방대상물의 층마다 설치하되, 아파트의 1층, 2층에는 설치하지 아니할 수 있다.

03 습식스프링클러설비 및 부압식스프링클러설비 외의 설비에 하향식 스프링클러헤드를 설치할 수 있는 경우가 아닌 것은?

① 개방형 스프링클러헤드를 사용하는 경우
② 드라이펜던트 스프링클러헤드를 사용하는 경우
③ 스프링클러헤드의 설치장소가 동파의 우려가 없는 곳인 경우
④ 수원이 건축물의 최상층에 설치된 헤드보다 높은 위치에 설치된 경우

해설
습식스프링클러설비 및 부압식스프링클러설비 외의 설비에 하향식 스프링클러헤드를 설치할 것. 다만, 다음 각 목의 어느 하나에 해당하는 경우에는 그러하지 아니하다.
㉠ 드라이펜던트 스프링클러헤드를 사용하는 경우
㉡ 스프링클러헤드의 설치장소가 동파의 우려가 없는 곳인 경우
㉢ 개방형 스프링클러헤드를 사용하는 경우

04 변압기에 관한 설명으로 옳은 것은?

① 전압을 강압(down)시킬 때만 사용한다.
② 건식 변압기는 화재의 위험성이 있는 장소에 사용이 곤란하다.
③ 몰드 변압기는 내수·내습성이 우수하나 소형, 경량화가 불가능하다는 단점이 있다.
④ 1차측 코일과 2차측 코일의 권수비는 1차측 코일과 2차측 코일의 교류전압의 비와 같다.

해설 코일의 권수와 전압의 관계
변압기 1차측 권선의 권수를 N_1, 2차측 권선의 권수를 N_2라고 하고, 1차측에 교류 전압 V_1을 증가할 때 2차측에 유도되는 교류 전압 V_2의 크기는 다음 식으로 구한다.
$$\frac{N_1}{N_2} = \frac{V_1}{V_2}$$
→ 변압기의 1차측, 2차측 전압은 코일의 권수비에 비례한다.

정답 01 ③ 02 ④ 03 ④ 04 ④

05 $v = 100\sin(314t + 60°)[V]$인 교류전압의 주기는?
① 0.017초 ② 0.02초
③ 50초   ④ 60초

[해설]
사인파 전압주파수 $v = 100\sin(314t + 60°)$에서
100 : 전압 최대값
각속도 $w = 314$
60 : 전위
$w = 2\pi f = 314 \rightarrow f = 50[Hz]$
주기는 주파수의 역수이므로 주기를 T, 주파수를 f라 하면 $T = \dfrac{1}{f}$의 관계가 있다.
∴ 주파수 $50[Hz]$의 경우 $T = \dfrac{1}{50} = 0.02[sec]$

06 경사도가 30° 이하인 에스컬레이터의 공칭속도는 최대 얼마 이하이어야 하는가?
① 0.25m/s ② 0.5m/s
③ 0.75m/s ④ 1m/s

[해설]
경사도가 30° 이하인 에스컬레이터의 공칭속도는 0.75m/s 이하이어야 한다.
※ 에스컬레이터의 경사도는 30°를 초과하지 않아야 한다. 다만, 높이가 6m 이하이고 공칭속도가 0.5m/s 이하인 경우에는 경사도를 35°까지 증가시킬 수 있다.

07 75[kVA] 단상변압기 2대를 V결선한 경우 3상 변압기의 출력은?
① 90[kVA]   ② 110[kVA]
③ 130[kVA] ④ 150[kVA]

[해설]
3상은 단상의 $\sqrt{3}$배가 되므로
3상 변압기의 출력 = $\sqrt{3} \times 75 = 130[kVA]$

08 어떤 회로의 저항이 10[Ω]이고 2[A]의 전류가 흐른다면 전압은?
① 5[V]   ② 8[V]
③ 12[V] ④ 20[V]

[해설]
옴의 법칙 $V = IR$ $I = \dfrac{V}{R}$ $R = \dfrac{V}{I}$
(P : 전력[W], I : 전류[A], V : 전압[V], R : 저항[Ω])
∴ $V = IR = 2 \times 10 = 20V$

09 차동식 분포형 화재감지기에 속하지 않는 것은?
① 스폿식   ② 공기관식
③ 열전대식   ④ 열반도체식

[해설]
차동식 분포형 감지기는 주위 온도가 일정한 온도상승률 이상으로 되었을 때 작동하는 것으로서 광범위한 열효과의 누적으로 작동하는 감지기이다. 종류에는 공기관식, 열전대식, 열반도체식 등이 있다.
※ 차동식 분포형 감지기는 천장고 6m 이하인 일반 건물(9m 이하인 내화 건물)에 사용한다.

10 부하설비의 역률을 개선하기 위해 설치하는 것은?
① 다이오드   ② 영상 변류기
③ 진상용 콘덴서 ④ 유도전압 조정기

[해설]
진상용 콘덴서 : 빌딩이나 공장에서 사용하는 전력기기 중 역률이 낮은 동력설비의 전력손실을 개선하기 위해 사용하는 콘덴서이다.

정답 05 ② 06 ③ 07 ③ 08 ④ 09 ① 10 ③

11 옥내소화전설비를 설치하여야 하는 특정소방대상물에서 각 층마다 옥내소화전을 5개 설치한 경우, 옥내소화전설비의 수원의 저수량은 최소 얼마 이상이 되도록 하여야 하는가?

① $5.2m^3$ ② $13m^3$
③ $21m^3$ ④ $28m^3$

해설 옥내소화전설비

수원의 용량=옥내소화전 1개의 방수량×20분×동시 개구수
$= 130L/min × 20min × N$
$= 2.6N[m^3]$ (N은 최대 2개)
$= 130L/min × 20min × 2 = 5.2m^3$

12 다음의 제어동작 중 ON-OFF동작이라고도 하며, 항상 목표치와 제어결과가 일치하지 않는 동작간극을 일으키는 결점이 있는 것은?

① PI 제어동작 ② 비례제어동작
③ 2위치 제어동작 ④ 다위치 제어동작

해설 2위치동작(ON/OFF 동작)

제어량이 설정값에서 어긋나면 조작부를 개폐하여 운전을 정지하거나 기동하는 것으로 제어 결과가 사이클링(cycling)을 일으키며, 또한 오프셋(offset)을 일으키는 결점이 있다. 대부분의 프로세서 제어계에서 이용하나 응답속도가 요구되는 제어계에는 사용할 수 없다.

13 축전지의 충전방식 중 비교적 짧은 시간에 보통 충전전류의 2~3배의 전류로 충전하는 방식은?

① 보통충전 ② 급속충전
③ 부동충전 ④ 균등충전

해설 축전지의 충전방식

㉠ 보통충전 : 필요할 때마다 표준시간율로 소정의 충전을 하는 방식
㉡ 급속충전 : 보통 충전 전류의 2~3배의 전류로 충전하는 방식
㉢ 부동충전 : 축전지의 자기방전을 보충함과 동시에 상용부하에 대한 전력공급은 충전기가 부담하되 충전기가 부담하기 어려운 일시적인 대전류부하는 축전지로 하여금 부담하게 하는 방식으로 가장 많이 사용된다.
㉣ 균등충전 : 각 축전지의 전위차를 보정하기 위하여 1~3개월마다 10~12시간 1회 충전하는 방식
㉤ 세류충전(트리클 충전) : 자기 방전량만을 항상 충진시키는 부동충전 방식의 일종

14 소화기구의 능력단위에 관한 설명으로 옳지 않은 것은?

① 소형소화기의 능력단위는 1단위 이하이다.
② 대형소화기의 능력단위는 A급 10단위 이상이다.
③ 대형소화기의 능력단위는 B급 20단위 이상이다.
④ 소화약제 외의 것을 이용한 간이소화용구의 능력단위는 0.5단위이다.

해설 소화기구의 능력단위

㉠ 소형소화기 : 능력단위 1단위 이상이면서 대형소화기의 능력단위 미만인 소화기
㉡ 대형소화기 : 능력단위가 A급 소화기는 10단위 이상, 능력단위가 B급 소화기는 20단위 이상
㉢ 소화약제 외의 것을 이용한 간이소화용구의 능력단위는 0.5단위이다.

15 다음의 회로에서 a, b간의 합성 정전용량은?

① C
② 2C
③ 3C
④ 4C

해설

병렬일 경우 합성정전용량 $C_0 = C + C = 2C$
이것을 $2C$와 직렬로 합성
$C_0' = \dfrac{4C^2}{2C+2C} = \dfrac{4C^2}{4C} = C$

정답 11 ② 12 ③ 13 ② 14 ① 15 ①

16 인터폰 설비의 접속방식에 따른 분류에 속하지 않는 것은?

① 모자식　② 상호식
③ 교차식　④ 복합식

[해설] 인터폰의 접속 방식
㉠ 모자식(친자식) : 1대의 모기에 여러 대의 자기를 접속하는 방식으로 자기끼리는 접속이 불가능하다. 병원 등에 사용
㉡ 상호식 : 원하는 곳 모두 상호간에 접속이 가능
㉢ 복합식 : 모자식과 상호식을 복합한 형식
※ 설치 높이 : 바닥면에서 1.5m

17 전기력선에 관한 설명으로 옳지 않은 것은?

① 전기력선은 교차하지 않는다.
② 양전하에서 나와 음전하로 들어간다.
③ 전기력선의 방향은 등전위면과 일치한다.
④ 전기력선의 밀도는 그 점에서의 전기장의 세기이다.

[해설]
전기력선이란 전기장 속의 곡선으로서, 그 곡선상에 있는 전하가 받는 전기력의 방향과 그 곡선의 그 점에서의 접선이 일치하는 것을 말한다.
■ 전기력선의 기본적 성질
㉠ 두 전기력선은 서로 교차하지 않는다.
㉡ 전기력선의 방향은 양전하에서 나와 음전하로 들어간다.[양전하의 전기력선은 무한원점(無限遠點)에서 시작되고 음전하의 무한원점에서 끝난다.]
㉢ 전기력선은 도체의 표면에 수직으로 출입하며 도체 내부에는 전기력선이 없다.

18 유접점 시퀀스 제어회로에 관한 설명으로 옳지 않은 것은?

① 온도특성이 양호하다.
② 개폐부하의 용량이 크다.
③ 전기적 노이즈에 대하여 안정적이다.
④ 기계적 진동, 충격 등에 비교적 강하다.

[해설] 시퀀스 제어의 유접점방식과 무접점방식의 비교

항목	유접점 방식	무접점 방식
수 명	수명이 짧다.	수명이 반영구적
작동속도	늦으며 한계가 있다.(ms 단위)	빠르다.(μs 단위)
환경조건	진동이나 충격에 약하다.	진동이나 충격에 강하다.
서 지	전기적 노이즈(외란)에 안정	노이즈(외란)에 약해 안정대책 필요
소비전력	많다.	적다.
장치의 외형	일반적으로 크다.	작다.(가장 큰 장점)
입·출력수	독립된 다수의 출력을 동시에 얻는다.	다수의 입력과 소수의 출력이 용이

19 전기력이 미치고 있는 주위공간을 의미하는 용어는?

① 자로　② 자계
③ 전로　④ 전계

[해설] 자계와 전계
㉠ 자계 : 자기력이 미치는 주위 공간
㉡ 전계 : 전기력이 미치는 주위 공간

20 다음 중 조명률에 영향을 끼치는 요소와 가장 거리가 먼 것은?

① 방의 크기　② 출입문의 위치
③ 등기구의 배광　④ 천장의 반사율

[해설] 조명률(U)
㉠ 광원에서 발하여진 빛 가운데 작업면에 도달하는 빛이 몇 %인가를 나타내는 비율, 즉 광원에서 방사되는 전 광속과 작업면에 대한 유효 광속과의 비를 말한다.
㉡ 조명률표를 이용하여 실내반사율이 높을수록, 실지수가 높을수록 조명률은 크다.
㉢ 조명률에 영향을 미치는 요소 : 방의 크기, 등기구의 배광, 천장의 반사율

정답　16 ③　17 ③　18 ④　19 ④　20 ②

소방 및 전기설비
2021년 제2회 과년도 출제문제

01 C급 화재가 의미하는 화재의 종류는?
① 일반화재 ② 유류화재
③ 주방화재 ④ 전기화재

해설 화재의 종류
㉠ 일반 화재(A급 화재) : 나무, 섬유, 종이, 고무, 플라스틱류와 같은 일반 가연물이 타고 나서 재가 남는 화재
㉡ 기름 화재(B급 화재) : 인화성 액체, 가연성 액체, 석유 그리스, 타르, 오일, 유성도료, 솔벤트, 래커, 알코올 및 인화성 가스와 같은 유류가 타고 나서 재가 남지 않는 화재
㉢ 전기 화재(C급 화재) : 전류가 흐르고 있는 전기기기, 배선과 관련한 화재
㉣ 주방 화재(K급 화재) : 주방에서 동식물유를 취급하는 조리기구에서 일어나는 화재

02 자계의 방향이나 도체에 흐르는 전류 방향이 바뀌면 도체가 움직이는 방향도 바뀌게 되는데, 이러한 도체가 움직이는 방향을 알 수 있는 것으로 전동기에 적용되는 법칙은?
① 렌쯔의 법칙 ② 앙페르의 법칙
③ 플레밍의 왼손 법칙 ④ 플레밍의 오른손 법칙

해설 전류와 자계 사이의 작용을 나타내는 법칙
㉠ 플레밍의 오른손 법칙 : 도체운동에 의한 유도기전력 또는 유도전류의 방향을 결정하는 법칙. 발전기에 적용되는 법칙
㉡ 플레밍의 왼손법칙 : 전류가 흐르고 있는 도선에 대해 자기장이 미치는 힘의 작용방향을 정하는 법칙으로 전동기에 적용되는 법칙
㉢ 렌츠의 법칙 : 자속 변화에 의한 유도기전력의 방향을 결정하는 법칙
㉣ 패러데이의 전자유도 법칙 : 자속 변화에 의한 유기기전력의 크기를 결정
㉤ 암페어의 오른손 법칙 : 전류에 의한 자기장의 방향을 결정하는 법칙
㉥ 비오-사바르 법칙 : 전류에 의해 발생되는 자기장의 크기를 결정

03 3상 유도전동기의 속도제어 방법이 아닌 것은?
① 슬립을 변화시킨다.
② 전압을 변화시킨다.
③ 극수를 변화시킨다.
④ 주파수를 변화시킨다.

해설 3상 유도전동기의 속도제어 방법
㉠ 회전자에 접속되어 있는 저항을 변화시켜 비례 추이의 원리로 제어한다.
㉡ 독립된 2조의 극수가 서로 다른 고정자 권선을 감아 놓고 필요에 따라 극수를 선택하여 극수를 변화시킨다.
㉢ 인버터를 사용하여 주파수를 변화시킨다.
※ 3상 유도전동기의 속도제어 방법 : 주파수의 변환, 극수의 변환, 전류 저항의 변환, 전압제어
※ 3상 유도 전동기는 농형과 권선형이 있는데, 건축설비에서 쓰이는 대부분은 3상 전동기는 농형이다.

04 도선의 길이를 10배로 늘리고 단면적을 10배로 크게 했을 때 전기 저항의 크기는 어떻게 되는가?
① 2배 증가한다.
② 10배 증가한다.
③ 100배 증가한다.
④ 변하지 않는다.

해설
전선의 저항(R)은 전선의 굵기, 즉 단면적에 반비례하고 전선의 길이에 비례한다.
$R = \rho \dfrac{l}{S}$
R : 저항[Ω]
ρ : 도선의 고유 저항(도선의 비저항)
l : 도선의 길이[cm]
S : 도선의 단면적[cm²]
∴ 동선의 저항 = $\dfrac{길이(L)}{단면적(S)} = \dfrac{10}{10} = 1$
(변하지 않는다)

정답 01 ④ 02 ③ 03 ② 04 ④

05 220[V]의 전압이 10[Ω]의 저항에 작용했을 때 소비전력은?
① 2.42[kW]   ② 4.84[kW]
③ 24.2[kW]   ④ 48.4[kW]

해설

소비전력 $P = IV = \dfrac{V^2}{R}$ 에서
소비전력(W)은 전압의 제곱에 비례하고 저항에 반비례한다.
∴ $P = \dfrac{220^2}{10} = 4840[W] = 4.84[kW]$

06 다음 설명에 알맞은 배선 공사는?

- 열적 영향이나 기계적 외상을 받기 쉬운 곳이 아니면 광범위하게 사용 가능하다.
- 관자체가 절연체이므로 감전의 우려가 없으며 시공이 쉽다.

① 금속관 공사
② 버스덕트 공사
③ 플로어덕트 공사
④ 합성수지관 공사(CD관 제외)

해설 합성수지관 배선공사(경질비닐관 배선공사)

㉠ 열적 영향이나 기계적 외상을 받기 쉽다.
㉡ 관 자체가 절연체이므로 감전의 우려가 없으며, 내식성이 강하고 시공이 용이하다.
㉢ 화학공장, 연구실의 배선 등에 적합하다.
㉣ 옥내의 점검할 수 없는 은폐 장소에도 사용이 가능하다.

07 할로겐 램프에 관한 설명으로 옳지 않은 것은?
① 흑화가 거의 일어나지 않는다.
② 연색성이 좋고 설치가 용이하다.
③ 휘도가 낮아 현휘가 발생하지 않는다.
④ 광속이나 색온도의 저하가 극히 적다.

해설 할로겐 램프

㉠ 백열전구보다 수명이 2~3배 정도 길다.
㉡ 유리구 내벽의 흑화현상(黑化現象)이 거의 일어나지 않는다.
㉢ 연색성이 좋고, 설치가 용이하다.
㉣ 광속이나 색온도의 저하가 적다.
㉤ 휘도가 높고, 색상은 주광색에 가깝다.
㉥ 높은 천정, 단관형은 영사기용, 자동차 헤드라이트용, 스포트라이트용 광원으로 사용된다.

08 급기온도를 일정하게 하고 풍량을 변화시킴으로서 실내온도를 유지하는 가변풍량제어(VAV)에 적용되지 않는 것은?
① 정압제어
② 환기온도제어
③ 송풍기풍량 비례적분제어
④ VAV터미널 유닛 실온제어

해설 변풍량(VAV) 방식

토출공기 온도는 일정하게 하며 송풍량을 실내 부하의 변동에 따라 변화시키는 것으로 운전비는 감소하고 개별제어가 용이하며 에너지 절약형 공조방식이다.
※ 가변풍량제어 : 정압제어, 송풍기풍량 비례적분제어, VAV터미널 유닛 실온제어
[참고]
※ 캐스케이드 제어(cascade control) : 결합제어로 최근 공조설비에서 널리 이용되고 있다.
최근 VAV 방식에 이용되고 있는데 댐퍼와 풍속센서를 보유하고 실내온도값과 설정값의 편차로부터 적절한 풍량 설정값을 도출하고, 풍량제어 기구측에 캐스케이드 신호를 보내어 보낸다. 즉, VAV 본체의 풍속센서와 댐퍼에 주어진 풍량을 유지하기 위한 제어를 한다.

09 스프링클러헤드가 설치되어 있는 배관으로 정의되는 것은?
① 주배관   ② 교차배관
③ 가지배관   ④ 급수배관

정답 05 ②   06 ④   07 ③   08 ②   09 ③

해설 스프링클러설비의 배관
㉠ 가지배관 : 스프링클러헤드가 설치되어 있는 배관
㉡ 교차배관 : 직접 또는 수직배관을 통하여 가지배관에 급수하는 배관
㉢ 주배관 : 각 층을 수직으로 관통하는 수직배관
㉣ 신축배관 : 가지배관과 스프링클러헤드를 연결하는 구부림이 용이하고 유연성을 가진 배관
㉤ 급수배관 : 수원 및 옥외송수구로부터 스프링클러헤드에 급수하는 배관

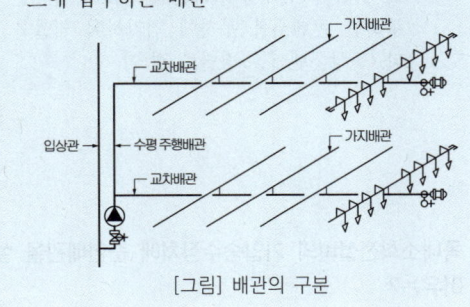

[그림] 배관의 구분

10 스프링클러설비의 설치장소가 아파트인 경우, 스프링클러설비 수원의 저수량 산정 시 기준이 되는 스프링클러헤드의 기준개수는? (단, 폐쇄형 스프링클러헤드를 사용하는 경우)

① 10개　　　② 20개
③ 30개　　　④ 40개

해설
스프링클러설비의 설치장소가 아파트인 경우, 스프링클러 설비 수원의 저수량 산정시 기준이 되는 스프링클러헤드의 기준개수 10개이다.(단, 폐쇄형 스프링클러헤드를 사용하는 경우)

11 어느 학교의 교실에 32[W] 2구형 형광등기구를 설치하여 평균조도를 400[lx]로 설계하고자 할 때 설치하여야 하는 등기구의 최소 대수는? (단, 교실의 면적은 200[m²], 형광등 1개 광속은 3000[lm], 조명률은 0.6, 보수율은 0.8로 한다.)

① 15개　　　② 28개
③ 30개　　　④ 55개

해설 광속 계산

$$F = \frac{E \cdot A \cdot D}{N \cdot U} \text{ 또는 } F = \frac{A \cdot E}{N \cdot U \cdot M} \text{ 에서}$$

$$N = \frac{E \cdot A}{F \cdot U \cdot M}$$

여기서, F : 광원 1개당 광속(lm)
　　　　N : 광원 개수　　U : 조명률
　　　　A : 방의 면적(m²)　E : 평균조도(lx)
　　　　D : 감광보상율
　　　　M : 유지율(보수율)

따라서, $N = \dfrac{400 \times (10 \times 20)}{3,000 \times 0.6 \times 0.8}$

$N = 55.6 = 56$개

∴ 32[W] 2구형 형광등이므로 56÷2=28개

12 다음 중 일반적으로 시퀀스 제어가 적용되는 것은?

① 정전압 장치　　② 자동평행기록계
③ 커피자동판매기　④ 레이더위치추적장치

해설 시퀀스(Sequence) 제어
㉠ 미리 정해진 순서에 따라 단계별로 제어를 진행하는 방식
㉡ 신호는 한 방향으로만 전달되는 개방회로방식
㉢ 신호등, 자동판매기, 전기세탁기, 팬의 기동/정지, 엘리베이터의 기동/정지, 공기조화기의 경보시스템

13 부동충전방식의 일종으로 자기방전량만을 항상 충전하는 축전지 충전방식은?

① 균등충전　　② 보통충전
③ 급속충전　　④ 세류충전

해설 축전지의 충전방식
㉠ 보통충전 : 필요할 때마다 표준시간율로 소정의 충전을 하는 방식
㉡ 급속충전 : 보통 충전 전류의 2~3배의 전류로 충전하는 방식
㉢ 부동충전 : 축전지의 자기방전을 보충함과 동시에 상용부하에 대한 전력공급은 충전기가 부담하되 충전기가 부담하기 어려운 일시적인 대전류부하는 축전지로 하여금 부담하게 하는 방식으로 가장 많이 사용된다.
㉣ 균등충전 : 각 축전지의 전위차를 보정하기 위하여 1~3개월마다 10~12시간 1회 충전하는 방식
㉤ 세류충전(트리클 충전) : 자기 방전량만을 항상 충진시키는 부동충전 방식의 일종

정답　10 ①　11 ②　12 ③　13 ④

14 다음은 옥외소화전설비의 소화전함에 관한 설명이다. ( ) 안에 알맞은 것은?

> 옥외소화전이 10개 이하 설치된 때에는 옥외소화전마다 ( ) 이내의 장소에 1개 이상의 소화전함을 설치하여야 한다.

① 5m ② 10m
③ 15m ④ 20m

[해설]
옥외소화전설비에는 옥외소화전마다 그로부터 5m 이내의 장소에 소화전함을 설치하여야 한다.
㉠ 옥외소화전이 10개 이하로 설치된 때에는 옥외소화전마다 5m 이내의 장소에 1개 이상의 소화전함을 설치하여야 한다.
㉡ 옥외소화전이 11개 이상 30개 이하 설치된 때에는 11개 이상의 소화전함을 각각 분산하여 설치하여야 한다.
㉢ 옥외소화전이 31개 이상 설치된 때에는 옥외소화전 3개마다 1개 이상의 소화전함을 설치하여야 한다.

15 교류전력에 관한 설명으로 옳지 않은 것은?
① 무효전력이 크면 역률이 커진다.
② 유효전력은 실제로 소비되는 전력이다.
③ 역률이 1일 때 유효전력과 피상전력은 같다.
④ 전열기와 같이 순수하게 저항성분만으로 구성되는 부하인 경우 전력은 전압[V]×전류[A]이다.

[해설] 유효전력과 무효전력
① 유효전력
 ㉠ 전원에서 공급되어 부하에서 유효하게 이용되는 전력을 유효전력이라 한다. 유효전력은 실제로 소비되는 전력이다.(단위 : kW)
 ㉡ 역률이 1일 때 유효전력과 피상전력은 같다.
 ㉢ $P = IV\cos\theta$ [W]
② 무효전력
 ㉠ 실제로는 아무런 일을 하지 않아 부하에서 전력으로 이용될 수 없는 전력이다.
 ㉡ $P = IV\sin\theta$ [VAR]

※ 역률(power factor)
㉠ 피상전력 중에서 유효전력(소비전력)으로 사용되는 비율
$$역률(P.F) = \frac{유효전력}{피상전력} = \frac{유효전력}{\sqrt{3}\,IV}$$
㉡ 백열전등, 전열기의 역률은 100%에 가깝다.
㉢ 부하의 역률을 1에 가깝게 높이는 것을 역률개선이라 한다. 역률개선의 방법은 소자에 흐르는 전류의 위상이 소자에 걸리는 전압보다 앞서는 용량성 부하인 콘덴서를 부하에 첨가하여 역률을 개선한다.(진상콘덴서를 병렬로 접속)

16 옥내소화전설비의 가압송수장치에 순환배관을 설치하는 이유는?
① 배관 내 압력변동을 검지하기 위해
② 체절운전 시 수온의 상승을 방지하기 위해
③ 각 소화전에 균등한 수압이 부여되도록 하기 위해
④ 배관 내 압력손실에 따른 펌프의 빈번한 기동을 방지하기 위해

[해설]
옥내소화전설비의 가압송수장치에는 체절운전 시 수온의 상승을 방지하기 위해 순환배관을 설치한다.

17 10대의 전동기에 모두 동일한 전압을 인가하려면 어떻게 연결하면 되는가?
① 직렬결선
② 병렬결선
③ 직렬결선 2회로와 병렬결선 8회로
④ 직렬결선 2회로와 병렬결선 4회로

[해설]
병렬결선은 여러 대의 전동기에 모두 같은 크기의 전압을 걸리게 하기 위한 결선 방법이다.

정답 14 ① 15 ① 16 ② 17 ②

18 다음 중 천장이 높은 격납고, 아트리움, 공항 등과 같은 곳에서 가장 효과적인 화재 감지기는?

① 불꽃 감지기 ② 차동식 감지기
③ 보상식 감지기 ④ 정온식 감지기

해설 불꽃 감지기

㉠ 화재가 발생하면 연기, 열, 불꽃 등이 발생하게 되고, 이때 불꽃에서 발생하는 자외선(UV) 파장과 적외선(IR) 파장, 펄럭임(Flickering) 등의 광학적 특징을 복합적으로 분석하여 화재를 감지하는 기기이다.
㉡ 불꽃을 감지하는 데 사용되는 메커니즘으로 인해 연기감지기 또는 열감지기보다 더 빠르고 정확하게 반응할 수 있다. 따라서, 기존의 열, 연기감지기로써는 감지할 수 없는 장소에 주로 설치한다.
㉢ 천장이 높은 격납고, 아트리움, 공항 등과 같은 곳에서 가장 효과적인 화재 감지기이다.

※ 검출원리에 따른 감지기의 분류
 ㉠ 열식 : 차동식, 정온식, 보상식
 ㉡ 연기식 : 이온식, 광전식
 ㉢ 불꽃감지식

19 교류전력간의 관계식으로 옳은 것은?

① 피상전력 = 유효전력 + 무효전력
② 피상전력 = $\sqrt{유효전력 \times 무효전력}$
③ 피상전력 = $\sqrt{(유효전력)^2 + (무효전력)^2}$
④ 피상전력 = $\sqrt{(유효전력)^2 - (무효전력)^2}$

해설 피상전력

㉠ 교류의 부하 또는 전원의 용량을 표시하는 전력을 피상전력이라 한다.
㉡ 피상전력 = $\sqrt{(유효전력)^2 + (무효전력)^2}$
㉢ 단위 : kVA, VA

※ 역률(P.F) = $\dfrac{유효전력}{피상전력}$
= $\dfrac{유효전력}{\sqrt{(유효전력)^2 + (무효전력)^2}}$

20 자동화재탐지설비의 감지기 설치에 관한 설명으로 옳지 않은 것은?

① 천장 또는 반자의 옥내에 면하는 부분에 설치한다.
② 정온식 및 보상식 감지기는 실내로의 공기 유입구로부터 0.5m 이상 떨어진 위치에 설치한다.
③ 보상식 스포트형 감지기는 정온점이 감지기 주위의 평상 시 최고온도보다 20℃ 이상 높은 것으로 설치한다.
④ 정온식 감지기는 주방·보일러실 등으로서 다량의 화기를 취급하는 장소에 설치하되, 공칭작동온도가 최고주위온도보다 20℃ 이상 높은 것으로 설치한다.

해설

정온식 및 보상식 감지기는 실내로의 공기유입구로부터 2m 이상 떨어진 위치에 설치한다.

정답 18 ① 19 ③ 20 ②

소방 및 전기설비
2021년 제4회 과년도 출제문제

01 물분무소화설비에 관한 설명으로 옳지 않은 것은?
① 물의 입자를 미세하게 분무시키는 시스템이다.
② 물을 사용하므로 전기화재에는 적응성이 없다.
③ 냉각작용을 이용하여 소화효과를 얻을 수 있다.
④ 화재 시 발생하는 수증기에 의한 질식작용을 이용하여 소화효과를 얻을 수 있다.

해설 물분무소화설비
㉠ 미립자의 수분무 상태로 방사시켜 냉각, 질식, 희석 작용에 의해 화재를 소화하는 설비로 유류와 전기화재의 소화에 유효하다.
㉡ 분무된 물이 화재의 열에 의하여 수증기로 되면 체적이 팽창하여 연소면을 덮어 산소를 차단하는 작용도 한다.
㉢ 헤드에서 방사시킨 물입자의 크기, 밀도, 유효사정, 살수각도, 살수유효반경에 따라 소화성능이 다르다.
㉣ 미세한 물방울이기 때문에 열을 흡수하기 쉽고 분포가 균일하기 때문에 냉각효율도 좋다.

02 다음 설명에 알맞은 법칙은?

> 회로 내의 임의의 한 점에 들어오고 나가는 전류의 합은 같다.

① 옴의 법칙
② 렌쯔의 법칙
③ 플레밍의 오른손 법칙
④ 키르히호프의 제1법칙

해설
키르히호프의 법칙 : 옴의 법칙을 응용한 것으로 복잡한 회로의 전류와 전압 계산에 사용
㉠ 키르히호프 제1법칙 : 회로형 중의 한 점에 흘러 들어오는 전류의 총합과 흘러 나가는 전류의 총합은 같다.(전류 법칙)
㉡ 키르히호프 제2법칙 : 회로형 중의 임의의 폐회로 내에서 일주방향에 따른 전압강하 총합은 기전력의 총합은 같다.(전압 법칙)

03 어떤 회로에서 유효전력 80W, 무효전력 60Var일 때 역률은?
① 70%   ② 80%
③ 90%   ④ 100%

해설
$$역률(P.F) = \frac{유효전력}{피상전력}$$
$$= \frac{유효전력}{\sqrt{(유효전력)^2 + (무효전력)^2}}$$
$$= \frac{80}{\sqrt{80^2 + 60^2}} = 0.8 = 80\%$$

04 농형 유도전동기에 관한 설명으로 옳지 않은 것은?
① 슬립링에서 불꽃이 나올 우려가 있다.
② VVVF방식으로 속도제어를 할 수 있다.
③ 권선형에 비해 구조가 간단하여 취급방법이 용이하다.
④ 기동전류가 커서 전동기 권선을 과열시키거나 전원전압의 변동을 일으킬 수 있다.

해설 농형유도전동기
㉠ 구조와 취급이 간단하고 기계적으로 견고하다.
㉡ 가격이 비교적 싸고 운전이 대체로 쉽다.
㉢ VVVF(Variable Voltage Variable Frequency, 인버터) 방식으로 속도제어가 가능하다.
㉣ 슬립링(slip ring)이 없으므로 불꽃이 나올 염려가 없다.
㉤ 기동전류가 커서 전동기 전선을 과열시키거나 전원전압의 변동을 일으킬 수 있다.
㉥ 일반 산업용 및 건축설비에서 광범위하게 사용한다.

05 옥내소화전방수구는 바닥으로부터의 높이가 최대 얼마 이하가 되도록 설치하여야 하는가?
① 0.9m   ② 1.2m
③ 1.5m   ④ 1.8m

해설
옥내소화전방수구는 바닥으로부터의 높이가 1.5m 이하가 되도록 설치한다.
※ 옥내소화전 방수구는 특정소방대상물의 층마다 설치하되, 해당 소방대상물의 각 부분으로부터 하나의 옥내소화전 방수구까지의 수평거리가 25m 이하가 되도록 할 것

정답 01 ② 02 ④ 03 ② 04 ① 05 ③

06 무접점 시퀀스 제어 회로에 관한 설명으로 옳지 않은 것은?

① 소형화가 가능하다.
② 동작속도가 빠르다.
③ 전기적 노이즈에 대하여 안정적이다.
④ 고빈도 사용이 가능하고 수명이 길다.

해설 시퀀스 제어의 유접점방식과 무접점방식의 비교

항목	유접점 방식	무접점 방식
수 명	수명이 짧다.	수명이 반영구적
작동속도	늦으며 한계가 있다.(ms 단위)	빠르다.(μs 단위)
환경조건	진동이나 충격에 약하다.	진동이나 충격에 강하다.
서 지	전기적 노이즈(외란)에 안정	노이즈(외란)에 약해 안정대책 필요
소비전력	많다.	적다.
장치의 외형	일반적으로 크다.	작다.(가장 큰 장점)
입·출력수	독립된 다수의 출력을 동시에 얻는다.	다수의 입력과 소수의 출력이 용이

07 천장면을 여러 형태의 사각, 동그라미 등으로 오려내고 다양한 형태의 매입기구를 취부하여 실내의 단조로움을 피하는 건축화 조명 방식은?

① 코퍼 조명
② 코브 조명
③ 밸런스 조명
④ 코니스 조명

해설 건축화 조명방식

천장, 벽, 기둥 등의 건축 부분에 광원을 만들어 실내를 조명하는 방식으로 눈부심이 적은 장점이 있는 반면, 조명 효율은 직접 조명에 비해 떨어진다.
※ 천장에 매입하는 건축화 조명방식
 ㉠ 라인라이트(line light) 조명(광량 조명) : 천장에 매립한 조명의 하나로 광원을 선형으로 배치하는 방식이다. 형광등 조명으로 가장 높은 조도를 얻을 수 있다.
 ㉡ 코퍼(coffer) 조명 : 천장면을 여러 형태의 사각, 동그라미 등으로 오려내고 다양한 형태의 매입기구를 취부하여 실내의 단조로움을 피하는 조명 방식이다.
 ㉢ 다운라이트(down light) 조명 : 천장에 작은 구멍을 뚫어 그 속에 기구를 매입한 것으로, 기구 본체가 밖으로 나오지 않기 때문에 공간을 말끔히 정리하기 쉬운 이점이 있는 건축화 조명의 방식이다.

08 3상유도전동기의 속도제어방법에 속하지 않는 것은?

① 극수를 변화시키는 방법
② 슬립을 변화시키는 방법
③ 주파수를 변화시키는 방법
④ 3상 중 2개의 상을 변환 접속하는 방법

해설 3상 유도전동기의 속도제어 방법

 ㉠ 회전자에 접속되어 있는 저항을 변화시켜 비례 추이의 원리로 제어한다.
 ㉡ 독립된 2조의 극수가 서로 다른 고정자 권선을 감아 놓고 필요에 따라 극수를 선택하여 극수를 변화시킨다.
 ㉢ 인버터를 사용하여 주파수를 변화시킨다.
  ※ 3상 유도전동기의 속도제어 방법 : 주파수의 변환, 극수의 변환, 전류 저항의 변환, 전압제어
  ※ 3상 유도 전동기는 농형과 권선형이 있는데, 건축설비에서 쓰이는 대부분은 3상 전동기는 농형이다.

09 배선설비 공사에서 스위치 및 콘센트 시공에 관한 설명으로 옳지 않은 것은?

① 스위치는 회로의 비접지 측에 시설하여서는 안된다.
② 매입형 콘센트 플레이트는 건축 마감면에 밀착되도록 설치하여야 한다.
③ 스위치 설치 높이는 일반적으로 바닥에서 중심까지 1.2m를 기준으로 한다.
④ 일반형 콘센트 설치 높이는 바닥에서 기구 중심까지 30cm를 기준으로 한다.

해설
스위치의 경우 회로의 비접지 측에 연결하여 전원과의 스위치 역할로 사용될 수 있다.

10 전기누전에 의한 감전을 방지하기 위하여 행하는 전기 공사는?

① 접지 공사
② 피뢰 공사
③ 표시설비 공사
④ 옥내 배선 공사

해설 접지공사

전기시설물의 감전방지, 기기손상방지, 보호계전기의 동작확보를 하기 위해 실시하는 공사이다.
 ☞ 접지(earth)는 금속 물체와 대지의 전위차를 최소로 하기 위하여 동판을 땅속에 매설하고 거기에 금속 물체를 접속하는 것을 말한다.

정답 06 ③ 07 ① 08 ④ 09 ① 10 ①

11 어떤 저항에 100V의 전압을 가했더니 10A의 전류가 흘렀다. 이 저항에 95V의 전압을 가했을 경우 흐르는 전류는?
① 5A   ② 9.5A
③ 10.5A ④ 15A

해설
㉠ 100V에 10A 전류가 흐르므로 $V=IR$에서
$R=\dfrac{V}{I}=\dfrac{100}{10}=10[\Omega]$
㉡ 이를 95V의 전압을 가하면
$I=\dfrac{V}{R}=\dfrac{95}{10}=9.5[A]$

12 옥내소화전설비가 갖춰진 10층 건물에 있어서 옥내소화전이 각층에 2개씩 설치되어 있다면, 옥내소화전설비의 수원의 저수량은 최소 얼마 이상이 되도록 하여야 하는가?
① $5.2m^3$ ② $13m^3$
③ $14m^3$ ④ $15.6m^3$

해설 수원의 용량
(옥내소화전 1개의 방수량)×20분×(동시 개구수)
=130L/min×20min×N
=2.6N[m^3] (N은 최대 2개)
∴ Q=130L/min×20 min×2=5.2m^3

13 옥외소화전설비에 관한 설명으로 옳지 않은 것은?
① 호스는 구경 65mm의 것으로 하여야 한다.
② 호스접결구는 지면으로부터 높이가 0.5m 이상 1m 이하의 위치에 설치한다.
③ 옥외소화전이 10개 설치된 때에는 옥외소화전마다 10m 이내의 장소에 1개 이상의 소화전함을 설치하여야 한다.
④ 호스접결구는 특정소방대상물의 각 부분으로부터 하나의 호스접결구까지의 수평거리가 40m 이하가 되도록 설치하여야 한다.

해설
옥외소화전이 10개 이하로 설치된 때에는 옥외소화전마다 5m 이내의 장소에 1개 이상의 소화전함을 설치하여야 한다.

14 양측 금속박 사이에 유전체를 끼워 놓아둔 구조로 정전용량을 갖게 한 소자는?
① 저항   ② 콘덴서
③ 콘덕턴스 ④ 인덕턴스

해설
콘덴서는 정전용량이 큰 콘덴서로 만들기 위해서 2개의 전극을 이용하여 극판 사이에 유전체를 삽입한다.

15 자동화재탐지설비의 감지기 중 주위의 공기에 일정농도 이상의 연기가 포함되었을 때 동작하는 감지기는?
① 불꽃 감지기
② 차동식 감지기
③ 이온화식 감지기
④ 보상식 스폿형 감지기

해설 감지기

감지기의 종류		작동원리
열식	차동식	그 주위 온도가 일정한 온도 상승률 이상으로 되었을 때 작동한다.
	정온식	그 주위 온도가 일정한 온도 이상이 되었을 때 작동한다.
	보상식	그 주위 온도의 변화에 따라 감도가 변화하는 것이며, 차동식 및 정온식의 성능을 가진다.
연기식	이온식	검지부에 연기가 들어감으로써 이온 전류가 변화하는 것을 이용하여 감지한다.
	광전식	검지부에 연기가 들어감으로써 광전 소자의 입사광량이 변화하는 것을 이용하여 감지한다.

☞ 이온화식 감지기는 감지기 주위의 공기가 일정한 농도의 연기를 포함하게 되면 작동하는 감지기이다.

정답 11 ② 12 ① 13 ③ 14 ② 15 ③

16 어떤 코일에 50Hz의 교류 전압을 가할 때 유도 리액턴스가 628Ω이었다. 이 코일의 자기인덕턴스(H)는?
① 2
② 50
③ 314
④ 628

해설
$X_L = \omega L = 2\pi f L$
$L = \dfrac{X_L}{2\pi f} = \dfrac{628}{2\pi \times 50} = 2H$

17 어느 도체의 단면에 10분간 360C의 전하가 통과하였다면 전류의 크기는?
① 0.027A
② 0.6A
③ 1.67A
④ 3.6A

해설
1[A]란 1초(sec)당 1C의 전기량 흐름을 말하므로
Q=I×10×60=360[C]
∴ I=0.6[A]
※ 전기량의 단위는 C[쿨롬]으로 나타내며, 1초(sec)당 1C의 전기량이 흐를 때 전류는 1[A]가 된다.

18 인화성 액체, 가연성 액체, 타르, 오일 및 인화성 가스와 같은 유류가 타고 나서 재가 남지 않는 화재를 의미하는 것은?
① A급 화재
② B급 화재
③ C급 화재
④ K급 화재

해설 화재의 종류
㉠ 일반 화재(A급 화재) : 나무, 섬유, 종이, 고무, 플라스틱류와 같은 일반 가연물이 타고 나서 재가 남는 화재
㉡ 기름 화재(B급 화재) : 인화성 액체, 가연성 액체, 석유 그리스, 타르, 오일, 유성도료, 솔벤트, 래커, 알코올 및 인화성 가스와 같은 유류가 타고 나서 재가 남지 않는 화재
㉢ 전기 화재(C급 화재) : 전류가 흐르고 있는 전기기기, 배선과 관련한 화재
㉣ 주방 화재(K급 화재) : 주방에서 동식물유를 취급하는 조리기구에서 일어나는 화재

19 건물의 자동제어방식에서 디지털 방식에 속하는 것은?
① 전기방식
② 공기방식
③ 자기방식
④ DDC방식

해설 DDC 방식(DDC 제어방식)
제어 시스템 내의 신호를 어떤 양자화된 신호로 쓰는 제어를 말한다. 이 경우 공작기계가 대상일 때는 수치제어라 한다.
㉠ 일반적으로 최근 설비분야 제어방식으로 많이 적용되는 방식으로 디지털 직접회로 제어방식이다.
㉡ 각종 연산 및 자료저장, 검색, 분석 성능이 우수하다.
㉢ 에너지 절약제어가 가능하다.
㉣ 정밀도 및 신뢰도가 가장 높다.
㉤ 유지 및 보수가 간단하다.

20 3상유도 전동기의 기동법으로 Y-Δ기동법을 사용하는 가장 주된 목적은?
① 전압을 높이기 위하여
② 기동전류를 줄이기 위하여
③ 전동기의 출력을 높이기 위하여
④ 전동기의 동기속도를 높이기 위하여

해설 Y-Δ 기동법
㉠ 기동전류를 경감하기 위하여 고정자 권선이 △결선인 전동기를 기동 시에 한하여 Y결선으로 하고, 정격전압을 인가하여 기동한 후에 △결선으로 변환하여 주는 방법
㉡ 5.5~15kW의 전동기에 사용
㉢ 무부하 또는 경부하에서 기동할 수 있는 공작기계 등에 적합한 방식

정답 16 ① 17 ② 18 ② 19 ④ 20 ②

소방 및 전기설비
2022년 제1회 과년도 출제문제 [온라인 TEST]

01 4[H]의 코일에 5[A]의 직류전류가 흐를 때 코일에 축적되는 에너지는?
① 10[J]　　　② 20[J]
③ 50[J]　　　④ 100[J]

해설
코일에 축적되는 에너지(W) = $\frac{LI^2}{2}$ [J]
(L : 자체 인덕턴스[H]　I : 전류[A])
∴ 코일저장에너지 = $\frac{4 \times 5^2}{2}$ = 50[J]

02 소방시설 관련 설비의 설치 위치에 관한 설명으로 옳지 않은 것은?
① 옥내소화전 방수구는 바닥으로부터 높이가 1.5m 이하가 되도록 설치한다.
② 소화기구(자동확산소화기 제외)는 바닥으로부터 높이 1.5m 이하의 곳에 비치한다.
③ 연결살수설비의 송수구는 지면으로부터 높이가 0.5m 이상 1.5m 이하의 위치에 설치한다.
④ 연결송수관설비의 송수구는 지면으로부터 높이가 0.5m 이상 1m 이하의 위치에 설치한다.

해설 연결살수설비의 송수구에 관한 기준
㉠ 소방차가 쉽게 접근할 수 있고 노출된 장소에 설치하는 것이 원칙이다.
㉡ 지면으로부터 높이가 0.5m 이상 1.0m 이하의 위치에 설치하여야 한다.
㉢ 개방형 헤드를 사용하는 송수구의 호스접결구는 각 송수구역마다 설치하는 것이 원칙이다.
㉣ 송수구는 구경 65mm의 쌍구형으로 설치하여야 한다. 단, 하나의 송수구역에 부착하는 살수헤드의 수가 10개 이하인 경우 단구형으로 할 수 있다.

03 피뢰침에 근접한 뇌격을 흡인하여 전극으로 확실하게 방류하기 위한 요구조건으로 옳은 것은?
① 도체저항이 커야 한다.
② 접촉저항이 커야 한다.
③ 접지저항이 작아야 한다.
④ 돌침의 보호각이 작아야 한다.

해설
피뢰침은 근접한 뇌격을 흡인하여 전극으로 확실하게 방류하기 위하여 돌침의 보호각은 크게 하고, 접지저항·접촉저항·도체저항은 작아야 한다.
※ 접지저항 저감법(병렬공법, 접지저항 저감제 충전법)을 사용한다.

04 특정소방대상물의 어느 층에 옥내소화전이 2개가 설치되어 2개의 옥내소화전을 동시에 사용할 경우 각 소화전의 노즐선단에서의 방수압력과 방수량은 최소 얼마 이상이어야 하는가?
① 방수압력 0.13MPa, 방수량 100ℓ/min
② 방수압력 0.13MPa, 방수량 130ℓ/min
③ 방수압력 0.17MPa, 방수량 100ℓ/min
④ 방수압력 0.17MPa, 방수량 130ℓ/min

해설
옥내소화전설비의 전동기 또는 내연기관에 따른 펌프를 이용하는 가압송수장치에 관한 기준 : 특정소방대상물의 어느 층에 있어서도 해당 층의 옥내소화전(2개 이상 설치된 경우에는 2개의 옥내소화전)을 동시에 사용할 경우 각 소화전의 노즐선단에서의 방수압력이 0.17MPa 이상이고, 방수량이 130L/min 이상이 되는 성능의 것으로 할 것

05 다음 중 피드백 제어방식의 제어동작에 의한 분류에 속하지 않는 것은?
① 비례동작　　　② 적분동작
③ 정치동작　　　④ 다위치동작

해설 제어동작에 의한 분류(조절기)
㉠ 불연속 동작 : 2위치동작(ON/OFF 동작), 다위치동작
㉡ 연속동작 : 비례제어(P 동작), 미분동작(D 동작), 적분동작(I 동작), 비례적분제어(PI 동작), 비례미분동작(PD 동작), 비례적분미분제어(PID 동작)

정답　01 ③　02 ③　03 ③　04 ④　05 ③

06 옥내소화전설비에서 충압펌프의 주된 사용 목적은?
① 주펌프의 토출량 증대
② 전력 공급 차단에 따른 주펌프 정지 시 비상운전
③ 주펌프 정지 시 지속적 운전으로 배관의 동결 방지
④ 배관 내 압력손실에 따른 주펌프의 빈번한 기동 방지

해설
충압펌프란 배관 내 압력손실에 따른 주펌프의 빈번한 기동을 방지하기 위하여 충압역할을 하는 펌프를 말한다.

07 다음 설명에 알맞은 축전지의 사용 중 충전방식은?

전지의 자기 방전을 보충함과 동시에 상용부하에 대한 전력 공급은 충전기가 부담하도록 하되, 충전기가 부담하기 어려운 일시적인 대전류 부하는 축전지로 하여금 부담하게 하는 방식

① 보통충전 ② 부동충전
③ 급속충전 ④ 균등충전

해설 축전지의 충전방식
㉠ 보통충전 : 필요할 때마다 표준 시간율로 소정의 충전을 하는 방식
㉡ 급속충전 : 보통 충전 전류의 2~3배의 전류로 충전하는 방식
㉢ 부동충전 : 축전지의 자기방전을 보충함과 동시에 상용부하에 대한 전력공급은 충전기가 부담하되 충전기가 부담하기 어려운 일시적인 대전류부하는 축전지로 하여금 부담하게 하는 방식으로 가장 많이 사용된다.
㉣ 균등충전 : 각 축전지의 전위차를 보정하기 위하여 1~3개월마다 10~12시간 1회 충전하는 방식
㉤ 세류충전(트리클 충전) : 자기 방전량만을 항상 충전시키는 부동충전 방식의 일종

08 선간전압 220[V], 전류 70[A], 소비전력 18[kW]인 3상 유도전동기의 역률은?
① 0.67 ② 0.72
③ 0.75 ④ 1.17

해설
역률(P.F) = $\dfrac{소비전력}{피상전력}$ = $\dfrac{18,000}{\sqrt{3}\times 70\times 220}$ = 0.67
※ 피상전력 = $\sqrt{3}\,IV$

09 다음 중 피드백 제어 시스템에서 반드시 필요한 장치는?
① 감도를 향상시키는 장치
② 안정도를 향상시키는 장치
③ 입력과 출력을 비교하는 장치
④ 응답속도를 빠르게 하는 장치

해설 피드백 제어(폐회로 제어)
㉠ 제어의 결과와 압력을 비교하기 위해 출력이 입력 피드백 되는 방식
㉡ 폐회로로 구성된 폐회로 방식
㉢ 전압, 보일러 내 압력, 실내온도 등과 같이 목표치를 일정하게 정해놓은 제어에 사용
㉣ 비행기 레이더 자동추적, 펌프의 압력제어

10 20[Ω]의 저항에 또 다른 저항 R[Ω]을 병렬로 접속하였더니, 두 개의 합성 저항이 4[Ω]이 되었다. 이 때 저항 R은 몇 [Ω]인가?
① 2 ② 5
③ 10 ④ 15

해설
20//R = 4
저항의 병렬연결은 $\dfrac{20\times R}{20+R}$ = 4 이고
$20R = 4(20+R)$ 양변을 4로 나누면
$5R = 20 + R$
$4R = 20$
∴ $R = 5$

정답 06 ④ 07 ② 08 ① 09 ③ 10 ②

11 역률이 나쁘다는 결점이 있으나, 구조와 취급이 간단하여 건축설비에서 가장 널리 사용되고 있는 전동기는?
① 동기전동기 ② 분권전동기
③ 직권전동기 ④ 유도전동기

해설 유도전동기
㉠ 구조와 취급이 간단하고 기계적으로 견고하다.
㉡ 가격이 비교적 싸고 운전이 대체로 쉽다.
㉢ 역률이 나쁜 단점이 있다.
㉣ 건축설비에서 가장 널리 사용되고 있다.

12 방송공동수신설비의 일반적 구성에 속하지 않는 것은?
① 월패드 ② 증폭기
③ 분배기 ④ 수신안테나

해설 방송공동수신설비의 구성 기기
증폭기, 분배기, 혼합기, 컨버터, 수신안테나
☞ 월패드 : 가정의 주방 또는 거실 벽면에 부착된 형태로 출입 통제, 조명 및 가전제품 제어, 화재 감지 등의 기능을 갖추고 있는 주택 관리용 단말기

13 인접 건물에 대한 연소확대 방지 목적으로 사용되는 소화설비는?
① 옥내소화전설비 ② 옥외소화전설비
③ 스프링클러설비 ④ 물분무소화설비

해설
옥외소화전설비는 인접 건물에 대한 연소확대 방지 목적으로 사용되는 소화설비로 호스접결구는 지면으로부터 높이가 0.5m 이상 1m 이하의 위치에 설치하고 특정소방대상물의 각 부분으로부터 하나의 호스접결구까지의 수평거리가 40m 이하가 되도록 설치하여야 한다.

14 "회로내의 임의의 한 점에 들어오고 나가는 전류의 합은 같다"와 관련된 법칙으로 전류의 법칙이라고도 불리는 것은?
① 오옴의 법칙
② 키르히호프의 제1법칙
③ 키르히호프의 제2법칙
④ 앙페르의 오른나사의 법칙

해설
키르히호프의 법칙 : 옴의 법칙을 응용한 것으로 복잡한 회로의 전류와 전압 계산에 사용
㉠ 키르히호프 제1법칙 : 회로형 중의 한 점에 흘러 들어오는 전류의 총합과 흘러 나가는 전류의 총합은 같다.(전류 법칙)
㉡ 키르히호프 제2법칙 : 회로형 중의 임의의 폐회로 내에서 일주방향에 따른 전압강하 총합은 기전력의 총합은 같다.(전압 법칙)

15 정전용량이 C_1과 C_2인 콘덴서를 병렬로 접속시켰을 때 합성정전용량은?
① $C_1 + C_2$
② $1/(C_1 + C_2)$
③ $1/C_1 + 1/C_2$
④ $(C_1 \times C_2)/(C_1 + C_2)$

해설 콘덴서의 합성정전용량[F]
① $C_1 + C_2$ 직렬연결 = $\dfrac{C_1 C_2}{C_1 + C_2}$
② $C_1 + C_2$ 병렬연결 = $C_1 + C_2$

정답 11 ④ 12 ① 13 ② 14 ② 15 ①

16 수용장소의 총부하설비용량에 대한 최대수요전력의 비율을 백분율로 나타낸 것은?

① 역률 ② 부등률
③ 전류율 ④ 수용률

해설

수변전설비 용량 결정은 수용률(수요율), 부등률, 부하율 등을 이용하여 산정한다.

㉠ 수용률(수요율) $= \dfrac{\text{최대수용전력}}{\text{부하설비용량}} \times 100(\%)$

⇒ 일반 건물 60~70%

㉡ 부등률 $= \dfrac{\text{각부하최대수용전력의합계}}{\text{최대수용전력}} \times 100(\%)$

⇒ 1보다 크다(1.1~1.5)

㉢ 부하율 $= \dfrac{\text{평균수용전력}}{\text{최대수용전력}} \times 100(\%)$

⇒ 1보다 작다(0.25~0.6)

17 전압과 전류의 위상차 θ가 있는 경우, 교류 전력 중 유효전력을 나타낸 것은?

① VI [W] ② VI [VA]
③ VIcosθ [W] ④ VIcosθ [VAR]

해설 유효전력

㉠ 전원에서 공급되어 부하에서 유효하게 이용되는 전력을 유효전력이라 한다.
㉡ P=VIcosθ [W]
※ 무효전력
① 실제로는 아무런 일을 하지 않아 부하에서는 전력으로 이용될 수 없는 전력
② P=IVsinθ [VAR]
☞ 위상차 : 2개 이상의 교류 사이에 존재하는 시간적 격차(주파수는 같고 위상이 다른 두 정현파의 시간적인 차)

18 인터폰의 통화망 구성방식에 따른 분류에 속하지 않는 것은?

① 모자식 ② 상호식
③ 복합식 ④ 수정식

해설 인터폰설비의 통화 방식

㉠ 모자식(친자식) : 1대의 모기에 여러 대의 자기를 접속하는 방식으로 자기끼리는 접속이 불가능하다. 병원 등에 사용
㉡ 상호식 : 원하는 곳 모두 상호간에 접속이 가능
㉢ 복합식 : 모자식과 상호식을 복합한 형식
※ 설치 높이 : 바닥면에서 1.5m

19 가연물질 주변의 공기 중 산소의 농도를 낮추어 소화하는 방법은?

① 냉각소화 ② 제거소화
③ 질식소화 ④ 부촉매소화

해설 소화의 원리

㉠ 제거방법 : 제거에 의한 소화
㉡ 질식방법 : 기름 화재 등 덮어서 포말 소화(산소 공급 차단)
㉢ 희석방법 : 알코올 등 화재 시 물로 희석(공기 중의 산소 농도를 15% 이하로)
㉣ 냉각방법 : 물 뿌려 냉각소화(가연물의 온도를 발화점 이하로)
㉤ 억제방법(연쇄반응차단방법, 부촉매 효과) : 화학적 반응을 지연, 중단

20 어느 사무실의 크기가 폭 12m, 안길이 10m이고 피조면에서 광원까지의 높이가 2.75m인 경우, 이 사무실의 실지수는?

① 0.34 ② 1.98
③ 2.86 ④ 4.36

해설

실지수(K) : 방의 크기와 형태를 나타내는 지수로서 광원에서 작업면에 직접 도달하는 빛은 실의 바닥면적에 대하여 천장의 높이가 낮을 때는 많고, 천장의 높이가 높을 때는 적어진다.

실지수 $= \dfrac{X \cdot Y}{H(X+Y)}$

X : 방의 가로 길이[m]
Y : 방의 세로 길이[m]
H : 작업면에서 광원까지의 높이[m]

실지수 $= \dfrac{X \cdot Y}{H(X+Y)} = \dfrac{12 \times 10}{2.75(12+10)} ≒ 1.98$

정답 16 ④ 17 ③ 18 ④ 19 ③ 20 ②

소방 및 전기설비
2022년 제2회 과년도 출제문제 [온라인 TEST]

01 합성최대수요전력을 구하는 계수로서 각 부하의 최대수요전력 합계와 합성최대수요전력과의 비율로 나타내는 것은?

① 수용률 ② 유효율
③ 부하율 ④ 부등률

[해설]

수변전설비 용량 결정은 수용률(수요율), 부등률, 부하율 등을 이용하여 산정한다.

㉠ 수용률(수요율) = $\dfrac{최대수용전력}{부하설비용량} \times 100(\%)$
  ⇒ 일반 건물 60~70%

㉡ 부등률 = $\dfrac{각부하의 최대수용전력의 합계}{최대수용전력} \times 100(\%)$
  ⇒ 1보다 크다(1.1~1.5)

㉢ 부하율 = $\dfrac{평균수용전력}{최대수용전력} \times 100(\%)$
  ⇒ 1보다 작다(0.25~0.6)

02 인터폰설비의 통화 방식에 따른 구분에 속하는 것은?

① 모자식
② 상호식
③ 전화스피커 방식
④ 프레스토크 방식

[해설] 인터폰설비의 통화 방식

㉠ 모자식(친자식) : 1대의 모기에 여러 대의 자기를 접속하는 방식으로 자기끼리는 접속이 불가능하다. 병원 등에 사용
㉡ 상호식 : 원하는 곳 모두 상호간에 접속이 가능
㉢ 복합식 : 모자식과 상호식을 복합한 형식
※ 설치 높이 : 바닥면에서 1.5m

03 소화방법에 관한 설명으로 옳지 않은 것은?

① 희석소화는 가연물질 주변의 공기 중 산소의 농도를 낮추는 소화방법이다.
② 냉각소화는 가연물질의 온도를 낮추어 연소의 진행을 억제하는 소화방법이다.
③ 제거소화는 가연물질을 원천적으로 제거하여 연소반응이 진행되는 것을 제거하는 소화방법이다.
④ 부촉매소화는 연소반응에서 화학적 작용을 통해 연쇄적 반응으로 화재진행을 억제하는 소화방법이다.

[해설] 소화의 원리

㉠ 제거방법 : 제거에 의한 소화
㉡ 질식방법 : 기름 화재 등 덮어서 포말 소화(산소 공급 차단)
㉢ 희석방법 : 알코올 등 화재 시 물로 희석(공기 중의 산소 농도를 15% 이하로)
㉣ 냉각방법 : 물 뿌려 냉각소화(가연물의 온도를 발화점 이하로)
㉤ 억제방법(연쇄반응차단방법, 부촉매 효과) : 화학적 반응을 지연, 중단

04 유효전력과 무효전력의 단위와 구분하기 위하여 사용되는 피상전력의 단위는?

① [W]   ② [Ah]
③ [VA] ④ [VAR]

[해설] 전유효전력과 무효전력

① 유효전력
  ㉠ 전원에서 공급되어 부하에서 유효하게 이용되는 전력을 유효전력이라 한다. 유효전력은 실제로 소비되는 전력이다.(단위 : kW)
  ㉡ 역률이 1일 때 유효전력과 피상전력은 같다.
  ㉢ $P = IV\cos\theta$ [W]
② 무효전력
  ㉠ 실제로는 아무런 일을 하지 않아 부하에서는 전력으로 이용될 수 없는 전력이다.
  ㉡ $P = IV\sin\theta$ [VAR]
※ 피상전력
  ㉠ 교류의 부하 또는 전원의 용량을 표시하는 전력을 피상전력이라 한다.
  ㉡ 피상전력 = $\sqrt{(유효전력)^2 + (무효전력)^2}$
  ㉢ 단위 : kVA, VA
※ 역률(P.F) = $\dfrac{유효전력}{피상전력} = \dfrac{유효전력}{\sqrt{(유효전력)^2 + (무효전력)^2}}$

[정답] 01 ④ 02 ④ 03 ① 04 ③

05 조도계산 방식 중 광원에서 나온 전광속이 작업면에 비춰지는 비율(조명률)에 의해 평균조도를 구하는 것으로 실내전반 조명설계에 사용되는 것은?

① 광속법 ② 광도법
③ 배광법 ④ 축점법

해설

조명계산법에는 광속법과 축점법이 있다. 일반적으로 실내 전체를 어떠한 일정 조도로 하는 전반조명은 광속법, 국부조명은 축점법을 사용한다.

06 단상 변압기의 2차 무부하 전압이 220[V]이고, 정격부하에서의 2차 단자전압이 200[V]일 경우 전압변동률은?

① 5[%]   ② 7[%]
③ 10[%] ④ 12[%]

해설 전압변동률(ζ)

$$\zeta = \frac{\text{무부하시 수전단 전압}(V_{ro}) - \text{전부하시 수전단 전압}(V_r)}{\text{전부하시 수전단 전압}(V_r)}$$
$$\times 100(\%) = \frac{220-200}{200} \times 100(\%) = 10\%$$

07 3상 농형유도전동기에서 극수 4, 주파수 60Hz, 슬립 4%일 때 회전수는 얼마인가?

① 1,728[rpm] ② 1,796[rpm]
③ 1,800[rpm] ④ 1,872[rpm]

해설 전동기 회전수

$N = \dfrac{120f(1-s)}{P}$

N : 회전수[rpm]
f : 주파수
s : 슬립
P : 극수

$\therefore N = \dfrac{120f(1-s)}{P} = \dfrac{120 \times 60 \times (1-0.04)}{4}$
$= 1,728[\text{rpm}]$

08 물질이 양(+) 또는 음(-)으로 대전되어 양전기나 음전기를 띠는 현상의 원인은?

① 전자의 이동   ② 양성자의 이동
③ 중성자의 이동 ④ 원자핵의 이동

해설

물질이 양(+) 또는 음(-)으로 대전(electrification)되어 양전기나 음전기를 가지게 되는 것은 전자의 이동 증감에 의한 것이다.

09 포소화설비의 구성 요소에 속하지 않는 것은?

① 약제탱크   ② 혼합장치
③ 가압송수장치 ④ 정압작동장치

해설 포소화설비의 구성 요소

포소화약제, 포소화약제의 저장탱크, 수조, 가압송수장치, 기동용수압개폐장치, 포소화약제의 혼합장치, 포방출장치, 배관, 유수검지장치, 일제개방밸브, 송수구 등이 있다.

☞ 정압작동장치 : 분말소화약제 저장용기의 내부압력이 설정압력으로 되었을 때 주밸브를 개방시키는 장치이다.

10 영상변류기[ZCT]의 주된 사용목적은?

① 과전압 검출   ② 과전류 검출
③ 지락전류 검출 ④ 부하전류 검출

해설 영상 변류기(ZCT)

대전류 회로의 지락사고시 각상의 불평형 전류를 검출하여 이에 비례한 미소전류를 2차측으로 전하는 기능을 하는 계기용 변성기로 누전차단기에서 검출기구로 사용된다.

☞ 누전차단기 : 지락전류를 영상변류기로 검출하는 전류동작형으로 지락전류가 미리 정해 놓은 값을 초과할 경우, 설정된 시간 내에 회로나 회로의 일부의 전원을 자동으로 차단하는 장치

정답 05 ① 06 ③ 07 ① 08 ① 09 ④ 10 ③

11 최대 방수구역에 설치된 스프링클러헤드의 개수가 20개인 경우, 스프링클러설비의 수원의 저수량은 최소 얼마 이상이 되도록 하여야 하는가? (단, 개방형 스프링클러헤드를 사용하는 경우)

① $17m^3$ ② $32m^3$
③ $48m^3$ ④ $64m^3$

해설 스프링클러(sprinkler) 설비

수원의 수량
= (스프링클러의 표준 방수량) × 20분 × (동시 개구수)
= 80L/min × 20 min × 20 = 32,000L
= $32m^3$

12 변압기에서 자기유도 작용으로 발생한 자속을 이동시키는 통로의 역할을 하는 것은?

① 철심 ② 부싱
③ 1차측 코일 ④ 2차측 코일

해설 변압기에서 철심(core)은 자속의 이동통로의 역할을 한다. 철심은 철손을 적게 하기 위하여 두께 0.35~0.5mm 정도의 규소강판을 사용한다.

13 DDC 방식에서 밸브나 댐퍼 등을 비례적으로 동작시키는 신호는?

① AI ② DI
③ AO ④ DO

해설 DDC 방식(DDC 제어방식)

제어 시스템 내의 신호를 어떤 양자화된 신호로 쓰는 제어를 말한다. 이 경우 공작기계가 대상일 때는 수치제어라 한다.
㉠ 일반적으로 최근 설비분야 제어방식으로 많이 적용되는 방식으로 디지털 직접회로 제어방식이다.
㉡ 각종 연산 및 자료저장, 검색, 분석 성능이 우수하다.
㉢ 에너지 절약제어가 가능하다.
㉣ 정밀도 및 신뢰도가 가장 높다.
㉤ 유지 및 보수가 간단하다.
☞ AO : 밸브나 댐퍼 등을 비례적으로 동작시키는 신호

14 단상변압기 3대를 결선하고자 하는 경우, 부하 측에 인가되는 전압을 $\sqrt{3}$ 배 승압시킬 수가 있으며 3상 4선식 중성점접지 배전방식으로 사용되는 결선 방법은?

① $\Delta-Y$ 결선 ② $Y-\Delta$ 결선
③ $\Delta-\Delta$ 결선 ④ $V-V$ 결선

해설 3상 4선식($\Delta-Y$) 결선

㉠ Y결선의 중성점을 접지할 수 있다.
㉡ Y결선의 상전압은 선간전압의 $1/\sqrt{3}$ 이므로 절연이 용이하다. (Y결선의 선간전압은 상전압의 $\sqrt{3}$ 배)
㉢ 3상의 동력전원과 중선선과의 단상 전등전원을 동시에 얻을 수 있어 우리나라는 주로 220/380V를 사용한다.(전등부하는 220V, 동력부하는 380V를 사용)

15 공조설비의 자동제어에서 압력검출소자로 사용되지 않는 것은?

① 모발
② 벨로즈
③ 브르돈관
④ 다이어프램

해설 공조설비의 자동제어

㉠ 압력검출소자용 : 다이어프램, 브르돈관, 벨로즈
㉡ 습도검출소자용 : 모발, 나일론 리본

16 제연설비의 비상전원에 관한 설명으로 옳지 않은 것은?

① 비상전원은 실내에 설치하지 않는다.
② 제연설비를 유효하게 20분 이상 작동할 수 있도록 한다.
③ 비상전원의 설치장소는 다른 장소와 방화구획으로 구획한다.
④ 상용전원으로부터 전력의 공급이 중단된 때에는 자동으로 비상전원으로부터 전력을 공급받을 수 있도록 한다.

정답 11 ② 12 ① 13 ③ 14 ① 15 ① 16 ①

해설 제연설비의 비상전원

㉠ 점검에 편리하고 화재 및 침수 등의 재해로 인한 피해를 받을 우려가 없는 곳에 설치할 것
㉡ 제연설비를 유효하게 20분 이상 작동할 수 있도록 할 것
㉢ 상용전원으로부터 전력의 공급이 중단된 때에는 자동으로 비상전원으로부터 전력을 공급받을 수 있도록 할 것
㉣ 비상전원의 설치장소는 다른 장소와 방화구획으로 구획할 것
㉤ 비상전원을 실내에 설치하는 때에는 그 실내에 비상조명등을 설치할 것

17 다음은 상수도소화용수설비의 설치에 관한 기준 내용이다. ( ) 안에 알맞은 것은?

1. 호칭지름 75mm 이상의 수도배관에 호칭 지름 100mm 이상의 소화전을 접속할 것
2. 제1호에 따른 소화전은 특정소방대상물의 수평투영면의 각 부분으로부터 ( ) 이하가 되도록 설치할 것

① 50m   ② 100m
③ 140m   ④ 180m

해설 상수도소화용수설비의 설치 기준

1. 호칭지름 75mm 이상의 수도배관에 호칭 지름 100mm 이상의 소화전을 접속할 것
2. 제1호에 따른 소화전은 소방자동차 등의 진입이 쉬운 도로변 또는 공지에 설치할 것
3. 제1호에 따른 소화전은 특정소방대상물의 수평투영면의 각 부분으로부터 140m 이하가 되도록 설치할 것

18 교류회로의 역률을 올바르게 표현한 것은?

① $\dfrac{\text{피상전력}}{\text{무효전력}}$ ② $\dfrac{\text{피상전력}}{\text{유효전력}}$
③ $\dfrac{\text{무효전력}}{\text{피상전력}}$ ④ $\dfrac{\text{유효전력}}{\text{피상전력}}$

해설 역률(power factor)

㉠ 피상전력 중에서 유효전력(소비전력)으로 사용되는 비율
$$\text{역률(P.F)} = \dfrac{\text{유효전력}}{\text{피상전력}} = \dfrac{\text{유효전력}}{\sqrt{3}\,IV}$$
㉡ 백열전등, 전열기의 역률은 100%에 가깝다.
㉢ 부하의 역률을 1에 가깝게 높이는 것을 역률개선이라 한다. 역률개선의 방법은 소자에 흐르는 전류의 위상이 소자에 걸리는 전압보다 앞서는 용량성 부하인 콘덴서를 부하에 첨가하여 역률을 개선한다. (진상콘덴서를 병렬로 접속)

19 사인파 전압 $V = 134\sin(314t - 30°)$의 주파수는?

① 50Hz   ② 60Hz
③ 70Hz   ④ 80Hz

해설

사인파 전압주파수 $V = V_0 \sin(wt - 30°)$에서
$w = 2\pi f = 314$ ∴ $f = 50\,[\text{Hz}]$

20 조명기구의 배치방식에 따른 조명방식의 분류에 속하지 않는 것은?

① 전반조명방식   ② 국부조명방식
③ TAL조명방식   ④ 반간접조명방식

해설 조명방식의 분류

㉠ 배광방식에 의한 분류 : 직접조명, 반직접조명, 간접조명, 반간접조명, 전반확산조명
㉡ 기구 배치에 의한 분류 : 전반조명, 국부조명, 전반·국부 병용조명, TAL조명

정답 17 ③ 18 ④ 19 ① 20 ④

소방 및 전기설비
2022년 제4회 과년도 출제문제 〈온라인 TEST〉

01 3대의 전동기에 모든 같은 크기의 전압을 인가하기 위한 결선 방법은?

① 직렬결선
② 병렬결선
③ 직렬결선 1회로와 병렬결선 2회로
④ 직렬결선 2회로와 병렬결선 1회로

[해설]
병렬결선은 여러 대의 전동기에 모두 같은 크기의 전압을 걸리게 하기 위한 결선 방법이다.

02 스프링클러설비용 수조에 대한 설명 중 옳지 않은 것은?

① 수조의 내측에 수위계를 설치하여야 한다.
② 수조의 상단이 바닥보다 높은 때에는 수조의 외측에 고정식 사다리를 설치하여야 한다.
③ 수조가 실내에 설치된 때에는 그 실내에 조명설비를 설치하여야 한다.
④ 수조의 밑부분에는 청소용 배수밸브 또는 배수관을 설치하여야 한다.

[해설]
수조의 외측에 수위계를 설치하여야 한다. 다만, 구조상 불가피한 경우에는 수조의 맨홀 등을 통하여 수조 안의 물의 양을 쉽게 확인할 수 있도록 하여야 한다. (NFSC 103B)

03 직류 전원 전압이 10[V]인 회로에 직렬로 4[Ω], 6[Ω], 10[Ω]의 저항이 연결되어 있다. 이 회로에서 10[Ω]에 걸리는 전압 V_1은?

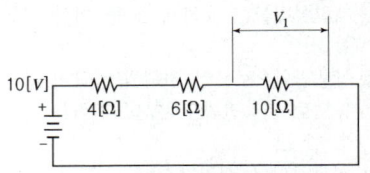

① 10[V]   ② 5[V]
③ 2.5[V] ④ 7.5[V]

[해설]
전체 전류 $I = \dfrac{10}{4+6+10} = 0.5A$

10Ω에 인가되는 전압 $V_1 = 10 \times 0.5 = 5V$

04 연결송수관설비에 관한 설명으로 옳지 않은 것은?

① 주배관의 구경은 100mm 이상의 것으로 할 것
② 방수구의 호스접결구는 바닥으로부터 높이 0.5m 이상 1m 이하의 위치에 설치할 것
③ 방수구는 연결송수관설비의 전용방수구 또는 옥내소화전방수구로서 구경 65mm의 것으로 할 것
④ 배관은 지면으로부터의 높이가 25m 이상인 특정 소방대상물 또는 지상 7층 이상인 특정 소방대상물에 있어서는 습식설비로 할 것

[해설] 연결송수관설비의 배관
① 연결송수관설비의 배관은 다음 각 호의 기준에 따라 설치하여야 한다.
  ㉠ 주배관의 구경은 100mm 이상의 것으로 할 것
  ㉡ 지면으로부터의 높이가 31m 이상인 특정소방대상물 또는 지상 11층 이상인 특정소방대상물에 있어서는 습식설비로 할 것
② 연결송수관설비의 배관은 주배관의 구경은 100mm 이상인 옥내소화전·스프링클러설비 또는 물분무 등 소화설비의 배관과 겸용할 수 있다.(다만, 층수가 30층 이상의 특정소방대상물은 스프링클러설비의 배관과 겸용할 수 없다.)

정답 01 ② 02 ① 03 ② 04 ④

05 옥내소화전설비에 관한 설명으로 옳지 않은 것은?
① 영하 10℃ 이하의 추운 곳에서의 배관은 습식으로 한다.
② 주배관 중 수직배관의 구경은 50mm 이상의 것으로 한다.
③ 방수구는 바닥으로부터 높이가 1.5m 이하가 되도록 한다.
④ 건물의 각 부분으로부터 하나의 옥내소화전 방수구까지의 수평거리가 25m 이하가 되도록 한다.

해설
옥내소화전설비 배관은 동결방지조치를 하거나 동결의 우려가 없는 장소에 설치하여야 한다. 다만, 보온재를 사용할 경우에는 난연재료 성능이상의 것으로 하여야 한다.
※ 옥내소화전의 배관에서 펌프의 토출측 주배관 중 수직배관의 구경은 최소 50mm 이상, 횡인배관(가지관)의 구경은 최소 40mm 이상으로 한다.

06 병원 등에 설치되는 모자식 전기시계에 관한 설명으로 옳은 것은?
① 자시계의 설치 높이는 하단부가 1.5m 이상으로 한다.
② 탁상형 모시계는 자시계 회로수가 3회로 이상인 경우 사용한다.
③ 모시계와 자시계를 연결하는 배선의 전압강하는 15% 이하가 되도록 한다.
④ 벽걸이형 모시계는 소규모 모시계로 자시계 회로수가 3회로 이내인 경우 사용한다.

해설 전기시계
① 단독 시계 : 가정용, 소규모 (교류식 : 디지털 시계, 건전지식)
② 모자식 시계 : 대규모의 경우 정밀한 모시계를 두고 모시계의 운침 충격 전류에 의해 자시계가 작동한다.
 ㉠ 모시계 : 수정식, 진자식, 램프식
  ⓐ 수정식 : 가장 많이 사용, 수정식 I 급이 가장 정밀(특히 정도(精度)를 요구하는 건물)하다.
  ⓑ 램프식 : 진동이 있는 장소, 정밀도가 낮다.
 ㉡ 자시계 : 직류 전기를 이용, 유극식과 무극식이 있다.

07 로프식 엘리베이터와 유압식 엘리베이터를 비교할 경우, 유압식 엘리베이터의 장점은?
① 전동기의 출력이 작다.
② 기계실의 위치가 자유롭다.
③ 기계실의 발열량이 작다.
④ 속도의 범위가 자유롭다.

해설 유압식 엘리베이터
㉠ 유압식 엘리베이터는 상향으로는 압력에 의해 케이지를 상승시키고, 큰 적재량의 자중에 의해 하강시키는 방식으로 승강 행정이 짧은 경우에는 적용할 수 있다.
㉡ 유압식의 장점은 로프식과 달리 건물 옥상에 기계실 설치장소의 제약을 받지 않으며, 일반적으로 로프식에 비해 소음이 적고, 승차감이 좋은 것이 특징이다.
㉢ 주로 저속 엘리베이터용으로 설치되고 있으며, 자동차용엘리베이터 등 화물 운반용으로 사용되고 있다.

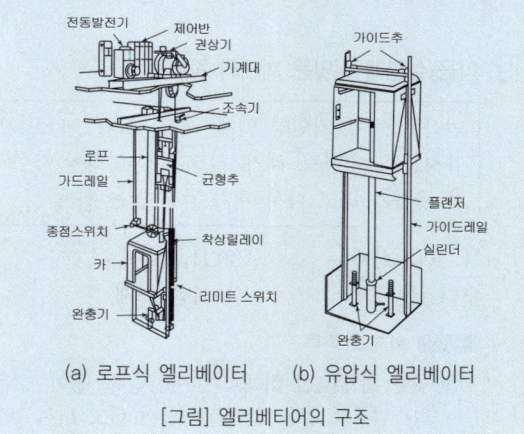

(a) 로프식 엘리베이터   (b) 유압식 엘리베이터
[그림] 엘리베티어의 구조

08 가로 9m, 세로 12m, 높이 2.7m인 강의실에 32W 형광램프(광속 2560[lm]) 30대가 설치되어 있다. 이 강의실 평균조도를 500[lx]로 하려고 할 때 추가해야 할 32W 형광램프 대수는? (단, 보수율 0.67, 조명률 0.6)
① 5대　　　　② 11대
③ 17대　　　④ 23대

> **해설** 광속 계산
>
> $F = \dfrac{E \cdot A \cdot D}{N \cdot U}$ 또는 $F = \dfrac{A \cdot E}{N \cdot U \cdot M}$ 에서
>
> $N = \dfrac{E \cdot A}{F \cdot U \cdot M}$
>
> 여기서,
> F : 광원 1개당 광속(lm)
> N : 광원 개수
> U : 조명률
> A : 방의 면적(m^2)
> E : 평균조도(lx)
> D : 감광보상율
> M : 유지율(보수율)
>
> 따라서, $N = \dfrac{500 \times (9 \times 12)}{2,560 \times 0.6 \times 0.67}$
>
> $N = 52.5 ≒ 53$ 대
>
> ∴ 30대가 설치되어 있으므로 53-30=23대

09 다음 설명에 알맞은 화재의 종류는?

> 인화성 액체, 가연성 액체, 석유 그리스, 타르, 오일, 유성도료, 솔벤트, 래커, 알코올 및 인화성 가스와 같은 유류가 타고 나서 재가 남지 않는 화재

① A급 화재 ② B급 화재
③ C급 화재 ④ K급 화재

> **해설** 화재의 종류
>
> ㉠ 일반 화재(A급 화재) : 나무, 섬유, 종이, 고무, 플라스틱류와 같은 일반 가연물이 타고 나서 재가 남는 화재
> ㉡ 기름 화재(B급 화재) : 인화성 액체, 가연성 액체, 석유 그리스, 타르, 오일, 유성도료, 솔벤트, 래커, 알코올 및 인화성 가스와 같은 유류가 타고 나서 재가 남지 않는 화재
> ㉢ 전기 화재(C급 화재) : 전류가 흐르고 있는 전기기기, 배선과 관련한 화재

10 다음 중 비례적분미분(PID) 제어동작으로 제어한 결과 시스템이 불안정하고 진동하였을 경우 이에 대한 원인과 가장 거리가 먼 것은?

① 비례동작의 비례대가 매우 좁다.
② 적분동작의 적분시간이 매우 짧다.
③ 미분동작의 미분시간이 매우 길다.
④ 낭비시간(dead time)이 매우 짧다.

> **해설** 복합제어동작인 비례적분미분제어(PID 동작)의 시스템
>
> ㉠ 비례동작의 비례대가 길수록 안정적이다.
> ㉡ 적분동작의 적분시간이 길수록 안정적이다.
> ㉢ 미분동작의 미분시간이 짧을수록 안정적이다.
> ㉣ 낭비시간(dead time)이 짧을수록 안정적이다.

11 자동화재탐지설비의 감지기에 관한 설명 중 옳지 않은 것은?

① 차동식 스포트형 감지기는 주변온도가 일정한 온도 상승률 이상으로 되었을 경우 작동한다.
② 이온화식 감지기는 주위의 공기가 일정한 농도의 연기를 포함하게 되면 작동하는 것으로 화재신호 감지 후 신호를 발생하는 시간에 따라 축적형과 비축적형으로 분류된다.
③ 보상식 열감지기는 차동식의 기능과 정온식의 기능을 혼합한 것으로 두 기능이 모두 만족되었을 경우에만 작동한다.
④ 광전식 감지기는 외부의 빛에 영향을 받지 않는 암실형태의 체임버 속에 광원과 수광소자를 설치해 놓은 것이다.

> **해설** 열식 감지기 – Bimetal의 원리 이용
>
> ㉠ 차동식 분포형 감지기 : 천장에 배관된 파이프 내의 공기가 팽창하여 감압실의 접점을 동작하는 형식으로 일정 온도상승률 이상일 때 작동한다. 아파트의 거실 천장, 사무실, 백화점 작업장
> ㉡ 정온식 스폿형 감지기 : 일정 온도 이상일 때 작동한다. 보일러실, 주방 등 다량의 열을 취급 장소에 적합 – 바이메탈의 원리 이용(금속팽창식)
> ㉢ 보상식 감지기 : 차동식 + 정온식, 주위의 온도 변화에 따라 감도가 변화

정답 09 ② 10 ④ 11 ③

2 다음 중 HID(고휘도방전) 램프의 종류에 속하지 않는 것은?

① 할로겐 램프 ② 고압수은 램프
③ 고압나트륨 램프 ④ 메탈할라이드 램프

해설 HID(고휘도방전) 램프

고압수은 램프, 고압나트륨 램프, 메탈할라이드 램프
※ 할로겐램프는 백열전구보다 수명이 2~3배 정도 길고 유리구 내벽의 흑화현상(黑化現象)이 거의 일어나지 않는다. 휘도가 높고, 색상은 주광색에 가까우며 연색성이 좋고, 설치가 용이하다. 광속이나 색온도의 저하가 적다. 높은 천정, 단관형은 영사기용, 자동차 헤드라이트용, 상점·백화점의 스포트라이트용 광원으로 사용된다.

13 2종류의 금속을 접합하고 열을 흡수하는 방향으로 전류를 흘리면 냉각장치가 되며 열을 방출하는 방향으로 전류를 흘리면 난방장치가 되는 효과는?

① 펠티어 효과 ② 퍼킨제 효과
③ 제벡 효과 ④ 열전대 효과

해설 펠티에 효과(Peltier effect)

㉠ 2 종류의 금속의 접속면에 전류를 흘리면 접속점에서 열의 흡수 또는 발생이 일어나는 효과
㉡ 전자냉동고·냉동기, 전자항온기의 원리

14 전선의 절연물에 손상 없이 안전하게 흘릴 수 있는 최대 전류를 무엇이라 하는가?

① 허용전류 ② 절연전류
③ 부하전류 ④ 안전전류

해설 허용전류 : 전선의 절연물에 손상 없이 안전하게 흘릴 수 있는 최대 전류를 말하며 전선에 과전류가 흐르면 열이 발생한다.

15 발전기의 명판에 10[kVA]라고 표시되어 있을 때 이 표시가 의미하는 것은?

① 무효전력이 10[kW]이다.
② 유효전력이 10[kW]이다.
③ 회로의 역률이 0%일 때 10[kW]까지 힘을 낼 수 있다.
④ 회로의 역률이 100%일 때 10[kW]까지 힘을 낼 수 있다.

해설

10[kVA]란 피상전력을 말하며, 회로의 역률이 100%일 때 10[kW]까지 힘(유효전력)을 낼 수 있다는 의미이다.

16 변압기의 병렬운전의 조건으로 옳지 않은 것은?

① 권선비가 같을 것
② 1차, 2차 정격전압 및 극성이 같을 것
③ 3상에서는 상회전 방향 및 위상 변위가 같을 것
④ 순환전류와 부하전류치의 합이 정격부하의 110%를 넘을 것

해설 변압기의 병렬운전 조건 및 맞지 않을 경우 나타나는 현상

㉠ 권선비가 같을 것 : 순환전류가 흘러 변압기가 소손된다.
㉡ 극성이 일치할 것 : 큰 순환전류가 흘러 권선이 소손된다.
㉢ %임피던스 강하가 같을 것 : 부하의 분담이 용량의 비가 되지 않아 부하의 분담이 균형을 이룰 수 없다.
㉣ 내부저항 및 누설 리액턴스의 비가 같을 것 : 각 변압기의 전류간에 위상차가 생겨 동손이 증가
㉤ 3상에서는 상회전 방향 및 위상 변위가 같을 것 : 상회전 방향이 틀리거나, 위상변위(위상각)가 틀리면 단락 현상이 발생 하게 되어 위험하게 된다.
※ 변압기의 병렬운전시 순환전류와 부하 전류치의 합이 정격부하의 110%를 넘지 않을 것

17 옥외소화전설비에 관한 설명으로 옳지 않은 것은?
① 호스접결구는 지면으로부터 높이가 0.5m 이상 1m 이하의 위치에 설치하여야 한다.
② 옥외소화전설비에는 옥외소화전마다 그로부터 5m 이내의 장소에 소화전함을 설치하여야 한다.
③ 옥외소화전설비의 수원은 그 저수량이 옥외소화전의 설치개수에 5m³를 곱한 양 이상이 되도록 하여야 한다.
④ 호스접결구는 특정소방대상물의 각 부분으로부터 하나의 호스접결구까지의 수평거리가 40m 이하가 되도록 설치하여야 한다.

해설 옥외소화전 설비의 표준치
㉠ 표준 방수압력 : 0.25MPa(노즐 끝)
㉡ 표준 방수량 : 350L/min
㉢ 설치 간격 : 건물 외부 각 부분에서 소화전까지 수평거리 40m이하
㉣ 수원의 수량 = (옥외소화전 1개의 방수량) × 20분 × (동시 개구수)
= 350L/min × 20min × N
= 7N[m³] (N은 최대 2개)

18 교류정현파 전압 v = 220 sin 314t [V]라고 했을 때, 이 전압식 중 "220"은 전압의 어떠한 값을 뜻하는가?
① 순시값   ② 최대값
③ 평균값   ④ 실효값

해설 임의의 시각에서의 교류값
$v = Vm \sin wt [V]$
여기서, v : 전압의 순시값[V]
Vm : 전압의 최대값[V]
w : 각주파수[rad/s]
t : 주기[s]
V : 실효값[V]

19 전기식 자동제어 시스템에서 리미트 조절기의 설정치보다 제어량이 저하되었을 때 리미트 조절기가 주조절기의 동작과 관계없이 조작기를 직접 작동시켜 조작기가 열리거나 닫전되도록 하는 제어방법은?
① 상한제어   ② 하한제어
③ 최소개도제어 ④ 외기도입제어

해설
① 상한제어 : 리미트 조절기의 설정치보다 제어량이 상승(설정치 이상)되었을 때 직접 작동시키는 것
② 하한제어 : 리미트 조절기의 설정치보다 제어량이 저하(설정치 이하)되었을 때 직접 작동시키는 것

20 주파수 50[Hz] 전원으로 운전하고 있는 3상유도전동기를 60[Hz] 전원에 접속하면 회전자 속도는 어떻게 되는가?
① 10[%] 증가   ② 10[%] 감소
③ 20[%] 증가   ④ 변하지 않음

해설 전동기 회전수
$N = \dfrac{120f}{P}$
N : 회전수[rpm]
f : 주파수
P : 극수
전동기는 회전수는 주파수에 비례하므로
$\dfrac{60}{50} = 1.2$배

소방 및 전기설비
2023년 제1회 과년도 출제문제 [온라인 TEST]

01 정보통신설비를 정보설비와 통신설비로 구분할 경우, 다음 중 통신설비에 속하지 않는 것은?
① 인터폰설비
② CCTV설비
③ TV공청설비
④ 화상회의설비

해설 정보통신설비
㉠ 정보설비 : 모자식 전기시계설비, 건축물 내 근거리 통신망(LAN), 구내정보설비
㉡ 통신설비
• 음성통신설비 : 전화설비, 인터폰설비, 구내방송설비, 무선통신설비
• 영상통신설비 : TV공청설비(케이블TV설비 포함), 영상회의설비

02 자계 내에 도체를 놓고 도체를 상하로 움직이면 자속을 끊는 쇄교작용으로 유도기전력이 발생한다. 이때 도체의 움직이는 방향과 자속의 방향 그리고 유도기전력의 방향 간의 관계를 나타내는 법칙은?
① 암페어의 왼손법칙
② 플레밍의 왼손법칙
③ 암페어의 오른손법칙
④ 플레밍의 오른손법칙

해설
㉠ 플레밍의 왼손법칙 : 전류가 흐르고 있는 도선에 대해 자기장이 미치는 힘의 작용방향을 정하는 법칙으로 전동기에 적용되는 법칙
㉡ 플레밍의 오른손법칙 : 자계 내에서 도체가 움직이는 방향과 자속의 방향에 따라 유도기전력의 방향을 알기 위하여 사용되는 것으로 발전기에 적용되는 법칙

03 가동코일형 계기에 관한 설명으로 옳은 것은?
① 고주파용이다.
② 교류 전용이다.
③ 직류 전용이다.
④ 직류, 교류 양용이다.

해설
계기는 전력회로 및 기기의 상태를 계측하는 감시제어용 기계이다. 가동코일형 계기는 직류전용 계기이다.

04 다음 설명에 알맞은 화재의 종류는?

> 인화성 액체, 가연성 액체, 타르, 오일, 유성도료, 솔벤트, 래커, 알코올 및 인화성 가스와 같은 유류가 타고 나서 재가 남지 않는 화재

① A급 화재
② B급 화재
③ C급 화재
④ K급 화재

해설 화재의 종류
㉠ 일반 화재(A급 화재) : 나무, 섬유, 종이, 고무, 플라스틱류와 같은 일반 가연물이 타고 나서 재가 남는 화재
㉡ 기름 화재(B급 화재) : 인화성 액체, 가연성 액체, 석유 그리스, 타르, 오일, 유성도료, 솔벤트, 래커, 알코올 및 인화성 가스와 같은 유류가 타고 나서 재가 남지 않는 화재
㉢ 전기 화재(C급 화재) : 전류가 흐르고 있는 전기기기, 배선과 관련한 화재

05 제연설비의 비상전원에 관한 설명으로 옳지 않은 것은?
① 비상전원은 실내에 설치하지 않는다.
② 제연설비를 유효하게 20분 이상 작동할 수 있도록 한다.
③ 비상전원의 설치장소는 다른 장소와 방화구획으로 구획한다.
④ 상용전원으로부터 전력의 공급이 중단된 때에는 자동으로 비상전원으로부터 전력을 공급받을 수 있도록 한다.

정답 01 ② 02 ④ 03 ③ 04 ② 05 ①

> **[해설]** 제연설비의 비상전원
> ㉠ 점검에 편리하고 화재 및 침수 등의 재해로 인한 피해를 받을 우려가 없는 곳에 설치할 것
> ㉡ 제연설비를 유효하게 20분 이상 작동할 수 있도록 할 것
> ㉢ 상용전원으로부터 전력의 공급이 중단된 때에는 자동으로 비상전원으로부터 전력을 공급받을 수 있도록 할 것
> ㉣ 비상전원의 설치장소는 다른 장소와 방화구획으로 구획할 것
> ㉤ 비상전원을 실내에 설치하는 때에는 그 실내에 비상조명등을 설치할 것

06 100[Ω]인 전열기가 5대 100[V] 전지에 병렬로 연결되어 있을 때 전열기 1대에서 소비되는 전력은?
① 20[W] ② 40[W]
③ 100[W] ④ 500[W]

> **[해설]**
> 전열기의 소비전력 $P = IV = \dfrac{V^2}{R}$ 에서
> 전열기의 소비전력(W)은 전압의 제곱에 비례하고 저항에 반비례한다.
> ∴ $P = \dfrac{100^2}{100} = 100W$

07 자동화재탐지설비의 감지기 중 주위의 공기에 일정농도 이상의 연기가 포함되었을 때 동작하는 감지기는?
① 불꽃 감지기
② 차동식 감지기
③ 이온화식 감지기
④ 보상식 스폿형 감지기

> **[해설]** 감지기
>
> | 감지기의 종류 | | 작동원리 |
> |---|---|---|
> | 열식 | 차동식 | 그 주위 온도가 일정한 온도 상승률 이상으로 되었을 때 작동한다. |
> | | 정온식 | 그 주위 온도가 일정한 온도 이상이 되었을 때 작동한다. |
> | | 보상식 | 그 주위 온도의 변화에 따라 감도가 변화하는 것이며, 차동식 및 정온식의 성능을 가진다. |
> | 연기식 | 이온식 | 검지부에 연기가 들어감으로써 이온 전류가 변화하는 것을 이용하여 감지한다. |
> | | 광전식 | 검지부에 연기가 들어감으로써 광전 소자의 입사광량이 변화하는 것을 이용하여 감지한다. |
>
> ☞ 이온화식 감지기는 감지기 주위의 공기가 일정한 농도의 연기를 포함하게 되면 작동하는 감지기이다.

08 옥내소화전설비에 관한 설명으로 옳지 않은 것은?
① 영하 10℃ 이하의 추운 곳에서의 배관은 습식으로 한다.
② 주배관 중 수직배관의 구경은 50mm 이상의 것으로 한다.
③ 방수구는 바닥으로부터 높이가 1.5m 이하가 되도록 한다.
④ 건물의 각 부분으로부터 하나의 옥내소화전 방수구까지의 수평거리가 25m 이하가 되도록 한다.

> **[해설]**
> 옥내소화전설비 배관은 동결방지조치를 하거나 동결의 우려가 없는 장소에 설치하여야 한다. 다만, 보온재를 사용할 경우에는 난연재료 성능이상의 것으로 하여야 한다.
> ※ 옥내소화전의 배관에서 펌프의 토출측 주배관 중 수직배관의 구경은 최소 50mm 이상, 횡인배관(가지관)의 구경은 최소 40mm 이상으로 한다.

09 공조시스템의 냉온수의 유량 제어를 위한 비례 제어 방식의 조작부로 주로 사용되는 기기는?
① 모듀트럴 모터
② 직동식 전자밸브
③ 플로트(float) 스위치
④ 파이롯트식 전자밸브

해설 모듀트럴 모터
밸브연결구와 조합되어 밸브의 비례제어용으로 사용되기도 하며, 댐퍼연결구와 조합되어 댐퍼의 비례제어용으로 사용되기도 하는 전동조작기이다.

10 변압기의 전부하 시의 2차 전압이 100[V], 무부하 시의 2차 전압이 102[V]이라면 전압 변동률은?
① 1.96%
② 2%
③ 2.04%
④ 4%

해설 전압변동률(ξ)

$$\xi = \frac{무부하시\ 수전단\ 전압(V_{ro}) - 전부하시\ 수전단\ 전압(V_r)}{전부하시\ 수전단\ 전압(V_r)}$$
$$\times 100(\%)$$
$$= \frac{102-100}{100} \times 100(\%) = 2\%$$

11 변압기의 1차 코일 회수가 120회, 2차 코일 회수가 480회일 때, 2차 코일 측의 전압이 100[V]이면 1차 전압은 몇 [V]인가?
① 10
② 15
③ 25
④ 50

해설 코일의 권수와 전압의 관계
변압기 1차측 권선의 권수를 N_1, 1차측 권선의 권수를 N_2라고 하고, 1차측에 교류 전압 V_1을 증가할 때 2차측에 유도되는 교류 전압 V_2의 크기는 다음 식으로 구한다.
$\frac{V_1}{V_2} = \frac{N_1}{N_2}$ 이므로 $\frac{N_1}{100} = \frac{120}{480}$
$N_1 : 120 = 100 : 480$
∴ $N_1 = 25V$

12 전기식 자동제어시스템에서 사용되는 압력검출소자에 속하지 않은 것은?
① 벨로즈
② 브르돈관
③ 다이어프램
④ 나일론 리본

해설 공조설비의 자동제어
㉠ 압력검출소자용 : 다이어프램, 브르돈관, 벨로즈
㉡ 습도검출소자용 : 모발, 나일론 리본

13 3상 농형유도전동기에서 극수 4, 주파수 60Hz, 슬립 4%일 때 회전수는 얼마인가?
① 1728[rpm]
② 1796[rpm]
③ 1800[rpm]
④ 1872[rpm]

해설 전동기 회전수
$$N = \frac{120f(1-s)}{P}$$
N : 회전수[rpm] f : 주파수
s : 슬립 P : 극수
∴ $N = \frac{120f(1-s)}{P} = \frac{120 \times 60 \times (1-0.04)}{4}$
$= 1,728 [rpm]$

14 스프링클러설비에서 고가수조의 자연낙차를 이용한 가압송수장치의 경우, 고가수조의 자연낙차수두(수조의 하단으로부터 최고층에 설치된 헤드까지의 수직거리)는 최소 얼마 이상이 되도록 하여야 하는가? (단, 배관의 마찰손실 수두는 무시하고 안전율은 15%로 한다)
① 8.5m
② 11.5m
③ 17m
④ 25m

해설 고가수조의 자연낙차를 이용한 가압송수장치
고가수조의 자연낙차수두(수조의 하단으로부터 최고층에 설치된 헤드까지의 수직거리를 말함)는 다음의 식에 따라 산출한 수치 이상이 되도록 한다.
$H = h_1 + 10$
H : 필요한 낙차(m)
h_1 : 배관의 마찰손실 수두(m)
∴ $H = h_1 + 10 = (0+10) \times 1.15 = 11.5m$

정답 09 ① 10 ② 11 ③ 12 ④ 13 ① 14 ②

15 다음 중 전기회로의 전압 측정방법에 대한 설명으로 가장 알맞은 것은?
① 부하에 직렬로 연결하여야 한다.
② 직류 전압의 경우 극성에 관계없다.
③ 교류 전압의 경우 극성에 맞게 접속하여야 한다.
④ 부하에 병렬로 접속하여야 한다.

해설 전기회로의 측정
㉠ 전류 측정 : 부하에 직렬로 접속하여 측정한다.
㉡ 전압 측정 : 부하에 병렬로 접속하여 측정한다.

16 다음 중 콘덴서의 정전용량을 증가시킬 수 있는 방법과 가장 관계가 먼 것은?
① 유전율을 작게 한다.
② 금속판의 면적을 크게 한다.
③ 금속판 간의 거리를 가깝게 한다.
④ 금속판 사이에 유전체를 삽입한다.

해설 콘덴서는 유전체를 삽입하여 양측에 금속박을 놓아둔 구조로 정전용량을 갖는 전기기기이다. 정전용량이 큰 콘덴서로 만들기 위해서 극판 간격은 좁게 하고 면적은 넓게 하여 극판 사이에 유전체를 삽입한다.

17 옥외소화전설비에 관한 설명으로 옳지 않은 것은?
① 호스접결구는 지면으로부터 높이가 0.5m 이상 1m 이하의 위치에 설치하여야 한다.
② 옥외소화전설비에는 옥외소화전마다 그로부터 5m 이내의 장소에 소화전함을 설치하여야 한다.
③ 옥외소화전설비의 수원은 그 저수량이 옥외소화전의 설치개수에 5m³를 곱한 양 이상이 되도록 하여야 한다.
④ 호스접결구는 특정소방대상물의 각 부분으로부터 하나의 호스접결구까지의 수평거리가 40m 이하가 되도록 설치하여야 한다.

해설 옥외소화전 설비의 표준치
㉠ 표준 방수압력 : 0.25MPa(노즐 끝)
㉡ 표준 방수량 : 350L/min
㉢ 설치 간격 : 건물 외부 각 부분에서 소화전까지 수평거리 40m 이하
㉣ 수원의 수량=(옥외소화전 1개의 방수량)×20분 ×(동시 개구수)
=350L/min×20min×N=7N[m³]
(N은 최대 2개)

18 길이 20[m], 폭 20[m], 천장높이 5[m], 조명률 50[%]의 사무실에 40[W] 형광등을 설치하여 평균조도를 120[lx]로 하려고 한다. 형광등의 소요 개수는? (단, 형광등 1개의 광속은 2500[lm], 보수율은 80[%] 이다.)
① 43개   ② 45개
③ 48개   ④ 50개

해설
$$F = \frac{E \cdot A \cdot D}{N \cdot U}$$
F : 광원 1개당 광속(2,500lm)
N : 광원 개수 U : 조명률(0.5)
A : 방의 면적(400m²) E : 평균조도(120lx)
D : 감광보상율 M : 유지율(보수율)
따라서, $N \times 2500 = \dfrac{120 \times 400 \times 1.25}{0.5}$
$N = 48$개
※ 감광보상율$(D) = \dfrac{1}{보수율} = \dfrac{1}{0.8} = 1.25$

19 전압과 전류의 위상차 θ가 있는 경우, 교류 전력 중 유효 전력을 나타낸 것은?
① VI[W]
② VI[VA]
③ VIcosθ[W]
④ VIcosθ[VAR]

정답 15 ④   16 ①   17 ③   18 ③   19 ③

해설 유효전력

㉠ 전원에서 공급되어 부하에서 유효하게 이용되는 전력을 유효전력이라 한다.
㉡ $P = VI\cos\theta$ [W]
※ 무효전력
① 실제로는 아무런 일을 하지 않아 부하에서는 전력으로 이용될 수 없는 전력
② $P = VI\sin\theta$ [VAR]
☞ 위상차 : 2개 이상의 교류 사이에 존재하는 시간적 격차(주파수는 같고 위상이 다른 두 정현파의 시간적인 차)

20 엘리베이터에 관한 기술로써 옳지 않은 것은?

① 홀 도어는 각 층의 복도와 승강로를 차단하여 승객의 안전을 도모하기 위한 것이다.
② 권상기의 부하를 줄이기 위하여 카의 반대쪽 로프에 장치하는 것은 완충기이다.
③ 리미트 스위치는 카가 최상층에서 정상 운행위치를 벗어나 그 이상으로 운행하는 것을 방지하는 안전장치이다.
④ 전동기 측의 회전동력을 로프에 전달하는 기기를 권상기라고 한다.

해설 균형추(counter weight)

㉠ 권상기의 부하를 줄이기 위해 카의 반대편 로프에 장치한 것
㉡ 균형추(counter weight)의 중량=카 중량+최대적재량×1/2

소방 및 전기설비
2023년 제2회 과년도 출제문제 [온라인 TEST]

01 유압식 엘리베이터에 관한 설명으로 옳지 않은 것은?

① 오버헤드(overhead)가 작다.
② 기계실을 승강로와 떨어져 설치할 수 있다.
③ 전동기의 출력과 소비전력이 다소 크다는 단점이 있다.
④ 10층 이상의 고층건축물에 고속 엘리베이터로 주로 사용된다.

해설 유압식 엘리베이터

㉠ 유압식 엘리베이터는 상향으로는 압력에 의해 케이지를 상승시키고, 큰 적재량의 자중에 의해 하강시키는 방식으로 승강 행정이 짧은 경우에는 적용할 수 있다.
㉡ 유압식의 장점은 로프식과 달리 건물 옥상에 기계실 설치장소의 제약을 받지 않으며, 일반적으로 로프식에 비해 소음이 적고, 승차감이 좋은 것이 특징이다.
㉢ 주로 저속 엘리베이터용으로 설치되고 있으며, 자동차용엘리베이터 등 화물 운반용으로 사용되고 있다.

02 변압기에 의한 설명으로 옳지 않은 것은?

① 철심은 자속을 이동시키는 통로의 역할을 한다.
② 2차측 코일은 자기유도 작용을 발생시키는 역할을 한다.
③ 변압기의 원리는 자속의 변화에 의한 전자유도현상을 응용한 것이다.
④ 송배전 계통은 물론 각 수용가의 가전제품에서 전압을 높이거나 낮추기 위하여 사용되는 전기기기이다.

해설

변압기의 원리는 자속의 변화에 의한 전자유도현상을 응용한 것으로 변압기의 1차측 코일은 자기유도 작용을 발생시키는 역할을 하고, 2차측 코일은 자속의 변화에 의한 전자유도현상으로 유도전류를 발생시키는 역할을 한다.

정답 20 ② / 01 ④ 02 ②

03 유접점 시퀀스 제어 회로에서 접점의 개폐를 만드는 소자가 아닌 것은?
① 스위치　② 타이머
③ 릴레이　④ 다이오드

[해설] 시퀀스 제어의 제어장치에 따른 분류
㉠ 유접점 제어장치 : 릴레이, 전자개폐기 등 전자계전기의 기계적 유접점을 이용한 전기 제어장치
㉡ 무접점 제어장치 : 트랜지스터, 다이오드, IC 등 반도체의 무접점을 이용한 전자 제어장치
㉢ PLC(Program Logic Controller) : 컴퓨터를 이용하여 시퀀스회로를 프로그램화한 로직 제어장치

04 제어 목표값과 현재값과의 변화율을 이용하여 오버슈트 혹은 언더슈트 등을 감소시켜 과도상태의 편차를 제거하고 외란 등에 대하여 시스템의 안정도를 증가시키는 제어동작은?
① 미분제어동작　② 적분제어동작
③ 비례제어동작　④ 단속도제어동작

[해설]
① 미분제어동작(D 동작) : 제어오차가 검출될 때 오차가 변화하는 속도에 비례하여 조작량을 가감하도록 하는 동작으로 오차가 커지는 것을 미연에 방지한다.
② 적분제어동작(I 동작) : 오차의 크기와 오차가 발생하고 있는 시간에 둘러싸인 면적, 즉 적분값의 크기에 비례하여 조작부를 제어하는 것으로 잔류 오차가 없도록 제어할 수 있다.
③ 비례제어동작(P 동작) : 조절부의 전달 특성이 비례적인 특성을 가진 제어시스템

05 물분무소화설비에 관한 설명으로 옳지 않은 것은?
① 물의 입자를 미세하게 분무시키는 시스템이다.
② 물을 사용하므로 전기화재에는 적응성이 없다.
③ 냉각작용을 이용하여 소화효과를 얻을 수 있다.
④ 화재 시 발생하는 수증기에 의한 질식작용을 이용하여 소화효과를 얻을 수 있다.

[해설] 물분무소화설비
㉠ 미립자의 수분무 상태로 방사시켜 냉각, 질식, 희석 작용에 의해 화재를 소화하는 설비로 유류와 전기화재의 소화에 유효하다.
㉡ 분무된 물이 화재의 열에 의하여 수증기로 되면 체적이 팽창하여 연소면을 덮어 산소를 차단하는 작용도 한다.
㉢ 헤드에서 방사시킨 물입자의 크기, 밀도, 유효사정, 살수각도, 살수유효반경에 따라 소화성능이 다르다.
㉣ 미세한 물방울이기 때문에 열을 흡수하기 쉽고 분포가 균일하기 때문에 냉각효율도 좋다.

06 20[Ω]의 저항에 또 다른 저항 R[Ω]을 병렬로 접속하였더니, 두 개의 합성 저항이 4[Ω]이 되었다. 이 때 저항 R은 몇 [Ω]인가?
① 2　② 5
③ 10　④ 15

[해설]
20//R=4
저항의 병렬연결은 $\dfrac{20 \times R}{20 + R}=4$ 이고
20R=4(20+R) 양변을 4로 나누면
5R=20+R
4R=20
∴ R=5

07 자동화재탐지설비의 수신기의 설치에 관한 설명으로 옳지 않은 것은?
① 수위실 등 상시 사람이 근무하는 장소에 설치하는 것이 원칙이다.
② 수신기의 조작스위치는 바닥으로부터 높이가 1.5m 이상 2.0m 이하인 장소에 설치하여야 한다.
③ 수신기는 감지기·중계기 또는 발신기가 작동하는 경계구역을 표시할 수 있는 것으로 하여야 한다.
④ 수신기의 음향기구는 그 음량 및 음색이 다른 기기의 소음 등과 명확히 구별될 수 있는 것으로 하여야 한다.

정답 03 ④　04 ①　05 ②　06 ②　07 ②

> **해설**
> 수신기의 조작스위치는 바닥으로부터 높이가 0.8m 이상 1.5m 이하인 장소에 설치하여야 한다.

08 변압기에서 입력전력에 대한 출력전력의 비율을 의미하는 것은?
① 부하율　　　② 수용률
③ 역률　　　　④ 효율

> **해설**
> 변압기의 효율은 입력전력에 대한 출력전력의 비율을 의미한다.
> ※ 수변전설비 용량 결정
> ㉠ 수용률(수요율) = $\frac{최대수용전력}{부하설비용량} \times 100(\%)$
> 　⇒ 일반 건물 60~70%
> ㉡ 부등률 = $\frac{각부하의최대수용전력의합계}{최대수용전력} \times 100(\%)$
> 　⇒ 1보다 크다(1.1~1.5)
> ㉢ 부하율 = $\frac{평균수용전력}{최대수용전력} \times 100(\%)$
> 　⇒ 1보다 작다(0.25~0.6)

09 옥내소화전설비의 화재안전기준에 따른 용어의 정의가 옳지 않은 것은?
① 진공계라 함은 대기압 이상의 압력과 대기압 이하의 압력을 측정할 수 있는 계측기를 말한다.
② 가압수조라 함은 가압원인 압축공기 또는 불연성 고압기체에 따라 소방용수를 가압시키는 수조를 말한다.
③ 충압펌프라 함은 배관내 압력손실에 따른 주펌프의 빈번한 기동을 방지하기 위하여 충압역할을 하는 펌프를 말한다.
④ 체절운전이라 함은 펌프의 성능시험을 목적으로 펌프 토출측의 개폐밸브를 닫은 상태에서 펌프를 운전하는 것을 말한다.

> **해설**
> 연성계라 함은 대기압 이상의 압력과 대기압 이하의 압력을 측정할 수 있는 계측기를 말한다.
> ※ 진공계 : 대기압 이하의 압력을 측정하는 계측기를 말한다.

10 인공 광원의 광질 및 특색에 관한 설명으로 옳지 않은 것은?
① 백열전구는 일반적으로 휘도가 높고 열방사가 많다.
② 할로겐 램프는 고휘도이고 전시용, 옥외등용으로 사용된다.
③ 형광등은 저휘도이고 수명이 백열전구에 비해 길다.
④ 수은등은 고휘도이고 점등시간이 매우 짧다.

> **해설** 수은등(수은램프)
> ㉠ 고휘도로 배광제어가 용이하다.
> ㉡ 광색은 청백색의 특성이 있으나 형광수은 램프 및 전구 병용으로 해결이 가능하다.
> ㉢ 수명이 가장 길다. (10,000시간)
> ㉣ 연색성이 나쁘며, 점등시간이 긴 것이 단점이다.
> ㉤ 저압 수은등은 살균용으로, 고압 수은등은 공장, 가로등, 청사진 인화용으로, 초고압 수은등은 영화촬영, 영사등에 쓰인다.

11 옥외소화전설비용 수조에 관한 설명으로 옳지 않은 것은?
① 수조의 윗부분에는 청소용 배수밸브 또는 배수관을 설치하여야 한다.
② 동결방지조치를 하거나 동결의 우려가 없는 장소에 설치하여야 한다.
③ 수조가 실내에 설치된 때에는 그 실내에 조명설비를 설치하여야 한다.
④ 수조의 상단이 바닥보다 높은 때에는 수조의 외측에 고정식 사다리를 설치하여야 한다.

> **해설**
> 스프링클러설비용 수조(NFSC 103B)의 밑부분에는 청소용 배수밸브 또는 배수관을 설치하여야 한다.

정답 08 ④　09 ①　10 ④　11 ①

12 권상하중 8[ton], 속도 20[m/min]로 권상하는 권상용 전동기의 용량[kW]은? (단, 전동기를 포함한 권상기의 효율은 65[%]이다.)

① 약 40   ② 약 50
③ 약 60   ④ 약 70

해설

권상용 전동기의 용량 $P = \dfrac{W \times v}{6.12\eta} = \dfrac{8 \times 20}{6.12 \times 0.65}$
$= 40.221 ≒ 40$

여기서, W : 하중[톤]
v : 속도[m/min]
η : 효율

13 저항을 측정하는 경우에 사용되는 계측기는?

① 변류기   ② 분류기
③ 다이오드   ④ 멀티미터(테스터)

해설

멀티미터(멀티테스터)는 여러 가지의 측정 기능을 결합한 전자 계측기이다. 전형적인 멀티미터는 전압, 전류, 전기저항을 측정한다.

14 정전용량이 C_1, C_2인 두 콘덴서를 직렬로 연결한 회로에 전압 V를 인가할 경우 C_1에 걸리는 전압은?

① $(C_1 + C_2)V$ ② $\dfrac{V}{C_1 + C_2}$
③ $\dfrac{C_1 V}{C_1 + C_2}$ ④ $\dfrac{C_2 V}{C_1 + C_2}$

해설 콘덴서의 합성정전용량[F]

① $C_1 + C_2$ 직렬연결 $= \dfrac{C_1 C_2}{C_1 + C_2}$
② $C_1 + C_2$ 병렬연결 $= C_1 + C_2$
※ 두 콘덴서를 직렬로 연결한 회로에 전압 V를 인가할 경우 C_1에 걸리는 전압
$C_1 = \dfrac{C_2}{C_1 + C_2} \times V$

15 스프링클러설비를 구성하는 배관에 관한 설명으로 옳지 않은 것은?

① 가지배관이란 스프링클러헤드가 설치되어 있는 배관을 말한다.
② 주배관이란 직접 또는 수직배관을 통하여 가지배관에 급수하는 배관을 말한다.
③ 급수배관이란 수원 및 옥외송수구로부터 스프링클러헤드에 급수하는 배관을 말한다.
④ 신축배관이란 가지배관과 스프링클러헤드를 연결하는 구부림이 용이하고 유연성을 가진 배관을 말한다.

해설 스프링클러설비의 배관

㉠ 가지배관 : 스프링클러헤드가 설치되어 있는 배관
㉡ 교차배관 : 직접 또는 수직배관을 통하여 가지배관에 급수하는 배관
㉢ 주배관 : 각 층을 수직으로 관통하는 수직배관
㉣ 신축배관 : 가지배관과 스프링클러헤드를 연결하는 구부림이 용이하고 유연성을 가진 배관
㉤ 급수배관 : 수원 및 옥외송수구로부터 스프링클러헤드에 급수하는 배관

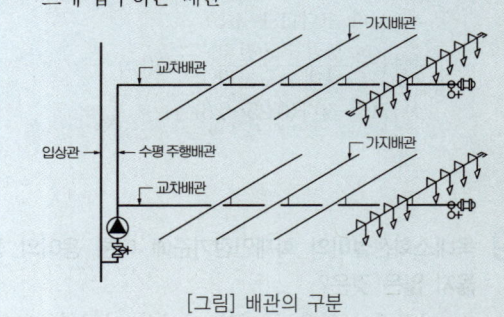

[그림] 배관의 구분

16 그림과 같은 회로에서 전류계에 흐르는 전류가 0일 때 저항값 $X[\Omega]$는?

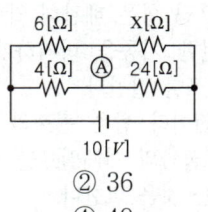

① 22   ② 36
③ 42   ④ 49

정답 12 ① 13 ④ 14 ④ 15 ② 16 ②

> **해설**
>
> 휘트스톤 브리지(Wheatstone's bridge) 회로는 4개의 저항이 사각형을 형태를 이루며, 대각선을 연결하는 브리지(bridge)로 저항이나 전압계, 검류계를 사용한다. 회로가 평형상태일 때 대각선 저항의 곱은 같으므로
> $24[\Omega] \times 6[\Omega] = 4[\Omega] \times X[\Omega]$
> ∴ $X = 36[\Omega]$

17 다음 중 배선설비에 사용되는 전선의 굵기를 결정할 때 고려해야 할 요소가 아닌 것은?

① 전압강하　　② 허용전류
③ 기계적 강도　　④ 전선관 규격

> **해설** 전선 굵기 결정시 3조건
>
> ㉠ 안전전류(허용전류) : 전선에 과전류가 흐르면 열이 발생
> ㉡ 전압강하 : 부하에 걸리는 전압이 전원전압보다 낮아지는 현상
> ㉢ 기계적 강도 : 보안상 시공상의 어느 정도의 강도 필요(일반적으로 1.6mm 이상의 연동선을 사용)
> ※ 전선을 4선 이상을 쓸 경우 전선의 단면적이 전선관 단면적의 40% 이하가 되어야 한다.

18 연결송수관설비에 관한 설명으로 옳은 것은?

① 송수구는 지면으로부터 1m 이상 1.5m 이하의 위치에 설치하여야 한다.
② 방수구는 소방대상물의 층마다 설치하되, 공동주택과 업무시설의 1층, 2층에는 설치하지 않는다.
③ 지면으로부터의 높이가 31m 이상이거나 지상 11층 이상인 특정소방대상물의 경우에는 습식설비로 하여야 한다.
④ 수직배관은 방화구조로 구획된 계단실 또는 파이프덕트 등 화재의 우려가 없는 장소에 설치하여야 한다.

> **해설** 연결송수관설비의 배관
>
> ① 연결송수관설비의 배관은 다음 각 호의 기준에 따라 설치하여야 한다.
> 　㉠ 주배관의 구경은 100mm 이상의 것으로 할 것
> 　㉡ 지면으로부터의 높이가 31m 이상인 특정소방대상물 또는 지상 11층 이상인 특정소방대상물에 있어서는 습식설비로 할 것
> ② 연결송수관설비의 배관은 주배관의 구경은 100mm 이상인 옥내소화전·스프링클러설비 또는 물분무 등 소화설비의 배관과 겸용할 수 있다. (다만, 층수가 30층 이상의 특정소방대상물은 스프링클러설비의 배관과 겸용할 수 없다.)

19 전기누전에 의한 감전을 방지하기 위하여 행하는 전기 공사는?

① 접지 공사　　② 피뢰 공사
③ 표시설비 공사　　④ 옥내 배선 공사

> **해설** 접지공사
>
> 전기시설물의 감전방지, 기기손상방지, 보호계전기의 동작확보를 하기 위해 실시하는 공사이다.
> ☞ 접지(earth)는 금속 물체와 대지의 전위차를 최소로 하기 위하여 동판을 땅속에 매설하고 거기에 금속 물체를 접속하는 것을 말한다.

20 단상변압기 3대를 결선하고자 하는 경우, 부하 측에 인가되는 전압을 $\sqrt{3}$ 배 승압시킬 수가 있으며 3상 4선식 중성점접지 배전방식으로 사용되는 결선 방법은?

① $\Delta-Y$ 결선　　② $Y-\Delta$ 결선
③ $\Delta-\Delta$ 결선　　④ $V-V$ 결선

> **해설** 3상 4선식($\Delta-Y$) 결선
>
> ㉠ Y결선의 중성점을 접지할 수 있다.
> ㉡ Y결선의 상전압은 선간전압의 $1/\sqrt{3}$이므로 절연이 용이하다. (Y결선의 선간전압은 상전압의 $\sqrt{3}$ 배)
> ㉢ 3상의 동력전원과 중선선과의 단상 전등전원을 동시에 얻을 수 있어 우리나라는 주로 220/ 380V를 사용한다.(전등부하는 220V, 동력부하는 380V를 사용)

정답 17 ④　18 ③　19 ①　20 ①

소방 및 전기설비
2023년 제4회 과년도 출제문제 [온라인 TEST]

01 옥내소화전이 1층에 3개, 2층에 4개, 3층에 4개가 설치되어 있다. 옥내소화전설비 수원의 저수량은 최소 얼마 이상이 되도록 하여야 하는가?
① 5.2m³ ② 10.4m³
③ 18.2m³ ④ 28.0m³

해설
수원의 용량 : 옥내소화전 1개의 방수량×20분×동시 개구수
= 130 ℓ/min×20min×N
= 2.6N[m³] (N은 최대 2개)
∴ 수원의 용량=130 ℓ/min×20min×2
    =5.2m³

02 점광원으로 가정할 수 있는 평균 구면광도 2,000cd의 램프가 반지름 1.5m인 원형탁자 중심 바로 위 2m의 위치에 설치되어 있다. 이 탁자 모서리 끝 부분의 조도[lx]는?
① 128 ② 256
③ 384 ④ 512

해설 탁자 모서리 끝부분의 조도
조도의 코사인 법칙에 의해
$E = \dfrac{I}{d^2}\cos\theta$
$E=?$ $I=2,000cd$
$d^2=2^2+1.5^2=6.25$
그러므로 $d=2.5m$
$\cos\theta=\dfrac{2}{d}=\dfrac{2}{2.5}=0.8$
∴ $E=\dfrac{I}{d^2}\cdot\cos\theta=\dfrac{2,000}{2.5^2}\times0.8=256lx$

03 주파수가 60[Hz]인 교류 파형의 주기는?
① 약 0.06[sec] ② 약 0.017[sec]
③ 약 0.6[sec] ④ 약 0.9[sec]

해설 주파수 주기
① 교번 전압, 전류와 같이 교번량이 1사이클을 완성하는 데 소요되는 시간을 이른다. 그 단위는 초로 표시된다.
② 주기는 주파수의 역수이므로 주기를 T, 주파수를 f라 하면 $T=\dfrac{1}{f}$의 관계가 있다.
∴ 주파수 60[Hz]의 경우 $T=\dfrac{1}{60}=0.0166$
≒ 0.017[sec]

04 200[V], 1[kW]의 전열기를 100[V]의 전압으로 사용할 때 소비되는 전력[W]은?
① 100 ② 200
③ 250 ④ 500

해설
전열기의 소비전력 $P=IV=\dfrac{V^2}{R}$에서
전열기의 소비전력(W)은 전압의 제곱에 비례하고 저항에 반비례한다.
∴ $P=1,000\times\left(\dfrac{100}{200}\right)^2=250W$

05 엘리베이터의 조작 방식 중 무운전원 방식으로 다음과 같은 특징을 갖는 것은?

> 승객 스스로 운전하는 전자동 엘리베이터로, 승강장으로부터의 호출 신호로 기동, 정지를 이루는 조작 방식이며, 누른 순서에 상관없이 각 호출에 응하여 자동적으로 정지한다.

① 단식자동방식 ② 카 스위치방식
③ 승합전자동방식 ④ 시그널 콘트롤 방식

정답 01 ① 02 ② 03 ② 04 ③ 05 ③

> **해설**
> ① 단식 자동 방식 : 승객 자신이 운전하며 목적층 단추가 승강장으로부터의 호출 신호에 의하여 자동적으로 시동, 정지를 이루는 조작 방식이며, 운전 종료까지 다른 호출에 응하지 않는다.
> ② 카 스위치 방식 : 시동은 운전원이 조작반의 시동핸들을 조작함으로써 이루어지며, 정지에는 수동 착상 방식과 자동 착상 방식이 있다.
> ④ 시그널 컨트롤 방식 : 기동은 운전원의 버튼 조작으로 하며, 정지는 목적층 단추를 누르는 것과 승강장의 호출 신호로 층의 순서대로 자동 정지한다.

06 다음 중 상자성체에 속하지 않는 것은?
① 철 ② 니켈
③ 구리 ④ 코발트

> **해설** 상자성체
> 자기장과 같은 방향으로 자성을 띠는 물질로서 철, 크롬, 니켈, 망간, 알루미늄 등이 있다.
> ※ 코일 내부에 상자성체인 철심(core)을 넣어 전류의 자기현상을 이용하여 구동되는 기기에는 전자접촉기, 전자릴레이, 솔레노이드 밸브 등이 있다.

07 연결송수관설비의 방수구에 관한 설명으로 옳지 않은 것은?
① 방수구의 위치표시는 표시등 또는 축광식 표지로 한다.
② 호스접결구는 바닥으로부터 0.5m 이상 1m 이하의 위치에 설치한다.
③ 개폐기능을 가진 것으로 설치하여야 하며, 평상시 닫힌 상태를 유지하도록 한다.
④ 연결송수관설비의 전용방수구 또는 옥내소화전방수구로서 구경 50mm의 것으로 설치한다.

> **해설** 연결송수관설비
> ① 송수구는 구경 65mm의 쌍구형으로 할 것
> ② 방수구는 연결송수관설비의 전용방수구 또는 옥내소화전방수구로서 구경 65mm의 것으로 할 것
> ③ 수원의 수위가 펌프보다 낮은 위치에 있는 가압송수장치에는 다음 기준에 따른 물올림장치를 설치한다.
>   ㉠ 물올림장치에는 전용의 탱크를 설치할 것
>   ㉡ 탱크의 유효수량은 100L 이상으로 하되, 구경 15mm 이상의 급수배관에 따라 당해 탱크에 물이 계속 보급되도록 할 것
> ④ 가압송수장치는 방수구가 개방될 때 자동으로 기동되거나 또는 수동스위치의 조작에 따라 기동되도록 한다.

08 피뢰설비에서 수뢰부시스템의 보호범위 산정방식에 속하지 않는 것은?
① 메시법 ② 본딩법
③ 보호각법 ④ 회전구체법

> **해설** 피뢰설비 수뢰부시스템의 보호범위 산정방식
> ㉠ 보호각법 : 간단한 형상의 건물에 적용
> ㉡ 회전구체법 : 모든 경우에 적용
> ㉢ 매시(mesh)법 : 보호대상 구조물의 표면이 평평할 경우에 적합

09 도선의 길이를 10배로 늘리고 단면적을 10배로 크게 했을 때 전기 저항의 크기는 어떻게 되는가?
① 2배 증가한다. ② 10배 증가한다.
③ 100배 증가한다. ④ 변하지 않는다.

> **해설**
> 전선의 저항(R)은 전선의 굵기, 즉 단면적에 반비례하고 전선의 길이에 비례한다.
> $R = \rho \dfrac{l}{S}$
> R : 저항[Ω]
> ρ : 도선의 고유 저항(도선의 비저항)
> l : 도선의 길이[cm]
> S : 도선의 단면적[cm^2]
> ∴ 동선의 저항 = $\dfrac{길이(l)}{단면적(S)} = \dfrac{10}{10} = 1$ (변하지 않는다.)

정답 06 ③ 07 ④ 08 ② 09 ④

10 물분무소화설비를 설치하는 차고 또는 주차장의 배수설비에 관한 설명으로 옳지 않은 것은?
① 차량이 주차하는 바닥은 배수구를 향하여 100분의 2 이상의 기울기를 유지할 것
② 차량이 주차하는 장소의 적당한 곳에 높이 7cm 이하의 경계턱으로 배수구를 설치할 것
③ 배수설비는 가압송수장치의 최대송수능력의 수량을 유효하게 배수할 수 있는 크기 및 기울기로 할 것
④ 배수구에는 새어나온 기름을 모아 소화할 수 있도록 길이 40m 이하마다 집수관·소화핏트 등 기름분리장치를 설치할 것

[해설]
차량이 주차하는 장소의 적당한 곳에 높이 10cm 이하의 경계턱으로 배수구를 설치할 것

11 양측 금속박 사이에 유전체를 끼워 놓아둔 구조로 정전용량을 갖게 한 소자는?
① 저항　　② 콘덴서
③ 콘덕턴스　　④ 인덕턴스

[해설]
콘덴서는 유전체를 삽입하여 양측에 금속박을 놓아둔 구조로 정전용량을 갖는 전기기이다. 정전용량이 큰 콘덴서로 만들기 위해서 극판 간격은 좁게 하고 면적은 넓게 하여 극판 사이에 유전체를 삽입한다.

12 전선에 흐르는 전류가 누설되지 않으려면 다음 중 어떤 값이 커야 되는가?
① 도체저항　　② 접촉저항
③ 접지저항　　④ 절연저항

[해설] 절연저항
㉠ 전류가 누설되지 않도록 하는 것을 절연이라고 하며 그 재료를 절연물이라고 하는데 이처럼 전류가 누설되지 않도록 하는 절연물 자체의 저항을 절연저항이라고 한다.
㉡ 전선에서 전류가 누설되지 않도록 전선을 비닐이나 고무 등의 저항률이 매우 큰 재료로 피복하고 있다.
㉢ 절연저항 값이 클수록 안전하다.

13 다음 설명에 알맞은 전동기는?

• 교류용 전동기이다.
• 구조가 간단하여 취급이 용이하다.
• 슬립링이 없기 때문에 불꽃의 염려가 없다.

① 분권전동기　　② 타여자전동기
③ 농형유도전동기　　④ 권선형유도전동기

[해설] 농형유도전동기
㉠ 구조와 취급이 간단하고 기계적으로 견고하다.
㉡ 가격이 비교적 싸고 운전이 대체로 쉽다.
㉢ VVVF(Variable Voltage Variable Frequency, 인버터) 방식으로 속도제어가 가능하다.
㉣ 슬립링(slip ring)이 없으므로 불꽃이 나올 염려가 없다.
㉤ 기동전류가 커서 전동기 전선을 과열시키거나 전원 전압의 변동을 일으킬 수 있다.
㉥ 일반 산업용 및 건축설비에서 광범위하게 사용한다.

14 다음의 ( ) 안에 알맞은 용어는?

기계계나 전기계 등의 물리계가 정상상태에 있을 때 이 계에 대한 입력신호 또는 외부로부터의 자극이 가해지면 정상상태가 무너져 계의 출력신호가 변화한다. 이 출력신호가 다시 정상상태로 되돌아올 때까지의 시간적 경과를 ( )이라고 한다.

① 과도응답　　② 정상응답
③ 선형응답　　④ 시간응답

[정답] 10 ②　11 ②　12 ④　13 ③　14 ①

> **해설**
> 입력신호가 입력된 후 전압계의 바늘이 입력 전의 평형상태에서 입력 후의 새로운 평형상태까지 변화하는 기간을 과도기라 하고 과도기에서의 출력을 과도응답이라 한다. 또 과도기가 지난 후 전압계의 바늘이 어느 위치에서 정지하였을 때, 즉 평형상태의 출력을 정상응답이라 한다.

> **해설** 스프링클러헤드 용어 정의
> ㉠ 개방형 스프링클러헤드라 함은 감열체 없이 방수구가 열려져 있는 스프링클러헤드를 말한다.
> ㉡ 폐쇄형 스프링클러헤드라 함은 정상상태에서 방수구를 막고 있는 감열체가 일정온도에서 자동적으로 파괴·용해 또는 이탈됨으로써 방수구가 개방되는 스프링클러헤드를 말한다.
> ㉢ 조기반응형 스프링클러헤드라 함은 표준형스프링클러헤드 보다 기류온도 및 기류속도에 조기에 반응하는 것을 말한다.
> ㉣ 측벽형 스프링클러헤드라 함은 가압된 물이 분사될 때 헤드의 축심을 중심으로 한 반원상에 균일하게 분산시키는 헤드를 말한다.
> ㉤ 건식 스프링클러헤드라 함은 물과 오리피스가 분리되어 동파를 방지할 수 있는 스프링클러헤드를 말한다.

15 다음 회로 합성저항은?

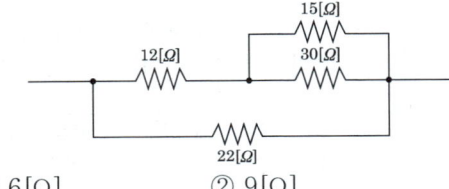

① 6[Ω] ② 9[Ω]
③ 11[Ω] ④ 16[Ω]

> **해설**
> (15//30+12)//22 이므로 $\frac{15 \times 30}{15+30}+12 = 22$
> ∴ 22//22 = $\frac{22 \times 22}{22+22}$ = 11Ω

17 소화설비의 소화방법에 관한 설명으로 옳지 않은 것은?
① 물분무소화설비는 제거 소화법이다.
② 옥내소화전설비는 냉각 소화법이다.
③ 스프링클러설비는 냉각 소화법이다.
④ 불연성가스 소화설비는 질식 소화법이다.

> **해설** 소화의 원리
> ㉠ 제거방법 : 제거에 의한 소화
> ㉡ 질식방법 : 기름 화재 등 덮어서 포말 소화(산소 공급 차단)
> ㉢ 희석방법 : 알코올 등 화재 시 물로 희석(공기 중의 산소 농도를 15% 이하로)
> ㉣ 냉각방법 : 물 뿌려 냉각소화(가연물의 온도를 발화점 이하로)
> ㉤ 억제방법(연쇄반응차단방법, 부촉매 효과) : 화학적 반응을 지연, 중단
> ☞ 물분무소화설비는 냉각 소화법이다.

16 스프링클러설비의 화재안전기준상 다음과 같이 정의되는 용어는?

> 가압된 물이 분사될 때 헤드의 축심을 중심으로 한 반원상에 균일하게 분산시키는 헤드

① 조기반응형헤드
② 측벽형스프링클러헤드
③ 개방형스프링클러헤드
④ 폐쇄형스프링클러헤드

18 다음 축전지의 충전방식 중 필요할 때마다 표준 시간율로 소정의 충전을 하는 방식은?
① 보통 충전 ② 세류 충전
③ 급속 충전 ④ 균등 충전

정답 15 ③ 16 ② 17 ① 18 ①

해설 축전지의 충전방식
㉠ 보통충전 : 필요할 때마다 표준시간율로 소정의 충전을 하는 방식
㉡ 급속충전 : 보통 충전 전류의 2~3배의 전류로 충전하는 방식
㉢ 부동충전 : 축전지의 자기방전을 보충함과 동시에 상용부하에 대한 전력공급은 충전기가 부담하되 충전기가 부담하기 어려운 일시적인 대전류부하는 축전지로 하여금 부담하게 하는 방식으로 가장 많이 사용된다.
㉣ 균등충전 : 각 축전지의 전위차를 보정하기 위하여 1~3개월마다 10~12시간 1회 충전하는 방식
㉤ 세류충전(트리클 충전) : 자기 방전량만을 항상 충진시키는 부동충전 방식의 일종

19 다음 중 비례적분미분(PID)제어동작으로 제어한 결과 시스템이 불안정하고 진동하였을 경우 이에 대한 원인과 가장 거리가 먼 것은?
① 비례동작의 비례대가 매우 좁다.
② 낭비시간(dead time)이 매우 짧다.
③ 미분동작의 미분시간이 매우 길다.
④ 적분동작의 적분시간이 매우 짧다.

해설
비례적분미분제어(PID 동작) : 비례적분제어동작은 정상편차를 0으로 해주는 역할을 하지만 제어가 늦어지는 경향이 있어 이를 방지하기 위하여 미분동작을 부가하여 제어를 빠르게 해주는 제어동작을 추가한 것이다.
※ 복합제어동작인 비례적분미분제어(PID 동작)의 시스템
① 비례동작의 비례대가 길수록 안정적이다.
② 적분동작의 적분시간이 길수록 안정적이다.
③ 미분동작의 미분시간이 짧을수록 안정적이다.
④ 낭비시간(dead time)이 짧을수록 안정적이다.

20 자동화재탐지설비의 감지기 중 주위의 공기에 일정농도 이상의 연기가 포함되었을 때 동작하는 감지기는?
① 불꽃 감지기   ② 차동식 감지기
③ 이온화식 감지기   ④ 보상식 스폿형 감지기

해설 감지기

감지기의 종류		작동원리
열식	차동식	그 주위 온도가 일정한 온도 상승률 이상으로 되었을 때 작동한다.
	정온식	그 주위 온도가 일정한 온도 이상이 되었을 때 작동한다.
	보상식	그 주위 온도의 변화에 따라 감도가 변화하는 것이며, 차동식 및 정온식의 성능을 가진다.
연기식	이온식	검지부에 연기가 들어감으로써 이온전류가 변화하는 것을 이용하여 감지한다.
	광전식	검지부에 연기가 들어감으로써 광전소자의 입사광량이 변화하는 것을 이용하여 감지한다.

☞ 이온화식 감지기는 감지기 주위의 공기가 일정한 농도의 연기를 포함하게 되면 작동하는 감지기이다.

정답 19 ② 20 ③

소방 및 전기설비
2024년 제1회 과년도 출제문제 [온라인 TEST]

01 변압기에서 철심(core)이 하는 역할은?
① 자속의 이동통로   ② 전류의 이동통로
③ 전압의 이동통로   ④ 전력량의 이동통로

해설 변압기의 구조
㉠ 변압기를 이루고 있는 중요부분은 철심과 권선이다.
㉡ 변압기에서 철심(core)은 자속의 이동통로의 역할을 한다. 와류손실을 감소시키기 위해 성층철심을 사용한다.
㉢ 변압기에서 철심(core)은 자속의 이동통로의 역할을 한다. 철심은 철손을 적게 하기 위하여 두께 0.35~0.5mm 정도의 규소강판을 사용한다.
㉣ 권선에는 저압 권선과 고압 권선이 있다. 이들 권선으로는 연동선이 쓰이며, 둥근 구리선과 평각 구리선이 있다.

02 소화방법에 관한 설명으로 옳지 않은 것은?
① 희석소화는 가연물질 주변의 공기 중 산소의 농도를 낮추는 소화방법이다.
② 냉각소화는 가연물질의 온도를 낮추어 연소의 진행을 억제하는 소화방법이다.
③ 제거소화는 가연물질을 원천적으로 제거하여 연소반응이 진행되는 것을 제거하는 소화방법이다.
④ 부촉매소화는 연소반응에서 화학적 작용을 통해 연쇄적 반응으로 화재진행을 억제하는 소화방법이다.

해설 소화의 원리
㉠ 제거방법 : 제거에 의한 소화
㉡ 질식방법 : 기름 화재 등 덮어서 포말 소화(산소 공급 차단)
㉢ 희석방법 : 알코올 등 화재 시 물로 희석(공기 중의 산소 농도를 15% 이하로)
㉣ 냉각방법 : 물 뿌려 냉각소화(가연물의 온도를 발화점 이하로)
㉤ 억제방법(연쇄반응차단방법, 부촉매 효과) : 화학적 반응을 지연, 중단

03 정보통신설비를 정보설비와 통신설비로 구분할 경우, 다음 중 통신설비에 속하지 않는 것은?
① 인터폰설비   ② CCTV설비
③ TV공청설비   ④ 화상회의설비

해설 정보통신설비
① 정보설비 : 모자식 전기시계설비, 건축물 내 근거리 통신망(LAN), 구내정보설비, 원격검침설비, 홈네트워크설비
② 통신설비
  ㉠ 음성통신설비 : 전화설비, 인터폰설비, 구내방송설비, 무선통신설비
  ㉡ 영상통신설비 : TV공청설비(케이블TV설비 포함), 영상회의설비

04 다음 중 옥내소화전설비의 화재안전기준상 배관 내 사용압력이 1.2MPa 이상인 경우 배관재료로 가장 적합한 것은?
① 배관용 탄소강관
② 압력배관용 탄소강관
③ 배관용 스테인리스강관
④ 이음매 없는 구리 및 구리합금관

해설
옥내소화전설비의 화재안전기준상 배관 내 사용압력이 1.2MPa 이상인 경우에는 압력배관용 탄소강관이 적합하다.
※ 배관용 탄소강관의 표시기호
  ㉠ SPP – 일반 배관용 탄소강관(쇠파이프)
  ㉡ SPPS – 압력 배관용 탄소강관(두꺼운 쇠파이프)
  ㉢ SPPH – 고압 배관용 탄소강관
  ㉣ SPHT – 고온 배관용 탄소강관
  ㉤ SPLT – 저온 배관용 탄소강관

정답 01 ①   02 ①   03 ②   04 ②

05 스프링클러설비의 설치장소가 아파트인 경우, 스프링클러 설비 수원의 저수량 산정시 기준이 되는 스프링클러헤드의 기준개수는?(단, 폐쇄형 스프링클러헤드를 사용하는 경우)
① 10 ② 20
③ 30 ④ 40

[해설]
스프링클러의 수원의 수량=(스프링클러의 표준 방수량)×20분×(동시 개구수)
=80L/min×20min×N
=1.6N(m³) (N은 10개, 20개, 30개)
※ 스프링클러의 수원의 수량 산정시 기준이 되는 스프링클러 헤드의 기준개수는 10개이다.(폐쇄형 스프링클러헤드 경우)

06 엘리베이터의 구성장치 중 일정 이상의 속도가 되었을 때 브레이크나 안전장치를 작동시키는 기능을 하는 것은?
① 완충기 ② 조속기
③ 권상기 ④ 가이드 슈

[해설] 엘리베이터의 안전장치
㉠ 조속기 : 규정 속도의 120%가 되면 차단
㉡ 비상정지장치 : 정격속도의 130~140%에 도달하면 차단
㉢ 완충기 : 카와 균형추가 승강로 저부로 낙하할 때 그 충격을 완화시켜 주는 장치
㉣ 스토핑 스위치(슬로우다운 스위치, 종점스위치) : 최상, 최하층에서 카 정지 스위치를 잊은 경우 자동 정지
㉤ 리밋 스위치(제한스위치) : 스토핑 스위치가 작동하지 않을 때, 제2단위 작동으로 주회로를 차단

07 보호계전기의 종류에 속하지 않는 것은?
① 방향 계전기
② 과전류 계전기
③ 부족 전압 계전기
④ 갭 저항형 계전기

[해설]
변전설비의 보호용 계전기 : 과전류 계전기, 과전압 계전기, 부족전압 계전기, 지락 계전기 등이 있다.
※ 보호계전기는 보호회로 및 자동차단기와 짝지어서 기기 도는 전로에 고장이 발생하였을 때에 기기 또는 전로의 손상을 최소한도로 줄이고 또 고장 발생 구간을 빨리 선택 차단하여 다른 곳으로 사고가 파급되는 것을 방지하기 위한 목적으로 사용한다.

08 합성 최대 수용 전력이 1,500[kW], 부하율이 0.7일 때 부하의 평균 전력[kW]은?
① 1,050 ② 1,500
③ 2,142 ④ 3,000

[해설]
부하율 = $\dfrac{평균수용전력}{최대수용전력} \times 100[\%]$ ⇒ 1보다 작다.

$0.7 = \dfrac{평균수용전력}{1,500} \times 100[\%]$

∴ 평균수용전력 = 1,050[kW]
※ 부하율 : 전기설비가 얼마나 유효하게 사용되었는가를 나타내며 어떤 기간 중의 평균 수용 전력[kW]과 그 기간 중의 최대 수용전력[kW]과의 비로 표시
☞ 부하율이 크다 : 전력변동이 작고, 설비 이용률이 많다.

09 다음과 같이 정의되는 화재의 종류는?

나무, 섬유, 종이, 고무, 플라스틱류와 같은 일반 가연물이 타고 나서 재가 남는 화재

① A급 화재 ② B급 화재
③ C급 화재 ④ K급 화재

[해설] 화재의 종류
㉠ 일반화재(A급화재) : 백색
㉡ 기름화재(B급화재) : 황색
㉢ 전기화재(C급화재) : 청색
㉣ 금속화재(D급화재)

정답 05 ① 06 ② 07 ④ 08 ① 09 ①

10 각종 센서로부터 전자식 신호를 받아 수치화된 디지털 신호로 제어하는 방식은?
① 전기식 ② 공기식
③ 기계식 ④ DDC방식

해설 디지털 제어방식(DDC 방식, 디지털방식)

제어 시스템 내의 신호를 어떤 양자화된 신호로 쓰는 제어를 말한다. 이 경우 공작기계가 대상일 때는 수치제어라 한다.
㉠ 정밀도가 높으며 신뢰성이 높다.
㉡ 기능의 고급화를 도모할 수 있다.
㉢ 자가진단 기능을 보유하고 있다.
㉣ 각종 제어로직은 손쉽게 소프트웨어에 의해 조정될 수 있다.

11 평형 3상 교류에서 각 상간의 위상차는?
① 60° ② 90°
③ 120° ④ 180°

해설

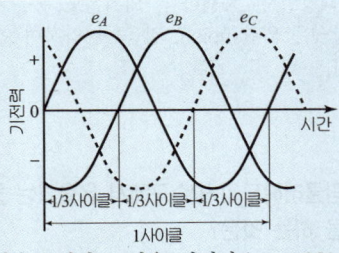

권선이 같은 3개의 코일을 전기각으로 120° 간격으로 철심에 감아 이것을 일정한 각속도로 자계 중에 회전시켰을 때, 각 코일 중에 위상이 120°씩 틀리고, 진폭이 같은 교류 기전력이 발생한다. 이와 같은 교류 기전력에 의해 발생하는 위상이 120°씩 차이가 나는 각주파수가 같은 3개의 정현파 교류를 말한다.
※ 위상차
① 2개 이상의 교류 사이에 존재하는 시간적 격차 (주파수는 같고 위상이 다른 두 정현파의 시간적인 차)
② 어떤 교류 회로에 전압을 가했을 때 교류회로의 성분
 ㉠ 90° 위상이 빠른 전류가 흐르면 : 용량성(축전지)
 ㉡ 위상차가 없는 전류가 흐르면 : 저항성
 ㉢ 90° 위상이 늦은 전류가 흐르면 : 유도성(코일)

12 쿨롱의 법칙에 관한 설명 중 옳지 않은 것은?
① 힘의 크기는 두 전하의 거리에 비례한다.
② 힘의 크기는 두 전하량의 곱에 비례한다.
③ 힘의 방향은 두 전하를 연결하는 직선방향이다.
④ 힘의 크기는 두 전하사이의 매질에 따라 다르다.

해설 쿨롱의 법칙(coulomb's law)
㉠ 힘의 크기는 두 전하량의 곱에 비례하고, 두 전하 사이의 거리의 제곱에 반비례한다. 또한 두 전하사이의 매질에 따라 다르다.
㉡ 힘의 방향은 두 전하를 연결하는 직선방향이다.

13 자기인덕턴스 4[H]의 코일에 8[A]의 전류를 흘릴 때 코일에 저장되는 자기에너지는?
① 32[J] ② 64[J]
③ 128[J] ④ 256[J]

해설
코일에 축적되는 에너지(W) = $\dfrac{LI^2}{2}$ [J]
(L : 자체 인덕턴스[H], I : 전류[A])
∴ 코일저장에너지 = $\dfrac{4 \times 8^2}{2}$ = 128[J]

14 3[Ω]의 저항과 4[Ω]의 유도성 리액턴스가 직렬로 연결된 교류 회로에서의 역률은 얼마인가?
① 75% ② 60%
③ 30% ④ 80%

해설
역률(P.F) = $\dfrac{리액턴스}{임피던스}$
임피던스 = $\sqrt{(저항)^2 + (유도임피던스)^2}$
= $\sqrt{3^2 + 4^2}$ = 5
∴ 역률(P.F) = $\dfrac{리액턴스}{임피던스}$ = $\dfrac{3}{5}$ = 0.6 = 60%

정답 10 ④ 11 ③ 12 ① 13 ③ 14 ②

15 다음 회로 합성저항은?

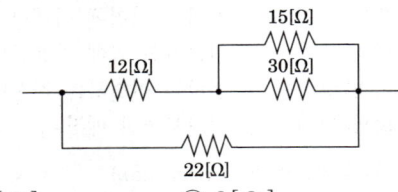

① 6[Ω]   ② 9[Ω]
③ 11[Ω] ④ 16[Ω]

해설

$(15//30+12)//22$ 이므로 $\dfrac{15 \times 30}{15+30}+12=22$

∴ $22//22 = \dfrac{22 \times 22}{22+22} = 11\Omega$

16 다음 중 할로겐 램프에 관한 설명으로 옳지 않은 것은?

① 연색성이 좋고 설치가 용이하다.
② 흑화가 거의 일어나지 않는다.
③ 휘도가 낮아 현휘가 발생하지 않는다.
④ 광속이나 색온도의 저하가 극히 적다.

해설 할로겐 램프

㉠ 백열전구보다 수명이 2~3배 정도 길다.
㉡ 유리구 내벽의 흑화현상(黑化現象)이 거의 일어나지 않는다.
㉢ 연색성이 좋고, 설치가 용이하다.
㉣ 광속이나 색온도의 저하가 적다.
㉤ 휘도가 높고, 색상은 주광색에 가깝다.
㉥ 높은 천정, 단관형은 영사기용, 자동차 헤드라이트용, 스포트라이트용 광원으로 사용된다.

17 어떤 저항에 직류전압 100[V]를 가했더니 1[kW]의 전력을 소비하였다. 이 때 흐른 전류는 몇 [A]인가?

① 0.01   ② 5
③ 10   ④ 100

해설

전력 $P=IV$

옴의 법칙 $V=IR$, $I=\dfrac{V}{R}$, $R=\dfrac{V}{I}$ (P : 전력[W], I : 전류[A], V : 전압[V], R : 저항[Ω])

∴ $I=\dfrac{P}{V}=\dfrac{1,000}{100}=10$

18 다음 설명에 알맞은 피드백 제어계의 구성요소는?

제어계의 상태를 교란시키는 외적작용으로서, 실내 온도 제어에서는 인체·조명 등에 의한 발생열, 창문을 통한 태양일사, 틈새바람, 외기온도 등을 의미한다.

① 외란   ② 제어대상
③ 제어편차   ④ 주 피드백 신호

해설 외란(noise, 잡음)

제어계의 상태를 교란시키는 외적작용으로서, 실내 온도 제어에서는 인체·조명 등에 의한 발생열, 창문을 통한 태양일사, 틈새바람, 외기온도 등을 의미하며, 무접점방식은 외란(noise, 잡음)에 약하며 안정대책이 필요하다.

19 스프링클러헤드의 방수구에서 유출되는 물을 세분시키는 작용을 하는 것은?

① 프레임   ② 유수검지장치
③ 일제개방밸브   ④ 반사판(디프렉타)

해설 디플렉터

스프링클러헤드의 방수구에서 유출되는 물을 세분시키는 역할

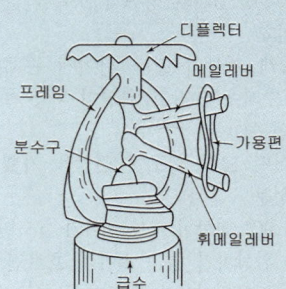

정답 15 ③   16 ③   17 ③   18 ①   19 ④

20 합성최대수요전력을 구하는 계수로서 각 부하의 최대수요전력 합계와 합성최대수요전력과의 비율로 나타내는 것은?

① 수용률   ② 유효율
③ 부하율   ④ 부등률

해설

수변전설비 용량 결정은 수용률(수요율), 부등률, 부하율 등을 이용하여 산정한다.

㉠ 수용률(수요율) = $\dfrac{최대수용전력}{부하설비용량} \times 100(\%)$

⇒ 일반 건물 60~70%

㉡ 부등률 = $\dfrac{각부하의최대수용전력의합계}{최대수용전력} \times 100(\%)$

⇒ 1보다 크다(1.1~1.5)

㉢ 부하율 = $\dfrac{평균수용전력}{최대수용전력} \times 100(\%)$

⇒ 1보다 작다(0.25~0.6)

소방 및 전기설비
2024년 제2회 과년도 출제문제 [온라인 TEST]

01 20[Ω]의 저항 4개를 병렬로 연결하였다. 220[V]의 전원에 연결하면 몇 [W]의 전력을 소비하는가?

① 880   ② 2420
③ 4840 ④ 9680

해설

병렬저항 : $\dfrac{1}{R} = \dfrac{1}{R_1} + \dfrac{1}{R_2} + \dfrac{1}{R_3} \cdots$ 이므로

20[Ω]의 저항 4개를 병렬로 연결하면 합성저항은 $\dfrac{1}{0.2} = 5[\Omega]$

∴ 전력 $P = IV = \dfrac{V^2}{R}[W] = \dfrac{220^2}{5^2} = 9,680[W]$

02 자동화재탐지설비의 감지기 중 열감지기에 속하지 않는 것은?

① 광전식 감지기   ② 차동식 감지기
③ 정온식 감지기   ④ 보상식 감지기

해설 감지기

감지기의 종류		작동원리
열식	차동식	그 주위 온도가 일정한 온도 상승률 이상으로 되었을 때 작동한다.
	정온식	그 주위 온도가 일정한 온도 이상이 되었을 때 작동한다.
	보상식	그 주위 온도의 변화에 따라 감도가 변화하는 것이며, 차동식 및 정온식의 성능을 가진다.
연기식	이온식	검지부에 연기가 들어감으로써 이온 전류가 변화하는 것을 이용하여 감지한다.
	광전식	검지부에 연기가 들어감으로써 광전 소자의 입사광량이 변화하는 것을 이용하여 감지한다.

정답 20 ④ / 01 ④ 02 ①

03 인터폰 설비의 접속방식에 따른 분류에 속하지 않는 것은?
① 모자식　　② 상호식
③ 교차식　　④ 복합식

> **[해설]** 인터폰의 접속 방식
> ㉠ 모자식(친자식) : 1대의 모기에 여러 대의 자기를 접속하는 방식으로 자기끼리는 접속이 불가능하다. 병원 등에 사용
> ㉡ 상호식 : 원하는 곳 모두 상호간에 접속이 가능
> ㉢ 복합식 : 모자식과 상호식을 복합한 형식
> ※ 설치 높이 : 바닥면에서 1.5m

04 옥내소화전 방수구는 바닥으로부터의 높이가 최대 얼마 이하가 되도록 설치하여야 하는가?
① 0.9m　　② 1.2m
③ 1.5m　　④ 1.8m

> **[해설]** 옥내소화전 기준치
> ㉠ 노즐의 방수 압력 : 0.17MPa 이상(노즐 끝)
> ㉡ 표준 방수량 : 130L/min 이상
> ㉢ 노즐의 구경 : 13mm
> ㉣ 호스의 구경 : 40mm
> ㉤ 소화전 box 호스의 길이 : 15m 또는 30m 길이 2개
> ㉥ 설치 위치 : 소화전함 내의 호스 연결구는 바닥에서 1.5m 이내

05 어떤 회로에서 유효전력 80[W], 무효전력 60[Var]일 때 역률은?
① 70[%]　　② 80[%]
③ 90[%]　　④ 100[%]

> **[해설]**
> $$역률(P.F) = \frac{유효전력}{피상전력}$$
> $$= \frac{유효전력}{\sqrt{(유효전력)^2 + (무효전력)^2}}$$
> $$= \frac{80}{\sqrt{80^2 + 60^2}} = 0.8 = 80\%$$

06 유접점 시퀀스 제어회로에 관한 설명으로 옳지 않은 것은?
① 온도특성이 양호하다.
② 개폐부하의 용량이 크다.
③ 전기적 노이즈에 대하여 안정적이다.
④ 기계적 진동, 충격 등에 비교적 강하다.

> **[해설]** 시퀀스 제어의 유접점방식과 무접점방식의 비교
>
> | 항 목 | 유접점 방식 | 무접점 방식 |
> |---|---|---|
> | 수 명 | 수명이 짧다. | 수명이 반영구적 |
> | 작동속도 | 늦으며 한계가 있다. (ms 단위) | 빠르다. (μs 단위) |
> | 주위온도 | 온도특성이 양호하다. | 열에 약하며 보호대책 필요 |
> | 서 지 | 전기적 노이즈(소음)에 안정 | 노이즈(소음)에 약해 안정대책 필요 |
> | 장치의 외형 | 일반적으로 크다. | 작다.(가장 큰 장점) |
> | 입·출력수 | 독립된 다수의 출력을 동시에 얻는다. | 다수의 입력과 소수의 출력이 용이 |
> | 가 격 | 소규모에서 염가 | 대규모에서 염가 |

07 인화성 액체, 가연성 액체, 타르, 오일 및 인화성 가스와 같은 유류가 타고 나서 재가 남지 않는 화재를 의미하는 것은?
① A급 화재　　② B급 화재
③ C급 화재　　④ K급 화재

> **[해설]** 화재의 종류
> ㉠ 일반 화재(A급 화재) : 나무, 섬유, 종이, 고무, 플라스틱류와 같은 일반 가연물이 타고 나서 재가 남는 화재
> ㉡ 기름 화재(B급 화재) : 인화성 액체, 가연성 액체, 석유 그리스, 타르, 오일, 유성도료, 솔벤트, 래커, 알코올 및 인화성 가스와 같은 유류가 타고 나서 재가 남지 않는 화재
> ㉢ 전기 화재(C급 화재) : 전류가 흐르고 있는 전기기기, 배선과 관련한 화재
> ㉣ 주방 화재(K급 화재) : 주방에서 동식물유를 취급하는 조리기구에서 일어나는 화재

정답 03 ③　04 ③　05 ②　06 ④　07 ②

08 교류전력에 관한 설명으로 옳지 않은 것은?
① 무효전력이 크면 역률이 커진다.
② 유효전력은 실제로 소비되는 전력이다.
③ 역률이 1일 때 유효전력과 피상전력은 같다.
④ 전열기와 같이 순수하게 저항성분만으로 구성되는 부하인 경우 전력은 전압[V]×전류[A]이다.

해설 유효전력과 무효전력

① 유효전력
  ㉠ 전원에서 공급되어 부하에서 유효하게 이용되는 전력을 유효전력이라 한다. 유효전력은 실제로 소비되는 전력이다.(단위 : kW)
  ㉡ 역률이 1일 때 유효전력과 피상전력은 같다.
  ㉢ $P = IV\cos\theta$ [W]
② 무효전력
  ㉠ 실제로는 아무런 일을 하지 않아 부하에서는 전력으로 이용될 수 없는 전력이다.
  ㉡ $P = IV\sin\theta$ [VAR]
※ 역률(power factor)
  ㉠ 피상전력 중에서 유효전력(소비전력)으로 사용되는 비율
  역률(P.F) = $\dfrac{유효전력}{피상전력} = \dfrac{유효전력}{\sqrt{3}\,IV}$
  ㉡ 백열전등, 전열기의 역률은 100%에 가깝다.
  ㉢ 부하의 역률을 1에 가깝게 높이는 것을 역률개선이라 한다. 역률개선의 방법은 소자에 흐르는 전류의 위상이 소자에 걸리는 전압보다 앞서는 용량성 부하인 콘덴서를 부하에 첨가하여 역률을 개선한다.(진상콘덴서를 병렬로 접속)

09 3상 Y결선에서 선간전압이 200[V]인 3상 교류의 상전압은?
① 115[V] ② 346[V]
③ 453[V] ④ 600[V]

해설
3상 4선식(△-Y) 결선에서 Y결선의 선간전압은 상전압의 $\sqrt{3}$ 배이다.
∴ 상전압 = $\dfrac{선간전압}{\sqrt{3}} = \dfrac{200}{\sqrt{3}} = 115V$

10 전기식 자동제어 방식에 관한 설명으로 옳지 않은 것은?
① 검출부와 조절부가 일체형으로 되어 있다.
② 정밀한 제어 및 비례 적분제어에 적합하다.
③ 조작 동력원으로 상용전원을 직접 사용한다.
④ 신호처리가 쉽고 원격조작도 용이하다.

해설 전기식 자동제어 장치

제어회로의 전달신호에 전류나 전압 등의 전기를 사용하며, 또한 조작부의 조작동력에 전기를 사용하는 제어를 전기식 제어라고 하는데, 중소용량 보일러의 대부분은 전기식 제어가 사용되고 있다. 이 전기식 제어에 필요한 장치를 전기식 자동제어 장치라고 한다.

11 다음과 같은 조건에서 가로 40m, 세로 30m인 사무실의 평균조도를 400[lx]로 하기 위해 필요한 형광등의 개수는?

┌ 조건 ─────────────
· 형광등 1개당 광속 : 4,000[lm]
· 조명률 : 0.6
· 감광보상률 : 1.7

① 240개 ② 260개
③ 280개 ④ 340개

해설 광속의 계산

$F = \dfrac{E \cdot A \cdot D}{N \cdot U} = \dfrac{E \cdot A}{N \cdot U \cdot M}$ [lm]

F : 사용 광원 1개의 광속[lm]
D : 감광 보상률
    (직접조명 : 1.3~2.0, 간접조명 : 1.5~2.0)
E : 작업면의 평균 조도[lx]
A : 방의 면적[m²]
N : 광원의 개수
U : 조명률
M : 유지율(보수율 : 감광 보상률의 역수)

$F = \dfrac{E \cdot A \cdot D}{N \cdot U}$ 에서 $N = \dfrac{E \cdot A \cdot D}{F \cdot U}$ 이므로

$N = \dfrac{400 \times 40 \times 30 \times 1.7}{4,000 \times 0.6} = 340$개

정답 08 ① 09 ① 10 ② 11 ④

12 제연설비의 설치장소는 제연구역으로 구획 하여야 한다. 제연구역에 관한 설명으로 옳지 않은 것은?
① 거실과 통로(복도 포함)는 상호 제연구획 한다.
② 하나의 제연구역의 면적은 1,000m² 이내로 한다.
③ 하나의 제연구역은 직경 80m의 원내에 들어갈 수 있도록 한다.
④ 통로(복도 포함)상의 제연구역은 보행중심선의 길이가 60m를 초과하지 않도록 한다.

해설
하나의 제연구역은 직경 60m 원내에 들어갈 수 있어야 한다.

13 천장면을 여러 형태의 사각, 동그라미 등으로 오려내고 다양한 형태의 매입기구를 취부하여 실내의 단조로움을 피하는 건축화 조명 방식은?
① 코퍼 조명
② 코브 조명
③ 밸런스 조명
④ 코니스 조명

해설 건축화 조명방식
천장, 벽, 기둥 등의 건축 부분에 광원을 만들어 실내를 조명하는 방식으로 눈부심이 적은 장점이 있는 반면, 조명 효율은 직접 조명에 비해 떨어진다.
※ 천장에 매입하는 건축화 조명방식
  ㉠ 라인라이트(line light) 조명(광량 조명) : 천장에 매립한 조명의 하나로 광원을 선형으로 배치하는 방식이다. 형광등 조명으로 가장 높은 조도를 얻을 수 있다.
  ㉡ 코퍼(coffer) 조명 : 천장면을 여러 형태의 사각, 동그라미 등으로 오려내고 다양한 형태의 매입기구를 취부하여 실내의 단조로움을 피하는 조명방식이다.
  ㉢ 다운라이트(down light) 조명 : 천장에 작은 구멍을 뚫어 그 속에 기구를 매입한 것으로, 기구 본체가 밖으로 나오지 않기 때문에 공간을 말끔히 정리하기 쉬운 이점이 있는 건축화 조명의 방식이다.

14 분전반을 설치하는 전기샤프트(ES)에 관한 설명으로 옳지 않은 것은?
① 각 층마다 같은 위치에 설치한다.
② ES의 면적은 보 및 기둥 부분을 제외하고 산정한다.
③ 설치장비 공급의 편리성을 우선하며 각 층의 모서리 부분에 설치한다.
④ 전력용과 통신용 등으로 구분 설치하고, 적은 규모일 경우는 공용으로 사용한다.

해설
공급대상 범위의 배선거리, 전압강하 등을 고려하여 전력부하설비 시설 위치의 중앙에 위치하도록 한다.

15 200[V], 1[kW]의 전열기를 100[V]의 전압으로 사용할 때 소비되는 전력[W]은?
① 100
② 200
③ 250
④ 500

해설
전열기의 소비전력 $P = IV = \dfrac{V^2}{R}$ 에서
전열기의 소비전력(W)은 전압의 제곱에 비례하고 저항에 반비례한다.
∴ $P = 1,000 \times \left(\dfrac{100}{200}\right)^2 = 250W$

16 옥내소화전이 1층에 5개, 2층에 4개, 3층에 4개가 설치되어 있을 때 이 건물의 옥내소화전 설비의 수원의 저수량은 최소 얼마 이상이 되도록 하여야 하는가?
① 5.2m³
② 10.4m³
③ 13m³
④ 23.4m³

해설
수원의 용량 : 옥내소화전 1개의 방수량×20분×동시 개구수
= 130[L/min] × 20[min] × N
= 2.6N[m³] (N은 최대 2개)
∴ 수원의 용량 = 130[L/min] × 20[min] × 2
= 5,200[L] = 5.2[m³]

정답 12 ③ 13 ① 14 ③ 15 ③ 16 ①

17 스프링클러설비의 화재안전기준에 사용되는 교차배관의 정의로 옳은 것은?
① 각 층을 수직으로 관통하는 수직배관
② 스프링클러헤드가 설치되어 있는 배관
③ 직접 또는 수직배관을 통하여 가지배관에 급수하는 배관
④ 수원 및 옥외송수구로부터 스프링클러헤드에 급수하는 배관

> **해설** 스프링클러설비의 배관
> ㉠ 가지배관 : 스프링클러헤드가 설치되어 있는 배관
> ㉡ 교차배관 : 직접 또는 수직배관을 통하여 가지배관에 급수하는 배관
> ㉢ 주배관 : 각 층을 수직으로 관통하는 수직배관
> ㉣ 신축배관 : 가지배관과 스프링클러헤드를 연결하는 구부림이 용이하고 유연성을 가진 배관
> ㉤ 급수배관 : 수원 및 옥외송수구로부터 스프링클러헤드에 급수하는 배관
>
>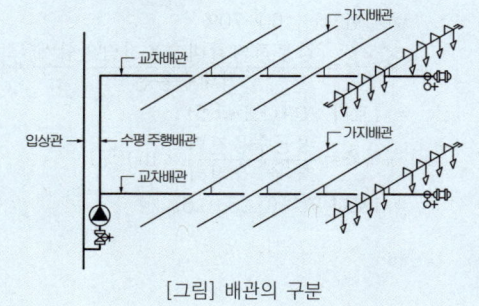
> [그림] 배관의 구분

18 교류의 크기를 나타내는데 있어서 평균치 V_a와 최대치 V_m과의 관계식으로 옳은 것은?
① $V_a = 1.11 \times V_m$ ② $V_a = 0.707 \times V_m$
③ $V_a = 0.637 \times V_m$ ④ $V_a = \sqrt{2} \times V_m$

> **해설**
> 전압의 평균값 $V_a = \dfrac{2V_m}{\pi} = 0.637 V_m$ [V]
> 전압의 실효값 $V = \dfrac{V_m}{\sqrt{2}} = 0.707 V_m$ [V]
> 여기서, V_a : 전압의 평균값[V]
> V_m : 전압의 최대값[V]
> V : 전압의 실효값[V]

19 다음 설명에 알맞은 전동기는?

> • 교류용 전동기이다.
> • 구조가 간단하여 취급이 용이하다.
> • 슬립링이 없기 때문에 불꽃의 염려가 없다.

① 분권전동기
② 타여자전동기
③ 농형유도전동기
④ 권선형유도전동기

> **해설** 농형유도전동기
> ㉠ 구조와 취급이 간단하고 기계적으로 견고하다.
> ㉡ 가격이 비교적 싸고 운전이 대체로 쉽다.
> ㉢ VVVF(Variable Voltage Variable Frequency, 인버터) 방식으로 속도제어가 가능하다.
> ㉣ 슬립링(slip ring)이 없으므로 불꽃이 나올 염려가 없다.
> ㉤ 기동전류가 커서 전동기 전선을 과열시키거나 전원 전압의 변동을 일으킬 수 있다.
> ㉥ 일반 산업용 및 건축설비에서 광범위하게 사용한다.

20 다음의 변압기에 대한 설명 중 옳지 않은 것은?
① 송배전 계통은 물론 각 수용가의 가전제품에서 전압을 높이거나 낮추기 위하여 사용되는 전기기기이다.
② 변압기의 원리는 자속의 변화에 의한 전자유도현상을 응용한 것이다.
③ 2차측 코일은 자기유도 작용을 발생시키는 역할을 한다.
④ 철심은 자속을 이동시키는 통로의 역할을 한다.

> **해설**
> 변압기의 원리는 자속의 변화에 의한 전자유도현상을 응용한 것으로 변압기의 1차측 코일은 자기유도 작용을 발생시키는 역할을 하고, 2차측 코일은 자속의 변화에 의한 전자유도현상으로 유도전류를 발생시키는 역할을 한다.

정답 17 ③ 18 ③ 19 ③ 20 ③

소방 및 전기설비
2024년 제3회 과년도 출제문제 [온라인 TEST]

01 빛의 분광특성이 색의 보임에 미치는 효과를 무엇이라고 하는가?
① 연색성   ② 색온도
③ 시감도   ④ 순응도

해설 연색성(演色性)
㉠ 태양광(주광)을 기준으로 하여 어느 정도 주광과 비슷한 색상을 연출을 할 수 있는가를 나타내는 지표
㉡ 일반적으로 인공조명은 태양광선 밑에서 본 것보다 색의 보임이 떨어진다.
㉢ 인공광원 중에서 연색성이 가장 좋은 것은 제논등이며, 가장 나쁜 것은 나트륨등이다.

02 다음 중 배선설비에 사용되는 전선의 굵기를 결정할 때 고려해야 할 요소가 아닌 것은?
① 전압강하   ② 허용전류
③ 기계적 강도   ④ 전선관 규격

해설 전선 굵기 결정시 3조건
㉠ 안전전류(허용전류) : 전선에 과전류가 흐르면 열이 발생
㉡ 전압강하 : 부하에 걸리는 전압이 전원전압보다 낮아지는 현상
㉢ 기계적 강도 : 보안상 시공상의 어느 정도의 강도 필요(일반적으로 1.6mm 이상의 연동선을 사용)
※ 전선을 4선 이상을 쓸 경우 전선의 단면적이 전선관 단면적의 40% 이하가 되어야 한다.

03 전기용접기의 주된 원리는 무엇을 응용한 것인가?
① 전자력   ② 자기유도
③ 전자유도   ④ 줄(Joule)열

해설 줄(Joule)의 법칙
어떤 도체에 일정시간 동안 전류를 흘리면 도체에는 열이 발생한다는 법칙으로 전기용접기와 백열전구의 동작원리는 줄의 법칙에 의한다.

04 변압기에서 입력전력에 대한 출력전력의 비율을 의미하는 것은?
① 부하율   ② 수용률
③ 역률   ④ 효율

해설
변압기의 효율은 입력전력에 대한 출력전력의 비율을 의미한다.
※ 수변전설비 용량 결정
㉠ 수용률(수요율) $= \dfrac{\text{최대수용전력}}{\text{부하설비용량}} \times 100(\%)$
  ⇒ 일반 건물 60~70%
㉡ 부등률 $= \dfrac{\text{각부하의최대수용전력의합계}}{\text{최대수용전력}} \times 100(\%)$
  ⇒ 1보다 크다(1.1~1.5)
㉢ 부하율 $= \dfrac{\text{평균수용전력}}{\text{최대수용전력}} \times 100(\%)$
  ⇒ 1보다 작다(0.25~0.6)

05 자동화재탐지설비 중 P형 2급 수신기는 몇 회선 이하의 건물에 주로 사용되는가?
① 5회선   ② 10회선
③ 15회선   ④ 20회선

해설
자동화재탐지설비 P형 2급 수신기는 5회선 이하의 건물에 주로 사용된다.
※ 수신기
㉠ 감지기나 발신기로부터 화재 발생 신호를 받아 경보음과 동시에 어느 장소의 화재인가를 램프로 표시하는 장치이다.
㉡ 종류에는 P형(1, 2급), R형, M형이 있으며 소방관서에는 M형 수신기를 설치한다.

정답 01 ① 02 ④ 03 ④ 04 ④ 05 ①

06 가연물질 주변의 공기 중 산소의 농도를 낮추어 소화하는 방법은?

① 냉각소화 ② 제거소화
③ 질식소화 ④ 부촉매소화

> **해설** 소화의 원리
> ㉠ 제거방법 : 제거에 의한 소화
> ㉡ 질식방법 : 기름 화재 등 덮어서 포말 소화(산소 공급 차단)
> ㉢ 희석방법 : 알코올 등 화재 시 물로 희석(공기 중의 산소 농도를 15% 이하로)
> ㉣ 냉각방법 : 물 뿌려 냉각소화(가연물의 온도를 발화점 이하로)
> ㉤ 억제방법(연쇄반응차단방법, 부촉매 효과) : 화학적 반응을 지연, 중단

07 포소화설비의 구성 요소에 속하지 않는 것은?

① 약제탱크 ② 혼합장치
③ 가압송수장치 ④ 정압작동장치

> **해설** 포소화설비의 구성 요소
> 포소화약제, 포소화약제의 저장탱크, 수조, 가압송수장치, 기동용수압개폐장치, 포소화약제의 혼합장치, 포방출장치, 배관, 유수검지장치, 일제개방밸브, 송수구 등이 있다.
> ☞ 정압작동장치 : 분말소화약제 저장용기의 내부압력이 설정압력으로 되었을 때 주밸브를 개방시키는 장치이다.

08 다음의 스프링클러설비에 관한 기준 내용 중 ( ) 안에 알맞은 것은?

> 개방형 스프링클러헤드를 사용하는 스프링클러설비의 수원은 최대 방수구역에 설치된 스프링클러헤드의 개수가 30개 이하일 경우에는 설치 헤드수에 ( )를 곱한 양 이상으로 한다.

① 0.8m³ ② 1.2m³
③ 1.6m³ ④ 2.0m³

> **해설**
> 개방형 스프링클러헤드를 사용하는 스프링클러설비의 수원은 최대 방수구역에 설치된 스프링클러헤드의 개수가 30개 이하일 경우에는 설치 헤드수에 1.6m³를 곱한 양 이상으로 한다.
> 즉, 수원의 수량=(스프링클러의 표준 방수량)×20분 ×(동시 개구수)
> =80l/min×20min×N
> =1.6N(m³) (N은 10개, 20개, 30개)

09 콘덴서에서 극판의 면적을 2배로 증가시키면 정전용량은 몇 배가 되는가?

① 1.5배 ② 2배
③ 3배 ④ 4배

> **해설**
> 콘덴서는 유전체를 삽입하여 양측에 금속박을 놓아둔 구조로 정전용량을 갖는 전기기기이다. 정전용량이 큰 콘덴서로 만들기 위해서 극판 간격은 좁게 하고 면적은 넓게 하여 극판 사이에 유전체를 삽입한다.
> $$Q = \frac{\varepsilon A V}{d}$$
> 여기서, Q : 정전용량
> ε : 유전율
> A : 면적
> V : 전압
> d : 간극거리
> 정전용량(Q)은 유전율(ε), 면적(A), 전압(V)에 비례하고 간극거리(d)에 반비례한다.

10 10[Ω]의 저항을 단상 200[V]의 전압을 1시간 동안 가하였을 때 소비전력량은?

① 20[kWh] ② 40[kWh]
③ 4[kWh] ④ 2[kWh]

> **해설**
> 전열기에서 전력 $P = \frac{V^2}{R}$ 이므로
> $P = \frac{200^2}{10} = 4,000W = 4kW$
> ∴ 전력량=전력×시간=4kW×1시간=4kW/h

정답 06 ③ 07 ④ 08 ③ 09 ② 10 ③

11 연결송수관설비에 관한 설명으로 옳은 것은?

① 송수구는 지면으로부터 1m 이상 1.5m 이하의 위치에 설치하여야 한다.
② 방수구는 소방대상물의 층마다 설치하되, 공동주택과 업무시설의 1층, 2층에는 설치하지 않는다.
③ 지면으로부터의 높이가 31m 이상이거나 지상 11층 이상인 특정소방대상물의 경우에는 습식설비로 하여야 한다.
④ 수직배관은 방화구조로 구획된 계단실 또는 파이프덕트 등 화재의 우려가 없는 장소에 설치하여야 한다.

해설 연결송수관설비의 배관
① 연결송수관설비의 배관은 다음 각 호의 기준에 따라 설치하여야 한다.
  ㉠ 주배관의 구경은 100mm 이상의 것으로 할 것
  ㉡ 지면으로부터의 높이가 31m 이상인 특정소방대상물 또는 지상 11층 이상인 특정소방대상물에 있어서는 습식설비로 할 것
② 연결송수관설비의 배관은 주배관의 구경은 100mm 이상인 옥내소화전·스프링클러설비 또는 물분무 등 소화설비의 배관과 겸용할 수 있다.(다만, 층수가 30층 이상의 특정소방대상물은 스프링클러설비의 배관과 겸용할 수 없다.)

12 건축화 조명방식 중 천장면에 유리, 플라스틱 등과 같은 확산용 스크린판을 붙이고 천장 내부에 광원을 배치하여 천장을 건축화된 조명기구로 활용하는 방식은?

① 코퍼조명   ② 코브조명
③ 광천창조명 ④ 코니스조명

해설 건축화 조명
천장, 벽, 기둥 등의 건축 부분에 광원을 만들어 실내를 조명하는 방식으로 눈부심이 적은 장점이 있는 반면, 조명 효율은 직접 조명에 비해 떨어진다.
㉠ 다운 라이트 : 천장에 작은 구멍을 뚫어 그 속에 광원을 매입한 방법
㉡ 루버 조명 : 천장면에 루버를 설치하고 그 속에 광원을 배치하는 방법
㉢ 광천장 조명 : 천장면 전체에서 발광되도록 한 것
㉣ 코퍼 조명 : 천장면에 빛을 반사시켜 간접 조명하는 방법
㉤ 코니스 조명 : 벽면에 빛을 반사시켜 간접 조명하는 방법

13 다음 설명에 알맞은 배선 공사는?

- 열적영향이나 기계적 외상을 받기 쉬운 곳이 아니면 광범위하게 사용 가능하다.
- 관자체가 절연체이므로 감전의 우려가 없으며 시공이 쉽다.

① 금속관 공사
② 버스덕트 공사
③ 플로어덕트 공사
④ 합성수지관 공사(CD관 제외)

해설 합성수지관 배선공사(경질비닐관 배선공사)
㉠ 열적 영향이나 기계적 외상을 받기 쉽다.
㉡ 관 자체가 절연체이므로 감전의 우려가 없으며, 시공이 용이하다.
㉢ 화학공장, 연구실의 배선 등에 적합하다.
㉣ 옥내의 점검할 수 없는 은폐 장소에도 사용이 가능하다.

14 그림의 회로도와 같이 논리식이 $Y = X_1 \cdot X_2$로 표시되는 논리회로의 종류는?

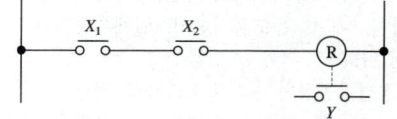

① AND회로   ② OR회로
③ NOT회로   ④ NAND회로

해설 AND 회로 : 직렬회로
㉠ 논리곱 회로라 하며, 2개의 입력신호가 동시에 작동될 때에만 출력신호가 "1"이 되는 논리회로
㉡ 논리식 : $Y = X_1 \cdot X_2$

15 다음의 제어동작 중 ON-OFF 동작이라고도 하며, 항상 목표치와 제어결과가 일치하지 않는 동작간극을 일으키는 결점이 있는 것은?

① PI 제어동작   ② 비례제어동작
③ 2위치 제어동작 ④ 다위치 제어동작

정답 11 ③ 12 ③ 13 ④ 14 ① 15 ③

[해설] 2위치 동작(ON/OFF 동작)

제어량이 설정값에서 어긋나면 조작부를 개폐하여 운전을 정지하거나 기동하는 것으로 제어 결과가 사이클링(cycling)을 일으키며, 또한 오프셋(offset)을 일으키는 결점이 있다. 대부분의 프로세서 제어계에서 이용하나 응답속도가 요구되는 제어계에는 사용할 수 없다.

16 콘덴서만의 회로에서 전압과 전류사이의 위상관계는?

① 전압이 전류보다 180° 앞선다.
② 전압이 전류보다 180° 뒤진다.
③ 전압이 전류보다 90° 앞선다.
④ 전압이 전류보다 90° 뒤진다.

[해설]
콘덴서만의 회로에서는 전압이 전류보다 90° 늦고, 코일만의 회로에서 전류가 전압보다 90° 늦다.

17 자계의 방향이나 도체에 흐르는 전류 방향이 바뀌면 도체가 움직이는 방향도 바뀌게 되는데, 이러한 도체가 움직이는 방향을 알 수 있는 것으로 전동기에 적용되는 법칙은?

① 렌쯔의 법칙
② 앙페르의 법칙
③ 플레밍의 왼손 법칙
④ 플레밍의 오른손 법칙

[해설] 전류와 자계 사이의 작용을 나타내는 법칙

㉠ 플레밍의 오른손 법칙 : 도체운동에 의한 유도기전력 또는 유도전류의 방향을 결정하는 법칙. 발전기에 적용되는 법칙
㉡ 플레밍의 왼손법칙 : 전류가 흐르고 있는 도선에 대해 자기장이 미치는 힘의 작용방향을 정하는 법칙으로 전동기에 적용되는 법칙
㉢ 렌츠의 법칙 : 자속 변화에 의한 유도기전력의 방향을 결정하는 법칙
㉣ 패러데이의 전자유도 법칙 : 자속 변화에 의한 유기기전력의 크기를 결정
㉤ 암페어의 오른손 법칙 : 전류에 의한 자기장의 방향을 결정하는 법칙
㉥ 비오-사바르 법칙 : 전류에 의해 발생되는 자기장의 크기를 결정

18 주파수가 120[Hz]인 교류 파형의 주기는?

① 약 0.083[sec]
② 약 0.0083[sec]
③ 약 0.00083[sec]
④ 약 0.000083[sec]

[해설] 주파수 주기

㉠ 교번 전압, 전류와 같이 교번량이 1사이클을 완성하는 데 소요되는 시간을 이른다. 그 단위는 초로 표시된다.
㉡ 주기는 주파수의 역수이므로 주기를 T, 주파수를 f라 하면 $T=\dfrac{1}{f}$의 관계가 있다.

∴ 주파수 120[Hz]의 경우 $T=\dfrac{1}{120}$
=0.00833 ≒ 0.0083[sec]

19 다음과 같이 정의되는 화재의 종류는?

> 나무, 섬유, 종이, 고무, 플라스틱류와 같은 일반 가연물이 타고 나서 재가 남는 화재

① A급 화재
② B급 화재
③ C급 화재
④ K급 화재

[해설] 화재의 종류

㉠ 일반 화재(A급 화재) : 나무, 섬유, 종이, 고무, 플라스틱류와 같은 일반 가연물이 타고 나서 재가 남는 화재
㉡ 기름 화재(B급 화재) : 인화성 액체, 가연성 액체, 석유 그리스, 타르, 오일, 유성도료, 솔벤트, 래커, 알코올 및 인화성 가스와 같은 유류가 타고 나서 재가 남지 않는 화재
㉢ 전기 화재(C급 화재) : 전류가 흐르고 있는 전기기기, 배선과 관련한 화재

정답 16 ④ 17 ③ 18 ② 19 ①

20 작업면에 필요한 평균조도가 300[lx], 면적이 50[m²], 램프 한 개의 광속이 2,500[lm], 감광보상률이 1.5, 조명률이 0.5일 때 전등의 소요 수량은?

① 6개 ② 12개
③ 18개 ④ 24개

해설

$$F = \frac{E \cdot A \cdot D}{N \cdot U}$$

F : 광원 1개당 광속(2,500lm)
N : 광원 개수
U : 조명율(0.5)
A : 방의 면적(50m²)
E : 평균조도(300lx)
D : 감광보상율(1.5)

따라서, $N \times 2{,}500 = \dfrac{300 \times 50 \times 1.5}{0.5}$

$N = 18$개

정답 20 ③

소방 및 전기설비
2025년 제1회 과년도 출제문제 [온라인 TEST]

01 연결송수관설비에 관한 설명으로 옳은 것은?

① 송수구는 쌍구형으로 하며 구경은 최소 50mm 이상으로 한다.
② 방수구는 연결송수관설비의 전용방수구로서 구경은 최소 50mm 이상으로 한다.
③ 수원의 수위가 펌프보다 높은 위치에 있는 가압송수장치에는 반드시 물올림장치를 설치한다.
④ 가압송수장치는 방수구가 개방될 때 자동으로 기동되거나 또는 수동스위치의 조작에 따라 기동되도록 한다.

해설
① 송수구는 구경 65mm의 쌍구형으로 할 것
② 방수구는 연결송수관설비의 전용방수구 또는 옥내소화전방수구로서 구경 65mm의 것으로 할 것
③ 수원의 수위가 펌프보다 낮은 위치에 있는 가압송수장치에는 다음 기준에 따른 물올림장치를 설치한다.
  ㉠ 물올림장치에는 전용의 탱크를 설치할 것
  ㉡ 탱크의 유효수량은 100L 이상으로 하되, 구경 15mm 이상의 급수배관에 따라 당해 탱크에 물이 계속 보급되도록 할 것

02 알칼리축전지에 관한 설명으로 옳지 않은 것은?

① 저온특성이 좋다.
② 공칭전압은 2[V/셀]이다.
③ 극판의 기계적 강도가 강하다.
④ 부식성의 가스가 발생하지 않는다.

해설 축전지의 성능 비교

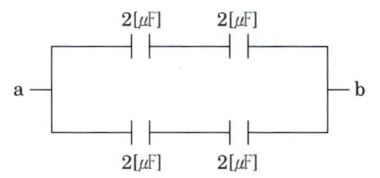

구 분	연 축 전 지
기 전 력	2.05 ~ 2.08[V]
공 칭 전 압	2.0[V/셀]
공 칭 용 량	10시간율[Ah]
전 기 적 강 도	과충, 방전에 약하다
기 계 적 강 도	약하다
충 전 시 간	길 다
온 도 특 성	뒤떨어진다

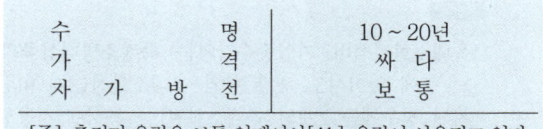

수 명	10 ~ 20년
가 격	싸 다
자 가 방 전	보 통

[주] 축전지 용량은 보통 암페어시[Ah] 용량이 사용되고 있다.

03 다음과 같은 회로에서 a, b간의 합성 정전용량은?

① $1[\mu F]$
② $2[\mu F]$
③ $4[\mu F]$
④ $8[\mu F]$

해설
㉠ 커패시티값이 직렬로 연결되어 있으므로
$$\frac{2 \times 2}{2+2} = 1\mu F$$
㉡ a, b간의 합성정전용량(C)은 (직렬 2//2)+(직렬 2//2)와 같이 병렬로 연결되어 있으므로
$$C = 1+1 = 2\mu F$$

04 다음은 옥내소화전설비의 전동기에 따른 펌프를 이용하는 가압송수장치에 관한 설명이다. ( ) 안에 알맞은 것은?

특정소방대상물의 어느 층에 있어서도 해당 층의 옥내소화전(2개 이상 설치된 경우에는 2개의 옥내소화전)을 동시에 사용할 경우 각 소화전의 노즐선단에서의 방수압력이 ( ) 이상이 되는 성능의 것으로 할 것.

① 0.1MPa
② 0.17MPa
③ 0.25MPa
④ 0.7MPa

정답 01 ④ 02 ② 03 ② 04 ②

> **해설**
> 옥내소화전설비 가압송수장치는 특정소방대상물의 어느 층에 있어서도 해당 층의 옥내소화전(2개 이상 설치된 경우에는 2개의 옥내소화전)을 동시에 사용할 경우 각 소화전의 노즐선단에서의 방수압력이 0.17MPa 이상으로 하고, 하나의 옥내소화전을 사용하는 노즐선단에서의 방수압력이 0.7MPa를 초과할 경우에는 호스접결구의 인입측에 감압장치를 설치하여야 한다.

05 무접점 계전기에 사용되는 전력전자소자(트랜지스터, 다이오드)의 장점으로 옳지 않은 것은?
① 스위칭 속도가 빠르다.
② 전력소비가 대단히 작다.
③ 잡음(noise)의 영향을 받지 않는다.
④ 접점의 개폐동작으로 인한 마모현상이 없다.

> **해설** 시퀀스 제어의 유접점방식과 무접점방식의 비교
>
> | 항 목 | 유접점 방식 | 무접점 방식 |
> |---|---|---|
> | 수 명 | 수명이 짧다. | 수명이 반영구적 |
> | 작동속도 | 늦으며 한계가 있다. (ms 단위) | 빠르다. (μs 단위) |
> | 주위온도 | 온도특성이 양호하다. | 열에 약하며 보호대책 필요 |
> | 서 지 | 전기적 노이즈(소음)에 안정 | 노이즈(소음)에 약해 안정대책 필요 |
> | 장치의 외형 | 일반적으로 크다. | 작다.(가장 큰 장점) |
> | 입·출력수 | 독립된 다수의 출력을 동시에 얻는다. | 다수의 입력과 소수의 출력이 용이 |
> | 가 격 | 소규모에서 염가 | 대규모에서 염가 |

06 다음이 설명하는 법칙은?

> 회로망 중의 한 점에 흘러 들어오는 전류의 총합과 흘러 나가는 전류의 총합은 같다.

① 오옴의 법칙
② 키르히호프 제1법칙
③ 키르히호프 제2법칙
④ 앙페르의 오른나사의 법칙

> **해설** 키르히호프의 법칙
> 옴의 법칙을 응용한 것으로 복잡한 회로의 전류와 전압 계산에 사용
> ㉠ 키르히호프 제1법칙 : 회로형 중의 한 점에 흘러 들어오는 전류의 총합과 흘러 나가는 전류의 총합은 같다.(전류 법칙)
> ㉡ 키르히호프 제2법칙 : 회로형 중의 임의의 폐회로 내에서 일주방향에 따른 전압강하 총합은 기전력의 총합은 같다.(전압 법칙)

07 다음 회로 합성저항은?

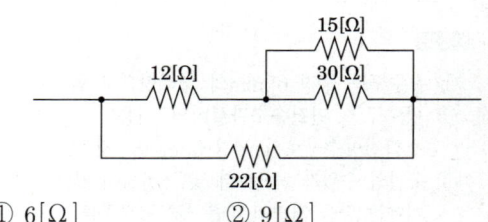

① 6[Ω]　　② 9[Ω]
③ 11[Ω]　　④ 16[Ω]

> **해설**
> $(15//30+12)//22$ 이므로 $\dfrac{15\times30}{15+30}+12=22$
> $\therefore\ 22//22=\dfrac{22\times22}{22+22}=11[\Omega]$

08 멀티미터(테스터)로 측정할 수 없는 것은?
① 저항　　② 전력량
③ 교류전압　　④ 직류전류

> **해설**
> 멀티미터(멀티테스터)는 여러 가지의 측정 기능을 결합한 전자 계측기이다. 전형적인 멀티미터는 전압, 전류, 전기저항을 측정한다.

정답　05 ③　06 ②　07 ③　08 ②

09 3상 농형 유도전동기의 기동법에 속하지 않는 것은?

① Y − △ 기동법   ② 2차 저항법
③ 리액터 기동법   ④ 직입 기동법

해설

농형 유도전동기의 기동법에는 전전압(직입) 기동, Y-△ 기동, 기동보상기에 의한 기동, 리액터 기동, 1차 저항 기동, 소프트스타트(soft starter) 기동 등이 있다.
※ 3상 유도 전동기 : 농형과 권선형이 있는데, 구조가 간단하고 가격이 싸므로 엘리베이터나 에스컬레이터 등 건축설비에서 가장 많이 사용되는 전동기이다. 건축설비에서 쓰이는 대부분은 3상 전동기는 농형이다.

10 어떤 회로에 전압 220[V]로 전류 6[A]가 흐르고 있다. 그 위상차가 30°일 때 전력[W]은?

① 659   ② 1,143
③ 1,257   ④ 1,319

해설 유효전력

㉠ 전원에서 공급되어 부하에서 유효하게 이용되는 전력을 유효전력이라 한다.
㉡ $P = IV\cos\theta$ [W]

∴ $P = 6 \times 220 \times \sqrt{\dfrac{3}{2}} = 1,143$ [W]

11 교류정현파 전압 $v = 220\sin 314t$ [V]라고 했을 때, 이 전압식 중 "220"은 전압의 어떠한 값을 뜻하는가?

① 순시값   ② 최대값
③ 평균값   ④ 실효값

해설 임의의 시각에서의 교류값

$v = Vm\sin wt$ [V]
여기서, v : 전압의 순시값[V]
Vm : 전압의 최대값[V]
w : 각주파수[rad/s]
t : 주기[s]
V : 실효값[V]

12 건축물에 설치되는 전기설비의 에너지절약 방안에 관한 설명으로 옳지 않은 것은?

① 승강기는 인버터(VVVF)제어방식으로 직접 제어한다.
② 대용량의 유도전동기는 전전압 기동방식을 채택한다.
③ 변압기는 저손실형으로 몰드변압기 또는 아몰퍼스변압기를 사용한다.
④ 대형 사무실인 경우 창측 조명기구는 광센서로 제어하거나 별도의 제어회로를 구성한다.

해설

유도전동기는 구조와 취급이 간단하여 건축설비에서 가장 널리 사용되고 있는 전동기이나 역률이 나쁘다는 결점이 있다.
※ 인버터(VVVF : Variable Voltage Variable Frequency) 제어
교류-직류 변환시 전압과 주파수를 가변시켜 전동기에 공급하므로 전동기의 운전속도를 고효율로 제어하는 시스템이다. 공조설비에서 VAV 방식의 공조기 풍량을 제어하거나 펌프계통의 압력을 제어할 때 인버터를 많이 사용한다.

13 공조설비에서 DDC방식 중 변풍량(VAV) 제어 방식의 특징으로 옳지 않은 것은?

① 부하변동이 심한 건축물에서는 사용이 곤란하다.
② 부하변동에 따른 송풍용 동력을 절약할 수 있다.
③ 순간적 대응이 빠르므로 주거 쾌적성이 향상된다.
④ 동시부하율을 고려하여 설비비를 경감시킬 수 있다.

해설 DDC 방식(DDC 제어방식)

제어 시스템 내의 신호를 어떤 양자화된 신호로 쓰는 제어를 말한다. 이 경우 공작기계가 대상일 때는 수치제어라 한다.
㉠ 일반적으로 최근 설비분야 제어방식으로 많이 적용되는 방식으로 디지털 직접회로 제어방식이다.
㉡ 각종 연산 및 자료저장, 검색, 분석 성능이 우수하다.
㉢ 에너지 절약제어가 가능하다.
㉣ 정밀도 및 신뢰도가 가장 높다.
㉤ 유지 및 보수가 간단하다.

정답 09 ② 10 ② 11 ③ 12 ② 13 ①

※ 변풍량 단일덕트 방식(VAV 방식)은 각실 또는 각 존마다 송풍온도는 일정하게 하고 부하변동에 따른 취출 풍량을 조절하는 변풍량 유닛을 설치하여 공조하는 방식으로 개별실 제어가 요구되는 일반 사무실 등에 적용된다.

14 옥내배선에 사용되는 간선의 굵기 결정요소에 해당하지 않는 것은?

① 수용률 ② 허용전류
③ 전압강하 ④ 기계적강도

해설 전선 굵기 결정시 3조건

㉠ 안전전류(허용전류) : 전선에 과전류가 흐르면 열이 발생
㉡ 전압강하 : 부하에 걸리는 전압이 전원전압보다 낮아지는 현상
　한도는 인입선 1%, 간선 1%, 분기회로 2%
㉢ 기계적강도 : 보안상 시공상의 어느 정도의 강도 필요, 일반적으로 1.6mm 이상의 연동선을 사용
※ 전선을 4선 이상 쓸 경우 전선의 단면적이 전선관 단면적의 40% 이하가 되어야 한다.

15 자기 인덕턴스가 0.3[H]인 코일에 전류가 0.01초 동안에 3[A] 만큼 변했다면, 이 코일에 유도된 기전력은?

① 9[V] ② 10[V]
③ 90[V] ④ 100[V]

해설

유도기전력 $(e_1) = \dfrac{LI}{t}$

유도기전력(e_1), 인덕턴스(L), 전류(I), 시간(t)

∴ 유도기전력$(e_1) = \dfrac{0.3 \times 3}{0.01} = 90[V]$

16 다음 중 자동화재 탐지설비의 감지기에 관한 설명으로 옳지 않은 것은?

① 이온화식 감지기는 화재신호 감지 후 신호를 발생하는 시간에 따라 축적형과 비축적형으로 분류할 수 있다.
② 차동식 소프트형 감지기는 주변온도가 일정한 온도상승률 이상으로 되었을 경우에 작동한다.
③ 광전식 감지기는 외부의 빛에 영향을 받지 않는 암실형태의 체임버 속에 광원과 수광소자를 설치해 놓은 것이다.
④ 보상식 감지기는 차동식의 기능과 정온식의 기능을 혼합한 것으로 두 기능이 모두 만족되었을 경우에만 작동한다.

해설 보상식 감지기

그 주위 온도의 변화에 따라 감도가 변화하는 것이며, 차동식의 성능과 정온식의 성능을 혼합한 것으로 두 성능 중 어느 한 기능이 작동되면 작동신호를 발신하는 감지기이다.

17 다음은 상수도소화용수설비의 설치에 관한 기준 내용이다. ( ) 안에 알맞은 것은?

1. 호칭지름 75mm 이상의 수도배관에 호칭 지름 100mm 이상의 소화전을 접속할 것
2. 제1호에 따른 소화전은 특정소방대상물의 수평투영면의 각 부분으로부터 ( ) 이하가 되도록 설치할 것

① 50m ② 100m
③ 140m ④ 180m

해설 상수도소화용수설비의 설치 기준

㉠ 호칭지름 75mm 이상의 수도배관에 호칭 지름 100mm 이상의 소화전을 접속할 것
㉡ 제1호에 따른 소화전은 소방자동차 등의 진입이 쉬운 도로변 또는 공지에 설치할 것
㉢ 제1호에 따른 소화전은 특정소방대상물의 수평투영면의 각 부분으로부터 140m 이하가 되도록 설치할 것

정답 14 ①　15 ③　16 ④　17 ③

18 4극의 공조기팬용 유도전동기를 220[V], 60[Hz]의 전원으로 운전하는 경우 회전수는 얼마인가? (단, 전동기의 슬립(slip)은 5[%]이다.)

① 900[rpm]　② 1,710[rpm]
③ 1,750[rpm]　④ 1,800[rpm]

해설 전동기 회전수

$$N = \frac{120f(1-s)}{P}$$

N : 회전수[rpm], f : 주파수, s : 슬립, P : 극수

$$\therefore N = \frac{120f(1-s)}{P} = \frac{120 \times 60 \times (1-0.05)}{4} = 1,710 \text{[rpm]}$$

19 유압식 엘리베이터에 관한 설명으로 옳지 않은 것은?

① 오버헤드(overhead)가 작다.
② 기계실을 승강로와 떨어져 설치할 수 있다.
③ 전동기의 출력과 소비전력이 다소 크다는 단점이 있다.
④ 10층 이상의 고층건축물에 고속 엘리베이터로 주로 사용된다.

해설 유압식 엘리베이터

㉠ 유압식 엘리베이터는 상향으로는 압력에 의해 케이지를 상승시키고, 큰 적재량의 자중에 의해 하강시키는 방식으로 승강 행정이 짧은 경우에는 적용할 수 있다.
㉡ 유압식의 장점은 로프식과 달리 건물 옥상에 기계실 설치장소의 제약을 받지 않으며, 일반적으로 로프식에 비해 소음이 적고, 승차감이 좋은 것이 특징이다.
㉢ 주로 저속 엘리베이터용으로 설치되고 있으며, 자동차용엘리베이터 등 화물 운반용으로 사용되고 있다.

20 옥외소화전설비용 수조에 관한 설명으로 옳지 않은 것은?

① 수조의 윗부분에는 청소용 배수밸브 또는 배수관을 설치하여야 한다.
② 동결방지조치를 하거나 동결의 우려가 없는 장소에 설치하여야 한다.
③ 수조가 실내에 설치된 때에는 그 실내에 조명설비를 설치하여야 한다.
④ 수조의 상단이 바닥보다 높은 때에는 수조의 외측에 고정식 사다리를 설치하여야 한다.

해설
스프링클러설비용 수조(NFSC 103B)의 밑부분에는 청소용 배수밸브 또는 배수관을 설치하여야 한다.

정답　18 ②　19 ④　20 ①

소방 및 전기설비
2025년 제2회 과년도 출제문제 [온라인 TEST]

01 대용량의 진상용 콘덴서를 설치하면 고조파 전류에 의하여 회로전압이나 전류파형의 왜곡을 일으킨다. 이러한 문제점을 보완하기 위하여 설치하는 콘덴서 회로의 부속기기는?

① 방전코일
② 전력퓨즈
③ 직렬리액터(SR)
④ 컷 아웃 스위치

> **[해설]** 직렬 리액터(SR)
> 고압 및 특별고압 진상용 콘덴서를 설치함으로 인하여 공급회로의 고조파 전류가 현저하게 증대하여 유해할 경우에는 콘덴서 회로에 유효한 직렬 리액터를 설치하여야 한다.
> ㉠ 제5고조파 제거
> ㉡ 돌입전류 방지
> ㉢ 계통에의 과전압 억제
> ㉣ 고주파에 의한 계전기의 오동작 방지

02 차동식 분포형 화재감지기에 해당되지 않는 것은?

① 열반도체식
② 열전대식
③ 공기관식
④ 스폿식

> **[해설]** 차동식 분포형 감지기
> ㉠ 감지기 주위 온도가 일정한 온도상승률 이상이 되었을 때 작동하는 것으로서 광범위한 열효과의 누적으로 작동하는 감지기이다.
> ㉡ 천장고 6m 이하인 일반 건물(9m 이하인 내화 건물)에 사용한다.
> ㉢ 가장 널리 사용되고 있는 형식으로 화기를 취급하지 않는 장소에 적합한 감지기이다.
> ㉣ 종류에는 공기관식, 열전대식, 열반도체식이 있다.
> ※ 정온식 스폿형 감지기 : 주위온도가 일정 온도 이상일 때 작동하도록 된 열감지기로 보일러실, 주방, 건조실 등 다량의 열을 취급 장소에 적합하다.

03 옥내소화전설비에 관한 설명으로 옳지 않은 것은?

① 영하 10℃ 이하의 추운 곳에서의 배관은 습식으로 한다.
② 주배관 중 수직배관의 구경은 50mm 이상의 것으로 한다.
③ 방수구는 바닥으로부터 높이가 1.5m 이하가 되도록 한다.
④ 건물의 각 부분으로부터 하나의 옥내소화전 방수구까지의 수평거리가 25m 이하가 되도록 한다.

> **[해설]**
> 옥내소화전설비 배관은 동결방지조치를 하거나 동결의 우려가 없는 장소에 설치하여야 한다. 다만, 보온재를 사용할 경우에는 난연재료 성능이상의 것으로 하여야 한다.
> ※ 옥내소화전의 배관에서 펌프의 토출측 주배관 중 수직배관의 구경은 최소 50mm 이상, 횡인배관(가지관)의 구경은 최소 40mm 이상으로 한다.

04 제어 목표값과 현재값과의 변화율을 이용하여 오버슈트 혹은 언더슈트 등을 감소시켜 과도상태의 편차를 제거하고 외란 등에 대하여 시스템의 안정도를 증가시키는 제어동작은?

① 미분제어동작
② 적분제어동작
③ 비례제어동작
④ 단속도제어동작

> **[해설]**
> ① 미분제어동작(D 동작) : 제어오차가 검출될 때 오차가 변화하는 속도에 비례하여 조작량을 가감하도록 하는 동작으로 오차가 커지는 것을 미연에 방지한다.
> ② 적분제어동작(I 동작) : 오차의 크기와 오차가 발생하고 있는 시간에 둘러싸인 면적, 즉 적분값의 크기에 비례하여 조작부를 제어하는 것으로 잔류 오차가 없도록 제어할 수 있다.
> ③ 비례제어동작(P 동작) : 조절부의 전달 특성이 비례적인 특성을 가진 제어시스템

정답 01 ③ 02 ④ 03 ① 04 ①

05 어느 공장에 주파수 60[Hz], 50[kW]인 4극 유도전동기가 운전되고 있다. 이 전동기의 동기속도는?
① 1,500[rpm] ② 1,800[rpm]
③ 2,500[rpm] ④ 3,600[rpm]

해설 전동기 회전수

$N = \dfrac{120f}{P}$

N : 회전수[rpm], f : 주파수, P : 극수

$\therefore N = \dfrac{120f}{P} = \dfrac{120 \times 60}{4} = 1,800\,\text{rpm}$

06 나무, 섬유, 종이, 고무, 플라스틱류와 같은 일반 가연물이 타고 나서 재가 남는 화재를 의미하는 것은?
① A급 화재 ② B급 화재
③ C급 화재 ④ K급 화재

해설 화재의 종류
㉠ 일반 화재(A급 화재) : 나무, 섬유, 종이, 고무, 플라스틱류와 같은 일반 가연물이 타고 나서 재가 남는 화재
㉡ 기름 화재(B급 화재) : 인화성 액체, 가연성 액체, 석유 그리스, 타르, 오일, 유성도료, 솔벤트, 래커, 알코올 및 인화성 가스와 같은 유류가 타고 나서 재가 남지 않는 화재
㉢ 전기 화재(C급 화재) : 전류가 흐르고 있는 전기기기, 배선과 관련한 화재
㉣ 주방 화재(K급 화재) : 주방에서 동식물유를 취급하는 조리기구에서 일어나는 화재

07 역률이 0.8 이고 100[kW]인 단상 부하에 있어서 20분간의 무효전력량[kVarh]은?
① 15 ② 20
③ 25 ④ 30

해설

역률(P.F) = $\dfrac{\text{유효전력}}{\text{피상전력}}$

$= \dfrac{\text{유효전력}}{\sqrt{(\text{유효전력})^2+(\text{무효전력})^2}}$

$0.8 = \dfrac{100}{\sqrt{(100)^2+(\text{무효전력})^2}}$

$\therefore$ 무효전력 = 25

08 20[Ω]의 저항 4개를 병렬로 연결하였다. 220[V]의 전원에 연결하면 몇 [W]의 전력을 소비하는가?
① 880 ② 2,420
③ 4,840 ④ 9,680

해설

병렬저항 : $\dfrac{1}{R} = \dfrac{1}{R_1} + \dfrac{1}{R_2} + \dfrac{1}{R_3} \cdots$ 이므로

20[Ω]의 저항 4개를 병렬로 연결하면 합성저항은

$\dfrac{1}{0.2} = 5[\Omega]$

$\therefore$ 전력 $P = IV = \dfrac{V^2}{R}[W] = \dfrac{220^2}{5} = 9,680[W]$

09 정보통신설비를 정보설비와 통신설비로 구분할 경우, 다음 중 정보설비에 속하는 것은?
① 인터폰설비 ② TV공청설비
③ 홈네트워크설비 ④ 구내방송(PA)설비

해설 정보통신설비
㉠ 정보설비 : 모자식 전기시계설비, 건축물 내 근거리 통신망(LAN), 구내정보설비, 원격검침설비, 홈네트워크설비
㉡ 통신설비
  • 음성통신설비 : 전화설비, 인터폰설비, 구내방송설비, 무선통신설비
  • 영상통신설비 : TV공청설비(케이블TV설비 포함), 영상회의설비

10 다음 중 전기와 관련된 용어와 그 단위의 연결이 옳지 않은 것은?
① 자속 : [Wb] ② 기자력 : [V]
③ 정전용량 : [F] ④ 리액턴스 : [Ω]

해설 기자력
㉠ 자기장(magnetic field)을 만드는 힘을 말한다.
㉡ 보통 자기장을 만들기 쉽도록 하기 위해 일부 또는 전부가 자성재료로 구성된 자기 회로를 둘러싸고 도선을 N회 감아서 I[A]의 전류를 흐르게 함으로써 자기회로를 돌아 NI[AT]의 기자력을 줄 수 있다.
㉢ 기자력(NI) = 전류 × 권수

정답 05 ② 06 ① 07 ③ 08 ④ 09 ③ 10 ②

11 인공광원 중 효율이 높지만 등황색의 단색광으로 색채의 식별이 곤란하므로 주로 터널조명에 사용되는 것은?

① 형광램프
② 할로겐램프
③ 저압나트륨램프
④ 메탈핼라이드램프

해설 나트륨 램프

효율이 가장 좋으나, 연색성은 가장 나빠서 실내용보다는 가로등이나 터널조명으로 많이 쓰인다. 또한 안개가 많이 끼는 지역에서 적합하다.
☞ 저압나트륨램프 : 효율이 높지만 등황색의 단색광으로 색채의 식별이 곤란하므로 주로 터널조명에 사용된다.

12 3상 유도 전동기의 회전 원리를 설명할 수 있는 법칙은?

① 브론델 법칙
② 플레밍의 왼손 법칙
③ 플레밍의 오른손 법칙
④ 앙페르의 오른나사 법칙

해설

법칙	내용
플레밍의 오른손 법칙	도체운동에 의한 유도기전력 또는 유도전류의 방향을 결정하는 법칙으로 발전기에 적용되는 법칙
플레밍의 왼손 법칙	전류가 흐르고 있는 도선에 대해 자기장이 미치는 힘의 작용방향을 정하는 법칙으로 전동기에 적용되는 법칙
렌츠의 법칙	자속 변화에 의한 유도기전력의 방향을 결정하는 법칙
패러데이의 전자유도 법칙	자속 변화에 의한 유기기전력의 크기를 결정
암페어의 오른손 법칙	전류에 의한 자기장의 방향을 결정하는 법칙

13 스프링클러설비를 구성하는 배관에 관한 설명으로 옳지 않은 것은?

① 가지배관이란 스프링클러헤드가 설치되어 있는 배관을 말한다.
② 주배관이란 직접 또는 수직배관을 통하여 가지배관에 급수하는 배관을 말한다.
③ 급수배관이란 수원 및 옥외송수구로부터 스프링클러헤드에 급수하는 배관을 말한다.
④ 신축배관이란 가지배관과 스프링클러헤드를 연결하는 구부림이 용이하고 유연성을 가진 배관을 말한다.

해설 스프링클러설비의 배관

㉠ 가지배관 : 스프링클러헤드가 설치되어 있는 배관
㉡ 교차배관 : 직접 또는 수직배관을 통하여 가지배관에 급수하는 배관
㉢ 주배관 : 각 층을 수직으로 관통하는 수직배관
㉣ 신축배관 : 가지배관과 스프링클러헤드를 연결하는 구부림이 용이하고 유연성을 가진 배관
㉤ 급수배관 : 수원 및 옥외송수구로부터 스프링클러헤드에 급수하는 배관

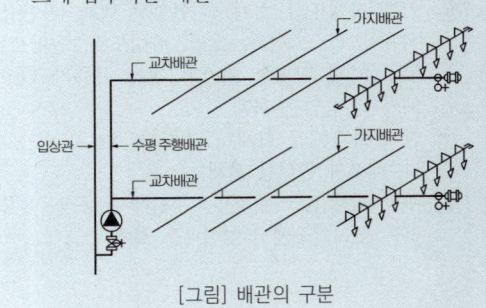

[그림] 배관의 구분

14 어느 조절 밸브를 완전히 개방하였을 때 99[L/min]의 유량이 흐른다고 한다. 이 밸브의 레인지 어빌리티가 10:1 이라면 최소 가능 조절 유량은?

① 0.99 [L/min]   ② 9.9 [L/min]
③ 0.45 [L/min]   ④ 4.5 [L/min]

해설

완전히 개방하였을 때 99[L/min]의 유량이 흐르고 레인지 어빌리티가 10 : 1이므로
∴ 최소 유량 = 99[L/min] × 1/10 = 9.9[L/min]

정답 11 ③ 12 ② 13 ② 14 ②

15 전기 관련 용어에 관한 설명으로 옳지 않은 것은?

① 전력은 열량으로 환산이 가능하다.
② 전류는 단위시간에 이동한 전기량을 말한다.
③ 저항의 크기는 물체의 단면적이 비례하고 길이에 반비례한다.
④ 전기회로에서 두 극 사이에 생기는 전기적인 고저차를 전위차 또는 전압이라 한다.

> **해설**
>
> 전선의 저항(R)은 전선의 굵기, 즉 단면적에 반비례하고 전선의 길이에 비례한다.
>
> $R = \rho \dfrac{l}{S}$
>
> R : 저항[Ω]
> ρ : 도선의 고유 저항(도선의 비저항)
> l : 도선의 길이[cm]
> S : 도선의 단면적[cm^2]
> ※ 저항의 크기는 물체 저항률과 길이, 단면적으로 계산한다.
> 일반적으로 금속은 온도가 증가하면 저항이 커진다.

16 콘덴서의 설치 위치로 옳지 않은 것은?

① 고압 모선에 설치
② 계기용 변류기(CT)에 설치
③ 부하말단에 분산배치하여 설치
④ 고압 모선과 부하에 분산하여 설치

> **해설**
>
> 콘덴서는 유전체를 삽입하여 양측에 금속박을 놓아둔 구조로 정전용량을 갖는 전기기기이다. 정전용량이 큰 콘덴서로 만들기 위해서 극판 간격은 좁게 하고 면적은 넓게 하여 극판 사이에 유전체를 삽입한다.
> ※ 계기용 변류기(CT) : 고압회로의 전류를 안전하게 측정하거나, 계기의 전류원으로 사용하기 위하여 고압회로로부터 절연하여 대전류를 소전류로 변성하는 것(1차측 대전류를 2차측 정격전류 5A로 변성)

17 대용량의 진상용 콘덴서를 설치하면 고조파 전류에 의하여 회로전압이나 전류파형의 왜곡을 일으킨다. 이러한 문제점을 보완하기 위하여 설치하는 콘덴서 회로의 부속기기는?

① 방전코일   ② 전력퓨즈
③ 직렬리액터(SR) ④ 컷 아웃 스위치

> **해설** 직렬 리액터(SR)
>
> 고압 및 특별고압 진상용 콘덴서를 설치함으로 인하여 공급회로의 고조파 전류가 현저하게 증대하여 유해할 경우에는 콘덴서 회로에 유효한 직렬 리액터를 설치하여야 한다.
> ㉠ 제5고조파 제거
> ㉡ 돌입전류 방지
> ㉢ 계통에의 과전압 억제
> ㉣ 고주파에 의한 계전기의 오동작 방지

18 변압기의 전부하 시의 2차 전압이 100[V], 무부하 시의 2차 전압이 102[V]이라면 전압 변동률은?

① 1.96%   ② 2%
③ 2.04%   ④ 4%

> **해설** 전압변동률(ε)
>
> $\varepsilon = \dfrac{\text{무부하시 수전단 전압}(V_{ro}) - \text{전부하시 수전단 전압}(V_r)}{\text{전부하시 수전단 전압}(V_r)} \times 100(\%)$
>
> $= \dfrac{102 - 100}{100} \times 100(\%)$
>
> $= 2(\%)$

19 변압기의 1차 코일 회수가 120회, 2차 코일 회수가 480회일 때, 2차 코일 측의 전압이 100[V]이면 1차 전압은 몇 [V]인가?

① 10   ② 15
③ 25   ④ 50

정답 15 ③ 16 ② 17 ③ 18 ② 19 ③

해설 코일의 권수와 전압의 관계

변압기 1차측 권선의 권수를 N_1, 2차측 권선의 권수를 N_2라고 하고, 1차측에 교류 전압 V_1을 증가할 때 2차측에 유도되는 교류 전압 V_2의 크기는 다음 식으로 구한다.

$\dfrac{N_1}{N_2} = \dfrac{V_1}{V_2}$ 이므로 $\dfrac{N_1}{100} = \dfrac{120}{480}$

$N_1 : 120 = 100 : 480$

$\therefore N_1 = 25\,V$

20 다음은 옥외소화전설비의 옥외소화전함 설치에 관한 기준 내용이다. ( ) 안에 알맞은 것은?

> 옥외소화전이 10개 이하 설치된 때에는 옥외 소화전마다 ( ) 이내의 장소에 1개 이상의 소화전함을 설치하여야 한다.

① 5m ② 10m
③ 15m ④ 20m

해설

옥외소화전설비에는 옥외소화전마다 그로부터 5m 이내의 장소에 소화전함을 설치하여야 한다.
㉠ 옥외소화전이 10개 이하로 설치된 때에는 옥외소화전마다 5m 이내의 장소에 1개 이상의 소화전함을 설치하여야 한다.
㉡ 옥외소화전이 11개 이상 30개 이하 설치된 때에는 11개 이상의 소화전함을 각각 분산하여 설치하여야 한다.
㉢ 옥외소화전이 31개 이상 설치된 때에는 옥외소화전 3개마다 1개 이상의 소화전함을 설치하여야 한다.

소방 및 전기설비
2025년 제3회 과년도 출제문제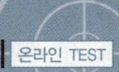

01 20[Ω]의 저항에 또 다른 저항 R[Ω]을 병렬로 접속하였더니, 두 개의 합성 저항이 4[Ω]이 되었다. 이 때 저항 R는 몇 [Ω]인가?

① 2 ② 5
③ 10 ④ 15

해설

$20 // R = 4$

저항의 병렬연결은 $\dfrac{R_1 \times R_2}{R_1 + R_2} = \dfrac{20 \times R_2}{20 + R_2} = 4$ 이고

$20R = 4(20 + R)$ 양변을 4로 나누면

$5R = 20 + R$

$4R = 20$

$\therefore R = 5$

02 유접점 시퀀스 제어 회로에 관한 설명으로 옳지 않은 것은?

① 동작상태의 확인이 쉽다.
② 전기적 노이즈(외란)에 대하여 안정적이다.
③ 기계적 진동에 강하며 개폐부하의 용량이 작다.
④ 독립된 다수의 출력회로를 동시에 얻을 수 있다.

해설 시퀀스 제어의 유접점방식과 무접점방식의 비교

항목	유접점 방식	무접점 방식
수 명	수명이 짧다.	수명이 반영구적
작동속도	늦으며 한계가 있다. (ms 단위)	빠르다. (μs 단위)
주위온도	온도특성이 양호하다.	열에 약하며 보호대책 필요
서 지	전기적 노이즈(소음)에 안정	노이즈(소음)에 약해 안정대책 필요
장치의 외형	일반적으로 크다.	작다.(가장 큰 장점)
입·출력수	독립된 다수의 출력을 동시에 얻는다.	다수의 입력과 소수의 출력이 용이
가 격	소규모에서 염가	대규모에서 염가

정답 20 ① / 01 ② 02 ③

03 자동화재탐지설비의 감지기 중 열감지기에 속하지 않는 것은?

① 광전식 감지기 ② 차동식 감지기
③ 정온식 감지기 ④ 보상식 감지기

해설 감지기

감지기의 종류		작동원리
열식	차동식	그 주위 온도가 일정한 온도 상승률 이상으로 되었을 때 작동한다.
	정온식	그 주위 온도가 일정한 온도 이상이 되었을 때 작동한다.
	보상식	그 주위 온도의 변화에 따라 감도가 변화하는 것이며, 차동식 및 정온식의 성능을 가진다.
연기식	이온식	검지부에 연기가 들어감으로써 이온 전류가 변화하는 것을 이용하여 감지한다.
	광전식	검지부에 연기가 들어감으로써 광전 소자의 입사광량이 변화하는 것을 이용하여 감지한다.

04 옥내소화전설비에서 충압펌프의 주된 사용 목적은?

① 주펌프의 토출량 증대
② 전력 공급 차단에 따른 주펌프 정지 시 비상운전
③ 주펌프 정지 시 지속적 운전으로 배관의 동결 방지
④ 배관 내 압력손실에 따른 주펌프의 빈번한 기동 방지

해설
충압펌프란 배관 내 압력손실에 따른 주펌프의 빈번한 기동을 방지하기 위하여 충압역할을 하는 펌프를 말한다.

05 4[H]의 코일에 5[A]의 직류전류가 흐를 때 코일에 축적되는 에너지는?

① 10[J]   ② 20[J]
③ 50[J]   ④ 100[J]

해설
코일에 축적되는 에너지 $(W) = \dfrac{LI^2}{2}$ [J]
(L : 자체 인덕턴스[H], I : 전류[A])
∴ 코일저장에너지 $= \dfrac{4 \times 5^2}{2} = 50$[J]

06 접속방식에 따라 분류한 인터폰 설비의 종류에 속하지 않는 것은?

① 모자식   ② 복합식
③ 상호식   ④ 교호통화식

해설 인터폰설비의 분류
㉠ 인터폰설비의 접속방식에 의한 분류 : 모자식, 상호식, 복합식
㉡ 인터폰설비의 통화방식에 의한 분류 : 동시통화식, 교호(프레스토크식 또는 일방식) 통화식

07 엔탈피 제어에 관한 설명으로 옳지 않은 것은?

① 환절기에 사용하면 에너지 절약효과가 크다.
② 통상적으로 부하재설정제어와 같이 사용한다.
③ 외기를 실내에 공급하여 냉방부하를 줄이는 방식이다.
④ 사람의 출입이 이용시간대에 따라서 크게 변화하는 백화점 등에 사용하면 효과가 크다.

해설 엔탈피 제어(Enthalpy Control)
엔탈피란 공기가 가지고 있는 내부 열량으로서 공기의 온도가 가지는 열량과 공기 중에 함유된 수증기가 가진 열량을 합하여 계산된 내부에너지이다. 엔탈피 계산에는 온도와 습도 두 가지를 알아야 계산이 되며, 물이 수증기로 발생될 때에는 물의 기화열량이 추가되기 때문에 수증기에는 많은 열량이 내재되어 있는 것이다.
㉠ 에너지절약 제어방식 중 하나이다.
㉡ 실내공기를 냉방할 때 냉동기, 냉온수기 등의 열원장비를 가동하지 않고 외부의 공기 댐퍼를 개방하여 차가운 외부공기를 도입하여 실내를 냉방하는 방법이다.
㉢ 보통의 경우 환절기나 여름철의 아침에 외기온도가 실내온도보다 낮을 때 사용하는 방법이다.
㉣ 사람의 출입이 이용시간대에 따라서 크게 변화하는 백화점, 쇼핑스토아 등에 사용하면 효과가 크다.

08 전기화재에 대한 소화기의 적응 화재별 표시로 옳은 것은?

① A   ② B
③ C   ④ K

정답 03 ① 04 ④ 05 ③ 06 ④ 07 ② 08 ③

해설 화재의 종류
㉠ 일반화재(A급화재) : 백색
㉡ 기름화재(B급화재) : 황색
㉢ 전기화재(C급화재) : 청색

09 저항 R과 인덕턴스 L의 병렬회로에 있어서 전류와 전압의 위상관계는?
① 전류는 전압보다 뒤진다.
② 전류와 전압은 동상이다.
③ 전류는 전압보다 45° 앞선다.
④ 전류는 전압보다 90° 앞선다.

해설
저항 R과 인덕턴스 L의 병렬회로에 있어서 전류와 전압의 위상관계에서 전류는 전압보다 뒤진다.
※ 회로에서 전압과 전류사이의 위상관계
㉠ 콘덴서만의 회로에서는 전압이 전류보다 90° 늦다.
㉡ 코일만의 회로에서 전류가 전압보다 90° 늦다.

10 3상 Y결선에서 선간전압이 220[V]인 3상 교류의 상전압은?
① 127[V] ② 220[V]
③ 381[V] ④ 440[V]

해설
3상 4선식(△-Y) 결선에서 Y결선의 선간전압은 상전압의 $\sqrt{3}$ 배이다.
∴ 상전압 = $\dfrac{선간전압}{\sqrt{3}} = \dfrac{220}{\sqrt{3}} = 127V$

11 제연설비의 비상전원에 관한 설명으로 옳지 않은 것은?
① 비상전원은 실내에 설치하지 않는다.
② 제연설비를 유효하게 20분 이상 작동할 수 있도록 한다.
③ 비상전원의 설치장소는 다른 장소와 방화구획으로 구획한다.
④ 상용전원으로부터 전력의 공급이 중단된 때에는 자동으로 비상전원으로부터 전력을 공급받을 수 있도록 한다.

해설 제연설비의 비상전원
㉠ 점검에 편리하고 화재 및 침수 등의 재해로 인한 피해를 받을 우려가 없는 곳에 설치할 것
㉡ 제연설비를 유효하게 20분 이상 작동할 수 있도록 할 것
㉢ 상용전원으로부터 전력의 공급이 중단된 때에는 자동으로 비상전원으로부터 전력을 공급받을 수 있도록 할 것
㉣ 비상전원의 설치장소는 다른 장소와 방화구획으로 구획할 것
㉤ 비상전원을 실내에 설치하는 때에는 그 실내에 비상조명등을 설치할 것

12 어느 학교의 교실에 32[W] 2구형 형광등기구를 설치하여 400[lx]로 설계하고자 할 때 설치하여야 하는 등기구는 최소 개수는? (단, 교실의 크기는 10[m]×20[m], 형광등 1개 광속은 3,000[lm], 조명률은 0.6, 보수율은 0.8로 한다.)
① 15개 ② 28개
③ 30개 ④ 55개

해설 광속 계산
$F = \dfrac{E \cdot A \cdot D}{N \cdot U}$ 또는 $\dfrac{A \cdot E}{N \cdot U \cdot M}$ 에서 $N = \dfrac{E \cdot A}{F \cdot U \cdot M}$

여기서, F : 사용 광원 1개의 광속[lm]
N : 광원 개수 U : 조명률
A : 방의 면적[m²] E : 평균 조도[lx]
D : 감광 보상율 M : 유지율(보수율)

따라서, $N = \dfrac{400 \times (10 \times 20)}{3,000 \times 0.6 \times 0.8}$
$N = 55.6 = 56$개
∴ 32[W] 2구형 형광등이므로 56÷2=28개

정답 09 ① 10 ① 11 ① 12 ②

13 천장면을 여러 형태의 사각, 동그라미 등으로 오려내고 다양한 형태의 매입기구를 취부하여 실내의 단조로움을 피하는 건축화 조명 방식은?

① 코퍼 조명 ② 코브 조명
③ 밸런스 조명 ④ 코니스 조명

해설 건축화 조명방식

천장, 벽, 기둥 등의 건축 부분에 광원을 만들어 실내를 조명하는 방식으로 눈부심이 적은 장점이 있는 반면, 조명 효율은 직접 조명에 비해 떨어진다.
※ 천장에 매입하는 건축화 조명방식
  ㉠ 라인라이트(line light) 조명(광량 조명) : 천장에 매립한 조명의 하나로 광원을 선형으로 배치하는 방식이다. 형광등 조명으로 가장 높은 조도를 얻을 수 있다.
  ㉡ 코퍼(coffer) 조명 : 천장면을 여러 형태의 사각, 동그라미 등으로 오려내고 다양한 형태의 매입기구를 취부하여 실내의 단조로움을 피하는 조명 방식이다.
  ㉢ 다운라이트(down light) 조명 : 천장에 작은 구멍을 뚫어 그 속에 기구를 매입한 것으로, 기구 본체가 밖으로 나오지 않기 때문에 공간을 말끔히 정리하기 쉬운 이점이 있는 건축화 조명의 방식이다.

14 스위치의 접촉점이나 전선의 연결부분에 접촉저항이 크면 전류흐름에 장애가 생긴다. 이러한 장애를 방지하기 위한 방법과 가장 관계가 먼 것은?

① 접촉점을 대지와 접지시킨다.
② 스위치의 접촉점을 잘 닦는다.
③ 압력을 가해서 접촉력을 높인다.
④ 전선의 연결부분 개소를 가능한 줄인다.

해설

대전물체와 대지를 전기적으로 접지를 하는 것은 물체에 발생한 정전기를 대지로 안전하게 누설시키기 위한 방법에 해당된다.

15 다음 설명에 알맞은 전동기는?

- 교류용 전동기이다.
- 구조가 간단하여 취급이 용이하다.
- 슬립링이 없기 때문에 불꽃의 염려가 없다.

① 분권전동기 ② 타여자전동기
③ 농형유도전동기 ④ 권선형유도전동기

해설 농형유도전동기

㉠ 구조와 취급이 간단하고 기계적으로 견고하다.
㉡ 가격이 비교적 싸고 운전이 대체로 쉽다.
㉢ VVVF(Variable Voltage Variable Frequency, 인버터) 방식으로 속도제어가 가능하다.
㉣ 슬립링(slip ring)이 없으므로 불꽃이 나올 염려가 없다.
㉤ 기동전류가 커서 전동기 전선을 과열시키거나 전원전압의 변동을 일으킬 수 있다.
㉥ 일반 산업용 및 건축설비에서 광범위하게 사용한다.
※ 슬립링(slip ring)은 권선형 유도전동기에서 적용되는 것이다. 농형 유도전동기는 슬립링이 없으므로 불꽃이 나올 염려가 없다.

16 변압기에서 철심(core)이 하는 역할은?

① 자속의 이동통로 ② 전류의 이동통로
③ 전압의 이동통로 ④ 전력량의 이동통로

해설

변압기에서 철심(core)은 자속의 이동통로의 역할을 한다. 와류손실을 감소시키기 위해 성층철심을 사용한다.

17 옥내소화전이 1층에 5개, 2층에 4개, 3층에 4개가 설치되어 있을 때 이 건물의 옥내소화전 설비의 수원의 저수량은 최소 얼마 이상이 되도록 하여야 하는가?

① $5.2m^3$ ② $10.4m^3$
③ $13m^3$ ④ $23.4m^3$

해설

수원의 용량 : 옥내소화전 1개의 방수량 × 20분 × 동시 개구수
= 130L/min × 20min × N = 2.6Nm³ (N은 최대 2개)
∴ 수원의 용량 = 130L/min × 20min × 2
= 5,200L = 5.2m³

18 실효값이 220[V]인 교류전압의 최대값은?
① 약 245[V]   ② 약 275[V]
③ 약 311[V]   ④ 약 325[V]

해설 정현파 교류의 실효값

전압의 실효값 $V = \dfrac{Vm}{\sqrt{2}} = 0.707 Vm$ [V]

여기서, V : 전압의 실효값[V]
Vm : 전압의 최대값[V]

$220 = \dfrac{Vm}{\sqrt{2}}$

∴ $Vm = \sqrt{2} \times 220$ [V] = 311[V]

19 분전반을 설치하는 전기샤프트(ES)에 관한 설명으로 옳지 않은 것은?
① 각 층마다 같은 위치에 설치한다.
② ES의 면적은 보, 기둥 부분을 제외하고 산정한다.
③ 설치장비 공급의 편리성을 우선하며 각 층의 모서리 부분에 설치한다.
④ 전력용과 정보통신용과 같이 용도별로 구분하여 설치하되, 작은 규모일 경우는 공용으로 사용한다.

해설

전기샤프트는 각층에서 공급 대상의 중심에 위치하도록 하는 것이 바람직하며, 이 때 면적은 설치장비 및 배선공간, 확장성 및 유지보수 통로가 고려된 것이어야 한다.
기기의 배치와 유지보수에 충분한 공간으로 하고, 건축적인 마감을 실시한다.
※ 전기샤프트(ES)의 점검구는 유지·보수시 기기의 반출입이 가능하도록 하여야 하며, 폭은 최소 60cm 이상으로 한다.
※ 전기샤프트의 점검구 문의 폭은 90cm 이상으로 한다.

20 합성 최대 수용 전력이 1,500[kW], 부하율이 0.7일 때 평균 전력[kW]은?
① 1,050   ② 1,500
③ 2,142   ④ 3,000

해설

부하율 = $\dfrac{\text{평균수용전력}}{\text{최대수용전력}} \times 100$ [%] ⇒ 1보다 작다.

$0.7 = \dfrac{\text{평균수용전력}}{1,500} \times 100$ [%]

∴ 평균수용전력 = 1,050[kW]

※ 부하율 : 전기설비가 얼마나 유효하게 사용되었는가를 나타내며 어떤 기간 중의 평균 수용 전력[kW]과 그 기간 중의 최대 수용전력[kW]과의 비로 표시
☞ 부하율이 크다 : 전력변동이 작고, 설비 이용률이 많다.

정답 18 ③ 19 ③ 20 ①

제 4 과목 건축설비관련법규

☞ 건축관계법 및 소방시설 설치 및 관리에 관한 법률은 수시로 법의 개정이 있으므로 시험 전에 현행법에 따른 정오표를 건축설비기사4주완성 동영상강좌 홈페이지(www.inup.co.kr) 또는 한솔아카데미 인터넷서점 베스트북(정오표/개정법령)에서 확인하고 준비하시기 바랍니다.

제1편 건축관계법
- section 1 총칙
- section 2 건축물의 건축
- section 3 건축물의 구조 및 재료
- section 4 건축설비 등
- section 5 보칙
- section 6 기계설비법
- section 7 건축물의 에너지절약 설계기준
- section 8 건축물의 냉방설비에 대한 설치 및 설계기준
- section 9 녹색건축 인증에 관한 규칙 및 기준
- section 10 건축물 에너지효율등급 인증 및 제로에너지건축물 인증에 관한 규칙

제2편 소방시설 설치 및 관리에 관한 법률
- section 1 총칙
- section 2 건축허가 등의 동의
- section 3 소방시설의 설치·유지
- section 4 소방대상물의 방염
- section 5 소방대상물의 안전관리

◆ 과목별 과년도 출제문제(16~25년)

제1편 건축관계법

SECTION 1 총칙

1. 건축법의 목적

건축법은 건축물의 대지(垈地), 구조(構造), 설비(設備)의 기준과 건축물의 용도(用途) 등을 정하여 건축물의 안전, 기능, 환경 및 미관을 향상시킴으로써 공공복리의 증진에 이바지함을 목적으로 한다.

2. 용어의 정의

1) 건축물
  ① 정의
    ㉠ 토지에 정착하는 공작물 중 지붕과 기둥 또는 벽이 있는 것
    ㉡ 건축물에 딸린 담장, 대문 등의 시설물
    ㉢ 지하 또는 고가의 공작물에 설치하는 사무소, 공연장, 점포, 차고, 창고 등

  ② 건축물로 취급하는 공작물

공작물의 종류	규모
1. 옹벽 또는 담장	높이 2m를 넘는 것
2. 장식탑, 기념탑, 첨탑, 광고판, 광고탑	높이 4m를 넘는 것
3. 태양에너지 발전설비	높이 5m를 넘는 것
4. 굴뚝	높이 6m를 넘는 것
5. 골프연습장 등의 운동시설을 위한 철탑과 주거지역 및 상업지역 안에 설치하는 통신용 철탑 등	
6. 고가수조	높이 8m를 넘는 것
7. 기계식 주차장 및 철골조립식 주차장(바닥면이 조립식이 아닌 것을 포함)으로서 외벽이 없는 것	높이 8m 이하(단, 위험방지를 위한 난간높이 제외)
8. 지하대피호	바닥면적 30m²를 넘는 것
9. 건축조례가 정하는 제조시설, 저장시설(시멘트저장용 싸이로 포함), 유희시설 기타 이와 유사한 것	
10. 건축물의 구조에 심대한 영향을 줄 수 있는 중량물로서 건축조례로 정하는 것	

※ 건축물로 취급하는 공작물은 특별자치시장·특별자치도지사 또는 시장·군수·구청장에게 건축신고로 축조할 수 있다.

2) 건축물의 용도

건축물의 종류를 유사한 구조·이용목적 및 형태별로 묶어 분류한 것으로 그 용도는 다음과 같이 29종류의 시설로 구분하며 각 용도에 속하는 건축물의 종류는 대통령령으로 정한다.

① 건축물의 용도분류

1. 단독주택
2. 공동주택
3. 제1종 근린생활시설
4. 제2종 근린생활시설
5. 문화 및 집회시설
6. 종교시설
7. 판매시설
8. 운수시설
9. 의료시설
10. 교육연구시설
11. 노유자(老幼者 : 노인 및 어린이)시설
12. 수련시설
13. 운동시설
14. 업무시설
15. 숙박시설
16. 위락(慰樂)시설
17. 공장
18. 창고시설
19. 위험물저장 및 처리시설
20. 자동차관련시설
21. 동물 및 식물관련시설
22. 자원순환관련시설
23. 교정(矯正) 및 군사시설
24. 방송통신시설
25. 발전시설
26. 묘지관련시설
27. 관광휴게시설
28. 장례시설
29. 야영장시설

② 주요 건축물의 용도분류

대분류	소분류
① 단독주택 [단독주택의 형태를 갖춘 가정어린이집·공동생활가정·지역아동센터 및 노인복지시설(노인복지주택은 제외)을 포함]	가. 단독주택 나. 다중주택 : 다음의 요건을 모두 갖춘 주택 　1) 학생 또는 직장인 등 여러 사람이 장기간 거주할 수 있는 구조로 되어 있는 것 　2) 독립된 주거의 형태를 갖추지 않은 것(각 실별로 욕실은 설치할 수 있으나, 취사시설은 설치하지 않은 것을 말함) 　3) 1개 동의 주택으로 쓰이는 바닥면적(부설 주차장 면적은 제외)의 합계가 660m² 이하이고 주택으로 쓰는 층수(지하층은 제외)가 3개 층 이하일 것. 단, 1층의 전부 또는 일부를 필로티 구조로 하여 주차장으로 사용하고 나머지 부분을 주택(주거 목적으로 한정) 외의 용도로 쓰는 경우에는 해당 층을 주택의 층수에서 제외한다. 　4) 적정한 주거환경을 조성하기 위하여 건축조례로 정하는 실별 최소 면적, 창문의 설치 및 크기 등의 기준에 적합할 것 다. 다가구주택 : 다음의 요건을 모두 갖춘 주택으로서 공동주택에 해당하지 아니하는 것 　1) 주택으로 쓰는 층수(지하층은 제외)가 3개 층 이하일 것. 단, 1층의 전부 또는 일부를 필로티 구조로 하여 주차장으로 사용하고 나머지 부분을 주택(주거 목적으로 한정한다) 외의 용도로 쓰는 경우에는 해당 층을 주택의 층수에서 제외한다. 　2) 1개 동의 주택으로 쓰이는 바닥면적의 합계가 660m² 이하일 것 　3) 19세대(대지 내 동별 세대수를 합한 세대를 말함) 이하가 거주할 수 있을 것 라. 공관(公館)

대분류		소분류
② 공동주택 [공동주택의 형태를 갖춘 가정어린이집·공동생활가정·지역아동센터 및 노인복지시설(노인복지주택은 제외)·주택법시행령에 따른 원룸형 주택을 포함]		단, 가목이나 나목에서 층수를 산정할 때 1층 전부를 필로티 구조로 하여 주차장으로 사용하는 경우에는 필로티 부분을 층수에서 제외하고, 다목에서 층수를 산정할 때 1층의 전부 또는 일부를 필로티 구조로 하여 주차장으로 사용하고 나머지 부분을 주택(주거 목적으로 한정) 외의 용도로 쓰는 경우에는 해당 층을 주택의 층수에서 제외하며, 가목부터 라목까지의 규정에서 층수를 산정할 때 지하층을 주택의 층수에서 제외한다.
	가.	아파트(주택으로 쓰는 층수가 5개 층 이상인 주택)
	나.	연립주택[주택으로 쓰는 1개 동의 바닥면적(2개 이상의 동을 지하주차장으로 연결하는 경우에는 각각의 동으로 본다) 합계가 660m² 를 초과하고, 층수가 4개 층 이하인 주택)]
	다.	다세대주택[주택으로 쓰는 1개 동의 바닥면적 합계가 660m² 이하이고, 층수가 4개 층 이하인 주택(2개 이상의 동을 지하주차장으로 연결하는 경우에는 각각의 동으로 본다)]
	라.	기숙사[학교 또는 공장 등의 학생 또는 종업원 등을 위하여 쓰는 것으로서 1개 동의 공동취사시설 이용 세대수가 전체의 50% 이상인 것(학생복지주택을 포함)]
③ 제1종 근린생활시설	가.	수퍼마켓과 일용품(식품·잡화·의류·완구·서적·건축자재·의약품·의료기기 등) 등의 소매점으로서 같은 건축물에 해당 용도로 쓰는 바닥면적의 합계가 1,000m² 미만인 것
	나.	휴게음식점으로서 * 300m² 미만인 것
	다.	이용원, 미용원, 일반목욕장, 세탁소(공장이 부설된 것을 제외)
	라.	의원, 치과의원, 한의원, 침술원, 접골원, 조산원, 산후조리원, 안마원
	마.	탁구장, 체육도장으로서 *500m² 미만인 것
	바.	지역자치센터, 파출소, 지구대, 소방서, 우체국, 방송국, 보건소, 공공도서관, 지역건강보험조합 등 *1,000m² 미만인 것 등
	사.	마을회관, 마을공동작업소, 마을공동구판장, 공중화장실, 대피소, 지역아동센터
	아.	변전소, 도시가스배관시설, 통신용시설(1,000m² 미만), 정수장, 양수장 등
	자.	금융업소, 사무소, 부동산중개사무소, 결혼상담소 등 소개업소, 출판사 등 일반업무시설로서 같은 건축물에 해당 용도로 쓰는 바닥면적의 합계가 30m² 미만인 것
	차.	전기자동차 충전소(해당 용도로 쓰는 바닥면적의 합계가 1,000m² 미만인 것)
④ 제2종 근린생활시설	가.	공연장, 종교집회장으로서 500m² 미만인 것
	나.	자동차영업소로서 1,000m² 미만인 것
	다.	서점(제1종 근린생활시설에 해당하지 않는 것)
	라.	총포판매소
	마.	사진관, 표구점
	바.	청소년게임제공업소, 인터넷컴퓨터게임시설제공업소 등으로서 500m² 미만인 것
	사.	휴게음식점, 제과점 등으로서 300m² 이상인 것
	아.	일반음식점
	자.	장의사, 동물병원, 동물미용실, 그 밖에 이와 유사한 것
	차.	학원(자동차학원 및 무도학원은 제외), 교습소(자동차 교습 및 무도 교습을 위한 시설은 제외), 직업훈련소(운전·정비 관련 직업훈련소는 제외)로서 500m² 미만인 것

대분류	소분류
④ 제2종 근린 생활시설	카. 독서실, 기원
	타. 테니스장, 체력단련장, 에어로빅장, 볼링장, 당구장, 실내낚시터, 골프연습장, 놀이형시설 등으로서 500㎡ 미만인 것
	파. 금융업소, 사무소, 부동산중개사무소, 결혼상담소 등 소개업소, 출판사 등 일반업무시설로서 500㎡ 미만인 것
	하. 다중생활시설로서 500㎡ 미만인 것
	거. 제조업소, 수리점 등 물품의 제조·가공·수리 등을 위한 시설로서 500㎡ 미만인 것
	너. 단란주점으로서 150㎡ 미만인 것
	더. 안마시술소, 노래연습장
⑤ 운수시설	가. 여객자동차터미널
	나. 철도시설
	다. 공항시설
	라. 항만시설
⑥ 의료시설	가. 병원 : 종합병원, 병원, 치과병원, 한방병원, 정신병원 및 요양병원
	나. 격리병원 : 전염병원, 마약진료소 등
⑦ 교육연구시설 (제2종 근린 생활시설에 해당하는 것은 제외)	가. 학교 : 유치원, 초등학교, 중학교, 고등학교, 전문대학, 대학, 대학교 등
	나. 교육원(연수원 등을 포함)
	다. 직업훈련소(운전 및 정비 관련 직업훈련소는 제외)
	라. 학원(자동차학원 및 무도학원은 제외)
	마. 연구소(연구소에 준하는 시험소와 계측계량소를 포함)
	바. 도서관
⑧ 노유자시설	가. 아동 관련 시설(어린이집, 아동복지시설 등으로서 단독주택, 공동주택 및 제1종 근린생활시설에 해당하지 아니하는 것)
	나. 노인복지시설(단독주택과 공동주택에 해당하지 아니하는 것)
	다. 그 밖에 다른 용도로 분류되지 아니한 사회복지시설 및 근로복지시설
⑨ 수련시설	가. 생활권 수련시설 : 청소년수련관, 청소년문화의집, 청소년특화시설, 그 밖에 이와 비슷한 것
	나. 자연권 수련시설 : 청소년수련원, 청소년야영장, 그 밖에 이와 비슷한 것
	다. 유스호스텔
	라. 야영장시설(300㎡ 이상)
⑩ 창고시설	가. 창고(일반창고와 냉장 및 냉동 창고를 포함)
	나. 하역장
	다. 물류터미널
	라. 집배송 시설

* 동일한 건축물 안에서 해당 용도로 쓰이는 바닥면적의 합계

제1편 건축관계법

> **학습포인트**
>
> ● 건축물의 용도 분류
>
> ① 주 택
>   ㉠ 단독주택[단독주택의 형태를 갖춘 가정어린이집·공동생활가정·지역아동센터 및 노인복지시설(노인복지주택은 제외)을 포함]
>   - 단독주택
>   - 다중주택(연면적 660m² 이하, 3층 이하)
>   - 다가구주택(바닥면적합계 660m² 이하, 3개층 이하, 19세대 이하)
>   - 공관
>
>   ㉡ 공동주택[공동주택의 형태를 갖춘 가정어린이집·공동생활가정·지역아동센터 및 노인복지시설(노인복지주택은 제외)·주택법시행령에 따른 원룸형 주택을 포함]
>   - 다세대주택 : 4개층 이하, 동당 연면적 660m² 이하 ┐ 구분 : 연면적
>   - 연립주택 : 4개층 이하, 동당 연면적 660m² 초과   ┘
>   - 아파트 : 5개층 이상   구분 : 층 수
>   - 기숙사
>
> ② 의료행위를 하는 시설
>   ㉠ 제1종 근린생활시설 : 의원·치과의원·한의원·침술원·접골원·조산원·산후조리원·안마원·보건소
>   ㉡ 제2종 근린생활시설 : 안마시술소·동물병원
>   ㉢ 의료시설 : 종합병원·병원·치과병원·한방병원·정신병원·요양병원·마약진료소
>
> ③ 학원계 시설
>   ㉠ 제2종 근린생활시설 : 바닥면적 500m² 미만의 학원
>   ㉡ 교육연구시설 : 학원(제2종 근린생활시설·위락시설·자동차 관련시설은 제외)
>   ㉢ 위락시설 : 무도학원
>   ㉣ 자동차 관련시설 : 운전학원·정비학원
>
> ④ 기 타
>   ㉠ 동물원·식물원 : 문화 및 집회시설(동물 및 식물 관련시설이 아님)
>   ㉡ 극장·음악당 : 문화 및 집회시설(야외극장·야외음악당 : 관광휴게시설)
>   ㉢ 유스호스텔 : 수련시설(숙박시설이 아님)
>   ㉣ 물류터미널 : 창고시설(운수시설이 아님)
>   ㉤ 집배송시설 : 창고시설(운수시설이 아님)
>   ㉥ 어린이회관 : 관광휴게시설(문화 및 집회시설이 아님)

3) 건축설비
   ① 건축물에 설치하는 전기, 전화, 가스, 급수, 배수(配水), 배수(排水), 환기, 난방, 소화, 배연(排煙), 오물처리의 설비
   ② 건축물에 설치하는 굴뚝, 승강기, 피뢰침, 국기게양대, 공동시청안테나, 유선방송 수신시설, 우편함, 저수조, 방범시설, 초고속 정보통신설비, 지능형 홈네트워크 설비 등
   ③ 건축물의 설비기준 등에 관한 규칙에서 정하는 설비

4) 지하층
   건축물의 바닥이 지표면 아래에 있는 층으로서 해당 층의 바닥으로부터 지표면까지의 높이가 층고의 1/2 이상인 것을 지하층이라 한다.

   $$h \geq \frac{1}{2}H$$

   h : 바닥으로부터 지표면까지의 높이
   H : 해당 층고

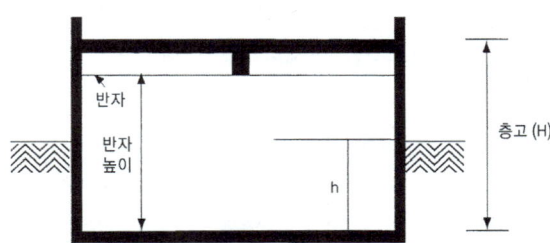

5) 거 실(居室)
   건축물 안에서 거주(居住), 집무, 작업, 집회, 오락 등의 용도로 사용되는 방을 말한다. 거실은 장시간 지속적으로 머무는 곳으로서 위생, 방화 및 피난 등 관련법의 규제가 강화된다.
   ※ 장시간 사용하지 않는 복도, 계단, 현관, 변소, 욕실 등과 사람이 거주하지 않는 창고, 기계실 등은 거실이 아니다.

6) 주요구조부
   주요구조부라 함은 내력벽, 기둥, 바닥, 보, 지붕틀 및 주계단을 말한다.
   [예외] 사잇벽, 사잇기둥, 최하층바닥, 작은보, 차양, 옥외계단, 기타 이와 유사한 것으로서 건축물의 구조상 중요하지 아니한 부분 및 기초는 주요구조부에서 제외된다.
   [주의] 구조부재(構造部材) : 건축물의 기초·벽·기둥·바닥판·지붕틀·토대(土臺)·사재(斜材 : 가새·버팀대·귀잡이 그 밖에 이와 유사한 것)·가로재(보·도리 그 밖에 이와 유사한 것) 등으로 건축물에 작용하는 설계하중에 대하여 그 건축물을 안전하게 지지하는 기능을 가지는 건축물의 구조내력상 주요한 부분을 말한다.

7) 건축

건축물의 신축(新築)·증축(增築)·개축(改築)·재축(再築)·이전(移轉)하는 행위를 말한다.

① 신축 : 건축물이 없는 대지(기존 건축물이 해체하거나 멸실된 대지 포함)에 새로이 건축물을 축조하는 행위(부속 건축물만 있는 대지에 새로이 주된 건축물을 축조하는 것을 포함하되, 개축 또는 재축의 경우는 제외)

② 증축 : 기존 건축물이 있는 대지 안에서 건축물의 건축면적·연면적, 층수 또는 높이를 증가시키는 행위

③ 개축 : 기존 건축물의 전부 또는 일부[내력벽·기둥·보·지붕틀(한옥의 경우에는 지붕틀의 범위에서 서까래는 제외) 중 3개 이상이 포함되는 경우를 말함]를 해체하고, 그 대지 안에 종전과 동일한 규모의 범위 안에서 건축물을 다시 축조하는 행위

④ 재축 : 건축물이 천재지변이나 그 밖의 재해(災害)로 멸실된 경우 그 대지에 다음의 요건을 모두 갖추어 다시 축조하는 행위

  가. 연면적 합계는 종전 규모 이하로 할 것
  나. 동(棟)수, 층수 및 높이는 다음의 어느 하나에 해당할 것
    ㉠ 동수, 층수 및 높이가 모두 종전 규모 이하일 것
    ㉡ 동수, 층수 또는 높이의 어느 하나가 종전 규모를 초과하는 경우에는 해당 동수, 층수 및 높이가 건축법, 영 또는 건축조례에 모두 적합할 것

⑤ 이전 : 건축물의 주요구조부를 해체하지 아니하고 동일한 대지 안의 다른 위치로 옮기는 행위

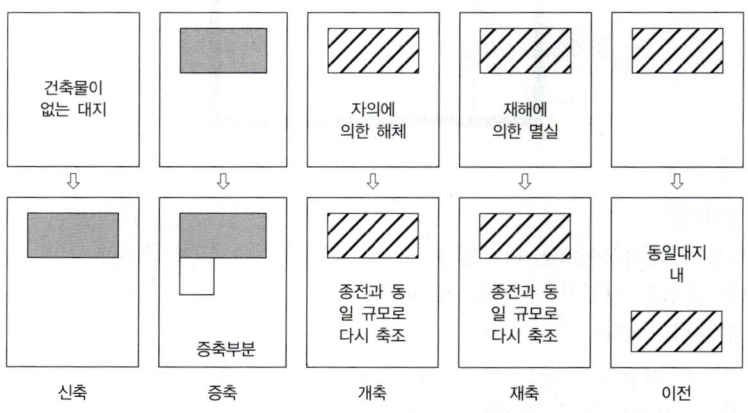

[그림] 건축

학습포인트

● 건축행위
① 건축행위(신축·증축·개축·재축·이전)는 허가대상이다.
② 개축과 재축의 공통점과 차이점
  · 공통점 : 동일한 규모범위 안에서 다시 축조하는 행위
  · 차이점 : 개축은 인위적으로 해체하고 다시 축조하는 행위(自意)
           재축은 천재지변 등의 재해로 인해 축조하는 행위(他意)
  ※ 단, 규모를 초과하면 신축행위로 본다.

8) 대수선

건축물의 부분(주요구조부)	대수선에 해당하는 내용
내력벽	증설·해체하거나 벽면적 30m² 이상 수선·변경
기둥, 보, 지붕틀(한옥의 경우 지붕틀의 범위에서 서까래는 제외)	증설·해체하거나 각각 3개 이상 수선·변경
방화벽, 방화구획을 위한 바닥 및 벽	증설·해체하거나 수선·변경
주계단, 피난계단, 특별피난계단	증설·해체하거나 수선·변경
다가구주택 및 다세대주택의 가구 및 세대간	경계벽의 증설·해체하거나 수선·변경
다음 해당 건축물의 외벽에 사용하는 마감재료 - 6층 이상 건축물 - 높이 22m 이상 건축물 - 상업지역(근린상업지역 제외) 안의 건축물 중 2000m² 이상 다중이용업·공장으로부터 6m 이내의 건축물	증설·해체하거나 벽면적 30m² 이상 수선, 변경

9) 리모델링

리모델링이란 건축물의 노후화를 억제하거나 기능 향상 등을 위하여 대수선하거나 일부 증축 또는 개축하는 행위를 말한다.

10) 도 로

① 정의 : 보행 및 자동차 통행이 가능한 너비 4m 이상의 도로로서 다음에 해당하는 도로 또는 그 예정도로를 말한다.
  ㉠ 국토의 계획 및 이용에 관한 법률, 도로법, 사도법(私道法) 등의 기타 관계법령에 의하여 신설 또는 변경 고시가 된 도로
  ㉡ 건축허가 또는 신고시 특별시장·광역시장·특별자치시장·도지사·특별자치도지사 또는 시장·군수·구청장(자치구의 구청장에 한함)이 그 위치를 지정한 도로

② 차량통행이 불가능한 경우의 도로
지형적 조건으로 차량통행을 위한 도로의 설치가 곤란하다고 인정하여 특별자치도지사 또는 시장·군수·구청장이 그 위치를 지정·공고하는 구간 안의 너비 3m 이상인 도로(단, 길이가 10m 미만인 막다른 도로인 경우에는 너비 2m 이상)

③ 막다른 도로의 폭
상기 ②에 해당되지 않는 막다른 도로로서 다음 표에 정하는 기준 이상인 도로

막다른 도로의 길이	당해 도로의 소요 너비
10m 미만	2m 이상
10m 이상 35m 미만	3m 이상
35m 이상	6m 이상 (도시지역이 아닌 읍·면의 구역에서는 4m 이상)

11) 내화구조

화재에 견딜 수 있는 성능을 가진 구조로서 국토교통부령이 정하는 기준에 적합한 구조

■ 철근콘크리트조, 철골철근콘크리트조의 내화기준
- 벽 : 두께 10cm 이상
- 외벽 중 비내력벽 : 두께 7cm 이상
- 기둥 : 최소지름이 25cm 이상
- 바닥 : 두께 10cm 이상
- 보, 지붕, 계단 : 두께 기준이 없다.

※ 철골조의 계단은 내화구조로 본다.

구조 부분		내화구조의 기준		기준 두께
1. 벽	( )안은 외벽 중 비내력벽	철근콘크리트조·철골철근콘크리트조		10cm(7cm) 이상
		벽돌조		19cm 이상
		철골조의 골구 양면에	*철망모르타르로 덮을 때	4cm(3cm) 이상
			콘크리트블록·벽돌·석재로 덮을 때	5cm(4cm) 이상
		철재로 보강된 콘크리트블록조·벽돌조·석조로서 철재에 덮은 콘크리트블록의 두께		5cm(4cm) 이상
		고온·고압증기양생된 경량기포 콘크리트패널 또는 경량기포콘크리트블록조		10cm 이상
		무근콘크리트조·콘크리트블록조·벽돌조·석조		7cm 이상
2. 기둥 (작은 지름이 25cm 이상인 것)※		철근콘크리트조·철골철근콘크리트조		–
		철골에 ( )안은 경량 골재를 사용한 경우	*철망모르타르로 덮을 것	6cm(5cm) 이상
			콘크리트블록·벽돌·석재로 덮은 것	7cm 이상
			콘크리트로 덮은 것	5cm 이상
3. 바 닥		철근콘크리트조·철골철근콘크리트조		10cm 이상
		철재로 보강된 콘크리트블록조·벽돌조 또는 석조로서 철재에 덮은 콘크리트블록 등의 두께		5cm 이상
		철재의 양면에 철망모르타르 또는 콘크리트로 덮은 것		5cm 이상
4. 보 (지붕틀을 포함)※		철근콘크리트조·철골철근콘크리트조		두께 무관
		철골에 ( )안은 경량골재를 사용한 경우	*철망모르타르로 덮은 것	6cm(5cm) 이상
			콘크리트로 덮은 것	5cm 이상
		철골조의 지붕틀로서 바로 아래에 반자가 없거나 불연재료로 된 반자가 있는 것(단, 바닥으로부터 지붕틀 아랫부분까지의 높이가 4m 이상인 것에 한한다)		
5. 지 붕		· 철근콘크리트조·철골철근콘크리트조 · 철재로 보강된 콘크리트블록조·벽돌조·석조 · 유리블록·망입유리로 된 것		두께 무관
6. 계 단		· 철근콘크리트조·철골철근콘크리트조 · 무근콘크리트조·콘크리트블록조·벽돌조·석조 · 철재로 보강된 콘크리트블록조·벽돌조·석조 · 철골조		두께 무관
7. 기 타		한국건설기술연구원장이 국토교통부장관이 정하여 고시하는 방법에 따라 품질시험한 결과 성능기준에 적합할 것		

*표시 : 그 바름 바탕을 불연재료로 한 것에 한한다.
※표시 : 고강도 콘크리트(설계기준강도가 50MPa 이상인 콘크리트를 말함)를 사용하는 경우에는 국토교통부장관이 정하여 고시하는 고강도 콘크리트 내화성능 관리기준에 적합하여야 한다.

12) 방화구조

화염의 확산을 막을 수 있는 성능을 가진 구조로서 국토교통부장관이 정하는 적합한 구조

구조부분	방화구조의 기준
• 철망모르타르 바르기	바름두께가 2cm 이상인 것
• 석고판 위에 시멘트모르타르 또는 회반죽을 바른 것 • 시멘트모르타르 위에 타일을 붙인 것	두께의 합계가 2.5cm 이상인 것
• 심벽에 흙으로 맞벽치기한 것	두께에 관계없이 인정
• 한국산업표준이 정하는 바에 의하여 시험한 결과 방화 2급 이상에 해당하는 것	

13) 불연재료 · 준불연재료 · 난연재료

구 분	기 준	설치규정
불연재료	불에 타지 아니하는 성능을 가진 재료	• 콘크리트 · 석재 · 벽돌 · 기와 · 철강 · 알루미늄 · 유리 · 시멘트모르타르 및 회. 이 경우 시멘트모르타르 또는 회 등 • 한국산업표준이 정하는 바에 의하여 시험한 결과 질량감소율 등이 국토교통부장관이 정하여 고시하는 불연재료의 성능기준을 충족하는 것 • 불연성의 재료로서 국토교통부장관이 인정하는 재료
준불연재료	불연재료에 준하는 성질을 가진 재료	한국산업표준이 정하는 바에 의하여 시험한 결과 가스 유해성, 열방출량 등이 국토교통부장관이 정하여 고시하는 준불연재료의 성능기준을 충족하는 것
난연재료	불에 잘 타지 아니하는 성능을 가진 재료	한국산업표준이 정하는 바에 의하여 시험한 결과 가스 유해성, 열방출량 등이 국토교통부장관이 정하여 고시하는 난연재료의 성능기준을 충족하는 것

14) 기타

구 분	권한 및 의무
건축주	건축물의 건축·대수선·건축설비의 설치 또는 공작물의 축조에 관한 공사를 발주하거나 현장관리인을 두어 스스로 그 공사를 행하는 자
설계자	자기 책임하에(보조자의 조력을 받는 경우를 포함) 설계도서를 작성하고 그 설계도서에 의도한 바를 해설하며 지도·자문하는 자
공사감리자	자기 책임하에(보조자의 조력을 받는 경우를 포함) 건축법이 정하는 바에 의하여 건축물·건축설비 또는 공작물이 설계도서의 내용대로 시공되는지의 여부를 확인하고, 품질관리·공사관리 및 안전관리 등에 대하여 지도·감독하는 자
공사시공자	건설산업기본법(제2조 4) 규정에 의한 건축 등에 관한 공사를 행하는 자
관계전문 기술자	건축물의 구조·설비 등 건축물과 관련된 전문기술자격을 보유하고 설계 및 공사감리에 참여하여 설계자 및 공사감리자와 협력하는 자
설계도서	① 공사용 도면, 구조계산서, 시방서 ② 건축설비계산 관계서류 ③ 토질 및 지질 관계서류 ④ 기타 공사에 필요한 서류
초고층 건축물	층수가 50층 이상이거나 높이가 200m 이상인 건축물
준초고층 건축물	고층건축물 중 초고층 건축물이 아닌 것
고층 건축물	층수가 30층 이상이거나 높이가 120m 이상인 건축물
한 옥	주요구조가 기둥·보 및 한식지붕틀로 된 목구조로서 우리나라 전통양식이 반영된 건축물 및 그 부속건축물
특수구조 건축물	① 한쪽 끝은 고정되고 다른 끝은 지지(支持)되지 아니한 구조로 된 보·차양 등이 외벽의 중심선으로부터 3m 이상 돌출된 건축물 ② 기둥과 기둥 사이의 거리(기둥의 중심선 사이의 거리를 말하며, 기둥이 없는 경우에는 내력벽과 내력벽의 중심선 사이의 거리를 말함)가 20m 이상인 건축물 ③ 특수한 설계·시공·공법 등이 필요한 건축물로서 국토교통부장관이 정하여 고시하는 구조로 된 건축물
특별건축구역	조화롭고 창의적인 건축물의 건축을 통하여 도시경관의 창출, 건설기술 수준향상 및 건축 관련 제도개선을 도모하기 위하여 이 법 또는 관계 법령에 따라 일부 규정을 적용하지 아니하거나 완화 또는 통합하여 적용할 수 있도록 특별히 지정하는 구역

3. 건축위원회

구 분	중앙건축위원회	지방건축위원회
설치	국토교통부	특별시·광역시·도·특별자치시·특별자치도·시·군 및 구(자치구)
위원	70인 이내(위원장·부위원장 포함)	25인 이상 150명 이내(위원장·부위원장 포함)
위원장	국토교통부장관이 임명·위촉	시·도지사 및 시장·군수·구청장의 임명·위촉
임기	2년(공무원이 아닌 위원 연임 가능)	3년 이내(건축조례에서 규정)
심의 사항	① 표준설계도서의 인정에 관한 사항 ② 건축법 및 건축법시행령의 제정·개정 및 시행에 관한 사항 ③ 건축물의 건축·대수선·용도변경, 건축설비의 설치 또는 공작물의 축조와 관련된 분쟁의 조정 또는 재정에 관한 사항 ④ 다른 법령에 따라 건축위원회의 심의를 하는 경우 해당 법령에서 규정한 심의사항	① 건축조례의 제정·개정 및 시행에 관한 사항(당해 지방자치단체의 장이 발의하는 건축조례에 한함) ② 건축선(建築線)의 지정에 관한 사항 ③ 다중이용 건축물 및 특수구조 건축물의 구조안전에 관한 사항 ④ 다른 법령에 따라 건축위원회의 심의를 하는 경우 해당 법령에서 규정한 심의사항

※ 다중이용건축물의 정의
- 문화 및 집회시설(동·식물원 제외), 종교시설, 판매시설, 운수시설(여객용 시설만 해당), 의료시설 중 종합병원, 숙박시설 중 관광숙박시설의 용도로 쓰이는 바닥면적의 합계가 5,000m² 이상인 건축물
- 16층 이상인 건축물

※ 특별시·광역시 또는 도에 설치된 지방건축위원회의 심의

다중이용건축물 중 21층 이상 또는 연면적 100,000m² 이상인 다중이용건축물의 건축허가에 관한 사항인 경우에는 특별시·광역시 또는 도의 조례가 정하는 바에 의하여 이를 특별시·광역시 또는 도에 설치된 지방건축위원회의 심의사항으로 할 수 있다.

■ 준다중이용건축물의 정의
다중이용 건축물 외의 건축물로서 다음 용도로 쓰는 바닥면적의 합계가 1,000m² 이상인 건축물
- 문화 및 집회시설(동물원 및 식물원은 제외)
- 종교시설
- 판매시설
- 운수시설 중 여객용 시설
- 의료시설 중 종합병원
- 교육연구시설
- 노유자시설
- 운동시설
- 숙박시설 중 관광숙박시설
- 위락시설
- 관광 휴게시설
- 장례식장

제1편 건축관계법

SECTION 2 건축물의 건축

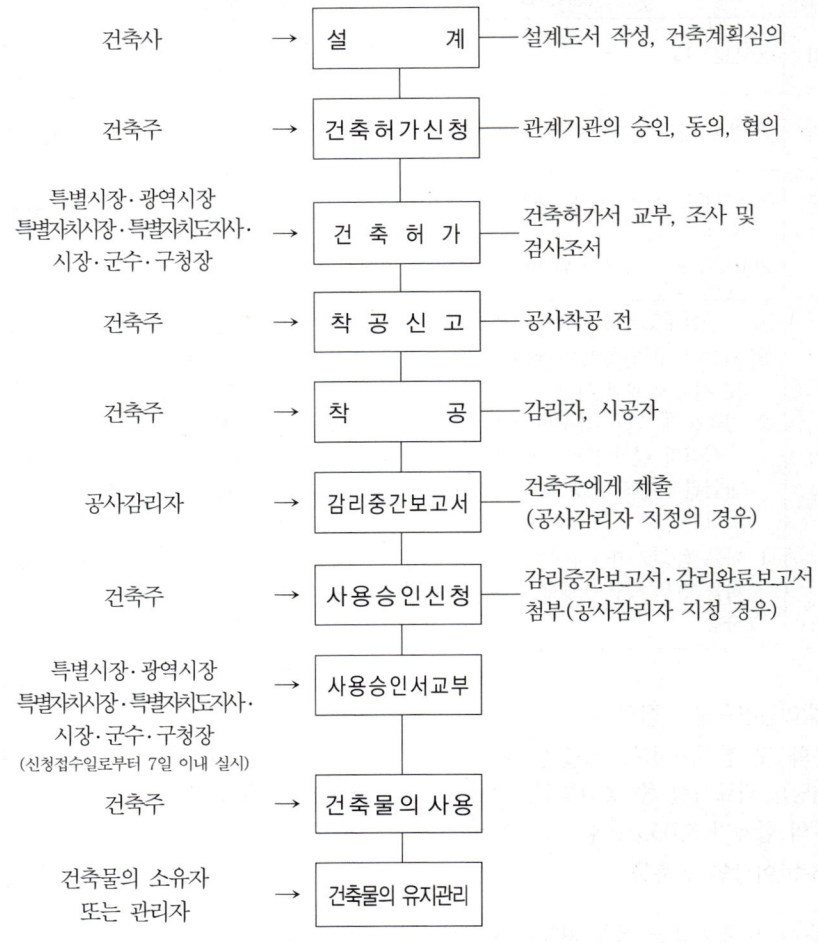

[그림] 건축허가에서 준공까지의 행정절차

1. 건축허가 및 신청

1) 건축허가

건축물을 건축 또는 대수선 하고자 하는 자는 특별자치시장·특별자치도지사 또는 시장·군수·구청장의 허가를 받아야 한다.

[단서] 층수가 21층 이상이거나 연면적의 합계가 10만㎡ 이상인 건축물〔공장, 창고 및 지방건축위원회의 심의를 거친 건축물(초고층건축물은 제외)은 제외〕의 건축(연면적의 3/10 이상을 증축하여 층수가 21층 이상으로 되거나 연면적의 합계가 10만㎡ 이상으로 되는 경우를 포함)은 특별시장 또는 광역시장의 허가를 받아야 한다.

2) 건축허가 등의 신청

① 건축물(가설건축물 포함)의 허가를 받고자 하는 자는 다음 서류를 허가권자(특별시장·광역시장·특별자치시장·특별자치도지사 또는 시장·군수·구청장)에게 제출해야 한다.

> 예외 방위산업시설은 설계자의 확인으로 관계서류에 갈음할 수 있다.

② 허가권자는 건축허가를 한 경우에는 건축허가서를 신청인에게 교부해야 한다.

③ 첨부해야 할 서류 및 도서

구 분	제출도서
건축허가신청시 제출 서류 및 설계도서	① 건축할 대지의 범위와 대지 소유 또는 사용에 관한 권리를 증명하는 서류 ② 기본설계도서(표준설계도서는 건축계획서·배치도에 한함) ※ 모든 도면의 축척은 임의로 함 　가. 건축계획서　　나. 배치도　　　다. 평면도 　라. 입면도　　　　마. 단면도 　바. 구조도(구조안전 확인 또는 내진설계 대상 건축물) 　사. 구조계산서(구조안전 확인 또는 내진설계 대상 건축물) 　아. 소방설비도 ③ 허가 등을 받거나 신고를 하기 위하여 당해 법령에서 제출하도록 의무화하고 있는 신청서 및 구비서류(해당 사항이 있는 것에 한함)

■ 건축허가신청에 필요한 기본설계도서의 주요내용

도서의 종류	표시하여야 할 사항
건축계획서	1. 개요(위치·대지면적 등) 2. 지역·지구 및 도시계획사항 3. 건축물의 규모(건축면적·연면적·높이·층수 등) 4. 건축물의 용도별 면적 5. 주차장규모 6. 에너지절약계획서(해당건축물에 한함) 7. 노인 및 장애인 등을 위한 편의시설 설치계획서 　(관계법령에 의하여 설치의무가 있는 경우에 한함)
배치도	1. 축척 및 방위 2. 대지에 접한 도로의 길이 및 너비 3. 대지의 종·횡단면도 4. 건축선 및 대지경계선으로부터 건축물까지의 거리 5. 주차동선 및 옥외주차계획 6. 공개공지 및 조경계획

도서의 종류	표시하여야 할 사항
평면도	1. 1층 및 기준층 평면도 2. 기둥·벽·창문 등의 위치 3. 방화구획 및 방화문의 위치 4. 복도 및 계단의 위치 5. 승강기의 위치
입면도	1. 2면 이상의 입면계획 2. 외부마감재료
단면도	1. 종·횡단면도 2. 건축물의 높이, 각층의 높이 및 반자높이

※ 도서의 축척 : 임의

3) 건축허가에 관한 사전승인

① 자연환경 또는 주거환경 등의 보호를 위하여 지정·공고하는 구역 안에 건축하는 건축물 시장·군수는 건축허가 사전승인 대상 건축물을 허가하고자 하는 경우 미리 건축계획서와 기본설계도서 [별표 3]를 첨부하여 도지사의 승인을 얻은 후 허가하여야 한다. (특별시, 광역시가 아닌 경우)

건축물	용도
자연환경 또는 수질보호를 위하여 지정·공고하는 구역 안에 건축하는 3층 이상 또는 연면적 합계 1,000m² 이상의 건축물	• 공동주택 • 제2종 근린생활시설 (일반음식점에 한함) • 업무시설(일반업무시설에 한함) • 숙박시설 • 위락시설
주거환경 또는 교육환경 등 주변환경의 보호상 필요하다고 인정하여 도지사가 지정·공고하는 구역 안에 건축하는 건축물	• 숙박시설 • 위락시설

■ 규칙 [별표 3] 사전승인신청시의 제출도서

구 분	분 야	도서의 종류	
건축계획서	건 축	• 설계설명서 • 지질조사서	• 구조계획서 • 시방서
기본설계도서	건 축	• 투시도 또는 투시도 사진 • 2면 이상의 입면도 • 내외마감표	• 평면도(주요층, 기준층) • 2면 이상의 단면도 • 주차장 평면도
	설 비	• 건축설비도 • 상하수도 계통도	• 소방설비도
	기 타	필요한 도면	

② 사전승인 대상 건축물의 규모 및 승인권자

사전승인 대상 건축물의 규모	승인권자	허가권자
① 21층 이상 건축물 ② 연면적 10만㎡ 이상 건축물 [공장, 창고 및 지방건축위원회의 심의를 거친 건축물(초고층건축물은 제외)은 제외] ③ 연면적 3/10 이상의 증축으로 인하여 ①, ②의 대상이 되는 경우	도지사	시장·군수

4) 건축허가의 취소

허가권자는 건축허가를 받은 날로부터 2년 이내(공장의 경우 3년 이내)에 공사에 착공하지 아니한 경우와 공사를 착수하였으나 공사완료가 불가능하다고 인정되는 경우에는 그 허가를 취소해야 한다.

예외 허가권자는 정당한 사유가 있다고 인정하는 경우에는 1년의 범위 안에서 그 공사의 착수기간을 연장할 수 있다.

2. 용도변경

1) 용도변경 시설군의 분류

분류	시 설 군	절 차
㉠ 자동차관련 시설군	자동차관련시설	① 허가대상 : 상위시설군(오름차순)에 해당하는 용도로 변경하는 행위 ② 신고대상 : 하위시설군(내림차순)에 해당하는 용도로 변경하는 행위 ③ 건축물대장 기재변경 신청 : 동일한 시설군내에서 용도변경 하는 행위
㉡ 산업등 시설군	• 운수시설　　• 창고시설 • 공장 • 위험물저장 및 처리시설 • 자원순환관련시설 • 묘지관련시설　• 장례식장	
㉢ 전기통신시설군	• 방송통신시설　• 발전시설	
㉣ 문화집회시설군	• 문화 및 집회시설　• 종교시설 • 위락시설　　• 관광휴게시설	
㉤ 영업시설군	• 판매시설　　• 운동시설 • 숙박시설 • 제2종 근린생활시설 중 다중생활시설	
㉥ 교육 및 복지시설군	• 의료시설　　• 교육연구시설 • 노유자시설　• 수련시설 • 야영장시설	
㉦ 근린생활시설군	• 제1종 근린생활시설 • 제2종 근린생활시설(다중생활시설은 제외)	
㉧ 주거업무시설군	• 단독주택　　• 공동주택 • 업무시설　　• 교정 및 군사시설	
㉨ 기타 시설군	동물 및 식물관련시설	

3. 허용오차

1) 대지 관련 건축기준의 허용오차

항 목	허용되는 오차의 범위
건폐율	0.5% 이내(단, 건축면적 5m²를 초과할 수 없다.)
용적률	1% 이내(단, 연면적 30m²를 초과할 수 없다.)
건축선의 후퇴거리	3% 이내
인접 건축물과의 거리	

2) 건축물관련 건축기준의 허용오차

항 목		허용되는 오차의 범위
건축물높이	2% 이내	1m를 초과할 수 없다.
출구너비		—
반자높이		—
평면길이		건축물 전체길이는 1m를 초과할 수 없고, 벽으로 구획된 각 실은 10cm를 초과할 수 없다.
벽체두께		3% 이내
바닥판두께		

━ 암기사항 ━

허용오차범위(작은 것 → 큰 것 순서)

0.5% 이내	1% 이내	2% 이내	3% 이내
건폐율	**용**적률	**높** 이 **출** 구너비 **반** 자높이 **평** 면길이	**후** 퇴거리 **인** 동거리 **벽** 체두께 **바** 닥판두께

SECTION 3 건축물의 구조 및 재료

1 건축물의 구조 등

1. 구조계산에 의한 구조안전의 확인 대상 건축물

구 분	구조계산 대상 건축물
1. 층수	2층 이상(기둥과 보가 목재인 목구조 경우 : 3층 이상)
2. 연면적	200m² (목구조 : 500m²) 이상인 건축물(창고, 축사, 작물 재배사는 제외)
3. 높이	13m 이상
4. 처마높이	9m 이상
5. 경간	10m 이상 *경간 : 기둥과 기둥 사이의 거리(기둥이 없는 경우에는 내력벽과 내력벽 사이의 거리를 말함)
6. 국토교통부령으로 정하는 지진구역의 건축물	
7. 국가적 문화유산으로 보존할 가치가 있는 박물관·기념관 등으로서 연면적의 합계가 5,000m² 이상인 건축물	
8. 특수구조 건축물 중 3m 이상 돌출된 건축물과 특수한 설계·시공·공법 등이 필요한 건축물	
9. 단독주택 및 공동주택	

[예외] 표준설계도서에 따라 건축하는 건축물

> **핵심사항정리**
>
> ■ 건축물의 내진능력 공개
> • 층수가 2층 이상(기둥과 보가 목재인 목구조 경우 : 3층 이상)인 건축물
> • 연면적이 200m²(목구조 : 500m²) 이상인 건축물(창고, 축사, 작물 재배사 및 표준설계도서에 따라 건축하는 건축물과 소규모건축구조기준을 적용한 건축물은 제외)
> • 기타 건축물의 규모와 중요도를 고려하여 대통령령으로 정하는 건축물

2. 계단 및 복도의 설치

1) 계단의 설치기준

① 높이 3m를 넘는 계단에는 높이 3m 이내마다 너비 1.2m 이상의 계단참을 설치할 것

② 높이 1m를 넘는 계단 및 계단참의 양측에는 난간(벽 등 이에 대치되는 것을 포함)을 설치할 것

③ 계단폭이 3m를 넘는 경우에는 계단의 중간에 폭 3m 이내마다 난간을 설치할 것
[예외] 단높이 15cm 이하이고, 단너비 30cm 이상인 계단

2) 계단의 구조
① 계단 및 계단참의 너비(옥내계단에 한함)·단높이·단너비

(단위 : cm)

계단의 종류	계단 및 계단참의 폭	단높이	단너비
초등학교의 계단	150 이상	16 이하	26 이상
중·고등학교의 계단	150 이상	18 이하	26 이상
• 문화 및 집회시설(공연장, 집회장, 관람장에 한함) • 판매시설 • 바로 위층부터 최상층까지 거실 바닥면적 합계가 200m² 이상인 계단 • 거실의 바닥면적 합계가 100m² 이상인 지하층의 계단 • 기타 이와 유사한 용도에 쓰이는 건축물의 계단	120 이상	—	—
기타의 계단	60 이상	—	—
작업장에 설치하는 계단(산업안전보건법에 의한)	산업안전기준에 관한 규칙에 의함.		

② 돌음계단의 단너비는 좁은 너비의 끝부분으로부터 30cm의 위치에서 측정한다.

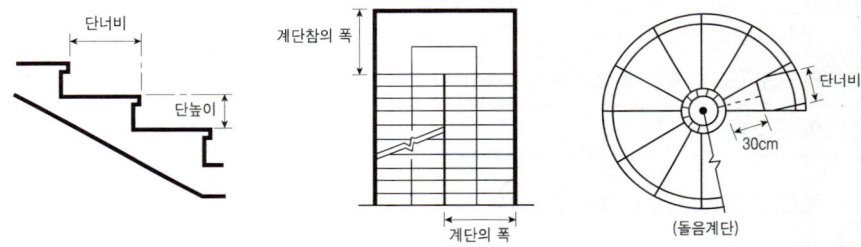

3) 노약자 및 신체장애인의 난간 및 바닥
① 설치 대상 건축물 : 공동주택(기숙사 제외), 제1종 근린생활시설, 제2종 근린생활시설, 문화 및 집회시설, 종교시설, 운수시설, 판매시설, 의료시설, 노유자시설, 업무시설, 숙박시설, 위락시설, 관광휴게시설의 용도에 쓰이는 건축물

② 난간 및 바닥의 설치기준
㉠ 아동의 이용에 안전하고 노약자 및 신체장애인의 이용에 편리한 구조로 하여야 하며, 양쪽에 벽 등이 있어 난간이 없는 경우에는 손잡이를 설치하여야 한다.
㉡ 손잡이는 최대 지름이 3.2cm 이상 3.8cm 이하인 원형 또는 타원형의 단면으로 할 것
㉢ 손잡이는 벽 등으로부터 5cm 이상 떨어지도록 하고, 계단으로부터의 높이는 85cm가 되도록 할 것
㉣ 계단이 끝나는 수평부분에서의 손잡이는 바깥쪽으로 30cm 이상 나오도록 설치할 것

4) 계단에 대체되는 경사로
   ① 경사도는 1 : 8 이하로 할 것
   ② 재료마감은 표면을 거친 면으로 하거나 미끄러지지 않는 재료로 마감할 것

5) 복도의 너비 및 설치기준
   ① 건축물에 설치하는 복도의 유효너비는 다음과 같이 하여야 한다.

구 분	양옆에 거실이 있는 복도	기타의 복도
유치원·초등학교·중학교·고등학교	2.4m 이상	1.8m 이상
공동주택·오피스텔	1.8m 이상	1.2m 이상
당해 층 거실의 바닥면적 합계가 200m² 이상인 경우	1.5m 이상(의료시설의 복도는 1.8m 이상)	1.2m 이상

   ② 문화 및 집회시설(종교집회장·공연장·집회장·관람장·전시장에 한함), 노유자시설(아동관련시설·노인복지시설에 한함)·수련시설(생활권수련시설에 한함), 위락시설 중 유흥주점 및 장례식장의 관람실 또는 집회실과 접하는 복도의 유효너비는 다음에서 정하는 너비로 하여야 한다.

당해 층의 바닥면적의 합계	복도의 유효너비
500m² 미만	1.5m 이상
500m² 이상 1,000m² 미만	1.8m 이상
1,000m² 이상	2.4m 이상

   ③ 문화 및 집회시설 중 공연장에 설치하는 복도는 다음의 기준에 적합하여야 한다.

설치대상		설치기준
문화 및 집회시설 중 공연장의 복도	바닥면적 300m² 이상	공연장의 개별 관람실의 바깥쪽에는 그 양쪽 및 뒤쪽에 각각 복도 설치
	바닥면적 300m² 미만	하나의 층에 개별 관람실을 2개소 이상 연속하여 설치하는 경우에는 관람실 바깥쪽의 앞쪽과 뒤쪽에 각각 복도 설치

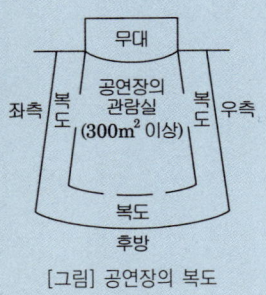

[그림] 공연장의 복도

3. 거실에 관한 기준

1) 거실의 반자높이

   ※ 단, 반자가 없는 경우에는 보 또는 바로 위층 바닥판의 밑면, 기타 이와 비슷한 것을 말한다.

거실의 종류	반자높이	예외 규정
① 일반용도의 거실	2.1m 이상	공장, 창고시설, 위험물저장 및 처리시설, 동물 및 식물 관련시설, 자원순환관련시설, 묘지관련시설
② 문화 및 집회시설(전시장 및 동·식물원 제외), 종교시설, 장례식장, 유흥주점의 용도에 쓰이는 건축물의 관람실 또는 집회실로서 바닥면적이 200m² 이상인 것	4m 이상	기계환기장치를 설치한 경우
③ '②'의 노대 아래 부분	2.7m 이상	

2) 거실의 채광 및 환기

   ① 거실의 채광 및 환기 등을 위한 창문 등의 면적은 다음 기준에 적합하도록 설치하여야 한다.

구 분	건축물의 용도	창문 등의 면적	예외 규정
채광	·단독주택의 거실 ·공동주택의 거실 ·학교의 교실 ·의료시설의 병실 ·숙박시설의 객실	거실 바닥면적의 1/10 이상	거실의 용도에 따른 조도기준 [별표 1]의 조도 이상의 조명
환기		거실 바닥면적의 1/20 이상	기계장치 및 중앙관리방식의 공기조화설비를 설치한 경우

   ② 수시로 개방할 수 있는 미닫이로 구획된 2개의 거실은 거실의 채광 및 환기를 위한 규정을 적용함에 있어서 이를 1개의 거실로 본다.

■ 거실의 용도에 따른 조도기준 (제17조 관련)

거실의 용도구분	조도구분	바닥에서 85cm의 높이에 있는 수평면의 조도(럭스)
1. 거 주	• 독서·식사·조리 • 기타	150 70
2. 집 무	• 설계·제도·계산 • 일반사무 • 기타	700 300 150
3. 작 업	• 검사·시험·정밀검사·수술 • 일반작업·제조·판매 • 포장·세척 • 기타	700 300 150 70
4. 집 회	• 회의 • 집회 • 공연·관람	300 150 70
5. 오 락	• 오락 일반 • 기타	150 30
기타 명시되지 아니한 것		1란 내지 5란에 유사한 기준을 적용함

3) 배연설비
  ① 6층 이상의 건축물로서 제2종 근린생활시설 중 300㎡ 이상인 공연장·종교집회장·인터넷컴퓨터게임시설제공업소 및 다중생활시설, 문화 및 집회시설, 종교시설, 판매시설, 운수시설, 의료시설(요양병원 및 정신병원은 제외), 연구소, 아동관련시설·노인복지시설(노인요양시설은 제외), 유스호스텔, 운동시설, 업무시설, 숙박시설, 위락시설, 관광휴게시설, 장례시설의 용도에 해당되는 건축물의 거실
    예외 피난층인 경우
  ② 요양병원 및 정신병원·산후조리원, 노인요양시설·장애인 거주시설 및 장애인 의료재활시설의 용도에 해당되는 건축물
    예외 피난층인 경우

4) 거실의 바닥 등
  ① 방습조치 : 건축물의 최하층에 있는 거실의 바닥이 목조인 경우에는 그 바닥높이를 지표면으로부터 45cm 이상으로 하여야 한다.
    예외 지표면을 콘크리트 바닥으로 설치하는 등의 방습조치를 한 경우

② 내수재료의 마감 : 다음에 해당하는 욕실 또는 조리장의 바닥과 그 바닥으로부터 높이 1m까지의 안벽의 마감은 이를 내수재료로 하여야 한다.
  ㉠ 제1종 근린생활시설 중 목욕장의 욕실과 휴게음식점의 조리장
  ㉡ 제2종 근린생활시설 중 일반음식점 및 휴게음식점의 조리장과 숙박시설의 욕실

③ 추락방지를 위한 안전시설 설치 : 오피스텔에 거실 바닥으로부터 높이 1.2m 이하 부분에 여닫을 수 있는 창문을 설치하는 경우에는 높이 1.2m 이상의 난간이나 그 밖에 이와 유사한 추락방지를 위한 안전시설을 설치하여야 한다.

■ 층간바닥 구조제한대상
• 단독주택 중 다가구주택
• 공동주택(주택법 사업계획승인대상 제외)
• 오피스텔
• 제2종 근린생활시설 중 다중생활시설
• 숙박시설 중 다중생활시설

5) 경계벽 등의 구조
  ① 경계벽 구조

대상 건축물의 용도	구획 부분	구조 제한 기준
• 다가구주택 • 공동주택(기숙사 제외)	각 가구간 또는 세대간의 경계벽(발코니 부분은 제외)	차음구조 및 내화구조로 하고 지붕밑 또는 바로 윗층 바닥판까지 닿게 하여야 한다.
• 학교의 교실 • 의료시설의 병실 • 숙박시설의 객실 • 기숙사의 침실 • 산후조리원	각 거실간의 경계벽	
• 제2종 근린생활시설 중 다중생활시설	호실 간 경계벽	
• 노유자시설 중 노인복지주택	세대 간 경계벽	
• 노유자시설 중 노인요양시설	호실 간 경계벽	

② 차음구조의 기준
경계벽의 차음구조는 다음과 같다.

벽체의 구조	두께 기준
철근콘크리트조, 철골철근콘크리트조	10cm 이상
무근콘크리트조, 석조	10cm 이상(시멘모르타르, 회반죽 또는 석고 플라스터의 바름두께 포함)
콘크리트 블록조, 벽돌조	19cm 이상

예외 다가구주택 및 공동주택 세대간의 경계벽은 주택건설기준에 관한 규정에 따른다.

6) 창문 등의 차면시설
인접대지경계선으로부터 직선거리 2m 이내에 이웃주택의 내부가 보이는 창문 등을 설치하는 경우에는 차면시설을 설치하여야 한다.

2 건축물의 피난시설

1. 직통계단의 설치 기준

1) 피난층이 아닌 층에서의 보행거리

피난층이 아닌 층에서 거실 각 부분으로부터 피난층(직접 지상으로 통하는 출입구가 있는 층) 또는 지상으로 통하는 직통계단(경사로 포함)에 이르는 보행거리는 다음과 같다.

구 분	보행거리
원칙	30m 이하
주요구조부가 내화구조 또는 불연재료로 된 건축물	50m 이하 (16층 이상 공동주택 : 40m 이하) [자동화 생산시설에 스프링클러 등 자동식 소화설비를 설치한 공장으로서 국토교통부령으로 정하는 공장인 경우에는 그 보행거리가 75m(무인화 공장 경우 100m) 이하]

예외 지하층에 설치하는 건축물로서 바닥면적의 합계가 300m² 이상인 공연장·집회장·관람장 및 전시장을 제외

2) 피난층에서의 보행거리

피난층의 계단 및 거실로부터 건축물 바깥쪽으로의 출구에 이르는 보행거리는 다음과 같다.

구 분	원 칙	주요구조부가 내화구조, 불연재료일 경우
계단으로부터 옥외로의 출구까지	30m 이하	50m 이하 (16층 이상 공동주택 : 40m)
거실로부터 옥외로의 출구까지(피난에 지장이 없는 출입구가 있는 것은 제외)	60m 이하	100m 이하 (16층 이상 공동주택 : 80m)

※ 피난층에 있는 비상용 승강장의 출입구로부터 도로·공지에 이르는 보행거리는 30m 이하이다.

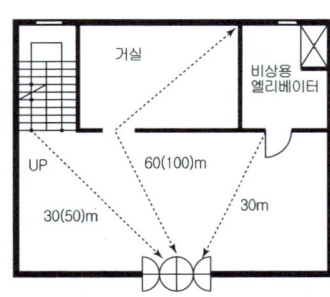

※ ( ) 안은 주요구조부가 내화구조 또는 불연재료일 경우

[그림] 피난층이 아닌 층에서 보행거리   [그림] 피난층에서 옥외로의 보행거리

핵심사항정리

■ 직통계단
피난층 이외의 층에서 피난층 또는 지상으로 통하는 경로가 계단 및 계단참이 연속되어 연결되는 계단을 말한다.

· 피난계단
 ┌ 옥내피난계단 ┐ 방화 및
 └ 옥외피난계단 ┘ 배연시설

· 특별피난계단 : 방화 및 배연시설+노대 또는 부속실

■ 피난층의 정의
직접 지상으로 통하는 출입구가 있는 층 및 초고층·준초고층 건축물의 피난안전구역이 있는 층을 말한다.

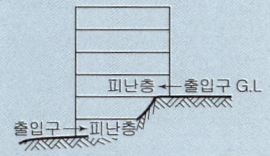

[그림] 피난층

3) 직통계단을 2개소 이상 설치하여야 하는 건축물

건축물의 피난층이 아닌 층에서 피난층 또는 지상으로 통하는 직통계단(경사로 포함)을 2개소 이상 설치하여야 하는 경우는 다음과 같다.

① 설치기준 : 2개소 이상 직통계단의 출입구는 피난에 지장이 없도록 일정한 간격을 두어 설치하고, 각 직통계단 상호간에는 각각 거실과 연결된 복도 등 통로를 설치하여야 한다.

② 설치대상

구 분	건축물의 용도	해당부분	면 적
①	• 문화 및 집회시설 (전시장 및 동·식물원 제외) • 300m² 이상인 공연장·종교집회장 • 종교시설 • 장례시설 • 위락시설 중 주점영업	그 층의 관람실 또는 집회실의 바닥면적 합계	
②	• 단독주택 중 다중주택·다가구주택 • 제2종 근린생활시설 중 학원, 독서실 • 300m² 이상인 인터넷컴퓨터게임시설제공업소 • 판매시설 • 운수시설(여객용시설만 해당) • 의료시설 (입원실이 없는 치과병원은 제외) • 교육연구시설 중 학원 • 노유자시설 중 아동관련시설, 노인복지시설, 장애인거주시설, 장애인의료재활시설 • 수련시설 중 유스호스텔 • 숙박시설	3층 이상의 층으로서 그 층의 당해 용도로 쓰이는 거실바닥 면적 합계	200m² 이상
③	지하층	그 층의 거실바닥면적 합계	
④	• 공동주택(층당 4세대 이하는 제외) • 업무시설 중 오피스텔	그 층의 당해 용도에 쓰이는 거실의 바닥면적 합계	300m² 이상
⑤	위의 ①, ②, ④에 해당하지 않는 용도	3층 이상의 층으로 그 층의 거실 바닥면적 합계	400m² 이상

4) 피난안전구역의 설치

① 초고층 건축물에는 피난층 또는 지상으로 통하는 직통계단과 직접 연결되는 피난안전구역(건축물의 피난·안전을 위하여 건축물 중간층에 설치하는 대피공간을 말함)을 지상층으로부터 최대 30개 층마다 1개소 이상 설치하여야 한다.

② 준초고층 건축물에는 피난층 또는 지상으로 통하는 직통계단과 직접 연결되는 피난안전구역을 해당 건축물 전체 층수의 1/2에 해당하는 층으로부터 상하 5개층 이내에 1개소 이상 설치하여야 한다.

[예외] 국토교통부령으로 정하는 기준에 따라 피난층 또는 지상으로 통하는 직통계단을 설치하는 경우

■ 피난안전구역

초고층 50층 이상, 200m 이상 ─ 피난안전구역 : 30계층마다 설치
준초고층 ─ 피난안전구역 : 전 층수의 1/2 해당층부터 상하 5개층 이내에 설치
고층 30층 이상, 120m 이상

※ 피난안전구역 용적률 산정시 : 연면적에 산입(×)

2. 피난계단의 설치기준

1) 피난계단, 특별피난계단의 설치대상
   ① 5층 이상의 층으로부터 피난층 또는 지상으로 통하는 직통계단
   ② 지하 2층 이하의 층으로부터 피난층 또는 지상으로 통하는 직통계단
   ③ 5층 이상의 층으로부터 피난층 또는 지상으로 통하는 직통계단과 직접 연결된 지하 1층의 계단
   ※ 판매시설(도매시장, 소매시장, 상점) 용도로 쓰이는 층으로부터의 직통계단은 1개소 이상 특별피난계단으로 설치하여야 한다.
   [예외] 주요구조부가 내화구조, 불연재료로 된 건축물로서 5층 이상의 층의 바닥면적 합계가 200m² 이하이거나, 바닥면적 200m² 이내마다 방화구획이 된 경우

2) 특별피난계단의 설치대상
   ① 건축물(갓복도식 공동주택 제외)이 11층(공동주택은 16층) 이상으로부터 피난층 또는 지상으로 통하는 직통계단
   [예외] 바닥면적 400m² 미만인 층

   ② 지하 3층 이하의 층으로부터 피난층 또는 지상으로 통하는 직통계단
   [예외] 바닥면적 400m² 미만인 층

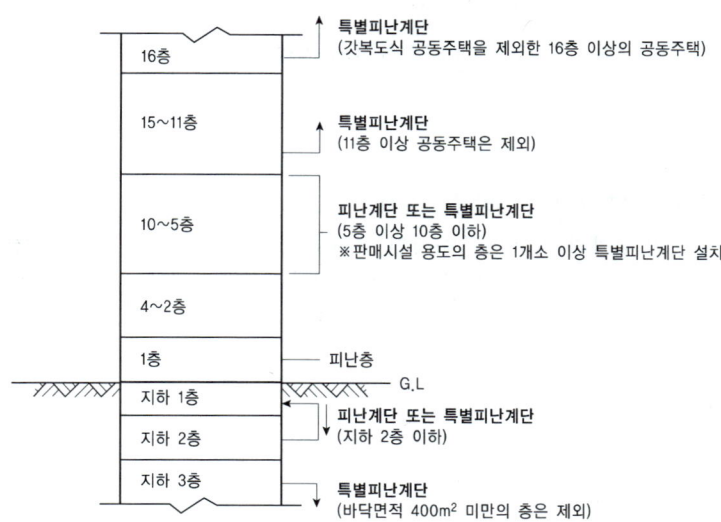

3) 직통계단 외에 별도의 피난계단, 특별피난계단의 설치대상
   ① 대상용도 : 문화 및 집회시설(전시장 및 동·식물원에 한함), 판매시설, 운수시설(여객용시설만 해당), 운동시설, 위락시설, 관광휴게시설(다중이 이용하는 시설에 한함), 수련시설(생활수련시설에 한함)
   ② 5층 이상의 층으로서 상기 ① 용도로 쓰이는 바닥면적 합계가 2,000m²를 넘는 층에는 피난계단 또는 특별피난계단 외에 2,000m²를 넘는 매 2,000m² 이내마다 1개소의 피난계단 또는 특별피난계단을 설치하여야 한다. 단, 설치되는 계단은 4층 이하의 층에는 쓰이지 않는 피난계단 또는 특별피난계단이라야 한다.

   • 계단수의 산출

   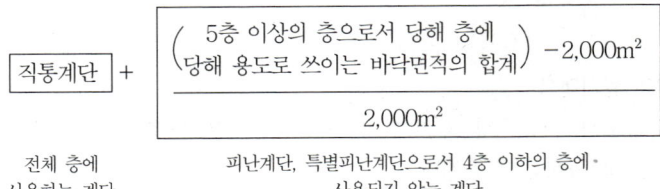

   전체 층에
   사용하는 계단   피난계단, 특별피난계단으로서 4층 이하의 층에
                                    사용되지 않는 계단

4) 옥외피난계단의 설치기준
   건축물의 3층 이상의 층(피난층 제외)으로서 다음 용도에 쓰이는 층에는 직통계단 외에 그 층으로부터 지상으로 통하는 옥외계단을 따로 설치하여야 한다.
   ① 문화 및 집회 시설(공연장에 한함), 위락시설(주점영업에 한함)에 쓰이는 층으로서 그 층의 거실의 바닥면적의 합계가 300m² 이상인 것
   ② 문화 및 집회시설 중 집회장의 용도로 쓰이는 층으로서 그 층의 거실의 바닥면적 합계가 1,000m² 이상인 것

5) 지하층과 피난층 사이의 개방공간 설치
   바닥면적의 합계가 3,000m² 이상인 공연장·집회장·관람장 또는 전시장을 지하층에 설치하는 경우에는 각 실에 있는 자가 지하층 각 층에서 건축물 밖으로 피난하여 옥외 계단 또는 경사로 등을 이용하여 피난층으로 대피할 수 있도록 천장이 개방된 외부 공간을 설치하여야 한다.

3. 피난계단 및 특별피난계단의 구조

1) 피난계단의 구조

① 건축물 내부에 설치하는 피난계단의 구조(옥내피난계단)

㉠ 계단실의 구조 : 계단실은 창문, 출입구, 기타 개구부를 제외하고는 내화구조의 벽으로 구획할 것

㉡ 계단실의 마감 : 계단실의 실내에 접하는 부분(바닥 및 반자 등 실내에 면하는 모든 부분)의 마감(마감을 위한 바탕 포함)은 불연재료로 할 것

㉢ 계단실의 조명설비 : 계단실에는 예비전원에 의한 조명설비를 할 것

㉣ 계단실의 옥외에 접하는 창문 등 : 계단실 바깥쪽에 접하는 창문 등은 당해 건축물의 다른 부분에 설치하는 창문 등으로부터 2m 이상 띄울 것

  예외 망이 들어있는 유리의 붙박이창으로서 그 면적이 각각 $1m^2$ 이하인 것

㉤ 계단실의 옥내에 접하는 창문(출입구 제외) 등 : 망이 들어있는 유리의 붙박이창으로서 그 면적이 각각 $1m^2$ 이하로 할 것

㉥ 계단실로 통하는 출입구의 구조
- 출입구의 유효너비는 0.9m 이상으로 한다.
- 피난방향으로 열 수 있도록 한다.
- 60+방화문 또는 60분방화문을 설치한다(방화문은 언제나 닫힌 상태를 유지하거나 화재시 연기의 발생 또는 온도의 상승에 의하여 자동으로 닫히는 구조일 것)

㉦ 계단은 내화구조로 하고 피난층 또는 지상까지 직접 연결되도록 할 것

㉧ 돌음계단으로 해서는 안 된다.

② 건축물 바깥쪽에 설치하는 피난계단의 구조(옥외피난계단)

㉠ 계단은 그 계단으로 통하는 출입구 외의 창문 등으로부터 2m 이상 거리를 두고 설치할 것

  예외 망이 들어있는 유리의 붙박이창으로서 그 면적이 각각 $1m^2$ 이하인 것

㉡ 옥내로부터 계단으로 통하는 출입구에는 60+방화문 또는 60분방화문을 설치할 것

㉢ 계단의 유효너비는 0.9m 이상으로 할 것

㉣ 계단은 내화구조로 하고 지상까지 직접 연결되도록 할 것

㉤ 돌음계단으로 해서는 안 된다.

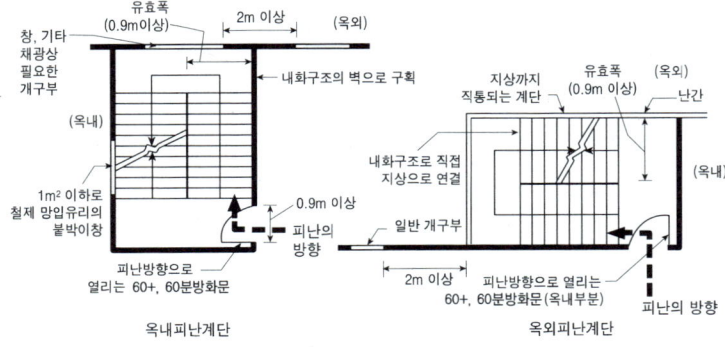

[그림] 피난계단의 구조

2) 특별피난계단의 구조
　① 계단실로의 출입
　　㉠ 노대를 통하여 연결
　　㉡ 외부를 향하여 열 수 있는 면적 1m² 이상인 창문(바닥으로부터 1m 이상의 높이에 설치한 것에 한함) 또는 건축물의 설비기준 등에 관한 규칙(제14조)의 규정에 적합한 구조의 배연설비가 있는 면적 3m² 이상인 부속실을 통하여 연결할 것
　② 계단실·노대 및 부속실(건축물의 설비기준 등에 관한 규칙에 의하여 비상용 승강기의 승강장을 겸용하는 부속실을 포함) : 창문 등을 제외하고는 내화구조의 벽으로 구획할 것
　③ 계단실 및 부속실의 마감 : 계단실 및 부속실의 실내에 접하는 부분(바닥 및 반자 등 실내에 면한 모든 부분)의 마감(마감을 위한 바탕 포함)은 불연재료로 할 것
　④ 계단실의 조명설비 : 계단실에는 예비전원에 의한 조명설비를 할 것
　⑤ 계단실·부속실·노대의 옥외에 접하는 창문 등 : 계단실·노대·부속실에 설치하는 건축물의 바깥쪽에 접하는 창문·출입문은 당해 건축물의 다른 부분에 설치하는 창문 출입문으로부터 2m 이상 거리를 두고 설치할 것
　　[예외] 망이 들어있는 유리의 붙박이창으로서 각각 1m² 이하인 것
　⑥ 창문·출입구·개구부 설치금지 : 계단실에는 노대 또는 부속실에 접하는 부분 외에는 건축물 안쪽에 접하는 창문·출입구·개구부를 설치하지 말 것
　⑦ 계단실과 접하는 노대, 부속실의 창문·개구부 : 망이 들어있는 유리의 붙박이창으로서 그 면적을 각각 1m² 이하로 할 것(단, 출입구는 제외)
　⑧ 노대 및 부속실에는 계단실 외의 건축물 내부와 연결하는 창문 등을 설치하지 말 것(단, 출입구는 제외)
　⑨ 출입구의 설치
　　㉠ 건축물의 내부에서 노대 또는 부속실로 통하는 출입구에는 60+방화문 또는 60분방화문을 설치할 것
　　㉡ 노대 또는 부속실로부터 계단실로 통하는 출입구에는 60+방화문, 60분방화문 또는 30분방화문을 설치할 것. 이 경우 60+방화문, 60분방화문 또는 30분방화문은 언제나 닫힌 상태를 유지하거나 화재로 인한 연기, 온도, 불꽃 등을 가장 신속하게 감지하여 자동적으로 닫히는 구조로 하여야 한다.
　　㉢ 출입구의 유효너비는 0.9m 이상으로 하고 피난방향으로 열 수 있을 것
　⑩ 계단은 내화구조로 하고 피난층이나 지상까지 직접 연결되게 할 것
　⑪ 돌음계단으로 해서는 안 된다.

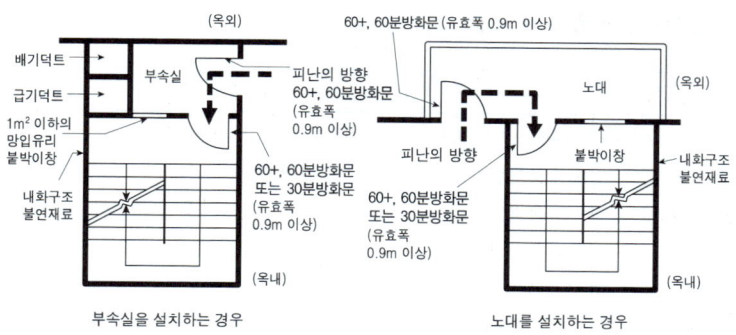

부속실을 설치하는 경우 / 노대를 설치하는 경우

> **학습포인트**
>
> ● 피난계단·특별피난계단의 출입문
> 1. 문의 방향 : 피난의 방향(안여닫이로 해서는 안 된다 : 밖여닫이)
> 2. 문의 유효폭 : 90cm 이상
> 3. 문의 구조
>   ① 옥내피난계단의 옥내로부터 계단실로 통하는 출입구 : 60+방화문 또는 60분방화문 설치
>   ② 옥외피난계단의 옥내로부터 계단실로 통하는 출입구 : 60+방화문 또는 60분방화문 설치
>   ③ 특별피난계단
>   ㉠ 옥내에서 노대 또는 부속실로 통하는 출입구 : 60+방화문 또는 60분방화문 설치(30분방화문은 안됨)
>   ㉡ 노대, 부속실에서 계단실로 통하는 출입구 : 60+방화문, 60분방화문 또는 30분방화문 설치

■ 방화문의 성능

구 분	연기·불꽃 차단시간	열 차단시간
60+ 방화문	60분 이상	30분 이상
60분 방화문	60분 이상	
30분 방화문	30분 이상 60분 미만	-

☞ 종전의 갑종방화문(60+방화문, 60분 방화문), 을종방화문(30분 방화문)에 해당된다.

※ 60+방화문(영: 60분+방화문)

4. 관람실 등으로부터의 출구 설치기준

1) 문화 및 집회시설 등의 출구방향

문화 및 집회 시설(전시장 및 동·식물원 제외), 300m² 이상인 공연장·종교집회장, 종교시설, 위락시설, 장례시설의 용도에 쓰이는 건축물의 관람실 또는 집회실로부터 밖으로의 출구에 쓰이는 문은 안여닫이로 해서는 안 된다.

2) 공연장의 개별 관람실의 출구기준

관람실의 바닥면적이 300m² 이상인 경우의 출구는 다음 조건에 적합하여야 한다.

① 관람실별로 2개소 이상 설치할 것
② 각 출구의 유효폭은 1.5m 이상일 것
③ 개별 관람실 출구의 유효폭의 합계는 개별 관람실의 바닥면적 100m² 마다 0.6m 이상의 비율로 산정한 폭 이상일 것

5. 건축물 바깥쪽으로의 출구 (영 제39조, 피난·방화규칙 제11조)

구 분	기 준
대상 건축물	• 문화 및 집회시설(전시장 및 동·식물원을 제외) • 종교시설　　　　　• 판매시설 • 장례시설　　　　　• 국가 또는 지방자치단체의 청사 • 위락시설　　　　　• 연면적이 5,000m² 이상인 창고시설 • 학교　　　　　　• 승강기를 설치하여야 하는 건축물
출구 방향	용도 : 문화 및 집회시설(전시장, 동·식물원은 제외), 300m² 이상인 공연장·종교집회장, 종교시설, 장례시설, 위락시설 → 안여닫이로 하여서는 아니된다. (밖여닫이)
보조출구 또는 비상구 설치	관람실의 바닥면적의 합계가 300m² 이상인 집회장 또는 공연장은 바깥쪽으로 주된 출구 외에 보조출구 또는 비상구를 2개소 이상 설치하여야 한다.
판매시설의 피난층에 설치하는 출구 유효폭	$$출구유효폭 \geq \frac{당해\ 용도\ 최대인\ 층의\ 바닥면적(m^2)}{100m^2} \times 0.6m$$
경사로 설치 대상	• 제1종 근린생활시설 중 * • 연면적이 5,000m² 이상인 판매시설, 운수시설 • 학교 • 국가·지방자치단체의 청사와 외국공관의 건축물(제1종 근린생활시설에 해당하지 아니한 것) • 승강기를 설치해야 하는 건축물
회전문	• 계단이나 에스컬레이터로부터 2m 이상 • 회전문과 문틀사이 및 바닥사이의 간격 확보 　- 회전문과 문틀 사이는 5cm 이상 　- 회전문과 바닥 사이는 3cm 이하 • 회전문의 중심축에서 회전문과 문틀 사이의 간격을 포함한 회전문날개 끝부분까지의 길이는 140cm 이상 • 회전문의 회전속도는 분당회전수가 8회를 넘지 아니하도록 할 것

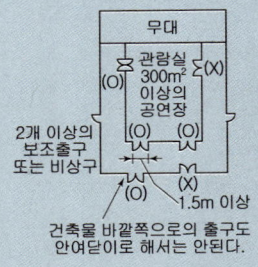

[그림] 문화 및 집회시설 등의 출구

* 제1종 근린생활시설 중
  • 지역자치센터·파출소·지구대·소방서·우체국·전신전화국·방송국·보건소·공공도서관·지역건강보험조합 등 동일한 건축물 안에 당해 용도에 쓰이는 바닥면적의 합계가 1,000m² 미만인 것
  • 마을회관·마을공동작업소·마을공동구판장·변전소·양수장·정수장·대피소·공중화장실

6. 옥상광장 등의 설치

구 분	설치 대상 및 기준
난간 설치	옥상광장 또는 2층 이상의 층에 있는 노대의 주위에는 높이 1.2m 이상의 난간 설치
옥상광장의 설치	5층 이상의 층의 용도 : 문화 및 집회시설(전시장, 동·식물원 제외), 300m² 이상인 공연장·종교집회장·인터넷컴퓨터게임시설제공업소, 종교시설, 판매시설, 주점영업, 장례시설
헬리포트의 설치	층수가 11층 이상인 건축물로서 11층 이상인 층의 바닥면적의 합계가 10,000m² 이상인 건축물(평지붕만 해당)의 옥상 • 헬리포트의 설치기준 - 길이와 너비 : 각각 22m 이상(15m까지 감축 가능) - 반경 12m 이내에는 장애가 되는 장애물 금지 - 주위한계선 : 백색으로 너비 38cm - 지름 8m의 Ⓗ 표지를 백색, "H" 표지의 선너비 : 38cm, "○" 표지의 선너비 : 60cm

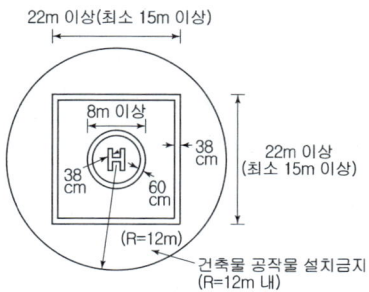

[그림] 헬리포트의 설치기준

■ 소방자동차 접근이 가능한 통로 설치대상
• 다중이용건축물
• 준다중이용건축물
• 11층 이상인 건축물

3 건축물의 방화시설 및 제한

1. 방화구획

주요구조부가 내화구조 또는 불연재료로 된 건축물로 연면적이 1,000m²를 넘는 것은 다음의 기준에 의한 내화구조의 바닥, 벽·자동방화셔터 및 60+방화문 또는 60분방화문으로 구획하여야 한다.

예외 원자력법에 의한 원자로 및 관계시설은 원자력법령이 정하는 바에 의한다.

건축물의 규모	구 획 기 준	
10층 이하의 층	바닥면적 1,000m² (3,000m²) 이내마다 구획	
지상층, 지하층	매층마다 구획(면적에 무관) [단, 지하 1층에서 지상으로 직접 연결하는 경사로 부위는 제외]	
11층 이상의 층	실내마감이 불연재료의 경우	바닥면적 500m² (1,500m²) 이내마다 구획
	실내마감이 불연재료가 아닌 경우	바닥면적 200m² (600m²) 이내마다 구획
필로티의 부분을 주차장으로 사용하는 경우 그 부분과 건축물의 다른 부분을 구획		

2. 방화에 장애가 되는 용도제한

① 같은 건축물 안에는 ㉠ 용도와 ㉡ 용도의 건축물을 함께 설치할 수 없다.

대상 건축물
㉠ 의료시설, 노유자시설(아동관련시설 및 노인복지시설만 해당), 장례시설 또는 공동주택, 산후조리원
㉡ 위락시설, 위험물저장 및 처리시설, 공장, 자동차관련시설(정비공장만 해당)

② 다음에 해당하는 용도의 시설은 같은 건축물에 함께 설치할 수 없다.
  ㉠ 노유자시설 중 아동관련시설 또는 노인복지시설과 판매시설 중 도매시장 또는 소매시장
  ㉡ 단독주택(다중주택, 다가구주택에 한정), 공동주택, 제1종 근린생활시설 중 조산원·산후조리원과 제2종 근린생활시설 중 다중생활시설

3. 건축물의 내화구조 및 방화벽

1) 건축물의 내화구조

다음에 해당하는 건축물(3층 이상의 건축물 및 지하층이 있는 건축물로서 2층 이하인 건축물의 경우에는 지하층 부분에 한함)의 주요구조부는 이를 내화구조로 하여야 한다.

예외 1. 연면적 50m² 이하인 단층 부속건축물로서 외벽 및 처마밑면을 방화구조로 한 것
2. 무대바닥

건축물의 용도	당해 용도의 바닥면적의 합계	비 고
① · 문화 및 집회시설(전시장 및 동·식물원 제외) · 300m² 이상인 공연장 · 종교집회장 · 종교시설 · 장례시설 · 위락시설 중 주점영업의 용도에 쓰이는 건축물로서 관람실·집회실	200m² 이상	옥외 관람석의 경우에는 1,000m² 이상
② · 문화 및 집회시설 중 전시장 및 동·식물원 · 판매시설 · 운수시설 · 교육연구시설에 설치하는 체육관·강당 · 수련시설 · 운동시설 중 체육관 및 운동장 · 위락시설(주점영업 제외) · 창고시설 · 위험물 저장 및 처리시설 · 자동차 관련시설 · 방송국·전신전화국 및 촬영소 · 묘지관련시설 중 화장장 · 관광휴게시설	500m² 이상	—
③ 공장	2,000m² 이상	* 화재로 위험이 적은 공장으로서 국토교통부령이 정하는 공장은 제외
④ · 건축물의 2층이 · 단독주택 중 다중주택·다가구주택 · 공동주택 · 제1종 근린생활시설(의료의 용도에 쓰이는 시설) · 제2종 근린생활시설 중 다중생활시설 · 의료시설 · 노유자시설 중 아동관련시설, 노인복지시설 · 수련시설 및 유스호스텔 · 업무시설 중 오피스텔 · 숙박시설 · 장례시설	400m² 이상	
⑤ · 3층 이상 건축물 · 지하층이 있는 건축물 예외 2층 이하인 경우는 지하층 부분에 한함	모든 건축물	단독주택(다중주택·다가구주택 제외), 동물 및 식물관련시설, 발전시설, 교도소·소년원 또는 묘지관련시설(화장장 제외)와 철강 관련 업종의 공장 중 제어실로 사용하기 위하여 연면적 50m² 이하로 증축하는 부분은 제외

* 국토교통부령이 정하는 공장 : 주요구조부가 불연재료로 되어 있는 2층 이하의 공장(33개 업종)

2) 대규모 건축물의 방화벽 등
   ① 방화벽으로의 구획

   연면적 1,000m² 이상인 건축물은 각 구획의 바닥면적이 1,000m² 미만이 되도록 다음 기준의 방화벽으로 구획하여야 한다.

   > [예외] · 주요구조부가 내화구조이거나 불연재료인 건축물
   >   · 단독주택·동물 및 식물 관련시설·발전시설, 교도소·소년원 또는 묘지관련시설 (화장시설 및 동물화장시설은 제외)
   >   · 창고(내부설비구조상 방화벽으로 구획할 수 없는 경우)

   ② 방화벽의 구조
   ㉠ 내화구조로서 홀로 설 수 있는 구조일 것
   ㉡ 방화벽의 양쪽 끝과 위쪽 끝을 건축물의 외벽면 및 지붕면으로부터 0.5m 이상 튀어나오게 할 것
   ㉢ 방화벽에 설치하는 출입문의 폭 및 높이는 각각 2.5m 이하로 하고, 출입문의 구조는 60+방화문 또는 60분방화문으로 할 것
   ㉣ 방화벽에 설치하는 60+방화문 또는 60분방화문은 언제나 닫힌 상태를 유지하거나 화재시 연기발생, 온도상승에 의하여 자동적으로 닫히는 구조로 할 것
   ㉤ 급수관, 배전관 등의 관이 방화벽을 관통하는 경우 관과 방화벽과의 틈을 시멘트모르타르 등의 불연재료로 메워야 한다.
   ㉥ 환기·난방·냉방 시설의 풍도가 방화벽을 관통하는 경우에는 그 관통부분 또는 근접한 부분에 다음 기준의 댐퍼를 설치할 것
     · 화재로 인한 연기 또는 불꽃을 감지하여 자동적으로 닫히는 구조로 할 것. 다만, 주방 등 연기가 항상 발생하는 부분에는 온도를 감지하여 자동적으로 닫히는 구조로 할 수 있다.
     · 국토교통부장관이 정하여 고시하는 비차열(非遮熱) 성능 및 방연성능 등의 기준에 적합할 것

   ③ 연면적 1,000m² 이상인 목조건축물
   외벽 및 처마 밑의 연소 우려가 있는 부분은 방화구조로 하거나 지붕은 불연재료로 하여야 한다.

   ④ 연소할 우려가 있는 부분
   인접대지경계선, 도로중심선, 동일 대지 내 2동 이상의 건축물이 있는 경우는 상호 외벽간의 중심선(단, 연면적의 합계가 500m² 이하인 건축물은 하나의 건축물로 본다)으로부터 1층에서는 3m 이내, 2층 이상에서는 5m 이내에 있는 건축물의 각 부분을 말한다.

   > [예외] 공원, 광장, 하천의 공지나 수면 또는 내화구조의 벽 등에 접하는 부분은 제외

4. 방화지구 안의 건축물

1) **방화지구 안의 건축물의 구조제한**

   국토의 계획 및 이용에 관한 법률에 의한 방화지구 안에서는 건축물의 주요구조부 및 외벽은 내화구조로 해야 한다.

   > 예외
   > - 연면적이 30m² 미만인 단층 부속건축물로서 외벽 및 처마면이 내화구조 또는 불연재료로 된 것
   > - 주요구조부가 불연재료로 된 도매시장

2) **방화지구 내 공작물의 구조제한**

   방화지구 안의 공작물로서 다음에 해당하는 경우에는 그 주요구조부를 불연재료로 해야 한다.
   ① 간판·광고탑
   ② 대통령령이 정하는 공작물 중 지붕위에 설치하는 공작물
   ③ 높이 3m 이상의 공작물

3) **방화지구 안의 지붕·방화문·인접대지경계선에 접하는 외벽의 구조**

   ① 방화지구 안 건축물의 지붕으로서 내화구조가 아닌 것은 불연재료로 해야 한다.
   ② 방화지구 안 건축물의 외벽에 설치하는 창문 등으로서 연소할 우려가 있는 부분에는 다음의 기준에 적합한 방화문 등의 방화설비를 설치하여야 한다.
   ㉠ 60+방화문 또는 60분방화문
   ㉡ 창문 등에 설치하는 드렌처(drencher)
   ㉢ 당해 창문 등과 연소할 우려가 있는 다른 건축물의 부분을 차단하는 내화구조나 불연재료로 된 벽, 담장 등의 방화설비
   ㉣ 환기구멍에 설치하는 불연재료로 된 방화커버 또는 그물눈 2mm 이하인 금속망

4) **방화문의 구분**

구 분	성 능
60분+ 방화문	연기 및 불꽃을 차단할 수 있는 시간이 60분 이상이고, 열을 차단할 수 있는 시간이 30분 이상인 방화문
60분 방화문	연기 및 불꽃을 차단할 수 있는 시간이 60분 이상인 방화문
30분 방화문	연기 및 불꽃을 차단할 수 있는 시간이 30분 이상 60분 미만인 방화문

[주] 아파트 발코니에 설치하는 대피공간 : 60+방화문(비차열 60분 이상과 차열 30분 이상)
※ 60+ 방화문(영: 60분+ 방화문)

5. 건축물의 내부마감재료

1) 건축물의 내장 제한(내부 마감재료의 제한)

구 분		마감재료
지상층	거실	불연재료, 준불연재료, 난연재료
	통로	불연재료, 준불연재료
지하층	거실, 통로	불연재료, 준불연재료

4 지하층의 설치 등

1. 지하층의 구조

바닥면적의 규모	설치기준
거실의 바닥면적 50m² 이상인 층	직통계단 외에 비상탈출구 및 환기통 설치 [예외] 직통계단이 2 이상이 된 경우 [주] 제2종 근린생활시설 중 공연장·단란주점·당구장·노래연습장, 문화 및 집회시설 중 예식장·공연장, 수련시설 중 생활권수련시설·자연권수련시설, 숙박시설 중 여관·여인숙, 위락시설 중 단란주점·유흥주점 또는 다중이용업소의 안전관리에 관한 특별법 시행령 규정에 의한 다중이용업의 용도에 쓰이는 층으로서 그 1층의 거실의 바닥면적의 합계가 50m² 이상인 건축물에는 직통계단을 2개소 이상 설치할 것
바닥면적 1,000m² 이상인 층	방화구획으로 구획하는 각 부분마다 1 이상의 피난계단 또는 특별피난계단 설치
거실의 바닥면적의 합계가 1,000m² 이상인 층	환기설비 설치
지하층의 바닥면적이 300m² 이상인 층	식수공급을 위한 급수전을 1개소 이상 설치

2. 지하층에 설치하는 비상탈출구의 구조

비상탈출구	설치기준
비상탈출구의 크기	유효너비 0.75m×유효높이 1.5m 이상
비상탈출구의 방향	피난방향으로 열리도록 하고, 실내에서 항상 열 수 있는 구조로 하며 내부 및 외부에는 비상탈출구의 표시설치
비상탈출구	출입구로부터 3m 이상 떨어진 곳에 설치

사다리의 설치	지하층의 바닥으로부터 비상 탈출구의 아랫부분까지의 높이가 1.2m 이상이 되는 경우에는 벽체의 발판의 너비가 20cm 이상인 사다리를 설치할 것
피난통로의 유효너비	피난층 또는 지상으로 통하는 복도나 직통계단까지 이르는 피난통로의 유효너비는 0.75m 이상
비상탈출구의 통로마감	피난 통로의 실내에 접하는 부분의 마감과 그 바탕을 불연재료로 할 것
비상탈출구의 진입 부분의 피난통로	통행에 지장이 있는 물건을 방치하거나 시설물을 설치하지 아니할 것
비상탈출구의 유도등과 피난 통로의 비상조명등의 설치	소방법령에서 정하는 바에 의한다.

※ 단, 주택의 경우에는 제외

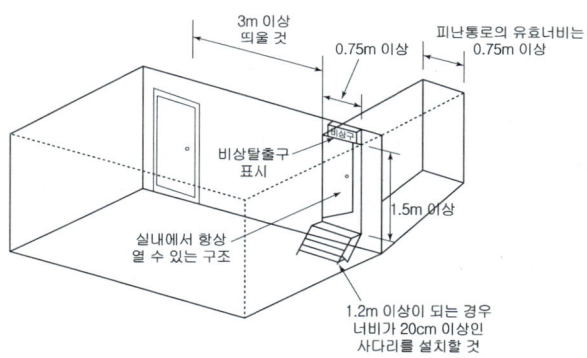

[그림] 비상탈출구

3. 건축물의 범죄예방

대상 건축물	구조 기준
• 아파트 • 다가구주택 · 연립주택 및 다세대주택 • 제1종 근린생활시설 중 일용품 판매 소매점 • 제2종 근린생활시설 중 다중생활시설 • 문화 및 집회시설(동 · 식물원은 제외) • 교육연구시설(연구소 및 도서관은 제외) • 노유자시설 • 수련시설 • 업무시설 중 오피스텔 • 숙박시설 중 다중생활시설	국토교통부장관은 범죄를 예방하고 안전한 생활환경을 조성하기 위하여 건축물, 건축설비 및 대지에 관한 범죄예방 기준을 정하여 고시할 수 있다.

SECTION 4 건축설비 등 (설비규칙, 피·방규칙, 녹색건축물 인증 포함)

1. 건축설비의 기준 등

1) 공동주택 및 다중이용시설의 환기설비

   신축 또는 리모델링하는 다음에 해당하는 주택 또는 건축물은 시간당 0.5회 이상의 환기가 이루어질 수 있도록 자연환기설비 또는 기계환기설비를 설치하여야 한다.

   ① 30세대 이상의 공동주택
   ② 주택을 주택 외의 시설과 동일건축물로 건축하는 경우로서 주택이 30세대 이상인 건축물

2) 개별난방설비 등

   공동주택과 오피스텔의 난방설비를 개별난방방식으로 하는 경우에는 다음의 기준에 적합하여야 한다.

구 분	기 준
보일러 설치위치	• 거실 외의 곳에 설치 • 보일러실과 거실 사이의 경계벽은 내화구조의 벽으로 구획(출입구 제외)
보일러실의 환기	• 윗부분에 0.5m² 이상의 환기창 설치 • 지름 10cm 이상의 공기흡입구 및 배기구를 항상 열려진 상태로 외기와 접하도록 설치(단, 전기보일러 경우는 제외)
기름저장소	• 기름보일러의 기름저장소는 보일러실 외에 설치할 것
오피스텔의 난방구획	• 방화구획으로 구획할 것
보일러실의 연도	• 내화구조로서 공동연도로 설치할 것
가스보일러	• 보일러실과 거실 사이 출입구는 출입구가 닫힌 경우 가스가 거실에 들어갈 수 없는 구조일 것 • 중앙집중공급방식으로 공급하는 경우에는 ①의 규정에도 불구하고 관계법령이 정하는 기준에 의함

■ 방송 공동수신설비 설치대상 건축물
① 공동주택
② 바닥면적의 합계가 5,000m² 이상으로서 업무시설이나 숙박시설의 용도로 쓰는 건축물

■ 배전(配電) 전기설비 설치 공간 확보
연면적이 500m² 이상인 건축물의 대지

3) 배연설비
① 6층 이상의 건축물로서 제2종 근린생활시설 중 300m² 이상인 공연장·종교집회장·인터넷컴퓨터게임시설제공업소 및 다중생활시설, 문화 및 집회시설, 종교시설, 판매시설, 운수시설, 의료시설(요양병원 및 정신병원은 제외), 연구소, 아동관련시설·노인복지시설(노인요양시설은 제외), 유스호스텔, 운동시설, 업무시설, 숙박시설, 위락시설, 관광휴게시설, 장례시설의 용도에 해당되는 건축물의 거실
[예외] 피난층인 경우

② 요양병원 및 정신병원·산후조리원, 노인요양시설·장애인 거주시설 및 장애인 의료재활시설의 용도에 해당되는 건축물
[예외] 피난층인 경우

③ 배연설비의 구조기준

구 분	기 준
배연창 개수	방화구획마다 1개소 이상의 배연창을 설치하되, 배연창의 상변과 천장 또는 반자로부터 수직거리가 0.9m 이내일 것(단, 반자높이가 바닥으로부터 3m 이상인 경우에는 배연창의 하변이 바닥으로부터 2.1m 이상의 위치에 놓이도록 설치하여야 한다)
배연창 유효면적	1m² 이상으로 바닥면적이 1/100 이상일 것 [주] ㉠ 방화구획이 된 경우는 구획된 각 부분의 바닥면적으로 산정 ㉡ 바닥면적 산정시 거실 바닥면적의 1/20 이상의 환기창을 설치한 거실면적은 산입하지 않음.
배연구 구조	• 연기감지기, 열감지기에 의하여 자동으로 열 수 있는 구조(수동개폐장치) • 예비전원에 의하여 열 수 있도록 할 것
기계식 배연설비	상기 ①, ②, ③의 규정에도 불구하고 소방관계법령의 규정에 따를 것

④ 특별피난계단 및 비상용·피난용 승강기의 승강장에 설치하는 배연설비의 기준 (설비규칙 제14조 ②)

구 분	구조 기준
배연구 및 배연풍도	불연재료로 하고, 화재가 발생한 경우 원활하게 배연시킬 수 있는 규모로서 외기 또는 평상시에 사용하지 아니하는 굴뚝에 연결할 것
배연구의 구조	• 배연구에 설치하는 수동개방장치 또는 자동개방장치(열감지기 또는 연기감지기에 한 것을 말함)는 손으로도 열고 닫을 수 있도록 할 것 • 평상시에는 닫힌 상태를 유지하고, 연 경우에는 배연에 의한 기류로 인하여 닫히지 아니하도록 할 것 • 배연구가 외기에 접하지 아니하는 경우에는 배연기를 설치 할 것
배연기	• 배연구의 열림에 따라 자동적으로 작동하고, 충분한 공기배출 또는 가압능력이 있을 것 • 배연기에는 예비전원을 설치할 것
공기유입방식	급기가압방식 또는 급·배기 방식으로 하는 경우에는 소방관계 법령의 규정에 적합하게 할 것

■ 물막이설비
① 대상지구 : 방재지구, 자연재해위험지구
② 규모 : 연면적 10,000m² 이상

4) 배관설비

■ 주거용 건축물 급수관의 지름 기준

가구 또는 세대수	1	2~3	4~5	6~8	9~16	17 이상
급수관 최소지름	15	20	25	32	40	50

① 가구수나 세대수가 불분명한 경우에는 주거에 쓰이는 바닥면적의 합계에 따라 다음과 같이 가구수를 산정한다.
  ㉠ 바닥면적 $85m^2$ 이하 : 1가구
  ㉡ 바닥면적 $85m^2$ 초과, $150m^2$ 이하 : 3가구
  ㉢ 바닥면적 $150m^2$ 초과, $300m^2$ 이하 : 5가구
  ㉣ 바닥면적 $300m^2$ 초과, $500m^2$ 이하 : 16가구
  ㉤ 바닥면적 $500m^2$ 초과 : 17가구

② 가압설비 등을 설치하여 급수시 각 기구에서 압력이 $1cm^2$당 0.7kg 이상인 경우는 상기 1의 기준을 적용하지 않는다.

5) 피뢰설비
① 설치 대상 : 낙뢰의 우려가 있는 건축물 또는 높이 20m 이상의 건축물 또는 공작물로서 높이 20m 이상의 공작물(건축물에 공작물을 설치하여 그 전체 높이가 20m 이상인 것을 포함)

② 피뢰설비의 구조 기준

구 분	설치 기준
피뢰설비	한국산업표준이 정하는 보호레벨등급 (위험물저장 및 처리시설 : 피뢰시스템레벨 Ⅱ 이상)
돌침	• 건축물의 맨 윗부분으로부터 25cm 이상 돌출시켜 설치할 것 • 설계하중에 견딜 수 있는 구조일 것
피뢰설비의 최소 단면적 (피복 없는 동선 기준)	수뢰부, 인하도선, 접지극 : $50mm^2$ 이상
철근(철골)구조체 사용시 인하도선	• 전기적 연속성이 보장될 것 • 구조체의 상단부와 하단부 사이의 전기저항이 0.2Ω 이하일 것
측면 낙뢰방지 (60m 초과 건축물)	지면에서 건축물 높이의 4/5가 되는 지점부터 최상단부분까지의 측면에 수뢰부를 설치하여야 하며, 지표레벨에서 최상단부의 높이가 150m를 초과하는 건축물은 120m 지점부터 최상단부분까지의 측면에 수뢰부를 설치할 것

2. 승강기

1) 승용승강기의 설치

① 설치 대상 : 층수가 6층 이상으로서 연면적 2,000m² 이상인 건축물

> 예외 층수가 6층인 건축물로서 각층 거실 바닥면적 300m² 이내마다 1개소 이상 직통계단을 설치한 경우

② 승용승강기의 설치 기준

건축물의 용도	6층 이상 거실면적의 합계(Am²)		
	3,000m² 이하	3,000m² 초과	공식
① 문화 및 집회시설 • 공연장 • 집회장 • 관람장 ② 판매시설 • 도매시장 • 소매시장 • 상점 ③ 의료시설 • 병원 • 격리병원	2대	2대에 3,000m² 초과하는 경우에는 그 초과하는 매 2,000m² 이내마다 1대의 비율로 가산한 대수	$2 + \dfrac{A - 3,000m^2}{2,000m^2}$
① 문화 및 집회시설 • 전시장 • 동·식물원 ② 업무시설 ③ 숙박시설 ④ 위락시설	1대	1대에 3,000m²를 초과하는 경우에는 그 초과하는 매 2,000m² 이내마다 1대의 비율로 가산한 대수	$1 + \dfrac{A - 3,000m^2}{2,000m^2}$
① 공동주택 ② 교육연구시설 ③ 노유자시설 ④ 기타시설	1대	1대에 3,000m²를 초과하는 경우에는 그 초과하는 매 3,000m² 이내마다 1대의 비율로 가산한 대수	$1 + \dfrac{A - 3,000m^2}{3,000m^2}$

※ 단, 승용승강기가 설치되어 있는 6층 이상의 건축물에 1개층을 증축하는 경우에는 승용승강기의 승강로를 연장하여 설치하지 않을 수 있다.

[주] 8인승 이상 15인승 이하를 기준으로 산정하며 16인승 이상의 승강기는 2대로 산정한다. 대수 산정시 소수점 이하는 1대로 본다.

예제문제 01

6층 이상의 거실 면적의 합계가 20,000m²인 업무시설에 16인승 승용승강기를 설치할 경우 최소설치대수는 얼마인가?

해설 3,000m² 이하까지 1대, 3,000m² 초과하는 2,000m²당 1대를 가산한 대수

$$\therefore 1 + \frac{20,000 - 3,000}{2,000} = 9.5$$

∴ 10대 (소수점 이하는 1대로 본다.)
　16인승 이상은 2대로 산정하므로
∴ 10÷2=5대

예제문제 02

각층 바닥면적이 2,000m²인 아파트의 승용승강기의 최소대수는?(단, 20층짜리로 10층과 20층은 기계실임)

해설 6층 이상의 거실 바닥면적 : 6층부터 20층까지 개층 가운데 10층과 20층 기계실은 바닥면적에서 제외되므로 13개층에 해당되는 26,000m²이 거실 바닥면적의 합계이다.

$$\therefore 1 + \frac{26,000 - 3,000}{3,000} = 1 + 7.8 = 8.8$$

∴ 9대 (소수점 이하는 1대로 본다.)

2) 비상용승강기
　① 설치 대상 : 31m를 넘는 건축물
　② 비상용승강기의 설치 기준

높이 31m를 넘는 각층의 바닥면적 중 최대바닥면적(Am²)	설 치 대 수	공 식
1,500m² 이하	1대 이상	
1,500m² 초과	1대+1,500m²를 넘는 3,000m² 이내마다 1대씩 가산	$1 + \dfrac{A - 1,500m^2}{3,000m^2}$

[주] 2대 이상의 비상용승강기를 설치하는 경우에는 화재시 소화에 지장이 없도록 일정한 간격을 두고 설치한다. 대수 산정시 소수점 이하는 1대로 본다.

예제문제 03

각층 바닥면적 2,000m²인 15층 병원 건축물에 설치하여야 할 승강기의 최소대수는?
(단, 각층 거실바닥면적은 1,500m², 각층 층고는 3m임)

해설 ① 승용승강기 대수 : 6층 이상 거실 면적의 합계가 (10개층×1,500)m² 이므로 3,000m²까지는 2대, 3,000m²를 초과하는 2,000m²당 1대를 가산한 대수

$$\therefore 2 + \frac{15,000 - 3,000}{2,000} = 8대$$

② 비상용승강기 대수 : 31m를 넘는 각층 바닥면적 중 최대바닥면적이 2,000m² 이므로

$$\therefore 1 + \frac{2,000 - 1,500}{3,000} = 1.2$$

∴ 2대(소수점 이하는 1대로 본다.)

③ 비상용승강기를 설치하지 않아도 되는 건축물
  ㉠ 높이 31m를 넘는 각층을 거실 이외의 용도로 사용할 경우
  ㉡ 높이 31m를 넘는 각층의 바닥면적의 합계가 500m² 이하인 건축물
  ㉢ 높이 31m를 넘는 부분의 층수가 4개층 이하로서 당해 각층 바닥면적 200m² (500m²)* 이내마다 방화구획을 한 건축물
    * ( ) 속의 수치는 실내의 벽 및 반자의 마감을 불연재료로 한 경우임

④ 비상용승강기 승강장의 구조
  ㉠ 승강장은 건축물의 다른 부분과 내화구조의 바닥·벽으로 구획(창문·출입구·개구부 제외)할 것
    ※ 단, 공동주택의 경우 승강장과 특별피난계단의 부속실과의 겸용부분을 특별피난계단의 계단실과 별도로 구획하는 때에는 승강장을 특별피난계단의 부속실과 겸용할 수 있다.
  ㉡ 승강장은 피난층을 제외한 각층의 내부와 연결될 수 있도록 하되, 그 출입구(승강로의 출입구 제외)에는 60+방화문 또는 60분방화문을 설치할 것
  ㉢ 노대 또는 외부를 향하여 열 수 있는 창문이나 배연설비(설비규칙 제14조 ②)를 설치할 것
  ㉣ 벽 및 반자가 실내에 접하는 부분의 마감재료(마감을 위한 바탕 포함)는 불연재료로 할 것
  ㉤ 채광이 되는 창문이 있거나 예비전원에 의한 조명설비를 할 것
  ㉥ 승강장의 바닥면적은 비상용승강기 1대에 대하여 6m² 이상으로 할 것
    예외 옥외에 승강장을 설치하는 경우
  ㉦ 피난층이 있는 승강장의 출입구(승강장이 없는 경우에는 승강로의 출입구)로부터 도로 또는 공지에 이르는 거리가 30m 이하일 것
  ㉧ 승강장 출입구 부근의 잘 보이는 곳에 당해 승강기가 비상용승강기임을 알 수 있는 표지를 할 것

■ 피난용승강기
① 설치대상 : 고층 건축물
② 승강장 구조제한 : 내화구조, 불연재료, 60+방화문 또는 60분방화문
※ 전용예비전원 확보
• 초고층 건축물 : 2시간 이상
• 준초고층 건축물 : 1시간 이상

3. 지능형건축물의 인증

1) 지능형건축물 인증제도
① 국토교통부장관은 지능형건축물[Intelligent Building]의 건축을 활성화하기 위하여 지능형건축물 인증제도를 실시한다.
② 국토교통부장관은 지능형건축물의 인증을 위하여 인증기관을 지정할 수 있다.
③ 지능형건축물의 인증을 받으려는 자는 인증기관에 인증을 신청하여야 한다.

2) 건축기준의 완화 적용
허가권자는 지능형건축물로 인증을 받은 건축물에 대하여 다음과 같이 건축기준을 완화하여 적용할 수 있다.

완화 규정	완화 기준
대지 안의 조경(법 제42조)	$\frac{85}{100}$ 범위 안에서 완화적용
용적률(법 제56조) 건축물의 높이(법 제60조)	$\frac{115}{100}$ 범위 안에서 완화적용

4. 건축물의 냉방설비

■ 에너지 합리적 이용을 위한 설계기준
다음에 해당하는 건축물은 산업통상자원부장관이 국토교통부장관과 협의하여 정하는 바에 따라 축냉식 또는 가스를 이용한 중앙집중냉방방식으로 하여야 한다.

규모	건축물의 용도
① 바닥면적 합계 1,000m² 이상	· 목욕장(제1종 근린생활시설) · 실내수영장(운동시설) · 실내물놀이형 시설(운동시설)
② 바닥면적 합계 2,000m² 이상	· 기숙사 · 병원(의료시설) · 유스호스텔(수련시설) · 숙박시설
③ 바닥면적 합계 3,000m² 이상	· 연구소(교육연구시설) · 업무시설 · 판매시설
④ 바닥면적 합계 10,000m² 이상	· 문화 및 집회시설(동·식물원 제외) · 종교시설 · 장례식장 · 교육연구시설(연구소 제외)

5. 관계전문기술자의 협력을 받아야 하는 건축물

관계전문기술자	건축물의 규모	용도 및 협력사항
건축구조기술사	• 6층 이상 건축물 • 특수구조 건축물 • 다중이용 건축물 • 준다중이용 건축물 • 3층 이상의 필로티형식 건축물 • 지진구역 1의 중요도(특)에 해당하는 건축물	구조안전의 확인
건축기계설비기술사· 공조냉동기계기술사	• 연면적 10,000[m²] 이상(창고시설을 제외) • 에너지를 대량으로 소비하는 건축물(바닥면적 합계 기준) ① 500m² 이상 : 냉동냉장시설, 항온항습시설, 특수청정시설	급수·배수(配水)·배수(排水)·환기·난방·소화·배연·오물처리 설비 및 승강기(기계 분야만 해당)
건축기계설비기술사· 공조냉동기계기술사· 가스기술사	② 규모에 관계없이 : 아파트 및 연립주택 ③ 500m² 이상 : 목욕장(제1종 근린생활시설), 실내수영장(운동시설), 실내물놀이형시설	가스설비
건축전기설비기술사 또는 발송배전기술사	④ 2,000m² 이상 : 기숙사, 병원(의료시설), 유스호스텔(수련시설), 숙박시설 ⑤ 3,000m² 이상 : 연구소(교육연구시설), 업무시설, 판매시설 ⑥ 10,000m² 이상 : 문화 및 집회시설(동·식물원 제외), 종교시설, 장례식장, 교육연구시설(연구소 제외)	전기, 승강기(전기 분야만 해당) 및 피뢰침
토목분야 기술사, 지질 및 기반기술사	• 깊이 10m 이상 토지굴착공사 • 높이 5m 이상의 옹벽 등 공사	• 지질조사 • 토공사의 설계 및 감리 • 흙막이벽·옹벽 설치 등에 관한 위해방지 및 기타 필요한 사항

6. 재료 등의 기준 관리

국토교통부장관은 기후 변화나 건축기술의 변화 등에 따라 건축물의 구조 및 재료 등에 관한 기준이 적정한지를 검토하는 건축모니터링을 3년마다 실시하여야 한다.

핵심사항정리

■ 특수구조 건축물
• 내민구조의 차양길이가 3m 이상인 건축물
• 경간 20m 이상 건축물
• 특수한 설계·시공·공법 등이 필요한 건축물

SECTION 5 보칙

1 보칙 등

1. 권한의 위임

시장·군수·구청장의 권한을 자치구가 아닌 구의 구청장에게 위임하는 사항
① 6층 이하로서 연면적 2,000[m²] 이하인 건축물의 건축·대수선 및 용도변경에 관한 권한
② 기존 건축물 연면적의 3/10 미만의 범위에서 하는 증축에 관한 권한

2. 면적의 산정

1) 대지면적
① 대지면적의 산정 : 대지의 수평투영면적으로 산정한다.
② 대지면적 산정에서 제외되는 부분
  ㉠ 기준폭 미달도로(통과도로 4[m] 미만, 막다른 도로 너비 2[m] 이상 6[m] 미만)의 건축선과 도로경계선 사이의 부분
  ㉡ 도로모퉁이 부분에 가각전제(街角剪除)에 의한 건축선이 정해지는 부분
  ㉢ 대지 안에 도시계획시설인 도로·공원 등이 있는 경우 그 도시계획시설에 포함되는 대지면적

■ 도로모퉁이의 건축선이 정해지는 경우

도로의 교차각	교차되는 도로의 폭	8[m] 미만 6[m] 이상	6[m] 미만 4[m] 이상
90° 미만	6[m] 이상 8[m] 미만	4m	3m
	4[m] 이상 6[m] 미만	3m	2m
90° 이상 120° 미만	6[m] 이상 8[m] 미만	3m	2m
	4[m] 이상 6[m] 미만	2m	2m

※ 도로의 교차각이 120° 미만에서만 적용된다.
  단, 교차되는 도로폭이 각각 4[m] 이상 8[m] 미만 도로에서만 적용된다.
[주의] 대지의 전면도로폭이 4[m] 이상이나 시장·군수·구청장이 필요에 의해 별도의 건축선을 따로 지정한 경우에는 그 건축선과 도로 사이의 면적은 대지면적에 포함된다.

[예] 그림과 같은 대지의 대지면적은?

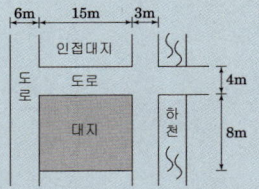

[해설] 하천에 면한 도로의 경우 그 폭이 기준폭 미만 도로이므로 대지쪽에서 1[m] 후퇴한 선이 건축선이 된다. 또한 도로모퉁이 부분에 가각전제에 의한 건축선이 정해지므로
∴ 대지면적
$= (15-1) \times 8 - \left(\dfrac{2 \times 2}{2}\right) \times 2$
$= 108 [m^2]$

[예] 그림과 같은 조건을 가진 대지의 대지면적으로서 옳은 것은?(단, 단위는 m로 한다.)

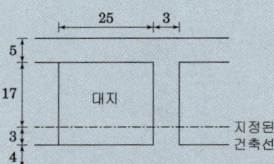

① 414.5[m²] ② 486.0[m²]
③ 490.0[m²] ④ 496.0[m²]

[해설]
㉠ 우측도로폭이 4[m] 미만이므로 도로의 중심선에서 2[m] 후퇴하고, 별도 지정된 건축선 외측부분은 대지면적에 산입된다.
∴ (25−0.5)×(17+3)=490[m²]
㉡ 2개의 교차도로가 가각전제의 대상이므로 각각 2개 후퇴한다.
∴ (2×2×1/2)×2=4[m²]
  대지면적=490−4=486[m²]

답 : ②

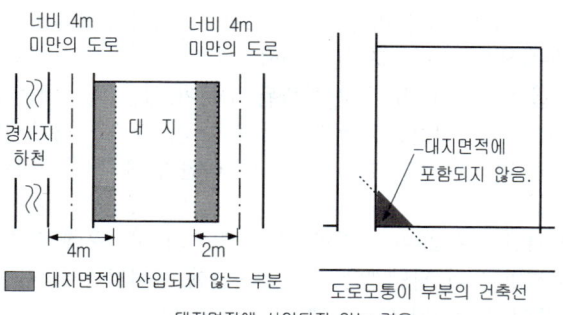

[그림] 대지면적의 산정방법

2) 건축면적

① 건축면적의 산정

㉠ 건축물의 외벽(외벽이 없는 경우에는 외곽부분의 기둥)의 중심선으로 둘러싸인 부분의 수평투영면적으로 산정한다.

㉡ 태양열을 주된 에너지원으로 이용하는 주택의 건축면적과 단열재를 구조체의 외기측에 설치하는 단열공법으로 건축된 건축물의 건축면적은 건축물의 외벽 중 내측 내력벽의 중심선을 기준으로 한다.

※ 태양열을 주된 에너지원으로 이용하는 주택의 범위는 국토교통부장관이 정하여 고시하는 바에 의한다.

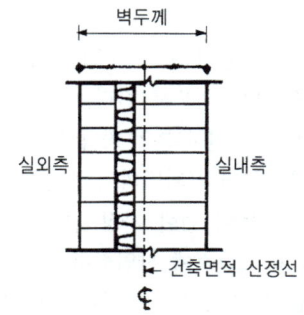
[그림] 태양열 주택이 아닌 건축면적 산정시 외벽의 중심선 위치

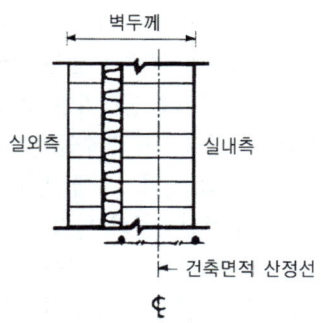
[그림] 태양열 주택의 건축면적 산정시 외벽의 중심선 위치

㉢ 창고 중 물품을 입출고하는 부위의 상부에 설치하는 한쪽 끝은 고정되고 다른 끝은 지지되지 아니한 구조로 된 돌출차양의 면적 중 건축면적에 산입하는 면적은 다음 각 호에 따라 산정한 면적 중 작은 값으로 한다.

• 해당 돌출차양을 제외한 창고의 건축면적의 10[%]를 초과하는 면적
• 해당 돌출차양의 끝부분으로부터 수평거리 3[m]를 후퇴한 선으로 둘러싸인 부분의 수평투영면적

② 건축면적 산정에서 제외되는 부분

㉠ 지표면으로부터 1[m] 이하에 있는 부분(창고 중 물품을 입출고하기 위하여 차량을 접안시키는 부분의 경우에는 지표면으로부터 1.5[m] 이하에 있는 부분)

핵심사항정리

예 면적의 산정방법 중 건축물의 외벽(외벽이 없는 경우에는 외곽 부분의 기둥)의 중심선으로 둘러싸인 부분의 수평투영면적으로 하는 것은?
① 연면적
② 대지면적
③ 건축면적
④ 거실면적

답 : ③

예 태양열을 주된 에너지원으로 이용하는 주택의 건축면적 산정의 기준이 되는 것은?
① 외벽 중 내측 내력벽의 중심선
② 외벽 중 외측 비내력벽의 중심선
③ 외벽 중 내측 내력벽의 외측 외곽선
④ 외벽 중 외측 비내력벽의 외측 외곽선

답 : ①

예 다음 건축물의 건축면적은?

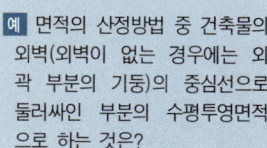

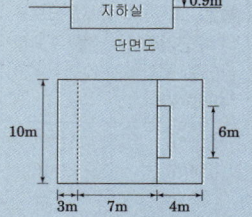

해설
① 차양부분 : 외벽의 중심선으로부터 수평거리 1[m] 후퇴한 선
   $(1.5-1) \times 6 = 3[m^2]$
② 건물부분 :
   $10 \times 10 = 100[m^2]$
③ 지하실부분 : 지표면상 1[m] 이하의 부분이므로 건축면적에서는 제외
   ∴ $100 + 3 = 103[m^2]$

예 그림과 같은 캔틸레버 지붕구조의 바닥면적은?(단위 : m)

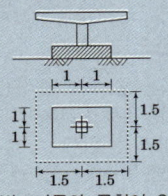

해설 벽, 기둥의 구획이 없는 건축물은 지붕 끝부분으로부터 수평거리 1[m]를 후퇴한 선으로 둘러싸인 수평투영면적을 바닥면적으로 하므로
∴ 바닥면적
  =(3-2)×(3-2)=1[m²]

예 다음은 바닥면적의 산정과 관련된 기준 내용이다. ( ) 안에 알맞은 것은?

벽·기둥의 구획이 없는 건축물은 그 지붕 끝부분으로부터 수평거리 ( )를 후퇴한 선으로 둘러싸인 수평투영면적으로 한다.

① 0.5[m]　② 1[m]
③ 1.5[m]　④ 2[m]

답 : ②

ⓒ 처마, 차양, 부연(附椽), 그 밖에 이와 비슷한 것으로서 그 외벽의 중심선으로부터 수평거리 1[m](전통사찰은 4[m], 축사는 3[m], 한옥·공동주택의 자동차충전시설은 2[m], 기타 건축물은 1[m]) 이상 돌출된 부분이 있는 경우에는 그 돌출된 끝부분으로부터 1[m](전통사찰은 4[m], 축사는 3[m], 한옥·공동주택의 자동차충전시설은 2[m], 기타 건축물은 1[m])를 후퇴한 선의 옥외 쪽 부분은 제외
ⓒ 기존의 다중이용업소(2004년 5월 29일 이전의 것만 해당)의 비상구에 연결하여 설치하는 폭 2[m] 이하의 옥외 피난계단(기존 건축물에 옥외피난계단을 설치함으로써 건폐율의 기준에 적합하지 아니하게 된 경우만 해당)
ⓒ 건축물 지상층에 일반인이나 차량이 통행할 수 있도록 설치한 보행통로나 차량통로
ⓒ 지하주차장의 경사로
ⓒ 건축물 지하층의 출입구 상부(출입구 너비에 상당하는 규모의 부분을 말함)
ⓒ 생활폐기물 보관함(음식물쓰레기, 의류 등의 수거함을 말함)
ⓒ 장애인용 승강기, 장애인용 에스컬레이터, 휠체어리프트, 경사로 또는 승강장
ⓒ 매장 문화재 보호 및 전시에 전용되는 부분 등

3) 바닥면적
① 바닥면적의 산정 : 건축물의 각층 또는 그 일부로서 벽, 기둥 등의 구획의 중심선으로 둘러싸인 부분의 수평투영면적으로 한다.
② 바닥면적 산정에서 제외되는 부분
 ⓒ 벽, 기둥의 구획이 없는 건축물은 그 지붕 끝부분으로부터 수평거리 1[m]를 후퇴한 선으로 둘러싸인 수평투영면적을 바닥면적으로 한다.
 ⓒ 주택의 발코니 등 건축물의 노대, 기타 이와 유사한 부분의 바닥면적 산정
  난간 등의 설치여부에 관계 없이 노대 등의 면적(외벽의 중심선으로부터 노대 등의 끝부분까지의 면적을 말함)에서 노대 등이 접한 가장 긴 외벽에 접한 길이에 1.5[m]를 곱한 값을 공제한 면적을 바닥면적에 산입한다.
  ※ 공동주택의 노대의 돌출길이가 1.5[m] 이내에서는 면적에 산입하지 않는다.

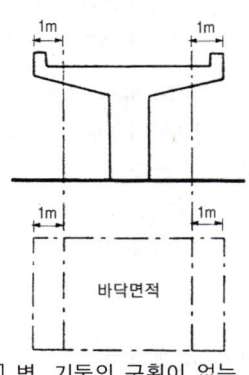

[그림] 벽, 기둥의 구획이 없는 건축물의 바닥면적 산정방법

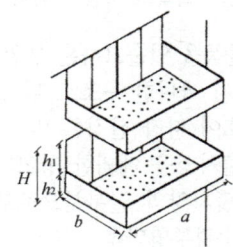

건축물의 노대 : 돌출길이가 1.5m 이내에서는 면적에 산입하지 않는다.(a×b-a×1.5)

[그림] 노대 등의 바닥면적 산정방법

ⓒ 피로티, 기타 이와 유사한 구조(벽면적의 1/2 이상이 당해 층의 바닥면에서 위층 바닥아랫면까지 공간으로 된 것에 한함)부분의 바닥면적 : 당해 피로티 등의 부분이 다음과 같은 용도에 전용되는 경우에는 이를 바닥면적에 산입하지 아니한다.
  - 공중의 통행에 전용되는 경우
  - 차량의 주차에 전용되는 경우
  - 공동주택의 경우
ⓔ 바닥면적에 산입되지 않는 부분
  - 승강기탑·계단탑·장식탑·다락[층고 1.5[m](경사진 형태의 지붕인 경우에는 1.8[m]) 이하인 것에 한함] 건축물의 외부 또는 내부에 설치하는 굴뚝·더스트 슈트·설비덕트 등의 바닥면적
  - 옥상, 옥외 또는 지하에 설치하는 물탱크·기름탱크·냉각탑·정화조·도시가스 정압기 등의 설치를 위한 구조물의 바닥면적
  - 공동주택으로서 지상층에 설치한 기계실·전기실·어린이놀이터·조경시설 및 생활폐기물 보관함의 바닥면적
  - 기존의 다중이용업소(2004. 5. 29일 이전의 것에 한함)의 비상구에 연결하여 설치하는 폭 1.5[m] 이하의 옥외피난계단(기존 건축물에 옥외피난계단을 설치함에 따라 용적률 기준에 적합하지 아니하게 된 경우에 한함)
  - 건축물을 리모델링하는 경우로서 미관 향상, 열의 손실방지 등을 위하여 외벽에 부가하여 마감재 등을 설치하는 부분
  - 장애인용 승강기, 장애인용 에스컬레이터, 휠체어리프트, 경사로 또는 승강장
  - 매장 문화재 보호 및 전시에 전용되는 부분 등

4) 연면적
  ① 하나의 건축물의 각층 바닥면적 합계로 한다.
  ② 용적률 산정시 연면적 산정방법
    ㉠ 동일 대지 안에 2동 이상의 건축물이 있는 경우에는 그 연면적의 합계로 한다.
    ㉡ 지하층 면적은 연면적에서 제외한다.
    ㉢ 지상층의 주차용(해당 건축물의 부속용도인 경우만 해당)으로 쓰는 면적은 연면적에서 제외한다.
    ㉣ 초고층 및 준초고층 건축물의 피난안전구역의 면적은 연면적에서 제외한다.
    ㉤ 경사지붕 아래에 설치하는 대피공간의 면적은 제외한다.
  ③ 공사감리자를 정하여야 하는 건축물 및 소방법에 의한 협의대상 건축물은 각 동 단위로 연면적을 산정한다.
  ④ 주차전용건축물의 연면적 산정은 건축법의 규정에 의한다.
    [예외] 기계식주차장의 연면적 산정은 기계식주차장에 의하여 자동차를 주차할 수 있는 면적과 관리사무소의 면적을 합산하여 계산한다.

핵심사항정리

[예] 다음 중 바닥면적에 산입되는 것은?
① 층고가 1.5[m]인 다락방
② 다세대주택의 편복도
③ 공동주택의 필로티 부분
④ 공동주택의 지상층에 설치한 기계실
　　　　　　　　답 : ②

[예] 건축물의 바닥면적 산정에 대한 설명 중 옳지 않은 것은?
① 벽·기둥의 구획이 없는 건축물은 그 지붕 끝부분으로부터 수평거리 1.5[m]를 후퇴한 선으로 둘러싸인 부분의 수평투영면적으로 한다.
② 공동주택으로서 지상층에 설치한 어린이놀이터의 면적은 바닥면적에 산입하지 아니한다.
③ 필로티는 그 부분이 공중의 통행이나 차량의 통행 또는 주차에 전용되는 경우에는 바닥면적에 산입하지 아니한다.
④ 층고가 1.5[m]인 계단탑은 바닥면적에 산입하지 아니한다.
　　　　　　　　답 : ①

[예] 공동주택으로서 지상층에 설치한 경우 바닥면적에 산입 되는 것은?
① 기계실
② 어린이놀이터
③ 조경시설
④ 탁아소
　　　　　　　　답 : ④

제1편 건축관계법

예 다음 그림과 같은 건축물의 건축면적과 연면적은?

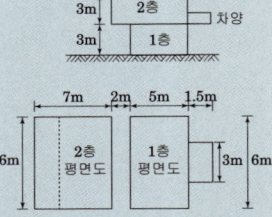

해설
① 건축면적
   건물부분 : 6×7=42[m²]
   차양부분 :
   (1.5-1)×3=1.5[m²]
   ∴ 건축면적=42+1.5
          =43.5[m]
② 연면적
   1층 바닥면적 : 6×5=30[m²]
   2층 바닥면적 : 6×7=42[m²]
   ∴ 연면적=30+42=72[m²]

예 다음과 같은 조건에 있는 건축물의 연면적은? (단, 용적률을 산정하는 경우의 연면적)

- 지하층의 바닥면적 : 100[m²]
- 1층 바닥면적 : 100[m²]
- 2층 바닥면적 : 70[m²]
- 3층 바닥면적 : 50[m²]
- 4층 다락방
  (층고 1.5m) : 30[m²]
- 옥상 물탱크실 : 10[m²]
- 옥상 냉각탑 : 10[m²]

① 220[m²]   ② 320[m²]
③ 350[m²]   ④ 370[m²]

해설 용적률 산정시 연면적
= 100[m²]+70[m²]+50[m²]
=220[m²]

※ 지하층의 바닥면적과 다락[층고 1.5[m](경사진 형태의 지붕인 경우 : 1.8[m]) 이하인 것에 한함]및 옥상, 옥외 또는 지하에 설치하는 물탱크·기름탱크·냉각탑 등의 설치를 위한 구조물은 바닥면적에 산입되지 않으므로 연면적 산정에서 제외된다.

답 : ①

■ 건축면적·바닥면적·연면적의 산정방법

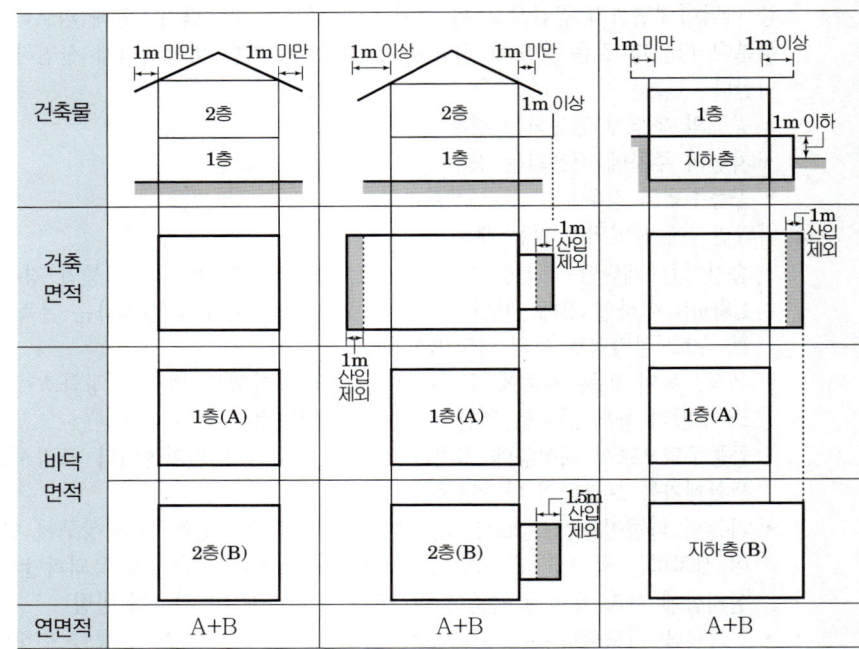

※ 노대 등은 바닥면적 산정(단독주택 및 공동주택 : 1.5[m] 제외한 부분은 산입)을 참고하여야 한다.

3. 높이 및 층수의 산정

1) 건축물의 높이

① 일반적인 높이 산정 : 건축물의 높이는 원칙적으로 지표면으로부터 건축물 상단까지의 높이[건축물의 1층 전체에 피로티(건축물의 사용을 위한 경비실, 계단실, 승강기실 기타 이와 유사한 것을 포함)가 설치되어 있는 경우에는 건축물의 높이제한(영 제82조) 및 공동주택의 일조 등의 확보를 위한 높이제한(영 제86조 2)의 규정을 적용함에 있어서 피로티의 층고를 제외한 높이]를 말한다.

② 지표면에 고저차가 있는 경우의 높이 산정 : 고저차가 3[m]를 넘는 경우에는 당해 고저차 3[m] 이내의 부분마다 그 지표면을 정한다.

③ 건축물의 최고 높이제한에 의한 높이 산정
   ㉠ 원칙 : 전면도로중심선에서 건축물 상단까지의 높이로 한다.
   ㉡ 전면도로 노면에 고저차가 있는 경우 : 당해 건축물이 접하는 범위의 전면도로 부분의 수평거리에 따라 가중평균한 높이의 수평면을 전면도로면으로 본다.
   ㉢ 건축물의 대지에 지표면이 전면도로면보다 높은 경우 : 그 고저차의 1/2의 높이만큼 올라온 위치에 전면도로가 있는 것으로 본다.

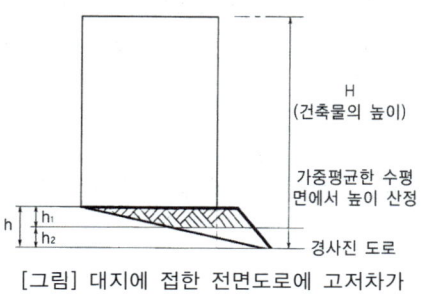

[그림] 대지에 접한 전면도로에 고저차가 있는 경우의 높이 산정(H)

[그림] 대지에 접한 전면도로보다 높은 경우의 건축물 높이 산정(H)

④ 일조확보를 위한 건축물의 높이제한 경우의 높이 산정
 ㉠ 인접대지 간의 고저차가 있는 경우 : 당해 건축물 대지의 지표면과 인접대지의 지표면간에 고저차가 있는 경우는 그 지표면의 평균수평면을 지표면으로 본다.
 ㉡ 공동주택을 다른 용도와 복합하여 건축하는 경우 : 전용주거지역, 일반주거지역이 아닌 지역에서 공동주택을 다른 용도와 복합하여 건축하는 경우 건축물의 지표면 산정에는 공동주택의 가장 낮은 부분을 지표면으로 본다. (일조권 규정의 적용에 한함)

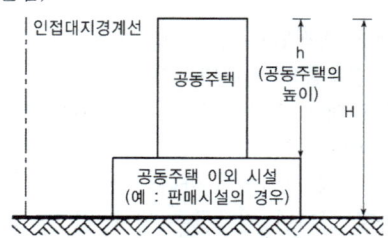

[그림] 복합용도인 공동주택 높이산정(전용주거, 일반주거지역이 아닌 지역)

⑤ 건축물 옥상부분의 높이 산정
 ㉠ 건축물의 옥상에 설치되는 승강기탑·계단탑·망루·장식탑·옥탑 등으로서 그 수평투영면적의 합계가 당해 건축물의 건축면적의 1/8(사업계획승인 대상인 공동주택 중 세대별 전용면적이 85[m^2] 이하인 경우에는 1/6) 이하인 경우는 그 높이가 12[m]를 넘는 부분에 한하여 건축물의 높이에 산입한다.

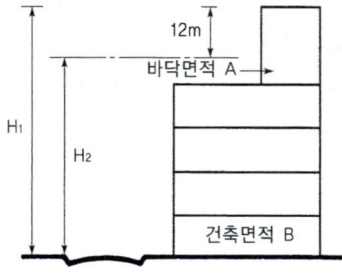

A > 1/8B 일 때 건축물의 높이 H_1
A ≤ 1/8B 일 때 건축물의 높이 H

[그림] 계단실 등의 면적에 따른 건축물의 높이산정

핵심사항정리

예 그림과 같은 건축물의 사선제한에 의한 건물높이 산정시 전면도로의 가상 높이 H로서 맞는 것은?

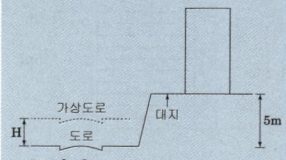

① 1[m]
② 2[m]
③ 2.5[m]
④ 3[m]

[해설] 대지가 전면도로면보다 높은 경우 그 고저차의 1/2만큼 올라온 전면도로면으로 본다.
∴ 5[m]×1/2=2.5[m]

답 : ③

예 주거지역 내에서 인접대지와 고저차가 있는 그림과 같은 건축물이 지표면에서 A점까지의 높이로서 맞는 것은?

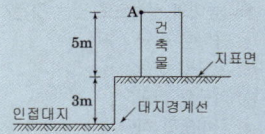

① 5[m]
② 6.5[m]
③ 7[m]
④ 8[m]

[해설] 건축물 높이 : 5[m]
고저차의 지표면 산정 : 고저차의 1/2만큼 올라온 위치를 지표면으로 본다.

답 : ②

제1편 건축관계법

예 그림과 같은 건축물의 높이는? (단, 건축면적 800[m²], 옥탑의 수평투영면적 90[m²], 난간벽 높이 1[m] 임)

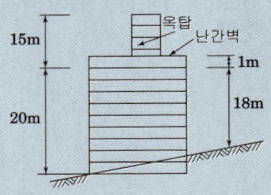

해설
① 지표면의 높이
$$\frac{20+18}{2} = 19[m]$$
② 옥탑부분의 높이 : 옥탑부분이 건축면적 800[m²]의 1/8 이하이므로 12[m] 넘는 부분만 높이에 산입된다.
∴ 15−12=3[m]
∴ ①, ②에 의해 건물 높이는 19+3=22[m]

답 : ③

예 건축물에 대한 높이 규정 중 처마높이의 산정으로 맞는 것은?
① 용마루 상단
② 깔도리 하단
③ 기둥의 상단
④ 처마도리 하단

답 : ③

예 건축법상 층의 구분이 명확하지 아니한 건축물의 층수 산정 시 건축물의 높이 몇 m마다 하나의 층으로 산정하는가?
① 2.4[m]　② 3.0[m]
③ 4.0[m]　④ 4.5[m]

답 : ③

ⓒ 지붕마루장식, 굴뚝, 방화벽의 옥상돌출부 등의 옥상돌출물과 난간벽(그 벽면적의 1/2 이상이 공간으로 되어 있는 것에 한함)은 건축물의 높이에 산입하지 않는다.

2) 처마높이

지표면으로부터 건축물의 지붕틀 또는 이와 유사한 수평재를 지지하는 벽·깔도리 또는 기둥의 상단까지의 높이로 한다.

3) 반자높이

방의 바닥면으로부터 반자까지의 높이로 한다. 다만, 동일한 방에서 반자높이가 다른 부분이 있는 경우에는 그 각 부분의 반자의 면적에 따라 가중평균한 높이로 한다.

4) 층고

방의 바닥구조체 윗면으로부터 위층 바닥구조체의 윗면까지의 높이로 한다. 다만, 동일한 방에서 층의 높이가 다른 부분이 있는 경우에는 그 각 부분의 높이에 따른 면적에 따라 가중평균한 높이로 한다.

5) 층수

① 승강기탑·계단탑·망루·장식탑·옥탑 등의 건축물의 옥상부분으로서 그 수평투영면적의 합계가 당해 건축물의 건축면적의 1/8(주택법 규정에 의한 사업계획승인 대상인 공동주택 중 세대별 전용면적이 85[m²] 이하인 경우에는 1/6) 이하인 것은 층수에 산입하지 아니한다.
② 지하층은 건축물의 층수에 산입하지 아니한다.
③ 층의 구분이 명확하지 아니한 건축물은 당해 건축물의 높이 4[m] 마다 하나의 층으로 산정한다.
④ 건축물의 부분에 따라 그 층수를 달리하는 경우에는 그 중 가장 많은 층수로 한다.

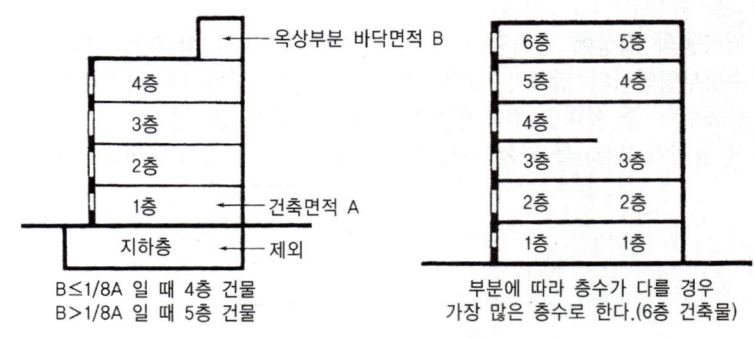

[그림] 건축물의 층수 산정방법

6) 지하층의 지표면 산정

건축물의 주위가 접하는 각 지표면부분의 높이를 당해 지표면부분의 수평거리에 따라 가중평균한 높이의 수평면을 지표면으로 본다.

4. 건축분쟁전문위원회

건축등과 관련된 분쟁(건설산업기본법의 규정에 따른 조정의 대상이 되는 분쟁은 제외)의 조정(調停) 및 재정(裁定)을 하기 위하여 국토교통부에 건축분쟁전문위원회를 둔다.

1) 건축분쟁전문위원회의 조직

구 분	설 치	분쟁조정업무의 범위	위원의 수	임 기
건축분쟁 전문위원회	국토 교통부	건축물의 건축 등과 관련한 분쟁의 조정	15인 이내 (위원장·부위원장 각 1명 포함)	3년 (공무원 제외)

2) 분쟁조정 사항
① 건축관계자와 당해 건축물의 건축 등으로 인하여 피해를 입은 인근 주민간의 분쟁
② 관계전문기술자와 인근주민간의 분쟁
③ 건축관계자와 관계전문기술자간의 분쟁
④ 건축관계자 상호간의 분쟁
⑤ 인근주민 상호간의 분쟁
⑥ 관계전문기술자 상호간의 분쟁
⑦ 기타 대통령령으로 정하는 사항

학습포인트

- 조정위원회 및 재정위원회
  ㉠ 조정은 3인의 위원으로 구성되는 조정위원회에서 행하고,
  ㉡ 재정은 5인의 위원으로 구성되는 재정위원회에서 행한다.

- 조정 등의 신청
  ㉠ 당사자의 조정신청을 받은 때에는 60일 이내
  ㉡ 재정신청을 받은 때에는 120일 이내에 그 절차를 완료하여야 한다.

- 조정의 효력
  ㉠ 조정안을 제시받은 당사자는 그 제시를 받은 날부터 15일 이내에 그 수락 여부를 조정위원회에 통보하여야 한다.
  ㉡ 당사자가 조정안을 수락하고 조정서에 기명날인한 때에는 당사자간에 조정서와 동일한 내용의 합의가 성립된 것으로 본다.
    → 재판상의 합의와 동일한 효력[법적 효력]을 가짐

핵심사항정리

예 그림과 같은 건축물의 층수는 몇 층인가?

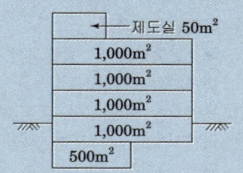

해설
① 층수 산정에서 제외
 · 승강기탑·계단탑·망루·장식탑·옥탑 등의 건축물의 옥상부분으로서 그 수평투영면적의 합계가 당해 건축물의 건축면적의 1/8 이하인 것
 · 지하층
② 제도실은 건축면적의 1/8 기준에 관계없이 층수에 산정된다.
 ∴ 4층 건축물이다.

예 건축분쟁전문위원회의 분쟁조정사항이 아닌 것은?
① 관계 전문기술자와 인근주민간의 분쟁
② 건축관계자와 관계 전문기술자간의 분쟁
③ 관계 전문기술자 상호간의 분쟁
④ 기타 국토교통부령으로 정하는 사항

답 : ④

제1편 건축관계법

> **예** 과태료와 이행강제금을 모두 부과할 수 있는 사람은?
> ① 국토교통부장관
> ② 국토교통부장관, 특별시장·광역시장, 도지사
> ③ 특별시장, 광역시장, 도지사
> ④ 특별자치도지사 또는 시장·군수·구청장
>
> 답 : ④

5. 과태료 및 이행강제금

① 과태료의 부과·징수권자 : 국토교통부장관, 시·도지사 또는 시장·군수·구청장
 → 강제징수 : 국세 또는 지방세외 수입금의 징수 등에 관한 법률에 의한 징수

② 이행강제금의 부과·징수권자 : 특별시장·광역시장, 특별자치도지사 또는 시장·군수·구청장 → 강제징수 : 지방세외 수입금의 징수 등에 관한 법률에 의한 징수

SECTION 6 기계설비법

1 총칙

1. 목적
이 법은 기계설비산업의 발전을 위한 기반을 조성하고 기계설비의 안전하고 효율적인 유지관리를 위하여 필요한 사항을 정함으로써 국가경제의 발전과 국민의 안전 및 공공복리 증진에 이바지함을 목적으로 한다.

2. 용어의 정의
① "기계설비"란 건축물, 시설물 등에 설치된 기계·기구·배관 및 그 밖에 건축물 등의 성능을 유지하기 위한 설비로서 [별표 1]의 설비를 말한다.
② "기계설비산업"이란 기계설비 관련 연구개발, 계획, 설계, 시공, 감리, 유지관리, 기술진단, 안전관리 등의 경제활동을 하는 산업을 말한다.
③ "기계설비사업"이란 기계설비 관련 활동을 수행하는 사업을 말한다.
④ "기계설비사업자"란 기계설비사업을 경영하는 자를 말한다.
⑤ "기계설비기술자"란 국가기술자격법, 건설기술진흥법 또는 건설산업기본법, 엔지니어링산업 진흥법, 자격기본법에 따라 기계설비 관련 분야의 기술자격을 취득하거나 기계설비에 관한 기술 또는 기능을 인정받은 사람을 말한다.(기계설비기술자의 범위는 [별표 2] 참조)
⑥ "기계설비유지관리자"란 기계설비 유지관리(기계설비의 점검 및 관리를 실시하고 운전·운용하는 모든 행위를 말함)를 수행하는 자를 말한다.

3. 국가 및 지방자치단체의 책무
국가 및 지방자치단체는 기계설비산업의 발전과 기계설비의 안전 및 유지관리에 필요한 시책을 수립·시행하고, 그 시책의 추진에 필요한 행정적·재정적 지원방안 등을 마련할 수 있다.

4. 다른 법률과의 관계
① 기계설비산업의 발전과 기계설비의 기술기준 및 유지관리와 관련하여 다른 법률에 특별한 규정이 있는 경우를 제외하고는 이 법에서 정하는 바에 따른다.
② 기계설비성능점검업에 관하여 이 법에 규정된 것을 제외하고는 건설기술 진흥법 규정을 준용한다.
③ 기계설비공사의 도급에 관하여는 국가를 당사자로 하는 계약에 관한 법률, 지방자치단체를 당사자로 하는 계약에 관한 법률과 건설산업기본법에서 정하는 바에 따른다.

■ 기계설비법 시행규칙 [별표 1] 〈개정 2022. 2. 25.〉
【기계설비유지관리자의 선임기준(제8조제1항 관련)】

구분	선임대상		선임자격	선임인원
1. 건축법상의 용도별 건축물(공동주택 및 창고시설은 제외)	가. 연면적 60,000[m²] 이상		특급 책임기계설비유지관리자	1
			보조기계설비유지관리자	1
	나. 연면적 30,000[m²] 이상 연면적 60,000[m²] 미만		고급 책임기계설비유지관리자	1
			보조기계설비유지관리자	1
	다. 연면적 15,000[m²] 이상 연면적 30,000[m²] 미만		중급 책임기계설비유지관리자	1
	라. 연면적 10,000[m²] 이상 연면적 15,000[m²] 미만		초급 책임기계설비유지관리자	1
2. 건축법상의 공동주택	가. 3,000세대 이상		특급 책임기계설비유지관리자	1
			보조기계설비유지관리자	1
	나. 2,000세대 이상 3,000세대 미만		고급 책임기계설비유지관리자	1
			보조기계설비유지관리자	1
	다. 1,000세대 이상 2,000세대 미만		중급 책임기계설비유지관리자	1
	라. 500세대 이상 1,000세대 미만		초급 책임기계설비유지관리자	1
	마. 300세대 이상 500세대 미만으로서 중앙집중식 난방방식(지역난방방식을 포함한다)의 공동주택		초급 책임기계설비유지관리자	1
3. 영 제14조제1항제3호에 해당하는 건축물등(같은 항 제1호 및 제2호에 해당하는 건축물은 제외한다)	영 제14조제1항제3호에 해당하는 건축물등(같은 항 제1호 및 제2호에 해당하는 건축물은 제외한다)		건축물의 용도, 면적, 특성 등을 고려하여 국토교통부장관이 정하여 고시하는 기준에 해당하는 초급 책임기계설비유지관리자 또는 보조기계설비유지관리자	1

[비고]
1. 위 표에서 "선임자격"이란 해당 기계설비유지관리자 등급 이상을 보유한 사람으로서 다음 각 목의 구분에 따른 기준을 충족한 사람을 말한다. 이 경우 보조기계설비유지관리자는 초급 이상인 책임기계설비유지관리자로 선임할 수 있다.
   가. 제1호 및 제2호: 다른 건축물등의 기계설비유지관리자로 선임되어 있지 않은 사람
   나. 제3호: 다른 건축물등의 기계설비유지관리자로 선임되어 있지 않거나 국토교통부장관이 정하여 고시하는 범위 이내에서 다른 건축물등의 기계설비유지관리자로 선임되어 있는 사람
2. 건축물대장의 건축물현황도에 표시된 대지경계선 안의 지역 또는 연접한 2개 이상의 대지에 건축물등이 둘 이상 있고, 그 관리에 관한 권원(權原)을 가진 자가 동일인인 경우에는 이를 하나의 건축물등으로 보아 해당 건축물등을 합산한 연면적 또는 세대를 기준으로 기계설비유지관리자를 선임해야 한다.

2 기계설비 안전관리를 위한 조치 등

1. 기계설비 기술기준
① 국토교통부장관은 기계설비의 안전과 성능확보를 위하여 필요한 기술기준을 정하여 고시하여야 한다. 이를 변경하는 경우에도 또한 같다.
② 기계설비사업자는 기술기준을 준수하여야 한다.

2. 기계설비의 착공 전 확인과 사용 전 검사
1) 기계설비의 착공 전 확인과 사용 전 검사 대상 공사
① 다음 [별표 5]에 해당하는 건축물(건축법에 따른 건축허가를 받으려거나 건축신고를 하려는 건축물로 한정하며, 다른 법령에 따라 건축허가 또는 건축신고가 의제되는 행정처분을 받으려는 건축물을 포함) 또는 시설물에 대한 기계설비공사를 발주한 자는 해당 공사를 시작하기 전에 전체 설계도서 중 기계설비에 해당하는 설계도서를 특별자치시장·특별자치도지사·시장·군수·구청장(자치구의 구청장을 말함)에게 제출하여 기술기준에 적합한지를 확인받아야 하며, 그 공사를 끝냈을 때에는 특별자치시장·특별자치도지사·시장·군수·구청장의 사용 전 검사를 받고 기계설비를 사용하여야 한다. 다만, 건축법에 따른 착공신고 및 사용승인 과정에서 기술기준에 적합한지 여부를 확인받은 경우에는 이 법에 따른 착공 전 확인 및 사용 전 검사를 받은 것으로 본다.

■ 기계설비법 시행령 [별표 5] 〈개정 2021. 2. 2.〉
【기계설비의 착공 전 확인과 사용 전 검사의 대상 건축물 또는 시설물(건축법관련)】

1. 용도별 건축물 중 연면적 10,000[m^2] 이상인 건축물(「건축법」 제2조제2항제18호에 따른 창고시설은 제외)

2. 에너지를 대량으로 소비하는 다음 각 목의 어느 하나에 해당하는 건축물
   가. 냉동·냉장, 항온·항습 또는 특수청정을 위한 특수설비가 설치된 건축물로서 해당 용도에 사용되는 바닥면적의 합계가 500[m^2] 이상인 건축물
   나. 아파트 및 연립주택
   다. 다음의 어느 하나에 해당하는 건축물로서 해당 용도에 사용되는 바닥면적의 합계가 500[m^2] 이상인 건축물
      1) 목욕장
      2) 놀이형시설(물놀이를 위하여 실내에 설치된 경우로 한정) 및 운동장(실내에 설치된 수영장과 이에 딸린 건축물로 한정)
   라. 다음의 어느 하나에 해당하는 건축물로서 해당 용도에 사용되는 바닥면적의 합계가 2,000[m^2] 이상인 건축물
      1) 기숙사
      2) 의료시설
      3) 유스호스텔
      4) 숙박시설

마. 다음의 어느 하나에 해당하는 건축물로서 해당 용도에 사용되는 바닥면적의 합계가 3,000[m²] 이상인 건축물
   1) 판매시설
   2) 연구소
   3) 업무시설

3. 지하역사 및 연면적 2,000[m²] 이상인 지하도상가(연속되어 있는 둘 이상의 지하도상가의 연면적 합계가 2,000[m²] 이상인 경우를 포함)

2) 기계설비의 착공 전 확인
① 특별자치시장·특별자치도지사·시장·군수·구청장은 필요한 경우 기계설비공사를 발주한 자에게 착공 전 확인과 사용 전 검사에 관한 자료의 제출을 요구할 수 있다. 이 경우 기계설비공사를 발주한 자는 특별한 사유가 없으면 자료를 제출하여야 한다.
② 기계설비에 해당하는 설계도서가 기술기준에 적합한지를 확인받으려는 자는 국토교통부령으로 정하는 기계설비공사 착공 전 확인신청서를 해당 기계설비공사를 시작하기 전에 특별자치시장·특별자치도지사·시장·군수·구청장(구청장은 자치구의 구청장을 말함)에게 제출해야 한다.
③ 시장·군수·구청장은 기계설비공사 착공 전 확인신청서를 받은 경우에는 해당 설계도서의 내용이 기술기준에 적합한지를 확인해야 한다.
④ 시장·군수·구청장은 확인을 마친 경우에는 국토교통부령으로 정하는 기계설비공사 착공 전 확인 결과 통보서에 검토의견 등을 적어 해당 신청인에게 통보해야 하며, 해당 설계도서의 내용이 기술기준에 미달하는 등 시공에 부적합하다고 인정하는 경우에는 보완이 필요한 사항을 함께 적어 통보해야 한다.
⑤ 시장·군수·구청장은 기계설비공사 착공 전 확인 결과를 통보한 경우에는 그 내용을 기록하고 관리해야 한다.

3) 기계설비의 사용 전 검사
① 사용 전 검사를 받으려는 자는 국토교통부령으로 정하는 기계설비 사용 전 검사신청서를 시장·군수·구청장에게 제출해야 한다. 이 경우 해당 기계설비가 다음 각 호의 어느 하나에 해당하는 경우에는 그 검사 결과를 함께 제출할 수 있다.
  1. 에너지이용 합리화법에 따른 검사대상기기 검사에 합격한 경우
  2. 고압가스 안전관리법에 따른 완성검사에 합격한 경우(같은 항 단서에 따라 감리적합판정을 받은 경우를 포함)
② 시장·군수·구청장은 기계설비 사용 전 검사신청서를 받은 경우에는 해당 기계설비가 기술기준에 적합한지를 검사해야 한다. 이 경우 검사 대상 기계설비 중 상기 ① 각 호 외의 부분 후단에 따라 합격한 검사 결과가 제출된 기계설비 부분에 대해서는 기술기준에 적합한 것으로 검사해야 한다.
③ 시장·군수·구청장은 검사 결과 해당 기계설비가 기술기준에 적합하다고 인정하는 경우에는 국토교통부령으로 정하는 기계설비 사용 전 검사 확인증을 해당 신청인에게 발급해야 한다.

④ 시장·군수·구청장은 검사 결과 해당 기계설비가 기술기준에 미달하는 등 사용에 부적합하다고 인정하는 경우에는 그 사유와 보완기한을 명시하여 보완을 지시해야 한다.
⑤ 시장·군수·구청장은 보완 지시를 받은 자가 보완기한까지 보완을 완료한 경우에는 상기 ①에 따른 신청 절차를 다시 거치지 않고 상기 ② 및 ③에 따라 사용 전 검사를 다시 실시하여 기계설비 사용 전 검사 확인증을 발급할 수 있다.

3 기계설비 유지관리 등

1. 기계설비 유지관리기준의 고시
① 국토교통부장관은 건축물등에 설치된 기계설비의 유지관리 및 점검을 위하여 필요한 유지관리 기준을 정하여 고시하여야 한다.
② 유지관리기준의 내용, 방법, 절차 등은 국토교통부령으로 정한다.

2. 기계설비 유지관리에 대한 점검 및 확인 등
① 다음에서 정하는 일정 규모 이상의 건축물등에 설치된 기계설비의 소유자 또는 관리자("관리주체"라 함)는 유지관리기준을 준수하여야 한다. [영 제14조 ①항]
  1. 건축법에 따라 구분된 용도별 건축물 중 연면적 $10,000[m^2]$ 이상의 건축물(공동주택 및 창고시설은 제외)
  2. 건축법에 따른 공동주택 중 다음 각 목의 어느 하나에 해당하는 공동주택
    가. 500세대 이상의 공동주택
    나. 300세대 이상으로서 중앙집중식 난방방식(지역난방방식을 포함)의 공동주택
  3. 다음 각 목의 건축물등 중 해당 건축물등의 규모를 고려하여 국토교통부장관이 정하여 고시하는 건축물 등
    가. 시설물의 안전 및 유지관리에 관한 특별법에 따른 시설물
    나. 학교시설사업 촉진법에 따른 학교시설
    다. 실내공기질 관리법에 따른 지하역사 및 지하도상가
    라. 중앙행정기관의 장, 지방자치단체의 장 및 그 밖에 국토교통부장관이 정하는 자가 소유하거나 관리하는 건축물 등
② 관리주체는 유지관리기준에 따라 기계설비의 유지관리에 필요한 성능을 점검하고 그 점검기록을 작성하여야 한다. 이 경우 관리주체는 기계설비성능점검업자에게 성능점검 및 점검기록의 작성을 대행하게 할 수 있다.
③ 관리주체는 작성한 점검기록을 10년 동안 보존하여야 하며, 특별자치시장·특별자치도지사·시장·군수·구청장이 그 점검기록의 제출을 요청하는 경우 이에 따라야 한다.

3. 유지관리업무의 위탁
관리주체는 시설물 관리를 전문으로 하는 자로서 기계설비유지관리자를 보유하고 있는 자에게 기계설비 유지관리업무를 위탁할 수 있다.

4. 기계설비유지관리자 선임 등

① 관리주체는 국토교통부령으로 정하는 바에 따라 기계설비유지관리자를 선임하여야 한다. 다만, 기계설비유지관리업무를 위탁한 경우 기계설비유지관리자를 선임한 것으로 본다.
② 기계설비유지관리자를 선임한 관리주체는 정당한 사유 없이 2회 이상 유지관리 교육을 받지 아니한 기계설비유지관리자를 해임하여야 한다.
③ 관리주체가 기계설비유지관리자를 선임 또는 해임한 경우 국토교통부령으로 정하는 바에 따라 지체 없이 그 사실을 특별자치시장·특별자치도지사·시장·군수·구청장에게 신고하여야 한다. 신고된 사항 중 국토교통부령으로 정하는 사항이 변경된 경우에도 또한 같다.
④ 기계설비유지관리자의 선임신고를 한 자가 선임신고증명서의 발급을 요구하는 경우에는 특별자치시장·특별자치도지사·시장·군수·구청장은 국토교통부령으로 정하는 바에 따라 선임신고증명서를 발급하여야 한다.
⑤ 기계설비유지관리자의 해임신고를 한 자는 해임한 날부터 30일 이내에 기계설비유지관리자를 새로 선임하여야 한다.
⑥ 특별자치시장·특별자치도지사·시장·군수·구청장은 신고를 받은 경우에는 그 사실을 국토교통부장관에게 통보하여야 한다.
⑦ 기계설비유지관리자의 자격과 등급은 [별표 5의2]와 같다.
⑧ 기계설비유지관리자는 근무처·경력·학력 및 자격 등의 관리에 필요한 사항을 국토교통부장관에게 신고하여야 한다. 신고사항이 변경된 경우에도 같다.
⑨ 국토교통부장관은 신고를 받은 경우에는 근무처 및 경력등에 관한 기록을 유지하고, 신고내용을 토대로 기계설비유지관리자의 등급을 확인하여야 하며, 기계설비유지관리자가 신청하면 기계설비유지관리자의 근무처 및 경력등에 관한 증명서를 발급할 수 있다.
⑩ 국토교통부장관은 신고받은 내용을 확인하기 위하여 필요한 경우에는 중앙행정기관, 지방자치단체, 학교 등 관계 기관·단체의 장과 관리주체 및 신고한 기계설비유지관리자가 소속된 기계설비 관련 업체 등에 관련 자료를 제출하여 줄 것을 요청할 수 있다. 이 경우 요청을 받은 기관·단체의 장 등은 특별한 사유가 없으면 요청에 따라야 한다.
⑪ 국토교통부장관은 대통령령으로 정하는 바에 따라 기계설비유지관리자의 근무처 및 경력등과 유지관리교육 결과를 평가하여 등급을 조정할 수 있다.
⑫ 국토교통부장관은 다음 각 호의 업무를 기계설비와 관련된 업무를 수행하는 협회 중 국토교통부장관이 해당 업무에 대한 전문성이 있다고 인정하여 고시하는 협회에 위탁한다.
  1. 기계설비유지관리자의 근무처·경력·학력 및 자격 등의 관리에 필요한 신고 및 변경신고의 접수
  2. 근무처 및 경력등에 관한 기록의 유지·관리 및 기계설비유지관리자의 근무처 및 경력등에 관한 증명서의 발급
  3. 관련 자료 제출의 요청(위탁된 사무를 처리하기 위하여 필요한 경우만 해당)
  4. 기계설비유지관리자의 등급 조정을 위한 근무처 및 경력등과 유지관리교육 결과의 확인

⑬ 업무를 위탁받은 협회는 위탁업무의 처리 결과를 매 반기 말일을 기준으로 다음 달 말일까지 국토교통부장관에게 보고해야 한다.
⑭ 기계설비유지관리자의 신고, 등급 확인, 증명서의 발급·관리 등에 필요한 사항은 국토교통부령으로 정한다.

5. 유지관리교육

① 선임된 기계설비유지관리자는 대통령령으로 정하는 바에 따라 국토교통부장관이 실시하는 기계설비 유지관리에 관한 교육을 받아야 한다. [별표 6] 참조
② 국토교통부장관은 유지관리교육에 관한 업무를 기계설비와 관련된 업무를 수행하는 협회 중 국토교통부장관이 정하여 고시하는 협회에 위탁한다.
③ 유지관리교육의 운영 및 위탁에 필요한 사항은 국토교통부령으로 정한다.

4 기계설비성능점검업

1. 기계설비성능점검업의 등록 등

1) 기계설비성능점검업의 등록

성능점검과 관련된 업무를 하려는 자는 자본금, 기술인력의 확보 등 [별표 7]의 기계설비성능점검업의 등록 요건을 갖추어 특별시장·광역시장·특별자치시장·도지사 또는 특별자치도지사("시·도지사"라 함)에게 등록하여야 한다.

2) 기계설비성능점검업의 변경등록 사항

기계설비성능점검업을 등록한 자("기계설비성능점검업자"라 함)는 등록한 사항 중 다음 각 호의 어느 하나에 해당하는 사항이 변경된 경우에는 변경 사유가 발생한 날부터 30일 이내에 변경등록을 하여야 한다.
 1. 상호
 2. 대표자
 3. 영업소 소재지
 4. 기술인력
③ 시·도지사가 기계설비성능점검업의 등록 또는 변경등록을 받은 경우에는 등록신청자에게 등록증을 발급하여야 한다.
④ 기계설비성능점검업의 등록과 관련하여 다음 각 호의 어느 하나의 행위를 하거나 제3자로 하여금 이를 하게 하여서는 아니 된다.
 1. 다른 사람에게 자기의 성명을 사용하여 기계설비성능점검 업무를 수행하게 하거나 자신의 등록증을 빌려주는 행위
 2. 다른 사람의 성명을 사용하여 기계설비성능점검 업무를 수행하거나 다른 사람의 등록증을 빌리는 행위
 3. 제1호 및 제2호의 행위를 알선하는 행위

3) 기계설비성능점검업의 휴업·폐업 등
   ① 기계설비성능점검업자는 휴업하거나 폐업하는 경우에는 시·도지사에게 신고하여야 한다. 이 경우 폐업신고를 받은 시·도지사는 그 등록을 말소하여야 한다.
   ② 기계설비성능점검업을 등록한 자("기계설비성능점검업자"라 함)는 휴업 또는 폐업의 신고를 하려는 경우에는 그 휴업 또는 폐업한 날부터 30일 이내에 국토교통부령으로 정하는 휴업·폐업신고서를 시·도지사에게 제출해야 한다.
   ③ 시·도지사는 기계설비성능점검업 등록을 말소한 경우에는 다음 각 호의 사항을 해당 특별시·광역시·특별자치시·도 또는 특별자치도의 인터넷 홈페이지에 게시해야 한다.
      1. 등록말소 연월일
      2. 상호
      3. 주된 영업소의 소재지
      4. 말소 사유
   ④ 시·도지사는 기계설비성능점검업자가 등록 또는 변경등록을 하거나 기계설비성능점검업자로부터 휴업 또는 폐업신고를 받은 경우에는 그 사실을 국토교통부장관에게 통보하여야 한다.
   ⑤ 기계설비성능점검업의 등록 및 변경등록, 휴업·폐업의 절차 등에 필요한 사항은 국토교통부령으로 정한다.

2. 기계설비성능점검업자의 지위승계

① 다음 각 호의 어느 하나에 해당하는 자는 기계설비성능점검업자의 지위를 승계한다. 다만, 2 및 3에 해당하는 자가 등록의 결격사유 및 취소 등 각 호의 어느 하나에 해당하는 경우에는 그러하지 아니하다.
   1. 기계설비성능점검업자가 사망한 경우 그 상속인
   2. 기계설비성능점검업자가 그 영업을 양도하는 경우 그 양수인
   3. 법인인 기계설비성능점검업자가 합병하는 경우 합병 후 존속하는 법인이나 합병에 따라 설립되는 법인
② 기계설비성능점검업자의 지위를 승계한 자는 국토교통부령으로 정하는 바에 따라 30일 이내에 시·도지사에게 신고하여야 한다.
③ 시·도지사는 신고를 받은 날부터 10일 이내에 신고 수리 여부 또는 민원 처리 관련 법령에 따른 처리기간의 연장을 통지하여야 한다.
④ 시·도지사가 상기 ③에서 정한 기간 내에 신고수리 여부 또는 민원 처리 관련 법령에 따른 처리기간의 연장을 신고인에게 통지하지 아니하면 그 기간(민원처리 관련 법령에 따라 처리기간이 연장 또는 재연장된 경우에는 해당 처리기간을 말함)이 끝난 날의 다음 날에 신고를 수리한 것으로 본다.
⑤ 기계설비성능점검업자의 지위를 승계한 상속인이 등록의 결격사유 및 취소 등 각 호의 어느 하나에 해당하는·관리하여야 경우에는 상속받은 날부터 6개월 이내에 다른 사람에게 그 기계설비성능점검업자의 지위를 양도하여야 한다.

3. 등록의 결격사유 및 취소 등

1) 등록의 결격사유 및 취소 등

① 다음 각 호의 어느 하나에 해당하는 자는 기계설비성능점검업의 등록을 할 수 없다.
  1. 피성년후견인
  2. 파산선고를 받고 복권되지 아니한 사람
  3. 이 법을 위반하여 징역 이상의 실형을 선고받고 그 집행이 종료(집행이 종료된 것으로 보는 경우를 포함한다.)되거나 집행이 면제된 날부터 2년이 지나지 아니한 사람
  4. 이 법을 위반하여 징역 이상의 형의 집행유예를 선고받고 그 유예기간 중에 있는 사람
  5. 2에 따라 등록이 취소(1 또는 2의 결격사유에 해당하여 등록이 취소된 경우는 제외)된 날부터 2년이 지나지 아니한 자(법인인 경우 그 등록취소의 원인이 된 행위를 한 사람과 대표자를 포함)
  6. 대표자가 1부터 5까지의 어느 하나에 해당하는 법인

② 시·도지사는 기계설비성능점검업자가 다음 각 호의 어느 하나에 해당하는 경우에는 그 등록을 취소하거나 1년 이내의 기간을 정하여 영업의 전부 또는 일부의 정지를 명할 수 있다. 다만, 1부터 5까지의 어느 하나에 해당하는 경우에는 그 등록을 취소하여야 한다.
  1. 거짓이나 그 밖의 부정한 방법으로 등록한 경우
  2. 최근 5년 간 3회 이상 업무정지 처분을 받은 경우
  3. 업무정지기간에 기계설비성능점검 업무를 수행한 경우. 다만, 등록취소 또는 업무정지의 처분을 받기 전에 체결한 용역계약에 따른 업무를 계속한 경우는 제외한다.
  4. 기계설비성능점검업자로 등록한 후 1에 따른 결격사유에 해당하게 된 경우(상기 ①의 6에 해당하게 된 법인이 그 대표자를 6개월 이내에 결격사유가 없는 다른 대표자로 바꾸어 임명하는 경우는 제외)
  5. 기계설비성능점검업의 등록에 미달한 날부터 1개월이 지난 경우
  6. 기계설비성능점검업의 변경등록 사항에 따른 변경등록을 하지 아니한 경우
  7. 기계설비성능점검업의 등록 또는 변경등록에 따라 발급받은 등록증을 다른 사람에게 빌려 준 경우

4. 기계설비의 성능점검능력 평가 및 공시 등

① 국토교통부장관은 관리주체가 적정한 기계설비성능점검업자를 선정할 수 있도록 하기 위하여 기계설비성능점검업자의 신청이 있는 경우 해당 기계설비성능점검업자의 성능점검능력을 종합적으로 평가하여 공시할 수 있다.

② 상기 ①에 따라 성능점검능력 평가를 신청하려는 기계설비성능점검업자는 기계설비의 성능점검실적을 증명하는 서류 등 국토교통부령으로 정하는 서류를 국토교통부장관에게 제출하여야 한다.

③ 상기 ①에 따른 성능점검능력 평가 및 공시의 방법 등 필요한 사항은 국토교통부령으로 정한다.

④ 국토교통부장관은 기계설비의 성능점검능력 평가 및 공시에 관한 업무를 기계설비와 관련된 업무를 수행하는 협회 중 국토교통부장관이 해당 업무에 대한 전문성이 있다고 인정하여 고시하는 협회에 위탁한다.

⑤ 업무를 위탁받은 협회는 위탁업무의 처리 결과를 매 반기 말일을 기준으로 다음 달 말일까지 국토교통부장관에게 보고해야 한다.

SECTION 7 건축물의 에너지절약 설계기준

1. 에너지절약계획서 제출 예외대상 범위

① 에너지절약계획서를 첨부할 필요가 없는 건축물은 다음과 같다.(건축법 시행령 별표1 관련)
  ㉠ 변전소, 도시가스배관시설, 통신용 시설(해당 용도로 쓰는 바닥면적의 합계가 1,000m² 미만인 것에 한정), 정수장, 양수장 등 주민의 생활에 필요한 에너지 공급·통신서비스제공이나 급수·배수와 관련된 시설 중 냉방 또는 난방 설비를 설치하지 아니하는 건축물
  ㉡ 운동시설 중 냉방 또는 난방 설비를 설치하지 아니하는 건축물
  ㉢ 위락시설 중 냉방 또는 난방 설비를 설치하지 아니하는 건축물
  ㉣ 관광 휴게시설 중 냉방 또는 난방 설비를 설치하지 아니하는 건축물
  ㉤ 주택법에 따른 사업계획 승인을 받아 건설하는 주택으로서 「주택건설기준 등에 관한 규정」에 따라 「에너지절약형 친환경주택의 건설기준」에 적합한 건축물

② 연면적의 합계는 다음에 따라 계산한다.
  ㉠ 같은 대지에 모든 바닥면적을 합하여 계산한다.
  ㉡ 주거와 비주거는 구분하여 계산한다.
  ㉢ 증축이나 용도변경, 건축물대장의 기재내용을 변경하는 경우 이 기준을 해당 부분에만 적용할 수 있다.
  ㉣ 연면적의 합계 500m² 미만으로 허가를 받거나 신고한 후 건축법에 따라 허가와 신고사항을 변경하는 경우에는 당초 허가 또는 신고 면적에 변경되는 면적을 합하여 계산한다.
  ㉤ 열손실방지 등의 에너지이용합리화를 위한 조치를 하지 않아도 되는 건축물 또는 공간, 주차장, 기계실 면적은 제외한다.

③ 상기 ①항 및 공장, 창고시설, 위험물 저장 및 처리 시설, 자동차 관련 시설(건설기계 관련 시설을 포함), 동물 및 식물 관련 시설, 자원순환 관련 시설, 교정 및 군사 시설(제1종 근린생활시설에 해당하는 것은 제외), 방송통신시설(제1종 근린생활시설에 해당하는 것은 제외), 발전시설, 묘지 관련 시설 중 냉방 또는 난방설비를 설치하고 냉방 또는 난방 열원을 공급하는 대상의 연면적의 합계가 500m² 미만인 경우에는 에너지절약계획서를 제출하지 아니한다.

2. 건축부문 설계기준

1) 건축부문 용어의 정의

부 문	내 용
외피	거실 또는 거실외 공간을 둘러싸고 있는 벽·지붕·바닥·창 및 문 등으로서 외기에 직접 면하는 부위
거실의 외벽	거실의 벽 중 외기에 직접 또는 간접 면하는 부위. 다만, 복합용도의 건축물인 경우에는 해당 용도로 사용하는 공간이 다른 용도로 사용하는 공간과 접하는 부위를 외벽으로 볼 수 있다.
외기에 직접 면하는 부위	바깥쪽이 외기이거나 외기가 직접 통하는 공간에 면한 부위
외기에 간접 면하는 부위	외기가 직접 통하지 아니하는 비난방 공간(지붕 또는 반자, 벽체, 바닥 구조의 일부로 구성되는 내부 공기층은 제외)에 접한 부위, 외기가 직접 통하는 구조나 실내공기의 배기를 목적으로 설치하는 샤프트 등에 면한 부위, 지면 또는 토양에 면한 부위
방풍구조	출입구에서 실내외 공기 교환에 의한 열출입을 방지할 목적으로 설치하는 방풍실 또는 회전문 등을 설치한 방식
외단열	건축물 각 부위의 단열에서 단열재를 구조체의 외기측에 설치하는 단열방법으로서 모서리 부위를 포함하여 시공하는 등 열교를 차단한 경우
방습층	습한 공기가 구조체에 침투하여 결로발생의 위험이 높아지는 것을 방지하기 위해 설치하는 투습도가 24시간당 $30g/m^2$ 이하 또는 투습계수 $0.28g/m^2 \cdot h \cdot mmHg$ 이하의 투습저항을 가진 층. 단, 단열재 또는 단열재의 내측에 사용되는 마감재가 방습층으로서 요구되는 성능을 가지는 경우에는 그 재료를 방습층으로 볼 수 있다.

2) 건축부문의 의무사항

① 바닥난방에서 단열재의 설치

바닥난방의 열이 슬래브 하부로 손실되는 것을 막을 수 있도록 온수배관(전기난방인 경우는 발열선) 하부와 슬래브 사이에 설치하고, 온수배관(전기난방인 경우는 발열선) 하부와 슬래브 사이에 설치되는 구성 재료의 열저항의 합계는 해당 바닥에 요구되는 총열관류저항(별표1에서 제시되는 열관류율의 역수)의 60% 이상이 되어야 한다. 다만, 바닥난방을 하는 욕실 및 현관부위와 슬래브의 축열을 직접 이용하는 심야전기이용 온돌 등(한국전력의 심야전력이용기기 승인을 받은 것에 한한다)의 경우에는 단열재의 위치가 그러하지 않을 수 있다.

② 외기에 직접 면하고 1층 또는 지상으로 연결된 출입문은 방풍구조로 하여야 한다.
  예외 다음에 해당하는 경우
  ㉠ 바닥면적 $300m^2$ 이하의 개별 점포의 출입문
  ㉡ 주택의 출입문(기숙사는 제외)
  ㉢ 사람의 통행을 주목적으로 하지 않는 출입문
  ㉣ 너비 1.2m 이하의 출입문

3) 건축부문의 권장사항

부 문	내 용
배치계획	• 건축물은 대지의 향, 일조 및 주풍향 등을 고려하여 배치하며, 남향 또는 남동향 배치를 한다. • 공동주택은 인동간격을 넓게 하여 저층부의 태양열 취득을 최대한 증대시킨다.
평면계획	• 거실의 층고 및 반자 높이는 실의 용도와 기능에 지장을 주지 않는 범위 내에서 가능한 낮게 한다. • 건축물의 체적에 대한 외피면적의 비 또는 연면적에 대한 외피면적의 비는 가능한 작게 한다. • 실의 냉난방 설정온도, 사용스케줄 등을 고려하여 에너지절약적 조닝계획을 한다.
단열계획	• 건축물 용도 및 규모를 고려하여 건축물 외벽, 천장 및 바닥으로의 열손실이 최소화되도록 설계한다. • 외벽 부위는 외단열로 시공한다. • 외피의 모서리 부분은 열교가 발생하지 않도록 단열재를 연속적으로 설치하고, 기타 열교부위는 [별표 11]의 외피 열교부위별 선형 열관류율 기준에 따라 충분히 단열되도록 한다. • 건물의 창 및 문은 가능한 작게 설계하고, 특히 열손실이 많은 북측 거실의 창 및 문의 면적은 최소화한다. • 발코니 확장을 하는 공동주택이나 창 및 문의 면적이 큰 건물에는 단열성이 우수한 로이(Low-E) 복층창이나 삼중창 이상의 단열성능을 갖는 창을 설치한다. • 태양열 유입에 의한 냉·난방부하를 저감 할 수 있도록 일사조절장치, 태양열취득률(SHGC), 창 및 문의 면적비 등을 고려한 설계를 한다. 건축물 외부에 일사조절장치를 설치하는 경우에는 비, 바람, 눈, 고드름 등의 낙하 및 화재 등의 사고에 대비하여 안전성을 검토하고 주변 건축물에 빛반사에 의한 피해 영향을 고려하여야 한다. • 건물 옥상에는 조경을 하여 최상층 지붕의 열저항을 높이고, 옥상면에 직접 도달하는 일사를 차단하여 냉방부하를 감소시킨다.
자연채광계획	• 자연채광을 적극적으로 이용할 수 있도록 계획한다. 특히 학교의 교실, 문화 및 집회시설의 공용부분(복도, 화장실, 휴게실, 로비 등)은 1면 이상 자연채광이 가능하도록 한다.

3. 기계설비부문 설계기준

1) 기계설비부문 용어의 정의

부 문	내 용
위험률	냉(난)방기간 동안 또는 연간 총시간에 대한 온도출현분포중에서 가장 높은(낮은) 온도쪽으로부터 총시간의 일정 비율에 해당하는 온도를 제외시키는 비율
효율	설비기기에 공급된 에너지에 대하여 출력된 유효에너지의 비
대수분할운전	기기를 여러 대 설치하여 부하상태에 따라 최적 운전상태를 유지할 수 있도록 기기를 조합하여 운전하는 방식
비례제어운전	기기의 출력값과 목표값의 편차에 비례하여 입력량을 조절하여 최적운전상태를 유지할 수 있도록 운전하는 방식
중앙집중식 냉·난방설비	건축물의 전부 또는 냉난방 면적의 60% 이상을 냉방 또는 난방함에 있어 해당 공간에 순환펌프, 증기난방설비 등을 이용하여 열원 등을 공급하는 설비. 단, 산업통상자원부 고시 효율관리기자재 운용규정에서 정한 가정용 가스보일러는 개별 난방설비로 간주한다.
이코노마이저시스템	중간기 또는 동계에 발생하는 냉방부하를 실내 엔탈피 보다 낮은 도입 외기에 의하여 제거 또는 감소시키는 시스템
TAB	Testing(시험), Adjusting(조정), Balancing(평가)의 약어로 건물 내의 모든 설비시스템이 설계에서 의도한 기능을 발휘하도록 점검 및 조정하는 것
커미셔닝	효율적인 건축 기계설비 시스템의 성능 확보를 위해 설계 단계부터 공사완료에 이르기까지 전 과정에 걸쳐 건축주의 요구에 부합되도록 모든 시스템의 계획, 설계, 시공, 성능시험 등을 확인하고 최종 유지 관리자에게 제공하여 입주 후 건축주의 요구를 충족할 수 있도록 운전성능 유지 여부를 검증하고 문서화하는 과정

2) 기계부문의 의무사항

① 설계용 외기조건(난방 및 냉방설비 장치의 용량계산을 위한 외기조건)
  ㉠ 냉방기 및 난방기를 분리한 온도출현분포를 사용할 경우 : 각 지역별로 위험율 2.5%
  ㉡ 연간 총시간에 대한 온도출현 분포를 사용할 경우 : 각 지역별로 위험율 1%

② 열원 및 반송설비
  공동주택에 중앙집중식 난방설비(집단에너지사업법에 의한 지역난방공급방식을 포함)를 설치하는 경우에는 주택건설기준 등에 관한규정(제37조)에 적합한 조치를 하여야 한다.

3) 기계부문의 권장사항

부 문	내 용
설계용 실내온도 조건	• 난방 및 냉방설비의 용량계산을 위한 설계기준 실내온도는 난방의 경우 20℃, 냉방의 경우 28℃를 기준으로 하되(목욕장 및 수영장은 제외) 각 건축물 용도 및 개별 실의 특성에 따라 [별표 8]에서 제시된 범위를 참고하여 설비의 용량이 과다해지지 않도록 한다.
공조설비	• 중간기 등에 외기도입에 의하여 냉방부하를 감소시키는 경우에는 실내공기질을 저하시키지 않는 범위 내에서 이코노마이저시스템 등 외기냉방시스템을 적용한다. 예외 외기냉방시스템의 적용이 건축물의 총에너지비용을 감소시킬 수 없는 경우 • 공기조화기 팬은 부하변동에 따른 풍량제어가 가능하도록 가변익축류방식, 흡입베인제어방식, 가변속제어방식 등 에너지절약적 제어방식을 채택한다.
환기 및 제어설비	• 환기를 통한 에너지손실 저감을 위해 성능이 우수한 열회수형환기장치를 설치한다. • 기계환기설비를 사용하여야 하는 지하주차장의 환기용 팬은 대수제어 또는 풍량조절(가변익, 가변속도), 일산화탄소(CO)의 농도에 의한 자동(on-off)제어 등의 에너지절약적 제어방식을 도입한다. • 건축물의 효율적인 기계설비 운영을 위해 TAB 또는 커미셔닝을 실시한다.

4. 에너지절약계획서 작성기준

1) 에너지성능지표 검토서의 판정

 에너지성능지표 검토서는 에너지성능지표 검토서의 평점합계가 65점 이상(공공기관은 74점)일 경우 적합한 것으로 본다.

5. 건축물의 에너지소요량의 평가대상 및 에너지소요량 평가서의 판정

① 신축 또는 별동으로 증축하는 경우로서 다음의 어느 하나에 해당하는 건축물은 1차 에너지소요량 등을 평가하여 건축물 에너지소요량 평가서를 제출하여야 한다.
  ㉠ 건축법시행령 별표1에 따른 업무시설 중 연면적의 합계가 3,000m² 이상인 건축물
  ㉡ 건축법시행령 별표1에 따른 교육연구시설 중 연면적의 합계가 3,000m² 이상인 건축물
  ㉢ 연면적의 합계가 500m² 이상인 모든 용도의 공공기관 건축물

② 건축물의 에너지소요량 평가서는 단위면적당 1차 에너지소요량의 합계가 200kWh/m²년 미만일 경우 적합한 것으로 본다. 다만, 공공기관 건축물은 140kWh/m²년 미만일 경우 적합한 것으로 본다.

SECTION 8 건축물의 냉방설비에 대한 설치 및 설계기준

1. 용어의 정의

1) 축냉식 전기냉방설비

심야시간에 전기를 이용하여 축냉재(물, 얼음 또는 포접화합물과 공융염 등의 상변화물질)에 냉열을 저장하였다가 이를 심야시간 이외의 시간(기타시간)에 냉방에 이용하는 설비로서 이러한 냉열을 저장하는 설비(축열조), 냉동기·브라인펌프·냉각수펌프 또는 냉각탑등의 부대설비(축열조 2차측 설비는 제외)를 포함하며, 다음과 같이 구분한다.

구 분	내 용
빙축열식 냉방설비	심야시간에 얼음을 제조하여 축열조에 저장하였다가 기타시간에 이를 녹여 냉방에 이용하는 냉방설비를 말한다.
수축열식 냉방설비	심야시간에 물을 냉각시켜 축열조에 저장하였다가 기타시간에 이를 냉방에 이용하는 냉방설비를 말한다.
잠열축열식 냉방설비	포접화합물(Clathrate)이나 공융염(Eutectic Salt) 등의 상변화물질을 심야시간에 냉각시켜 동결한 후 기타시간에 이를 녹여 냉방에 이용하는 냉방설비를 말한다.

[주] ① 심야시간 : 23:00부터 익일 09:00까지를 말한다. 단, 한국전력공사에서 규정하는 심야시간이 변경될 경우는 그에 따라 상기 시간이 변경된다.
② 2차측 설비 : 저장된 냉열을 냉방에 이용할 경우에만 가동되는 냉수순환펌프, 공조용 순환펌프 등의 설비를 말한다.

2) 축냉방식 등

구 분	내 용
전체축냉방식	기타시간에 필요한 냉방열량의 전부를 심야시간에 생산하여 축열조에 저장하였다가 이를 이용하는 냉방방식을 말한다.
부분축냉방식	기타시간에 필요한 냉방열량의 일부를 심야시간에 생산하여 축열조에 저장하였다가 이를 이용하는 냉방방식을 말한다.
축열률	통계적으로 연중 최대냉방부하를 갖는 날을 기준으로 기타시간에 필요한 냉방열량 중에서 이용이 가능한 냉열량이 차지하는 비율을 말하며 백분율(%)로 표시한다. $$축열률(\%) = \frac{이용이\ 가능한\ 냉열량(kcal)}{기타시간에\ 필요한\ 냉방열량(kcal)}$$

3) 냉방방식 등

구 분	내 용
이용이 가능한 냉열량	축열조에 저장된 냉열량 중에서 열손실 등을 차감하고 실제로 냉방에 이용할 수 있는 열량을 말한다.
가스를 이용한 냉방방식	가스(유류포함)를 사용하는 흡수식 냉동기 및 냉·온수기, 가스엔진구동 열펌프시스템을 말한다
지역냉방방식	집단에너지사업법에 의거 집단에너지사업허가를 받은 자가 공급하는 집단에너지를 주열원으로 사용하는 흡수식냉동기를 이용한 냉방방식과 지역냉수를 이용한 냉방방식을 말한다.
신재생에너지를 이용한 냉방방식	「신에너지 및 재생에너지 이용·개발·보급 촉진법 제2조」에 의해 정의된 신재생에너지를 이용한 냉방방식을 말한다.
소형 열병합을 이용한 냉방방식	소형 열병합발전을 이용하여 전기를 생산하고, 폐열을 활용하여 냉방 등을 하는 설비를 말한다.

2. 냉방설비의 설치기준

1) 냉방설비의 설치대상 및 설비규모

다음에 해당하는 건축물에 중앙집중 냉방설비를 설치할 때에는 해당 건축물에 소요되는 주간 최대냉방부하의 60% 이상을 수용할 수 있는 용량의 축냉식 또는 가스를 이용한 중앙집중 냉방방식으로 설치하여야 한다.

> 예외 집단에너지사업허가를 받은 자로부터 공급되는 집단에너지를 이용한 지역냉방방식 또는 소형 열병합발전을 이용한 냉방방식으로 설치하는 경우와 도시철도법에 의해 설치된 지하철역사, 그리고 신재생에너지, 축냉식 또는 가스를 이용한 냉방방식에 의한 냉방부하의 합이 주간 최대냉방부하의 60% 이상을 수용할 수 있는 중앙집중 냉방방식은 제외한다.

대상 건축물	규모(바닥면적 합계)
업무시설·판매시설 또는 연구소	3,000m² 이상
숙박시설·기숙사·유스호스텔·병원	2,000m² 이상
목욕장 또는 실내수영장	1,000m² 이상
공연장, 집회장, 관람장 또는 학교로서 중앙집중식 공기조화설비 또는 냉·난방설비를 설치하는 건축물	10,000m² 이상

2) 냉방설비의 축열률

상기 규정에 의하여 축냉식 전기냉방으로 설치할 때에는 전체축냉방식 또는 40% 이상인 부분축냉방식으로 설치하여야 한다.

3. 축냉식 전기냉방설비의 설계기준 등

1) 냉동기
   ① 냉동기는 "고압가스 안전관리법 시행규칙" 제8조 별표7의 규정에 의한 "냉동제조의 시설기준 및 기술기준"에 적합하여야 한다.
   ② 냉동기의 용량은 상기 2. 1)에 근거하여 결정한다.
   ③ 부분축냉방식의 경우에는 냉동기가 축냉운전과 방냉운전 또는 냉동기와 축열조의 동시운전이 반복적으로 수행하는데 아무런 지장이 없어야 한다.

2) 축열조
   ① 축열조는 축냉 및 방냉운전을 반복적으로 수행하는데 적합한 재질의 축냉재를 사용해야 하며, 내부청소가 용이하고 부식되지 않는 재질을 사용하거나 방청 및 방식처리를 하여야 한다.
   ② 축열조의 용량은 상기 2. 2)에 근거하여 결정한다.
   ③ 축열조는 내부 또는 외부의 응력에 충분히 견딜 수 있는 구조이어야 한다.
   ④ 축열조를 여러 개로 조립하여 설치하는 경우에는 관리 또는 운전이 용이하도록 설계하여야 한다.
   ⑤ 축열조는 보온을 철저히 하여 열손실과 결로를 방지해야 하며, 맨홀 등 점검을 위한 부분은 해체와 조립이 용이하도록 하여야 한다.

3) 열교환기
   ① 열교환기는 시간당 최대냉방열량을 처리할 수 있는 용량이상으로 설치하여야 한다.
   ② 열교환기는 보온을 철저히 하여 열손실과 결로를 방지하여야 하며, 점검을 위한 부분은 해체와 조립이 용이하도록 하여야 한다.

4) 자동제어설비
   자동제어설비는 축냉운전, 방냉운전 또는 냉동기와 축열조를 동시에 이용하여 냉방운전이 가능한 기능을 갖추어야 하고, 필요할 경우 수동조작이 가능하도록 하여야 하며 감시기능 등을 갖추어야 한다.

5) 냉방설비에 대한 운전실적 점검
   냉방용 전력수요의 첨두부하를 극소화하기 위하여 산업통상자원부장관은 필요하다고 인정되는 기간(연중 10일 이내)에 산업통상자원부가 정하는 공공기관 등으로 하여금 축냉식 전기냉방설비의 운전실적 등을 점검하게 할 수 있다.

4. 축냉식 전기냉방기기

1) 축냉식 전기냉방기기

① 축냉식 전기냉방기기라 함은 심야시간에 전기를 이용하여 축냉한 후 기타시간에만 냉방에 이용할 수 있는 소용량의 축냉식 냉방기기로서 이동형 냉방기 및 고정형 패키지에어콘 등을 말한다.

② 산업통상자원부장관이 필요하다고 인정하는 경우에는 축냉식 전기냉방기기에 대하여도 축냉식 전기냉방설비와 동일한 적용을 받을 수 있다.

③ 상기 2. 1)에 해당하는 건축물에 소요되는 최대냉방부하의 60% 이상을 축냉식 전기냉방방식으로 산정할 경우 상기 ①의 축냉식 전기냉방기기가 수용할 수 있는 냉방용량을 포함할 수 있다. 단, 최대냉방부하의 10%를 초과해서는 아니된다.

SECTION 9 녹색건축 인증에 관한 규칙 및 기준

1. 목적
이 규칙은 「녹색건축물 조성 지원법」에 따라 녹색건축 인증 대상 건축물의 종류, 인증기준 및 인증절차, 인증유효기간, 수수료, 인증기관 및 운영기관의 지정 기준, 지정 절차, 업무범위, 인증받은 건축물에 대한 점검이나 실태조사 및 인증 결과의 표시 방법에 관하여 위임된 사항과 그 시행에 필요한 사항을 규정함을 목적으로 한다.

2. 적용대상
녹색건축 인증은 건축법에 따른 건축물을 대상으로 한다.
단, 국방·군사시설 사업에 관한 법률에 따른 군부대주둔지 내의 국방·군사시설은 제외한다.

3. 운영기관의 지정 등
(1) 운영기관의 지정
   국토교통부장관은 운영기관을 지정하려는 경우에는 환경부장관과 협의하여야 한다.
(2) 운영기관의 업무
   1. 인증관리시스템의 운영에 관한 업무
   2. 인증기관의 심사 결과 검토에 관한 업무
   3. 인증제도의 홍보, 교육, 컨설팅, 조사·연구 및 개발 등에 관한 업무
   4. 인증제도의 개선 및 활성화를 위한 업무
   5. 심사전문인력의 교육, 관리 및 감독에 관한 업무
   6. 인증 관련 통계 분석 및 활용에 관한 업무
   7. 인증제도의 운영과 관련하여 국토교통부장관 또는 환경부장관이 요청하는 업무
(3) 보고
   운영기관의 장은 다음 각 호의 구분에 따른 시기까지 운영기관의 사업내용을 국토교통부장관과 환경부장관에게 각각 보고하여야 한다.
   1. 전년도 사업추진 실적과 그 해의 사업계획: 매년 1월 31일까지
   2. 분기별 인증 현황: 매 분기 말일을 기준으로 다음 달 15일까지

4. 인증기관의 지정
(1) 인증기관 지정 신청기간 공고
   국토교통부장관은 인증기관을 지정하려는 경우에는 환경부장관과 협의하여 지정 신청 기간을 정하고, 그 기간이 시작되는 날의 3개월 전까지 신청 기간 등 인증기관 지정에 관한 사항을 공고하여야 한다.
(2) 인증기관 지정 신청
   ① 신청서식
   인증기관으로 지정을 받으려는 자는 녹색건축 인증기관 지정신청서(전자문서로 된 신청서를 포함)에 다음 각 호의 서류(전자문서를 포함)를 첨부하여 국토교통부장관에게 제출하여야 한다.

1. 인증업무를 수행할 전담조직 및 업무수행체계에 관한 설명서
2. 심사전문인력을 보유하고 있음을 증명하는 서류
3. 인증기관의 인증업무 처리규정

② 심사전문인력
인증기관은 해당 전문분야 중 5개 이상의 분야(에너지 및 환경오염 분야를 포함)에 분야별로 1명 이상의 상근(常勤) 심사전문인력을 보유하여야 한다. 이 경우 심사전문인력은 다음 각 호의 어느 하나에 해당하는 사람이어야 한다.
1. 건축사 자격을 취득한 사람
2. 해당 전문분야의 기술사 자격을 취득한 사람
3. 해당 전문분야의 기사 자격을 취득한 후 7년 이상 해당 업무를 수행한 사람
4. 해당 전문분야의 박사학위를 취득한 후 1년 이상 해당 업무를 수행한 사람
5. 해당 전문분야의 석사학위를 취득한 후 6년 이상 해당 업무를 수행한 사람
6. 해당 전문분야의 학사학위를 취득한 후 8년 이상 해당 업무를 수행한 사람

③ 인증업무 처리규정
인증업무 처리규정에는 다음 각 호의 사항이 포함되어야 한다.
1. 녹색건축 인증 심사의 절차 및 방법에 관한 사항
2. 인증심사단 및 인증심의위원회의 구성·운영에 관한 사항
3. 녹색건축 인증 결과의 통보 및 재심사에 관한 사항
4. 녹색건축 인증을 받은 건축물의 인증 취소에 관한 사항
5. 녹색건축 인증 결과 등의 보고에 관한 사항
6. 녹색건축 인증 수수료 납부방법 및 납부기간에 관한 사항
7. 녹색건축 인증 결과의 검증방법에 관한 사항
8. 그 밖에 녹색건축 인증업무 수행에 필요한 사항

(3) 인증기관 지정, 고시
① 신청을 받은 국토교통부장관은 행정정보의 공동이용을 통하여 신청인의 법인 등기사항증명서(법인인 경우만 해당) 또는 사업자등록증(개인인 경우만 해당)을 확인하여야 한다. 다만, 신청인이 사업등록증을 확인하는 데 동의하지 아니하는 경우에는 해당 서류의 사본을 제출하도록 하여야 한다.
② 국토교통부장관은 녹색건축 인증기관 지정신청서가 제출되면 해당 신청인이 인증기관으로 적합한지를 환경부장관과 협의하여 검토한 후 인증운영위원회의 심의를 거쳐 지정·고시한다.

5. 인증기관 지정서의 발급 등
(1) 지정서 발급
① 국토교통부장관은 인증기관으로 지정받은 자에게 별지 제2호서식의 녹색건축 인증기관 지정서를 발급하여야 한다.
② 인증기관 지정의 유효기간은 녹색건축 인증기관 지정서를 발급한 날부터 5년으로 한다.

③ 국토교통부장관은 환경부장관과 협의한 후 인증운영위원회의 심의를 거쳐 지정의 유효기간을 5년마다 갱신할 수 있다. 이 경우 갱신기간은 갱신할 때마다 5년을 초과할 수 없다.

(2) 변경신고
① 녹색건축 인증기관 지정서를 발급받은 인증기관의 장은 다음 각 호의 어느 하나에 해당하는 사항이 변경되었을 때에는 그 변경된 날부터 30일 이내에 변경된 내용을 증명하는 서류를 운영기관의 장에게 제출하여야 한다.
  1. 기관명
  2. 기관의 대표자
  3. 건축물의 소재지
  4. 심사전문인력
② 운영기관의 장은 변경 내용을 증명하는 서류를 받으면 그 내용을 국토교통부장관과 환경부장관에게 각각 보고하여야 한다.

6. 인증 신청 등

(1) 인증신청

1) 신청시기

① 다음 각 호의 어느 하나에 해당하는 자("건축주등"이라 함)는 녹색건축 인증을 신청할 수 있다.
  1. 건축주
  2. 건축물 소유자
  3. 사업주체 또는 시공자(건축주나 건축물 소유자가 인증 신청에 동의하는 경우에만 해당)
② 인증을 신청하려는 건축주등은 별지 제3호서식의 녹색건축 인증 신청서(전자문서로 된 신청서를 포함)에 다음 각 호의 서류(전자문서를 포함)를 첨부하여 인증기관의 장에게 제출하여야 한다.
  1. 국토교통부장관과 환경부장관이 정하여 공동으로 고시하는 녹색건축 자체평가서
  2. 제1호에 따른 녹색건축 자체평가서에 포함된 내용이 사실임을 증명할 수 있는 서류

(2) 인증처리기간
① 인증기관의 장은 신청서와 신청서류가 접수된 날부터 40일 이내에 인증을 처리하여야 한다. 다만, 인증대상 건축물이 단독주택(30세대 미만인 경우만 해당)인 경우에는 20일 이내에 처리하여야 한다.
② 인증기관의 장은 ①에 따른 기간 이내에 부득이한 사유로 인증을 처리할 수 없는 경우에는 건축주등에게 그 사유를 통보하고 20일의 범위에서 인증 심사 기간을 한 차례만 연장할 수 있다.
③ 인증기관의 장은 건축주등이 제출한 서류의 내용이 불충분하거나 사실과 다른 경우에는 서류가 접수된 날부터 20일 이내에 건축주등에게 보완을 요청할 수 있다. 이 경우 건축주등이 제출서류를 보완하는 기간은 ①에 따른 기간에 산입하지 아니한다.

④ 인증기관의 장은 건축주등이 보완 요청 기간 안에 보완을 하지 아니한 경우 등에는 신청을 반려할 수 있다. 이 경우 반려기준 및 절차 등 필요한 사항은 국토교통부장관과 환경부장관이 공동으로 정하여 고시한다.

7. 인증 심사 절차

① 인증기관의 장은 인증 신청을 받으면 심사전문인력으로 인증심사단을 구성하여 인증기준에 따라 서류심사와 현장실사(現場實査)를 하고, 심사 내용, 점수, 인증여부 및 인증 등급을 포함한 인증심사결과서를 작성하여야 한다.
② 인증심사결과서를 작성한 인증기관의 장은 인증심의위원회의 심의를 거쳐 인증여부 및 인증 등급을 결정한다. 다만, 다음 각 호의 어느 하나에 해당하는 경우에는 인증심의위원회의 심의를 생략할 수 있다.
  1. 단독주택에 대하여 인증을 신청한 경우
  2. 그린리모델링 인증 용도로 인증을 신청한 경우
③ 인증심사단은 해당 전문분야 중 5개 이상의 분야(에너지 및 환경오염 분야를 포함하여야 함)별 1명 이상의 심사전문인력으로 구성한다. 다만, 단독주택 및 그린리모델링에 대한 인증인 경우에는 해당 전문분야 중 2개 분야별 1명 이상의 심사전문인력으로 인증심사단을 구성할 수 있다.
④ 인증심의위원회는 해당 전문분야 중 4개 이상의 분야별 1명 이상의 전문가로 구성한다. 이 경우 인증심의위원회의 위원은 해당 인증기관에 소속된 사람이 아니어야 하며, 다른 인증기관의 심사전문인력을 1명 이상 포함하여야 한다.

8. 인증기준

① 녹색건축 인증은 해당 전문분야별로 국토교통부장관과 환경부장관이 공동으로 정하여 고시하는 인증기준에 따라 부여된 종합점수를 기준으로 심사하여야 한다.
② 녹색건축 인증 등급은 최우수(그린1등급), 우수(그린2등급), 우량(그린3등급) 또는 일반(그린4등급)으로 한다.
③ 인증기관의 장은 지정된 전문기관에서 운영하는 일정한 교육과정을 이수한 사람이 인증대상 건축물의 설계에 참여한 경우 또는 혁신적인 설계방식을 도입한 경우 등 녹색건축 관련 기술의 발전을 위하여 필요하다고 인정하는 경우에는 국토교통부장관과 환경부장관이 공동으로 정하여 고시하는 바에 따라 가산점을 부여할 수 있다.
④ 제①항에 따른 인증기준은 건축법에 따른 사용승인 또는 주택법에 따른 사용검사를 받은 날부터 5년이 지난 건축물과 그 밖의 건축물로 구분하여 정할 수 있다.

9. 인증서 발급 및 인증의 유효기간

① 인증기관의 장은 녹색건축 인증을 할 때에는 건축주등에게 별지 제4호서식의 녹색건축 인증서와 인증명판(認證名板)을 발급하여야 한다. 이 경우 건축물의 건축주등은 인증명판을 건축물 현관 및 로비 등 공공이 볼 수 있는 장소에 게시하여야 한다.
② 녹색건축 인증을 받은 건축물의 건축주등은 자체적으로 별표 2에 따라 인증명판을 제작하여 활용할 수 있다.
③ 녹색건축 인증의 유효기간은 녹색건축 인증서를 발급한 날부터 5년으로 한다.

④ 인증기관의 장은 인증서를 발급하였을 때에는 인증 대상, 인증 날짜, 인증 등급 및 인증심사단과 인증심사위원회의 구성원 명단을 포함한 인증 심사 결과를 운영기관의 장에게 제출하여야 한다.

10. 재심사 요청 등
① 인증 심사 결과나 인증 취소 결정에 이의가 있는 건축주등은 인증기관의 장에게 재심사를 요청할 수 있다.
② 재심사 결과 통보, 인증서 재발급 등 재심사에 따른 세부 절차에 관한 사항은 국토교통부장관과 환경부장관이 정하여 공동으로 고시한다.

11. 예비인증의 신청
(1) 신청
① 건축주등은 인증에 앞서 건축물 설계도서에 반영된 내용만을 대상으로 녹색건축 예비인증을 신청할 수 있다.

(2) 신청서식
건축주등은 녹색건축 예비인증을 받으려면 별지 제5호서식의 녹색건축 예비인증 신청서에 다음 각 호의 서류를 첨부하여 인증기관의 장에게 제출하여야 한다.
1. 국토교통부장관과 환경부장관이 정하여 공동으로 고시하는 녹색건축 자체평가서
2. 제1호에 따른 녹색건축 자체평가서에 포함된 내용이 사실임을 증명할 수 있는 서류

(3) 예비인증의 유효기간 등
① 인증기관의 장은 심사 결과 예비인증을 하는 경우 녹색건축 예비인증서(주택건설기준 등에 관한 규칙에 따른 공동주택성능등급 인증서를 포함)를 건축주등에게 발급하여야 한다. 이 경우 건축주등이 예비인증을 받은 사실을 광고 등의 목적으로 사용하려면 본인증을 받을 경우 그 내용이 달라질 수 있음을 알려야 한다.
② 예비인증을 받은 건축주등은 본인증을 받아야 한다. 이 경우 예비인증을 받아 제도적·재정적 지원을 받은 건축주등은 예비인증 등급 이상의 본인증을 받아야 한다.
③ 예비인증의 유효기간은 녹색건축 예비인증서를 발급한 날부터 사용승인일 또는 사용검사일까지로 한다. 다만, 사용승인 또는 사용검사 전에 녹색건축 인증서를 발급받은 경우에는 해당 인증서 발급일까지로 한다.

12. 인증을 받은 건축물에 대한 점검 및 실태조사
(1) 관리 및 확인
① 녹색건축 인증을 받은 건축물의 소유자 또는 관리자는 그 건축물을 인증받은 기준에 맞도록 유지·관리하여야 한다.
② 인증기관의 장은 유지·관리 실태 파악을 위하여 녹색건축과 관련된 건축현황 등 필요한 자료를 건축물의 소유자 또는 관리자에게 요청할 수 있다.
③ 인증기관의 장은 필요한 경우에는 녹색건축 인증을 받은 건축물의 정상 가동 여부 등을 확인할 수 있다.

④ 인증기관의 장은 녹색건축 인증을 신청하거나 인증을 받은 건축물에 대하여 자체평가서 및 인증 신청시 제출한 서류 등 인증취득에 관한 정보를 건축주등의 서면동의 없이 외부에 공개하여서는 아니 된다. 다만, 인증받은 건축물의 전문분야별 총점은 공개할 수 있다.

(2) 사후관리 범위

녹색건축 인증을 받은 건축물에 대한 점검 및 실태조사 범위 등 세부 사항은 국토교통부장관과 환경부장관이 정하여 공동으로 고시한다.

13. 인증운영위원회

(1) 구성

① 국토교통부장관과 환경부장관은 녹색건축 인증제도를 효율적으로 운영하기 위하여 국토교통부장관이 환경부장관과 협의하여 정하는 기준에 따라 인증운영위원회를 구성하여 운영할 수 있다.

(2) 심의사항

인증운영위원회는 다음 각 호의 사항을 심의한다.
1. 인증기관의 지정 및 지정의 유효기간 갱신에 관한 사항
2. 인증기관 지정의 취소 및 업무정지에 관한 사항
3. 인증 심사 기준의 제정·개정에 관한 사항
4. 그 밖에 녹색건축 인증제의 운영과 관련된 중요사항

(3) 운영

① 국토교통부장관과 환경부장관은 인증운영위원회의 운영을 운영기관에 위탁할 수 있다.
② 인증운영위원회의 세부 구성 및 운영 등에 관한 사항은 국토교통부장관과 환경부장관이 정하여 공동으로 고시한다.

SECTION 10 건축물 에너지효율등급 인증 및 제로에너지건축물 인증에 관한 규칙

1. 목적
이 규칙은 녹색건축물 조성 지원법에서 위임된 건축물 에너지효율등급 인증 및 제로에너지건축물 인증 대상 건축물의 종류 및 인증기준, 인증기관 및 운영기관의 지정, 인증받은 건축물에 대한 점검 및 건축물에너지평가사의 업무범위 등에 관한 사항과 그 시행에 필요한 사항을 규정함을 목적으로 한다.

2. 적용대상
녹색건축물 조성 지원법 및 녹색건축물 조성 지원법 시행령에 따른 건축물 에너지효율등급 인증 및 제로에너지건축물 인증은 건축법 시행령 [별표 1]에 따른 건축물을 대상으로 한다.

다만, 건축법 시행령 [별표 1] 제3호부터 제13호까지 및 제15호부터 제29호까지의 규정에 따른 건축물 중 국토교통부장관과 산업통상자원부장관이 공동으로 고시하는 실내 냉방·난방 온도 설정조건으로 인증 평가가 불가능한 건축물 또는 이에 해당하는 공간이 전체 연면적의 50/100 이상을 차지하는 건축물은 제외한다.

3. 운영기관의 지정

(1) 운영기관의 지정
  ① 국토교통부장관은 녹색건축센터로 지정된 기관 중에서 건축물 에너지효율등급 인증제 운영기관 및 제로에너지건축물 인증제 운영기관을 지정하여 관보에 고시하여야 한다.
  ② 국토교통부장관은 운영기관을 지정하려는 경우 산업통상자원부장관과 협의하여야 한다.

(2) 운영기관의 업무
  운영기관은 해당 인증제에 관한 다음 각 호의 업무를 수행한다.
  1. 인증업무를 수행하는 인력(인증업무인력)의 교육, 관리 및 감독에 관한 업무
  2. 인증관리시스템의 운영에 관한 업무
  3. 인증기관의 평가·사후관리 및 감독에 관한 업무
  4. 인증제도의 홍보, 교육, 컨설팅, 조사·연구 및 개발 등에 관한 업무
  5. 인증제도의 개선 및 활성화를 위한 업무
  6. 인증절차 및 기준 관리 등 제도 운영에 관한 업무
  7. 인증 관련 통계 분석 및 활용에 관한 업무
  8. 인증제도의 운영과 관련하여 국토교통부장관 또는 산업통상자원부장관이 요청하는 업무

(3) 운영기관의 업무 보고
  운영기관의 장은 다음 각 호의 구분에 따른 시기까지 운영기관의 사업내용을 국토교통부장관과 산업통상자원부장관에게 각각 보고하여야 한다.

1. 전년도 사업추진 실적과 그 해의 사업계획: 매년 1월 31일까지
2. 분기별 인증 현황: 매 분기 말일을 기준으로 다음 달 15일까지

4. 인증기관의 지정

(1) 인증기관 지정 공고
국토교통부장관은 건축물 에너지효율등급 인증기관을 지정하려는 경우에는 산업통상자원부장관과 협의하여 지정 신청 기간을 정하고, 그 기간이 시작되는 날의 3개월 전까지 신청 기간 등 인증기관 지정에 관한 사항을 공고하여야 한다.

(2) 인증기관 지정 신청
① 건축물 에너지효율등급 인증기관으로 지정을 받으려는 자는 신청 기간 내에 건축물 에너지효율등급 인증기관 지정 신청서에 다음 각 호의 서류를 첨부하여 국토교통부장관에게 제출하여야 한다.
  1. 인증업무를 수행할 전담조직 및 업무수행체계에 관한 설명서
  2. 인증업무인력을 보유하고 있음을 증명하는 서류
  3. 인증기관의 인증업무 처리규정
  4. 인증업무를 수행할 능력을 갖추고 있음을 증명하는 서류
② 신청을 받은 국토교통부장관은 행정정보의 공동이용을 통하여 신청인의 법인 등기사항증명서(법인인 경우만 해당) 또는 사업자등록증(개인인 경우만 해당)을 확인하여야 한다. 다만, 신청인이 사업등록증을 확인하는 데 동의하지 아니하는 경우에는 해당 서류의 사본을 제출하도록 하여야 한다.
③ 건축물 에너지효율등급 인증기관은 다음 각 호의 어느 하나에 해당하는 건축물의 에너지효율등급 인증에 관한 상근(常勤) 인증업무인력을 5명 이상 보유하여야 한다.
  1. 녹색건축물 조성 지원법 시행규칙에 따라 실무교육을 받은 건축물에너지평가사
  2. 건축사 자격을 취득한 후 3년 이상 해당 업무를 수행한 사람
  3. 건축, 설비, 에너지 분야(해당 전문분야)의 기술사 자격을 취득한 후 3년 이상 해당 업무를 수행한 사람
  4. 해당 전문분야의 기사 자격을 취득한 후 10년 이상 해당 업무를 수행한 사람
  5. 해당 전문분야의 박사학위를 취득한 후 3년 이상 해당 업무를 수행한 사람
  6. 해당 전문분야의 석사학위를 취득한 후 9년 이상 해당 업무를 수행한 사람
  7. 해당 전문분야의 학사학위를 취득한 후 12년 이상 해당 업무를 수행한 사람
④ 인증업무 처리규정에는 다음 각 호의 사항이 포함되어야 한다.
  1. 건축물 에너지효율등급 인증 평가의 절차 및 방법에 관한 사항
  2. 건축물 에너지효율등급 인증 결과의 통보 및 재평가에 관한 사항
  3. 건축물 에너지효율등급 인증을 받은 건축물의 인증 취소에 관한 사항
  4. 건축물 에너지효율등급 인증 결과 등의 보고에 관한 사항
  5. 건축물 에너지효율등급 인증 수수료 납부방법 및 납부기간에 관한 사항
  6. 건축물 에너지효율등급 인증 결과의 검증방법에 관한 사항
  7. 그 밖에 건축물 에너지효율등급 인증업무 수행에 필요한 사항

(3) 인증기관 지정 고시
① 국토교통부장관은 건축물 에너지효율등급 인증기관 지정 신청서가 제출되면 해당 신청인이 인증기관으로 적합한지를 산업통상자원부장관과 협의하여 검토한 후 건축물 에너지효율등급 인증운영위원회의 심의를 거쳐 지정·고시한다.
② 제로에너지건축물 인증기관은 녹색건축센터로 지정된 기관 중에서 국토교통부장관이 산업통상자원부장관과 협의하여 지정·고시한다.
③ 제로에너지건축물 인증기관은 다음 각 호의 사항을 갖추어야 한다.
   1. 인증업무를 수행할 전담조직 및 업무수행체계
   2. 3명 이상의 상근 인증업무인력(인증업무인력의 자격에 관하여는 제4항을 준용한다. 이 경우 "건축물의 에너지효율등급 인증"은 "제로에너지건축물 인증"으로 본다)
   3. 인증업무 처리규정(인증업무 처리규정에 포함되어야 하는 사항에 관하여는 제5항을 준용한다. 이 경우 "건축물 에너지효율등급 인증"은 "제로에너지건축물 인증"으로 본다)

5. 인증기관 지정서의 발급 및 인증기관 지정의 갱신 등
(1) 인증기관 지정의 효력
① 국토교통부장관은 인증기관으로 지정받은 자에게 인증기관 지정서를 발급하여야 한다.
② 인증기관 지정의 유효기간은 인증기관 지정서를 발급한 날부터 5년으로 한다.

(2) 인증기관 지정의 갱신
국토교통부장관은 산업통상자원부장관과의 협의를 거쳐 지정의 유효기간을 5년마다 5년의 범위에서 갱신할 수 있다. 이 경우 건축물 에너지효율등급 인증기관에 대해서는 산업통상자원부장관과의 협의 후에 건축물 에너지효율등급 인증운영위원회의 심의를 거쳐야 한다.

(3) 인증기관 지정의 변경절차
① 인증기관 지정서를 발급받은 인증기관의 장은 다음 각 호의 어느 하나에 해당하는 사항이 변경되었을 때에는 그 변경된 날부터 30일 이내에 변경된 내용을 증명하는 서류를 해당 인증제 운영기관의 장에게 제출하여야 한다.
   1. 기관명 및 기관의 대표자
   2. 건축물의 소재지
   3. 상근 인증업무인력
② 운영기관의 장은 제출받은 서류가 사실과 부합하는지를 확인하여 이상이 있을 경우 그 내용을 국토교통부장관과 산업통상자원부장관에게 각각 보고하여야 한다.

(4) 점검 요구
국토교통부장관은 산업통상자원부장관과 협의하여 점검할 수 있으며, 이를 위하여 인증기관의 장에게 관련 자료의 제출을 요구할 수 있다. 이 경우 자료 제출을 요구받은 인증기관의 장은 특별한 사유가 없으면 이에 따라야 한다.

6. 인증 신청 등

"국토교통부와 산업통상자원부의 공동부령으로 정하는 기준 이상인 건축물"이란 건축물 에너지효율등급이 1++ 등급 이상인 건축물을 말한다.

(1) 인증 신청

다음 각 호의 어느 하나에 해당하는 자(건축주등)는 건축물 에너지효율등급 인증 및 제로에너지건축물 인증을 신청할 수 있다.
1. 건축주
2. 건축물 소유자
3. 사업주체 또는 시공자(건축주나 건축물 소유자가 인증 신청에 동의하는 경우에만 해당)

(2) 신청서식

① 인증을 신청하려는 건축주등은 인증관리시스템을 통하여 다음 각 호의 구분에 따라 해당 인증기관의 장에게 신청서를 제출하여야 한다.
1. 건축물 에너지효율등급 인증을 신청하는 경우 :
   - 가. 공사가 완료되어 이를 반영한 건축ㆍ기계ㆍ전기ㆍ신에너지 및 재생에너지(「신에너지 및 재생에너지 개발ㆍ이용ㆍ보급 촉진법」에 따른 신에너지 및 재생에너지를 말한다. 이하 같다) 관련 최종 설계도면
   - 나. 건축물 부위별 성능내역서
   - 다. 건물 전개도
   - 라. 장비용량 계산서
   - 마. 조명밀도 계산서
   - 바. 관련 자재ㆍ기기ㆍ설비 등의 성능을 증명할 수 있는 서류
   - 사. 설계변경 확인서 및 설명서
   - 아. 건축물 에너지효율등급 예비인증서 사본(예비인증을 받은 경우만 해당)
   - 자. 가목부터 아목까지의 서류 외에 건축물 에너지효율등급 평가를 위하여 건축물 에너지효율등급 인증제 운영기관의 장이 필요하다고 정하여 공고하는 서류

2. 제로에너지건축물 인증을 신청하는 경우 :
   - 가. 1++등급 이상의 건축물 에너지효율등급 인증서 사본
   - 나. 건축물에너지관리시스템 또는 전자식 원격검침계량기 설치도서
   - 다. 제로에너지건축물 예비인증서 사본(예비인증을 받은 경우만 해당)
   - 라. 가목부터 다목까지의 서류 외에 제로에너지건축물 인증 평가를 위하여 제로에너지건축물 인증제 운영기관의 장이 필요하다고 정하여 공고하는 서류

3. 건축물 에너지효율등급 인증 및 제로에너지건축물 인증을 동시에 신청하는 경우 :
   - 가. 제1호 각 목의 서류
   - 나. 제2호나목부터 라목까지의 서류

② 신청서에 첨부하여 제출하는 서류(인증서 사본 및 예비인증서 사본은 제외)에는 설계자 및 건축물의 설비기준 등에 관한 규칙에 따른 관계전문기술자가 날인을 하여야 한다.

다만, 다음 각 호의 어느 하나에 해당하는 경우에는 그 사유서를 첨부하여 건축법에 따른 감리자 또는 건축주의 날인으로 설계자 또는 관계전문기술자의 날인을 대체할 수 있으며, 제2호의 경우 인증기관의 장은 변경내용을 허가권자에게 통보하여야 한다.
1. 건축물의 설비기준 등에 관한 규칙에 따라 관계전문기술자의 협력을 받아야 하는 건축물에 해당하지 아니하는 경우
2. 첨부서류의 내용이 건축법에 따른 사용승인 후 변경된 경우
3. 제1호 및 제2호 외에 설계자 또는 관계전문기술자의 날인이 불가능한 사유가 있는 경우

(3) 인증서의 처리
  ① 처리 기한
    ㉠ 인증기관의 장은 신청을 받은 날부터 다음 각 호의 구분에 따른 기간 내에 인증을 처리하여야 한다.
      1. 건축물 에너지효율등급 인증의 경우 : 50일(단독주택 및 공동주택의 경우에는 40일)
      2. 제로에너지건축물 인증의 경우 : 30일(제3항제3호에 따라 신청한 경우에는 1++등급 이상의 건축물 에너지효율등급 인증서가 발급된 날부터 기산한다)
    ㉡ 인증기관의 장은 기간 내에 부득이한 사유로 인증을 처리할 수 없는 경우에는 건축주등에게 그 사유를 통보하고 20일의 범위에서 인증 평가 기간을 한 차례만 연장할 수 있다.
  ② 서류의 보완 요구
    인증기관의 장은 건축주등이 제출한 서류의 내용이 미흡하거나 사실과 다른 경우에는 건축주등에게 보완을 요청할 수 있다. 이 경우 건축주등이 제출서류를 보완하는 기간은 발급 기간에 산입하지 아니한다.
  ③ 인증신청의 반려
    인증기관의 장은 건축주등이 보완 요청 기간 안에 보완을 하지 아니한 경우 등에는 신청을 반려할 수 있다. 이 경우 반려 기준 및 절차 등 필요한 사항은 국토교통부장관과 산업통상자원부장관이 정하여 공동으로 고시한다.
  ④ 재인증
    인증을 받은 건축물의 소유자는 필요한 경우 유효기간이 만료되기 90일 전까지 같은 건축물에 대하여 재인증을 신청할 수 있다. 이 경우 평가 절차 등 필요한 사항은 국토교통부장관과 산업통상자원부장관이 정하여 공동으로 고시한다.

7. 인증 평가 절차
  ① 인증기관의 장은 인증 신청을 받으면 인증 기준에 따라 도서평가와 현장실사(現場實査)를 하고, 인증 신청 건축물에 대한 인증 평가서를 작성하여야 한다.
  ② 인증기관의 장은 인증 평가서 결과에 따라 인증 여부 및 인증 등급을 결정한다.
  ③ 인증기관의 장은 사용승인 또는 사용검사를 받은 날부터 3년이 지난 건축물에 대해서 건축물 에너지효율등급 인증을 하려는 경우에는 건축주등에게 건축물 에너지효율 개선방안을 제공하여야 한다.

8. 인증 기준
(1) 인증 기준
① 건축물 에너지효율등급 인증 및 제로에너지건축물 인증은 다음 각 호의 구분에 따른 사항을 기준으로 평가하여야 한다.
  1. 건축물 에너지효율등급 인증 : 난방, 냉방, 급탕(給湯), 조명 및 환기 등에 대한 1차 에너지 소요량
  2. 제로에너지건축물 인증 : 다음 각 목의 사항
    가. 건축물 에너지효율등급 성능수준
    나. 신에너지 및 재생에너지를 활용한 에너지자립도
    다. 건축물에너지관리시스템 또는 전자식 원격검침계량기 설치 여부
② 건축물 에너지효율등급 인증 및 제로에너지건축물 인증의 등급은 다음 각 호의 구분에 따른다.
  1. 건축물 에너지효율등급 인증 : 1+++등급부터 7등급까지의 10개 등급
  2. 제로에너지건축물 인증 : 1등급부터 5등급까지의 5개 등급
③ 인증 기준 및 인증 등급의 세부 기준은 국토교통부장관과 산업통상자원부장관이 정하여 공동으로 고시한다.

9. 인증서 발급 및 인증의 유효기간 등
(1) 인증서 발급
① 건축물 에너지효율등급 인증기관의 장 또는 제로에너지건축물 인증기관의 장은 평가가 완료되어 인증을 할 때에는 인증서를 건축주등에게 발급하고, 인증 평가서 등 평가 관련 서류와 함께 인증관리시스템에 인증 사실을 등록하여야 한다.
② 건축주등은 인증명판이 필요하면 제작하여 활용할 수 있으며, 건축물의 건축주등은 인증명판을 건축물 현관 또는 로비 등 공공이 볼 수 있는 장소에 게시하여야 한다.
③ 인증기관의 장은 인증서를 발급하였을 때에는 인증 대상, 인증 날짜, 인증 등급을 포함한 인증 결과를 해당 인증제 운영기관의 장에게 제출하여야 한다.
④ 운영기관의 장은 에너지성능이 높은 건축물의 보급을 확대하기 위하여 인증평가 관련 정보를 분석하여 통계적으로 활용할 수 있으며, 인증 관련 정보를 공개할 수 있다.

(2) 인증의 유효기간
건축물 에너지효율등급 인증 및 제로에너지건축물 인증의 유효기간은 다음 각 호의 구분에 따른 기간으로 한다.
  1. 건축물 에너지효율등급 인증 : 10년
  2. 제로에너지건축물 인증 : 인증받은 날부터 해당 건축물에 대한 1++등급 이상의 건축물 에너지효율등급 인증 유효기간 만료일까지의 기간

10. 재평가 요청 등
① 인증 평가 결과나 인증 취소 결정에 이의가 있는 건축주등은 인증서 발급일 또는 인증 취소일부터 90일 이내에 인증기관의 장에게 재평가를 요청할 수 있다.
② 재평가 결과 통보, 인증서 재발급 등 재평가에 따른 세부 절차에 관한 사항은 국토교통부장관과 산업통상자원부장관이 정하여 공동으로 고시한다.

11. 예비인증의 신청 등
   ① 예비인증의 신청
      건축주등은 본인증에 앞서 설계도서에 반영된 내용만을 대상으로 예비인증을 신청할 수 있다.
   ② 예비인증의 신청서 제출
      예비인증을 신청하려는 건축주등은 인증관리시스템을 통하여 다음 각 호의 구분에 따라 해당 인증기관의 장에게 신청서를 제출하여야 한다.
      1. 건축물 에너지효율등급 예비인증을 신청하는 경우 :
         가. 건축·기계·전기·신에너지 및 재생에너지 관련 설계도면
         나. 제6조제3항제1호나목부터 바목까지 및 자목의 서류
      2. 제로에너지건축물 예비인증을 신청하는 경우 :
         가. 1++등급 이상의 건축물 에너지효율등급 인증서 또는 예비인증서 사본
         나. 제6조제3항제2호나목 및 라목의 서류
      3. 건축물 에너지효율등급 예비인증 및 제로에너지건축물 예비인증을 동시에 신청하는 경우 :
         가. 제1호 각 목의 서류
         나. 제2호 나목의 서류
   ③ 예비인증서 발급
      ㉠ 인증기관의 장은 평가 결과 예비인증을 하는 경우 예비인증서를 건축주등에게 발급하여야 한다. 이 경우 건축주등이 예비인증을 받은 사실을 광고 등의 목적으로 사용하려면 본인증을 받을 경우 그 내용이 달라질 수 있음을 알려야 한다.
      ㉡ 예비인증을 받은 건축주등은 본인증을 받아야 한다. 이 경우 예비인증을 받아 제도적·재정적 지원을 받은 건축주등은 예비인증 등급 이상의 본인증을 받아야 한다.
   ④ 예비인증의 유효기간
      예비인증서를 발급한 날부터 사용승인일 또는 사용검사일까지로 한다.
   ⑤ 건축물에너지평가사의 업무범위
      녹색건축물 조성 지원법 시행규칙에 따라 실무교육을 받은 건축물에너지평가사는 다음 각 호의 업무를 수행한다.
      1. 도서평가, 현장실사, 인증 평가서 작성 및 건축물 에너지효율 개선방안 작성
      2. 예비인증 평가

12. 인증을 받은 건축물에 대한 점검 및 실태조사
   ① 건축물 에너지효율등급 인증 또는 제로에너지건축물 인증을 받은 건축물의 소유자 또는 관리자는 그 건축물을 인증받은 기준에 맞도록 유지·관리하여야 한다.
   ② 건축물 에너지효율등급 인증제 운영기관의 장 또는 제로에너지건축물 인증제 운영기관의 장은 인증받은 건축물의 성능점검 또는 유지·관리 실태 파악을 위하여 에너지사용량 등 필요한 자료를 해당 건축물의 소유자 또는 관리자에게 요청할 수 있다. 이 경우 건축물의 소유자 또는 관리자는 특별한 사유가 없으면 그 요청에 따라야 한다.

13. 인증운영위원회의 구성·운영 등

① 인증운영위원회
국토교통부장관과 산업통상자원부장관은 건축물 에너지효율등급 인증제 및 제로에너지건축물 인증제를 효율적으로 운영하기 위하여 국토교통부장관이 산업통상자원부장관과 협의하여 정하는 기준에 따라 건축물 에너지효율등급 인증운영위원회 및 제로에너지건축물 인증운영위원회를 구성하여 운영할 수 있다.

② 심의사항
인증운영위원회는 각각 다음 각 호의 구분에 따른 사항을 심의한다.
  1. 건축물 에너지효율등급 인증운영위원회
    가. 건축물 에너지효율등급 인증기관 및 제로에너지건축물 인증기관의 지정과 지정의 유효기간 연장에 관한 사항
    나. 건축물 에너지효율등급 인증기관 및 제로에너지건축물 인증기관 지정의 취소와 업무정지에 관한 사항
    다. 건축물 에너지효율등급 인증 및 제로에너지건축물 인증 평가기준의 제정·개정에 관한 사항
    라. 가목부터 다목까지의 사항 외에 건축물 에너지효율등급 인증제도 및 제로에너지건축물 인증제도의 운영과 관련된 중요사항
  2. 제로에너지건축물 인증운영위원회
    가. 제로에너지건축물 인증 평가기준의 제정·개정에 관한 사항
    나. 가목의 사항 외에 제로에너지건축물 인증제의 운영과 관련된 중요사항

③ 국토교통부장관과 산업통상자원부장관은 인증운영위원회의 운영을 해당 인증제 운영기관에 위탁할 수 있다.

④ 인증운영위원회의 세부 구성 및 운영 등에 관한 사항은 국토교통부장관과 산업통상자원부장관이 정하여 공동으로 고시한다.

SECTION 1 총칙

1. 목적

이 법은 화재와 재난·재해, 그 밖의 위급한 상황으로부터 국민의 생명·신체 및 재산을 보호하기 위하여 화재의 예방 및 안전관리에 관한 국가와 지방자치단체의 책무와 소방시설등의 설치·유지 및 소방대상물의 안전관리에 관하여 필요한 사항을 정함으로써 공공의 안전과 복리 증진에 이바지함을 목적으로 한다.

2. 용어의 정의

1) 소방시설

소화설비·경보설비·피난구조설비·소화용수설비 그 밖에 소화활동설비로서 대통령령이 정하는 것을 말한다.

구분	소방설비의 종류
1. 소화설비 : 물 그 밖의 소화약제를 사용하여 소화하는 기계·기구 또는 설비로서 다음에 해당하는 것	① 소화기구 　㉠ 소화기 　㉡ 간이소화용구 : 에어로졸식 소화용구, 투척용 소화용구, 소공간용 소화용구 및 소화약제 외의 것을 이용한 간이소화용구 　㉢ 자동확산소화기 ② 자동소화장치 　㉠ 주거용 주방자동소화장치　㉡ 상업용 주방자동소화장치 　㉢ 캐비닛형 자동소화장치　㉣ 가스자동소화장치 　㉤ 분말자동화장치　㉥ 고체에어로졸자동소화장치 ③ 옥내소화전설비(호스릴옥내소화전설비 포함) ④ 스프링클러설비·간이스프링클러설비(캐비닛형 간이스프링클러설비 포함)·화재조기진압용 스프링클러설비 ⑤ 물분무소화설비·미분무소화설비·포소화설비·이산화탄소소화설비·할론설비·할로겐화합물 및 불활성기체 소화설비·분말소화설비·강화액소화설비·고체에어로졸소화설비 ⑥ 옥외소화전설비
2. 경보설비 : 화재발생 사실을 통보하는 기계·기구 또는 설비로서 다음에 해당하는 것	① 단독경보형 감지기 ② 비상경보설비(비상벨설비, 자동식사이렌설비) ③ 시각경보기　　　　　　④ 자동화재탐지설비 ⑤ 비상방송설비　　　　　⑥ 자동화재속보설비 ⑦ 통합감시시설　　　　　⑧ 누전경보기
3. 피난구조설비 : 화재가 발생할 경우 피난하기 위하여 사용하는 기구 또는 설비로서 다음에 해당하는 것	① 피난기구[피난사다리·구조대·완강기 그 밖의 화재안전기준으로 정하는 것] ② 인명구조기구 : 방열복, 방화복(안전헬멧, 보호장갑 및 안전화 포함)·공기호흡기·인공소생기 ③ 유도등 : 피난유도선·피난유도등·통로유도등·객석유도등·유도표지 ④ 비상조명등 및 휴대용비상조명등

구분	소방설비의 종류
4. 소화용수설비 : 화재를 진압하는데 필요한 물을 공급하거나 저장하는 설비로서 다음에 해당하는 것	① 상수도소화용수설비 ② 소화수조·저수조 그 밖의 소화용수설비
5. 소화활동설비 : 화재를 진압하거나 인명구조활동을 위하여 사용하는 설비로서 다음에 해당하는 것	① 제연설비　　　　② 연결송수관설비 ③ 연결살수설비　　④ 비상콘센트설비 ⑤ 무선통신보조설비　⑥ 연소방지설비

2) 무창층

지상층 중 다음에 해당하는 요건을 모두 갖춘 개구부(건축물에서 채광·환기·통풍 또는 출입 등을 위하여 만든 창·출입구 그 밖에 이와 비슷한 것을 말함)의 면적의 합계가 당해 층의 바닥면적의 1/30 이하가 되는 층을 말한다.

① 개구부의 크기가 지름 50cm 이상의 원이 내접할 수 있을 것
② 해당 층의 바닥면으로부터 개구부 밑부분까지의 높이가 1.2m 이내일 것
③ 개구부는 도로 또는 차량이 진입할 수 있는 빈터를 향할 것
④ 화재시 건축물로부터 쉽게 피난할 수 있도록 개구부에 창살 그 밖의 장애물이 설치되지 아니할 것
⑤ 내부 또는 외부에서 쉽게 파괴 또는 개방할 수 있을 것

3) 피난층

곧바로 지상으로 갈 수 있는 출입구가 있는 층을 말한다.

4) 비상구

주된 출입구 외에 화재발생 등 비상시에 건축물 또는 공작물의 내부로부터 지상 그 밖에 안전한 곳으로 피난할 수 있는 가로 75cm 이상, 세로 150cm 이상 크기의 출입구를 말한다.

5) 실내장식물

건축물 내부의 천장 또는 벽에 설치하는 것으로서 가구류(옷장·찬장·식탁 및 식탁용 의자 그 밖에 이와 비슷한 것을 말함)·집기류(사무용 책상·사무용 의자 및 계산대 그 밖에 이와 비슷한 것을 말함)와 너비 10cm 이하인 반자돌림대를 제외한 다음에 해당하는 것을 말한다.

① 종이류(두께가 2mm 이상인 것에 한함)·합성수지류 또는 섬유류를 주원료로 한 물품
② 합판 또는 목재
③ 실(室) 또는 공간을 구획하기 위하여 설치하는 칸막이 또는 간이 칸막이
④ 흡음 또는 방음을 위하여 설치하는 흡음재 또는 방음재

SECTION 2 건축허가 등의 동의

1. 소방본부장 또는 소방서장의 건축허가 및 사용 승인에 대한 동의 대상 건축물의 범위

1. 건축물	① 연면적 400m² 이상인 건축물 ② 학교시설의 경우 연면적 100m² 이상인 건축물 ③ 노유자시설 및 수련시설의 경우 연면적 200m² 이상인 건축물 ④ 정신의료기관(입원실이 없는 정신과의원은 제외), 장애인 의료재활시설의 경우 연면적 300m² 이상인 건축물	
2. 지하층 또는 무창층이 있는 건축물	① 바닥면적이 150m² 이상인 층이 있는 것 ② 공연장의 경우 바닥면적 100m² 이상인 층이 있는 것	
3. 차고·주차장 또는 주차용도로 사용되는 시설	① 차고·주차장으로 사용되는 층 중 바닥면적이 200m² 이상인 층이 있는 시설 ② 승강기 등 기계장치에 의한 주차시설로서 자동차 20대 이상을 주차할 수 있는 시설	

4. 면적에 관계없이 동의 대상
   ① 층수가 6층 이상인 건축물
   ② 항공기격납고, 관망탑, 항공관제탑, 방송용 송수신탑
   ③ 위험물저장 및 처리시설, 지하구
   ④ 노인 관련 시설, 아동복지시설(아동상담소, 아동전용시설 및 지역아동센터는 제외)
   ⑤ 장애인 거주시설, 정신질환자 관련 시설, 노숙인 관련 시설 중 노숙인자활시설, 노숙인재활시설 및 노숙인요양시설, 결핵환자나 한센인이 24시간 생활하는 노유자시설
   ⑥ 요양병원(정신병원, 의료재활시설 제외)

2. 소방본부장 또는 소방서장의 건축허가 등의 동의대상에서 제외되는 특정소방대상물
   ① [별표 4]의 규정에 의하여 특정소방대상물에 설치되는 소화기구, 누전경보기, 피난기구, 방열복·공기호흡기 및 인공소생기("인명구조기구"라 함), 유도등 또는 유도표지가 화재안전기준에 적합한 경우 그 특정소방대상물
   ② 건축물의 증축 또는 용도변경으로 인하여 당해 특정소방대상물에 추가로 소방시설등이 설치되지 아니하는 경우 그 특정소방대상물

SECTION 3 소방시설의 설치·유지

1. 소방시설 등의 종류

특정소방대상물의 관계인이 규모, 용도 및 수용인원 등을 고려하여 특정소방대상물에 갖추어야 하는 소방시설 등을 설치해야 한다. [영 별표4 중 중요사항]

종 류	소방시설 적용기준	비 고
소화기구	① 수동식소화기 또는 간이소화용구를 설치하여야 하는 것 　㉠ 연면적 33m² 이상인 것 　㉡ ㉠에 해당하지 아니하는 시설로서 지정 문화재 및 가스시설 　㉢ 터널 ② 주거용 주방자동소화장치를 설치하여야 하는 것 : 아파트등 및 30층 이상 오피스텔의 모든 층	노유자시설의 경우에는 투척용소화용구 등을 법 화재안전기준에 따라 산정된 소화기 수량의 1/2 이상으로 설치할 수 있다.
옥내 소화전 설비	① 연면적 3,000m² 이상인 소방대상물(지하가중 터널을 제외)이거나 지하층·무창층 또는 층수가 4층 이상인 층 중 바닥면적이 600m² 이상인 층이 있는 것은 모든 층 ② 지하가 중 터널의 경우 길이가 1,000m 이상인 것 ③ 상기 ①, ②에 해당하지 아니하는 근린생활시설·위락시설·판매시설·숙박시설·노유자시설·의료시설·업무시설·통신촬영시설·공장·창고시설·운수자동차관련시설 및 복합건축물로서 연면적 1,500m² 이상이거나 지하층·무창층 또는 층수가 4층 이상인 층 중 바닥면적이 300m² 이상인 층이 있는 것은 모든 층 ④ 상기 ①, ②, ③에 해당하지 아니하는 공장 및 창고시설로서 별표 4에서 정하는 수량의 750배 이상의 특수가연물을 저장·취급하는 것 ⑤ 건축물의 옥상에 설치된 차고 및 주차장으로서 주차의 용도로 사용되는 부분의 바닥면적이 200m² 이상인 것	위험물 저장 및 처리시설 중 가스시설, 지하구 및 방재실 등에서 스프링클러설비 또는 물분무등소화설비를 원격으로 조정할 수 있는 업무시설 중 무인변전소는 제외

종류	소방시설 적용기준	비고

스프링 클러설비	① 문화 및 집회시설(동·식물원은 제외), 종교시설(주요구조부가 목재인 것은 제외), 운동시설(물놀이형 시설은 제외)로서 다음에 해당하는 경우에는 모든 층
	  ㉠ 수용인원이 100인 이상
	  ㉡ 영화상영관의 용도로 쓰이는 층의 바닥면적이 지하층 또는 무창층인 경우 500㎡ 이상, 그 밖의 층의 경우에는 1,000㎡ 이상
	  ㉢ 무대부가 지하층·무창층 또는 층수가 4층 이상인 층에 있는 경우에는 300㎡ 이상
	  ㉣ 무대부가 ㉢ 외의 층에 있는 경우에는 무대부의 면적이 500㎡ 이상
	② 판매시설, 운수시설 및 창고시설(물류터미널에 한정)로서 다음에 해당하는 경우에는 모든 층
	  ㉠ 바닥면적의 합계가 5,000㎡ 이상
	  ㉡ 수용인원이 500명 이상인 것
	③ 층수가 6층 이상인 특정소방대상물의 경우에는 모든 층*
	④ 다음에 해당하는 용도로 사용되는 시설의 바닥면적의 합계가 600㎡ 이상인 것은 모든 층
	  ㉠ 의료시설 중 정신의료기관·요양병원(정신병원은 제외)
	  ㉡ 노유자시설
	  ㉢ 숙박이 가능한 수련시설
	⑤ 천정 또는 반자(반자가 없는 경우에는 지붕의 옥내에 면하는 부분)의 높이가 10m를 넘는 랙크식창고(선반 또는 이와 비슷한 것을 설치하고 승강기에 의하여 수납물을 운반하는 장치를 갖춘 것을 말함)로서 연면적 1,500㎡ 이상인 것
	⑥ 지하가(터널을 제외)로서 연면적 1,000㎡ 이상인 것
	⑦ 상기 ① 내지 ⑤에 해당하지 아니하는 소방대상물(냉동창고 제외)의 지하층·무창층(축사 제외) 또는 층수가 4층 이상인 층으로서 바닥면적이 1,000㎡ 이상인 층
	⑧ 상기 ① 내지 ⑦의 소방대상물에 부속된 보일러실 또는 연결통로 등
	⑨ 교육연구시설, 수련시설 내에 있는 학생수용을 위한 기숙사 또는 복합건축물로서 연면적 5,000㎡ 이상인 것은 모든 층
	⑩ 마목에 해당하지 않는 공장 또는 창고시설로서 다음의 어느 하나에 해당하는 시설
	  ㉠ 「소방기본법 시행령」 별표 2에서 정하는 수량의 1,000배 이상의 특수가연물을 저장·취급하는 시설
	  ㉡ 「원자력법 시행령」에 따른 중·저준위방사성폐기물의 저장시설 중 소화수를 수집·처리하는 설비가 있는 저장시설
		가스시설, 지하구는 제외
		
		* 주택법령에 따라 기존의 아파트를 연면적 및 층고의 변경이 없는 리모델링 경우 사용검사 당시의 적용기준을 적용

종 류	소방시설 적용기준	비 고
옥외 소화전	① 지상 1층 및 2층의 바닥면적의 합계가 9,000m² 이상인 것. 이 경우 동일구 내에 둘 이상의 특정소방대상물이 행정안전부령으로 정하는 연소 우려가 있는 구조인 경우에는 이를 하나의 특정소방 대상물로 본다. ② 「문화재보호법」에 따라 국보 또는 보물로 지정된목조건축물 ③ ①에 해당하지 않는 공장 또는 창고시설로서 「소방기본법 시행령」에서 정하는 수량의 750배 이상의 특수가연물을 저장·취급하는 것	아파트등, 위험물저장 및 처리 시설 중 가스시설, 지하구 또는 지하가 중 터널은 제외
비상경보 설비	① 연면적 400m² 이상인 것(지하가 중 터널 또는 사람이 거주하지 아니하거나 벽이 없는 축사를 제외) ② 지하층 또는 무창층의 바닥면적이 150m²(공연장인경우 100m²) 이상인 것 ③ 지하가 중 터널로서 길이가 500m 이상인 것 ④ 50명 이상의 근로자가 작업하는 옥내작업장	가스시설, 지하구는 제외
비상방송 설비	① 연면적 3,500m² 이상인 것 ② 지하층을 제외한 층수가 11층 이상인 것 ③ 지하층의 층수가 3개층 이상인 것	가스시설, 지하구, 터널과 사람이 거주 하지 않는 동물 및 식물관련시설은 제외
자동화재 탐지설비	① 근린생활시설(목욕장은 제외), 의료시설, 숙박시설, 위락시설, 장례시설 및 복합건축물로서 연면적 600m² 이상인 것 ② 공동주택, 근린생활시설 중 목욕장, 문화 및 집회시설, 종교시설, 판매시설, 운수시설, 운동시설, 업무시설, 공장, 창고시설, 위험물 저장 및 처리시설, 항공기 및 자동차 관련 시설, 교정 및 군사시설 중 국방·군사시설, 방송통신시설, 발전시설, 관광 휴게시설, 지하가(터널은 제외)로서 연면적 1,000m² 이상인 것 ③ 교육연구시설(교육시설 내에 있는 기숙사 및 합숙소를 포함), 수련시설(수련시설 내에 있는 기숙사 및 합숙소를 포함하며, 숙박시설이 있는 수련시설은 제외), 동물 및 식물 관련 시설(기둥과 지붕만으로 구성되어 외부와 기류가 통하는 장소는 제외), 분뇨 및 쓰레기 처리시설, 교정 및 군사시설(국방·군사시설은 제외) 또는 묘지 관련 시설로서 연면적2,000m² 이상인 것 ④ 지하구 ⑤ 지하가 중 터널로서 길이가 1,000m 이상인 것 ⑥ 노유자 생활시설 ⑦ ⑥에 해당하지 않는 노유자시설로서 연면적 400m² 이상인 노유자시설 및 숙박시설이 있는 수련시설로서 수용인원 100명 이상인 것 ⑧ ②에 해당하지 않는 공장 및 창고시설로서 「소방기본법 시행령」 별표 2에서 정하는 수량의 500배 이상의 특수가연물을 저장·취급하는 것	-

종류	소방시설 적용기준	비고
자동화재 속보설비	① 업무시설, 공장, 창고시설, 교정 및 군사시설 중 국방·군사시설, 발전시설(사람이 근무하지 않는 시간에는 무인경비시스템으로 관리하는 시설만 해당)로서 바닥면적이 1,500m² 이상인 층 ② 노유자 생활시설 ③ ②에 해당하지 않는 노유자시설로서 바닥면적이 500m² 이상인 층이 있는 것	-
단독 경보형 감지기	① 연면적 1,000m² 미만의 아파트 ② 연면적 1,000m² 미만의 기숙사 ③ 교육연구시설 또는 수련시설 내에 있는 합숙소 또는 기숙사로서 연면적 2,000m² 미만인 것 ④ 연면적 600m² 미만의 숙박시설 ⑤ 숙박시설이 있는 수용인원 100인 이하 수련시설	-
피난기구	특정소방대상물의 모든 층에 화재안전기준에 적합한 피난기구를 설치하여야 한다.	피난층·지상1층·지상2층 및 층수가 11층 이상인 층과 가스시설, 지하구, 지하가 중 터널은 제외
인명구조 기구	지하층을 포함하는 층수가 7층 이상인 관광호텔 및 5층 이상인 병원에 설치하여야 한다.	병원인 경우 인공소생기를 설치하지 아니할 수 있음
비상 조명등	① 지하층을 포함하는 층수가 5층 이상인 건축물로서 연면적 3,000m² 이상인 것 ② ①에 해당하지 않는 특정소방대상물로서 그 지하층 또는 무창층의 바닥면적이 450m² 이상인 경우에는 그 지하층 또는 무창층 ③ 지하가 중 터널로서 그 길이가 500m 이상인 것	창고시설 중 창고 및 하역장 또는 위험물 저장 및 처리 시설 중 가스시설은 제외
소화용수 설비	상수도소화용수설비를 설치하여야 하는 특정소방대상물은 다음과 같다. ① 연면적 5,000m² 이상인 것. 위험물 저장 및 처리시설 중 가스시설, 지하가 중 터널 또는 지하구의 경우에는 제외 ② 가스시설로서 지상에 노출된 탱크의 저장용량의 합계가 100톤 이상인 것	상수도소화용수설비를 설치하여야 하는 특정 소방대상물의 대지 경계선으로부터 180m 이내에 구경 75mm 이상인 상수도용 배수관이 설치되지 아니한 지역에서는 소화수조 또는 저수조를 설치할 것

종 류	소방시설 적용기준	비 고
연결송수관 설비	① 층수가 5층 이상으로서 연면적 6,000m² 이상인 것 ② ①에 해당하지 아니하는 특정소방대상물로서 지하층을 포함하는 층수가 7층 이상인 것 ③ ① 및 ②에 해당하지 아니하는 특정소방대상물로서 지하층의 층수가 3개층 이상이고 지하층의 바닥면적의 합계가 1,000m² 이상인 것 ④ 지하가 중 터널로서 길이가 1,000m 이상인 것	가스시설, 지하구는 제외
제연설비	① 문화 및 집회시설, 종교시설, 운동시설로서 무대부의 바닥면적이 200m² 이상 또는 문화 및 집회시설 중 영화상영관으로서 수용인원 100명 이상인 것 ② 근린생활시설, 판매시설, 운수시설, 숙박시설, 위락시설, 창고시설 중 물류터미널로서 지하층 또는 무창층의 바닥면적이 1,000m² 이상인 것은 해당 용도로 사용되는 모든 층 ③ 운수시설 중 시외버스정류장, 철도 및 도시철도시설, 공항시설 및 항만시설의 대합실 또는 휴게시설로서 지하층 또는 무창층의 바닥면적이 1,000m² 이상인 것 ④ 지하가(터널은 제외)로서 연면적 1,000m² 이상인 것 ⑤ 지하가 중 길이가 500m 이상으로서 교통량, 경사도 등 터널의 특성을 고려하여 행정안전부령으로 정하는 위험 등급 이상에 해당하는 터널 ⑥ 특정소방대상물(갓복도형아파트는 제외)에 부설된 특별피난계단 또는 비상용승강기의 승강장	-

2. 소방시설 설치의 예외

소방본부장 또는 소방서장은 특정소방대상물에 설치하여야 하는 소방시설 가운데 기능과 성능이 유사한 물분무소화설비간이스프링클러소화설비비상경보설비 및 비상방송설비 등의 소화설비 경우 다음 기준에 따라 그 설치를 면제할 수 있다. [영 별표5 중 중요사항]

[영 별표5] 특정소방대상물의 소방시설 설치의 면제기준

설치가 면제되는 소방시설	설치면제 요건(*밑줄은 대체시설을 말함)
스프링클러설비	스프링클러설비를 설치하여야 하는 특정소방대상물에 물분무등소화설비를 화재안전기준에 적합하게 설치한 경우에는 그 설비의 유효범위(당해 소방시설이 화재를 감지·소화 또는 경보할 수 있는 부분을 말함)안의 부분에서 설치가 면제된다.
물분무등소화설비	물분무 등 소화설비를 설치하여야 하는 차고·주차장에 스프링클러설비를 화재안전기준에 적합하게 설치한 경우에는 그 설비의 유효범위안의 부분에서 설치가 면제된다.
간이스프링클러설비	간이스프링클러설비를 설치하여야 하는 특정소방대상물에 스프링클러설비, 물분무소화설비 또는 미분무소화설비를 화재안전기준에 적합하게 설치한 경우에는 그 설비의 유효 범위안의부분에서 설치가 면제된다.
제연설비	제연설비를 설치하여야 하는 특정소방대상물에 다음에 해당하는 설비를 설치한 경우에는 설치가 면제된다. ■ 공기조화설비를 화재안전기준의 재연설비기준에 적합하게 설치하고 공기조화설비가 화재시 제연설비기능으로 자동전환되는 구조로 설치되어 있는 경우 ■ 직접 외기로 통하는 배출구의 면적의 합계가 당해 제연구역[제연경계(제연설비의 일부인 천장을 포함)에 의하여 구획된 건축물 내의 공간을 말함] 바닥면적의 1/100 이상이며, 배출구로부터 각 부분의 수평거리가 30m 이내이고, 공기유입이 화재안전기준에 적합하게(외기를 직접 자연유입할 경우에 유입구의 크기는 배출구의 크기 이상인 경우) 설치되어 있는 경우
연소방지설비	연소방지설비를 설치하여야 하는 특정소방대상물에 스프링클러설비, 물분무소화설비 또는 미분무소화설비를 화재안전기준에 적합하게 설치한 경우에는 그 설비의 유효범위안의 부분에서 설치가 면제된다.
연결송수관설비	연결송수관설비를 설치하여야 하는 소방대상물에 옥외에 연결송수구 및 옥내에 방수구가 부설된 옥내소화전 설비·스프링클러설비·간이 스프링클러설비 또는 연결살수설비를 화재안전기준에 적합하게 설치한 경우에는 그 설비의 유효범위안의 부분에서 설치가 면제된다.
자동화재탐지설비	자동화재탐지설비의 기능(감지·수신·경보기능을 말함)과 성능을 가진 스프링클러설비 또는 물분무등소화설비를 화재안전기준에 적합하게 설치한 경우에는 그 설비의 유효범위안의 부분에서 설치가 면제된다.

SECTION 4 소방대상물의 방염

1. 방염대상 특정소방대상물

1) 방염성능기준 이상의 실내장식물 등을 설치하여야 하는 특정소방대상물
   ① 근린생활시설 중 의원, 체력단련장, 공연장 및 종교집회장
   ② 건축물의 옥내에 있는 문화 및 집회시설, 종교시설, 운동시설(수영장은 제외)
   ③ 의료시설, 노유자시설, 숙박시설, 숙박이 가능한 수련시설
   ④ 교육연구시설 중 합숙소
   ⑤ 방송통신시설 중 방송국 및 촬영소
   ⑥ 다중이용업소
   ⑦ 상기 ①부터 ⑥까지의 시설에 해당하지 아니하는 것으로서 층수(건축법시행령에 따라 산정한 층수)가 11층 이상인 것(아파트는 제외)

2) 방염대상물품
   제조 또는 가공공정에서 방염처리를 한 물품(합판·목재류의 경우에는 설치현장에서 방염처리를 한 것을 말함)으로서 다음의 하나에 해당하는 것을 말한다.
   ① 창문에 설치하는 커텐류(브라인드를 포함)
   ② 카페트, 두께가 2mm 미만인 벽지류로서 종이벽지를 제외한 것
   ③ 전시용 합판 또는 섬유판, 무대용 합판 또는 섬유판
   ④ 암막·무대막(영화상영관, 골프연습장업에 설치하는 스크린을 포함)

3) 소방본부장 또는 소방서장의 방염제품 사용 권장
   소방본부장 또는 소방서장은 규정에 의한 물품 외에 다중이용업소·의료시설·숙박시설 또는 장례식장에서 사용하는 침구류·소파 및 의자에 대하여 방염처리가 필요하다고 인정되는 경우에는 방염처리된 제품을 사용하도록 권장할 수 있다.

4) 다중이용업소에 설치하는 실내장식물
   특정소방대상물에서 사용하는 실내장식물과 방염대상물품은 방염성능기준 이상의 것으로 설치하여야 한다. 다만, 다중이용업소에 설치하는 실내장식물[합판 또는 목재로 설치한 실내장식물의 면적이 천장과 벽을 합한 면적의 3/10(스프링클러설비 또는 간이스프링클러설비가 설치된 경우에는 5/10) 이하인 경우와 반자돌림대 등 너비가 10cm 이하인 경우의 실내장식물을 제외]은 불연재료 또는 준불연재료로 하여야 한다.

2. 방염성능기준

방염대상물품의 종류에 따른 구체적인 방염성능기준은 다음에 해당하는 기준의 범위 내에서 소방청장이 정하여 고시하는 바에 의한다.

① 버너의 불꽃을 제거한 때부터 불꽃을 올리며 연소하는 상태가 그칠 때까지 시간은 20초 이내
② 버너의 불꽃을 제거한 때부터 불꽃을 올리지 아니하고 연소하는 상태가 그칠 때까지 시간은 30초 이내
③ 탄화한 면적은 50cm² 이내, 탄화한 길이는 20cm 이내
④ 불꽃에 의하여 완전히 녹을 때까지 불꽃의 접촉횟수는 3회 이상
⑤ 소방청장이 정하여 고시한 방법으로 발연량을 측정하는 경우 최대연기밀도는 400 이하

3. 방염업의 종류

방염업의 종류와 그 종류별 영업의 범위는 다음과 같다.

종 류	영업의 범위
1. 섬유류방염업	커텐·카페트 등 섬유류를 주된 원료로 하는 방염대상물품을 제조 또는 가공공정에서 방염처리
2. 합성수지류방염업	합성수지류를 주된 원료로 한 방염대상물품을 제조 또는 가공공정에서 방염처리
3. 합판·목재류방염업	합판 또는 목재를 제조·가공공정 또는 설치현장에서 방염처리

SECTION 5 소방대상물의 안전관리

1. 특정소방대상물의 안전관리

특정소방대상물의 관계인은 그 특정소방대상물에 대하여 제6항에 따른 소방안전관리 업무를 수행하여야 한다.

1) 소방안전관리자를 두어야 하는 특정소방대상물

구분	소방안전관리 대상 특정소방대상물	제외
특급 소방안전관리대상물	㉠ 50층 이상(지하층은 제외)이거나 지상으로부터 높이가 200m 이상인 아파트 ㉡ 30층 이상(지하층을 포함)이거나 지상으로부터 높이가 120m 이상인 특정소방대상물(아파트는 제외함) ㉢ ㉡에 해당하지 않는 연면적이 100,000m² 이상인 것(아파트는 제외함)	동·식물원, 철강 등 불연성 물품을 저장·취급하는 창고, 위험물제조소등, 지하구를 제외
1급 소방안전관리대상물	㉠ 30층 이상(지하층은 제외함)이거나 지상으로부터 높이가 120m 이상인 아파트 ㉡ 연면적 15,000m² 이상인 것(아파트는 제외함) ㉢ ㉡에 해당하지 않는 층수가 11층 이상인 것(아파트는 제외함) ㉣ 가연성가스를 1,000톤 이상 저장·취급하는 시설	
2급 소방안전관리대상물	㉠ 옥내소화전, 스프링클러설비·간이스프링클러설비 또는 물분무등소화설비(호스릴 방식만을 설치한 경우를 제외)를 설치한 것 ㉡ 가스제조설비를 갖추고 도시가스사업허가를 받아야 하는 시설 또는 가연성가스를 100톤 이상 1,000톤 미만 저장·취급하는 시설 ㉢ 지하구 ㉣ 주택관리업자 등에 의한 의무관리대상인 공동주택 ㉤ 문화재보호법에 따라 국보 또는 보물로 지정된 목조건축물	특급, 1급 소방안전관리대상물에 해당되는 경우 제외
3급 소방안전관리대상물	자동화재탐지설비를 설치한 것	위 1~3에 해당되는 경우 제외

2) 소방안전관리자 등의 업무

특정소방대상물(소방안전관리대상물은 제외)의 관계인과 소방안전관리대상물의 소방안전관리자의 업무는 다음과 같다.

[단서] ①, ② 및 ④의 업무는 소방안전관리대상물의 경우에만 해당한다.

① 소방계획서의 작성
② 자위소방대(自衛消防隊)의 조직

③ 피난시설, 방화구획 및 방화시설의 유지·관리
④ 소방훈련 및 교육
⑤ 소방시설이나 그 밖의 소방 관련 시설의 유지·관리
⑥ 화기(火氣) 취급의 감독
⑦ 그 밖에 소방안전관리에 필요한 업무

2. 공동소방 안전관리

1) 공동소방안전관리자 선임
특정소방대상물로서 그 관리의 권원(權原)이 분리되어 있는 것 가운데 소방본부장이나 소방서장이 지정하는 특정소방대상물의 관계인은 행정안전부령으로 정하는 바에 따라 2급 소방안전관리대상물의 공동소방안전관리자로 선임하여야 한다.

2) 공동소방안전관리자 선임대상 특정소방대상물
① 고층 건축물(지하층을 제외한 층수가 11층 이상인 건축물만 해당)
② 지하가(지하의 인공구조물 안에 설치된 상점 및 사무실, 그 밖에 이와 비슷한 시설이 연속하여 지하도에 접하여 설치된 것과 그 지하도를 합한 것을 말함)
③ 복합건축물로서 연면적이 5,000m² 이상인 것 또는 층수가 5층 이상인 것
④ 판매시설 중 도매시장 및 소매시장
⑤ 특정소방대상물 중 소방본부장 또는 소방서장이 지정하는 것

■ **소방특별조사**
① 소방청장, 소방본부장 또는 소방서장은 관할구역에 있는 소방대상물, 관계 지역 또는 관계인에 대하여 관계 공무원으로 하여금 소방안전관리에 관한 특별조사(소방특별조사)를 하게 할 수 있다.
② 소방청장, 소방본부장 또는 소방서장은 소방특별조사를 하려면 7일 전에 관계인에게 조사대상, 조사기간 및 조사사유 등을 서면으로 알려야 한다.

건축설비관계법규
2016년 제1회 과년도 출제문제

01 대형건축물의 건축허가 사전승인신청시 제출도서의 종류 중 설비분야의 도서에 속하지 않는 것은?

① 소방설비도　　② 건축설비도
③ 주차장 평면도　④ 상·하수도 계통도

[해설] 사전승인신청시의 제출도서(규칙 [별표3])

구분	분야	도서의 종류
건축계획서	건축	가. 설계설명서　나. 구조계획서 다. 지질조사서　라. 시방서
기본설계도서	건축	가. 투시도 또는 투시도 사진 나. 평면도(주요층, 기준층) 다. 2면 이상의 입면도 라. 2면 이상의 단면도 마. 내외마감표 바. 주차장 평면도
	설비	가. 건축설비도 나. 소방설비도 다. 상·하수도 계통도
	기타	필요한 도면

02 다중이용시설을 신축하는 경우에 설치하여야 하는 기계환기설비의 구조 및 설치에 관한 기준 내용으로 옳지 않은 것은?

① 다중이용시설의 기계환기설비 용량기준은 시설이용 인원 당 환기량을 원칙으로 산정할 것
② 기계환기설비는 다중이용시설로 공급되는 공기의 분포를 최대한 균등하게 하여 실내 기류의 편차가 최소화될 수 있도록 할 것
③ 공기배출체계 및 배기구는 배출되는 공기가 공기공급체계 및 공기흡입구로 직접 들어가는 위치에 설치할 것
④ 공기공급체계·공기배출체계 또는 공기흡입구·배기구 등에 설치되는 송풍기는 외부의 기류로 인하여 송풍능력이 떨어지는 구조가 아닐 것

[해설] 공기배출체계 및 배기구는 배출되는 공기가 공기공급체계 및 공기흡입구로 직접 들어가지 아니하는 위치에 설치할 것

03 헬리포트의 설치에 관한 기준 내용으로 옳지 않은 것은?

① 헬리포트의 길이와 너비는 각각 25m 이상으로 할 것
② 헬리포트의 중앙부분에는 지름 8m의 "H" 표지를 백색으로 할 것
③ 헬리포트의 주위한계선은 백색으로 하되, 그 선의 너비는 38cm로 할 것
④ 헬리포트의 중심으로부터 반경 12m 이내에는 헬리콥터의 이·착륙에 장애가 되는 건축물, 공작물, 조경시설 또는 난간 등을 설치하지 아니할 것

[해설] 헬리포트의 길이와 너비는 각각 22m 이상으로 할 것
[예외] 옥상의 길이와 너비가 22m 이하인 경우에는 15m까지 감축할 수 있다.

04 건축물에 건축설비를 설치하는 경우 관계전문기술자의 협력을 받아야 하는 대상 건축물의 연면적 기준은? (단, 창고시설 제외)

① 1,000m² 이상　② 2,000m² 이상
③ 5,000m² 이상　④ 10,000m² 이상

[해설] 연면적 10,000m² 이상(창고시설을 제외)인 건축물에 급수·배수·난방 및 환기의 건축설비를 설치하는 경우 건축기계설비기술사 또는 공조냉동기계기술사의 협력을 받아야 한다.

05 문화 및 집회시설 중 공연장의 개별관람실의 출구는 관람실별로 최소 몇 개소 이상 설치하여야 하는가? (단, 개별관람실의 바닥면적이 300m² 이상인 경우)

① 1개소　　② 2개소
③ 3개소　　④ 4개소

[해설] 공연장의 개별 관람실의 출구기준

관람실의 바닥면적이 300m² 이상인 경우의 출구는 다음 조건에 적합하여야 한다.
㉠ 관람실별로 2개소 이상 설치할 것
㉡ 각 출구의 유효폭은 1.5m 이상일 것
㉢ 개별 관람실 출구의 유효폭의 합계는 개별 관람실의 바닥면적 100m² 마다 0.6m 이상의 비율로 산정한 폭 이상일 것

정답 01 ③　02 ③　03 ①　04 ④　05 ②

$$\text{개별 관람실 출구의 유효폭의 합계} = \frac{400m^2}{100m^2} \times 0.6m$$
$$= 2.4m$$

그러나, ㉠, ㉡에 의해 개별 관람실 출구의 유효너비의 합계는 최소 3.0m 이상으로 한다.

06 다음은 건축물의 에너지절약 설계기준상 건축 부문의 의무사항 내용이다. 밑줄 친 "부위"의 기준 내용으로 옳지 않은 것은?

> 1. 단열조치 일반사항
>   가. 외기에 직접 또는 간접 면하는 거실의 각 부위에는 제2조에 따라 건축물의 열손실방지 조치를 하여야 한다. 다만, 다음 <u>부위</u>에 대해서는 그러하지 아니할 수 있다.

① 바닥면적 150m² 이하의 개별 점포의 출입문
② 공동주택의 층간바닥 중 바닥난방을 하는 현관 및 욕실의 바닥 부위
③ 지면 및 토양에 접한 바닥 부위로서 난방공간의 외벽 내표면까지의 모든 수평거리가 10m를 초과하는 바닥 부위
④ 지표면 아래 2m를 초과하여 위치한 지하 부위(공동주택의 거실 부위는 제외)로서 이중벽의 설치 등 하계 표면결로 방지 조치를 한 경우

해설
공동주택의 층간바닥(최하층 제외) 중 바닥난방을 하지 않는 현관 및 욕실의 바닥 부위

07 건축물의 설비기준 등에 관한 규칙에 따라 피뢰설비를 설치하여야 하는 대상 건축물의 높이 기준은?

① 10m 이상 ② 15m 이상
③ 20m 이상 ④ 30m 이상

해설
낙뢰의 우려가 있는 건축물 또는 높이 20m 이상의 건축물 또는 공작물로서 높이 20m 이상의 공작물(건축물에 공작물을 설치하여 그 전체높이가 20m 이상인 것 포함)에는 건축물의 설비기준 등에 관한 규칙에 적합하게 피뢰설비를 설치하여야 한다.

08 다음은 직통계단의 설치에 관한 기준 내용이다. ( )안에 알맞은 것은?

> 초고층 건축물에는 피난층 또는 지상으로 통하는 직통계단과 직접 연결되는 피난안전구역을 지상층으로부터 최대( ) 층마다 1개소 이상 설치하여야 한다.

① 10개 ② 20개
③ 30개 ④ 40개

해설
초고층 건축물에는 피난층 또는 지상으로 통하는 직통계단과 직접 연결되는 피난안전구역(건축물의 피난·안전을 위하여 건축물 중간층에 설치하는 대피공간을 말함)을 지상층으로부터 최대 30개 층마다 1개소 이상 설치하여야 한다.

09 비상경보설비를 설치하여야 하는 특정소방대상물의 연면적 기준은? (단, 특정소방대상물이 판매시설인 경우)

① 400m² 이상 ② 600m² 이상
③ 1,500m² 이상 ④ 3,500m² 이상

해설 비상경보설비 설치대상
㉠ 연면적 400m² 이상인 것(지하가 중 터널 또는 사람이 거주하지 아니하거나 벽이 없는 축사를 제외)
㉡ 지하층 또는 무창층의 바닥면적이 150m²(공연장인 경우 100m²) 이상인 것
㉢ 지하가 중 터널로서 길이가 500m 이상인 것
㉣ 50명 이상의 근로자가 작업하는 옥내작업장
[예외] 가스시설, 지하구 경우

10 자동화재탐지설비를 설치하여야 하는 특정소방대상물의 연면적 기준은? (단, 특정소방대상물이 숙박시설인 경우)

① 600m² 이상 ② 1,000m² 이상
③ 2,000m² 이상 ④ 3,000m² 이상

해설
근린생활시설(목욕장은 제외), 의료시설, 숙박시설, 위락시설, 장례식장 및 복합건축물로서 연면적 600m² 이상인 것은 자동화재탐지설비를 설치하여야 하는 특정소방대상물이다.

정답 06 ② 07 ③ 08 ③ 09 ① 10 ①

11 다음은 건축법령상 다세대주택의 정의이다. ( )안에 알맞은 것은?

> 주택으로 쓰는 1개 동의 바닥면적 합계가 (㉠)제곱미터 이하이고, 층수가(㉡)개 층 이하인 주택

① ㉠ 330, ㉡ 4
② ㉠ 330, ㉡ 6
③ ㉠ 660, ㉡ 4
④ ㉠ 660, ㉡ 6

해설 다세대주택

주택으로 쓰는 1개 동의 바닥면적 합계가 660m² 이하이고, 층수가 4개 층 이하인 주택(2개 이상의 동을 지하주차장으로 연결하는 경우에는 각각의 동으로 보며, 지하주차장 면적은 바닥면적에서 제외한다)

12 건축허가등을 할 때 미리 소방본부장 또는 소방서장의 동의를 받아야 하는 대상 건축물 등에 속하지 않는 것은?

① 항공기격납고
② 연면적이 100m²인 수련시설
③ 차고·주차장으로 사용되는 층 중 바닥면적이 200m²인 층이 있는 시설
④ 지하층 또는 무창층이 있는 건축물로서 바닥면적이 150m²인 층이 있는 것

해설 소방본부장 또는 소방서장의 건축허가 및 사용 승인에 대한 동의 대상 건축물의 범위

1. 연면적이 400m²(학교시설의 경우 100m², 노유자시설 및 수련시설의 경우 200m², 정신의료기관, 장애인 의료재활시설의 경우 300m²) 이상인 건축물
2. 차고·주차장 또는 주차용도로 사용되는 시설로서 다음에 해당하는 것
  ① 차고·주차장으로 사용되는 층 중 바닥면적이 200m² 이상인 층이 있는 시설
  ② 승강기 등 기계장치에 의한 주차시설로서 자동차 20대 이상을 주차할 수 있는 시설
3. 지하층 또는 무창층이 있는 건축물로서 바닥면적이 150m²(공연장의 경우에는 100m²) 이상인 층이 있는 것
4. 면적에 관계없이 동의 대상
  ① 층수가 6층 이상인 건축물
  ② 항공기격납고, 관망탑, 항공관제탑, 방송용 송수신탑
  ③ 위험물저장 및 처리시설, 지하구
  ④ 노인 관련 시설, 아동복지시설(아동상담소, 아동전용시설 및 지역아동센터는 제외)
  ⑤ 장애인 거주시설, 정신질환자 관련 시설, 노숙인 관련 시설 중 노숙인자활시설, 노숙인재활시설 및 노숙인요양시설, 결핵환자나 한센인이 24시간 생활하는 노유자시설
  ⑥ 요양병원(정신병원, 의료재활시설 제외)

13 다음은 건축법상 지하층의 정의이다. ( )안에 알맞은 것은?

> "지하층"이란 건축물의 바닥이 지표면 아래에 있는 층으로서 바닥에서 지표면까지 평균 높이가 해당 층 높이의 ( ) 이상인 것을 말한다.

① 2분의 1
② 3분의 1
③ 4분의 1
④ 3분의 2

해설

지하층이란 건축물의 바닥이 지표면 아래에 있는 층으로서 바닥에서 지표면까지 평균높이가 해당 층높이의 1/2 이상인 것을 말한다.

14 환기구(건축물의 환기설비에 부속된 급기 및 배기를 위한 건축구조물의 개구부)는 바닥으로부터 최소 얼마 이상의 높이에 설치하는 것이 원칙인가?

① 1m
② 2m
③ 3m
④ 4m

해설

환기구(건축물의 환기설비에 부속된 급기 및 배기를 위한 건축구조물의 개구부)는 바닥으로부터 2m 이상의 높이에 설치하여야 한다.

15 공동주택 중 아파트로서 4층 이상인 층의 각 세대가 2개 이상의 직통계단을 사용할 수 없는 경우에는 발코니에 대피공간을 설치하여야 하는데, 다음 중 이러한 대피공간이 갖추어야 할 요건으로 옳지 않은 것은?

① 대피공간은 바깥의 공기와 접하지 않을 것
② 대피공간은 실내의 다른 부분과 방화구획으로 구획될 것
③ 대피공간의 바닥면적은 각 세대별로 설치하는 경우에는 2m² 이상일 것
④ 대피공간의 바닥면적은 인접 세대와 공동으로 설치하는 경우에는 3m² 이상일 것

정답 11 ③ 12 ② 13 ① 14 ② 15 ①

[해설] 공동주택 중 아파트(4층 이상의 층)에 설치하여야 하는 대피공간의 구조
- ㉠ 대피공간은 바깥의 공기와 접할 것
- ㉡ 대피공간은 실내의 다른 부분과 방화구획으로 구획될 것
- ㉢ 대피공간의 바닥면적은 인접세대와 공동으로 설치하는 경우에는 3m² 이상, 각 세대별로 설치하는 경우에는 2m² 이상일 것

16 다음 건축물 중 피난구유도등의 설치 대상에 속하지 않는 것은?

① 병원　　② 박물관
③ 기숙사　④ 단독주택

[해설]
피난구유도등, 통로유도등 및 유도표지는 [별표2]의 특정소방대상물(지하가 중 터널 및 지하구는 제외)에 설치하여야 한다.
※ 공동주택은 특정소방대상물에 해당되나, 단독주택은 특정소방대상물에 해당되지 않는다.

17 바닥으로부터 높이 1m까지의 안벽 마감을 내수재료로 하여야 하는 대상에 속하지 않는 것은?

① 제1종 근린생활시설 중 미용원의 세면장
② 제2종 근린생활시설 중 숙박시설의 욕실
③ 제1종 근린생활시설 중 휴게음식점의 조리장
④ 제2종 근린생활시설 중 일반음식점의 조리장

[해설] 내수재료의 마감
다음에 해당하는 거실·욕실 또는 조리장의 바닥 부분에는 방습을 위한 조치를 하여야 한다.
- ㉠ 건축물의 최하층에 있는 거실(바닥이 목조인 경우만 해당)
- ㉡ 제1종 근린생활시설 중 목욕장의 욕실과 휴게음식점 및 제과점의 조리장
- ㉢ 제2종 근린생활시설 중 일반음식점, 휴게음식점 및 제과점의 조리장과 숙박시설의 욕실

18 연면적 200m²를 초과하는 건축물에 설치하는 복도의 유효너비 기준으로 옳은 것은? (단, 양옆에 거실이 있는 복도)

① 유치원 : 1.8m 이상
② 중학교 : 1.8m 이상
③ 초등학교 : 1.8m 이상
④ 오피스텔 : 1.8m 이상

[해설] 건축물에 설치하는 복도의 유효너비

구 분	양옆에 거실이 있는 복도	기타의 복도
유치원·초등학교·중학교·고등학교	2.4m 이상	1.8m 이상
공동주택·오피스텔	1.8m 이상	1.2m 이상
당해 층 거실의 바닥면적 합계가 200m² 이상인 경우	1.5m 이상 (의료시설의 복도는 1.8m 이상)	1.2m 이상

19 건축물의 에너지절약 설계기준상 설비기기에 공급된 에너지에 대한 출력된 유효에너지의 비로 정의되는 용어는?

① 효율　　② 역률
③ 위험률　④ 수용률

[해설] 용어 정의
※ 효율 : 설비기기에 공급된 에너지에 대한 출력된 유효에너지의 비
※ 위험률 : 냉(난)방기간 동안 또는 연간 총시간에 대한 온도출연분포 중에서 가장 높은(낮은) 온도쪽으로부터 총시간의 일정 비율에 해당하는 온도를 제외시키는 비율

정답　16 ④　17 ①　18 ④　19 ①

20 층수가 7층이며, 각 층의 거실면적이 3,000m²인 문화 및 집회시설 중 전시장에 설치하여야 하는 승용승강기의 최소 대수는? (단, 15인승 승용승강기의 경우)

① 1대　　② 2대
③ 3대　　④ 4대

해설

문화 및 집회시설(전시장, 동·식물원), 업무시설, 숙박시설, 위락시설의 용도 경우
3,000m² 이하까지 1대, 3,000m² 초과하는 2,000m² 당 1대를 가산한 대수로 하므로
$1 + \dfrac{(3,000 \times 2) - 3,000}{2,000} = 2.5 ≒ 3$대 (소수점 이하는 1대로 본다)
※ 8인승 이상 15인승 이하를 기준으로 산정하며 16인승 이상의 승강기는 2대로 산정한다.

건축설비관계법규
2016년 제2회 과년도 출제문제

01 30세대 이상의 아파트를 신축하는 경우 시간당 최소 몇 회 이상의 환기가 이루어질 수 있도록 자연환기설비 또는 기계환기설비를 설치하여야 하는가?

① 0.5회　　② 0.7회
③ 1.2회　　④ 1.5회

해설

신축 또는 리모델링하는 다음에 해당하는 주택 또는 건축물은 시간당 0.5회 이상의 환기가 이루어질 수 있도록 자연환기설비 또는 기계환기설비를 설치하여야 한다.
㉠ 30세대 이상의 공동주택
㉡ 주택을 주택 외의 시설과 동일건축물로 건축하는 경우로서 주택이 30세대 이상인 건축물

02 문화 및 집회시설 중 공연장의 개별관람실의 출구를 관람실별로 2개소 이상 설치해야 하는 개별관람실의 바닥면적의 기준은?

① 150m² 이상　　② 300m² 이상
③ 450m² 이상　　④ 600m² 이상

해설 공연장의 개별 관람실의 출구기준

관람실의 바닥면적이 300m² 이상인 경우의 출구는 다음 조건에 적합하여야 한다.
㉠ 관람실별로 2개소 이상 설치할 것
㉡ 각 출구의 유효폭은 1.5m 이상일 것
㉢ 개별 관람실 출구의 유효폭의 합계는 개별 관람실의 바닥면적 100m² 마다 0.6m 이상의 비율로 산정한 폭 이상일 것
※ 개별 관람실 출구의 유효너비의 합계는 최소 3.0m 이상으로 한다.

정답 20 ③ / 01 ① 02 ②

03 환기·난방 또는 냉방시설의 풍도가 방화구획을 관통하는 경우, 그 관통부분 또는 이에 근접한 부분에 설치하는 댐퍼에 관한 기준 내용으로 옳지 않은 것은?

① 철재로서 철판의 두께가 1.5mm 이상일 것
② 닫힌 경우에는 방화에 지장이 있는 틈이 생기지 아니할 것
③ 화재가 발생한 경우에는 연기의 발생 또는 온도의 상승에 의하여 자동적으로 닫힐 것
④ 한국건설기술연구원장이 국토교통부장관이 정하여 고시하는 기준에 따라 내화충전성능을 인정한 구조로 된 것

> **해설**
> 환기·난방·냉방 시설의 풍도가 방화구획을 관통할 경우에는 그 관통부분 또는 이에 근접한 부분에 다음 각 호의 기준에 적합한 댐퍼를 설치할 것
> ㉠ 철재로서 철판두께가 1.5mm 이상일 것
> ㉡ 화재발생시 연기발생 또는 온도상승에 의하여 자동적으로 닫힐 것
> ㉢ 닫힌 경우 방화에 지장이 있는 틈이 없을 것
> ㉣ 산업표준화법에 의한 한국산업규격상 방화댐퍼의 방연시험방법에 적합할 것

04 교육연구시설 중 학교의 교실 간 경계벽의 차음을 위한 구조로서 적합하지 않은 것은?

① 벽돌조로서 두께가 15cm인 것
② 철근콘크리트조로서 두께가 15cm인 것
③ 철골철근콘크리트조로서 두께가 15cm인 것
④ 무근콘크리트조로서 시멘트모르타르의 바름 두께를 포함하여 15cm인 것

> **해설** 경계벽 및 칸막이벽의 차음구조의 기준
> ㉠ 철근콘크리트조, 철골철근콘크리트조로서 두께가 10cm 이상인 것
> ㉡ 무근콘크리트조, 석조로서 두께가 10cm 이상인 것
> ※ 단, 시멘트모르타르, 회반죽 또는 석고 플라스터의 바름두께를 포함한다.
> ㉢ 콘크리트 블록조, 벽돌조로서 두께가 19cm 이상인 것
> ㉣ 상기의 것 외에 국토교통부장관이 고시하는 기준에 따라 국토교통부장관이 지정하는 자 또는 한국건설기술연구원장이 실시하는 품질시험에서 그 성능이 확인된 것
> [예외] 공동주택 세대간의 경계벽은 주택건설기준에 관한 규정에 따른다.

05 다음은 건축법상 건축허가에 관한 기준 내용이다. ( )안에 알맞은 것은?

> 건축물을 건축하거나 대수선하려는 자는 특별자치시장·특별자치도지사 또는 시장·군수·구청장의 허가를 받아야 한다.
> 다만, ( ) 이상의 건축물 등 대통령령으로 정하는 용도 및 규모의 건축물을 특별시나 광역시에 건축하려면 특별시장이나 광역시장의 허가를 받아야 한다.

① 6층   ② 11층
③ 16층 ④ 21층

> **해설** 특별시장·광역시장의 허가 대상
>
> | 사전승인 대상 건축물의 규모 | 허가권자 |
> |---|---|
> | ① 21층 이상 건축물
② 연면적 10만m² 이상 건축물(공장, 창고 및 지방건축위원회의 심의를 거친 건축물은 제외)
③ 연면적 3/10 이상의 증축으로 인하여 ①, ②의 대상이 되는 경우 | 특별시장·광역시장 |

06 건축물의 에너지절약 설계기준에서는 수영장에 자연채광을 위한 개구부 설치를 권장하고 있다. 다음 중 권장 개구부 면적의 합계에 관한 기준으로 옳은 것은?

① 수영장 바닥면적의 5분의 1이상
② 수영장 바닥면적의 7분의 1이상
③ 수영장 바닥면적의 10분의 1이상
④ 수영장 바닥면적의 20분의 1이상

> **해설** 자연채광계획
> ① 공동주택의 지하주차장은 300m² 이내마다 1개소 이상의 외기와 직접 면하는 2m² 이상의 개폐가 가능한 천창 또는 측창을 설치하여 자연환기 및 자연채광을 유도한다.
> [예외] 지하 2층 이하
> ② 수영장에는 자연채광을 위한 개구부를 설치하되, 그 면적의 합계는 수영장 바닥면적의 1/5 이상으로 한다.

정답 03 ④ 04 ① 05 ④ 06 ①

07 건축법령상 방송 공동수신설비를 설치하여야 하는 대상 건축물에 속하는 것은?

① 수련시설　　② 공동주택
③ 노유자시설　④ 문화 및 집회시설

> **해설**
> 건축물에는 방송수신에 지장이 없도록 공동시청 안테나, 유선방송 수신시설, 위성방송 수신설비, 에프엠(FM)라디오방송 수신설비 또는 방송 공동수신설비를 설치할 수 있다.
> 다만, 다음 건축물에는 방송 공동수신설비를 설치하여야 한다.
> ㉠ 공동주택
> ㉡ 바닥면적의 합계가 5,000m^2 이상으로서 업무시설이나 숙박시설의 용도로 쓰는 건축물

08 건축물에 가스·급수·배수·환기 등의 건축설비를 설치하는 경우 건축기계설비기술사 또는 공조냉동기계기술사의 협력을 받아야 하는 대상 건축물의 연면적 기준은? (단, 창고시설은 제외)

① 3,000m^2　　② 5,000m^2
③ 10,000m^2　④ 15,000m^2

> **해설**
> 연면적 10,000m^2 이상(창고시설을 제외)인 건축물에 급수·배수·난방 및 환기의 건축설비를 설치하는 경우 건축기계설비기술사 또는 공조냉동기계기술사의 협력을 받아야 한다.

09 종교시설의 용도에 쓰는 건축물의 집회실로서 그 바닥면적이 200m^2 이상인 경우 반자의 높이는 최소 얼마 이상으로 하여야 하는가? (단, 기계환기장치를 설치하지 않는 경우)

① 2.1m　　② 2.4m
③ 3m　　　④ 4m

> **해설** 거실의 반자높이
>
> | 거실의 종류 | 반자높이 | 예외규정 |
> |---|---|---|
> | ① 일반용도의 거실 | 2.1m 이상 | 공장, 창고시설, 위험물저장 및 처리시설, 동물 및 식물 관련시설, 자원순환관련시설, 묘지관련시설 |
> | ② 문화 및 집회시설(전시장 및 동·식물원 제외), 종교시설, 장례식장, 유흥주점의 용도에 쓰이는 건축물의 관람실 또는 집회실로서 바닥면적이 200m^2 이상인 것 | 4m 이상 | 기계환기장치를 설치한 경우 |
> | ③ '②'의 노대 아래부분 | 2.7m 이상 | |

10 건축물에 설치하는 비상용 승강기의 승강장 바닥면적은 비상용 승강기 1대에 대하여 최소 얼마 이상으로 하여야 하는가? (단, 옥내에 승강장을 설치하는 경우)

① 3m^2 이상　　② 6m^2 이상
③ 9m^2 이상　　④ 12m^2 이상

> **해설**
> 승강장의 바닥면적은 비상용승강기 1대에 대하여 6m^2 이상으로 할 것. 다만, 옥외에 승강장을 설치하는 경우에는 그러하지 아니하다.

11 객석유도등을 설치하여야 하는 특정소방대상물에 속하는 것은?

① 학교　　② 전시장
③ 종합병원　④ 도매시장

> **해설** 객석유도등을 설치하여야 하는 특정소방대상물
> ㉠ 유흥주점영업시설(유흥주점영업 중 손님이 춤을 출 수 있는 무대가 설치된 카바레, 나이트클럽 등)
> ㉡ 문화 및 집회시설
> ㉢ 종교시설
> ㉣ 운동시설

정답　07 ②　08 ③　09 ④　10 ②　11 ②

12 다음의 소방시설 중 경보설비에 속하지 않는 것은?

① 누전경보기 ② 통합감시시설
③ 무선통신보조설비 ④ 자동화재속보설비

해설

소방시설이란 소화설비·경보설비·피난구조설비·소화용수설비 그 밖에 소화활동설비를 말한다.
※ 경보설비 : 비상벨설비 및 자동식사이렌설비("비상경보설비"라 함), 단독경보형설비, 비상방송설비, 누전경보기, 자동화재탐지설비 및 시각경보기, 자동화재속보설비, 가스누설경보기, 통합감시시설
☞ 무선통신보조설비는 소화활동설비에 속한다.

13 건축법령상 다음과 같이 정의되는 것은?

> 주택으로 쓰는 1개 동의 바닥면적 합계가 660m² 이하이고, 층수가 4개 층 이하인 주택

① 연립주택 ② 다중주택
③ 다세대주택 ④ 다가구주택

해설 다세대주택

주택으로 쓰는 1개 동의 바닥면적 합계가 660m² 이하이고, 층수가 4개 층 이하인 주택(2개 이상의 동을 지하주차장으로 연결하는 경우에는 각각의 동으로 보며, 지하주차장 면적은 바닥면적에서 제외한다)
※ 공동주택 : 다세대주택, 연립주택, 아파트, 기숙사

14 헬리포트의 설치에 관한 기준 내용으로 옳은 것은?

① 헬리포트의 길이와 너비는 각각 9m 이상으로 한다.
② 헬리포트의 중앙부분에는 지름 6m의 "Ⓗ" 표지를 황색으로 한다.
③ 헬리포트의 주위한계선은 백색으로 하되, 그 선의 너비는 38cm로 한다.
④ 헬리포트의 중심으로부터 반경 15m 이내에는 이·착륙에 장애가 되는 건축물·공작물 또는 난간을 설치하지 아니한다.

해설 헬리포트의 설치기준

㉠ 헬리포트의 길이와 너비는 각각 22m 이상으로 할 것
[예외] 옥상의 길이와 너비가 22m 이하인 경우에는 15m까지 감축할 수 있다.
㉡ 헬리포트의 중심에서 반경 12m 이내에는 헬리콥터의 이·착륙에 장애가 되는 건축물·공작물, 조경시설 또는 난간 등을 설치하지 아니할 것
[예외] 난간벽으로서 높이 1.2m 이하
㉢ 헬리포트의 주위한계선은 백색으로 너비 38cm로 할 것
㉣ 헬리포트의 중앙부분에는 지름 8m의 Ⓗ 표지를 백색으로 하되 "H" 표지의 선너비는 38cm, "O" 표지의 선너비는 60cm로 할 것

15 건축허가 등을 할 때 미리 소방본부장 또는 소방서장의 동의를 받아야 하는 대상 건축물의 연면적 기준은? (단, 업무시설의 경우)

① 100m² ② 200m²
③ 400m² ④ 1,000m²

해설 소방본부장 또는 소방서장의 건축허가 및 사용 승인에 대한 동의 대상 건축물의 범위

1. 연면적이 400m²(학교시설의 경우 100m², 노유자시설 및 수련시설의 경우 200m², 정신의료기관, 장애인 의료재활시설의 경우 300m²) 이상인 건축물
2. 차고·주차장 또는 주차용도로 사용되는 시설로서 다음에 해당하는 것
 ① 차고·주차장으로 사용되는 층 중 바닥면적이 200m² 이상인 층이 있는 시설
 ② 승강기 등 기계장치에 의한 주차시설로서 자동차 20대 이상을 주차할 수 있는 시설
3. 지하층 또는 무창층이 있는 건축물로서 바닥면적이 150m²(공연장의 경우에는 100m²) 이상인 층이 있는 것
4. 면적에 관계없이 동의 대상
 ① 층수가 6층 이상인 건축물
 ② 항공기격납고, 관망탑, 항공관제탑, 방송용 송수신탑
 ③ 위험물저장 및 처리시설, 지하구
 ④ 노인 관련 시설, 아동복지시설(아동상담소, 아동전용시설 및 지역아동센터는 제외)
 ⑤ 장애인 거주시설, 정신질환자 관련 시설, 노숙인 관련 시설 중 노숙인자활시설, 노숙인재활시설 및 노숙인요양시설, 결핵환자나 한센인이 24시간 생활하는 노유자시설
 ⑥ 요양병원(정신병원, 의료재활시설 제외)

정답 12 ③ 13 ③ 14 ③ 15 ③

16 건축물의 에너지절약 설계기준에 따른 건축부분의 권장사항으로 옳지 않은 것은?

① 공동주택은 인동간격을 넓게 하여 저층부의 일사수열량을 증대시킨다.
② 건물의 창과 문은 가능한 작게 설계하고, 특히 열손실이 많은 북측의 창면적은 최소화한다.
③ 건축물의 체적에 대한 외피면적의 비 또는 연면적에 대한 외피면적의 비는 가능한 크게 한다.
④ 거실의 층고 및 반자 높이는 실의 용도와 기능에 지장을 주지 않는 범위 내에서 가능한 낮게 한다.

해설
건축물의 체적에 대한 외피면적의 비 또는 연면적에 대한 외피면적의 비는 가능한 작게 한다.

17 다음은 스프링클러설비를 설치하여야 하는 특정소방대상물에 관한 기준 내용이다. (   )안에 알맞은 것은?

판매시설로서 바닥면적의 합계가 (㉠) 이상이거나 수용인원이 (㉡) 이상인 경우에는 모든 층

① ㉠ 5,000m², ㉡ 300명
② ㉠ 5,000m², ㉡ 500명
③ ㉠ 10,000m², ㉡ 300명
④ ㉠ 10,000m², ㉡ 500명

해설
판매시설로서 바닥면적의 합계가 5,000m² 이상이거나 수용인원이 500명 이상인 경우에는 모든 층에는 스프링클러설비를 설치하여야 하는 특정소방대상물이다.

18 건축물에 설치하는 굴뚝에 관한 기준 내용으로 옳지 않은 것은?

① 금속제 굴뚝은 목재 기타 가연재료로부터 10cm 이상 떨어져서 설치할 것
② 굴뚝의 옥상돌출부는 지붕면으로부터의 수직 거리를 1m 이상으로 할 것
③ 금속제 굴뚝으로서 건축물의 지붕 속에 있는 굴뚝의 부분은 금속 외의 불연재료로 덮을 것
④ 굴뚝의 상단으로부터 수평거리 1m 이내에 다른 건축물이 있는 경우에는 그 건축물의 처마 보다 1m 이상 높게 할 것

해설 건축물에 설치하는 굴뚝에 관한 기준
㉠ 굴뚝의 옥상 돌출부는 지붕면으로부터의 수직거리를 1m 이상으로 할 것
㉡ 굴뚝의 상단으로부터 수평거리 1m 이내에 다른 건축물이 있는 경우에는 그 건축물의 처마보다 1m 이상 높게 할 것
㉢ 금속제 또는 석면제 굴뚝으로서 건축물의 지붕속·반자위 및 가장 아랫바닥 밑에 있는 굴뚝의 부분은 금속 외의 불연재료로 덮을 것
㉣ 금속제 또는 석면제 굴뚝은 목재 기타 가연재료로부터 15cm 이상 떨어져서 설치할 것

19 건축물의 바깥쪽으로 나가는 출구로 쓰이는 문을 안여닫이로 해도 되는 건축물의 용도는?

① 업무시설   ② 장례식장
③ 위락시설   ④ 종교시설

해설
문화 및 집회시설(전시장, 동·식물원은 제외), 장례식장, 위락시설의 용도에 쓰이는 건축물의 바깥쪽으로의 출구로 쓰이는 문은 안여닫이로 하여서는 아니된다.

20 각 층의 거실면적이 1,000m²인 10층 종합병원에 설치하여야 하는 승용승강기의 최소대수는? (단, 15인승 승강기인 경우)

① 2대   ② 3대
③ 4대   ④ 5대

해설
문화 및 집회시설(공연장·관람장·집회장), 판매시설(도매시장·소매시장·상점), 의료시설(병원·격리병원)의 용도 경우
3,000m² 이하까지 2대, 3,000m² 초과하는 2,000m²당 1대를 가산한 대수로 하므로
$2 + \dfrac{(1,000 \times 5) - 3,000}{2,000} = 3대$
※ 8인승 이상 15인승 이하를 기준으로 산정하며 16인승 이상의 승강기는 2대로 산정한다.

정답 16 ③   17 ②   18 ①   19 ①   20 ②

건축설비관계법규
2016년 제4회 과년도 출제문제

01 신축 또는 리모델링하는 경우 시간당 최소 0.5회 이상의 환기가 이루어질 수 있도록 자연환기설비 또는 기계환기설비를 설치하여야 하는 공동주택의 세대수 기준은?

① 20세대 이상 ② 30세대 이상
③ 50세대 이상 ④ 100세대 이상

해설 공동주택 및 다중이용시설의 환기설비
신축 또는 리모델링하는 다음에 해당하는 주택 또는 건축물은 시간당 0.5회 이상의 환기가 이루어질 수 있도록 자연환기설비 또는 기계환기설비를 설치하여야 한다.
㉠ 30세대 이상의 공동주택
㉡ 주택을 주택 외의 시설과 동일건축물로 건축하는 경우로서 주택이 30세대 이상인 건축물

02 건축물에 설치하는 굴뚝에 관한 기준 내용으로 옳지 않은 것은?

① 굴뚝의 옥상 돌출부는 지붕면으로부터의 수직 거리를 1m 이상으로 할 것
② 금속제 굴뚝은 목재 기타 가연재료로부터 10cm 이상 떨어져서 설치할 것
③ 굴뚝의 상단으로부터 수평거리 1m 이내에 다른 건축물이 있는 경우에는 그 건축물의 처마보다 1m 이상 높게 할 것
④ 금속제 굴뚝으로서 건축물의 지붕 속·반자위 및 가장 아랫바닥 밑에 있는 굴뚝의 부분은 금속 외의 불연재료로 덮을 것

해설 건축물에 설치하는 굴뚝에 관한 기준
㉠ 굴뚝의 옥상 돌출부는 지붕면으로부터의 수직거리를 1m 이상으로 할 것
㉡ 굴뚝의 상단으로부터 수평거리 1m 이내에 다른 건축물이 있는 경우에는 그 건축물의 처마보다 1m 이상 높게 할 것
㉢ 금속제 또는 석면제 굴뚝으로서 건축물의 지붕속·반자위 및 가장 아랫바닥 밑에 있는 굴뚝의 부분은 금속 외의 불연재료로 덮을 것
㉣ 금속제 또는 석면제 굴뚝은 목재 기타 가연재료로부터 15cm 이상 떨어져서 설치할 것

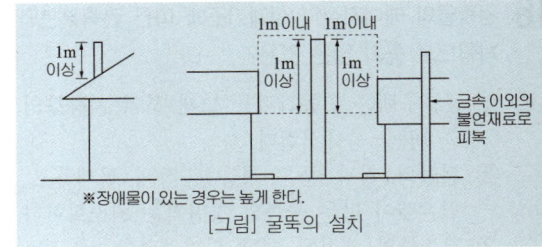

[그림] 굴뚝의 설치

03 다음은 비상용승강기의 승강장 구조에 관한 기준 내용이다. ( ) 안에 알맞은 것은?

> 승강장의 바닥면적은 비상용승강기 1대에 대하여 ( ) 이상으로 할 것. 다만, 옥외에 승강장을 설치하는 경우에는 그러하지 아니하다.

① 4m² ② 5m²
③ 6m² ④ 8m²

해설
승강장의 바닥면적은 비상용승강기 1대에 대하여 6m² 이상으로 할 것. 다만, 옥외에 승강장을 설치하는 경우에는 그러하지 아니하다.
※ 피난층이 있는 비상용 승강기 승강장의 출입구(승강장이 없는 경우에는 승강로의 출입구)로부터 도로 또는 공지에 이르는 거리가 30m 이하일 것

04 건축법령상 의료시설에 속하는 것은?

① 한의원 ② 요양병원
③ 치과의원 ④ 동물병원

해설 의료행위를 하는 시설
㉠ 제1종 근린생활시설 : 의원·치과의원·한의원·침술원·안마원·접골원·조산소·보건소
㉡ 제2종 근린생활시설 : 안마시술소·동물병원
㉢ 의료시설 : 종합병원·병원·치과병원·한방병원·정신병원·요양병원·마약진료소

정답 01 ② 02 ② 03 ③ 04 ②

05 건축물에 급수·배수·환기·난방설비를 설치하는 경우, 건축기계설비기술사 또는 공조냉동기계기술사의 협력을 받아야 하는 대상 건축물의 연면적 기준은? (단, 창고시설은 제외)

① 3,000m² 이상 ② 5,000m² 이상
③ 10,000m² 이상 ④ 15,000m² 이상

해설
연면적 10,000m² 이상(창고시설은 제외)인 건축물에 급수·배수·난방 및 환기의 건축설비를 설치하는 경우 건축기계설비기술사 또는 공조냉동기계기술사의 협력을 받아야 한다.

06 건축법령상 리모델링이 쉬운 구조에 속하지 않는 것은? (단, 공동주택의 경우)

① 개별 세대 안에서 구획된 실의 크기, 개수 또는 위치 등을 변경할 수 있을 것
② 구조체에서 건축설비, 내부 마감재료 및 외부 마감재료를 분리할 수 있을 것
③ 각 층에 시공된 보, 기둥 등의 구조부재의 개수 또는 위치를 변경할 수 있을 것
④ 각 세대는 인접한 세대와 수직 또는 수평 방향으로 통합하거나 분할할 수 있을 것

해설 리모델링에 대비한 특례 등

1) 리모델링이 쉬운 공동주택의 구조
리모델링이 쉬운 구조의 공동주택의 건축을 촉진하기 위하여 공동주택을 다음의 구조로 하여 건축허가를 신청하는 경우
① 각 세대는 인접한 세대와 수직 및 수평으로 전체 또는 부분 통합을 할 수 있을 것
② 구조체와 건축설비, 내부 마감재료와 외부 마감재료는 분리할 수 있을 것
③ 개별 세대 안에서 구획된 실(室)의 크기, 개수 또는 위치 등을 변경할 수 있을 것
2) 특례적용과 완화 범위
다음 규정에 의한 기준을 120/100의 범위 안에서 완화하여 적용할 수 있다.
[예외] 건축조례에서 지역별 특성 등을 고려하여 그 비율을 강화한 경우에는 건축조례가 정하는 기준에 따른다.
① 건축물의 용적률
② 건축물의 높이제한
③ 일조 등의 확보를 위한 건축물의 높이제한

07 공동주택 중 아파트의 발코니에 설치하여야 하는 대피공간이 갖추어야 할 요건으로 옳지 않은 것은?

① 대피공간은 바깥의 공기와 접하지 않을 것
② 대피공간은 실내의 다른 부분과 방화구획으로 구획될 것
③ 대피공간의 바닥면적은 각 세대별로 설치하는 경우에는 2m² 이상일 것
④ 대피공간의 바닥면적은 인접 세대와 공동으로 설치하는 경우에는 3m² 이상일 것

해설 공동주택 중 아파트(4층 이상의 층)에 설치하여야 하는 대피공간의 구조

㉠ 대피공간은 바깥의 공기와 접할 것
㉡ 대피공간은 실내의 다른 부분과 방화구획으로 구획될 것
㉢ 대피공간의 바닥면적은 인접세대와 공동으로 설치하는 경우에는 3m² 이상, 각 세대별로 설치하는 경우에는 2m² 이상일 것
㉣ 국토교통부장관이 정하는 기준에 적합할 것

08 건축물의 설비기준 등에 관한 규칙으로 정하는 기준에 따라 건축물의 거실(피난층의 거실 제외)에 배연설비를 하여야 하는 대상 건축물에 속하지 않는 것은? (단, 6층 이상인 건축물의 경우)

① 공동주택 ② 운수시설
③ 운동시설 ④ 위락시설

해설 배연설비의 설치대상

① 6층 이상의 건축물로서 다음의 용도에 해당되는 건축물의 거실
제2종 근린생활시설 중 공연장, 종교집회장, 인터넷컴퓨터게임시설제공업소 및 다중생활시설(공연장, 종교집회장 및 인터넷컴퓨터게임시설제공업소는 해당 용도로 쓰는 바닥면적의 합계가 각각 300m² 이상인 경우), 문화 및 집회시설, 종교시설, 판매시설, 운수시설, 의료시설(요양병원 및 정신병원은 제외), 교육연구시설 중 연구소, 노유자시설 중 아동관련시설·노인복지시설(노인요양시설은 제외), 수련시설 중 유스호스텔, 운동시설, 업무시설, 숙박시설, 위락시설, 관광휴게시설, 장례시설
[예외] 피난층인 경우
② 다음에 해당하는 용도로 쓰는 건축물
㉠ 의료시설 중 요양병원 및 정신병원·산후조리원
㉡ 노유자시설 중 노인요양시설·장애인 거주시설 및 장애인 의료재활시설
[예외] 피난층인 경우

정답 05 ③ 06 ③ 07 ① 08 ①

09 다음은 지하층과 피난층 사이의 개방공간 설치에 관한 기준 내용이다. ( ) 안에 알맞은 것은?

> 바닥면적의 합계가 ( ) 이상인 공연장·집회장·관람장 또는 전시장을 지하층에 설치하는 경우에는 각 실에 있는 자가 지하층 각 층에서 건축물 밖으로 피난하여 옥외 계단 또는 경사로 등을 이용하여 피난층으로 대피할 수 있도록 천장이 개방된 외부 공간을 설치하여야 한다.

① 1,000㎡ ② 2,000㎡
③ 3,000㎡ ④ 4,000㎡

해설 지하층과 피난층 사이의 개방공간 설치

바닥면적의 합계가 3,000㎡ 이상인 공연장·집회장·관람장 또는 전시장을 지하층에 설치하는 경우에는 각 실에 있는 자가 지하층 각 층에서 건축물 밖으로 피난하여 옥외 계단 또는 경사로 등을 이용하여 피난층으로 대피할 수 있도록 천장이 개방된 외부 공간을 설치하여야 한다.

10 공동주택의 거실에 설치하는 반자의 높이는 최소 얼마 이상으로 하여야 하는가?

① 1.8m ② 2.1m
③ 2.4m ④ 2.7m

해설 거실의 반자높이

거실의 종류	반자높이	예외규정
① 일반용도의 거실	2.1m 이상	공장, 창고시설, 위험물저장 및 처리시설, 동물 및 식물 관련시설, 자원순환관련시설, 묘지관련시설
② 문화 및 집회시설(전시장 및 동·식물원 제외), 종교시설, 장례식장, 유흥주점의 용도에 쓰이는 건축물의 관람실 또는 집회실로서 바닥면적이 200㎡ 이상인 것	4m 이상	기계환기장치를 설치한 경우
③ '②'의 노대 아래부분	2.7m 이상	

11 건축물의 용도변경시 허가 대상에 속하는 것은?
① 위락시설에서 발전시설로의 용도변경
② 교육연구시설에서 업무시설로의 용도변경
③ 문화 및 집회시설에서 판매시설로의 용도변경
④ 제1종 근린생활시설에서 업무시설로의 용도변경

해설 허가대상 및 신고대상의 용도변경

분류	시설군
㉠ 자동차관련 시설군	• 자동차관련시설
㉡ 산업등 시설군	• 운수시설 • 창고시설 • 공장 • 위험물저장 및 처리시설 • 자원순환관련시설 • 묘지관련시설 • 장례식장
㉢ 전기통신시설군	• 방송통신시설 • 발전시설
㉣ 문화집회시설군	• 문화 및 집회시설 • 종교시설 • 위락시설 • 관광휴게시설
㉤ 영업시설군	• 판매시설 • 운동시설 • 숙박시설 • 제2종 근린생활시설 중 다중생활시설
㉥ 교육 및 복지시설군	• 의료시설 • 교육연구시설 • 노유자시설 • 수련시설 • 야영장시설
㉦ 근린생활시설군	• 제1종 근린생활시설 • 제2종 근린생활시설(다중생활시설은 제외)
㉧ 주거업무시설군	• 단독주택 • 공동주택 • 업무시설 • 교정 및 군사시설
㉨ 기타 시설군	• 동물 및 식물관련시설

※ 절차
1. 허가대상 : 상위시설군(오름차순)에 해당하는 용도로 변경하는 행위
2. 신고대상 : 하위시설군(내림차순)에 해당하는 용도로 변경하는 행위
3. 건축물대장 기재변경 신청 : 동일한 시설군내에서 용도변경 하는 행위

12 다음 중 건축물의 피난·방화구조 등의 기준에 관한 규칙상 거실의 용도에 따른 최소 조도 기준이 가장 높은 것은? (단, 바닥에서 85cm의 높이에 있는 수평면의 조도)

① 집회(집회) ② 집무(설계)
③ 작업(포장) ④ 거주(독서)

정답 09 ③ 10 ② 11 ① 12 ②

해설 거실의 용도에 따른 조도기준 (제17조 관련)

거실의 용도구분	조도구분	바닥에서 85cm의 높이에 있는 수평면의 조도(럭스)
1. 거 주	• 독서·식사·조리	150
	• 기타	70
2. 집 무	• 설계·제도·계산	700
	• 일반사무	300
	• 기타	150
3. 작 업	• 검사·시험·정밀검사·수술	700
	• 일반작업·제조·판매	300
	• 포장·세척	150
	• 기타	70
4. 집 회	• 회의	300
	• 집회	150
	• 공연·관람	70
5. 오 락	• 오락 일반	150
	• 기타	30
기타 명시되지 아니한 것		1란 내지 5란에 유사한 기준을 적용함

13 지하층 중 환기설비를 설치하여야 하는 층의 거실 바닥면적 합계 기준으로 옳은 것은?

① 100m² 이상　② 300m² 이상
③ 500m² 이상　④ 1,000m² 이상

해설 지하층 거실의 바닥면적의 합계가 1,000m² 이상인 층에는 환기설비를 설치하여야 한다.

14 다음의 소방시설 중 소화활동설비에 속하는 것은?

① 유도등　② 완강기
③ 인명구조기구　④ 비상콘센트설비

해설 소방시설이란 소화설비·경보설비·피난구조설비·소화용수설비 그 밖에 소화활동설비를 말한다.
※ 소화활동설비 : 화재를 진압하거나 인명구조활동을 위하여 사용하는 설비
① 제연설비 ② 연결송수관설비 ③ 연결살수설비
④ 비상콘센트설비 ⑤ 무선통신보조설비
⑥ 연소방지설비

15 다음은 건축물의 에너지절약 설계기준에 따른 설계용 실내온도 조건에 관한 설명이다. ( ) 안에 알맞은 것은?

난방 및 냉방설비의 용량계산을 위한 설계 기준 실내온도는 난방의 경우 (㉠), 냉방의 경우 (㉡)를 기준으로 하되(목욕장 및 수영장은 제외) 각 건축물 용도 및 개별 실의 특성에 따라 별표8에서 제시된 범위를 참고하여 설비의 용량이 과다해지지 않도록 한다.

① ㉠ 20℃, ㉡ 25℃　② ㉠ 20℃, ㉡ 28℃
③ ㉠ 22℃, ㉡ 25℃　④ ㉠ 22℃, ㉡ 28℃

해설 설계용 실내온도 조건 : 난방 및 냉방설비의 용량계산을 위한 설계기준 실내온도는 난방의 경우 20℃, 냉방의 경우 28℃를 기준으로 하되(목욕장 및 수영장은 제외) 각 건축물 용도 및 개별 실의 특성에 따라 [별표8]에서 제시된 범위를 참고하여 설비의 용량이 과다해지지 않도록 한다.

16 다음은 특정소방대상물의 연결송수관설비 설치의 면제에 관한 기준 내용이다. ( ) 안에 포함되지 않는 설비는?

연결송수관설비를 설치하여야 하는 소방대상물에 옥외에 연결송수구 및 옥내에 방수구가 부설된 ( )를 화재안전기준에 적합하게 설치한 경우에는 그 설비의 유효범위에서 설치가 면제된다.

① 연결살수설비　② 옥내소화전설비
③ 옥외소화전설비　④ 스프링클러설비

정답　13 ④　14 ④　15 ②　16 ③

[해설]
연결송수관설비를 설치하여야 하는 소방대상물에 옥외에 연결송수구 및 옥내에 방수구가 부설된 옥내소화전설비·스프링클러설비·간이스프링클러설비 또는 연결살수설비를 화재안전기준에 적합하게 설치한 경우에는 그 설비의 유효범위안의 부분에서 설치가 면제된다.

17 건축물의 에너지절약 설계기준상 다음과 같이 정의되는 용어는?

> 기기를 여러 대 설치하여 부하상태에 따라 최적 운전상태를 유지할 수 있도록 기기를 조합하여 운전하는 방식

① 인버터운전   ② 간헐제어운전
③ 비례제어운전   ④ 대수분할운전

[해설]
대수분할운전 : 기기를 여러 대 설치하여 부하상태에 따라 최적 운전상태를 유지할 수 있도록 기기를 조합하여 운전하는 방식
※ 비례제어운전 : 기기의 출력값과 목표값의 편차에 비례하여 입력량을 조절하여 최적운전상태를 유지할 수 있도록 운전하는 방식

18 다음 중 다중이용건축물에 속하지 않는 것은? (단, 16층 미만인 건축물)

① 종교시설로 쓰는 바닥면적의 합계가 5,000m² 이상인 건축물
② 판매시설로 쓰는 바닥면적의 합계가 5,000m² 이상인 건축물
③ 업무시설로 쓰는 바닥면적의 합계가 5,000m² 이상인 건축물
④ 의료시설 중 종합병원으로 쓰는 바닥면적의 합계가 5,000m² 이상인 건축물

[해설] 다중이용건축물의 정의
다음에 해당하는 건축물을 말한다.
• 다음 용도로 쓰는 바닥면적의 합계가 5,000m² 이상인 건축물
  1) 문화 및 집회시설(동물원·식물원은 제외)
  2) 종교시설
  3) 판매시설
  4) 운수시설 중 여객용 시설
  5) 의료시설 중 종합병원
  6) 숙박시설 중 관광숙박시설
• 16층 이상인 건축물

19 다음은 화재예방, 소방시설 설치·유지 및 안전관리에 관한 법령에 따른 무창층의 정의이다. 밑줄 친 "각 목의 요건"의 내용으로 옳지 않은 것은?

> "무창층"이란 지상층 중 다음 각 목의 요건을 모두 갖춘 개구부의 면적의 합계가 해당 층의 바닥면적의 30분의 1 이하가 되는 층을 말한다.

① 외부에서 쉽게 부수거나 열 수 없을 것
② 도로 또는 차량이 진입할 수 있는 빈터를 향할 것
③ 크기는 지름 50cm 이상의 원이 내접할 수 있는 크기일 것
④ 해당 층의 바닥면으로부터 개구부 밑부분까지의 높이가 1.2m 이내일 것

[해설] 무창층
지상층 중 다음에 해당하는 요건을 모두 갖춘 개구부(건축물에서 채광·환기·통풍 또는 출입 등을 위하여 만든 창·출입구 그 밖에 이와 비슷한 것을 말함)의 면적의 합계가 당해 층의 바닥면적의 1/30 이하가 되는 층을 말한다.
㉠ 개구부의 크기가 지름 50cm 이상의 원이 내접할 수 있을 것
㉡ 해당 층의 바닥면으로부터 개구부 밑부분까지의 높이가 1.2m 이내일 것
㉢ 개구부는 도로 또는 차량이 진입할 수 있는 빈터를 향할 것
㉣ 화재시 건축물로부터 쉽게 피난할 수 있도록 개구부에 창살 그 밖의 장애물이 설치되지 아니할 것
㉤ 내부 또는 외부에서 쉽게 파괴 또는 개방할 수 있을 것

20 비상조명등을 설치하여야 하는 특정소방대상물 기준으로 옳은 것은? (단, 창고시설 중 창고 및 하역장, 위험물 저장 및 처리시설 중 가스시설은 제외)

① 지하층을 포함하는 층수가 3층 이상인 건축물로서 연면적 2,000m² 이상인 것
② 지하층을 포함하는 층수가 3층 이상인 건축물로서 연면적 3,000m² 이상인 것
③ 지하층을 포함하는 층수가 5층 이상인 건축물로서 연면적 2,000m² 이상인 것
④ 지하층을 포함하는 층수가 5층 이상인 건축물로서 연면적 3,000m² 이상인 것

해설 비상조명등을 설치하여야 하는 특정소방대상물
㉠ 지하층을 포함하는 층수가 5층 이상인 건축물로서 연면적 3,000m² 이상인 것
㉡ ㉠에 해당하지 않는 특정소방대상물로서 그 지하층 또는 무창층의 바닥면적이 450m² 이상인 경우에는 그 지하층 또는 무창층
㉢ 지하가 중 터널로서 그 길이가 500m 이상인 것
[제외] 창고시설 중 창고 및 하역장 또는 위험물 저장 및 처리시설 중 가스시설

정답 20 ④

건축설비관계법규
2017년 제1회 과년도 출제문제

01 비상용승강기의 승강장 및 승강로의 구조에 관한 기준 내용으로 옳지 않은 것은?

① 승강장의 바닥면적은 비상용승강기 1대에 대하여 5m² 이상으로 할 것
② 각층으로부터 피난층까지 이르는 승강로를 단일구조로 연결하여 설치 할 것
③ 승강장에는 노대 또는 외부를 향하여 열 수 있는 창문이나 배연설비를 설치할 것
④ 승강장은 각층의 내부와 연결될 수 있도록 하되, 그 출입구에는 60+방화문 또는 60분방화문을 설치할 것

해설
승강장의 바닥면적은 비상용승강기 1대에 대하여 6m² 이상으로 할 것

02 지하층의 비상탈출구는 출입구로부터 최소 얼마 이상 떨어진 곳에 설치하여야 하는가? (단, 주택이 아닌 경우)

① 1m   ② 2m
③ 3m   ④ 5m

해설 지하층에 설치하는 비상탈출구의 구조

비상탈출구	설치기준
① 비상탈출구의 크기	유효너비 0.75m × 유효높이 1.5m 이상
② 비상탈출구의 방향	피난방향으로 열리도록 하고, 실내에서 항상 열 수 있는 구조로 하며 내부 및 외부에는 비상탈출구의 표시설치
③ 비상탈출구	출입구로부터 3m 이상 떨어진 곳에 설치
④ 사다리의 설치	지하층의 바닥으로부터 비상 탈출구의 아랫부분까지의 높이가 1.2m 이상이 되는 경우에는 벽체의 발판의 너비가 20cm 이상인 사다리를 설치할 것
⑤ 피난통로의 유효너비	피난층 또는 지상으로 통하는 복도나 직통계단까지 이르는 피난통로의 유효너비는 0.75m 이상
⑥ 비상탈출구의 통로마감	피난 통로의 실내에 접하는 부분의 마감과 그 바탕을 불연재료로 할 것

※ 단, 주택의 경우에는 제외

03 건축물을 특별시나 광역시에 건축하는 경우 특별시장 또는 광역시장의 허가를 받아야 하는 대상 건축물의 층수 기준은?

① 6층 이상   ② 15층 이상
③ 21층 이상 ④ 31층 이상

해설 특별시장·광역시장의 허가 대상

사전승인 대상 건축물의 규모	허가권자
① 21층 이상 건축물 ② 연면적 10만m² 이상 건축물(공장, 창고 및 지방건축위원회의 심의를 거친 건축물은 제외) ③ 연면적 3/10 이상의 증축으로 인하여 ①, ②의 대상이 되는 경우	특별시장·광역시장

04 옥외소화전설비를 설치하여야 하는 특정소방 대상물의 지상 1층 및 2층의 바닥면적 합계 기준은? (단, 아파트등, 위험물 저장 및 처리 시설 중 가스시설, 지하구 또는 지하가 중 터널은 제외)

① 2000m² 이상   ② 5000m² 이상
③ 9000m² 이상   ④ 12000m² 이상

해설 옥외소화전설비를 설치하여야 할 특정소방대상물

아파트, 위험물저장 및 처리 시설 중 가스시설, 지하구 또는 지하가 중 터널은 제외
㉠ 지상 1층 및 2층의 바닥면적의 합계가 9,000m² 이상인 것
  이 경우 동일구 내에 둘 이상의 특정소방대상물이 행정안전부령으로 정하는 연소우려가 있는 구조인 경우에는 이를 하나의 특정소방대상물로 본다.
㉡ 「문화재보호법」에 따라 국보 또는 보물로 지정된 목조건축물
㉢ ①에 해당하지 않는 공장 또는 창고시설로서 「소방기본법 시행령」에서 정하는 수량의 750배 이상의 특수가연물을 저장·취급하는 것

정답 01 ① 02 ③ 03 ③ 04 ③

05 6층 이상의 거실면적의 합계가 15000m²인 종합 병원에 설치하여야 하는 승용승강기의 최소 대수는?(단, 8인승 승용승강기의 경우)

① 5대   ② 6대
③ 7대   ④ 8대

[해설]
문화 및 집회시설(공연장·관람장·집회장), 판매시설(도매시장·소매시장·상점), 의료시설(병원·격리병원)의 용도 경우
3,000m² 이하까지 2대, 3,000m² 초과하는 2,000m² 당 1대를 가산한 대수로 하므로
$2 + \frac{15000 - 3{,}000}{2{,}000} = 8$대
※ 8인승 이상 15인승 이하를 기준으로 산정하며 16인승 이상의 승강기는 2대로 산정한다.

06 다음은 지하층과 피난층 사이의 개방공간 설치에 관한 기준 내용이다. ( )안에 알맞은 것은?

> 바닥면적 합계가 ( ) 이상인 공연장·집회장·관람장 또는 전시장을 지하층에 설치하는 경우에는 각 실에 있는 자가 지하층 각 층에서 건축물 밖으로 피난하여 옥외 계단 또는 경사로 등을 이용하여 피난층으로 대피할 수 있도록 천장이 개방된 외부공간을 설치하여야 한다.

① 1000m²   ② 3000m²
③ 5000m²   ④ 10000m²

[해설] 지하층과 피난층 사이의 개방공간 설치
바닥면적의 합계가 3,000m² 이상인 공연장·집회장·관람장 또는 전시장을 지하층에 설치하는 경우에는 각 실에 있는 자가 지하층 각 층에서 건축물 밖으로 피난하여 옥외 계단 또는 경사로 등을 이용하여 피난층으로 대피할 수 있도록 천장이 개방된 외부 공간을 설치하여야 한다.

07 건축법령상 다음과 같이 정의되는 용어는?

> 건축물의 노후화를 억제하거나 기능 향상 등을 위하여 대수선하거나 일부 증축 또는 개축하는 행위를 말한다.

① 개축   ② 리빌딩
③ 리모델링   ④ 리노베이션

[해설] 리모델링
리모델링이란 건축물의 노후화를 억제하거나 기능 향상 등을 위하여 대수선하거나 일부 증축 또는 개축하는 행위를 말한다.

08 건축물 관련 건축기준의 허용오차가 2% 이내가 아닌 것은?

① 출구너비   ② 반자높이
③ 바닥판두께   ④ 건축물높이

[해설] 건축허용오차

0.5% 이내	1% 이내	2% 이내	3% 이내
건폐율	용적률	높 이 출구너비 반자높이 평면길이	후퇴거리 인동거리 벽체두께 바닥판두께

09 건축물의 지붕을 평지붕으로 하는 경우 건축물의 옥상에 헬리포트를 설치하거나 헬리콥터를 통하여 인명 등을 구조할 수 있는 공간을 확보 하여야 하는 대상 건축물 기준으로 옳은 것은?

① 층수가 6층 이상인 건축물로서 6층 이상인 층의 바닥면적의 합계가 5000m² 이상인 건축물
② 층수가 6층 이상인 건축물로서 6층 이상인 층의 바닥면적의 합계가 10000m² 이상인 건축물
③ 층수가 11층 이상인 건축물로서 11층 이상인 층의 바닥면적의 합계가 5000m² 이상인 건축물
④ 층수가 11층 이상인 건축물로서 11층 이상인 층의 바닥면적의 합계가 10000m² 이상인 건축물

정답 05 ④   06 ②   07 ③   08 ③   09 ④

해설 헬리포트의 설치

층수가 11층 이상인 건축물로서 11층 이상인 층의 바닥면적의 합계가 10,000m² 이상인 건축물의 옥상에는 다음의 구분에 따른 공간을 확보하여야 한다.
1. 건축물의 지붕을 평지붕으로 하는 경우 : 헬리포트를 설치하거나 헬리콥터를 통하여 인명 등을 구조할 수 있는 공간
2. 건축물의 지붕을 경사지붕으로 하는 경우 : 경사지붕 아래에 설치하는 대피공간

10 제연설비를 설치하여야 하는 특정소방대상물에 속하지 않는 것은?

① 지하가(터널은 제외)로서 연면적 1000m²인 것
② 문화 및 집회시설로서 무대부의 바닥면적이 150m²인 것
③ 문화 및 집회시설 중 영화상영관으로서 수용 인원이 100명인 것
④ 지하층에 설치된 숙박시설로서 해당 용도로 사용되는 바닥면적의 합계가 1000m²인 층

해설 제연설비를 설치하여야 하는 특정소방대상물

① 문화 및 집회시설, 종교시설, 운동시설로서 무대부의 바닥면적이 200m² 이상 또는 문화 및 집회시설 중 영화상영관으로서 수용인원 100명 이상인 것
② 근린생활시설, 판매시설, 운수시설, 숙박시설, 위락시설, 창고시설 중 물류터미널로서 지하층 또는 무창층의 바닥면적이 1,000m² 이상인 것은 해당 용도로 사용되는 모든 층
③ 운수시설 중 시외버스정류장, 철도 및 도시철도시설, 공항시설 및 항만시설의 대합실 또는 휴게시설로서 지하층 또는 무창층의 바닥면적이 1,000m² 이상인 것
④ 지하가(터널은 제외)로서 연면적 1,000m² 이상인 것
⑤ 지하가 중 길이가 500m 이상으로서 교통량, 경사도 등 터널의 특성을 고려하여 행정자치부령으로 정하는 위험등급 이상에 해당하는 터널
⑥ 특정소방대상물(갓복도형아파트는 제외)에 부설된 특별피난계단 또는 비상용승강기의 승강장

11 다음의 소방시설 중 경보설비에 속하지 않는 것은?

① 누전경보기 ② 비상방송설비
③ 무선통신보조설비 ④ 자동화재탐지설비

해설

소방시설이란 소화설비·경보설비·피난구조설비·소화용수설비 그 밖에 소화활동설비를 말한다.
※ 경보설비 : 비상벨설비 및 자동식사이렌설비("비상경보설비"라 함), 단독경보형설비, 비상방송설비, 누전경보기, 자동화재탐지설비 및 시각경보기, 자동화재속보설비, 가스누설경보기, 통합감시시설
☞ 소화활동설비 : 화재를 진압하거나 인명구조활동을 위하여 사용하는 설비
① 제연설비 ② 연결송수관설비
③ 연결살수설비 ④ 비상콘센트설비
⑤ 무선통신보조설비 ⑥ 연소방지설비

12 건축물의 에너지절약설계기준에 따른 야간단열 장치의 총열관류저항 기준은?

① 0.2m²·K/W 이상 ② 0.3m²·K/W 이상
③ 0.4m²·K/W 이상 ④ 0.5m²·K/W 이상

해설

야간단열장치 : 창의 야간 열손실을 방지할 목적으로 설치하는 단열셔터, 단열덧문으로서 총열관류저항(열관류율의 역수)이 0.4m²·K/W 이상인 것
☞ 상기 규정은 22.7.29 삭제됨

13 다음 중 건축법령상 공동주택에 속하는 것은?

① 공관 ② 기숙사
③ 다중주택 ④ 다가구주택

해설 주택의 분류

① 단독주택
  ㉠ 단독주택
  ㉡ 다중주택(연면적 660m² 이하, 3층 이하)
  ㉢ 다가구주택(바닥면적합계 660m² 이하, 3개층 이하, 19세대 이하)
  ㉣ 공관

정답 10 ② 11 ③ 12 ③ 13 ②

② 공동주택
  ㉠ 다세대주택 : 4개층 이하, 동당 연면적 660m² 이하
  ㉡ 연립주택 : 4개층 이하, 동당 연면적 660m² 초과
  ㉢ 아파트 : 5개층 이상
  ㉣ 기숙사

해설 공동주택 및 다중이용시설의 환기설비
신축 또는 리모델링하는 다음에 해당하는 주택 또는 건축물은 시간당 0.5회 이상의 환기가 이루어질 수 있도록 자연환기설비 또는 기계환기설비를 설치하여야 한다.
㉠ 30세대 이상의 공동주택
㉡ 주택을 주택 외의 시설과 동일건축물로 건축하는 경우로서 주택이 30세대 이상인 건축물

14 급수, 배수, 환기, 난방 설비를 건축물에 설치하는 경우 건축기계설비기술사 또는 공조냉동기계기술사의 협력을 받아야 하는 대상 건축물에 속하는 것은?

① 연립주택
② 다세대주택
③ 기숙사로서 해당 용도에 사용되는 바닥면적의 합계가 1000m²인 건축물
④ 숙박시설로서 해당 용도에 사용되는 바닥면적의 합계가 1000m²인 건축물

해설
건축설비기술사·공조냉동기계기술사의 협력을 받아야 하는 에너지 대량소비 건축물 대상(바닥면적 합계 기준)
㉠ 500m² 이상 : 냉동냉장시설, 항온항습시설, 특수청정시설
㉡ 규모에 관계없이 : 아파트 및 연립주택
㉢ 500m² 이상 : 목욕장(제1종 근린생활시설), 실내수영장(운동시설), 실내물놀이형시설
㉣ 2,000m² 이상 : 기숙사, 병원(의료시설), 유스호스텔(수련시설), 숙박시설
㉤ 3,000m² 이상 : 연구소(교육연구시설), 업무시설, 판매시설
㉥ 10,000m² 이상 : 문화 및 집회시설(동·식물원 제외), 종교시설, 장례식장, 교육연구시설(연구소 제외)

15 신축 또는 리모델링을 하는 경우, 시간당 0.5회 이상의 환기가 이루어질 수 있도록 자연환기설비 또는 기계환기설비를 설치하여야 하는 공동 주택의 최소 세대수는?

① 20세대　　② 30세대
③ 50세대　　④ 100세대

16 건축물의 출입구에 설치하는 회전문은 계단이나 에스컬레이터로부터 최소 얼마 이상의 거리를 두어야 하는가?

① 1.0m　　② 1.5m
③ 2.0m　　④ 2.5m

해설 회전문의 설치
㉠ 계단이나 에스컬레이터로부터 2m 이상의 거리를 둘 것
㉡ 회전문의 중심축에서 회전문과 문틀 사이의 간격을 포함한 회전문날개 끝부분까지의 길이는 140cm 이상이 되도록 할 것
㉢ 회전문의 회전속도는 분당회전수가 8회를 넘지 아니하도록 할 것

17 공동주택의 거실에 설치하는 반자는 그 높이를 최소 얼마 이상으로 하여야 하는가?

① 2.1m　　② 2.4m
③ 2.7m　　④ 4m

해설 거실의 반자높이

거실의 종류	반자높이	예외규정
① 일반용도의 거실	2.1m 이상	공장, 창고시설, 위험물저장 및 처리시설, 동물 및 식물 관련시설, 자원순환 관련시설, 묘지관련시설

정답　14 ①　15 ②　16 ③　17 ①

거실의 종류	반자높이	예외규정
② 문화 및 집회시설(전시장 및 동·식물원 제외), 종교시설, 장례식장, 유흥주점의 용도에 쓰이는 건축물의 관람실 또는 집회실로서 바닥면적이 200m² 이상인 것	4m 이상	기계환기장치를 설치한 경우
③ '②'의 노대 아래 부분	2.7m 이상	

18 건축물의 내부에 설치하는 피난계단의 구조에 관한 기준으로 옳지 않은 것은?

① 계단실의 실내에 접하는 부분의 마감은 불연 재료로 할 것
② 계단은 내화구조로 하고 피난층 또는 지상까지 직접 연결되도록 할 것
③ 건축물의 내부에서 계단실로 통하는 출입구의 유효너비는 0.6m 이상으로 할 것
④ 계단실은 창문·출입구 기타 개구부를 제외한 당해 건축물의 다른 부분과 내화구조의 벽으로 구획할 것

> **해설**
> 건축물의 내부에서 계단실로 통하는 출입구의 유효너비는 0.9m 이상으로 할 것

19 건축물의 에너지절약 설계기준에 따른 평균 열관류율의 계산 기준으로 옳은 것은?

① 외곽선 치수
② 중심선 치수
③ 내부 마감 치수
④ 지붕, 바닥은 외곽선, 외벽은 중심선 치수

> **해설**
> 건축물의 에너지절약 설계기준에 따른 평균 열관류율의 계산은 중심선 치수를 기준으로 한다.

20 다음 중 방염성능기준 이상의 실내장식물 등을 설치하여야 하는 특정소방대상물에 속하지 않는 것은?

① 아파트
② 숙박시설
③ 의료시설 중 종합병원
④ 방송통신시설 중 방송국

> **해설** 방염성능기준 이상의 실내장식물 등을 설치하여야 하는 특정소방대상물
> ① 근린생활시설 중 의원, 체력단련장, 공연장 및 종교집회장
> ② 건축물의 옥내에 있는 문화 및 집회시설, 종교시설, 운동시설(수영장은 제외)
> ③ 의료시설, 노유자시설, 숙박시설, 숙박이 가능한 수련시설,
> ④ 교육연구시설 중 합숙소
> ⑤ 방송통신시설 중 방송국 및 촬영소
> ⑥ 다중이용업소
> ⑦ 상기 ①부터 ⑥까지의 시설에 해당하지 아니하는 것으로서 층수(건축법시행령에 따라 산정한 층수)가 11층 이상인 것(아파트는 제외)

정답 18 ③ 19 ② 20 ①

건축설비관계법규
2017년 제2회 과년도 출제문제

01 특정소방대상물이 지하가 중 터널인 경우, 옥내소화전설비를 설치하여야 하는 길이 기준은?

① 500m 이상 ② 1000m 이상
③ 1500m 이상 ④ 2000m 이상

해설
지하가 중 터널의 경우에 길이가 1000m 이상일 때 옥내소화전설비를 설치하여야 한다.

02 건축물의 설계자가 해당 건축물에 대한 구조의 안전을 확인하는 경우 건축구조기술사의 협력을 받아야 하는 대상 건축물에 속하지 않는 것은?

① 5층인 건축물 ② 특수구조 건축물
③ 다중이용 건축물 ④ 준다중이용 건축물

해설 건축구조기술사에 의한 구조계산
다음 건축물을 건축하거나 대수선할 경우의 구조계산은 구조기술사의 구조계산에 의해야 한다.
㉠ 6층 이상 건축물
㉡ 한쪽 끝은 고정되고 다른 끝은 지지되지 아니한 구조로 된 차양 등이 외벽의 중심선으로부터 3m 이상인 돌출된 건축물
㉢ 경간 20m 이상 건축물
㉣ 특수한 설계·시공·공법 등이 필요한 건축물
㉤ 다중이용건축물
㉥ 준다중이용건축물
㉦ 지진구역의 건축물 중 국토교통부령으로 정하는 건축물

03 다음의 소방시설 중 경보설비에 속하지 않는 것은?

① 누전경보기 ② 비상방송설비
③ 자동화재속보설비 ④ 무선통신보조설비

해설
소방시설이란 소화설비·경보설비·피난구조설비·소화용수설비 그 밖에 소화활동설비를 말한다.
※ 경보설비 : 비상벨설비 및 자동식사이렌설비("비상경보설비"라 함), 단독경보형설비, 비상방송설비, 누전경보기, 자동화재탐지설비 및 시각경보기, 자동화재속보설비, 가스누설경보기, 통합감시시설
☞ 소화활동설비 : 제연설비, 연결송수관설비, 연결살수설비, 비상콘센트설비, 무선통신보조설비, 연소방지설비

04 건축물의 관람실 또는 집회실로부터 바깥쪽으로의 출구로 쓰이는 문을 안여닫이로 하여서는 안되는 대상 건축물에 속하지 않는 것은?

① 종교시설 ② 판매시설
③ 위락시설 ④ 장례시설

해설
문화 및 집회 시설(전시장 및 동·식물원 제외), 300m² 이상인 공연장·종교집회장, 종교시설, 위락시설, 장례시설의 용도에 쓰이는 건축물의 관람실 또는 집회실로부터 밖으로의 출구에 쓰이는 문은 안여닫이로 해서는 안 된다.

05 다음의 무창층의 정의 내용 중 밑줄 친 각 목의 요건으로 옳지 않은 것은?

"무창층"이란 지상층 중 다음 각 목의 요건을 모두 갖춘 개구부의 면적의 합계가 해당 층의 바닥면적의 30분의 1 이하가 되는 층을 말한다.

① 내부 또는 외부에서 쉽게 부수거나 열 수 없을 것
② 도로 또는 차량이 진입할 수 있는 빈터를 향할 것
③ 크기는 지름 50cm 이상의 원이 내접할 수 있는 크기일 것
④ 해당 층의 바닥면으로부터 개구부 밑부분까지의 높이가 1.2m 이내일 것

정답 01 ② 02 ① 03 ④ 04 ② 05 ①

해설 무창층

지상층 중 다음에 해당하는 요건을 모두 갖춘 개구부(건축물에서 채광·환기·통풍 또는 출입 등을 위하여 만든 창·출입구 그 밖에 이와 비슷한 것을 말함)의 면적의 합계가 당해 층의 바닥면적의 1/30 이하가 되는 층을 말한다.
㉠ 개구부의 크기가 지름 50cm 이상의 원이 내접할 수 있을 것
㉡ 해당 층의 바닥면으로부터 개구부 밑부분까지의 높이가 1.2m 이내일 것
㉢ 개구부는 도로 또는 차량이 진입할 수 있는 빈터를 향할 것
㉣ 화재시 건축물로부터 쉽게 피난할 수 있도록 개구부에 창살 그 밖의 장애물이 설치되지 아니할 것
㉤ 내부 또는 외부에서 쉽게 파괴 또는 개방할 수 있을 것

해설 축냉식 전기냉방설비

구분	내용
빙축열식 냉방설비	심야시간에 얼음을 제조하여 축열조에 저장하였다가 기타시간에 이를 녹여 냉방에 이용하는 냉방설비를 말한다.
수축열식 냉방설비	심야시간에 물을 냉각시켜 축열조에 저장하였다가 기타시간에 이를 냉방에 이용하는 냉방설비를 말한다.
잠열축열식 냉방설비	포접화합물(Clathrate)이나 공융염(Eutectic Salt) 등의 상변화물질을 심야시간에 냉각시켜 동결한 후 기타시간에 이를 녹여 냉방에 이용하는 냉방설비를 말한다.

06 같은 건축물 안에 공동주택과 위락시설을 함께 설치하고자 하는 경우, 공동주택의 출입구와 위락시설의 출입구는 서로 그 보행거리가 최소 얼마 이상이 되도록 설치하여야 하는가?

① 10m　② 20m
③ 30m　④ 40m

해설
공동주택 등의 출입구와 위락시설 등의 출입구는 서로 그 보행거리가 30m 이상이 되도록 설치할 것

07 건축물의 냉방설비에 대한 설치 및 설계기준에 정의된 축냉식 전기냉방설비의 구분에 속하지 않는 것은?

① 지열식 냉방설비
② 수축열식 냉방설비
③ 빙축열식 냉방설비
④ 잠열축열식 냉방설비

08 교육연구시설 중 학교의 교실 간 소음 방지를 위해 설치하는 경계벽의 구조로 옳지 않은 것은?

① 석조로서 두께가 15cm인 것
② 철근콘크리트조로서 두께가 12cm인 것
③ 무근콘크리트조로서 두께가 15cm인 것
④ 콘크리트블록조로서 두께가 15cm인 것

해설 경계벽 및 칸막이벽의 차음구조의 기준

㉠ 철근콘크리트조, 철골철근콘크리트조로서 두께가 10cm 이상인 것
㉡ 무근콘크리트조, 석조로서 두께가 10cm 이상인 것
 ※ 단, 시멘트모르타르, 회반죽 또는 석고 플라스터의 바름두께를 포함한다.
㉢ 콘크리트 블록조, 벽돌조로서 두께가 19cm 이상인 것
㉣ 상기의 것 외에 국토교통부장관이 고시하는 기준에 따라 국토교통부장관이 지정하는 자 또는 한국건설기술연구원장이 실시하는 품질시험에서 그 성능이 확인된 것
[예외] 공동주택 세대간의 경계벽은 주택건설기준에 관한 규정에 따른다.

09 다음은 특별피난계단의 구조에 관한 기준 내용이다. ( ) 안에 알맞은 것은?

계단실 및 부속실의 실내에 접하는 부분의 마감은 (　)로 할 것

정답　06 ③　07 ①　08 ④　09 ②

① 내화재료　　② 불연재료
③ 방화재료　　④ 준불연재료

해설
특별피난계단의 계단실 및 부속실의 마감 : 계단실 및 부속실의 실내에 접하는 부분(바닥 및 반자 등 실내에 면한 모든 부분)의 마감(마감을 위한 바탕 포함)은 불연재료로 할 것

10 건축법령상 고층건축물의 정의로 알맞은 것은?

① 층수가 30층 이상이거나 높이가 90m 이상인 건축물
② 층수가 30층 이상이거나 높이가 120m 이상인 건축물
③ 층수가 50층 이상이거나 높이가 150m 이상인 건축물
④ 층수가 50층 이상이거나 높이가 200m 이상인 건축물

해설

초고층 건축물	층수가 50층 이상이거나 높이가 200m 이상인 건축물
준초고층 건축물	고층건축물 중 초고층 건축물이 아닌 것
고층 건축물	층수가 30층 이상이거나 높이가 120m 이상인 건축물

11 건축물의 에너지절약 설계기준상 외기에 직접 면하고 1층 또는 지상으로 연결된 출입문을 방풍구조로 하지 않을 수 있는 경우에 속하지 않는 것은?

① 기숙사의 출입문
② 너비가 1.2m인 출입문
③ 바닥면적이 200m²인 개별 점포의 출입문
④ 사람의 통행을 주목적으로 하지 않는 출입문

해설
외기에 직접 면하고 1층 또는 지상으로 연결된 출입문은 방풍구조로 하여야 한다.
[예외] 다음에 해당하는 경우
㉠ 바닥면적 300m² 이하의 개별 점포의 출입문
㉡ 주택의 출입문(기숙사는 제외)
㉢ 사람의 통행을 주목적으로 하지 않는 출입문
㉣ 너비 1.2m 이하의 출입문
※ 방풍구조라 함은 출입구에서 실내외 공기 교환에 의한 열출입을 방지할 목적으로 설치하는 완충공간(방풍실) 또는 회전문 등을 설치한 방식을 말한다.

12 건축물의 용도변경과 관련된 시설군 중 문화집회 시설군에 속하지 않는 것은?

① 종교시설　　② 위락시설
③ 수련시설　　④ 관광휴게시설

해설 허가대상 및 신고대상의 용도변경

분류	시설군
㉠ 자동차관련 시설군	• 자동차관련시설
㉡ 산업등 시설군	• 운수시설 • 창고시설 • 공장 • 위험물저장 및 처리시설 • 자원순환관련시설 • 묘지관련시설 • 장례식장
㉢ 전기통신시설군	• 방송통신시설 • 발전시설
㉣ 문화집회시설군	• 문화 및 집회시설 • 종교시설 • 위락시설 • 관광휴게시설
㉤ 영업시설군	• 판매시설 • 운동시설 • 숙박시설 • 제2종 근린생활시설 중 다중생활시설
㉥ 교육 및 복지시설군	• 의료시설 • 교육연구시설 • 노유자시설 • 수련시설 • 야영장시설
㉦ 근린생활시설군	• 제1종 근린생활시설 • 제2종 근린생활시설 (다중생활시설은 제외)
㉧ 주거업무시설군	• 단독주택 • 공동주택 • 업무시설 • 교정 및 군사시설
㉨ 기타 시설군	• 동물 및 식물관련시설

※ 절차 :
1. 허가대상 : 상위시설군(오름차순)에 해당하는 용도로 변경하는 행위
2. 신고대상 : 하위시설군(내림차순)에 해당하는 용도로 변경하는 행위
3. 건축물대장 기재변경 신청 : 동일한 시설군내에서 용도변경 하는 행위

정답 10 ②　11 ①　12 ③

13 층수가 10층이며, 각 층의 거실면적이 2000m² 인 백화점에 설치하여야 하는 승용승강기의 최소 대수는? (단, 16인승 승용승강기의 경우)

① 2대　　　　　② 3대
③ 5대　　　　　④ 6대

해설

문화 및 집회시설(공연장·관람장·집회장), 판매시설(도매시장·소매시장·상점), 의료시설(병원·격리병원)의 용도 경우
3,000m² 이하까지 2대, 3,000m² 초과하는 2,000m² 당 1대를 가산한 대수로 하므로

$$2 + \frac{(2000 \times 5) - 3,000}{2,000} = 5.5$$

→ 6대 (소수점 이하는 1대로 본다)
∴ 16인승 이상의 승강기는 2대로 산정하므로 3대를 설치하면 된다.

14 대형건축물의 건축허가 사전승인신청 시 제출 도서의 종류 중 기본설계도서에 속하지 않는 것은?

① 투시도　　　　② 구조계획서
③ 내외마감표　　④ 주차장평면도

해설 사전승인신청시의 제출도서(규칙 [별표3])

구분	분야	도서의 종류
건축계획서	건축	가. 설계설명서 나. 구조계획서 다. 지질조사서 라. 시방서
기본설계도서	건축	가. 투시도 또는 투시도 사진 나. 평면도(주요층, 기준층) 다. 2면 이상의 입면도 라. 2면 이상의 단면도 마. 내외마감표 바. 주차장 평면도
	설비	가. 건축설비도 나. 소방설비도 다. 상·하수도 계통도
	기타	필요한 도면

15 특정소방대상물이 복합건축물인 경우, 공동 소방안전관리자를 선임하여야 하는 연면적 기준은?

① 1000m² 이상　　② 2000m² 이상
③ 3000m² 이상　　④ 5000m² 이상

해설 공동 소방안전관리자 선임대상 특정소방대상물

㉠ 고층 건축물(지하층을 제외한 층수가 11층 이상인 건축물만 해당)
㉡ 지하가(지하의 인공구조물 안에 설치된 상점 및 사무실, 그 밖에 이와 비슷한 시설이 연속하여 지하도에 접하여 설치된 것과 그 지하도를 합한 것을 말함)
㉢ 복합건축물로서 연면적이 5,000m² 이상인 것 또는 층수가 5층 이상인 것
㉣ 판매시설 중 도매시장 및 소매시장
㉤ 특정소방대상물 중 소방본부장 또는 소방서장이 지정하는 것

16 신축 또는 리모델링하는 경우, 시간당 0.5회 이상의 환기가 이루어질 수 있도록 자연환기설비 또는 기계환기설비를 설치하여야 하는 대상 공동주택의 세대 기준은?

① 20세대 이상　　② 30세대 이상
③ 50세대 이상　　④ 100세대 이상

해설 공동주택 및 다중이용시설의 환기설비

신축 또는 리모델링하는 다음에 해당하는 주택 또는 건축물은 시간당 0.5회 이상의 환기가 이루어질 수 있도록 자연환기설비 또는 기계환기설비를 설치하여야 한다.
㉠ 30세대 이상의 공동주택
㉡ 주택을 주택 외의 시설과 동일건축물로 건축하는 경우로서 주택이 30세대 이상인 건축물

17 특별시나 광역시에 건축물을 건축할 경우, 특별시장이나 광역시장의 허가를 받아야 하는 대상 건축물의 연면적 기준은?

① 연면적의 합계가 1만 제곱마터 이상인 건축물
② 연면적의 합계가 2만 제곱미터 이상인 건축물
③ 연면적의 합계가 10만 제곱미터 이상인 건축물
④ 연면적의 합계가 20만 제곱미터 이상인 건축물

정답 13 ②　14 ②　15 ④　16 ②　17 ③

| 해설 | 특별시장·광역시장의 허가 대상 |

사전승인 대상 건축물의 규모	허가권자
① 21층 이상 건축물 ② 연면적 10만m² 이상 건축물(공장, 창고 및 지방건축위원회의 심의를 거친 건축물은 제외) ③ 연면적 3/10 이상의 증축으로 인하여 ①, ②의 대상이 되는 경우	특별시장·광역시장

18 건축물의 설비기준 등에 관한 규칙에 따라 피뢰설비를 설치하여야 하는 대상 건축물의 높이 기준은?

① 10m 이상   ② 15m 이상
③ 20m 이상   ④ 31m 이상

| 해설 |

낙뢰의 우려가 있는 건축물 또는 높이 20m 이상의 건축물 또는 공작물로서 높이 20m 이상의 공작물(건축물에 공작물을 설치하여 그 전체높이가 20m 이상인 것 포함)에는 건축물의 설비기준 등에 관한 규칙에 적합하게 피뢰설비를 설치하여야 한다.

19 계단을 대체하여 설치하는 경사로의 경사도 기준으로 옳은 것은?

① 1 : 5를 넘지 아니할 것
② 1 : 6을 넘지 아니할 것
③ 1 : 7을 넘지 아니할 것
④ 1 : 8을 넘지 아니할 것

| 해설 | 계단에 대체되는 경사로

㉠ 경사도는 1 : 8 이하로 할 것
㉡ 재료마감은 표면을 거친 면으로 하거나 미끄러지지 않는 재료로 마감할 것

20 건축물에 설치하는 환기구는 바닥으로부터 최소 얼마 이상의 높이에 설치하는 것을 원칙으로 하는가?

① 1.5m   ② 2m
③ 3m   ④ 4m

| 해설 |

환기구(건축물의 환기설비에 부속된 급기 및 배기를 위한 건축구조물의 개구부)는 바닥으로부터 2m 이상의 높이에 설치하여야 한다.

정답 18 ③   19 ④   20 ②

건축설비관계법규
2017년 제4회 과년도 출제문제

01 건축법령상 다중이용 건축물에 속하지 않는 것은? (단, 층수가 16층 미만인 경우)

① 종교시설의 용도로 쓰는 바닥면적의 합계가 5,000m²인 건축물
② 판매시설의 용도로 쓰는 바닥면적의 합계가 5,000m²인 건축물
③ 업무시설의 용도로 쓰는 바닥면적의 합계가 5,000m²인 건축물
④ 의료시설 중 종합병원의 용도로 쓰는 바닥면적의 합계가 5,000m²인 건축물

[해설] 다중이용건축물의 정의

다음에 해당하는 건축물을 말한다.
㉠ 다음 용도로 쓰는 바닥면적의 합계가 5,000m² 이상인 건축물
 1) 문화 및 집회시설(동물원·식물원은 제외)
 2) 종교시설
 3) 판매시설
 4) 운수시설 중 여객용 시설
 5) 의료시설 중 종합병원
 6) 숙박시설 중 관광숙박시설
㉡ 16층 이상인 건축물

02 방송 공동수신설비를 설치하여야 하는 대상 건축물에 속하지 않는 것은?

① 다세대주택
② 다가구주택
③ 바닥면적의 합계가 5,000m²으로서 업무시설의 용도로 쓰는 건축물
④ 바닥면적의 합계가 5,000m²으로서 숙박시설의 용도로 쓰는 건축물

[해설]

건축물에는 방송수신에 지장이 없도록 공동시청 안테나, 유선방송 수신시설, 위성방송 수신설비, 에프엠(FM)라디오방송 수신설비 또는 방송 공동수신설비를 설치할 수 있다.

다만, 다음 건축물에는 방송 공동수신설비를 설치하여야 한다.
㉠ 공동주택
㉡ 바닥면적의 합계가 5,000m² 이상으로서 업무시설이나 숙박시설의 용도로 쓰는 건축물

03 다음의 소방시설 중 경보설비에 속하지 않는 것은?

① 비상방송설비
② 자동화재탐지설비
③ 자동화재속보설비
④ 무선통신보조설비

[해설]

소방시설이란 소화설비·경보설비·피난구조설비·소화용수설비 그 밖에 소화활동설비를 말한다.
※ 경보설비 : 비상벨설비 및 자동식사이렌설비("비상경보설비"라 함), 단독경보형설비, 비상방송설비, 누전경보기, 자동화재탐지설비 및 시각경보기, 자동화재속보설비, 가스누설경보기, 통합감시시설
☞ 무선통신보조설비는 소화활동설비에 속한다.

04 문화 및 집회시설 중 공연장의 개별관람실의 바닥면적이 1,000m²인 경우, 개별관람실 출구의 유효너비 합계는 최소 얼마 이상으로 하여야 하는가?

① 3m   ② 4m
③ 5m   ④ 6m

[해설]

공연장의 개별 관람실 출구의 유효폭의 합계는 개별 관람실의 바닥면적 100m² 마다 0.6m 이상의 비율로 산정한 폭 이상일 것
∴ 개별 관람실 출구의 유효폭의 합계
$= \dfrac{1,000m^2}{100m^2} \times 0.6m = 6m$

정답 01 ③ 02 ② 03 ④ 04 ④

05 녹색건축 인증 등급의 구분에 속하지 않는 것은?

① 우수(그린 2등급)
② 우량(그린 3등급)
③ 일반(그린 4등급)
④ 보통(그린 5등급)

해설 녹색건축 인증기준

㉠ 녹색건축 인증은 해당 전문분야별로 국토교통부장관과 환경부장관이 공동으로 정하여 고시하는 인증기준에 따라 부여된 종합점수를 기준으로 심사하여야 한다.
㉡ 녹색건축 인증 등급은 최우수(그린1등급), 우수(그린2등급), 우량(그린3등급) 또는 일반(그린4등급)으로 한다.
㉢ 인증기관의 장은 지정된 전문기관에서 운영하는 일정한 교육과정을 이수한 사람이 인증대상 건축물의 설계에 참여한 경우 또는 혁신적인 설계방식을 도입한 경우 등 녹색건축 관련 기술의 발전을 위하여 필요하다고 인정하는 경우에는 국토교통부장관과 환경부장관이 공동으로 정하여 고시하는 바에 따라 가산점을 부여할 수 있다.

06 특정소방대상물이 문화 및 집회시설 중 공연장인 경우, 모든 층에 스프링클러설비를 설치하여야 하는 수용인원 기준은?

① 100명 이상 ② 200명 이상
③ 500명 이상 ④ 1,000명 이상

해설
모든 층에 스프링클러설비를 설치하여야 할 특정소방대상물(문화 및 집회시설, 종교시설, 운동시설 경우)
㉠ 수용인원이 100인 이상
㉡ 영화상영관의 용도로 쓰이는 층의 바닥면적이 지하층 또는 무창층인 경우 500m² 이상, 그 밖의 층의 경우에는 1,000m² 이상
㉢ 무대부가 지하층·무창층 또는 층수가 4층 이상인 층에 있는 경우에는 300m² 이상
㉣ 무대부가 ㉢ 외의 층에 있는 경우에는 무대부의 면적이 500m² 이상

07 공동주택의 거실에 설치하는 반자의 높이는 최소 얼마 이상이어야 하는가?

① 1.8m ② 2.1m
③ 2.7m ④ 4m

해설 거실의 반자높이

거실의 종류	반자높이	예외규정
① 일반용도의 거실	2.1m 이상	공장, 창고시설, 위험물저장 및 처리시설, 동물 및 식물 관련시설, 자원순환관련시설, 묘지관련시설
② 문화 및 집회시설(전시장 및 동·식물원 제외), 종교시설, 장례식장, 유흥주점의 용도에 쓰이는 건축물의 관람실 또는 집회실로서 바닥면적이 200m² 이상인 것	4m 이상	기계환기장치를 설치한 경우
③ '②'의 노대 아래부분	2.7m 이상	

08 방염성능기준 이상의 실내장식물 등을 설치하여야 하는 특정소방대상물에 속하는 것은? (단, 층수가 10층인 경우)

① 아파트 ② 기숙사
③ 숙박시설 ④ 실내수영장

해설 방염성능기준 이상의 실내장식물 등을 설치하여야 하는 특정소방대상물

① 근린생활시설 중 의원, 체력단련장, 공연장 및 종교집회장
② 건축물의 옥내에 있는 문화 및 집회시설, 종교시설, 운동시설(수영장은 제외)
③ 의료시설, 노유자시설, 숙박시설, 숙박이 가능한 수련시설
④ 교육연구시설 중 합숙소
⑤ 방송통신시설 중 방송국 및 촬영소
⑥ 다중이용업소
⑦ 상기 ①부터 ⑥까지의 시설에 해당하지 아니하는 것으로서 층수(건축법시행령에 따라 산정한 층수)가 11층 이상인 것(아파트는 제외)

정답 05 ④ 06 ① 07 ② 08 ③

09 건축법령상 다음과 같이 정의되는 주택의 종류는?

> 주택으로 쓰는 1개 동의 바닥면적 합계가 660m² 이하이고, 층수가 4개 층 이하인 주택

① 다중주택 ② 연립주택
③ 다세대주택 ④ 다가구주택

해설 주택의 분류
① 단독주택
 ㉠ 단독주택
 ㉡ 다중주택(연면적 660m² 이하, 3층 이하)
 ㉢ 다가구주택(바닥면적합계 660m² 이하, 3개층 이하, 19세대 이하)
 ㉣ 공관
② 공동주택
 ㉠ 다세대주택 : 4개층 이하, 동당 연면적 660m² 이하
 ㉡ 연립주택 : 4개층 이하, 동당 연면적 660m² 초과
 ㉢ 아파트 : 5개층 이상
 ㉣ 기숙사

10 건축물에는 급수·배수·환기·난방설비를 설치하는 경우, 건축기계설비기술사 또는 공조냉동기계기술사의 협력을 받아야 하는 대상 건축물에 속하지 않는 것은? (단, 연면적 10,000m² 미만인 건축물의 경우)

① 연립주택
② 판매시설로서 해당 용도에 사용되는 바닥면적의 합계가 2,000m² 인 건축물
③ 의료시설로서 해당 용도에 사용되는 바닥면적의 합계가 2,000m² 인 건축물
④ 숙박시설로서 해당 용도에 사용되는 바닥면적의 합계가 2,000m² 인 건축물

해설
건축설비기술사·공조냉동기계기술사의 협력을 받아야 하는 에너지 대량소비 건축물 대상(바닥면적 합계 기준)
㉠ 500m² 이상 : 냉동냉장시설, 항온항습시설, 특수청정시설
㉡ 규모에 관계없이 : 아파트 및 연립주택
㉢ 500m² 이상 : 목욕장(제1종 근린생활시설), 실내수영장(운동시설), 실내물놀이형시설
㉣ 2,000m² 이상 : 기숙사, 병원(의료시설), 유스호스텔(수련시설), 숙박시설 기타 에너지소비특성 및 이용상황 등이 이와 유사한 건축물
㉤ 3,000m² 이상 : 연구소(교육연구시설), 업무시설, 판매시설 기타 에너지소비특성 및 이용상황 등이 이와 유사한 건축물
㉥ 10,000m² 이상 : 문화 및 집회시설(동식물원 제외), 종교시설, 장례식장, 교육연구시설(연구소 제외) 기타 에너지소비특성 및 이용상황 등이 이와 유사한 건축물

11 다음 중 내화구조에 해당하지 않는 것은?

① 철골철근콘크리트조의 계단
② 두께 8cm인 철근콘크리트조의 바닥
③ 철재로 보강된 유리블록으로 된 지붕
④ 작은 지름이 25cm인 철근콘크리트조의 기둥

해설 철근콘크리트조, 철골철근콘크리트조의 내화구조 기준
㉠ 벽 : 두께 10cm 이상
㉡ 외벽 중 비내력벽 : 두께 7cm 이상
㉢ 기둥 : 최소 지름이 25cm 이상
㉣ 바닥 : 두께 10cm 이상
㉤ 보, 지붕, 계단 : 두께 기준이 없다.
※ 철골조의 계단은 내화구조로 본다.

12 연면적 200m²을 초과하는 건축물에 설치하는 계단에 관한 기준 내용으로 옳지 않은 것은?

① 돌음계단의 단너비는 그 좁은 너비의 끝부분으로부터 30cm의 위치에서 측정한다.
② 너비가 2m를 넘는 계단에는 계단의 중간에 너비 2m 이내마다 난간을 설치하여야 한다.
③ 높이가 3m를 넘는 계단에는 높이 3m 이내마다 유효너비 1.2m 이상의 계단참을 설치하여야 한다.
④ 높이 1m를 넘는 계단 및 계단참의 양옆에는 난간(벽 또는 이에 대치되는 것 포함)을 설치하여야 한다.

정답 09 ③ 10 ② 11 ② 12 ②

해설

계단폭이 3m를 넘는 경우에는 계단의 중간에 폭 3m 이내마다 난간을 설치할 것
[예외] 단높이 15cm 이하이고, 단너비 30cm 이상인 계단

13 6층 이상의 거실면적의 합계가 3,000m²인 경우, 설치하여야 하는 승용 승강기의 최소 대수가 가장 많은 것은? (단, 8인승 승강기의 경우)

① 업무시설
② 숙박시설
③ 위락시설
④ 판매시설

해설 승용승강기 설치대수(강) 약 순서)

문화 및 집회시설(공연장·집회장·관람장), 판매시설(도매시장·소매시장·상점), 의료시설 > 문화 및 집회시설(전시장, 동·식물원), 업무시설, 숙박시설, 위락시설 > 공동주택, 교육연구시설, 노유자시설, 기타 시설
※ 승용승강기의 설치대상은 층수가 6층 이상으로서 연면적 2,000m² 이상인 건축물의 거실 바닥면적의 합계를 기준으로 적용한다.

14 건축물의 출입구에 설치하는 회전문에 관한 기준 내용으로 옳지 않은 것은?

① 계단이나 에스컬레이터로부터 1m 이상의 거리를 둘 것
② 회전문의 회전속도는 분당회전수가 8회를 넘지 아니하도록 할 것
③ 출입에 지장이 없도록 일정한 방향으로 회전하는 구조로 할 것
④ 회전문의 중심축에서 회전문과 문틀 사이의 간격을 포함한 회전문날개 끝부분까지의 길이는 140cm 이상이 되도록 할 것

해설 회전문의 설치

㉠ 계단이나 에스컬레이터로부터 2m 이상의 거리를 둘 것
㉡ 회전문의 중심축에서 회전문과 문틀 사이의 간격을 포함한 회전문날개 끝부분까지의 길이는 140cm 이상이 되도록 할 것
㉢ 회전문의 회전속도는 분당회전수가 8회를 넘지 아니하도록 할 것

15 건축물의 옥상에 헬리포트를 설치하거나 헬리콥터를 통하여 인명 등을 구조할 수 있는 공간을 확보하여야 하는 대상 건축물 기준으로 옳은 것은? (단, 건축물의 지붕을 평지붕으로 하는 경우)

① 11층 이상인 층의 바닥면적의 합계가 3,000m² 이상인 건축물
② 11층 이상인 층의 바닥면적의 합계가 5,000m² 이상인 건축물
③ 11층 이상인 층의 바닥면적의 합계가 10,000m² 이상인 건축물
④ 11층 이상인 층의 바닥면적의 합계가 12,000m² 이상인 건축물

해설 헬리포트의 설치

층수가 11층 이상인 건축물로서 11층 이상인 층의 바닥면적의 합계가 10,000m² 이상인 건축물의 옥상에는 다음의 구분에 따른 공간을 확보하여야 한다.
1. 건축물의 지붕을 평지붕으로 하는 경우 : 헬리포트를 설치하거나 헬리콥터를 통하여 인명 등을 구조할 수 있는 공간
2. 건축물의 지붕을 경사지붕으로 하는 경우 : 경사지붕 아래에 설치하는 대피공간

16 화재안전기준에 따라 소화기구를 설치하여야 하는 특정소방대상물의 연면적 기준은?

① 10m² 이상
② 25m² 이상
③ 33m² 이상
④ 45m² 이상

정답 13 ④ 14 ① 15 ③ 16 ③

[해설] 소화기구를 설치하여야 할 특정소방대상물
① 수동식소화기 또는 간이소화용구를 설치하여야 하는 것
  ㉠ 연면적 33m² 이상인 것
  ㉡ ㉠에 해당하지 아니하는 시설로서 지정문화재 및 가스시설
② 주방용 자동소화장치를 설치하여야 하는 것 : 아파트 및 30층 이상 오피스텔의 모든 층
[비고] 노유자시설의 경우에는 투척용소화용구 등을 법 화재안전기준에 따라 산정된 소화기 수량의 1/2 이상으로 설치할 수 있다.

17 배연설비의 설치에 관한 기준 내용으로 옳지 않은 것은?

① 배연구는 수동으로 열고 닫을 수 없도록 할 것
② 배연창의 유효면적은 최소 1m² 이상으로 할 것
③ 배연구는 예비전원에 의하여 열 수 있도록 할 것
④ 건축법령에 의하여 건축물에 방화구획이 설치된 경우에는 그 구획마다 1개소 이상의 배연창을 설치할 것

[해설] 배연설비의 구조기준

구 분	기 준
1. 배연창 개수	• 방화구획마다 1개소 이상의 배연창을 설치하되, 배연창의 상변과 천장 또는 반자로부터 수직거리가 0.9m 이내일 것(단, 반자높이가 바닥으로부터 3m 이상인 경우에는 배연창의 하변이 바닥으로부터 2.1m 이상의 위치에 놓이도록 설치하여야 한다)
2. 배연창 유효면적	• 1m² 이상으로 바닥면적이 1/100 이상일 것 [주] ① 방화구획이 된 경우는 구획된 각 부분의 바닥면적으로 산정 ② 바닥면적 산정시 거실 바닥면적의 1/20 이상의 환기창을 설치한 거실면적은 산입하지 않음
3. 배연구 구조	• 연기감지기, 열감지기에 의하여 자동으로 열 수 있는 구조(수동개폐장치) • 예비전원에 의하여 열 수 있도록 할 것
4. 기계식 배연설비	• 상기 1, 2, 3의 규정에도 불구하고 소방관계법령의 규정에 따를 것

18 다음은 직통계단의 설치에 관한 기준 내용이다. ( )안에 알맞은 것은?

초고층 건축물에는 피난층 또는 지상으로 통하는 직통계단과 직접 연결되는 피난안전구역을 지상층으로부터 최대 ( ) 층마다 1개소 이상 설치하여야 한다.

① 10개　　② 20개
③ 30개　　④ 40개

[해설] 피난안전구역의 설치
㉠ 초고층 건축물에는 피난층 또는 지상으로 통하는 직통계단과 직접 연결되는 피난안전구역(건축물의 피난·안전을 위하여 건축물 중간층에 설치하는 대피공간을 말함)을 지상층으로부터 최대 30개 층마다 1개소 이상 설치하여야 한다.
㉡ 준초고층 건축물에는 피난층 또는 지상으로 통하는 직통계단과 직접 연결되는 피난안전구역을 해당 건축물 전체 층수의 1/2에 해당하는 층으로부터 상하 5개층 이내에 1개소 이상 설치하여야 한다.
[예외] 국토교통부령으로 정하는 기준에 따라 피난층 또는 지상으로 통하는 직통계단을 설치하는 경우

19 특별시나 광역시에 건축하는 경우 특별시장이나 광역시장의 허가를 받아야 하는 대상 건축물의 층수 기준은?

① 층수가 6층 이상인 건축물
② 층수가 16층 이상인 건축물
③ 층수가 21층 이상인 건축물
④ 층수가 31층 이상인 건축물

[해설] 특별시장·광역시장의 허가 대상

사전승인 대상 건축물의 규모	허가권자
① 21층 이상 건축물 ② 연면적 10만m² 이상 건축물(공장, 창고 및 지방건축위원회의 심의를 거친 건축물은 제외) ③ 연면적 3/10 이상의 증축으로 인하여 ①, ②의 대상이 되는 경우	특별시장·광역시장

정답　17 ①　18 ③　19 ③

20 외기에 직접 면하고 1층 또는 지상으로 연결된 출입문을 방풍구조로 하지 않아도 되는 대상 출입문에 대한 기준 내용으로 옳지 않은 것은?

① 다세대주택의 출입문
② 너비 1.5m 이하의 출입문
③ 바닥면적 300m² 이하의 개별 점포의 출입문
④ 사람의 통행을 주목적으로 하지 않는 출입문

해설

외기에 직접 면하고 1층 또는 지상으로 연결된 출입문은 방풍구조로 하여야 한다.
[예외] 다음에 해당하는 경우
㉠ 바닥면적 300m² 이하의 개별 점포의 출입문
㉡ 주택의 출입문(기숙사는 제외)
㉢ 사람의 통행을 주목적으로 하지 않는 출입문
㉣ 너비 1.2m 이하의 출입문
※ 방풍구조라 함은 출입구에서 실내외 공기 교환에 의한 열출입을 방지할 목적으로 설치하는 완충공간(방풍실) 또는 회전문 등을 설치한 방식을 말한다.

정답 20 ②

건축설비관계법규
2018년 제1회 과년도 출제문제

01 녹색건축 인증의 유효기간으로 옳은 것은?

① 녹색건축 인증서를 발급한 날부터 3년
② 녹색건축 인증서를 발급한 날부터 5년
③ 녹색건축 인증서를 발급한 날부터 10년
④ 녹색건축 인증서를 발급한 날부터 15년

해설 녹색건축 인증기준

㉠ 녹색건축 인증은 해당 전문분야별로 국토교통부장관과 환경부장관이 공동으로 정하여 고시하는 인증기준에 따라 부여된 종합점수를 기준으로 심사하여야 한다.
㉡ 녹색건축 인증 등급은 최우수(그린1등급), 우수(그린2등급), 우량(그린3등급) 또는 일반(그린4등급)으로 한다.
㉢ 인증기관의 장은 지정된 전문기관에서 운영하는 일정한 교육과정을 이수한 사람이 인증대상 건축물의 설계에 참여한 경우 또는 혁신적인 설계방식을 도입한 경우 등 녹색건축 관련 기술의 발전을 위하여 필요하다고 인정하는 경우에는 국토교통부장관과 환경부장관이 공동으로 정하여 고시하는 바에 따라 가산점을 부여할 수 있다.
※ 녹색건축 인증의 유효기간 : 녹색건축 인증서를 발급한 날부터 5년

02 건축물의 설비기준 등에 관한 규칙에 따라 피뢰설비를 설치하여야 하는 건축물의 높이 기준은?

① 10m 이상   ② 15m 이상
③ 20m 이상   ④ 31m 이상

해설
낙뢰의 우려가 있는 건축물 또는 높이 20m 이상의 건축물 또는 공작물로서 높이 20m 이상의 공작물(건축물에 공작물을 설치하여 그 전체높이가 20m 이상인 것 포함)에는 건축물의 설비기준 등에 관한 규칙에 적합하게 피뢰설비를 설치하여야 한다.

03 공사의 공사감리자가 필요하다고 인정하면 공사시공자에게 상세시공도면 작성을 요청할 수 있는 건축공사의 연면적 기준은?

① 연면적의 합계가 1,000m² 이상인 건축공사
② 연면적의 합계가 2,000m² 이상인 건축공사
③ 연면적의 합계가 5,000m² 이상인 건축공사
④ 연면적의 합계가 10,000m² 이상인 건축공사

해설 상세시공도면 작성 요청

연면적 합계 5,000m² 이상인 건축공사의 공사감리자는 필요하다고 인정하는 경우 공사시공자로 하여금 상세시공도면을 작성하도록 요청할 수 있다.
※ 상세시공도면의 작성은 시공자, 검토 확인은 공사감리자의 업무사항이다.

04 건축물의 바깥쪽으로의 출구로 쓰이는 문을 안여닫이로 하여서는 안 되는 대상 건축물에 속하지 않는 것은?

① 종교시설
② 위락시설
③ 문화 및 집회시설 중 관람장
④ 문화 및 집회시설 중 전시장

해설
문화 및 집회시설(전시장, 동·식물원은 제외), 장례시설, 위락시설의 용도에 쓰이는 건축물의 바깥쪽으로의 출구로 쓰이는 문은 안여닫이로 하여서는 아니된다.

05 건축물을 특별시나 광역시에 건축하는 경우, 특별시장이나 광역시장의 허가를 받아야 하는 대상 건축물의 연면적 기준은?

① 연면적의 합계가 1만 제곱미터 이상
② 연면적의 합계가 5만 제곱미터 이상
③ 연면적의 합계가 10만 제곱미터 이상
④ 연면적의 합계가 20만 제곱미터 이상

정답 01 ② 02 ③ 03 ③ 04 ④ 05 ③

| 해설 | 특별시장·광역시장의 허가 대상 |

사전승인 대상 건축물의 규모	허가권자
㉠ 21층 이상 건축물 ㉡ 연면적 10만m² 이상 건축물(공장, 창고 및 지방건축위원회의 심의를 거친 건축물은 제외) ㉢ 연면적 3/10 이상의 증축으로 인하여 ㉠, ㉡의 대상이 되는 경우	특별시장·광역시장

06 다음의 소방시설 중 소화활동설비에 속하지 않는 것은?

① 제연설비   ② 연결살수설비
③ 옥외소화전설비   ④ 무선통신보조설비

| 해설 |

소방시설이란 소화설비·경보설비·피난구조설비·소화용수설비 그 밖에 소화활동설비를 말한다.
※ 소화활동설비 : 화재를 진압하거나 인명구조활동을 위하여 사용하는 설비
㉠ 제연설비
㉡ 연결송수관설비
㉢ 연결살수설비
㉣ 비상콘센트설비
㉤ 무선통신보조설비
㉥ 연소방지설비
☞ 옥외소화전설비는 소화설비에 해당된다.

07 모든 층에 주거용 주방자동소화장치를 설치하여야 하는 특정소방대상물은?

① 기숙사   ② 아파트 등
③ 일반음식점   ④ 휴게음식점

| 해설 | 소화기구를 설치하여야 할 특정소방대상물

① 수동식소화기 또는 간이소화용구를 설치하여야 하는 것
  ㉠ 연면적 33m² 이상인 것
  ㉡ ㉠에 해당하지 아니하는 시설로서 지정문화재 및 가스시설
  ㉢ 터널
② 주거용 주방자동소화장치를 설치하여야 하는 것 : 아파트등 및 30층 이상 오피스텔의 모든 층
[비고] 노유자시설의 경우에는 투척용소화용구 등을 법 화재안전기준에 따라 산정된 소화기 수량의 1/2 이상으로 설치할 수 있다.

08 연면적 200m²를 초과하는 건축물에 설치하는 계단의 유효 높이(계단의 바닥 마감면부터 상부 구조체의 하부 마감면까지의 연직방향의 높이)는 최소 얼마 이상으로 하여야 하는가?

① 1.8m   ② 2.1m
③ 2.4m   ④ 2.7m

| 해설 | 계단의 설치기준

㉠ 높이 3m를 넘는 계단에는 높이 3m 이내마다 너비 1.2m 이상의 계단참을 설치할 것
㉡ 높이 1m를 넘는 계단 및 계단참의 양측에는 난간(벽 또는 이에 대치되는 것을 포함)을 설치할 것
㉢ 너비가 3m를 넘는 계단에는 계단의 중간에 폭 3m 이내마다 난간을 설치할 것
  [예외] 단 높이 15cm 이하이고, 단 너비 30cm 이상인 계단
㉣ 계단의 유효 높이(계단의 바닥 마감면부터 상부 구조체의 하부 마감면까지의 연직방향의 높이를 말함)는 2.1m 이상으로 할 것

09 다음 중 준다중이용 건축물에 속하지 않는 것은? (단, 해당 용도로 쓰는 바닥면적의 합계가 1,000m² 인 건축물의 경우)

① 종교시설   ② 판매시설
③ 위락시설   ④ 수련시설

| 해설 | 준다중이용 건축물의 정의

다중이용 건축물 외의 건축물로서 다음 용도로 쓰는 바닥면적의 합계가 1,000m² 이상인 건축물
㉠ 문화 및 집회시설(동물원 및 식물원은 제외)
㉡ 종교시설
㉢ 판매시설
㉣ 운수시설 중 여객용 시설
㉤ 의료시설 중 종합병원
㉥ 교육연구시설
㉦ 노유자시설
㉧ 운동시설
㉨ 숙박시설 중 관광숙박시설
㉩ 위락시설
㉪ 관광 휴게시설
㉫ 장례식장

정답   06 ③   07 ②   08 ②   09 ④

제4과목 건축설비관계법규

10 다음은 특정소방대상물의 소방시설 설치의 면제에 관한 기준 내용이다. ( ) 안에 포함되지 않는 소방시설은?

> 연소방지설비를 설치하여야 하는 특정소방대상물에 ( )를 화재안전기준에 적합하게 설치한 경우에는 그 설비의 유효범위에서 설치가 면제된다.

① 스프링클러설비 ② 옥내소화전설비
③ 물분무소화설비 ④ 미분무소화설비

해설
연소방지설비를 설치하여야 하는 특정소방대상물에 스프링클러설비, 물분무소화설비 또는 미분무소화설비를 화재안전기준에 적합하게 설치한 경우에는 그 설비의 유효범위 안의 부분에서 설치가 면제된다.

11 건축물에 설치하여야 하는 비상용 승강기의 승강장 및 승강로의 구조에 관한 기준 내용으로 옳지 않은 것은?

① 승강장은 각 층의 내부와 연결될 수 있도록 할 것
② 승강로는 당해 건축물의 다른 부분과 내화구조로 구획할 것
③ 벽 및 반자가 실내에 접하는 부분의 마감재료는 난연재료로 할 것
④ 각 층으로부터 피난층까지 이르는 승강로는 단일구조로 연결하여 설치할 것

해설
벽 및 반자가 실내에 접하는 부분의 마감재료(마감을 위한 바탕 포함)는 불연재료로 할 것

12 건축물의 에너지절약설계기준에 따른 건축부문의 권장사항으로 옳지 않은 것은?

① 공동주택은 인동간격을 넓게 하여 저층부의 일사수열량을 증대시킨다.
② 건축물의 체적에 대한 외피면적의 비 또는 연면적에 대한 외피면적의 비는 가능한 크게 한다.
③ 거실의 층고 및 반자 높이는 실의 용도와 기능에 지장을 주지 않는 범위 내에서 가능한 낮게 한다.
④ 건물의 창 및 문은 가능한 작게 설계하고, 특히 열손실이 많은 북측 거실의 창 및 문의 면적은 최소화한다.

해설
건축물의 체적에 대한 외피면적의 비 또는 연면적에 대한 외피면적의 비는 가능한 작게 한다.

13 6층 이상의 거실면적의 합계가 5,000m² 인 경우, 설치하여야 하는 승용 승강기의 최소 대수가 가장 많은 것은? (단, 8인승 승강기의 경우)

① 업무시설 ② 숙박시설
③ 위락시설 ④ 의료시설

해설 승용승강기의 설치대상

> 층수가 6층 이상으로서 연면적 2,000m² 이상인 건축물
> ※ 승용승강기 설치대수(강 > 약 순서)
> 문화 및 집회시설(공연장·집회장·관람장), 판매시설(도매시장·소매시장·상점), 의료시설 > 문화 및 집회시설(전시장, 동·식물원), 업무시설, 숙박시설, 위락시설 > 공동주택, 교육연구시설, 노유자시설, 기타 시설

14 공동주택의 난방설비를 개별난방방식으로 하는 경우에 관한 기준 내용으로 옳지 않은 것은?

① 보일러의 연도는 방화구조로서 개별연도로 설치할 것
② 보일러실의 윗부분에는 면적이 0.5m² 이상인 환기창을 설치할 것
③ 기름보일러를 설치하는 경우에는 기름저장소를 보일러실 외의 다른 곳에 설치할 것
④ 보일러를 설치하는 곳과 거실 사이의 경계벽은 출입구를 제외하고는 내화구조의 벽으로 구획할 것

해설
보일러의 연도는 내화구조로서 공동연도로 설치할 것

15 건축법령상 단독주택에 속하지 않는 것은?

① 공관 ② 기숙사
③ 다중주택 ④ 다가구주택

정답 10 ② 11 ③ 12 ② 13 ④ 14 ① 15 ②

> **해설** 주택의 분류
> ⊙ 단독주택 : 단독주택, 다중주택, 다가구주택, 공관
> ⓒ 공동주택 : 다세대주택, 연립주택, 아파트, 기숙사

16 건축물의 거실(피난층 거실 제외)에 국토교통부령으로 정하는 기준에 따라 배연설비를 하여야 하는 대상 건축물에 속하지 않는 것은? (단, 층수가 6층인 건축물의 경우)

① 판매시설 ② 종교시설
③ 문화 및 집회시설 ④ 제1종 근린생활시설

> **해설** 배연설비의 설치대상
> ⊙ 6층 이상의 건축물로서 다음의 용도에 해당되는 건축물의 거실
> 제2종 근린생활시설 중 공연장, 종교집회장, 인터넷컴퓨터게임시설제공업소 및 다중생활시설(공연장, 종교집회장 및 인터넷컴퓨터게임시설제공업소는 해당 용도로 쓰는 바닥면적의 합계가 각각 300m² 이상인 경우), 문화 및 집회시설, 종교시설, 판매시설, 운수시설, 의료시설(요양병원 및 정신병원은 제외), 교육연구시설 중 연구소, 노유자시설 중 아동관련시설·노인복지시설(노인요양시설은 제외), 수련시설 중 유스호스텔, 운동시설, 업무시설, 숙박시설, 위락시설, 관광휴게시설, 장례시설
> [예외] 피난층인 경우
> ⓒ 다음에 해당하는 용도로 쓰는 건축물
> • 의료시설 중 요양병원 및 정신병원·산후조리원
> • 노유자시설 중 노인요양시설·장애인 거주시설 및 장애인 의료재활시설
> [예외] 피난층인 경우

17 문화 및 집회시설 중 공연장의 개별관람실의 바닥면적이 500m²인 경우 개별관람실 출구의 유효너비의 합계는 최소 얼마 이상이어야 하는가?

① 1m ② 2m
③ 3m ④ 4m

> **해설**
> 공연장의 개별 관람실 출구의 유효폭의 합계는 개별 관람실의 바닥면적 100m² 마다 0.6m 이상의 비율로 산정한 폭 이상일 것
> ∴ 개별 관람실 출구의 유효폭의 합계
> $= \dfrac{500m^2}{100m^2} \times 0.6m = 3m$
> [주] 관람실별로 2개소 이상 설치하여야 하며, 각 출구의 유효폭은 1.5m 이상일 것

18 다음은 건축설비 설치의 원칙에 관한 기준 내용이다. ( ) 안에 알맞은 것은?

> 연면적이 ( ) 이상인 건축물의 대지에는 국토교통부령으로 정하는 바에 따라 「전기사업법」 제2조 제2호에 따른 전기 사업자가 전기를 배전(配電)하는 데 필요한 전기설비를 설치할 수 있는 공간을 확보하여야 한다.

① 100m² ② 500m²
③ 1,000m² ④ 5,000m²

> **해설**
> 연면적이 500m² 이상인 건축물의 대지에는 국토교통부령으로 정하는 바에 따라 「전기사업법」 제2조 제2호에 따른 전기 사업자가 전기를 배전(配電)하는 데 필요한 전기설비를 설치할 수 있는 공간을 확보하여야 한다.

19 다음 중 제연설비를 설치하여야 하는 특정소방대상물에 속하지 않는 것은?

① 지하가(터널 제외)로서 연면적 1,000m²인 것
② 문화 및 집회시설로서 무대부의 바닥면적이 200m²인 것
③ 문화 및 집회시설 중 영화상영관으로서 수용인원 100명인 것
④ 지하층에 설치된 숙박시설로서 해당 용도로 사용되는 바닥면적의 합계가 500m²인 층

정답 16 ④ 17 ③ 18 ② 19 ④

해설 제연설비를 설치하여야 하는 특정소방대상물

㉠ 문화 및 집회시설, 종교시설, 운동시설로서 무대부의 바닥면적이 200m² 이상 또는 문화 및 집회시설 중 영화상영관으로서 수용인원 100명 이상인 것
㉡ 근린생활시설, 판매시설, 운수시설, 숙박시설, 위락시설, 창고시설 중 물류터미널로서 지하층 또는 무창층의 바닥면적이 1,000m² 이상인 것은 해당 용도로 사용되는 모든 층
㉢ 운수시설 중 시외버스정류장, 철도 및 도시철도시설, 공항시설 및 항만시설의 대합실 또는 휴게시설로서 지하층 또는 무창층의 바닥면적이 1,000m² 이상인 것
㉣ 지하가(터널은 제외)로서 연면적 1,000m² 이상인 것
㉤ 지하가 중 길이가 500m 이상으로서 교통량, 경사도 등 터널의 특성을 고려하여 행정자치부령으로 정하는 위험등급 이상에 해당하는 터널
㉥ 특정소방대상물(갓복도형아파트는 제외)에 부설된 특별피난계단 또는 비상용승강기의 승강장

해설 피난계단·특별피난계단의 출입문

1. 문의 방향 : 피난의 방향(안여닫이로 해서는 안 된다 : 밖여닫이)
2. 문의 유효폭 : 90cm 이상
3. 문의 구조
 가. 옥내피난계단의 옥내로부터 계단실로 통하는 출입구 : 60+방화문 또는 60분방화문 설치
 나. 옥외피난계단의 옥내로부터 계단실로 통하는 출입구 : 60+방화문 또는 60분방화문 설치
 다. 특별피난계단
  ① 옥내에서 노대 또는 부속실로 통하는 출입구 : 60+방화문 또는 60분방화문 설치(30분방화문은 안됨)
  ② 노대, 부속실에서 계단실로 통하는 출입구 : 60+방화문, 60분방화문 또는 30분방화문 설치

20 특별피난계단의 구조에 관한 기준 내용으로 옳지 않은 것은?

① 계단은 내화구조로 하되, 피난층 또는 지상까지 직접 연결되도록 할 것
② 출입구의 유효너비는 0.9m 이상으로 하고 피난의 방향으로 열 수 있을 것
③ 건축물의 내부에서 노대 또는 부속실로 통하는 출입구에는 60+방화문, 60분방화문 또는 30분 방화문을 설치할 것
④ 계단실에는 노대 또는 부속실에 접하는 부분 외에는 건축물의 내부와 접하는 창문 등을 설치 하지 아니할 것

정답 20 ③

건축설비관계법규
2018년 제2회 과년도 출제문제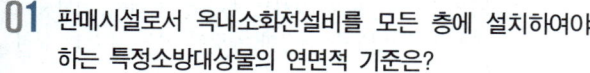

01 판매시설로서 옥내소화전설비를 모든 층에 설치하여야 하는 특정소방대상물의 연면적 기준은?

① 500m² 이상 ② 1,000m² 이상
③ 1,500m² 이상 ④ 2,000m² 이상

[해설]
연면적 1,500m² 이상인 근린생활시설·위락시설·판매시설·숙박시설·노유자시설·의료시설·업무시설·통신촬영시설·공장·창고시설·운수자동차관련시설 및 복합건축물은 옥내소화전설비를 모든 층에 설치하여야 하는 특정소방대상물이다.

02 건축물을 특별시나 광역시에 건축하는 경우 특별시장이나 광역시장의 허가를 받아야 하는 대상 건축물의 층수 기준은?

① 15층 이상 ② 21층 이상
③ 30층 이상 ④ 41층 이상

[해설] 특별시장·광역시장의 허가 대상

사전승인 대상 건축물의 규모	허가권자
㉠ 21층 이상 건축물 ㉡ 연면적 10만m² 이상 건축물(공장, 창고 및 지방건축위원회의 심의를 거친 건축물은 제외) ㉢ 연면적 3/10 이상의 증축으로 인하여 ㉠, ㉡의 대상이 되는 경우	특별시장· 광역시장

03 건축물의 내부에 설치하는 피난계단의 구조에 관한 기준 내용으로 옳지 않은 것은?

① 계단실의 실내에 접하는 부분의 마감은 불연재료로 할 것
② 계단은 내화구조로 하고 피난층 또는 지상까지 직접 연결되도록 할 것
③ 건축물의 내부와 접하는 계단실의 창문 등의 면적은 각각 3m² 이하로 할 것
④ 건축물의 내부에서 계단실로 통하는 출입구의 유효너비는 0.9m 이상으로 할 것

[해설]
건축물의 내부와 접하는 계단실의 창문 등의 면적은 각각 1m² 이하로 할 것

04 공동 소방안전관리자 선임대상 특정소방대상물의 연면적 기준은? (단, 복합건축물인 경우)

① 5,000m² 이상 ② 10,000m² 이상
③ 15,000m² 이상 ④ 20,000m² 이상

[해설] 공동 소방안전관리자 선임대상 특정소방대상물
㉠ 고층 건축물(지하층을 제외한 층수가 11층 이상인 건축물만 해당)
㉡ 지하가(지하의 인공구조물 안에 설치된 상점 및 사무실, 그 밖에 이와 비슷한 시설이 연속하여 지하도에 접하여 설치된 것과 그 지하도를 합한 것을 말함)
㉢ 복합건축물로서 연면적이 5,000m² 이상인 것 또는 층수가 5층 이상인 것
㉣ 판매시설 중 도매시장 및 소매시장
㉤ 특정소방대상물 중 소방본부장 또는 소방서장이 지정하는 것

05 같은 건축물 안에 공동주택과 위락시설을 함께 설치하고자 하는 경우, 공동주택의 출입구와 위락시설의 출입구는 서로 그 보행거리가 최소 얼마 이상이 되도록 설치하여야 하는가?

① 10m ② 20m
③ 30m ④ 50m

[해설]
같은 건축물 안에 공동주택과 위락시설을 함께 설치하고자 하는 경우, 공동주택의 출입구와 위락시설의 출입구는 서로 그 보행거리가 30m 이상이 되도록 설치하여야 한다.

정답 01 ③ 02 ② 03 ③ 04 ① 05 ③

06 피난 용도로 쓸 수 있는 광장을 옥상에 설치하여야 하는 대상에 속하지 않는 것은?

① 5층 이상인 층이 종교시설의 용도로 쓰는 경우
② 5층 이상인 층이 판매시설의 용도로 쓰는 경우
③ 5층 이상인 층이 문화 및 집회시설 중 공연장의 용도로 쓰는 경우
④ 5층 이상인 층이 문화 및 집회시설 중 전시장의 용도로 쓰는 경우

해설 피난의 용도에 쓰이는 옥상광장의 설치
5층 이상의 층을 문화 및 집회시설(전시장, 동·식물원 제외), 제2종 근린생활시설 중 공연장·종교집회장·인터넷컴퓨터게임시설제공업소(해당 용도로 쓰는 바닥면적의 합계가 각각 300m² 이상인 경우만 해당), 종교시설, 판매시설, 위락시설 중 주점영업, 장례시설의 용도에 쓰는 경우에는 피난의 용도에 쓸 수 있는 옥상광장을 설치하여야 한다.

07 건축법령상 숙박시설에 속하지 않는 것은?

① 호스텔
② 청소년수련원
③ 의료관광호텔
④ 휴양 콘도미니엄

해설 청소년수련원, 청소년야영장은 수련시설 중 자연권 수련시설에 속한다.

08 다음은 지하층과 피난층 사이의 개방공간 설치에 관한 기준 내용이다. ( ) 안에 알맞은 것은?

바닥면적의 합계가 ( ) 이상인 공연장·집회장·관람장 또는 전시장을 지하층에 설치하는 경우에는 각 실에 있는 자가 지하층 각 층에서 건축물 밖으로 피난하여 옥외 계단 또는 경사로 등을 이용하여 피난층으로 대피할 수 있도록 천장이 개방된 외부 공간을 설치하여야 한다.

① 1,000m²
② 2,000m²
③ 3,000m²
④ 4,000m²

해설 지하층과 피난층 사이의 개방공간 설치(영 제37조)
바닥면적의 합계가 3,000m² 이상인 공연장·집회장·관람장 또는 전시장을 지하층에 설치하는 경우에는 각 실에 있는 자가 지하층 각 층에서 건축물 밖으로 피난하여 옥외 계단 또는 경사로 등을 이용하여 피난층으로 대피할 수 있도록 천장이 개방된 외부 공간을 설치하여야 한다.

09 다음은 건축물의 에너지절약설계기준에 따른 방습층의 정의이다. ( ) 안에 알맞은 것은?

방습층이라 함은 습한 공기가 구조체에 침투하여 결로발생의 위험이 높아지는 것을 방지하기 위해 설치하는 투습도가 24시간당 ( ) 이하 또는 투습계수 0.28g/m²·h·mmHg 이하의 투습저항을 가진 층을 말한다.

① 10g/m²
② 20g/m²
③ 30g/m²
④ 40g/m²

해설 "방습층"이라 함은 습한 공기가 구조체에 침투하여 결로발생의 위험이 높아지는 것을 방지하기 위해 설치하는 투습도가 24시간당 30g/m² 이하 또는 투습계수 0.28g/m²·h·mmHg 이하의 투습저항을 가진 층을 말한다.

10 특별피난계단에 설치하는 배연설비의 구조에 관한 기준 내용으로 옳지 않은 것은?

① 배연구 및 배연풍도는 불연재료로 할 것
② 배연구는 평상시에는 닫힌 상태를 유지할 것
③ 배연구는 평상시에 사용하는 굴뚝에 연결할 것
④ 배연기는 배연구의 열림에 따라 자동적으로 작동할 것

정답 06 ④ 07 ② 08 ③ 09 ③ 10 ③

해설 특별피난계단 및 비상용승강기의 승강장 설치하는 배연설비의 기준(설비규칙 제14조)

구 분	구조 기준
배연구 및 배연풍도	불연재료로 하고, 화재가 발생한 경우 원활하게 배연시킬 수 있는 규모로서 외기 또는 평상시에 사용하지 아니하는 굴뚝에 연결할 것
배연구의 구조	㉠ 배연구에 설치하는 수동개방장치 또는 자동개방장치(열감지기 또는 연기감지기에 한 것을 말함)는 손으로도 열고 닫을 수 있도록 할 것 ㉡ 평상시에는 닫힌 상태를 유지하고, 연 경우에는 배연에 의한 기류로 인하여 닫히지 아니하도록 할 것 ㉢ 배연구가 외기에 접하지 아니하는 경우에는 배연기를 설치할 것
배연기	㉠ 배연구의 열림에 따라 자동적으로 작동하고, 충분한 공기배출 또는 가압능력이 있을 것 ㉡ 배연기에는 예비전원을 설치할 것
공기유입 방식	급기가압방식 또는 급·배기 방식으로 하는 경우에는 소방관계법령의 규정에 적합하게 할 것

11 다음 중 다중이용건축물에 속하지 않는 것은? (단, 층수가 10층이며, 해당 용도로 쓰는 바닥면적의 합계가 5,000m²인 경우)

① 종교시설
② 판매시설
③ 위락시설
④ 숙박시설 중 관광숙박시설

해설 다중이용건축물의 정의
다음에 해당하는 건축물을 말한다.
㉠ 다음 용도로 쓰는 바닥면적의 합계가 5,000m² 이상인 건축물
• 문화 및 집회시설(동물원·식물원은 제외)
• 종교시설
• 판매시설
• 운수시설 중 여객용 시설
• 의료시설 중 종합병원
• 숙박시설 중 관광숙박시설
㉡ 16층 이상인 건축물

12 연면적 200m²을 초과하는 중·고등학교에 설치하는 복도의 유효너비는 최소 얼마 이상으로 하여야 하는가? (단, 양옆에 거실이 있는 복도의 경우)

① 1.5m 이상   ② 1.8m 이상
③ 2.1m 이상   ④ 2.4m 이상

해설 건축물에 설치하는 복도의 유효너비

구 분	양옆에 거실이 있는 복도	기타의 복도
유치원·초등학교·중학교·고등학교	2.4m 이상	1.8m 이상
공동주택·오피스텔	1.8m 이상	1.2m 이상
해당 층 거실의 바닥면적 합계가 200m² 이상인 경우	1.5m 이상 (의료시설의 복도는 1.8m 이상)	1.2m 이상

13 신축 또는 리모델링하는 30세대 이상의 공동주택은 시간당 최소 몇 회 이상의 환기가 이루어질 수 있도록 자연환기설비 또는 기계환기설비를 설치하여야 하는가?

① 0.5회   ② 0.7회
③ 1.2회   ④ 1.5회

해설 공동주택 및 다중이용시설의 환기설비
신축 또는 리모델링하는 다음에 해당하는 주택 또는 건축물은 시간당 0.5회 이상의 환기가 이루어질 수 있도록 자연환기설비 또는 기계환기설비를 설치하여야 한다.
㉠ 30세대 이상의 공동주택
㉡ 주택을 주택 외의 시설과 동일건축물로 건축하는 경우로서 주택이 30세대 이상인 건축물

14 방송 공동수신설비를 설치하여야 하는 대상 건축물에 속하지 않는 것은?

① 연립주택
② 다가구주택
③ 바닥면적의 합계가 5,000m²로서 업무시설의 용도로 쓰는 건축물
④ 바닥면적의 합계가 5,000m²로서 숙박시설의 용도로 쓰는 건축물

정답 11 ③ 12 ④ 13 ① 14 ②

해설

건축물에는 방송수신에 지장이 없도록 공동시청 안테나, 유선방송 수신시설, 위성방송 수신설비, 에프엠(FM)라디오방송 수신설비 또는 방송 공동수신설비를 설치할 수 있다. 다만, 다음 건축물에는 방송 공동수신설비를 설치하여야 한다.
㉠ 공동주택
㉡ 바닥면적의 합계가 5,000m² 이상으로서 업무시설이나 숙박시설의 용도로 쓰는 건축물

15 다음 중 허가 대상에 속하는 건축물의 용도변경은?

① 장례시설에서 발전시설로의 용도변경
② 위락시설에서 숙박시설로의 용도변경
③ 종교시설에서 운동시설로의 용도변경
④ 업무시설에서 교육연구시설로의 용도변경

해설 허가대상 및 신고대상의 용도변경

분류	시설군
㉠ 자동차관련 시설군	・자동차관련시설
㉡ 산업등 시설군	・운수시설 ・창고시설 ・공장 ・위험물저장 및 처리시설 ・자원순환관련시설 ・묘지관련시설 ・장례식장
㉢ 전기통신시설군	・방송통신시설 ・발전시설
㉣ 문화집회시설군	・문화 및 집회시설 ・종교시설 ・위락시설 ・관광휴게시설
㉤ 영업시설군	・판매시설 ・운동시설 ・숙박시설 ・제2종 근린생활시설 중 다중생활시설
㉥ 교육 및 복지시설군	・의료시설 ・교육연구시설 ・노유자시설 ・수련시설 ・야영장시설

분류	시설군
㉦ 근린생활시설군	・제1종 근린생활시설 ・제2종 근린생활시설 (다중생활 시설은 제외)
㉧ 주거업무시설군	・단독주택 ・공동주택 ・업무시설 ・교정 및 군사시설
㉨ 기타 시설군	・동물 및 식물관련시설

※ 절차 :
1. 허가대상 : 상위시설군(오름차순)에 해당하는 용도로 변경하는 행위
2. 신고대상 : 하위시설군(내림차순)에 해당하는 용도로 변경하는 행위
3. 건축물대장 기재변경 신청 : 동일한 시설군내에서 용도변경 하는 행위

16 다음은 소방시설의 내진설계에 관한 기준 내용이다. 밑줄 친 대통령령으로 정하는 소방시설에 속하지 않는 것은?

「지진·화산재해대책법」 제14조 제1항 각 호의 시설 중 대통령령으로 정하는 특정소방대상물에 대통령령으로 정하는 소방시설을 설치하려는 자는 지진이 발생할 경우 소방시설이 정상적으로 작동될 수 있도록 소방청장이 정하는 내진설계기준에 맞게 소방시설을 설치하여야 한다.

① 옥내소화전설비 ② 스프링클러설비
③ 자동화재탐지설비 ④ 물분무등소화설비

해설 소방시설의 내진설계기준

특정소방대상물에 소방시설을 설치하려는 자는 지진이 발생할 경우 소방시설이 정상적으로 작동될 수 있도록 소방청장이 정하는 내진설계기준에 맞게 소방시설을 설치하여야 한다.
여기서, 소방시설이란 옥내소화전설비, 스프링클러설비, 물분무등소화설비를 말한다.

정답 15 ④ 16 ③

17 비상용승강기의 승강장 및 승강로의 구조에 관한 기준 내용으로 옳지 않은 것은?

① 승강장은 각층의 내부와 연결될 수 있도록 할 것
② 승강로는 당해 건축물의 다른 부분과 내화구조로 구획할 것
③ 벽 및 반자가 실내에 접하는 부분의 마감재료는 불연재료로 할 것
④ 옥외 승강장의 바닥면적은 비상용승강기 1대에 대하여 5m² 이상으로 할 것

> **해설**
> 비상용승강기의 승강장의 바닥면적은 비상용승강기 1대에 대하여 6m² 이상으로 할 것
> [예외] 옥외에 승강장을 설치하는 경우

18 승강기 설치 대상 건축물로서 각 층의 거실 면적이 500m²인 8층 병원에 설치하여야 하는 승용승강기의 최소 대수는? (단, 8인승 승강기인 경우)

① 1대   ② 2대
③ 3대   ④ 4대

> **해설**
> 문화 및 집회시설(공연장·관람장·집회장), 판매시설(도매시장·소매시장·상점), 의료시설(병원·격리병원)의 용도의 경우 3,000m² 이하까지 2대, 3,000m² 초과하는 2,000m² 당 1대를 가산한 대수로 한다.
> $2 + \dfrac{(500 \times 3) - 3,000}{2,000} = 2대$
> ※ 8인승 이상 15인승 이하를 기준으로 산정하며 16인승 이상의 승강기는 2대로 산정한다.

19 다음은 주택에 설치하는 소방시설에 관한 기준 내용이다. 밑줄 친 대통령령으로 정하는 소방시설에 해당하는 것은?

> 제8조(주택에 설치하는 소방시설) ① 다음 각 호의 주택의 소유자는 <u>대통령령으로 정하는 소방시설</u>을 설치하여야 한다.
> 1.「건축법」제2조제2항제1호의 단독주택
> 2.「건축법」제2조제2항제2호의 공동주택 (아파트 및 기숙사는 제외한다.)

① 소화기 및 단독경보형감지기
② 소화기 및 간이스프링클러설비
③ 간이소화용구 및 자동소화장치
④ 간이소화용구 및 자동식사이렌설비

> **해설** 주택에 설치하는 소방시설
> ① 다음 각 호의 주택의 소유자는 소화기 및 단독경보형감지기를 설치하여야 한다.
> 1.「건축법」제2조제2항제1호의 단독주택
> 2.「건축법」제2조제2항제2호의 공동주택(아파트 및 기숙사는 제외)

20 건축물의 에너지절약설계기준상 기계부문에 권장되는 냉방설비의 용량계산을 위한 설계기준 실내온도 기준은? (단, 목욕장 및 수영장은 제외한다.)

① 20℃   ② 25℃
③ 28℃   ④ 30℃

> **해설** 설계용 실내온도 조건
> 난방 및 냉방설비의 용량계산을 위한 설계기준 실내온도는 난방의 경우 20℃, 냉방의 경우 28℃를 기준으로 하되(목욕장 및 수영장은 제외) 각 건축물 용도 및 개별 실의 특성에 따라 [별표8]에서 제시된 범위를 참고하여 설비의 용량이 과다해지지 않도록 한다.

정답 17 ④ 18 ② 19 ① 20 ③

건축설비관계법규
2018년 제4회 과년도 출제문제

01 다음은 건축법령상 건축신고와 관련된 기준 내용이다. ( ) 안에 속하지 않는 것은?

> 허가 대상 건축물이라 하더라도 바닥면적의 합계가 85m² 이내의 ( )의 경우에는 미리 특별자치시장·특별자치도지사 또는 시장·군수·구청장에게 신고를 하면 건축허가를 받은 것으로 본다.

① 신축 ② 증축
③ 개축 ④ 재축

[해설] 신고대상 행위

> 허가 대상 건축물이라 하더라도 다음에 해당하는 경우에는 미리 특별자치시장·특별자치도지사 또는 시장·군수·구청장에게 국토교통부령으로 정하는 바에 따라 신고를 하면 건축허가를 받은 것으로 본다.
> ㉠ 바닥면적의 합계가 85m² 이내의 증축·개축 또는 재축(3층 이상 건축물인 경우에는 증축·개축 또는 재축하려는 부분의 바닥면적의 합계가 건축물 연면적의 1/10 이내인 경우로 한정)
> ㉡ 국토의 계획 및 이용에 관한 법률에 따른 관리지역, 농림지역 또는 자연환경보전지역에서 연면적이 200m² 미만이고 3층 미만인 건축물의 건축(단, 지구단위계획구역의 건축과 방재지구와 붕괴위험지역의 건축은 제외)
> ㉢ 연면적이 200m² 미만이고 3층 미만인 건축물의 대수선
> ㉣ 주요구조부의 해체가 없는 대수선
> ㉤ 기타 소규모 건축물

02 각 층의 거실면적의 합계가 1,000m²로 동일한 15층의 문화 및 집회시설 중 공연장에 설치하여야 하는 승용승강기의 최소 대수는? (단, 15인승 승강기의 경우)

① 4대 ② 5대
③ 6대 ④ 7대

[해설]
문화 및 집회시설(공연장·관람장·집회장), 판매시설(도매시장·소매시장·상점), 의료시설(병원·격리병원)의 용도 경우 3,000m² 이하까지 2대, 3,000m² 초과하는 2,000m² 당 1대를 가산한 대수로 하므로
$$2 + \frac{(1,000 \times 10) - 3,000}{2,000} = 5.5 \rightarrow 6대$$
(소수점 이하는 1대로 본다)
※ 8인승 이상 15인승 이하를 기준으로 산정하며 16인승 이상의 승강기는 2대로 산정한다.

03 다음 중 축냉식 전기냉방설비의 설계기준 내용으로 옳지 않은 것은?

① 열교환기는 시간당 평균냉방열량을 처리할 수 있는 용량 이하로 설치하여야 한다.
② 자동제어설비는 필요한 경우 수동조작이 가능하도록 하여야 하며 감시기능 등을 갖추어야 한다.
③ 축열조는 축냉 및 방냉운전을 반복적으로 수행하는데 적합한 재질의 축냉재를 사용하여야 한다.
④ 부분축냉방식의 경우에는 냉동기가 축냉운전 또는 냉동기와 축열조의 동시운전이 반복적으로 수행하는데 아무런 지장이 없어야 한다.

[해설]
축냉식 전기냉방설비의 설치기준에서 열교환기는 시간당 최대냉방열량을 처리할 수 있는 용량 이상으로 설치하여야 한다. 열교환기는 보온을 철저히 하여 열손실과 결로를 방지하여야 하며, 점검을 위한 부분은 해체와 조립이 용이하도록 하여야 한다.

04 헬리포트의 설치에 관한 기준 내용으로 옳은 것은?

① 헬리포트의 길이와 너비는 각각 9m 이상으로 한다.
② 헬리포트의 중앙부분에는 지름 6m의 "Ⓗ" 표지를 황색으로 한다.
③ 헬리포트의 주위한계선은 백색으로 하되, 그 선의 너비는 38cm로 한다.
④ 헬리포트의 중심으로부터 반경 15m 이내에는 이·착륙에 장애가 되는 건축물 등을 설치하지 아니한다.

정답 01 ① 02 ③ 03 ① 04 ③

해설 헬리포트의 설치기준

㉠ 헬리포트의 길이와 너비는 각각 22m 이상으로 할 것
  [예외] 옥상의 길이와 너비가 22m 이하인 경우에는 15m까지 감축할 수 있다.
㉡ 헬리포트의 중심에서 반경 12m 이내에는 헬리콥터 이·착륙에 장애가 되는 건축물·공작물, 조경시설 또는 난간 등을 설치하지 아니할 것
  [예외] 난간벽으로서 높이 1.2m 이하
㉢ 헬리포트의 주위한계선은 백색으로 너비 38cm로 할 것
㉣ 헬리포트의 중앙부분에는 지름 8m의 ㉮ 표지를 백색으로 하되 "H" 표지의 선 너비는 38cm, "O" 표지의 선 너비는 60cm로 할 것

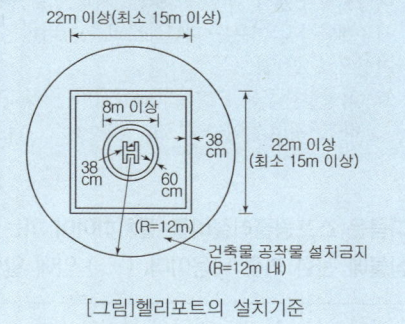

[그림] 헬리포트의 설치기준

05 건축물에 설치하는 복도의 유효너비 기준이 옳지 않은 것은? (단, 연면적 200m²를 초과하는 건축물이며, 양옆에 거실이 있는 복도의 경우)

① 초등학교 – 1.8m 이상
② 오피스텔 – 1.8m 이상
③ 공동주택 – 1.8m 이상
④ 고등학교 – 2.4m 이상

해설 건축물에 설치하는 복도의 유효너비

구분	양옆에 거실이 있는 복도	기타의 복도
유치원·초등학교·중학교·고등학교	2.4m 이상	1.8m 이상
공동주택·오피스텔	1.8m 이상	1.2m 이상
당해 층 거실의 바닥면적 합계가 200m² 이상인 경우	1.5m 이상 (의료시설의 복도는 1.8m 이상)	1.2m 이상

06 용도변경과 관련된 시설군 중 영업시설군에 속하지 않는 것은?

① 판매시설
② 운동시설
③ 숙박시설
④ 교육연구시설

해설 허가대상 및 신고대상의 용도변경

분류	시 설 군
㉠ 자동차관련 시설군	·자동차관련시설
㉡ 산업등 시설군	·운수시설 ·창고시설 ·공장 ·위험물저장 및 처리시설 ·자원순환관련시설 ·묘지관련시설 ·장례식장
㉢ 전기통신시설군	·방송통신시설 ·발전시설
㉣ 문화집회시설군	·문화 및 집회시설 ·종교시설 ·위락시설 ·관광휴게시설
㉤ 영업시설군	·판매시설 ·운동시설 ·숙박시설 ·제2종 근린생활시설 중 다중생활시설
㉥ 교육 및 복지시설군	·의료시설 ·교육연구시설 ·노유자시설 ·수련시설 ·야영장시설
㉦ 근린생활시설군	·제1종 근린생활시설 ·제2종 근린생활시설 (다중생활 시설은 제외)
㉧ 주거업무시설군	·단독주택 ·공동주택 ·업무시설 ·교정 및 군사시설
㉨ 기타 시설군	·동물 및 식물관련시설

※ 절차
1. 허가대상 : 상위시설군(오름차순)에 해당하는 용도로 변경하는 행위
2. 신고대상 : 하위시설군(내림차순)에 해당하는 용도로 변경하는 행위
3. 건축물대장 기재변경 신청 : 동일한 시설군내에서 용도변경 하는 행위

정답 05 ① 06 ④

07 세대수가 4세대인 주거용 건축물의 급수관 지름의 최소 기준은? (단, 가압설비 등을 설치하지 않은 경우)

① 20mm ② 25mm
③ 32mm ④ 40mm

> **해설** 주거용 건축물 급수관의 지름 기준
>
> | 가구 또는 세대수 | 1 | 2~3 | 4~5 | 6~8 | 9~16 | 17 이상 |
> |---|---|---|---|---|---|---|
> | 급수관 최소지름 | 15 | 20 | 25 | 32 | 40 | 50 |
>
> ㉠ 가구 수나 세대수가 불분명한 경우에는 주거에 쓰이는 바닥면적의 합계에 따라 다음과 같이 가구 수를 산정한다.
> - 바닥면적 85m² 이하 : 1가구
> - 바닥면적 85m² 초과, 150m² 이하 : 3가구
> - 바닥면적 150m² 초과, 300m² 이하 : 5가구
> - 바닥면적 300m² 초과, 500m² 이하 : 16가구
> - 바닥면적 500m² 초과 : 17가구
>
> ㉡ 가압설비 등을 설치하여 급수시 각 기구에서 압력이 1cm² 당 0.7kg 이상인 경우는 상기 ㉠의 기준을 적용하지 않는다.

08 건축물의 에너지절약설계기준상 단열계획에 대한 건축부분의 권장사항으로 옳지 않은 것은?

① 외벽 부위는 내단열로 시공한다.
② 외피의 모서리 부분은 열교가 발생하지 않도록 단열재를 연속적으로 설치한다.
③ 건물의 창 및 문은 가능한 작게 설계하고, 특히 열손실이 많은 북측 거실의 창 및 문의 면적은 최소화한다.
④ 태양열 유입에 의한 냉·난방부하를 저감할 수 있도록 일사조절장치, 태양열투과율, 창 및 문의 면적비 등을 고려한 설계를 한다.

> **해설** 단열계획
>
> ㉠ 건축물 외벽, 천장 및 바닥으로의 열손실을 방지하기 위하여 기준에서 정하는 단열 두께보다 두껍게 설치하여 단열부위의 열저항을 높이도록 한다.
> ㉡ 외벽 부위는 외단열로 시공한다.
> ㉢ 발코니 확장을 하는 공동주택이나 창면적이 큰 건물에는 단열성이 우수한 로이(Low-E) 복층창이나 삼중창 이상의 단열성능을 갖는 창호를 설치한다.
> ㉣ 태양열 유입에 의한 냉방부하 저감을 위하여 태양열 차폐장치를 설치한다.

09 지하층의 비상탈출구에 관한 기준 내용으로 옳지 않은 것은?

① 비상탈출구의 문은 피난방향으로 열리도록 할 것
② 비상탈출구는 출입구로부터 3m 이상 떨어진 곳에 설치할 것
③ 비상탈출구의 유효너비는 0.75m 이상으로 하고 유효높이는 1.5m 이상으로 할 것
④ 비상탈출구에서 피난층 또는 지상으로 통하는 복도나 직통계단까지 이르는 피난통로의 유효 너비는 0.65m 이상으로 할 것

> **해설**
> 비상탈출구에서 피난층 또는 지상으로 통하는 복도나 직통계단까지 이르는 피난통로의 유효너비는 최소 0.75m 이상으로 할 것
> ※ 비상탈출구의 크기 : 유효너비는 0.75m 이상으로 하고, 유효높이는 1.5m 이상

10 다음은 스프링클러설비를 설치하여야 하는 특정 소방대상물에 관한 기준 내용이다. ( ) 안에 알맞은 것은?

> 판매시설로서 바닥면적의 합계가 (㉠) 이상이거나 수용인원이 (㉡) 이상인 경우에는 모든 층

① ㉠ 5,000m², ㉡ 300명
② ㉠ 5,000m², ㉡ 500명
③ ㉠ 10,000m², ㉡ 300명
④ ㉠ 10,000m², ㉡ 500명

> **해설**
> 판매시설로서 바닥면적의 합계가 5,000m² 이상이거나 수용인원이 500명 이상인 경우의 모든 층에는 스프링클러설비를 설치하여야 하는 특정소방대상물이다.

11 다음의 소방시설 중 경보설비에 속하지 않는 것은?

① 비상방송설비 ② 자동화재속보설비
③ 자동화재탐지설비 ④ 무선통신보조설비

정답 07 ② 08 ① 09 ④ 10 ② 11 ④

해설

소방시설이란 소화설비·경보설비·피난구조설비·소화용수설비 그 밖에 소화활동설비를 말한다.
※ 경보설비 : 비상벨설비 및 자동식사이렌설비("비상경보설비"라 함), 단독경보형설비, 비상방송설비, 누전경보기, 자동화재탐지설비 및 시각경보기, 자동화재속보설비, 가스누설경보기, 통합감시시설
☞ 무선통신보조설비는 소화활동설비에 해당된다.

12 자동화재탐지설비를 설치하여야 하는 특정소방대상물에 속하지 않는 것은?

① 장례시설로서 연면적 600m²인 것
② 숙박시설로서 연면적 600m²인 것
③ 위락시설로서 연면적 600m²인 것
④ 판매시설로서 연면적 600m²인 것

해설

근린생활시설(목욕장은 제외), 의료시설, 숙박시설, 위락시설, 장례식장 및 복합건축물로서 연면적 600m² 이상인 것은 자동화재탐지설비를 설치하여야 하는 특정소방대상물이다.

13 공동주택에서 환기를 위하여 거실에 설치하는 창문 등의 면적은 그 거실의 바닥면적의 최소 얼마 이상이어야 하는가? (단, 기계환기장치 및 중앙관리방식의 공기조화설비를 설치하지 않은 경우)

① 10분의 1
② 20분의 1
③ 30분의 1
④ 50분의 1

해설 거실의 채광 및 환기

구분	건축물의 용도	창문 등의 면적	예외규정
채광	• 단독주택의 거실 • 공동주택의 거실 • 학교의 교실 • 의료시설의 병실 • 숙박시설의 객실	거실 바닥면적의 1/10 이상	거실의 용도에 따른 조도기준 [별표 1]의 조도 이상의 조명
환기		거실 바닥면적의 1/20 이상	기계장치 및 중앙관리방식의 공기조화설비를 설치한 경우

14 다음은 피난안전구역에 관한 기준 내용이다. ( ) 안에 알맞은 것은?

초고층 건축물에는 피난층 또는 지상으로 통하는 직통계단과 직접 연결되는 피난안전구역을 지상층으로부터 최대 ( ) 층마다 1개소 이상 설치하여야 한다.

① 15개
② 20개
③ 30개
④ 40개

해설 피난안전구역의 설치

㉠ 초고층 건축물에는 피난층 또는 지상으로 통하는 직통계단과 직접 연결되는 피난안전구역(건축물의 피난·안전을 위하여 건축물 중간층에 설치하는 대피공간을 말함)을 지상층으로부터 최대 30개 층마다 1개소 이상 설치하여야 한다.
㉡ 준초고층 건축물에는 피난층 또는 지상으로 통하는 직통계단과 직접 연결되는 피난안전구역을 해당 건축물 전체 층수의 1/2에 해당하는 층으로부터 상하 5개층 이내에 1개소 이상 설치하여야 한다.
[예외] 국토교통부령으로 정하는 기준에 따라 피난층 또는 지상으로 통하는 직통계단을 설치하는 경우

15 종교시설의 용도에 쓰이는 건축물의 집회실로서 그 바닥면적이 200m² 이상인 경우 반자의 높이는 최소 얼마 이상으로 하여야 하는가? (단, 기계환기장치를 설치하지 않는 경우)

① 2.1m
② 2.4m
③ 3m
④ 4m

해설 거실의 반자높이

거실의 종류	반자높이	예외규정
① 일반용도의 거실	2.1m 이상	공장, 창고시설, 위험물저장 및 처리시설, 동물 및 식물 관련시설, 자원순환관련시설, 묘지관련시설
② 문화 및 집회시설(전시장 및 동·식물원 제외), 종교시설, 장례식장, 유흥주점의 용도에 쓰이는 건축물의 관람실 또는 집회실로서 바닥면적이 200m² 이상인 것	4m 이상	기계환기장치를 설치한 경우
③ '②'의 노대 아래부분	2.7m 이상	

정답 12 ④ 13 ② 14 ③ 15 ④

16 건축법령상 제1종 근린생활시설에 속하지 않는 것은?

① 미용원 ② 치과의원
③ 마을회관 ④ 일반음식점

> [해설] 일반음식점은 제2종 근린생활시설에 속한다.

17 건축법령상 다음과 같이 정의되는 용어는?

> 건축물의 내부와 외부를 연결하는 완충공간으로서 전망이나 휴식 등의 목적으로 건축물 외벽에 접하여 부가적으로 설치되는 공간

① 노대 ② 차양
③ 테라스 ④ 발코니

> [해설] 발코니
> 건축물의 내부와 외부를 연결하는 완충공간으로서 전망 휴식 등의 목적으로 건축물 외벽에 접하여 부가적으로 설치되는 공간을 말한다. 이 경우 주택에 설치되는 발코니로서 국토교통부장관이 정하는 기준에 적합한 발코니는 필요에 따라 거실, 침실, 창고 등 다양한 용도로 사용할 수 있다.

18 건축물의 피난층 외의 층에서 피난 또는 지상으로 통하는 직통계단을 설치할 경우, 거실의 각 부분으로부터 계단에 이르는 보행거리가 원칙적으로 최대 얼마 이하가 되도록 설치하여야 하는가? (단, 거실로부터 가장 가까운 거리에 있는 계단의 경우)

① 5m ② 10m
③ 20m ④ 30m

> [해설] 피난층이 아닌 층에서의 보행거리
> 피난층이 아닌 층에서 거실 각 부분으로부터 피난층 (직접 지상으로 통하는 출입구가 있는 층) 또는 지상으로 통하는 직통계단(경사로 포함)에 이르는 보행거리는 다음과 같다.
>
> | 구분 | 보행거리 |
> |---|---|
> | 원칙 | 30m 이하 |
> | 주요구조부가 내화구조 또는 불연재료로 된 건축물 | 50m 이하 (16층 이상 공동주택 : 40m 이하) [자동화 생산시설에 스프링클러 등 자동식 소화설비를 설치한 공장으로서 국토교통부령으로 정하는 공장인 경우에는 그 보행거리가 75m(무인화 공장 경우 100m) 이하] |

19 방염성능기준 이상의 실내장식물 등을 설치하여야 하는 특정소방대상물에 속하지 않는 것은?

① 수영장
② 숙박시설
③ 의료시설 중 종합병원
④ 방송통신시설 중 방송국

> [해설]
> ① 근린생활시설 중 의원, 체력단련장, 공연장 및 종교집회장
> ② 건축물의 옥내에 있는 문화 및 집회시설, 종교시설, 운동시설(수영장은 제외)
> ③ 의료시설, 노유자시설, 숙박시설, 숙박이 가능한 수련시설,
> ④ 교육연구시설 중 합숙소
> ⑤ 방송통신시설 중 방송국 및 촬영소
> ⑥ 다중이용업소
> ⑦ 상기 ①부터 ⑥까지의 시설에 해당하지 아니하는 것으로서 층수(건축법시행령에 따라 산정한 층수)가 11층 이상인 것(아파트는 제외)

정답 16 ④ 17 ④ 18 ④ 19 ①

20 건축물에 급수·배수·환기·난방 등의 건축설비를 설치하는 경우 건축기계설비기술사 또는 공조냉동기계기술사의 협력을 받아야 하는 대상 건축물에 속하지 않는 것은?

① 아파트
② 연립주택
③ 숙박시설로서 해당 용도에 사용되는 바닥면적의 합계가 2,000m²인 건축물
④ 판매시설로서 해당 용도에 사용되는 바닥면적의 합계가 2,000m²인 건축물

해설

급수·배수(配水)·배수(排水)·환기·난방 설비를 건축물에 설치하는 경우 건축기계설비기술사 또는 공조냉동기계기술사의 협력을 받아야 하는 대상 건축물(바닥면적 합계 기준)

㉠ 500m² 이상 : 냉동냉장시설, 항온항습시설, 특수청정시설
㉡ 규모에 관계없이 : 아파트 및 연립주택
㉢ 500m² 이상 : 목욕장(제1종 근린생활시설), 실내수영장(운동시설), 실내물놀이형시설
㉣ 2,000m² 이상 : 기숙사, 병원(의료시설), 유스호스텔(수련시설), 숙박시설 기타 에너지소비특성 및 이용상황 등이 이와 유사한 건축물
㉤ 3,000m² 이상 : 연구소(교육연구시설), 업무시설, 판매시설 기타 에너지소비특성 및 이용상황 등이 이와 유사한 건축물
㉥ 10,000m² 이상 : 문화 및 집회시설(동·식물원 제외), 종교시설, 장례식장, 교육연구시설(연구소 제외) 기타 에너지소비특성 및 이용상황 등이 이와 유사한 건축물

정답 20 ④

건축설비관계법규
2019년 제1회 과년도 출제문제

01 비상용 승강기 승강장의 구조에 관한 기준 내용으로 옳지 않은 것은?

① 채광이 되는 창문이 있거나 예비전원에 의한 조명설비를 할 것
② 벽 및 반자가 실내에 접하는 부분의 마감재료는 불연재료로 할 것
③ 노대 또는 외부를 향하여 열 수 있는 창문이나 배연설비를 설치할 것
④ 옥외에 승강장을 설치하는 경우, 승강장의 바닥면적은 비상용 승강기 1대에 대하여 6m² 이상으로 할 것

해설

승강장의 바닥면적은 비상용승강기 1대에 대하여 6m² 이상으로 할 것. 다만, 옥외에 승강장을 설치하는 경우에는 그러하지 아니하다.

02 문화 및 집회시설 중 공연장의 개별관람실의 바닥면적이 1000m²일 경우, 이 관람실에는 출구를 최소 몇 개소 이상 설치하여야 하는가? (단, 각 출구의 유효너비를 1.5m로 하는 경우)

① 3개소 ② 4개소
③ 5개소 ④ 6개소

해설

공연장의 개별 관람실 출구의 유효폭의 합계는 개별 관람실의 바닥면적 100m²마다 0.6m 이상의 비율로 산정한 폭 이상일 것
∴ 개별 관람실 출구의 유효폭의 합계
$= \frac{1000m^2}{100m^2} \times 0.6m = 6m$
$6m \div 1.5m = 4$개

03 숙박시설이 있는 특정소방대상물의 수용인원 산정 방법으로 옳은 것은? (단, 침대가 있는 숙박시설의 경우)

① 숙박시설 바닥면적의 합계를 3m²로 나누어 얻은 수
② 해당 특정소방대상물의 침대수(2인용 침대는 2개로 산정)
③ 해당 특정소방대상물의 종사자수에 침대수(2인용 침대는 2개로 산정)를 합한 수
④ 해당 특정소방대상물의 종사자수에 숙박시설 바닥면적의 합계를 3m²로 나누어 얻은 수를 합한 수

해설 수용인원의 산정 방법(제15조 관련, 영 별표3)

1. 숙박시설이 있는 특정소방대상물
   ① 침대가 있는 숙박시설 : 해당 특정소방대상물의 종사자 수에 침대 수(2인용 침대는 2개로 산정한다)를 합한 수
   ② 침대가 없는 숙박시설 : 해당 특정소방대상물의 종사자 수에 숙박시설 바닥면적의 합계를 3m²로 나누어 얻은 수를 합한 수
2. 제1호 외의 특정소방대상물
   ① 강의실·교무실·상담실·실습실·휴게실 용도로 쓰이는 특정소방대상물 : 해당 용도로 사용하는 바닥면적의 합계를 1.9m²로 나누어 얻은 수
   ② 강당, 문화 및 집회시설, 운동시설, 종교시설 : 해당 용도로 사용하는 바닥면적의 합계를 4.6m²로 나누어 얻은 수(관람석이 있는 경우 고정식 의자를 설치한 부분은 그 부분의 의자 수로 하고, 긴 의자의 경우에는 의자의 정면너비를 0.45m로 나누어 얻은 수로 한다)
   ③ 그 밖의 특정소방대상물 : 해당 용도로 사용하는 바닥면적의 합계를 3m²로 나누어 얻은 수

04 공동주택과 오피스텔의 난방설비를 개별난방방식으로 하는 경우에 관한 기준 내용으로 옳지 않은 것은?

① 보일러의 연도는 내화구조로서 공동연도로 설치할 것
② 오피스텔의 경우에는 난방구획을 방화구획으로 구획할 것
③ 전기보일러의 경우, 보일러실의 윗부분에 지름 10cm 이상의 공기흡입구를 설치할 것
④ 보일러는 거실외의 곳에 설치하되, 보일러를 설치하는 곳과 거실사이의 경계벽은 출입구를 제외하고는 내화구조의 벽으로 구획할 것

정답 01 ④ 02 ② 03 ③ 04 ③

해설 공동주택과 오피스텔의 난방설비를 개별난방방식으로 하는 경우의 보일러실 환기
㉠ 윗부분에 0.5m² 이상의 환기창 설치
㉡ 지름 10cm 이상의 공기흡입구 및 배기구를 항상 열려진 상태로 외기와 접하도록 설치(단, 전기보일러 경우는 제외)

05 다음은 건축물의 에너지절약설계기준에 따른 기계부분의 의무사항 중 설계용 외기조건에 관한 기준 내용이다. ( )안에 알맞은 것은?

> 난방 및 냉방설비의 용량계산을 위한 외기조건은 냉방기 및 난방기를 분리한 온도출현분포를 사용할 경우 각 지역별로 위험율 ( )로 한다.

① 1% ② 1.5%
③ 2% ④ 2.5%

해설 난방 및 냉방설비의 용량계산을 위한 외기조건은 냉방기 및 난방기를 분리한 온도출현분포를 사용할 경우 각 지역별로 위험율 2.5%로 한다.

06 다음은 환기구의 안전에 관한 기준 내용이다. ( )안에 알맞은 것은?

> 환기구[건축물의 환기설비에 부속된 급기 및 배기를 위한 건축구조물의 개구부를 말한다]는 보행자 및 건축물 이용자의 안전이 확보되도록 바닥으로부터 ( ) 이상의 높이에 설치하여야 한다.

① 1m ② 2m
③ 3m ④ 4m

해설 환기구의 안전
환기구[건축물의 환기설비에 부속된 급기 및 배기를 위한 건축구조물의 개구부를 말한다]는 보행자 및 건축물 이용자의 안전이 확보되도록 바닥으로부터 2m 이상의 높이에 설치하여야 한다.

07 건축법령상 교육연구시설에 속하지 않는 것은?

① 도서관 ② 유치원
③ 어린이집 ④ 직업훈련소

해설 교육연구시설(제2종 근린생활시설에 해당하는 것은 제외)
가. 학교(유치원, 초등학교, 중학교, 고등학교, 전문대학, 대학, 대학교, 그 밖에 이에 준하는 각종 학교를 말함)
나. 교육원(연수원, 그 밖에 이와 비슷한 것을 포함)
다. 직업훈련소(운전 및 정비 관련 직업훈련소는 제외)
라. 학원(자동차학원·무도학원 및 정보통신기술을 활용하여 원격으로 교습하는 것은 제외)
마. 연구소(연구소에 준하는 시험소와 계측계량소를 포함)
바. 도서관

08 문화 및 집회시설로서 모든 층에 스프링클러 설비를 설치하여야 하는 수용인원 기준은? (단, 동·식물원은 제외)

① 50명 이상 ② 70명 이상
③ 100명 이상 ④ 150명 이상

해설 모든 층에 스프링클러설비를 설치하여야 할 특정소방대상물(문화 및 집회시설, 종교시설, 운동시설 경우)
㉠ 수용인원이 100인 이상
㉡ 영화상영관의 용도로 쓰이는 층의 바닥면적이 지하층 또는 무창층인 경우 500m² 이상, 그 밖의 층의 경우에는 1,000m² 이상
㉢ 무대부가 지하층·무창층 또는 층수가 4층 이상인 층에 있는 경우에는 300m² 이상
㉣ 무대부가 ㉢ 외의 층에 있는 경우에는 무대부의 면적이 500m² 이상

09 건축물의 에너지절약설계기준상 다음과 같이 정의되는 용어는?

> 기기를 여러 대 설치하여 부하상태에 따라 최적 운전상태를 유지할 수 있도록 기기를 조합하여 운전하는 방식

① 대수제어운전 ② 대수분할운전
③ 비례제어운전 ④ 가변속제어운전

정답 05 ④ 06 ② 07 ③ 08 ③ 09 ②

해설
대수분할운전 : 기기를 여러 대 설치하여 부하상태에 따라 최적 운전상태를 유지할 수 있도록 기기를 조합하여 운전하는 방식
※ 비례제어운전 : 기기의 출력값과 목표값의 편차에 비례하여 입력량을 조절하여 최적운전상태를 유지할 수 있도록 운전하는 방식

10 연면적 200m²를 초과하는 건축물에 설치하는 계단에 관한 기준 내용으로 옳지 않은 것은?

① 높이가 3m를 넘는 계단에는 높이 3m 이내마다 유효너비 120cm 이상의 계단참을 설치할 것
② 높이가 1m를 넘는 계단 및 계단참의 양옆에는 난간(벽 또는 이에 대치되는 것을 포함한다)을 설치할 것
③ 문화 및 집회시설 중 공연장에 쓰이는 건축물의 계단의 경우, 계단 및 계단참의 너비를 120cm 이상으로 할 것
④ 계단의 유효 높이(계단의 바닥 마감면부터 상부 구조체의 하부 마감면까지의 연직방향의 높이를 말한다)는 1.8m 이상으로 할 것

해설 계단의 설치기준
㉠ 높이 3m를 넘는 계단에는 높이 3m 이내마다 너비 1.2m 이상의 계단참을 설치할 것
㉡ 높이 1m를 넘는 계단 및 계단참의 양측에는 난간(벽 또는 이에 대치되는 것을 포함)을 설치할 것
㉢ 너비가 3m를 넘는 계단에는 계단의 중간에 폭 3m 이내마다 난간을 설치할 것
[예외] 단높이 15cm 이하이고, 단너비 30cm 이상인 계단
㉣ 계단의 유효 높이(계단의 바닥 마감면부터 상부 구조체의 하부 마감면까지의 연직방향의 높이를 말함)는 2.1m 이상으로 할 것

11 업무시설로서 건축허가등을 할 때 미리 소방본부장 또는 소방서장의 동의를 받아야 하는 대상 건축물의 연면적 기준은?

① 연면적이 200m² 이상인 건축물
② 연면적이 400m² 이상인 건축물
③ 연면적이 600m² 이상인 건축물
④ 연면적이 800m² 이상인 건축물

해설 소방본부장 또는 소방서장의 건축허가 및 사용 승인에 대한 동의 대상 건축물의 범위

1. 연면적이 400m²(학교시설의 경우 100m², 노유자시설 및 수련시설의 경우 200m², 정신의료기관, 장애인 의료재활시설의 경우 300m²) 이상인 건축물
2. 차고·주차장 또는 주차용도로 사용되는 시설로서 다음에 해당하는 것
   ① 차고·주차장으로 사용되는 층 중 바닥면적이 200m² 이상인 층이 있는 시설
   ② 승강기 등 기계장치에 의한 주차시설로서 자동차 20대 이상을 주차할 수 있는 시설
3. 지하층 또는 무창층이 있는 건축물로서 바닥면적이 150m²(공연장의 경우에는 100m²) 이상인 층이 있는 것
4. 면적에 관계없이 동의 대상
   ① 층수가 6층 이상인 건축물
   ② 항공기격납고, 관망탑, 항공관제탑, 방송용 송수신탑
   ③ 위험물저장 및 처리시설, 지하구
   ④ 노인 관련 시설, 아동복지시설(아동상담소, 아동전용시설 및 지역아동센터는 제외)
   ⑤ 장애인 거주시설, 정신질환자 관련 시설, 노숙인 관련 시설 중 노숙인자활시설, 노숙인재활시설 및 노숙인요양시설, 결핵환자나 한센인이 24시간 생활하는 노유자시설
   ⑥ 요양병원(정신병원, 의료재활시설 제외)

12 비상용 승강기 설치 대상 건축물로서 높이 31m를 넘는 각 층의 바닥면적 중 최대 바닥면적이 6,000m²일 때, 설치하여야 하는 비상용 승강기의 최소 대수는?

① 1대 ② 2대
③ 3대 ④ 4대

해설
높이 31m를 넘는 각층 바닥면적 중 최대 바닥면적이 1,500m²에 1대이고 1,500m²를 초과하는 3,000m² 이내마다 1대씩 증가하므로
∴ $1 + \dfrac{6,000 - 1,500}{3,000} = 2.5 ≒ 3$대
(소숫점 이하는 1대로 본다)

정답 10 ④ 11 ② 12 ③

13 세대수가 10세대인 주거용 건축물에 설치하는 음용수용 급수관의 지름은 최소 얼마 이상이어야 하는가?

① 30mm ② 40mm
③ 50mm ④ 60mm

<u>해설</u> 주거용 건축물 급수관의 지름 기준

가구 또는 세대수	1	2~3	4~5	6~8	9~16	17 이상
급수관 최소지름	15	20	25	32	40	50

1. 가구수나 세대수가 불분명한 경우에는 주거에 쓰이는 바닥면적의 합계에 따라 다음과 같이 가구수를 산정한다.
   ① 바닥면적 85m² 이하 : 1가구
   ② 바닥면적 85m² 초과, 150m² 이하 : 3가구
   ③ 바닥면적 150m² 초과, 300m² 이하 : 5가구
   ④ 바닥면적 300m² 초과, 500m² 이하 : 16가구
   ⑤ 바닥면적 500m² 초과 : 17가구
2. 가압설비 등을 설치하여 급수시 각 기구에서 압력이 1cm²당 0.7kg 이상인 경우는 상기 1의 기준을 적용하지 않는다.

14 다음의 소방시설 중 소화활동설비에 속하지 않는 것은?

① 옥내소화전설비 ② 비상콘센트설비
③ 연결송수관설비 ④ 무선통신보조설비

<u>해설</u>

소방시설이란 소화설비·경보설비·피난구조설비·소화용수설비 그 밖에 소화활동설비를 말한다.
※ 소화활동설비 : 화재를 진압하거나 인명구조활동을 위하여 사용하는 설비
① 제연설비 ② 연결송수관설비 ③ 연결살수설비
④ 비상콘센트설비 ⑤ 무선통신보조설비
⑥ 연소방지설비
☞ 옥내소화전설비는 소화설비에 속한다.

15 건축물의 용도변경과 관련된 시설군 중 영업시설군에 속하는 것은?

① 의료시설 ② 운동시설
③ 업무시설 ④ 문화 및 집회시설

<u>해설</u> 허가대상 및 신고대상의 용도변경

분류	시설군
㉠ 자동차관련 시설군	• 자동차관련시설
㉡ 산업등 시설군	• 운수시설 • 창고시설 • 공장 • 위험물저장 및 처리시설 • 자원순환관련시설 • 묘지관련시설 • 장례식장
㉢ 전기통신 시설군	• 방송통신시설 • 발전시설
㉣ 문화집회 시설군	• 문화 및 집회시설 • 종교시설 • 위락시설 • 관광휴게시설
㉤ 영업시설군	• 판매시설 • 운동시설 • 숙박시설 • 제2종 근린생활시설 중 다중생활시설
㉥ 교육 및 복지시설군	• 의료시설 • 교육연구시설 • 노유자시설 • 수련시설 • 야영장시설
㉦ 근린생활 시설군	• 제1종 근린생활시설 • 제2종 근린생활시설 (다중생활시설은 제외)
㉧ 주거업무 시설군	• 단독주택 • 공동주택 • 업무시설 • 교정 및 군사시설
㉨ 기타 시설군	• 동물 및 식물관련시설

※ 절차
1. 허가대상 : 상위시설군(오름차순)에 해당하는 용도로 변경하는 행위
2. 신고대상 : 하위시설군(내림차순)에 해당하는 용도로 변경하는 행위
3. 건축물대장 기재변경 신청 : 동일한 시설군내에서 용도변경 하는 행위

16 다음은 건축설비 설치의 원칙에 관한 기준 내용이다. ( ) 안에 알맞은 것은?

건축물에 설치하는 급수·배수·냉방·난방·환기·피뢰 등 건축설비의 설치에 관한 기술적 기준은 (㉠)으로 정하되, 에너지 이용합리화와 관련한 건축설비의 기술적 기준에 관하여는 (㉡)과 협의하여 정한다.

정답 13 ② 14 ① 15 ② 16 ①

제4과목 건축설비관계법규 **875**

① ㉠ 국토교통부령, ㉡ 산업통상자원부장관
② ㉠ 산업통상자원부령, ㉡ 국토교통부장관
③ ㉠ 국토교통부령, ㉡ 과학기술정보통신부장관
④ ㉠ 과학기술정보통신부령, ㉡ 국토교통부장관

해설

건축물에 설치하는 급수·배수·냉방·난방·환기·피뢰 등 건축설비의 설치에 관한 기술적 기준은 국토교통부령으로 정하되, 에너지 이용 합리화와 관련한 건축설비의 기술적 기준에 관하여는 산업통상자원부장관과 협의하여 정한다.

17 건축법령상 아파트는 주택으로 쓰는 층수가 최소 얼마 이상인 주택을 말하는가?

① 3개 층 ② 5개 층
③ 7개 층 ④ 10개 층

해설

공동주택[공동주택의 형태를 갖춘 가정어린이집·공동생활가정·지역아동센터 및 노인복지시설(노인복지주택은 제외)·주택법시행령에 따른 원룸형 주택을 포함]
㉠ 다세대주택 : 4개층 이하, 동당 연면적 660m² 이하
㉡ 연립주택 : 4개층 이하, 동당 연면적 660m² 초과
㉢ 아파트 : 5개층 이상
㉣ 기숙사

18 다음은 리모델링에 대비한 특례 등에 관한 기준 내용이다. ( )안에 알맞은 것은?

리모델링이 쉬운 구조의 공동주택의 건축을 촉진하기 위하여 공동주택을 대통령령으로 정하는 구조로 하여 건축허가를 신청하면 제56조(건축물의 용적률), 제60조(건축물의 높이 제한) 및 제61조(일조 등의 확보를 위한 건축물의 높이 제한)에 따른 기준을 ( )의 범위에서 대통령령으로 정하는 비율로 완화하여 적용할 수 있다.

① 100분의 110 ② 100분의 120
③ 100분의 140 ④ 100분의 150

해설 리모델링에 대비한 특례 등

(1) 리모델링이 쉬운 공동주택의 구조
리모델링이 쉬운 구조의 공동주택의 건축을 촉진하기 위하여 공동주택을 다음의 구조로 하여 건축허가를 신청하는 경우
① 각 세대는 인접한 세대와 수직 및 수평으로 전체 또는 부분 통합을 할 수 있을 것
② 구조체와 건축설비, 내부 마감재료와 외부 마감재료는 분리할 수 있을 것
③ 개별 세대 안에서 구획된 실(室)의 크기, 개수 또는 위치 등을 변경할 수 있을 것

(2) 특례적용과 완화 범위
다음 규정에 의한 기준을 120/100의 범위 안에서 완화하여 적용할 수 있다.
[예외] 건축조례에서 지역별 특성 등을 고려하여 그 비율을 강화한 경우에는 건축조례가 정하는 기준에 따른다.
① 건축물의 용적률
② 건축물의 높이제한
③ 일조 등의 확보를 위한 건축물의 높이제한

19 비상용 승강기의 승강장에 설치하는 배연설비의 구조에 관한 기준 내용으로 옳지 않은 것은?

① 배연구 및 배연풍도는 불연재료로 할 것
② 배연구가 외기에 접하지 아니하는 경우에는 배연기를 설치할 것
③ 배연구에 설치하는 수동개방장치 또는 자동개방장치는 손으로도 열고 닫을 수 있도록 할 것
④ 배연구는 평상시에는 열린 상태를 유지하고, 배연에 의한 기류로 인하여 닫히지 아니하도록 할 것

해설

배연구는 평상시에는 닫힌 상태를 유지하고, 연 경우에는 배연에 의한 기류로 인하여 닫히지 아니하도록 할 것

정답 17 ② 18 ② 19 ④

20 소리를 차단하는데 장애가 되는 부분이 없도록 건축물의 피난·방화구조 등의 기준에 관한 규칙에서 정하는 구조로 하여야 하는 대상에 해당하지 않는 것은?

① 기숙사의 침실 간 경계벽
② 의료시설의 병실 간 경계벽
③ 업무시설의 사무실 간 경계벽
④ 교육연구시설 중 학교의 교실 간 경계벽

해설 경계벽 등의 구조

대상 건축물의 용도	구획 부분	구조 제한 기준
• 다가구주택 • 공동주택 (기숙사 제외)	각 가구간 또는 세대간의 경계벽 (발코니 부분은 제외)	차음구조 및 내화구조로 하고 지붕밑 또는 바로 윗층 바닥판까지 닿게 하여야 한다.
• 학교의 교실 • 의료시설의 병실 • 숙박시설의 객실 • 기숙사의 침실 • 산후조리원	각 거실간의 경계벽	
• 제2종 근린생활시설 중 다중생활 시설	호실 간 경계벽	
• 노유자시설 중 노인복지주택	세대 간 경계벽	
• 노유자시설 중 노인요양시설	호실 간 경계벽	

2019년 과년도출제문제

건축설비관계법규
2019년 제2회 과년도 출제문제

01 다음의 소방시설 중 경보설비에 속하지 않는 것은?

① 비상방송설비   ② 자동화재탐지설비
③ 자동화재속보설비   ④ 무선통신보조설비

해설
소방시설이란 소화설비·경보설비·피난구조설비·소화용수설비 그 밖에 소화활동설비를 말한다.
※ 경보설비 : 비상벨설비 및 자동식사이렌설비("비상경보설비경계벽"이라 함), 단독경보형설비, 비상방송설비, 누전경보기, 자동화재탐지설비 및 시각경보기, 자동화재속보설비, 가스누설경보기, 통합감시시설
☞ 무선통신보조설비는 소화활동설비에 해당된다.

02 공동주택 중 아파트로서 4층 이상인 층의 각 세대가 2개 이상의 직통계단을 사용할 수 없는 경우에는 발코니에 대피공간을 설치하여야 하는데, 다음 중 이러한 대피공간이 갖추어야 할 요건으로 옳지 않은 것은?

① 대피공간은 바깥의 공기와 접하지 않을 것
② 대피공간은 실내의 다른 부분과 방화구획으로 구획될 것
③ 대피공간의 바닥면적은 각 세대별로 설치하는 경우에는 2m² 이상일 것
④ 대피공간의 바닥면적은 인접 세대와 공동으로 설치하는 경우에는 3m² 이상일 것

해설 공동주택 중 아파트(4층 이상의 층)에 설치하여야 하는 대피공간의 구조

㉠ 대피공간은 바깥의 공기와 접할 것
㉡ 대피공간은 실내의 다른 부분과 방화구획으로 구획될 것
㉢ 대피공간의 바닥면적은 인접세대와 공동으로 설치하는 경우에는 3m² 이상, 각 세대별로 설치하는 경우에는 2m² 이상일 것

정답 20 ③ / 01 ④ 02 ①

03 교육연구시설 중 학교의 교실 간 경계벽의 차음을 위한 구조로서 적합하지 않은 것은?

① 벽돌조로서 두께가 15cm인 것
② 철근콘크리트조로서 두께가 15cm인 것
③ 철골철근콘크리트조로서 두께가 15cm인 것
④ 무근콘크리트조로서 시멘트모르타르의 바름 두께를 포함하여 두께가 15cm인 것

해설 칸막이벽 대상 건축물의 차음구조 기준

벽체의 구조	두께 기준
철근콘크리트조, 철골철근콘크리트조	10cm 이상
무근콘크리트조, 석조	10cm 이상(시멘트모르타르, 회반죽 또는 석고 플라스터의 바름두께 포함)
콘크리트 블록조, 벽돌조	19cm 이상

[예외] 다가구주택 및 공동주택 세대간의 경계벽은 주택건설기준에 관한 규정에 따른다.

04 공동 소방안전관리자를 선임하여야 하는 특정 소방대상물에 속하지 않는 것은?

① 판매시설 중 도매시장
② 복합건축물로서 층수가 5층인 것
③ 복합건축물로서 연면적 5,000m²인 것
④ 지하층을 포함한 층수가 10층인 건축물

해설 공동 소방안전관리자 선임대상 특정소방대상물

㉠ 고층 건축물(지하층을 제외한 층수가 11층 이상인 건축물만 해당)
㉡ 지하가(지하의 인공구조물 안에 설치된 상점 및 사무실, 그 밖에 이와 비슷한 시설이 연속하여 지하도에 접하여 설치된 것과 그 지하도를 합한 것을 말함)
㉢ 복합건축물로서 연면적이 5,000m² 이상인 것 또는 층수가 5층 이상인 것
㉣ 판매시설 중 도매시장 및 소매시장
㉤ 특정소방대상물 중 소방본부장 또는 소방서장이 지정하는 것

05 층수가 9층이고, 각 층의 거실면적이 3,000m²인 판매시설을 건축하고자 할 때 설치하여야 하는 승용승강장의 최소 대수는? (단, 16인승 승용승강기를 설치하는 경우)

① 4대　② 5대
③ 6대　④ 7대

해설
문화 및 집회시설(공연장·관람장·집회장), 판매시설(도매시장·소매시장·상점), 의료시설(병원·격리병원)의 용도 경우
3,000m² 이하까지 2대, 3,000m² 초과하는 2,000m²당 1대를 가산한 대수로 하므로
$2 + \dfrac{(3{,}000 \times 4) - 3{,}000}{2{,}000} = 6.5 \rightarrow 7대$
∴ 7÷2=3.5 → 4대 (소수점 이하는 1대로 본다)
※ 8인승 이상 15인승 이하를 기준으로 산정하며 16인승 이상의 승강기는 2대로 산정한다.

06 종교시설의 용도에 쓰이는 건축물의 집회실로서 그 바닥면적이 300m²인 경우 반자의 높이는 최소 얼마 이상이어야 하는가? (단, 기계환기장치를 설치하지 않은 경우)

① 2m　② 3m
③ 4m　④ 5m

해설 거실의 반자높이

거실의 종류	반자높이	예외규정
① 일반용도의 거실	2.1m 이상	공장, 창고시설, 위험물저장 및 처리시설, 동물 및 식물 관련시설, 자원순환관련시설, 묘지관련시설
② 문화 및 집회시설(전시장 및 동·식물원 제외), 종교시설, 장례식장, 유흥주점의 용도에 쓰이는 건축물의 관람실 또는 집회실로서 바닥면적이 200m² 이상인 것	4m 이상	기계환기장치를 설치한 경우
③ '②'의 노대 아래부분	2.7m 이상	

정답　03 ①　04 ④　05 ①　06 ③

07 건축물의 용도변경과 관련된 시설군 중 영업시설군에 속하지 않는 것은?

① 판매시설 ② 운동시설
③ 의료시설 ④ 숙박시설

해설 허가대상 및 신고대상의 용도변경

분류	시설군
㉠ 자동차관련 시설군	• 자동차관련시설
㉡ 산업등 시설군	• 운수시설 • 창고시설 • 공장 • 위험물저장 및 처리시설 • 자원순환관련시설 • 묘지관련시설 • 장례식장
㉢ 전기통신시설군	• 방송통신시설 • 발전시설
㉣ 문화집회시설군	• 문화 및 집회시설 • 종교시설 • 위락시설 • 관광휴게시설
㉤ 영업시설군	• 판매시설 • 운동시설 • 숙박시설 • 제2종 근린생활시설 중 다중생활시설
㉥ 교육 및 복지시설군	• 의료시설 • 교육연구시설 • 노유자시설 • 수련시설 • 야영장시설
㉦ 근린생활시설군	• 제1종 근린생활시설 • 제2종 근린생활시설 (다중생활시설은 제외)
㉧ 주거업무시설군	• 단독주택 • 공동주택 • 업무시설 • 교정 및 군사시설
㉨ 기타 시설군	• 동물 및 식물관련시설

※ 절차
1. 허가대상 : 상위시설군(오름차순)에 해당하는 용도로 변경하는 행위
2. 신고대상 : 하위시설군(내림차순)에 해당하는 용도로 변경하는 행위
3. 건축물대장 기재변경 신청 : 동일한 시설군내에서 용도변경 하는 행위

08 판매시설로서 모든 층에 스프링클러설비를 설치하여야 하는 바닥면적 기준은?

① 바닥면적의 합계가 1,000m² 이상인 경우
② 바닥면적의 합계가 2,000m² 이상인 경우
③ 바닥면적의 합계가 5,000m² 이상인 경우
④ 바닥면적의 합계가 10,000m² 이상인 경우

해설

판매시설로서 바닥면적의 합계가 5,000m² 이상이거나 수용인원이 500명 이상인 경우의 모든 층에는 스프링클러설비를 설치하여야 하는 특정소방대상물이다.

09 다음 중 다중이용건축물에 속하지 않는 것은?

(단, 해당 용도로 쓰는 바닥면적의 합계가 5,000m²이며, 층수가 15층인 건축물의 경우)
① 종교시설
② 판매시설
③ 업무시설
④ 의료시설 중 종합병원

해설 다중이용건축물의 정의

• 문화 및 집회시설(동·식물원 제외), 종교시설, 판매시설, 운수시설(여객용시설만 해당), 의료시설 중 종합병원, 숙박시설 중 관광숙박시설의 용도로 쓰이는 바닥면적의 합계가 5,000m² 이상인 건축물
• 16층 이상인 건축물

10 다음은 건축법상 지하층의 정의이다. ( )안에 알맞은 것은?

"지하층"이란 건축물의 바닥이 지표면 아래에 있는 층으로서 바닥에서 지표면까지 평균 높이가 해당 층 높이의 ( ) 이상인 것을 말한다.

① 2분의 1 ② 3분의 1
③ 3분의 2 ④ 4분의 3

해설

지하층이란 건축물의 바닥이 지표면 아래에 있는 층으로서 바닥에서 지표면까지 평균높이가 해당 층높이의 1/2 이상인 것을 말한다.

정답 07 ③ 08 ③ 09 ③ 10 ①

11 건축법령상 제1종 근린생활시설에 속하지 않는 것은?

① 한의원 ② 마을회관
③ 산후조리원 ④ 일반음식점

[해설] 일반음식점은 제2종 근린생활시설에 속한다.

12 다음은 건축물의 에너지절약설계기준에 따른 기계부분의 권장사항이다. ( )안에 알맞은 것은?

> 위생설비 급탕용 저탕조의 설계온도는 ( ) 이하로 하고 필요한 경우에는 부스터히터 등으로 승온하여 사용한다.

① 45℃ ② 50℃
③ 55℃ ④ 60℃

[해설] 위생설비 급탕용 저탕조의 설계온도는 55℃ 이하로 하고 필요한 경우에는 부스터히터 등으로 승온하여 사용한다.
☞ 상기 규정은 22.7.29 삭제됨

13 건축물에 설치하는 비상용 승강기의 승강장 바닥면적은 비상용 승강기 1대에 대하여 최소 얼마 이상으로 하여야 하는가? (단, 옥내에 승강장을 설치하는 경우)

① 3m² ② 6m²
③ 9m² ④ 12m²

[해설] 비상용승강기의 승강장 및 승강로의 구조에 관한 규정
㉠ 승강장의 구조 : 내화구조, 불연재료, 60+방화문 또는 60분방화문, 배연설비, 조명설비
㉡ 승강로의 구조
㉢ 승강장의 바닥면적 : 6m²/대 이상

14 방염성능기준 이상의 실내장식물 등을 설치하여야 하는 특정소방대상물에 속하는 것은?

① 층수가 6층인 업무시설
② 층수가 6층인 판매시설
③ 층수가 6층인 숙박시설
④ 건축물의 옥내에 있는 수영장

[해설] 방염성능기준 이상의 실내장식물 등을 설치하여야 하는 특정소방대상물
① 근린생활시설 중 의원, 체력단련장, 공연장 및 종교집회장
② 건축물의 옥내에 있는 문화 및 집회시설, 종교시설, 운동시설(수영장은 제외)
③ 의료시설, 노유자시설, 숙박시설, 숙박이 가능한 수련시설,
④ 교육연구시설 중 합숙소
⑤ 방송통신시설 중 방송국 및 촬영소
⑥ 다중이용업소
⑦ 상기 ①부터 ⑥까지의 시설에 해당하지 아니하는 것으로서 층수(건축법시행령에 따라 산정한 층수)가 11층 이상인 것(아파트는 제외)

15 피난안전구역의 구조 및 설비에 관한 기준 내용으로 옳지 않은 것은?

① 피난안전구역의 높이는 1.8m 이상일 것
② 피난안전구역의 내부마감재료는 불연재료로 설치할 것
③ 비상용 승강기는 피난안전구역에 승하차 할 수 있는 구조로 설치할 것
④ 건축물의 내부에서 피난안전구역으로 통하는 계단은 특별피난계단의 구조로 설치할 것

[해설] 피난안전구역의 규모와 설치기준(주요내용)
㉠ 피난안전구역은 해당 건축물의 1개층을 대피공간으로 하며, 대피에 장애가 되지 아니하는 범위에서 기계실, 보일러실, 전기실 등 건축설비를 설치하기 위한 공간과 같은 층에 설치할 수 있다. 이 경우 피난안전구역은 건축설비가 설치되는 공간과 내화구조로 구획하여야 한다.
㉡ 피난안전구역에 연결되는 특별피난계단은 피난안전구역을 거쳐서 상·하층으로 갈 수 있는 구조로 설치하여야 한다.

정답 11 ④ 12 ③ 13 ② 14 ③ 15 ①

해설 피난안전구역의 규모와 설치기준(주요내용)
ⓒ 피난안전구역의 내부마감재료는 불연재료로 설치할 것
② 건축물의 내부에서 피난안전구역으로 통하는 계단은 특별피난계단의 구조로 설치할 것
◎ 비상용 승강기는 피난안전구역에서 승하차 할 수 있는 구조로 설치할 것
ⓑ 피난안전구역의 높이는 2.1m 이상일 것
ⓢ 피난안전구역의 면적은 (피난안전구역 위층의 재실자 수×0.5)×0.28m² 이상일 것

16 건축물에 설치하는 배연설비에 관한 기준 내용으로 옳지 않은 것은? (단, 기계식 배연설비를 하지 않은 경우)

① 배연구는 손으로도 열고 닫을 수 있도록 한다.
② 배연구는 예비전원에 의해 열 수 있도록 한다.
③ 배연창의 유효면적은 최소 3m² 이상으로 하여야 한다.
④ 건축물이 방화구획으로 구획된 경우에는 그 구획마다 1개소 이상의 배연창을 설치하여야 한다.

해설
배연설비의 구조기준에서 배연창의 유효면적은 1m² 이상으로서 그 면적의 합계가 해당 건축물의 바닥면적의 1/100 이상으로 하여야 한다.

17 외기에 직접 면하고 1층 또는 지상으로 연결된 출입문을 방풍구조로 하여야 하는 것은?

① 아파트의 출입문
② 너비가 1.8m 인 출입문
③ 바닥면적이 300m²인 개별 점포의 출입문
④ 사람의 통행을 주목적으로 하지 않는 출입문

해설
외기에 직접 면하고 1층 또는 지상으로 연결된 출입문은 방풍구조로 하여야 한다.
[예외] 다음에 해당하는 경우
㉠ 바닥면적 300m² 이하의 개별 점포의 출입문

㉡ 주택의 출입문(기숙사는 제외)
㉢ 사람의 통행을 주목적으로 하지 않는 출입문
㉣ 너비 1.2m 이하의 출입문
※ 방풍구조라 함은 출입구에서 실내외 공기 교환에 의한 열출입을 방지할 목적으로 설치하는 완충공간(방풍실) 또는 회전문 등을 설치한 방식을 말한다.

18 다음은 지하층과 피난층 사이의 개방공간의 설치에 관한 기준이다. ( ) 안에 알맞은 것은?

바닥면적의 합계가 ( ) 이상인 공연장·집회장·관람장 또는 전시장을 지하층에 설치하는 경우에는 각 실에 있는 자가 지하층 각 층에서 건축물 밖으로 피난하여 옥외 계단 또는 경사로 등을 이용하여 피난층으로 대피할 수 있도록 천장이 개방된 외부공간을 설치하여야 한다.

① 1,000m² ② 2,000m²
③ 3,000m² ④ 5,000m²

해설 지하층과 피난층 사이의 개방공간 설치(영 제37조)
바닥면적의 합계가 3,000m² 이상인 공연장·집회장·관람장 또는 전시장을 지하층에 설치하는 경우에는 각 실에 있는 자가 지하층 각 층에서 건축물 밖으로 피난하여 옥외 계단 또는 경사로 등을 이용하여 피난층으로 대피할 수 있도록 천장이 개방된 외부 공간을 설치하여야 한다.

19 건축물에 설치하는 방화벽에 관한 기준 내용으로 옳지 않은 것은?

① 내화구조로서 홀로 설 수 있는 구조일 것
② 방화벽에 설치하는 출입문에 60+방화문 또는 60분방화문을 설치할 것
③ 방화벽에 설치하는 출입문의 너비 및 높이는 각각 3.0m 이하로 할 것
④ 방화벽의 양쪽 끝과 윗쪽 끝을 건축물의 외벽면 및 지붕면으로부터 0.5m 이상 튀어 나오게 할 것

정답 16 ③ 17 ② 18 ③ 19 ③

해설 방화벽의 구조

㉠ 내화구조로서 홀로 설 수 있는 구조일 것
㉡ 방화벽의 양쪽 끝과 위쪽 끝을 건축물의 외벽면 및 지붕면으로부터 0.5m 이상 튀어나오게 할 것
㉢ 방화벽에 설치하는 출입문의 폭 및 높이는 각각 2.5m 이하로 하고, 출입문의 구조는 60+방화문 또는 60분방화문으로 할 것
㉣ 방화벽에 설치하는 60+방화문 또는 60분방화문은 언제나 닫힌 상태를 유지하거나 화재시 연기발생, 온도상승에 의하여 자동적으로 닫히는 구조로 할 것
㉤ 급수관, 배전관 등의 관이 방화벽을 관통하는 경우 관과 방화벽과의 틈을 시멘트모르타르 등의 불연재료로 메워야 한다.

20 다음 중 방송 공동수신설비를 설치하여야 하는 대상 건축물에 속하는 것은?

① 종교시설
② 고등학교
③ 다세대주택
④ 유스호스텔

해설

건축물에는 방송수신에 지장이 없도록 공동시청 안테나, 유선방송 수신시설, 위성방송 수신설비, 에프엠(FM) 라디오방송 수신설비 또는 방송 공동수신설비를 설치할 수 있다.
다만, 다음 건축물에는 방송 공동수신설비를 설치하여야 한다.
㉠ 공동주택
㉡ 바닥면적의 합계가 5,000m² 이상으로서 업무시설이나 숙박시설의 용도로 쓰는 건축물

건축설비관계법규
2019년 제4회 과년도 출제문제

01 건축물을 특별시나 광역시에 건축하려는 경우 특별시장이나 광역시장의 허가를 받아야 하는 건축물의 층수 기준은?

① 15층 이상
② 21층 이상
③ 31층 이상
④ 41층 이상

해설 특별시장·광역시장의 허가 대상

사전승인 대상 건축물의 규모	허가권자
① 21층 이상 건축물 ② 연면적 10만m² 이상 건축물 (공장, 창고 및 지방건축위원회의 심의를 거친 건축물은 제외) ③ 연면적 3/10 이상의 증축으로 인하여 ①, ②의 대상이 되는 경우	특별시장·광역시장

02 다음의 소방시설 중 경보설비에 속하지 않는 것은?

① 유도등
② 비상방송설비
③ 자동화재속설비
④ 자동화재탐지설비

해설

소방시설이란 소화설비·경보설비·피난구조설비·소화용수설비 그밖에 소화활동설비를 말한다.
※ 경보설비 : 비상벨설비 및 자동식사이렌설비("비상경보설비"라 함), 단독경보형설비, 비상방송설비, 누전경보기, 자동화재탐지설비 및 시각경보기, 자동화재속보설비, 가스누설경보기, 통합감시시설

정답 20 ③ / 01 ② 02 ①

03 다음은 지하층과 피난층 사이의 개방공간 설치에 관한 기준 내용이다. ( )안에 알맞은 것은?

> 바닥면적의 합계가 ( ) 이상인 공연장·집회장·관람장 또는 전시장을 지하층에 설치하는 경우에는 각 실에 있는 자가 지하층 각 층에서 건축물 밖으로 피난하여 옥외 계단 또는 경사로 등을 이용하여 피난층으로 대피할 수 있도록 천장이 개방된 외부 공간을 설치하여야 한다.

① 1000m² ② 2000m²
③ 3000m² ④ 4000m²

해설 지하층과 피난층 사이의 개방공간 설치(영 제37조)

바닥면적의 합계가 3,000m² 이상인 공연장·집회장·관람장 또는 전시장을 지하층에 설치하는 경우에는 각 실에 있는 자가 지하층 각 층에서 건축물 밖으로 피난하여 옥외 계단 또는 경사로 등을 이용하여 피난층으로 대피할 수 있도록 천장이 개방된 외부 공간을 설치하여야 한다.

04 욕실 또는 조리장의 바닥과 그 바닥으로부터 높이 1m까지의 안벽의 마감을 내수재료로 하여야 하는 대상에 속하지 않는 것은?

① 숙박시설의 욕실
② 공동주택의 욕실
③ 제1종 근린생활시설 중 목욕장의 욕실
④ 제1종 근린생활시설 중 휴게음식점의 조리장

해설 내수재료의 마감

제1종 근린생활시설 중 일반목욕장과 휴게음식점 및 제과점의 조리장, 제2종 근린생활시설 중 일반음식점과 휴게음식점 및 제과점의 조리장과 숙박시설의 욕실부분에는 그 바닥으로부터 높이 1m까지의 안벽의 마감을 내수재료로 하여야 한다.

※ 내수재료(耐水材料)란 벽돌, 자연석, 인조석, 콘크리트, 아스팔트, 도자기질 재료, 유리 등의 내수성 건축재료를 말한다.

05 건축물의 에너지절약설계기준에 따른 건축 부문의 권장사항으로 옳지 않은 것은?

① 공동주택은 인동간격을 넓게 하여 저층부의 일사수열량을 증대시킨다.
② 건물의 창 및 문은 가능한 작게 설계하고, 특히 열손실이 많은 북측 거실의 창 및 문의 면적은 최소화한다.
③ 건축물의 체적에 대한 외피면적의 비 또는 연면적에 대한 외피면적의 비는 가능한 크게 한다.
④ 거실의 층고 및 반자 높이는 실의 용도와 기능에 지장을 주지 않는 범위 내에서 가능한 낮게 한다.

해설 평면계획

㉠ 거실의 층고 및 반자 높이는 실의 용도와 기능에 지장을 주지 않는 범위 내에서 가능한 낮게 한다.
㉡ 건축물의 체적에 대한 외피면적의 비 또는 연면적에 대한 외피면적의 비는 가능한 작게 한다.
㉢ 실의 용도 및 기능에 따라 수평, 수직으로 조닝계획을 한다.

06 건축법령상 다음과 같이 정의되는 주택의 종류는?

> 주택으로 쓰는 1개 동의 바닥면적(2개 이상의 동을 지하주차장으로 연결하는 경우에는 각각의 동으로 본다) 합계가 660제곱미터를 초과하고, 층수가 4개 층 이하인 주택

① 다중주택 ② 연립주택
③ 다세대주택 ④ 다가구주택

해설 주택의 분류

① 단독주택
㉠ 단독주택
㉡ 다중주택(연면적 660m² 이하, 3층 이하)
㉢ 다가구주택(바닥면적합계 660m² 이하, 3개층 이하, 19세대 이하)
㉣ 공관
② 공동주택
㉠ 다세대주택 : 4개층 이하, 동당 연면적 660m² 이하
㉡ 연립주택 : 4개층 이하, 동당 연면적 660m² 초과
㉢ 아파트 : 5개층 이상
㉣ 기숙사

정답 03 ③ 04 ② 05 ③ 06 ②

07 장례식장의 집회실로서 그 바닥면적이 200m² 이상인 경우 반자의 높이는 최소 얼마 이상 이어야 하는가? (단, 기계환기장치를 설치하지 않은 경우)

① 2.1m   ② 2.7m
③ 3.5m   ④ 4m

> **해설** 거실의 반자높이
>
> | 거실의 종류 | 반자높이 | 예외규정 |
> |---|---|---|
> | ① 일반용도의 거실 | 2.1m 이상 | 공장, 창고시설, 위험물저장 및 처리시설, 동물 및 식물 관련시설, 자원순환관련시설, 묘지관련시설 |
> | ② 문화 및 집회시설(전시장 및 동·식물원 제외), 종교시설, 장례식장, 유흥주점의 용도에 쓰이는 건축물의 관람실 또는 집회실로서 바닥면적이 200m² 이상인 것 | 4m 이상 | 기계환기장치를 설치한 경우 |
> | ③ '②'의 노대 아래부분 | 2.7m 이상 | |

08 6층 이상의 거실면적의 합계가 3000m²인 경우, 승용승강기를 최소 2대 이상 설치하여야 하는 건축물은? (단, 8인승 승강기의 경우)

① 숙박시설   ② 판매시설
③ 업무시설   ④ 교육연구시설

> **해설**
> 승용승강기의 설치대수를 가장 많이 하여야 하는 용도 (최소 2대 이상)
> • 문화 및 집회시설(공연장·관람장·집회장)
> • 판매시설(도매시장·소매시장·상점)
> • 의료시설(병원·격리병원)
>
> [대수 산정식] $N = 2 + \dfrac{A - 3{,}000\text{m}^2}{2{,}000\text{m}^2}$

09 30세대 이상의 공동주택 신축 시 시간당 최소 얼마 이상의 환기가 이루어질 수 있도록 자연 환기설비 또는 기계 환기설비를 설치하여야 하는가?

① 0.5회   ② 1.2회
③ 1.5회   ④ 1.8회

> **해설** 공동주택 및 다중이용시설의 환기설비
>
> 신축 또는 리모델링하는 다음에 해당하는 주택 또는 건축물은 시간당 0.5회 이상의 환기가 이루어질 수 있도록 자연환기설비 또는 기계환기설비를 설치하여야 한다.
> ㉠ 30세대 이상의 공동주택
> ㉡ 주택을 주택 외의 시설과 동일건축물로 건축하는 경우로서 주택이 30세대 이상인 건축물

10 다음 중 다중이용 건축물에 속하지 않는 것은? (단, 층수가 15층이며 해당 용도로 쓰는 바닥면적의 합계가 5000m²인 건축물의 경우)

① 종교시설
② 판매시설
③ 업무시설
④ 숙박시설 중 관광숙박시설

> **해설** 다중이용건축물의 정의
> • 문화 및 집회시설(동·식물원 제외), 종교시설, 판매시설, 운수시설(여객용시설만 해당), 의료시설 중 종합병원, 숙박시설 중 관광숙박시설의 용도로 쓰이는 바닥면적의 합계가 5,000m² 이상인 건축물
> • 16층 이상인 건축물

11 건축법령상 방송 공동수신설비를 설치하여야 하는 대상 건축물에 속하는 것은?

① 수련시설
② 공동주택
③ 노유자시설
④ 문화 및 집회시설

정답   07 ④   08 ②   09 ①   10 ③   11 ②

해설
건축물에는 방송수신에 지장이 없도록 공동시청 안테나, 유선방송 수신시설, 위성방송 수신설비, 에프엠(FM)라디오방송 수신설비 또는 방송 공동수신설비를 설치할 수 있다.
다만, 다음 건축물에는 방송 공동수신설비를 설치하여야 한다.
㉠ 공동주택
㉡ 바닥면적의 합계가 5,000m² 이상으로서 업무시설이나 숙박시설의 용도로 쓰는 건축물

12 다음은 특정소방대상물의 소방시설 설치의 면제기준 내용이다. ( )안에 알맞은 것은?

> 물분무등소화설비를 설치하여야 하는 차고·주차장에 (   )를 화재안전기준에 적합하게 설치한 경우에는 그 설비의 유효범위에서 설치가 면제된다.

① 연결살수설비 ② 옥외소화전설비
③ 옥내소화전설비 ④ 스프링클러설비

해설
물분무등소화설비 설치하여야 하는 차고·주차장에 스프링클러설비를 화재안전기준에 적합하게 설치한 경우에는 그 설비의 유효범위안의 부분에서 설치가 면제된다.

13 건축물의 관람실 또는 집회실로부터 바깥쪽으로의 출구로 쓰이는 문을 안여닫이로 해도 되는 건축물의 용도는?

① 장례시설
② 위락시설
③ 종교시설
④ 문화 및 집회시설 중 전시장

해설
문화 및 집회 시설(전시장 및 동·식물원 제외), 300m² 이상인 공연장·종교집회장, 종교시설, 위락시설, 장례시설의 용도에 쓰이는 건축물의 관람실 또는 집회실로부터 밖으로의 출구에 쓰이는 문은 안여닫이로 해서는 안 된다.

14 옥외소화전설비를 설치하여야 하는 특정소방대상물의 바닥면적 기준은? (단, 아파트 등, 위험물 저장 및 처리 시설 중 가스시설, 지하구 또는 지하가 중 터널은 제외)

① 지상 1층 및 2층의 바닥면적의 합계가 1000m² 이상인 것
② 지상 1층 및 2층의 바닥면적의 합계가 3000m² 이상인 것
③ 지상 1층 및 2층의 바닥면적의 합계가 6000m² 이상인 것
④ 지상 1층 및 2층의 바닥면적의 합계가 9000m² 이상인 것

해설 옥외소화전설비를 설치하여야 할 특정소방대상물
아파트, 위험물저장 및 처리 시설 중 가스시설, 지하구 또는 지하가 중 터널은 제외
① 지상 1층 및 2층의 바닥면적의 합계가 9,000m² 이상인 것
  이 경우 동일구 내에 둘 이상의 특정소방대상물이 행정안전부령으로 정하는 연소우려가 있는 구조인 경우에는 이를 하나의 특정소방대상물로 본다.
② 「문화재보호법」에 따라 국보 또는 보물로 지정된 목조건축물
③ ①에 해당하지 않는 공장 또는 창고시설로서 「소방기본법 시행령」에서 정하는 수량의 750배 이상의 특수가연물을 저장·취급하는 것

15 다음은 건축물의 에너지절약설계기준에 따른 설계용 실내온도 조건에 관한 기준 내용이다. ( )안에 알맞은 것은?

> 난방 및 냉방설비의 용량계산을 위한 설계 기준 실내온도는 난방의 경우 (㉠), 냉방의 경우 (㉡)를 기준으로 하되(목욕장 및 수영장은 제외) 각 건축물 용도 및 개별 실의 특성에 따라 별표8에서 제시된 범위를 참고하여 설비의 용량이 과다해지지 않도록 한다.

① ㉠ 18℃, ㉡ 25℃
② ㉠ 18℃, ㉡ 28℃
③ ㉠ 20℃, ㉡ 25℃
④ ㉠ 20℃, ㉡ 28℃

정답 12 ④ 13 ④ 14 ④ 15 ④

해설 설계용 실내온도 조건

난방 및 냉방설비의 용량계산을 위한 설계기준 실내온도는 난방의 경우 20℃, 냉방의 경우 28℃를 기준으로 하되(목욕장 및 수영장은 제외) 각 건축물 용도 및 개별 실의 특성에 따라 [별표8]에서 제시된 범위를 참고하여 설비의 용량이 과다해지지 않도록 한다.

16 문화 및 집회시설 중 공연장의 개별관람실의 바닥면적이 1500m²인 경우, 이 관람실에 설치하여야 하는 출구의 최소 개수는? (단, 각 출구의 유효너비는 3m이다.)

① 2개소　② 3개소
③ 4개소　④ 5개소

해설

공연장의 개별 관람실 출구의 유효폭의 합계는 개별 관람실의 바닥면적 100m²마다 0.6m 이상의 비율로 산정한 폭 이상일 것
∴ 개별 관람실 출구의 유효폭의 합계
$= \dfrac{1500\text{m}^2}{100\text{m}^2} \times 0.6\text{m} = 9\text{m}$
9m ÷ 3m = 3개소

17 가구수가 20가구인 주거용 건축물에서 음용수용 급수관의 최소 지름은?

① 25mm　② 32mm
③ 40mm　④ 50mm

해설 주거용 건축물 급수관의 지름 기준

가구 또는 세대수	1	2~3	4~5	6~8	9~16	17 이상
급수관 최소지름	15	20	25	32	40	50

18 건축물에 급수, 배수, 환기, 난방 등의 건축 설비를 설치하는 경우 건축기계설비기술사 또는 공조냉동기계기술사의 협력을 받아야 하는 대상 건축물의 연면적 기준은? (단, 창고시설은 제외)

① 연면적 5000m² 이상인 건축물
② 연면적 10000m² 이상인 건축물
③ 연면적 20000m² 이상인 건축물
④ 연면적 50000m² 이상인 건축물

해설

연면적 10,000m² 이상(창고시설을 제외)인 건축물에 급수·배수·난방 및 환기의 건축설비를 설치하는 경우 건축기계설비기술사 또는 공조냉동기계기술사의 협력을 받아야 한다.

19 다음 중 건축법령상 제2종 근린생활시설에 속하지 않는 것은?

① 한의원　② 독서실
③ 동물병원　④ 일반음식점

해설 의료행위를 하는 시설

㉠ 제1종 근린생활시설 : 의원·치과의원·한의원·침술원·안마원·접골원·조산소·보건소
㉡ 제2종 근린생활시설 : 안마시술소·동물병원
㉢ 의료시설 : 종합병원·병원·치과병원·한방병원·정신병원·요양병원·마약진료소

20 비상경보설비를 설치하여야 하는 특정소방대상물의 연면적 기준은? (단, 특정소방대상물이 판매시설인 경우)

① 400m² 이상　② 600m² 이상
③ 1500m² 이상　④ 3500m² 이상

해설 비상경보설비 설치대상

㉠ 연면적 400m² 이상인 것(지하가 중 터널 또는 사람이 거주하지 아니하거나 벽이 없는 축사를 제외)
㉡ 지하층 또는 무창층의 바닥면적이 150m²(공연장의 경우 100m²) 이상인 것
㉢ 지하가 중 터널로서 길이가 500m 이상인 것
㉣ 50명 이상의 근로자가 작업하는 옥내작업장
　[예외] 가스시설, 지하구 경우

정답 16 ② 17 ④ 18 ② 19 ① 20 ①

건축설비관계법규
2020년 제1·2회 과년도 출제문제

01 연면적 200m²를 초과하는 공동주택에 설치하는 복도의 유효너비는 최소 얼마 이상으로 하여야 하는가? (단, 양옆에 거실이 있는 복도의 경우)
① 1.2m ② 1.6m
③ 1.8m ④ 2.4m

[해설] 건축물에 설치하는 복도의 유효너비

구 분	양옆에 거실이 있는 복도	기타의 복도
유치원·초등학교·중학교·고등학교	2.4m 이상	1.8m 이상
공동주택·오피스텔	1.8m 이상	1.2m 이상
당해 층 거실의 바닥면적 합계가 200m² 이상인 경우	1.5m 이상 (의료시설의 복도는 1.8m 이상)	1.2m 이상

02 같은 건축물 안에 공동주택과 위락시설을 함께 설치하고자 하는 경우, 공동주택의 출입구와 위락시설의 출입구는 서로 그 보행거리가 최소 얼마 이상이 되도록 설치하여야 하는가?
① 10m ② 20m
③ 30m ④ 50m

[해설] 같은 건축물 안에 공동주택과 위락시설을 함께 설치하고자 하는 경우, 공동주택의 출입구와 위락시설의 출입구는 서로 그 보행거리가 30m 이상이 되도록 설치하여야 한다.

03 건축물에 설치하는 지하층의 구조 및 설비에 관한 기준 내용으로 옳지 않은 것은?
① 거실의 바닥면적의 합계가 1000m² 이상인 층에는 환기설비를 설치할 것
② 지하층의 바닥면적이 300m² 이상인 층에는 식수공급을 위한 급수전을 1개소 이상 설치할 것
③ 거실의 바닥면적이 30m² 이상인 층에는 직통 계단외에 피난층 또는 지상으로 통하는 비상 탈출구 및 환기통을 설치할 것
④ 바닥면적이 1000m² 이상인 층에는 피난층 또는 지상으로 통하는 직통계단을 방화구획으로 구획되는 각 부분마다 1개소 이상 설치할 것

[해설]
거실의 바닥면적 50m² 이상인 층에는 직통계단 외에 비상탈출구 및 환기통 설치하여야 한다.
[예외] 직통계단이 2 이상이 된 경우

04 다음 중 다중이용건축물에 속하지 않는 것은?
(단, 16층 미만인 건축물)
① 종교시설로 쓰는 바닥면적의 합계가 5000m² 이상인 건축물
② 판매시설로 쓰는 바닥면적의 합계가 5000m² 이상인 건축물
③ 업무시설로 쓰는 바닥면적의 합계가 5000m² 이상인 건축물
④ 의료시설 중 종합병원으로 쓰는 바닥면적의 합계가 5000m² 이상인 건축물

[해설] 다중이용건축물의 정의
다음에 해당하는 건축물을 말한다.
• 다음 용도로 쓰는 바닥면적의 합계가 5,000m² 이상인 건축물
 1) 문화 및 집회시설(동물원·식물원은 제외)
 2) 종교시설
 3) 판매시설
 4) 운수시설 중 여객용 시설
 5) 의료시설 중 종합병원
 6) 숙박시설 중 관광숙박시설
• 16층 이상인 건축물

정답 01 ③ 02 ③ 03 ③ 04 ③

05 상업지역 및 주거지역에서 건축물에 설치하는 냉방시설 및 환기시설의 배기구는 도로면으로 부터 최소 얼마 이상의 높이에 설치하여야 하는가?

① 1m　　② 1.5m
③ 1.8m　④ 2m

해설 건축물의 냉방설비

① 에너지 대량 소비 건축물 중 산업통상자원부장관이 국토교통부장관과 협의하여 고시하는 건축물에 중앙집중냉방설비를 설치하는 경우에는 산업통상자원부장관이 국토교통부장관과 협의하여 정하는 바에 따라 축냉식 또는 가스를 이용한 중앙집중냉방방식으로 하여야 한다.
② 상업지역 및 주거지역에서 도로(막다른 도로로서 그 길이가 10m 미만인 경우를 제외)에 접한 대지의 건축물에 설치하는 냉방시설 및 환기시설의 배기구는 도로면으로부터 2m 이상의 높이에 설치하거나 배기장치의 열기가 보행자에게 직접 닿지 아니하도록 설치하여야 한다.

06 건축허가 시 미리 소방본부장 또는 소방서장의 동의를 받아야 하는 건축물의 연면적 기준은?
(단, 건축물이 노유자시설인 경우)

① 100m² 이상　② 200m² 이상
③ 300m² 이상　④ 400m² 이상

해설 소방본부장 또는 소방서장의 건축허가 및 사용 승인에 대한 동의 대상 건축물의 범위

1. 연면적이 400m²(학교시설의 경우 100m², 노유자시설 및 수련시설의 경우 200m², 정신의료기관, 장애인 의료재활시설의 경우 300m²) 이상인 건축물
2. 차고·주차장 또는 주차용도로 사용되는 시설로서 다음에 해당하는 것
  ① 차고·주차장으로 사용되는 층 중 바닥면적이 200m² 이상인 층이 있는 시설
  ② 승강기 등 기계장치에 의한 주차시설로서 자동차 20대 이상을 주차할 수 있는 시설
3. 지하층 또는 무창층이 있는 건축물로서 바닥면적이 150m²(공연장의 경우에는 100m²) 이상인 층이 있는 것
4. 면적에 관계없이 동의 대상
  ① 층수가 6층 이상인 건축물
  ② 항공기격납고, 관망탑, 항공관제탑, 방송용 송수신탑
  ③ 위험물저장 및 처리시설, 지하구
  ④ 노인 관련 시설, 아동복지시설(아동상담소, 아동전용시설 및 지역아동센터는 제외)
  ⑤ 장애인 거주시설, 정신질환자 관련 시설, 노숙인 관련 시설 중 노숙인자활시설, 노숙인재활시설 및 노숙인요양시설, 결핵환자나 한센인이 24시간 생활하는 노유자시설
  ⑥ 요양병원(정신병원, 의료재활시설 제외)

07 건축물의 에너지절약 설계기준에서는 수영장에 자연채광을 위한 개구부 설치를 권장하고 있다. 다음 중 권장 개구부 면적의 합계에 관한 기준 내용으로 옳은 것은?

① 수영장 바닥면적의 5분의 1 이상
② 수영장 바닥면적의 7분의 1 이상
③ 수영장 바닥면적의 10분의 1 이상
④ 수영장 바닥면적의 20분의 1 이상

해설 자연채광계획

① 공동주택의 지하주차장은 300m² 이내마다 1개소 이상의 외기와 직접 면하는 2m² 이상의 개폐가 가능한 천창 또는 측창을 설치하여 자연환기 및 자연채광을 유도한다.
[예외] 지하 2층 이하
② 수영장에는 자연채광을 위한 개구부를 설치하되, 그 면적의 합계는 수영장 바닥면적의 1/5 이상으로 한다.

☞ 상기 규정은 22.7.29 삭제됨

08 다음은 건축물의 에너지절약설계기준에 따른 용어의 정의이다. (　) 안에 알맞은 것은?

"투광부"라 함은 창, 문면적의 (　) 이상이 투과체로 구성된 문, 유리블럭, 플라스틱패널 등과 같이 투과재료로 구성되며, 외기에 접하여 채광이 가능한 부위를 말한다.

① 50%　② 60%
③ 70%　④ 80%

해설

"투광부"라 함은 창, 문면적의 50% 이상이 투과체로 구성된 문, 유리블럭, 플라스틱패널 등과 같이 투과재료로 구성되며, 외기에 접하여 채광이 가능한 부위를 말한다.

정답 05 ④　06 ②　07 ①　08 ①

09 건축물의 옥상에 헬리포트를 설치하거나 헬리콥터를 통하여 인명 등을 구조할 수 있는 공간을 확보하여야 하는 대상 건축물 기준으로 옳은 것은? (단, 층수가 11층 이상인 건축물로서 건축물의 지붕을 평지붕으로 하는 경우)
① 11층 이상인 층의 바닥면적의 합계가 3000m² 이상인 건축물
② 11층 이상인 층의 바닥면적의 합계가 5000m² 이상인 건축물
③ 11층 이상인 층의 바닥면적의 합계가 8000m² 이상인 건축물
④ 11층 이상인 층의 바닥면적의 합계가 10000m² 이상인 건축물

해설 헬리포트의 설치

층수가 11층 이상 건축물로서 11층 이상인 층의 바닥면적의 합계가 10,000m² 이상인 건축물의 옥상에는 다음의 구분에 따른 공간을 확보하여야 한다.
1. 건축물의 지붕을 평지붕으로 하는 경우 : 헬리포트를 설치하거나 헬리콥터를 통하여 인명 등을 구조할 수 있는 공간
2. 건축물의 지붕을 경사지붕으로 하는 경우 : 경사지붕 아래에 설치하는 대피공간

10 건축물의 출입구에 설치하는 회전문은 계단이나 에스컬레이터로부터 최소 얼마 이상의 거리를 두어야 하는가?
① 1m   ② 2m
③ 3m   ④ 4m

해설 회전문의 설치

㉠ 계단이나 에스컬레이터로부터 2m 이상의 거리를 둘 것
㉡ 회전문의 중심축에서 회전문과 문틀 사이의 간격을 포함한 회전문날개 끝부분까지의 길이는 140cm 이상이 되도록 할 것
㉢ 회전문의 회전속도는 분당회전수가 8회를 넘지 아니하도록 할 것

11 건축법령상 리모델링이 쉬운 구조에 속하지 않는 것은? (단, 공동주택의 경우)
① 구조체에서 건축설비, 내부 마감재료 및 외부 마감재료를 분리할 수 있을 것
② 개별 세대 안에서 구획된 실의 크기, 개수 또는 위치 등을 변경할 수 있을 것
③ 각 층에 시공된 보, 기둥 등의 구조부재의 개수 또는 위치를 변경할 수 있을 것
④ 각 세대는 인접한 세대와 수직 또는 수평 방향으로 통합하거나 분할할 수 있을 것

해설 리모델링에 대비한 특례 등

1) 리모델링이 쉬운 공동주택의 구조
리모델링이 쉬운 구조의 공동주택의 건축을 촉진하기 위하여 공동주택을 다음의 구조로 하여 건축허가를 신청하는 경우
① 각 세대는 인접한 세대와 수직 및 수평으로 통합하거나 분할할 수 있을 것
② 구조체와 건축설비, 내부 마감재료와 외부 마감재료는 분리할 수 있을 것
③ 개별 세대 안에서 구획된 실(室)의 크기, 개수 또는 위치 등을 변경할 수 있을 것
2) 특례적용과 완화 범위
다음 규정에 의한 기준을 120/100의 범위 안에서 완화하여 적용할 수 있다.
[예외] 건축조례에서 지역별 특성 등을 고려하여 그 비율을 강화한 경우에는 건축조례가 정하는 기준에 따른다.
① 건축물의 용적률
② 건축물의 높이제한
③ 일조 등의 확보를 위한 건축물의 높이제한

12 다음의 소방시설 중 경보설비에 속하지 않는 것은?
① 누전경보기   ② 비상방송설비
③ 무선통신보조설비   ④ 자동화재탐지설비

해설

소방시설이란 소화설비·경보설비·피난구조설비·소화용수설비 그 밖에 소화활동설비를 말한다.
※ 경보설비 : 비상벨설비 및 자동식사이렌설비("비상경보설비"라 함), 단독경보형설비, 비상방송설비, 누전경보기, 자동화재탐지설비 및 시각경보기, 자동화재속보설비, 가스누설경보기, 통합감시시설
☞ 무선통신보조설비는 소화활동설비에 해당된다.

정답 09 ④ 10 ② 11 ③ 12 ③

13 화재안전기준에 따라 소화기구를 설치하여야 하는 특정소방대상물의 연면적 기준은?
① 10m² 이상   ② 25m² 이상
③ 33m² 이상   ④ 45m² 이상

해설 소화기구를 설치하여야 할 특정소방대상물
① 수동식소화기 또는 간이소화용구를 설치하여야 하는 것
 ㉠ 연면적 33m² 이상인 것
 ㉡ ㉠에 해당하지 아니하는 시설로서 지정문화재 및 가스시설
 ㉢ 터널
② 주거용 주방자동소화장치를 설치하여야 하는 것 : 아파트등 및 30층 이상 오피스텔의 모든 층
 [비고] 노유자시설의 경우에는 투척용소화용구 등을 법 화재안전기준에 따라 산정된 소화기 수량의 1/2 이상으로 설치할 수 있다.

14 다음 중 건축물의 관람실 또는 집회실로서 그 바닥면적이 200m² 이상인 것의 반자의 높이를 4m 이상으로 하여야 하는 건축물은? (단, 기계환기장치를 설치하지 않은 경우)
① 종교시설의 용도에 쓰이는 건축물
② 공동주택 중 아파트의 용도에 쓰이는 건축물
③ 문화 및 집회시설 중 전시장의 용도에 쓰이는 건축물
④ 문화 및 집회시설 중 동물원의 용도에 쓰이는 건축물

해설 거실의 반자높이

거실의 종류	반자 높이	예외규정
① 일반용도의 거실	2.1m 이상	공장, 창고시설, 위험물저장 및 처리시설, 동물 및 식물 관련시설, 자원순환관련시설, 묘지관련시설
② 문화 및 집회시설(전시장 및 동·식물원 제외), 종교시설, 장례식장, 유흥주점의 용도에 쓰이는 건축물의 관람실 또는 집회실로서 바닥면적이 200m² 이상인 것	4m 이상	기계환기장치를 설치한 경우
③ '②'의 노대 아래부분	2.7m 이상	

15 특정소방대상물이 판매시설인 경우, 모든 층에 스프링클러설비를 설치하여야 하는 수용인원 기준은?
① 100명 이상   ② 200명 이상
③ 500명 이상   ④ 1000명 이상

해설
모든 층에 스프링클러설비를 설치하여야 할 특정소방대상물(판매시설, 운수시설 및 창고시설 중 물류터미널 경우)
 ㉠ 바닥면적의 합계가 5,000m² 이상
 ㉡ 수용인원이 500명 이상인 것

16 용도변경과 관련된 시설군 중 문화집회시설군에 속하는 건축물의 용도가 아닌 것은?
① 종교시설   ② 수련시설
③ 위락시설   ④ 관광휴게시설

해설 허가대상 및 신고대상의 용도변경

분류	시설군
㉠ 자동차관련 시설군	• 자동차관련시설
㉡ 산업등 시설군	• 운수시설 • 창고시설 • 공장 • 위험물저장 및 처리시설 • 자원순환관련시설 • 묘지관련시설 • 장례식장
㉢ 전기통신시설군	• 방송통신시설 • 발전시설
㉣ 문화집회시설군	• 문화 및 집회시설 • 종교시설 • 위락시설 • 관광휴게시설
㉤ 영업시설군	• 판매시설 • 운동시설 • 숙박시설 • 제2종 근린생활시설 중 다중생활시설
㉥ 교육 및 복지시설군	• 의료시설 • 교육연구시설 • 노유자시설 • 수련시설 • 야영장시설
㉦ 근린생활시설군	• 제1종 근린생활시설 • 제2종 근린생활시설 (다중생활시설은 제외)
㉧ 주거업무시설군	• 단독주택 • 공동주택 • 업무시설 • 교정 및 군사시설
㉨ 기타 시설군	• 동물 및 식물관련시설

정답 13 ③ 14 ① 15 ③ 16 ②

※ 절차 :
1. 허가대상 : 상위시설군(오름차순)에 해당하는 용도로 변경하는 행위
2. 신고대상 : 하위시설군(내림차순)에 해당하는 용도로 변경하는 행위
3. 건축물대장 기재변경 신청 : 동일한 시설군내에서 용도변경 하는 행위

17 건축법령상 다음과 같이 정의되는 것은?

> 주택으로 쓰는 1개 동의 바닥면적 합계가 660m² 이하이고, 층수가 4개 층 이하인 주택

① 아파트 ② 연립주택
③ 다세대주택 ④ 다가구주택

해설
공동주택[공동주택의 형태를 갖춘 가정어린이집·공동생활가정·지역아동센터 및 노인복지시설(노인복지주택은 제외)·주택법시행령에 따른 원룸형 주택을 포함]
㉠ 다세대주택 : 4개층 이하, 동당 연면적 660m² 이하
㉡ 연립주택 : 4개층 이하, 동당 연면적 660m² 초과
㉢ 아파트 : 5개층 이상
㉣ 기숙사
※ 단독주택 : 단독주택, 다중주택, 다가구주택, 공관

18 건축물에 급수·배수·환기·난방설비를 설치하는 경우, 건축기계설비기술사 또는 공조냉동기계기술사의 협력을 받아야 하는 대상 건축물에 속하지 않는 것은? (단, 연면적 10000m² 미만인 건축물의 경우)

① 아파트
② 업무시설로서 해당 용도에 사용되는 바닥면적의 합계가 2000m²인 건축물
③ 의료시설로서 해당 용도에 사용되는 바닥면적의 합계가 2000m²인 건축물
④ 숙박시설로서 해당 용도에 사용되는 바닥면적의 합계가 2000m²인 건축물

해설
급수·배수(配水)·배수(排水)·환기·난방 설비를 건축물에 설치하는 경우 건축기계설비기술사 또는 공조냉동기계기술사의 협력을 받아야 하는 대상 건축물(바닥면적 합계 기준)
㉠ 500m² 이상 : 냉동냉장시설, 항온항습시설, 특수청정시설
㉡ 규모에 관계없이 : 아파트 및 연립주택
㉢ 500m² 이상 : 목욕장(제1종 근린생활시설), 실내수영장(운동시설), 실내물놀이형시설
㉣ 2,000m² 이상 : 기숙사, 병원(의료시설), 유스호스텔(수련시설), 숙박시설 기타 에너지소비특성 및 이용상황 등이 이와 유사한 건축물
㉤ 3,000m² 이상 : 연구소(교육연구시설), 업무시설, 판매시설 기타 에너지소비특성 및 이용상황 등이 이와 유사한 건축물
㉥ 10,000m² 이상 : 문화 및 집회시설(동·식물원 제외), 종교시설, 장례식장, 교육연구시설(연구소 제외) 기타 에너지소비특성 및 이용상황 등이 이와 유사한 건축물

19 다음은 초고층 건축물에 설치하는 피난안전 구역에 관한 기준 내용이다. ( ) 안에 알맞은 것은?

> 초고층 건축물에는 피난층 또는 지상으로 통하는 직통계단과 직접 연결되는 피난안전 구역을 지상층으로부터 최대 ( )개 층마다 1개소 이상 설치하여야 한다.

① 10 ② 20
③ 30 ④ 40

해설 피난안전구역의 설치
㉠ 초고층 건축물에는 피난층 또는 지상으로 통하는 직통계단과 직접 연결되는 피난안전구역(건축물의 피난·안전을 위하여 건축물 중간층에 설치하는 대피공간을 말함)을 지상층으로부터 최대 30개 층마다 1개소 이상 설치하여야 한다.
㉡ 준초고층 건축물에는 피난층 또는 지상으로 통하는 직통계단과 직접 연결되는 피난안전구역을 해당 건축물 전체 층수의 1/2에 해당하는 층으로부터 상하 5개층 이내에 1개소 이상 설치하여야 한다.

정답 17 ③ 18 ② 19 ③

20 6층 이상의 거실면적의 합계가 11000m²인 교육연구시설에 설치하여야 하는 승용승강기의 최소 대수는? (단, 8인승 승용승강기인 경우)

① 3대 ② 4대
③ 5대 ④ 6대

해설 공동주택, 교육연구시설, 노유자시설, 기타시설 등의 설치기준

3,000m² 이하까지 1대, 3,000m²를 초과하는 경우에는 그 초과하는 매 3,000m² 이내마다 1대의 비율로 가산한 대수로 한다.

$$\therefore 1 + \frac{A - 3,000\text{m}^2}{3,000\text{m}^2} = 1 + \frac{11,000 - 3,000}{3,000}$$
$$= 3.6 = 4\text{대}(소수점 \text{ 이하는 } 1\text{대로 본다})$$

※ 8인승 이상 15인승 이하를 기준으로 산정하며 16인승 이상의 승강기는 2대로 산정한다.

건축설비관계법규
2020년 제3회 과년도 출제문제

01 배연설비의 설치에 관한 기준 내용으로 옳지 않은 것은?

① 배연창의 유효면적은 1m² 이상으로 할 것
② 배연구는 예비전원에 의하여 열 수 있도록 할 것
③ 배연구는 연기감지기 또는 열감지기에 의해 자동으로 열 수 있는 구조로 할 것
④ 관련 규정에 따라 건축물이 방화구획으로 구획된 경우 그 구획마다 2개소 이상의 배연창을 설치할 것

해설 배연설비의 구조기준

구분	기준
1. 배연창 개수	• 방화구획마다 1개소 이상의 배연창을 설치하되, 배연창의 상변과 천장 또는 반자로부터 수직 거리가 0.9m 이내일 것(단, 반자높이가 바닥 으로부터 3m 이상인 경우에는 배연창의 하변이 바닥으로부터 2.1m 이상의 위치에 놓이도록 설치하여야 한다)
2. 배연창 유효면적	• 1m² 이상으로 바닥면적이 1/100 이상일 것 [주] ① 방화구획이 된 경우는 구획된 각 부분의 바닥면적으로 산정 ② 바닥면적 산정시 거실 바닥면적의 1/20 이상의 환기창을 설치한 거실면적은 산입하지 않음.
3. 배연구 구조	• 연기감지기, 열감지기에 의하여 자동으로 열 수 있는 구조(수동개폐장치) • 예비전원에 의하여 열 수 있도록 할 것
4. 기계식 배연설비	• 상기 1, 2, 3의 규정에도 불구하고 소방관계 법령의 규정에 따를 것

02 자동화재탐지설비를 설치하여야 하는 특정소방대상물에 속하지 않는 것은?

① 위락시설로서 연면적 600m² 이상인 것
② 숙박시설로서 연면적 600m² 이상인 것
③ 문화 및 집회시설로서 연면적 1000m² 이상인 것
④ 근린생활시설 중 목욕장으로서 연면적 800m² 이상인 것

정답 20 ② / 01 ④ 02 ④

> **해설**
> 근린생활시설(목욕장은 제외), 의료시설, 숙박시설, 위락시설, 장례식장 및 복합건축물로서 연면적 600m² 이상인 것은 자동화재탐지설비를 설치하여야 하는 특정소방대상물이다.

03 건축법령상 공동주택 중 아파트의 정의로 옳은 것은?

① 주택으로 쓰는 층수가 5개 층 이상인 주택
② 주택으로 쓰는 층수가 6개 층 이상인 주택
③ 주택으로 쓰는 1개 동의 바닥면적 합계가 660m²를 초과하고, 층수가 5개 층 이상인 주택
④ 주택으로 쓰는 1개 동의 바닥면적 합계가 660m²를 초과하고, 층수가 6개 층 이상인 주택

> **해설**
> 공동주택[공동주택의 형태를 갖춘 가정어린이집·공동생활가정·지역아동센터 및 노인복지시설(노인복지주택은 제외)·주택법시행령에 따른 원룸형 주택을 포함]
> ㉠ 다세대주택 : 4개층 이하, 동당 연면적 660m² 이하
> ㉡ 연립주택 : 4개층 이하, 동당 연면적 660m² 초과
> ㉢ 아파트 : 5개층 이상
> ㉣ 기숙사
> ※ 단독주택 : 단독주택, 다중주택, 다가구주택, 공관

04 문화 및 집회시설 중 공연장의 개별 관람실 출구의 설치기준 내용으로 옳지 않은 것은? (단, 개별 관람실의 바닥면적이 300m² 이상인 경우)

① 관람실별로 2개소 이상 설치할 것
② 각 출구의 유효너비는 1.2m 이상일 것
③ 관람실로부터 바깥쪽으로의 출구로 쓰이는 문은 안여닫이로 하지 않을 것
④ 개별 관람실 출구의 유효너비의 합계는 개별 관람실의 바닥면적 100m² 마다 0.6m의 비율로 산정한 너비 이상으로 할 것

> **해설** 공연장의 개별 관람실의 출구기준
> 관람실의 바닥면적이 300m² 이상인 경우의 출구는 다음 조건에 적합하여야 한다.
> ㉠ 관람실별로 2개소 이상 설치할 것
> ㉡ 각 출구의 유효폭은 1.5m 이상일 것
> ㉢ 개별 관람실 출구의 유효폭의 합계는 개별 관람실의 바닥면적 100m² 마다 0.6m 이상의 비율로 산정한 폭 이상일 것
> ※ 개별 관람실 출구의 유효너비의 합계는 최소 3.0m 이상으로 한다.

05 외기에 직접 면하고 1층 또는 지상으로 연결된 출입문을 방풍구조로 하지 않아도 되는 경우에 관한 기준 내용으로 옳지 않은 것은?

① 기숙사의 출입문
② 너비 1.2m 이하의 출입문
③ 바닥면적 300m² 이하의 개별 점포의 출입문
④ 사람의 통행을 주목적으로 하지 않는 출입문

> **해설**
> 외기에 직접 면하고 1층 또는 지상으로 연결된 출입문은 방풍구조로 하여야 한다.
> [예외] 다음에 해당하는 경우
> ㉠ 바닥면적 300m² 이하의 개별 점포의 출입문
> ㉡ 주택의 출입문(기숙사는 제외)
> ㉢ 사람의 통행을 주목적으로 하지 않는 출입문
> ㉣ 너비 1.2m 이하의 출입문
> ※ 방풍구조라 함은 출입구에서 실내외 공기 교환에 의한 열출입을 방지할 목적으로 설치하는 완충공간(방풍실) 또는 회전문 등을 설치한 방식을 말한다.

06 방염성능기준 이상의 실내장식물 등을 설치하여야 하는 특정소방대상물에 속하는 것은? (단, 층수가 10층인 경우)

① 기숙사
② 판매시설
③ 숙박시설
④ 실내수영장

정답 03 ① 04 ② 05 ① 06 ③

[해설] 방염성능기준 이상의 실내장식물 등을 설치하여야 하는 특정소방대상물

① 근린생활시설 중 의원, 체력단련장, 공연장 및 종교집회장
② 건축물의 옥내에 있는 문화 및 집회시설, 종교시설, 운동시설(수영장은 제외)
③ 의료시설, 노유자시설, 숙박시설, 숙박이 가능한 수련시설
④ 교육연구시설 중 합숙소
⑤ 방송통신시설 중 방송국 및 촬영소
⑥ 다중이용업소
⑦ 상기 ①부터 ⑥까지의 시설에 해당하지 아니하는 것으로서 층수(건축법시행령에 따라 산정한 층수)가 11층 이상인 것(아파트는 제외)

07 건축법령에 따른 건축물의 용도분류 중 숙박시설에 속하지 않는 것은?

① 호스텔
② 유스호스텔
③ 의료관광호텔
④ 휴양 콘도미니엄

[해설] 숙박시설

① 일반숙박시설 : 호텔, 여관, 여인숙
② 관광숙박시설 : 관광호텔, 수상관광호텔, 한국전통호텔, 가족호텔, 휴양콘도미니엄
③ 다중생활시설(제2종 근린생활시설에 해당하지 아니하는 것)
④ 기타 ①, ②, ③까지의 시설과 비슷한 것
☞ 유스호스텔은 수련시설에 해당된다.(숙박시설이 아님)

08 건축물의 출입구에 설치하는 회전문에 관한 기준 내용으로 옳지 않은 것은?

① 계단이나 에스컬레이터로부터 1.5m 이상의 거리를 둘 것
② 회전문의 회전속도는 분당회전수가 8회를 넘지 아니하도록 할 것
③ 출입에 지장이 없도록 일정한 방향으로 회전하는 구조로 할 것
④ 회전문의 중심축에서 회전문과 문틀 사이의 간격을 포함한 회전문날개 끝부분까지의 길이는 140cm 이상이 되도록 할 것

[해설] 회전문의 설치

㉠ 계단이나 에스컬레이터로부터 2m 이상의 거리를 둘 것
㉡ 출입에 지장이 없도록 일정한 방향으로 회전하는 구조로 할 것
㉢ 회전문의 중심축에서 회전문과 문틀 사이의 간격을 포함한 회전문날개 끝부분까지의 길이는 140cm 이상이 되도록 할 것
㉣ 회전문의 회전속도는 분당회전수가 8회를 넘지 아니하도록 할 것

09 세대수가 17세대인 다세대주택에 설치하는 음용수용 급수관의 지름은 최소 얼마 이상으로 하여야 하는가?

① 25mm   ② 32mm
③ 40mm   ④ 50mm

[해설] 주거용 건축물 급수관의 지름 기준

가구 또는 세대수	1	2~3	4~5	6~8	9~16	17 이상
급수관 최소지름	15	20	25	32	40	50

※ 가구수나 세대수가 불분명한 경우에는 주거에 쓰이는 바닥면적의 합계에 따라 다음과 같이 가구수를 산정한다.
① 바닥면적 85m² 이하 : 1가구
② 바닥면적 85m² 초과, 150m² 이하 : 3가구
③ 바닥면적 150m² 초과, 300m² 이하 : 5가구
④ 바닥면적 300m² 초과, 500m² 이하 : 16가구
⑤ 바닥면적 500m² 초과 : 17가구

정답 07 ② 08 ① 09 ④

10 바닥으로부터 높이 1m까지의 안벽의 마감을 내수재료로 하여야 하는 대상건축물이 아닌 것은?

① 단독주택의 욕실
② 제1종 근린생활시설 중 휴게음식점의 조리장
③ 제2종 근린생활시설 중 휴게음식점의 조리장
④ 제2종 근린생활시설 중 일반음식점의 조리장

> **해설** 내수재료의 마감
>
> 다음에 해당하는 욕실 또는 조리장의 바닥과 그 바닥으로부터 높이 1m까지의 안벽의 마감은 이를 내수재료로 하여야 한다.
> ㉠ 제1종 근린생활시설 중 목욕장의 욕실과 휴게음식점의 조리장
> ㉡ 제2종 근린생활시설 중 일반음식점, 휴게음식점의 조리장과 숙박시설의 욕실

11 건축물의 냉방설비에 대한 설치 및 설계기준에 정의된 축냉식 전기냉방설비의 구분에 속하지 않는 것은?

① 지열식 냉방설비
② 수축열식 냉방설비
③ 빙축열식 냉방설비
④ 잠열축열식 냉방설비

> **해설** 축냉식 전기냉방설비
>
> | 구 분 | 내 용 |
> |---|---|
> | 빙축열식 냉방설비 | 심야시간에 얼음을 제조하여 축열조에 저장하였다가 기타시간에 이를 녹여 냉방에 이용하는 냉방설비를 말한다. |
> | 수축열식 냉방설비 | 심야시간에 물을 냉각시켜 축열조에 저장하였다가 기타시간에 이를 냉방에 이용하는 냉방설비를 말한다. |
> | 잠열축열식 냉방설비 | 포접화합물(Clathrate)이나 공융염(Eutectic Salt) 등의 상변화물질을 심야시간에 냉각시켜 동결한 후 기타시간에 이를 녹여 냉방에 이용하는 냉방 설비를 말한다. |

12 신축하는 공동주택의 환기횟수를 확보하기 위하여 설치되는 기계환기설비의 설계·시공 및 성능평가방법 내용으로 옳지 않은 것은? (단, 30세대 이상의 공동주택의 경우)

① 세대의 환기량 조절을 위하여 환기설비의 정격풍량을 최소·최대의 2단계로 조절할 수 있는 체계를 갖추어야 한다.
② 기계환기설비는 공동주택의 모든 세대가 규정에 의한 환기횟수를 만족시킬 수 있도록 24시간 가동할 수 있어야 한다.
③ 하나의 기계환기설비로 세대 내 2 이상의 실에 바깥공기를 공급할 경우의 필요 환기량은 각 실에 필요한 환기량의 합계 이상이 되도록 하여야 한다.
④ 기계환기설비의 환기기준은 시간당 실내공기 교환횟수(환기설비에 의한 최종 공기흡입구에서 세대의 실내로 공급되는 시간당 총 체적 풍량을 실내 총 체적으로 나눈 환기횟수를 말한다)로 표시하여야 한다.

> **해설**
>
> 공동주택의 환기횟수를 확보하기 위하여 설치되는 기계환기설비의 설계·시공 및 성능평가방법(단, 30세대 이상의 공동주택의 경우)
> ① 세대의 환기량 조절을 위하여 환기설비의 정격풍량을 최소·적정·최대의 3단계로 조절할 수 있는 체계를 갖추어야 하고, 적정 단계의 필요 환기량은 신축공동주택 등의 세대를 시간당 0.5회로 환기할 수 있는 풍량을 확보하여야 한다.
> ② 기계환기설비는 공동주택의 모든 세대가 규정에 의한 환기횟수를 만족시킬 수 있도록 24시간 가동할 수 있어야 한다.
> ③ 하나의 기계환기설비로 세대 내 2 이상의 실에 바깥 공기를 공급할 경우의 필요 환기량은 각 실에 필요한 환기량의 합계 이상이 되도록 하여야 한다.
> ④ 기계환기설비의 환기기준은 시간당 실내공기 교환횟수(환기설비에 의한 최종 공기흡입구에서 세대의 실내로 공급되는 시간당 총 체적 충량을 실내 총 체적으로 나눈 환기횟수를 말한다)로 표시하여야 한다.

정답 10 ① 11 ① 12 ①

13 공사감리자가 공사시공자로 하여금 상세시공 도면을 작성하도록 요청할 수 있는 건축공사의 연면적 기준으로 옳은 것은?

① 1500m² 이상　　② 3000m² 이상
③ 5000m² 이상　　④ 10000m² 이상

해설 상세시공도면 작성 요청

연면적 합계 5,000m² 이상인 건축공사의 공사감리자는 필요하다고 인정하는 경우 공사시공자로 하여금 상세시공도면을 작성하도록 요청할 수 있다.
※ 상세시공도면의 작성은 시공자, 검토 확인은 공사감리자의 업무사항이다.

14 다음의 소방시설 중 피난구조설비에 속하지 않는 것은?

① 완강기　　　　② 인공소생기
③ 객석유도등　　④ 시각경보기

해설

소방시설 : 소화설비·경보설비·피난구조설비·소화용수설비 그 밖에 소화활동설비를 말한다.
※ 피난구조설비 : 미끄럼대·피난사다리·구조대·완강기·피난교·피난밧줄·공기 안전매트 그 밖의 피난기구, 방열복·공기호흡기 및 인공소생기("인명구조기구" 라 함), 유도등 및 유도표지, 비상조명등 및 휴대용비상조명등
☞ 시각경보기는 경보설비에 해당된다.

해설 지능형건축물의 인증

(1) 지능형건축물 인증제도
① 국토교통부장관은 지능형건축물[Intelligent Building]의 건축을 활성화하기 위하여 지능형건축물 인증제도를 실시한다.
② 국토교통부장관은 지능형건축물의 인증을 위하여 인증기관을 지정할 수 있다.

(2) 지능형건축물 인증기준
① 국토교통부장관은 건축물을 구성하는 설비 및 각종 기술을 최적으로 통합하여 건축물의 생산성과 설비 운영의 효율성을 극대화할 수 있도록 다음 각 호의 사항을 포함하여 지능형건축물 인증기준을 고시한다.
㉠ 인증기준 및 절차
㉡ 인증표시 홍보기준
㉢ 유효기간
㉣ 수수료
㉤ 인증 등급 및 심사기준 등
② 허가권자는 지능형건축물로 인증을 받은 건축물에 대하여 다음과 같이 건축기준을 완화하여 적용할 수 있다.

완화 규정	완화 기준
대지 안의 조경 (법 제42조)	$\dfrac{85}{100}$ 범위 안에서 완화적용
용적률(법 제56조) 건축물의 높이 (법 제60조)	$\dfrac{115}{100}$ 범위 안에서 완화적용

15 지능형 건축물의 인증에 관한 설명으로 옳지 않은 것은?

① 지능형 건축물 인증기준에는 인증표시 홍보 기준, 유효기간 등의 사항이 포함된다.
② 산업통상자원부장관은 지능형 건축물의 인증을 위하여 인증기관을 지정할 수 있다.
③ 국토교통부장관은 지능형 건축물의 건축을 활성화하기 위하여 지능형 건축물 인증제도를 실시한다.
④ 허가권자는 지능형 건축물로 인증 받은 건축물에 대하여 조경설치면적을 100분의 85까지 완화하여 적용할 수 있다.

16 다음 중 내화구조에 속하지 않는 것은?
(단, 바닥의 경우)

① 철근콘크리트조로서 두께가 10cm인 것
② 철골철근콘크리트조로서 두께가 10cm인 것
③ 철재의 양면을 두께 5cm의 철망모르타르로 덮은 것
④ 무근콘크리트조·벽돌조 또는 석조로서 그 두께가 7cm인 것

정답 13 ③　14 ④　15 ②　16 ④

| 해설 | 내화구조의 바닥 |

구조 부분	내화구조의 기준	기준 두께
바닥	• 철근콘크리트조·철골철근콘크리트조	10cm 이상
	• 철재로 보강된 콘크리트블록조·벽돌조 또는 석조로서 철재에 덮은 콘크리트블록 등의 두께	5cm 이상
	• 철재의 양면에 철망모르타르 또는 콘크리트로 덮은 것	5cm 이상

17 제연설비를 설치하여야 하는 특정소방대상물에 속하지 않는 것은?

① 지하가(터널은 제외)로서 연면적 1000m²인 것
② 문화 및 집회시설로서 무대부의 바닥면적이 150m²인 것
③ 문화 및 집회시설 중 영화상영관으로서 수용 인원이 100명인 것
④ 지하층에 설치된 숙박시설로서 해당 용도로 사용되는 바닥면적의 합계가 1000m²인 층

| 해설 | 제연설비를 설치하여야 하는 특정소방대상물

㉠ 문화 및 집회시설, 종교시설, 운동시설로서 무대부의 바닥면적이 200m² 이상 또는 문화 및 집회시설 중 영화상영관으로서 수용인원 100명 이상인 것
㉡ 근린생활시설, 판매시설, 운수시설, 숙박시설, 위락시설, 창고시설 중 물류터미널로서 지하층 또는 무창층의 바닥면적이 1,000m² 이상인 것은 해당 용도로 사용되는 모든 층
㉢ 운수시설 중 시외버스정류장, 철도 및 도시철도시설, 공항시설 및 항만시설의 대합실 또는 휴게시설로서 지하층 또는 무창층의 바닥면적이 1,000m² 이상인 것
㉣ 지하가(터널은 제외)로서 연면적 1,000m² 이상인 것
㉤ 지하가 중 길이가 500m 이상으로서 교통량, 경사도 등 터널의 특성을 고려하여 행정안전부령으로 정하는 위험등급 이상에 해당하는 터널
㉥ 특정소방대상물(갓복도형아파트는 제외)에 부설된 특별피난계단 또는 비상용승강기의 승강장

18 비상용승강기의 승강장 및 승강로의 구조에 관한 기준 내용으로 옳지 않은 것은?

① 승강로는 당해 건축물의 다른 부분과 방화 구조로 구획할 것
② 각 층으로부터 피난층까지 이르는 승강로를 단일구조로 연결하여 설치할 것
③ 승강장에는 노대 또는 외부를 향하여 열 수 있는 창문이나 배연설비를 설치할 것
④ 옥내에 있는 승강장의 바닥면적은 비상용 승강기 1대에 대하여 6m² 이상으로 설치할 것

| 해설 |
승강장은 건축물의 다른 부분과 내화구조의 바닥·벽으로 구획(창문·출입구·개구부 제외)할 것
※ 단, 공동주택의 경우 승강장과 특별피난계단의 부속실과의 겸용부분을 특별피난계단의 계단실과 별도로 구획하는 때에는 승강장을 특별피난계단의 부속실과 겸용할 수 있다.

19 다음은 건축법상 건축허가에 관한 기준 내용이다. ( ) 안에 알맞은 것은?

건축물을 건축하거나 대수선하려는 자는 특별자치시장·특별자치도지사 또는 시장·군수·구청장의 허가를 받아야 한다. 다만, ( ) 이상의 건축물 등 대통령령으로 정하는 용도 및 규모의 건축물을 특별시나 광역시에 건축하려면 특별시장이나 광역시장의 허가를 받아야 한다.

① 6층 ② 11층
③ 16층 ④ 21층

해설 건축허가

건축물을 건축 또는 대수선 하고자 하는 자는 특별자치시장·특별자치도지사 또는 시장·군수·구청장의 허가를 받아야 한다.
[단서] 층수가 21층 이상이거나 연면적의 합계가 10만m² 이상인 건축물[공장, 창고 및 지방건축위원회의 심의를 거친 건축물(초고층건축물은 제외)은 제외]의 건축(연면적의 3/10 이상을 증축하여 층수가 21층 이상으로 되거나 연면적의 합계가 10만m² 이상으로 되는 경우를 포함)은 특별시장 또는 광역시장의 허가를 받아야 한다.

20 건축물의 바깥쪽에 설치하는 피난계단의 구조에 관한 기준 내용으로 옳지 않은 것은?

① 계단의 유효너비는 0.9m 이상으로 할 것
② 계단은 내화구조로 하고 지상까지 직접 연결되도록 할 것
③ 건축물의 내부에서 계단으로 통하는 출입구에는 60+방화문 또는 60분방화문을 설치할 것
④ 계단은 그 계단으로 통하는 출입구외의 창문 등으로부터 1m 이상의 거리를 두고 설치할 것

해설 건축물 바깥쪽에 설치하는 피난계단의 구조(옥외피난계단)

㉠ 계단은 그 계단으로 통하는 출입구 외의 창문 등으로부터 2m 이상 거리를 두고 설치할 것
　[예외] 망입유리 붙박이창으로서 그 면적이 각각 1m² 이하인 것
㉡ 옥내로부터 계단으로 통하는 출입구에는 60+방화문 또는 60분방화문을 설치할 것
㉢ 계단의 유효너비는 0.9m 이상으로 할 것
㉣ 계단은 내화구조로 하고 지상까지 직접 연결되도록 할 것
㉤ 돌음계단으로 해서는 안 된다.

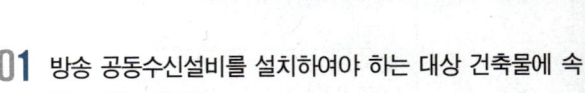

건축설비관계법규
2020년 제4회 과년도 출제문제

01 방송 공동수신설비를 설치하여야 하는 대상 건축물에 속하지 않는 것은?

① 아파트　　② 연립주택
③ 다가구주택　　④ 다세대주택

해설

건축물에는 방송수신에 지장이 없도록 공동시청 안테나, 유선방송 수신시설, 위성방송 수신설비, 에프엠(FM)라디오방송 수신설비 또는 방송 공동수신설비를 설치할 수 있다.
다만, 다음 건축물에는 방송 공동수신설비를 설치하여야 한다.
㉠ 공동주택
㉡ 바닥면적의 합계가 5,000m² 이상으로서 업무시설이나 숙박시설의 용도로 쓰는 건축물

02 건축법령상 다중이용 건축물에 속하지 않는 것은? (단, 15층 이하이며, 해당 용도로 쓰는 바닥 면적의 합계가 5000m² 이상인 건축물)

① 종교시설　　② 판매시설
③ 위락시설　　④ 의료시설 중 종합병원

해설 다중이용 건축물

• 다음 용도로 쓰는 바닥면적의 합계가 5,000m² 이상인 건축물
　1) 문화 및 집회시설(동물원·식물원은 제외)
　2) 종교시설
　3) 판매시설
　4) 운수시설 중 여객용 시설
　5) 의료시설 중 종합병원
　6) 숙박시설 중 관광숙박시설
• 16층 이상인 건축물

정답 20 ④ / 01 ③ 02 ③

03 건축물 관련 건축기준의 허용오차 범위로 옳지 않은 것은?

① 출구 너비 : 2% 이내
② 반자 높이 : 2% 이내
③ 벽체 두께 : 2% 이내
④ 바닥판 두께 : 3% 이내

해설 건축허용오차

0.5% 이내	1% 이내	2% 이내	3% 이내
건폐율	용적률	높이 출구너비 반자높이 평면길이	후퇴거리 인동거리 벽체두께 바닥판두께

04 다음은 환기구의 안전 기준 내용이다. ( ) 안에 알맞은 것은?

영 제87조제2항에 따라 환기구[건축물의 환기 설비에 부속된 급기(給氣) 및 배기(排氣)를 위한 건축구조물의 개구부(開口部)를 말한다.]는 보행자 및 건축물 이용자의 안전이 확보되도록 바닥으로부터 ( ) 이상의 높이에 설치하여야 한다.

① 1m
② 2m
③ 3m
④ 4m

해설 환기구의 안전

환기구[건축물의 환기설비에 부속된 급기 및 배기를 위한 건축구조물의 개구부를 말한다]는 보행자 및 건축물 이용자의 안전이 확보되도록 바닥으로부터 2m 이상의 높이에 설치하여야 한다.

05 다음 중 신고 대상에 속하는 용도변경은?

① 전기통신시설군에서 자동차 관련 시설군으로의 용도변경
② 근린생활시설군에서 주거업무시설군으로의 용도변경
③ 영업시설군에서 문화 및 집회시설군으로의 용도변경
④ 교육 및 복지시설군에서 산업 등의 시설군으로의 용도변경

해설 허가대상 및 신고대상의 용도변경

분류	시설군
㉠ 자동차관련 시설군	• 자동차관련시설
㉡ 산업등 시설군	• 운수시설 • 창고시설 • 공장 • 위험물저장 및 처리시설 • 자원순환관련시설 • 묘지관련시설 • 장례식장
㉢ 전기통신 시설군	• 방송통신시설 • 발전시설
㉣ 문화집회 시설군	• 문화 및 집회시설 • 종교시설 • 위락시설 • 관광휴게시설
㉤ 영업시설군	• 판매시설 • 운동시설 • 숙박시설 • 제2종 근린생활시설 중 다중생활시설
㉥ 교육 및 복지시설군	• 의료시설 • 교육연구시설 • 노유자시설 • 수련시설 • 야영장시설
㉦ 근린생활 시설군	• 제1종 근린생활시설 • 제2종 근린생활시설(다중생활시설은 제외)
㉧ 주거업무 시설군	• 단독주택 • 공동주택 • 업무시설 • 교정 및 군사시설
㉨ 기타 시설군	• 동물 및 식물관련시설

※ 절차 :
1. 허가대상 : 상위시설군(오름차순)에 해당하는 용도로 변경하는 행위
2. 신고대상 : 하위시설군(내림차순)에 해당하는 용도로 변경하는 행위
3. 건축물대장 기재변경 신청 : 동일한 시설군내에서 용도변경 하는 행위

06 건축법령상 제1종 근린생활시설에 속하지 않는 것은?

① 이용원
② 치과의원
③ 마을회관
④ 일반음식점

해설

일반음식점은 제2종 근린생활시설에 속한다.

정답 03 ③ 04 ② 05 ② 06 ④

07 다음은 옥내소화전설비를 설치하여야 하는 특정소방대상물에 대한 기준 내용이다. ( ) 안에 알맞은 것은?

> 연면적 3000m² 이상(지하가 중 터널은 제외 한다)이거나 지하층·무창층(축사는 제외한다) 또는 층수가 4층 이상인 것 중 바닥면적이 ( ) 이상인 층이 있는 것은 모든 층

① 300m²　　② 600m²
③ 1000m²　　④ 1200m²

[해설]
연면적 3,000m² 이상인 소방대상물(지하가 중 터널을 제외)이거나 지하층·무창층(축사는 제외) 또는 층수가 4층 이상인 층 중 바닥면적이 600m² 이상인 층이 있는 것은 모든 층에 옥내소화전설비를 설치하여야 한다.

08 다음의 소방시설 중 소화활동설비에 속하지 않는 것은?

① 제연설비　　② 비상방송설비
③ 연소방지설비　　④ 무선통신보조설비

[해설] 소방시설
소화설비·경보설비·피난구조설비·소화용수설비 그 밖에 소화활동설비를 말한다.
※ 소화활동설비 : 화재를 진압하거나 인명구조활동을 위하여 사용하는 설비
① 제연설비　② 연결송수관설비　③ 연결살수설비
④ 비상콘센트설비　⑤ 무선통신보조설비
⑥ 연소방지설비
☞ 비상방송설비는 경보설비에 속한다.

09 건축물의 에너지절약설계기준에 따른 건축부문의 권장사항으로 옳지 않은 것은?

① 공동주택은 인동간격을 넓게 하여 저층부의 일사수열량을 증대시킨다.
② 건축물의 체적에 대한 외피면적의 비 또는 연면적에 대한 외피면적의 비는 가능한 크게 한다.
③ 거실의 층고 및 반자 높이는 실의 용도와 기능에 지장을 주지 않는 범위 내에서 가능한 낮게 한다.
④ 건물의 창 및 문은 가능한 작게 설계하고, 특히 열손실이 많은 북측 거실의 창 및 문의 면적은 최소화한다.

[해설]
건축물의 체적에 대한 외피면적의 비 또는 연면적에 대한 외피면적의 비는 가능한 작게 한다.

10 건축물의 설비기준 등에 관한 규칙에 따라 피뢰설비를 설치하여야 하는 대상 건축물의 높이 기준은?

① 10m 이상　　② 15m 이상
③ 20m 이상　　④ 30m 이상

[해설]
낙뢰의 우려가 있는 건축물 또는 높이 20m 이상의 건축물 또는 공작물로서 높이 20m 이상의 공작물(건축물에 공작물을 설치하여 그 전체높이가 20m 이상인 것 포함)에는 건축물의 설비기준 등에 관한 규칙에 적합하게 피뢰설비를 설치하여야 한다.

11 교육연구시설 중 학교의 교실 간 소음 방지를 위해 설치하는 경계벽의 구조로 옳지 않은 것은?

① 석조로서 두께가 15cm인 것
② 철근콘크리트조로서 두께가 12cm인 것
③ 무근콘크리트조로서 두께가 15cm인 것
④ 콘크리트블록조로서 두께가 15cm인 것

[해설] 경계벽 및 칸막이벽 대상 건축물의 차음구조 기준

벽체의 구조	두께 기준
철근콘크리트조, 철골철근콘크리트조	10cm 이상
무근콘크리트조, 석조	10cm 이상 (시멘트모르타르, 회반죽 또는 석고 플라스터의 바름두께 포함)
콘크리트 블록조, 벽돌조	19cm 이상

[예외] 다가구주택 및 공동주택 세대간의 경계벽은 주택건설기준에 관한 규정에 따른다.

정답 07 ②　08 ②　09 ②　10 ③　11 ④

12 욕실 또는 조리장의 바닥과 그 바닥으로부터 높이 1m까지의 안벽의 마감을 내수재료로 하여야 하는 대상에 속하지 않는 것은?

① 아파트의 욕실
② 숙박시설의 욕실
③ 제1종 근린생활시설 중 목욕장의 욕실
④ 제1종 근린생활시설 중 휴게음식점의 조리장

해설 내수재료의 마감

제1종 근린생활시설 중 일반목욕장과 휴게음식점 및 제과점의 조리장, 제2종 근린생활시설 중 일반음식점과 휴게음식점 및 제과점의 조리장과 숙박시설의 욕실부분에는 그 바닥으로부터 높이 1m까지의 안벽의 마감을 내수재료로 하여야 한다.

※ 내수재료(耐水材料)란 벽돌, 자연석, 인조석, 콘크리트, 아스팔트, 도자기질 재료, 유리 등의 내수성 건축재료를 말한다.

13 배연설비의 설치에 관한 기준 내용으로 옳지 않은 것은?

① 배연창의 유효면적은 2m² 이상으로 할 것
② 배연구는 예비전원에 의하여 열 수 있도록 할 것
③ 배연구는 연기감지기 또는 열감지기에 의하여 자동으로 열 수 있는 구조로 할 것
④ 건축물이 방화구획으로 구획된 경우에는 그 구획마다 1개소 이상의 배연창을 설치할 것

해설

배연설비에서의 배연창의 유효면적은 1m² 이상으로 당해 건축물 바닥면적의 1/100 이상으로 한다.

14 계단의 설치에 관한 기준 내용으로 옳지 않은 것은?

① 계단의 유효 높이는 1.8m 이상으로 할 것
② 중학교의 계단인 경우 단높이는 18cm 이하, 단너비는 26cm 이상으로 할 것
③ 너비 3m를 넘는 계단에는 계단의 중간에 너비 3m 이내마다 난간을 설치할 것
④ 높이 3m를 넘는 계단에는 높이 3m 이내마다 유효너비 1.2m 이상의 계단참을 설치할 것

해설 계단의 설치기준

㉠ 높이 3m를 넘는 계단에는 높이 3m 이내마다 너비 1.2m 이상의 계단참을 설치할 것
㉡ 높이 1m를 넘는 계단 및 계단참의 양측에는 난간(벽 또는 이에 대치되는 것을 포함)을 설치할 것
㉢ 너비가 3m를 넘는 계단에는 계단의 중간에 폭 3m 이내마다 난간을 설치할 것
[예외] 단높이 15cm 이하이고, 단너비 30cm 이상인 계단
㉣ 계단의 유효 높이(계단의 바닥 마감면부터 상부 구조체의 하부 마감면까지의 연직방향의 높이를 말함)는 2.1m 이상으로 할 것

15 다음 중 6층 이상의 거실면적의 합계가 6000m²인 경우, 설치하여야 하는 승용승강기의 최소 대수가 가장 많은 것은? (단, 8인승 승용승강기의 경우)

① 업무시설
② 숙박시설
③ 문화 및 집회시설 중 전시장
④ 문화 및 집회시설 중 공연장

해설 승용승강기의 설치대수를 가장 많이 하여야 하는 용도 (최소 2대 이상)

• 문화 및 집회시설(공연장·관람장·집회장)
• 판매시설(도매시장·소매시장·상점)
• 의료시설(병원·격리병원)
[대수 산정식] $N = 2 + \dfrac{A - 3{,}000\text{m}^2}{2{,}000\text{m}^2}$

※ 승용승강기 설치대수(강 > 약 순서)
문화 및 집회시설(공연장·집회장·관람장), 판매시설(도매시장·소매시장·상점), 의료시설 > 문화 및 집회시설(전시장, 동·식물원), 업무시설, 숙박시설, 위락시설 > 공동주택, 교육연구시설, 노유자시설, 기타 시설

16 판매시설의 경우, 모든 층에 스프링클러설비를 설치하여야 하는 특정소방대상물 기준으로 옳은 것은?

① 바닥면적 합계가 3000m² 이상인 것
② 바닥면적 합계가 5000m² 이상인 것
③ 바닥면적 합계가 7000m² 이상인 것
④ 바닥면적 합계가 10000m² 이상인 것

해설

판매시설로서 바닥면적의 합계가 5000m² 이상이거나 수용인원이 500명 이상인 경우의 모든 층에는 스프링클러설비를 설치하여야 하는 특정소방대상물이다.

정답 12 ① 13 ① 14 ① 15 ④ 16 ②

17 건축물의 에너지절약 설계기준에 따른 야간단열장치의 총열관류저항은 최소 얼마 이상이 되어야 하는가?

① $0.1m^2 \cdot K/W$ 이상
② $0.2m^2 \cdot K/W$ 이상
③ $0.3m^2 \cdot K/W$ 이상
④ $0.4m^2 \cdot K/W$ 이상

해설
건축물 에너지절약 설계기준에 따른 야간단열장치는 창의 야간 열손실을 방지할 목적으로 설치하는 단열셔터, 단열덧문으로서 총열관류저항(열관류율의 역수)이 $0.4m^2 \cdot K/W$ 이상인 것을 말한다.
☞ 상기 규정은 22.7.29 삭제됨

18 건축허가등을 할 때 미리 소방본부장 또는 소방서장의 동의를 받아야 하는 대상 건축물의 층수 기준은?

① 3층 이상   ② 6층 이상
③ 10층 이상 ④ 12층 이상

해설 소방본부장 또는 소방서장의 건축허가 및 사용 승인에 대한 동의 대상 건축물의 범위
1. 연면적이 $400m^2$(학교시설의 경우 $100m^2$, 노유자시설 및 수련시설의 경우 $200m^2$, 정신의료기관, 장애인 의료재활시설의 경우 $300m^2$) 이상인 건축물
2. 차고·주차장 또는 주차용도로 사용되는 시설로서 다음에 해당하는 것
   ① 차고·주차장으로 사용되는 층 중 바닥면적이 $200m^2$ 이상인 층이 있는 시설
   ② 승강기 등 기계장치에 의한 주차시설로서 자동차 20대 이상을 주차할 수 있는 시설
3. 지하층 또는 무창층이 있는 건축물로서 바닥면적 $150m^2$(공연장의 경우에는 $100m^2$) 이상인 층이 있는 것
4. 면적에 관계없이 동의 대상
   ① 층수가 6층 이상인 건축물
   ② 항공기격납고, 관망탑, 항공관제탑, 방송용 송수신탑
   ③ 위험물저장 및 처리시설, 지하구
   ④ 노인 관련 시설, 아동복지시설(아동상담소, 아동전용시설 및 지역아동센터는 제외)
   ⑤ 장애인 거주시설, 정신질환자 관련 시설, 노숙인 관련 시설 중 노숙인자활시설, 노숙인재활시설 및 노숙인요양시설, 결핵환자나 한센인이 24시간 생활하는 노유자시설
   ⑥ 요양병원(정신병원, 의료재활시설 제외)

19 주요구조부를 내화구조로 하여야 하는 대상 건축물 기준으로 옳지 않은 것은?

① 종교시설의 용도로 쓰는 건축물로서 집회실의 바닥면적의 합계가 $200m^2$ 이상인 건축물
② 장례시설의 용도로 쓰는 건축물로서 집회실의 바닥면적의 합계가 $200m^2$ 이상인 건축물
③ 판매시설의 용도로 쓰는 건축물로서 그 용도로 쓰는 바닥면적의 합계가 $500m^2$ 이상인 건축물
④ 공장의 용도로 쓰는 건축물로서 그 용도로 쓰는 바닥면적의 합계가 $1000m^2$ 이상인 건축물

해설
공장의 용도에 쓰이는 건축물로서 그 용도로 쓰이는 바닥면적의 합계가 $2,000m^2$ 이상인 건축물은 주요구조부를 내화구조로 하여야 한다.

20 건축물의 바깥쪽에 설치하는 피난계단의 구조에 관한 기준 내용으로 옳지 않은 것은?

① 계단의 유효너비는 0.9m 이상으로 할 것
② 계단은 내화구조로 하고 지상까지 직접 연결되도록 할 것
③ 건축물의 내부에서 계단으로 통하는 출입구에는 60+방화문 또는 60분방화문을 설치할 것
④ 계단은 그 계단으로 통하는 출입구외의 창문 등으로부터 1m 이상의 거리를 두고 설치할 것

해설 건축물 바깥쪽에 설치하는 피난계단의 구조(옥외피난계단)
㉠ 계단은 그 계단으로 통하는 출입구 외의 창문 등으로부터 2m 이상 거리를 두고 설치할 것
   [예외] 망입유리 붙박이창으로서 그 면적이 각각 $1m^2$ 이하인 것
㉡ 옥내로부터 계단으로 통하는 출입구에는 60+방화문 또는 60분방화문을 설치할 것
㉢ 계단의 유효너비는 0.9m 이상으로 할 것
㉣ 계단은 내화구조로 하고 지상까지 직접 연결되도록 할 것
㉤ 돌음계단으로 해서는 안 된다.

정답 17 ④   18 ②   19 ④   20 ④

건축설비관계법규
2021년 제1회 과년도 출제문제

01 문화 및 집회시설 중 공연장의 개별관람실의 출구를 관람실별로 2개소 이상 설치해야 하는 개별관람실의 바닥면적 기준은?

① 150m² 이상 ② 300m² 이상
③ 450m² 이상 ④ 600m² 이상

해설 공연장의 개별 관람실의 출구기준

관람실의 바닥면적이 300m² 이상인 경우의 출구는 다음 조건에 적합하여야 한다.
㉠ 관람실별로 2개소 이상 설치할 것
㉡ 각 출구의 유효폭은 1.5m 이상일 것
㉢ 개별 관람실 출구의 유효폭의 합계는 개별 관람실의 바닥면적 100m² 마다 0.6m 이상의 비율로 산정한 폭 이상일 것
※ 개별 관람실 출구의 유효너비의 합계는 최소 3.0m 이상으로 한다.

02 건축물의 에너지절약설계기준에 따른 기계부문의 권장사항 내용으로 옳지 않은 것은?

① 열원설비는 부분부하 및 전부하 운전효율이 좋은 것을 선정한다.
② 위생설비 급탕용 저탕조의 설계온도는 55℃ 이하로 하고 필요한 경우에는 부스터히터 등으로 승온하여 사용한다.
③ 난방기기, 냉방기기, 냉동기, 송풍기, 펌프 등은 부하조건에 따라 최고의 성능을 유지 할 수 있도록 대수분할 또는 비례제어운전이 되도록 한다.
④ 청정실 등 특수 용도의 공간 외에는 실내공기의 오염도가 허용치의 1.5배를 초과하지 않는 범위 내에서 최대한의 외기도입이 가능하도록 계획한다.

해설 환기 및 제어설비

청정실 등 특수 용도의 공간 외에는 실내공기의 오염도가 허용치를 초과하지 않는 범위 내에서 최소한의 외기도입이 가능하도록 계획한다.
☞ 상기 ②항 규정은 22.7.29 삭제됨

03 공동주택과 오피스텔의 난방설비를 개별난방방식으로 하는 경우에 관한 기준 내용으로 옳지 않은 것은?

① 보일러의 연도는 내화구조로서 공동연도로 설치할 것
② 오피스텔의 경우에는 난방구획을 방화구획으로 구획할 것
③ 보일러실의 윗부분에는 그 면적이 0.5m² 이상인 환기창을 설치할 것
④ 보일러실의 윗부분과 아랫부분에는 공기 흡입구 및 배기구를 항상 닫혀있도록 설치할 것

해설

공동주택과 오피스텔의 난방설비를 개별난방방식으로 하는 경우의 보일러실 환기
㉠ 윗부분에 0.5m² 이상의 환기창 설치
㉡ 지름 10cm 이상의 공기흡입구 및 배기구를 항상 열려진 상태로 외기와 접하도록 설치(단, 전기보일러 경우는 제외)

04 건축물을 건축하거나 대수선하는 경우 해당 건축물의 설계자가 국토교통부령으로 정하는 구조기준 등에 따라 그 구조의 안전을 확인한 건축물 중 건축물의 건축주가 해당 건축물의 설계자로부터 구조 안전의 확인 서류를 받아 착공신고 시 허가권자에게 제출하여야 하는 대상 건축물 기준으로 옳지 않은 것은? (단, 표준설계도서에 따라 건축하는 건축물은 제외)

① 단독주택
② 높이가 13m 이상인 건축물
③ 처마높이가 8m 이상인 건축물
④ 기둥과 기둥 사이의 거리가 10m 이상인 건축물

정답 01 ② 02 ④ 03 ④ 04 ③

해설 구조계산에 의한 구조안전의 확인 대상 건축물

구 분	구조계산 대상 건축물
1. 층수	2층 이상 (기둥과 보가 목재인 목구조 경우 : 3층 이상)
2. 연면적	200m² (목구조 : 500m²) 이상인 건축물 (창고, 축사, 작물 재배사 및 표준설계도서에 따라 건축하는 건축물은 제외)
3. 높이	13m 이상
4. 처마높이	9m 이상
5. 경간	10m 이상 * 경간 : 기둥과 기둥 사이의 거리(기둥이 없는 경우에는 내력벽과 내력벽 사이의 거리를 말함)
6. 국토교통부령으로 정하는 지진구역의 건축물	
7. 국가적 문화유산으로 보존할 가치가 있는 박물관·기념관 등으로서 연면적의 합계가 5,000m² 이상인 건축물	
8. 특수구조 건축물 중 3m 이상 돌출된 건축물과 특수한 설계·시공·공법 등이 필요한 건축물	
9. 단독주택 및 공동주택	

05 다음의 창문 등의 차면시설의 설치에 관한 기준 내용 중 ( )안에 알맞은 것은?

> 인접 대지경계선으로부터 직선거리 ( ) 이내에 이웃 주택의 내부가 보이는 창문 등을 설치하는 경우에는 차면시설을 설치하여야 한다.

① 1m ② 2m
③ 3m ④ 4m

해설
인접대지경계선으로부터 직선거리 2m 이내에 이웃 주택의 내부가 보이는 창문 등을 설치하는 경우에는 차면시설(遮面施設)을 설치하여야 한다.

06 건축법령상 고층건축물의 정의로 옳은 것은?

① 층수가 30층 이상이거나 높이가 90m 이상인 건축물
② 층수가 30층 이상이거나 높이가 120m 이상인 건축물
③ 층수가 50층 이상이거나 높이가 150m 이상인 건축물
④ 층수가 50층 이상이거나 높이가 200m 이상인 건축물

해설

초고층 건축물	층수가 50층 이상이거나 높이가 200m 이상인 건축물
준초고층 건축물	고층건축물 중 초고층 건축물이 아닌 것
고층 건축물	층수가 30층 이상이거나 높이가 120m 이상인 건축물

07 다음은 특정소방대상물의 소방시설 설치의 면제에 관한 기준 내용이다. ( ) 안에 알맞은 것은?

> 비상경보설비 또는 단독경보형 감지기를 설치하여야 하는 특정소방대상물에 ( )를 화재안전기준에 적합하게 설치한 경우에는 그 설비의 유효범위에서 설치가 면제된다.

① 비상방송설비   ② 자동화재탐지설비
③ 자동화재속보설비 ④ 무선통신보조설비

해설
비상경보설비 또는 단독경보형 감지기를 설치하여야 하는 특정소방대상물에 자동화재탐지설비를 화재안전기준에 적합하게 설치한 경우에는 그 설비의 유효범위에서 설치가 면제된다.

정답 05 ② 06 ② 07 ②

08. 건축물의 출입구에 설치하는 회전문에 관한 기준 내용으로 옳지 않은 것은?

① 계단이나 에스컬레이터로부터 2m 이상의 거리를 둘 것
② 출입에 지장이 없도록 일정한 방향으로 회전하는 구조로 할 것
③ 회전문의 회전속도는 분당회전수가 10회를 넘지 아니하도록 할 것
④ 회전문의 중심축에서 회전문과 문틀 사이의 간격을 포함한 회전문날개 끝부분까지의 길이는 140cm 이상이 되도록 할 것

해설 회전문의 설치

㉠ 계단이나 에스컬레이터로부터 2m 이상의 거리를 둘 것
㉡ 출입에 지장이 없도록 일정한 방향으로 회전하는 구조로 할 것
㉢ 회전문의 중심축에서 회전문과 문틀 사이의 간격을 포함한 회전문날개 끝부분까지의 길이는 140cm 이상이 되도록 할 것
㉣ 회전문의 회전속도는 분당회전수가 8회를 넘지 아니하도록 할 것

09. 다음 중 건축기준의 허용오차로 옳지 않은 것은?

① 건축선의 후퇴거리 : 3% 이내
② 건축물의 벽체두께 : 3% 이내
③ 건축물의 출구너비 : 5% 이내
④ 인접건축물과의 거리 : 3% 이내

해설 건축허용오차

0.5% 이내	1% 이내	2% 이내	3% 이내
건폐율	용적률	높이 출구너비 반자높이 평면길이	후퇴거리 인동거리 벽체두께 바닥판두께

10. 급수·배수·환기·난방설비를 설치하는 경우 건축기계설비기술사 또는 공조냉동기계기술사의 협력을 받아야 하는 대상 건축물에 속하지 않는 것은?

① 아파트
② 의료시설로서 해당 용도에 사용되는 바닥면적의 합계가 2000m² 인 건축물
③ 업무시설로서 해당 용도에 사용되는 바닥면적의 합계가 2000m² 인 건축물
④ 숙박시설로서 해당 용도에 사용되는 바닥면적의 합계가 2000m² 인 건축물

해설 건축설비기술사·공조냉동기계기술사의 협력을 받아야 하는 에너지 대량소비 건축물 대상(바닥면적 합계 기준)

㉠ 500m² 이상 : 냉동냉장시설, 항온항습시설, 특수청정시설
㉡ 규모에 관계없이 : 아파트 및 연립주택
㉢ 500m² 이상 : 목욕장(제1종 근린생활시설), 실내수영장(운동시설), 실내물놀이형시설
㉣ 2,000m² 이상 : 기숙사, 병원(의료시설), 유스호스텔(수련시설), 숙박시설
㉤ 3,000m² 이상 : 연구소(교육연구시설), 업무시설, 판매시설
㉥ 10,000m² 이상 : 문화 및 집회시설(동·식물원 제외), 종교시설, 장례식장, 교육연구시설(연구소 제외)

11. 6층 이상의 건축물로서 판매시설의 거실에 설치하는 배연설비에 관한 기준 내용으로 옳지 않은 것은?(단, 피난층의 거실이 아닌 경우)

① 배연창의 유효면적은 최소 1.5m² 이상으로 할 것
② 배연구는 예비전원에 의하여 열 수 있도록 할 것
③ 배연창의 상변과 천장 또는 반자로부터 수직 거리가 0.9m 이내일 것
④ 배연구는 연기감지기 또는 열감지기에 의하여 자동으로 열 수 있는 구조로 할 것

정답 08 ③ 09 ③ 10 ③ 11 ①

해설
배연설비에서의 배연창의 유효면적은 1m² 이상으로 당해 건축물 바닥면적의 1/100 이상으로 한다.
※ 배연설비에서 방화구획마다 1개소 이상의 배연창을 설치하되, 배연창의 상변과 천장 또는 반자로부터 수직거리가 0.9m 이내일 것(단, 반자높이가 바닥으로부터 3m 이상인 경우에는 배연창의 하변이 바닥으로부터 2.1m 이상의 위치에 놓이도록 설치하여야 한다)

12 특정소방대상물이 아파트인 경우 특급 소방안전관리대상물 기준으로 옳은 것은? (단, 층수는 지하층을 제외한 층수이다.)

① 30층 이상이거나 지상으로부터 높이가 90m 이상인 아파트
② 30층 이상이거나 지상으로부터 높이가 120m 이상인 아파트
③ 50층 이상이거나 지상으로부터 높이가 150m 이상인 아파트
④ 50층 이상이거나 지상으로부터 높이가 200m 이상인 아파트

해설 특급 소방안전관리 대상물
㉠ 50층 이상(지하층은 제외)이거나 지상으로부터 높이가 200m 이상인 아파트
㉡ 30층 이상(지하층을 포함)이거나 지상으로부터 높이가 120m 이상인 특정소방대상물(아파트는 제외함)
㉢ ㉡에 해당하지 않는 연면적이 200,000m² 이상인 것(아파트는 제외함)

13 건축물에 설치하는 굴뚝의 옥상 돌출부는 지붕면으로부터의 수직거리를 최소 얼마 이상으로 하여야 하는가?

① 0.5m 이상   ② 0.7m 이상
③ 0.9m 이상   ④ 1.0m 이상

해설 건축물에 설치하는 굴뚝에 관한 기준
㉠ 굴뚝의 옥상 돌출부는 지붕면으로부터의 수직거리를 1m 이상으로 할 것
㉡ 굴뚝의 상단으로부터 수평거리 1m 이내에 다른 건축물이 있는 경우에는 그 건축물의 처마보다 1m 이상 높게 할 것
㉢ 금속제 또는 석면제 굴뚝으로서 건축물의 지붕속반자위 및 가장 아랫바닥 밑에 있는 굴뚝의 부분은 금속 외의 불연재료로 덮을 것
㉣ 금속제 또는 석면제 굴뚝은 목재 기타 가연재료로부터 15cm 이상 떨어져서 설치할 것

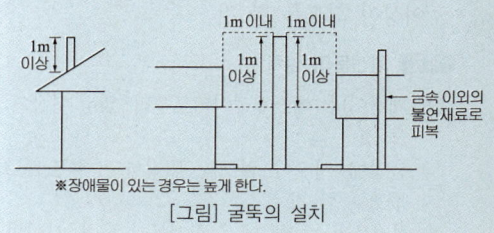

[그림] 굴뚝의 설치

14 비상콘센트설비를 설치하여야 하는 특정소방대상물 기준으로 옳지 않은 것은? (단, 위험물 저장 및 처리 시설 중 가스시설 또는 지하구는 제외)

① 지하가 중 터널로서 길이가 500m 이상인 것
② 층수가 11층 이상인 특정소방대상물의 경우에는 11층 이상의 층
③ 판매시설로서 해당 용도로 사용되는 부분의 바닥면적의 합계가 1000m² 이상인 것
④ 지하층의 층수가 3층 이상이고 지하층의 바닥면적의 합계가 1000m² 이상인 것은 지하층의 모든 층

해설 비상콘센트설비를 설치하여야 하는 특정소방대상물(가스시설 또는 지하구를 제외)
㉠ 지하층을 포함하는 층수가 11층 이상인 특정소방대상물의 경우에는 11층 이상의 층
㉡ 지하층의 층수가 3개층 이상이고 지하층의 바닥면적의 합계가 1,000m² 이상인 것은 지하층의 모든 층
㉢ 지하가 중 터널로서 길이가 500m 이상인 것

정답 12 ④   13 ④   14 ③

15 다음의 소방시설 중 피난구조설비에 속하지 않는 것은?

① 공기호흡기   ② 비상조명등
③ 피난유도선   ④ 비상콘센트설비

해설

소방시설 : 소화설비·경보설비·피난구조설비·소화용수설비 그 밖에 소화활동설비를 말한다.
※ 피난구조설비 : 미끄럼대·피난사다리·구조대·완강기·피난교·피난밧줄·공기 안전매트 그 밖의 피난기구, 방열복·공기호흡기 및 인공소생기("인명구조기구"라 함), 유도등 및 유도표지, 비상조명등 및 휴대용비상조명등
☞ 소화활동설비 : 제연설비, 연결송수관설비, 연결살수설비, 비상콘센트설비, 무선통신보조설비, 연소방지설비

16 바닥면적이 100m²인 초등학교 교실에 채광을 위하여 설치하여야 하는 창문등의 면적은 최소 얼마 이상이어야 하는가? (단, 거실의 용도에 따른 조도기준 이상의 조명 장치를 설치하지 않은 경우)

① 5m²   ② 10m²
③ 20m²   ④ 50m²

해설 거실의 채광 및 환기

구분	건축물의 용도	창문 등의 면적	예외규정
채광	•단독주택의 거실 •공동주택의 거실 •학교의 교실	거실 바닥면적의 1/10 이상	거실의 용도에 따른 조도기준 [별표 1]의 조도 이상의 조명
환기	•의료시설의 병실 •숙박시설의 객실	거실 바닥면적의 1/20 이상	기계장치 및 중앙관리방식의 공기조화설비를 설치한 경우

∴ 채광면적=100m²×1/10=10m²

17 건축물의 냉방설비에 대한 설치 및 설계기준상 다음과 같이 정의되는 용어는?

> 심야시간에 물을 냉각시켜 축열조에 저장하였다가 그 밖의 시간에 이를 냉방에 이용하는 냉방설비

① 전체축냉방식   ② 빙축열식 냉방설비
③ 수축열식 냉방설비   ④ 잠열축열식 냉방설비

해설 축냉식 전기냉방설비

구분	내용
빙축열식 냉방설비	심야시간에 얼음을 제조하여 축열조에 저장하였다가 기타시간에 이를 녹여 냉방에 이용하는 냉방설비를 말한다.
수축열식 냉방설비	심야시간에 물을 냉각시켜 축열조에 저장하였다가 기타시간에 이를 냉방에 이용하는 냉방설비를 말한다.
잠열축열식 냉방설비	포접화합물(Clathrate)이나 공융염(Eutectic Salt) 등의 상변화물질을 심야시간에 냉각시켜 동결한 후 기타시간에 이를 녹여 냉방에 이용하는 냉방설비를 말한다.

18 특별시나 광역시에 건축하는 경우 특별시장이나 광역시장의 허가를 받아야 하는 대상 건축물의 층수 기준은?

① 층수가 10층 이상인 건축물
② 층수가 15층 이상인 건축물
③ 층수가 21층 이상인 건축물
④ 층수가 31층 이상인 건축물

해설 건축허가

건축물을 건축하거나 대수선하려는 자는 특별자치시장·특별자치도지사 또는 시장·군수·구청장의 허가를 받아야 한다. 다만, 21층 이상의 건축물 등 대통령령으로 정하는 용도 및 규모의 건축물을 특별시나 광역시에 건축하려면 특별시장이나 광역시장의 허가를 받아야 한다.

정답 15 ④   16 ②   17 ③   18 ③

19 다음 건축물의 용도 중 6층 이상의 거실면적의 한계가 3000m²인 경우 설치하여야 하는 승용승강기의 최소 대수가 가장 적은 것은? (단, 8인승 승강기의 경우)

① 의료시설
② 판매시설
③ 숙박시설
④ 문화 및 집회시설 중 공연장

[해설] 승용승강기 설치대수(강 > 약 순서)

문화 및 집회시설(공연장·집회장·관람장), 판매시설(도매시장·소매시장·상점), 의료시설 > 문화 및 집회시설(전시장, 동·식물원), 업무시설, 숙박시설, 위락시설 > 공동주택, 교육연구시설, 노유자시설, 기타 시설
※ 승용승강기의 설치대수를 가장 많이 하여야 하는 용도
- 문화 및 집회시설(공연장·관람장·집회장)
- 판매시설(도매시장·소매시장·상점)
- 의료시설(병원·격리병원)

20 다음 중 건축법령에 따른 용도별 건축물의 종류가 옳지 않은 것은?

① 단독주택 – 다중주택
② 묘지관련시설 – 장례식장
③ 문화 및 집회시설 – 수족관
④ 자원순환 관련시설 – 고물상

[해설] 묘지관련시설
㉠ 화장시설
㉡ 봉안당(종교시설에 해당하는 것은 제외한다)
㉢ 묘지와 자연장지에 부수되는 건축물
㉣ 동물화장시설, 동물건조장(乾燥葬)시설 및 동물 전용의 납골시설

건축설비관계법규
2021년 제2회 과년도 출제문제

01 다음은 건축법령상 건축신고와 관련된 기준 내용이다. ( ) 안에 속하지 않는 것은?

허가 대상 건축물이라 하더라도 바닥면적의 합계가 85m² 이내의 ( )의 경우에는 미리 특별자치시장·특별자치도지사 또는 시장·군수·구청장에게 국토교통부령으로 정하는 바에 따라 신고를 하면 건축허가를 받은 것으로 본다.

① 신축   ② 증축
③ 개축   ④ 재축

[해설] 신고대상 행위(건축신고)

허가 대상 건축물이라 하더라도 다음에 해당하는 경우에는 미리 특별자치시장·특별자치도지사 또는 시장·군수·구청장에게 국토교통부령으로 정하는 바에 따라 신고를 하면 건축허가를 받은 것으로 본다.
㉠ 바닥면적의 합계가 85m² 이내의 증축·개축 또는 재축(3층 이상 건축물인 경우에는 증축·개축 또는 재축하려는 부분의 바닥면적의 합계가 건축물 연면적의 1/10 이내인 경우로 한정)
㉡ 국토의 계획 및 이용에 관한 법률에 따른 관리지역, 농림지역 또는 자연환경보전지역에서 연면적이 200m² 미만이고 3층 미만인 건축물의 건축(단, 지구단위계획구역의 건축과 방재지구와 붕괴위험지역의 건축은 제외)
㉢ 연면적이 200m² 미만이고 3층 미만인 건축물의 대수선
㉣ 주요구조부의 해체가 없는 대수선
㉤ 기타 소규모 건축물

02 건축법령상 공동주택에 속하지 않는 것은?

① 기숙사   ② 연립주택
③ 다가구주택   ④ 다세대주택

[정답] 19 ③ 20 ② / 01 ① 02 ③

> **해설** 주택의 분류
>
> ① 단독주택
>   ㉠ 단독주택
>   ㉡ 다중주택(연면적 660m² 이하, 3층 이하)
>   ㉢ 다가구주택(바닥면적합계 660m² 이하, 3개층 이하, 19세대 이하)
>   ㉣ 공관
> ② 공동주택
>   ㉠ 다세대주택 : 4개층 이하, 동당 연면적 660m² 이하
>   ㉡ 연립주택 : 4개층 이하, 동당 연면적 660m² 초과
>   ㉢ 아파트 : 5개층 이상
>   ㉣ 기숙사

03 다음 중 건축법령상 다중이용 건축물에 속하지 않는 것은? (단, 층수가 16층 미만이며 해당 용도로 쓰는 바닥면적의 합계가 5000m² 이상인 건축물의 경우)

① 종교시설
② 판매시설
③ 업무시설
④ 숙박시설 중 관광숙박시설

> **해설** 다중이용건축물의 정의
>
> • 다음에 해당하는 용도로 쓰는 바닥면적의 합계가 5,000m² 이상인 건축물
>   1) 문화 및 집회시설(동물원·식물원은 제외)
>   2) 종교시설
>   3) 판매시설
>   4) 운수시설 중 여객용 시설
>   5) 의료시설 중 종합병원
>   6) 숙박시설 중 관광숙박시설
> • 16층 이상인 건축물

04 공동주택에서 리모델링에 대비한 특례와 관련하여 리모델링이 쉬운 구조에 해당하지 않는 것은?

① 구조체는 철골구조 또는 목구조로 구성되어 있을 것
② 구조체에서 건축설비, 내부 마감재료 및 외부 마감재료를 분리할 수 있을 것
③ 개별 세대 안에서 구획된 실의 크기, 개수 또는 위치 등을 변경할 수 있을 것
④ 각 세대는 인접한 세대와 수직 또는 수평 방향으로 통합하거나 분할할 수 있을 것

> **해설** 리모델링에 대비한 특례 등
>
> 1) 리모델링이 쉬운 공동주택의 구조
>   ① 각 세대는 인접한 세대와 수직 및 수평으로 통합하거나 분할할 수 있을 것
>   ② 구조체와 건축설비, 내부 마감재료와 외부 마감재료는 분리할 수 있을 것
>   ③ 개별 세대 안에서 구획된 실(室)의 크기, 개수 또는 위치 등을 변경할 수 있을 것
> 2) 특례적용과 완화 범위
>
> | 완화 규정 | 완화 기준 |
> |---|---|
> | 1. 용적률 | 120/100 범위 안에서 완화하여 적용 |
> | 2. 건축물의 높이제한 | |
> | 3. 일조권 | |

05 건축물의 에너지절약설계기준상 단열계획에 대한 건축부문의 권장사항으로 옳지 않은 것은?

① 외벽 부위는 내단열로 시공한다.
② 외피의 모서리 부분은 열교가 발생하지 않도록 단열재를 연속적으로 설치한다.
③ 건물의 창 및 문은 가능한 작게 설계하고, 특히 열손실이 많은 북측 거실의 창 및 문의 면적은 최소화한다.
④ 태양열 유입에 의한 냉·난방부하를 저감할 수 있도록 일사조절장치, 태양열투과율, 창 및 문의 면적비 등을 고려한 설계를 한다.

> **해설** 건축부문의 권장사항(단열계획)
>
> ㉠ 건축물 외벽, 천장 및 바닥으로의 열손실을 방지하기 위하여 기준에서 정하는 단열 두께보다 두껍게 설치하여 단열부위의 열저항을 높이도록 한다.
> ㉡ 외벽 부위는 외단열로 시공한다.
> ㉢ 발코니 확장을 하는 공동주택이나 창호면적이 큰 건물에는 단열성이 우수한 로이(Low-E) 복층창이나 삼중창 이상의 단열성능을 갖는 창호를 설치한다.
> ㉣ 태양열 유입에 의한 냉방부하 저감을 위하여 태양열 차폐장치를 설치한다.

정답 03 ③ 04 ① 05 ①

06 신축공동주택등의 기계환기설비의 설치에 관한 기준 내용으로 옳지 않은 것은?

① 기계환기설비의 환기기준은 시간당 실내공기 교환횟수로 표시한다.
② 기계환기설비는 주방 가스대 위의 공기배출장치, 화장실의 공기배출 송풍기 등 급속 환기설비와 함께 설치하여서는 안된다.
③ 세대의 환기량 조절을 위하여 환기설비의 정격풍량을 최소·적정·최대의 3단계 또는 그 이상으로 조절할 수 있는 체계를 갖춘다.
④ 하나의 기계환기설비로 세대 내 2 이상의 실에 바깥공기를 공급할 경우의 필요 환기량은 각 실에 필요한 환기량의 합계 이상이 되도록 한다.

[해설]
기계환기설비는 주방 가스대 위의 공기배출 장치, 화장실의 공기배출 송풍기 등 급속 환기 설비와 함께 설치할 수 있다.

07 다음의 소방시설 중 경보설비에 속하지 않는 것은?

① 통합감시시설　　② 비상콘센트설비
③ 자동화재탐지설비　④ 자동화재속보설비

[해설]
소방시설이란 소화설비·경보설비·피난구조설비·소화용수설비 그 밖에 소화활동설비를 말한다.
※ 경보설비 : 비상벨설비 및 자동식사이렌설비("비상경보설비"라 함), 단독경보형설비, 비상방송설비, 누전경보기, 자동화재탐지설비 및 시각경보기, 자동화재속보설비, 가스누설경보기, 통합감시시설
☞ 비상콘센트설비는 소화활동설비에 속한다.

08 방염성능기준 이상의 실내장식물 등을 설치하여야 하는 특정소방대상물에 속하지 않는 것은?

① 수영장
② 숙박시설
③ 의료시설 중 종합병원
④ 방송통신시설 중 방송국

[해설] 방염성능기준 이상의 실내장식물 등을 설치하여야 하는 특정소방대상물
㉠ 근린생활시설 중 의원, 체력단련장, 공연장 및 종교집회장
㉡ 건축물의 옥내에 있는 문화 및 집회시설, 종교시설, 운동시설(수영장은 제외)
㉢ 의료시설, 노유자시설, 숙박시설, 숙박이 가능한 수련시설,
㉣ 교육연구시설 중 합숙소
㉤ 방송통신시설 중 방송국 및 촬영소
㉥ 다중이용업소
㉦ 상기 ㉠부터 ㉥까지의 시설에 해당하지 아니하는 것으로서 층수(건축법시행령에 따라 산정한 층수)가 11층 이상인 것(아파트는 제외)

09 각 층의 거실면적의 합계가 1000m²로 동일한 15층의 문화 및 집회시설 중 공연장에 설치하여야 하는 승용승강기의 최소 대수는? (단, 15인승 승강기의 경우)

① 4대　　② 5대
③ 6대　　④ 7대

[해설]
문화 및 집회시설(공연장·관람장·집회장), 판매시설(도매시장·소매시장·상점), 의료시설(병원·격리병원)의 용도 경우
3,000m² 이하까지 2대, 3,000m² 초과하는 2,000m²당 1대를 가산한 대수로 하므로
$2 + \dfrac{(1000 \times 10) - 3,000}{2,000} = 5.5 \rightarrow 6대$
(소수점 이하는 1대로 본다)
※ 8인승 이상 15인승 이하를 기준으로 산정하며 16인승 이상의 승강기는 2대로 산정한다.

[정답] 06 ②　07 ②　08 ①　09 ③

10 건축허가 등을 할 때 미리 소방본부장 또는 소방서장의 동의를 받아야 하는 대상 건축물의 층수 기준은? (단, 층수는 건축법령에 따라 산정된 층수를 말한다.)

① 3층 이상인 건축물
② 6층 이상인 건축물
③ 10층 이상인 건축물
④ 15층 이상인 건축물

> **해설** 소방본부장 또는 소방서장의 건축허가 및 사용 승인에 대한 동의 대상 건축물의 범위
>
> 1. 연면적이 400m^2(학교시설의 경우 100m^2, 노유자시설 및 수련시설의 경우 200m^2, 정신의료기관, 장애인 의료재활시설의 경우 300m^2) 이상인 건축물
> 2. 차고·주차장 또는 주차용도로 사용되는 시설로서 다음에 해당하는 것
>   ① 차고·주차장으로 사용되는 층 중 바닥면적이 200m^2 이상인 층이 있는 시설
>   ② 승강기 등 기계장치에 의한 주차시설로서 자동차 20대 이상을 주차할 수 있는 시설
> 3. 지하층 또는 무창층이 있는 건축물로서 바닥면적이 150m^2(공연장의 경우에는 100m^2) 이상인 층이 있는 것
> 4. 면적에 관계없이 동의 대상
>   ① 층수가 6층 이상인 건축물
>   ② 항공기격납고, 관망탑, 항공관제탑, 방송용 송수신탑
>   ③ 위험물저장 및 처리시설, 지하구
>   ④ 노인 관련 시설, 아동복지시설(아동상담소, 아동전용시설 및 지역아동센터는 제외)
>   ⑤ 장애인 거주시설, 정신질환자 관련 시설, 노숙인 관련 시설 중 노숙인자활시설, 노숙인재활시설 및 노숙인요양시설, 결핵환자나 한센인이 24시간 생활하는 노유자시설
>   ⑥ 요양병원(정신병원, 의료재활시설 제외)

11 주거에 쓰이는 바닥면적의 합계가 450m^2인 주거용 건축물에 배관하는 음용수용 급수관의 최소 지름은?

① 20mm   ② 25mm
③ 32mm   ④ 40mm

> **해설** 주거용 건축물 급수관의 지름 기준
>
> | 가구 또는 세대수 | 1 | 2~3 | 4~5 | 6~8 | 9~16 | 17 이상 |
> |---|---|---|---|---|---|---|
> | 급수관 최소지름 | 15 | 20 | 25 | 32 | 40 | 50 |
>
> 1. 가구수나 세대수가 불분명한 경우에는 주거에 쓰이는 바닥면적의 합계에 따라 다음과 같이 가구수를 산정한다.
>   ① 바닥면적 85m^2 이하 : 1가구
>   ② 바닥면적 85m^2 초과, 150m^2 이하 : 3가구
>   ③ 바닥면적 150m^2 초과, 300m^2 이하 : 5가구
>   ④ 바닥면적 300m^2 초과, 500m^2 이하 : 16가구
>   ⑤ 바닥면적 500m^2 초과 : 17가구
> 2. 가압설비 등을 설치하여 급수시 각 기구에서 압력이 1cm^2 당 0.7kg 이상인 경우는 상기 1의 기준을 적용하지 않는다.

12 건축물에 설치하는 굴뚝에 관한 기준 내용으로 옳지 않은 것은?

① 금속제 굴뚝은 목재 기타 가연재료로부터 10cm 이상 떨어져서 설치할 것
② 굴뚝의 옥상 돌출부는 지붕면으로부터의 수직 거리를 1m 이상으로 할 것
③ 금속제 굴뚝으로서 건축물의 지붕속·반자위 및 가장 아랫바닥밑에 있는 굴뚝의 부분은 금속외의 불연재료로 덮을 것
④ 굴뚝의 상단으로부터 수평거리 1m 이내에 다른 건축물이 있는 경우에는 그 건축물의 처마보다 1m 이상 높게 할 것

> **해설** 건축물에 설치하는 굴뚝에 관한 기준
>
> ㉠ 굴뚝의 옥상 돌출부는 지붕면으로부터의 수직거리를 1m 이상으로 할 것
> ㉡ 굴뚝의 상단으로부터 수평거리 1m 이내에 다른 건축물이 있는 경우에는 그 건축물의 처마보다 1m 이상 높게 할 것
> ㉢ 금속제 또는 석면제 굴뚝으로서 건축물의 지붕속·반자위 및 가장 아랫바닥 밑에 있는 굴뚝의 부분은 금속 외의 불연재료로 덮을 것

정답 10 ② 11 ④ 12 ①

㉣ 금속제 또는 석면제 굴뚝은 목재 기타 가연재료로부터 15cm 이상 떨어져서 설치할 것

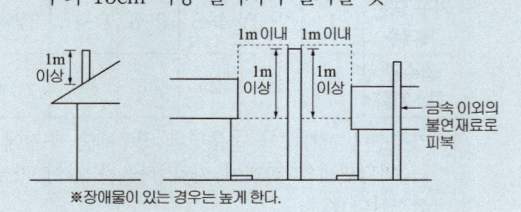

※장애물이 있는 경우는 높게 한다.

13 문화 및 집회시설 중 공연장의 개별 관람실의 출구에 관한 기준 내용으로 옳지 않은 것은?
(단, 개별 관람실의 바닥면적은 300m²이다.)

① 관람실별로 2개소 이상 설치할 것
② 각 출구의 유효너비는 1.5m 이상일 것
③ 관람실로부터 바깥쪽으로의 출구로 쓰이는 문은 안여닫이로 할 것
④ 개별 관람실 출구의 유효너비의 합계는 개별 관람실의 바닥면적 100m² 마다 0.6m의 비율로 산정한 너비 이상으로 할 것

[해설] 공연장의 개별 관람실의 출구기준

관람실의 바닥면적이 300m² 이상인 경우의 출구는 다음 조건에 적합하여야 한다.
㉠ 관람실별로 2개소 이상 설치할 것
㉡ 각 출구의 유효폭은 1.5m 이상일 것
㉢ 개별 관람실 출구의 유효폭의 합계는 개별 관람실의 바닥면적 100m² 마다 0.6m 이상의 비율로 산정한 폭 이상일 것
☞ 개별 관람실 출구의 유효너비의 합계는 최소 3.0m 이상으로 한다.
※ 문화 및 집회 시설 등의 출구방향
문화 및 집회 시설(전시장 및 동·식물원 제외), 300m² 이상인 공연장·종교집회장, 종교시설, 위락시설, 장례식장의 용도에 쓰이는 건축물의 관람실 또는 집회실로부터 밖으로의 출구에 쓰이는 문은 안여닫이로 해서는 안 된다.(밖여닫이)

14 건축물의 옥상에 헬리포트를 설치하거나 헬리콥터를 통하여 인명 등을 구조할 수 있는 공간을 확보하여야 하는 대상 건축물 기준으로 옳은 것은? (단, 건축물의 지붕을 평지붕으로 하는 경우)

① 11층 이상인 층의 바닥면적의 합계가 3000m² 이상인 건축물
② 11층 이상인 층의 바닥면적의 합계가 5000m² 이상인 건축물
③ 11층 이상인 층의 바닥면적의 합계가 10000m² 이상인 건축물
④ 11층 이상인 층의 바닥면적의 합계가 12000m² 이상인 건축물

[해설] 헬리포트의 설치

층수가 11층 이상인 건축물로서 11층 이상인 층의 바닥면적의 합계가 10,000m² 이상인 건축물의 옥상에는 다음의 구분에 따른 공간을 확보하여야 한다.
1. 건축물의 지붕을 평지붕으로 하는 경우 : 헬리포트를 설치하거나 헬리콥터를 통하여 인명 등을 구조할 수 있는 공간
2. 건축물의 지붕을 경사지붕으로 하는 경우 : 경사지붕 아래에 설치하는 대피공간

15 건축물에 급수·배수·환기·난방설비를 설치하는 경우, 건축기계설비기술사 또는 공조냉동기계기술사의 협력을 받아야 하는 대상 건축물의 연면적 기준은? (단, 창고시설은 제외)

① 3000m² 이상   ② 5000m² 이상
③ 10000m² 이상 ④ 15000m² 이상

[해설]

연면적 10,000m² 이상(창고시설을 제외)인 건축물에 급수·배수·난방 및 환기의 건축설비를 설치하는 경우 건축기계설비기술사 또는 공조냉동기계기술사의 협력을 받아야 한다.

16 계단의 설치에 관한 기준 내용으로 옳지 않은 것은?

① 중학교의 계단인 경우, 단너비는 26cm 이상으로 한다.
② 초등학교의 계단인 경우, 단너비는 26cm 이상으로 한다.
③ 판매시설 중 상점인 경우, 계단 및 계단참의 유효너비는 90cm 이상으로 한다.
④ 문화 및 집회시설 중 공연장의 경우, 계단 및 계단참의 유효너비는 120cm 이상으로 한다.

해설 계단의 구조

㉠ 계단 및 계단참의 너비(옥내계단에 한함)·단높이·단너비

(단위 : cm)

계단의 종류	계단 및 계단참의 폭	단높이	단너비
• 초등학교의 계단	150 이상	16 이하	26 이상
• 중·고등학교의 계단	150 이상	18 이하	26 이상
• 문화 및 집회시설(공연장, 집회장, 관람장에 한함) • 판매시설(도매시장·소매시장·상점에 한함) • 바로 위층 거실 바닥면적 합계가 200m² 이상인 계단 • 거실의 바닥면적 합계가 100m² 이상인 지하층의 계단 • 기타 이와 유사한 용도에 쓰이는 건축물의 계단	120 이상	-	-
• 기타의 계단	60 이상	-	-
• 작업장에 설치하는 계단 (산업안전보건법에 의한)	산업안전기준에 관한 규칙에 의함.		

㉡ 돌음계단의 단너비는 좁은 너비의 끝부분으로부터 30cm의 위치에서 측정한다.

17 판매시설로서 옥내소화전설비를 모든 층에 설치하여야 하는 특정소방대상물의 연면적 기준은?

① 500m² 이상 ② 1000m² 이상
③ 1500m² 이상 ④ 2000m² 이상

해설

연면적 1,500m² 이상인 근린생활시설·위락시설·판매시설·숙박시설·노유자시설·의료시설·업무시설·통신촬영시설·공장·창고시설·운수자동차관련시설 및 복합건축물은 옥내소화전설비를 모든 층에 설치하여야 하는 특정소방대상물이다.

18 다음은 비상용승강기의 승강장 구조에 관한 기준 내용이다. ( ) 안에 알맞은 것은?

> 승강장의 바닥면적은 비상용승강기 1대에 대하여 ( ) 이상으로 할 것. 다만, 옥외에 승강장을 설치하는 경우에는 그러하지 아니하다.

① 2m² ② 4m²
③ 5m² ④ 6m²

해설

승강장의 바닥면적은 비상용승강기 1대에 대하여 6m² 이상으로 할 것. 다만, 옥외에 승강장을 설치하는 경우에는 그러하지 아니하다.

19 축냉식 전기냉방설비의 설계기준 내용으로 옳지 않은 것은?

① 열교환기는 시간당 최소냉방열량을 처리할 수 있는 용량 이상으로 설치하여야 한다.
② 자동제어설비는 축냉운전, 방냉운전 또는 냉동기와 축열조를 동시에 이용하여 냉방운전이 가능한 기능을 갖추어야 한다.
③ 축열조는 보온을 철저히 하여 열손실과 결로를 방지해야 하며, 맨홀 등 점검을 위한 부분은 해체와 조립이 용이하도록 하여야 한다.
④ 부분축냉방식의 경우에는 냉동기가 축냉운전과 방냉운전 또는 냉동기와 축열조의 동시운전이 반복적으로 수행하는데 아무런 지장이 없어야 한다.

정답 16 ③ 17 ③ 18 ④ 19 ①

> [해설]
> 축냉식 전기냉방설비의 설치기준에서 열교환기는 시간당 최대냉방열량을 처리할 수 있는 용량 이상으로 설치하여야 한다. 열교환기는 보온을 철저히 하여 열손실과 결로를 방지하여야 하며, 점검을 위한 부분은 해체와 조립이 용이하도록 하여야 한다.

20 건축물의 출입구에 설치하는 회전문에 관한 기준 내용으로 옳지 않은 것은?

① 회전문과 바닥 사이의 간격은 5cm 이하로 한다.
② 회전문과 문틀 사이의 간격은 5cm 이상으로 한다.
③ 계단이나 에스컬레이터로부터 2m 이상 거리를 두어야 한다.
④ 회전문의 회전속도는 분당회전수가 8회를 넘지 않도록 한다.

> [해설] 회전문의 설치기준
> ① 계단이나 에스컬레이터로부터 2m 이상의 거리를 둘 것
> ② 회전문과 문틀사이 및 바닥사이는 다음에서 정하는 간격을 확보하고 틈 사이를 고무와 고무펠트의 조합체 등을 사용하여 신체나 물건 등에 손상이 없도록 할 것
> ㉠ 회전문과 문틀 사이는 5cm 이상
> ㉡ 회전문과 바닥 사이는 3cm 이하
> ③ 출입에 지장이 없도록 일정한 방향으로 회전하는 구조로 할 것
> ④ 회전문의 중심축에서 회전문과 문틀 사이의 간격을 포함한 회전문날개 끝부분까지의 길이는 140cm 이상이 되도록 할 것
> ⑤ 회전문의 회전속도는 분당회전수가 8회를 넘지 아니하도록 할 것

건축설비관계법규
2021년 제4회 과년도 출제문제

01 문화 및 집회시설 중 공연장의 개별 관람실의 출구에 관한 기준 내용으로 옳지 않은 것은? (단, 개별 관람실의 바닥면적이 300m^2 이상인 경우)

① 관람실별로 2개소 이상 설치하여야 한다.
② 각 출구의 유효너비는 1.2m 이상으로 한다.
③ 관람실로부터 바깥쪽으로의 출구로 쓰이는 문은 안여닫이로 하여서는 안 된다.
④ 개별 관람실 출구의 유효너비의 합계는 개별 관람실의 바닥면적 100m^2 마다 0.6m의 비율로 산정한 너비 이상으로 한다.

> [해설] 공연장의 개별 관람실의 출구기준
> 관람실의 바닥면적이 300m^2 이상인 경우의 출구는 다음 조건에 적합하여야 한다.
> ㉠ 관람실별로 2개소 이상 설치할 것
> ㉡ 각 출구의 유효폭은 1.5m 이상일 것
> ㉢ 개별 관람실 출구의 유효폭의 합계는 개별 관람실의 바닥면적 100m^2 마다 0.6m 이상의 비율로 산정한 폭 이상일 것
> ※ 개별 관람실 출구의 유효너비의 합계는 최소 3.0m 이상으로 한다.

02 건축물에 급수·배수·환기·난방 등의 건축설비를 설치하는 경우 건축기계설비기술사 또는 공조냉동기계기술사의 협력을 받아야 하는 대상건축물에 속하지 않는 것은?

① 아파트
② 연립주택
③ 숙박시설로서 해당 용도에 사용되는 바닥면적의 합계가 2000m^2인 건축물
④ 판매시설로서 해당 용도에 사용되는 바닥면적의 합계가 2000m^2인 건축물

해설 건축설비기술사·공조냉동기계기술사의 협력을 받아야 하는 에너지 대량소비 건축물 대상(바닥면적 합계 기준)
㉠ 500m² 이상 : 냉동냉장시설, 항온항습시설, 특수청정시설
㉡ 규모에 관계없이 : 아파트 및 연립주택
㉢ 500m² 이상 : 목욕장(제1종 근린생활시설), 실내수영장(운동시설), 실내물놀이형시설
㉣ 2,000m² 이상 : 기숙사, 병원(의료시설), 유스호스텔(수련시설), 숙박시설
㉤ 3,000m² 이상 : 연구소(교육연구시설), 업무시설, 판매시설
㉥ 10,000m² 이상 : 문화 및 집회시설(동·식물원 제외), 종교시설, 장례식장, 교육연구시설(연구소 제외)

03 위험물 저장 및 처리시설에 설치하는 피뢰설비는 한국산업표준이 정하는 피뢰시스템레벨이 최소 얼마 이상이어야 하는가?

① Ⅰ
② Ⅱ
③ Ⅲ
④ Ⅳ

해설 피뢰설비
한국산업표준이 정하는 피뢰레벨 등급에 적합한 피뢰설비일 것
[예외] 위험물저장 및 처리시설에 설치하는 피뢰설비는 한국산업표준이 정하는 피뢰시스템레벨 Ⅱ 이상이어야 한다.

04 특별피난계단의 구조에 관한 기준 내용으로 옳지 않은 것은?

① 계단실에는 예비전원에 의한 조명설비를 할 것
② 계단은 내화구조로 하되, 피난층 또는 지상까지 직접 연결되도록 할 것
③ 출입구의 유효너비는 0.9m 이상으로 하고 피난의 방향으로 열 수 있을 것
④ 계단실 및 부속실의 실내에 접하는 부분의 마감은 불연재료 또는 준불연재료로 할 것

해설 계단실 및 부속실의 마감
계단실 및 부속실의 실내에 접하는 부분(바닥 및 반자 등 실내에 면한 모든 부분)의 마감(마감을 위한 바탕 포함)은 불연재료로 할 것

05 주요구조부를 내화구조로 하여야 하는 대상건축물에 속하지 않는 것은?

① 종교시설의 용도로 쓰는 건축물로서 집회실의 바닥면적의 합계가 200m²인 건축물
② 판매시설의 용도로 쓰는 건축물로서 그 용도로 쓰는 바닥면적의 합계가 500m²인 건축물
③ 운수시설의 용도로 쓰는 건축물로서 그 용도로 쓰는 바닥면적의 합계가 500m²인 건축물
④ 문화 및 집회시설 중 전시장의 용도로 쓰는 건축물로서 그 용도로 쓰는 바닥면적의 합계가 200m²인 건축물

해설
문화 및 집회시설 중 전시장 및 동·식물원, 판매시설, 운수시설, 교육연구시설에 설치하는 체육관·강당, 수련시설, 운동시설 중 체육관 및 운동장, 위락시설(주점영업 제외), 창고시설, 위험물 저장 및 처리시설, 자동차 관련시설, 방송국·전신전화국 및 촬영소, 묘지관련시설 중 화장장, 관광휴게시설은 해당 용도의 바닥면적의 합계가 500m² 이상인 경우에는 주요구조부를 내화구조로 하여야 한다.

06 다음 중 외기에 면하고 1층 또는 지상으로 연결된 출입문을 방풍구조로 하지 않아도 되는 것은? (단, 사람의 통행을 주목적으로 하며, 너비가 1.2m를 초과하는 출입문인 경우)

① 호텔의 주출입문
② 아파트의 출입문
③ 공기조화를 하는 업무시설의 출입문
④ 바닥면적의 합계가 500m²인 상점의 주출입문

해설
외기에 직접 면하고 1층 또는 지상으로 연결된 출입문은 방풍구조로 하여야 한다.
[예외] 다음에 해당하는 경우
㉠ 바닥면적 300m² 이하의 개별 점포의 출입문
㉡ 주택의 출입문(기숙사는 제외)
㉢ 사람의 통행을 주목적으로 하지 않는 출입문
㉣ 너비 1.2m 이하의 출입문
※ 방풍구조라 함은 출입구에서 실내외 공기 교환에 의한 열출입을 방지할 목적으로 설치하는 완충공간(방풍실) 또는 회전문 등을 설치한 방식을 말한다.

정답 03 ② 04 ④ 05 ④ 06 ②

07 각종 주택에 관한 설명으로 옳은 것은?
① 다중주택은 공동주택에 속한다.
② 기숙사는 공동주택에 속하지 않는다.
③ 다중주택은 독립된 주거의 형태이어야 한다.
④ 다가구주택은 1개 동의 주택으로 쓰이는 바닥면적의 합계가 660m² 이하이다.

해설 주택의 분류
① 단독주택
  ㉠ 단독주택
  ㉡ 다중주택(연면적 660m² 이하, 3층 이하)
  ㉢ 다가구주택(바닥면적합계 660m² 이하, 3개층 이하, 19세대 이하)
  ㉣ 공관
② 공동주택
  ㉠ 다세대주택 : 4개층 이하, 동당 연면적 660m² 이하
  ㉡ 연립주택 : 4개층 이하, 동당 연면적 660m² 초과
  ㉢ 아파트 : 5개층 이상
  ㉣ 기숙사

08 건축물의 에너지절약설계기준상 다음과 같이 정의되는 용어는?

> 기기를 여러 대 설치하여 부하상태에 따라 최적 운전상태를 유지할 수 있도록 기기를 조합하여 운전하는 방식

① 인버터운전 ② 간헐제어운전
③ 비례제어운전 ④ 대수분할운전

해설
비례제어운전 : 기기의 출력값과 목표값의 편차에 비례하여 입력량을 조절하여 최적운전상태를 유지할 수 있도록 운전하는 방식
※ 대수분할운전 : 기기를 여러 대 설치하여 부하상태에 따라 최적 운전상태를 유지할 수 있도록 기기를 조합하여 운전하는 방식

09 다음은 초고층 건축물에 설치하는 피난안전구역에 관한 기준 내용이다. ( )안에 알맞은 것은?

> 초고층 건축물에는 피난층 또는 지상으로 통하는 직통계단과 직접 연결되는 피난안전구역(건축물의 피난·안전을 위하여 건축물 중간층에 설치하는 대피공간을 말한다)을 지상층으로부터 최대 ( ) 층마다 1개소 이상 설치하여야 한다.

① 10개 ② 20개
③ 30개 ④ 40개

해설 피난안전구역의 설치
㉠ 초고층 건축물에는 피난층 또는 지상으로 통하는 직통계단과 직접 연결되는 피난안전구역(건축물의 피난·안전을 위하여 건축물 중간층에 설치하는 대피공간을 말함)을 지상층으로부터 최대 30개 층마다 1개소 이상 설치하여야 한다.
㉡ 준초고층 건축물에는 피난층 또는 지상으로 통하는 직통계단과 직접 연결되는 피난안전구역을 해당 건축물 전체 층수의 1/2에 해당하는 층으로부터 상하 5개층 이내에 1개소 이상 설치하여야 한다.
[예외] 국토교통부령으로 정하는 기준에 따라 피난층 또는 지상으로 통하는 직통계단을 설치하는 경우

10 다음 중 대수선에 속하지 않는 것은?
① 내력벽을 증설 또는 해체하는 것
② 기둥 2개를 수선 또는 변경하는 것
③ 다세대주택의 세대 간 경계벽을 증설 또는 해체하는 것
④ 주계단·피난계단 또는 특별피난계단을 수선 또는 변경하는 것

해설
기둥, 보, 지붕틀을 증설·해체하거나 각각 3개 이상 수선·변경하는 것을 대수선에 해당된다.

정답 07 ④ 08 ④ 09 ③ 10 ②

11 높이 기준인 60m인 건축물에서 허용되는 높이의 최대 오차는?

① 0.6m ② 0.9m
③ 1.0m ④ 1.2m

해설 건축허용오차

0.5% 이내	1% 이내	2% 이내	3% 이내
건폐율	용적률	높 이 출구너비 반자높이 평면길이	후퇴거리 인동거리 벽체두께 바닥판두께

건축물의 높이는 2% 이내로서 1m를 초과할 수 없다.
∴ 80m×0.02=1.6m > 1.0m 이므로 허용하는 최대오차는 1.0m이다.

12 다음의 무창층과 관련된 기준 내용 중 밑줄 친 요건으로 옳지 않은 것은?

"무창층"이란 지상층 중 다음 각 목의 요건을 모두 갖춘 개구부의 면적의 합계가 해당 층의 바닥면적의 30분의 1 이하가 되는 층을 말한다.

① 도로 또는 차량이 진입할 수 있는 빈터를 향할 것
② 내부 또는 외부에서 쉽게 개방 또는 파괴할 수 없을 것
③ 크기는 지름 50cm 이상의 원이 내접할 수 있는 크기일 것
④ 해당 층의 바닥면으로부터 개구부 밑부분까지의 높이가 1.2m 이내일 것

해설 무창층

지상층 중 다음에 해당하는 요건을 모두 갖춘 개구부(건축물에서 채광·환기·통풍 또는 출입 등을 위하여 만든 창·출입구 그 밖에 이와 비슷한 것을 말함)의 면적의 합계가 당해 층의 바닥면적의 1/30 이하가 되는 층을 말한다.
㉠ 개구부의 크기가 지름 50cm 이상의 원이 내접할 수 있을 것
㉡ 해당 층의 바닥면으로부터 개구부 밑부분까지의 높이가 1.2m 이내일 것
㉢ 개구부는 도로 또는 차량이 진입할 수 있는 빈터를 향할 것
㉣ 화재시 건축물로부터 쉽게 피난할 수 있도록 개구부에 창살 그 밖의 장애물이 설치되지 아니할 것
㉤ 내부 또는 외부에서 쉽게 파괴 또는 개방할 수 있을 것

13 특별피난계단에 설치하는 배연설비의 구조에 관한 기준 내용으로 옳지 않은 것은?

① 배연구 및 배연풍도는 불연재료로 할 것
② 배연구는 평상시에는 닫힌 상태를 유지할 것
③ 배연구는 평상시에 사용하는 굴뚝에 연결할 것
④ 배연기는 배연구의 열림에 따라 자동적으로 작동할 것

해설 특별피난계단 및 비상용승강장·비상용승강장에 설치하는 배연설비의 기준

㉠ 배연구 및 배연풍도는 불연재료로 하고, 화재가 발생한 경우 원활하게 배연시킬 수 있는 규모로서 외기 또는 평상시에 사용하지 아니하는 굴뚝에 연결할 것
㉡ 배연구에 설치하는 수동개방장치 또는 자동개방장치(열감지기 또는 연기감지기에 의한 것을 말함)는 손으로도 열고 닫을 수 있도록 할 것
㉢ 배연구는 평상시에는 닫힌 상태를 유지하고, 연 경우에는 배연에 의한 기류로 인하여 닫히지 아니하도록 할 것
㉣ 배연구가 외기에 접하지 아니하는 경우에는 배연기를 설치할 것
㉤ 배연기는 배연구의 열림에 따라 자동적으로 작동하고, 충분한 공기배출 또는 가압능력이 있을 것
㉥ 배연기에는 예비전원을 설치할 것

14 건축법령상 용도별 건축물의 종류가 옳지 않은 것은?

① 숙박시설 - 휴양 콘도미니엄
② 제1종 근린생활시설 - 치과의원
③ 동물 및 식물관련시설 - 동물원
④ 제2종 근린생활시설 - 노래연습장

정답 11 ③ 12 ② 13 ③ 14 ③

> [해설]
> 문화 및 집회시설 - 동·식물원(동물원, 식물원, 수족관, 그 밖에 이와 비슷한 것을 말함)

15 특정소방대상물에 설치하여야 하는 소방시설에 관한 설명으로 옳지 않은 것은?

① 노유자 생활시설에는 자동화재속보설비를 설치하여야 한다.
② 연면적 33m²인 음식점에는 소화기구를 설치하여야 한다.
③ 연면적 600m²인 종교시설에는 자동화재탐지설비를 설치하여야 한다.
④ 바닥면적의 합계가 5000m²인 판매시설의 모든 층에는 스프링클러설비를 설치하여야 한다.

> [해설]
> 공동주택, 근린생활시설 중 목욕장, 문화 및 집회시설, 종교시설, 판매시설, 운수시설, 운동시설, 업무시설, 공장, 창고시설, 위험물 저장 및 처리 시설, 항공기 및 자동차 관련 시설, 교정 및 군사시설 중 국방·군사시설, 방송통신시설, 발전시설, 관광 휴게시설, 지하가(터널은 제외)로서 연면적 1,000m² 이상인 것은 자동화재탐지설비를 설치하여야 하는 특정소방대상물이다.

16 다음 중 방화구조에 속하지 않는 것은?

① 심벽에 흙으로 맞벽치기한 것
② 철망모르타르로서 그 바름두께가 2cm인 것
③ 석고판 위에 회반죽을 바른 것으로서 그 두께의 합계가 2cm인 것
④ 시멘트모르타르 위에 타일을 붙인 것으로서 그 두께의 합계가 2.5cm인 것

> [해설] 방화구조
> 화염의 확산을 막을 수 있는 성능을 가진 구조로서 국토교통부장관이 정하는 적합한 구조를 말한다.
>
> | 구조부분 | 방화구조의 기준 |
> |---|---|
> | • 철망모르타르 바르기 | 바름두께가 2cm 이상인 것 |
> | • 석고판 위에 시멘트모르타르 또는 회반죽을 바른 것
• 시멘트모르타르 위에 타일을 붙인 것 | 두께의 합계가 2.5cm 이상인 것 |
> | • 심벽에 흙으로 맞벽치기한 것 | 두께에 관계없이 인정 |
> | • 한국산업표준이 정하는 바에 의하여 시험한 결과 방화 2급 이상에 해당하는 것 | |

17 연면적 200m²을 초과하는 중·고등학교에 설치하는 복도의 유효너비는 최소 얼마 이상으로 하여야 하는가? (단, 양옆에 거실이 있는 복도의 경우)

① 1.5m 이상   ② 1.8m 이상
③ 2.1m 이상   ④ 2.4m 이상

> [해설] 건축물에 설치하는 복도의 유효너비
>
> | 구 분 | 양옆에 거실이 있는 복도 | 기타의 복도 |
> |---|---|---|
> | 유치원·초등학교·중학교·고등학교 | 2.4m 이상 | 1.8m 이상 |
> | 공동주택·오피스텔 | 1.8m 이상 | 1.2m 이상 |
> | 당해 층 거실의 바닥면적 합계가 200m² 이상인 경우 | 1.5m 이상
(의료시설의 복도는 1.8m 이상) | 1.2m 이상 |

정답 15 ③ 16 ③ 17 ④

18 모든 층에 주거용 주방자동소화장치를 설치하여야 하는 특정소방대상물은?

① 기숙사　　　② 아파트등
③ 견본주택　　④ 학생복지주택

> **해설**
> 주거용 주방자동소화장치를 설치하여야 하는 특정소방대상물 : 아파트등 및 30층 이상 오피스텔의 모든 층

19 연결송수관설비를 설치하여야 하는 특정소방대상물 기준으로 옳은 것은? (단, 위험물 저장 및 처리 시설 중 가스시설 또는 지하구는 제외)

① 층수가 3층 이상으로서 연면적 5000m² 이상인 것
② 층수가 3층 이상으로서 연면적 6000m² 이상인 것
③ 층수가 5층 이상으로서 연면적 5000m² 이상인 것
④ 층수가 5층 이상으로서 연면적 6000m² 이상인 것

> **해설** 연결송수관설비를 설치하여야 하는 특정소방대상물(가스시설 또는 지하구를 제외)
> ① 층수가 5층 이상으로서 연면적 6,000m² 이상인 것
> ② ①에 해당하지 아니하는 특정소방대상물로서 지하층을 포함하는 층수가 7층 이상인 것
> ③ ① 및 ②에 해당하지 아니하는 특정소방대상물로서 지하층의 층수가 3개층 이상이고 지하층의 바닥면적의 합계가 1,000m² 이상인 것
> ④ 지하가 중 터널로서 길이가 1,000m 이상인 것

20 공동주택과 오피스텔의 난방설비를 개별난방방식으로 하는 경우에 대한 기준 내용으로 옳은 것은?

① 보일러실의 연도는 방화구조로서 개별연도로 설치할 것
② 보일러실의 윗부분과 아랫부분에는 지름 5cm 이상의 공기흡입구 및 배기구를 설치한 것
③ 보일러를 설치하는 곳과 거실사이의 경계벽은 출입구를 제외하고는 내화구조의 벽으로 구획할 것
④ 전기보일러를 사용하는 경우, 보일러실의 윗부분에는 그 면적이 1m² 이상인 환기창을 설치할 것

> **해설** 개별난방설비 등
>
> 공동주택과 오피스텔의 난방설비를 개별난방방식으로 하는 경우에는 다음의 기준에 적합하여야 한다.
>
> | 구 분 | 기 준 |
> |---|---|
> | ① 보일러 설치위치 | • 거실 외의 곳에 설치
• 보일러실과 거실 사이의 경계벽은 내화구조의 벽으로 구획(출입구 제외) |
> | ② 보일러실의 환기 | • 윗부분에 0.5m² 이상의 환기창 설치
• 지름 10cm 이상의 공기흡입구 및 배기구를 항상 열려진 상태로 외기와 접하도록 설치(단, 전기보일러 경우는 제외) |
> | ③ 기름저장소 | • 기름보일러의 기름저장소는 보일러실 외에 설치할 것 |
> | ④ 오피스텔의 난방구획 | • 방화구획으로 구획할 것 |
> | ⑤ 보일러실의 연도 | • 내화구조로서 공동연도로 설치할 것 |
> | ⑥ 가스보일러 | • 보일러실과 거실 사이 출입구는 출입구가 닫힌 경우 가스가 거실에 들어갈 수 없는 구조일 것
• 중앙집중공급방식으로 공급하는 경우에는 ①의 규정에도 불구하고 관계법령이 정하는 기준에 의함 |

정답　18 ②　19 ④　20 ③

건축설비관계법규
2022년 제1회 과년도 출제문제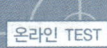

01 건축물의 에너지절약설계기준에 따른 기계부문의 권장사항으로 옳지 않은 것은?

① 열원설비는 부분부하 및 전부하 운전효율이 좋은 것을 선정한다.
② 냉방설비의 용량계산을 위한 설계기준 실내온도는 28℃를 기준으로 한다.
③ 난방설비의 용량계산을 위한 설계기준 실내온도는 22℃를 기준으로 한다.
④ 위생설비 급탕용 저탕조의 설계온도는 55℃ 이하로 하고 필요한 경우에는 부스터히터 등으로 승온하여 사용한다.

해설
에너지 절약을 위한 일반건축물의 설계용 냉난방 실내온도 권장기준은 난방 20℃, 냉방 28℃ 이다.

02 다음은 소방시설의 내진설계에 관한 기준 내용이다. 밑줄 친 대통령령으로 정하는 소방시설에 속하지 않는 것은?

「지진·화산재해대책법」 제14조 제1항 각 호의 시설 중 대통령령으로 정하는 특정 소방대상물에 대통령령으로 정하는 소방시설을 설치하려는 자는 지진이 발생할 경우 소방시설이 정상적으로 작동될 수 있도록 소방청장이 정하는 내진설계기준에 맞게 소방시설을 설치하여야 한다.

① 옥내소화전설비
② 스프링클러설비
③ 자동화재탐지설비
④ 물분무등소화설비

해설 내진설계 대상
특정소방대상물에 대통령령으로 정하는 소방시설을 설치하려는 자는 지진이 발생할 경우 소방시설이 정상적으로 작동될 수 있도록 소방청장이 정하는 내진설계기준에 맞게 소방시설을 설치하여야 한다.
"대통령령으로 정하는 소방시설"이란 소방시설 중 옥내소화전설비, 스프링클러설비, 물분무등소화설비를 말한다.

03 다음은 숙박시설이 있는 특정소방대상물의 경우 갖추어야 하는 소방시설 등의 종류를 결정할 때 고려하여야 하는 수용인원의 산정방법에 관한 기준 내용이다. ( ) 안에 알맞은 것은? (단, 침대가 없는 숙박시설의 경우)

해당 특정소방대상물의 종사자 수에 숙박시설 바닥면적의 합계를 (　)로 나누어 얻은 수를 합한 수

① $3m^2$　　　② $4m^2$
③ $5m^2$　　　④ $6m^2$

해설 수용 인원의 산정 방법

구분	용도	수용인원 산정수		
숙박시설이 있는 특정소방대상물	침대가 있는 숙박시설	종사자 수 + 침대 수 (2인용 침대는 2로 산정한다)		
	침대가 없는 숙박시설	종사자 수 + (바닥면적의 합계 ÷ $3m^2$)		
기타 대상물	강의실·교무실·상담실·실습실·휴게실	바닥면적의 합계 ÷ $1.9m^2$		
	강당, 문화 및 집회시설 운동시설, 종교시설	바닥면적의 합계 ÷ $4.6m^2$		
		관람석이 있는 경우	고정식 의자	의자 수
			긴 의자	정면너비 ÷ 0.45m
	그 밖의 특정 소방대상물	바닥면적의 합계 ÷ $3m^2$		

정답 01 ③　02 ③　03 ①

04 문화 및 집회시설 중 공연장의 개별 관람실로부터의 출구의 설치에 관한 기준 내용으로 옳지 않은 것은? (단, 개별 관람실의 바닥면적은 300m²이다.)

① 개별 관람실의 출구는 관람실별로 2개소 이상 설치하여야 한다.
② 개별 관람실의 각 출구의 유효너비는 1.5m 이상으로 하여야 한다.
③ 관람실로부터 바깥쪽으로의 출구로 쓰이는 문은 안여닫이로 해서는 안 된다.
④ 개별 관람실 출구의 유효너비의 합계는 최소 3.6m 이상으로 하여야 한다.

해설 공연장의 개별 관람실의 출구기준

관람실의 바닥면적이 300m² 이상인 경우의 출구는 다음 조건에 적합하여야 한다.
㉠ 관람실별로 2개소 이상 설치할 것
㉡ 각 출구의 유효폭은 1.5m 이상일 것
㉢ 개별 관람실 출구의 유효폭의 합계는 개별 관람실의 바닥면적 100m² 마다 0.6m 이상의 비율로 산정한 폭 이상일 것
※ 개별 관람실 출구의 유효너비의 합계는 최소 3.0m 이상으로 한다.

05 다음 중 철근콘크리트조로서 두께와 상관없이 내화구조로 인정되는 것에 속하지 않는 것은?

① 보   ② 계단
③ 바닥   ④ 지붕

해설 철근콘크리트조, 철골철근콘크리트조의 내화구조 기준

㉠ 벽 : 두께 10cm 이상
㉡ 외벽 중 비내력벽 : 두께 7cm 이상
㉢ 기둥 : 최소 지름이 25cm 이상
㉣ 바닥 : 두께 10cm 이상
㉤ 보, 지붕, 계단 : 두께 기준이 없다.
※ 철골조의 계단은 내화구조로 본다.

06 건축물의 냉방설비에 대한 설치 및 설계기준상 다음과 같이 정의되는 것은?

포접화합물(Clathrate)이나 공융염(Eutectic Salt) 등의 상변화물질을 심야시간에 냉각시켜 동결한 후 그 밖의 시간에 이를 녹여 냉방에 이용하는 냉방설비

① 빙축열식 냉방설비
② 수축열식 냉방설비
③ 잠열축열식 냉방설비
④ 현열축열식 냉방설비

해설 축냉식 전기냉방설비

구 분	내 용
빙축열식 냉방설비	심야시간에 얼음을 제조하여 축열조에 저장하였다가 기타시간에 이를 녹여 냉방에 이용하는 냉방설비를 말한다.
수축열식 냉방설비	심야시간에 물을 냉각시켜 축열조에 저장하였다가 기타시간에 이를 냉방에 이용하는 냉방설비를 말한다.
잠열축열식 냉방설비	포접화합물(Clathrate)이나 공융염(Eutectic Salt) 등의 상변화물질을 심야시간에 냉각시켜 동결한 후 기타시간에 이를 녹여 냉방에 이용하는 냉방설비를 말한다.

07 각 층의 거실면적이 3000m²이며 층수가 12층인 호텔 건축물에 설치하여야 하는 승용승강기의 최소 대수는? (단, 24인승 승강기를 설치하는 경우)

① 3대   ② 4대
③ 5대   ④ 6대

해설

문화 및 집회시설(전시장, 동식물원), 업무시설, 숙박시설, 위락시설의 용도 경우
3,000m² 이하까지 1대, 3,000m² 초과하는 2,000m² 당 1대를 가산한 대수로 하므로
$1 + \dfrac{(3000 \times 7) - 3{,}000}{2{,}000} = 10$ 대
∴ 16인승 이상의 승강기는 2대로 산정하므로 5대를 설치하면 된다.
※ 8인승 이상 15인승 이하를 기준으로 산정하며 16인승 이상의 승강기는 2대로 산정한다.

정답 04 ④ 05 ③ 06 ③ 07 ③

08 소리를 차단하는데 장애가 되는 부분이 없도록 건축물의 피난·방화구조 등의 기준에 관한 규칙에서 정하는 구조로 하여야 하는 대상에 속하지 않는 것은?

① 숙박시설의 객실 간 경계벽
② 의료시설의 병실 간 경계벽
③ 업무시설의 사무실 간 경계벽
④ 교육연구시설 중 학교의 교실 간 경계벽

해설 경계벽 구조

대상 건축물의 용도	구획 부분	구조 제한 기준
• 다가구주택 • 공동주택 (기숙사 제외)	각 가구간 또는 세대간의 경계벽 (발코니 부분은 제외)	차음구조 및 내화구조로 하고 지붕밑 또는 바로 윗층 바닥판까지 닿게 하여야 한다.
• 학교의 교실 • 의료시설의 병실 • 숙박시설의 객실 • 기숙사의 침실	각 거실간의 경계벽	
• 제2종 근린생활시설 중 다중생활 시설	호실 간 경계벽	
• 노유자시설 중 노인복지주택	세대 간 경계벽	
• 노유자시설 중 노인요양시설	호실 간 경계벽	

09 다음의 용도변경 중 허가 대상에 속하는 것은?

① 문화 및 집회시설에서 업무시설로의 용도변경
② 판매시설에서 문화 및 집회시설로의 용도변경
③ 방송통신시설에서 교육연구시설로의 용도변경
④ 자동차관련시설에서 문화 및 집회시설로의 용도변경

해설 허가대상 및 신고대상의 용도변경

분류	시설군
㉠ 자동차관련 시설군	• 자동차관련시설
㉡ 산업등 시설군	• 운수시설·창고시설·공장·위험물저장 및 처리시설 • 자원순환관련시설·묘지관련시설·장례식장
㉢ 전기통신시설군	• 방송통신시설·발전시설
㉣ 문화집회시설군	• 문화 및 집회시설·종교시설·위락시설·관광휴게시설
㉤ 영업시설군	• 판매시설·운동시설·숙박시설 • 제2종 근린생활시설 중 다중생활시설
㉥ 교육 및 복지시설군	• 의료시설·교육연구시설·노유자시설 • 수련시설·야영장시설
㉦ 근린생활시설군	• 제1종 근린생활시설 • 제2종 근린생활시설(다중생활시설은 제외)
㉧ 주거업무시설군	• 단독주택·공동주택·업무시설·교정 및 군사시설
㉨ 기타 시설군	• 동물 및 식물관련시설

※ 절차 :
1. 허가대상 : 상위시설군(오름차순)에 해당하는 용도로 변경하는 행위
2. 신고대상 : 하위시설군(내림차순)에 해당하는 용도로 변경하는 행위
3. 건축물대장 기재변경 신청 : 동일한 시설군내에서 용도변경 하는 행위

10 장례식장의 용도로 쓰이는 건축물의 집회실로서 그 바닥면적이 200m²인 경우 반자의 높이는 최소 얼마 이상이어야 하는가? (단, 기계환기장치를 설치하지 않은 경우)

① 2.1m   ② 2.4m
③ 2.7m   ④ 4.0m

정답 08 ③   09 ②   10 ④

해설 거실의 반자높이

거실의 종류	반자높이	예외규정
① 일반용도의 거실	2.1m 이상	공장, 창고시설, 위험물저장 및 처리시설, 동물 및 식물 관련시설, 자원순환관련시설, 묘지관련시설
② 문화 및 집회시설(전시장 및 동·식물원 제외), 종교시설, 장례식장, 유흥주점의 용도에 쓰이는 건축물의 관람실 또는 집회실로서 바닥면적이 200m² 이상인 것	4m 이상	기계환기장치를 설치한 경우
③ '②'의 노대 아래부분	2.7m 이상	

11 건축허가신청에 필요한 설계도서에 속하지 않는 것은?

① 배치도 ② 동선도
③ 단면도 ④ 건축계획서

해설 건축허가신청에 필요한 기본설계도서의 종류

① 건축계획서
② 배치도
③ 평면도
④ 입면도
⑤ 단면도
⑥ 구조도(구조안전 확인 또는 내진설계 대상 건축물)
⑦ 구조계산서(구조안전 확인 또는 내진설계 대상 건축물)
⑧ 소방설비도

12 특별피난계단에 설치하는 배연설비의 구조에 관한 기준내용으로 옳지 않은 것은?

① 배연구 및 배연풍도는 불연재료로 할 것
② 배연구가 외기에 접하지 아니하는 경우에는 배연기를 설치할 것
③ 배연구에 설치하는 수동개방장치 또는 자동개방장치는 손으로도 열고 닫을 수 있도록 할 것
④ 배연구는 평상시에는 닫힌 상태를 유지하고, 연 경우에는 배연에 의한 기류로 인하여 닫히도록 할 것

해설

배연구는 평상시에는 닫힌 상태를 유지하고, 연 경우에는 배연에 따른 기류로 인하여 닫지지 아니하도록 할 것

13 특정소방대상물이 문화 및 집회시설 중 공연장인 경우 모든 층에 스프링클러설비를 설치하여야 하는 수용인원 기준은?

① 수용인원이 50명 이상인 것
② 수용인원이 100명 이상인 것
③ 수용인원이 150명 이상인 것
④ 수용인원이 200명 이상인 것

해설

모든 층에 스프링클러설비를 설치하여야 할 특정소방대상물[문화 및 집회시설(동·식물원은 제외), 종교시설(주요구조부가 목재인 것은 제외), 운동시설(물놀이형 시설은 제외) 경우]
㉠ 수용인원이 100인 이상
㉡ 영화상영관의 용도로 쓰이는 층의 바닥면적이 지하층 또는 무창층인 경우 500m² 이상, 그 밖의 층의 경우에는 1,000m² 이상
㉢ 무대부가 지하층·무창층 또는 층수가 4층 이상인 층에 있는 경우에는 300m² 이상
㉣ 무대부가 ㉢ 외의 층에 있는 경우에는 무대부의 면적이 500m² 이상

정답 11 ② 12 ④ 13 ②

14 세대수가 5세대인 주거용 건축물에 설치하는 음용수 급수관의 지름은 최소 얼마 이상으로 하여야 하는가?

① 20mm ② 25mm
③ 32mm ④ 40mm

해설 주거용 건축물 급수관의 지름 기준

가구 또는 세대수	1	2~3	4~5	6~8	9~16	17 이상
급수관 최소지름	15	20	25	32	40	50

1. 가구수나 세대수가 불분명한 경우에는 주거에 쓰이는 바닥면적의 합계에 따라 다음과 같이 가구수를 산정한다.
    ① 바닥면적 85m² 이하 : 1가구
    ② 바닥면적 85m² 초과, 150m² 이하 : 3가구
    ③ 바닥면적 150m² 초과, 300m² 이하 : 5가구
    ④ 바닥면적 300m² 초과, 500m² 이하 : 16가구
    ⑤ 바닥면적 500m² 초과 : 17가구
2. 가압설비 등을 설치하여 급수시 각 기구에서 압력이 1cm²당 0.7kg 이상인 경우는 상기 1의 기준을 적용하지 않는다.

15 건축물 지하층에 설치하는 비상탈출구에 관한 기준 내용으로 옳지 않은 것은? (단, 주택이 아닌 경우)

① 비상탈출구는 출입구로부터 2m 이상 떨어진 곳에 설치할 것
② 비상탈출구의 유효너비는 0.75m 이상으로 하고, 유효높이는 1.5m 이상으로 할 것
③ 비상탈출구의 문은 피난방향으로 열리도록 하고, 실내에서 항상 열 수 있는 구조로 할 것
④ 비상탈출구는 피난층 또는 지상으로 통하는 복도나 직통계단에 직접 접하거나 통로 등으로 연결될 수 있도록 설치할 것

해설 비상탈출구는 출입구로부터 3m 이상 떨어진 곳에 설치할 것

16 건축법령상 다음과 같이 정의되는 주택의 종류는?

주택으로 쓰는 1개 동의 바닥면적 합계가 660m² 이하이고, 층수가 4개 층 이하인 주택

① 연립주택 ② 단독주택
③ 다가구주택 ④ 다세대주택

해설 다세대주택

주택으로 쓰는 1개 동의 바닥면적 합계가 660m² 이하이고, 층수가 4개 층 이하인 주택(2개 이상의 동을 지하주차장으로 연결하는 경우에는 각각의 동으로 본다)

17 건축물에 건축설비를 설치하는 경우 관계전문기술자의 협력을 받아야 하는 대상 건축물의 연면적 기준은? (단, 창고시설 제외)

① 1,000m² 이상 ② 2,000m² 이상
③ 5,000m² 이상 ④ 10,000m² 이상

해설 연면적 10,000m² 이상(창고시설을 제외)인 건축물에 급수·배수·난방 및 환기의 건축설비를 설치하는 경우 건축기계설비기술사 또는 공조냉동기계기술사의 협력을 받아야 한다.

18 다음의 소방시설 중 경보설비에 속하지 않는 것은?

① 비상방송설비
② 자동화재탐지설비
③ 자동화재속보설비
④ 무선통신보조설비

해설 소방시설이란 소화설비·경보설비·피난구조설비·소화용수설비 그 밖에 소화활동설비로서 대통령령이 정하는 것을 말한다.
※ 경보설비 : 단독경보형 감지기·비상경보설비(비상벨설비, 자동식사이렌설비)·시각경보기·자동화재탐지설비·비상방송설비·자동화재속보설비·통합감시시설·누전경보기
☞ 무선통신보조설비는 소화활동설비에 해당된다.

정답 14 ② 15 ① 16 ④ 17 ④ 18 ④

19 건축물의 설비기준 등에 관한 규칙에 따라 피뢰설비를 설치하여야 하는 대상 건축물의 높이 기준은?

① 10m 이상 ② 15m 이상
③ 20m 이상 ④ 30m 이상

해설

낙뢰의 우려가 있는 건축물 또는 높이 20m 이상의 건축물 또는 공작물로서 높이 20m 이상의 공작물(건축물에 공작물을 설치하여 그 전체높이가 20m 이상인 것 포함)에는 건축물의 설비기준 등에 관한 규칙에 적합하게 피뢰설비를 설치하여야 한다.

20 다음은 건축법상 지하층의 정의이다. ( ) 안에 알맞은 것은?

"지하층"이란 건축물의 바닥이 지표면 아래에 있는 층으로서 바닥에서 지표면까지 평균 높이가 해당 층 높이의 ( ) 이상인 것을 말한다.

① 2분의 1 ② 3분의 1
③ 4분의 1 ④ 3분의 2

해설

지하층이란 건축물의 바닥이 지표면 아래에 있는 층으로서 바닥에서 지표면까지 평균높이가 해당 층높이의 1/2 이상인 것을 말한다.

건축설비관계법규
2022년 제2회 과년도 출제문제 [온라인 TEST]

01 같은 건축물 안에 공동주택과 위락시설을 함께 설치하고자 하는 경우, 공동주택의 출입구와 위락시설의 출입구는 서로 그 보행거리가 최소 얼마 이상이 되도록 설치하여야 하는가?

① 10m ② 20m
③ 30m ④ 50m

해설

같은 건축물 안에 공동주택과 위락시설을 함께 설치하고자 하는 경우, 공동주택의 출입구와 위락시설의 출입구는 서로 그 보행거리가 30m 이상이 되도록 설치하여야 한다.

02 다음은 건축물의 에너지절약설계기준에 따른 용어의 정의 내용이다. ( ) 안에 알맞은 것은?

"방습층"이라 함은 습한 공기가 구조체에 침투하여 결로발생의 위험이 높아지는 것을 방지하기 위해 설치하는 투습도가 24시간당 ( ) 이하 또는 투습계수 $0.28g/m^2 \cdot h \cdot mmHg$ 이하의 투습저항을 가진 층을 말한다.

① $10g/m^2$ ② $20g/m^2$
③ $30g/m^2$ ④ $50g/m^2$

해설

"방습층"이라 함은 습한 공기가 구조체에 침투하여 결로발생의 위험이 높아지는 것을 방지하기 위해 설치하는 투습도가 24시간당 $30g/m^2$ 이하 또는 투습계수 $0.28g/m^2 \cdot h \cdot mmHg$ 이하의 투습저항을 가진 층을 말한다.

정답 19 ③ 20 ① / 01 ③ 02 ③

03 다음은 건축설비 설치의 원칙에 관한 기준 내용이다. ( ) 안에 알맞은 것은?

> 건축물에 설치하는 급수·배수·냉방·난방·환기·피뢰 등 건축설비의 설치에 관한 기술적 기준은 (㉠)으로 정하되, 에너지 이용합리화와 관련한 건축설비의 기술적 기준에 관하여는 (㉡)과 협의하여 정한다.

① ㉠ 국토교통부령, ㉡ 산업통상자원부장관
② ㉠ 산업통상자원부령, ㉡ 국토교통부장관
③ ㉠ 국토교통부령, ㉡ 과학기술정보통신부장관
④ ㉠ 과학기술정보통신부령, ㉡ 국토교통부장관

해설
건축물에 설치하는 급수·배수·냉방·난방·환기·피뢰 등 건축설비의 설치에 관한 기술적 기준은 국토교통부령으로 정하되, 에너지 이용 합리화와 관련한 건축설비의 기술적 기준에 관하여는 산업통상자원부장관과 협의하여 정한다.

04 다음 소방시설 중 피난구조설비에 속하는 것은?

① 제연설비 ② 비상조명등
③ 비상방송설비 ④ 비상콘센트설비

해설
소방시설이란 소화설비·경보설비·피난구조설비·소화용수설비 그 밖에 소화활동설비로서 대통령령이 정하는 것을 말한다.
※ 피난구조설비 : 피난기구(피난사다리·구조대·완강기 · 그 밖에 소방청장이 정하여 고시하는 화재안전기준으로 정하는 것)·인명구조기구[방열복·방화복(안전헬멧, 보호장갑 및 안전화를 포함)·공기호흡기·인공소생기]·유도등[피난유도선·피난구유도등·통로유도등·객석유도등·유도표지]·비상조명등 및 휴대용비상조명등
☞ 비상방송설비는 경보설비에 속하며, 제연설비·비상콘센트설비는 소화활동설비에 속한다.

05 다음 중 소리를 차단하는데 장애가 되는 부분이 없도록 그 구조를 갖추어야 하는 대상 경계벽에 속하지 않는 것은?

① 숙박시설의 객실 간 경계벽
② 의료시설의 병실 간 경계벽
③ 업무시설의 사무실 간 경계벽
④ 교육연구시설 중 학교의 교실 간 경계벽

해설 경계벽 구조

대상 건축물의 용도	구획 부분	구조 제한 기준
• 다가구주택 • 공동주택 (기숙사 제외)	각 가구간 또는 세대간의 경계벽 (발코니 부분은 제외)	차음구조 및 내화구조로 하고 지붕밑 또는 바로 윗층 바닥판까지 닿게 하여야 한다.
• 학교의 교실 • 의료시설의 병실 • 숙박시설의 객실 • 기숙사의 침실	각 거실간의 경계벽	
• 제2종 근린생활시설 중 다중생활 시설	호실 간 경계벽	
• 노유자시설 중 노인복지주택	세대 간 경계벽	
• 노유자시설 중 노인요양시설	호실 간 경계벽	

06 세대수가 4세대인 주거용 건축물의 먹는물용 급수관 지름의 최소 기준은? (단, 가압설비 등을 설치하지 않은 경우)

① 20mm ② 25mm
③ 32mm ④ 40mm

해설 주거용 건축물 급수관 지름 기준

가구 또는 세대수	1	2~3	4~5	6~8	9~16	17 이상
급수관 최소지름	15	20	25	32	40	50

1. 가구수나 세대수가 불분명한 경우에는 주거에 쓰이는 바닥면적의 합계에 따라 다음과 같이 가구수를 산정한다.
  ① 바닥면적 85m² 이하 : 1가구
  ② 바닥면적 85m² 초과, 150m² 이하 : 3가구
  ③ 바닥면적 150m² 초과, 300m² 이하 : 5가구
  ④ 바닥면적 300m² 초과, 500m² 이하 : 16가구
  ⑤ 바닥면적 500m² 초과 : 17가구
2. 가압설비 등을 설치하여 급수시 각 기구에서 압력이 1cm²당 0.7kg 이상인 경우는 상기 1의 기준을 적용하지 않는다.

정답 03 ①　04 ②　05 ③　06 ②

07 비상용승강기의 승강장의 바닥면적은 비상용승강기 1대에 대하여 최소 얼마 이상으로 하여야 하는가? (단, 옥내에 승강장을 설치하는 경우)

① 5m² ② 6m²
③ 7m² ④ 8m²

해설

승강장의 바닥면적은 비상용승강기 1대에 대하여 6m² 이상으로 할 것. 다만, 옥외에 승강장을 설치하는 경우에는 그러하지 아니하다.

08 특정소방대상물이 문화 및 집회시설 중 공연장인 경우, 모든 층에 스프링클러설비를 설치하여야 하는 수용인원 기준은?

① 50명 이상 ② 100명 이상
③ 200명 이상 ④ 500명 이상

해설

모든 층에 스프링클러설비를 설치하여야 할 특정소방대상물[문화 및 집회시설(동·식물원은 제외), 종교시설(주요구조부가 목재인 것은 제외), 운동시설(물놀이형시설은 제외) 경우:]
㉠ 수용인원이 100인 이상
㉡ 영화상영관의 용도로 쓰이는 층의 바닥면적이 지하층 또는 무창층인 경우 500m² 이상, 그 밖의 층의 경우에는 1,000m² 이상
㉢ 무대부가 지하층·무창층 또는 층수가 4층 이상인 층에 있는 경우에는 300m² 이상
㉣ 무대부가 ㉢ 외의 층에 있는 경우에는 무대부의 면적이 500m² 이상

09 방염성능기준 이상의 실내장식물 등을 설치하여야 하는 특정소방대상물에 속하지 않는 것은? (단, 층수가 11층 미만인 경우)

① 의료시설
② 교육연구시설 중 합숙소
③ 숙박이 가능한 수련시설
④ 업무시설 중 주민자치센터

해설 방염성능기준 이상의 실내장식물 등을 설치하여야 하는 특정소방대상물

㉠ 근린생활시설 중 의원, 체력단련장, 공연장 및 종교집회장
㉡ 건축물의 옥내에 있는 문화 및 집회시설, 종교시설, 운동시설(수영장은 제외)
㉢ 의료시설, 노유자시설, 숙박시설, 숙박이 가능한 수련시설,
㉣ 교육연구시설 중 합숙소
㉤ 방송통신시설 중 방송국 및 촬영소
㉥ 다중이용업소
㉦ 상기 ㉠부터 ㉥까지의 시설에 해당하지 아니하는 것으로서 층수(건축법시행령에 따라 산정한 층수)가 11층 이상인 것(아파트는 제외)

10 각 층의 거실면적이 각각 2,000m²이며 층수가 8층인 백화점에 설치하여야 하는 승용승강기의 최소 대수는? (단, 15인승 승강기의 경우)

① 2대 ② 3대
③ 4대 ④ 5대

해설

문화 및 집회시설(공연장·관람장·집회장), 판매시설(도매시장·소매시장·상점), 의료시설(병원·격리병원)의 용도 경우
3,000m² 이하까지 2대, 3,000m² 초과하는 2,000m²당 1대를 가산한 대수로 하므로
$2 + \dfrac{(2000 \times 3) - 3,000}{2,000} = 3.5 \rightarrow 4$대
∴ 4대 (소수점 이하는 1대로 본다)
※ 8인승 이상 15인승 이하를 기준으로 산정하며 16인승 이상의 승강기는 2대로 산정한다.

정답 07 ② 08 ② 09 ④ 10 ③

11 건축법령상 다음과 같이 정의되는 용어는?

> 건축물의 노후화를 억제하거나 기능 향상 등을 위하여 대수선하거나 건축물의 일부를 증축 또는 개축하는 행위를 말한다.

① 재축 ② 리빌딩
③ 리모델링 ④ 리노베이션

해설 리모델링

리모델링이란 건축물의 노후화를 억제하거나 기능 향상 등을 위하여 대수선하거나 일부 증축 또는 개축하는 행위를 말한다.

12 건축물에 설치하는 복도의 유효너비 기준이 옳지 않은 것은? (단, 연면적 200m²를 초과하는 건축물이며, 양옆에 거실이 있는 복도의 경우)

① 초등학교 - 1.8m 이상
② 오피스텔 - 1.8m 이상
③ 공동주택 - 1.8m 이상
④ 고등학교 - 2.4m 이상

해설 건축물에 설치하는 복도의 유효너비

구 분	양옆에 거실이 있는 복도	기타의 복도
유치원·초등학교·중학교·고등학교	2.4m 이상	1.8m 이상
공동주택·오피스텔	1.8m 이상	1.2m 이상
해당 층 거실의 바닥면적 합계가 200m² 이상인 경우	1.5m 이상 (의료시설의 복도는 1.8m 이상)	1.2m 이상

13 건축법령상 다중이용 건축물에 속하지 않는 것은? (단, 층수가 16층 미만인 경우)

① 종교시설의 용도로 쓰는 바닥면적의 합계가 5,000m²인 건축물
② 판매시설의 용도로 쓰는 바닥면적의 합계가 5,000m²인 건축물
③ 업무시설의 용도로 쓰는 바닥면적의 합계가 5,000m²인 건축물
④ 문화 및 집회시설 중 전시장의 용도로 쓰는 바닥면적의 합계가 5,000m²인 건축물

해설 다중이용 건축물의 정의

- 문화 및 집회시설(동·식물원 제외), 종교시설, 판매시설, 운수시설(여객용시설만 해당), 의료시설 중 종합병원, 숙박시설 중 관광숙박시설의 용도로 쓰이는 바닥면적의 합계가 5,000m² 이상인 건축물
- 16층 이상인 건축물

14 문화 및 집회시설 중 공연장의 개별관람실의 바닥면적이 1000m²일 경우, 이 관람실에 설치하여야 하는 출구의 최소 개소는? (단, 각 출구의 유효너비를 1.5m로 하는 경우)

① 3개소 ② 4개소
③ 5개소 ④ 6개소

해설

공연장의 개별 관람실 출구의 유효폭의 합계는 개별 관람실의 바닥면적 100m² 마다 0.6m 이상의 비율로 산정한 폭 이상일 것
∴ 개별 관람실 출구의 유효폭의 합계
$= \dfrac{1,000m^2}{100m^2} \times 0.6m = 6m$
6m ÷ 1.5m = 4개소

정답 11 ③ 12 ① 13 ③ 14 ②

15 다음 중 허가 대상에 속하는 건축물의 용도변경은?

① 장례시설에서 발전시설로의 용도변경
② 위락시설에서 숙박시설로의 용도변경
③ 종교시설에서 운동시설로의 용도변경
④ 업무시설에서 교육연구시설로의 용도변경

해설 허가대상 및 신고대상의 용도변경

분류	시설군
㉠ 자동차관련 시설군	• 자동차관련시설
㉡ 산업등 시설군	• 운수시설 · 창고시설 · 공장 · 위험물저장 및 처리시설 • 자원순환관련시설 · 묘지관련시설 · 장례식장
㉢ 전기통신시설군	• 방송통신시설 · 발전시설
㉣ 문화집회시설군	• 문화 및 집회시설 · 종교시설 · 위락시설 · 관광휴게시설
㉤ 영업시설군	• 판매시설 · 운동시설 · 숙박시설 • 제2종 근린생활시설 중 다중생활시설
㉥ 교육 및 복지시설군	• 의료시설 · 교육연구시설 · 노유자시설 • 수련시설 · 야영장시설
㉦ 근린생활시설군	• 제1종 근린생활시설 • 제2종 근린생활시설 (다중생활시설은 제외)
㉧ 주거업무시설군	• 단독주택 · 공동주택 · 업무시설 · 교정 및 군사시설
㉨ 기타 시설군	• 동물 및 식물관련시설

※ 절차 :
1. 허가대상 : 상위시설군(오름차순)에 해당하는 용도로 변경하는 행위
2. 신고대상 : 하위시설군(내림차순)에 해당하는 용도로 변경하는 행위
3. 건축물대장 기재변경 신청 : 동일한 시설군내에서 용도변경 하는 행위

16 건축물의 경사지붕 아래에 설치하는 대피공간에 관한 기준 내용으로 옳지 않은 것은?

① 특별피난계단 또는 피난계단과 연결되도록 할 것
② 출입구의 유효너비는 최소 1.2m 이상으로 할 것
③ 관리사무소 등과 긴급 연락이 가능한 통신시설을 설치할 것
④ 대피공간의 면적은 지붕 수평투영면적의 10분의 1 이상일 것

해설 경사지붕 아래에 설치하는 대피공간의 기준

㉠ 대피공간의 면적은 지붕 수평투영면적의 1/10 이상일 것
㉡ 특별피난계단 또는 피난계단과 연결되도록 할 것
㉢ 출입구 · 창문을 제외한 부분은 해당 건축물의 다른 부분과 내화구조의 바닥 및 벽으로 구획할 것
㉣ 출입구는 유효너비 0.9m 이상으로 하고, 그 출입구에는 60+방화문 또는 60분방화문을 설치할 것
㉤ 내부마감재료는 불연재료로 할 것
㉥ 예비전원으로 작동하는 조명설비를 설치할 것
㉦ 관리사무소 등과 긴급 연락이 가능한 통신시설을 설치할 것

17 다음의 공동주택의 환기설비기준에 관한 내용 중 ( ) 안에 알맞은 것은?

신축 또는 리모델링하는 30세대 이상의 공동주택은 시간당 ( ) 이상의 환기가 이루어질 수 있도록 자연환기설비 또는 기계환기설비를 설치하여야 한다.

① 0.5회 ② 1.0회
③ 1.2회 ④ 1.5회

해설 공동주택 및 다중이용시설의 환기설비

신축 또는 리모델링하는 다음에 해당하는 주택 또는 건축물은 시간당 0.5회 이상의 환기가 이루어질 수 있도록 자연환기설비 또는 기계환기설비를 설치하여야 한다.
㉠ 30세대 이상의 공동주택
㉡ 주택을 주택 외의 시설과 동일건축물로 건축하는 경우로서 주택이 30세대 이상인 건축물

정답 15 ④ 16 ② 17 ①

18 건축물의 에너지절약설계기준에 따른 건축 부문의 권장사항 내용으로 옳지 않은 것은?

① 건축물의 체적에 대한 외피면적의 비 또는 연면적에 대한 외피면적의 비는 가능한 작게 한다.
② 문화 및 집회시설 등의 대공간의 최상부에는 자연배기 또는 강제배기가 가능한 구조 또는 장치를 채택한다.
③ 수영장에는 자연채광을 위한 개구부를 설치하되, 그 면적의 합계는 수영장 바닥면적의 10분의 1 이상으로 한다.
④ 학교의 교실, 문화 및 집회시설의 공용부분(복도, 화장실, 휴게실, 로비 등)은 1면 이상 자연채광이 가능하도록 한다.

> **해설** 자연채광계획
> ① 공동주택의 지하주차장은 300m² 이내마다 1개소 이상의 외기와 직접 면하는 2m² 이상의 개폐가 가능한 천창 또는 측창을 설치하여 자연환기 및 자연채광을 유도한다.
> [예외] 지하 2층 이하
> ② 수영장에는 자연채광을 위한 개구부를 설치하되, 그 면적의 합계는 수영장 바닥면적의 1/5 이상으로 한다.

19 공사감리자가 공사시공자에게 상세시공도면의 작성을 요청할 수 있는 건축공사의 기준으로 옳은 것은?

① 연면적의 합계가 1,000m² 이상인 건축공사
② 연면적의 합계가 2,000m² 이상인 건축공사
③ 연면적의 합계가 3,000m² 이상인 건축공사
④ 연면적의 합계가 5,000m² 이상인 건축공사

> **해설** 상세시공도면 작성 요청
> 연면적 합계 5,000m² 이상인 건축공사의 공사감리자는 필요하다고 인정하는 경우 공사시공자로 하여금 상세시공도면을 작성하도록 요청할 수 있다.
> ※ 상세시공도면의 작성은 시공자, 검토 확인은 공사감리자의 업무사항이다.

20 옥외소화전설비를 설치하여야 하는 특정소방대상물에 속하지 않는 것은? (단, 지상 1층 및 2층의 바닥면적의 합계가 9,000m²인 경우)

① 아파트등 ② 종교시설
③ 판매시설 ④ 교육연구시설

> **해설** 옥외소화전설비를 설치하여야 할 특정소방대상물
> 아파트 등, 위험물저장 및 처리 시설 중 가스시설, 지하구 또는 지하가 중 터널은 제외
> ① 지상 1층 및 2층의 바닥면적의 합계가 9,000m² 이상인 것이 경우 동일구 내에 둘 이상의 특정소방대상물이 행정안전부령으로 정하는 연소우려가 있는 구조인 경우에는 이를 하나의 특정소방대상물로 본다.
> ② 「문화재보호법」에 따라 국보 또는 보물로 지정된 목조건축물
> ③ ①에 해당하지 않는 공장 또는 창고시설로서 「소방기본법 시행령」에서 정하는 수량의 750배 이상의 특수가연물을 저장·취급하는 것

정답 18 ③ 19 ④ 20 ①

건축설비관계법규
2022년 제4회 과년도 출제문제 [온라인 TEST]

01 다음은 지하층과 피난층 사이의 개방공간 설치에 관한 기준 내용이다. ( ) 안에 알맞은 것은?

> 바닥면적 합계가 ( ) 이상인 공연장·집회장·관람장 또는 전시장을 지하층에 설치하는 경우에는 각 실에 있는 자가 지하층 각 층에서 건축물 밖으로 피난하여 옥외 계단 또는 경사로 등을 이용하여 피난층으로 대피할 수 있도록 천장이 개방된 외부공간을 설치하여야 한다.

① 1,000m²   ② 3,000m²
③ 5,000m²   ④ 10,000m²

해설 지하층과 피난층 사이의 개방공간 설치

바닥면적의 합계가 3,000m² 이상인 공연장·집회장·관람장 또는 전시장을 지하층에 설치하는 경우에는 각 실에 있는 자가 지하층 각 층에서 건축물 밖으로 피난하여 옥외 계단 또는 경사로 등을 이용하여 피난층으로 대피할 수 있도록 천장이 개방된 외부 공간을 설치하여야 한다.

02 건축법령상 다중이용건축물에 속하지 않는 것은?

① 층수가 16층인 판매시설
② 층수가 20층인 관광숙박시설
③ 종합병원으로 쓰는 바닥면적의 합계가 3,000m²인 건축물
④ 종교시설로 쓰는 바닥면적의 합계가 5,000m²인 건축물

해설 다중이용건축물의 정의

- 다음 용도로 쓰는 바닥면적의 합계가 5,000m² 이상인 건축물
  1) 문화 및 집회시설(동물원·식물원은 제외)
  2) 종교시설
  3) 판매시설
  4) 운수시설 중 여객용 시설
  5) 의료시설 중 종합병원
  6) 숙박시설 중 관광숙박시설
- 16층 이상인 건축물

03 다음 중 건축물관련 건축기준의 허용되는 오차의 범위(%)가 가장 큰 것은?

① 평면길이
② 출구너비
③ 반자높이
④ 바닥판두께

해설 건축허용오차

0.5% 이내	1% 이내	2% 이내	3% 이내
건폐율	용적률	높 이 출구너비 반자높이 평면길이	후퇴거리 인동거리 벽체두께 바닥판두께

04 헬리포트의 설치에 관한 기준 내용으로 옳은 것은?

① 헬리포트의 길이와 너비는 각각 9m 이상으로 한다.
② 헬리포트의 중앙부분에는 지름 6m의 "Ⓗ" 표지를 황색으로 한다.
③ 헬리포트의 주위한계선은 백색으로 하되, 그 선의 너비는 38cm로 한다.
④ 헬리포트의 중심으로부터 반경 15m 이내에는 이·착륙에 장애가 되는 건축물·공작물 또는 난간을 설치하지 아니한다.

해설 헬리포트의 설치기준

㉠ 헬리포트의 길이와 너비는 각각 22m 이상으로 할 것
  [예외] 옥상의 길이와 너비가 22m 이하인 경우에는 15m까지 감축할 수 있다.
㉡ 헬리포트의 중심에서 반경 12m 이내에는 헬리콥터 이·착륙에 장애가 되는 건축물·공작물, 조경시설 또는 난간 등을 설치하지 아니할 것
  [예외] 난간벽으로서 높이 1.2m 이하
㉢ 헬리포트의 주위한계선은 백색으로 너비 38cm로 할 것
㉣ 헬리포트의 중앙부분에는 지름 8m의 Ⓗ 표지를 백색으로 하되 "H" 표지의 선너비는 38cm, "○" 표지의 선너비는 60cm로 할 것

정답 01 ② 02 ③ 03 ④ 04 ③

05 건축허가 등을 할 때 미리 소방본부장 또는 소방서장의 동의를 받아야 하는 건축물 등의 범위(기준)로 옳지 않은 것은?

① 연면적이 250m² 이상인 정신의료기관
② 연면적이 200m² 이상인 노유자시설
③ 연면적이 200m² 이상인 수련시설
④ 연면적이 300m² 이상인 장애인 의료재활시설

해설 소방본부장 또는 소방서장의 건축허가 및 사용 승인에 대한 동의 대상 건축물의 범위

1. 연면적이 400m²(학교시설의 경우 100m², 노유자시설 및 수련시설의 경우 200m², 정신의료기관, 장애인 의료재활시설의 경우 300m²) 이상인 건축물
2. 차고·주차장 또는 주차용도로 사용되는 시설로서 다음에 해당하는 것
   ① 차고·주차장으로 사용되는 층 중 바닥면적이 200m² 이상인 층이 있는 시설
   ② 승강기 등 기계장치에 의한 주차시설로서 자동차 20대 이상을 주차할 수 있는 시설
3. 지하층 또는 무창층이 있는 건축물로서 바닥면적이 150m²(공연장의 경우에는 100m²) 이상인 층이 있는 것
4. 면적에 관계없이 동의 대상
   ① 층수가 6층 이상인 건축물
   ② 항공기격납고, 관망탑, 항공관제탑, 방송용 송수신탑
   ③ 위험물저장 및 처리시설, 지하구
   ④ 노인 관련 시설, 아동복지시설(아동상담소, 아동전용시설 및 지역아동센터는 제외)
   ⑤ 장애인 거주시설, 정신질환자 관련 시설, 노숙인 관련 시설 중 노숙인자활시설, 노숙인재활시설 및 노숙인요양시설, 결핵환자나 한센인이 24시간 생활하는 노유자시설
   ⑥ 요양병원(정신병원, 의료재활시설 제외)

06 비상용승강기의 승강장 및 승강로의 구조에 관한 기준 내용으로 옳지 않은 것은?

① 승강장의 바닥면적은 비상용승강기 1대에 대하여 6m² 이상으로 할 것
② 각층으로부터 피난층까지 이르는 승강로를 단일구조로 연결하여 설치 할 것
③ 승강장에는 노대 또는 외부를 향하여 열 수 있는 창문이나 배연설비를 설치할 것
④ 승강장은 각층의 내부와 연결될 수 있도록 하되, 그 출입구에는 60+방화문, 60분방화문 또는 30분방화문을 설치할 것

해설
승강장은 각층의 내부와 연결될 수 있도록 하되, 그 출입구에는 60+방화문 또는 60분방화문을 설치할 것

07 지하층의 비상탈출구에 관한 기준 내용으로 옳지 않은 것은?

① 비상탈출구의 문은 피난방향으로 열리도록 할 것
② 비상탈출구는 출입구로부터 3m 이상 떨어진 곳에 설치할 것
③ 비상탈출구의 유효너비는 0.75m 이상으로 하고, 유효높이는 1.5m 이상으로 할 것
④ 비상탈출구에서 피난층 또는 지상으로 통하는 복도나 직통계단까지 이르는 피난통로의 유효 너비는 0.65m 이상으로 할 것

해설
비상탈출구에서 피난층 또는 지상으로 통하는 복도나 직통계단까지 이르는 피난통로의 유효너비는 최소 0.75m 이상으로 할 것
※ 비상탈출구의 크기 : 유효너비는 0.75m 이상으로 하고, 유효높이는 1.5m 이상

08 건축시 특별시장 또는 광역시장의 허가를 받아야 하는 건축물의 층수 및 연면적 기준은?

① 층수가 21층 이상이거나 연면적의 합계가 5만 제곱미터 이상인 건축물
② 층수가 21층 이상이거나 연면적의 합계가 10만 제곱미터 이상인 건축물
③ 층수가 31층 이상이거나 연면적의 합계가 5만 제곱미터 이상인 건축물
④ 층수가 31층 이상이거나 연면적의 합계가 10만 제곱미터 이상인 건축물

해설 특별시장·광역시장의 허가 대상

사전승인 대상 건축물의 규모	허가권자
① 21층 이상 건축물 ② 연면적 10만m² 이상 건축물(공장, 창고 및 지방건축위원회의 심의를 거친 건축물은 제외) ③ 연면적 3/10 이상의 증축으로 인하여 ①, ②의 대상이 되는 경우	특별시장·광역시장

09 비상경보설비를 설치하여야 할 특정소방대상물 기준으로 틀린 것은? (단, 지하층 및 무창층이 공연장인 경우는 고려하지 않는다.)

① 무창층 – 무창층의 바닥면적 150m² 이상
② 지하층 – 지하층의 바닥면적 150m² 이상
③ 옥내 작업장 – 작업 근로자 50명 이상
④ 지하가 중 터널 – 길이 300m 이상

해설 비상경보설비 설치대상

㉠ 연면적 400m² 이상인 것(지하가 중 터널 또는 사람이 거주하지 아니하거나 벽이 없는 축사를 제외)
㉡ 지하층 또는 무창층의 바닥면적이 150m²(공연장인 경우 100m²) 이상인 것
㉢ 지하가 중 터널로서 길이가 500m 이상인 것
㉣ 50명 이상의 근로자가 작업하는 옥내작업장
[예외] 가스시설, 지하구 경우

10 업무시설로서 6층 이상의 거실면적의 합계가 10,000m²인 경우, 설치하여야 하는 승용승강기의 최소 대수는? (단, 8인승 승용승강기를 사용하는 경우)

① 3대 ② 4대
③ 5대 ④ 6대

해설
문화 및 집회시설(전시장, 동·식물원), 업무시설, 숙박시설, 위락시설의 용도 경우
3,000m² 이하까지 1대, 3,000m² 초과하는 2,000m²당 1대를 가산한 대수로 하므로
$1 + \dfrac{10,000 - 3,000}{2,000} = 4.5대 = 5대$
(소수점 이하는 1대로 본다)
※ 8인승 이상 15인승 이하를 기준으로 산정하며, 16인승 이상의 승강기는 2대로 산정한다.

11 건축물의 출입구에 설치하는 회전문의 설치 기준으로 틀린 것은?

① 계단이나 에스컬레이터로부터 2m 이상의 거리를 둘 것
② 회전문의 회전속도는 분당회전수가 15회를 넘지 아니하도록 할 것
③ 출입에 지장이 없도록 일정한 방향으로 회전하는 구조로 할 것
④ 회전문의 중심축에서 회전문과 문틀 사이의 간격을 포함한 회전문 날개 끝부분까지의 길이는 140cm 이상이 되도록 할 것

해설 회전문의 설치

㉠ 계단이나 에스컬레이터로부터 2m 이상의 거리를 둘 것
㉡ 회전문의 중심축에서 회전문과 문틀 사이의 간격을 포함한 회전문날개 끝부분까지의 길이는 140cm 이상이 되도록 할 것
㉢ 회전문의 회전속도는 분당회전수가 8회를 넘지 아니하도록 할 것

정답 08 ② 09 ④ 10 ③ 11 ②

12 다음의 거실반자 높이에 관한 내용 중 ( ) 안에 들어갈 수 있는 것은?

> ( )의 용도에 쓰이는 건축물의 관람석 또는 집회실로서 그 바닥면적이 200m² 이상인 것의 반자의 높이는 4m 이상이어야 한다.

① 문화 및 집회시설 중 전시장
② 문화 및 집회시설 중 동물원
③ 공동주택 중 아파트
④ 위락시설 중 주점영업

해설 거실의 반자높이

거실의 종류	반자높이	예외규정
① 일반용도의 거실	2.1m 이상	공장, 창고시설, 위험물저장 및 처리시설, 동물 및 식물 관련시설, 자원순환관련시설, 묘지관련시설
② 문화 및 집회시설(전시장 및 동·식물원 제외), 종교시설, 장례식장, 유흥주점의 용도에 쓰이는 건축물의 관람실 또는 집회실로서 바닥면적이 200m² 이상인 것	4m 이상	기계환기장치를 설치한 경우
③ '②'의 노대 아래부분	2.7m 이상	

13 특별피난계단의 구조에 관한 기준 내용으로 옳지 않은 것은?

① 계단실 및 부속실의 실내에 접하는 부분은 불연재료로 할 것
② 계단은 내화구조로 하되, 피난층 또는 지상까지 직접 연결되도록 할 것
③ 출입구의 유효너비는 최소 1.2m 이상으로 하고 피난의 방향으로 열 수 있을 것
④ 노대 및 부속실에는 계단실외의 건축물의 내부와 접하는 창문등(출입구를 제외)을 설치하지 아니할 것

해설
피난계단의 구조에서 계단실로 통하는 출입구의 유효너비는 0.9m 이상으로 하고, 피난방향으로 열 수 있도록 하며, 60+방화문 또는 60분방화문을 설치한다.(방화문은 언제나 닫힌 상태를 유지하거나 화재시 연기의 발생 또는 온도의 상승에 의하여 자동으로 닫히는 구조일 것)

14 건축물의 에너지절약 설계기준에서 건축부문의 권장사항으로 옳지 않은 것은?

① 건축물은 대지의 향, 일조 및 주풍향 등을 고려하여 배치하며, 남향 또는 남동향 배치를 한다.
② 거실의 층고 및 반자 높이는 실의 용도와 기능에 지장을 주지 않는 범위 내에서 가능한 낮게 한다.
③ 공동주택의 외기에 접하는 주동의 출입구와 각 세대의 현관은 방풍구조로 한다.
④ 건축물의 체적에 의한 외피면적의 비 또는 연면적에 대한 외피면적의 비는 가능한 크게 한다.

해설
건축물의 체적에 대한 외피면적의 비 또는 연면적에 대한 외피면적의 비는 가능한 작게 한다.

15 다음 중 방염성능기준 이상의 실내장식물 등을 설치하여야 하는 특정소방대상물에 속하지 않는 것은?

① 층수가 11층 이상인 것(아파트 제외)
② 통신촬영시설 중 방송국
③ 숙박시설
④ 옥외 운동시설

해설 방염성능기준 이상의 실내장식물 등을 설치하여야 하는 특정소방대상물

㉠ 근린생활시설 중 체력단련장, 숙박시설, 방송통신시설 중 방송국 및 촬영소
㉡ 건축물의 옥내에 있는 문화 및 집회시설, 종교시설, 운동시설(수영장은 제외)
㉢ 의료시설 중 종합병원, 정신의료기관(입원실이 없는 정신건강의학과 의원은 제외), 노유자시설 및 숙박이 가능한 수련시설
㉣ 다중이용업의 영업장
㉤ 상기 ㉠부터 ㉣까지의 시설에 해당하지 아니하는 것으로서 층수(건축법시행령에 따라 산정한 층수)가 11층 이상인 것(아파트는 제외)
㉥ 교육연구시설 중 합숙소

정답 12 ④ 13 ③ 14 ④ 15 ④

6 다음 소방시설 중 소화활동설비에 해당하지 않는 것은?

① 제연설비　　　② 비상콘센트설비
③ 무선통신보조설비　④ 상수도소화용수설비

> **해설** 소화활동설비
> 화재를 진압하거나 인명구조활동을 위하여 사용하는 설비로서 다음에 해당하는 것
> ① 제연설비　　　② 연결송수관설비
> ③ 연결살수설비　　④ 비상콘센트설비
> ⑤ 무선통신보조설비
> ⑥ 연소방지설비
> ※ 소화용수설비 : 상수도소화용수설비, 소화수조·저수조 그 밖의 소화용수설비

17 다음은 건축물의 에너지절약설계기준에 따른 방습층의 정의이다. ( ) 안에 알맞은 것은?

> "방습층"이라 함은 습한 공기가 구조체에 침투하여 결로발생의 위험이 높아지는 것을 방지하기 위해 설치하는 투습도가 24시간당 ( ) 이하 또는 투습계수 0.28g/m²·h·mmHg 이하의 투습저항을 가진 층을 말한다.

① 10g/m²　　　② 20g/m²
③ 30g/m²　　　④ 40g/m²

> **해설**
> "방습층"이라 함은 습한 공기가 구조체에 침투하여 결로발생의 위험이 높아지는 것을 방지하기 위해 설치하는 투습도가 24시간당 30g/m² 이하 또는 투습계수 0.28g/m²·h·mmHg 이하의 투습저항을 가진 층을 말한다.

18 건축법령상 공동주택에 속하지 않는 것은?

① 기숙사　　　② 연립주택
③ 다가구주택　④ 다세대주택

> **해설** 주택의 분류
> ① 단독주택
> 　㉠ 단독주택
> 　㉡ 다중주택(연면적 660m² 이하, 3층 이하)
> 　㉢ 다가구주택(바닥면적합계 660m² 이하, 3개층 이하, 19세대 이하)
> 　㉣ 공관
> ② 공동주택
> 　㉠ 다세대주택 : 4개층 이하, 동당 연면적 660m² 이하
> 　㉡ 연립주택 : 4개층 이하, 동당 연면적 660m² 초과
> 　㉢ 아파트 : 5개층 이상
> 　㉣ 기숙사

19 건축물에 급수·배수·환기·난방설비를 설치하는 경우, 건축기계설비기술사 또는 공조냉동기계기술사의 협력을 받아야 하는 대상 건축물의 연면적 기준은? (단, 창고시설은 제외)

① 3,000m² 이상　　② 5,000m² 이상
③ 10,000m² 이상　④ 15,000m² 이상

> **해설**
> 연면적 10,000m² 이상(창고시설을 제외)인 건축물에 급수·배수·난방 및 환기의 건축설비를 설치하는 경우 건축기계설비기술사 또는 공조냉동기계기술사의 협력을 받아야 한다.

20 신축 또는 리모델링을 하는 경우, 시간당 0.5회 이상의 환기가 이루어질 수 있도록 자연환기설비 또는 기계환기설비를 설치하여야 하는 공동주택의 최소 세대수는?

① 20세대　　　② 30세대
③ 50세대　　　④ 100세대

> **해설** 공동주택 및 다중이용시설의 환기설비
> 신축 또는 리모델링하는 다음에 해당하는 주택 또는 건축물은 시간당 0.5회 이상의 환기가 이루어질 수 있도록 자연환기설비 또는 기계환기설비를 설치하여야 한다.
> ㉠ 30세대 이상의 공동주택
> ㉡ 주택을 주택 외의 시설과 동일건축물로 건축하는 경우로서 주택이 30세대 이상인 건축물

정답 16 ④　17 ③　18 ③　19 ③　20 ②

건축설비관계법규
2023년 제1회 과년도 출제문제 [온라인 TEST]

01 문화 및 집회시설 중 공연장의 개별관람석의 바닥면적이 400m²인 경우, 이 개별 관람석에 설치하여야 하는 출구의 유효너비 합계는 최소 얼마 이상으로 하여야 하는가?

① 1.5m　　② 1.8m
③ 2.4m　　④ 3.0m

해설 공연장의 개별 관람석의 출구기준

관람석의 바닥면적이 300m² 이상인 경우의 출구는 다음 조건에 적합하여야 한다.
㉠ 관람석별로 2개소 이상 설치할 것
㉡ 각 출구의 유효폭은 1.5m 이상일 것
㉢ 개별 관람석 출구의 유효폭의 합계는 개별 관람석의 바닥면적 100m² 마다 0.6m 이상의 비율로 산정한 폭 이상일 것

개별 관람석 출구의 유효폭의 합계
$= \dfrac{400\text{m}^2}{100\text{m}^2} \times 0.6\text{m} = 2.4\text{m}$

그러나, ㉠, ㉡에 의해 개별 관람석 출구의 유효너비의 합계는 최소 3.0m 이상으로 한다.

02 다음은 화재예방, 소방시설 설치·유지 및 안전관리에 관한 법령에 따른 무창층의 정의이다. 밑줄 친 "각 목의 요건"의 내용으로 옳지 않은 것은?

"무창층"이란 지상층 중 다음 <u>각 목의 요건</u>을 모두 갖춘 개구부의 면적의 합계가 해당 층의 바닥면적의 30분의 1 이하가 되는 층을 말한다.

① 외부에서 쉽게 부수거나 열 수 없을 것
② 도로 또는 차량이 진입할 수 있는 빈터를 향할 것
③ 크기는 지름 50cm 이상의 원이 내접할 수 있는 크기일 것
④ 해당 층의 바닥면으로부터 개구부 밑부분까지의 높이가 1.2m 이내일 것

해설 무창층

지상층 중 다음에 해당하는 요건을 모두 갖춘 개구부(건축물에서 채광·환기·통풍 또는 출입 등을 위하여 만든 창·출입구 그 밖에 이와 비슷한 것을 말함)의 면적의 합계가 당해 층의 바닥면적의 1/30 이하가 되는 층을 말한다.
㉠ 개구부의 크기가 지름 50cm 이상의 원이 내접할 수 있을 것
㉡ 해당 층의 바닥면으로부터 개구부 밑부분까지의 높이가 1.2m 이내일 것
㉢ 개구부는 도로 또는 차량이 진입할 수 있는 빈터를 향할 것
㉣ 화재시 건축물로부터 쉽게 피난할 수 있도록 개구부에 창살 그 밖의 장애물이 설치되지 아니할 것
㉤ 내부 또는 외부에서 쉽게 파괴 또는 개방할 수 있을 것

03 비상조명등을 설치하여야 하는 특정소방대상물에 해당하는 것은?

① 창고시설 중 창고
② 창고시설 중 하역장
③ 위험물 저장 및 처리 시설 중 가스시설
④ 지하가 중 터널로서 그 길이가 500m 이상인 것

해설 비상조명등을 설치하여야 하는 특정소방대상물

㉠ 지하층을 포함하는 층수가 5층 이상인 건축물로서 연면적 3,000m² 이상인 것
㉡ ㉠에 해당하지 않는 특정소방대상물로서 그 지하층 또는 무창층의 바닥면적이 450m² 이상인 경우에는 그 지하층 또는 무창층
㉢ 지하가 중 터널로서 그 길이가 500m 이상인 것
[제외] 창고시설 중 창고 및 하역장 또는 위험물 저장 및 처리시설 중 가스시설

정답　01 ④　02 ①　03 ④

04 건축물의 설계자가 건축구조기술사의 협력을 받아 건축물에 대한 구조의 안전을 확인하여야 하는 대상 건축물 기준에 해당하지 않는 것은? (단, 국토교통부령으로 따로 정하는 건축물의 경우는 고려하지 않는다.)

① 기둥과 기둥 사이의 거리가 10m인 건축물
② 지상층수가 20층인 건축물
③ 다중이용 건축물
④ 6층인 필로티형식 건축물

> **해설** 건축구조기술사에 의한 구조계산
> 다음 건축물을 건축하거나 대수선할 경우의 구조계산은 구조기술사의 구조계산에 의해야 한다.
> ㉠ 6층 이상인 건축물
> ㉡ 특수구조 건축물
> ㉢ 다중이용건축물
> ㉣ 준다중이용 건축물
> ㉤ 3층 이상의 필로티형식 건축물
> ㉥ 지진구역 1의 중요도(특)에 해당하는 건축물
> ☞ 특수구조 건축물 : 경간 20m 이상 건축물, 내민구조의 차양길이가 3m 이상인 건축물

05 다음의 소방시설 중 소화활동설비에 속하지 않는 것은?

① 제연설비 ② 연결살수설비
③ 옥외소화전설비 ④ 무선통신보조설비

> **해설** 소방시설
> 소화설비·경보설비·피난구조설비·소화용수설비 그 밖에 소화활동설비를 말한다.
> ※ 소화활동설비 : 화재를 진압하거나 인명구조활동을 위하여 사용하는 설비
> ① 제연설비 ② 연결송수관설비 ③ 연결살수설비
> ④ 비상콘센트설비 ⑤ 무선통신보조설비
> ⑥ 연소방지설비
> ☞ 옥외소화전설비는 소화설비에 해당된다.

06 건축물의 출입구에 설치하는 회전문에 관한 기준 내용으로 옳은 것은?

① 계단이나 에스컬레이터로부터 1m 이상의 거리를 둘 것
② 출입에 지장이 없도록 일정한 방향으로 회전하는 구조로 할 것
③ 회전문의 회전속도는 분당회전수가 10회를 넘지 아니하도록 할 것
④ 회전문의 중심축에서 회전문과 문틀 사이의 간격을 포함한 회전문날개 끝부분까지의 길이는 120cm 이상이 되도록 할 것

> **해설** 회전문의 설치
> ㉠ 계단이나 에스컬레이터로부터 2m 이상의 거리를 둘 것
> ㉡ 회전문의 중심축에서 회전문과 문틀 사이의 간격을 포함한 회전문날개 끝부분까지의 길이는 140cm 이상이 되도록 할 것
> ㉢ 회전문의 회전속도는 분당회전수가 8회를 넘지 아니하도록 할 것

07 건축물의 냉방설비에 대한 설치 및 설계기준상 다음과 같이 정의되는 것은?

> 포접화합물(Clathrate) 이나 공용염(Eutectic Salt) 등의 상변화물질을 심야시간에 냉각시켜 동결한 후 그 밖의 시간에 이를 녹여 냉방에 이용하는 냉방설비

① 빙축열식 냉방설비
② 수축열식 냉방설비
③ 잠열축열식 냉방설비
④ 현열축열식 냉방설비

> **해설** 축냉식 전기냉방설비
>
> | 구분 | 내용 |
> |---|---|
> | 빙축열식 냉방설비 | 심야시간에 얼음을 제조하여 축열조에 저장하였다가 기타시간에 이를 녹여 냉방에 이용하는 냉방설비를 말한다. |
> | 수축열식 냉방설비 | 심야시간에 물을 냉각시켜 축열조에 저장하였다가 기타시간에 이를 냉방에 이용하는 냉방설비를 말한다. |
> | 잠열축열식 냉방설비 | 포접화합물(Clathrate)이나 공용염(Eutectic Salt) 등의 상변화물질을 심야시간에 냉각시켜 동결한 후 기타시간에 이를 녹여 냉방에 이용하는 냉방설비를 말한다. |

정답 04 ① 05 ③ 06 ② 07 ③

08 건축물의 용도변경시 허가 대상에 속하는 것은?

① 위락시설에서 발전시설로의 용도변경
② 교육연구시설에서 업무시설로의 용도변경
③ 문화 및 집회시설에서 판매시설로의 용도변경
④ 제1종 근린생활시설에서 업무시설로의 용도변경

해설 허가대상 및 신고대상의 용도변경

분류	시 설 군
㉠ 자동차관련 시설군	• 자동차관련시설
㉡ 산업등 시설군	• 운수시설 • 창고시설 • 공장 • 위험물저장 및 처리시설 • 자원순환관련시설 • 묘지관련시설 • 장례식장
㉢ 전기통신 시설군	• 방송통신시설 • 발전시설
㉣ 문화집회 시설군	• 문화 및 집회시설 • 종교시설 • 위락시설 • 관광휴게시설
㉤ 영업시설군	• 판매시설 • 운동시설 • 숙박시설 • 제2종 근린생활시설 중 다중생활시설
㉥ 교육 및 복지시설군	• 의료시설 • 교육연구시설 • 노유자시설 • 수련시설 • 야영장시설
㉦ 근린생활 시설군	• 제1종 근린생활시설 • 제2종 근린생활시설 (다중생활시설은 제외)
㉧ 주거업무 시설군	• 단독주택 • 공동주택 • 업무시설 • 교정 및 군사시설
㉨ 기타 시설군	• 동물 및 식물관련시설

※ 절차 :
1. 허가대상 : 상위시설군(오름차순)에 해당하는 용도로 변경하는 행위
2. 신고대상 : 하위시설군(내림차순)에 해당하는 용도로 변경하는 행위
3. 건축물대장 기재변경 신청 : 동일한 시설군내에서 용도변경 하는 행위

09 6층 이상의 거실면적의 합계가 3,000m²인 경우, 승용 승강기를 최소 2대 이상 설치하여야 하는 건축물은? (단, 8인승 승강기의 경우)

① 숙박시설   ② 판매시설
③ 업무시설   ④ 교육연구시설

해설 승용승강기의 설치대수를 가장 많이 하여야 하는 용도 (최소 2대 이상)
- 문화 및 집회시설(공연장·관람장·집회장)
- 판매시설(도매시장·소매시장·상점)
- 의료시설(병원·격리병원)

[대수 산정식] $N = 2 + \dfrac{A - 3{,}000\text{m}^2}{2{,}000\text{m}^2}$

10 대형건축물의 건축허가 사전승인신청 시 제출 도서의 종류 중 기본설계도서에 속하지 않는 것은?

① 투시도   ② 구조계획서
③ 내외마감표   ④ 주차장평면도

해설 사전승인신청시의 제출도서(규칙 [별표3])

구분	분야	도서의 종류
건축 계획서	건축	가. 설계설명서 나. 구조계획서 다. 지질조사서 라. 시방서
기본 설계 도서	건축	가. 투시도 또는 투시도 사진 나. 평면도(주요층, 기준층) 다. 2면 이상의 입면도 라. 2면 이상의 단면도 마. 내외마감표 바. 주차장 평면도
	설비	가. 건축설비도 나. 소방설비도 다. 상·하수도 계통도
	기타	필요한 도면

11 반자높이를 4m 이상으로 하여야 하는 대상에 속하지 않는 것은? (단, 기계환기장치를 설치하지 않은 경우)

① 종교시설의 용도에 쓰이는 건축물의 집회실로서 그 바닥면적이 200m²인 것
② 장례식장의 용도에 쓰이는 건축물의 집회실로서 그 바닥면적이 200m²인 것
③ 판매시설의 용도에 쓰이는 건축물의 집회실로서 그 바닥면적이 200m²인 것
④ 문화 및 집회시설 중 공연장의 용도에 쓰이는 건축물의 관람석으로서 그 바닥면적이 200m²인 것

해설 거실의 반자높이

거실의 종류	반자높이	예외규정
① 일반용도의 거실	2.1m 이상	공장, 창고시설, 위험물저장 및 처리시설, 동물 및 식물 관련시설, 자원순환관련시설, 묘지관련시설
② 문화 및 집회시설(전시장 및 동·식물원 제외), 종교 시설, 장례식장, 유흥주점의 용도에 쓰이는 건축물의 관람석 또는 집회실로서 바닥면적이 200m² 이상인 것	4m 이상	기계환기장치를 설치한 경우
③ '②'의 노대 아래부분	2.7m 이상	

12 건축물에 설치하는 지하층의 구조 및 설비에 관한 기준 내용으로 옳지 않은 것은?

① 거실의 바닥면적의 합계가 1,000m² 이상인 층에는 환기설비를 설치할 것
② 지하층의 바닥면적이 300m² 이상인 층에는 식수공급을 위한 급수전을 1개소 이상 설치할 것
③ 거실의 바닥면적이 30m² 이상인 층에는 직통계단 외에 피난층 또는 지상으로 통하는 비상탈출구 및 환기통을 설치할 것
④ 바닥면적이 1,000m² 이상인 층에는 피난층 또는 지상으로 통하는 직통계단을 방화구획으로 구획되는 각 부분마다 1개소 이상 설치할 것

해설 거실의 바닥면적 50m² 이상인 층에는 직통계단 외에 비상탈출구 및 환기통 설치하여야 한다.
[예외] 직통계단이 2 이상이 된 경우

13 건축법령상 고층건축물의 정의로 알맞은 것은?

① 층수가 30층 이상이거나 높이가 90m 이상인 건축물
② 층수가 30층 이상이거나 높이가 120m 이상인 건축물
③ 층수가 50층 이상이거나 높이가 150m 이상인 건축물
④ 층수가 50층 이상이거나 높이가 200m 이상인 건축물

해설

초고층 건축물	층수가 50층 이상이거나 높이가 200m 이상인 건축물
준초고층 건축물	고층건축물 중 초고층 건축물이 아닌 것
고층 건축물	층수가 30층 이상이거나 높이가 120m 이상인 건축물

14 건축물을 특별시나 광역시에 건축하는 경우, 특별시장이나 광역시장의 허가를 받아야 하는 대상 건축물의 연면적 기준은?

① 연면적의 합계가 1만 제곱미터 이상
② 연면적의 합계가 5만 제곱미터 이상
③ 연면적의 합계가 10만 제곱미터 이상
④ 연면적의 합계가 20만 제곱미터 이상

정답 11 ③ 12 ③ 13 ② 14 ③

해설 특별시장·광역시장의 허가 대상

사전승인 대상 건축물의 규모	허가권자
① 21층 이상 건축물 ② 연면적 10만m² 이상 건축물(공장, 창고 및 지방건축위원회의 심의를 거친 건축물은 제외) ③ 연면적 3/10 이상의 증축으로 인하여 ①, ②의 대상이 되는 경우	특별시장·광역시장

15 건축물의 에너지절약 설계기준상 외기에 직접 면하고 1층 또는 지상으로 연결된 출입문을 방풍구 조로 하지 않을 수 있는 경우에 속하지 않는 것은?

① 기숙사의 출입문
② 너비가 1.2m인 출입문
③ 바닥면적이 200m²인 개별 점포의 출입문
④ 사람의 통행을 주목적으로 하지 않는 출입문

해설
외기에 직접 면하고 1층 또는 지상으로 연결된 출입문은 방풍구조로 하여야 한다.
[예외] 다음에 해당하는 경우
  ㉠ 바닥면적 300m² 이하의 개별 점포의 출입문
  ㉡ 주택의 출입문(기숙사는 제외)
  ㉢ 사람의 통행을 주목적으로 하지 않는 출입문
  ㉣ 너비 1.2m 이하의 출입문
※ 방풍구조라 함은 출입구에서 실내외 공기 교환에 의한 열출입을 방지할 목적으로 설치하는 완충공간(방풍실) 또는 회전문 등을 설치한 방식을 말한다.

16 건축물의 설비기준 등에 관한 규칙에 따라 피뢰설비를 설치하여야 하는 대상 건축물의 높이 기준은?

① 10m 이상   ② 15m 이상
③ 20m 이상   ④ 30m 이상

해설
낙뢰의 우려가 있는 건축물 또는 높이 20m 이상의 건축물 또는 공작물로서 높이 20m 이상의 공작물(건축물에 공작물을 설치하여 그 전체높이가 20m 이상인 것 포함)에는 건축물의 설비기준 등에 관한 규칙에 적합하게 피뢰설비를 설치하여야 한다.

17 다음은 방화문의 구조에 관한 기준 내용이다. ( )안에 알맞은 것은?

60+방화문은 국토교통부장관이 정하여 고시하는 시험기준에 따라 시험한 결과 각각 비차열 (㉠) 이상 및 비차열 (㉡) 이상의 성능이 확보되어야 한다.

① ㉠ 20분, ㉡ 10분   ② ㉠ 40분, ㉡ 20분
③ ㉠ 1시간, ㉡ 30분   ④ ㉠ 2시간, ㉡ 1시간

해설
60+방화문은 국토교통부장관이 정하여 고시하는 시험기준에 따라 시험한 결과 각각 비차열 1시간 이상 및 비차열 30분 이상의 성능이 확보 되어야 한다.

18 상업지역 및 주거지역에서 건축물에 설치하는 냉방시설 및 환기시설의 배기구는 도로면으로부터 최소 얼마 이상의 높이에 설치하여야 하는가?

① 1m   ② 1.5m
③ 1.8m   ④ 2m

해설
상업지역 및 주거지역에서 도로(막다른 도로로서 그 길이가 10m 미만인 경우 제외)에 접한 대지의 건축물에 설치하는 냉방시설 및 환기시설의 배기구는 도로면으로부터 2m 이상의 위치에 설치하거나 배기장치의 열기가 보행자에게 직접 닿지 아니하도록 설치하여야 한다.

정답 15 ① 16 ③ 17 ③ 18 ④

9 숙박시설이 있는 특정소방대상물의 수용인원 산정 방법으로 옳은 것은? (단, 침대가 있는 숙박시설의 경우)

① 숙박시설 바닥면적의 합계를 3m²로 나누어 얻은 수
② 해당 특정소방대상물의 침대수(2인용 침대는 2개로 산정)
③ 해당 특정소방대상물의 종사자수에 침대수(2인용 침대는 2개로 산정)를 합한 수
④ 해당 특정소방대상물의 종사자수에 숙박시설 바닥면적의 합계를 3m²로 나누어 얻은 수를 합한 수

해설 수용인원의 산정 방법(제15조 관련, 영 별표3)

1. 숙박시설이 있는 특정소방대상물
   ① 침대가 있는 숙박시설 : 해당 특정소방물의 종사자 수에 침대 수(2인용 침대는 2개로 산정한다)를 합한 수
   ② 침대가 없는 숙박시설 : 해당 특정소방대상물의 종사자 수에 숙박시설 바닥면적의 합계를 3m²로 나누어 얻은 수를 합한 수
2. 제1호 외의 특정소방대상물
   ① 강의실·교무실·상담실·실습실·휴게실 용도로 쓰이는 특정소방대상물 : 해당 용도로 사용하는 바닥면적의 합계를 1.9m²로 나누어 얻은 수
   ② 강당, 문화 및 집회시설, 운동시설, 종교시설 : 해당 용도로 사용하는 바닥면적의 합계를 4.6m²로 나누어 얻은 수(관람석이 있는 경우 고정식 의자를 설치한 부분은 그 부분의 의자 수로 하고, 긴 의자의 경우에는 의자의 정면너비를 0.45m로 나누어 얻은 수로 한다)
   ③ 그 밖의 특정소방대상물 : 해당 용도로 사용하는 바닥면적의 합계를 3m²로 나누어 얻은 수

20 신축 또는 리모델링하는 경우 시간당 최소 0.5회 이상의 환기가 이루어질 수 있도록 자연환기설비 또는 기계환기설비를 설치하여야 하는 공동주택의 세대수 기준은?

① 20세대 이상   ② 30세대 이상
③ 50세대 이상   ④ 100세대 이상

해설 공동주택 및 다중이용시설의 환기설비

신축 또는 리모델링하는 다음에 해당하는 주택 또는 건축물은 시간당 0.5회 이상의 환기가 이루어질 수 있도록 자연환기설비 또는 기계환기설비를 설치하여야 한다.
㉠ 30세대 이상의 공동주택
㉡ 주택을 주택 외의 시설과 동일건축물로 건축하는 경우로서 주택이 30세대 이상인 건축물

건축설비관계법규
2023년 제2회 과년도 출제문제 [온라인 TEST]

01 소리를 차단하는데 장애가 되는 부분이 없도록 건축물의 피난·방화구조 등의 기준에 관한 규칙에서 정하는 구조로 하여야 하는 대상에 해당하지 않는 것은?

① 기숙사의 침실 간 경계벽
② 의료시설의 병실 간 경계벽
③ 업무시설의 사무실 간 경계벽
④ 교육연구시설 중 학교의 교실 간 경계벽

[해설] 경계벽의 구조

대상 건축물의 용도	구획 부분	구조 제한 기준
• 다가구주택 • 공동주택 (기숙사 제외)	각 가구간 또는 세대간의 경계벽 (발코니 부분은 제외)	차음구조 및 내화구조로 하고 지붕밑 또는 바로 윗층 바닥판까지 닿게 하여야 한다.
• 학교의 교실 • 의료시설의 병실 • 숙박시설의 객실 • 기숙사의 침실 • 산후조리원	각 거실간의 경계벽	
• 제2종 근린생활시설 중 다중생활 시설	호실 간 경계벽	
• 노유자시설 중 노인복지주택	세대 간 경계벽	
• 노유자시설 중 노인요양시설	호실 간 경계벽	

02 다음은 리모델링에 대비한 특례 등에 관한 기준 내용이다. ( )안에 알맞은 것은?

리모델링이 쉬운 구조의 공동주택의 건축을 촉진하기 위하여 공동주택을 대통령령으로 정하는 구조로 하여 건축허가를 신청하면 제56조(건축물의 용적률), 제60조(건축물의 높이 제한) 및 제61조(일조 등의 확보를 위한 건축물의 높이 제한)에 따른 기준을 ( )의 범위에서 대통령령으로 정하는 비율로 완화하여 적용할 수 있다.

① 100분의 110   ② 100분의 120
③ 100분의 140   ④ 100분의 150

[해설] 리모델링에 대비한 특례 등

1) 리모델링이 쉬운 공동주택의 구조
리모델링이 쉬운 구조의 공동주택의 건축을 촉진하기 위하여 공동주택을 다음의 구조로 하여 건축허가를 신청하는 경우
① 각 세대는 인접한 세대와 수직 및 수평으로 통합하거나 분할할 수 있을 것
② 구조체와 건축설비, 내부 마감재료와 외부 마감재료는 분리할 수 있을 것
③ 개별 세대 안에서 구획된 실(室)의 크기, 개수 또는 위치 등을 변경할 수 있을 것
2) 특례적용과 완화 범위
다음 규정에 따른 기준을 120/100의 범위 안에서 완화하여 적용할 수 있다.
[예외] 건축조례에서 지역별 특성 등을 고려하여 그 비율을 강화한 경우에는 건축조례가 정하는 기준에 따른다.
① 건축물의 용적률
② 건축물의 높이제한
③ 일조 등의 확보를 위한 건축물의 높이제한

정답 01 ③ 02 ②

03 다음 중 건축물관련 건축기준의 허용되는 오차의 범위(%)가 가장 큰 것은?

① 평면길이   ② 출구너비
③ 반자높이   ④ 바닥판두께

> **해설** 건축허용오차

0.5% 이내	1% 이내	2% 이내	3% 이내
건폐율	용적률	높　이 출구너비 반자높이 평면길이	후퇴거리 인동거리 벽체두께 바닥판두께

04 건축물의 지붕을 평지붕으로 하는 경우 건축물의 옥상에 헬리포트를 설치하거나 헬리콥터를 통하여 인명 등을 구조할 수 있는 공간을 확보 하여야 하는 대상 건축물 기준으로 옳은 것은?

① 층수가 6층 이상인 건축물로서 6층 이상인 층의 바닥면적의 합계가 5,000m² 이상인 건축물
② 층수가 6층 이상인 건축물로서 6층 이상인 층의 바닥면적의 합계가 10,000m² 이상인 건축물
③ 층수가 11층 이상인 건축물로서 11층 이상인 층의 바닥면적의 합계가 5,000m² 이상인 건축물
④ 층수가 11층 이상인 건축물로서 11층 이상인 층의 바닥면적의 합계가 10,000m² 이상인 건축물

> **해설** 헬리포트의 설치
> 층수가 11층 이상인 건축물로서 11층 이상인 층의 바닥면적의 합계가 10,000m² 이상인 건축물의 옥상에는 다음의 구분에 따른 공간을 확보하여야 한다.
> 1. 건축물의 지붕을 평지붕으로 하는 경우 : 헬리포트를 설치하거나 헬리콥터를 통하여 인명 등을 구조할 수 있는 공간
> 2. 건축물의 지붕을 경사지붕으로 하는 경우 : 경사지붕 아래에 설치하는 대피공간

05 스프링클러설비를 설치하여야 하는 특정소방대상물 중 스프링클러설비를 모든 층에 설치하여야 하는 수용인원 기준으로 옳은 것은? (단, 동·식물원을 제외한 문화 및 집회시설의 경우)

① 50명 이상   ② 100명 이상
③ 200명 이상   ④ 300명 이상

> **해설** 모든 층에 스프링클러설비를 설치하여야 할 특정소방대상물(문화 및 집회시설, 종교시설, 운동시설 경우)
> ㉠ 수용인원이 100명 이상
> ㉡ 영화상영관의 용도로 쓰이는 층의 바닥면적이 지하층 또는 무창층인 경우 500m² 이상, 그 밖의 층의 경우에는 1,000m² 이상
> ㉢ 무대부가 지하층·무창층 또는 층수가 4층 이상인 층에 있는 경우에는 300m² 이상
> ㉣ 무대부가 ㉢ 외의 층에 있는 경우에는 무대부의 면적이 500m² 이상

06 다음은 비상용승강기의 승강장 구조에 관한 기준 내용이다. ( ) 안에 알맞은 것은?

> 승강장의 바닥면적은 비상용승강기 1대에 대하여 ( ) 이상으로 할 것. 다만, 옥외에 승강장을 설치하는 경우에는 그러하지 아니하다.

① 4m²   ② 5m²
③ 6m²   ④ 8m²

> **해설**
> 승강장의 바닥면적은 비상용승강기 1대에 대하여 6m² 이상으로 할 것. 다만, 옥외에 승강장을 설치하는 경우에는 그러하지 아니하다.
> ※ 피난층이 있는 비상용 승강기 승강장의 출입구(승강장이 없는 경우에는 승강로의 출입구)로부터 도로 또는 공지에 이르는 거리가 30m 이하일 것

정답 03 ④ 04 ④ 05 ② 06 ③

07 건축물에서 피난층 또는 지상으로 통하는 지하층 비상탈출구의 최소 유효너비 기준은? (단, 주택이 아님)

① 0.6m 이상　② 0.75m 이상
③ 1m 이상　　④ 1.2m 이상

해설

비상탈출구의 유효너비는 0.75m 이상으로 하고, 유효높이는 1.5m 이상으로 할 것
※ 비상탈출구에서 피난층 또는 지상으로 통하는 복도나 직통계단까지 이르는 피난통로의 유효너비는 최소 0.75m 이상으로 할 것

08 건축물을 특별시나 광역시에 건축하는 경우 특별시장이나 광역시장의 허가를 받아야 하는 대상 건축물 기준으로 옳은 것은?

① 층수가 21층 이상이거나 연면적의 합계가 10만 m^2 이상인 건축물
② 층수가 21층 이상이거나 연면적의 합계가 5만 m^2 이상인 건축물
③ 층수가 15층 이상이거나 연면적의 합계가 10만 m^2 이상인 건축물
④ 층수가 15층 이상이거나 연면적의 합계가 5만 m^2 이상인 건축물

해설 특별시장·광역시장의 허가 대상

사전승인 대상 건축물의 규모	허가권자
① 21층 이상 건축물 ② 연면적 10만m^2 이상 건축물 　(공장, 창고 및 지방건축위원회의 　심의를 거친 건축물은 제외) ③ 연면적 3/10 이상의 증축으로 　인하여 ①, ②의 대상이 되는 　경우	특별시장· 광역시장

09 모든 층에 주거용 주방자동소화장치를 설치하여야 하는 특정소방대상물은?

① 기숙사　　② 아파트등
③ 일반음식점　④ 휴게음식점

해설 소화기구를 설치하여야 할 특정소방대상물

① 수동식소화기 또는 간이소화용구를 설치하여야 하는 것
　㉠ 연면적 33m^2 이상인 것
　㉡ ㉠에 해당하지 아니하는 시설로서 지정문화재 및 가스시설
　㉢ 터널
② 주거용 주방자동소화장치를 설치하여야 하는 것 : 아파트등 및 30층 이상 오피스텔의 모든 층
[비고] 노유자시설의 경우에는 투척용소화용구 등을 법 화재안전기준에 따라 산정된 소화기 수량의 1/2 이상으로 설치할 수 있다.

10 층수가 7층이며, 각 층의 거실면적이 3,000m^2인 문화 및 집회시설 중 전시장에 설치하여야 하는 승용승강기의 최소 대수는? (단, 15인승 승용승강기의 경우)

① 1대　　② 2대
③ 3대　　④ 4대

해설 문화 및 집회시설(전시장, 동·식물원), 업무시설, 숙박시설, 위락시설의 용도 경우

3,000m^2 이하까지 1대, 3,000m^2 초과하는 2,000m^2당 1대를 가산한 대수로 하므로
$1+\dfrac{(3{,}000\times 2)-3{,}000}{2{,}000}=2.5 ≒ 3$대
(소수점 이하는 1대로 본다)
※ 8인승 이상 15인승 이하를 기준으로 산정하며 16인승 이상의 승강기는 2대로 산정한다.

정답　07 ②　08 ①　09 ②　10 ③

11 공동주택 중 아파트로서 4층 이상인 층의 각 세대가 2개 이상의 직통계단을 사용할 수 없는 경우에는 발코니에 대피공간을 설치하여야 하는데, 다음 중 이러한 대피공간이 갖추어야 할 요건으로 옳지 않은 것은?

① 대피공간은 바깥의 공기와 접하지 않을 것
② 대피공간은 실내의 다른 부분과 방화구획으로 구획될 것
③ 대피공간의 바닥면적은 각 세대별로 설치하는 경우에는 2m² 이상일 것
④ 대피공간의 바닥면적은 인접 세대와 공동으로 설치하는 경우에는 3m² 이상일 것

> **해설** 공동주택 중 아파트(4층 이상의 층)에 설치하여야 하는 대피공간의 구조
> ㉠ 대피공간은 바깥의 공기와 접할 것
> ㉡ 대피공간은 실내의 다른 부분과 방화구획으로 구획될 것
> ㉢ 대피공간의 바닥면적은 인접세대와 공동으로 설치하는 경우에는 3m² 이상, 각 세대별로 설치하는 경우에는 2m² 이상일 것

12 연면적 200m²를 초과하는 건축물에 설치하는 복도의 유효너비 기준으로 옳은 것은? (단, 양옆에 거실이 있는 복도)

① 유치원 : 1.8m 이상
② 중학교 : 1.8m 이상
③ 초등학교 : 1.8m 이상
④ 오피스텔 : 1.8m 이상

> **해설** 건축물에 설치하는 복도의 유효너비
>
> | 구분 | 양옆에 거실이 있는 복도 | 기타의 복도 |
> |---|---|---|
> | 유치원·초등학교·중학교·고등학교 | 2.4m 이상 | 1.8m 이상 |
> | 공동주택·오피스텔 | 1.8m 이상 | 1.2m 이상 |
> | 당해 층 거실의 바닥면적 합계가 200m² 이상인 경우 | 1.5m 이상 (의료시설의 복도는 1.8m 이상) | 1.2m 이상 |

13 특별피난계단의 구조에 관한 기준 내용으로 옳지 않은 것은?

① 계단은 내화구조로 하되, 피난층 또는 지상까지 직접 연결되도록 할 것
② 출입구의 유효너비는 0.9m 이상으로 하고 피난의 방향으로 열 수 있을 것
③ 건축물의 내부에서 노대 또는 부속실로 통하는 출입구에는 60+방화문, 60분방화문 또는 30분방화문을 설치할 것
④ 계단실에는 노대 또는 부속실에 접하는 부분 외에는 건축물의 내부와 접하는 창문 등을 설치 하지 아니할 것

> **해설** 피난계단·특별피난계단의 출입문
> 1. 문의 방향 : 피난의 방향(안여닫이로 해서는 안 된다 : 밖여닫이)
> 2. 문의 유효폭 : 90cm 이상
> 3. 문의 구조
>   ① 옥내피난계단의 옥내로부터 계단실로 통하는 출입구 : 60+방화문 또는 60분방화문 설치
>   ② 옥외피난계단의 옥내로부터 계단실로 통하는 출입구 : 60+방화문 또는 60분방화문 설치
>   ③ 특별피난계단
>   ㉠ 옥내에서 노대 또는 부속실로 통하는 출입구 : 60+방화문 또는 60분방화문 설치(30분방화문은 안됨)
>   ㉡ 노대, 부속실에서 계단실로 통하는 출입구 : 60 + 방화문, 60분방화문 또는 30분방화문 설치

14 건축물의 에너지절약설계기준에 따른 건축부문의 권장사항으로 옳지 않은 것은?

① 공동주택은 인동간격을 넓게 하여 저층부의 일사수열량을 증대시킨다.
② 건축물의 체적에 대한 외피면적의 비 또는 연면적에 대한 외피면적의 비는 가능한 작게 한다.
③ 거실의 층고 및 반자 높이는 실의 용도와 기능에 지장을 주지 않는 범위 내에서 가능한 높게 한다.
④ 건물 옥상에는 조경을 하여 최상층 지붕의 열저항을 높이고, 옥상면에 직접 도달하는 일사를 차단하여 냉방부하를 감소시킨다.

정답 11 ① 12 ④ 13 ③ 14 ③

해설 평면계획

㉠ 거실의 층고 및 반자 높이는 실의 용도와 기능에 지장을 주지 않는 범위 내에서 가능한 낮게 한다.
㉡ 건축물의 체적에 대한 외피면적의 비 또는 연면적에 대한 외피면적의 비는 가능한 작게 한다.
㉢ 실의 용도 및 기능에 따라 수평, 수직으로 조닝계획을 한다.

15 업무시설로서 건축허가등을 할 때 미리 소방본부장 또는 소방서장의 동의를 받아야 하는 대상 건축물의 연면적 기준은?

① 연면적이 200m² 이상인 건축물
② 연면적이 400m² 이상인 건축물
③ 연면적이 600m² 이상인 건축물
④ 연면적이 800m² 이상인 건축물

해설 소방본부장 또는 소방서장의 건축허가 및 사용 승인에 대한 동의 대상 건축물의 범위

1. 연면적이 400m²(학교시설의 경우 100m², 노유자시설 및 수련시설의 경우 200m², 정신의료기관, 장애인 의료재활시설의 경우 300m²) 이상인 건축물
2. 차고·주차장 또는 주차용도로 사용되는 시설로서 다음에 해당하는 것
   ① 차고·주차장으로 사용되는 층 중 바닥면적이 200m² 이상인 층이 있는 시설
   ② 승강기 등 기계장치에 의한 주차시설로서 자동차 20대 이상을 주차할 수 있는 시설
3. 지하층 또는 무창층이 있는 건축물로서 바닥면적이 150m²(공연장의 경우에는 100m²) 이상인 층이 있는 것
4. 면적에 관계없이 동의 대상
   ① 층수가 6층 이상인 건축물
   ② 항공기격납고, 관망탑, 항공관제탑, 방송용 송수신탑
   ③ 위험물저장 및 처리시설, 지하구
   ④ 노인 관련 시설, 아동복지시설(아동상담소, 아동전용시설 및 지역아동센터는 제외)
   ⑤ 장애인 거주시설, 정신질환자 관련 시설, 노숙인 관련 시설 중 노숙인자활시설, 노숙인재활시설 및 노숙인요양시설, 결핵환자나 한센인이 24시간 생활하는 노유자시설
   ⑥ 요양병원(정신병원, 의료재활시설 제외)

16 다음의 소방시설 중 경보설비에 속하지 않는 것은?

① 누전경보기　　② 비상방송설비
③ 무선통신보조설비　④ 자동화재탐지설비

해설 소방시설

소화설비·경보설비·피난설비·소화용수설비 그 밖에 소화활동설비를 말한다.
※ 경보설비 : 비상벨설비 및 자동식사이렌설비("비상경보설비"라 함), 단독경보형설비, 비상방송설비, 누전경보기, 자동화재탐지설비 및 시각경보기, 자동화재속보설비, 가스누설경보기, 통합감시시설
☞ 소화활동설비 : 화재를 진압하거나 인명구조활동을 위하여 사용하는 설비
① 제연설비 ② 연결송수관설비
③ 연결살수설비 ④ 비상콘센트설비
⑤ 무선통신보조설비 ⑥ 연소방지설비

17 축냉식 전기냉방설비의 설계기준 내용으로 옳지 않은 것은?

① 열교환기는 시간당 최소냉방열량을 처리할 수 있는 용량 이상으로 설치하여야 한다.
② 자동제어설비는 축냉운전, 방냉운전 또는 냉동기와 축열조를 동시에 이용하여 냉방운전이 가능한 기능을 갖추어야 한다.
③ 축열조는 보온을 철저히 하여 열손실과 결로를 방지해야 하며, 맨홀 등 점검을 위한 부분은 해체와 조립이 용이하도록 하여야 한다.
④ 부분축냉방식의 경우에는 냉동기가 축냉운전과 방냉운전 또는 냉동기와 축열조의 동시운전이 반복적으로 수행하는 데 아무런 지장이 없어야 한다.

해설

축냉식 전기냉방설비의 설치기준에서 열교환기는 시간당 최대냉방열량을 처리할 수 있는 용량 이상으로 설치하여야 한다. 열교환기는 보온을 철저히 하여 열손실과 결로를 방지하여야 하며, 점검을 위한 부분은 해체와 조립이 용이하도록 하여야 한다.

정답　15 ②　16 ③　17 ①

8 건축법령상 공동주택에 해당하지 않는 것은?

① 기숙사　　② 연립주택
③ 다가구주택　④ 다세대주택

> **해설** 주택의 분류
> ① 단독주택
> 　㉠ 단독주택
> 　㉡ 다중주택(연면적 330m² 이하, 3층 이하)
> 　㉢ 다가구주택(바닥면적합계 660m² 이하, 3개층 이하, 19세대 이하)
> 　㉣ 공관
> ② 공동주택
> 　㉠ 다세대주택 : 4개층 이하, 동당 연면적 660m² 이하
> 　㉡ 연립주택 : 4개층 이하, 동당 연면적 660m² 초과
> 　㉢ 아파트 : 5개층 이상
> 　㉣ 기숙사

19 건축물에 급수·배수·환기·난방설비를 설치하는 경우, 건축기계설비기술사 또는 공조냉동기계기술사의 협력을 받아야 하는 대상 건축물의 연면적 기준은? (단, 창고시설은 제외)

① 3,000m² 이상　② 5,000m² 이상
③ 10,000m² 이상　④ 15,000m² 이상

> **해설**
> 연면적 10,000m² 이상(창고시설을 제외)인 건축물에 급수·배수·난방 및 환기의 건축설비를 설치하는 경우 건축기계설비기술사 또는 공조냉동기계기술사의 협력을 받아야 한다.

20 신축 또는 리모델링하는 공동주택은 시간당 최소 몇 회 이상의 환기가 이루어질 수 있도록 자연환기설비 또는 기계환기설비를 설치해야 하는가? (단, 30세대 이상의 공동주택의 경우)

① 0.3회　　② 0.5회
③ 0.7회　　④ 1.0회

> **해설** 공동주택 및 다중이용시설의 환기설비
> 신축 또는 리모델링하는 다음에 해당하는 주택 또는 건축물은 시간당 0.5회 이상의 환기가 이루어질 수 있도록 자연환기설비 또는 기계환기설비를 설치하여야 한다.
> ㉠ 30세대 이상의 공동주택
> ㉡ 주택을 주택 외의 시설과 동일건축물로 건축하는 경우로서 주택이 30세대 이상인 건축물

정답　18 ③　19 ③　20 ②

건축설비관계법규
2023년 제4회 과년도 출제문제 [온라인 TEST]

01 다음은 특정소방대상물의 소방시설 설치의 면제에 관한 기준 내용이다. ( ) 안에 포함되지 않는 소방시설은?

> 연소방지설비를 설치하여야 하는 특정소방대상물에 ( )를 화재안전기준에 적합하게 설치한 경우에는 그 설비의 유효범위에서 설치가 면제된다.

① 스프링클러설비 ② 옥내소화전설비
③ 물분무소화설비 ④ 미분무소화설비

[해설]
연소방지설비를 설치하여야 하는 특정소방대상물에 스프링클러설비, 물분무소화설비 또는 미분무소화설비를 화재안전기준에 적합하게 설치한 경우에는 그 설비의 유효범위안의 부분에서 설치가 면제된다.

02 다음 거실의 반자높이와 관련된 기준 내용 중 ( ) 안에 해당되지 않는 건축물의 용도는?

> ( )의 용도에 쓰이는 건축물의 관람실 또는 집회실로서 그 바닥면적이 200m² 이상인 것의 반자의 높이는 4m(노대의 아랫부분의 높이는 2.7m) 이상이어야 한다. 다만, 기계환기장치를 설치하는 경우에는 그렇지 않다.

① 문화 및 집회시설 중 동·식물원
② 장례식장
③ 위락시설 중 유흥주점
④ 종교시설

[해설] 거실의 반자높이

거실의 종류	반자높이	예외 규정
① 일반용도의 거실	2.1m 이상	공장, 창고시설, 위험물저장 및 처리시설, 동물 및 식물 관련시설, 자원순환관련시설, 묘지관련시설
② 문화 및 집회시설(전시장 및 동·식물원 제외), 장례식장, 유흥주점의 용도에 쓰이는 건축물의 관람실 또는 집회실로서 바닥면적이 200m² 이상인 것	4m 이상	기계환기장치를 설치한 경우
③ '②'의 노대 아래부분	2.7m 이상	

03 방염성능기준 이상의 실내장식물을 설치하여야 하는 특정소방대상물에 해당하지 않는 것은?

① 아파트를 제외한 11층 이상인 건축물
② 옥내에 있는 수영장
③ 다중이용업소
④ 노유자시설

[해설] 방염성능기준 이상의 실내장식물 등을 설치하여야 하는 특정소방대상물

㉠ 근린생활시설 중 의원, 체력단련장, 공연장 및 종교집회장
㉡ 건축물의 옥내에 있는 문화 및 집회시설, 종교시설, 운동시설(수영장은 제외)
㉢ 의료시설, 노유자시설, 숙박시설, 숙박이 가능한 수련시설,
㉣ 교육연구시설 중 합숙소
㉤ 방송통신시설 중 방송국 및 촬영소
㉥ 다중이용업소
㉦ 상기 ㉠부터 ㉥까지의 시설에 해당하지 아니하는 것으로서 층수(건축법시행령에 따라 산정한 층수)가 11층 이상인 것(아파트는 제외)

정답 01 ② 02 ① 03 ②

04 건축법령상 의료시설에 속하는 것은?

① 한의원 ② 요양병원
③ 치과의원 ④ 동물병원

> **해설** 의료행위를 하는 시설
> ㉠ 제1종 근린생활시설 : 의원·치과의원·한의원·침술원·안마원·접골원·조산소·보건소
> ㉡ 제2종 근린생활시설 : 안마시술소·동물병원
> ㉢ 의료시설 : 종합병원·병원·치과병원·한방병원·정신병원·요양병원·마약진료소

05 에너지를 대량으로 소비하는 건축물로서 가스·급수·배수설비를 설치하는 경우 건축기계설비 기술사 또는 공조냉동기계기술사의 협력을 받아야 하는 대상 건축물에 속하지 않는 것은? (단, 해당 용도에 사용되는 바닥면적의 합계가 2,000m²인 건축물)

① 기숙사 ② 판매시설
③ 의료시설 ④ 숙박시설

> **해설** 건축설비기술사·공조냉동기계기술사의 협력을 받아야 하는 에너지 대량소비 건축물 대상(바닥면적 합계 기준)
> ㉠ 500m² 이상 : 냉동냉장시설, 항온항습시설, 특수청정시설
> ㉡ 규모에 관계없이 : 아파트 및 연립주택
> ㉢ 500m² 이상 : 목욕장(제1종 근린생활시설), 실내수영장(운동시설), 실내물놀이형시설
> ㉣ 2,000m² 이상 : 기숙사, 병원(의료시설), 유스호스텔(수련시설), 숙박시설
> ㉤ 3,000m² 이상 : 연구소(교육연구시설), 업무시설, 판매시설
> ㉥ 10,000m² 이상 : 문화 및 집회시설(동·식물원 제외), 종교시설, 장례식장, 교육연구시설(연구소 제외)

06 다음 중 준다중이용 건축물에 속하지 않는 것은? (단, 해당 용도로 쓰는 바닥면적의 합계가 1,000m²인 건축물의 경우)

① 종교시설 ② 판매시설
③ 위락시설 ④ 수련시설

> **해설** 준다중이용 건축물의 정의
> 다중이용 건축물 외의 건축물로서 다음 용도로 쓰는 바닥면적의 합계가 1,000m² 이상인 건축물
> • 문화 및 집회시설(동물원 및 식물원은 제외)
> • 종교시설
> • 판매시설
> • 운수시설 중 여객용 시설
> • 의료시설 중 종합병원
> • 교육연구시설
> • 노유자시설
> • 운동시설
> • 숙박시설 중 관광숙박시설
> • 위락시설
> • 관광 휴게시설
> • 장례식장

07 6층 이상인 건축물로서 건축물의 거실에 국토교통부령으로 정하는 기준에 따라 배연설비를 설치하여야 하는 대상 건축물에 속하지 않는 것은? (단, 피난층이 아닌 경우)

① 종교시설 ② 운수시설
③ 의료시설 ④ 공동주택

> **해설** 배연설비의 설치대상
> ① 6층 이상의 건축물로서 제2종 근린생활시설 중 300m² 이상인 공연장·종교집회장·인터넷컴퓨터게임시설제공업소 및 다중생활시설, 문화 및 집회시설, 종교시설, 판매시설, 운수시설, 의료시설(요양병원 및 정신병원은 제외), 연구소, 아동관련시설·노인복지시설(노인요양시설은 제외), 유스호스텔, 운동시설, 업무시설, 숙박시설, 위락시설, 관광휴게시설, 장례시설의 용도에 해당되는 건축물의 거실
> [예외] 피난층인 경우
> ② 요양병원 및 정신병원, 노인요양시설·장애인 거주시설 및 장애인 의료재활시설의 용도에 해당되는 건축물
> [예외] 피난층인 경우

정답 04 ② 05 ② 06 ④ 07 ④

08 소방시설의 종류 및 각각에 해당하는 기계·기구 또는 설비의 연결이 잘못 짝지어진 것은?

① 소화설비 – 스프링클러설비
② 경보설비 – 자동화재탐지설비
③ 피난구조설비 – 방열복, 방화복
④ 소화활동설비 – 옥내소화전설비

[해설] 소방시설

소화설비·경보설비·피난구조설비·소화용수설비 그 밖에 소화활동설비를 말한다.
※ 소화설비 : 소화기구, 옥내소화전설비, 스프링클러설비·간이스프링클러설비 및 화재조기진압용스프링클러설비, 물분무소화설비·미분무소화설비·포소화설비·이산화탄소소화설비·할로겐화합물소화설비·청정소화약제소화설비 및 분말소화설비, 옥외소화전설비

09 문화 및 집회시설 중 공연장의 개별관람석의 바닥면적이 1,000m²인 경우, 개별관람석 출구의 유효너비 합계는 최소 얼마 이상으로 하여야 하는가?

① 3m   ② 4m
③ 5m   ④ 6m

[해설]

공연장의 개별 관람석 출구의 유효폭의 합계는 개별 관람석의 바닥면적 100m² 마다 0.6m 이상의 비율로 산정한 폭 이상일 것

∴ 개별 관람석 출구의 유효폭의 합계
$= \dfrac{1,000m^2}{100m^2} \times 0.6m = 6m$

10 녹색건축 인증의 유효기간으로 옳은 것은?

① 녹색건축 인증서를 발급한 날부터 3년
② 녹색건축 인증서를 발급한 날부터 5년
③ 녹색건축 인증서를 발급한 날부터 10년
④ 녹색건축 인증서를 발급한 날부터 15년

[해설] 녹색건축 인증기준

㉠ 녹색건축 인증은 해당 전문분야별로 국토교통부장관과 환경부장관이 공동으로 정하여 고시하는 인증기준에 따라 부여된 종합점수를 기준으로 심사하여야 한다.
㉡ 녹색건축 인증 등급은 최우수(그린1등급), 우수(그린2등급), 우량(그린3등급) 또는 일반(그린4등급)으로 한다.
㉢ 인증기관의 장은 지정된 전문기관에서 운영하는 일정한 교육과정을 이수한 사람이 인증대상 건축물의 설계에 참여한 경우 또는 혁신적인 설계방식을 도입한 경우 등 녹색건축 관련 기술의 발전을 위하여 필요하다고 인정하는 경우에는 국토교통부장관과 환경부장관이 공동으로 정하여 고시하는 바에 따라 가산점을 부여할 수 있다.
※ 녹색건축 인증의 유효기간 : 녹색건축 인증서를 발급한 날부터 5년

11 다음은 소화기구의 설치에 관한 기준 내용이다. ( )안에 알맞은 것은?

각층마다 설치하되, 특정소방대상물의 각 부분으로부터 1개의 소화기까지의 보행거리가 소형소화기의 경우에는 (㉠) 이내, 대형 소화기의 경우에는 (㉡) 이내가 되도록 배치할 것. 다만, 가연성물질이 없는 작업장의 경우에는 작업장의 실정에 맞게 보행거리를 완화하여 배치할 수 있다.

① ㉠ 15m, ㉡ 20m   ② ㉠ 20m, ㉡ 15m
③ ㉠ 20m, ㉡ 30m   ④ ㉠ 30m, ㉡ 20m

[해설] 소화기구의 설치에 관한 기준

각층마다 설치하되, 특정소방대상물의 각 부분으로부터 1개의 소화기까지의 보행거리가 소형소화기의 경우에는 20m 이내, 대형 소화기의 경우에는 30m 이내가 되도록 배치할 것. 다만, 가연성물질이 없는 작업장의 경우에는 작업장의 실정에 맞게 보행거리를 완화하여 배치할 수 있다.

정답 08 ④   09 ④   10 ②   11 ③

12 세대수가 10세대인 주거용 건축물에 설치하는 음용수용 급수관의 지름은 최소 얼마 이상이어야 하는가?

① 30mm   ② 40mm
③ 50mm   ④ 60mm

해설 주거용 건축물 급수관 지름 기준

가구 또는 세대수	1	2~3	4~5	6~8	9~16	17 이상
급수관 최소지름	15	20	25	32	40	50

1. 가구수나 세대수가 불분명한 경우에는 주거에 쓰이는 바닥면적의 합계에 따라 다음과 같이 가구수를 산정한다.
   ① 바닥면적 85m² 이하 : 1가구
   ② 바닥면적 85m² 초과, 150m² 이하 : 3가구
   ③ 바닥면적 150m² 초과, 300m² 이하 : 5가구
   ④ 바닥면적 300m² 초과, 500m² 이하 : 16가구
   ⑤ 바닥면적 500m² 초과 : 17가구
2. 가압설비 등을 설치하여 급수시 각 기구에서 압력이 1cm²당 0.7kg 이상인 경우는 상기 1의 기준을 적용하지 않는다.

13 다음은 직통계단의 설치에 관한 기준 내용이다. ( )안에 알맞은 것은?

초고층 건축물에는 피난층 또는 지상으로 통하는 직통계단과 직접 연결되는 피난안전구역을 지상층으로부터 최대( ) 층마다 1개소 이상 설치하여야 한다.

① 10개   ② 20개
③ 30개   ④ 40개

해설 초고층 건축물에는 피난층 또는 지상으로 통하는 직통계단과 직접 연결되는 피난안전구역(건축물의 피난·안전을 위하여 건축물 중간층에 설치하는 대피공간을 말함)을 지상층으로부터 최대 30개 층마다 1개소 이상 설치하여야 한다.

14 건축물을 특별시나 광역시에 건축하는 경우, 특별시장이나 광역시장의 허가를 받아야 하는 대상 건축물의 연면적 기준은?

① 연면적의 합계가 1만 제곱미터 이상
② 연면적의 합계가 5만 제곱미터 이상
③ 연면적의 합계가 10만 제곱미터 이상
④ 연면적의 합계가 20만 제곱미터 이상

해설 특별시장·광역시장의 허가 대상

사전승인 대상 건축물의 규모	허가권자
① 21층 이상 건축물 ② 연면적 10만m² 이상 건축물(공장, 창고 및 지방건축위원회의 심의를 거친 건축물은 제외) ③ 연면적 3/10 이상의 증축으로 인하여 ①, ②의 대상이 되는 경우	특별시장·광역시장

15 외기에 직접 면하고 1층 또는 지상으로 연결된 출입문을 방풍구조로 하지 않아도 되는 대상 출입문에 대한 기준 내용으로 옳지 않은 것은?

① 다세대주택의 출입문
② 너비 1.5m 이하의 출입문
③ 바닥면적 300m² 이하의 개별 점포의 출입문
④ 사람의 통행을 주목적으로 하지 않는 출입문

해설 외기에 직접 면하고 1층 또는 지상으로 연결된 출입문은 방풍구조로 하여야 한다.
[예외] 다음에 해당하는 경우
  ㉠ 바닥면적 300m² 이하의 개별 점포의 출입문
  ㉡ 주택의 출입문(기숙사는 제외)
  ㉢ 사람의 통행을 주목적으로 하지 않는 출입문
  ㉣ 너비 1.2m 이하의 출입문
  ※ 방풍구조라 함은 출입구에서 실내외 공기 교환에 의한 열출입을 방지할 목적으로 설치하는 완충공간(방풍실) 또는 회전문 등을 설치한 방식을 말한다.

정답 12 ② 13 ③ 14 ③ 15 ②

16 철근콘크리트조인 경우 두께에 관계없이 내화구조로 인정되는 것은?

① 바닥
② 지붕
③ 내력벽
④ 외벽 중 비내력벽

해설 철근콘크리트조, 철골철근콘크리트조의 내화구조 기준

㉠ 벽 : 두께 10cm 이상
㉡ 외벽 중 비내력벽 : 두께 7cm 이상
㉢ 기둥 : 최소 지름이 25cm 이상
㉣ 바닥 : 두께 10cm 이상
㉤ 보, 지붕, 계단 : 두께 기준이 없다.
  ※ 철골조의 계단은 내화구조로 본다.

17 계단의 설치 기준으로 옳은 것은?

① 계단을 대체하여 설치하는 경사로는 그 경사로가 1 : 8을 넘어야 하며, 표면을 거친 면으로 미끄러지지 아니하는 재료로 마감하여야 한다.
② 모든 공동주택의 주계단, 피난계단 또는 특별피난계단에 설치하는 난간 및 바닥은 아동의 이용에 안전하고 노약자 및 신체장애인의 이용에 편리한 구조로 하여야 한다.
③ 업무시설의 주계단, 피난계단 또는 특별피난계단에 설치하는 난간 손잡이는 벽 등으로부터 5cm 이상 떨어지도록 하고, 계단으로부터의 높이는 85cm가 되도록 한다.
④ 돌음계단의 단너비는 그 넓은 너비의 끝부분으로부터 30cm의 위치에서 측정한다.

해설
① 계단을 대체하여 설치하는 경사로는 그 경사로가 1 : 8 이하로 하며, 재료마감은 표면을 거친 면으로 하거나 미끄러지지 않는 재료로 마감하여야 한다.
② 공동주택(기숙사 제외)의 주계단, 피난계단 또는 특별피난계단에 설치하는 난간 및 바닥은 아동의 이용에 안전하고 노약자 및 신체장애인의 이용에 편리한 구조로 하여야 한다.
④ 돌음계단의 단너비는 좁은 너비의 끝부분으로부터 30cm의 위치에서 측정한다.

18 승용승강기 설치대상 건축물로서의 6층 이상의 거실면적의 합계가 6,000m² 인 경우, 승용승강기의 최소 설치대수가 가장 많은 것부터 적은 순으로 올바르게 나열된 것은? (단, 8인승 승강기의 경우)

① 병원 > 숙박시설 > 공동주택
② 공연장 > 위락시설 > 도매시장
③ 집회장 > 공동주택 > 업무시설
④ 공동주택 > 관람장 > 위락시설

해설 승용승강기 설치대수(강>약 순서)

문화 및 집회시설(공연장·집회장·관람장), 판매시설(도매시장·소매시장·상점), 의료시설>문화 및 집회시설(전시장, 동·식물원), 업무시설, 숙박시설, 위락시설>공동주택, 교육연구시설, 노유자시설, 기타 시설
※ 승용승강기의 설치대상은 층수가 6층 이상으로서 연면적 2,000m² 이상인 건축물의 거실 바닥면적의 합계를 기준으로 적용한다.

19 건축물의 출입구에 설치하는 회전문의 구조에 대한 설명으로 옳지 않은 것은?

① 계단이나 에스컬레이터로부터 2미터 이상의 거리를 둘 것
② 틈 사이를 고무와 고무펠트의 조합체 등을 사용하여 신체나 물건 등에 손상이 없도록 할 것
③ 출입에 지장이 없도록 일정한 방향으로 회전하는 구조로 할 것
④ 회전문의 회전속도는 분당회전수가 10회를 넘지 아니하도록 할 것

해설 회전문의 설치

㉠ 계단이나 에스컬레이터로부터 2m 이상의 거리를 둘 것
㉡ 출입에 지장이 없도록 일정한 방향으로 회전하는 구조로 할 것
㉢ 회전문의 중심축에서 회전문과 문틀 사이의 간격을 포함한 회전문날개 끝부분까지의 길이는 140cm 이상이 되도록 할 것
㉣ 회전문의 회전속도는 분당회전수가 8회를 넘지 아니하도록 할 것

정답 16 ② 17 ③ 18 ① 19 ④

20 헬리포트의 설치에 관한 기준 내용으로 옳지 않은 것은?

① 헬리포트의 길이와 너비는 각각 25m 이상으로 할 것
② 헬리포트의 중앙부분에는 지름 8m의 "Ⓗ"표지를 백색으로 할 것
③ 헬리포트의 주위한계선은 백색으로 하되, 그 선의 너비는 38cm로 할 것
④ 헬리포트의 중심으로부터 반경 12m 이내에는 헬리콥터의 이·착륙에 장애가 되는 건축물, 공작물, 조경시설 또는 난간 등을 설치하지 아니할 것

해설

헬리포트의 길이와 너비는 각각 22m 이상으로 할 것
[예외] 옥상의 길이와 너비가 22m 이하인 경우에는 15m까지 감축할 수 있다.

정답 20 ①

건축설비관계법규
2024년 제1회 과년도 출제문제 _{온라인 TEST}

01 교육연구시설 중 학교의 교실 간 소음 방지를 위해 설치하는 경계벽의 구조로 옳지 않은 것은?
① 석조로서 두께가 15cm인 것
② 철근콘크리트조로서 두께가 12cm인 것
③ 무근콘크리트조로서 두께가 15cm인 것
④ 콘크리트블록조로서 두께가 15cm인 것

[해설] 경계벽의 차음구조 기준

벽체의 구조	두께 기준
철근콘크리트조, 철골철근콘크리트조	10cm 이상
무근콘크리트조, 석조	10cm 이상(시멘트모르타르, 회반죽 또는 석고 플라스터의 바름두께 포함)
콘크리트 블록조, 벽돌조	19cm 이상

[예외] 다가구주택 및 공동주택 세대간의 경계벽은 주택건설기준에 관한 규정에 따른다.

02 다음은 특별피난계단의 구조에 관한 기준 내용이다. ( ) 안에 알맞은 것은?

> 계단실 및 부속실의 실내에 접하는 부분의 마감은 ( )로 할 것

① 내화재료　　② 불연재료
③ 방화재료　　④ 준불연재료

[해설] 특별피난계단의 계단실 및 부속실의 마감 : 계단실 및 부속실의 실내에 접하는 부분(바닥 및 반자 등 실내에 면한 모든 부분)의 마감(마감을 위한 바탕 포함)은 불연재료로 할 것

03 건축법령상 초고층 건축물의 정의로 옳은 것은?
① 층수가 30층 이상이거나 높이가 90m 이상인 건축물
② 층수가 30층 이상이거나 높이가 120m 이상인 건축물
③ 층수가 50층 이상이거나 높이가 150m 이상인 건축물
④ 층수가 50층 이상이거나 높이가 200m 이상인 건축물

[해설]

초고층 건축물	층수가 50층 이상이거나 높이가 200m 이상인 건축물
준초고층 건축물	고층건축물 중 초고층 건축물이 아닌 것
고층 건축물	층수가 30층 이상이거나 높이가 120m 이상인 건축물

04 같은 건축물 안에 공동주택과 위락시설을 함께 설치하고자 하는 경우, 공동주택의 출입구와 위락시설의 출입구는 서로 그 보행거리가 최소 얼마 이상이 되도록 설치하여야 하는가?
① 10m　　② 20m
③ 30m　　④ 50m

[해설] 공동주택 등의 출입구와 위락시설 등의 출입구는 서로 그 보행거리가 30m 이상이 되도록 설치할 것

05 건축물의 에너지절약설계기준에 따른 기계부문의 권장사항으로 옳지 않은 것은?
① 열원설비는 부분부하 및 전부하 운전효율이 좋은 것을 선정한다.
② 냉방설비의 용량계산을 위한 설계기준 실내온도는 28℃를 기준으로 한다.
③ 난방설비의 용량계산을 위한 설계기준 실내온도는 22℃를 기준으로 한다.
④ 환기를 통한 에너지손실 저감을 위해 성능이 우수한 열회수형환기장치를 설치한다.

정답 01 ④　02 ②　03 ④　04 ③　05 ③

[해설]
에너지 절약을 위한 일반건축물의 설계용 냉난방 실내온도 권장기준은 난방 20℃, 냉방 28℃ 이다.

06 건축물의 설계자가 해당 건축물에 대한 구조의 안전을 확인하는 경우 건축구조기술사의 협력을 받아야 하는 대상 건축물에 속하지 않는 것은?

① 5층인 건축물 ② 특수구조 건축물
③ 다중이용 건축물 ④ 준다중이용 건축물

[해설] 건축구조기술사에 의한 구조계산
다음 건축물을 건축하거나 대수선할 경우의 구조계산은 구조기술사의 구조계산에 의해야 한다.
㉠ 6층 이상 건축물
㉡ 한쪽 끝은 고정되고 다른 끝은 지지되지 아니한 구조로 된 차양 등이 외벽의 중심선으로부터 3m 이상인 돌출된 건축물
㉢ 경간 20m 이상 건축물
㉣ 특수한 설계·시공·공법 등이 필요한 건축물
㉤ 다중이용건축물
㉥ 준다중이용건축물
㉦ 지진구역의 건축물 중 국토교통부령으로 정하는 건축물

07 다음은 특정소방대상물의 소방시설 설치의 면제에 관한 기준 내용이다. ( ) 안에 포함되지 않는 소방시설은?

연소방지설비를 설치하여야 하는 특정소방대상물에 ( )를 화재안전기준에 적합하게 설치한 경우에는 그 설비의 유효범위에서 설치가 면제된다.

① 스프링클러설비 ② 옥내소화전설비
③ 물분무소화설비 ④ 미분무소화설비

[해설]
연소방지설비를 설치하여야 하는 특정소방대상물에 스프링클러설비, 물분무소화설비 또는 미분무소화설비를 화재안전기준에 적합하게 설치한 경우에는 그 설비의 유효범위안의 부분에서 설치가 면제된다.

08 건축물의 에너지절약 설계기준상 외기에 직접 면하고 1층 또는 지상으로 연결된 출입문을 방풍구조로 하지 않을 수 있는 경우에 속하지 않는 것은?

① 기숙사의 출입문
② 너비가 1.2m인 출입문
③ 바닥면적이 200m^2인 개별 점포의 출입문
④ 사람의 통행을 주목적으로 하지 않는 출입문

[해설]
외기에 직접 면하고 1층 또는 지상으로 연결된 출입문은 방풍구조로 하여야 한다.
[예외] 다음에 해당하는 경우
㉠ 바닥면적 300m^2 이하의 개별 점포의 출입문
㉡ 주택의 출입문(기숙사는 제외)
㉢ 사람의 통행을 주목적으로 하지 않는 출입문
㉣ 너비 1.2m 이하의 출입문
※ 방풍구조라 함은 출입구에서 실내외 공기 교환에 의한 열출입을 방지할 목적으로 설치하는 완충공간(방풍실) 또는 회전문 등을 설치한 방식을 말한다.

09 다음의 무창층과 관련된 기준 내용 중 밑줄 친 요건으로 옳지 않은 것은?

"무창층"이란 지상층 중 다음 각 목의 요건을 모두 갖춘 개구부의 면적의 합계가 해당 층의 바닥면적의 30분의 1 이하가 되는 층을 말한다.

① 도로 또는 차량이 진입할 수 있는 빈터를 향할 것
② 내부 또는 외부에서 쉽게 개방 또는 파괴할 수 없을 것
③ 크기는 지름 50cm 이상의 원이 내접할 수 있는 크기일 것
④ 해당 층의 바닥면으로부터 개구부 밑부분까지의 높이가 1.2m 이내일 것

정답 06 ① 07 ② 08 ① 09 ②

[해설] 무창층

지상층 중 다음에 해당하는 요건을 모두 갖춘 개구부(건축물에서 채광·환기·통풍 또는 출입 등을 위하여 만든 창·출입구 그 밖에 이와 비슷한 것을 말함)의 면적의 합계가 당해 층의 바닥면적의 1/30 이하가 되는 층을 말한다.
㉠ 개구부의 크기가 지름 50cm 이상의 원이 내접할 수 있을 것
㉡ 해당 층의 바닥면으로부터 개구부 밑부분까지의 높이가 1.2m 이내일 것
㉢ 개구부는 도로 또는 차량이 진입할 수 있는 빈터를 향할 것
㉣ 화재시 건축물로부터 쉽게 피난할 수 있도록 개구부에 창살 그 밖의 장애물이 설치되지 아니할 것
㉤ 내부 또는 외부에서 쉽게 파괴 또는 개방할 수 있을 것

10 건축물에 설치하는 환기구는 바닥으로부터 최소 얼마 이상의 높이에 설치하는 것을 원칙으로 하는가?

① 1.5m   ② 2m
③ 3m   ④ 4m

[해설]
환기구(건축물의 환기설비에 부속된 급기 및 배기를 위한 건축구조물의 개구부)는 바닥으로부터 2m 이상의 높이에 설치하여야 한다.

11 다음의 소방시설 중 경보설비에 속하지 않는 것은?

① 비상방송설비   ② 자동화재탐지설비
③ 자동화재속보설비 ④ 무선통신보조설비

[해설]
소방시설이란 소화설비·경보설비·피난구조설비·소화용수설비 그 밖에 소화활동설비를 말한다.
※ 경보설비 : 비상벨설비 및 자동식사이렌설비("비상경보설비"라 함), 단독경보형설비, 비상방송설비, 누전경보기, 자동화재탐지설비 및 시각경보기, 자동화재속보설비, 가스누설경보기, 통합감시시설
☞ 무선통신보조설비는 소화활동설비에 해당된다.

12 건축물의 관람실 또는 집회실로부터 바깥쪽으로의 출구로 쓰이는 문을 안여닫이로 해도 되는 건축물의 용도는?

① 장례시설
② 위락시설
③ 종교시설
④ 문화 및 집회시설 중 전시장

[해설]
문화 및 집회 시설(전시장 및 동·식물원 제외), 300m² 이상인 공연장·종교집회장, 종교시설, 위락시설, 장례식장의 용도에 쓰이는 건축물의 관람석 또는 집회실로부터 밖으로의 출구에 쓰이는 문은 안여닫이로 해서는 안 된다.

13 건축물을 특별시나 광역시에 건축하는 경우 특별시장이나 광역시장의 허가를 받아야 하는 대상 건축물의 층수 기준은?

① 7층 이상   ② 15층 이상
③ 21층 이상   ④ 25층 이상

[해설] 특별시장·광역시장의 허가 대상

사전승인 대상 건축물의 규모	허가권자
① 21층 이상 건축물 ② 연면적 10만m² 이상 건축물(공장, 창고 및 지방건축위원회의 심의를 거친 건축물은 제외) ③ 연면적 3/10 이상의 증축으로 인하여 ①, ②의 대상이 되는 경우	특별시장·광역시장

14 다음의 공동주택의 환기설비기준에 관한 내용 중 ( ) 안에 알맞은 것은?

신축 또는 리모델링하는 30세대 이상의 공동주택은 시간당 ( ) 이상의 환기가 이루어질 수 있도록 자연환기설비 또는 기계환기설비를 설치하여야 한다.

① 0.5회   ② 1.0회
③ 1.2회   ④ 1.5회

정답 10 ② 11 ④ 12 ④ 13 ③ 14 ①

해설 공동주택 및 다중이용시설의 환기설비

신축 또는 리모델링하는 다음에 해당하는 주택 또는 건축물은 시간당 0.5회 이상의 환기가 이루어질 수 있도록 자연환기설비 또는 기계환기설비를 설치하여야 한다.
㉠ 30세대 이상의 공동주택
㉡ 주택을 주택 외의 시설과 동일건축물로 건축하는 경우로서 주택이 30세대 이상인 건축물

15 계단 및 복도의 설치기준에 관한 설명으로 틀린 것은?

① 높이가 3m를 넘은 계단에는 높이 3m 이내마다 유효너비 120cm 이상의 계단참을 설치할 것
② 거실 바닥면적의 합계가 100m² 이상인 지하층에 설치하는 계단인 경우 계단 및 계단참의 유효너비는 120cm 이상으로 할 것
③ 계단을 대체하여 설치하는 경사로의 경사도는 1 : 6을 넘지 아니할 것
④ 문화 및 집회 시설 중 공연장의 개별 관람실(바닥면적이 300m² 이상인 경우)의 바깥쪽에는 그 양쪽 및 뒤쪽에 각각 복도를 설치할 것

해설 계단에 대체되는 경사로
㉠ 경사도는 1 : 8 이하로 할 것
㉡ 재료마감은 표면을 거친 면으로 하거나 미끄러지지 않는 재료로 마감할 것

16 건축물의 설비기준 등에 관한 규칙에 따라 피뢰설비를 설치하여야 하는 대상 건축물의 높이 기준은?

① 10m 이상   ② 15m 이상
③ 20m 이상   ④ 30m 이상

해설
낙뢰의 우려가 있는 건축물 또는 높이 20m 이상의 건축물 또는 공작물로서 높이 20m 이상의 공작물(건축물에 공작물을 설치하여 그 전체높이가 20m 이상인 것 포함)에는 건축물의 설비기준 등에 관한 규칙에 적합하게 피뢰설비를 설치하여야 한다.

17 층수가 15층이며, 6층 이상의 거실면적의 합계가 15,000m²인 종합병원에 설치하여야 하는 승용승강기의 최소 대수는? (단, 8인승 승용승강기의 경우)

① 6대   ② 7대
③ 8대   ④ 9대

해설
문화 및 집회시설(공연장·관람장·집회장), 판매시설(도매시장·소매시장·상점), 의료시설(병원·격리병원)의 용도 경우 3,000m² 이하까지 2대, 3,000m² 초과하는 2,000m²당 1대를 가산한 대수로 하므로
$2 + \dfrac{15,000 - 3,000}{2,000} = 8$대
∴ 8대 (소수점 이하는 1대로 본다)
※ 8인승 이상 15인승 이하를 기준으로 산정하며 16인승 이상의 승강기는 2대로 산정한다.

18 특정소방대상물에 설치하여야 하는 소방시설에 관한 설명으로 옳지 않은 것은?

① 노유자 생활시설에는 자동화재속보설비를 설치하여야 한다.
② 연면적 33m²인 음식점에는 소화기구를 설치하여야 한다.
③ 연면적 600m²인 종교시설에는 자동화재탐지설비를 설치하여야 한다.
④ 바닥면적의 합계가 5,000m²인 판매시설의 모든 층에는 스프링클러설비를 설치하여야 한다.

해설
공동주택, 근린생활시설 중 목욕장, 문화 및 집회시설, 종교시설, 판매시설, 운수시설, 운동시설, 업무시설, 공장, 창고시설, 위험물 저장 및 처리 시설, 항공기 및 자동차 관련 시설, 교정 및 군사시설 중 국방·군사시설, 방송통신시설, 발전시설, 관광 휴게시설, 지하가(터널은 제외)로서 연면적 1,000m² 이상인 것은 자동화재탐지설비를 설치하여야 하는 특정소방대상물이다.

정답 15 ③ 16 ③ 17 ③ 18 ③

19 다음의 용도변경 중 허가 대상에 속하는 것은?

① 문화 및 집회시설에서 업무시설로의 용도변경
② 판매시설에서 문화 및 집회시설로의 용도변경
③ 방송통신시설에서 교육연구시설로의 용도변경
④ 자동차관련시설에서 문화 및 집회시설로의 용도변경

해설 허가대상 및 신고대상의 용도변경

분류	시설군
㉠ 자동차관련시설군	• 자동차관련시설
㉡ 산업등 시설군	• 운수시설 • 창고시설 • 공장 • 위험물저장 및 처리시설 • 자원순환관련시설 • 묘지관련시설 • 장례식장
㉢ 전기통신시설군	• 방송통신시설 • 발전시설
㉣ 문화집회시설군	• 문화 및 집회시설 • 종교시설 • 위락시설 • 관광휴게시설
㉤ 영업시설군	• 판매시설 • 운동시설 • 숙박시설 • 제2종 근린생활시설 중 다중생활시설
㉥ 교육 및 복지시설군	• 의료시설 • 교육연구시설 • 노유자시설 • 수련시설 • 야영장시설
㉦ 근린생활시설군	• 제1종 근린생활시설 • 제2종 근린생활시설(다중생활시설은 제외)
㉧ 주거업무시설군	• 단독주택 • 공동주택 • 업무시설 • 교정 및 군사시설
㉨ 기타 시설군	• 동물 및 식물관련시설

※ 절차 :
1. 허가대상 : 상위시설군(오름차순)에 해당하는 용도로 변경하는 행위
2. 신고대상 : 하위시설군(내림차순)에 해당하는 용도로 변경하는 행위
3. 건축물대장 기재변경 신청 : 동일한 시설군내에서 용도변경 하는 행위

20 대형건축물의 건축허가 사전승인신청시 제출도서의 종류 중 설비분야의 도서에 속하지 않는 것은?

① 소방설비도
② 건축설비도
③ 주차장 평면도
④ 상·하수도 계통도

해설 사전승인신청시의 제출도서(규칙 [별표3])

구분	분야	도서의 종류
건축계획서	건축	가. 설계설명서 나. 구조계획서 다. 지질조사서 라. 시방서
기본설계도서	건축	가. 투시도 또는 투시도 사진 나. 평면도(주요층, 기준층) 다. 2면 이상의 입면도 라. 2면 이상의 단면도 마. 내외마감표 바. 주차장 평면도
	설비	가. 건축설비도 나. 소방설비도 다. 상·하수도 계통도
	기타	필요한 도면

정답 19 ② 20 ③

건축설비관계법규
2024년 제2회 과년도 출제문제 온라인 TEST

01 건축물의 출입구에 설치하는 회전문의 설치기준 내용으로 옳지 않은 것은?

① 계단으로부터 2m 이상의 거리를 둘 것
② 에스컬레이터로부터 2m 이상의 거리를 둘 것
③ 회전문의 회전속도는 분당회전수가 12회를 넘지 아니하도록 할 것
④ 출입에 지장이 없도록 일정한 방향으로 회전하는 구조로 할 것

해설 회전문의 설치기준
① 계단이나 에스컬레이터로부터 2m 이상의 거리를 둘 것
② 회전문과 문틀사이 및 바닥사이는 다음에서 정하는 간격을 확보하고 틈 사이를 고무와 고무펠트의 조합체 등을 사용하여 신체나 물건 등에 손상이 없도록 할 것
  ㉠ 회전문과 문틀 사이는 5cm 이상
  ㉡ 회전문과 바닥 사이는 3cm 이하
③ 출입에 지장이 없도록 일정한 방향으로 회전하는 구조로 할 것
④ 회전문의 중심축에서 회전문과 문틀 사이의 간격을 포함한 회전문날개 끝부분까지의 길이는 140cm 이상이 되도록 할 것
⑤ 회전문의 회전속도는 분당회전수가 8회를 넘지 아니하도록 할 것

02 지하층에 설치하는 비상탈출구의 유효너비 및 유효높이 기준으로 옳은 것은?(단, 주택이 아닌 경우)

① 유효너비 0.5m 이상, 유효높이 1.0m 이상
② 유효너비 0.5m 이상, 유효높이 1.5m 이상
③ 유효너비 0.75m 이상, 유효높이 1.0m 이상
④ 유효너비 0.75m 이상, 유효높이 1.5m 이상

해설
- 지하층의 비상탈출구의 크기는 유효너비 0.75m 이상, 유효높이 1.5m 이상이다.
- ※ 지하층의 비상탈출구 피난통로의 유효너비는 피난층 또는 지상으로 통하는 복도나 직통계단까지 이르는 피난통로의 유효너비는 0.75m 이상으로 할 것

03 건축물의 지붕을 평지붕으로 하는 경우 건축물의 옥상에 헬리포트를 설치하거나 헬리콥터를 통하여 인명 등을 구조할 수 있는 공간을 확보하여야 하는 대상 건축물 기준으로 옳은 것은?

① 층수가 6층 이상인 건축물로서 6층 이상인 층의 바닥면적의 합계가 5,000m^2 이상인 건축물
② 층수가 6층 이상인 건축물로서 6층 이상인 층의 바닥면적의 합계가 10,000m^2 이상인 건축물
③ 층수가 11층 이상인 건축물로서 11층 이상인 층의 바닥면적의 합계가 5,000m^2 이상인 건축물
④ 층수가 11층 이상인 건축물로서 11층 이상인 층의 바닥면적의 합계가 10,000m^2 이상인 건축물

해설 헬리포트의 설치
층수가 11층 이상인 건축물로서 11층 이상인 층의 바닥면적의 합계가 10,000m^2 이상인 건축물의 옥상에는 다음의 구분에 따른 공간을 확보하여야 한다.
1. 건축물의 지붕을 평지붕으로 하는 경우 : 헬리포트를 설치하거나 헬리콥터를 통하여 인명 등을 구조할 수 있는 공간
2. 건축물의 지붕을 경사지붕으로 하는 경우 : 경사지붕 아래에 설치하는 대피공간

04 비상경보설비를 설치하여야 하는 특정소방대상물의 연면적 기준은? (단, 특정소방대상물이 판매시설인 경우)

① 400m^2 이상
② 600m^2 이상
③ 1,500m^2 이상
④ 3,500m^2 이상

정답 01 ③ 02 ④ 03 ④ 04 ①

> **해설** 비상경보설비 설치대상
> ㉠ 연면적 400m² 이상인 것(지하가 중 터널 또는 사람이 거주하지 아니하거나 벽이 없는 축사를 제외)
> ㉡ 지하층 또는 무창층의 바닥면적이 150m²(공연장인 경우 100m²) 이상인 것
> ㉢ 지하가 중 터널로서 길이가 500m 이상인 것
> ㉣ 50명 이상의 근로자가 작업하는 옥내작업장
> [예외] 가스시설, 지하구 경우

05 급수·배수·환기·난방설비를 설치하는 경우 건축기계설비기술사 또는 공조냉동기계기술사의 협력을 받아야 하는 대상 건축물에 속하지 않는 것은?

① 아파트
② 의료시설로서 해당 용도에 사용되는 바닥면적의 합계가 2,000m²인 건축물
③ 업무시설로서 해당 용도에 사용되는 바닥면적의 합계가 2,000m²인 건축물
④ 숙박시설로서 해당 용도에 사용되는 바닥면적의 합계가 2,000m²인 건축물

> **해설**
> 건축설비기술사·공조냉동기계기술사의 협력을 받아야하는 에너지 대량소비 건축물 대상(바닥면적 합계 기준)
> ㉠ 500m² 이상 : 냉동냉장시설, 항온항습시설, 특수청정시설
> ㉡ 규모에 관계없이 : 아파트 및 연립주택
> ㉢ 500m² 이상 : 목욕장(제1종 근린생활시설), 실내수영장(운동시설), 실내물놀이형시설
> ㉣ 2,000m² 이상 : 기숙사, 병원(의료시설), 유스호스텔(수련시설), 숙박시설
> ㉤ 3,000m² 이상 : 연구소(교육연구시설), 업무시설, 판매시설
> ㉥ 10,000m² 이상 : 문화 및 집회시설(동·식물원 제외), 종교시설, 장례식장, 교육연구시설(연구소 제외)

06 건축법령상 다중이용건축물에 해당되지 않는 것은? (단, 해당하는 용도로 쓰는 바닥면적의 합계가 5,000m²인 건축물인 경우)

① 종교시설　　② 판매시설
③ 업무시설　　④ 의료시설 중 종합병원

> **해설** 다중이용건축물의 정의
> • 다음에 해당하는 용도로 쓰는 바닥면적의 합계가 5,000m² 이상인 건축물
> 1) 문화 및 집회시설(동물원·식물원은 제외)
> 2) 종교시설
> 3) 판매시설
> 4) 운수시설 중 여객용 시설
> 5) 의료시설 중 종합병원
> 6) 숙박시설 중 관광숙박시설
> • 16층 이상인 건축물

07 비상용승강기의 승강장의 바닥면적은 비상용승강기 1대에 대하여 최소 얼마 이상으로 하여야 하는가? (단, 옥내에 승강장을 설치하는 경우)

① 5m²　　② 6m²
③ 7m²　　④ 8m²

> **해설**
> 승강장의 바닥면적은 비상용승강기 1대에 대하여 6m² 이상으로 할 것. 다만, 옥외에 승강장을 설치하는 경우에는 그러하지 아니하다.

08 허가대상 건축물이라 하더라도 미리 특별자치시장·특별자치도지사 또는 시장·군수·구청장에게 국토교통부령으로 정하는 바에 따라 신고를 하면 건축허가를 받은 것으로 보는 경우에 속하지 않는 것은? (단, 층수가 2층인 건축물의 경우)

① 바닥면적의 합계가 85m² 이내의 신축
② 바닥면적의 합계가 85m² 이내의 증축
③ 바닥면적의 합계가 85m² 이내의 개축
④ 연면적이 200m² 미만인 건축물의 대수선

정답 05 ③　06 ③　07 ②　08 ①

> **해설** 신고대상 행위(건축신고)
>
> 허가 대상 건축물이라 하더라도 다음에 해당하는 경우에는 미리 특별자치시장·특별자치도지사 또는 시장·군수·구청장에게 국토교통부령으로 정하는 바에 따라 신고를 하면 건축허가를 받은 것으로 본다.
> ㉠ 바닥면적의 합계가 85m² 이내의 증축·개축 또는 재축(3층 이상 건축물인 경우에는 증축·개축 또는 재축하려는 부분의 바닥면적의 합계가 건축물 연면적의 1/10 이내인 경우로 한정)
> ㉡ 국토의 계획 및 이용에 관한 법률에 따른 관리지역, 농림지역 또는 자연환경보전지역에서 연면적이 200m² 미만이고 3층 미만인 건축물의 건축(단, 지구단위계획구역의 건축과 방재지구와 붕괴위험지역의 건축은 제외)
> ㉢ 연면적이 200m² 미만이고 3층 미만인 건축물의 대수선
> ㉣ 주요구조부의 해체가 없는 대수선
> ㉤ 기타 소규모 건축물

09 건축법령상 의료시설에 속하는 것은?

① 한의원 ② 요양병원
③ 치과의원 ④ 동물병원

> **해설** 의료행위를 하는 시설
>
> ㉠ 제1종 근린생활시설 : 의원·치과의원·한의원·침술원·안마원·접골원·조산소·보건소
> ㉡ 제2종 근린생활시설 : 안마시술소·동물병원
> ㉢ 의료시설 : 종합병원·병원·치과병원·한방병원·정신병원·요양병원·마약진료소

10 건축법령상 리모델링이 쉬운 구조에 해당하지 않는 것은?

① 각 층마다 하나의 방화구획으로 구획되어 있을 것
② 개별 세대 안에서 구획된 실의 크기, 개수 또는 위치 등을 변경할 수 있을 것
③ 구조체에서 건축설비, 내부 마감재료 및 외부 마감재료를 분리할 수 있을 것
④ 각 세대는 인접한 세대와 수직 방향으로 통합하거나 분할할 수 있을 것

> **해설** 리모델링에 대비한 특례 등
>
> 1) 리모델링이 쉬운 공동주택의 구조
>   ① 각 세대는 인접한 세대와 수직 및 수평으로 통합하거나 분할할 수 있을 것
>   ② 구조체와 건축설비, 내부 마감재료와 외부 마감재료는 분리할 수 있을 것
>   ③ 개별 세대 안에서 구획된 실(室)의 크기, 개수 또는 위치 등을 변경할 수 있을 것
> 2) 특례적용과 완화 범위
>
> | 완화 규정 | 완화 기준 |
> |---|---|
> | 1. 용적률 | 120/100 범위 안에서 완화하여 적용 |
> | 2. 건축물의 높이제한 | |
> | 3. 일조권 | |

11 건축물의 에너지절약설계기준상 단열계획에 대한 건축부문의 권장사항으로 옳지 않은 것은?

① 외벽 부위는 내단열로 시공한다.
② 외피의 모서리 부분은 열교가 발생하지 않도록 단열재를 연속적으로 설치한다.
③ 건물의 창 및 문은 가능한 작게 설계하고, 특히 열손실이 많은 북측 거실의 창 및 문의 면적은 최소화한다.
④ 태양열 유입에 의한 냉·난방부하를 저감할 수 있도록 일사조절장치, 태양열취득률, 창 및 문의 면적비 등을 고려한 설계를 한다.

> **해설** 건축부문의 권장사항(단열계획)
>
> ㉠ 건축물 외벽, 천장 및 바닥으로의 열손실을 방지하기 위하여 기준에서 정하는 단열 두께보다 두껍게 설치하여 단열부위의 열저항을 높이도록 한다.
> ㉡ 외벽 부위는 외단열로 시공한다.
> ㉢ 발코니 확장을 하는 공동주택이나 창호면적이 큰 건물에는 단열성이 우수한 로이(Low-E) 복층창이나 삼중창 이상의 단열성능을 갖는 창호를 설치한다.
> ㉣ 태양열 유입에 의한 냉방부하 저감을 위하여 태양열 차폐장치를 설치한다.

정답 09 ② 10 ① 11 ①

12 다음의 소방시설 중 경보설비에 속하지 않는 것은?

① 통합감시시설
② 비상콘센트설비
③ 자동화재탐지설비
④ 자동화재속보설비

<해설>
소방시설이란 소화설비·경보설비·피난구조설비·소화용수설비 그 밖에 소화활동설비를 말한다.
※ 경보설비 : 비상벨설비 및 자동식사이렌설비("비상경보설비"라 함), 단독경보형설비, 비상방송설비, 누전경보기, 자동화재탐지설비 및 시각경보기, 자동화재속보설비, 가스누설경보기, 통합감시시설
☞ 비상콘센트설비는 소화활동설비에 속한다.

13 방염성능기준 이상의 실내장식물 등을 설치하여야 하는 특정소방대상물에 속하는 것은?

① 층수가 6층인 업무시설
② 층수가 6층인 판매시설
③ 층수가 6층인 숙박시설
④ 건축물의 옥내에 있는 수영장

<해설> 방염성능기준 이상의 실내장식물 등을 설치하여야 하는 특정소방대상물

㉠ 근린생활시설 중 의원, 체력단련장, 공연장 및 종교집회장
㉡ 건축물의 옥내에 있는 문화 및 집회시설, 종교시설, 운동시설(수영장은 제외)
㉢ 의료시설, 노유자시설, 숙박시설, 숙박이 가능한 수련시설
㉣ 교육연구시설 중 합숙소
㉤ 방송통신시설 중 방송국 및 촬영소
㉥ 다중이용업소
㉦ 상기 ㉠부터 ㉥까지의 시설에 해당하지 아니하는 것으로서 층수(건축법시행령에 따라 산정한 층수)가 11층 이상인 것(아파트는 제외)

14 각 층의 거실면적이 각각 2,000m²이며 층수가 8층인 화점에 설치하여야 하는 승용승강기의 최소 대수는? (단, 15인승 승강기의 경우)

① 2대   ② 3대
③ 4대   ④ 5대

<해설>
문화 및 집회시설(공연장·관람장·집회장), 판매시설(도매시장·소매시장·상점), 의료시설(병원·격리병원)의 용도 경우
3,000m² 이하까지 2대, 3,000m² 초과하는 2,000m²당 1대를 가산한 대수로 하므로
$2 + \dfrac{(2,000 \times 3) - 3,000}{2,000} = 3.5 \rightarrow 4$대
∴ 4대 (소수점 이하는 1대로 본다)
※ 8인승 이상 15인승 이하를 기준으로 산정하며 16인승 이상의 승강기는 2대로 산정한다.

15 신축공동주택등의 기계환기설비의 설치에 관한 기준 내용으로 옳지 않은 것은?

① 기계환기설비의 환기기준은 시간당 실내공기 교환횟수로 표시한다.
② 기계환기설비는 주방 가스대 위의 공기배출장치, 화장실의 공기배출 송풍기 등 급속 환기설비와 함께 설치하여서는 안된다.
③ 세대의 환기량 조절을 위하여 환기설비의 정격풍량을 최소·적정·최대의 3단계 또는 그 이상으로 조절할 수 있는 체계를 갖춘다.
④ 하나의 기계환기설비로 세대 내 2 이상의 실에 바깥공기를 공급할 경우의 필요 환기량은 각 실에 필요한 환기량의 합계 이상이 되도록 한다.

<해설>
기계환기설비는 주방 가스대 위의 공기배출 장치, 화장실의 공기배출 송풍기 등 급속 환기 설비와 함께 설치할 수 있다.

정답   12 ②   13 ③   14 ③   15 ②

16 세대수가 5세대인 주거용 건축물에 설치하는 음용수 급수관의 지름은 최소 얼마 이상으로 하여야 하는가?

① 20mm ② 25mm
③ 32mm ④ 40mm

해설 주거용 건축물 급수관의 지름 기준

가구 또는 세대수	1	2~3	4~5	6~8	9~16	17 이상
급수관 최소지름	15	20	25	32	40	50

1. 가구수나 세대수가 불분명한 경우에는 주거에 쓰이는 바닥면적의 합계에 따라 다음과 같이 가구수를 산정한다.
   ① 바닥면적 85m² 이하 : 1가구
   ② 바닥면적 85m² 초과, 150m² 이하 : 3가구
   ③ 바닥면적 150m² 초과, 300m² 이하 : 5가구
   ④ 바닥면적 300m² 초과, 500m² 이하 : 16가구
   ⑤ 바닥면적 500m² 초과 : 17가구
2. 가압설비 등을 설치하여 급수시 각 기구에서 압력이 1cm²당 0.7kg 이상인 경우는 상기 1의 기준을 적용하지 않는다.

17 축냉식 전기냉방설비의 설계기준 내용으로 옳지 않은 것은?

① 열교환기는 시간당 최소냉방열량을 처리할 수 있는 용량 이상으로 설치하여야 한다.
② 자동제어설비는 축냉운전, 방냉운전 또는 냉동기와 축열조를 동시에 이용하여 냉방운전이 가능한 기능을 갖추어야 한다.
③ 축열조는 보온을 철저히 하여 열손실과 결로를 방지해야 하며, 맨홀 등 점검을 위한 부분은 해체와 조립이 용이하도록 하여야 한다.
④ 부분축냉방식의 경우에는 냉동기가 축냉운전과 방냉운전 또는 냉동기와 축열조의 동시운전이 반복적으로 수행하는데 아무런 지장이 없어야 한다.

해설 축냉식 전기냉방설비의 설치기준에서 열교환기는 시간당 최대냉방열량을 처리할 수 있는 용량 이상으로 설치하여야 한다. 열교환기는 보온을 철저히 하여 열손실과 결로를 방지하여야 하며, 점검을 위한 부분은 해체와 조립이 용이하도록 하여야 한다.

18 건축물에 설치하는 굴뚝에 관한 기준 내용으로 옳지 않은 것은?

① 굴뚝의 옥상 돌출부는 지붕면으로부터의 수직 거리를 1m 이상으로 할 것
② 금속제 굴뚝은 목재 기타 가연재료로부터 10cm 이상 떨어져서 설치할 것
③ 굴뚝의 상단으로부터 수평거리 1m 이내에 다른 건축물이 있는 경우에는 그 건축물의 처마보다 1m 이상 높게 할 것
④ 금속제 굴뚝으로서 건축물의 지붕 속·반자위 및 가장 아랫바닥 밑에 있는 굴뚝의 부분은 금속 외의 불연재료로 덮을 것

해설 건축물에 설치하는 굴뚝에 관한 기준

㉠ 굴뚝의 옥상 돌출부는 지붕면으로부터의 수직거리를 1m 이상으로 할 것
㉡ 굴뚝의 상단으로부터 수평거리 1m 이내에 다른 건축물이 있는 경우에는 그 건축물의 처마보다 1m 이상 높게 할 것
㉢ 금속제 또는 석면제 굴뚝으로서 건축물의 지붕속·반자위 및 가장 아랫바닥 밑에 있는 굴뚝의 부분은 금속 외의 불연재료로 덮을 것
㉣ 금속제 또는 석면제 굴뚝은 목재 기타 가연재료로부터 15cm 이상 떨어져서 설치할 것

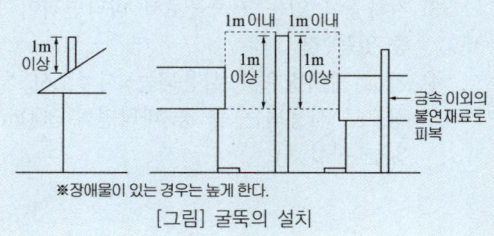

[그림] 굴뚝의 설치

정답 16 ② 17 ① 18 ②

19 문화 및 집회시설 중 공연장의 개별 관람실로부터의 출구의 설치에 관한 기준 내용으로 옳지 않은 것은? (단, 개별 관람실의 바닥면적은 300m² 이다.)

① 개별 관람실의 출구는 관람실별로 2개소 이상 설치하여야 한다.
② 개별 관람실의 각 출구의 유효너비는 1.5m 이상으로 하여야 한다.
③ 관람실로부터 바깥쪽으로의 출구로 쓰이는 문은 안여닫이로 해서는 안 된다.
④ 개별 관람실 출구의 유효너비의 합계는 최소 3.6m 이상으로 하여야 한다.

해설 공연장의 개별 관람실의 출구기준

관람실의 바닥면적이 300m² 이상인 경우의 출구는 다음 조건에 적합하여야 한다.
㉠ 관람실별로 2개소 이상 설치할 것
㉡ 각 출구의 유효폭은 1.5m 이상일 것
㉢ 개별 관람실 출구의 유효폭의 합계는 개별 관람실의 바닥면적 100m² 마다 0.6m 이상의 비율로 산정한 폭 이상일 것
※ 개별 관람실 출구의 유효너비의 합계는 최소 3.0m 이상으로 한다.

해설 소방본부장 또는 소방서장의 건축허가 및 사용 승인에 대한 동의 대상 건축물의 범위

1. 연면적이 400m²(학교시설의 경우 100m², 노유자시설 및 수련시설의 경우 200m², 정신의료기관, 장애인 의료재활시설의 경우 300m²) 이상인 건축물
2. 차고·주차장 또는 주차용도로 사용되는 시설로서 다음에 해당하는 것
   ① 차고·주차장으로 사용되는 층 중 바닥면적이 200m² 이상인 층이 있는 시설
   ② 승강기 등 기계장치에 의한 주차시설로서 자동차 20대 이상을 주차할 수 있는 시설
3. 지하층 또는 무창층이 있는 건축물로서 바닥면적이 150m²(공연장의 경우에는 100m²) 이상인 층이 있는 것
4. 면적에 관계없이 동의 대상
   ① 층수가 6층 이상인 건축물
   ② 항공기격납고, 관망탑, 항공관제탑, 방송용 송수신탑
   ③ 위험물저장 및 처리시설, 지하구
   ④ 노인 관련 시설, 아동복지시설(아동상담소, 아동전용시설 및 지역아동센터는 제외)
   ⑤ 장애인 거주시설, 정신질환자 관련 시설, 노숙인 관련 시설 중 노숙인자활시설, 노숙인재활시설 및 노숙인요양시설, 결핵환자나 한센인이 24시간 생활하는 노유자시설
   ⑥ 요양병원(정신병원, 의료재활시설 제외)

20 건축허가시 미리 소방본부장 또는 소방서장의 동의를 받아야 하는 대상에 속하지 않는 것은?

① 항공기격납고
② 연면적이 100m²인 노유자시설
③ 지하층이 있는 건축물로서 바닥면적이 150m²인 층 있는 것
④ 차고·주차장으로 사용되는 시설로서 차고·주차장으로 사용되는 층 중 바닥면적 500m²인 층이 있는 시설

정답 19 ④ 20 ②

건축설비관계법규
2024년 제3회 과년도 출제문제 [온라인 TEST]

01 업무시설로서 건축허가등을 할 때 미리 소방본부장 또는 소방서장의 동의를 받아야 하는 대상 건축물의 연면적 기준은?

① 연면적이 200m² 이상인 건축물
② 연면적이 400m² 이상인 건축물
③ 연면적이 600m² 이상인 건축물
④ 연면적이 800m² 이상인 건축물

해설 소방본부장 또는 소방서장의 건축허가 및 사용 승인에 대한 동의 대상 건축물의 범위

1. 연면적이 400m²(학교시설의 경우 100m², 노유자시설 및 수련시설의 경우 200m², 정신의료기관, 장애인 의료재활시설의 경우 300m²) 이상인 건축물
2. 차고·주차장 또는 주차용도로 사용되는 시설로서 다음에 해당하는 것
   ① 차고·주차장으로 사용되는 층 중 바닥면적이 200m² 이상인 층이 있는 시설
   ② 승강기 등 기계장치에 의한 주차시설로서 자동차 20대 이상을 주차할 수 있는 시설
3. 지하층 또는 무창층이 있는 건축물로서 바닥면적 150m²(공연장의 경우에는 100m²) 이상인 층이 있는 것
4. 면적에 관계없이 동의 대상
   ① 층수가 6층 이상인 건축물
   ② 항공기격납고, 관망탑, 항공관제탑, 방송용 송수신탑
   ③ 위험물저장 및 처리시설, 지하구
   ④ 노인 관련 시설, 아동복지시설(아동상담소, 아동전용시설 및 지역아동센터는 제외)
   ⑤ 장애인 거주시설, 정신질환자 관련 시설, 노숙인 관련 시설 중 노숙인자활시설, 노숙인재활시설 및 노숙인요양시설, 결핵환자나 한센인이 24시간 생활하는 노유자시설
   ⑥ 요양병원(정신병원, 의료재활시설 제외)

02 다음의 축냉식 전기냉방 설비의 설계기준에 관한 설명 중 옳지 않은 것은?

① 축열조는 보온을 철저히 하여 열손실과 결로를 방지해야 하며, 맨홀 등 점검을 위한 부분은 해체와 조립이 용이하도록 하여야 한다.
② 자동제어설비는 축냉운전, 방냉운전 또는 냉동기와 축열조를 동시에 이용하여 냉방운전이 가능한 기능을 갖추어야 한다.
③ 부분축냉방식의 경우에는 냉동기가 축냉운전과 방냉운전 또는 냉동기와 축열조의 동시운전이 반복적으로 수행하는데 아무런 지장이 없어야 한다.
④ 열교환기는 시간당 최소냉방열량을 처리할 수 있는 용량 이상으로 설치하여야 한다.

해설
축냉식 전기냉방설비의 설치기준에서 열교환기는 시간당 최대냉방열량을 처리할 수 있는 용량이상으로 설치하여야 한다. 열교환기는 보온을 철저히 하여 열손실과 결로를 방지하여야 하며, 점검을 위한 부분은 해체와 조립이 용이하도록 하여야 한다.

03 다음은 건축물의 에너지절약설계기준에 따른 설계용 실내온도 조건에 관한 기준 내용이다. (   ) 안에 알맞은 것은?

> 난방 및 냉방설비의 용량계산을 위한 설계 기준 실내온도는 난방의 경우 (㉠), 냉방의 경우 (㉡)를 기준으로 하되(목욕장 및 수영장은 제외) 각 건축물 용도 및 개별 실의 특성에 따라 별표8에서 제시된 범위를 참고하여 설비의 용량이 과다해지지 않도록 한다.

① ㉠ 18℃, ㉡ 25℃   ② ㉠ 18℃, ㉡ 28℃
③ ㉠ 20℃, ㉡ 25℃   ④ ㉠ 20℃, ㉡ 28℃

해설 설계용 실내온도 조건
난방 및 냉방설비의 용량계산을 위한 설계기준 실내온도는 난방의 경우 20℃, 냉방의 경우 28℃를 기준으로 하되(목욕장 및 수영장은 제외) 각 건축물 용도 및 개별 실의 특성에 따라 [별표 8]에서 제시된 범위를 참고하여 설비의 용량이 과다해지지 않도록 한다.

정답 01 ②   02 ④   03 ④

04 건축물의 옥상에 헬리포트를 설치하거나 헬리콥터를 통하여 인명 등을 구조할 수 있는 공간을 확보하여야 하는 대상 건축물 기준으로 옳은 것은? (단, 층수가 11층 이상인 건축물로서 건축물의 지붕을 평지붕으로 하는 경우)

① 11층 이상인 층의 바닥면적의 합계가 3,000m² 이상인 건축물
② 11층 이상인 층의 바닥면적의 합계가 5,000m² 이상인 건축물
③ 11층 이상인 층의 바닥면적의 합계가 8,000m² 이상인 건축물
④ 11층 이상인 층의 바닥면적의 합계가 10,000m² 이상인 건축물

해설 헬리포트의 설치

층수가 11층 이상인 건축물로서 11층 이상인 층의 바닥면적의 합계가 10,000m² 이상인 건축물의 옥상에는 다음의 구분에 따른 공간을 확보하여야 한다.
1. 건축물의 지붕을 평지붕으로 하는 경우 : 헬리포트를 설치하거나 헬리콥터를 통하여 인명 등을 구조할 수 있는 공간
2. 건축물의 지붕을 경사지붕으로 하는 경우 : 경사지붕 아래에 설치하는 대피공간

05 연면적 200m²를 초과하는 각종 건축물에 설치하는 복도의 최소유효너비가 옳지 않은 것은? (단, 양옆에 거실이 있는 복도)

① 유치원 : 2.4m
② 중학교 : 2.4m
③ 고등학교 : 2.4m
④ 오피스텔 : 2.4m

해설 건축물에 설치하는 복도의 유효너비

구 분	양옆에 거실이 있는 복도	기타의 복도
유치원·초등학교·중학교·고등학교	2.4m 이상	1.8m 이상
공동주택·오피스텔	1.8m 이상	1.2m 이상
해당 층 거실의 바닥면적 합계가 200m² 이상인 경우	1.5m 이상 (의료시설의 복도는 1.8m 이상)	1.2m 이상

06 건축물의 출입구에 설치하는 회전문의 설치 기준으로 틀린 것은?

① 계단이나 에스컬레이터로부터 2m 이상의 거리를 둘 것
② 회전문의 회전속도는 분당회전수가 15회를 넘지 아니하도록 할 것
③ 출입에 지장이 없도록 일정한 방향으로 회전하는 구조로 할 것
④ 회전문의 중심축에서 회전문과 문틀 사이의 간격을 포함한 회전문 날개 끝부분까지의 길이는 140cm 이상이 되도록 할 것

해설 회전문의 설치

㉠ 계단이나 에스컬레이터로부터 2m 이상의 거리를 둘 것
㉡ 회전문의 중심축에서 회전문과 문틀 사이의 간격을 포함한 회전문날개 끝부분까지의 길이는 140cm 이상이 되도록 할 것
㉢ 회전문의 회전속도는 분당회전수가 8회를 넘지 아니하도록 할 것

07 상업지역 및 주거지역에서 건축물에 설치하는 냉방시설 및 환기시설의 배기구는 도로면으로 부터 최소 얼마 이상의 높이에 설치하여야 하는가?

① 1m
② 1.5m
③ 1.8m
④ 2m

해설 건축물의 냉방설비

① 에너지 대량 소비 건축물 중 산업통상자원부장관이 국토교통부장관과 협의하여 고시하는 건축물에 중앙집중냉방설비를 설치하는 경우에는 산업통상자원부장관이 국토교통부장관과 협의하여 정하는 바에 따라 축냉식 또는 가스를 이용한 중앙집중냉방방식으로 하여야 한다.
② 상업지역 및 주거지역에서 도로(막다른 도로로서 그 길이가 10m 미만인 경우를 제외)에 접한 대지의 건축물에 설치하는 냉방시설 및 환기시설의 배기구는 도로면으로부터 2m 이상의 높이에 설치하거나 배기장치의 열기가 보행자에게 직접 닿지 아니하도록 설치하여야 한다.

정답 04 ④ 05 ④ 06 ② 07 ④

08 국토교통부장관이 정한 범죄예방 기준에 따라 건축하여야 하는 대상 건축물에 속하지 않는 것은?

① 수련시설
② 교육연구시설 중 도서관
③ 업무시설 중 오피스텔
④ 숙박시설 중 다중생활시설

해설 건축물의 범죄예방

① 국토교통부장관은 범죄를 예방하고 안전한 생활환경을 조성하기 위하여 건축물, 건축설비 및 대지에 관한 범죄예방 기준을 정하여 고시할 수 있다.
② 대통령령으로 정하는 다음의 건축물은 상기 ①의 범죄예방 기준에 따라 건축하여야 한다.
  1. 아파트
  2. 다가구주택·연립주택 및 다세대주택
  3. 제1종 근린생활시설 중 일용품을 판매하는 소매점
  4. 제2종 근린생활시설 중 다중생활시설
  5. 문화 및 집회시설(동·식물원은 제외)
  6. 교육연구시설(연구소 및 도서관은 제외)
  7. 노유자시설
  8. 수련시설
  9. 업무시설 중 오피스텔
  10. 숙박시설 중 다중생활시설

09 건축물에 설치하는 지하층의 구조 및 설비에 관한 기준 내용으로 옳지 않은 것은?

① 거실의 바닥면적의 합계가 1,000m² 이상인 층에는 환기설비를 설치할 것
② 거실의 바닥면적이 30m² 이상인 층에는 피난층으로 통하는 비상탈출구를 설치할 것
③ 지하층의 바닥면적이 300m² 이상인 층에는 식수공급을 위한 급수전을 1개소 이상 설치할 것
④ 문화 및 집회시설 중 공연장의 바닥면적의 합계가 50m² 이상인 건축물에는 직통계단을 2개소 이상 설치할 것

해설

거실의 바닥면적 50m² 이상인 층에는 직통계단 외에 비상탈출구 및 환기통 설치하여야 한다.
[예외] 직통계단이 2 이상이 된 경우

10 다음 중 다중이용건축물에 속하지 않는 것은? (단, 층수가 10층이며, 해당 용도로 쓰는 바닥면적의 합계가 5,000m²인 경우)

① 종교시설
② 판매시설
③ 위락시설
④ 숙박시설 중 관광숙박시설

해설 다중이용건축물의 정의

다음에 해당하는 건축물을 말한다.
• 다음 용도로 쓰는 바닥면적의 합계가 5,000m² 이상인 건축물
  1) 문화 및 집회시설(동물원·식물원은 제외)
  2) 종교시설
  3) 판매시설
  4) 운수시설 중 여객용 시설
  5) 의료시설 중 종합병원
  6) 숙박시설 중 관광숙박시설
• 16층 이상인 건축물

11 층수가 12층이고 6층 이상의 거실면적의 합계가 12,000m²인 교육연구시설에 설치하여야 하는 8인승 승용승강기의 최소 대수는?

① 2대   ② 3대
③ 4대   ④ 5대

해설 공동주택, 교육연구시설, 노유자시설, 기타시설 등의 설치기준

3,000m² 이하까지 1대, 3,000m²를 초과하는 경우에는 그 초과하는 매 3,000m² 이내마다 1대의 비율로 가산한 대수로 한다.

$$\therefore 1 + \frac{A - 3{,}000\text{m}^2}{3{,}000\text{m}^2} = 1 + \frac{12{,}000 - 3{,}000}{3{,}000} = 4\text{대}$$

(소수점 이하는 1대로 본다)
※ 8인승 이상 15인승 이하를 기준으로 산정하며 16인승 이상의 승강기는 2대로 산정한다.

정답 08 ② 09 ② 10 ③ 11 ③

12 다음의 용도변경 중 허가대상에 속하지 않는 것은?

① 영업시설군에서 주거업무시설군으로 용도변경
② 교육 및 복지시설군에서 영업시설군으로 용도변경
③ 주거업무시설군에서 문화 및 집회시설군으로 용도변경
④ 교육 및 복지시설군에서 문화 및 집회시설군으로 용도변경

해설 허가대상 및 신고대상의 용도변경

분류	시설군
㉠ 자동차관련 시설군	• 자동차관련시설
㉡ 산업등 시설군	• 운수시설 • 창고시설 • 공장 • 위험물저장 및 처리시설 • 자원순환관련시설 • 묘지관련시설 • 장례식장
㉢ 전기통신시설군	• 방송통신시설 • 발전시설
㉣ 문화집회시설군	• 문화 및 집회시설 • 종교시설 • 위락시설 • 관광휴게시설
㉤ 영업시설군	• 판매시설 • 운동시설 • 숙박시설 • 제2종 근린생활시설 중 중생활시설
㉥ 교육 및 복지시설군	• 의료시설 • 교육연구시설 • 노유자시설 • 수련시설 • 야영장시설
㉦ 근린생활시설군	• 제1종 근린생활시설 • 제2종 근린생활시설(다중생활시설은 제외)
㉧ 주거업무시설군	• 단독주택 • 공동주택 • 업무시설 • 교정 및 군사시설
㉨ 기타 시설군	• 동물 및 식물관련시설

※ 절차 :
1. 허가대상 : 상위시설군(오름차순)에 해당하는 용도로 변경하는 행위
2. 신고대상 : 하위시설군(내림차순)에 해당하는 용도로 변경하는 행위
3. 건축물대장 기재변경 신청 : 동일한 시설군내에서 용도변경 하는 행위

13 건축물에는 급수 · 배수 · 환기 · 난방설비를 설치하는 경우, 건축기계설비기술사 또는 공조냉동기계기술사의 협력을 받아야 하는 대상 건축물에 속하지 않는 것은? (단, 연면적 10,000m² 미만인 건축물의 경우)

① 연립주택
② 판매시설로서 해당 용도에 사용되는 바닥면적의 합계가 2,000m²인 건축물
③ 의료시설로서 해당 용도에 사용되는 바닥면적의 합계가 2,000m²인 건축물
④ 숙박시설로서 해당 용도에 사용되는 바닥면적의 합계가 2,000m²인 건축물

해설

급수·배수(配水)·배수(排水)·환기·난방 설비를 건축물에 설치하는 경우 건축기계설비기술사 또는 공조냉동기계기술사의 협력을 받아야 하는 대상 건축물(바닥면적 합계 기준)
㉠ 500m² 이상 : 냉동냉장시설, 항온항습시설, 특수청정시설
㉡ 규모에 관계없이 : 아파트 및 연립주택
㉢ 500m² 이상 : 목욕장(제1종 근린생활시설), 실내수영장(운동시설), 실내물놀이형시설
㉣ 2,000m² 이상 : 기숙사, 병원(의료시설), 유스호스텔(수련시설), 숙박시설
㉤ 3,000m² 이상 : 연구소(교육연구시설), 업무시설, 판매시설
㉥ 10,000m² 이상 : 문화 및 집회시설(동·식물원 제외), 종교시설, 장례식장, 교육연구시설(연구소 제외)

14 다음 소방시설 중 경보설비에 속하는 것은?

① 비상조명등
② 비상방송설비
③ 비상콘센트설비
④ 무선통신보조설비

해설

소방시설이란 소화설비·경보설비·피난구조설비·소화용수설비 그 밖에 소화활동설비를 말한다.
※ 경보설비 : 비상벨설비 및 자동식사이렌설비("비상경보설비"라 함), 단독경보형설비, 비상방송설비, 누전경보기, 자동화재탐지설비 및 시각경보기, 자동화재속보설비, 가스누설경보기, 통합감시시설

정답 12 ① 13 ② 14 ②

15 건축법령에 따른 리모델링이 쉬운 구조에 속하지 않는 것은?

① 구조체가 철골구조로 구성되어 있을 것
② 구조체에서 건축설비, 내부 마감재료 및 외부 마감재료를 분리할 수 있을 것
③ 개별 세대 안에서 구획된 실의 크기, 개수 또는 위치 등을 변경할 수 있을 것
④ 각 세대는 인접한 세대와 수직 또는 수평방향으로 통합하거나 분할할 수 있을 것

해설 리모델링에 대비한 특례 등

1) 리모델링이 쉬운 공동주택의 구조
리모델링이 쉬운 구조의 공동주택의 건축을 촉진하기 위하여 공동주택을 다음의 구조로 하여 건축허가를 신청하는 경우
① 각 세대는 인접한 세대와 수직 및 수평으로 통합하거나 분할할 수 있을 것
② 구조체와 건축설비, 내부 마감재료와 외부 마감재료는 분리할 수 있을 것
③ 개별 세대 안에서 구획된 실(室)의 크기, 개수 또는 위치 등을 변경할 수 있을 것

2) 특례적용과 완화 범위
리모델링이 쉬운 구조의 공동주택에 대하여 다음의 기준을 완화하여 적용할 수 있다.

완화 규정	완화 기준
1. 용적률 2. 건축물의 높이제한 3. 일조권	120/100 범위 안에서 완화하여 적용

16 다음 중 건축물의 관람실 또는 집회실로서 그 바닥면적이 200m² 이상인 것의 반자의 높이를 4m 이상으로 하여야 하는 건축물은? (단, 기계환기장치를 설치하지 않은 경우)

① 종교시설의 용도에 쓰이는 건축물
② 공동주택 중 아파트의 용도에 쓰이는 건축물
③ 문화 및 집회시설 중 전시장의 용도에 쓰이는 건축물
④ 문화 및 집회시설 중 동물원의 용도에 쓰이는 건축물

해설 거실의 반자높이

거실의 종류	반자높이	예외규정
① 일반용도의 거실	2.1m 이상	공장, 창고시설, 위험물저장 및 처리시설, 동물 및 식물 관련시설, 자원순환관련시설, 묘지관련시설
② 문화 및 집회시설(전시장 및 동·식물원 제외), 종교시설, 장례식장, 유흥주점의 용도에 쓰이는 건축물의 관람실 또는 집회실로서 바닥면적이 200m² 이상인 것	4m 이상	기계환기장치를 설치한 경우
③ '②'의 노대 아래부분	2.7m 이상	

17 건축법령상 공동주택 중 아파트의 정의로 옳은 것은?

① 주택으로 쓰는 층수가 5개 층 이상인 주택
② 주택으로 쓰는 층수가 6개 층 이상인 주택
③ 주택으로 쓰는 1개 동의 바닥면적 합계가 660m²를 초과하고, 층수가 5개 층 이상인 주택
④ 주택으로 쓰는 1개 동의 바닥면적 합계가 660m²를 초과하고, 층수가 6개 층 이상인 주택

해설
공동주택[공동주택의 형태를 갖춘 가정어린이집·공동생활가정·지역아동센터 및 노인복지시설(노인복지주택은 제외)·주택법시행령에 따른 원룸형 주택을 포함]
㉠ 다세대주택 : 4개층 이하, 동당 연면적 660m² 이하
㉡ 연립주택 : 4개층 이하, 동당 연면적 660m² 초과
㉢ 아파트 : 5개층 이상
㉣ 기숙사
※ 단독주택 : 단독주택, 다중주택, 다가구주택, 공관

정답 15 ① 16 ① 17 ①

18 다음은 건축법령상 직통계단의 설치에 관한 기준 내용이다. ( ) 안에 알맞은 것은?

> 초고층 건축물에는 피난층 또는 지상으로 통하는 직통계단과 직접 연결되는 피난안전구역(건축물의 피난·안전을 위하여 건축물 중간층에 설치하는 대피공간)을 지상층으로 부터 최대( )층마다 1개소 이상 설치하여야 한다.

① 10개 ② 20개
③ 30개 ④ 40개

해설 피난안전구역의 설치
㉠ 초고층 건축물에는 피난층 또는 지상으로 통하는 직통계단과 직접 연결되는 피난안전구역(건축물의 피난·안전을 위하여 건축물 중간층에 설치하는 대피공간을 말함)을 지상층으로부터 최대 30개 층마다 1개소 이상 설치하여야 한다.
㉡ 준초고층 건축물에는 피난층 또는 지상으로 통하는 직통계단과 직접 연결되는 피난안전구역을 해당 건축물 전체 층수의 1/2에 해당하는 층으로부터 상하 5개층 이내에 1개소 이상 설치하여야 한다.

19 문화 및 집회시설로서 모든 층에 스프링클러 설비를 설치하여야 하는 수용인원 기준은? (단, 동·식물원은 제외)

① 50명 이상 ② 70명 이상
③ 100명 이상 ④ 150명 이상

해설
모든 층에 스프링클러설비를 설치하여야 할 특정소방대상물(문화 및 집회시설, 종교시설, 운동시설 경우)
㉠ 수용인원이 100인 이상
㉡ 영화상영관의 용도로 쓰이는 층의 바닥면적이 지하층 또는 무창층인 경우 500m² 이상, 그 밖의 층의 경우에는 1,000m² 이상
㉢ 무대부가 지하층·무창층 또는 층수가 4층 이상인 층에 있는 경우에는 300m² 이상
㉣ 무대부가 ㉢ 외의 층에 있는 경우에는 무대부의 면적이 500m² 이상

20 화재안전기준에 따라 소화기구를 설치하여야 하는 특정소방대상물의 연면적 기준은?

① 10m² 이상 ② 25m² 이상
③ 33m² 이상 ④ 45m² 이상

해설 소화기구를 설치하여야 할 특정소방대상물
① 수동식소화기 또는 간이소화용구를 설치하여야 하는 것
 ㉠ 연면적 33m² 이상인 것
 ㉡ ㉠에 해당하지 아니하는 시설로서 지정문화재 및 가스시설
 ㉢ 터널
② 주거용 주방자동소화장치를 설치하여야 하는 것 : 아파트 및 30층 이상 오피스텔의 모든 층
 [비고] 노유자시설의 경우에는 투척용소화용구 등을 법 화재안전기준에 따라 산정된 소화기 수량의 1/2 이상으로 설치할 수 있다.

정답 18 ③ 19 ③ 20 ③

건축설비관계법규
2025년 제1회 과년도 출제문제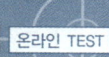

01 건축물의 용도변경과 관련된 시설군 중 영업시설군에 속하는 것은?

① 의료시설
② 운동시설
③ 업무시설
④ 문화 및 집회시설

해설 허가대상 및 신고대상의 용도변경

분류	시설군
㉠ 자동차관련 시설군	• 자동차관련시설
㉡ 산업등 시설군	• 운수시설 • 창고시설 • 공장 • 위험물저장 및 처리시설 • 자원순환관련시설 • 묘지관련시설 • 장례식장
㉢ 전기통신시설군	• 방송통신시설 • 발전시설
㉣ 문화집회시설군	• 문화 및 집회시설 • 종교시설 • 위락시설 • 관광휴게시설
㉤ 영업시설군	• 판매시설 • 운동시설 • 숙박시설 • 제2종 근린생활시설 중 중생활시설
㉥ 교육 및 복지시설군	• 의료시설 • 교육연구시설 • 노유자시설 • 수련시설 • 야영장시설
㉦ 근린생활시설군	• 제1종 근린생활시설 • 제2종 근린생활시설(다중생활시설은 제외)
㉧ 주거업무시설군	• 단독주택 • 공동주택 • 업무시설 • 교정 및 군사시설
㉨ 기타 시설군	• 동물 및 식물관련시설

※ 절차:
1. 허가대상 : 상위시설군(오름차순)에 해당하는 용도로 변경하는 행위
2. 신고대상 : 하위시설군(내림차순)에 해당하는 용도로 변경하는 행위
3. 건축물대장 기재변경 신청 : 동일한 시설군내에서 용도변경 하는 행위

02 세대수가 10세대인 주거용 건축물에 설치하는 음용수용 급수관의 지름은 최소 얼마 이상이어야 하는가?

① 30mm
② 40mm
③ 50mm
④ 60mm

해설 주거용 건축물 급수관의 지름 기준

가구 또는 세대수	1	2~3	4~5	6~8	9~16	17 이상
급수관 최소지름	15	20	25	32	40	50

㉠ 가구수나 세대수가 불분명한 경우에는 주거에 쓰이는 바닥면적의 합계에 따라 다음과 같이 가구수를 산정한다.
 • 바닥면적 85m² 이하 : 1가구
 • 바닥면적 85m² 초과, 150m² 이하 : 3가구
 • 바닥면적 150m² 초과, 300m² 이하 : 5가구
 • 바닥면적 300m² 초과, 500m² 이하 : 16가구
 • 바닥면적 500m² 초과 : 17가구

㉡ 가압설비 등을 설치하여 급수시 각 기구에서 압력이 1cm²당 0.7kg 이상인 경우는 상기 1의 기준을 적용하지 않는다.

03 건축물의 에너지절약설계기준상 단열계획에 대한 건축부분의 권장사항으로 옳지 않은 것은?

① 외벽 부위는 내단열로 시공한다.
② 외피의 모서리 부분은 열교가 발생하지 않도록 단열재를 연속적으로 설치한다.
③ 건물의 창 및 문은 가능한 작게 설계하고, 특히 열손실이 많은 북측 거실의 창 및 문의 면적은 최소화한다.
④ 태양열 유입에 의한 냉·난방부하를 저감할 수 있도록 일사조절장치, 태양열투과율(SHGC), 창 및 문의 면적비 등을 고려한 설계를 한다.

해설 단열계획(주요내용)

㉠ 건축물 외벽, 천장 및 바닥으로의 열손실을 방지하기 위하여 기준에서 정하는 단열 두께보다 두껍게 설치하여 단열부위의 열저항을 높이도록 한다.
㉡ 외벽 부위는 외단열로 시공한다.

정답 01 ② 02 ② 03 ①

ⓒ 발코니 확장을 하는 공동주택이나 창 및 문의 면적이 큰 건물에는 단열성이 우수한 로이(Low-E) 복층창이나 삼중창 이상의 단열성능을 갖는 창을 설치한다.
ⓓ 건물 옥상에는 조경을 하여 최상층 지붕의 열저항을 높이고, 옥상면에 직접 도달하는 일사를 차단하여 냉방부하를 감소시킨다.

04 건축물에 설치하는 지하층의 구조 및 설비에 관한 기준 내용으로 옳지 않은 것은?

① 거실의 바닥면적의 합계가 1,000m² 이상인 층에는 환기설비를 설치할 것
② 지하층의 바닥면적이 300m² 이상인 층에는 식수공급을 위한 급수전을 1개소 이상 설치할 것
③ 거실의 바닥면적이 30m² 이상인 층에는 직통 계단외에 피난층 또는 지상으로 통하는 비상 탈출구 및 환기통을 설치할 것
④ 바닥면적이 1,000m² 이상인 층에는 피난층 또는 지상으로 통하는 직통계단을 방화구획으로 구획되는 각 부분마다 1개소 이상 설치할 것

해설
거실의 바닥면적 50m² 이상인 층에는 직통계단 외에 비상탈출구 및 환기통 설치하여야 한다.
[예외] 직통계단이 2 이상이 된 경우

05 특정소방대상물의 소방시설 설치의 면제 기준과 관련한 아래의 내용에서 ( )에 들어갈 내용으로 옳은 것은?

물분무등소화설비를 설치하여야 하는 차고·주차장에 ( )를 화재안전기준에 적합하게 설치한 경우에는 그 설비의 유효범위에서 설치가 면제된다.

① 옥내소화전설비
② 연결송수관설비
③ 자동화재탐지설비
④ 스프링클러설비

해설
물분무등소화설비 설치하여야 하는 차고·주차장에 스프링클러설비를 화재안전기준에 적합하게 설치한 경우에는 그 설비의 유효범위안의 부분에서 설치가 면제된다.

06 다음은 건축법령상 건축신고와 관련된 기준 내용이다. ( )안에 속하지 않는 것은?

허가 대상 건축물이라 하더라도 바닥면적의 합계가 85m² 이내의 ( )의 경우에는 미리 특별자치시장·특별자치도지사 또는 시장·군수·구청장에게 신고를 하면 건축허가를 받은 것으로 본다.

① 신축 ② 증축
③ 개축 ④ 재축

해설 신고대상 행위
허가 대상 건축물이라 하더라도 다음에 해당하는 경우에는 미리 특별자치시장·특별자치도지사 또는 시장·군수·구청장에게 국토교통부령으로 정하는 바에 따라 신고를 하면 건축허가를 받은 것으로 본다.
ⓐ 바닥면적의 합계가 85m² 이내의 증축·개축 또는 재축(3층 이상 건축물인 경우에는 증축·개축 또는 재축하려는 부분의 바닥면적의 합계가 건축물 연면적의 1/10 이내인 경우로 한정)
ⓑ 국토의 계획 및 이용에 관한 법률에 따른 관리지역, 농림지역 또는 자연환경보전지역에서 연면적이 200m² 미만이고 3층 미만인 건축물의 건축(단, 지구단위계획구역의 건축과 방재지구와 붕괴위험지역의 건축은 제외)
ⓒ 연면적이 200m² 미만이고 3층 미만인 건축물의 대수선
ⓓ 주요구조부의 해체가 없는 대수선
ⓔ 기타 소규모 건축물

07 각 층의 거실면적의 합계가 1,000m²로 동일한 15층의 문화 및 집회시설 중 공연장에 설치하여야 하는 승용승강기의 최소 대수는? (단, 15인승 승강기의 경우)

① 4대 ② 5대
③ 6대 ④ 7대

정답 04 ③ 05 ④ 06 ① 07 ③

> **해설**
>
> 문화 및 집회시설(공연장·관람장·집회장), 판매시설(도매시장·소매시장·상점), 의료시설(병원·격리병원)의 용도 경우
> 3,000m² 이하까지 2대, 3,000m² 초과하는 2,000m² 당 1대를 가산한 대수로 하므로
> $2 + \dfrac{(1{,}000 \times 10) - 3{,}000}{2{,}000} = 5.5 \rightarrow$ 6대 (소수점 이하는 1대로 본다.)
> ※ 8인승 이상 15인승 이하를 기준으로 산정하며 16인승 이상의 승강기는 2대로 산정한다.

08 축냉식 전기냉방설비의 설계기준 내용으로 옳지 않은 것은?

① 열교환기는 보온을 철저히 하여 열손실과 결로를 방지 하여야 한다.
② 자동제어설비는 수동조작이 가능하도록 하여야 하며 감시기능을 갖추어야 한다.
③ 열교환기는 시간당 최대냉방열량을 처리할 수 있는 용량 이하로 설치하여야 한다.
④ 축열조는 축냉 및 방냉운전을 반복적으로 수행하는데 적합한 재질의 축냉재를 사용해야 한다.

> **해설**
>
> 축냉식 전기냉방설비의 설치기준에서 열교환기는 시간당 최대냉방열량을 처리할 수 있는 용량 이상으로 설치하여야 한다. 열교환기는 보온을 철저히 하여 열손실과 결로를 방지하여야 하며, 점검을 위한 부분은 해체와 조립이 용이하도록 하여야 한다.

09 헬리포트의 설치에 관한 기준 내용으로 옳은 것은?

① 헬리포트의 길이와 너비는 각각 9m 이상으로 한다.
② 헬리포트의 중앙부분에는 지름 6m의 "Ⓗ" 표지를 황색으로 한다.
③ 헬리포트의 주위한계선은 백색으로 하되, 그 선의 너비는 38cm로 한다.
④ 헬리포트의 중심으로부터 반경 15m 이내에는 이·착륙에 장애가 되는 건축물 등을 설치하지 아니한다.

> **해설** 헬리포트의 설치기준
>
> ㉠ 헬리포트의 길이와 너비는 각각 22m 이상으로 할 것
> [예외] 옥상의 길이와 너비가 22m 이하인 경우에는 15m까지 감축할 수 있다.
> ㉡ 헬리포트의 중심에서 반경 12m 이내에는 헬리콥터 이·착륙에 장애가 되는 건축물·공작물, 조경시설 또는 난간 등을 설치하지 아니할 것
> [예외] 난간벽으로서 높이 1.2m 이하
> ㉢ 헬리포트의 주위한계선은 백색으로 너비 38cm로 할 것
> ㉣ 헬리포트의 중앙부분에는 지름 8m의 Ⓗ 표지를 백색으로 하되 "H" 표지의 선너비는 38cm, "O" 표지의 선너비는 60cm로 할 것

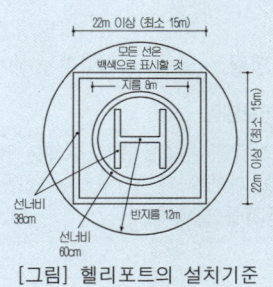

[그림] 헬리포트의 설치기준

10 연면적 200m²를 초과하는 각종 건축물에 설치하는 복도의 최소유효너비가 옳지 않은 것은? (단, 양옆에 거실이 있는 복도)

① 유치원 : 2.4m ② 중학교 : 2.4m
③ 고등학교 : 2.4m ④ 오피스텔 : 2.4m

> **해설** 건축물에 설치하는 복도의 유효너비
>
> | 구 분 | 양옆에 거실이 있는 복도 | 기타의 복도 |
> |---|---|---|
> | 유치원·초등학교·중학교·고등학교 | 2.4m 이상 | 1.8m 이상 |
> | 공동주택·오피스텔 | 1.8m 이상 | 1.2m 이상 |
> | 해당 층 거실의 바닥면적 합계가 200m² 이상인 경우 | 1.5m 이상 (의료시설의 복도는 1.8m 이상) | 1.2m 이상 |

정답 08 ③ 09 ③ 10 ④

11 건축법령상 제1종 근린생활시설에 속하지 않는 것은?
① 세탁소　② 한의원
③ 마을회관　④ 일반음식점

[해설]
일반음식점은 제2종 근린생활시설에 속한다.

12 건축법령상 다음과 같이 정의되는 용어는?

> 건축물의 노후화를 억제하거나 기능 향상 등을 위하여 대수선하거나 일부 증축 또는 개축하는 행위를 말한다.

① 개축　② 리빌딩
③ 리모델링　④ 리노베이션

[해설] 리모델링
리모델링이란 건축물의 노후화를 억제하거나 기능 향상 등을 위하여 대수선하거나 일부 증축을 또는 개축하는 행위를 말한다.

13 건축물의 피난층 외의 층에서 피난 또는 지상으로 통하는 직통계단을 설치할 경우, 거실의 각 부분으로부터 계단에 이르는 보행거리가 원칙적으로 최대 얼마 이하가 되도록 설치하여야 하는가? (단, 거실로부터 가장 가까운 거리에 있는 계단의 경우)

① 5m　② 10m
③ 20m　④ 30m

[해설] 피난층이 아닌 층에서의 보행거리
피난층이 아닌 층에서 거실 각 부분으로부터 피난층(직접 지상으로 통하는 출입구가 있는 층) 또는 지상으로 통하는 직통계단(경사로 포함)에 이르는 보행거리는 다음과 같다.

구 분	보 행 거 리
원　칙	30m 이하
주요구조부가 내화구조 또는 불연재료로 된 건축물	50m 이하 (16층 이상 공동주택 : 40m 이하) [자동화 생산시설에 스프링클러 등 자동식 소화설비를 설치한 공장으로서 국토교통부령으로 정하는 공장인 경우에는 그 보행거리가 75m(무인화 공장 경우 100m) 이하]

14 방염성능기준 이상의 실내장식물 등을 설치하여야 하는 특정소방대상물에 속하지 않는 것은? (단, 층수가 11층 미만인 경우)
① 의료시설
② 교육연구시설 중 합숙소
③ 숙박이 가능한 수련시설
④ 업무시설 중 주민자치센터

[해설] 방염성능기준 이상의 실내장식물 등을 설치하여야 하는 특정소방대상물
㉠ 근린생활시설 중 의원, 체력단련장, 공연장 및 종교집회장
㉡ 건축물의 옥내에 있는 문화 및 집회시설, 종교시설, 운동시설(수영장은 제외)
㉢ 의료시설, 노유자시설, 숙박시설, 숙박이 가능한 수련시설,
㉣ 교육연구시설 중 합숙소
㉤ 방송통신시설 중 방송국 및 촬영소
㉥ 다중이용업소
㉦ 상기 ㉠부터 ㉥까지의 시설에 해당하지 아니하는 것으로서 층수(건축법시행령에 따라 산정한 층수)가 11층 이상인 것(아파트는 제외)

15 급수·배수(配水)·배수(排水)·환기·난방 등의 건축설비를 건축물에 설치하는 경우, 건축기계설비기술사 또는 공조냉동기계기술사의 협력을 받아야 하는 대상 건축물에 속하지 않는 것은?
① 의료시설로서 해당 용도에 사용되는 바닥면적의 합계가 2,000m² 인 건축물
② 업무시설로서 해당 용도에 사용되는 바닥면적의 합계가 2,000m² 인 건축물
③ 숙박시설로서 해당 용도에 사용되는 바닥면적의 합계가 2,000m² 인 건축물
④ 유스호스텔로서 해당 용도에 사용되는 바닥면적의 합계가 2,000m² 인 건축물

[해설]
급수·배수(配水)·배수(排水)·환기·난방 설비를 건축물에 설치하는 경우 건축기계설비기술사 또는 공조냉동기계기술사의 협력을 받아야 하는 대상 건축물(바닥면적 합계 기준)

정답 11 ④　12 ③　13 ④　14 ④　15 ②

㉠ 500m² 이상 : 냉동냉장시설, 항온항습시설, 특수청정시설
㉡ 규모에 관계없이 : 아파트 및 연립주택
㉢ 500m² 이상 : 목욕장(제1종 근린생활시설), 실내수영장(운동시설), 실내물놀이형시설
㉣ 2,000m² 이상 : 기숙사, 병원(의료시설), 유스호스텔(수련시설), 숙박시설
㉤ 3,000m² 이상 : 연구소(교육연구시설), 업무시설, 판매시설
㉥ 10,000m² 이상 : 문화 및 집회시설(동식물원 제외), 종교시설, 장례식장, 교육연구시설(연구소 제외)

해설
공동주택, 근린생활시설 중 목욕장, 문화 및 집회시설, 종교시설, 판매시설, 운수시설, 운동시설, 업무시설, 공장, 창고시설, 위험물 저장 및 처리 시설, 항공기 및 자동차 관련 시설, 교정 및 군사시설 중 국방·군사시설, 방송통신시설, 발전시설, 관광 휴게시설, 지하가(터널은 제외)로서 연면적 1,000m² 이상인 것은 자동화재탐지설비를 설치하여야 하는 특정소방대상물이다.

16 다음의 소방시설 중 소화활동설비에 속하는 것은?

① 방화복
② 연결살수설비
③ 옥외소화전설비
④ 자동화재속보설비

해설
소방시설이란 소화설비·경보설비·피난구조설비·소화용수설비 그 밖에 소화활동설비로서 대통령령이 정하는 것을 말한다.
※ 소화활동설비 : 제연설비, 연결송수관설비, 연결살수설비, 비상콘센트설비, 무선통신보조설비, 연소방지설비

17 특정소방대상물에 설치하여야 하는 소방시설에 관한 설명으로 옳지 않은 것은?

① 노유자 생활시설에는 자동화재속보설비를 설치하여야 한다.
② 연면적 33m²인 음식점에는 소화기구를 설치하여야 한다.
③ 연면적 600m²인 종교시설에는 자동화재탐지설비를 설치하여야 한다.
④ 바닥면적의 합계가 5,000m²인 판매시설의 모든 층에는 스프링클러설비를 설치하여야 한다.

18 거실의 채광 및 환기에 관한 규정 중 틀린 것은?

① 단독주택의 거실에 설치하는 환기용 창문의 면적은 거실 바닥면적의 1/20 이상이어야 한다.
② 수시로 개방할 수 있는 미닫이로 구획된 2개의 거실은 이를 1개의 거실로 본다.
③ 채광용 창문은 환기용으로 사용할 수 없다.
④ 학교 교실의 채광용 창문의 면적은 그 교실바닥면적의 1/10 이상이어야 한다.

해설 거실의 채광 및 환기

구분	건축물의 용도	창문 등의 면적	예외 규정
채광	• 단독주택의 거실 • 공동주택의 거실 • 학교의 교실	거실 바닥면적의 1/10 이상	거실의 용도에 따른 조도기준 [별표 1]의 조도 이상의 조명
환기	• 의료시설의 병실 • 숙박시설의 객실	거실 바닥면적의 1/20 이상	기계장치 및 중앙관리방식의 공기조화설비를 설치한 경우

19 초고층 건축물의 피난·안전을 위하여 지상층으로부터 최대 30개 층마다 설치하는 대피공간을 의미하는 것은?

① 무창층
② 개방공간
③ 안전지대
④ 피난안전구역

정답 16 ② 17 ③ 18 ③ 19 ④

| 해설 | 피난안전구역의 설치

㉠ 초고층 건축물에는 피난층 또는 지상으로 통하는 직통계단과 직접 연결되는 피난안전구역(건축물의 피난·안전을 위하여 건축물 중간층에 설치하는 대피공간을 말함)을 지상층으로부터 최대 30개 층마다 1개소 이상 설치하여야 한다.
㉡ 준초고층 건축물에는 피난층 또는 지상으로 통하는 직통계단과 직접 연결되는 피난안전구역을 해당 건축물 전체 층수의 1/2에 해당하는 층으로부터 상하 5개층 이내에 1개소 이상 설치하여야 한다.
[예외] 국토교통부령으로 정하는 기준에 따라 피난층 또는 지상으로 통하는 직통계단을 설치하는 경우

20 반자높이를 4m 이상으로 하여야 하는 대상에 속하지 않는 것은? (단, 기계환기장치를 설치하지 않은 경우)

① 종교시설의 용도에 쓰이는 건축물의 집회실로서 그 바닥면적이 200m²인 것
② 장례식장의 용도에 쓰이는 건축물의 집회실로서 그 바닥면적이 200m²인 것
③ 판매시설의 용도에 쓰이는 건축물의 집회실로서 그 바닥면적이 200m²인 것
④ 문화 및 집회시설 중 공연장의 용도에 쓰이는 건축물의 관람석으로서 그 바닥면적이 200m²인 것

| 해설 | 거실의 반자높이

거실의 종류	반자높이	예외규정
① 일반용도의 거실	2.1m 이상	공장, 창고시설, 위험물저장 및 처리시설, 동물 및 식물관련시설, 자원순환관련시설, 묘지관련시설
② 문화 및 집회시설(전시장 및 동·식물원 제외), 종교시설, 장례식장, 유흥주점의 용도에 쓰이는 건축물의 관람실 또는 집회실로서 바닥면적이 200m² 이상인 것	4m 이상	기계환기장치를 설치한 경우
③ '②'의 노대 아래부분	2.7m 이상	

건축설비관계법규
2025년 제2회 과년도 출제문제 [온라인 TEST]

01 다음 거실의 반자높이와 관련된 기준 내용 중 ( )안에 해당되지 않는 건축물의 용도는?

( )의 용도에 쓰이는 건축물의 관람실 또는 집회실로서 그 바닥면적이 200m² 이상인 것의 반자의 높이는 4m(노대의 아랫부분의 높이는 2.7m) 이상이어야 한다. 다만, 기계환기장치를 설치하는 경우에는 그렇지 않다.

① 문화 및 집회시설 중 동·식물원
② 장례식장
③ 위락시설 중 유흥주점
④ 종교시설

| 해설 | 거실의 반자높이

거실의 종류	반자높이	예외규정
① 일반용도의 거실	2.1m 이상	공장, 창고시설, 위험물저장 및 처리시설, 동물 및 식물관련시설, 자원순환관련시설, 묘지관련시설
② 문화 및 집회시설(전시장 및 동식물원 제외), 종교시설, 장례식장, 유흥주점의 용도에 쓰이는 건축물의 관람실 또는 집회실로서 바닥면적이 200m² 이상인 것	4m 이상	기계환기장치를 설치한 경우
③ '②'의 노대 아래부분	2.7m 이상	

정답 20 ③ / 01 ①

02 건축물의 용도변경과 관련된 시설군 중 산업 등 시설군에 속하지 않는 건축물의 용도는?

① 장례식장
② 발전시설
③ 창고시설
④ 자원순환관련시설

해설 허가대상 및 신고대상의 용도변경

분류	시설군
㉠ 자동차관련 시설군	• 자동차관련시설
㉡ 산업등 시설군	• 운수시설 • 창고시설 • 공장 • 위험물저장 및 처리시설 • 자원순환관련시설 • 묘지관련시설 • 장례식장
㉢ 전기통신시설군	• 방송통신시설 • 발전시설
㉣ 문화집회시설군	• 문화 및 집회시설 • 종교시설 • 위락시설 • 관광휴게시설
㉤ 영업시설군	• 판매시설 • 운동시설 • 숙박시설 • 제2종 근린생활시설 중 중생활시설
㉥ 교육 및 복지시설군	• 의료시설 • 교육연구시설 • 노유자시설 • 수련시설 • 야영장시설
㉦ 근린생활시설군	• 제1종 근린생활시설 • 제2종 근린생활시설(다중생활시설은 제외)
㉧ 주거업무시설군	• 단독주택 • 공동주택 • 업무시설 • 교정 및 군사시설
㉨ 기타 시설군	• 동물 및 식물관련시설

※ 절차 :
1. 허가대상 : 상위시설군(오름차순)에 해당하는 용도로 변경하는 행위
2. 신고대상 : 하위시설군(내림차순)에 해당하는 용도로 변경하는 행위
3. 건축물대장 기재변경 신청 : 동일한 시설군내에서 용도변경하는 행위

03 스프링클러설비를 설치하여야 하는 특정소방대상물 중 스프링클러설비를 모든 층에 설치하여야 하는 수용인원 기준으로 옳은 것은? (단, 동·식물원을 제외한 문화 및 집회시설의 경우)

① 50명 이상
② 100명 이상
③ 200명 이상
④ 300명 이상

해설
모든 층에 스프링클러설비를 설치하여야 할 특정소방대상물(문화 및 집회시설, 종교시설, 운동시설 경우)
㉠ 수용인원이 100명 이상
㉡ 영화상영관의 용도로 쓰이는 층의 바닥면적이 지하층 또는 무창층인 경우 500m² 이상, 그 밖의 층의 경우에는 1,000m² 이상
㉢ 무대부가 지하층·무창층 또는 층수가 4층 이상인 층에 있는 경우에는 300m² 이상
㉣ 무대부가 ㉢ 외의 층에 있는 경우에는 무대부의 면적이 500m² 이상

04 다음 중 다중이용건축물에 속하지 않는 것은? (단, 층수가 10층이며, 해당 용도로 쓰는 바닥면적의 합계가 5,000m²인 경우)

① 종교시설
② 판매시설
③ 위락시설
④ 숙박시설 중 관광숙박시설

해설 다중이용건축물의 정의
㉠ 문화 및 집회시설(동·식물원 제외), 종교시설, 판매시설, 운수시설(여객용시설만 해당), 의료시설 중 종합병원, 숙박시설 중 관광숙박시설의 용도로 쓰이는 바닥면적의 합계가 5,000m² 이상인 건축물
㉡ 16층 이상인 건축물

정답 02 ② 03 ② 04 ③

05 다음은 건축법상 지하층의 정의이다. ( ) 안에 알맞은 것은?

> "지하층"이란 건축물의 바닥이 지표면 아래에 있는 층으로서 바닥에서 지표면까지 평균 높이가 해당 층 높이의 ( ) 이상인 것을 말한다.

① 2분의 1 ② 3분의 1
③ 3분의 2 ④ 4분의 3

해설
지하층이란 건축물의 바닥이 지표면 아래에 있는 층으로서 바닥에서 지표면까지 평균높이가 해당 층높이의 1/2 이상인 것을 말한다.

06 다음의 소방시설 중 경보설비에 속하지 않는 것은?

① 비상방송설비
② 자동화재탐지설비
③ 자동화재속보설비
④ 무선통신보조설비

해설
소방시설이란 소화설비·경보설비·피난구조설비·소화용수설비 그 밖에 소화활동설비를 말한다.
※ 경보설비 : 비상벨설비 및 자동식사이렌설비("비상경보설비"라 함), 단독경보형설비, 비상방송설비, 누전경보기, 자동화재탐지설비 및 시각경보기, 자동화재속보설비, 가스누설경보기, 통합감시시설
☞ 무선통신보조설비는 소화활동설비에 해당된다.

07 다음은 대피공간의 설치에 관한 기준 내용이다. 밑줄 친 요건 내용으로 옳지 않은 것은?

> 공동주택 중 아파트로서 4층 이상인 층의 각 세대가 2개 이상의 직통계단을 사용할 수 없는 경우에는 발코니에 인접 세대와 공동으로 또는 각 세대별로 다음 각 호의 요건을 모두 갖춘 대피공간을 하나 이상 설치하여야 한다.

① 대피공간은 바깥의 공기와 접하지 않을 것
② 대피공간은 실내의 다른 부분과 방화구획으로 구획될 것
③ 대피공간의 바닥면적은 각 세대별로 설치하는 경우에는 2m² 이상일 것
④ 대피공간의 바닥면적은 인접 세대와 공동으로 설치하는 경우에는 3m² 이상일 것

해설
공동주택 중 아파트로서 4층 이상의 층의 각 세대가 2개 이상의 직통계단을 사용할 수 없는 경우에는 발코니에 인접세대와 공동으로 또는 각 세대별로 다음의 요건을 모두 갖춘 대피공간을 하나 이상 설치하여야 한다. 이 경우 인접세대와 공동으로 설치하는 대피공간은 인접세대를 통하여 2개 이상의 직통계단을 사용할 수 있는 위치에 우선 설치되어야 한다.
㉠ 대피공간은 바깥의 공기와 접할 것
㉡ 대피공간은 실내의 다른 부분과 방화구획으로 구획될 것
㉢ 대피공간의 바닥면적은 인접세대와 공동으로 설치하는 경우에는 3m² 이상, 각 세대별로 설치하는 경우에는 2m² 이상일 것
㉣ 국토교통부장관이 정하는 기준에 적합할 것

08 의료시설의 병실 간의 칸막이벽은 소리를 차단하는데 장애가 되는 부분이 없도록 하여야 한다. 이와 관련된 칸막이벽의 구조 기준 내용으로 옳지 않은 것은?

① 철골철근콘크리트조로서 두께가 10cm 이상인 것
② 콘크리트블록조로서 두께가 19cm 이상인 것
③ 철근콘크리트조로서 두께가 10cm 이상인 것
④ 벽돌조로서 두께가 10cm 이상인 것

해설 칸막이벽 대상 건축물의 차음구조 기준

벽체의 구조	두께 기준
철근콘크리트조, 철골철근콘크리트조	10cm 이상
무근콘크리트조, 석조	10cm 이상(시멘트모르타르, 회반죽 또는 석고 플라스터의 바름두께 포함)
콘크리트 블록조, 벽돌조	19cm 이상

[예외] 다가구주택 및 공동주택 세대간의 경계벽은 주택건설기준에 관한 규정에 따른다.

정답 05 ①　06 ④　07 ①　08 ④

09 특정소방대상물에 사용하는 방염대상물품에 해당되지 않는 것은? (단, 제조 또는 가공 공정에서 방염처리를 한 물품이다.)

① 카펫
② 전시용 합판
③ 종이 벽지
④ 암막

[해설] 특정소방대상물에서 사용되는 방염대상물품

제조 또는 가공공정에서 방염처리를 한 물품(합판·목재류의 경우에는 설치현장에서 방염처리를 한 것을 말함)으로서 다음의 하나에 해당하는 것을 말한다.
㉠ 창문에 설치하는 커텐류(브라인드를 포함)
㉡ 카페트, 두께가 2mm 미만인 벽지류로서 종이벽지를 제외한 것
㉢ 전시용 합판 또는 섬유판, 무대용 합판 또는 섬유판
㉣ 암막·무대막(영화상영관, 골프연습장업에 설치하는 스크린을 포함)

10 각 층의 거실면적이 3,000m²이며 층수가 12층인 호텔 건축물에 설치하여야 하는 승용승강기의 최소 대수는? (단, 24인승 승강기를 설치하는 경우)

① 3대
② 4대
③ 5대
④ 6대

[해설] 문화 및 집회시설(전시장, 동·식물원), 업무시설, 숙박시설, 위락시설의 용도 경우

3,000m² 이하까지 1대, 3,000m² 초과하는 2,000m² 당 1대를 가산한 대수로 하므로

$1 + \dfrac{(3000 \times 7) - 3,000}{2,000} = 10대$

∴ 16인승 이상의 승강기는 2대로 산정하므로 5대를 설치하면 된다.
※ 8인승 이상 15인승 이하를 기준으로 산정하며 16인승 이상의 승강기는 2대로 산정한다.

11 배연설비의 설치에 관한 기준 내용으로 옳지 않은 것은?

① 배연구는 수동으로 열고 닫을 수 없도록 할 것
② 배연창의 유효면적은 최소 1m² 이상으로 할 것
③ 배연구는 예비전원에 의하여 열 수 있도록 할 것
④ 건축법령에 의하여 건축물에 방화구획이 설치된 경우에는 그 구획마다 1개소 이상의 배연창을 설치할 것

[해설] 배연설비의 구조기준

구 분	기 준
1. 배연창 개수	• 방화구획마다 1개소 이상의 배연창을 설치하되, 배연창의 상변과 천장 또는 반자로부터 수직거리가 0.9m 이내일 것(단, 반자높이가 바닥으로부터 3m 이상인 경우에는 배연창의 하변이 바닥으로부터 2.1m 이상의 위치에 놓이도록 설치하여야 한다)
2. 배연창 유효면적	• 1m² 이상으로 바닥면적이 1/100 이상일 것 [주] ① 방화구획이 된 경우는 구획된 각 부분의 바닥면적으로 산정 ② 바닥면적 산정시 거실 바닥면적의 1/20 이상의 환기창을 설치한 거실면적은 산입하지 않음.
3. 배연구 구조	• 연기감지기, 열감지기에 의하여 자동으로 열 수 있는 구조(수동개폐장치) • 예비전원에 의하여 열 수 있도록 할 것
4. 기계식 배연설비	• 상기 1, 2, 3의 규정에도 불구하고 소방관계법령의 규정에 따를 것

12 외기에 직접 면하고 1층 또는 지상으로 연결된 출입문을 방풍구조로 하여야 하는 것은?

① 아파트의 출입문
② 너비가 1.8m 인 출입문
③ 바닥면적이 300m²인 개별 점포의 출입문
④ 사람의 통행을 주목적으로 하지 않는 출입문

[해설]

외기에 직접 면하고 1층 또는 지상으로 연결된 출입문은 방풍구조로 하여야 한다.
[예외] 다음에 해당하는 경우
㉠ 바닥면적 300m² 이하의 개별 점포의 출입문
㉡ 주택의 출입문(기숙사는 제외)
㉢ 사람의 통행을 주목적으로 하지 않는 출입문
㉣ 너비 1.2m 이하의 출입문
※ 방풍구조라 함은 출입구에서 실내외 공기 교환에 의한 열출입을 방지할 목적으로 설치하는 완충공간(방풍실) 또는 회전문 등을 설치한 방식을 말한다.

정답 09 ③ 10 ③ 11 ① 12 ②

13 다음은 지하층과 피난층 사이의 개방공간의 설치에 관한 기준이다. ( ) 안에 알맞은 것은?

> 바닥면적의 합계가 ( ) 이상인 공연장·집회장·관람장 또는 전시장을 지하층에 설치하는 경우에는 각 실에 있는 자가 지하층 각 층에서 건축물 밖으로 피난하여 옥외 계단 또는 경사로 등을 이용하여 피난층으로 대피할 수 있도록 천장이 개방된 외부공간을 설치하여야 한다.

① 1,000m² ② 2,000m²
③ 3,000m² ④ 5,000m²

해설 지하층과 피난층 사이의 개방공간 설치(영 제37조)

> 바닥면적의 합계가 3,000m² 이상인 공연장·집회장·관람장 또는 전시장을 지하층에 설치하는 경우에는 각 실에 있는 자가 지하층 각 층에서 건축물 밖으로 피난하여 옥외 계단 또는 경사로 등을 이용하여 피난층으로 대피할 수 있도록 천장이 개방된 외부 공간을 설치하여야 한다.

14 건축물에 설치하는 방화벽에 관한 기준 내용으로 옳지 않은 것은?

① 내화구조로서 홀로 설 수 있는 구조일 것
② 방화벽에 설치하는 출입문에 60+방화문 또는 60분방화문을 설치할 것
③ 방화벽에 설치하는 출입문의 너비 및 높이는 각각 3.0m 이하로 할 것
④ 방화벽의 양쪽 끝과 윗쪽 끝을 건축물의 외벽면 및 지붕면으로부터 0.5m 이상 튀어 나오게 할 것

해설 방화벽의 구조

> ㉠ 내화구조로서 홀로 설 수 있는 구조일 것
> ㉡ 방화벽의 양쪽 끝과 위쪽 끝을 건축물의 외벽면 및 지붕면으로부터 0.5m 이상 튀어나오게 할 것
> ㉢ 방화벽에 설치하는 출입문의 폭 및 높이는 각각 2.5m 이하로 하고, 출입문의 구조는 60+방화문 또는 60분방화문으로 할 것

㉣ 방화벽에 설치하는 60+방화문 또는 60분방화문은 언제나 닫힌 상태를 유지하거나 화재시 연기발생, 온도상승에 의하여 자동적으로 닫히는 구조로 할 것
㉤ 급수관, 배전관 등의 관이 방화벽을 관통하는 경우 관과 방화벽과의 틈을 시멘트모르타르 등의 불연재료로 메워야 한다.

15 건축법령상 방송 공동수신설비를 설치하여야 하는 대상 건축물에 속하는 것은?

① 수련시설 ② 공동주택
③ 노유자시설 ④ 문화 및 집회시설

해설

> 건축물에는 방송수신에 지장이 없도록 공동시청 안테나, 유선방송 수신시설, 위성방송 수신설비, 에프엠(FM)라디오방송 수신설비 또는 방송 공동수신설비를 설치할 수 있다.
> 다만, 다음 건축물에는 방송 공동수신설비를 설치하여야 한다.
> ㉠ 공동주택
> ㉡ 바닥면적의 합계가 5,000m² 이상으로서 업무시설이나 숙박시설의 용도로 쓰는 건축물

16 건축법령에 따른 건축물의 용도분류 중 숙박시설에 속하지 않는 것은?

① 호스텔 ② 유스호스텔
③ 의료관광호텔 ④ 휴양 콘도미니엄

해설 숙박시설

> ㉠ 일반숙박시설 : 호텔, 여관, 여인숙
> ㉡ 관광숙박시설 : 관광호텔, 수상관광호텔, 한국전통호텔, 가족호텔, 휴양콘도미니엄
> ㉢ 다중생활시설(제2종 근린생활시설에 해당하지 아니하는 것)
> ㉣ 기타 ㉠, ㉡, ㉢까지의 시설과 비슷한 것
> ☞ 유스호스텔은 수련시설에 해당된다.
>   (숙박시설이 아님)

정답 13 ③ 14 ③ 15 ② 16 ②

17 건축물의 에너지절약 설계기준에 따른 건축부분의 권장 사항으로 옳지 않은 것은?

① 공동주택은 인동간격을 넓게 하여 저층부의 태양열 취득을 최대한 증대시킨다.
② 건물의 창과 문은 가능한 작게 설계하고, 특히 열손실이 많은 북측의 창면적은 최소화한다.
③ 건축물의 체적에 대한 외피면적의 비 또는 연면적에 대한 외피면적의 비는 가능한 크게 한다.
④ 거실의 층고 및 반자 높이는 실의 용도와 기능에 지장을 주지 않는 범위 내에서 가능한 낮게 한다.

> **해설**
> 건축물의 체적에 대한 외피면적의 비 또는 연면적에 대한 외피면적의 비는 가능한 작게 한다.

18 비상용 승강기를 설치하여야 하는 대상 건축물로서 높이 31m 넘는 각 층의 바닥면적 중 최대 바닥면적이 2,000m² 인 경우, 원칙적으로 설치하여야 하는 비상용 승강기의 최소 대수는?

① 1대
② 2대
③ 3대
④ 4대

> **해설**
> 높이 31m를 넘는 각층 바닥면적 중 최대바닥면적이 1,500m²에 1대이고 1,500m²를 초과하는 3,000m² 이내마다 1대씩 증가하므로
> $\therefore 1 + \dfrac{2,000 - 1,500}{3,000} = 1.16 \fallingdotseq 2$대
> (소숫점 이하는 1대로 본다)

19 방염성능기준 이상의 실내장식물 등을 설치하여야 하는 특정소방대상물에 속하는 것은?

① 층수가 6층인 업무시설
② 층수가 6층인 판매시설
③ 층수가 6층인 숙박시설
④ 건축물의 옥내에 있는 수영장

> **해설** 방염성능기준 이상의 실내장식물 등을 설치하여야 하는 특정소방대상물
> ㉠ 근린생활시설 중 의원, 체력단련장, 공연장 및 종교집회장
> ㉡ 건축물의 옥내에 있는 문화 및 집회시설, 종교시설, 운동시설(수영장은 제외)
> ㉢ 의료시설, 노유자시설, 숙박시설, 숙박이 가능한 수련시설,
> ㉣ 교육연구시설 중 합숙소
> ㉤ 방송통신시설 중 방송국 및 촬영소
> ㉥ 다중이용업소
> ㉦ 상기 ㉠부터 ㉥까지의 시설에 해당하지 아니하는 것으로서 층수(건축법시행령에 따라 산정한 층수)가 11층 이상인 것(아파트는 제외)

20 피난안전구역(건축물의 피난·안전을 위하여 건축물 중간에 설치하는 대피공간)의 구조 및 설비에 관한 기준 내용으로 옳지 않은 것은?

① 피난안전구역의 높이는 2.1m 이상일 것
② 비상용승강기는 피난안전구역에서 승하차할 수 있는 구조로 설치할 것
③ 건축물의 내부에서 피난안전구역으로 통하는 계단은 피난계단의 구조로 설치할 것
④ 피난안전구역에는 식수공급을 위한 급수전을 1개소 이상 설치하고 예비전원에 의한 조명설비를 설치할 것

> **해설** 피난안전구역의 규모와 설치기준(주요내용)
> ㉠ 피난안전구역은 해당 건축물의 1개층을 대피공간으로 하며, 대피에 장애가 되지 아니하는 범위에서 기계실, 보일러실, 전기실 등 건축설비를 설치하기 위한 공간과 같은 층에 설치할 수 있다. 이 경우 피난안전구역은 건축설비가 설치되는 공간과 내화구조로 구획하여야 한다.
> ㉡ 피난안전구역에 연결되는 특별피난계단은 피난안전구역을 거쳐서 상·하층으로 갈 수 있는 구조로 설치하여야 한다.
> ㉢ 피난안전구역의 내부마감재료는 불연재료로 설치할 것
> ㉣ 건축물의 내부에서 피난안전구역으로 통하는 계단은 특별피난계단의 구조로 설치할 것
> ㉤ 비상용 승강기는 피난안전구역에서 승하차 할 수 있는 구조로 설치할 것
> ㉥ 피난안전구역의 높이는 2.1m 이상일 것
> ㉦ 피난안전구역의 면적은 (피난안전구역 위층의 재실자 수×0.5)×0.28m² 이상일 것

정답 17 ③ 18 ② 19 ③ 20 ③

건축설비관계법규
2025년 제3회 과년도 출제문제

01 방염성능기준 이상의 실내장식물 등을 설치하여야 하는 특정소방대상물에 속하는 것은? (단, 층수가 10층인 경우)

① 기숙사 ② 판매시설
③ 숙박시설 ④ 실내수영장

[해설] 방염성능기준 이상의 실내장식물 등을 설치하여야 하는 특정소방대상물

㉠ 근린생활시설 중 의원, 체력단련장, 공연장 및 종교집회장
㉡ 건축물의 옥내에 있는 문화 및 집회시설, 종교시설, 운동시설(수영장은 제외)
㉢ 의료시설, 노유자시설, 숙박시설, 숙박이 가능한 수련시설,
㉣ 교육연구시설 중 합숙소
㉤ 방송통신시설 중 방송국 및 촬영소
㉥ 다중이용업소
㉦ 상기 ㉠부터 ㉥까지의 시설에 해당하지 아니하는 것으로서 층수(건축법시행령에 따라 산정한 층수)가 11층 이상인 것(아파트는 제외)

02 건축법령상 제2종 근린생활시설에 속하지 않는 것은?

① 한의원 ② 동물병원
③ 노래연습장 ④ 일반음식점

[해설] 의료행위를 하는 시설

㉠ 제1종 근린생활시설 : 의원·치과의원·한의원·침술원·안마원·접골원·조산소·보건소
㉡ 제2종 근린생활시설 : 안마시술소·동물병원
㉢ 의료시설 : 종합병원·병원·치과병원·한방병원·정신병원·요양병원·마약진료소

03 건축물의 출입구에 설치하는 회전문에 관한 기준 내용으로 옳지 않은 것은?

① 계단이나 에스컬레이터로부터 2m 이상의 거리를 둘 것
② 출입에 지장이 없도록 일정한 방향으로 회전하는 구조로 할 것
③ 회전문의 회전속도는 분당회전수가 10회를 넘지 아니하도록 할 것
④ 회전문의 중심축에서 회전문과 문틀 사이의 간격을 포함한 회전문날개 끝부분까지의 길이는 140cm 이상이 되도록 할 것

[해설] 회전문의 설치

㉠ 계단이나 에스컬레이터로부터 2m 이상의 거리를 둘 것
㉡ 출입에 지장이 없도록 일정한 방향으로 회전하는 구조로 할 것
㉢ 회전문의 중심축에서 회전문과 문틀 사이의 간격을 포함한 회전문날개 끝부분까지의 길이는 140cm 이상이 되도록 할 것
㉣ 회전문의 회전속도는 분당회전수가 8회를 넘지 아니하도록 할 것

04 주거용 건축물 급수관의 지름 산정에 관한 기준 내용으로 틀린 것은?

① 가구 또는 세대수가 1일 때 급수관 지름의 최소기준은 15mm이다.
② 가구 또는 세대수가 7일 때 급수관 지름의 최소기준은 25mm이다.
③ 가구 또는 세대수가 18일 때 급수관 지름의 최소기준은 50mm이다.
④ 가구 또는 세대의 구분이 불분명한 건축물에 있어서는 주거에 쓰이는 바닥면적의 합계가 $85m^2$ 초과 $150m^2$ 이하인 경우는 3가구로 산정한다.

정답 01 ③   02 ①   03 ③   04 ②

해설 주거용 건축물 급수관의 지름 기준

가구 또는 세대수	1	2~3	4~5	6~8	9~16	17 이상
급수관 최소지름	15	20	25	32	40	50

㉠ 가구수나 세대수가 불분명한 경우에는 주거에 쓰이는 바닥면적의 합계에 따라 다음과 같이 가구수를 산정한다.
- 바닥면적 85m² 이하 : 1가구
- 바닥면적 85m² 초과, 150m² 이하 : 3가구
- 바닥면적 150m² 초과, 300m² 이하 : 5가구
- 바닥면적 300m² 초과, 500m² 이하 : 16가구
- 바닥면적 500m² 초과 : 17가구

㉡ 가압설비 등을 설치하여 급수시 각 기구에서 압력이 1cm²당 0.7kg 이상인 경우는 상기 1의 기준을 적용하지 않는다.

05 바닥으로부터 높이 1m까지의 안벽 마감을 내수재료로 하여야 하는 대상에 속하지 않는 것은?

① 제1종 근린생활시설 중 미용원의 세면장
② 제2종 근린생활시설 중 숙박시설의 욕실
③ 제1종 근린생활시설 중 휴게음식점의 조리장
④ 제2종 근린생활시설 중 일반음식점의 조리장

해설 내수재료의 마감

다음에 해당하는 거실·욕실 또는 조리장의 바닥 부분에는 방습을 위한 조치를 하여야 한다.
㉠ 건축물의 최하층에 있는 거실(바닥이 목조인 경우만 해당)
㉡ 제1종 근린생활시설 중 목욕장의 욕실과 휴게음식점의 조리장
㉢ 제2종 근린생활시설 중 일반음식점, 휴게음식점 및 제과점의 조리장과 숙박시설의 욕실

06 건축물의 거실(피난층의 거실 제외)에 국토교통부령으로 정하는 기준에 따라 배연설비를 설치하여야 하는 대상 건축물에 속하지 않는 것은?

① 6층 이상인 건축물로서 종교시설의 용도로 쓰는 건축물
② 6층 이상인 건축물로서 판매시설의 용도로 쓰는 건축물
③ 6층 이상인 건축물로서 방송통신시설 중 방송국의 용도로 쓰는 건축물
④ 6층 이상인 건축물로서 교육연구시설 중 연구소의 용도로 쓰는 건축물

해설 배연설비의 설치대상

㉠ 6층 이상의 건축물로서 다음의 용도에 해당되는 건축물의 거실
제2종 근린생활시설 중 공연장, 종교집회장, 인터넷컴퓨터게임시설제공업소 및 다중생활시설(공연장, 종교집회장 및 인터넷컴퓨터게임시설제공업소는 해당 용도로 쓰는 바닥면적의 합계가 각각 300m² 이상인 경우), 문화 및 집회시설, 종교시설, 판매시설, 운수시설, 의료시설(요양병원 및 정신병원은 제외), 교육연구시설 중 연구소, 노유자시설 중 아동관련시설·노인복지시설(노인요양시설은 제외), 수련시설 중 유스호스텔, 운동시설, 업무시설, 숙박시설, 위락시설, 관광휴게시설, 장례식장
[예외] 피난층인 경우

㉡ 다음에 해당하는 용도로 쓰는 건축물
- 의료시설 중 요양병원 및 정신병원
- 노유자시설 중 노인요양시설·장애인 거주시설 및 장애인 의료재활시설
[예외] 피난층인 경우

07 비상조명등을 설치하여야 하는 특정소방대상물에 해당하는 것은?

① 창고시설 중 창고
② 창고시설 중 하역장
③ 위험물 저장 및 처리 시설 중 가스시설
④ 지하가 중 터널로서 그 길이가 500m 이상인 것

정답 05 ①   06 ③   07 ④

해설 **비상조명등을 설치하여야 하는 특정소방대상물**
㉠ 지하층을 포함하는 층수가 5층 이상인 건축물로서 연면적 3,000m² 이상인 것
㉡ ㉠에 해당하지 않는 특정소방대상물로서 그 지하층 또는 무창층의 바닥면적이 450m² 이상인 경우에는 그 지하층 또는 무창층
㉢ 지하가 중 터널로서 그 길이가 500m 이상인 것
[제외] 창고시설 중 창고 및 하역장 또는 위험물 저장 및 처리시설 중 가스시설

해설 **공연장의 개별 관람실의 출구기준**
관람실의 바닥면적이 300m² 이상인 경우의 출구는 다음 조건에 적합하여야 한다.
㉠ 관람실별로 2개소 이상 설치할 것
㉡ 각 출구의 유효폭은 1.5m 이상일 것
㉢ 개별 관람실 출구의 유효폭의 합계는 개별 관람실의 바닥면적 100m²마다 0.6m 이상의 비율로 산정한 폭 이상일 것
※ 개별 관람실 출구의 유효너비의 합계는 최소 3.0m 이상으로 한다.

08 건축법령상 공동주택 중 아파트의 정의로 옳은 것은?

① 주택으로 쓰는 층수가 5개 층 이상인 주택
② 주택으로 쓰는 층수가 6개 층 이상인 주택
③ 주택으로 쓰는 1개 동의 바닥면적 합계가 660m²를 초과하고, 층수가 5개 층 이상인 주택
④ 주택으로 쓰는 1개 동의 바닥면적 합계가 660m²를 초과하고, 층수가 6개 층 이상인 주택

해설
공동주택[공동주택의 형태를 갖춘 가정어린이집·공동생활가정·지역아동센터 및 노인복지시설(노인복지주택은 제외)·주택법시행령에 따른 원룸형 주택을 포함]
㉠ 다세대주택 : 4개층 이하, 동당 연면적 660m² 이하
㉡ 연립주택 : 4개층 이하, 동당 연면적 660m² 초과
㉢ 아파트 : 5개층 이상
㉣ 기숙사
※ 단독주택 : 단독주택, 다중주택, 다가구주택, 공관

09 문화 및 집회시설 중 공연장의 개별 관람실 출구의 설치기준 내용으로 옳지 않은 것은? (단, 개별 관람실의 바닥면적이 300m² 이상인 경우)

① 관람실별로 2개소 이상 설치할 것
② 각 출구의 유효너비는 1.2m 이상일 것
③ 관람실로부터 바깥쪽으로의 출구로 쓰이는 문은 안여닫이로 하지 않을 것
④ 개별 관람실 출구의 유효너비의 합계는 개별 관람실의 바닥면적 100m²마다 0.6m의 비율로 산정한 너비 이상으로 할 것

10 외기에 직접 면하고 1층 또는 지상으로 연결된 출입문을 방풍구조로 하지 않아도 되는 경우에 관한 기준 내용으로 옳지 않은 것은?

① 기숙사의 출입문
② 너비 1.2m 이하의 출입문
③ 바닥면적 300m² 이하의 개별 점포의 출입문
④ 사람의 통행을 주목적으로 하지 않는 출입문

해설
외기에 직접 면하고 1층 또는 지상으로 연결된 출입문은 방풍구조로 하여야 한다.
[예외] 다음에 해당하는 경우
㉠ 바닥면적 300m² 이하의 개별 점포의 출입문
㉡ 주택의 출입문(기숙사는 제외)
㉢ 사람의 통행을 주목적으로 하지 않는 출입문
㉣ 너비 1.2m 이하의 출입문
※ 방풍구조라 함은 출입구에서 실내외 공기 교환에 의한 열출입을 방지할 목적으로 설치하는 완충공간(방풍실) 또는 회전문 등을 설치한 방식을 말한다.

11 다음 중 내화구조에 해당하지 않는 것은? (단, 외벽 중 비내력벽인 경우)

① 철근콘크리트조로서 두께가 7cm인 것
② 무근콘크리트조로서 두께가 7cm인 것
③ 골구를 철골조로 하고 그 양면을 두께 3cm의 철망모르타르로 덮은 것
④ 철재로 보강된 콘크리트블록조로서 철재에 덮은 콘크리트블록의 두께가 3cm인 것

정답 08 ① 09 ② 10 ① 11 ④

해설 벽에 대한 내화구조의 기준

구조 부분	내화구조의 기준	기준 두께
벽 ( )안은 외벽 중 비내력벽	• 철근콘크리트조·철골철근콘크리트조	10cm (7cm) 이상
	• 벽돌조	19cm 이상
	철골조 의 골 구 양 면에	*철망모르타르로 덮을 때	4cm(3cm) 이상
		콘크리트블록·벽돌·석재로 덮을 때	5cm(4cm) 이상
	• 철재로 보강된 콘크리트블록조·벽돌조·석조로서 철재로 덮은 콘크리트블록의 두께	5cm(4cm) 이상
	• 고온·고압증기양생된 경량기포 콘크리트패널 또는 경량기포콘크리트블록조	10cm 이상
	• 무근콘크리트조·콘크리트블록조·벽돌조·석조	7cm 이상

12 다음은 소방시설의 내진설계에 관한 기준 내용이다. 밑줄 친 대통령으로 정하는 소방시설에 속하지 않는 것은?

「지진·화산재해대책법」 제14조 제1항 각 호의 시설 중 대통령령으로 정하는 특정 소방대상물에 대통령령으로 정하는 소방시설을 설치하려는 자는 지진이 발생할 경우 소방시설이 정상적으로 작동될 수 있도록 소방청장이 정하는 내진설계기준에 맞게 소방시설을 설치하여야 한다.

① 옥내소화전설비   ② 스프링클러설비
③ 자동화재탐지설비 ④ 물분무등소화설비

해설 내진설계 대상

특정소방대상물에 대통령령으로 정하는 소방시설을 설치하려는 자는 지진이 발생할 경우 소방시설이 정상적으로 작동될 수 있도록 소방청장이 정하는 내진설계기준에 맞게 소방시설을 설치하여야 한다.
"대통령령으로 정하는 소방시설"이란 소방시설 중 옥내소화전설비, 스프링클러설비, 물분무등소화설비를 말한다.

13 비상용승강기의 승강장 및 승강로 구조에 관한 기준 내용으로 틀린 것은?

① 옥내 승강장의 바닥면적은 비상용승강기 1대에 대하여 $6m^2$ 이상으로 한다.
② 각 층으로부터 피난층까지 이르는 승강로를 단일구조로 연결하여 설치하여야 한다.
③ 피난층이 있는 승강장의 출입구로부터 도로 또는 공지에 이르는 거리는 30m 이하로 한다.
④ 승강장에는 배연설비를 설치하여야 하며, 외부를 향하여 열 수 있는 창문 등을 설치하여서는 안 된다.

해설
비상용승강기 승강장에는 노대 또는 외부를 향하여 열 수 있는 창문이나 배연설비를 설치할 것

14 특별시나 광역시에 건축하는 경우 특별시장이나 광역시장의 허가를 받아야 하는 대상 건축물의 층수 기준은?

① 층수가 10층 이상인 건축물
② 층수가 15층 이상인 건축물
③ 층수가 21층 이상인 건축물
④ 층수가 31층 이상인 건축물

해설 건축허가

건축물을 건축 또는 대수선 하고자 하는 자는 특별자치시장·특별자치도지사 또는 시장·군수·구청장의 허가를 받아야 한다.
[단서] 층수가 21층 이상이거나 연면적의 합계가 10만 m^2 이상인 건축물[공장, 창고 및 지방건축위원회의 심의를 거친 건축물(초고층건축물은 제외)은 제외]의 건축(연면적의 3/10 이상을 증축하여 층수가 21층 이상으로 되거나 연면적의 합계가 10만m^2 이상으로 되는 경우를 포함)은 특별시장 또는 광역시장의 허가를 받아야 한다.

정답 12 ③   13 ④   14 ③

15 건축물의 바깥쪽에 설치하는 피난계단의 구조에서 피난층으로 통하는 직통계단의 최소유효 너비 기준이 옳은 것은?

① 0.7m 이상 ② 0.8m 이상
③ 0.9m 이상 ④ 1.0m 이상

해설 건축물 바깥쪽에 설치하는 피난계단의 구조(옥외피난계단)

㉠ 계단은 그 계단으로 통하는 출입구 외의 창문 등으로부터 2m 이상 거리를 두고 설치할 것
　[예외] 망입유리 붙박이창으로서 그 면적이 각각 1m² 이하인 것
㉡ 옥내로부터 계단으로 통하는 출입구에는 60+방화문 또는 60분방화문을 설치할 것
㉢ 계단의 유효너비는 0.9m 이상으로 할 것
㉣ 계단은 내화구조로 하고 지상까지 직접 연결되도록 할 것
㉤ 돌음계단으로 해서는 안 된다.

16 건축물의 냉방설비에 대한 설치 및 설계기준에 정의된 축냉식 전기냉방설비의 구분에 속하지 않는 것은?

① 지열식 냉방설비
② 수축열식 냉방설비
③ 빙축열식 냉방설비
④ 잠열축열식 냉방설비

해설 축냉식 전기냉방설비

구 분	내 용
빙축열식 냉방설비	심야시간에 얼음을 제조하여 축열조에 저장하였다가 기타시간에 이를 녹여 냉방에 이용하는 냉방설비를 말한다.
수축열식 냉방설비	심야시간에 물을 냉각시켜 축열조에 저장하였다가 기타시간에 이를 냉방에 이용하는 냉방설비를 말한다.
잠열축열식 냉방설비	포접화합물(Clathrate)이나 공융염(Eutectic Salt) 등의 상변화물질을 심야시간에 냉각시켜 동결한 후 기타시간에 이를 녹여 냉방에 이용하는 냉방설비를 말한다.

17 신축공동주택 등의 기계환기설비의 설치 기준이 옳지 않은 것은?

① 세대의 환기량 조절을 위하여 환기설비의 정격풍량을 3단계 또는 그 이상으로 조절할 수 있는 체계를 갖추어야 한다.
② 적정 단계의 필요 환기량은 신축공동주택 등의 세대를 시간당 0.3회로 환기할 수 있는 풍량을 확보하여야 한다.
③ 기계환기설비에서 발생하는 소음의 측정은 한국산업규격(KS B 6361)에 따르는 것을 원칙으로 한다.
④ 기계환기설비는 주방 가스대 위의 공기배출장치, 화장실의 공기배출 송풍기 등 급속 환기 설비와 함께 설치할 수 있다.

해설
세대의 환기량 조절을 위하여 환기설비의 정격풍량을 최소·적정·최대의 3단계로 조절할 수 있는 체계를 갖추어야 하고, 적정 단계의 필요 환기량은 신축공동주택 등의 세대를 시간당 0.5회로 환기할 수 있는 풍량을 확보하여야 한다.

18 공사감리자가 공사시공자에게 상세시공도면의 작성을 요청할 수 있는 건축공사의 기준으로 옳은 것은?

① 연면적의 합계가 1,000m² 이상인 건축공사
② 연면적의 합계가 2,000m² 이상인 건축공사
③ 연면적의 합계가 3,000m² 이상인 건축공사
④ 연면적의 합계가 5,000m² 이상인 건축공사

해설 상세시공도면 작성 요청

연면적 합계 5,000m² 이상인 건축공사의 공사감리자는 필요하다고 인정하는 경우 공사시공자로 하여금 상세시공도면을 작성하도록 요청할 수 있다.
※ 상세시공도면의 작성은 시공자, 검토 확인은 공사감리자의 업무사항이다.

정답 15 ③ 16 ① 17 ② 18 ④

9 소방용품 중 피난구조설비를 구성하는 제품 또는 기기와 가장 거리가 먼 것은?

① 발신기 ② 구조대
③ 완강기 ④ 통로 유도등

> **해설** 피난구조설비를 구성하는 제품 또는 기기
> ㉠ 피난사다리, 구조대, 완강기(간이완강기 및 지지대를 포함)
> ㉡ 공기호흡기(충전기를 포함)
> ㉢ 피난구유도등, 통로유도등, 객석유도등 및 예비 전원이 내장된 비상조명등
> ※ 경보설비를 구성하는 제품 또는 기기
>   ㉠ 누전경보기 및 가스누설경보기
>   ㉡ 경보설비를 구성하는 발신기, 수신기, 중계기, 감지기 및 음향장치(경종만 해당)

20 지능형 건축물의 인증에 관한 설명으로 옳지 않은 것은?

① 지능형 건축물 인증기준에는 인증표시 홍보 기준, 유효기간 등의 사항이 포함된다.
② 산업통상자원부장관은 지능형 건축물의 인증을 위하여 인증기관을 지정할 수 있다.
③ 국토교통부장관은 지능형 건축물의 건축을 활성화 하기 위하여 지능형 건축물 인증제도를 실시한다.
④ 허가권자는 지능형 건축물로 인증 받은 건축물에 대하여 조경설치면적을 100분의 85까지 완화하여 적용할 수 있다.

> **해설** 지능형건축물의 인증
> (1) 지능형건축물 인증제도
>   ㉠ 국토교통부장관은 지능형건축물[Intelligent Building]의 건축을 활성화하기 위하여 지능형건축물 인증제도를 실시한다.
>   ㉡ 국토교통부장관은 지능형건축물의 인증을 위하여 인증기관을 지정할 수 있다.
> (2) 지능형건축물 인증기준
>   ㉠ 국토교통부장관은 건축물을 구성하는 설비 및 각종 기술을 최적으로 통합하여 건축물의 생산성과 설비 운영의 효율성을 극대화할 수 있도록 다음 각 호의 사항을 포함하여 지능형건축물 인증기준을 고시한다.

• 인증기준 및 절차
• 인증표시 홍보기준
• 유효기간
• 수수료
• 인증 등급 및 심사기준 등

㉡ 허가권자는 지능형건축물로 인증을 받은 건축물에 대하여 다음과 같이 건축기준을 완화하여 적용할 수 있다.

완화 규정	완화 기준
대지 안의 조경 (법 제42조)	$\frac{85}{100}$ 범위 안에서 완화적용
용적률(법 제56조) 건축물의 높이 (법 제60조)	$\frac{115}{100}$ 범위 안에서 완화적용

정답 19 ① 20 ②

10개년 핵심
건축설비기사 과년도문제해설

定價 40,000원

저 자 남 재 호
발행인 이 종 권

2015年	1月	5日	초 판 발 행
2015年	1月	26日	초판2쇄발행
2016年	1月	19日	2차개정판
2017年	1月	13日	3차개정판
2018年	2月	6日	4차개정판
2019年	1月	22日	5차개정판
2020年	1月	20日	6차개정판
2021年	3月	10日	7차개정판
2022年	1月	10日	8차개정판
2023年	2月	15日	9차개정판
2024年	2月	14日	10차개정판
2025年	2月	4日	11차개정판
2026年	1月	14日	12차개정판

發行處 **(주)한솔아카데미**

(우)06775 서울시 서초구 마방로10길 25 트윈타워 A동 2002호
TEL : (02)575-6144/5 FAX : (02)529-1130
〈1998. 2. 19 登錄 第16-1608號〉

※ 본 교재의 내용 중에서 오타, 오류 등은 발견되는 대로 한솔아카데미 인터넷 홈페이지를 통해 공지하여 드리며 보다 완벽한 교재를 위해 끊임없이 최선의 노력을 다하겠습니다.

※ 파본은 구입하신 서점에서 교환해 드립니다.

www.inup.co.kr / www.bestbook.co.kr

ISBN 979-11-6654-775-1 13540

한솔아카데미 발행도서

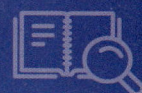

건축기사시리즈
①건축계획
이종석, 이병억 공저
432쪽 | 27,000원

건축기사시리즈
②건축시공
김형중, 한규대, 이명철 공저
570쪽 | 27,000원

건축기사시리즈
③건축구조
안광호, 홍태화, 고길용 공저
796쪽 | 27,000원

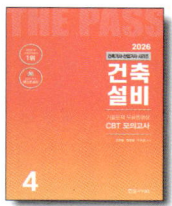
건축기사시리즈
④건축설비
오병칠, 권영철, 오호영 공저
564쪽 | 27,000원

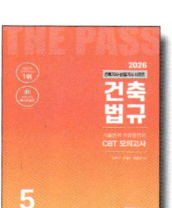
건축기사시리즈
⑤건축법규
현정기, 조영호, 한웅규, 김주석 공저
622쪽 | 27,000원

건축기사 필기
(The Bible)
안광호, 백종엽, 이병억 공저
1,192쪽 | 45,000원

건축기사 4주완성
남재호, 송우용 공저
1,412쪽 | 47,000원

건축산업기사 4주완성
남재호, 송우용 공저
1,136쪽 | 44,000원

7개년 기출문제
건축산업기사 필기
한솔아카데미 수험연구회
868쪽 | 38,000원

건축설비기사 4주완성
남재호 저
1,088쪽 | 46,000원

건축설비산업기사 4주완성
남재호 저
872쪽 | 40,000원

10개년 핵심
건축설비기사 과년도
남재호 저
1,148쪽 | 40,000원

건축기사 실기
한규대, 김형중, 안광호, 이병억 공저
1,708쪽 | 53,000원

건축기사 실기
(The Bible)
안광호, 백종엽, 이병억 공저
1,000쪽 | 41,000원

건축기사 실기 14개년 과년도
안광호, 백종엽, 이병억 공저
688쪽 | 34,000원

건축산업기사 실기
한규대, 김형중, 안광호, 이병억 공저
696쪽 | 33,000원

건축산업기사 실기
(The Bible)
안광호, 백종엽, 이병억 공저
300쪽 | 30,000원

실내건축기사 4주완성
남재호 저
1,320쪽 | 39,000원

실내건축산업기사 4주완성
남재호 저
1,096쪽 | 32,000원

시공실무
실내건축(산업)기사 실기
안동훈, 이병억 공저
422쪽 | 30,000원

Hansol Academy

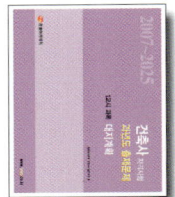
건축사 과년도출제문제
1교시 대지계획
한솔아카데미 건축사수험연구회
346쪽 | 33,000원

건축사 과년도출제문제
2교시 건축설계1
한솔아카데미 건축사수험연구회
192쪽 | 33,000원

건축사 과년도출제문제
3교시 건축설계2
한솔아카데미 건축사수험연구회
436쪽 | 33,000원

건축물에너지평가사
①건물 에너지 관계법규
건축물에너지평가사 수험연구회
852쪽 | 32,000원

건축물에너지평가사
②건축환경계획
건축물에너지평가사 수험연구회
516쪽 | 30,000원

건축물에너지평가사
③건축설비시스템
건축물에너지평가사 수험연구회
708쪽 | 32,000원

건축물에너지평가사
④건물 에너지효율설계 · 평가
건축물에너지평가사 수험연구회
648쪽 | 32,000원

건축물에너지평가사
2차실기(상)
건축물에너지평가사 수험연구회
940쪽 | 45,000원

건축물에너지평가사
2차실기(하)
건축물에너지평가사 수험연구회
905쪽 | 50,000원

토목기사시리즈
①응용역학
안광호, 김창원, 염창열, 정용욱 공저
540쪽 | 28,000원

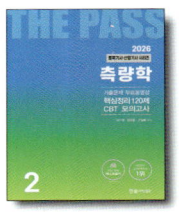
토목기사시리즈
②측량학
남수영, 정경동, 고길용 공저
392쪽 | 28,000원

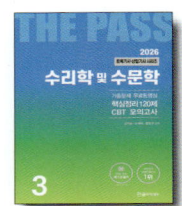
토목기사시리즈
③수리학 및 수문학
심기오, 노재식, 한웅규 공저
396쪽 | 28,000원

토목기사시리즈
④철근콘크리트 및 강구조
정경동, 정용욱, 고길용, 김지우 공저
464쪽 | 28,000원

토목기사시리즈
⑤토질 및 기초
안진수, 박광진, 김창원, 홍성협 공저
588쪽 | 28,000원

토목기사시리즈
⑥상하수도공학
노재식, 이상도, 한웅규, 정용욱 공저
544쪽 | 28,000원

10개년 핵심 토목기사
과년도문제해설
김창원 외 5인 공저
1,076쪽 | 46,000원

토목기사 4주완성
핵심 및 과년도문제해설
이상도, 고길용, 안광호, 한웅규, 홍성협, 김지우 공저
1,054쪽 | 45,000원

토목산업기사 4주완성
과년도문제해설
이상도, 정경동, 고길용, 안광호, 한웅규, 홍성협 공저
752쪽 | 42,000원

토목기사 실기
김태선, 박광진, 홍성협, 김상욱, 이상도, 한웅규 공저
1,540쪽 | 52,000원

토목기사 실기
과년도문제해설
김태선, 이상도, 한웅규, 홍성협, 김상욱, 김지우 공저
892쪽 | 38,000원

 www.bestbook.co.kr

콘크리트기사 · 산업기사
4주완성(필기)
정용욱, 고길용, 전지현, 김지우 공저
856쪽 | 39,000원

콘크리트기사
과년도(필기)
정용욱, 고길용, 김지우 공저
684쪽 | 30,000원

콘크리트기사 · 산업기사
3주완성(실기)
정용욱, 한웅규, 홍성협, 전지현 공저
784쪽 | 33,000원

건설재료시험기사
4주완성(필기)
박광진, 이상도, 김지우, 전지현 공저
742쪽 | 39,000원

건설재료시험기사
과년도(필기)
고길용, 정용욱, 홍성협, 전지현 공저
692쪽 | 32,000원

건설재료시험기사
3주완성(실기)
고길용, 홍성협, 전지현, 김지우 공저
728쪽 | 33,000원

콘크리트기능사
3주완성(필기+실기)
고길용, 염창열, 전지현 공저
538쪽 | 27,000원

지적기능사(필기+실기)
3주완성
염창열, 정병노 공저
640쪽 | 30,000원

측량기능사 3주완성
염창열, 정병노, 고길용 공저
580쪽 | 29,000원

전산응용토목제도기능사
필기 3주완성
염창열, 김지우, 최진호 공저
644쪽 | 29,000원

건설안전기사 4주완성
필기
지준석, 조태연 공저
1,388쪽 | 38,000원

산업안전기사 4주완성
필기
지준석, 조태연 공저
1,560쪽 | 38,000원

공조냉동기계기사 필기
조성안, 이승원, 강희중 공저
1,358쪽 | 41,000원

공조냉동기계산업기사
필기
조성안, 이승원, 강희중 공저
1,236쪽 | 36,000원

공조냉동기계기사 실기
조성안, 강희중 공저
1,040쪽 | 38,000원

조경기사 · 산업기사
필기
이윤진 저
1,464쪽 | 49,000원

조경기사 · 산업기사
실기
이윤진 저
784쪽 | 45,000원

조경기능사 필기
이윤진 저
682쪽 | 29,000원

조경기능사 실기
이윤진 저
360쪽 | 29,000원

조경기능사 필기
한상엽 저
712쪽 | 28,000원

Hansol Academy

조경기능사 실기
한상엽 저
823쪽 | 30,000원

산림기사·산업기사 1권
이윤진 저
888쪽 | 27,000원

산림기사·산업기사 2권
이윤진 저
974쪽 | 27,000원

전기기사시리즈(전6권)
대산전기수험연구회
2,240쪽 | 131,000원

전기기사 5주완성
전기기사수험연구회
2,140쪽 | 43,000원

전기산업기사 5주완성
전기산업기사수험연구회
1,964쪽 | 43,000원

전기공사기사 5주완성
전기공사기사수험연구회
2,096쪽 | 43,000원

전기공사산업기사 5주완성
전기공사산업기사수험연구회
1,606쪽 | 43,000원

전기(산업)기사 실기
대산전기수험연구회
766쪽 | 43,000원

전기기사 실기 20개년 과년도문제해설
대산전기수험연구회
992쪽 | 38,000원

전기기사시리즈(전6권)
김대호 저
3,230쪽 | 136,000원

전기기사 실기 기본서
김대호 저
964쪽 | 39,000원

전기기사 실기 기출문제
김대호 저
1,340쪽 | 43,000원

전기산업기사 실기 기본서
김대호 저
920쪽 | 39,000원

전기산업기사 실기 기출문제
김대호 저
1,076쪽 | 41,000원

전기기사/전기산업기사 실기 마인드 맵
김대호 저
232 | 15,000원

CBT 전기기사 단기완성
이승원, 김승철, 윤종식 공저
1,244쪽 | 42,000원

전기기능사 3단계 핵심 및 과년도
김승철, 신면순, 오용환, 이승원 공저
876쪽 | 28,000원

전기기능사 3주완성
이승원, 김승철, 윤종식 공저
532쪽 | 27,000원

소방설비기사 기계분야 필기
김흥준, 윤중오 공저
1,212쪽 | 40,000원

www.bestbook.co.kr

소방설비기사 전기분야 필기
김홍준, 신면순 공저
1,148쪽 | 40,000원

공무원 건축계획
이병억 저
800쪽 | 37,000원

7·9급 토목직 응용역학
정경동 저
1,192쪽 | 42,000원

응용역학개론 기출문제
정경동 저
686쪽 | 40,000원

측량학(9급 기술직/ 서울시·지방직)
정병노, 염창열, 정경동 공저
756쪽 | 29,000원

응용역학(9급 기술직/ 서울시·지방직)
이국형 저
628쪽 | 23,000원

스마트 9급 물리 (서울시·지방직)
신용찬 저
422쪽 | 23,000원

7급 공무원 스마트 물리학개론
신용찬 저
996쪽 | 45,000원

1종 운전면허
도로교통공단 저
110쪽 | 13,000원

2종 운전면허
도로교통공단 저
110쪽 | 13,000원

지게차 운전기능사
건설기계수험연구회 편
216쪽 | 15,000원

굴삭기 운전기능사
건설기계수험연구회 편
224쪽 | 15,000원

지게차 운전기능사 3주완성
건설기계수험연구회 편
338쪽 | 12,000원

굴삭기 운전기능사 3주완성
건설기계수험연구회 편
356쪽 | 12,000원

초경량 비행장치 무인멀티콥터
권희춘, 김병구 공저
258쪽 | 22,000원

시각디자인 산업기사 4주완성
김영애, 서정술, 이원범 공저
1,102쪽 | 36,000원

시각디자인 기사·산업기사 실기
김영애, 이원범 공저
508쪽 | 35,000원

토목 BIM 설계활용서
김영휘, 박형순, 송윤상, 신현준, 안서현, 박진훈, 노기태 공저
388쪽 | 30,000원

BIM 전문가 토목 2급자격(필기+실기)
BIM전문가 토목연구회 공저
324쪽 | 32,000원

BIM 구조편
(주)알피종합건축사사무소 (주)동양구조안전기술 공저
536쪽 | 32,000원

Hansol Academy

BIM 기본편
(주)알피종합건축사사무소
402쪽 | 32,000원

BIM 기본편 2탄
(주)알피종합건축사사무소
380쪽 | 28,000원

BIM 건축계획설계 Revit 실무지침서
BIMFACTORY
607쪽 | 35,000원

전통가옥에서 BIM을 보며
김요한, 함남혁, 유기찬 공저
548쪽 | 32,000원

BIM 주택설계편
(주)알피종합건축사사무소
박기백, 서창석, 함남혁, 유기찬 공저
514쪽 | 32,000원

BIM 활용편 2탄
(주)알피종합건축사사무소
380쪽 | 30,000원

BIM 건축전기설비설계
모델링스토어, 함남혁
572쪽 | 32,000원

BIM 토목편
송현혜, 김동욱, 임성순, 유자영, 심창수 공저
278쪽 | 25,000원

디지털모델링 방법론
이나래, 박기백, 함남혁, 유기찬 공저
380쪽 | 28,000원

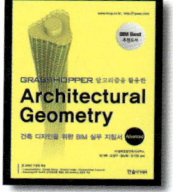
건축디자인을 위한 BIM 실무 지침서
(주)알피종합건축사사무소
박기백, 오정우, 함남혁, 유기찬 공저
516쪽 | 30,000원

BIM 전문가 건축 2급자격(필기+실기)
모델링스토어
760쪽 | 36,000원

BIM 전문가 토목 2급 실무활용서
채재현, 김영휘, 박준오, 소광영, 김소희, 이기수, 조수연
614쪽 | 35,000원

BE Architect
유기찬, 김재준, 차성민, 신수진, 홍우찬 공저
282쪽 | 20,000원

BE Architect 라이노&그래스호퍼
유기찬, 김재준, 조준상, 오주연 공저
288쪽 | 22,000원

BE Architect AUTO CAD
유기찬, 김재준 공저
400쪽 | 25,000원

건축관계법규(전3권)
최한석, 김수영 공저
3,544쪽 | 110,000원

건축법령집
최한석, 김수영 공저
1,490쪽 | 60,000원

건축법해설
김수영, 이종석, 김동화, 김용환, 조영호, 오호영 공저
918쪽 | 32,000원

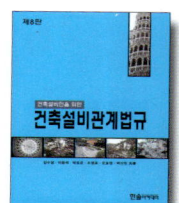
건축설비관계법규
김수영, 이종석, 박호준, 조영호, 오호영 공저
790쪽 | 34,000원

건축계획
이순희, 오호영 공저
422쪽 | 23,000원

www.bestbook.co.kr

건축시공학
이찬식, 김선국, 김예상, 고성석,
손보식, 유정호, 김태완 공저
776쪽 | 30,000원

현장실무를 위한
토목시공학
남기천,김상환,유광호,강보순,
김종민,최준성 공저
1,212쪽 | 45,000원

알기쉬운 토목시공
남기천, 유광호, 류명찬, 윤영철,
최준성, 고준영, 김연덕 공저
818쪽 | 28,000원

Auto CAD 오토캐드
김수영, 정기범 공저
364쪽 | 25,000원

친환경 업무매뉴얼
정보현, 장동원 공저
352쪽 | 30,000원

건축시공기술사
기출문제
배용환, 서갑성 공저
1,146쪽 | 69,000원

합격의 정석
건축시공기술사
조민수 저
904쪽 | 67,000원

건축시공기술사
용어해설
조민수 저
1,438쪽 | 70,000원

건축전기설비기술사
(상,하)
서학범 저
1,584쪽 | 70,000원(각 권)

디테일 기본서 PE
건축시공기술사
백종엽 저
730쪽 | 62,000원

디테일 마법지 PE
건축시공기술사
백종엽 저
504쪽 | 50,000원

용어설명1000 PE
건축시공기술사(상,하)
백종엽 저
2,148쪽 | 70,000원(각권)

역학의 정석
김성민, 김성범 공저
788쪽 | 52,000원

합격의 정석
토목시공기술사
김무섭, 조민수 공저
874쪽 | 60,000원

건설안전기술사
이태엽 저
776쪽 | 60,000원

소방기술사 上
윤정득, 박견용 공저
656쪽 | 55,000원

소방기술사 下
윤정득, 박견용 공저
730쪽 | 55,000원

소방시설관리사 1차
(상,하)
김홍준 저
1,630쪽 | 63,000원

건축에너지관계법해설
조영호 저
614쪽 | 27,000원

ENERGYPULS
이광호 저
236쪽 | 25,000원

Hansol Academy

수학의 마술(2권)
아서 벤저민 저, 이경희, 윤미선,
김은현, 성지현 옮김
206쪽 | 24,000원

스트레스,
과학으로 풀다
그리고리 L. 프리키온, 애너이브
코비치, 앨버트 S.용 저
176쪽 | 20,000원

행복충전 50Lists
에드워드 호프만 저
272쪽 | 16,000원

지치지 않는 뇌 휴식법
이시카와 요시키 저
188쪽 | 12,800원

지능형홈관리사
김일진, 이익신, 송한춘, 황준호,
장우성 공저
500쪽 | 35,000원

스마트 건설,
스마트 시티, 스마트 홈
김선근 저
436쪽 | 19,500원

e-Test 엑셀
ver.2016
임창인, 조은경, 성대근, 강현권
공저
268쪽 | 17,000원

e-Test 파워포인트
ver.2016
임창인, 권영희, 성대근, 강현권
공저
206쪽 | 15,000원

e-Test 한글
ver.2016
임창인, 이권일, 성대근, 강현권
공저
198쪽 | 13,000원

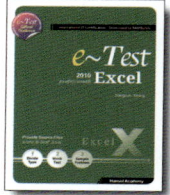
e-Test 엑셀
2010(영문판)
Daegeun-Seong
188쪽 | 25,000원

e-Test
한글+엑셀+파워포인트
성대근, 유재휘, 강현권 공저
412쪽 | 28,000원

재미있고 쉽게 배우는
포토샵 CC2020
이영주 저
320쪽 | 23,000원

건축설비기사 4주완성

남재호
1,088쪽 | 46,000원

건축기사 4주완성

남재호, 송우용
1,412쪽 | 47,000원

※ 구입처는 **전국대형서점**에서 구매하실 수 있습니다.